기술사·기술고등고시 대비 및 실무자를 위한

측량 및 지형공간정보 용어해설

머리말
Surveying Geo-Spatial Information

측량 및 지형공간정보학은 토목공학의 기초가 되는 필수 학문으로, 측량 및 지형공간정보학을 모르고서는 토목공학을 안다고 말하기 어려운 것이 사실이다. 그러므로 토목공학을 전공하는 사람은 누구나 기초학문으로 측량 및 지형공간정보를 먼저 알아야 한다고 인식되어 있다.

현대 측량 및 지형공간정보학은 어떤 학문보다도 발전 속도가 빨라, 학문의 범위도 지상 및 지하측량에서 우주공간과 수중에까지 분야가 다양하다. 또한 산업기술의 발달과 더불어 학문의 내용도 일반적인 측량학은 물론, GIS, GPS, 원격탐측, 수치사진측량 등의 내용이 중요한 위치를 차지하여 그 범위가 넓어져서 종합적인 학문으로 자리잡았다.

따라서 측량 및 지형공간정보는 기술적인 것뿐만 아니라, 이론 등 모든 것이 종래의 단순한 측량, 즉 정량적인 부문만 생각했던 학문이 정성적인 것까지 포함해 복합적인 학문으로 발전하게 되었으며 우리가 접하지 못한 용어들을 많이 사용하게 되었다.

현재 토목학회에서 발간된 측량용어사전에는 많은 분야가 수록되어 있으나 통일된 용어들을 주로 수록하였고 많은 용어들이 누락되어, 어떤 용어들은 이해하는 데 어려운 부분이 있었다.

본서에서는 이런 부분을 쉽게 이해하기 위하여, 많은 분야에서 현재 사용하고 있는 용어와 사용하지 않는 용어들도 수록하여, 하나의 용어를 찾는 데 여러 권의 책을 찾아봐야 하는 번거로움을 줄였으며 시간적인 낭비 없이 찾고자 하는 내용을 알 수 있도록 모든 용어를 모아서 간단히 설명했다. 용어해설은 우리말, 한자, 영어 순서로 표시했으며, 배열은 한글의 가, 나, 다 순으로 하여 찾아보기 편리하도록 했다.

끝으로 이 책이 토목분야에서 근무하거나 측량에 관계되는 현장의 실무자들이나 토목분야의 각종 자격시험과 취업을 준비하는 분에게는 중요한 길잡이가 될 것으로 믿으며 이 책이 나올 때까지 애써주신 예문사 정용수 사장님과 직원 여러분에게 감사의 말을 전한다.

편저자 일동

일러두기
Surveying Geo-Spatial Information

1. 본 용어해설은 정보화시대에 걸맞는 측량 및 지형공간정보 관련 용어를 중심으로 편찬하였다. 또한, 측량·수로조사 및 지적에 관한 법률의 시행에 따라 지적, 수로조사 및 해양 등의 보편성 있는 용어를 추가하였다.
2. 제1편 용어해설과 제2편 영한대역, 제3편 색인으로 구성하였다.
3. 일반 국어사전과 같이 가나다순으로 배열하였다.
4. 한글, 한자, 대응영어, 해설 순으로 표기하였으며, 필요에 따라 대응영어의 약어를 병기하였다.
   보기 평균저수위(平均低水位, Mean Low Water Level : MLWL) : 어느 기간 동안의 저수위의 평균값.
5. 본문 용어에 둘 이상의 대응영어, 해설이 다른 경우에는 대응영어와 해설에 ①, ②, ③을 붙여서 배열하였다.
   보기 경사각(傾斜角, ① oblique angle, ② angle of inclination) : ① 경사지가 수평면과 이루는 각. ② 항공사진을 촬영했을 때 카메라의 광축이 연직선과 이루는 각.
6. 본문 용어에 둘 이상의 한자, 대응영어, 해설이 다른 경우에는 각각 별개의 표제어로 내세우고, 오른쪽 어깨에 작은 글자로 번호를 붙여 구별하였다.
   보기 자침^1(磁針, magnetic needle) : 자북방향을 가리키는 침으로서……
   　　　 자침^2(刺針, pricking) : 사진 위에서 표정점 등의 위치를 나타내거나……
7. 표제어는 우리말을 원칙으로 하였고, 우리말이 그 용어의 개념을 충분히 표현하지 못하거나 약어의 사용이 보편화되어 있는 경우에는 외래어를 그대로 썼다.
   보기 지알에스80(지알에스80, Geodetic Reference System80 : GRS80)
8. 표제어에 대한 한자 또는 영어로 대체할 단어가 없을 때에는 한글을 그대로 쓰거나 표제어의 발음법에 따라 로마자로 표기하였으며 용어에 따라 생략하기도 하였다.
   보기 코드(코드, code) : 규정된 규칙에 따른 라벨의 표현.
   　　　 청구도(靑丘圖, chunggudo) : 청구선표도.
9. 표제어의 대응영어는 로마자 표기법에 따라 표기하였다.
10. 표제어에 기호가 있는 경우에는 표제어 뒤에 (기호)로 표기하였다.
    보기 카파($\varkappa$)(카파, kappa) ; 사진기축 주위의 회전각.
11. 제2편 영한대역은 알파벳순으로 영문용어를 수록하였고, 그에 상응하는 국문용어를 수록하였다.
12. 제3편 색인은 가나다순으로 국문용어를 수록하였다.

차례
Surveying Geo-Spatial Information

■ 제1편 용어해설

[ㄱ]	• 3	[O]	• 412
[ㄴ]	• 60	[P]	• 414
[ㄷ]	• 65	[Q]	• 419
[ㄹ]	• 91	[R]	• 419
[ㅁ]	• 99	[S]	• 422
[ㅂ]	• 113	[T]	• 429
[ㅅ]	• 135	[U]	• 433
[ㅇ]	• 184	[V]	• 435
[ㅈ]	• 233	[W]	• 436
[ㅊ]	• 294	[X]	• 436
[ㅋ]	• 312	[Y]	• 437
[ㅌ]	• 319	[Z]	• 437
[ㅍ]	• 331		
[ㅎ]	• 350		

■ 제2편 영한대역

[A]	• 373
[B]	• 377
[C]	• 379
[D]	• 385
[E]	• 389
[F]	• 392
[G]	• 394
[H]	• 398
[I]	• 399
[J]	• 402
[K]	• 403
[L]	• 403
[M]	• 406
[N]	• 410

■ 제3편 색인

[ㄱ]	• 441
[ㄴ]	• 451
[ㄷ]	• 452
[ㄹ]	• 456
[ㅁ]	• 457
[ㅂ]	• 460
[ㅅ]	• 464
[ㅇ]	• 472
[ㅈ]	• 481
[ㅊ]	• 493
[ㅋ]	• 496
[ㅌ]	• 497
[ㅍ]	• 499
[ㅎ]	• 503

용어해설

Part 1

■ Contents

| ㄱ | ………………………………………… 3
| ㄴ | ………………………………………… 60
| ㄷ | ………………………………………… 65
| ㄹ | ………………………………………… 91
| ㅁ | ………………………………………… 99
| ㅂ | ………………………………………… 113
| ㅅ | ………………………………………… 135
| ㅇ | ………………………………………… 184
| ㅈ | ………………………………………… 233
| ㅊ | ………………………………………… 294
| ㅋ | ………………………………………… 312
| ㅌ | ………………………………………… 319
| ㅍ | ………………………………………… 331
| ㅎ | ………………………………………… 350

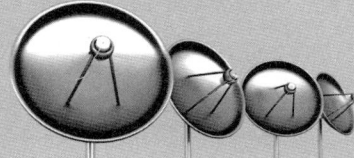

Surveying Geo-Spatial Information

가계제도(家契制度) : 가계는 가옥의 소유에 대한 관의 인증으로써 한성부에서부터 발급되었으며 후에 각 도시에서 발급한 일종의 공증제도인 동시에 건물의 등록제도.

가공삭도(架空索道, aerial cableway) : 공중에 강력한 강철줄을 가설하고 이 강철줄에 운반기를 매달아 동력 또는 자중을 이용하여 여객 또는 화물을 수송하는 시설. 로프웨이라고도 한다.

가공삭도측량(架空索道測量, aerial cable line surveying) : 공중에 가설한 튼튼한 강철 줄에 운반차를 매달아 여객, 화물, 광석 따위를 나르는 설비를 가공삭도라 하며 이에 필요한 측량.

가구(街區, block) : 토지구획정리사업의 사업계획에서 정해진 공공용지 및 시행지구 지구계에 둘러싸인 택지구역 또는 이웃하여 서로 교차하는 4개의 도로로 둘러싸여 있고 통과교통이 이용하는 다른 도로에 의해서 끊어지지 않는 도시 내의 일구획을 말한다. 컴퓨터에서는 체계 또는 프로그램에서 보조기억장치에 저장되어 있는 자료를 접근할 때 디스크 또는 테이프 등과 같은 보조기억장치에서 입출력 작업의 단위로 사용되는 하나의 기억장치 단위.

가구점(街區點, block point) :

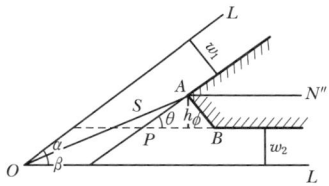

가구를 형성하는 다각형의 정점. 즉, 토지의 중심점이 결정된 다음 일필지의 토지경계점이 결정되는데, 특히 도로에 인접된 토지에 대한 그 토지의 모서리를 가구점이라 한다. 그림의 A, B점을 말한다.

가구정점(街區頂點, block top point) : 도로에 인접된 토지에 대해서 사각형의 모서리를 전제하지 않은 정점, 즉 그림의 P점을 말한다.

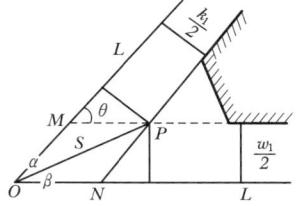

가구확정측량(街區確定測量, confirmation surveying for block) : 토지구획정리사업에서 가구점의 위치, 가구의 위치와 형상 가구의 면적 등을 산출하고 가구점과 가구를 현지에 표시하여 확정하는 작업.

가는선(가는線, fine line) : 도면 그리는 선 중에서 가장 가늘고, 0.2mm 이하 굵기의 선.

가도교(架道橋, overbridge) : 도로 위를 가로질러 놓은 다리. 철도와 도로가 입체 교차될 경우에 철도가 도로 위를 지나도록 가설된 교량.

가로관(가로管, horizontal pipe) : 수평으로 배관하였거나 수평과 경사 45° 이내의 각도로 배관한 관.

가로망(街路網, street network) : 도시 내의 간선가로나 보조가로, 구획할 가로 등을 조합한 망상조직. 형태에 의하여 분류하면 격자형, 방사환상형으로 대별할 수 있고 전자는 토지 이용상, 후자는 교통처리상 이점을 갖고 있으며 일반적으로는 이들의 합성형이 된다.

가변적축척(可變的縮尺, variable scale) ; 하나의 표준축척으로 나타내는 것이 아니라, 위도에 따른 가변적 축척으로 보다 정확하게 도상거리와 지상거리의 관계를 나타내는 것.

가비엠(暇비엠, Temporary Bench Mark : TBM) ; 수준점(BM)의 표고를 기준으로 어떤 토목공사나 건축공사를 위하여 반영구적으로 측량표를 만들어 놓고 그 점의 높이를 정해 놓은 점.

가비엠설치측량(假비엠設置測量, surveying of temporary bench mark) ; 가수준점을 현지에 임시로 설치하고 그 표고를 구하는 측량.

가상기지국(假想基地局, Virtual Reference Stations : VRS) ; 수신기 1대만으로도 RTK관측을 하기 위해 인근 3점의 GPS 상시관측소로부터 얻은 위치보정정보를 통합, 보간하여 현 지점을 가상의 기지국으로 하고 그 위치보정신호를 생성하기 위한 가상의 기지국.

가상수(加常數, addition constant) ; 시거측량의 공식에서 C에 해당되는 값으로 망원경 대물렌즈의 초점거리와 기계의 중심에서 대물렌즈 중심까지의 거리의 합으로 된 상수, 가정수라고도 한다.

가상지리정보체계(假想地理情報體系, virtual GIS) ; 래스터 데이터를 다루는 GIS 소프트웨어에서 마치 높은 하늘에서 실제 지형을 보는 듯하게 화면에 구현해 낼뿐만 아니라 그렇게 표현된 3차원 이미지로 각종 GIS 분석을 가능하게 해 주는 소프트웨어를 말한다.

가상지도(假像地圖, virtual map) ; 지도를 구성하는 점, 선, 심벌, 문자가 그림이 아닌 저장된 자료로서 기록되어 존재되는 것으로 수치지도가 그 예이다.

가상현실(假想現實, virtual reality) ; 컴퓨터를 이용하여 생성한 인공의 세계에서 인간이 현실감을 체험하는 것으로, 대화식 3차원 모형화와 시뮬레이션을 위한 첨단 기술 및 움직임을 감지하는 입력 메커니즘의 병합적인 응용분야이다.

가설공사(假說工事, temporary work) ; 가설물을 만들기 위한 공사. 본체공사를 수행하기 위해 필요한 준비공사. 직접가설과 간접가설로 나누어짐.

가설도(假設圖, temporary map) ; 교량의 공사현장에서 시공방법을 나타내는 도면으로 간단한 설명도 기입한다. 필요에 따라 응력의 계산서나 가설설명서도 첨부된 도면.

가설표지(假說標識, temporary mark) ; 잠정적으로 설치하는 표지. 즉 측량을 위한 임시말뚝이나 삼각측량의 선점에서 서로 보이는 지점의 확인을 위하여 세우는 표지 또는 삼각점, 수준점 등의 예정위치를 알리기 위한 일시적인 것 등이 있다.

가속도계(加速度計, accelerometer) ; 가속도를 측정하기 위한 기구로서 흔히 관성위치시스템에서 사용된다.

가수준점(假水準點, Temporary Bench Mark : TBM) ; 일시적인 수준점으로서 비교적 단기간 동안만 사용할 의도로 만들어진 것으로 가고저기준점 또는 임시수준점이라고도 한다.

가시광선(可視光線, visible ray) ; 육안으로 볼 수 있는 보통 광선, 즉 전자파 중에서 우리 육안은 $400 \sim 750 \text{nm}$(나노미터 $= 10^{-9}\text{m}$)의 파장의 빛을 감지할 수 있다. 이 파장영역의 빛을 가시광선이라 한다.

가시구역(可視區域, view shed) ; 한 지점에서 볼 수 있는 지역 또는 영역을 말한다.

가역레벨(可逆레벨, reversible level) ; dumpy level의 견고함과 Y-level의 조정이 용이함을 이용하여 만든 레벨이다. Y지가에서 망원경을 떼어낼 수는 없으나, 지가 내에서 회전할 수는 있고 망원경에 부속된 기포관은 양면으로 되어 있다. 절충형 레벨이라고도 한다.

가옥기호(家屋記號, symbols for special buildings) ; 가옥의 성격이나 기능을 나타내기 위하여 그 가옥에 대하여 붙인 기호. 지형도에서는 중요한 공공적 성격을 갖는 것을 명시하기 위하여 쓴다. 예컨대 경찰서, 병원, 우체국, 관공서 등을 나타내는 기호.

가용성(可用性, availability) ; 자료의 존재 여부와 그 위치를 말한다.

가우스등각도법(가우스等角圖法, Gauss conformal projection) ; 횡 Mercator도법.

가우스등각이중투영(가우스等角二重投影, Gauss conformal double projection) ; 가우스상사이중투영.

가우스분포(가우스分布, Gaussian distribution) ; 어떤 사상의 모집단 또는 표본의 평균값으로부터 편차가 통상 나타내는 종 모양의 대칭 연속분포형. 보통 정규분포라고 하며, 이 가운데 평균이 0이고 표준편차가 1인 분포를 표준정규분포라고 한다.

가우스상사이중투영(가우스相似二重投影, Gauss conformal double projection) ; 가우스가 고안한 방법으로 지구 타원체를 측량지역의 중심지점에 접촉하는 (3중으로 접한다.) 구체에 등각투영을 하고, 그 구체에서 다시 평면에 등각원통투영을 한 것이다. K. F. Gauss가 1822년에 발표한 등각투영의 일반이론에서 그 특례로 제시한 것으로서 O. Schneiber가 1866년 Hanover왕국측량의 투영이론으로 발표한 이래 삼각측량의 평균계산 등에 쓰이게 되었다.

가우스오차곡선(가우스誤差曲線, Gaussian curve of error) ; 정규곡선.

가우스오차법칙(가우스誤差法則, Gaussian law of error) ; 오차가 정규분포에 따르는 것. 즉, 같은 크기의 (+)(-)오차가 생기는 확률은 같으며, 절대값이 작은 오차가 생기는 확률은 절대값이 큰 오차가 생기는 확률보다 크고, 절대값이 매우 큰 오차가 생기는 확률은 거의 0에 가깝다.

가우스크뤼거투영법(가우스크뤼거投影法, Gauss-Kruger's projection) ; 좌표원점을 포함하는 자오타원면에 대하여 직각으로 씌우고, 그 원통에 지표면을 투영하여 이를 평면으로 전개하는 투영법. 횡메카토르투영법이라고도 하며, UTM의 투영이론이기도 함.

가이드로드(가이드로드, guide rod) ; 기계적 투영법 및 광학기계적 투영법에 의한 실체도화기에 있어서 lens의 절점과 지상의 점을 이어주고 광선의 방향을 나타내는 금속 봉.

가정수(可定數, addition constant) ; 가상수라고도 함. 기계의 중심(회전축)에서 대물렌즈 중심까지의 거리에 대물렌즈의 초점거리를 더한 값으로 C라고도 함.
C는 10~30cm의 값이지만 포로형 망원경은 C≒0으로 되어 있다.

가중잔차법(加重殘差法, weighted residual method) ; 미분방정식에 적절한 가중함수를 곱하여 정의 영역에서 적분한 값이 모든 가중함수에 대하여 영이 되는 함수를 찾음으로써 미분방정식의 해를 구하는 방법. 유한요소법과 리츠방법에서 사용됨.

가중평균(加重平均, weighted mean) ; 각 변량의 상대적 중요성을 고려하기 위하여 가중값을 적용하여 구한 수량의 평균.

가환지(假換地, suspense replotting) ; 토지구획정리사업의 시공 도중에 공사를 하기 위하여 또는 환지처분을 하기 위하여 임시로 정하는 환지. 가환지는 종전의 토지와 같이 사용하거나 수익을 볼 수 있다.

가청주파수(可聽周波數, Audio Frequency : AF) ; 사람의 귀가 소리로 느낄 수 있는 주파수 영역.

각(角, angle) ; 어떤 점에서 시준한 두 점 사이에 낀 각. 각을 나타내는 단위로는 직각을 90°로 하는 60진법, 직각을 100g로 하는 100진법, 반지름과 같은 길이의 원호가 갖는 중심각을 1라디안(rad)으로 하는 호도법 등이 있다.

각가속도(角加速度, angular acceleration) : 각속도(角速度)가 변화될 때, 단위시간당 각속도의 변화량.

각거리(角距離, angle distance) : 구면상에서 두 점 간의 대원상 거리를 중심각으로 나타낸 것이다. 구면삼각형의 변장은 모두 각거리로써 나타낸다. 천문측량에서는 보통 이것을 사용한다.

각관측(角觀測, angle observation) : 어떤 한 점에서 시준한 2점 사이의 낀 각을 결정하는 것.

각관측법(角觀測法, angle observation method) :

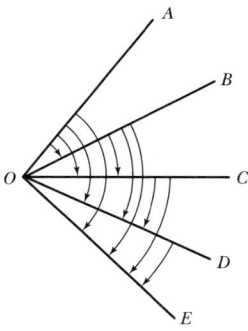

조합각관측법이라고도 하며, 한 점의 둘레에 몇 개의 측선이 있을 때, 기준 측선에서 각 측선 사이에 생긴 각을 모두 1각씩 관측하는 방법.

각도기(角度器, protractor) : 각을 측정하는 기구. 합성수지제 또는 금속제로 반원식과 전원식이 있다. 눈금은 1° 또는 30′까지가 보통이지만 버니어를 부착하여 20″∼1″까지 읽을 수 있는 것도 있다.

각단위(角度單位, angular unit) : 각도를 위한 측정단위. 각도단위는 각을 도/분/초로 표시하는 육십진법과 그레이드, 밀 및 라디안으로 표시한다.

각방정식(角方程式, angle equation) : 삼각형의 내각의 합이 180°가 되어야 한다는 조건의 방정식 또는 n각형의 내각의 합은 (n-2)×180°가 되고 외각의 합은 (n+2)×180°가 되어야 한다는 조건의 방정식.

각분해능(角分解能, angular resolving power) : 두 개의 식별이 가능한 타겟눈금 사이의 최소 독치로, 각도에서는 각도의 분해능이라고 한다.

각속도(角速度, angular velocity) : 회전하는 물체의 단위시간당 각 변화율, 즉 하나의 기준점에서 자전이나 공전하는 운동체를 관측할 때 그 점에 대한 운동체의 회전속도로 시간당 각의 변화량으로 그 크기를 나타낸다. 단위로는 rad/sec 또는 분당횟수(rpm)로 나타낸다.

각운동량(角運動量, angular momentum) : 물체의 회전운동 세기를 나타내는 양으로 지구는 1년에 1번 태양 주위를 공전함으로써 궤도 각 운동량을 가지며 지축에 대해 자전함으로써 스핀 각 운동량을 가진다. 각 운동량은 벡터량으로 회전체 각 부분의 선 운동량(질량×선 속도)과 회전축으로부터의 수직한 거리의 곱으로 그 크기를 나타낸다.

각의 평균(角의 平均, method of adjustment of angle) : 각 관측의 상호간의 폐합차, 도형조건과 관측치의 폐합차의 처리를 말한다. 측점평균 혹은 각방정식, 방위방정식을 만들어 해를 구한다. 삼각형의 폐합차와 다각측량의 폐합차의 처리에는 약 평균법이 있는데 전자의 폐합차는 1/3을 각각에 더하고, 후자는 각점의 관측한 방향각에 폐합차를 균등히 또는 비례하여 배분하는 방법이다.

각조건(角條件, angle condition) : 측정하려는 각에 여러 가지 기하학적 조건이 따르는 것을 말한다. 예를 들면 삼각형 내각의 합은 180°가 되어야 하는 조건.

각조건식(角條件式, angle equation) : 각에 대한 기하학적 조건을 식으로 나타낸 것이다. 예컨대 삼각형의 세 내각을 abc라 할 때 a+b+c=180°는 하나의 각 조건식이다.

각주공식(角柱公式, prismoidal formula) ; 양단의 단면이 서로 평행한 다각형이며, 옆면이 모두 평면으로 둘러싸인 주체의 체적을 계산하는 공식이다. 심프슨 제1법칙을 적용하여 구한 체적산정공식을 의미한다.

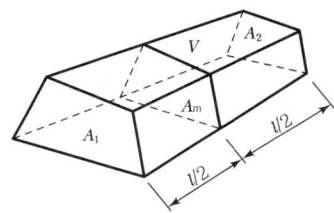

$$V = \frac{l}{6}(A_1 + 4A_m + A_2)$$

각주보정량(角柱補正量, prismoidal correction) ; 각주공식에 의해서 구한 값은 양단면 평균법으로 구한 값보다 작은 값으로 나타나는데 그 차를 각주보정량이라 한다.

각측량용기기(角測量用器機, angle surveying instrument) ; 각 관측을 하기 위해 측량에 사용되는 기계, 기구.

각측설(角測設, angle establishment) ; 계획된 각을 현지에 측설하여 측점을 설치하는 작업.

각폐합차(角廢合差, angle misclosure) ; 트래버스측량에서 기하학적 도형 조건에 의한 각의 합과 계산된 각의 합과의 차를 말한다.

간(間, room) ; 기둥과 기둥 사이의 공간 수의 단위. 곡척 6자(약 1.8m) 길이를 쓰는 단위로서 주척 6자를 보라 함.

간격조정기(間隔調整器, intervalometer) ; 촬영점의 위치를 자동적으로 조정하여 소요의 중복도를 얻을 수 있게 촬영시간 간격을 조정하는 장치.

간곡선(間曲線, half interval contour line) ; 등고선을 표시하는 방법으로 주곡선 간격의 1/2점에 삽입하는 곡선으로 경사가 고르지 못한 완경사지 또는 주곡선만으로는 지도를 명시하기 곤란한 장소에 표시하는 곡선으로 파선으로 표시한다.

간략모자이크(簡略모자이크, uncontrolled mosaics) ; 편위수정을 하지 않은 항공사진에서 만든 집성사진.

간략측량(簡略測量, approximate survey) ; 간단히 실시하는 측량으로 눈으로만 개략적으로 하는 방법과 간단한 기구를 이용하여 하는 방법이 있다.

간석지(干潟地, tidal flat) ; 주로 조차가 심한 해안에서 쓰이는 용어로 만조 때는 바닷물이 들어오고 간조 때는 바닷물이 나가는 넓은 갯벌.

간선가로(幹線街路, arterial street) ; 도시 내에서 중요 지점을 연락하고 가로망의 근간이 되는 주요 도로. 일반적으로 폭원은 넓고 보·차도의 구별이 있는 가로.

간섭위치결정법(干涉位置決定法, carrier phase DGPS positioning) ; 이미 알고 있는 기지점의 좌표를 이용하여 오차를 최대한 줄이기 위한 위치 결정방식으로 기지점에 기준국(reference station) GPS 수신기를 설치하고, 위성신호의 위상차를 관측하여 각 위성의 기선벡터에 의한 보정값을 구하고, 이 보정값을 무선모뎀(radio modem) 등을 사용하여 이동국(mobile station) GPS 수신기의 위치 결정오차를 개선하는 반송파 위상차 관측방식의 DGPS방법임.

간섭파장(干涉波長, coherent radiation) ; 레이저와 SAR에서 처럼 공간 내 서로 다른 점에서 파가 조화롭게 운동하는 파장과 파형이 같은 전자기 복사에너지.

간승(間繩, measuring rope) ; 굵은 마사 또는 금속선을 심으로 하고 외부를 가느다란 망사로 조밀하게 감고 감물을 먹인 것으로 직경 3mm 정도, 길이 30~100m이다. 일정간격으로 눈금이 새겨져 있다. 다루기는 편리하나 신축이 크므로 정밀한 측량에는 쓰이지 않는다. 측승이라고도 한다.

간이도화기(簡易圖化機, stereo comparagraph) ; 소축척의 도화에 쓰기 위하여 근사적인 방법으로 사진측량의 문제를 해결하기 위한 기구를 간단하게 한 도화기.

간이조정법(簡易調整法, approximate method) : 삼각측량의 각 관측 조정에서 기하학적 조건들을 순서에 따라 독립적으로 택하여 계산하는 것이며, 일차적으로 조정된 각은 다른 조건들을 조정하는 데 사용한다. 계산이 간편하고 상당한 정밀도까지 이루어질 수 있기 때문에 4등 이하의 삼각측량에서 많이 이용된다.

간접거리측량(間接距離測量, indirect measurement of distance) : 직접거리측량을 할 수 없는 장소에서는 시거측량이나 보조기선측량, 수평표척, TS, GPS, VLBI 등에 의해서 간접적으로 거리를 측정하는 것을 말한다.

간접고저측량(間接高低測量, indirect leveling) : 간접수준측량.

간접관측(間接觀測, indirect observation) : 간접측정 또는 간접측량. 구하고자 하는 값을 직접 관측할 수 없거나 또는 관측하기 곤란할 때에 이것과 관계되는 다른 미지량을 관측함으로써 목적하는 값을 간접적으로 결정하는 방법.

간접법(間接法, passive mode) : 지하매설물 측량기법에서 수평위치탐사방법의 하나로 장거리 관측이 가능하고 송신기 없이 수신기만으로 관측하므로 작업방법이 간단하나 정확도는 낮다.

간접수준측량(間接水準測量, indirect leveling) : level을 쓰지 않고 고저차를 구하는 측량방법이며, 각과 거리를 측정하여 삼각법을 이용하는 수준측량, 기압에 의한 기압수준측량, 시거에 의한 수준측량, 알리다드에 의한 수준측량, 입체사진에 의한 수준측량, TS 및 GPS에 의한 수준측량 등이 있다.

간접측량(間接測量, indirect observation) : 간접관측.

간접위치(間接位置, indirect position) : 직접적으로 위치를 표현하는 좌표보다는 지리적 식별자에 근거한 공간기준좌표계를 말한다.

간조면(干潮面, low water level) : 간조 때의 바다수면이 이루는 면.

간주임야도(看做林野圖) : 산림 중 임야 일필지가 너무 커서 임야도로서 조제하기 어려운 국유임야 등에 대해서 1/50,000 지형도를 사용한 임야도.

간주지적도(看做地籍圖) : 토지조사령에 의한 토지조사는 우리나라 전체를 대상으로 하였지만 삼림(임야)지대는 제외하였기 때문에 지적도에는 산림지대의 토지는 등록되지 않았다. 토지조사지역 밖의 산림지대에도 전·답·대 등 등록할 토지가 있었으나 토지조사 시행지역에서 200간(間) 이상 떨어져 있어 지적도에 등록할 수 없어 임야대장 규칙에 따라 이미 비치되어 있는 임야도에 등록하고 지적도로 간주하였다. 이들 과세지의 축척은 1/600, 1/1,200, 1/2,400로 측량하지 않고 임야도 축척인 1/3,000, 1/6,000로 측량하여 임야도에 존치시켰다. 대장은 토지대장과는 별도로 작성하여 이를 "별책토지대장(別册土地臺帳), 을호토지대장(乙號土地臺帳), 산토지대장(山土地臺帳)"이라 불렀다. 산간벽지와 도서지방 대부분이 이 지역에 포함되었다.

간준기(桿準器, rod level) : 수준척에 붙어 있는 것으로 수준척을 수직으로 세우기 위해 붙어 있으나 감도가 좋지 않기 때문에 참고 정도로만 사용한다.

간척(干拓, land reclamation) : 바닷가나 호수, 늪 등에 제방을 만들고 그 안의 물을 빼내어 육지로 만드는 일.

간척지측량(干拓地測量, reclaimed land survey) : 호수, 늪, 바다 따위를 막고 물을 빼어 경작지나 육지로 만들 때 실시하는 측량.

간출암(干出巖, rock which covers and uncovers) : 저조 때만 노출되는 바위. 해도에서는 간출암의 높이를 기본수준면으로부터의 높이로 나타낸다.

간헐하천(間歇河川, intermittent stream) : 큰 비가 오거나 우기에만 흐르는 하천.

갈릴레오 위성(갈릴레오 衛星, GALILEO Satellites) ; 궤도고도 약 23,222km, 궤도경사각 56°, 3개의 궤도면에 9개씩 총 27개 위성과 3개의 예비 위성으로 모든 체계를 구성하고 있는 위성. 유럽 독자의 순수 민간 통제에 의한 위성항법 시스템으로 중국, 이스라엘, 인도 등 EU 이외의 국가가 참여한 국제적인 항법시스템.

갈수량(渴水量, drought flow) ; 하천의 유량특성을 나타내기 위한 통계량 중의 하나. 연중 355일간을 유지(이 기준보다 수위가 낮은 날이 10일을 넘지 않음)하는 하천의 유량을 말한다.

갈수위(渴水位, droughty water level) ; 1년을 통하여 355일이 이보다 저하하지 않는 수위로 관계계획, 상수도계획, 산업용수계획 등의 기준이 된다.

감가상각(減價償却, depreciation) ; 기업이 사용하는 기물이나 설비 등은 해마다 소모되므로, 이러한 가치의 감소분을 보상하는 것이 감가상각이다. 기업은 감가분을 제품이나 서비스의 원가에 넣어서 회수 적립하여, 이 적립분을 기물이나 설비가 노후했을 때 경신할 자금으로 삼는다.

감광도(感光度, sensitivity) ; 감광재료가 빛에 감응하는 정도를 나타낸 값.

감광액(感光液, sensitizing solution) ; 감광물질을 녹인 액체. 인쇄용 판재에 도포 건조시킨 후 사진원판을 밀착시켜 빛을 쬐어 사진 영상을 재현시키는 감광성 약품.

감광유제(感光乳劑, emulsion) ; 감광제라고도 하며, 젤라틴액 속에서 취화은의 잔 입자를 생기게 하는 유제. 사진필름이나 인화지의 감광층으로서 도포되어 있는 현탁액. 유리나 필름에 발라 사진건판을 만든다.

감광제(感光劑, sensitizer) ; 사진제판 시 판재에 칠하여 빛을 쏘이는 감광액의 총칭을 말한다.

감도(感度, sensibility) ; 기포관이 수평으로부터의 기울기를 나타내는 척도이며, 보통 기포관 1눈금을 이동하는데 기포관축을 기울여야 하는 각도를 말한다.

감독분류(監督分類, supervised classification) ; 사용자가 알려진 유형의 분광 특성을 설정하면, 영상의 나머지 화소들이 각 분류유형으로 분류되는 것.

감보율(減步率, rate of areal reduction of house) ; 토지구획정리에 있어서 공공용지의 확보 및 구획정리사업에 요하는 비용의 일부 또는 전부를 충당하기 위한 보류지 확보 때문에 권리자가 부담하는 토지면적의 정리 전 면적에 대한 비율.

감산영상(減算映像, difference image) ; 하나의 영상을 영상소 단위로 다른 영상에서 뺀 결과로 하나의 새로운 픽셀 값을 가지는 영상을 말한다.

감쇠(減衰, detraction) ; 음파의 해수 중의 전파가 음원에서 거리가 멀어져 나감에 따라 강도가 저하하는 것을 말한다.

감조하천(感潮河川, phatidal river) ; 해양 조석의 영향을 받는 하천과 그 부근. 해양으로 흐르는 모든 하천.

감지기(感知機, sensor) ; 센서라고도 한다. 지표, 지상, 지하, 대기권 및 우주공간의 대상물에서 반사 혹은 방사되는 전자기파를 탐지하는 것으로 수동적 탐지기와 능동적 탐지기로 대별된다. 수동적 탐지기는 대상물에서 방사되는 전자기파를 수집하는 방식이며, 능동적 탐지기는 탐지기에서 전자기파를 발사하여 대상물에서 반사되는 전자기파를 수집하는 방식.

감촉(感觸, texture) ; 사진상의 세부모양. 평면적인 느낌. 평활, 조, 밀, 조밀의 네 가지로 구분한다. 결이라고도 한다.

강계(疆界, boundary) ; 토지조사령(1912. 8. 13. 제령 제2호)에 의하여 임시토지 조사국장의 사정을 거친, 소유자와 다른 토지 간의 경계선을 말하는데 강계선의 반대쪽은 반드시 소유자가 다르다는 법칙이 성립한다. 그러나 임야조사령(1918. 5. 1. 제령 제5호)에 의하여 도장관의 사정을 거친 것은 이를 강계선이라 하지 않고 경계선이라 하였다. 따라서 사정에 의한 강계선 혹은 경계선은 그 용어가 다를 뿐 법률상의 효력은 동일하다.

강권척(鋼券尺, steel tape) ; 강줄자 또는 강철 테이프.

강도(強度, stiffness) ; 종이의 빳빳한 정도에 대한 저항선을 말하며 강도시험기에 의해 관측할 수 있다.

강선법(鋼線法, wire plumbing) ; 터널의 지상과 지하를 연결하는 측량에 있어서 수갱의 갱구에서 추를 매달은 강선을 지하에 내려 지상점을 지하에 옮기는 측량방법.

강조(強調, enhancement) ; 판독자가 더 많은 정보를 추출하기 위해서 영상의 현상을 변경하는 처리이다.

강조진파(江潮津波, tidal bore) ; 조석파가 하천을 거슬러 올라가면서 점차 변형하여 마침내 조석파 전면의 급경사가 마치 벽과 같이 하천을 돌진하는 현상.

강줄자(鋼줄자, steel tape) ; 재료는 철재로서 폭 10mm의 강철에 1mm까지 눈금을 그린 거리측량용 기구로, 길이는 5m, 10m, 20m, 50m 등으로 만듦. 온도 변화에 의한 신축이 클 뿐만 아니라, 녹슬기 쉽고 부러지기 쉬운 결점이 있는 자.

강철테이프(鋼鐵테이프, steel tape) ; 강줄자.

강측(降測, chaining down hill) ; 경사지에서 행하는 거리측량방법의 한 가지로 사면을 측량할 때 내려가는 방향으로 측정하는 방법을 말한다. 사면을 상향 구배의 방향으로 측정하는 등측 보다는 일반적으로 작업하기는 쉽고 정도는 낮다.

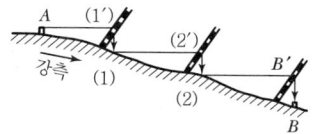

개구경(開口徑, aperture) ; 광학계를 지나갈 수 있는 광선빔의 최대지름. 원격탐사의 레이더시스템에서 필름에 전자 복사에너지가 들어오도록 하는 열린 부분.

개념모형(槪念模型, conceptual model) ; 현실세계에서 발견되는 문제를 전산기를 이용해 모형화하는 것. 데이터베이스를 설계하는 과정에서 사용자 요구사항이 통합된 형태로서, 프로그램 실체들 간의 관계를 나타내는 조직체의 고유 모델.

개념설계(槪念設計, conceptional design) ; 설계에 포함된 조건으로 요구사항이 설정되면 현실 여부는 어떻게 할 것인가에 대한 구체적인 분석과 평가를 선행하는 것에 대한 계획을 세우는 것.

개념스키마(槪念스키마, conceptual schema) ; 객체에 관한 정보를 활용할 수 있는 내용과 구조와 제약을 추상적으로 설명하고 정의한 것.

개념적 스키마 언어(槪念的 스키마言語, conceptual schema language) ; 지리정보의 개념적 스키마를 표현하기 위해 개념적 정형화에 근거한 형식언어. 전산기나 인간이 분석할 수 있는 정형화된 언어로서 개념스키마를 정형화하고 그 내용을 처리하는데 필요한 모든 언어학적 구조를 포함.

개념적 정형화(槪念的 定形化, conceptual formalism) ; 개념적 모형을 기술하기 위해 사용된 일련의 모형화 개념. 한 개의 개념형식은 복수의 개념스키마 언어에 의해 표현할 수 있다.

개념조화(槪念調和, concept harmonization) ; 이미 밀접하게 연관되어 있는 두 개 이상의 개념들 간의 차이점을 최소화하거나 제거하는 행동.

개념체계(槪念體系, conceptual system) ; 개념들 간의 관계에 따라 설정된 구조화된 개념들의 집합.

개다각형(開多角形, open traverse) ; 개방트래버스 또는 개트래버스라고도 함. 연속되는 측점들로 구성되는 다각형으로서 종점이 시발점으로 돌아오지 않고 시발점 이외에는 기지점이 없는 형태의 다각형. 이 다각형은 측량결과의 검사, 오차의 계산과 조정이 안 되기 때문에 높은 정확도를 요구하는 측량에는 사용되지 않음.

개발권양도제(開發權讓渡制, Transfer of Development Rights : TDR) ; 최근 정부가 제도 신설을 연구, 검토하고 있는 개발권 양도제는 토지소유권에서 토지이용에 대한 개발권을 분리하여 그 개발권을 다른 지역으로 이전하여 추가 개발하는 것을 인정하는 제도를 말한다. 이 제도의 목적은 토지이용계획이 변화된 것만으로 토지 소유자가 부당한 이익을 얻거나 일방적으로 손실을 보지 않도록 하는 것으로 농촌의 농지 보호, 생태적으로 중요한 곳의 보존, 역사경관을 보전해야 할 곳 등에 지정하여 상호 간의 재산 침해와 토지 보상에 대한 정부의 부담을 줄이고자 함이다.

개방도선(開放道線, open traverse) ; 기지점에서 시작되어 미지점에서 끝나는 도선으로 개다각형 또는 개방트래버스.

개방트래버스(開트래버스, open traverse) ; 개다각형 또는 개트래버스.

개방형시스템환경(開放形시스템環境, open system environment) ; 이용자 측면에서 추가된 응용시스템, 자료, 사람의 상호운용성과 이식성을 위한 인터페이스나 서비스. 즉 표준을 지원하기 위해 개발된 참조 모델.

개방형지리정보체계(開放形地理情報體系, open GIS) ; 개방적 상호 운용적 지리 정보처리 또는 서로 다른 지리 자료와 지리정보자원을 통신망 환경에서 쉽게 공유할 수 있도록 해주는 기능. 현재 미국과 같은 GIS 선진국에서도 범용 웹브라우저를 이용한 지리정보의 접근과 검색을 위한 표준과 관련 기술이 등장했고, 현재 정보의 검색 뿐 아니라 정보의 처리가 제한된 범위에서 가능해졌다. 이러한 개발은 네트워크상에서 사용자가 필요한 자료를 찾아내고, 필요한 처리 모듈을 호출하여 최종적으로 가공된 정보의 서비스를 받아볼 수 있게 되었다. 다양한 분야에서 다목적으로 사용되는 국토공간의 핵심적 자료들을 취합하여 국가 공간정보유통기구를 통해 유통하기 위해서는 개방형 구조를 가진 GIS의 구축이 필수적이다.

개방형지아이에스협회(開放形지아이에스協會, Open GIS Consortium : OGC) ; 1994년에 발족한 국제 GIS 추진기구로 380여 정부기관과 기업들이 참여하고 있는 세계 최대 공간정보산업 표준화 추진기구이다. 이 기구는 공간정보 컨텐츠와 제공, GIS 자료처리 및 자료공유 등의 발전을 도모하기 위한 각종 기준을 제공하기 위해 조직되었으며 한국은 프랑스, 영국, 중국에 이어 세계 네 번째로 국가포럼 승인을 얻었다.

개인오차(個人誤差, personal error) ; 관측자의 습관에 의한 오차로 관측방법과 관측자를 바꿈으로써 보정가능.

개체(個體, entity) ; 일반적인 특성을 지닌 객체 부류. 같은 유형으로 더 이상 구분할 수 없는 실세계에 나타나는 최소단위(문자, 치수, 선, 원)의 실체. 예를 들면 도로, 건물 등을 들 수 있다.

개트래버스(開트래버스, open traverse) ; 트래버스망 중에서 시점과 종점이 일치하지 않고, 폐합하지도 않는 형태의 트래버스로 개다각형 또는 개방트래버스라고도 한다.

객체(客體, object) ; 속성자료에 의해서 표현되는 현상. 자료구조를 조작하기 위해 자료의 구조와 절차로 구성되어 있는 객체지향 프로그래밍에서 자료나 절차를 구성하는 기본 요소. 작성, 조작 및 수정을 위하여 단일 요소로 취급되는 문자, 치수, 선, 원 또는 폴리라인과 같은 하나 이상의 기본체, 도면요소라고도 한다.

객체 및 속성정보(客體 및 屬性情報, entity and attribute information) ; 어떠한 지리적 정보(도로, 건물, 고도, 온도 등)가 사용되었으며, 이러한 정보의 암호화의 방법, 코드체계 및 코드의 의미에 대한 정보를 수록하며 메타자료를 구성하는 요소의 한 항목을 말한다.

객체지향(客體志向, object oriented) : 프로그램 내에서 처리 절차보다는 조작의 대상이 되는 자료의 기능과 의미를 중요시하여 취급하는 사고방식. 이 개념을 사용하면 소프트웨어가 보다 사용자 중심이 되어 사용하기 편리하다. 예를 들어 객체지향 프로그래밍, 객체지향 데이터베이스, 객체지향 소프트웨어공학 등과 같은 용어가 널리 사용되고 있다.

갱구(坑口, portal) : 터널입구.

갱내외연결측량(坑內外連結測量, attach a surface to underground surveying) : 지상측량의 좌표를 지하측량의 좌표에 연결하여 갱내외를 동일좌표계로 구성하는 측량.

갱내용측량기기(坑內用測量器機, instruments for tunnel surveying) : 갱내 공사에 사용하는 측량기기. 일반적으로 데오돌라이트는 십자선 조명용 반사경과 경사가 급한 천정 부근도 시준할 수 있는 특수의 접안프리즘이 부착되어야 한다. 좁은 공간에 세울 수 있고, 목표물에 조명장치가 있는 측량기기.

갱내용트랜싯(坑內用 트랜싯, mining transit) : 갱내의 골조측량에 사용하는 트랜싯. 지상용과 다른 점은 경량이고 소형일 것, 삼각은 모두 신축식 삼각으로 할 것, 이심장치의 작동반경이 크고 연직눈금반이 전원식일 것, 급경사 시준용으로서 주망원경의 위 또는 옆에 보조망원경을 부설할 수 있는 장치가 되어 있을 것 등을 구비한 측량기계.

갱내용표척(坑內用標尺, mining rod) : 갱내직접수준측량에 사용하는 표척으로 조명장치가 필요하다. 갱내는 높이의 여유가 적으므로 일반표척보다 짧은 것이 좋다. 접었을 때는 1~1.5m, 폈을 때는 1.5~3.0m 정도의 자독식 표척이 일반적으로 쓰이고 있다. 때로는 시판표척도 쓰인다.

갱내측량(坑內測量, underground survey) : 지하측량이라고도 하며 막장의 위치나 갱내 여러 시설의 위치 등을 결정하기 위한 측량. 즉 갱내 중심선측량, 갱내 기준점의 설치, 갱내 수준측량 등을 말한다.

갱도(坑道, drift) : 본 터널과 연결하기 위하여 설치하는 터널로서 본 터널의 작업효율을 증가시키기 위하여 설치하는 교통로, 배수로, 버럭 반출 갱도, 환기용 갱도 등이 있다.

갱신(更新, update) : ① 전산기 시스템을 새로운 환경에 맞도록 변경하거나 또는 파일과 데이터베이스에 저장되어 있는 값들을 현재 상황에 맞도록 변경하는 작업. ② 주파일 안의 정보를 변동된 정보에 따라 추가, 삭제, 교환하여 새로운 내용의 주파일을 작성하는 것. ③ 자료기반에 저장되어 있는 자료를 수정하거나 변경하는 것.

갱신이상(更新異常, update anomaly) : 자료의 수정, 삭제, 재생 같은 조직으로 인하여 발생하는 결과 중 예상한 결과 이외에 발생하는 원하지 않는 결과를 말한다.

갱신집합번호(更新集合番號, update set number) : 갱신된 자료집합의 전송자료의 일련번호를 말한다.

갱외측량(坑外測量, surface survey) : 터널 및 광산의 측량에서 갱외 중심선측량, 갱외 수준점측량, 갱외 기준점측량, 광구경계선의 측정, 구역 내외의 연결측량 등의 측량을 말한다.

거렴(巨廉, Roymond Edward Leo Krumm) : 1898년 대한제국에서 지적담당 부처인 양지아문에서 근대적인 측량기술을 도입하기 위해 초빙한 미국의 양지수기사(최고측량사).

거리(距離, distance) : 두 점 사이의 수평선에 따른 길이나 경사길이를 말한다.

거리각(距離角, angle distance) : 각거리.

거리계(距離計, range finders) : 보통 2개의 대물렌즈로 구성되어 있으며, 두 렌즈를 통하여 형성되는 두 개의 상을 프리즘 또는 거울과 같은 광학장치를 통하여 하나의 상으로 일치시킴으로써 수평거리를 얻도록 고안된 기구.

거리방향(距離方向, range direction) : radar system이 장착된 항공기나 인공위성이 진행방향에 수직인 방향으로 극초단파 신호가 보내지는 방향이다.

거리방향해상도(距離方向解詳度, range resolution) ; radar image에서 거리방향에 따른 공간해상도를 말한다. 이는 전송된 microwave energy의 신호 길이에 의해 결정된다.

거리세부측량(距離細部測量, detail survey) ; 거리측량에 사용하는 기구만으로 지형, 지물의 위치를 측정하는 측량.

거리원(距離員, chain man) ; 측량하는 사람 중에서 거리측량에 종사하는 사람.

거리측량(距離測量, distance surveying) ; 관측점 사이의 수평거리를 관측하기 위하여 줄자를 사용하거나 그 밖의 다른 기기나 방법으로 각 점 간의 수평거리나 경사거리를 재는 작업.

거리표(距離標, kilometer mark) ; 하천측량에서 한쪽 제방을 따라 하구 또는 합류점에서 100m 또는 200m마다 설치하는 말목을 말하며, 다른 쪽 제방에는 그 설치한 거리표로부터 하천 중심에 직각으로 보이는 선상에 설치한다. 그리고 철도나 도로에서는 노선을 따라 원점으로부터의 추가거리를 나타내는 표지를 말한다.

거울식입체경(거울式立體鏡, mirror stereoscope) ; 「반사식입체경」 참조.

건물(建物, building) ; 내구성 있는 벽과 지붕으로 구성된 건축물. 사람이 살고 있거나 또는 살 수 있는 가옥을 말하며 건물, 유사구조물 또는 부속건물도 이에 포함된다.

건설측량(建設測量, construction surveying) ; 공사현장에서 구조물 건설에 필요한 측량으로 관로부설측량, 경사설정측량, 건축물 위치설정측량, 도로건설측량 등에 대한 측량.

건조물측량(建造物測量, architectural and cultural asset system) ; 사회기반시설물(교량, 도로, 하천, 항만, 댐, 비행장, 터널, 생활용수처리시설, 간척지, 시설물 변위 및 변형 등), 건축물, 유형문화재, 생활의 편의시설물 등에 관한 조사, 계획, 설계 및 유지관리에 필요한 자료를 제공하고 해석하는 측량.

건축면적(建築面積, building area) ; 보통 1층이 차지하는 건축물의 면적. 법적으로 여러 층의 건축일 때에는 수평투영면적으로 최대가 되는 것의 면적.

건축사진측량(建築寫眞測量, architectural photogrammetry) ; 사진측량을 건축물의 관측에 적용함으로써, 관측이 어려운 부분이나 전체적인 형태를 영구적인 자료로서 보관하기 위한 방법.

건축선(建築線, building line) ; 건축물의 위치를 규제하기 위하여 도로 또는 그 예정선의 경계 등에 지정되는 선. 건축물은 이 선으로부터 돌출되는 것이 금지되어 있다.

건축측량(建築測量, architectural surveying) ; 건축물의 계획이나 공사실시를 위한 측량으로 부지에 관하여 설계의 자료를 모으는 조사측량과 설계된 것을 현장에 옮기는 측설측량으로 대별된다.

건축한계(建築限界, track clearance) ; 열차 또는 자동차 등의 차량운전에 지장이 없도록, 폭, 높이를 유지하기 위해 일정한 범위 내에서 구조물이나 장애물을 설치하지 못하게 하는 공간확보의 한계. 철도건설규정에서 각종의 구조물은 규정한계 내에서 만들어져야 하며, 도로에서도 시설기준의 높이 4.5m가 표준이고 폭은 차선 수에 따라 증가된다.

건판보지기(乾板保持器, plate holder) ; 실체도화기로서 사진을 고정하고 내부정위를 바르게 유지시키는 장치.

건판지지기(乾板支指器, photo-carrier) ; 음화필름을 양화필름으로 만들어 사용할 때 건판을 지지하는 유리에 4개의 지표가 표시되어 있다. 이 지표에 투명양화의 4개 지표를 일치시키면 사진주점과 주점이 일치하므로 주점(중심점)표정이 끝나는데 이때 사용하는 유리판.

건폐율(建蔽率, coverage, building coverage) ; 건축물의 바닥면적과 부지면적의 비율. 건축물에 의한 토지의 이용도를 표시하는 척도.

검교정(檢矯正, calibration) : 모형에서 분석하려는 실세계의 상태가 올바르게 표현되도록 속성 값과 계산에 사용되는 매개변수를 선택하는 과정.

검교정초점거리(檢矯正焦點距離, calibrated focal length) : 일정한 화면 내의 왜곡수차의 영향을 최소로 한 화면거리를 말한다.

검기선(檢基線, check baseline) : 어느 기선을 기준으로 해서 측량지역을 확장해 가면 오차가 누적되므로 오차의 거리를 확인하기 위해서 설치한 또 다른 기선. 국가 기준삼각은 200~250km마다 검기선을 설치한다.

검류계(檢流計, galvanometer) : 매우 약한 전류의 유무(有無)나 세기를 측정하는데 쓰는 실험용 계기.

검사선(檢査線, check line) : 연결된 각 측점 간의 거리 및 방향을 측정하여 검사용으로 하는 선.

검사출력(檢査出力, check plot) : 수치 레코드를 생성하기 위해 사용된 원래 지도에 직접 중첩함으로써 수치자료의 내용 또는 위치 정확도를 검증하기 위해 사용되는 영상출력을 말한다.

검사측량(檢査測量, check survey) : 건축물 이전, 도로 등의 공사가 완료된 후 공공시설물 경계점 및 필지경계점의 위치를 관측하고 가구의 형상, 필지의 형상, 면적을 검사하여 이상이 있을 경우는 계획기관의 지시에 의해 적절한 조치를 취하는 작업.

검색(檢索, search) : 탐색기능은 인접기능 중 가장 일반적으로 인접지역의 특성에 따라 각 대상 지역에 어떤 값을 부여하는 것이다. 인접지역 탐색의 세 가지 기본적인 요소는 대상지역, 인접지역, 그리고 인접지역에 값을 생성시키기 위해 인접지역에 적용되는 함수이다. 대상지역과 인접지역의 요소는 일반적으로 하나 또는 여러 개의 자료층으로 저장된다.

검선(檢線, check line) : 줄자만으로 토지의 면적을 측정하자면, 그 토지를 둘러싸고 있는 각 측점을 잇는 측선과 대각선으로 전 구역이 삼각형의 집합이 되도록 구분하고 각 삼각형의 각 변의 길이 또는 밑변과 높이를 측정한다. 이때 제도 후의 검정을 위하여 임의의 대각선의 길이도 측정한다. 이것을 검선 또는 조사선이라 한다.

검정(檢定, calibration) : 관측된 값과 실제 값에 대한 실험적 결정.

검정공차(檢定公差, tolerance of tape) : 강줄자의 정확한 값과 측정오차 값의 공적인 한계에 대해서 계량법에 규정되어 있는 양이다. 검정공차량은 강줄자의 표시 값이 나타내야 할 값에서 초과량 또는 부족량을 나타낸다.

검정화면거리(檢定畵面距離, calibrated focal length) : 일정한 화각 내의 왜곡수차의 영향을 최소가 되게 한 화면거리.

검조(檢潮, tide observation) : ① 밀물과 썰물에 의한 해수면의 오르내림을 측정함. ② 해수면의 주기적 변화의 정확한 양상을 관측하는 것으로, 연안의 선박통행, 항만공사의 기준면, 수심, 표고 및 해안선의 기준면 설정 등에 사용한다.

검조기(檢潮器, tide gauge) : 해수면의 주기적인 조석의 조위를 측정하는 장비이다. 하우스식, 리샬식, 혼다식 외에 정밀측정용으로 로드켈빈식이 있다. 일반적으로 시계장치로 되어 있어 자동적으로 기록된다.

검조소(檢潮所, tide station) : 조위를 관측하기 위하여 부자를 이용한 검조기를 설치하여 조석관측을 하는 장소로, 검조정호와 도관이 있고 파랑의 영향을 받지 않도록 되어 있다. 영구적인 곳과 일정한 기간만 설치하는 곳이 있다.

검조의(檢潮儀, tidal observation) : 해수면의 주기적 상승의 정확한 양상을 관측하는 측량을 말한다. 연안선 선박통행, 수심관측의 기준면 설정, 항만공사 등의 기준면 설정, 육상 수준측량의 기준면 설정 등에 사용된다.

검조주(檢潮柱, tide pole or tide staff) : 조위를 측정하기 위해서 해변에 세운 눈금이 달린 표척으로 일정한 시간에 수위를 읽는다. 관측을 시작하기 전과 끝난 뒤에 수준측량을 해서 부근의 검조소와의 조위 관계를 대조해서 기록해 둘 필요가 있다. 조위 관측의 가장 간단한 방법이다.

검증(檢證, validation) : 임의의 자료들이 미리 정의되어 있는 일정한 범위 안에 존재하고 있는가를 조사하는 작업.

검증시험(檢證試驗, verification test) : 자료기반에 존재하는 속성값이 올바른 값을 가지고 있는지를 검사하는 과정을 말한다.

검지기(檢地器, detector) : 교통량과 속도, 점유시간 등을 관측하는 장치.

검출(檢出, detection) : 검사하여 찾아내거나 화학적 분석에서 시료 속의 어떤 원소나 이온 화합물의 유무를 알아내는 것.

검출감도(檢出感度, detectivity) : 측정기기·수신기 등이 외부의 자극·작용에 대해 반응하는 예민성의 정도로서 검사하여 찾아내는 것.

검측선(檢測線, survey line) : 조사선이라고도 하며, 측량 성과의 양부를 검사하기 위해서 설정하는 측선이며, 이미 실시한 각 측선에 될 수 있는 한 직교하도록 설치한 측선을 말한다.

겨냥도(겨냥圖, sketch) : 개략의 형상을 (꼭 축척에 의존하지 않음) 나타내는 도면으로, 측량에서는 지형, 지물의 개략적인 관계 위치가 표시된 평면도.

격자(格子, grid) : 바둑판 눈금 또는 석쇄모양의 동일한 크기의 정방형 혹은 준 정방형 셀의 배열에 의해서 정보를 표현하는 자료모형. 정사각형 가상 격자망을 채워주는 점들의 자료값으로 이루어진 데이터베이스. 일반적으로 래스터 자료 체계라고도 한다. 래스터 자료를 셀 단위로 저장하는 X, Y좌표 격자망을 말한다.

격자계(格子系, gridson system) : 삼각망이 격자상으로 배열된 것. 즉 재료를 종횡으로 바둑판의 반복과 같이 배치한 것의 총칭.

격자계삼각망(格子系三角網, gridson system triangulation net) : 삼각망을 격자상으로 배열한 것이다. 측량지역이 광대해서 전지역을 삼각망으로 포괄하는 것이 경제적으로 허용되지 않는 경우에 사용되며 주요점의 위치측정이나 연안지측량, 대상지역의 측량에 적합하다.

격자모형(格子模型, raster model) : 공간 자료를 일정한 순서로 격자상으로 나란히 표현하는 모형. 래스터 모형은 단순한 자료구조로서 중첩이 간단하며 유연한 시각표현 및 자동자료 취득을 가능하게 하는 장점이 있다.

격자방안방식(格子方眼方式, raster coding) : 격자법.

격자방안지도(格子方案地圖, grid map) : 자료가 격자방안의 형태로 전달되는 지도를 말한다.

격자법(格子法, grid method) : 지도상의 독립한 점과 이것에 대응되는 사진상의 점이 있는 경우 사진상에서 새로운 교점을 만들면 이 교점에 대응하는 지도상의 위치는 이것에 대응하는 새로운 교점을 만들어 얻어진다. 이와 같이 교점을 만들어 사진에 대응하는 지도상의 점의 위치를 결정하는 방법.

격자상(格子狀, trellis) : 단층과 대규모 절리 등과 같은 지질구조의 영향을 크게 받는 곳은 격자상의 수계가 발달하며, 이 격자상은 지질구조 판독에 중요한 요소가 된다.

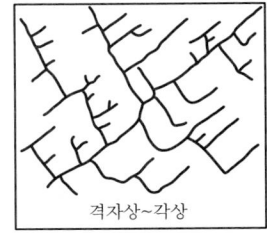

격자상~각상

격자셀(格子셀, grid cell) ; 지리정보체계 또는 원격탐측 영상값이나 속성을 가지는 단위격자로서 도형을 임의의 격자 형태로 나타내기 위한 최소단위 셀이 모여서 하나의 커다란 그리드나 영상을 구성한다. 더 이상 나누어질 수 없는 가장 작은 격자로서 픽셀이라는 용어로도 불린다.

격자자료모형(格子資料模型, grid data model) ; 그리드는 ARC/INFO 커버리지를 래스터 방식으로 자료를 관리하는 ARC/INFO 소프트웨어의 한 모듈이다.

격자좌표(格子座標, grid coordinate) ; 지구상의 한 지점의 위치를 나타내는 체계.

격자주사기간(格子走査期間, dwell-time) ; 감지기 순간시야가 지상해상도 격자를 가로질러 주사하는 데 필요한 시간.

격자중첩(格子重疊, grid overlay) ; 일반적으로 래스터 형태로 지도 자료를 구축, 처리하는 지리정보체계 소프트웨어에는 사용자가 다양한 래스터 지도 파일을 중첩시켜 효과적인 분석을 할 수 있도록 되어 있다. 격자기반지리정보체계 소프트웨어는 지리정보체계의 가장 초기 유형으로 현재도 많은 응용개발분야에서 효과적인 분석기능을 제공하지만, 최근에는 벡터기반체계가 더욱 널리 이용되고 있다.

격자판(格子板, grid plate) ; 격자상에 정확하게 가는 직선을 그은 유리판으로서 도화기 등의 점검과 조정에 사용하는 것.

격자포맷(格子포맷, grid format) ; 불규칙하게 분포된 점이나 측량선을 따라 관측된 변수의 값으로부터 직사각형 배열 내의 정사각형 격자로 변환하기 위한 보간의 결과물. 이것은 등고선 자료처리의 한 단계이기도 하지만 그 값들이 0~255로 다시 할당된 후 그들을 표현하고 분석할 수 있는 래스터포맷을 위한 토대로도 사용될 수 있다.

격자화(格子化, rasterization) ; 동일 다각형에 해당되는 모든 셀은 동일 속성임을 나타내는 속성이 주어진다. 점, 선, 면의 열인 벡터자료를 이산적인 값을 가진 각 셀의 열인 격자자료로 변화하는 과정을 말한다.

견취도(見取圖, sketch map) ; 입체적으로 그린 풍경도, 조감도, 사진 등과 같이 일정한 투시법에 의해서 지형·지물을 묘사한 도면.

결(texture) ; 사진의 결은 크기, 음영, 형상, 색조 등의 여러 요소가 모여 표현되는 대상면의 세밀하고 거친 정도를 나타내는 것으로 개개의 상태로는 식별하기 어려운 작은 대상물의 집합이 사진상에 나타나는 미세한 색조변화.

결절점(結節點, vertex) ; 호의 중간점, chain에서 방향이 바뀌는 지점. chain 상에서 좌표라벨을 부여받는 점. 노드(선분의 끝점)와는 명확히 다르다.

결정화(結晶化, crystallization) ; 다색 인쇄를 할 때 나중에 인쇄되는 잉크가 먼저 인쇄된 잉크 위에 잘 묻지 않는 현상을 말하며 주로 단색인쇄기로 다색인쇄를 할 때 발생하고, 건조 경화성이 강하거나 드라이어를 과다하게 사용하는 경우에 발생하기 쉽다.

결합다각형(結合多角形, connected traverse) ; 결합트래버스.

결합도선(結合道線, connecting traverse) ; 기지점에서 시작하여 다른 수평기지점에 결합하는 도선으로 결합다각형 또는 결합트래버스.

결합트래버스(結合트래버스, connected traverse) ; 트래버스 가운데 시점과 종점의 위치가 삼각점, 다각점 등에 연결되어 있는 형태의 트래버스를 말한다. 각종 트래버스 가운데 가장 정밀도가 높다.

결합폐합차(結合閉合差, error of joint closure) ; 결합트래버스 측량결과와 측량해서 얻은 기지점의 좌표와의 차이로 폐합트래버스의 폐합차에 해당하므로 폐합차라고도 한다.

경거[1](經距, departure) ; 어떤 측선을 기준선(자오선)에 직교하는 직선(동서선)에 정사투영된 투영거리를 말하며, 그 측선의 방향각 a가 속하는 상한에 따라 (+) 또는 (-)의 값을 갖는다.($0° < \alpha < 180°$일 때에는 (+), $180° < \alpha < 360°$일 때에는 (−), 일반적으로 길이 ℓ인 측선의 방향각이 α라면 그 경거 D는 D = $\ell \sin \alpha$ 이다.)

경거[2](鏡距, optical square) ; 직각방향을 정하는 기구로서 P점을 시준공으로 직접 시준했을 때의 상과 이 시준선과 직교하는 방향에 있는 구멍을 통하여 들어와 두 거울에 반사된 Q점의 상이 겹치면 Q점은 P점으로서의 시준선에 대하여 직각방향에 있다. 두 거울은 서로 45°의 각을 이루고 거울 하나의 상반은 투명하고 하반은 거울로 되어 있다.

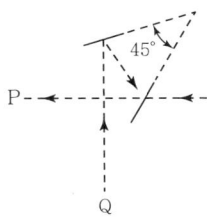

경계(境界, boundary) ; 전산기 영상이나 수치좌표관측기상의 면적을 정의하는 경계. 돌이나 무거운 물질로 만들어진 벽과는 달리 철사나 레일, 슬레이트 조각 또는 다른 비교적 가벼운 물질로 만든 울타리.

경계감정측량(境界鑑定測量, boundary polygon sig) ; 「경계복원측량」참조.

경계면좌표(境界面座標, boundary polygon coordinate) ; 면을 규정하는 연속적인 (X, Y) 좌표를 말한다.

경계복원측량(境界復元測量, boundary relocation surveying) ; 경계감정측량이라고도 하며 지적도 또는 임야도에 등록된 경계 또는 경계점좌표 등록부에 등록된 좌표를 실지에 표시하거나 점유하고 있는 토지의 경계가 일치하는지 여부를 확인할 목적으로 실시하는 측량을 말하며 경계복원측량방법은 등록할 당시의 측량방법과 동일한 방법으로 시행토록 지적법에서 규정하고 있다.

경계불가분의 원칙(境界不可分의 原則, principle of boundary inseparability) ; 경계(또는 경계선)라 함은 2개의 단위 토지 간을 구획하는 지적도 또는 임야도상의 선 혹은 좌표수치를 연결한 것을 말하며 경계는 결코 어느 한쪽 토지에만 전속되는 것이 아니라 양쪽 토지에 공통인 것이면서도 유일한 것이기 때문에 절대로 분리할 수 없다는 원칙.

경계선의 정정(境界線의 整正, adjustment of boundary) ; 간단한 평면기하를 응용하여 토지의 면적을 바꾸지 않고 그 형상을 바꾸거나 복잡한 토지의 경계선에 면적을 바꾸지 않고 바르게 정정하는 것.

경계선정합(境界線整合, edge matching) ; 지도 종이의 경계선을 넘어서는 지형의 위치를 조정하는 과정. 이론적으로는 조정된 지도자료가 정확하게 일치해야 하지만 도면화 과정에서 생기는 오차, 도면화시킨 날짜의 차이, 종이의 건조 수축, 수치화 처리 과정에서 생기는 오차 등에 의해서 완전히 일치하지 못할 때도 있는데 이것을 조정하는 과정.

경계수위(境界水位, Warning Water Level : WWL) ; 하천의 수위 중에서 홍수피해의 위험성이 있는 것으로 간주되어 정보가 발생되는 홍수수위 또는 이에 근접한 수위를 말하며, 수방 요원의 출동을 필요로 하는 수위.

경계수정측량(境界修正測量, boundary correction surveying) ; 지적공부에 잘못 등록된 경계를 정정하여 바로잡는 측량으로 이를 바꾸어 표현하면 현지의 경계는 변동이 없는데 지적도 또는 임야도에 등록된 토지의 경계가 잘못 그려져 있을 때 혹은 수치지적부에 등록된 좌표에 오류가 있을 때에 현지의 경계대로 정정하기 위하여 실시하는 측량.

경계영역(境界領域, boundary region) ; 경계선에 의해 구분되는 지도상의 영역이다.

경계점(境界點, boundary point) ; 지적공부에 등록하는 필지를 구획하는 선의 굴곡점과 경계점좌표 등록부에 등록하는 평면직각종횡선 수치의 교차점.

경계점좌표등록부(境界點座標登錄簿, registration record of boundary point) : 각 필지 단위로 토지에 관한 정보 중 경계점의 위치를 좌표로 등록·공시하는 지적공부를 말한다.

경계정정측량(境界訂正測量, boundary correction surveying) : 지적도나 임야도 또는 수치지적부에 잘못 등록된 경계를 바로잡기 위한 측량. 경계수정측량.

경계조사(境界調査) : 토지소유자의 신고주의의 원칙을 준수하며, 토지의 경계 굴곡점에 규정한 말뚝을 박게 하여 식별할 수 있게 하며 신고인의 토지경계임을 확인하고 부근 토지와의 경계상위 여부를 조사하는 것.

경계측량(境界測量, boundary surveying) : 용지에 있어서 현황측량을 마치면 지구경계를 결정하고, 좌표를 구하는 것과 지구 총면적을 산출하기 위해 실시하는 측량.

경계표(境界標, boundary mark) : 인접지의 경계에서 굴절점마다 설치하는 표지. 석표, 콘크리트표, 천연석표, 토관표, 목표 등이 쓰이는데 석표, 콘크리트표, 천연석표 등에는 상부에 십자를 새겨서 중심을 표시한다.

경계표현(境界表現, boundary representation) : 3차원자료 구조에서 면의 집합으로 면은 모서리 집합으로, 모서리는 절점으로 표현한다.

경계확인(境界確認, boundary confirmation) : 용지측량 시 현지에서 1필지마다 경계 또는 경계점을 확인하는 작업. 경계확인방법은 현지에서 소도, 토지조사표 등에 의거하여 관계권리자 입회하에 경계점을 확인하고 말뚝을 설치한다.

경계확정측량(境界確定測量, acceptance boundary surveying) : 가구확정측량의 성과 및 환지설계에서 결정한 모든 조건을 근거로 하여 필지의 변 길이 및 경계점의 위치를 계산하고 이것을 현지에 표시하며 환지의 위치와 면적을 확정하는 측량.

경관(景觀, viewscape) : 인간의 시지각적인 인식에 의하여 파악되는 공간구성.

경관측량(景觀測量, viewscape survey) : 환경에 관한 지형 및 공간의 유형적 사고방식에서 지표적인 방법에 의한 시각적 특성, 경관주체와 대상, 경관유형, 경관평가지표 및 경관표현 방법 등을 정량화하여 정량적인 경관예측을 위한 표현방법의 활동을 경관측량이라 한다.

경구(鏡矩, optical square) : 거울을 내부에 장치하여 만든 직각기.

경도(經度, longitude) : 지구상의 위치를 나타내는 좌표의 한 가지. 어떤 지점의 자오면과 영국의 그리니치를 통과하는 자오면이 이루는 각도로 나타냄. 그리니치를 중심으로 동쪽으로 재는 것을 동경, 서쪽으로 재는 것을 서경이라 일컬음.

경독식레벨(傾讀式레벨, tilting level) : 망원경 및 여기에 부속된 기포관을 연직축에 관계없이 미동시킬 수 있는 구조의 레벨을 말한다. 정준나사로 원형수준기의 기포가 중앙에 오게 하고, 시준선은 미동나사로 수평이 되게 한다.

경사(傾斜, inclination or dip) : 비스듬히 기울어짐 또는 기울어진 정도. ① 시준선의 경사 : 앨리데이드 및 컴퍼스로 시준할 때 후시준판의 시준공에서 전시준판의 시준사를 통하여 전면의 경사 목표를 시준할 때 이 시준선과 수평선이 이루는 각을 말한다. ② 수평면과 어떤 지층이 이루는 각.

경사각(傾斜角, ① oblique angle, ② angle of inclination) : 경사진 각도. ① 경사지가 수평면과 이루는 각. 이 경사각과 사거리를 측정함으로써 수평거리를 산출할 수 있다. ② 항공사진을 촬영했을 때 카메라의 광축이 연직선과 이루는 각을 말하며 사진면이 수평면과 이루는 각과 같다.

경사갱(傾斜坑, inclined shaft) : 터널을 굴착한 경우, 재료운반 등을 위해 설치하는 것으로 수직갱과 같은 역할을 한다.

경사거리(傾斜距離, ① inclined distance, ② slant range) : ① 비스듬히 기울어진 상태로의 거리. ② 레이더 영상에 관련된 용어로서 레이더 안테나와 목표 객체 사이의 경사거리.

경사거리영상(傾斜距離映像, slant range image) : slant range 방향의 영상을 말한다. slant range 영상에서의 해상도는 비행경로에 근접할수록 나쁘게 되며 따라서 측방주사를 하여야만 해석이 가능한 영상을 얻을 수 있게 된다.

경사계(傾斜計, clinometer) : 두 점 간에 매인 측승에 매달아 그 경사를 측정하는 기구.

경사도(傾斜度, ① slope, ② gradient) : 지붕이나 비탈길 등의 경사면이 수평면에 대하여 기운 정도로 특별히 지붕에 대해서는 물매, 비탈길 등의 경사도는 기울기라고도 하며 기운 경사를 각도 또는 수평거리에 대한 높이로 표현한다. 구배라고도 한다.

경사면적법(傾斜面積法, slope-area method) : 개수로의 수리학적 공식을 적용하여 유량을 산정하는 방법. 가장 널리 사용되는 것은 Manning의 공식.

경사방향거리(傾斜方向距離, slant range distance) : 경사거리를 따라 관측된 거리.

경사변환선(傾斜變換線, turning line of slope) : 동일방향의 경사면에서 경사의 크기가 서로 다른 두 면이 접합할 때의 접합선.

경사변환점(傾斜變換點, turning point of slope) : 사면의 경사각이 변화하는 지점을 말한다. 변환점은 지성선의 분기점과 함께 그 위치 및 높이를 정확하게 측정함으로써 수평곡선의 측도작업을 할 수 있다.

경사보정(傾斜補正, correction for inclination of tape or grade correction) : 경사지에 따라 사거리를 측정하여 이것을 수평거리로 보정하는 것. 이때 경사각을 쓰는 방법으로는 양단점의 높이를 쓰는 방법 및 백분비를 쓰는 방법 등이 있는데, 이 계산을 위하여 여러 가지 보정표 또는 보정도표가 이용된다.

경사분획(傾斜分劃, graduation of inclination) : 앨리데이드의 시준판에 새겨진 눈금.

경사사진(傾斜寫眞, oblique photograph) : 항공사진에서 광축이 연직선 또는 수평선에 경사(경사각 3° 이상)지도록 촬영한 사진. 지평선이 사진에 나타나는 고각도 경사사진과 지평선이 사진에 찍히지 않는 저각도 경사사진이 있다.

경사수위표(傾斜水位標, inclined water gauge) : 하천수위를 관측하는 기구로서 하천제방의 사면에 따라서 설치하는 수위표이며 급류 등으로 인하여 수위표를 연직으로 설치하기 어려운 때에 세운다.

경사양수표(傾斜量水標, inclined water gauge) : 사면에 따라서 설치하는 양수표이며 급류 등 때문에 양수표를 연직으로 설치하기 어려운 때에 세운다. 눈금은 읽음값이 그대로 곧 수위가 될 수 있게 새겨져 있다.

경사의(傾斜儀, clinometer) : 「클리노미터」, 「경사측정기」 참조.

경사지거법(傾斜支距法, diagonal offset method) : 본선 위의 두 곳에서 측점까지 비스듬하게 지거를 잡아서 그 점을 결정하는 방법이다. 본선에서 수직으로 뺀 보통의 지거에 비해서 다소 까다롭기는 하나 정도가 높다.

경사지도(傾斜地圖, slope map) : 분석(퍼센트 경사로서 각 셀의 경사구배를 계산하는 것)을 위해 사용되는 지형적 고도의 정보를 묘사한 지도.

경사측정기(傾斜測定器, clinometer) : 간단한 경사각측정기로서 수직분도원과 버니어가 있고 기포관은 수평축의 둘레로 회전할 수 있으며 어떠한 위치에 놓더라도 기포는 중앙으로 오게 할 수 있다. 기포가 중앙에 오면 그때의 수직분도원의 읽음값이 수평과 이루는 각을 나타내도록 되어 있는 것.

경선(經線, longitudinal line or meridian) : 자오선. 양극을 지나는 대원의 북극과 남극 사이의 절반으로 중심각 180°의 대원호를 말한다.

경심(徑深, hydraulic mean depth) : 수로의 유수단면적을 윤변(단면 내에 있으며 물과 접촉하고 있는 부분의 길이)으로 나눈 값을 말하며, 길이의 치수를 갖는다.

경영정보체계(經營情報體系, Management Information System : MIS) : 하나의 기업에서 기업경영에 책임을 지고 있는 경영층에 대하여 기업경영에 관련된 의사결정을 지원할 수 있도록 종합적인 기업경영자료를 보관 및 처리하는 능력을 가지고 있는 종합정보처리체계를 지칭.

경위도(經緯度, longitude and latitude) : 경도와 위도를 말하며, 특별한 설명이 없는 한 측지학적 경위도를 지칭.

경위도법(經緯度法, method of longitude and latitude) : 어떤 지점의 위치를 경거, 위거를 사용하여 좌표로 나타내는 방법.

경위도원점(經緯度原點, initial point or geodetic datum origin) : 적당한 지점에 측지측량원점을 설치하고, 정밀한 천문측량에 의해 경도, 위도 및 방위각을 관측하여 결정해 놓은 점. 즉 타원체와 지오이드가 일치된다고 가정한 점.

경위도좌표체계(經緯度座標體系, latitude-longitude coordinate system) : 지구타원체에 관계하는 각 관측을 기술하는 지리적 좌표체계에 의해 표현되는 지구좌표체계이다. 전세계적으로 경위도 좌표체계는 가장 많이 사용되는 것으로 좌표체계(측지 또는 지리 경위도)는 자오선과 적도의 관계로 표시. 적도와 직교하여 남북으로 통하는 선으로 본초자오선으로부터 동서로 각 180°로 나눈 것을 경도라 하며, 경도 간의 거리는 적도에서 크고 극에 가까워질수록 작아지고 극에 가서는 0이 된다. 적도에 평행되는 선을 가상하여 남북극까지 각 90°로 나눈 것을 위도라 하고 인접 위도선 간의 거리는 적도 부근에서 좁고 극에 갈수록 넓다. 그러나 지구를 구로 생각할 때는 등간격이 된다.

경위선망(經緯線網, network longitude and latitude) : 지도를 제작할 때에는 우선 경위도를 나타내는 그물눈을 그리고 이것을 바탕으로 지형지물의 위치를 정하여 그 도형을 그려 나가는 것이 보통인데 경위선망의 모양은 투영법에 따라 다르다.

경위의(經緯儀, theodolite or transit) : 주로 수평각을 정밀하게 측정할 수 있게 만든 기계로 수평각 이외에도 연직각 측정과 측선 연장 및 시거측량 수준측량 컴퍼스측량 등의 여러 목적으로 널리 사용되는 측량기계.

경전철(輕電鐵, light rail) : 중량전철에 비하여 처리용량이 적은 전기를 이용한 전철. 공용 또는 전용 통행권을 가지며, 높거나 낮은 승강장처리용량을 가지고 있음. 통상 하나 혹은 여러 대의 차량이 연결되어 운행하며, street-car, trolley, tramway 등이 있음.

경제적제한거리(經濟的制限距離, economic limiting distance) : 토공량 운반거리에는 경제적으로 일정한 한도가 있고, 이 한도를 넘을 때에는 운반비가 증가하여 오히려 사토와 순성토 쪽이 경제적일 수도 있는데, 이 일정한 경제적 한도거리를 말한다.

경지정리사업(耕地整理事業, land readjustment project) : 농경지를 일정 크기로 구획하고, 관개, 배수시설, 농로의 개선과 토지의 교환, 분할 등을 추진하여 토지의 이용도를 극대화하고 생산량을 증대시키며, 농촌 농업인구의 노동력 감소에 대한 대책으로서 영농방식을 기계화하기 위한 방안으로 추진하는 사업.

경중률(輕重率, weight) : 미지의 관측에서 그 정밀도가 동일하지 않은 경우에는 어떤 계수를 곱하여 개개의 관측값 간에 평형을 잡은 후 그 최확값을 구해야 함. 이 계수를 경중률이라 하는데 관측값들의 신뢰도를 나타내는 값으로 일반적으로 관측횟수에 비례하고 관측거리에 반비례하며 평균제곱오차(표준편차)의 제곱에 반비례한다.

계곡(溪谷, valley) : 지표에 좁고 길게 움푹 패어 들어간 곳. 높고 가파른 경사를 가지며 때로는 바닥을 따라 하천이 흘러내리는 골짜기가 되기도 한다.

계곡선[1](溪谷線, valley line) ; 지표면이 낮거나 움푹 패인 점을 연결한 선으로 요(凹)선, 합수선, 곡선, 합곡선이라고도 한다.

계곡선[2](計曲線, index contour) ; 지모의 상태를 명확하게 나타내고 등고선을 읽기 쉽게 하기 위하여 주곡선 5개마다 굵은 실선으로 표시한 선.

계기보정(計器補正, drift correction) ; 중력보정의 하나로 스프링의 크리프 현상으로 생기는 중력의 시간에 따른 변화를 보정하는 것.

계단법(階段法, stepping) ; 경사지에서 수평거리의 측정방법으로 두 점 사이의 거리를 측정할 경우에는, 여러 부분으로 나누어 각 부분에서 계단식으로 수평거리를 구한다. 이것은 측정방향에 따라서 강측법과 등측법이 있다.

계단저항식파고계(階段抵抗式波高計, step-resistance type wave meter) ; 표주식 파고계를 자기할 수 있게 한 것으로 일정 간격마다 전극을 내어 전극마다 저항치가 다른 전기저항을 접속한다. 그러므로서 해면의 변화를 전기저항 변화에서 전류변화로 변환하여 기록계로서 파고를 기록하게 하는 것.

계류장(繫留場, apron) ; 공항시설 중 항공기의 주기, 여객의 승강, 하물의 적재 및 하기, 급유, 정비 등을 행하기 위해 포장한 일정구역. 군용공항에서는 통상 주기장이라고 함. 모든 항공기는 계류장을 통하여 승객과 화물을 싣고 내리며, 이곳에서 급유 및 기타 간단한 정비도 하므로 항공교통 흐름과 이륙 준비에 차질이 없도록 계류장의 크기, 배치 및 기능 보완에 주의가 요구됨. 계류장은 기능 분류상 로딩계류장, 정비계류장, 야간계류장 등으로 구분함.

계산시점(計算始點, computational viewpoint) ; 인터페이스에서 상호작용하는 객체들로 시스템의 기능적인 분해를 통하여 확산 분포를 가능하게 하는 ODP시스템과 그것의 환경에 대한 관점이다.

계산위상(計算位相, computational topology) ; 보통, 수리기하학에서 실행되는 위상객체의 연산을 정의하고 확장하여 지원하는 위상적 개념, 구조 및 대수이다.

계산지적측량(計算地籍測量) ; 경계점의 정확한 위치결정이 용이하도록 측량기준점과 연결하여 관측하는 것으로 측량방법으로 볼 때에는 수치지적과 차이가 없다.

계선(繫線, tie-line) ; 관측선의 연장선과 다음 관측선 또는 앞 관측선과 다음 관측선 사이에 일정한 크기의 선을 넣어 삼각형을 구성함으로써 다음 관측선의 방향을 결정하는 거리측량의 한 방법으로 서로 교차되는 두 측선상의 적당한 점이나 연장선상의 한 점을 선정하여 이 점끼리 연결한 선.

계선법(繫線法, tie line method) ; 측량구역 내에 장애물로 인하여 대각선으로 거리측량을 할 수 없는 경우에 사용하는 방법으로 줄자만으로 교각을 결정하는 방법, 즉 다각형의 각 정점에 작은 삼각형을 만들어 그 세 변을 재어 삼각법만으로 꼭지점을 결정하는 방법.

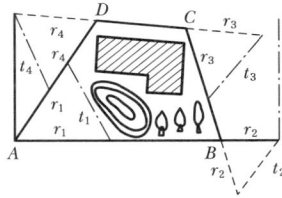

계선삼각형(繫線三角形, tie line triangle) ; 측선과 계선이 만드는 삼각형.

계층(階層, hierarchy) ; 하나의 항목에서 자신을 소유하는 상위개념이 존재하고, 자신은 또다시 여러 개의 하위개념을 소유하는 구조를 표현하는 방법.

계통적오차(系統的誤差, systematic error) ; 언제나 일정한 크기로서 같은 방향으로 나타나는 오차를 말하며, 정오차라고도 한다. 원인이 판명되면 측정치에서 소거시킬 수 있다. 오차론의 대상은 되지 않으며, 오차론은 측치에서 계통적오차를 소거하고 우연오차만 들어 있다고 생각되는 값을 말한다.

계통왜곡(系統歪曲, systematic error) ; 기지의 혹은 미리 예상 가능한 특성들에 의해서 야기된 image상의 기하학적인 불일치성으로 제거가 가능한 왜곡.

계획고수류량(計劃高水流量, estimated high-water discharge) ; 한 하천의 지천을 포함해서 유하시키는 계획상의 최대유량. 이를 기초로 하도의 계획·설계를 한다.

계획고수위(計劃高水位, estimated high-water level) ; 계획고수류량을 안전하게 유출시킬 수 있는 하도(河道)의 수위.

계획단면(計劃斷面, designed section) ; 계획고수유량과 평균유속으로 소요단면적을 계산하여 결정한 단면. 저수유량과 고수유량의 차가 심하지 않은 하천에서는 단단면, 그것이 심한 하천에서는 복 단면이 채용된다.

계획도(計劃圖, plan map) ; 지도에 도시계획, 지역계획, 간척계획, 매립계획, 토지조성계획, 항만계획 등을 일반도면상에 계획선, 예정선 등을 표시한 장래계획을 위하여 제작한 지도.

계획준비(計劃準備, preparing plan) ; 소요목적에 따라 예산, 공기, 정도 및 작업규정 등을 명확하고 상세하게 계획하고, 이에 필요한 지도의 축척, 사용목적, 사용할 기기 등을 감안하여 작업으로부터 인쇄까지를 면밀히 검토하는 것.

고개(鞍部, saddle) ; 능선과 곡선이 교차하는 곳. 즉, 한 쌍의 등고선군의 볼록부가 마주보고, 다른 한 쌍의 등고선군의 오목부가 마주보는 가운데 부분. 아래그림의 C 부분.

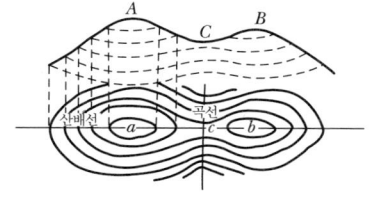

고고조(高高潮, higher high water) ; 하루 중의 만조 가운데 높은 쪽을 말한다.

고경사사진(高傾斜寫眞, high oblique photograph) ; 항공사진 중에서 사진기의 각도가 연직하방으로부터 3° 이상 경사지게 촬영된 사진(경사사진)으로 지평선 또는 수평선이 나타나도록 촬영된 경사가 많은 사진.

고급기능사(高級技能士, high quality engineer) ; 기능사의 자격을 가진 자로서 7년 이상, 전문대학 졸업 후 5년 이상, 고등학교 졸업 후 7년 이상 해당분야의 측량업무를 수행한 자.

고급기술자(高級技術者, high quality engineer) ; 기사의 자격을 가진 자로서 7년 이상 측량업무를 수행하거나 산업기사로서 10년 이상 측량 업무를 수행한 자.

고도^1(高度, cant) ; 철도나 도로 등에서 곡선을 운동하는 차량은 원심력을 받으므로 곡선을 운행할 때 원심력에 의해서 차량이 탈선하려고 한다. 이때 차량탈선을 방지하기 위하여 외측 레일 또는 외측노면을 내측보다 높게 하는 것으로 도로에서는 편경사, 철도에서는 캔트라고 한다.

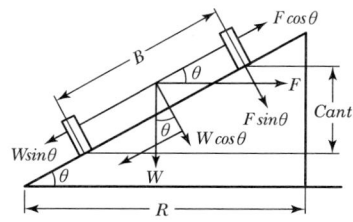

고도^2(高度, altitude or elevation) ; 높이의 정도. 기준면에서 어떤 점까지 연직으로 관측한 거리, 고저각이라고도 한다. 또는 천체의 고도(각)는 그 천체를 통과하는 수직 대원의 호에 따라서 수평면에서 천체까지 관측한 각 거리.

고도각(高度角, altitude) ; 높이의 정도. ① 삼각측량에서 구점의 높이를 구할 때 구점을 관측해서 얻은 각도로서 수평방향을 0°로 하고 (+), (-)의 부호를 붙여서 표시하며 연직각이라고도 한다. 천정방향을 0°로 하고 측정하기도 하는데 이 각을 천정각이라고도 한다. 90°에서 천정각을 빼면 고도각이 구해진다. ② 천체의 고도각은 두 천체를 지나는 수직대원의 호에 따라서 수평면에서 천체까지를 잰 각거리이다. 고도각의 여각인 천체거리를 사용하는 수가 종종 있다.

고각도경사사진(高角度傾斜寫眞, altitude correction) : 화면에 지평선이 찍혀 있는 사진.

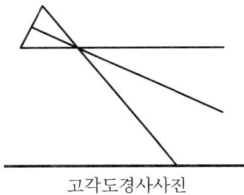
고각도경사사진

고도계(高度計, altimetry) : 높이의 정도를 측정하는 기계 및 기구.

고도보정(高度補正, altitude correction) : 관측점 사이의 고도차가 중력에 미치는 영향을 제거하는 것. 보정에는 관측점 사이에 존재하는 물질에 의한 인력을 고려하지 않고 고도차만을 고려하는 프리에어보정과 물질의 인력에 의한 영향을 고려한 부게보정이 있다.

고도부핸드레벨(高度部핸드레벨, hand level with vertical graduated arc) : 핸드레벨에 클리노미터가 달려 있는 것. 따라서 경사각도를 측정할 수 있는데, 기포관을 수평축의 둘레로 분도원과 함께 회전시켜 기포가 2등분될 때의 분도원 읽은 값이 경사각이다.

고도분석(高度分析, altitude analysis) : 계획구역 내의 지형의 높고 낮음을 알아볼 수 있게 지형도상에 나타난 등고선을 따라서 고도별로 선이나 색을 넣어서 높고 낮음을 한눈에 알아 볼 수 있도록 지형을 분석하는 방법.

고도정수(高度定數, altitude constant) : 고도의 관측에 있어서 망원경 정위·반위 합은 기계에 따라 달라서 360°, 180° 또는 0°가 될 것인데 기계오차 때문에 일정한 차가 나온다. 이 차를 고도정수라 하고 정수의 정돈 여하에 따라 관측의 양부를 판정한다.

고도지구(高度地區, height district) : 건축물의 고도한계에 관하여 규제하며 토지 이용의 고도화 혹은 환경보전을 위하여 정한 지구. 건물 높이의 최고한계를 정하는 경우와 최저 한계를 정하는 경우가 있다.

고도차(高度差, relative height) : 카메라로 촬영할 때 촬영점과 촬영점 간의 높이의 차 또는 두 지점 간의 높이의 차를 말함.

고도차계(高度差計, statoscope) : U자관을 이용하여 촬영점 간의 기압차를 관측하여 촬영점 간의 고도를 환산 기록하는 것.

고립파(孤立波, solitary wave) : 수심에 대하여 파고가 작다고만 할 수 없는 단일한 비주기적인 물결. 해안에 가까워지면서 수심이 얕아져 물결이 부서지기 직전의 파형은 고립파에 가깝다.

고묘원도(稿描原圖, pencil drawing manuscript) : 현지에서 측량을 하면서 그린 원도인데 일반적으로는 사진측량에서 기계로 도화한 그대로의 것.

고무관수평기(水平器, water level) : 고무관으로 연결된 두 유리관의 한쪽에서 물을 보내 두 유리관의 수면 높이를 견주어서 고도를 구하는 것으로 사용이나 휴대가 간편하여 선로의 부설, 기계류의 설치, 건축물의 바닥 시공 또는 중간에 장애물이 있는 경우에 쓰기 편리하게 된 기구.

고성능고해상도방사계(高性能高解像圖放射計, Advanced Very High Resolution Radiometer : AVHRR) : 1.1km×1.1km 격자의 지상해상도를 가지며, 파장대 0.55~12.50 μm 사이의

5개 분광밴드 자료를 취득하는 NOAA극궤도 위성에 탑재된 cross track 다중분광스캐너이다.

고속도로(高速道路, ① freeway, ② motorway, ③ express way) : 완전 또는 불완전 출입제한이 있고 일반적으로 교차점에서 입체교차로 되어 있는 분리간선도로. 그 중 완전출입제한인 것을 프리웨이라고 한다.

고수공사(高水工事, high-water work) : 홍수를 방지하기 위한 공사.

고수구배(高水勾配, slope of high water surface) : 고수위의 수면구배. 고수경사라고도 한다.

고수위(高水位, High Water Level : HWL) : 1년에 한두 번 일어날 정도의 수위, 또는 평균수위보다 높은 수위.

고저각(高低角, ① angle of elevation, ② altitude angle) : 수직면 내에서 수평면과 어떤 측선이 이루는 각. 수평면으로부터 상 방향의 각을 상향각(앙각(+)), 하방향의 각을 하향각(부각 또는 복각(-))이라고 함.

고저간격(高低間隔, high water interval) : 어떤 지점에서 달이 남중할 때부터 고조가 될 때까지의 시간.

고저계산(高低計算, adjustment of elevation) : 수준측량에서 관측치로부터 표고를 계산하는 것.

고저기준점(高低基準點, Bench Mark : BM) : 수준점.

고저미동나사(高低微動螺絲, vertical tangent screw) : 트랜싯의 망원경 시준축을 수직면 내에서 상하로 이동시키기 위한 나사. 연직미동나사라고도 한다.

고저조(高低潮, higher low water) : 하루의 간만 가운데 진폭이 낮은 쪽의 저조를 가리킴.

고저차(高低差, difference of elevation) : 한 측점과 다른 측점의 높이 차. 비고 또는 높이의 차라고도 한다.

고저측량(高低測量, leveling) : 수준측량이라고 하며 지구상의 모든 점들 사이의 고저차를 구하는 측량.

고저측량망(高低測量網, leveling network) : 수준망.

고저측량환(高低測量環, leveling circuit) : 수준환.

고정나사(固定螺絲, clamp screw) : 관측기계의 가동부분을 고정시키는 나사. 복축형 트랜싯의 경우 상부고정나사, 하부고정나사, 수직고정나사 3개가 있다.

고정점(固定點, fixed station) : 왕복관측을 하는 노선수준측량에서 8~10 측점 마다 말목 또는 고정지물 상면의 값을 구하여 왕복관측치의 비교 점검용으로 사용하는 점. 만약 오독 또는 제한 이상의 오차가 있을 때 그 구간만을 재측하면 되므로 편리하다.

고조(高潮, high water or high tide) : ① 천체조석에 의한 해면의 주기적 승강에 있어서 해면이 가장 높아졌을 때. ② 태풍, 해일 등의 이상기상에 의한 해면상승.

고조간격(高潮間隔, high water interval) : 달이 자오선을 통과하여 고조로 될 때까지의 시간. 어떤 장소에서 고조간격을 여러 해 걸쳐 평균한 것을 평균고조간격이라 칭한다.

고주파수동축케이블(高周波受動軸케이블, High Frequency Coaxial Cable : HFCC) : 내부도체와 외부도체가 동축형으로 배치된 케이블. 텔레비전 전자 등 고주파 통신에 사용된다.

고주파수전자기측량(高周波數電磁氣測量, High Frequency Electromagnetic Method : HFEM) : 이상체의 위치, 형태 및 전기비저항값을 유추해 내기 위하여 2차장의 세기, 위상 및 비접촉 용량전극에 의한 전기장을 측량하는 것.

고주파창(高周波窓, High Frequency Window : HFW) : UHF대(초고주파대)의 전파를 이용하여 비교적 얕은 지하에 있는 시설물을 관측하는 방식.

고주파필터(高周波필터, high pass filter) : 낮은 주파수 성분을 제거하거나 억제하기 위해 사용된다. 보통 고주파필터는 동종 저주파필터와 결합하여 사용되고, 영상을 예리하게 처리할 때 적용되며, 경계의 세밀함을 보존하는 역할을 한다.

고지자기학(古地磁氣學, paleomagnetism) ; 암석이 띠고 있는 자기를 연구하는 학문. 퇴적되는 암석이 생성 당시에 얻은 자성에 의해 퇴적 당시의 지주자기장 방향으로 정렬하여 퇴적됨으로써 암석자기를 띠게 된다. 따라서 암석의 고지자기를 측정함으로써 암석의 생성시기 및 순서를 측정할 수 있다. 특히, 과거 지질시대를 통하여 여러 번 일어난 지자기 역전의 역사는 고지자기학 연구를 통한 해저확장설과 대륙이동설을 뒷받침해 주는 사실이다.

고차(高差, relative height) ; 고저차. 즉, 높고 낮은 차이.

고차수준측량(高次水準測量, differential leveling) ; 필요한 두 점 간의 고저차만을 결정하는 측량으로 수준측량이라고도 한다.

고차식(高次式, differential or two column system) ; 레벨측량의 야장계산방법으로 후시란과 전시란 만으로 높이를 계산하기 때문에 고차수준측량에 이용되며 후시의 합계와 전시의 합계의 차이로써 고저차를 산출하는 방법.

고체주사기(固體走査機, solid state scanner) ; 실리콘 등의 고체광감응소자 여러 개를 선상 또는 면상으로 매우 고밀도로 배열하고 그 위에 맺어진 광학적 상을 전기신호로 변경하도록 하는 형식의 주사기.

고측표(高測標, high observation tower) ; 수목이나 그 밖의 장애물을 넘어서 관측 할 필요가 있을 때 세우는 높은 측표. 높은 망대 위에서 관측하기 때문에 측기대는 다른 부분과는 상관없이 세운다.

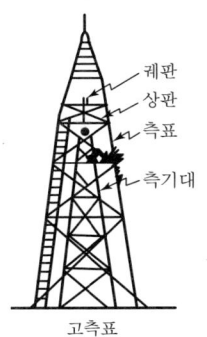

고측표

고해상도영상레이더(高解像圖映像레이더, Synthetic Aperture Radar : SAR) ; 레이더 원리를 이용한 능동적 방식으로 영상의 취득에 필요한 에너지를 감지기에서 직접 지표면 또는 대상물에 발사하여 반사되어 오는 마이크로파를 기록하여 영상을 생성하는 능동적인 감지기로서, 구름, 안개, 비, 연무 등의 기상조건에 영향을 받지 않고 야간에도 영상을 취득할 수 있는 장점이 있다.

고해양학(古海洋學, paleooceanography) ; 지질시대 해양의 형태, 수심, 해수온도, 염분, 유속, 생물분포 등을 연구하는 학문.

곡률(曲率, curvature) ; 곡선 또는 곡면의 굽은 정도를 나타내는 률. 곡선반경의 역수이며, 곡률이 큰 경우에는 곡선이 급한 상태이고, 곡률이 작은 경우에는 곡선이 완만한 상태이다.

곡률도(曲率度, degree of curve) ; 평면곡선의 곡선 정도를 표시하는 척도의 하나로서 곡선으로 100피트 움직이는 데 1°의 중심각 변화가 일어나는 곡선을 1곡도라 한다.

곡률반경(曲率半徑, radius of curvature) ; 곡률의 역수. 곡률원의 반경.

곡률보정(曲律補正, correction for curvature of the earth) ; 지표상의 수준측량에서는 지구의 곡률오차로 발생되는 값을 보정해 주어야 하는데, 이 오차는 수평거리 1km에 대하여 약 8cm 정도 발생한다. 지표상의 수평거리를 D, 지구의 반지름을 R이라고 한다면

곡률보정량 $\Delta h = + \dfrac{D^2}{2R}$ 이다.

곡률오차(曲率誤差, error of curvature) : 지구 표면은 구면이므로 지구표면과 연직선과의 교선, 즉 수평선을 기준고라고 할 때 넓은 지역에서는 수평면에 대한 높이와 지평면에 대한 높이는 다른데, 이 차를 말한다.

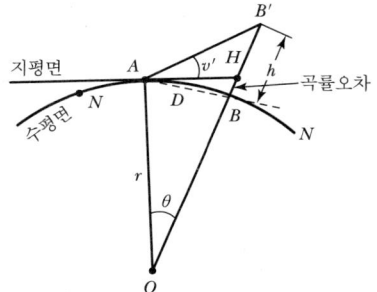

곡면각(曲面角, curved surface angle) : 구면 또는 타원체면상의 성질을 나타내는 각. 대단위 삼각측량이나 천문측량 등에서와 같이 구면 또는 타원체면상의 위치결정에는 평면삼각법을 적용할 수 없으며 구과량이나 구면삼각법의 원리를 적용해야 하며 이때 곡면각이 이용된다.

곡면보간법(曲面補間法, patchwise interpolation) : 지형을 수학적 곡면으로 간주하고 표고(Z)가 평면좌표(X,Y)의 함수 Z=f(X,Y)로 표시되는 곡면식을 구하여 보간하는 방법이다. 지형을 가장 실제에 가깝게 재현할 수 있으나 계산기의 용량이 크게 요구된다.

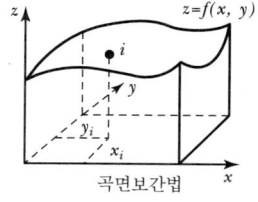

곡면보간법

곡선(曲線, curve) : 경계를 이루면서 연결되어 있는 1차원적인 기하학적 원형.

곡선계(曲線計, curvimeter) : 커브미터. 곡선의 길이를 재는 기구.

곡선길이(曲線길이, Curve Length : CL) ; 선상 시설물에서 그 시설물의 중심선에 곡선부분이 있을 때, 이 곡선부분의 길이. 곡선의 형태에 따라서 계산하는 방법이 다르다.

곡선반경(曲線半徑, radius of curvature) ; 선상 시설물에서 곡선의 중심으로부터 원호까지의 직선거리.

곡선보간법(曲線補間法, curvilinear interpolation) : 단면별로 수집된 점으로부터 지형변화에 상당하는 곡선식을 구하여 보간하는 방법이다. 각 단면의 곡선식을 구하는 방법으로는 일반적인 수치해석방법으로서 Newton의 전향보간법, Lagrange보간법, Aitken-Neville 보간법 및 Spline보간법과 최소제곱법 등이 있다.

$$z = c_0 + c_1 x + c_2 x^2 + \cdots + c_n x^n$$

곡선보간법

곡선부분(曲線部分, curve segment) : 일정의 보간법 및 정의법을 사용해 곡선의 연속적인 부분을 표현하기 위해 사용하는 1차원 기하 객체.

곡선설치(曲線設置, curve setting) : 노선측량에서 중심선으로서의 곡선을 현지에 설치하는 것. 설치하는 방법에는 여러 가지가 있으나 주된 것은 편각법, 중앙종거법, 접선편거법 및 현편거법 등이 있다.

곡선설치법(曲線設置法, method of curve setting) ; 곡선설치를 하는 특별한 측량방법으로 편각법, 중앙종거법, 접선편거법, 현편거법 등이 있다.

곡선시점(曲線始點, Beginning of Curve : BC) : 곡선이 시작되는 점으로 직선에서 곡선으로 들어가는 점.

곡선오구(曲線烏口, ① curve pen, ② contour pen) : 곡선을 그릴 때 편리하도록 頭部가 곡선방향을 따라 회전하는 오구.

곡선자(曲線자, curves, curve ruler) : 곡선을 그릴 때 사용하는 자.

곡선장(曲線長, Curve Length : CL) : 곡선시점에서 곡선종점까지의 곡선호의 길이.

곡선정정계산기(曲線訂正計算器, computer of curve correction) : 궤도곡선부의 선형을 보정하기 위하여 사용하는 계산기.

곡선종점(曲線終點, End of Curve : EC) : 곡선이 끝나는 점으로 곡선에서 직선으로 옮아가는 점.

곡선중점(曲線中點, Secant Point : SP) : 곡선시점과 곡선종점의 사이에 있는 그 호의 중점.

곡선함수표(曲線函數表, curve-function table) : 편의상 반경을 100m로 하고 교각을 1~121°까지 1′에 대한 곡선 제원의 값을 산출하여 표로 만들어 놓은 것.

골격지물(骨格地物, basic features) : 지도상에서 도형의 위치나 형상의 골격을 이루는 지물. 즉 거주지, 교통망, 수애선, 경계선 등이다. 이들은 그 위치와 형상의 실형을 나타내고 있다.

골조측량(骨組測量, skeleton surveying) : 세부측량의 기준이 될 수 있는 위치를 결정하는 측량. 일반적으로 삼각측량이나 트래버스측량을 이용하여 실시한다.

공간(空間, space) : 시(時, time : 시간적인 간격 및 변화)와 위(位, distance : 공간적인 거리 및 배치)를 뜻하는 것으로 동적인 대상을 말한다. 여기서 시는 대상들의 현상변화 및 시간적인 간격을 의미하고, 위는 대상들의 형상배치를 의미한다.

공간각(空間角, solid angle) : 구의 정점을 중심으로 하여 구표면에서 구의 반경을 한 변으로 하는 정사각형의 면적과 같은 면적(r^2)을 갖는 원과 구의 중심이 이루는 각. 스테라디안(Sr)의 단위를 쓴다.

공간객체(空間客體, spatial object) : 공간 스키마 안에서 정의된 모양의 사례.

공간관계(空間關係, spatial relationship) : 어떤 공간 차원에서 두 개 이상의 요소 관계를 말한다.

공간구조물(空間構造物, space structure) : 구조물의 3차원 거동을 반드시 고려하여야 하는 구조물.

공간기준(空間基準, spatial reference) : 지표상의 위치를 확인할 수 있는 위치에 관계된 정보의 표시나 코드값 등으로 사용된 지도투영법의 이름, 매개변수, 격자좌표 기법에 대한 정보 등이 포함된다.

공간기준계(空間基準系, spatial reference system) : 지구상의 위치에 좌표를 부여하기 위한 체계로 위치기준계라고도 한다.

공간데이터(空間데이터, spatial data) : 공간상의 객체를 나타내거나 객체들 간의 관계를 표현하는 데 사용되는 데이터로서 지리적인 위치와 위상관계를 나타내는 도형정보와 객체의 특징을 나타내는 속성정보로 구성되어 있다. 계획분야를 비롯하여 시설물 관리, 행정 서비스 등 공간과 관계된 의사결정이 필요한 분야에서 다양하게 활용할 수 있는 정보.

공간분석(空間分析, spatial analysis) : 공간상에 존재하는 객체들의 상호 연관관계를 바탕으로 필요한 정보를 추출하거나 작성하는 과정.

공간분할(空間分割, tessellation) : ① 면적을 작은 단위로 나누는 과정. 공간을 규칙적 혹은 불규칙적인 다각형으로 나누는 것. ② 중첩 없이 동일한 크기, 형태를 갖는 기하학적인 형태에 의해 이루어진 커버리지.

공간속성(空間屬性, spatial attribute) : 지리적 형상의 공간적 특성을 나타내는 속성.

공간스키마(空間스키마, spatial schema) : 지리자료의 공간적 측면에 대한 개념적스키마.

공간연산자(空間演算子, spatial operator) : 연

산자의 정의역 또는 차역에 최소한 하나의 공간매개변수를 가지는 연산자.

공간원시객체(空間原始客體, spatial primitive) ; 공간스키마에 정의된 기하원시객체 또는 위상원시객체.

공간위치결정(空間位置決定, space positioning) ; 대상물 사이의 상호 위치관계를 결정하는 것.

공간위치삼요소(空間位置三要素, XL, YL, ZL) ; 투영중심의 위치를 나타내는 평면직각좌표계상의 3축 좌표.

공간자료(空間資料, spatial data) ; 공간해석이 가능하도록 대상물에 절대 또는 상대위치와 공간관계를 부여하는 자료. GIS에서 공간의 개념은 지형정보를 해석하는 데 필요한 대상물들 사이의 상호 위치관계와 제반 학술적 현상의 발생영역 또는 범주.

공간자료교환표준(空間資料交換標準, Spatial Data Transfer Standard : SDTS) ; 지리공간에 관한 정보를 서로 전달하는 교환표준이다. SDTS는 9년간의 개발과정을 거쳐 1992년 7월 29일 미국 연방정보처리표준으로 승인되었고, 오스트레일리아, 뉴질랜드 국가표준으로 정한 대표적인 공간자료 교환표준이며, 우리나라도 NGIS 체계에서의 국가교환표준으로 제정되었다.

공간자료기반(空間資料基盤, spatial database) ; 수치지도를 이용하여 입력된 공간 및 속성자료가 입력, 검색, 수정 등이 용이하게 이루어질 수 있도록 만들어진 정보의 보관소.

공간자료모형(空間資料模型, spatial data model) ; 지형지물의 공간특성을 표현하는 데 필요한 클래스 및 관계들의 집합.

공간자료웨어하우스(空間資料웨어하우스, spatial data warehouse) ; 자료저장소는 기업의 의사결정을 지원하는 객체지향의 통합적이면서 시간상의 구애를 받지 않는 비휘발성 자료의 집합체라고 정의할 수 있다.

공간자료유통관리기구(空間資料流通管理機構, spatial data clearing house) ; 공간정보의 관리자와 이용자를 인터넷 등의 컴퓨터 통신망으로 연결시켜 공간정보 이용의 극대화를 추구하도록 행정적, 제도적 뒷받침을 하는 기구.

공간자료조작언어(空間資料造作言語, Spatial Data ManipuLation : SDML) ; 공간 및 비행공간자료의 조합을 위해 적절하게 추가적인 기능을 가진 자료처리언어.

공간자세삼요소(空間姿勢三要素, ① tilt-swing-azimuth, ② omega phi-kappa) ; tilt(ω)는 비행방향축(x축) 주위의 회전각, swing(ϕ)는 비행방향에 직각인 수평축(y축) 주위의 회전각을 말하며, azimuth(x)는 사진기축(z축) 주위의 회전각을 말한다.

공간전방교회(空間前方交會, space intersection) ; 2개 또는 3개의 지점을 이용하여 지도상에 표시되어 있지 않는 전방의 지형지물의 위치를 알아내는 방법으로 지도상에서 자기의 위치는 알고 있으며 자기의 위치를 이용하여 알고자 하는 지점의 위치를 찾아낸다.

공간정보(空間情報, spatial information) ; 공간자료로부터 추출되며 공간자료는 지표공간상의 사상에 대한 기록으로 지리정보의 위치(위치자료)와 속성에 관한 것. 공간객체의 형상을 X, Y 혹은 X, Y, Z의 2차원이나 3차원 공간상의 좌표를 기준으로 표현한 것. 계획분야를 비롯하여 시설물관리, 행정서비스 등 공간과 관련된 의사결정이 필요한 분야에서 다양하게 활용할 수 있는 정보.

공간정보체계(空間情報體系, spatial information system) ; 공간적으로 참조된 정보를 다루는 정보체계.

공간정보공학(空間情報工學, ① geomatics, ② geoinformation, ③ geomatic engineering) ; 공간자료를 수집, 저장, 관리하고 그 자료를 처리하여 분포, 배치, 인접관계 등의 공간분석을 수행하며, 그 결과를 표시하거나 종합하여 의미 있는 정보를 제공하는 공학.

공간주파수공학(空間周波數工學, spatial-frequency engineering) ; 공간주파수란 영상 내의 어떤 특정부분에서 단위거리당 밝기값의 변이정도를 말한다.

공간주파수필터(空間周波數필터, spatial-frequency filter) ; 공간주파수란 영상 내의 어떤 특정부분에서 단위거리당 밝기값의 변이정도를 말한다. 즉, 영상 내의 어떤 지역에서 밝기값의 변이가 크지 않다면 이 지역은 낮은 주파수 영역이라고 볼 수 있다. 반면 어떤 지역에서 주변지역들 사이에 밝기값 변이가 상당히 크다면 이 지역은 높은 주파수 영역이라고 볼 수 있다. 공간주파수 필터는 고주파영역과 저주파영역의 분리를 통해 영상의 강조나 평활화 효과를 구현하는 데 사용된다.

공간측량(空間測量, space surveying) ; 대상물 사이의 상호위치관계와 제반 학술적 현상의 발생 영역 또는 범주를 천문측량, 위성측량, 초장기선간섭계, 레이저거리측량 등을 이용하여 행하는 측량.

공간필터법(空間, spatial filtering) ; 정확한 판독을 위해 영상처리에 의하여 지하시설물의 강한 다중반사만을 남기고 다른 반사파는 제거하는 방법으로서 약한 반사파를 제거한다. 일명 1차 처리법이라고 한다.

공간해상도(空間解像圖, ① geometric resolution, ② spatial resolution) ; 인공위성 영상, 디지털 항공사진 등을 통해 모양이나 배열의 식별이 가능한 하나의 영상소의 최소 지상면적을 뜻한다. 일반적으로 한 영상소의 실제 크기로 표현한다.

공간후방교회(空間後方交會, space resection) ; 지도상에 자기의 위치를 알지 못할 때 이용하는 방법으로 2개 또는 3개의 미지의 지점이나 찾기 쉬운 지형·지물 또는 이미 알고 있는 산봉우리 및 지형·지물을 이용하여 자기의 위치를 알아내는 방법.

공공삼각측량(公共三角測量, public triangulation) ; 기본삼각점의 좌표를 이용하여 실시하는 1, 2, 3, 4등 이하의 하등급 삼각측량을 말한다. 각종 건설공사, 도시계획측량 등을 위한 소삼각측량이 이에 해당된다.

공공시설지도제작(公共施設地圖製作, Utility Mapping : UM) ; 상하수도관, 전화선, 전력선, 가스관 등의 공공시설 관망에 관한 정보를 수집하여 관련 지도를 제작하는 것. GIS 등에 의하여 제작된 지도와 효율적인 관리.

공공참여지리정보체계(公共參與地理情報體系, Public Participation GIS : PPGIS) ; 다양한 공간, 비공간적 지식을 통합하는 GIS를 활용하여 지역공동체의 쟁점에 관한 의사결정과정을 지원하는 지리정보체계.

공공측량(公共測量, public surveying) ; ① 국가, 지방자치단체, 그 밖에 대통령령으로 정하는 기관이 관계법령에 따른 사업 등을 시행하기 위하여 기본측량을 기초로 실시하는 측량. ② 국가, 지방자치단체, 그 밖에 대통령령으로 정하는 기관 외의 자가 시행하는 측량 중 공공의 이해 또는 안전과 밀접한 관련이 있는 측량으로서 대통령령으로 정하는 측량.

공공측량작업규정(公共測量作業規定, working rules of public surveying) ; 공공측량의 작업 방법에 관한 기준 등을 정하여 그 규격을 통일하고 공공측량성과의 정확도를 확보하는 데 목적을 두고 제정한 규정.

공공토지측량체계(公共土地測量體系, Public Land Survey System : PLSS) ; 재산소유권을 군 및 읍 구역, 범위, 구역, 나누어지는 구획 등으로 기록하기 위한 참고도표를 말한다.

공급공동구(供給共同溝) ; 지하시설물의 처리방법으로써 공동구 내에 모든 시설물을 포함하고 있는 공동구로 1893년 함부르크에서 건설된 공동구.

공급관(供給管, Feeder Line : FL) ; 냉온수, 가스, 유류 등을 필요한 곳에 보내는 배관.

공동구(utility-pipe conduit) ; 상하수도·전화케이블·가스관 등을 함께 수용하는 지하터널. 도로의 노면굴착을 수반하는 지하 매설물을 공동 수용함으로써, 도시의 미관, 도로 구조물의 보전과 원활한 교통의 유통을 위하여 지하에 설치하는 시설물.

공면조건(共面條件, coplanarity condition) ; 공면조건은 2개의 투영중심 $O_1(x_{O1}, y_{O1}, z_{O1})$, $O_2(x_{O2}, y_{O2}, z_{O2})$와 공간상의 임의의 점 P의 상점 $p_1(X_{p1}, Y_{p1}, Z_{p1})$, $p_2(X_{p2}, Y_{p2}, Z_{p2})$가 동일평면에 있기 위한 조건.

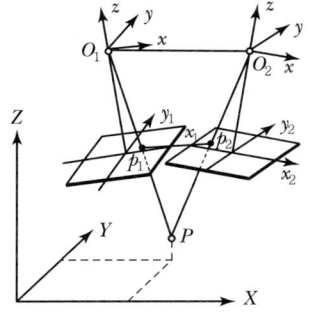

공명(共鳴, resonance) ; 진동할 수 있는 어떤 계(係)가 그 고유진동수와 같은 진동수를 가진 외력을 주기적으로 받아 진폭이 증가하는 현상으로 소리, 역학적 진동, 전기적 진동 등 모든 진동에 일어나는데, 외부에서 진동시킬 수 있는 힘을 가했을 때 그 고유진동수와 외부에서의 힘의 진동수가 같으면 그 진동은 심해지고 진폭도 커진다.

공백값(空白값, null value) ; 값이 존재하지 않는 것을 말하며, 테이블의 행에 대해 특정 열이 널(null)이면 저장된 값이 없음을 뜻한다.

공분산(公分散, covariance) ; 두 개의 확률변수가 있을 때 이들 상호간의 분산을 나타낸다. 공분산은 X, Y의 관측단위에 관계하므로 상관의 정확도를 나타내는 척도로서는 좋지 않다. 따라서 단위에 관계하지 않는 X, Y의 표준편차에 의해 X, Y의 상관관계를 나타내는 척도로서 상관계수가 이용된다.

공사시방서(工事示方書, contract specifications) ; 공사내용·방법·주의사항 등 공사하는 데 필요한 사항을 제시한 서류.

공사측량(工事測量, engineering surveying) ; 공사에서 필요한 측량의 총칭. 건조물의 위치를 정하기 위한 지형도의 작성, 토공량을 알기 위한 종·횡단측량 등이 포함된다.

공선조건(共線條件, collinearity condition) ; 공간상에 존재하는 임의의 점 P에서 출발한 빛은 투영중심(O)을 지나 필름면상의 점(p)에 맺는데, 이 세점을 일직선상에 존재하도록 하는 조건.

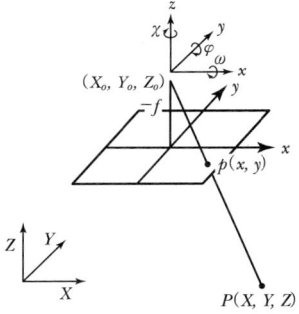

공액경계선(共軛境界線, conjugate condition) ; 중복촬영된 입체영상에 촬영된 경계선.

공액기하(共軛幾何, epipolar geometry) ; 입체경을 이용하여 입체시를 얻기 위해서는 두 장의 입체사진을 촬영방향과 평행하게 맞추어야 한다. 바로 이 작업이 Epipolar geometry를 구현하는 작업이다. 입체영상을 이용하여 다양한 정보를 수동 및 자동으로 추출하는 사진측량 및 컴퓨터시각화에서 매우 중요한 역할을 담당한다. 또한 수치사진측량에서 자동매칭을 수행하는 경우 Epipolar geometry를 구현하므로, 탐색영역을 최소화하여 매칭의 효율성 및 정확성을 향상시키는 데 사용된다.

공액조건(共軛條件, conjugate condition) ; 공액기하를 이루고 있는 각각의 투영중심이 C', C''인 입체쌍이 있을 때 공액면은 2개의 투영중심($C'C''$)과 대상점 P에 의해 정의된다. 공액선은 공액면과 영상면의 교선인 e', e''이고 공액은 사진과 모든 가능한 공액면의 교선인 공액들의 수렴중심이다. 공액선은 주사선에 대해 평행하고 동일하며, 수직사진이므로 공액은 무한대에 놓여 있다.

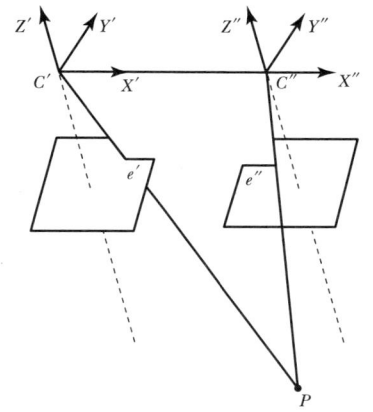

공액주점(共軛主點, conjugate principal point) ; 한 쌍의 입체사진에서 어느 한쪽의 사진상에서 이미 알고 있는 주점에 대응하는 상대사진의 주점을 말하며, 주점에 해당되는 화소를 이용하여 찾는다.
공유수면(公有水面, public water surface) ; 사유지에 포함되는 수면 이외의 국유에 속하는 수면. 공유 수면 매립법으로 규정된 공유수면이란 河, 海, 湖, 沼 기타 공용에 제공되는 수류 또는 수면으로서 국가 소유에 속하는 수면.
공유지연명부(公有地連名簿, joint signature book of public land) ; 토지 대장 또는 임야 대장에 등록된 1필지의 소유자가 2인 이상일 때 소유자 및 지분 등이 등재된 대장을 말한다.
공정계획(工程計劃, process planning) ; 공사를 공기 내에 완성시키기 위해 일정 및 자원을 효율적으로 계획 함.
공정관리(工程管理, process management) ; 시공계획에 기초하여 시공의 안전, 품질의 확보, 공사비의 저감의 전제 하에 공정을 확보하고 통제하는 방법과 이를 위한 활동을 말함.
공정표(工程表, process sheet) ; 공사의 시공순서를 일시 등을 기준으로 표시한 것. 공정표의 종류에는 일반적으로 횡선식 공정표, 사선식 공정표, Network식 공정표로 구분된다.
공중사진(空中寫眞, aerial photograph) ; 항공사진. 지구, 인공위성, 항공기 등에서 찍은 사진.
공중사진의 판독(空中寫眞의 判讀, interpretation of aerial photograph) ; 항공사진의 판독.
공중사진측량(空中寫眞測量, aerial photogrammetry) ; 항공사진측량.
공중삼각측량(空中三角測量, aerial triangulation) ; 항공삼각측량.
공중수준측량(空中水準測量, aero leveling) ; 항공수준측량.
공지지구(空地地區, open district, vacancy area) ; 주거지역에서 주거환경을 보호하기 위하여 부지 내에 취할 공지의 비율을 정한 지구.
공차(公差, tolerance) ; 줄자, 측기 등에 대하여 공적으로 허용되는 오차. 즉 허용오차 또는 규정된 오차의 최대치와 최소치의 차.
공통접평면(共通接平面, common plane) ; 1개의 평면이 2개 이상의 곡면에 동시에 공통으로 접할 때, 그 평면.
공항(空港, airport) ; 항공운송에 이용되는 공용 비행장으로서 항공기의 이착륙 및 지원시설을 갖춘 육상 또는 수상의 일정구역.
공해(公海, the open sea) ; 국가의 내수, 군도수역, 영해 및 배타적 경제 수역에 포함되지 않은 국가의 주권이 배타적으로 행사되지 않는 해양의 모든 부분.
곶(串, ① cape, ② point) ; 세 면이 물로 둘러싸인 땅을 의미하며, 바다 또는 호수로 뾰족하게 내민 육지의 끝.
과고감(過高感, vertical exaggeration) ; 한쌍의 항공사진을 입체시할 때 실제 기복보다 입체시된 모형에서 기복이 심하게 과장되어 보이는 현상.
과대오차(過大誤差, mistake) ; 과실 또는 착오.
과량수정(過量修正, over correction) ; 과잉수정.

과실(過失, mistake) : 과오. 부주의에 의해서 생기는 것으로 눈금의 오독, 야장기입의 오기, 상하고정나사 및 미동나사의 잘못된 취급에 의한 오차이며, 이 오차가 포함되면 최소자승법의 대상이 되지 못함.

과잉수정(過剩修正, over correction) : 실체사진의 상호표정 시 ω는 잔존 종시차(Y시차)를 없앨 때 여분으로 x배의 수정을 가한다. 이것을 과잉수정 또는 과량수정이라 한다.

과잉수정계수(過剩修正係數, coefficient of over correction) : 입체사진의 상호표정에서 오메가(ω)로 종시차를 없애기 위해 사용하는 수정계수를 말한다.

관개배수측량(灌漑配水測量, irrigation and drainage surveying) : 농작물의 생육에 필요한 물을 공급하거나 비료성분을 보급하고 수온과 환경을 조절하고 한해나 해충을 방제할 목적으로 물을 공급하거나 제어하는 측량.

관계위상(關係位相, relation topology) : 지도요소들 간의 공간적 관계를 유지하는데 사용되는 강력한 자료구조.

관계형자료기반(關係形資料基盤, relational database) : 관계 데이터모형을 사용하여 대량의 자료를 체계적으로 구축하고 있는 데이터베이스. 데이터가 다중연결을 가져서 각각의 다른 필드들과 연결되도록 하는 강력하고 유연성 있는 데이터베이스의 종류. 보통 관계형 질의(Query)는 하나 이상의 필드에 특정조건을 주어 그것들을 만족시키는 레코드를 찾게 한다.

관계형정합(關係形整合, relation matching) : 한 영상에서의 entity를 모양의 유사성을 기준으로 하여 검색된 다른 영상에서의 entity를 서로 비교하여 matching하는 기법.

관광지도(觀光地圖, tourist map) : 명승고적, 관광시설 등 자세하게 나타낸 표제지도. 주요 부분을 확대하고 그 외에는 관계위치만을 개략적으로 표시한 회화적인 조감도가 많다.

관련성(關聯性, association) : 분류자들의 사례들 간에 어떤 연결성을 포함하는 두 개 혹은 그 이상의 분류자 사이의 의미론적 관계.

관로측량(管路測量, pipe line surveying) : 상수도관, 하수도관, 송유관, 가스관 등의 관을 매설하기 위한 설계 또는 시공에 필요한 측량.

관로탐사(管路探査, pipe exploration) : 시설물 편집도를 참조하여 관로탐사장비로 관로의 위치와 심도를 탐사하는 것.

관리기관(管理機關, management agency) : 지리정보를 생산, 관리하는 국가기관, 지방자치단체 및 정부투자기관관리기본법에 의한 정부투자기관.

관망분석(管網分析, network analysis) : 네트워크를 통한 최적 경로 계산, 네트워크 체계 능력 또는 시설물을 위한 최적의 위치 등 위치 간 관련성을 고려하는 분석기술.

관상수준기(管狀水準器, bubble tube) : 기포관.

관성위치결정체계(慣性位置決定體系, inertial positioning system) : 초기의 기준점으로부터 점 또는 대상물의 좌표를 구하기 위해 가속도계, 자이로컴퍼스 및 컴퓨터를 통한 관성항법체계에 의해 상대위치를 구하는 위치결정체계.

관성좌표계(慣性座標系, inertial reference system) : 공간상에서 3개의 직교축을 갖고 있는 정밀한 평형기를 탐재한 관성탐재기에 의해서 측정한 좌표. 대지측량좌표계가 지구를 회전하는 동안 관성좌표는 공간상에 고정되어 있다. 그래서 경도는 대지측량과 동일하지만 탐재기가 다른 경도로 이동하면 같지 않음을 알 수 있다.

관성측량(慣性測量, inertial positioning) : 관성항법장치(또는 관성유도장치)를 동서, 남북, 상하의 3축방향으로 각각 설치된 가속도계와 평형기 및 시계로 구성되어 이동체의 가속도에 따라 무게추가 편위되는 양을 전기적으로 검출하여 각 축방향의 가속도 성분을 검출하고, 평형기는 가속도계를 정확하게 구하기만 하면 되는 장치로 대양을 항해하는 선박이나 항공기에 널리 사용되는 위치를 결정하는 측량.

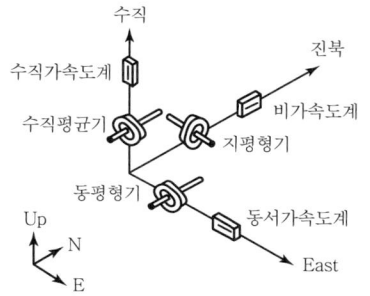

관성측량기(慣性測量機, Inertial Measurement Unit : IMU) : 관성항법체계의 핵심장치로서, 자이로와 수평가속도계 및 수직가속도계로 구성되어 있어서 각각 용도에 따라 관성, 각도, 방위각 감지센서를 1~3축으로 관측할 수 있도록 되어 있는 기기.

관성항법체계(慣性航法體系, inertial navigation) : 관성항법장치에 의하여 출발점으로부터의 이동경로에 따른 순간순간의 가속도를 구하여 위치를 결정하는 체계. 전파항법, 위성항법과 함께 대양을 항해하는 선박이나 항공기에 널리 사용되는 위치결정법.

관자(冠字, heading) : 기본측량의 삼각점 성과표에 "浬(1)大山" 등과 같이 번호앞에 쓰여 있는 글자이며, 그 측점을 측량한 측량계의 고유기호.

관측(觀測, observation) : ① 측정과 같은 의미로도 쓰이지만 정성적 및 정량적으로 헤아리는 것을 말한다. 관찰의 의미도 포함하지만 측정보다는 폭이 넓다. 일반적으로 정량적 관측값에는 오차가 따르는데 그것이 우연오차인 경우에는 최소제곱법을 적용해 최확값을 구한다. 관측은 여러 가지 경우에 쓰이는데 트랜싯에서는 수평각이나 연직각을 재는 것이다. 시거측량에서는 stadia의 읽음값, 수준측량에서는 표척의 읽음값, 그리고 이들에 부수하는 현장계산을 포함한다. ② 관측은 대상의 요소와 현상을 재고 추정하는 것으로 자연과학적(물질적), 인문과학적(정신적 또는 의미적) 측면을 다룬다. 계측은 대상의 요소만을 재는 것으로 관측의 소범위에 속한다.

관측각(觀測角, observed angle) : 관측한 그대로의 각을 말하며 여기에는 여러 가지 오차가 들어 있다. 이 오차 가운데 정오차는 관측의 방법 등으로 소거를 하고 있으나 우연오차는 측량의 목적이나 정도에 따라 평균계산을 하는 것이 보통이다.

관측값(觀測값, observed value) : 관측을 통하여 얻어진 값이다. 즉 어떤 미지량을 관측한 그대로의 값으로 이들 값은 통상 오차론적으로 처리되어 측량의 평균계산에 사용된다.

관측값처리(觀測값處理, observed value processing) : 측정된 관측값의 오차 분석과 조정을 통하여 얻은 값과 신뢰성을 결정할 수 있는 계산과정을 관측값의 처리라 한다.

관측기록부(觀測記錄簿, field note) : 관측자가 현장에서 측량의 과정과 결과를 기록하는 기록장부를 말하며 야장 또는 관측수부라고도 한다.

관측단위(觀測單位, unit of measurement) : 차원을 갖는 파라미터로 정의된 양.

관측대(觀測臺, observing tower) : 삼각측량이나 트래버스측량을 할 때 관측장비로 먼거리까지 시준할 수 있도록 제작한 받침대로 나무, 철 등의 견고한 재료로 만든다.

관측망(觀測網, observation network) : 어떤 지역 내에서 특정현상의 경향과 그 지역의 특성을 알기 위해 그물구조와 같은 조직으로 구성한 다수의 관측소 형태로서 삼각망, 수준망 등이 있다.

관측방정식(觀測方程式, observation equation) : 오차방정식. 각각 독립된 미지량과 어떤 관계를 가진 다른 몇몇 양을 직접 관측하고 이를 이용하여 미지량을 간접으로 산출하는 방법을 독립간접관측의 평균법이라 한다.
$X, Y, Z, \cdots,$
T를 미지량, $L_1, L_2, \cdots, L_n$을 n개의 직접관측량으로 하면 다음 관계식이 성립한다.

$$L_1 = f_1(X, Y, Z, \cdots, T)$$
$$L_2 = f_2(X, Y, Z, \cdots, T)$$
$$\vdots$$
$$L_n = f_n(X, Y, Z, \cdots, T)$$

에서 미지량 $X, Y, Z, \cdots, T$를 구하는 식.

관측방향각(觀測方向角, observed direction angle) ; 영 방향을 기준으로 하여 잰 각 점의 방향각에 영 방향의 방향각을 더한 것.

관측소(觀測所, observation office) ; 관측용 기기와 관측에 필요한 부지, 기타 관측에 필요한 조건 및 관측시설을 갖춘 기관이나 장소.

관측오차(觀測誤差, observation error) ; 관측에 의해서 얻은 관측치와 정확한 수치와의 차. 일반적으로 참값은 미지이므로 평균치 등과의 차를 취하여 표준편차(중등오차), 확률오차 등을 계산해서 얻은 최확값을 참값으로 대신한다.

관측자(觀測者, observer) ; 트랜싯, 레벨, 줄자 등으로 현장에서 대상물을 실제 관측하는 사람을 말한다. 공공측량에 있어서는 자격증을 갖춘 사람이 할 수 있게 되어 있다.

관측자료(觀測資料, measurement data) ; 관측단위의 존재를 가정하여 관측 대상이 되는 각 객체에 부여함으로써 얻어지는 자료.

관측점(觀測點, observation station) ; 측량할 때 그 위치를 결정하는 점. 삼각점, 트래버스점, 평면상에 3차원 조감도를 그릴 때 정의되는 가상적 관측위치.

관측정도(觀測精度, accuracy of observation) ; 측량에서 관측의 정도를 나타내는 방법으로 관측값의 표준편차 σ로 나타내는 경우와 이것을 표준편차를 관측값에서 제한 상대정도로 나타내는 경우가 있다. 다수의 관측값의 결과에 대하여 σ는 전체의 68.26%, $\pm 2\sigma$는 95.45%, $\pm 3\sigma$는 99.73%의 해당하는 값으로 나타낸다.

관측차(觀測差, difference of observation) ; 2대회 이상의 각 관측을 했을 때 각 대회마다 정·반위 관측값의 평균치의 차를 구하여 이 가운데 최대치와 최소치와의 차. 좌·우의 차는 기계오차이고 평균치를 쓰면 소거할 수 있으나 관측차는 관측의 오차이므로 그 크기를 제한하는 것이 옳을 것이다.

관측축척(觀測縮尺, measurement scale) ; 자료의 정밀도를 위하여 미리 결정한 법칙에 따라 관찰대상의 양을 재기 위한 체계.

관측치(觀測値, observed value) ; 관측에 의해서 얻은 개개의 수치를 말하며 각각 그 관측의 단위로서 나타나 있다. 직접관측으로 얻은 값 외에도, 그로부터 간접적으로 얻은 값도 이에 속한다.

관측탑(觀測塔, observing difference) ; 「관측대」 참조.

관통측량(貫通測量, connection surveying between two workings) ; 지하의 개발이 진행되어가면 암석이나 광산으로 막힌 두 갱도 사이에는 수평갱뿐만 아니라 사갱이나 수직갱에도 새로운 갱도가 필요하다. 이 때문에 측량하게 되는 두 점 간의 굴진방향, 경사, 거리 등의 관측을 말한다.

관할해역(管轄海域, jurisdictional sea area) ; 연안국이 주권, 주권적 권리 또는 배타적 관할권을 행사하는 해역. 관할해역에는 내수, 영해, 접속수역, 배타적 경제수역, 대륙붕 등이 있다. 해양관할권의 구분은 영해의 폭을 측정하는 기선으로부터 구분된다.

관형기포관(管形氣泡管, bubble tube level) ; 양끝을 막은 유리관 단면을 직경이 큰 원호형태로 굽히고 그 속에 알코올이나 에테르 등 점성이 적고 화학적 변화가 적은 액체를 넣고 약간의 기포를 남겨 밀봉한 것으로 직경의 크기에 의해 기포관 감도가 결정된다.

광각(廣角, wide angle) ; 카메라 화각의 크기가 90°인 경우.

광각사진(廣角寫眞, wide angle photograph) : 화각이 90° 이상의 광각카메라로 찍은 사진을 말한다. 일반도화와 판독용 사진촬영에 사용된다.

광각사진기(廣角寫眞機, wide angle camera) : 화각이 90° 전후인 광각렌즈를 장치한 측량용 사진기로 초점거리 15.2~15.3cm, 화면크기 23×23cm, 최단셔터간격 2초인 사진기.

광검출기(光檢出器, photodetector) : 광신호를 검출하여 이를 같은 정보를 가진 전기적인 신호로 바꾸어 주는 역할을 하는 소자.

광구경계측량(鑛區境界測量, surveying of claim boundaries) : 광산구역의 경계를 정하는 측량. 보통삼각측량으로 하는데, 이때 광구경계점은 될 수 있는 한 들어가도록 삼각망을 설정하고 높은 산의 정상 등에 설치되어 있는 삼각점에 연결시킨다.

광년(光年, light-year) : 천문학에서 거리를 나타내는 단위. 1광년은 빛이 1년 동안 진행하는 거리.(0.946702×10^{13}km)

광대역관측(廣大域觀測, widelane observation) : GPS의 관측방법. L_1, L_2 반송파 위상을 동시에 관측해서 차분(L_1-L_2)을 통해 얻으며 유효파장 86.2cm로 이로 인한 장기선에 대한 모호정수를 찾는 데 매우 유용하다.

광산용컴퍼스(鑛山用컴퍼스, mining compass) : 나침반을 사용하여 방위 또는 방위각을 관측하고 거리측량기에 의해서 거리를 관측하여 수평위치를 결정하는 기계로서 갱내에서 사용할 수 있도록 만들어진 것. 갱내에서 사용되는 컴퍼스류에는 토지용 컴퍼스를 비롯하여 갱내 전용의 dial compass 및 걸침컴퍼스에 이르기까지 그 종류가 대단히 많다. 정도는 트랜싯 보다 떨어지지만 작업이 간단하고 신속하므로 종종 쓰인다.

광산측량(鑛山測量, mine surveying) : 광산에서 채광을 위한 일체의 측량으로 갱외측량, 갱내측량, 갱내외연결측량을 말한다.

광선법(光線法, radiation method) : 사출법.

광선추적법(光線追跡法, light tracking method) : 3차원 모형 가운데 가상의 광원에서 빛의 경로를 추적, 계산하는 것에 의해 사진과 같은 표현을 만들어 내는 방법.

광속법(光速法, bundle adjustment) : 상좌표를 사진좌표로 변환시킨 다음 사진좌표로부터 직접절대좌표를 구하는 것으로 종횡접합 모형 내의 각 사진상에 관측된 기준점과 접합점의 사진좌표를 이용하여 최소제곱법으로 각 사진의 외부표정요소 및 접합점의 최확값을 결정하는 방법.

광속조정법(光速調整法, bundle adjustment) : 광속법.

광심(光心, optical center) : 렌즈에 들어가는 광선과 렌즈를 지나서 나가는 광선이 평행이 될 경우 광선의 통로와 광축이 만나는 점.

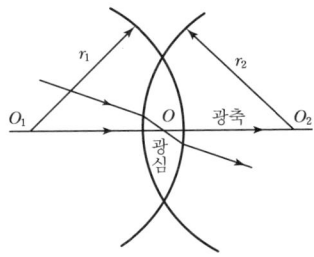

광역디지피에스(廣域디지피에스, Wide Area Differential Global Positioning System : WADGPS) : DGPS의 한 형태로 지리적으로 넓은 지역에 걸쳐 분포한 기준국 간의 망으로부터 결정된 보정값을 사용자가 수신하며, 보정값은 각각 관측한 오차원인을 결정할 수 있게 해준다. 위성의 시계오차, 이온 층의 전파지연, 궤도력오차 등 사용자로 하여금 그 보정값을 이용하여 좌표를 결정할 수 있도록 한다. 일반적으로 이러한 보정치는 정지 통신위성이나 지상의 송신망을 통해 실시간으로 제공되며 후처리자료 수집을 위해 나중 자료에 대한 보정값도 제공된다.

광자(光子, photon) : 양자론에서 빛을 특정의 에너지와 운동을 가지는 일종의 입자적인 것으로 취급할 경우에 생각하는 빛의 입자.

광축(光軸, optical axis) : 렌즈의 중심과 초점을 맺는 선. 즉 대물경과 접안경과의 각 광심을 잇는 직선으로 시준축과 일치하는 축이며, 사진측량에서는 카메라의 렌즈절점을 지나 화면에 수직한 직선을 말한다.

광파거리측량기(光波距離測量機, electro optical wave distance measuring instrument) : 측점에 세운 기계로부터 적외선광을 발사하여 발사광이 목표점의 반사경에서 반사되어 되돌아오는 반사파의 위상과 발사파의 위상차 및 시간차로부터 거리를 구하는 장비.

광파앨리데이드(光波앨리데이드, electro optical distance measuring alidade) : 광파거리측량기를 평판측량용 앨리데이드에 부착한 것으로 광파를 이용하여 거리측량을 보다 신속, 간편, 정확하게 할 수 있는 기구.

광파측거의(光波測距儀, electro optical distance measuring instrument) : 광파거리측량기.

광학구심기(光學求心器, optical plumbing arm) : 기계의 정준부 보다 위쪽에 부속시켜서 눈금반을 평행하게 했을 때 연직하방을 시준할 수 있도록 대물경 앞에 직각 프리즘을 붙인 소형망원경으로 구심을 편리하게 한 장치.

광학기계적투영법(光學機械的投影法, optical mechanical projection) : 실체도화기 투영방법의 일종이며, 사진면에서 렌즈 절점까지는 광선을 쓰고 렌즈 절점에서 그 바깥쪽은 금속봉을 쓰는 방식.

광학마이크로미터(光學마이크로미터, optical micrometer) : 광학적으로 목표의 변위(變位)를 읽어내는 장치로 평행평면의 유리판, 프리즘 또는 렌즈를 이용해서 망원경 내부에 짜넣거나 외부에 장치하여 조준선을 위아래 또는 좌우로 약간 평행이동시켜 목표의 변위를 읽어낸다. 가장 일반적인 형은 평행평면의 유리판을 마이크로미터 나사로 회전시켜 조준선을 평행으로 이동하여 그 회전각에서 목표의 변위를 읽어낸다.

광학모델(光學모델, optical model) : 광학적 투영으로 만들어진 실체모델.

광학식도화기(光學式圖化機, direct optical projection instruments) : 표정작업을 기계적 방법에 의한 수동으로 조정하여 제어하는 도화기.

광학위치결정법(光學位置決定法, optical positioning system) : 빛의 성질을 이용하여 지물, 지모의 위치를 결정하는 위치결정체계.

광학적처리(光學的處理, optical treatment) : 사진의 기계적 처리법의 하나로 간섭섬광을 이용한 것과 비간섭섬광을 이용하는 방법이 있다.

광학적투영법(光學的投影法, optical projection) : 실체도화기의 투영방식의 일종으로 Porro-Koppe의 원리에 의하여 촬영할 때 렌즈절점을 지나 들어온 광선을 역으로 사진쪽에서 투영하는 방식.

광행차(光行差, aberration) : 지구는 태양의 둘레로 궤도를 따라 공전하기 때문에 운동하고 있는 관측자에게는 별이 있는 실제 방향보다 조금 기울어진 방향으로 별빛이 오는 것처럼 보이는 현상.

궤조면고(軌條面高, rail level) : 양 레일의 상면에서의 접평면 내에 있고 양 레일의 중심선을 이루는 점의 기준선으로부터의 높이.

교각(交角, intersection angle) : 전측선이 다음 측선과 이루는 각. 일반적으로 후시를 기준으로 하여 시계방향으로 잰 전시방향의 각도를 쓰는데, 트래버스측량에서는 내각을 쓸 때와 외각을 쓸 때가 있다. 노선측량에서의 교각은 일반적으로 그 외각을 쓴다.

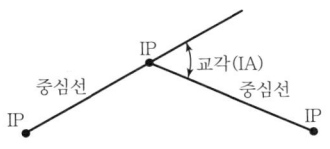

교각법(交角法, method of intersection angle) : 협각법. 서로 이웃하는 두 측선 간의 교각을 측정해가는 방법으로 다각형의 내각 또는 외각을 측정하는 방법이나 진행방향의 우측 또는 좌측의 각을 측정하는 방법으로 나눈다. 측각이 독립적인 것이기 때문에 재측하기 쉽고 반복법도 가능하다.

교량측량(橋梁測量, bridge surveying) : 교량측량은 도상계획, 실시설계측량, 교대와 교각의 위치측량, 지간측량, 고저측량, 상부 및 하부구조측량 등의 교량에 대한 측량.

교량표지(橋梁標識, bridge marks) : 교량 아래의 가항수역(可航水域)이나 항로의 중앙 및 교각의 존재를 알리기 위하여 교량이나 교각에 설치하는 등화와 표지물.

교선법(交線法, intersection method) : 측량구역의 내외에 적당한 지점을 취하여 기선을 만들고 그 기준점으로부터 미지점인 지모, 지물 등을 시준하여 그 방향선 2개 또는 3개의 교점에 의해 미지점의 위치를 도면상에서 결정하는 방법으로 교회법, 전방교회법 또는 전방교선법이라고도 한다.

교절점(交切點, intersection point) : 농로 및 임도와 같은 노선에서 그 중심선을 그었을 때 지형관계상 절선되는 곳이 생긴다. 이 절점, 즉 전후 중심선의 교점을 교절점이라 한다.

교점(交點, Intersection Point : IP) : 노선측량에서 어떤 직선이 다른 직선으로 방향을 바꿀 때 교차하는 위치. 일반적으로 두 직선 사이에 적당한 반경의 원곡선 및 완화곡선을 삽입한다. 이 점은 노선측량 작업상 중요하며, 이 점에서 두 직선의 교각을 측정하여 그 값과 원곡선의 반경으로부터 곡선의 제원을 계산해내는 데 사용된다.

교정점검표(交訂點檢表, edit check list) : 지도의 품질을 보증하기 위하여 지도조제과정의 각 단락마다 각 도폭에 대하여 교정을 하게 되는데, 이때 교정의 방침, 항목 및 내용 등을 구체적으로 정해서 표로 만들어 두는 것.

교차(交叉, intersect) : 두 개의 공간자료를 위상학적으로 통합하는 것으로 두 입력자료에 대해 공동되는 영역에 해당하는 지형지물 등을 취한다.

교차(較差, discrepancy) : 망원경의 정위와 반위의 관측치의 차. 이 값으로 관측적합의 양부를 판정하고 있는데 이 속에는 기계적인 정오차도 들어 있으므로 배각차, 관측차를 쓰는 것이 바람직하다.

교차법(交叉法, method of forward intersection) : 전방교회법. 위치를 알고 있는 두 곳에 평판을 세우고 미지점에 방향선을 그어 그 교차점으로 미지점의 위치를 찾아내는 방법.

교차삼각형(交叉三角形, interlacing triangles) : 사변형망.

교차율(交叉率, cross ratio) : 사진의 중심 투영에 의한 직선의 대응관계에서 투영시 대응되는 변의 길이가 어느 경우이든 일정하다는 관계로 복비 또는 비조화비라고도 한다.

교차점(交叉點, intersection) : 한 위치에서 가로가 서로 교차하는 곳. 교차가로의 고저에 따라 평면교차점·입체교차점, 교차가로 수에 따라 3선교차점과 다선교차점으로, 교통정리에 따라 교통신호기에 의한 신호식 교차점과 중앙도를 설치한 로터리식 교차점으로, 도류도에 의한 도류식 교차점 등으로 분류한다.

교차추적형스캐너(交叉追跡形스캐너, cross track scanner) : 대부분의 스캐너가 이에 해당되며, 비행체의 진행방향과 직각으로 교차된 좌우로 추적하는 스캐너.

교통도(交通圖, traffic map) : 교통망의 상황에 대하여 중점을 두고 만들어진 주제지도로서 용도에 따라 여러 가지가 있다.

교통량측량(交通量測量, traffic survey) : 어떤 일정시간에 어떤 일정점을 통과하는 차량 또는 보행자의 수를 측정하는 것.

교통섬(交通섬, traffic island) : 차량의 안전하고 원활한 교통을 확보하거나, 보행자의 안전한 도로횡단을 위하여 교차로 또는 차도의 분기점 등에 연석 또는 노면표시 등으로 설치한 섬 모양의 시설.

교통정보체계(交通情報體系, Transportation Information System : TIS) : TIS를 이용하여 육상교통관리, 해상교통관리, 교통계획 및 교통영향평가를 할 수 있으며, 교통량, 노선연장, 운수업, 화물수송량, 도로보수공정, 도로완공일정 등을 효과적으로 관리할 수 있다. TIS에는 철도운송계획현황, 국제선박여객운수량, 운행시간표, 항만관리체계, 항만 및 항로시설물 조직망 구성, 공항별 화물운수량, 운행횟수, 공항창고 출입량, 적재량, 항공운송정책 조사자료 등이 들어 있다.

교통조사(交通調査, traffic survey) : 교통의 혼잡, 지체, 교통사고를 미연에 방지하기 위하여 교통의 성질과 실태파악을 하여 현재와 미래의 교통량을 추정하고 도시교통계획을 세우기 위한 조사.

교호고저측량(交互高低測量, reciprocal leveling) : 교호수준측량.

교호수준측량(交互水準測量, reciprocal leveling) : 수준측량에서 하천이나 깊은 골짜기 등이 있으면 레벨을 중앙에 세울 수 없다. 이런 때에는 양안에 각각 등거리인 곳에 레벨을 세우고 양안에서 교호로 표척값을 읽어서 그 차를 평균하여 고저차를 구하는 방법으로 레벨의 오차 및 기차 등을 소거할 수 있는 고저측량 방법.

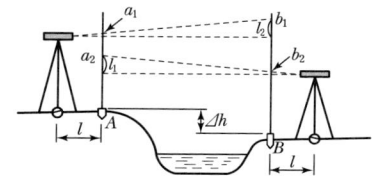

교환구조(交換構造, exchange structure) : 자료를 저장하고, 접근하고, 전송하고 보관하는 데 사용되는 컴퓨터 번역 형식.

교회각(交會角, intersection angle) : 평판측량에서 필요한 점을 교회법으로 구해서 도시할 때 그 방향선이 이루는 각을 말한다. 교회각이 30~150°가 되도록 방향선을 잡는 것이 좋다.

교회법(交會法, method of intersection and resection) : 평판측량에서 2 또는 3방향선에 의해서 구하려는 점을 평판상에 도시하는 방법. 거리를 측정할 필요가 없는 것이 이점이며, 구점의 도지상 위치를 구하는 방식에 따라 전방교회법, 측방교회법, 후방교회법 3가지가 있다.

교회점(交會點, intersection point) : 평판측량의 교회측량에서 방향선이 만나는 점.

구거(溝渠, ditch) : 도로나 하천의 부속시설로서 용배수 목적의 일정한 형태를 갖춘 인공적인 수로.

구과량(球過量, spherical excess) : 구면과량. 지구를 구체로 취급하여 측량할 경우, 지구의 반경은 그 측량구역의 중앙점의 위도를 기준으로 하고 이것을 중등곡률반경 R로

표시하면,
$R = \sqrt{MN}$, (M=장반경, N=단반경) 구면삼각형의 내각의 합은 180°가 넘고 180°+ε가 된다. 이 ε의 값을 구과량이라 하며 다음식으로 구한다. 구과량

$\varepsilon'' = \dfrac{A}{R^2} \rho''$ (A : 삼각형면적, R : 지구반경,
ε : 구과량, ρ'' : 206265″)

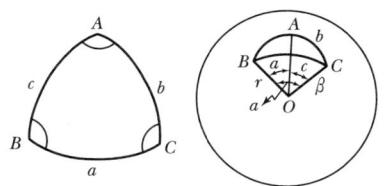

구릉지(丘陵地, rolling terrain) ; 언덕, 즉 종단경사 및 평면선형의 조합에서 중차량의 속도가 승용차보다 감소하기는 하지만 상당히 긴 시간 동안 오르막 한계속도로 주행하지 않는 곳. 일반적으로 2% 이상 5% 미만의 경사구간임.

구면각(球面角, spherical angle) ; 구면삼각형의 내각을 구면각이라 하며, 두 개의 대원이 만나는 점에서 접선과 이루는 각이다.

구면과잉(球面過剩, spherical excess) ; 구면삼각형에서 삼각형의 내각의 합은 180°보다 큰데, 그 양을 구면과잉 또는 구과량이라 한다. 삼각측량에서는 Legendre의 정리(변장이 반경에 비하여 미소할 때는 각 각에서 구면과잉의 1/3을 각각 감하여 평면삼각형의 공식으로 변장을 계산할 수 있다. 또 구면과잉은 면적에 비례하고 반경의 자승에 반비례한다.)

구면삼각법(球面三角法, spherical trigonometry) : 구면삼각형에 관한 삼각법. 구면삼각법에서는 변도 일종의 각으로 생각하여 일반각과 같이 도, 분, 초를 사용한다. 구면상의 위치관계를 얻기 위해서는 구면삼각법공식을 이용하는데, 가장 기본이 되는 세 공식은 sin법칙, cos법칙, sincos법칙이다.

구면삼각형(球面三角形, spherical triangle) : 구의 중심을 지나는 평면과 구면의 교선을 대원이라 하고, 세 변이 대원의 호로 된 삼각형을 말한다.

구면수차(球面收差, spherical aberration) ; 렌즈나 구면 거울 등에서 렌즈의 광선과 주변광선과는 결상의 위치가 다르다. 이는 구면수차 때문인데 광축상의 영상은 점이 되지 않고 어느 크기의 착란원이 되어서 상의 선명도를 흐리게 하는 것을 말한다.

구면좌표(球面座標, spherical coordinate) ;

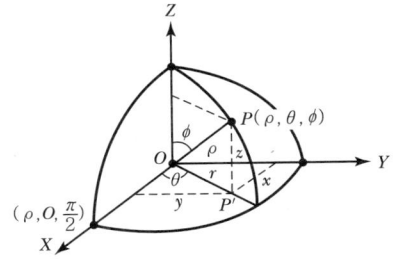

점들의 상호위치를 하나의 길이와 두 개의 각으로 공간상의 위치를 나타내는데 거리는 서로 직교하는 두 대원호에 따라 잰 각거리를 쓰는 방식으로서 등거리횡원통도법에 해당된다. 예컨대 적도, 위도에 의한 적도좌표와 방위각, 고도각에 의한 지평좌표가 있다.

구면직각좌표계(球面直角座標系, spherical orthogonal coordinate) : 구면상의 원점을 지나는 자오선을 X축, 여기에 직교하는 대원을 Y축으로 하는 좌표계이다.

구배(句配, slope) : 「경사」참조.

구분선(區分線, section line) : 도곽선과 마찬가지로 지형도 조제에 있어서 평판상의 도지에 측량구역을 정하기 위해서 긋는 선이며, 기준점 전개의 기준으로 하기 위하여 도곽선을 다시 몇 개로 분할한 선이다.

구소삼각측량지역(舊小三角測量地域, early separated small triangulation area) ; 구한말 토지조사국 개설 이전 서울 및 대구 부근에 부분적으로 소삼각측량을 시행한 지역으로 이 지역을 구소삼각지역이라 부름으로써 다른 지역과 구별하게 하였으며, 이 지역 안에 있는 삼각점은 일반삼각점과 계산상으로 연결을 짓게 하였다.

구심(求心, centering) ; TS 등 기계의 연직축과 지상의 기준점과 일치시키는 작업 또는 평판측량을 할 때 지상의 측점을 평판 위로 또는 평판 위의 측점을 지상으로 옮기는 작업.

구심기(求心器, plumbing arm) ; 평판측량을 할 때 지상의 측점을 평판상으로 또는 평판상의 점을 지상으로 옮기기 위해서 쓰는 기구. 목재와 금속재 두 가지가 있으며 아래에는 추를 매단다.

구심오차(求心誤差, eccentric error) ; 치심오차라고도 한다. 평판을 설치할 때에 지상의 점과 그에 대응하는 도상의 점이 동일연직선상에 일치하지 않을 때에 생기는 오차.

구심추(求心錘, plumb) ; 기계의 중심과 측점을 동일연직선상에 놓을 때 또한 연직방향을 결정할 때 쓰이는 원추형 금속재의 추. 이것을 추사의 끝에 붙여서 매단다. 추사는 충분히 꼬은 가늘고 강한 것으로 만들고 자유롭게 길이를 가감한다.

구적기(求積器, planimeter) ; 불규칙한 직선 또는 곡선으로 이루어진 도면 위의 면적을 재는 데 쓰는 기계.

구적도(求積圖, planimetric map) ; 관측 가능한 형식에 윤곽을 제거함에 따라 지형지도와는 구별되고, 표현되는 형상의 수평적 위치만을 나타내는 지도. 이 형상은 대개 강, 호수, 바다, 산, 계곡·평원, 숲, 대초원, 시가지, 농장 그리고 교통경로, 공공시설물, 공·사유경계선들을 포함하여 관측된 면적이 지도상에 보여진다. 특정한 사용을 목적으로 한 면적관측지도는 서비스되는 목적에 본질적인 형상만이 나타날 수도 있다.

구점(求點, unknown point) ; 주어진 점(기지점)에 대하여 위치나 높이를 구하려는 미지점. 평판측량에서는 2 또는 3 방향선에 의해서 평판상에서 구해지는 점을 말하며 전방교회법, 측방교회법, 후방교회법 등이 있다.

구조적참조모형(構造的參照模型, architectural reference model) ; 지리정보를 위한 정보기술표준의 통합된 구조, 표준 간의 상호관계, 정보기술 표준의 적용 연관성 및 필요한 표준 제공, 수치지리정보를 위한 표준의 확장성 설계와 모듈화이다. 표준의 기술적 내용, 규격이 아닌 표준 집합 간의 구조 및 프레임워크 같은 기능들을 제공한다.

구조화편집(構造化編輯, structurized editing) ; 자료 간의 지리적 상관관계를 파악하기 위하여 정위치에 편집된 지형·지물을 기하학적 형태로 구성하는 작업.

구차(球差, curvature correction) ; 지구가 회전타원체인 것으로 인하여 생기는 오차. 이 오차는 고도각이 작게 나타나는 경향이 있다.

구획(區劃, block) ; ① 컴퓨터체계 또는 프로그램에서는 보조기억장치에 저장되어 있는 자료에 접근할 때, 디스크 또는 테이프 등과 같은 보조기억장치에서 입출력작업의 단위로 사용되는 하나의 기억장치 단위. ② 자료통신에서는 한 번에 하나의 단위로 전송되거나 수신되는 정보. ③ 구조화된 프로그래밍 언어를 사용하여 작성되는 프로그램에서는 프로그램을 구성하는 하나의 단위. 워드프로세서에서는 하나로 묶인 텍스트의 한 부분. ④ 이웃하여 서로 교차하는 4개의 도로로 둘러싸여 있고 통과교통이 이용하는 다른 도로에 의해서도 끊어지지 않는 도시 내의 일구획.

구현(俱現, implementation) ; 사양의 실현. 컴퓨터 체계 및 관련 기계의 설치와 완전한 작동에 관련된 단계로서 이 과정은 타당성 요구, 응용성 연구, 장비 선택, 현재의 시스템 분석 및 제안된 새로운 시스템의 설계, 장비의 위치 설정, 작동 분석, 최악의 상태조사 등을 포함한다.

구현스키마(俱現스키마, implementation geographic information database schema) ; 응용 스키마를 기반으로 각 GIS 소프트웨어들에 종속적으로 적용될 수 있는 지리 정보 DB 스키마.

구현일치서술(俱現一致敍述, implementation conformance statement) ; 구현된 사양의 임의 선택 요건에 대한 서술.

구형편위수정기(球刑偏位修正機, seg-I) ; 일종의 대형 확대기로서 매우 정확한 배율로 영상을 변화시킬 수 있고 원판과 투영판의 경사도를 자유롭게 변화시킬 수 있는 기계.

국가기본도(國家基本圖, national base map) ; 한 나라의 가장 기본이 되는 지도로서 국토 전역에 걸쳐 일정한 정확도와 축척으로 엄밀하게 제작되고 일정한 기준과 정확한 측량을 기초로 국가에서 제작하여 유지관리 되는 기본도(지형도)를 말한다. 우리나라의 국토 기본도는 축척 1 : 5,000, 1 : 25,000, 1 : 50,000의 기본도와 1 : 25,000의 토지이용도 및 1 : 250,000의 지세도가 있다.

국가기본지리정보(國家基本地理情報, national framework data) ; 지리정보들 간의 통합 및 연동을 지원하기 위한 기초적이고 기본적인 지리정보. 공공목적을 위해 국가가 제공하는 것이 바람직한 기본지리정보를 의미하며, 위치기준 및 자료통합을 위한 연결기준을 제공한다.

국가기준계(國家基準系, national reference system) ; 국가에서 채택하여 사용하고 있는 지구의 크기와 모양으로 NAD27(North American Datum), ED(European Datum), TD(Tokyo Datum), ID(Indian Datum) 등을 말하며, 좁은 지역은 적합하지만 대륙과 대륙 간은 통합된 기준계가 요구된다.

국가기준점(國家基準點, national control point)

; 국토에 관한 각종 개발 및 이용계획 등의 입안을 위한 지도제작 또는 건설·토목공사용의 도면작성이나 측량에는 그 뼈대가 되는 기준점이 필요하다. 이러한 기준점 중에서도 측지측량에 의하여 설치된 기준점을 일반적으로 국가기준점이라고 하는데, 삼각점, 수준점, 중력점, 천문점, 지자기점 등이 있다.

국가기준수준면(國家基準水準面, National Geodetic Vertical Datum : NGVD) ; 각 나라의 수준측량의 기준이 되는 기준면. 우리나라의 경우는 1911~1916년 사이 약 3년에 걸쳐 청진, 원산, 목포, 인천, 진남포의 5개의 항구에 설치된 자기검조의의 기록에 따라 평균해수면을 계산하여 기준면을 정했다.

국가정보기반(國家情報基盤, National Information Infrastructure : NII) ; 정보기반인 음성, 자료, 영상과 같은 정보를 전달, 저장, 처리, 표시하는 물리적 시설과 이 시설들이 물리적으로 상호 통합·연계된 상태에 대한 기술적인 정보를 공공 및 민간부문에서 활용할 수 있는 토대를 구축한 것.

국가지리정보체계(國家地理情報體系, National Geographic Information System : NGIS) ; 정부의 관리기관이 구축, 관리하는 지리정보체계.

국가해양기본도(國家海洋基本圖, basic map of the sea) ; 우리나라 주권해역의 과학적 조사 자료를 확보함은 물론 해양부존자원 및 에너지 개방 등 해양개발을 위한 기초자료의 제공과 해상교통의 안전항로 확보, 해양환경보존 및 해양정책 수립시 필수정보를 제공할 수 있는 지도. 해저지형도, 중력이상도, 지자기전자력도 및 천부지층분포도로 구성된다. 해양수산부의 국립해양조사원에서는 1996년부터 우리나라 관할 해역에 대한 국가해양기본도 조사를 연차적으로 수행하고 있다.

국가해양측량(國家海洋測量, national ocean survey) ; 국가에서 행하는 바다에 대한 모든 측량.

국립건설연구소(國立建設硏究所, national construction institute) ; 국토지리정보원의 전신 기구로서 1962년 5월 29일 각령 제854호에 의거 설립된 건설부 산하 측량·측지 관련기관으로, 측지과, 항측과, 지도과로 편제되었으며 독립기구인 국립지리원이 창설된 1974년 11월 1일까지 존재하였다.

국립지리원(國立地理院, national geographic institute) ; 1974년 11월 1일에 건설부 국립지리원으로 창설. 2003년 국토지리정보원으로 개명됨.

국립해양조사원(國立海洋調査院, National Oceanographic Research Institute : NORI) ; 국토해양부의 소속기관으로서 우리나라 전 해역을 대상으로 해양관측, 수로측량 등의 해양조사를 실시하여 각종 해양자료를 수집·분석하고 데이터베이스화함은 물론, 해도 및 해양수산 발전에 필요한 정보를 제공하는 국가 종합해양조사기관.

국방정보체계(國防情報體系, National Defence Information System : NDIS) ; NDIS는 인공위성자료를 이용한 전 지역 지형도 작성 및 지도자료 기반구축, 시계열 영상분석에 의한 적정변화탐지 및 대응체제의 수립을 가능하도록 정보를 제공한다. 또한 GPS, 수치지형모형(DTM) 중첩에 의한 미사일 공격목표 선정 및 최대공격효과의 예측, 항공사진 및 위성영상의 DTM 중첩에 의한 작전지역의 3차원 영상생성과 항공침투 모의훈련, 지형특성 분석에 의한 레이더 탐색범위 추출 및 방공체계 구상분석에 의한 전 지역의 농업, 삼림자원현황조사 및 식량무기화 방안대책, 수치지형모형을 활용한 가시도 분석 등이 가능하다.

국세지도(國勢地圖, national atlas of Korea) ; 국토의 각종 여건과 경제사회 등 주요지표를 체계적으로 조사 분석하여 이를 일목요연하게 지도로 도표화함으로써 국세현황을 용이하게 파악할 수 있도록 하고 정책입안, 교육 홍보, 계획행정 등의 참고자료로 활용하며, 역사적 자료로 보존하기 위하여 제작하는 지도.

국소인력(局所引力, local deviation) ; 자침이 그 부근에 있는 금속, 전선, 철광석, 직류전류 등의 자성물질이 있는 곳에서는 영향을 받아 자력선이 국소적으로 각란되는 결과 바르게 자북을 가리키지 않게 되는 현상. 이 때에 작용하는 힘을 국소이상이라고도 한다.

국소조건(局所條件, local condition) ; 어느 한 측점 주위에 존재하는 각 각의 사이에 있는 기하학적인 관계를 나타내는 것으로 측점조건이라고도 한다.

국제공동지피에스망(國際共同지피에스網, Cooperative International GPS NETwork : CIGNET) ; 미국 국가측지측량(NGS)에서 1992년부터 현재까지 운영 중인 약 20점의 추적국을 연결한 망.

국제과학연합본부(國際科學聯合本部, International Council Scientific Unions : ICSU) ; 전세계적인 환경보전을 위해 지구환경 감시와 분석 등의 업무를 주로 하는 국제기관.

국제극심입체좌표(國際極心立體座標, Universal Polar Stereographic coordinates : UPS coordinates) ; 북쪽으로 84°, 남쪽으로 80° 이상의 양극지역의 좌표를 표시하는 데 사용하며, 이 좌표는 양극을 원점으로 하는 평면직교좌표계를 사용하고, 거리좌표는 m단위를 사용한다. 좌표방안의 종축은 0° 및 180°인 자오선이고, 횡축은 W90° 및 E90°인 자오선이다.

국제단위(國際單位, International System of units : SI unit) ; 1960년의 국제도량형총회에서 채택된 MKSA 단위계를 확장한 단위계이다. SI단위계는 기본단위(길이, 질량, 전류, 온도, 물질의 양, 광도)와 보조단위(평면각, 입체각)로 구성되어 있다.

국제도량형총회(國際度量衡總會, Conference Generale des Poids et Mesures : CGPM) ; 미터법에 관한 규정과 변경을 관장하는

국제학술회의로, 국제도량형총회는 정기회의가 4년마다 프랑스 파리에서 열린다.

국제도로연맹(國際道路聯盟, International Road Federation : IRF) : 도로에 대한 기술개발, 정보교환, 상호협력 등을 목적으로 설립된 기구로 미국에 본부를 두고 있으며, 세계 82개국이 회원으로 가입하고 있고, 우리나라도 가입하여 활동하고 있다.

국제레이저거리관측서비스(國際레이저距離觀測서비스, International Laser Ranging Service : ILRS) : 정확한 국제지구기준좌표계(ITRF)의 유지뿐만 아니라 측지학, 지구물리학 연구활동 등을 지원하기 위하여 중요한 위성과 달 등에 대한 레이저 거리관측자료를 제공하는 국제적인 기관. 또한 ILRS는 광범위한 목적을 만족시키기 위하여 SLR(Satellite Laser Ranging)과 LLR(Lunar Laser Ranging)에 관측자료를 제공한다.

국제사진측량원격탐사학회(國際寫眞測量遠隔探査學會, International Society of Photogrammetry and Remote Sensing : ISPRS) : 대륙 간의 위치관계, 인공위성을 이용한 정보처리, 자원, 환경, 토지, 해양문제해석 등 GIS의 가장기본이 되는 자료취득에 중점을 두어 연구하는 기관. 1910년에 설립된 국제학회로서 비정부기관이며 국제연합 산하 유네스코에 등록되어 있다. 사진측량과 원격탐사에 관한 국제회의를 올림픽이 개최되는 해(4년)에 개최한다. 우리나라는 1980년 7월 14일에 가입하였다.

국제수로기구(國際水路機構, International Hydrographic Organization : IHO) : 1921년 설립되어 모나코에 본부를 두고 있으며, 수로 관련 간행물을 개선하여 전 세계의 항해 안전에 공헌하며 국제 간 수로업무 협력과 수로업무에 관련되는 과학 및 기술개발 업무를 수행하고 있는 국제기구.

국제시보국(國際時報局, Bureau International de l'Heure : BIH) : 시간단위의 확립 및 시각의 국제적 통일을 수행하는 국제천문연맹(IAU) 산하기구. 1919년 브뤼셀에서 열린 국제학술회의에서 각 국이 독립적으로 정하여 쓰던 표준시를 통일하자는 제안에 의해 파리 천문대에 설치되었다. 각 국이 독립적으로 사용하던 원자시를 통합하여 더욱 정밀도 높은 국제원자시를 확정 공포하여 초 단위부터 국제적 통일을 유지시키는 일을 하였다. 국제 시보국에서 총괄해온 업무 중 국제원자시와 협정세계시 결정 등의 업무는 1988년 1월 1일부터 국제도량형국(BIPM)에서, 지구자전요소의 계산 등의 업무는 국제지구회전사업(IERS)에서 담당하고 있다.

국제지구기준좌표계(國際地球基準座標系, International Terrestrial Reference Frame coordinate system : ITRF) : 국제지구회전사업(IERS)에서 구축한 지구중심좌표계를 기준으로 하는 3차원 직교좌표계로, 이 좌표에서는 지구 질량 중심에 원점을 두고, X축을 그리니치자오선과 적도와의 교점 방향에, Y축을 동경 90° 방향에, Z축을 북극방향에 고정하였고, 공간상의 위치를 X, Y, Z의 수치로 표현한다. ITRF는 조석변위와 같은 지구의 순간변화까지 고려하여 결정되고 정기적으로 수정, 보완된다. 현재 ITRF2000을 사용하고 있다.

국제지구타원체(國制地球楕圓體, international earth ellipsoid) : 세계 각국이 각기 상이한 지구타원체를 사용하여 측지계가 통일되지 않아 국제공동사업에 불편이 있었다. 이와 같은 불편을 해소하고 세계 측지계의 통일을 위한 추천 값을 국제지구타원체라 한다. 국제지구타원체는 국제적인 공동만족사업이며, 인공위성 관측의 기준 등으로 이용된다. 다만, 국제지구타원체를 사용하여 좌표계산을 할 경우, 각 국가별 측지계의 기준이 되는 준거타원체보다는 좌표오차가 크게 나타난다. 1924년 국제측지학지구물리학연합(IUGG) 총회에서 국제적인 측량 및 측지작업에 하나의 통일된 지구타원체 값을 사용하기로 의결한 값.

국제지구회전사업(國際地球回轉事業, International Earth Rotation and reference System service : IERS) : 지구의 회전과 관련된 세차, 장동, 극 운동 및 시간의 변화를 결정하는 기관.

국제지도학협회(國制地圖學協會, International Cartographic Association : ICA) : ICA는 지도제작 관련 최신기술 및 지리조사에 관한 국제 간의 상호정보교류 및 연구보고를 통한 기술발전을 도모하기 위해 1959년 설립된 학회. 스위스 베른에 본부를 두고 있으며 현재 회원국은 4개국으로서 우리나라는 1984년 8월에 가입하였다. 본 협회 내에는 지도제작분과위원회, 국제지도제작분과위원회, 위성영상지도제작분과위원회가 있고, 총회는 매 2년마다 연구주제발표 및 토론회와 분과토의회가 열리며, 국제지도 전시회와 지도제작장비 및 기술전시회가 개최되고 있다.

국제지도학회(國際地圖學會, International Cartographic Association : ICA) : 지도제작 관련 최신기술과 지리조사에 관한 국가 간의 상호 학술교류 및 연구보고를 통한 기술발전 도모를 위한 국제학술단체.

국제지도협회(國際地圖協會, International Cartographic Association : ICA) : 국제적으로 지도에 관한 목적을 가진 사람들이 단결해 설립하고 유지하는 회.

국제지리정보협회(國際地理情報協會, The Geospatial Information & Technology Association : GITA) : 지형공간 관련 기술자에게 지형공간과 기술에 관한 각종 정보와 자료를 제공하는 비영리 국제교육협회로서 한국, 호주, 뉴질랜드, 브라질, 독일 등 여러 나라의 회원이 가입된 단체.

국제지적사무소(國際地籍事務所, International Office of Cadastre and land Records : OICRF) : 1958년에 설립된 국제측량사연맹(FIG)의 상설사무소로 지적과 토지의 등록에 관련된 자료를 수집 발행하고 등록 관련 연구를 행하는 기구.

국제지피에스관측기구(國際지피에스觀測機構, International GPS Service for geodynamics : IGS) : 전 세계에서 관측된 GPS 자료의 취합 및 분석, 궤도의 결정 등 GPS와 관련된 전반적인 임무를 수행하는 기관. 1991년 국제측지학지구물리학연맹 산하기구인 국제측지학협회에서 제안하여 연속 추적을 위해 전 세계를 대상으로 100여 점 이상의 관측망을 운영하고 있다.

국제측량사연맹(國際測量士聯盟, Federation International des Geometres or International Federation of Surveyors : FIG) : 측량전문교육, 국토정보, 환경공해, 해양조사, 토지조사, 도시계획 등 각 분야에 걸쳐 연구하고 있는 사람들의 모임. 1878년 프랑스 파리에서 벨기에, 독일, 프랑스, 이탈리아, 스페인, 스위스 및 영국 등 7개국이 설립하여 1993년 현재 58개 회원국으로 구성. 우리나라는 대한측량협회와 대한지적공사가 공동으로 조직한 한국측량사연맹이 1981년 스위스의 몽트리에서 열린 제16차 총회에서 정회원으로 가입. 학술위원회는 총 9개 분과로 나누어져 있다.

국제측량지도제작연맹(國際測量地圖製作聯盟, International Union for Surveys and Mapping : IUSM) : 국제적인 측량 및 지도제작에 관련된 단체들의 연합체. 국제측지학협회, 국제지도학회, 국제측량사협회, 국제수로기구, 국제사진측량원격탐측학회 등이 가입되어 있다.

국제측지학 및 지구물리학연맹(國際測地學 및 地球物理學聯盟, International Union of Geodesy and Geophysics : IUGG) : UNESCO 산하의 국제학술연맹(ICSU)내의 9개 연맹 중 하나로 1919년 이탈리아 로마에서 창립되어 1987년 현재 75개국이 가입되어 있다. 설립목적은 지구, 해양 및 대기의 물리학적 현상에 대한 연구의 증진, 국제 간의 협조, 연구결과의 토의 및 정보교환 등이다. 산하에 국제측지학회 등

8개협회가 구성되어 있으며 총회는 4년마다 개최된다.

국제측지학협회(國際測地學協會, International Association of Geodesy : IAG) ; 국제측지학 지구물리연합을 구성하는 8개 협회 중의 하나로 측지학에 관한 모든 학술적 문제의 연구 활동 및 측지학적 조사, 발전 등을 목적으로 하는 국제학술단체.

국제타원체(國際楕圓體, international ellipsoid) : 국제지구타원체. 국제측지학 및 지구물리학에서 통일된 지구타원체 값을 사용하기 위하여 제정된 타원체.

국제표준화기구(國際標準化機構, International Organization Standardization : ISO) ; 국제 표준화 단체로서 스위스의 제네바에 본부를 두고 있으며 생산자와 소비자의 편의를 도모하기 위하여 공업상품 또는 서비스 분야에 관련된 국제표준을 제안하고 있다. ISO 전문위원회(TC), 분과위원회(SC) 및 소위원회(WG)는 GIS 관련 표준화 분과이다.

국제표준화기구지리정보전문위원회(國際標準化機構地理情報專門委員會, International Organization for Standardization/Technical Committee211 : ISO/TC211) ; ISO 산하에 GIS를 위해 1994년 6월에 구성된 지리정보전문위원회(geographic information /geomatics)로 211번째로 구성되었다. 이 위원회는 수치지리정보 분야의 표준화를 위한 전문위원회이며, 공간현상과 사물에 관한 표준 및 송수신, 교환표준 규격의 수립을 목표로 활동 중이다. 우리나라는 1995년 1월에 정회원으로 가입하였다. ISO/ TC211에는 GIS 기준모형소위원회, 자료모형화소위원회, 지형공간정보관리소위원회, 지형공간정보서비스소위원회, 기능표준소위원회 등 5개의 소위원회로 구성.

국제항공사진측량 및 원격탐사학회(國際航空寫眞測量 및 遠隔探査學會, International Society of Photogrammetry and Remote Sensing : ISPRS) ; 1910년에 설립된 국제학회로서 비정부기관이며, 국제연합산하 유네스코에 등록되어 있다. 사진측량과 원격탐사에 관한 국제대회를 올림픽 해(4년에 한번)에 개최한다. 1992년 17차 총회가 미국 워싱턴에서 84개국이 참석하여 개최되었다. 우리나라는 1980. 7. 14. Ⅱ그룹으로 가입하였다.

국제항로표지협회(國際航路標識協會, International Association of Lighthouse Authorities : IALA) ; 항로표지의 설치 및 관리를 주관하는 관청과 기관으로 구성된 비정부간 기구로서 항로표지에 관한 기술개발 및 기준을 설정, 국제적 표준화를 이루기 위하여 1957. 7. 1 발족(본부-프랑스 파리 소재)한 국제기구.

국제해양기구(國際海洋機構, International Maritime Organization : IMO) ; 1958년 3월에 설립되어 런던에 본부를 두고 있으며, 배의 선로, 항만시설, 교통규제의 국제적인 통일, 국제해운의 안전과 자유통상을 위한 차별적 조치제거 등의 업무를 수행하고 있는 유엔 전문기구.

국제해도(國際海圖, international chart) ; 국제 항해에 편리하도록 국제적으로 통일된 해도. 1972년 국제수로기구의 협정에 의해 축척 1/350만 및 1/1,000만의 2종으로 전세계의 주요한 해역을 포함하여 간행되었다. 간행국가의 해도번호의 아래쪽에 국제번호를 기재하여 국내해도와 구분한다. 우리나라는 국립해양조사원에서 간행하고 있다.

국제횡단메르카토르투영법(國際橫斷메르카토르投影法, Universal Transverse Mercator : UTM) ; 국제횡메르카토르좌표계(universal transverse mercator grid system). 1946년 미국의 육해공군이 공동으로 군사지도를 사용할 목적으로 군사지도의 투영법을 횡메르카토르도법으로 채택한 것. 전 세계를 대상으로 S80°~N84°의 범위(또는 S80°~N80°)에 대하여 일정 구역을 고유번호로 분류하고, 구역 내의 기준원점을 정하여 이로부터의 거리를 m로 나타내는 방식의 평면직교좌표계. 지리좌표계가 위치를 경위도의 60진법의 각도로 표현하여 이를 거리로 환산하는 데 어려움이 있는 반면 이 좌표계는 10진법을 사용하여 거리 환산이 간단하다. 또한 좌표상에서 산출한 각이 참값에 가깝고 거리의 수정량이 방향에 관계없이 동일하여 측량계산, 답사는 물론 군사적 이용에 매우 편리한 장점이 있다. UTM좌표계는 지구를 적도 상에서 경도 6°씩 60등분하여 W180°를 기준으로 동쪽으로 1에서 60까지 번호를 매기고 S80°에서 N84°까지 8°(N70°~84°는 12°)씩 20등분하여 C에서 X까지 부호를 붙임으로써 전 세계를 1,600구역으로 구분하였다. UTM좌표계는 W177°를 기준 동쪽으로 매 6°씩 이동하면서 중앙자오선을 정하고 그 중앙자오선과 적도의 교점을 원점으로 정하여 가우스크뤼거투영법을 적용하였다. 우리나라에서는 해방 후부터 우리기술이 확보된 1974년까지 미군에 의존할 수밖에 없는 상황에서 일제가 제작한 축척 1:1/50,000지형도를 UTM투영법으로 수정하여 사용하였다. 가상적인 원점을 각 UTM구역의 중앙자오선에서 서쪽으로 500,000m 떨어져 있는 적도상에 있으며 북반구에서는 이 가상의 원점이 적도상에 있지만, 남반구에서는 적도에서부터 남쪽으로 10,000,000m 떨어져 있다. 각 구역의 격자망은 이 기준점으로부터 각각 동과 북으로 떨어져 있는 거리로서 나타낸다. 적도는 북반구이면 N0m이고 남반구이면 N10,000,000m로 나타내며 북반구에 위치한 지점들은 (E500,000m, N0m), 남반구에서는 (E500,000m, N10,000,000m) 내에서 표시된다.

국지기준계(局地基準系, local reference system) : 지역측지계. 임의의 원점을 지나는 수평면을 기본으로 하는 위치기준계로 수평면은 지도투영에 의해 형성되는 면과 다를 수 있다.

국지데이텀(局地데이텀, local datum) : 국지적 직교좌표계를 정의하기 위해 기준이 되는 데이텀. 1940년대까지 대부분의 국가에서는 경제적 또는 군사적 필요와 자국의 영토 관리를 위한 독자적 기준계를 개발하여 사용해 왔는데, 이와 같이 국지적으로 지정한 기준계를 말한다.

국지삼각측량(局地三角測量, local triangulation) : 평면삼각측량이라고도 한다. 지표면을 평면으로 간주하는 삼각측량.

국지좌표계(局地座標系, local coordinate system) : 지역좌표계.

국지직교좌표계(局地直交座標系, local cartesian coordinates) : 지표면의 임의의 한 점을 기준으로 한 직교좌표.

국지측량(局地測量, local survey) : 한정된 지역에 대하여 독립적으로 행하는 측량으로서 보통 지구 형태를 평면으로 간주하고 행하는 측량.

국토기본도(國土基本圖, national base map) : 국토지리정보원에서 만든 모든 지도의 기초가 되는 지도로서 국토의 전역에 걸쳐 일정한 정확도와 일정한 축척으로 엄밀하게 제작되고 또한 일정한 기준에 의하여 유지관리되는 지도. 1:50,000 지형도는 1:25,000 지형도로부터 편집에 의하여 제작되고, 1:50,000 지형도로부터는 1:250,000 지세도가 편집되고 있다. 따라서 최초의 모체가 되고 있는 1:25,000 지형도는 이들 지도의 기본도라 할 수 있다.

국토조사(國土調査, national land survey) : 국토와 관련된 제반정책과 계획의 수립 및 평가를 위한 기초자료를 제공하여 효율적인 국토관리가 이루어질 수 있도록 국토 관련 자료를 종합적이고 체계적으로 조사하여 축척, 관리하는 것.

국토지리정보원(國土地理情報院, national geographic information institute) : 정보화시대를 맞이하여 국립지리원을 2003년에 개명하고, 기존의 측지과, 항측과, 지도과, 지리정보과, 측지연구담당관실, 서무과의 6개과 중에 항측과를 공간영상과로 하여 디지털국토구현을 목표로 활동하고 있는 국가기관이다. 측량 및 지도제작과 관련된 정책과 제도를 종합적으로 수립·운영하면서 국가측량기준점, 국토기본지형도 등 각종 국토지리정보를 생산, 관리, 보급하는 국가기관이며, 국가기본측량, 위성영상측량 등 국가측량업무를 관장함은 물론 국토의 위치와 높이 등의 기준이 되는 삼각점, 수준점 등 측량기준점을 유지관리하고, 측량을 통하여 취득한 각종 지형, 지리정보를 체계화 및 구조화하여 신속, 정확하게 수요자에게 제공하는 업무를 수행하는 기관.

국토통계지도(國土統計地圖, national statistics map) : 국토의 각종 현황을 일목요연하게 지도에 도표화하여 국세를 한눈에 파악할 수 있도록 만든 지도로 국가의 자연, 사회, 경제, 문화 등의 실태를 신뢰도가 높은 통계, 조사자료 등에 기초하여 다양한 형식의 주제도로 표현한다. 주요정책 입안, 행정, 교육 자료로 활용한다.

군도(群島, island cluster) : 섬(다각형)의 군집을 말한다.

군속도(群速度, group velocity) : 몇 개의 평면파(平面波)의 합성파가 공간을 전파할 때, 합성파의 어떤 정해진 진폭이 이동하는 속도로, 심해에서의 군속도는 개개파의 위상속도의 반과 같고 수심이 감소함에 따라 점차 증가하여 개개파의 위상 속도에 가까워진다. 중력파의 경우는 파에너지가 진행하는 속도와 같다.

군사측량(軍事測量, military surveying) : 대상지역 내의 지형조사, 군사용 도로, 적정탐지 등 군사목적을 달성하기 위한 측량.

굴절(屈折, refraction) : 탄성파 측량에서 인공진원으로부터 출발한 파가 다른 이질적인 매질을 만나서 각이 꺾이는 것 또는 천해에서 수심에 따라 파속이 변하기 때문에 파의 진행방향이 등심선에 수직한 방향으로 변하는 현상.

굴절계수(屈折係數, index of refraction) : 빛이 다른 물질과의 경계를 통과할 때, 물질이 다르므로 빛을 통과시키는 속도가 다르며 이로 인한 빛의 속도를 c, 어떤 물질 내에서의 빛의 속도를 v라고 할 때, 굴절계수는 c/v이다.

굴절도(屈折度, refraction diagram) : 주기와 방향이 주어진 특정 심해파에 대하여 천해에서의 일련의 파봉선과 파의 진행방향인 파향선의 위치를 나타내는 도면.

굴절법(屈折法, refraction method) : 탄성파 관측방법의 하나. 탄성파 속도를 다르게 하여 지층의 경계에서 굴절시켜 전파된 굴절파를 이용하여 지반을 조사하는 방법.

굴절오차(屈折誤差, refraction error) : 광선이 대기 중을 진행할 때에는 밀도가 다른 공기 중을 통과하면서 일종의 곡선을 그린다. 물체를 이 곡선의 접선방향에서 보면 시준방향과 진행방향과는 다소 다르게 되는데 이 차를 굴절오차 또는 기차라고 한다.

굴절파(屈折波, refracted wave) : 속도가 다른 두 매질의 경계면에 탄성파가 입사할 때 반사되지 않고 투과하면서 굴절되는 파 또는 천해를 진행하는 파가 수심의 영향으로 굴절변형을 일으키면서 진행하는 파.

권척(卷尺, tape) : 천, 강철, 인바 등의 재료로 만들어졌고, 눈금이 표시된 거리나 길이를 관측하는 데 사용되는 눈금 있는 줄자.

궤간(軌間, gauge of track) : 레일두부의 안쪽 면간 거리.

궤간측정(軌間測定, gauge measure) : 좌우 레일의 궤간 거리를 관측하는 것. 궤간 틀림이 큰 경우는 주행차량이 사행 등을 일으키며 궤간이 크게 확대되었을 때는 차륜이 궤간 내로 탈선하게 됨.

궤도(軌道, track) : 재래궤도, 유도상궤도 등으로 나눌 수 있으며, 다져진 노반 위에 충분한 두께 및 폭을 가진 깬 자갈 등으로 이루어진 도상을 부설하고, 그 위에 소정의 침목을 부설하여 궤간을 맞추어 2줄의 레일을 체결

구로 침목에 고정하여 열차가 주행할 수 있도록 유도하는 열차 운행로.

궤도력(軌道力, ephemeris) : GPS에 의한 위치관측은 GPS위성과 수신기 사이의 거리와 위성의 위치자료, 즉 위성의 궤도력을 이용하여 이루어지므로 궤도력이 부정확할수록 지상에서의 위치관측 정밀도가 떨어진다. 그러므로 GPS관측자료의 처리에 있어서는 방송궤도력에도 얼마정도의 오차가 포함되어 있는 것으로 평가되고 있으므로 방송궤도력과 정밀궤도력 중에서 어떤 것을 사용할 것인가에 대해서는 적절한 판단에 의해서 결정해야 한다.

궤도면(軌道面, orbital plane) : 천체의 궤도를 포함하는 평면. 행성의 경우에는 태양으로부터의, 인공위성의 경우는 지구의 무게중심으로부터의 동경 벡터와 속도벡터를 포함하는 평면이다.

궤도요소(軌道要素, orbital elements) : 위성, 기차 따위가 다니는 길을 궤도라 하고 여기에 필요로 하는 기본적인 요건.

궤도정보(軌道情報, ephemeris) : 「궤도력」 참조.

귀심(歸心, reduction to center) : 관측점의 중심과 기계의 중심 또는 시준점과 구점의 중심이 일치하지 않을 때 관측점의 중심에서 구점의 중심을 관측한 값으로 고치는 것.

귀심계산(歸心計算, computation of reduction to center) : 편심보정. 삼각측량에서 표석, 측표 및 기계중심의 3자가 같은 연직선상에서 일치해야 하는데 일치하지 않게 관측했을 때 3자가 일치되게 관측한 값으로 고치는 계산.

귀심요소(歸心要素, elements of eccentric reduction) : 귀심계산을 하는 데 필요한 편심거리와 편심방향각의 두 가지 요소.

귀심측량(歸心測量, reduction to center) : 삼각측량에서 삼각점의 표석, 측표, 기계중심의 3요소가 연직선상에서 일치하는 것이 이상적이나 현지의 사정에 따라 불일치상태에서 부득이 측량할 때가 있다. 불일치상태에서 관측한 값을 일치상태로 환산하는 것은 귀심계산이고, 귀심계산에 필요한 귀심거리와 귀심각은 귀심요소가 된다.

권척용온도계(卷尺用溫度計, tape thermometer) : 강권척의 온도를 보정하기 위하여 온도를 관측하기 위한 온도계로서 관측 시에 줄자의 양단에 걸기 위한 갈고리가 달려 있는 온도계.

규반(畦畔, border) : 경지구획의 경계로서 구획의 형상을 표시하는 두렁을 말하며 논에서는 물의 통로로도 사용된다.

규준시준고(規準視準高, standard height of line of collimation) : 시거측량으로 고저측량을 할 때 기지점과 미지점의 시준고를 같게 하면 고저차의 계산에서 전후시의 시준고가 상쇄되어 시거계산으로 얻은 연직거리의 대수화가 그대로 고저차가 되는데, 이처럼 동일하게 하는 시준고를 말한다.

균시차(均時差, equation of time) : 시태양시와 평균태양시 사이의 차를 균시차라 한다. 이와 같은 차가 생기는 것은 시태양이 황도상을 균일한 속도로 운행하지 않기 때문에 균일한 속도로 운행하는 평균태양을 가상해서 나온 것이다. 그 크기는 $-14'\sim+16'$ 정도이다.

그래픽사용자인터페이스(그래픽使用者인터페이스, Graphic User Interface : GUI) : 운영체계의 복잡성을 사용자들에게 숨겨주어 컴퓨터에 대한 지식이 없는 사용자라도 운영체계 환경에서 쉽게 사용할 수 있도록 하는 소프트웨어들을 대표하는 용어로 이미지 모형, 윈도우 모형, 사용자 모형의 3가지 요소로 구성된다.

그레이드(그레이드, grade) : 각의 단위로서 전 원주를 400등분한 것이다. 직각은 100그레이드가 되고 g라 쓴다. $1^g=0.90$, 1^g를 100등분한 것을 센티그레이드(cg)라 한다.

그루버방법(그루버方法, gruber's method) : 도화기로 평탄지의 사진을 회전요소만을 이용하여 상호표정하는 기계적 방법.

그룹지연(그룹遲延, group delay) : GPS코드 신호가 전리층을 통과하면서 전리층에 분포되어 있는 자유 전자에 의해 지연되어 오차를 발생시키는 것.

그리니치(그리니치, Greenwich) : 영국 London의 교외에 있는 지명. 여기에 그리니치 천문대가 있다. 이 천문대의 자오환의 중심을 지나는 자오선을 경도의 기준으로 정하여 경도 0°로 삼고 있다.

그리니치기준시(그리니치基準時, Greenwich Mean Time : GMT) : 국제 24시 시스템으로 랜드셋 영상 취득 시에 시간을 표시하기 위해 사용되는 시.

그리니치시(그리니치時, Greenwich time) : 그리니치에 있어서의 지방시. 그리니치 자오선에 대한 평균태양시(그리니치 표준시)를 세계시라고도 하며 세계적인 기준시간.

그리니치자오면(그리니치子午面, Greenwich meridian plane) : 영국 그리니치를 지나는 자오선면으로 본초자오면으로 사용된다.

그리니치자오선(그리니치子午線, Greenwich meridian) : 천문대에 있는 자오환의 중심을 지나는 자오선이며 그리니치경도(국제경도)의 기준으로서 경도 0°로 정해져 있다. 이로부터 동쪽을 동경, 서쪽을 서경으로 하여 (각 180°까지) 각 지역의 경도를 표시한다.

그리니치평균상용시(그리니치平均常用時, Greenwich mean common time) : Greenwich시.

그리니치평균천문시(그리니치平均天文時, Greenwich mean astronomical time) : Greenwich시. 즉 태양이 남중하는 정오를 출발점으로 재는 시간.

그리니치평시(그리니치平時, Greenwich mean time) : Greenwich시.

그리니치항성시(그리니치恒星時, Greenwich sidereal time) : 영국의 그리니치를 통과하는 본초자오선상의 지방항성시로 그리니치항성시와 그리니치평균항성시가 있는데, 그 차는 적도상에서 춘분점의 장동과 같다. 그리니치평균항성시는 세계시로 매일 0시에 평균태양의 적경에 12시를 더한 것이 되며, 태양운행표에서 구할 수 있다. 이것은 역으로 세계시를 구할 때도 이용된다.

그리드(그리드, grid) : 가로와 세로로 일정하게 배열된 교차선 들의 집합으로 정밀한 좌표를 사용하는 그래픽 프로그램에서 사용자들이 시각적으로 좌표의 기준을 삼을 수 있도록 일정한 간격마다 설치한 격자선.

그리드셀(그리드셀, grid cell) : 단일 GIS(RS 이미지)값이나 속성을 가지는 단위격자. cell이 모여서 하나의 커다란 grid나 이미지를 구성한다. grid는 래스터 커버리지이다. cell은 래스터 혹은 픽셀이라는 용어로도 불린다.

그리드자료망(그리드資料網, grid data model) : 그리드는 arc/info 커버리지를 래스터방식으로 자료를 관리하는 arc/info 소프트웨어의 한 모듈이다. 그리드 자료구조는 일차적으로 타일로 분류되며, 각 타일은 x, y축을 따라 더 적은 단위인 블록으로 세분된다. 블록은 열과 행으로 구성되는 셀로 이루어져 있으며, 그리드의 이 계층구조는 자료기반의 크기에 상관없이 그리드의 어떤 부분에 대해서나 자료접근을 가능케 하며 처리속도를 증진시키는 장점이 있다. 그리드의 속성자료는 VAT라는 확장자를 갖는다.

그리드자료모형(그리드資料模型, grid data model) : 「격자자료모형」 참조.

그린정리(그린定理, green's theorem) : 등포텐셜면의 형이 주어지고 그 내부의 전질량이 불변이면 내부분포에 관계없이 그 면상에서의 중력분포가 주어진다는 중력분포와 지구형상의 관계를 나타내는 원리. 임의의 형상을 갖는 질량 M과 그 주위의 등포텐셜면 S에서 S면이 M과 함께 회전한다면 S면은 M의 인력과 원심력에 의한 포텐셜면으로 중력포텐셜면을 만족한다. S면의 형상을 알고 있고, 또한 S면상이나 그 외부의 1점에서의 포텐셜 경사, 즉 정력의 크기를 알고 있다면 S면상 및 그 외부 모든 점의 포텐셜 값이 구해진다. 이 관계를 나타내는 것이 그린의 정리이다.

극(極, pole) : 지축과 지표면의 경계. 남과 북에 각기 남극과 북극이 있다.

극거리(極距離, polar distance) : 극까지의 구면거리를 말하며 각도로 표시하므로 90°에서 위도를 뺀 값이다.

극궤도(極軌道, polar orbit) : 남북 양극의 상공을 통과하는 인공위성의 궤도.

극궤도위성(極軌道衛星, polar orbiting satellite) : 남극과 북극의 상공을 통과하는 궤도를 도는 인공위성이다. 인공위성은 반드시 지구의 중심을 지나는 면인 궤도면을 돈다. 궤도경사각이 90°인 극궤도위성은 기상위성, 정찰위성 등인데 이는 극궤도 위성이 한바퀴 돌 때 지구도 자전하므로 지구의 모든 곳을 탐측할 수 있기 때문이다. 대표적인 극궤도위성으로는 기상위성인 타이로스(TIROS)위성, 군용정찰위성인 사모스(SAMOS)위성, 항행위성인 트랜싯(TRANSIT)위성, 지구관측위성인 랜드셋(LANDSAT) 등이 있다.

극반경(極半徑, polar radius) : 극반지름.

극반지름(極반지름, polar radius) : 지구타원체에서 타원체의 기하학적 중심에서 극점까지의 거리로서 약 6,556km.

극심법(極心法, polar projection) : 방위도법의 일종으로 지축이 투영면에 대해서 수직으로 되는 것을 말한다. 즉 극을 투영의 중심으로 한 투영으로서 위선은 동심원이 되고 경선은 방사선이 된다. 극 부근의 지도에 종종 쓰인다.

극운동(極運動, polar motion) : 지구 몸체가 지구 자전축에 대하여 움직이는 일. 자전축이 지표면을 통과하는 점인 극점이 지표면상 이동하는 현상으로 자전축이 공간에 대하여 움직이는 세차, 장동과는 다르다. 이것은 주로 관성 주축인 형상축이 자전축과 일치하지 않으므로 발생한다. 지구의 고체와 관계한 지구회전의 동축(Instaneous Axis)운동이다. 불규칙하지만 대략 15m의 진폭으로 원

운동을 하고 약 430일의 주기이다.

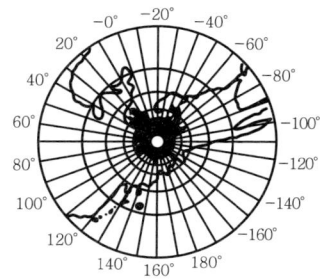

극좌표(極座標, polar coordinate) : 수평면의 경우, 곧 극과 그것을 지나는 반직선. 즉 원점을 기준으로 하여 평면상의 임의 점의 위치를 극으로부터의 거리 및 극과 원점이 이루는 각도로 나타냈을 때의 그 거리와 각도.

극좌표계(極座標系, polar coordinate system) : 어떤 위치를 원점으로부터 방향과 거리로 표현하는 좌표계로, 평면 위에 점P의 위치를 나타내기 위해 이 평면 위의 한 점 O에서 출발하는 OX를 정해놓고, OP의 길이 r과 $\angle$XOP의 크기 θ를 이용하는 좌표계.

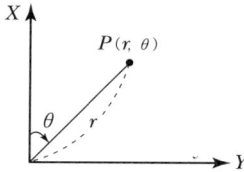

극좌표법(極座標法, polar coordinate method) : 거리와 각을 관측하여 점의 위치를 결정하는 측량방법을 트래버스측량이라 하고 좌표의 형식을 극좌표법이라 한다.

극좌표축(極座標軸, polar coordinate axis) : 시초선 또는 수선. 극좌표계에서 기선으로 하는 사선으로 어떤 위치를 극좌표로 표현하기 위한 요소 중 방향인 각을 나타내기 위한 기준선.

극초단파측정기(極超短波測定器, microwave instrument) : 이 측정기는 주파수가 3~35GHz인 극초단파를 사용하여 거리를 관측하는 것으로 송신장치, 수신장치, 안테나, 작

동회로망, 그리고 내장되어 있는 통신장치를 포함하고 있다.

근거리(近距離, close range) ; 가까운 거리 즉 항공사진측량에 비해 지상사진측량을 근거리 사진측량으로 이야기한다.

근거리사진측량(近距離寫眞測量, close range photogrammetry) ; 건축물, 생물, 인류 등의 사진, 현미경사진, 전자현미경사진 등 근거리에 있는 대상에 대하여 하는 사진측량법. 건축, 토목, 생물학, 교통사고 등 그 밖의 연구용으로 쓰인다.

근린지구(近隣地區, residential neighbourhood) ; 주거구역의 계획단위로서 초등학교를 중심으로 형성하여 적당한 인구 규모를 수용하는 지구. 1929년 미국의 쿠라렌스, 페리에 의하여 발표된 고안이다.

근린분석(近隣分析, neighborhood analysis) ; 어느 특정위치를 접하고 있는 대상들의 인접성을 검색하고, 일정한 거리 내에 있는 대상의 연결성을 검색하는 기능을 말한다.

근사도화기(近似圖化機, approximate plotting instrument) ; 근사적인 방법으로 사진의 중심투영에 의한 비틀림을 수정하여 도화하는 기계. 주로 중소축척도화에 사용.

근사보간(近似補間, approximation interpolation) ; 주어진 표면값에 대해서 몇 가지 불확실한 것이 존재할 때 사용되는 개략적인 보간.

근일점(近日點, perihelion) ; 태양계의 행성, 혜성 등 태양의 둘레를 도는 천체가 궤도상에서 태양에 가장 가까워지는 점.

근일점거리(近日點距離, perihelion distance) ; 태양으로부터 행성, 혜성 궤도의 근일점까지의 거리. 원, 타원, 포물선, 쌍곡선 같이 이차곡선을 궤도로 하여 태양 둘레를 회전하는 천체에 대하여 쓰인다. 타원궤도의 경우 긴 반지름을 a, 이심률을 e라 하면, 근일점거리는 $a(1-e)$로 나타낼 수 있다.

근적외선컬러사진(近赤外線컬러寫眞, near infrared color photograph) ; 파장이 0.75~3μm 인 적외선을 이용하여 찍은 컬러사진.

근적외영역(近赤外領域, Near InfRared : NIR) ; 파장이 0.75~3μm인 적외선 영역.

근점(近點, ① near point, ② perapsis) ; ① 눈으로 볼 수 있는 가장 가까운 거리의 점. ② 위성 또는 행성의 궤도상에서 그 위성 또는 행성이 주회하는 천체의 무게 중심에 가장 가까운 점.

근점년(近點年, anomalistic) ; 지구가 근일점을 통과하여 다시 근일점으로 돌아오기까지의 시간으로 약 365일 6시간 13분 53초이다.

근점운동(近點運動, near point movement) ; 이체문제의 해(解)인 케플러운동에서는 근점이 이동하지 않지만 여기에 섭동이 가해지면 근점은 일반적으로 정지하지 못한다는 운동. 지구의 근일점은 섭동 때문에 1년에 11.63″씩 전진하며 이 때문에 근점년은 항성년보다 약 5분이 길다. 인공위성의 근지점은 지구의 모양으로 인한 섭동 때문에 매분 10″ 정도의 속력으로 전진 또는 후퇴한다.

근점월(近點月, anomalistic month) ; 달이 근지점을 통과하여 다시 근지점으로 돌아오기까지의 시간으로 약 27일 13시간 18분 33초를 말한다.

근점이각(近點離角, anomaly) ; 행성과 같이 타원궤도 위를 움직이는 천체가 근일점으로부터 떨어져 있는 각도로, 근점각이라고도 한다.

근점주기(近點週期, anomalistic period) ; 위성이 근일점에서 시작하여 주성의 주위를 공전하고 다시 근일점을 통과할 때의 시간.

근지점(近地點, perigee) ; 지구 주위를 도는 달이나 인공위성이 궤도상에서 가장 가까워지는 점. 달과 지구의 평균거리는 약 384,400km이며, 근지점과 원지점의 차가 10% 정도이나 인공위성의 경우는 차가 크다.

근축광선(近軸光線, paraxial ray) ; 광축 가까이의 광선.

근해(近海, offshore) ; 육지에 가까운 바다.

글로나스(글로나스, GLObal NAvigation Satellite System : GLONASS) ; 러시아가 개발한 위성을 이용한 위치 결정체계이다. 위성부문은 24개의 위성들(21개 운영, 3개 예비위성)로 구성하여 19,100km의 고도에서 11시간 15분의 공전주기 궤도를 가진다. 세 개의 궤도면에 8개의 위성들이 균등간격으로 위치해 있으며, 64.8°의 경사를 이루며 120° 간격으로 떨어져 있다. 지상부문은 위성감시와 제어기능과 추적국, 감시국 및 주제어국으로 이루어진다.

금속관로(金屬管路, metallic pipe) ; 상수관, 하수관, 전화선, 전력선, 가스 등의 관망의 재질이 금속인 관로.

기간(期間, period) ; 두 개의 다른 시간위치를 경계로 갖는 시간의 범위를 표현하는, 1차원의 기하학적 기본요소.

기계고(器械高, instrument height) ; 기준면 또는 지상점으로부터 기계의 시준선까지의 연직거리.

기계도근점측량(器械圖根點測量, supplementary control surveying for detail mapping) ; 평판측량에 있어서 삼각점만으로는 기준점이 부족할 때 트랜싯을 사용하여 위치, 높이를 관측하고 이것을 평판상에 전개하여 기준점을 증설하기 위해서 하는 측량.

기계법(器械法, analogue computer) ; 필요로 하는 측지좌표를 환산할 때 간략 조정기로 오차를 처리하는 방법.

기계수(器械手, instrument carrier) ; 트랜싯 또는 레벨을 운반하고 설치하는 사람. 관측은 관측수가 한다.

기계식도화기(機械式圖化機, analog stereo-plotter) ; 항공사진으로부터 도화원도를 제작하는 데 사용되는 기계적이고 광학적인 장치, 즉 항공사진으로부터 공선조건을 기계적으로 만족시켜 각 점의 사진좌표를 관측하거나 입체모형을 조성하여 도화를 하는 장비. 종류에는 B-8, A-7, A-10 등이 있다.

기계오차(器械誤差, instrument error) ; 측량기계의 정밀도, 구조상의 결함이나 조정의 불완전에서 오는 오차, 즉 트랜싯에서는 기계의 삼축오차, 눈금의 편심오차, 시준선의 편심오차 등의 오차를 말한다.

기계적사진측량(機械的寫眞測量, analogue photogrammetry) ; 항공삼각측량의 측정방법에 의한 분류로서 멀티플렉스와 같은 여러 개의 투영기를 갖는 도화기나 slotted templet과 같은 물리적 수단을 이용하거나, 점의 평면위치 및 높이를 도지상에 플롯하여 도해적으로 조정하는 사진측량방법.

기계투영법(器械投影法, mechanical projection) ; 실체도화기의 투영방식의 일종으로 2개의 카메라렌즈 절점에서 지상점까지의 광원방향을 금속봉으로 바꾸어 놓고, 그 교점으로 점의 위치를 구하는 방법.

기계판독기능(機械判讀技能, machine readable) ; 컴퓨터 체계에서 그 내용과 의미를 직접 판독하고 해독할 수 있는 속성을 지칭하는 용어.

기고(器高, height of instrument) ; 기계고의 약어.

기고식(器高式, system of instrument height) ; 수준측량에서 야장기입의 한 가지 방법으로 레벨의 시준고, 즉 기계고를 계산하여 이로부터 전시의 읽은 값을 감해서 각 점의 지반고를 계산하는 방법.

기단보정(氣段補正, mass correction) ; 높은 고도에서의 중력관측에는 지구의 질량 외에 대기의 질량에 의한 중력효과도 포함된다. 특히 인공위성에 의한 관측결과로 유도된 측지기준계에 표준중력식을 사용할 때는 관측점의 고도변화에 따른 대기 질량의 효과를 고려하여야 하며 이를 기단보정이라 한다.

기도(基圖, base map) ; 기본도, 편집도를 작성할 때에 기초자료로 하는 지도.

기록방식(記錄方式, recording method) ; 영상의 형식으로 기록하는 방식이며, 인쇄사진방식과 영상사진방식으로 나눈다.

기반시설(基盤施設, infrastructure) ; 국가나 사회의 하부기반을 이루는 중요산업, 생산 및 운송시설 등을 말하며 상수도시설, 편의시설, 도로, 교통제어장치 및 신호, 통신시설 등이 포함된다. 토대, 구조를 의미한다.

기복(起伏, relief) ; 지표면의 수직적인 불일치성.

기복변위(起伏變位, relief displacement) ; 지표면에 기복이 있을 경우 연직으로 촬영하여도 축척은 동일하지 않으며 사진면에서 연직면을 중심으로 방사상의 변위가 생기는 것을 말한다.

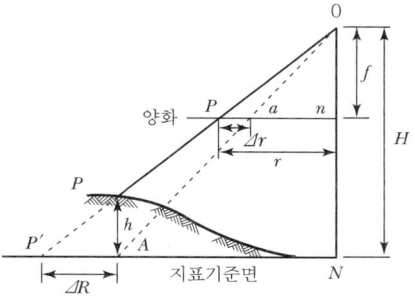

$$\varDelta r = \frac{h}{H} r$$

여기서, $\varDelta r$: 변위량
　　　　r : 화면 연직점에서의 거리
　　　　H : 비행고도
　　　　h : 비고

기본감색색상(基本紺色色相, subtractive primary color) ; 시안(cyan), 마젠타(magenta), 노란(yellow)색.

기본계획(基本計劃, master plan) ; 기본방침을 수립하기 위한 계획. 구체적 계획의 전체가 되는 것으로 부분적 변경에 관하여 융통성을 갖는 계획.

기본단위(基本單位, fundamental units) ; 길이, 질량, 전류에 대하여 각각 미터[m], 킬로그램[kg], 초[s], 암페어[A]를 기본으로 하고, 이것에 온도와 관련된 분야의 기본량인 열역학적 온도의 단위 켈빈[K], 물질의 양을 나타내는 단위[mol] 및 측광분야의 기본량인 칸델라[cd]를 합한 7개의 단위.

기본도(基本圖, base map or national topographic series) ; 기본측량에 의해서 만들어진 지도로서 국토 전역에 걸쳐 통일된 축척과 정확도로 엄밀하게 제작된 지형도를 의미하며, 여러 가지 지도 중에서 가장 기초적인 것이다. 국토지리정보원에서 발행하는 지형도는 우리나라의 기본도이다.

기본삼각측량(基本三角測量, basic triangulation) ; 측량법상 기본측량에 해당되는 삼각측량인데, 국토지리정보원이 관리하는 1, 2, 3, 4등 삼각측량이다. 1, 2, 3, 4등 삼각점은 사실상 국토의 평면기준점으로서의 기능을 갖고 있다. 이들 기준점의 좌표를 삼각측량에 의하여 결정하였기 때문에 기본측량이라고 한다.

기본수준면(基本水準面, datum level) ; 해도의 수심 또는 조위의 기준면으로서 해당지역의 약 최저저조위를 채택하고 있다.

기본수준점표(基本水準點標, tidal bench mark) ; 수직 기준면의 참고로서 이용하도록 수심기준면 및 평균해수면으로부터 높이를 정확히 구해 놓은 고정된 물체나 표시를 말하며, 기본수준점표는 일반적으로 검조주나 검조소 근처에 있다.

기본위선(基本緯線, standard parallel) ; 투영에 있어서 비뚤림이 없는 곳의 위선을 말한다. 투영면이 지구에 대하여 접선이 되는 곳으로 투영면 하나에 3개 이상 존재하지 않는다.

기본지리정보(基本地理情報, framework data) ; 여러 지리정보에서 공통적으로 사용되거나 통합하기 위해 위치적 혹은 내용적 기준체계를 제공하는 지리정보.

기본측량(基本測量, basic survey) ; 여러 가지 측량의 기준이 되는 것으로 국토지리정보원에서 행하며, 1등에서 4등까지의 삼각측량, 1, 2등 수준측량, 2등 다각측량, 지형도에 관한 측량, 천문측량, 지자기측량, 중력측량 등이 있다.

기본키(基本키, primary key) ; 속성 혹은 열의

값이 지형지물군 내의 각 개체를 고유하게 식별하는 속성 혹은 열.

기부(記簿, book) : 삼각측량에 있어서 수첩에 관측결과를 기록하여 평균값을 구해서 그 뒤의 계산에 편의를 꾀함과 함께 이들 계산결과(귀심계산, 방향각계산, 평균계산, 좌표계산 등)를 기록해서 계산을 계통적으로 하며 최종 결과의 성과표를 틀림없이 만들기 위한 책이다.

기상(氣象, meteorological phenomena) : 대기 중에서 발생하는 각종 물리현상. 넓은 의미로는 대기의 상태와 모든 대기현상.

기상보정(氣象補正, atmospheric correction) : 전자파거리측량기에 의한 거리관측은 전자기파의 속도가 중요한 요소이다. 전자기파의 속도는 기상의 상태에 영향을 받고 있으며, 전자파거리측량기는 표준대기의 온도 15°와 기압 1,013hpa 등을 기준으로 채택하고 있기 때문에 표준대기의 상태가 상이할 때 하는 보정.

기상위성사진(氣象衛星寫眞, weather satellite photograph) : 발사된 기상위성으로부터 전송하여 오는 우주사진을 관상대나 기상연구소에서 수신한 전자학적으로 촬영한 사진.

기상정보체계(氣象情報體系, Meteorological Information System : MIS) : 인공위성의 영상분석에 의한 기상변동추적 및 장기간 일기예보체계 구축, 기후 및 기상관측의 자료전송 조직망 구성, 기상정보의 실시간 처리체계 구축, 위성영상 자료해석과 기상예측 모형의 발전방안 수립 등을 가능케 한다. 또한 기상위성 관측자료와 지형특성을 고려한 태풍경로 추적 및 피해예측을 가능케 하는 시스템.

기상학(氣象學, meteorology) : 대기 중에서 발생하는 물리적인 현상. 즉 기온, 습도, 풍속, 풍향, 강우 등의 자연현상을 다루는 학문.

기선(基線, ① base line, ② base) : ① 길이를 관측하는 기준의 선. 삼각측량에서는 한 변의 길이를 관측해야 하는데 이 관측하는 변을 기선이라 한다. 정밀도에 따라서 1등기선으로부터 간이기선까지 여러 가지가 있다. ② 서로 이웃하는 촬영점 사이를 연결하는 선분, 실체시에서 양안의 선분, 도화기에서는 두 투사기의 렌즈절점 간의 거리, 항공사진에서는 주점을 연결하는 직선을 어느 것이나 기선이라 한다.

기선가대(基線架臺, base carriage) : 도화기의 한 부분으로서 이것에 의하여 기선의 길이를 바꾸어 모델의 축척에 필요한 값을 구할 수 있음.

기선고도비(基線高度比, base height ratio) : 기선장과 촬영고도의 비로서 입체모델에서 수직적인 과고감을 결정하며, 시차로부터 고도를 계산할 때의 계수의 하나.

기선방정식(基線方程式, base line equation) : 삼각측량에 있어서 기선장과 검기선장과의 관계식. 즉 n개의 삼각형이 단열로 결합되어 있을 때 기선장을 D_1, 검기선장을 D_n, 미지변에 대한 각을 α, 기지변에 대한 각을 β라 하면 기선방정식은 다음과 같다.

$\log_{10} D_1 + [\log_{10} \sin \alpha] - [\log_{10} \sin \beta]$
$= \log_{10} D_n$

기선비(基線比, base-height ratio) : 지상사진측량에서는 기선의 길이와 이에 직각으로 관측한 지상의 대상점까지의 평균거리와의 비. 수직사진에 의한 항공사진측량에서는 기선의 길이와 대지고도와의 비.

기선삼각망(基線三角網, base line triangulation network) : 일반적으로 기선측량을 할 때 삼각형의 각 변을 정확하게 직접측정한다는 것은 어려운 일이다. 그러므로 기선삼각망을 만들어 몇 단계로 나누어 확대해서 1등삼각형의 1변을 결정한다. 그림에서 기선 AB를 CD로, 다시 EF로 확장하기 위한 삼각망.

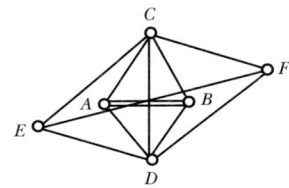

기선의 성분(基線의 成分, base component) : 기선의 X, Y, Z 방향에의 성분, 각각 bx, by, bz로 나타낸다.

기선자(基線자, base measuring apparatus) : 기선측량에 쓰이는 거리측량용 기구로서 정밀기선측량용에는 철과 니켈의 합금으로 팽창계수가 적은 인바 기선자를, 일반 측량용으로는 강철줄자를 이용한다.

기선장(基線長, ① length of base line, ② base length) : ① 삼각측량의 기초가 되는 일변의 길이, 즉 기선의 길이. 우리나라의 삼각측량을 위한 1등기선장 중 최장의 것은 평양기선이며, 4,625.4777m. ② 기선 간의 거리를 말하며 실체 관측계산의 기초적 요소 가운데 하나.

기선척(基線尺, base line tape or base line wire) : 기선측량에 사용하는 자를 말하며, steel tape와 inbar tape 등이 있다.

기선측량(基線測量, measurement of base line) : 기선의 길이를 재는 작업. 간이기선에서는 요구되는 정밀도에 따라서 적당한 기선척과 작업법을 택하게 되나, 1등기선에서는 최고의 기술을 써서 최고의 정밀도를 갖도록 해야 한다.

기선해석(基線解析, baseline analysis) : GPS 관측의 해석에 있어서 2관측점 간의 거리벡터 성분을 정해진 계산식에 의하여 산출하는 것.

기압(氣壓, atmospheric pressure) : 대기의 압력. 수은주 760mmHg를 단위로 하며, 1,013.25hpa로 표시.

기압경도(氣壓傾度, pressure gradient) : 천기도에서의 등압선에 직교하는 등압선 간 거리에 대한 기압변화의 비율. 이것으로 풍향 풍속을 알 수 있다.

기압계(氣壓計, barometer) : 기압차를 이용하여 고저를 약측하는 계기로서 수은기압계, 아네로이드 기압계 등이 있다. 이것으로써 기상관측을 하는 외에 수준측량도 한다. 수은주 10mmHg의 기압차는 약 100m의 고저차와 같다. 그러나 대기의 압력은 시시각각으로 변화하는 것이므로 이것으로써 정밀한 표고의 측정은 곤란하다. 측고용으로는 아네로이드 기압계가 쓰이며, 기압눈금 외에 고도눈금이 새겨져 있다.

기압고저측량(氣壓高低測量, barometric leveling) : 기압수준측량.

기압공식(氣壓公式, barometric formula) : 고저차와의 관계를 나타내는 공식을 말하며, 일반적으로 고저차는 낮은 지점에서의 기압, 기온, 온도, 위도의 함수. 근사공식에는 기온, 공기의 밀도, 중력의 가속도를 정수로 하는 것이 많고 Laplace의 간이기압공식이 대표적.

기압수준측량(氣壓水準測量, barometric leveling) : 두 지점 간의 기압차를 관측하여 기압계산공식으로부터 그 두 점 간의 표고차를 구하는 측량방법.

기압정수(氣壓定數, barometric constant) : 기압공식을 일반적으로 $H=K(1+\alpha t)(\log_{10}P_1 - \log_{10}P_2)$라 하였을 때 K를 기압정수라 하고, 일반적으로 18,400의 값을 쓴다. 여기서 H : 두 측점 간의 고저 차(m), α : 0.003665, t : 그 측점에서의 평균온도(℃), P_1 : 낮은 쪽 측점에서의 기압, P_2 : 높은 쪽 측점에서의 기압(mm)을 나타낸다. 단 P_1, P_2에는 온도보정과 중력보정을 하는 것으로 한다.

기압측고계(氣壓測高計, barograph) : 수은기압계, 아네로이드기압계, 비점기압계 등을 수준측량에 이용하여 높이를 관측할 때 이것을 기압측고계라 한다.

기우식(寄隅式) : 지번의 설정 방법으로 지번은 리(里)·하(河)·로(路)·가(街)로 이루어지는 지번지역을 기준하여 설정하되 일반도로가 형성된 시가지에서는 도로 진행방향에 대하여 우측을 우수, 좌측을 가수로 설정하는 방법.

기장수(記帳手, note man) : 측량반원 중에서 기장을 맡은 사람. 트랜싯에 의한 트래버스측량에서는 기계수가 기장수를 겸하기도 하나 기재사항이 많을 때는 담당기장수를 두는 것이 보통이다.

기점(基點, reference point) : 광산측량 시 광산

구역도면의 기점은 명확하고 움직이지 않는 지점을 2개 이상 선택하여 될 수 있는 대로 반대위치에 설치하고 가까운 측점으로 연결한다. 도상에서는 적어도 1개는 5만분의 1 지형도의 삼각점과의 지리적 관계를 명시하고, 2중의 소원으로 표시한다.

기조력(起潮力, tide generating force) ; 조석을 일으키는 힘. 기조력은 지구와 천체 간의 인력에서 지구 자체의 원심력을 뺀 차.

기준국(基準局, reference station) ; GPS 측량에 있어서 기선들은 기준국에서 이동국으로 계산되기 때문에 기준국은 상대적으로 확실한 점이어야 하며, 설치점 선택은 15° 상방에 장애물이 없어야 하고, 공중에 무선방송의 영향이 없을 것, 그리고 다중경로에 영향을 받지 않는 곳을 선택해야 한다.

기준다각측량(基準多角測量, control traversing) ; 3등 이하의 삼각점을 출발점 또는 폐합점으로 하는 다각측량을 말하며 삼각측량을 실시할 수 없는 지역에 있어서 삼각측량을 대신하여 실시하는 측량.

기준다각점(基準多角點, control traversing point) ; 기준다각측량에 의해서 설치한 다각점.

기준망(基準網, control network) ; 우리나라의 기준망은 1970년대 후반부터 정밀측지망 설정을 위한 선진기술의 도입 및 기술개발에 주력한 결과 우리나라에서는 처음으로 삼변측량, 천문측량, 중력 및 지자기측량과 인공위성측량 등을 계획실시하게 되었고, 국제수준의 측지망으로 기반과 계기가 되었다. 이에 측지망을 통해 국토의 정확한 위치, 크기 및 형상이 명백하게 되어 모든 국토개발사업을 보다 효과적으로 수행할 수 있게 되었다.

기준면(基準面, reference plane or datum level) ; 수준측량에서 높이를 나타내는 기준이 되는 높이가 0m인 수평면. 우리나라에서는 인천만의 중등 조위를 기준으로 수준원점의 값으로 하고 있다. 또 수평위치를 나타내기 위한 기준면으로는 준거타원체면을 말한다.

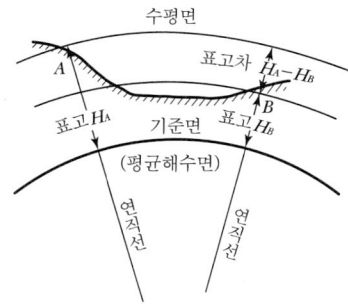

기준삼각점(基準三角點, control triangulation point) ; 1~4등 삼각점 또는 기설의 기준삼각점에서 실시한 삼각측량으로 얻은 점.

기준삼각측량(基準三角測量, control triangulation) ; 1~4등 삼각점 또는 기설의 삼각점을 측설하기 위하여 실시하는 측량이나 3등 이하의 삼각점을 여점으로 하여 평균거리 1.5~2.0km마다 설치하는 삼각점에 관한 측량. 지적도근삼각측량 등과 같이 조건이 주어지는 것도 있다.

기준선(基準線, reference line) ; 트래버스측량에서 방향각의 기준이 되는 선.

기준자오선(基準子午線, standard meridian) ; 그 나라(또는 지역)의 표준시를 정하는 자오선. 우리나라는 동경 135° 자오선이며 Greenwich 시간보다 9시간 앞서 있다. (경도 15°가 1시간에 해당된다.)

기준점(基準點, control point) ; 기준점측량에 의하여 얻어진 점. 즉 삼각점, 다각점 및 고저기준점 등을 말하며, 지도제작, 건설, 토목공사용 도면작성이나 측량에 토대가 되는 좌표점.

기준점법(基準點法, controlling point system) ; 등고선측량 중 간접관측법의 하나로 지성선의 위치 및 그 위의 여러 점의 높이를 관측하여 도시하고 이것을 기준으로 현지를 관찰한 결과로서 등고선을 그리는 것이다. 지역이 넓고 소축척일 때에는 편리하나 상당한 기술과 경험을 필요로 한다.

기준점성과표(基準點成果表, control data) : 기준점의 성과를 모아서 기록한 표를 말한다. 수평위치, 높이, 인접점으로부터의 방향각 및 거리 등이 기록되어 있다.

기준점측량(基準點測量, control point surveying) : ① 수평 및 수직위치 기준점을 측량지역 전체에 걸쳐 충분하게 설치하여 골격을 만드는 측량으로서 지형측량, 사진측량 등에서 필요한 도근점, 표정점 등을 얻기 위하여 기존의 국가기준점을 이용해서 하는 삼각측량, 트래버스측량, 수준측량 등을 말하며 세부측량은 이러한 기준점들을 기준으로 하여 실시한다. ② 측량의 기준으로 되어 있는 점의 위치를 구하는 측량으로 이 측량은 천문측량, 삼각측량, 다각측량, 고저측량, GPS 측량 등에 의해 행하여진다. 이들의 측량으로 설정된 천문점, 삼각점, 다각점, 고저기준점(또는 수준점), 위성측지기준점(또는 전자기준점) 등을 총칭하여 기준점이라 한다.

기준타원체(基準楕圓體, reference ellipsoid) : 어느 지역의 측지계의 기준이 되는 타원체(Geoid의 위치를 계산하는 회전타원체). 우리나라의 준거타원체는 인천만의 중등조위와 일치한다.

기준해수면(基準海水面, sea level datum) : 해안을 따라 여러 곳의 검조소에서 장기간에 걸쳐 실시된 조석관측 결과에 근거하여 높이 또는 고도의 기준면으로 설정된 해수면.

기지각(旣知角, known point) : 이미 관측해 두었거나 알고 있는 각.

기지점(基地點, known point) : 그 점의 수평위치나 수직위치 좌표 등이 이미 알고 있는 점.

기차[1](器差, characteristic value for correction) : 기기 제작상의 결점 또는 조정이 불완전하기 때문에 생기는 계통오차. 즉 정수오차.

기차[2](氣差, atmospheric refraction) : 공기의 밀도는 지표면에 가까울수록 커지고 높이가 높아질수록 희박해지므로 그 속을 지나는 광선은 일반적으로 공기층을 통과하면 굴절되어 곡선을 그린다. 이 때문에 일어나는 오차를 기차라 한다.

기초점(基礎點, control point) : 지적삼각점과 도근점. 지적세부측량을 실시하는 데 필요한 기준점의 역할을 하는 것으로서, 지적삼각측량방법에 의하여 설치한 지적삼각점과 지적도근측량에 의하여 설치한 도근점 등.

기초측량(基礎測量, primary control point surveying) : 모든 측량의 기초가 될 기초점의 설치를 위하여 시행하는 측량으로 지적측량의 기초측량은 지적삼각측량, 지적삼각보조측량, 도근측량의 3가지로 분류하며 세부측량 시행상 기초점이 필요한 경우에 실시하는 측량.

기포관(氣泡管, bubble tube or level tube) : 측량기계의 수평면을 얻는 데 사용되는 수준기로서, 유리관을 일정한 곡률로 구부려 관 속에 에테르나 알콜을 넣고 그 일부에 기포를 남기고 밀봉한 것으로 관의 표면에 2mm 간격으로 눈금을 새겨 놓은 것.

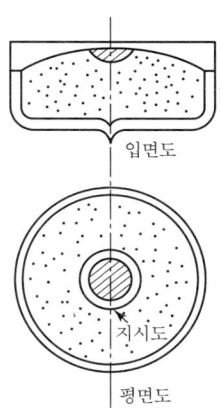

기포관감도(氣泡管感度, level sensibility) : 기포관 축의 경사각 또는 곡률반경으로 기포의 민감 정도, 즉 보통기포관에는 표면에 2mm마다 눈금이 새겨져 있으며 기포가 1눈금만큼 이동하는데 기포관 축을 기울여야 하는 각도를 초수로 표시한 값.

기포관검사기(氣泡管檢査器, level tester) ; 기포관의 감도를 관측하는 기구. 검사대 위에 기포관을 올려놓고 검사기의 한쪽 끝에 있는 눈금이 새겨진 연직나사를 회전시켜서 기포관의 이동량에 따른 나사의 눈금반의 값을 읽음으로써 기포관의 감도를 알 수 있게 되어 있는 기구.

기포관부속조정나사(氣泡管附屬調整螺絲, adjusting screw of level tube) ; 수준기조정나사.

기포관축(氣泡管軸, axis of bubble tube) ; 수준기축.

기포상관측장치(氣泡像觀測裝置, observing aparatus of bubble) ; 기포관 수준기의 기포가 중앙에 있는지 아닌지를 프리즘을 써서 기포의 양단을 합치시켜 관측하는 장치. 새로운 형식의 레벨에는 거의 이 장치가 되어 있다.

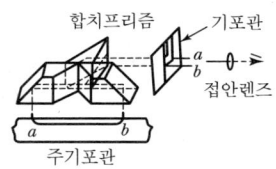

기포수위계(氣泡水位計, bubble gauge) ; 기포를 발생시켜 수위를 측정하는 수위측정기기의 일종.

기하객체(幾何客體, geometric object) ; 하나의 실체로 다루어질 수 있는 기하학적 원시객체의 집합 또는 기하학적 복합체.

기하검사(幾何檢査, geometric test) ; 형상간의 공간적 관계를 확립하는 검사.

기하경계(幾何境界, geometric boundary) ; 기하학적인 객체의 범위를 제한하는 아주 작은 넓이의 일련의 기하학적인 요소들.

기하광학(幾何光學, geometrical optics) ; 기하학적 광학.

기하도법(幾何圖法, geometric projection) ; 투사도법.

기하보정(幾何補正, geometric correction) ; 영상에 포함되는 왜곡의 보정을 말하며, 그것은 발생원인 및 성질에 관한 자료를 이용하여 계통적으로 보정하는 방법과 지상기준점을 이용하여 좌표변환시키는 방법이 있으며, 경우에 따라서는 조합하여 보정하기도 한다.

기하복합체(幾何複合體, geometric complex) ; 각각의 기하학적 원시객체들의 집합으로, 그 경계는 기하학적 복합체 중 다른 위상학적 원시객체의 합집합으로서 나타날 수 있다.

기하실현(幾何實現, geometric realization) ; 어떤 기하객체가 그것과 경계관계가 일치하는 위상복합체에 포함되는 위상기본요소와 일대일 대응할 때, 그 기하복합체를 기하학적 실현이라고 한다.

기하원시객체(幾何原始客體, geometric primitive) ; 단일 연속으로 같은 기하요소를 표현하는 개체로, 좌표와 수학적 기능으로 형상을 공간적으로 표현한 것이다. 좌표와 수학적인 함수로 객체의 공간적 측면을 부분적, 전체적으로 기술한 것이다. 기하 기본요소는 기하적인 구성에 관한 정보를 가리키고, 그 이상 나누어지지 않는 가장 원시적인 객체이며, 점, 곡선, 곡면 및 위상이다.

기하원시요소(幾何原始要所, geometric primitive) ; 수학적 함수나 좌표로 서술되는 더 이상 분해될 수 없는 피처들의 공간구성요소.

기하위상(幾何位相, geometric topology) ; 일련의 기하원시요소에서 추출되는 위상.

기하일관성(幾何一貫性, geometric consistency) ; 지리정보의 기하학적 측면에만 영향을 주는 명세서들을 고려한 논리적인 일관성이다.

기하집합(幾何集合, geometric set) ; 직접위치의 집합을 말하며, 대부분의 경우 무한집합이다.

기하차원(幾何次元, geometric dimension) ; 기하집합 중 각각의 직접위치가, 그 내부에 직접위치를 갖는 n차원 유클리드 공간 n에 동형(isomorphic)의 부분집합에 관련되었을 때의 최대수 n이다.

기하학적좌표(幾何學的座標, COordinate GeOmetry : COGO) ; 기하학적 표현으로부터

수치지도의 형상을 생성하는 데 사용하는 프로그램. 수학적 연산법은 방향과 거리와 같은 기하학적 표현으로부터 좌표들을 계산한다(좌표들은 도형지도를 표현해 주는 데 사용되거나 저장된다.). 기하학적 좌표과정은 주로 토지 기록에 대한 정보를 입력하기 위해 사용된다. 조사자료는 일반적으로 자판에 의해 입력되고 이 자료로부터 공간형상의 좌표들이 계산되며 GIS에 적합한 자료의 파일이 생성된다. 실제 측량관측(Total station, GPS)에 의해 입력되므로 정확도는 높은 수준이다. 수동 디지타이징 보다 일반적으로 많은 비용이 소요된다. 측량기술자들은 계산과정의 적용에 있어서 기하학적 좌표의 높은 정확도를 필요로 하나, 다른 설계자나 일반 사용자들은 다소 낮은 정확도를 가진 디지타이저를 이용하기도 한다.

기호(記號, symbol) : GIS는 다양한 점 위치의 도형적 표현을 위해 점, 선, 면 등을 갖추고 있다. 지형도에 표현되는 내용 및 그 표시방법 등을 정하고, 지형도의 규격에 대한 통일을 도모할 목적으로 만들어진 형식을 말한다. 지리적 사상을 나타내는 표현 도식으로 점, 선, 면의 특징을 나타내는 도형 요소이다. 예를 들어 선형기호는 아크형상을 나타내고 그림기호는 점을, 음영 기호는 면을, 그리고 문자 기호는 주석을 나타낸다. 기호의 색상, 크기, 형식과 그 외의 여러 가지 특징으로 정의된다.

기호도로(記號道路, symbolic road) : 지도에 표시된 도로로서 도로의 폭과 노면의 상태 등에 의하여 분류한 각종 도로에 대하여 일정한 기호로서 표시하는 도로를 말한다. 각 축척별 도식적용규정에 지도의 축척에 따라 기호도로로 표시해야 할 도로의 종류와 유효폭이 규정되어 있다.

기호지물(記號地物, symbolized features) : 지도상에서 토지경관의 질적인 내용을 판독하는 길잡이가 되는 가옥의 종류(가옥기호), 작은 구조물(소물체), 토지이용 및 식생물(지류), 토지자연의 질적인 현상(암석지, 사지 등 변형지)을 말한다. 이들은 약 주기 또는 기호를 써서 위치와 성질을 표시하는 것을 말한다.

길이(length) : 두 점 사이의 수평거리 즉 공간객체의 둘레 또는 길이.

길이의 각(길이의 角, distance angle) : 삼각측량에서 변장방정식을 만들 때 사용하는 각 가운데 기지변 및 미지변(이웃하는 삼각형을 풀 때, 기지변으로 되는 것)에 대한 각.(아래 그림에서는 A_1B_1이다.)

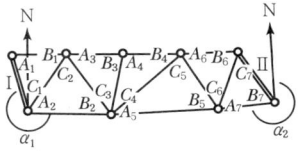

김정호(金正浩, Kim, Jeong Ho) : 조선시대 지리학자(?~1864). 자는 백원, 호는 고산자. 황해도의 미천한 가문에서 출생하였으나 어려서 서울로 이주하여 학문을 열심히 닦았다. 그는 정밀한 지도 작성에 뜻을 품고 전국 각지를 순회하여 30여 년의 노력 끝에 1834년 청구도를 완성하였으며 그 후 청구도를 보완하여 1861년 대동여지도를 완성하고 교간하였다. 그 외에도 대동지지를 집필·간행하였다.

끝단영상(끝단映像, far range) : 항공기나 우주선의 비행경로로부터 가장 먼 레이더 영상의 일부분.

끝점(끝點, end point) : 곡선의 마지막 점.

나노초(나노秒, nano second) : 나노(n)는 10^{-9}에 해당하는 SI 접두어로, 나노초(ns)는 10^{-9}sec, 즉 1초의 1/10억에 해당하는 시간.

나드(나드, North American Datum : NAD) : 국지 기준계인 북아메리카기준계. NAD27은 북미에서 1차 측지망을 위해 사용되는 공식적 기준 타원체로 Clark 1866 타원체가 사용되고 위치와 고도는 Kansas지방 Meade 의 대목장의 한 지점을 기준한 것. NAD83은 1983년의 북미 기준계를 말한다.

나드콘(나드콘, NADCON) : 정확한 수평 좌표 변환을 위해서 미국 NGS위성에서 사용하기 위해 개발한 프로그램.

나반측량(羅盤測量, compass surveying) : 컴퍼스를 사용하여 방위 또는 방위각을 관측하고 거리측량기를 사용하여 거리를 관측함으로써 수평위치를 결정하는 측량. 신속하기는 하지만 측각값은 자북방위각이고, 자오선의 편차 때문에 늘 변화하거나 자침이 국소 이상 때문에 바르게 자북을 가리키지 않는 단점이 있다.

나브스타지피에스(나브스타지피에스, NAVigation Satellite Timing And Ranging GPS : NAVSTAR GPS) : GPS의 공식 명칭이다. NAVSTAR GPS는 위성에 근거한 전파항법 위치결정체계로 우주부분, 제어부분, 사용자부분으로 이루어져 있다. 위성 그룹은 모두 24개의 NAVSTA 위성으로 구성되었으며, 20,200km의 지구 상공에 있는 6개의 원궤도에 원자모형처럼 분포되어 있다. NAVSTAR 1호는 1978년 2월 적도에 대한 궤도 경사각이 63°인 우주궤도에 올려졌다. 무게는 455kg, 공급전력은 400W이며 예상 수명은 5년이었다. 1982년부터 개량된 2세대 NAVSTAR가 생산되기 시작하였으며 1세대 위성보다 1.5배 크며, 특히 핵전쟁에 대비한 핵탐지장치 IONDS를 탑재하고 있다.

나침반(羅針盤, compass) : 자침이 남북을 가리키는 성질을 이용하여 측선의 방향을 관측하는 기계인데, 자침편차라든가 국소이상 때문에 정밀도는 다른 측량기구에 비하여 떨어진다. pocket compass, prismatic compass, hanging compass 등으로 나눈다.

나침함(羅針函, declinator) : 평판측량에서 사용하며 장방형의 상자 속에 자침을 장치한 것으로 자침이 자북을 가리키는 것을 이용하여 도면의 방향을 알아내는 역할과 동시에 평판의 설치에 이용된다. 자침의 길이는 7cm 또는 10cm이고, 나사로 평판의 한쪽 끝에 고정한다.

나폴레옹지적(나폴레옹地籍, Napoleon'Cadastre) : 근대적 지적제도의 선진국인 프랑스에서는 18세기 말 프랑스혁명 후 조세징수를 제도화하고 공평성을 도모하기 위하여 본격적인 지적조사가 시작되었다. 특히 나폴레옹의 명에 의해 1807년부터 시작된 전국적인 지적조사를 나폴레옹지적이라 한다. 높은 정도의 통일적인 지적측량이 실시되어 1930년에 완료되었고 그 후 수정, 갱신작업이 진행되었다.

낙조(落潮, ① ebb tide, ② falling tide) : 고조에서 저조로 진행할 때의 조류의 흐름. 썰물이라고도 한다.

낙침(落針, drop pin) : 핀의 일종으로 끝에 납으로 된 추를 달아서 사면의 거리를 측량할 때 연직의 방향을 결정하는 데 쓰인다.

낙하침(落下針, drop pin) : 낙침.

난외주기(欄外朱記, annotation data) : 지도의 외도곽에 도엽명, 도엽번호, 편집주기, 위치 도표, 행정구역 색인, 기호, 범례, 발행자, 발행 일자 및 축척을 표시하고 내도곽에는 좌표, 자연지물, 인공지물 및 이에 대한 주기를 지도의 종류에 따라 적절히 표시하는 것을 말한다.

난형클로소이드(卵形클로소이드, egg shaped clothoid) : 곡률이 다른 인접한 두 개의 원곡선 사이를 클로소이드 곡선으로 연결한 곡선 형상을 말하며, 중심선의 형상이 마치 달걀의 일부분 같은 모양을 가진 형태.

날개형유속계(날개形流速計, ① screw type current meter, ② propeller type current meter) : 수로의 유속을 관측하는 기계로서 동수압에 의해서 수평축에 설치한 여러 개의 날개가 회전하는 그 회전수로 부터 유속을 관측하는 유속계.

남극(南極, south pole) : 지축이 지구의 표면과 만나는 점 가운데 남쪽의 지점을 말한다.

남중(南中, upper train or upper culmination) : 시운동하는 천체는 하루 두 번 자오선을 지나는데 위쪽으로 자오선을 지날 때를 말한다.

남중고도(南中高度, meridian altitude) : 천체가 남중한 순간의 고도로 그 지점의 위도의 여각과 그 천체의 적위를 합한 값.

낮은고조(낮은高潮, lower high water) : 1일 2회 있는 고조 중에서 더 낮은 고조. 저고조라고도 한다.

낮은저조(낮은低潮, lower low water) : 1일 2회 있는 저조 중에서 더 낮은 저조. 저저조라고도 한다.

내도곽(內圖廓, inner map quadrangles) : 도엽의 구획선으로서 우리나라 국토기본도인 경우 횡메르카토르도법에 의한 경위선으로 결정된다. 내도곽의 외각에 10mm 간격으로 내도곽과 평행으로 그어놓은 선은 외도곽이다.

내림경사(내림傾斜, down grade) : 선상 시설물의 종단경사가 시점방향에서부터 종점방향으로 낮아지는 경사.

내부정위(內部定位, inner orientation) : 내부표정.

내부표정(內部標定, inner orientation) : 사진주점을 도화기의 중심에 일치시키고 초점거리를 도화기의 눈금에 맞추는 작업. 도화기를 투영기에 촬영 시와 똑같은 상태로 양화건판을 정착시키는 작업.

내부표정의 요소(內部標定의 要素, element of inner orientation) : 사진면에 대한 상측투영중심의 위치를 정하기 위해 필요한 2개의 요소, 즉 사진주점의 위치와 초점거리.

내부초준식망원경(內部焦準式望遠鏡, internal focussing telescope) : 대물경을 통해서 들어오는 실상을 십자선면에 합치시키는 데 대물경을 경관에 고정시키고, 따로 합초렌즈를 부착하여 망원경 속에서 활동시켜 실상을 십자선면에 합치시키는 형식의 망원경으로 외부초준식의 결점을 보완한 망원경.

내삽법(內揷法, interpolation) : 보간법.

내업(內業, office work) : 실내에서 하는 측량작업의 총칭으로 계산, 도상선정, 계획, 제도, 도화 등의 작업을 하는 것.

내측기선(內側基線, base(internal)) : 짜이스(zeiss)의 평행사변형 기구를 가진 도화기에 있어서 좌우투사기의 0 규정의 위치에서 안쪽으로 잡고, 좌우카메라의 배열을 촬영 때와 같은 상태로 세트한 경우의 기선.

내해(內海, inland sea) : 육지 사이에 둘러싸여 있고 해협으로 대양과 통하는 바다.

내혹성(內惑星, interior planet) : 내행성. 지구보다 안쪽을 돌고 있는 혹성(유성). 즉 수성과 금성이며, 해가 뜨기 전에 동쪽 하늘에 보이거나 해가 진 뒤에 서쪽 하늘에 보인다. 달처럼 찼다 기울었다 하는 것을 망원경으로 볼 수 있다.

네트워크(네트워크, network) : 이동 경로를 나타내는 상호 연결된 선들의 집합.

네트워크사슬(네트워크사슬, network chain) : 시작 절점, 종점 절점의 정보는 명확히 가지고 있으나, 왼쪽 다각형, 오른쪽 다각형은 참조하지 않는 네트워크 구성요소이다.

네트워크알티케이(네트워크알티케이, Network RTK) : 네트워크 RTK 측량은 3점 이상을 연결한 GPS상시관측망, 네트워크로부터 생성되는 위치보정신호를 수신하여 이동국 GPS 1대만으로도 높은 정확도의 RTK 측량을 수행할 수 있는 측량을 말한다.

년(年, year) : 태양의 둘레를 공전하는 지구의 주기를 말한다. 관습적으로는 지구를 중심으로 하고 바라보았을 때의 태양의 위치로부터 태양이 춘분점을 출발하여 다시 그 정점으로 되돌아 올 때까지의 시간을 1항성년, 즉 1년이라 한다.

노달존(노달존, nodal zone) : 해안 표사의 방향이 바뀌는 장소를 말하며 거기서는 모래가 쌓이거나 떠내려가기 시작하거나 하는 것이 지 통과하는 일이 없는 지역.

노드(노드, node) : 연결선(chain)의 양 끝 점과 선분을 구성하는 위치를 지정하며, GIS에서 사용하는 용어로 Point와는 구분된다. 노드는 차원이 없다.

노상(路床, subgrade) : 포장층의 기초로서 포장에 작용하는 모든 하중을 최종적으로 지지해야 하는 면.

노선(路線, route) : 연속성, 일관성을 가진 통행로 또는 대중교통수단 등이 주로 이용하는 일정한 경로.

노선선정(路線選定, route location) : 노선의 통과위치를 결정하는 작업이며, 지형, 지물, 토지개발사항 등을 고찰하고 도로의 선형, 경사, 시거, 횡단 현상 등이 가급적 최적의 형태가 되도록 노선을 선정하는 작업.

노선실측(路線實測, route locational surveying) : 선상 시설물을 설계 또는 시공하기 위하여 이 시설물이 놓일 위치를 도상 또는 현지에서 정하는 작업.

노선측량(路線測量, route survey) : 도로, 철도, 송유관 등의 선상구조물을 건설할 경우에는 이를 계획, 설계하기 위한 조사측량과 계획된 노선을 현지에 건설하고 공사하기 위한 측량을 총칭하여 노선측량이라 한다.

노아(노아, National Oceanic and Atmospheric Administration : NOAA) : 지구환경 변화의 기술 및 예보와 국가연안 및 해양자원의 보존 및 관리를 목적으로 하는 연방기관으로 기상위성(NOAA)의 발사 및 데이터처리를 말한다.

노이즈(노이즈, noise) : 영상 본래의 분포, 즉, 기대값이 명확하지 않은 상의 흐림에 의한 변위의 분포를 변화시키는 것 중의 하나.

노출시간(露出時間, exposure time) : 사진을 촬영할 때 사진의 셔터를 열어 광선을 건판·필름에 닿게 하는 데 걸리는 시간.

노출암(露出巖, rock which does not cover) : 조석에 의한 만조나 간조에 관계없이 항시 노출되어 있는 바위.

노출점(露出點, exposure station) : 사진측량시 카메라렌즈의 위치.

노폭기호(路幅記號, symbol of road width) : 도로의 폭원을 표시하기 위하여 도곽선 부근 또는 노폭의 변화지점에 그려 넣는 기호인데, 개정된 새로운 도식에서는 도로의 기호가 정해져 있으므로 새로 발행되는 지형도는 이 기호가 폐지되었다.

논리관계(論理關係, logical relationship) : 통합이나 일반화, 위상관계를 제외한 지물들 간의 논리적 관련성을 포함하는 지물 관련성의 세부사항을 말한다.

논리연산(論理演算, boolean operation) : AND, OR, XOR과 같은 논리연산에 의해 지정된 기준을 바탕으로 한 관계를 나타내는 여러 상태의 질의.

논리연산자(論理演算子, local operator) : 하나 혹은 그 이상의 연산대상에 적용되는 논리기능을 갖는 단어나 기호.

논리영역(論理領域, universe of operation) ; 모든 관심 있는 것을 포함하는 실 설계와 가상설계에 대한 견해.

논리일관성(論理一貫性, logical consistency) ; 지형특성이 정확히 자료구조에 나타나고, 자료구조의 요구를 모두 만족시킬 수 있는 가를 파악하기 위한 것으로 도형자료와 속성자료에 대한 논리적 경계를 평가하여 자료의 신뢰성을 파악하는 것.

논리적 관련성(論理的 關聯性, geometric topology) ; 집단화, 일반화, 위상 관련성을 제외한 피처들 간의 논리적 관련성을 포함하는 피처 관련성의 세부 사항.

농담(濃淡, gradation gray level) ; 사진 등의 화상에서 밝은 부분에서 어두운 부분까지의 여러 가지 농도를 말하며, 계조라고도 한다.

농로(農路, farm road) ; 농사를 짓고, 농업경영을 하기 위하여 설치되고 이용되는 도로.

농림측량(農林測量, farm and forest surveying) ; 농지측량과 산림측량을 함께 나타내는 말이다.

농지(農地, farm) ; 농사를 짓는 데 쓰이는 땅. 농지는 논과 밭, 시설 등으로 구분된다.

농지조사(農地調査, investigation of agriculture) ; 주요농작물의 판별, 성장기 예측, 수확량, 농작물 병충해 피해조사 등으로 물가안정 작물의 재배면적 및 수확량 등을 조사하는 것. 주로 다중파장대사진에 의한 조사가 행해진다.

농지측량(農地測量, farm surveying) ; 전답경계선의 방향 및 길이를 재서 도면을 만들고, 이 도면으로 면적을 계산하고, 경지정리, 관개, 배수 등의 공사를 하기 위하여 전답의 고저를 재는 등 농지에 관계된 측량.

높은고조(높은高潮, higher high water) ; 1일 2회 있는 고조 중에서 더 높은 고조.

높은저조(높은低潮, higher low water) ; 1일 2회 있는 저조 중에서 더 높은 저조.

누가곡선(累加曲線, mass curve) ; 어떤 변량의 시간에 따른 변화를 누적된 값으로 나타내는 곡선.

누수(漏水, leakage, leakage of water) ; 상하수도관 중 주로 상수관의 노후 등으로 인하여 새는 물을 말한다.

누수율(漏水率, leakage ratio, leakage rate of water) ; 상수관으로 공급되는 물의 양에 대하여 누수되는 양의 비율.

누수탐지기(漏水探知機, leak detector) ; 배수관 또는 급수관에서 누수되는 곳을 탐사하는 장비로서 땅속에 직접 삽입시켜 상단에서 청음기로 누수음을 독치하는 형식과 노면에 설치된 탐사기를 이용하여 누수 관련 음향을 전파로 바꾸어 나타내는 형식의 장비.

누차(累差, cumulative errors) ; 정오차라고도 한다. 일정한 조건에서 일정한 양의 오차가 발생하는 것을 말한다. 이론상으로는 원인과 특성을 알면 보정을 할 수 있는 오차이다. 오차의 원인으로는 기계적 오차와 온도·기압·습도 등으로부터 나타나는 물리적 오차, 관측하는 개개인에 따라 나타나는 개인적인 오차가 있다.

누적오차(累積誤差, cumulative error) ; 누차.

눈금(눈금, graduation) ; 측량기계, 기구의 일정한 단위로 각, 무게, 온도 또는 길이 등을 관측하기 위하여 조각된 표시를 말한다.

눈금반(눈금盤, graduated circle) ; 트랜싯 등과 같은 측각기계에 부속되어 있으며, 수평각 및 연직각을 재기 위하여 눈금을 새겨 넣은 판이다.

눈금오차(눈금誤差, graduation error) ; ① 줄자 등에서 눈금 간격이 일정하지 않아서 발생하는 오차로 이것이 큰 것은 정밀측량에 사용할 수 없다. 적을 때에는 줄자의 사용위치를 바꾸어 나가면서 몇 번 관측해서 그 평균값을 채용한다. ② 측각용의 눈금선은 정확하게 새겨져 있으나 적은 오차는 있는 것이며, 일반적으로 트랜싯에서는 5″ 이하이다. 이 오차의 영향을 줄이기 위해서는 눈금반의 위치를 180°/n씩 n회 변환하여 관측을 한 다음 그 평균값을 쓴다.

뉴마찌공식(뉴마찌公式, Numach's formula) ; 직각삼각보에 대한 유량공식.

뉴턴의 조건(뉴턴의 條件, Newton's condition) ; 광원과 상의 위치와 렌즈의 화면거리와의 관계를 나타내는 식이며, 렌즈의 중심에서 광원 및 상까지의 거리를 각각 a, a', 초점거리를 f라 하면 $\frac{1}{a} + \frac{1}{a'} = \frac{1}{f}$이다. 또 렌즈의 초점에서 광원 및 상까지의 거리를 각각 x, x'라 하면 $x = a - f$, $x' = a' - f$로 $xx' = f^2$이 된다.

능구(稜矩, prismatic square) ; 직각방향을 정하는 기구로서 원리는 경구와 같으며, 거울 대신 5각형의 프리즘을 쓰고 있다. 5각 프리즘이라고도 한다.

능동센서(能動센서, active sensor) ; 지형을 조명하기 위한 전자파 복사에너지원을 자체적으로 제공하는 센서.

능동적탐측기(能動的探測機, active sensor) ; 탐측기에서 전자파를 발사하여 대상물에서 반사되는 전자파를 수집하는 방법.

능동형원격탐사(能動形遠隔探査, active remote-sensing) ; 지형을 조명하기 위한 전자파 복사에너지원을 자체적으로 제공하는 원격탐사 방법으로 레이더가 하나의 예이다.

능선(稜線, ridge) ; 골짜기와 골짜기 사이에 있는 산등성이로 분수계를 이루고 있는 곳으로, 산봉우리와 산봉우리가 이어져 산지의 등줄기를 이루는 것을 산주리, 산등성 또는 능선이라 한다.

능형쇄(菱形鎖, rhomboid chain) ; 도해 사선법을 쓸 때 주점과 보점으로 형성되는 능형의 쇄를 말하며, 1코스 내의 각 사진의 사선을 연결하여 만들어지는 마름모꼴의 집합.

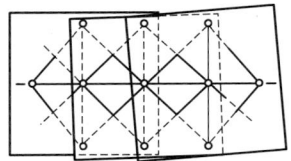

늪(늪, marsh) ; 땅이 우묵하게 파여서 늘 물이 고여 있으며, 진흙이 많고 침수식물이 많이 나는 곳. 보통 호수보다 작고 못(pond)보다 크며, 수심이 5m 이하이다. 습지라고도 한다.

닛모델(닛모델, neat model) ; 인접하는 지상주점 사이이면서 아래위 횡접합 영역의 1/2까지의 입체포괄지역에 해당하는 입체모델을 말한다. 즉 한 매의 사진에 의한 순포괄면적에 해당되는 입체모델.

다각군법(多角群法, traverse network method) ; 면적계산에서 경계곡선을 적당한 다각형으로 만들고 다시 삼각형으로 나누어 계산하는 방법.

다각망(多角網, traverse network) ; 트래버스망이라고도 하며, 다각측량을 위한 기준점의 구성형태를 그물모양으로 형성한 구조로, 각 형태의 트래버스가 혼합되어 그물모양을 이룬 것.

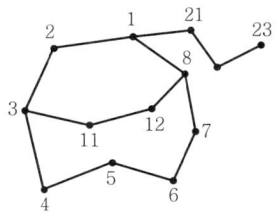

다각방정식(多角方程式, angle equation) ; 삼각측량의 조정계산에서 이용되는 조건식으로, 각 조건을 식으로 표시한 것.

다각법(多角法, method of traversing) ; 다각측량방법.

다각선(多角線, traverse line) ; 트래버스선이라고도 하며 절점 및 다각점을 연결한 측량의 진행선.

다각점(多角點, traverse point) ; 트래버스에 있어서 측선의 각 교점을 말한다. 트래버스점이라고도 한다.

다각측량(多角測量, traverse surveying) ; 트래버스측량이라고도 하며 기준이 되는 측점을 연결한 측선의 길이와 그 방향을 관측하여 측점의 수평위치를 결정하는 방법.

다각형(多角形, polygon) ; 도면에서 폐합된 영역을 가리키는 말로, 길이와 면적을 가진다. 선거구역, 건물, 행정구역, 지적경계 등을 표현할 때 사용된다.

다렌즈사진(多렌즈寫眞, multi-lens photograph) ; 한 카메라의 주 렌즈의 둘레에 6개 또는 8개의 렌즈를 설치해서 넓은 범위를 한번에 촬영한 사진(현재는 광각렌즈가 있으므로 쓰이지 않음).

다면체도법(多面體圖法, polyhedral projection) ; 지구면을 일정한 경도차, 위도차의 경선 및 위선으로 나누고, 그 네 모서리점을 연결한 평면을 투영면으로 하여 지구 중심에 시점을 두고 중심투영한 방법. 지구의 표면을 충분히 평면으로 간주할 수 있을 정도로 그림과 같이 잘라보고 그 1편을 1장의 지도로 하면 그 지도는 충분히 정확한 지구의 표면을 축도한 것으로 볼 수 있는데, 이와 같이 하여 지도를 만드는 방법.

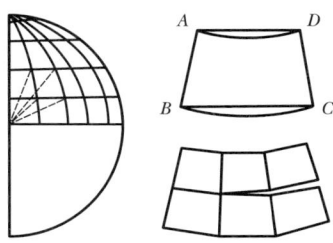

다목적지적(多目的地籍, multipurpose cadastre) ; 종합지적 또는 통합지적. 필지단위로 토지와 관련된 기본적인 정보를 즉시 이용이 가능하도록 종합적으로 제공하여 주는 기본체

계. 일필지를 단위로 토지 관련 정보를 종합 등록하고 그 변경사항을 항상 최신화하여 신속하고 정확하게 지속적으로 정보를 제공하는 것.

다원추도법(多圓錐圖法, polyconic projection) : 위선을 원호 군으로 나타내는 도법의 총칭. 일반적으로는 널리 쓰이고 있는 보통원추도법을 가리킨다. 즉 지구에 원추를 접하게 하거나 지구와 원추를 교차시켜 지구의 경위선을 원추면에 투영한 다음 원추를 어떤 모선에 따라 절개하여 펴서 얻어지는 평면을 지도로 하는 도법을 원추도법이라 하고, 그리고자 하는 각 위선에 원추를 접하게 하는 도법은 다원추도법이다.

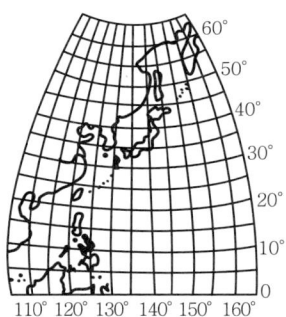

다이얼컴퍼스(다이얼컴퍼스, dial compass) : 갱내용 컴퍼스로서 연직눈금반이 있고, 시준판 외에 망원경을 설치할 수 있으며, 시준판이나 망원경은 급경사를 시준할 때는 수평축 둘레로 회전할 수 있고, 망원경 내에 장치된 스타디아선으로 간단한 스타디아측량도 할 수 있도록 되어 있는 기계.

다이제스트(다이제스트, DIgital Geographic Exchange STandard : DIGEST) : SDTS와 더불어 주요 GIS 데이터 교환 표준인 DIGEST는 원래 미국의 국방 분야 지도제작기관인 Defence Mapping Agency(DMA)가 주도적으로 개발한 데이터 교환 포맷인 Vector Product Format(VPF)가 발전된 형태이다. 미국뿐만 아니라 나토국가들 간에 통일된 구약에 의한 공간 데이터 제작에 사용되고 있으며, 우리나라에서도 국방분야에서 표준으로 사용하고 있다.

다이폴안테나(다이폴안테나, dipole antenna) : 높은 주파수 성분의 전파는 지하에서 많이 감쇠하게 되므로 반송파가 없는 펄스파를 사용하기 때문에 안테나의 과도특성에 의해 송신파와 수신파의 진동이 생긴다. 또한, 안테나의 급전부와의 임피던스 정합이 곤란하게 되어 대부분의 근거리용에는 저항체를 가진 특수한 안테나를 사용하게 되는데 이를 다이폴안테나라고 한다.

다중경로(多重經路, multipath) : GPS 신호는 일반적으로 GPS 수신기에 위성으로부터 직접파와 건물 등으로부터 반사되어오는 반사파가 동시에 도달한다. 이를 다중경로라고 한다. 반사파는 경로 길이의 차이로 의사거리와 위상관측 값에 영향을 주어 관측에 오차를 일으키는 원인이 된다.

다중경로오차(多重經路誤差, multipath error) : 다른 전기적인 길이의 두 대 경로에 의해 발신기와 수신기 사이에 이용되는 무선파들 사이의 간섭, 즉 다중경로간섭으로부터 기인한 위치결정오차.

다중분광대영상(多重分光帶映像, multispectral image) : 인공위성이나 항공기 등에 다중파장대 사진기 및 다중파장대 수신기 등을 탑재하여 얻어진 정보에서 각 분광별 반사율의 차이를 이용하여 관측결과를 분광대마다 기록한 것.

다중분광분류(多重分光分類, multispectral classification) : 분광은 빛이 파장의 차이에 따라 여러 색으로 나누어지는 현상인데, 분광대는 전자파의 분광영역에서 연속적으로 규정된 한 파장영역을 의미하며, 한 대상물 혹은 대상물 집단의 파장별 특성이나 자연경관의 복잡한 파장별 표현문제를 단순화하는 방법으로 사용된다.

다중분광스캐너(多重分光스캐너, multispectral scanner) ; 일반적으로 동시에 몇 개의 파장 주파수대에서 전자기에너지를 기록하는 것으로서 다중분광대 주사기는 지표로부터 반사되는 전자기파를 렌즈와 반사경으로 집광하여 필터를 통해 분광한 다음, 분광별로 구분하여 각각 영상을 테이프에 기록하는 장치.

다중사진기방식(多重寫眞機方式, method of multicamera) ; 각각 다른 필터와 필름이 구비되어 있는 여러 대의 사진기를 사용하는 방식으로 사진기의 수, 필터와 필름을 목적에 따라 선택할 수 있는 이점이 있다.

다중사진측량(多重寫眞測量, multimedium photogrammetry) ; 대상물을 필터와 필름을 이용하여 여러 개의 파장영역에 분광하여 여러 밴드의 흑백사진을 촬영한 사진을 사용하는 사진측량.

다중연결(多重連結, multiple connection) ; 결합을 시키는 다중연결을 통하여 각각의 지형 지물은 다른 지형, 지물과 연결될 수 있다.

다중파장대사진(多重波長帶寫眞, multispectral photography) ; 인공위성이나 항공기 등에 다중파장대 카메라 및 다중파장대 수신기 등을 탑재하여 얻은 정보로서 만들어진 사진.

다중파장대사진기(多重波長帶寫眞機, Multi Spectral Camera : MSC) ; 필터와 필름을 이용하여 여러 개의 파장영역에 분광하여 여러 밴드의 흑백사진을 촬영하는 사진기. 다중사진기 방식, 다중렌즈 방식, 빔 스플릿 방식이 있다.

다중화(多重化, multiplexing) ; 위성추적채널을 통해 2개 이상의 위성신호를 신속히 순서화하는 기술로서 일부 수신기에 사용된다. 이렇게 추적된 위성으로부터 얻은 항법 메시지들은 근본적으로 동시에 관측된 것이다.

다항식법(多項式法, polynomial adjustment) ; 촬영경로를 단위로 하여 종횡접합모형조정을 하는 것으로, 촬영경로마다 접합표정 또는 개략의 절대표정을 한 후, 복수촬영경로에 포함된 기준점과 횡접합점을 이용하여 각 촬영경로의 절대표정을 다항식을 사용하여 최소제곱법으로 결정하는 방법.

단각법(單角法, method of single observation) ; 각관측 방법 중 가장 간단한 방법으로, 가장 널리 이용된다. 1개의 각을 1회 관측으로 각의 크기를 결정하는 방법으로, 망원경을 정위, 반위로 관측하여 평균하여 얻기도 한다. 단독법이라고도 한다.

단계구분도(段階區分度, choropleth map) ; 기본 공간 객체를 면으로 하여 집계된 자료를 여러 개의 계급으로 나누어 각각의 계급을 알맞은 기호로 표현한 지도.

단고도관측법(單高度觀測法, single altitude method) ; 어떤 천체의 고도 및 그때의 시각을 관측하여, 시(경도는 시의 관측으로 구한다.) 또는 위도나 방위각을 구하는 방법이다. 간단하게 할 수는 있으나 정밀도는 낮으며 육상에서는 그다지 실용적인 것이 못 된다. 이 원리는 천문삼각형을 풀이하는 데 쓴다.

단고도법(單高度法, method by single altitude) ; 임의의 위치에 있는 별 또는 태양의 고도를 관측하고 천문역에서 얻은 천체의 적위와 관측점의 위도를 가정하여 천문삼각형으로부터 시각을 얻는 방법.

단곡선(單曲線, simple curve) ; 노선측량에서 중심이 1개인 곡선. 즉 원호 하나로 되어 있는 곡선.

단관측승강식(單觀測昇降式, rise and fall method with once measurement) ; 왕복관측이 아닌 한 번 관측으로서 승강식 야장기록법으로 수행하는 수준측량.

단교회법(單交會法, method of simple intersection) ; 전방교회법의 일종. 평판측량의 교회법(둘 이상의 방향선의 교점에 의해서 구점의 위치를 정하는 방법)으로 세부적인 지물을 결정할 때 3방향선을 그을 수 없거나 시간의 절약을 위하여 그 방향선의 교회만으로 구점의 위치를 정하는 방법.

단구(段丘, bench) ; 침식의 부활이나 땅의 융기로 말미암아 강가·바닷가·호숫가에 생기는 계단모양의 지형. 하도를 따라 발달한 것은 하안단구, 해안을 따라 발달한 것은 해안단구와 호수로 인한 호애단구 등이 있다.

단기고사(檀奇古史) ; 719년 발해의 시조 고왕(대조영)의 동생인 대야발이 썼다고 전해지는 단군조선·기자조선의 연대기.

단도선법(單道線法, single traversing method) ; 평판으로 하는 측량. 다각형을 1 점씩 건너서 평판을 세워 거리, 방향, 고저 등을 평판 위에 도해하여 가는 방법. 이 방법에서는 평판을 표정하는 데 컴퍼스만 사용하므로 일반적으로 정도는 떨어지고 특히 자침에 이상이 있는 지역이나 이상을 일으키는 지물(고압선 많은 철재를 사용한 구조물 등) 부근에서는 쓸 수 없다.

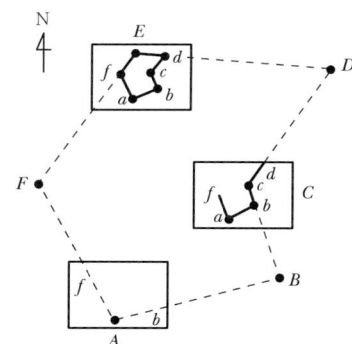

단말기(端末機, terminal) ; 터미널이라고도 하며, 사용자가 정보를 입력하고 컴퓨터에서 생성된 정보를 눈으로 볼 수 있도록 키보드와 모니터 등으로 구성되어 있다. 컴퓨터로 통신하기 위해 사용되는 대개 키보드와 CRT(Cathode Ray Tube)스크린으로 구성되어 있는 컴퓨터체계의 하드웨어 장치.

단면고저측량(斷面高低測量, section leveling) ; 단면수준측량.

단면도(斷面圖, section) ; 건축물이나 사물의 내부를 보이기 위하여 절단한 부분을 그린 도면.

단면법(斷面法, section method) ; 철도, 도로, 수로 등과 같이 긴 노선의 성토와 절토량을 산정하기 위한 한 방법. 일정한 간격의 단면적을 구하고 이를 이용하여 전체 체적을 산정하는데, 양단면평균법, 중앙단면법, 각주공식에 의한 방법 등이 있다.

단면수준측량(斷面水準測量, section leveling) ; 종단·횡단면도를 작성하기 위하여 행하는 수준측량의 총칭.

단면측량(斷面測量, section leveling) ; 터널 등 지하굴착의 굴착량, 건축한계, 완성형상, 변형 등을 조사하기 위한 측량으로 토털스테이션 등에 의한 방법과 사진측량방법을 활용하는 방법 등이 있다.

단반경(短半徑, semiminor axis) ; 타원체의 형상을 나타내는 요소로 타원체의 중심에서부터 가장 짧은 부분까지의 거리를 단반경이라 하고 그 축을 단반경축이라 한다. 지구의 단반경은 6,556km이다.

단사진측량(單寫眞測量, planimetric(single) photogrammetry) ; 입체시를 직접 사용하지 않고, 평면위치를 정하거나 도화하는 사진측량.

단사진표정(單寫眞標定, orientation of single photography) ; 한 장의 사진만을 이용하여 3차원 위치 결정은 불가능하지만 위치를 구하는 점의 위치 좌표 중 적어도 1개가 기지이면 다른 좌표값을 구할 수 있다. 단사진 표정의 해석에 있어서는 주로 공선조건을 기본으로 표정하고 있다.

단쇄(斷鎖, chain of triangles) ; 단열삼각쇄.

단수축(端收縮, end contraction) ; 수로에 보를 설치할 때 보의 넓이가 유로의 넓이보다 작아지는 것을 말하며 단면에서 한쪽만의 수축을 외쪽수축, 양쪽일 때를 양쪽수축이라 한다.

단순개발방식(單純開發方式) ; 토지획득방법으로 지주가 자력으로 개발하는 것으로 토지의 형질변경, 토지의 원형·지표·지질·용도 등을 변경하는 것.

단순성(單純性, simple) ; 그 내부가 등방적인

단순지형지물(單純地形地物, simple feature) : 부여된 복수의 종점으로부터 내삽에 의한 속성 중 임의의 점의 위치를 구하는 것이 가능하고, 2차원 기하속성에 제한된 기하속성 및 비공간적 속성을 지닌 지형, 지물, 건물, 도로경계선처럼 하나의 구성된 지형지물.

단순축척자(單純縮尺子, simple scale) : 공학용으로 사용하는 삼각기둥모양의 자로, 보통 축척자의 경우 자의 표면 끝단에 1/100∼1/600의 6단계 축척이 표시되어 있다.

단순화(單純化, simplification) : 자료의 중요한 특성의 결정, 중요하지 않은 세부사항의 제거, 중요한 특성의 보유 등을 포함하는 지도제작 일반화의 요소 중 하나.

단시법(單視法, method of single observation) : 평판측량에 의하여 직접 기지점의 표고에서 다른 점의 표고를 구하는 방법의 한 가지이며, 복시법에 비유되는 말이다. 기지의 점 위에 평판을 정치하고 알리다드로 미지의 점 위의 표척을 시준하여 그 독치 b를 얻고, 기계고 h를 재면, 표고차 ⊿H는 다음과 같다.
⊿H=h-b 또 미지점에 세운 표척의 경사분획을 b, 목표지점의 높이 i, 도상에서 잰 거리를 S라 하면, 높이차 ⊿H는 다음 식으로 계산된다.
⊿H=b/100×S+h-i+양차.

단안시(單眼視, monocular vision) : 사람이 사물을 볼 때 한눈으로만 보는 것.

단열도법(斷裂圖法, interrupted projection) : 변형을 최소로 줄여서 부분적으로 작도한 것을 이어 맞추어서 만드는 도법. J.P Goode가 고안한 이 지도에 의한 세계지도는 개개 대륙의 형상에 대한 변형은 적으나 지도가 조각조각으로 되어 있어 전체를 관찰하는 데에는 불편하다.

단열삼각망(單列三角網, single row triangles) : 단열삼각쇄.

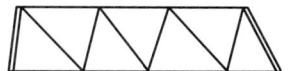

단열삼각쇄(斷列三角鎖, chain of triangles) : 삼각형이 일렬로 연결된 형태로, 가늘고 긴 지형의 경우에 적합하며, 하천측량, 노선측량, 터널측량을 할 때 쓰인다.

단열상송도법(斷裂상송圖法, sanson flamsteed projection) : 적도 및 중앙경선에서 멀어짐에 따라 거리와 각도의 왜곡이 커진다. 거기에서 지도가 전체로서 바른 면적·형·거리를 나타내기 위하여 대륙을 통과하는 여러 개의 중앙 경선을 구하고, 이를 기준으로 다른 경선을 구하며 필요없는 바다 부분은 단열시켜서 그린 정적도법이다.

단위곡선(單位曲線, unit curve) : 단곡선이라고도 한다. 1개의 원호로 되는 곡선으로 곡률반경이 일정하여 노선의 방향변환을 할 때에 사용하는 기본적인 곡선.

단위면적법(單位面積法, unit area borrow pit method) : 점고법. 넓은 부지, 매립지 등의 토공량이나 각종 공사용 골재의 양, 저수량 등을 산출하는 데 많이 쓰인다.

단위클로소이드(單位클로소이드, unit clothoid) : 클로소이드곡선에서 파라미터의 크기가 1일 때 클로소이드곡선의 제원 크기. 어떤 클로소이드곡선에서 파라미터 크기가 A인 경우, 각도를 제외한 길이의 제원에는 단위 클로소이드곡선 제원크기에 A배하여 사용한다.

단일시준기(單一視準機, single collimator) : 평행광선을 형성시키기 위한 광학장치. 주로 광학장치의 테스트나 조정, 예를 들면 시준축의 위치관측 등에 사용된다.

단일차분(單一差分, single phase difference) : 위상으로 관측한 GPS 관측값에 포함된 위성과 수신기의 시계오차를 줄이는 방법으로서,

한 위성을 두 대의 수신기가 동시에 추적하여 위성의 시계오차를 제거하는 것을 수신기 간 단일차분이라 하고, 한 수신기가 두 위성을 추적하여 수신기의 시계오차를 제거하는 것을 위성 간 단일차분이라 한다. 대부분 이 방법은 위상자료에 대하여 사용되지만 의사거리자료에도 사용될 수 있다.

단전진법(單前進法, method of single progression) : 평판측량의 한 방법으로 연속되는 관측점의 위치를 도면상에 나타내기 위하여 한 점씩 건너 평판을 세워 측량해가는 방법이다. 국소 인력이 있는 곳에서는 측량이 불가능하며, 복전진법 보다 오차도 크다.

단접선장(單接線長, short tangent length) : 클로소이드 곡선에서는 1개의 클로소이드 곡선에 2개의 접선장이 있으며, 접선장의 길이는 각각 다르다. 단접선장은 곡률이 큰 쪽의 접선장을 말한다.

단채(段彩, layer tints) : 등고선대마다 색을 다르게 해서 지형의 고도분포를 명확하게 하기 위한 지형표시법. 대지항법용의 항공도에는 필수적인 것이다. 소축척도면에서 많이 채용되고 있으며, 평야부(200m 이하)를 녹색, 구릉부(100~1,000m)를 남색, 산지(1,000m 이상)를 다갈색으로 하는 방법이 표준화되어 있다. 기복이 적은 지역의 단채에서는 평탄지와 같은 착각을 일으키기 쉽고 산줄기가 명확하지 않은 단점을 가지고 있는데 이것을 보완하기 위해서 등고선법과 병용한 지도가 만들어지고 있다.

단채법(段彩法, layer system) : 등고선의 띠를 동일색조로 채색하는 방법. 등고선대에 따른 색조의 밝고 어두움에 의하여 지형의 고저단계를 구별하게 만든 것이며, 표고가 증가함에 따라서 점점 진한 색채로 칠하는 것이 원칙이다.

단채식지도(段彩式地圖, altitude tints map) : 등고선 사이의 띠 부분을 같은 색조로 칠하고 높이에 따라 색조의 농담을 달리함으로써 단계적으로 지형의 높이를 구분하여 나타낸 지도이다.

단척(端尺, reglet) : inbar 줄자의 양단에 달려 있는 길이 약 8cm 눈금의 짧은 자.

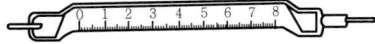

단체인(單체인, break chain) : 노선의 일부를 변경하였기 때문에 중심선의 측점 간 거리가 재래의 측점 간의 거리보다 짧아진 측점과 측점 간의 거리.

단축형트랜싯(單軸型트랜싯, single axis-type transit) : 복축형에 대하여 이중구조를 갖지 않은 수직축을 갖춘 트랜싯을 말하며 반복법은 불가능하지만 내축과 외축 사이의 활동으로 인한 오차를 막을 수 있으므로 높은 정밀도를 요구하는 측량에 사용된다.

단측법(單測法, single measurement) : 한 측점에서 두 측선이 이루는 각을 망원경으로 단 한 번의 조작 또는 정·반 2회의 조작에 의하여 읽은 값의 평균값에 의하여 측각하는 방법.

단층(斷層, fault) : 암석이나 지층에 생긴 틈을 경계로 그 양측의 지괴가 상대적으로 이동하여 미끄러져 어긋난 것. 단층은 단층면의 경사, 상하반의 이동방향, 퇴적암에 대한 단층의 주향 등에 따라 정단층, 역단층, 변환단층 등 여러 가지로 구분된다.

단코스조정(單코스調整, strip adjustment) : 항공삼각측량의 오차조정을 한 코스씩 따로 하는 방법.

단파(短波, short wave) : 파랑을 파장과 수심의 비에 따라 분류하면, 수심이 파장의 1/2보다 깊은 중력파를 단파라 하며, 수심이 파장의 1/20보다 얕은 중력파를 천해파라 한다. 단파는 심해파라 불리기도 한다.

단현(短弦, sub chord) : 노선측량 시 기점에서부터 시작하여 중심말목을 박아갈 때, 곡선부에 도달했을 때, 중심말목과 곡선시점 및 곡선종점이 측점과 일치하는 일은 거의 없다. 이때 곡선상의 최초의 중심말목과 곡선시점 및 곡선상의 마지막 중심말목과 곡선종점 사이의 거리를 말하며 이 거리에 대한 호장을 단현이라 한다.

담수(淡水, freshwater) : 낮은 농도의 용존광물을 함유하고 비나 녹은 눈으로부터 얻어진 자연수. 해수에 비하여 담수의 화학적 구성물은 변화가 매우 많지만, 주요 용해물질의 농도비는 안정적이다.

답사(踏査, reconnaissance) : 측량의 외업을 시작하기 전에 계획에 따라 측량구역을 두루 살펴서 현장의 성질을 파악하고 현지의 작업 가능성을 재점검함으로써 계획을 확정시키는 것.

답사도(踏査圖, reconnaissance map) : 본격적인 측량을 하기 전에 하는 답사의 결과를 지도에 정리한 것. 극지, 고산, 미개지 등의 답사결과를 그려 넣은 지도를 말하기도 한다.

대각선법(對角線法, diagonal surveying) : 거리측량의 한 방법으로 트래버스를 대각선 또는 임의의 직선으로 삼각형으로 나누어 각 변장을 재어 트래버스를 결정하는 방법.

대각선접안렌즈(對角線接眼렌즈, diagonal eye-piece) : 갱내용 트랜싯에서 급경사로 된 시준에서도 목표가 쉽게 시야에 들어올 수 있도록 접안렌즈에 대각선 프리즘을 쓴 것.

대각선프리즘(對角線프리즘, diagonal prism) : 삼능형의 프리즘. 경면을 수평면과 45°되게 경사시키면 경면에 수평으로 들어오는 광선을 연직으로 굴절시킬 수 있다.

대공표지(對空標識, aerial target) : 항공사진을 도화하기 위해서는 수평위치와 표고가 명확한 지상의 점이 나타나는 것이 필요하므로 지상기준점에 미리 이것을 확인할 수 있도록 표시를 만들어 놓은 것. 즉 기준점의 위치를 항공사진에 뚜렷하게 표시하기 위하여 기준점 위에 설치하는 목표를 말하며 목재, 합판재 등 여러 가지 재료로 색, 크기, 모양은 여러 가지가 있는데 사각형, 십자형, 삼각형 등이 많이 쓰인다.

대권도법(大圈圖法, great circle projection) : 지구의 중심에 시점을 두고 지구 표면에 접하는 평면상에 지구의 겉모양을 투영하는 심사도법으로서 선박의 대권항해에 이용되므로 대권항법이라고도 부른다.

대기(大氣, atmosphere) : 지구를 둘러싸고 있는 가스층으로서 질소와 산소를 주성분으로 하고 아르곤, 이산화탄소, 수소, 오존 등이 소량 함유되어 있다.

대기관측(大氣觀測, atmosphere observation) : 대기, 즉 지구를 둘러싸고 있는 공기의 압력을 일컫는 말이며, 대기압을 관측하여 두 점 사이의 고저차를 구한다.

대기굴절(大氣屈折, atmospheric refraction) : 지구를 둘러싼 대기는 지표면에 가까울수록 밀도가 커지므로 광선이 공기층을 통과하면 굴절되어 곡선을 그리는 것.

대기굴절왜곡(大氣屈折歪曲, atmospheric refraction) : 빛이 대기를 통과하면서 발생하는 굴절현상.

대기보정[1](大氣補正, air mass correction) : 높은 고도에서의 중력관측에는 지구의 질량 외에 대기의 질량에 의한 중력효과도 포함되는데, 여기에 따른 대기질량의 효과를 고려해야 하는 것을 대기보정이라 한다.

대기보정[2](大氣補正, atmospheric : correction) : 다중분광영상에서 선택이 가능한 산란된 빛의 영향에 대해 보정하는 영상처리 과정.

대기압(大氣壓, atmosphere) : 대기의 압력. 기압이라고도 하며 기압의 단위로는 수은주 높이로 표시하는 방법, 밀리바(mb) 또는 헥토파스칼(hps) 등이 사용된다.

대기연무(大氣煙霧, atmospheric haze) : 대무, 연무(옅은 안개)를 말한다.

대기연직탐측기(大氣鉛直探測機, Tiros Operational Vertical Sound : TOVS) : NOAA 위성에 탑재된 기상관측용 센서로 각 기압면에서의 기온과 습도, 강수량, 총 오존량, 바람 등을 산출하기 위한 복사계로 HIRS, SSU 및 MSU로 구성되어 있다.

대기창(大氣窓, atmospheric window) ; 대기 내에서 전자기 복사에너지가 투과될 수 있는 파장 간격.

대동여지도(大同與地圖, daedongyeojido) ; 청구도의 자매편으로 청구도의 내용을 보충하고 일반 사람들이 사용하기 편리하도록 지도책의 형식에서 접는 형식으로 고안되었다. 우리나라 전체는 북에서 남쪽까지 22층으로 되어 있고 각 층을 순서대로 연결하면 우리나라의 전도가 되도록 고안되었다. 각 층은 책의 크기로 접을 수 있도록 하였으며, 책의 크기는 동서 80리, 남북 120리가 되도록 하였고, 축척은 청구도와 같이 약 16만 분의 1이다. 대동여지도를 전부 연결하면 길이 약 7m, 폭 3m의 큰 지도가 된다. 지도의 내용은 청구도와 큰 차이가 없으나 지형의 표시, 하천, 교통로 등이 더 상세하고 정밀하게 되어 있는 지도(축척 1/160,000).

대류(對流, convection) ; 불안정한 상태에서 기체나 액체의 수직적 순환을 말한다. 고온부의 유체는 밀도가 작아져 상승하고 저온부의 유체는 하강하여 자연적으로 순환운동이 이루어지고 열은 평균을 유지하게 된다. 태양광선이 해양의 표층을 가열하기 때문에 표층의 밀도가 감소하여 표층수는 따뜻하고 가볍게, 저층수는 차고 무겁게 성층화되어 있기 때문에 대류는 해양에서는 잘 일어나지 않지만, 차가운 기온에 의해 급격히 표층수온이 하강하는 극지방이나 우리나라 동해의 북쪽 시베리아 연안역 등에서는 일어나고 있다.

대류권굴절오차(對流圈屈折誤差, tropospheric refraction error) ; 중성자로 구성된 대기의 영향에 의해 위성신호가 굴절하여 발생하는 GPS 오차. 중성자는 15GHz 이하의 주파수를 갖는 라디오파에 대하여 비확산 매개물로 존재하므로, 대기권에 대한 전자파의 전달은 주파수에 무관하다. L_1, L_2 신호에서 유도된 반송파위상과 코드의 사거리를 구분할 필요가 없게 된다. 즉 대류권굴절은 전리층굴절과는 달리 2주파수신기를 이용해 소거될 수 없다.

대류권모형(對流圈模型, tropospheric model) ; GPS 위성신호가 지상까지 전달될 때는 대류권을 통과하여야 하는데, 대류권에는 중성자로 구성된 대기의 영향에 의해 대류권 지연이 발생한다. 이러한 지연을 보정하기 위한 모형으로서 saastamoinen 모형, Hopfield 모형, Modified Hopfield 모형 등이 있다.

대류권지연(對流圈遲延, tropospheric delay) ; 중성자로 구성된 대기의 영향에 의해 위성신호가 굴절하여 야기되는 오차. 천정에서 2.3m 정도이며, 고도각 5° 정도에서는 약 25m 정도의 굴절이 야기된다. 따라서 굴절오차는 신호경로에 대한 고도각, 온도, 기압 및 습도의 함수가 된다.

대륙대(大陸帶, continental rise) ; 해저협곡이 대양저와 만나는 부분

대륙붕(大陸棚, continental shelf) ; 보통 수심 200m까지의 대륙과 연해 있는 해저의 단구. 대륙붕은 평균 경사가 0.1도 정도로 완만하고 평탄한 지형이다.

대륙붕단(大陸棚端, shelf break) ; 대륙붕이 끝나고 대륙사면이 시작되는 곳으로 가장 최근의 빙하기 때의 해안선에 해당되며, 이곳을 중심으로 해수에 의한 침식과 퇴적이 진행되어 생성된 것으로 생각되나 정확한 생성원인은 아직 잘 이해하지 못하고 있다. 대륙붕단은 수심 100~150m에 위치하며 평균수심은 약 128m 정도이다.

대물경(對物鏡, objective lens) ; 망원경에서 물체 쪽에 있는 렌즈를 말하며, 일반적으로 합성렌즈를 사용한다. 목적물의 상을 가깝게 하는 역할을 한다.

대물경초준나사(對物鏡焦準螺絲, screw for focussing telescope) ; 트랜싯, 레벨 등의 시도를 조정할 때 대물경을 이동시키면 여러 가지 지장이 생기므로 이 결점을 없애기 위해서 망원경의 대물렌즈와 십자선 사이에 합초렌

즈라고 하는 오목렌즈를 넣어서 이것을 움직여 시도를 맞추도록 설계되어 있는데 이를 조절하는 나사.

대물렌즈(對物렌즈, objective lens) : 시준 할 목표물의 상을 십자선면에 정확히 위치하도록 하는 역할을 하는 렌즈.

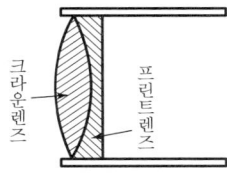

대변측량(對邊測量, surveying of opposite side) : 맞변측량. 토털스테이션으로 미지점을 측량하는 방법. 미지점(기준점)에 프리즘을 설치하고 기계를 옮기지 않고 프리즘만 미지점에 이동하면서 기지점에서 미지점까지의 사거리, 수평거리, 고저차를 무제한으로 결정하는 측량방법이며 평판측량과 병용하여 주로 지형측량에 이용.

대삼각보점망(大三角補點網, second order geodetic control point network) : 대삼각본점망 내부에 국가삼각점 중 두 번째 등급에 해당되는 삼각망으로, 한 변의 길이가 10km 평균 정도로 삼각점을 설치하여 이들로써 구성하는 삼각망.

대삼각본점망(大三角本點網, first order geodetic control point network) : 국가기준점으로 등급이 제일 높고, 정밀도가 가장정확하게 측량되어 얻어진 삼각점. 한 변의 길이가 약 30km 평균이 되게 하여 구성한 삼각망.

대삼각측량(大三角測量, large triangulation surveying) : 대삼각망에서 삼각점의 위치를 결정하기 위하여 실시하는 제반측량. 축소해 나가면서 삼각점의 수를 증가 설치하는 작업도 대삼각측량이라 한다.

대상물공간좌표계(對象物空間座標系, object space coordinate system) : 대상공간상에 있는 점의 위치를 정의하기 위하여 좌표축의 방향과 축척을 임의로 정한 3차원 직교좌표계.

대상영역(對象領域, coverage) : 분석을 위해 여러 지도 요소를 겹칠 때 그 지도의 요소 하나하나를 가리키는 말이다.

대상영역개편(對象領域改編, coverage rebuilding) : 도형의 갱신, 삭제, 자름, 분할, 결합, 추가 등에 의한 공간자료와 위상을 재건하는 것.

대상영역요소(對象領域要素, coverage element) : 대상영역과 관련된 속성에 대해 단일값을 지니는 지역구성 요소.

대성표(對星表, observing star-pair list) : 이성 등고도법이나 talcott법에 의한 천문측량에서는 별을 2개씩 그 조건에 따라 표로 만든 것이 대성표이며 여기에는 관측을 위하여 필요한 제원(고도, 시각, 방위각, 광도 등)이 기재되어 있다.

대안경(對眼鏡, eye piece) : 확대경의 하나로 대물렌즈로부터 맺어지는 도상의 실상을 확대하여 볼 수 있는 광학기구.

대안렌즈(對眼렌즈, eyepiece) : 접안렌즈. 십자선면에 형성된 매우 작은 목표물의 상을 확대하여 관측자의 눈에 명확하게 보이도록 하는 역할을 하는 렌즈.

대양(大洋, ocean) : 해양 중에서 지질시대 이후 오늘날까지 큰 변화가 없는 바다로서 태평양, 대서양, 인도양의 3대양을 말한다. 그 외에 남극해와 북극해도 대양에 포함시킬 때가 있다.

대양수심도(大洋水深圖, depth of water in ocean) : 국제수로기구의 간행물의 하나인 대양수심총도를 편집하기 위하여 각국으로부터 제출하는 자료도(1/100만)를 일반용으로 제공하기 위하여 간행하는 것으로, 2색도로서 거의가 수심수치와 등심선만을 기재한 도면.

대양측량(大洋測量, oceanic surveying) : 대양에서의 선박의 안전항행을 목적으로 실시하는 측량. 1/200,000을 표준으로 하며, 항해에 필요한 모든 해저지형을 측량한다.

대역(帶域, band) : 밴드.

대원(大圓, great circle) : 구면과 구의 중심을 지나는 평면과의 교선을 말하며 지구의 중심을 지나지 않는 평면과의 교선을 소원이라 한다.

대원거리(大圓距離, great circle distance) : 지구를 구라고 가정할 때, 지구상의 두 점 간의 거리를 구의 표면을 따라 관측한 가장 짧은 거리.

대장(臺帳, cadastral terrier) : 토지대장, 임야대장, 공유지 연명부, 대지권 등록부 등의 토지정보에 대한 정보인 물리적 현황과 법적 권리관계 등을 등록·공시하는 지적공부.

대조(大潮, spring rise) : 달과 지구와 태양이 일직선으로 되었을 때, 즉 신월이나 만월일 때 달과 태양의 인력이 겹쳐서 간만의 차가 큰 것.

대조강조(大潮強調, contrast enhancement) : 어떤 영상에서 명암차를 인공적으로 증가시키는 방법.

대조고(大潮高, spring rise) : 기준수준면에서 대조의 평균 고조면까지의 높이.

대조차(大潮差, spring range) : 대조의 평균고조면에서 평균수면의 높이를 뺀 나머지를 2배한 것이다. 또는 대조일 때의 간만의 차.

대조평균고조면(大潮平均高潮面, high water level ordinary spring tide) : 대조로 인한 고조면의 평균값.

대조평균저조면(大潮平均低潮面, low water level ordinary spring tide) : 대조로 인한 저조면의 평균값.

대지(臺地, plateau) : 평탄면의 가장자리가 급사면으로 끊긴 비교적 표고가 낮은 대상지역으로, 평탄하게 된 것은 표면이 퇴적에 의한 경우가 있다. 수평으로 퇴적된 지층이 조륙운동에 따라 광범위한 지역이 서서히 상승함으로써 대지가 형성된 지역.

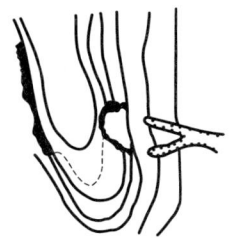

대지고도(對地高度, flight height above the ground) : 촬영사진기에서 지상까지의 높이.

대지삼각측량(大地三角測量, geodetic triangulation) : 지상삼각측량 및 천체관측에 의하여 위도, 경도, 해면상 고도 등을 관측하여 각 점의 절대위치, 즉 지리적 위치를 구하고 나아가서는 지구의 형상, 크기 등을 계산하는 측량.

대지측량(大地測量, geodetic survey) : 측지학적 측량. 국지적인 측량에 대하여 지구를 회전타원체로 취급하여 지구의 곡률을 고려한 측량. 1, 2등 삼각측량이 여기에 속하며, 3, 4등 삼각측량은 평면측량에 속한다.

대지표정(大地標定, absolute orientation) : 상호표정이 끝난 한 쌍의 사진모델을 축척, 수준면 및 수평위치를 결정하는 조작.

대지표정점(對地標定點, ground control point) : 대지표정에 사용하는 이미 알고 있는 좌표점으로 지상기준점이라고도 한다.

대축척(大縮尺, large scale) : 지도는 실제 지도의 위치, 형상을 일정한 축척으로 종이 위에 표현한다. 이때 축척률이 큰 경우(종이 위에 크게 묘사된)를 대축척, 적은 경우를 소축척이라 한다. 실측도로서 평판측량, 항공사진측량 등에 의해 만들어지며 도시계획용 등 구체적인 설계에 많이 이용된다. 지도의 수평위치, 표고 등의 정밀도가 높고 지물의 전위가 없는 정위치가 표시된다.

대축척도화(大縮尺圖化, large scale mapping) : 항공사진측량에서 1/500에서 1/5,000까지의 축척의 도화. 촬영고도 800m 이내의 저공

촬영에 의해 얻어진 항공사진을 도화하는 것이며, 1/5,000은 가옥을 1호씩 독립되게 묘사할 수 있는 한계이다. 그러므로 이들의 도화는 1, 2급의 정밀도화기를 사용한다.

대축척지도(大縮尺地圖, large scale map) ; 지도의 축소율이 적고 표현이 상세한 지도. 지도의 수평위치, 표고 등의 정밀도가 높고 지물의 전위가 없는 정위치가 표시된 지도.

대표비율(代表比率, representative fraction) ; 지상의 거리에 대한 지도상의 거리를 수치적인 비율로써 표현하는 지도의 축척.

대한민국경위도원점(大韓民國經緯度原點, Korea geodetic horizontal datum) ; 우리나라 경위도 좌표계의 원점으로서 국토지리정보원에서는 정밀측지망측량의 기초를 확립하기 위해 1981년부터 1985년까지 5년간에 걸쳐 정밀천문측량을 실시하여 국토지리정보원 구내에 대한민국경위도원점을 설치하였다. 이 원점은 측량의 기준으로 세계 측지계를 채용하고 시행령의 개정에 따라 최신 우주측지기술을 이용하여 새로운 경도, 위도 및 방위각을 정하였다. 경도는 E127°03′14.8913″, 위도는 N37°16′33.3659″, 원점으로부터 진북을 기준하여 서울 산업대점까지 우회 관측한 원방위각은 3°17′32.195″이다. 우리나라의 측지측량은 1910년대에 일본의 동경원점으로부터 삼각측량방법으로 대마도를 건너 거제도, 절영도를 연결하여 우리나라 전역에 국가기준점을 설치, 국가기간산업의 근간으로 활용하였으며, 1960년대 이후 정밀측지망 설정작업으로 서울의 남산에 한국원점이라고 설치되었으나 시통장애 및 주변 여건의 변화로 새로이 현재의 국토지리정보원 구내에 대한민국경위도원점이 설치 운영되고 있다.

대한민국수준기점(大韓民國水準基點, Korea geodetic vertical datum) ; 대한민국수준원점. 우리나라 육지표고의 기준은 전국 각지에서 다년간 조석 관측한 결과를 평균조정한 평균해수면을 사용함. 그러나 평균해수면은 일종의 가상면으로서 수준(또는 고저)측량에 직접 사용할 수는 없으므로 그 위치를 지상에 영구표석으로 설치하여 수준원점(또는 고저기준원점)으로 삼고 이것으로부터 전국에 걸쳐 수준망을 형성함. 인천 인하대학교 구내에 위치.

대한원격탐사학회(大韓民國遠隔探査學會, The Korean society of remote sensing) ; 원격탐사학 및 분야별 원격탐사기법의 연구와 발전 및 보급에 기여하기 위하여 1984년 12월 8일 창립한 국내학술단체로서 학회지와 학술간행물의 발간 및 배포, 국제학술교류와 기술협력, 학술자료의 조사, 수집 및 교환 등의 사업을 한다.

대한지리학회(大韓地理學會, Korean geographical society) ; 1945년 9월 조선지리학회로 출범하여 1949년 11월 대한 지리학회로 개칭한 국내 학술단체. 학술활동을 통한 지리학의 발전과 회원 상호 간의 친목에 기여함을 목적으로 하고 있다. 주요사업으로는 한국의 국토, 도시, 지역 및 세계지역에 대한 지리학적 조사 및 연구업무, 국내 및 국제 학술발표회, 지역답사회, 강연회 개최, 학회지, 학회보 및 기타 연구물의 간행, 학술 및 조사연구 단체와의 교류와 협력을 목적으로 하는 학술단체.

대한지적공사(大韓地籍公社, Korean Cadastral Survey Corporation : KCSC) ; 지적법에 의한 지적측량업무를 대행하며 지적측량기술의 개발 및 지적제도발전에 기여함을 목적으로 설립된 재단법인. 주요업무는 국민이 위탁한 토지 및 부동산에 관한 측량과 정부의 사업발주에 따른 측량업무 수행, 지적도면 작성과 토지등급도 대책, 지하시설물측량과 사진측량 등의 지적업무와 관련된 토지측량, 지적기술교육연구원 설치 및 운영 등이다.

대한측량협회(大韓測量協會, Korea Association of Surveying and Mapping : KASM) ; 우리나라 측량기술의 향상과 측량제도의 건전한 발전을 목적으로 하는 단체로, 측량기술의 향상과 측량영역 확대를 위한 조사, 연구,

국제협력, 공공측량 심사업무 들을 위하여 1972년 건설부장관의 설립 인가를 받아 출범한 측량기술인 단체이다. 주요 사업으로 국내 측지, 지도, 공공측량작업 규정, 품셈개정을 위한 실사, 국제측량기술자연맹(FIC) 가입 및 한일측량기술교류, 국토해양부 위탁 공공측량 심사업무 등을 추진한다. 그밖에 기관지 측량을 발행하며, 측량기술자 노임고시 및 통계조사 산학연동 체결 등 다양한 활동을 전개하고 있다.

대한토목학회(大韓土木學會, Korean Society of Civil Engineers : KSCE) : 우리나라 토목공학의 발전과 토목기술자의 지위향상, 토목기술의 연구와 지도, 토목정책에 대한 조사와 건의, 정부, 기타 공공단체가 행하는 토목사업에 대한 기술협조 기술자 간의 상호친목 및 협조를 목적으로 하는 학술단체이다. 1945년 광복을 맞이하여 우리 힘으로 국토를 건설하게 된 토목인들이 단합하여 조선공업기술 연맹 산하 토목부를 구성하였다가 1945년 10월에 조선토목기술협회를 결성하여 토목공학의 발전과 토목기술의 향상을 위하여 활동하였다. 한국전쟁으로 그 활동이 미약해지자 1951년 12월 23일에 피난지인 부산에서 토목인들이 결속하여 토목기술자의 유일한 단체로서 대한토목학회를 설립하여 현재에 이르고 있다.

대한해협(大韓海峽, Korea Strait) : 대한해협은 한반도 남동해안과 일본 열도 연안을 사이에 두고 황해, 남해 및 동중국해와 동해를 연결하는 폭 200km 정도의 좁은 해협으로서, 그 가운데 대마도가 자리하여 서수도와 동수도로 나뉜다. 서수도의 최대수심은 227m로서 경사가 상대적으로 급하며, 동수도의 수심은 100m 내외로서 폭이 넓고 비교적 완만하다.

대형카메라(大形카메라, Large Format Camera : LFC) : space shuttle에 탑재되어 사용되었고, 주로 환경모니터링과 지질탐사 등에 쓰이는 카메라이다. 보통 f=305mm, 230mm×460mm format이다.

대화식(對話式, interactive) : 컴퓨터 또는 프로그램에서 현재 자신이 담당하고 있는 작업을 실행하는 도중에 사용자로부터 새로운 요청을 받아들여 작업을 처리하는 방식.

대회(對回, double centering) : 각 측정기로 수평각이나 수직각을 관측할 때에 여러 가지 오차를 소거하기 위하여 정위상태와 반위상태에서 각각 관측하여 평균하는 것을 1대회 관측이라고 한다.

덤피레벨(덤피레벨, dumpy level) : 수준측량에서 사용하는 레벨의 일종으로 망원경은 그 축의 둘레를 회전할 수도 떼어낼 수도 없다. 조정하는 데는 Y레벨과 다르게 항정법을 써야 하며, 상은 도상이고 구조도 견고하게 되어 있으므로 사용 중에 오차가 일어나는 일이 적다.

덥(덥, Dilution Of Precision : DOP) : GPS측량 시 특정지역에서 관측할 수 있는 위성배치의 고른 정도.

데르마토그래프(데르마토그래프, Dermatograph) : 특수한 색연필로 유리판이나 사진의 광택인화지상에도 그려 넣을 수 있도록 된 것.

데블의 원리(데블의 原理, Devil's principle) : 반투명경을 통하여 지도와 사진을 동시에 겹치기로 관찰하는 원리를 말하며 도화나 수정에 응용되고 있다.

데스크탑매핑(데스크탑매핑, desktop mapping) : 비즈니스 GIS의 단순 지도작성 기능에서 한 걸음 더 나아가 데이터에 대한 시각화(Visualization) 뿐만 아니라 일부 기본적인 공간분석 기능을 수행할 수 있는 GIS용 소프트웨어를 말한다. 이러한 시각화에는 대개 데이터간의 관계, 경향, 형태 등에 대한 내용이 포함되며, 공간분석의 내용에는 의사결정자가 보다 신속하게 의사결정을 할 수 있도록 산술적 연산기능, 각종 거리계산, 간단한 공간질의 기능 등이 포함된다.

데스크탑GIS(데스크탑지아이에스, desktop GIS) : Professional GIS의 성능에는 미치지 못하지만 최근 그 성능면에서 급속히 발전하는 데스크탑 PC 상에서 사용자들이 손쉽게 지리정보의 매핑과 공간분석을 수행할 수 있는 소프트웨어를 말한다.

데오돌라이트(데오돌라이트, theodolite) : 트랜싯과 같은 목적으로 사용되는 측량기구이며, 망원경은 수평축의 둘레를 자유로이 회전할 수는 없으나 정밀한 각 관측을 할 수 있다. 최근의 기계에서는 트랜싯과 데오돌라이트 사이의 형식상의 구별은 없으며, 일반적으로 고정밀도의 트랜싯을 데오돌라이트라 부르고 있다.

데이터(資料, data) : 컴퓨터에 의해 처리 또는 산출될 수 있는 정보의 기본요소를 나타내는 것.

데이터무결성(데이터無缺性, data integrity) : 데이터 베이스에서 모든 데이터의 갱신이 중앙에서 통제됨으로써 안전하게 보호되어 있는 데이터의 품질로서, 우발적인 사고나 고의에 의해 데이터가 파괴, 변경 또는 상실되지 않는 상태를 의미한다.

데이터베이스(데이터베이스, data base) : 공통의 요소나 목적에 관련되는 정보를 통합하는 것. GIS에서는 보통공간 데이터 및 비공간 데이터의 효과적인 저장, 운영 및 불러오기를 통해 신속한 질의(선택) 또는 그래픽과의 연결에 사용되는 컴퓨터프로그램을 의미한다. Layer(층) 또는 Plane(면)으로 구성되어 있다.

데이터베이스 툴(데이터베이스 툴, database tool) : 데이터베이스보다 쉽게 구축할 수 있도록 제공되는 부가적인 프로그램들.

데이터입력(데이터入力, data entry) : 사용자에 의해서 또는 자동으로 데이터베이스에 데이터를 로딩하는 과정. 도시계획도, 용도지역, 용도지구, 도시계획시설물 등 도시계획의 현황을 기록하는 것을 말한다.

데이텀(데이텀, datum) : 별도의 매개변수 계산을 위해 기준으로 하거나 기초로서 사용되는 매개변수 또는 매개변수의 집합이며, 관측의 기준이 되는 값(점, 선, 면)으로 관측을 보정하는 데 사용되는 임의의 기준. 데이텀은 위도, 경도, 방위각으로 구성되며, 수평데이텀 또는 수평측지데이텀이라고도 하고, 지구에 관계한 좌표축의 원점위치, 축척 및 방향을 정한다. 복수형은 datums이며, 측지데이텀, 표고데이텀 및 시공데이텀의 형태로 기준계라고도 한다.

도(度, degree) : 원주를 360등분한 호에 대한 중심각을 1도(1°), 이를 60등분한 것을 1분(1′), 다시 1′을 60등분한 것을 1초(1″)라고 한다.

도가니강선(도가니鋼線, crucible steel wire) : 광산에서 지상 지하 연결측량을 할 때 입갱의 입구 위치를 갱 밑바닥에 옮기기 위하여 추선 끝에 추를 매달아 추선 수하 장치를 하는데, 이 추선용으로 사용하는 특수강선이며, 직경은 갱의 깊이에 따라 다르나 보통 0.4~0.9mm이다.

도고(圖稿, master copy) : 지도의 원고라고도 할 수 있다. 제도공정에 있어서 도고의 획선이 선명하고 도형이 명확하여 의문을 일으킬 여지가 없을 것. 특히 분판원도에서는 획선은 예리할 것 등의 조건이 결여되었을 때는 도고를 재작성하는 일이 생길 수 있다.

도곽(圖廓, neat line) ; 지도의 외도곽과 내도곽을 합하여 도곽이라고 한다. 내도곽은 도엽의 구획선으로서 우리나라 국토기본도인 경우, 횡메르카도르도법에 의한 경위선으로 결정하며, 외도곽은 내도곽의 외곽에 10mm 간격으로 내도곽과 평행으로 그어 놓은 선을 말한다.

도곽기준점(圖廓基準點, tics) ; 지도좌표를 한 체계에서 다른 체계로 변화하는 데 이용되는 이미 좌표가 정의된 점.

도곽기준점표시(圖廓基準點表示, tic marks) ; 알려진 좌표들을 갖는 지도에서의 일단의 기호.

도곽선(圖廓線, neat line) ; 지도의 윤곽을 결정하는 선. 평면좌표를 사용한 지도에서는 윤곽이 장방형이지만 국토지리정보원에서 발행하고 있는 지형도에서는 도곽선을 경위선으로 하고 있으므로 도곽은 제형으로 되어 있다. 소축척의 지도에서는 여러 가지 형태로 만들고 있으나 경위선에 관계없이 장방형으로 하는 수가 많다.

도곽선신축량계산(圖廓線伸縮量計算, calculation of map quadrangles shrinkage) ; 도곽선은 좌표로 설정하여 도면의 크기와 범위를 정하고 도면제작의 기준선이 되는데, 도면용지가 제작 당시와 달리 신축 또는 변경되는 경우 이를 보정하기 위하여 도곽선을 기준으로 신축량을 계산하는 것.

도구막대(道具막대, toolbar) ; 지도화나 그리기에 대한 제어도구나 명령에 사용되는 다양한 버튼을 포함하는 대상영역, 표준도구 막대는 공통적으로 실행하는 작업에 대한 기본도구를 제공한다.

도근삼각측량(圖根三角測量, supplementary triangulation) ; 기준점으로 이용할 수 있는 기존삼각점의 수가 적거나 서로 멀리 떨어진 경우, 또는 측량지역이 넓은 경우에 트래버스측량을 위한 도근점을 설치하기 위한 삼각측량.

도근점(圖根點, topographic control point) ; 기설기준점을 기준으로 새로운 평면위치 및 높이를 관측하여 결정되는 기준점.

도근점측량(圖根點測量, topographic control point surveying) ; 도근측량. 지도를 조제함에 있어서 기준점이 부족할 때 보조기준점을 설정하는 측량. 기설기준점을 기준으로 하여 새로운 평면위치 및 높이를 관측하는 측량. 기계도근측량과 도해도근측량 두 가지가 있다.

도근점측량망도(圖根點測量網圖, map of supplementary control surveying) ; 도근측량에서 도근점 망에서 관측방향선, 계산방향, 여점, 구점의 관계위치 등을 도시한 것.

도근측량(圖根測量, topographic control point) ; 도근점측량.

도기(度器, measuring apparatus) ; 거리측량에서 사용하는 줄자의 총칭. chain, 강철자, 베줄자, 대줄자, 간승 등을 말한다.

도로대장(道路臺帳, road register) ; 도로관리자가 관리하는 도로에 대하여 노선마다 도로의 종류, 노선명, 기타 필요한 사항을 기재한 조서 및 부근의 지형 등을 표시하여 작성한 대장.

도로부지(道路敷地, road site) ; 토지의 24개 지목 중 하나로서 지적도에 명시되어 있다. 부지는 용도폐지 전에는 절대적으로 사유화할 수 없어 소유권을 취득할 수 없는 것이 특징이며, 개인 명의로 이용코자 하는 경우에는 해당 관청에 임대료를 지불하여야 한다.

도로의구조・시설기준에관한규칙(道路의構造・施設基準에關한規則, road structure standard) ; 도로의구조・시설기준에 관한 규칙은 도로법 제39조의 규정에 의하여 도로를 신설하거나 개량하는 경우 그 도로의 구조 및 시설에 적용되는 최소한의 기준을 규정함을 목적으로 한다.

도로측량(道路測量, road surveying) ; 노선을 선정하고, 도로를 건설하기 위한 계획, 설계를 위한 조사측량과 계획된 노선을 현지에 건설하고, 공사를 하기 위한 모든 측량.

도메인(도메인, domain) ; 모순 없이 정의된 값의 집합으로 속성, 연산자 및 관수의 정의역인 집합과 치역인 집합을 정의하기 위해 사용되며, 속성 값으로 정의되는 값의 범위로 관수나 사상이 그 위에 정의되어 있는 집합.

도면(圖面, drawing) ; 토지, 구조물, 사물의 형태, 치수, 내부구조 및 기타 내용을 일정한 공학적인 표현방법에 의하여 나타낸 그림.

도면관리체계(圖面管理體系, drawing management system) ; 도면검색, 검토 처리 및 도면파일 보관 등을 관리하는 체계.

도면교환형식(圖面交換形式, Drawing eXchange Format : DXF) ; 오토캐드용 자료파일을 다른 그래픽 체계에서 사용될 수 있도록 제작한 그래픽 자료파일 형식.

도면자동화(圖面自動化, Automated Mapping : AM) ; 도면자동화라고도 하며 전산도형해석을 이용하여 관측대상물(지형, 구조물 또는 설비)의 정보를 생성, 수정 및 합성하여 도면을 작성한 후 보관, 유지관리 및 출력의 편의성과 정확성을 꾀할 수 있는 지형공간정보에 관한 전산화의 한 분야.

도면제작편집(圖面製作編輯, drawing editing) ; 지도형식의 도면으로 출력하기 위하여 정위치 편집된 성과를 지도도식규칙 및 표준도식에 의하여 편집하는 작업. 수치지도를 가공하여 인쇄 출력용 원판과 파일을 제작하고 지도도식 적용규정에 준한 일반화, 상징화, 과장화를 하며, 난외주기를 추가하는 작업.

도면출력(圖面出力, paper plotting) ; 컴퓨터의 지도자료를 컬러출력기를 이용하여 종이지도 형태로 출력하는 것.

도법(圖法, map projection) ; 지구 또는 천구의 기준면상의 점을 그에 대응하는 다른 평면 또는 구면상에 옮기는 방법. 투영도법 또는 지도투영법이라고도 한다.

도북(圖北, grid north) ; 평면직교좌표의 북으로서 지도좌표의 방향을 맞출 때나 대단위 건설계획이 지도좌표에 의해 이루어질 때 이용.

도브프리즘(도브프리즘, dove prism) ; 빛 입사점에서 굴절한 후 입사점과 출사점간의 중앙에서 다시 대칭으로 굴절한 후 출사점을 통과하도록 고안된 프리즘으로 빛은 입출된 밖에서는 일직선을 이룬다. 이 프리즘은 영상의 회전체로 많이 이용된다.

도상(倒像, inverted image) ; 망원경을 통해서 바라본 상이 상하가 역전된 것을 말하며, 일반적으로 도상인 것이 정상인 것보다 렌즈의 개수가 적으므로 상이 명료하다.

도상계획(圖上計劃, paper planning) ; 토지에 관하여 여러 가지 사항을 고려하면서 사업을 행하기 위하여 계획을 세울 때, 직접 현지조사를 하기 전에 우선 지도상에서 계획을 세우는 것. 노력과 경비가 절약될 뿐만 아니라 다음에 현지조사를 할 때 가장 효과적으로 할 수 있는 필수적인 예비조사를 말한다.

도상독취(圖上讀取, head up digitizing) ; 좌표로 등록된 영상을 모니터에 출력하고, 모니터 상에서 객체를 디지타이징하는 것으로, 영상과 디지타이징 객체를 동시에 중첩하여 볼 수 있으므로 객체 오류 및 누락을 최소화할 수 있는 방법.

도상선정(圖上選定, paper location) ; 철도, 도로, 수로 등의 신설계획을 위해서 먼저 기성 지형도상에서 계획목적에 따라 제한구배와 곡률반경 등을 고려하여 목적에 부합되는 몇 개의 후보지를 선정하는 작업.

도상측설(圖上測設, paper location) ; 도상에서 노선의 중심선의 경사 등을 고려하여 노선의 중심선의 방향을 구해 노선측량의 계획을 세우기 위한 작업.

도상허용오차(圖上許容誤差, allowable error of map) ; 지도의 측량에는 반드시 오차가 따르

며, 완전한 지도를 만드는 것은 불가능한 일이나 그렇다고 무제한의 오차가 있는 지도는 또한 쓸모가 없으므로 지도를 계획함에 있어서 정해진 허용된 도상의 지형·지물의 오차한계.

도선법(道線法, graphical traversing) : 전진법 또는 절측법. 평판측량에서 측점 간의 거리 및 방향을 관측하면서 차례차례 각 측점마다 평판을 옮겨가는 방법이며, 단도선법과 복도선법이 있다.

도선형파고계(導線型波高計, wire resistance type wave meter) : 수중에 세운 두 전극 간의 물의 저항변화를 관측함으로써 파고를 계측하는 것. 실험실 내에서는 널리 쓰이나 실제의 파고관측에는 부적당하다.

도섭측량(徒涉測量, wading measurement) : 하천 바닥을 걸어서 건너면서 수심과 유속을 재서 유량을 관측하는 측량.

도섭표척(徒涉標尺, wading rod) : 얕은 하천에서 도섭측량에 사용할 수 있도록 눈금을 새겨 놓은 손으로 들고 다닐 수 있는 정도의 가볍고 단단한 봉으로 만든 표척. 보통유속계를 매달아 사용하며, 눈금으로 수심과 유속계의 높이를 알 수 있다.

도시계획도(都市計劃圖, urban planning map) : 도시의 구획, 가로, 교통, 위생, 주택 등과 같은 용도지역, 용도지구, 도시계획시설물 등 도시계획의 현황을 기록한 지도.

도시정보체계(都市情報體系, Urban Information System : UIS) : 도시계획 및 도시화현상에서 발생하는 인구, 자원 및 교통관리, 건물면적, 지명, 환경변화 등에 관한 도시의 정보를 수집하고, 관리하는 정보체계.

도식(圖式, manual of map symbols) : 지도 제작에서 모든 지형, 지물의 표시를 기호화하여 표현하는데, 이 기호화하기 위한 약속을 도식이라 한다.

도식기호(圖式記號, topographic conventional sign) : 지형, 지물을 지도상에 표시하기 위해서 정해져 있는 약속으로 대상이 누구라도 알기 쉽게 뚜렷이 판별 할 수 있고, 지면 전면에 조화를 이루며, 간결하고 그리기 쉬워야 한다.

도식적용규정(圖式適用規定, application rules of map symbols) : 측량·수로조사 및 지적에 관한 법률 제15조 제1항 및 지도도식규칙 제9조의 규정에 의거, 축척별 지형도 제작에 사용되는 용어를 정하고, 도상에 표시되는 기호 및 주기의 선택과 지형, 지물의 표시방법 및 각종기호의 적용방법에 관한 기준을 목적으로 국토해양부 국토지리정보원장이 정한 규정.

도엽(圖葉, map sheet) : 지도 한 장의 일반적인 명칭.

도엽명칭(圖葉名稱, map titles) : 도엽마다 정해진 명칭으로 지도의 외도곽 중앙상단에 도식 적용규정의 난외주기 도식에 의거하여 문자로 표시되어 있다.

도엽번호(圖葉番號, map number) : 도엽마다 정해진 번호로 지도의 외도곽 우측상단에 도식적용규정의 난외주기 도식에 의거하여 문자와 숫자로 표시되어 있다.

도웰(도웰, ① dowel, ② joggle) : 터널측량에서 장기간에 걸쳐 사용하는 갱도의 중심점 지시설비. 중심선상의 노반을 넓이 30cm, 깊이 30~40cm로 파고, 그 속에 콘크리트를 타설하고 중심선이 지나는 지점에 목괴를 묻어 중심점을 표시하는 못을 박은 것.

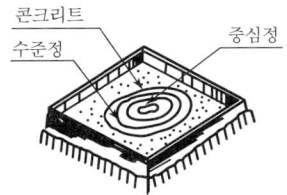

도자각(圖磁角, grid magnetic angle) : 지형도의 도북(도면의 북쪽방향)과 자북(자침이 가리키는 북쪽방향)의 차이를 각도로 나타낸 것으로서 국토기본도에서는 그 크기가

난외주기에 표기되어 있다.

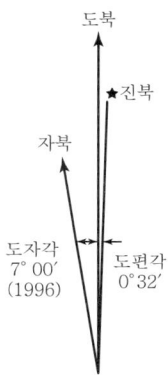

도판(圖板, drawing board) : 측판 또는 평판. 평판측량을 할 때, 삼각 위에 올려놓고 표면에 종이를 붙여 측량한 결과를 도형으로 그리나 감과 동시에 앨리데이드의 받침이 되기도 한다. 잘 건조한 전나무판을 몇 장 방향을 바꾸어서 붙이고 4변을 참나무 테를 둘러 단단하게 조여서 변형이 생기지 않게 만든다. 후면에는 삼각에 연결시키기 위한 금속구가 달려 있고, 귀퉁이에는 자침판을 고정시키기 위한 구멍이 뚫려 있다. 두께는 1~3cm, 크기는 대, 중, 소가 있다. 보통 중(40×50cm)의 것이 사용된다.

도편각(圖偏角, ① grid declination, ② convergence of grid north) : 지형도의 도북(도면의 북쪽방향)과 진북(지구자전축이 지구표면과 만나는 북쪽의 점)의 차이를 각도로 나타낸 것으로서 국토기본도에서는 그 크기가 난외주기에 표기되어 있다.

도폭(圖幅, size of sheet) : 한 장의 지도에 포함되는 구획.

도플러변위(도플러變位, doppler) : 도플러 편이. 송신기와 수신기 사이의 거리변화로 야기된 수신신호 주파수에서 예측 가능한 변화의 양. 임의 점에서부터 수신기와 파원의 송신기가 서로 움직이고 있을 때, 관찰자와 수신된 방사주파수를 f_0, 송신기의 방사주파수를 f_s라 하면 도플러변위 $\Delta f = f_0 - f_s = -f_s(c+v)/(c-v)1/2$이다. 여기서 c는 파의 방사속도이고, v는 수신기의 속도이다.

도플러에이딩(도플러에이딩, doppler aiding) : 수신기가 더욱 정확한 속도와 값을 구하기 위해 매끄럽게 GPS 신호를 추적하도록 변이를 이용하는 추적신호처리기법.

도플러원리(도플러原理, doppler principle) : 파원에 대하여 상대속도를 가진 관측자에게 파동의 주파수가 파원에서 나온 수치와는 다르게 관측되는 현상.

도플러효과(도플러效果, doppler effect) : 파동에 대해서 상대속도를 갖는 관측자가 측정하는 파의 진동수는 파원에 있어서의 값과 달라진다는 현상. 예를 들면 음원과 사람이 가까워질 때는 음이 높게 들리고 멀어질 때는 음이 낮아지는 현상.

도하수준측량(渡河水準測量, over river leveling) : 직접수준측량을 하는 가운데 큰 냇물이나 해협 등을 건너는 경우에 원거리일 때는 시준오차, 기차, 구차가 생기게 되는데 이것을 소거하기 위해서 행하는 측량방법으로 양쪽에서 동시에 관측을 하여 그 평균값에 의하여 두 점 사이의 높이차를 구하는 측량방법.

도해도근측량(圖解圖根測量, graphic control surveying) : 삼각측량이나 다각측량에 의해 설치된 도근점들의 수가 부족하거나 추가로 도근점들이 필요하게 될 경우에 평판측량의 전방교회법으로 평판 상에서 직접도근점을 결정하여 설치하는 방법.

도해도선법(圖解道線法, graphical traversing) : 평판을 써서 하는 트래버스의 측량방법. 한 기준점에서 출발하여 평판 상에 구점으로 향하는 방향선을 긋고, 거리를 관측해서 평판 상에서 그 위치를 구하며, 차례차례 평판을 이동시켜 가는 것.

도해법(圖解法, graphical solution) : 계산에 의하지 않고 작도로 설명하거나 이해하는 방법.

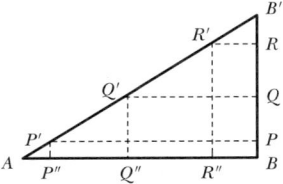
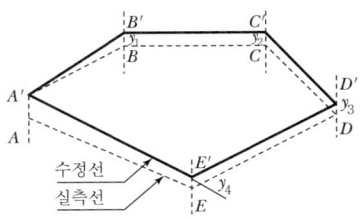

도해사선법(圖解斜線法, graphical radial triangulation) ; 사진상에서 관측한 각도를 통해 지상의 삼각측량과 같은 성과를 내는 측량방법. 높은 정확도를 요구하지 않는 경우, 1급 도화기가 없이 할 경우, 대규모 미개발지역에 대한 소축척지도를 만드는 경우 사용하는 사선법.

도해삼각망(圖解三角網, graphical triangulation network) ; 평판측량의 교회법에 의해서 도근측량을 실시하는 것. 교회각의 크기나 방향선의 길이 등으로부터 도근점 위치의 결정 순서 및 양부를 알 수 있다.

도해삼각쇄(圖解三角鎖, graphical triangulation chain) ; 몇 개의 기준점을 사용하여 평판상에 도해적으로 삼각측량을 하여 도근점을 증설할 때의 삼각쇄를 말한다.

도해삼각측량(圖解三角測量, graphical triangulation) ; 평판도근측량 또는 도근점측량. 세부측량 시에 많이 사용되는데 광범위한 지역의 소축척 지형도의 측량 시 또는 보조도근점이 추가로 필요할 때 사용하는 측량.

도해적폐합오차조정(圖解的閉合誤差調整, graphic balancing of error of closure) ; chain 또는 평판으로 트래버스 측량을 했을 때 생기는 폐합오차는 출발점으로 부터의 거리에 비례하는 것으로 가정하고 이것을 도해적으로 조정하는 방법. 직선상에 트래버스 각 변의 길이에 비례하게 AB, BC, …를 잡고, 최종점에서 이 직선에 수직하게 폐합오차를 잡으며, 그 선단과 A점을 이어서 이 사선에 B, C, … 각점을 지나는 수직선과의 교점을 각각 B′, C′, …라 하면 BB′, …, AA′는 각각 측점 B, …, A에 있어서 조정해야 할 양을 나타낸다.

도해지적(圖解地籍, graphical cadastral) ; 토지의 경계점을 도해적으로 도면에 표시하는 지적제도로 우리나라에서는 지적제도 창설 당시 채택된 제도로서 전국의 토지가 거의 도해지적이며, 신 지적법에서의 수치지적과 대립되는 개념.

도해지적측량(圖解地籍測量, graphical cadastral surveying) ; 토지의 경계점을 지적도 또는 임야도 등 도면에 등록하여 이를 소관청에 비치하고, 토지의 경계점은 이 도면에 나타난 것에만 의존하는 지적제도로서 토지의 경계를 도면으로 결정하는 측량.

도해편위수정(圖解偏位修正, graphical rectification) ; 항공사진의 경사로 인한 위치의 편위를 도해적으로 수정하는 방법으로 4점의 바른 위치를 알고 있으면 다른 점의 바른 위치도 구할 수 있는 방법. 4점 도해법과 강목법 등이 있다.

도형(圖形, graph) ; 변에 의해 결합된 절점의 집합. 그러나 변에서 결합되지 않는 절점도 있을 수 있으며, 지리정보체계에서는 한 쌍의 절점에 결합된 변이 한 개로 한정되지 않고 같은 절점을 시작점, 끝점으로 하는 여러 개의 변도 있을 수 있다.

도형 및 영상정보체계(圖形 및 映像情報體系, Graphic and Image Information System : GIIS) ; 수치영상처리, 전산도형 해석, 전산지원 설계, 모의관측 분야에 활용된다.

도형언어(圖形言語, graphic language) ; 도형 기호로 표현된 구문을 가진 언어.

도형의 강도(圖形의 剛度, R) ; 망에 대한 균일한 정확도를 얻기 위해 삼각측량이나 삼변측량에서 실측 이전에 결정하는 도형의 강도(R)로 다음 식으로 나타낸다.

$$R = \frac{D-C}{D} \sum (\delta_A^2 + \delta_A \delta_B + \delta_B)$$

여기서, R : 도형의 강도,
　　　　C : 총 각과 변 조건수
　　　　D : 망 내의 총 방향수
　　　δ_A, δ_B : A, B각에 대한 sine
　　　　　　　　대수 1″ 차

도형정보(圖形情報, graphic information) : 형상 또는 대상물의 위치에 관한 자료로 도면 또는 지도에 표시된 특성정보.

도형변형법(圖形變形法, rectification) : 기준점의 위치관계 또는 투영의 차이 때문에 기도의 도형을 비뚤어지게 원도 상에 끼워 넣는 수가 있는데, 이것을 도형변형법이라 하며, 오려붙이기 mosaic법, 방안법, 사진 또는 환등기법 등이 있다.

도형조건(圖形條件, figure condition) : 삼각망의 도형이 폐합하여야 한다는 조건. 방향선의 교각은 60°를 이상적으로 하고, 교각이 크거나 작으면 정도가 떨어지고, 또 4변의 주어진 점을 이용하면 오차의 확대는 막을 수 있으나 돌출된 형상일 때는 그 방향으로 오차가 일어나는 것과 같은 것을 일반조건이라고 한다.

도화(圖化, mapping) : 항공사진으로 지도(원도)를 만드는 작업과정. 입체도화기에 투명양화를 정착하면 실제지형과 유사한 모형을 재현할 수 있다. 사진상에서 표정점을 찾아 절대좌표를 입력하고 부점으로 지모, 지물을 추적하면 그에 따라 세부지형이 그려진다. 도화기에서 등고선과 지물의 모양을 그리는 작업. 사진측량을 이용하지 않을 때, 도화라고 할 때가 있으나 이때는 실측 또는 기존자료를 이용하여 지도상에 기호화하는 것.

도화기(圖化機, plotter) : 사진으로 각점의 사진좌표를 관측하거나, 입체모형을 조성하여 도면을 만드는 기계, 즉 입체도화기를 말한다.

도화기의 기계좌표(圖畵機의 機械座標, system of reference in plotting instrument) : 도화기에 고정되어 있는 공간좌표.

도화기의 투영중심(圖畵機의 投影中心, projection center of plotting instrument) : 도화기 안에서 투영사진기의 투영중심에 대응하는 점.

도화작업(圖化作業, plotting work) : 사진측량은 지표인 경우로서 측량의 결과는 지도의 형식으로 표현하는데, 중심투영상인 사진을 정사투영상인 지도로 만드는 조작을 하는 작업.

도화작업순서(圖化作業順序, order of plotting work) : 도화순서는 상호표정, 대지표정, 평면그리기, 등고선 기타 그리기, 원도의 완성 순서로 도화작업을 한다.

도화축척(圖畵縮尺, compilation scale) : 항공사진을 이용하여 도면을 만드는 축척이며, 도화축척은 항공사진 축척의 5배를 기준으로 하고, 도화축척이 1/1,000보다 큰 경우에는 6~8배를 기준으로 한다. 도화축척은 정확도에 따라 항공사진 축척이 결정된다.

독립관측(獨立觀測, independent observation) : 직접관측이나 간접관측과는 관계없이 그 미지량 사이에 어떤 구속제약을 받지 않고 독립적인 입장에서의 관측을 말하며, 2점 간의 거리를 관측하거나 삼각형의 2각을 관측할 때와 같이 각각의 관측성과로부터 쉽게 관측값을 구할 수 있는 관측.

독립모형법(獨立模型法, Independent Model Triangulation : IMT) : 독립입체모형법. 각 입체모형을 단위로 하여 접합점과 기준점을 이용하여 여러 입체모형의 좌표들을 조정방법에 의하여 절대표정좌표로 환산하는 방법.

독립물체(獨立物體, spot feature) : 기념비, 입상 등과 같은 것. 이들을 축척으로 나타내면 일반적으로 도면에 나타나지 않으나 필요하다고 생각되는 것은 도식기호로써 표시하는 것.

독립입체모형법(獨立立體模型法, independent model triangulation) : 각 입체모형을 단위로

하여 접합점과 기준점을 이용하여 여러 입체모형의 좌표들을 조정방법에 의한 절대표정 좌표로 환산하는 방법.

독립측정(獨立測定, independent observation) : 조건부 관측에 대하여 하는 말이다. 관측값 사이에 아무런 조건도 존재하지 않을 때의 관측으로 직접 또는 간접의 관측에 상관이 없다.

독정오차(讀定誤差, reading error) : 눈금을 읽을 때 생기는 오차로 이 속에는 우연오차 외에도 개인오차도 들어 있으며, 우연오차를 줄이기 위해서는 횟수를 여러 번 하여 그 평균값을 쓰고, 개인오차는 정오차이므로 관측방법에 따라 소거하는 데 힘쓴다. 측각에서는 두 방향의 독정값의 차에 의해서 협각을 구함으로써 소거되고, 기선측량에서는 전단, 후단의 독정값을 왕복해서 교대측정하면 소거된다.

델리슬도법(델리슬圖法, Delisle projection) : 2기선 등거리원추도법. 원추도법 가운데서 두 기본위선의 길이를 지구상의 길이와 같게 함과 동시에 경선전부의 길이도 지구상의 길이와 같게 투영하는 도법.

동경(動徑, sub chord of clothoid) : 클로소이드 곡선의 시점에서 곡선상의 한 점까지 연결한 직선이다. 클로소이드 곡선 설치 시에 동경과 각을 이용하여 측설 하기도 한다.

동경원점(東京原點, Tokyo datum) : 1880년에 일본이 근대적 측지측량을 착수하기 위해 동경의 국토지리원 구내에 설치한 원점. 그 후 관동 대지진으로 원점의 자오환이 파괴되어 구체적인 원점이 없어지고, 주변삼각점의 위치가 변화되어 복구사업이 실시되었고, 파괴된 자오환의 중심과 신설된 1등 삼각보점과 방위각이 실측되었다.

동기화(同期化, synchronization) : 독립된 2개 이상의 주기적인 형상들을 어느 시점, 어느 위치에서든지 적절한 방법으로 결합, 제어함으로써 일정한 위상관계를 지속시키는 일.

동방최대이격(東方最大離隔, greatest eastern elongation) : 최대이격 가운데 별이 자오선의 가장 동쪽에 있을 때.

동부원점(東部原點, east origin) : 우리나라 지표면상의 점을 평면상의 위치로 표시하는 방법 중 하나. 평면직교좌표의 4개 원점 중의 하나로 동경 129°, 북위 38°가 교차하는 지점.

동성등고도법(同星等高度法, equal altitude method) : 동일 천체가 자오선 통과의 앞과 뒤에 등고도에 달하는 시각을 관측하여 시 및 위도를 구하는 방법. 이것은 시간을 요하므로 태양의 등고도관측에는 쓰이나 항성에는 그다지 쓰이지 않는다.

동시관측법(同時觀測法, simultaneous observation) : 기압수준측량의 한 가지 방법으로 2개의 기압계를 고도차를 구하고자 하는 두 지점에 하나씩 놓고 동시에 기압을 읽어 고저차를 구하는 방법. 교호수준측량에서 양안에 동일 성능의 기계(레벨 또는 정밀한 데오돌라이트)를 설치하고 측량기 또는 무선연락으로 정·반의 관측을 동시에 하여 빛의 굴절률에 의한 오차와 시준오차를 소거하는 측량방법.

동이격(東離隔, east elongation) : 천체가 자오선에 대하여 동쪽 극위에 있는 것.

동적도면작성(動的圖面作成, drawing up of dynamic area) : 진보된 기계적 도화기나 해석도화기상에서 적용할 수 있으며, 입체모형의 전 지역에 존재하는 점들의 규칙적인 집합을 모으는 데도 적용할 수 있다. 측표는 입체모형 위에서 직선을 따라 이동한다. 점들은 자동적으로 기록되어 작업자는 측표의 고도만 조절하면 된다. 이 방법의 정확도는 표면의 기울기와 측표의 속도에 좌우된다.

동조화(動調化, synchronization) : 2개 이상의 형상들은 어느 시점, 어느 위치에서든지 그것들의 공간적, 시간적 속성을 변화시킴으로써 존재한다는 것.

동지(冬至, winter solstice) : 태양이 남에서 북으로 운동할 때 적위가 음의 최대값을 취하는 듯한 황도상의 위치를 동지점, 양의 최대 값을 취하는 듯한 점을 하지점이라 한다. 동지는 12월 22일경, 하지는 6월 22일경이 된다.

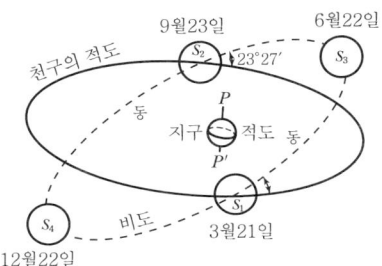

동차조정법(同次調整法, homogeneous adjustment) ; 엄밀조정법. 삼각망의 계산에서 여러 가지 조건식을 동시에 만족하게 하는 관측값의 보정량을 구하는 방법.

동해(東海, East Sea) ; 동해는 한반도, 일본열도, 시베리아 동부지역에 의해 둘러싸여 있고, 남으로는 대한해협, 북으로는 Tsugaru, Soya, Tartar 해협을 통해 북태평양에 연결되는 연해이다. 총면적은 $1,008×10^3km^2$, 평균수심은 1,684m로써, 황해나 남해에 비하면 면적이 넓고 수심이 깊은 것이 특색이다.

동해원점(東海原點, east sea origin) ; 우리나라 지표상의 여러 점의 위치를 표현하는 방법 중 하나로 평면직각좌표가 있는데, 이 평면직각좌표는 4개의 가상원점을 기준으로 하여 지표면의 위치를 표현하고 있다. 그중에서 동해원점은 X축 E131°와 Y축 N38°가 교차하는 점이다.

동향거리(東向距離, easting) ; 경거. 지도격자 좌표계에서 남부기준선을 기준으로 동쪽(+) 또는 서쪽(-)으로 관측한 직선거리.

동형(同形, isomorphism) ; 두 개의 객체 간의 관계에서, 각각의 변경에 일대일로 대응되고, 각각의 구조를 보존하는 함수가 있는 관계. 그 함수와 역함수의 합성은 합동함수이다.

드롭라인콘터(드롭라인콘터, drop line contour) ; 일정방향에 모델을 주사하면서 일정

표고 값을 넘을 때마다 굵기를 바꾸어서 그려진 평행선군. 굵기가 바뀐 점을 연결하면 등고선을 알 수 있다.

등가초점거리(等價焦點距離, Equivalent Focal Length : EFL) ; PPA(Principal Point of Autocollimation)에서 사방으로 첫 번째 점만을 사용하여 계산한 초점거리.

등각도법(等角圖法, conformal projection) ; 상사도법. 지도상의 어느 곳에서도 각의 크기가 동일하게 투영되는 투영법으로서, 미소부분에서의 방향각과 도형이 바르게 나타나는 도법.

등각방위투영도법(等角方位投影圖法, azimuthal orthomorphic projection) ; 지도상의 각 부분에서 임의의 두 선이 이루는 각이 항상 같게 표시되는 방위도법.

등각사상변환(等角寫像變換, conformal transformation) ; 미소부분의 형상, 각도가 달라지지 않는 변환. 항공삼각측량의 변환에 쓰이는 2차의 등각사상변환은 a, b, c, d를 정수로 하고,

$X = ax + by + 2cy + d(x^2 - y^2)$,
$Y = -bx + ay + 2dxy - c(x^2 - y^2)$

이 된다.

등각원주도법(等角圓柱圖法, cylindrical orthomorphic projection) ; 지도상의 각 부분에서의 임의의 두 선이 이루는 각이 항상 같게 표시되는 원주도법.

등각원추도법(等角圓錐圖法, conformal conical projection) ; 등각성을 만족시키도록 위선 간격을 정한 원추도법. 1772년 Lambert가 발표하였으므로 Lambert 등각원추도법이라고도 한다. 국제민간항공기관(ICAO)에서 결정한 항공도 및 국제연합의 국제 1/100만 세계지도의 개정 규정에서는 이 도법을 각기 지도에 쓰게 되어 있다.

등각원통도법(等角圓筒圖法, cylindrical orthomorphic method) ; 등각원통투영.

등각원통투영(等角圓筒投影, cylindrical orthomorphic projection) : 등각원통도법. 보통 메르카토르도법이라고 불리는 투영법으로 항정선(선을 일정한 방향으로 통과하는 선)이 직선으로 표시되는 특징이 있어 항법상 널리 쓰이는 투영법.

등각위도(等角緯度, conformal latitude) : 타원체상의 위도 ϕ에 등각으로 대응하는 구체상의 위도를 x라 하고, 이 구체상의 위도 x를 사용하여 등각투영을 하면 타원체에서 평면에 등각투영한 것과 같은 결과 x를 얻을 수 있다. ϕ와 x와의 사이에는 다음과 같은 관계가 성립한다.

$$\tan\left(45° + \frac{x}{2}\right) = \tan\left(45° + \frac{\phi}{2}\right)$$

$$\left(\frac{1 - e\sin\phi}{1 + e\sin\phi}\right)^{e/2}$$

여기서 e는 타원의 이심률이다.

등각점(等角點, isocenter) :

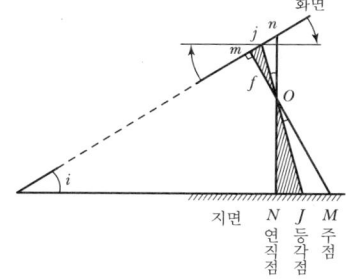

항공사진에서 광선과 연직선이 이루는 각의 2등분선이 사진면과 만나는 점을 말하며 등각점을 중심으로 하여 사진상에서 잰 각은 사진이 경사되어 있더라도 지상의 각도와 같다.

등각지도(等角地圖, conformal map) : 등각도 면을 써서 만든 지도를 말한다. 미소부분의 형상과 방향각이 다르게 나타나 있으나 넓은 지역 전체의 형상과 면적과의 비율은 심히 비뚤어져 있다.

등각투영(等角投影, conformal projection) : 투영 전의 형태와 투영 후의 형태가 완전한 상사형을 이루는 투영으로서 상사투영이라고도 한다. 등각투영에서는 지구 구면상의 임의의 두 선분이 이루는 각은 투영 후에도 항상 일정하며, 축척도 모든 방향에서 일정하다. 즉, 각의 비틀림이 없는 투영.

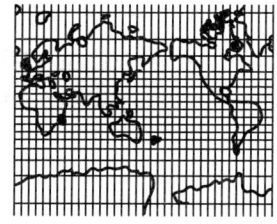

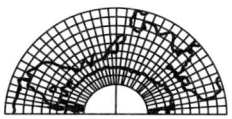

등거리도법(等距離圖法, equidistant projection) : 지도상의 1정점 또는 2정점으로부터 임의의 점까지의 거리 또는 정방향선상의 거리가 바르게 나타난다. 즉, 축척이 일정한 도법을 말한다.

등거리방위도법(等距離方位圖法, azimuthal equidistant projection) : 방위도법에서 지도상에 투영된 각 지점까지의 지도상 투영중심으로부터의 거리와 방위가 바르게 나타나는 도법.

등거리시준(等距離視準, center leveling) :

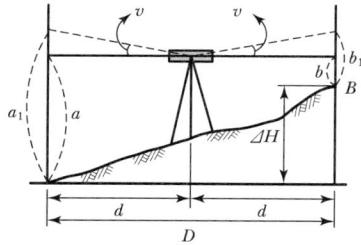

수준측량 시 전시의 거리와 후시의 거리를 같게 취하는 것.

등거리원통도법(等距離圓筒圖法, cylindrical equal spaced projection) ; 원통도법에서 등거리인 조건하에 평행간격을 정한 도법.

등고도(等高度, equal altitude) : 고도각이 같다는 것을 말한다. 천문측량에서는 정고도법, 이서등고도법 등을 써서 경위도를 관측한다. 또 태양이 오전, 오후에 등고도가 되는 시각을 관측하여(여러 가지 보정을 요한다.) 진태양의 남중시를 정할 수 있다.

등고선(等高線, contour line) : 지표면의 동일한 표고점을 연결한 선으로 토지의 기복 상황을 지도상에 표현하기 위하여 높이가 같은 점을 연결한 선을 말한다. 이 곡선의 집합은 토지의 기복을 표시할 뿐만 아니라 산의 형태 등도 표현할 수 있는 특성이 있다.

등고선간격(等高線間隔, contour interval) ; 서로 이웃하는 등고선 간의 수직거리. 특별한 규정이 없는 한 주곡선의 간격으로써 나타낸다. 실측도인 경우 지도 작성 시 등고선 간격을 정하기 위해서는 지도의 목적과 넓이, 축척, 외업이나 내업에 요하는 시간과 비용, 지형의 상태 등을 고려한다. 일반적인 등고선 간격은 축척의 분모를 M이라 하면 M/2,000(m) 또는 M/2,500(m)을 기준으로 한다. 완경사지에서는 주곡선 사이에 간곡선을, 또 주곡선과 간곡선 사이에는 조곡선을 그리기도 한다.

등고선계수(等高線係數, c-factor) ; 비행고도를 등고선의 간격으로 나눈 값. 비행고도를 계산하기 위하여 사용된 값이 지도상에서 요구되는 수직정확도를 얻을 수 있는지를 판단하는 계수.

등고선대법(等高線帶法, zonal differential rectification) ; 정사편위수정법의 하나로서 표고가 일정한 등고선대마다 투영거리를 수정하면서 투영하는 방법.

등고선도화(等高線圖化, contour line mapping) : 사진측량에서 등고선을 그려 넣는 것.

등고선법(等高線法, contour system) ; 지표면 위의 같은 높이의 점을 연결함으로써 지형의 특성을 정밀하게 그려내는 방법이고, 면적계산에서는 등고선을 이용하여 면적을 구하는 방법이며, 넓은 부지의 땅고르기와 저수지 용량 등 체적을 구하는 데 쓰이는 방법이다.

등고선사진도(等高線寫眞圖, photo contoured map) ; 등고선이 들어 있는 사진지도.

등기(登記, registration real estate) ; 부동산 거래시 불의의 사태가 발생하는 것을 막아주는 공시제도의 하나로서 대상 부동산의 매수인에게 그 부동산 내용을 명확히 하는 기능 외에 거래관계에 관한 일정 사항을 공시하는 역할을 갖는다. 그러나 좁은 의미로는 등기소의 등기관이 일정사항을 등기부에 기재하는 행위를 사실상의 등기라 한다.

등기부(登記簿, register) ; 등기를 하는 공적장부. 등기소에 비치한다. 토지등기부와 건물 등기부가 있으며 1필의 토지 또는 건물을 단위로 한다. 각 등기용지는 표제부(부동산의 표시), 갑구란(소유권), 을구란(소유권 이외의 권리)의 3부로 이루어진다. 등기부는 접수순으로 편철하게 되어 있다.

등량법(等量法, equivalent method) ; 불규칙한 경계선을 직선으로 대치하여 실제면적에 과부족이 없도록 하는 일반적인 방법.

등록전환(登錄轉換, registration conversion) ; 임야대장 및 임야도에 등록된 토지를 토지대장 및 지적도에 옮겨 등록하는 것.

등록전환측량(登錄轉換測量) ; 지적공부의 정확도를 높이기 위한 목적으로 소축척인 임야대장 등록지를 대축척인 토지대장에 옮겨 등록하는 경우에 시행하는 측량

등밀도선(等密度線, isopycnic) ; 같은 밀도를 가진 곳을 연결하여 지도 위에 그린 선.

등복각선(等伏角線, isoclinal line) ; 지도상에서 자기의 복각이 같은 점을 이어서 얻어지는 선.

등반사체(等反斜體, diffuse contour, isobath) : 모든 방향에서 거의 동일하게 입사하는 복사에너지를 반사하는 면을 가진 물체.

등시차도(等視差圖, surface of equal parallax) : 입체사진을 입체시했을 때 시차가 같은 점이 이루는 면을 말한다. 입체시 했을 때는 등시차면이 등고로 보이나, 사진이 경사되어 있을 때는 반드시 바른 등고도면이라고 할 수만은 없다.

등시차면(等視差面, surface of equal parallax) : 입체시 했을 때 횡시차가 같은 점에 의하여 구성된 면.

등심선(等深線, depth contour, isobath) : 어떤 기준면으로부터 깊이가 같은 지점을 이은 곡선 또는 해저의 지형을 표현하기 위하여 평면도에 같은 깊이의 점을 연결한 선. 지형도에서 등고선은 일반적으로 중등조위를 기준으로 하여 그리지만 바다의 등심선은 기본수준면을 기준으로 하여 그리는 경우가 많다.

등압선(等壓線, isobar) : 기압이 같은 지점을 연결하여 얻어지는 곡선. 기압은 관측된 값에 해면보정을 실시한 것이며, 풍향, 풍속을 추정하는 데 유익하다.

등온선(等溫線, isotherm) : 온도(temperature)가 같은 장소를 연결하여 지도 위에 그린 선.

등왜선(等歪線, equal scale line) : 등편척선.

등위면(等位面, equipotential surface) : 등포텐셜면.

등장선(等長線, isoperimetric curve) : 축척계수가 1이 되는 지도에서의 방향선을 따라가서 얻어지는 곡선으로 어느 지도에나 다 있는 것은 아니다. 기본위선이라든가 등거리도법의 등거리인 방향성 등이 등장선이다.

등적도법(等積圖法, equivalent projection) : 지도상의 어떤 도형이라도 면적의 증감이 생기지 않는, 즉 면적의 비율이 바르게 나타나는 도법.

등적방위도법(等積方位圖法, azimuthal equivalent projection) :

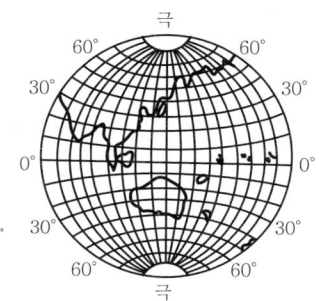

방위도법 가운데 등적이 되도록 위선의 간격을 정한 도법. J. H. Lambert가 1772년에 발표하였다. 사축일 때에 많이 쓰이며, 위의 그림은 사축일 때이다.

등적삼각형법(等積三角形法, equivalent triangle method) : 다각형의 변수를 하나씩 줄여 최종적으로 등적삼각형을 만들어 면적을 관측하는 방법.

등적원추도법(等積圓錐圖法, conical equivalent projection) : 등적이 되도록 지도상의 위선 간격을 정한 원추도법으로 1기본위선과 2기본위선이 있어 전자가 Lambert 등적도법이고 후자가 Albers 도법이다.

등적원통도법(等積圓筒圖法, cylindrical equivalent projection) : 적도를 표준위선으로 한 원통도법으로서 자오선은 평행선이고, 위선의 간격은 반경에 $\sin\phi$ (ϕ는 위도)를 곱한 간격이므로 남북으로 갈수록 좁아지며, 경선의 간격은 실제보다 넓어져서 면적은 어디나 일정하다.

등적지도(等積地圖, equivalent map) : 등적도법을 써서 만든 지도. 이 지도상에서는 도형의 크기, 비율이 바르게 나타나지만 거리와 형상은 통상 크게 변형된다.

등적투영(等積投影, equal area projection) : 모든 투영 대상체들의 상대적인 크기, 즉 면적의 비가 전 투영과정을 통하여 항상 일정한 투영.

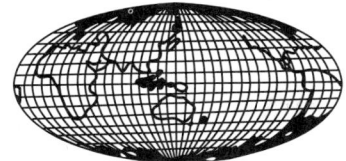

등정밀도(等精密度, equal precision) : 정밀도는 정도지수 h, 정도지수에 반비례하는 표준편차 σ, 표준편차의 제곱인 분산 σ^2, 분산에 비례하는 무게 p, r=0.6745 σ와 같은 확률오차 γ 등 가운데 어느 것인가에서 나타나게 된다. 이들이 모든 관측값에 대하여 같을 때 이와 같은 관측값을 등정밀도라 한다.

등조차선(等潮差線, corange line) : 같은 조차를 갖는 장소를 연결하여 지도 위에 그린 선.

등축척선(等縮尺線, equal scale line) : 투영의 변형 때문에 지도의 축척은 소축척 도법에서는 일정하지 않게 된다. 지도상에서 축척이 같은 점을 연결한 선, 즉 축척계수가 같은 점의 궤적을 등축척선이라 한다. 이것은 도법에 따라 다른 고유의 형상이 된다.

등측(登測, chaining uphill) : 경사지의 거리를 측량하는 방법의 하나로서 오르는 구배방향으로 관측하는 것. 등측은 내리는 구배방향으로 측정한 것보다 정밀도가 낮다.

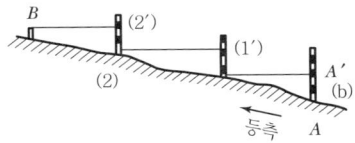

등퍼텐셜면(等퍼텐셜面, equipotential surface) : 중력퍼텐셜이 일정한 값을 갖는 면, 지구의 형상에 가장 가까운 등퍼텐셜면이 지오이드이다.

등편각선(等偏角線, isogonic line) : 지자기의 양극은 지리학적 양극보다 조금 편재되어 있으므로 정지하고 있는 자침을 포함하는 연직선과 그 지점의 지구자오선면과는 많은 경우 일치하지 않는다. 이 둘 사이의 각을 자기 편각이라 하고, 같은 편각인 점을 이으면 하나의 곡선이 되는데, 이를 등편각선이라 한다.

등편각선도(等偏角線圖, isogonic chart) : 등편각선을 기입한 지도를 말하며, 어떤 지점의 편각은 이 지도에서 구할 수 있으나 그 값은 대략적인 것으로 정확한 것을 알려면 진북측량을 하여야 한다.

등편선(等偏線, isogonic line) : 자침이 나타내는 자북선과 지구의 진북선은 일치하지 않고, 어떤 각도를 지니고 있다. 이를 자기편각이라고 하며, 지구상의 자기편각이 같은 점을 연결하는 선.

등편차선도(等偏差線圖, isogonic line) : 등편각선도.

디씨에스(디씨에스, Data Collection System : DCS) : Landsat 1, 2호상에서 지진계, 홍수계측기 및 기타 관측장치로부터 정보를 취득하는 시스템. 이러한 자료는 지상수신소에 중계한다.

디엑스90(디엑스90, DX-90) : 국제수로기구 IHO(International Hydrographic Organization)에서 발표한 수치 해양 데이터 전송을 위한 표준이다.

디지타이저(디지타이저, digitizer) : 도표 그림 또는 설계도면상의 지형·지물에 대한 위치정보를 입력하여 수치자료로 변환하는 컴퓨터 입력장치.

디지타이징태블릿(디지타이징태블릿, digitizing tablet) : 표면에 조밀하게 점선들이 구성되어 있어서 표면 위로 물체가 움직임에 따라 발생하는 자기장 변화를 이용하여 컴퓨터에 좌표위치를 입력하는 장비.

디지타이저좌표계(디지타이저座標系, digitizer coordinates) : 컴퓨터에 전달되도록 디지타이저 면에 있는 점을 나타낼 수 있는 XY좌표계. 지도에 있어서는 계산에 의하여 지리좌표로 변환된다.

디지털구적기(디지털求積器, digital planimeter) : 구적기에 전자적인 장치를 부착하여 도면상의 면적을 쉽고, 다양하게 관측할 수 있도록 한 면적관측기.

디지털데오돌라이트(디지털데오돌라이트, digital theodolite) : 데오돌라이트에 전자적인 장치를 부착하여 각 관측값을 액정판에 나타나게 함으로써 각 읽기오차를 줄일 수 있을 뿐만 아니라 쉽게 각을 읽을 수 있게 한 기기.

디지털레벨(디지털레벨, digital level) : 레벨에 전자적인 장치를 부착하여 바코드로 되어 있는 표척을 자동으로 정밀하게 읽을 수 있고, 표척까지의 거리도 관측할 수 있게 만들어진 레벨.

디지털방식(디지털방식, digital method) : 지하시설물의 깊이 관측방법 중 하나로 수신기의 깊이 관측버튼을 누르면 지하시설물의 깊이가 디지털로 나타난다.

디지털사진측량(디지털寫眞測量, digital photogrammetry) : 수치영상을 이용하여 대상물을 처리하는 사진측량기법으로서 대상물을 디지털센서를 이용하거나 기존의 항공사진을 디지타이징이나 스캐닝하여 간접적으로 수치영상을 취득하는 것.

디지털영상(디지털影像, digital image) : 관측되고 있는 특성이 아날로그 값의 연속된 범위로부터 0에서부터 255까지의 이진코드 또는 1바이트로 기록된 유한 정수로 표현되는 범위로 변환되어진 영상.

디지털영상처리(디지털影像處理, Digital Image Processing : DIP) : 영상의 디지털 수 값을 컴퓨터에 의해 편집처리하는 것.

디지피에스(디지피에스, Differential Global Positioning System : DGPS) : GPS에 의해 결정한 위치오차를 줄이는 기술로, 이미 알고 있는 기지점의 좌표를 이용하여 오차를 최대한 소거시켜 관측점의 위치 정확도를 높이기 위한 위치결정방식이다. 기지점에 기준국 GPS 수신기를 설치하고 위성을 관측하여 각 위성의 의사거리 보정값(항법메시지, 항법력, 위성의 시계오차)을 구하고, 이 보정값을 무선모뎀 등을 사용(실시간으로 보정된 의사거리를 송신)하여 이동국 GPS 수신기의 위치결정 오차를 개선하는 위치결정 형태를 DGPS라 한다.

딜레이락루프(딜레이락루프, delay-lock loop) : 위성의 시계에 의하여 생성된 수신코드와 수신기의 시계에 의하여 생성된 내부 코드를 비교하는 기법으로, 두 개의 코드가 일치될 때까지의 시간에 대한 내부 코드의 변위를 의미한다. 즉 위성과 수신기의 PRN 코드와 공조시키는 수신기 내의 모듈로 수신기에서 발생된 PRN 코드를 변화시켜 위성의 PRN 코드와 맞춘다.

라그랑즈의 미정계수법(라그랑즈의 未定係數法, Lagrange's method(undetermined co-efficients)) ; 미지수 $x, y, \cdots, t$의 함수 $f(x, y, \cdots, t)$가 주어진 조건 $\phi_i(x, y, \cdots, t) = 0 [i=1, 2, \cdots, u]$ 아래서 극치를 잡기 위한 조건은 $\lambda i (i=1, 2, \cdots, u)$를 미정계수로 하고, $F = f(x, y, \cdots, t) + \sum_{i=1}^{\mu} \phi_i$가 무조건 극치를 잡기 위한 조건과 같다.

이것을 Lagrange의 미정계수법이라 한다. 그러므로 미지수 $x, y, \cdots, t$와 λi는 $\partial F/\partial x = 0, \partial F/\partial y = 0, \cdots, \partial F/\partial t = 0$과 조건식 $\phi_i = 0 [i=1, 2, \cdots, u]$를 연립방정식으로 풀어서 얻는다.

라디안(라디안, radian) ; 호도법에 의한 각도의 단위로서, SI단위계의 보조단위의 하나. 원의 반지름과 같은 길이의 원호가 만드는 원의 중심각을 1라디안이라 한다. 따라서 원의 둘레는 $2\pi\gamma$이므로 전원($360°$)은 $2\pi\gamma/\gamma$, 즉 2π라디안이 된다.

라디오비콘(라디오비콘, radio beacon) ; 선박이 방향탐지기에 의하여 송신국의 방위를 관측할 수 있도록 전파를 발사하는 시설.

라벨(라벨, label) ; 데이터의 인식에 필요한 소인이나 설명문. 커버러지의 각 요소나 데이터구조에 연결된 비요소 항목. 예를 들면 처음에 그린 폴리곤의 Label을 1로 지정한다.

라이너먼트(라이너먼트, lineament) ; 지형, 이미지, 지도 그리고 사진에서 선형 지형도 작성 또는 색조 특징은 복잡한 지형이나 지세를 묘사할 수 있다.

라이넥스(라이넥스, Receiver INdependent EXchange format : RINEX) ; GPS측량에서 수신기의 기종이 다르고 기록형식이나 자료의 내용이 다르기 때문에 기종을 혼용하면 기선해석에 어려움이 있다. 이를 통일시킨 자료형식으로 다른 기종 간에 기선해석이 가능하도록 한 것으로 1996년부터 GPS의 공동포맷으로 사용하고 있다. 여기서 만들어지는 공통적인자료로는 의사거리, 위상자료, 도플러자료 등이다.

라이브러리안(라이브러리안, librarian) ; 컴퓨터 체계상에 공간자료를 부분적으로 분할시켜 구축하는 것으로서, 이같은 자료구조를 맵 라이브러리라고 하며, 자료분할은 타일 및 자료층을 기준으로 이루어진다.

라인손실(라인損失, line drop out) ; scan line에서의 데이터의 손실을 말한다. 이것은 line scanner에서 detector의 불량에 의해 일어난다.

라인스캐너(라인스캐너, line scanner) ; 지표면을 scanning하기 위하여 거울을 사용한 imaging 장치로 이미지는 각 라인의 데이터를 모아서 만들어진다.

라인쌍(라인쌍, line pair) ; 카메라 해상도를 결정하는 방법 중 하나로 같은 두께의 흰색 공간에 의해 구분되는 검은 라인수로서 영상은 mm당 많은 수의 라인을 갖는다.

라플라스간이기압공식(라플라스簡易氣壓公式, Laplace's simplified barometric formula) ; 기압공식 가운데 계산의 간이화를 꾀한 근사식이다.

$$H = 18,400(1 + 0.003665t)$$

$(Log_{10}P_1 - Log_{10}P_2)$,
여기에서 H는 두 측점 간의 고저차(m), t는 두 측점에서의 평균온도(℃), P_2는 낮은 쪽 측점에서의 기압(mm), P_1은 높은 쪽 측점에서의 기압(mm), 단 P_1과 P_2에서는 온도보정과 중력보정을 하는 것으로 한다. 그리고 위의 식에서 1+0.003665 늑1로 간편한 것도 쓰이고 있다.

라플라스방정식(라플라스方程式, Laplace equation) ; 천문관측에 의해 연직선 편차를 계산하기 위한 기본적인 기법을 말한다.

라플라스점(라플라스點, Laplace point) ; 측지망이 광범위하게 설치된 경우 측량오차가 누적되는 것을 피해야 하는데, 이에 따라 200~300km마다 1점의 비율로 삼각점을 설정하여 천문경도와 측지경위도를 비교하여 라플라스조건이 만족되도록 삼각측량과 천문측량이 함께 실시되는 기준점을 라플라스점이라 한다. 삼각망 속의 각 점 가운데 천문측량에 의해서 경도 및 방위각을 관측한 점을 말하며 삼각망의 조정에 쓰인다.

라플라스조건식(라플라스條件式, Laplace equation) ; 측지학인 경위도와 방위각이 정해진 삼각점에 있어 천문학적 경위도와 방위각을 구하였을 경우, 천문경도와 방위각 및 측지경도와 방위각에 있어서 전자는 geoid를 기준으로 하고, 후자는 수학적 타원형을 기준으로 하고 있으므로 둘은 다르다. 이것을 Laplace의 조건식이라 한다.
$(\lambda g - \lambda a)\sin\varphi - (Ag - Aa) = 0$
여기서, λ : 경도(g : 측지, a : 천문)
A : 방위각, φ : 위도.

라플라시안필터(라플라시안필터, Laplacian filter) ; 미분영상을 구하는 필터로서, 경계선이 강조된다. 잡음이 많은 단점이 있다. 라플라시안필터는 인간의 시각체계와 비슷하므로 다른 경계 강조 기법보다 자연스러운 결과를 가져온다. 라플라시안필터는 경계선 강조에 매우 유용한 필터이나 노이즈까지 강조시킬 수 있으므로 유의해야 한다.

람베르트도법(람베르트圖法, Lambert projection) ; 18세기 중엽 독일의 람베르트가 고안한 지도투영법. 람베르트는 많은 지도투영법을 고안하였는데 그 가운데서 정각원추도법, 정적원추도법, 정적원통도법 등을 말한다.

람베르트등각원추도법(람베르트等角圓錐圖法, Lambert equivalent cylindrical projection) ; 정축등적원통법, 즉 원통법에서 등적이 되게 위선의 간격을 조정한 도법을 말한다.

람베르트등적원추도법(람베르트等積圓錐圖法, Lambert equivalent conical projection) ; 등적원추도법에는 1기본위선의 것과 2기본위선의 것이 있는데 전자가 Lambert의 등적원추도법이다(후자는 Albers도법). 이 투영에 있어서는 경선은 1점으로부터의 방사상이 되고, 위선은 이 점을 중심으로 하는 동심원호이며 극도 또한 원호로 나타낸다. 일반적으로 Albers도법이 더 많이 쓰인다.

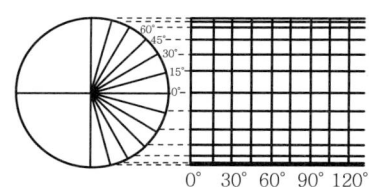

람스덴형접안경(람스덴形接眼鏡, Ramsden's eye-piece) ; 초점거리가 같은 시야, 접안의 양 평볼록렌즈의 볼록면을 서로 대립시키고, 초점거리의 2/3만큼 떨어지게 놓은 도상의 접안경이다. Fraunhofer에 비하여 렌즈의 개수가 적으므로 시야가 밝고 길이가 짧아도 된다.

래스터(래스터 또는 格子方案方式, raster) ; GIS 혹은 원격탐측 이미지 자료값을 갖는 단일격자. 래스터체계란 격자형 행렬방식을 취하는 자료구조이다(grid cell과 pixel 참조). 격자모양으로 분할된 공간에서 공간을 구성하는 요소로서 도형자료에는 균등한 격자방안에 저장된 영상자료가 들어있고, 이러한 도형 자료를 저장하고 출력하며 출력을 위한 양식이다. 래스터 체계에서는 각 지표 특징의 도형적 표현 및 그들이 지니고 있는 속성이 단일자료 파일로 통합된다. 실제로 이 경우에는 지표 특징에 대한 정의가 필요하지 않은 반면 대상지역을 아주 작은 격자셀 메시로 분할한 다음 각 셀 안에 각 지점의 지표 조건이나 속성을 기입한다.

래스터밴드(래스터밴드, raster band) : 특정한 2차원적 구조에서 분할된 직사각형으로 한정된 2차원적 기하원시요소.

래스터변환기(래스터變換機, raster converter) : 벡터로 저장된 선들을 래스터형태로 변환시키는 전자적 장치이며, 이것은 도면에 따라 작은 대(Strip)에 존재하는 모든 선들의 아주 작은 선분들을 인쇄할 수 있다. 그러면 연속되는 작은 대의 선들을 인쇄할 수 있고 도면이 다 완성될 때까지 한 번에 한 대씩 계속할 수 있다.

래스터영상(래스터影像, raster image) : 셀마다 그 지리적 범위에 관한 특성 값을 일정한 수치로 표시하는 격자형식의 자료구조를 가지며, 인공위성 영상 CCD 사진기 영상, 또는 항공사진을 독취한 영상이 대표적이다.

래스터자료(래스터資料, raster data) : 지형공간정보의 자료에는 래스터자료와 벡터자료가 있는데, 래스터자료는 전체면을 일정크기의 격자(영상소 또는 화소 : Pixel)의 집합으로 구성되며, 어떤 위치에 격자의 값을 저장하고, 연산하며, 표현하는 방식.

래스터중첩(래스터重疊, grid overlay) : 그리드 중첩이라고도 한다. 일반적으로 래스터 형태로 지도자료를 구축, 처리하는 GIS 소프트웨어에는 사용자가 다양한 래스터 지도파일을 중첩시켜 효과적인 분석을 할 수 있도록 되어 있다. 토질공학자는 토양의 침하나 사면안전도 등 다양한 토양 특성을 분석하기 위해 그리드 형태로 구축된 토양, 사면, 토지 등의 레이어를 중첩시켜야 한다. 또한 그리드 중첩 프로그램은 각각의 그리드에 값을 부여하여 토양침식도를 그래픽으로 구성할 수 있는 기능을 제공한다. 그리드기반 GIS 소프트웨어는 GIS의 가장 초기의 유형으로 현재도 많은 응용개발분야에서 효과적인 분석기능을 제공하지만 최근에는 벡터 기반체계가 더욱 널리 이용되고 있다.

래스터지도(래스터地圖, raster map) : 규칙적으로 바르게 배열된 셀로서 코드화 되어 있는 지도이며, 래스터 자료 모형에 기반을 둔 지도자료

래스터체계(래스터體系, raster system) : 격자형 행렬방식을 취하는 자료구조.

래스터패턴(래스터패턴, raster pattern) : 격자형 행렬방식의 각 grid에 밝기값을 부여하는 형태로 지리정보의 위성성분을 표시하는 주요기법 중의 하나.

래스터포맷(래스터포맷, raster format) : 격자형식의 밝기값을 통해서 지리정보의 위치성분을 표현하는 기법.

래스터표현(래스터表現, raster representation) : 픽셀들의 행렬을 사용하여 형상들을 표현하는 것.

랜드셋(랜드셋, landsat) : 세계최초의 지구 관측위성. 1972년에 미국에서 발사되었으며, 1998년에는 landsat 7호가 발사되었다. landsat은 우수한 관측능력으로 인하여 인공위성에 의한 원격탐사를 비약적으로 발전시키는 계기가 되었다. 현재 landsat 위성은 다중분광복사기(MSS)와 TM의 두 종류의 센서를 탑재하고 있고, 주로 육지의 자원탐사, 주제도 제작을 위해서 널리 이용되고 있다.

램버트등각원추투영법(램버트等角圓錐投影法, lambert conformal conic projection) : 등각의 원뿔 투영법으로서 원뿔의 축은 지구타원체의 단축과 일치하고 원뿔면이 2개의 평행권에서 지구타원체를 관통한다. 이 투영법에서 거리는 오직 표준수평선을 따라서만 실제와 동일하며, 지도제작에는 동서방향의 지역에

대해서 가장 유용하여, 여러 가지 평면 좌표계에 사용되는 투영법.

러버쉬팅(러버쉬팅, rubber sheeting) : 지정된 기준점에 대해 지도나 영상의 일부분을 맞추기 위한 기하학적 변환과정으로 물리적으로 왜곡되거나 지도를 기준점에 의거하여 원래 형상과 일치시키는 방법.

러브파(러브波, love wave) : 파동의 전파방향과 직교하는 수평성분의 파동으로 지층의 경계면에서 반사 또는 굴절(투과)되면서 전파되는 SH파에 의하여 형성되는 것.

레만법(레만法, Lehmann's method) : 후방교회법의 한 방법으로 시오삼각형법이라고도 한다. 평판을 세우고자 하는 곳에 수평 맞추기 한 다음 목측으로 세 도상점을 각각 세 지상점에 맞추어 시준선을 그으면 시오삼각형이 생기는데 이 시오삼각형의 내접원이 0.4mm 이내가 되면 레만법칙에 의해 기계를 세운점을 도상에서 구한다.

레만의 법칙(레만의 法則, Lehmann's rule) : 시산법이라고도 하며 평판측량에서 3점문제의 해법의 하나로 지상점 A, B, C의 도상점을 a, b, c라 하고 A, B, C를 볼 수 있는 점 D에 평판을 세우고, 그 도상 점 d를 구하는 것이다. D에 평판을 세워 a, b, c가 A, B, C의 방향에 평행하게 하고 앨리데이드를 a에 접하면서 지상점 A를 시준하여 방향선 Aa를, b에 접하면서 지상점 B를 시준하여 방향선 Bb를, c에 접하면서 지상점 C를 시준하여 방향선 Cc를, 그으면 3방향선이 1점에서 만나면 그 점이 구하는 d인데, 만나지 않고 시오삼각형이 생겼을 때, 이 시오삼각형과 구점의 위치와의 관계를 나타내는 법칙이다.

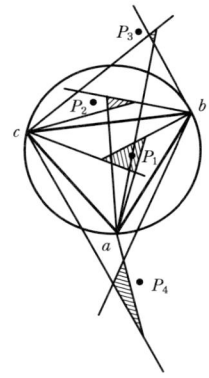

레벨(레벨, level) : 수준측량 또는 고저측량을 하는 기계의 한 가지이며, 기포관 수준기의 축을 시준선에 평행이 되게 조정한 후 기포를 중앙에 오게 하여 사용하는 것이지만, 요즈음은 주로 원형수준기에 의해 대략 수평으로 맞추면 자동으로 수평이 되는 레벨도 있다. 그 구조상으로 Y-레벨, Dumpy-레벨, 미동레벨, 자동레벨 등으로 나눈다.

레벨링(레벨링, leveling) : 수준측량.

레벨야장(레벨野帳, level book) : 수준측량의 결과를 기입하는 수첩. 기록 양식으로는 전시와 후시의 차로부터 높이를 구하는 승강식, 기계의 높이를 구하고 지반고를 구하는 기고식, 두 점 간의 높이의 차로 지반고를 구하는 고차식이 있다.

레이더(레이더, radar) : radio detection and raging의 약어로서, 라디오파에 의한 추적 및 거리관측체계로서 원래 비행기나 선박의 항해용으로 이용되었다. 레이더 관측체계는 비행체에 탑재된 안테나, 송수신기, 안테나의 송수신 모드를 전환시키는 변환기 및 관측신호를 저장하는 기록장치 등으로 구성된다. 젓가락 모양의 안테나는 그 축이 비행방향과 동일하게 설치되어 비행방향의 직방향에 대한 옆면의 지상을 관측한다. 그러므로 구름 같은 것을 통과해서 보는 데 유용하며, 항공사진으로는 포착하기 까다로운 습한 열대지역의 지세를 지도로 만들 수 있고, 또한 fault line 같은 미세한 지형적인 특징도 찾아낼 수 있다.

레이더고도계(레이더高度計, radar altimeter) : altimeter에서 단속적인 pulse로 쏜 전파가 차례로 지표면에 도착하여 다시 산란하여 되돌아오기까지의 과정과 시간에 따른 신호 강도의 패턴을 분석하여 고도를 관측하는 기계.

레이더산란계(레이더散亂計, radar scatterometer) : radar를 활용한 scatterometer는 바람에 의하여 생성되는 해안의 파도에 대한 유용한 정보를 얻을 수 있으며, 연안의 높은 지형에서 해면을 향하여 전파를 쏘고 되돌아오는 전파를 감지하는 방법. 사용 가능한 거리는 약 250km로 바람의 방향, 파고에 관한 정보를 얻을 수 있으며, 되돌아오는 세기는 파고에 민감하게 반응하고 접근하는 파와 멀어지는 파를 쉽게 구분할 수 있다.

레이더산란계수(레이더散亂係數, radar scattering coefficient) ; 레이더가 매질을 통과하는 동안에 산란에 의한 감소를 표현하는 계수. 일반적으로 산란계수는 "거리의 역" 단위로 표시된다.

레이더샛(레이더샛, radarsat) ; 환경 변화 모니터링과 자원관리를 위해 캐나다에서 운영되는 지구관측위성프로젝트. 이 위성은 1994년 11월 4일에 발사되었다. 이와 같은 프로젝트는 CCRS(Canada Center for Remote Sensing)에 의해 개발 진행되고 있으며, SAR(Synthetic Aperture Radar)장비로 구축되어 있다. SAR는 마이크로 파장대를 이용하여 프로세싱을 하기 때문에 구름, 안개 등의 기상 장애에 대한 영향을 거의 받지 않고 고해상도 위성이다.

레이더크로스섹션(레이더크로스섹션, radar cross section) ; 실제목표물에서 반사되어 온 전자파와 같은 양의 전자파를 반사할 수 있는 가상의 완전 반사판의 면적을 말한다.

레이블(레이블, label) ; 자료의 인식에 필요한 소인이나 설명문.

레이오버(레이오버, layover) ; 레이더 이미지에서, 대상물의 꼭대기가 레이더의 발사방향으로 바뀌는 것.

레이어(레이어, layer) ; 하나의 물체가 여러 개의 논리적인 객체들로 구성되어 있는 경우 이러한 각각의 객체를 레이어라 한다. 일반적으로 하나의 레이어는 유사한 특징을 가지는 객체들을 포함하여 구성한다. 예를 들어 지형도를 건물, 도로, 등고선 등의 레이어로 구분하며, 도로 레이어에는 고속도로, 국도, 지방도 등 여러 종류의 도로가 포함된다.

레이저(레이저, laser) ; 양자발진(증폭)기 또는 분자발진기라고도 하며, 레이저의 원어는 유도방출에 의한 광증폭을 의미한다. 주로 마이크로파 영역의 전자기파를 발진 증폭하는 것을 메이저, 적외선 또는 가시광선 영역의 전자기파를 발진하는 것을 광레이저 또는 레이저라고 한다.

레이저거리측량(레이저距離測量, Light Intensity Detection And Raging : LiDAR) ; 레이저에 의한 빛의 상호작용을 이용하는 원거리 감지 체계는 어떤 거리에서 물질로서 펄스를 발생시킨다. 레이저 단면측량은 기상조건에 좌우되지 않고 삼림이나 수목지대에서도 투과율이 높으며 자료 취득 및 처리과정이 완전히 수치방식으로 이루어지며, 측량의 경제성과 효용성이 매우 높다.

레이저레벨(레이저레벨, laser level) ; 레벨에 레이저를 부착한 기기로, 수평의 시준선에 레이저 빛을 쏘아 수평을 가리키게 함으로써 정지작업 등에 유용하게 사용할 수 있도록 한 레벨.

레이저사진측량(레이저寫眞測量, hologram metry) : 레이저 사진을 이용하여 행하는 사진측량.(빛의 파장론에 근거하고 있다.)

레이저측량(레이저測量, laser based survey) : 레이저광은 간섭성으로 파장이 동일하고 같은 방향으로 나가며 완전에 가까울 정도로 평행선이 되어서 직진하게 된다. 트랜싯에서는 시준선 대신 레이저광을 이용하고, 고저측량에서도 표척상에 레이저광을 발사하면 직접 그 자리에서 표고를 알 수 있는데 이처럼 레이저를 이용하는 측량.

레이콘(레이콘, RAdar beaCON : RACON) : 선박의 레이더 영상면에 선박 레이더로부터 발사된 전파에 응답하여 송신국의 위치를 모르스부호로 표시하는 레이더 응답장치.

레일리기준(레일리基準, Rayleigh criterion) : radar에서 지표면이 radar 신호에 rough 혹은 smooth하게 반응하는지를 결정하는 파장과 복각, 표면의 거칠기와의 관계를 말한다.

레일리산란(레일리散亂, Rayleigh scattering) : blue scattering이라고도 한다. 빛의 파장보다 작은(산소, 질소) 입자에 의해 일어나는 것으로, 산란의 정도는 파장의 4제곱에 비례한다. 결국 파장이 짧은 청색에 가까울수록 산란이 커지게 되는 것이다. 하늘이 파랗게 보이는 것도 바로 이 때문이다.

레조마크(레조마크, reseau mark) : 사진 촬영시 필름면상에 촬상되는 관측용의 작은 격자로서 필름의 신축을 보정하는데 사용.

레조플레이트(레조플레이트, reseau plate) : 레조마크가 세밀하게 그려진 유리판으로서 필름의 신축을 보정하는 데 사용.

레코드(레코드, record) : 유한한 이름을 갖는 서로 관련성이 있는 항목(객체 또는 값)의 모음. 논리적으로 레코드(명칭, 항목)는 쌍의 집합이다.

렌즈(렌즈, lens) : 유리와 같이 투명한 물질의 면을 구면으로 곱게 갈아 물체로부터 오는 빛을 모으거나 발산시켜 광학적 상을 맺게 하는 물체.

렌즈검정(렌즈檢定, lens calibration) : 사진측량의 사진기 혹은 비사진측량용 사진기 렌즈의 여러 왜곡 중에서 주로 형상의 왜곡을 보정하는 것. 형상의 왜곡에는 색왜곡, 구면왜곡, 방사왜곡, 접선왜곡 등이 있으나 주로 보정에 이용되는 왜곡은 방사왜곡과 접선왜곡.

렌즈식실체경(렌즈式實體鏡, lens stereoscope) : 2개의 렌즈를 약 6cm 떨어지게 짝지어서 사진을 올려놓고 직접 입체시할 수 있는 간단한 입체경.

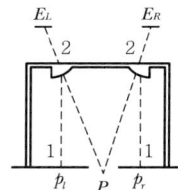

렌즈수차(렌즈收差, lens aberration) : 이미지의 선명함을 저하시키는 것. 구면수차, 코마(Coma), 2점수차, 색수차 등이 있다.

렌즈식입체경(렌즈式立體鏡, lens or pocket stereoscope) : 렌즈식 실체경.

렌즈왜곡(렌즈歪曲, lens distortion) : 렌즈를 통과할 때, 광선은 도화기의 전후에서 굴절하지 않고 진행한다고 하지만 실제로 광선은 렌즈를 지날 때 미소하게 굴절되어 완전한 직선상으로는 되지 않는다. 이를 렌즈왜곡 또는 렌즈수차라 한다.

렌즈콘어셈블리(렌즈콘어셈블리, lens cone assembly) : 항공사진측량용 카메라 구성 부품 중 하나로, 전방에서 순서대로 나열하면 필터, 렌즈, 조리개(diaphragm), shutter, inner cone(spider)의 순으로 구성되어 있다.

렘니스케이트(렘니스케이트, lemniscate) :

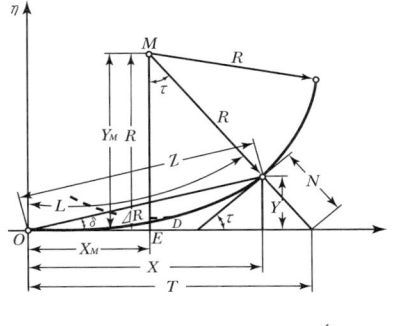

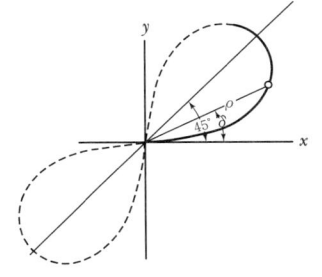

곡률반경이 B.T.C에서 현장에 비례하는 곡선이며, 곡률반경이 점차로 변화할 때의 비율은 클로소이드보다 완만하지만 3차포물선보다는 급한 곡선이다. 시가철도, 지하철과 같은 급한 각도의 곡선에서 완화곡선으로서 유리하게 활용된다.

로그(로그, log) : 대상영역에 대해 수행된 명령들의 날짜, 시간, 입출력시간, 결과시간과 함께 기록하는 것.

로드(로드, measuring rod) : 측봉, 측심로드. 주로 수심을 관측하는데 사용되는 원 또는 장원단면의 목제봉이며, 전장은 1~5m, 연약한 수저에서도 침투하지 않도록 하부에 철재 슈를 끼우고 그 내부는 수저의 토사를 채집하는 데 편리하도록 파여 있다.

연

로딩(로딩, loading) : 보조기억장치에 저장된 프로그램 파일을 주기억장치로 읽어들여 설치하는 작업으로 지리정보체계에서는 중요한 작업 중 하나.

로란(로란, LOng RAnge Navigation : LORAN) : 전파를 이용하여 선박·항공기의 위치나 항로를 찾는 장치. 또는 그런 장치를 이용한 항해법. 충분한 거리를 두고 동시에 주파수가 같은 중파 또는 단파를 발사하는 두 곳의 발신국을 설정하여 놓고, 항공기 또는 선박이 두 발신국의 전파를 수신하여 그 도달시간차에 의하여 위치를 결정.

로란-A(로란-에이, LOng RAnge Navigation : LORAN-A) : 2차대전 중 미군용으로 개발된 것으로, 현재 거의 전세계적으로 이용할 수 있는 대표적인 쌍곡선 방식의 전파항법 방식이다. 이는 하나의 주국과 이로부터 각각의 기선길이 200~400해리 떨어진 2개의 종국으로 구성되며, 사용되는 반송파의 주파수는 약 2,000kHz이고, 짧은 펄스파로 변조되어 있으며, 지표파와 공간파 중 어느 한 쪽 및 채널을 적절히 선택 이용한다.

로란-C(로란-씨, LOng RAnge Navigation : LORAN-C) : 로란A를 개량한 것으로 송신국간 기선을 500~1,000해리로 하여 더욱 넓게 하고 반송파는 주파수 100kHz의 장파를 사용한다. 또한, 시간차 관측을 펄스간격과 함께 위상차 비교를 병용함으로써 유효범위를 더욱 크게 하는 한편, 정확도 50~1,000m로 향상시킨 것이다.

롤(롤, roll) ; 이동체가 진행방향을 중심으로 좌우로 회전하는 현상 또는 회전운동 자체.

롤보상시스템(롤報償시스템, roll compensation system) ; 위성의 회전값을 관측하고 기록하는 위성 내 스캐너의 한 부분. 회전에 의한 왜곡영상을 보정하는 데 이 정보가 사용된다.

루프(루프, loop) ; 급경사의 철도와 도로에 이용되는 나선상의 선형.

루프법(루프法, loop method) ; 송신기의 출력 단자에 도선의 한쪽을 접속시키고 도선의 다른 한쪽을 크게 우회하여 송신기의 접지단자와 접속시켜 송신기-도선-송신기의 회로에 신호전류를 흐르게 하는 방법. 될 수 있는 한 리드선을 멀리 떨어진 곳에 설치한다.

룩업테이블(룩업테이블, look up table) ; 자료를 다른 형태로 전환시키기 위한 전산기 프로그램이 빠른 시간 내에 대응시키는 키와 그에 관한 정보를 갖고 있는 표를 말한다. 영상값을 표시값으로 사용하기 위해 수치영상처리에서 사용되는 테이블이다.

르장드르의 정리(르장드르의 定理, Legendre's theorem) ; 구면삼각형의 각 변이 그 구체의 반경에 비하여 미소할 때에는 그 각각에서 구과량의 1/3을 감한 것을 각 각의 값으로 하여 평면삼각법에 의한 계산을 할 수 있다. 삼각측량에서는 이 정리에 따라 구면삼각형의 공식에 의해 계산하고 있다.

리덕션타키오미터(리덕션타키오미터, reduction tacheometer) ; tacheometer의 일종으로 망원경의 시야 내에 있는 횡선 간의 거리가 망원경을 연직방향으로 회전하면 자동적으로 변화하며 이 사이에 낀 목표점의 표척을 읽음으로써 직접 수평거리와 고저차를 구할 수 있는 기계.

리드(리드, lead) ; 철도의 분기부에서 한쪽방향으로 열차를 유도하기 위하여 설치한 설비.

리드곡선(리드曲線, lead curve) ; 철도의 분기부에서 리드부에 생기는 곡선.

리드줄(리드줄, lead line) ; 심천측량을 할 때, 수심의 측정에 사용하는 줄을 말하며, 쇠사슬, 마사, 목면사 등으로 만들었고, 그 끝에 철 또는 납의 추가 달려 있다. 쇠사슬은 길이를 잴 때 쥐고 있는 손이 아프고, 줄은 젖으면 늘어나는 등 장단점이 있다.

리엔지니어링(리엔지니어링, reengineering) ; 컴퓨터를 기본으로 하는 자동화 방법. 작업수행방식을 근본적으로 재설계하고 그에 따른 작업처리과정을 강화하는 컴퓨터 도구를 선택하는 것.

리모트센싱(리모트센싱, remote sensing) ; 인공위성이나 항해 등에서 전자파를 탐지하여 얻은 자료를 영상 처리하여, 관심의 대상이 되는 물체나 현상에 물리적인 접촉 없이 기록 장치를 이용하여 그들의 특징에 관한 정보를 관측하거나 수집하는 것.

리소오사진(리소오寫眞, reseau photograph) ; 리소오 사진기로 찍은 사진.

리소오사진기(리소오寫眞機, reseau camera) ; 사진면에 관측용의 격자점이 찍히도록 되어 있는 사진기.

링(링, ring) ; 사이클되는 단순한 곡선. 링(ring)은 이차원좌표계 가운데 곡면의 경계요소를 기술하기 위해 사용된다.

링크스(링크스, links) ; 체인은 철제의 링크로서 만들어지며, 전장을 1체인이라 하고 100개의 링크로 되어 있다. 그래서 거리측량에서는 몇 체인 몇 링크라 하고, 그 단수는 자로 잰다.

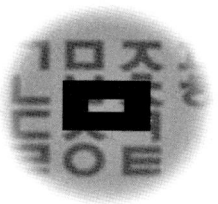

마노미터(마노미터, manometer) ; 압력계.
마무리오차(마무리誤差, round-off error) ; 컴퓨터에서 어떤 수를 유효한 자릿수로 나타내기 위해 마무리 작업인 반올림, 끊어올림, 끊어내림을 하는 자릿수를 표현할 때의 오차.
마스크판(마스크판, masking sheet) ; 착묵제도법, 오려붙이기법, scrib법과 함께 지도제도법의 한 가지로 전판먹칠 인쇄 또는 휘염 인쇄된 부분을 기본도상에 착색하여 오려 붙이거나 칠하여 구멍을 남긴 양화 또는 음화 판.
마우스(마우스, mouse) ; 컴퓨터와 연결되어 모니터 화면에 나타나 있는 물체들 중에서 하나의 물체를 선택하기 위하여 사용되는 장비로, 메뉴를 다루고, 그림 그리기 등의 요소들을 가리키는 데 사용된다.
마이너즈다이알(마이너즈다이알, Myner's dial) ; 다이알컴퍼스의 일종이며 영국제의 갱내용 컴퍼스이다.
마이크로파(마이크로波, microwave) ; 일반적으로 300~3,000MHz의 UHF(Ultra High Frequency : 데시미파 또는 극초단파라고도 한다.), 3~300GHz의 SOF(Super High Frequency : 센티미터파라고도 한다)인 것을 말하는 경우가 많다.
마이크로필름(마이크로필름, microfilm) ; 도면, 지형도 등 다양한 기록들을 원래의 문서보다 축소시켜 보관할 수 있도록 하는 것.
마일러트레이서법(마일러트레이서法, mylar tracer method) ; mylar tracer(특수한 합성수지막)를 원도 위에 놓고 복사 원도를 만드는 방법이다. 이 원도를 mylar원도라 하며, 인쇄원판을 만들거나 또는 청사진지도를 만들기도 한다.
마할라노비스의 거리(마할라노비스의 거리, Mahalanobis Distance) ; 군집분석에서 사용되는 거리개념으로 정규분포의 확률밀도함수 f(x)가 주어졌을 때, 분포의 중심에서 임의의 점 x에 이르는 확률적 거리를 말한다.
마흐밴드(마흐밴드, mach band) ; 시각 시스템에서 서로 다른 밝기값을 가지는 경계선을 약화시키는 효과를 말한다.
막대부표(막대浮漂, rod float) ; 유속관측에 쓰이는 기구로서 재료로는 보통 대나무를 쓰며, 전장이 같은 굵기로 대략 수심의 90% 정도의 깊이가 가장 알맞다. 이것을 연직으로 세워서 유하시켜, 유하거리와 그에 소요된 시간에 대한 부자의 속도를 구하고 여기에다 보정계수를 곱해서 유속을 관측하는 기구로 막대부자라고도 한다.

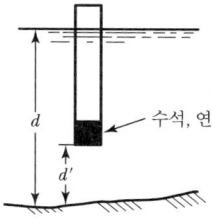

막장(막장, face) ; 광산이나 터널공사를 할 때 갱도의 최선단에서 굴착중인 장소.
만(灣, ① bay, ② gulf) ; 유엔해양협약법 제10조에서 만이라 함은 그 굴입이 입구의 폭에 비하여 현저하여 육지에 둘러싸인 수역을

형성할 정도이며, 해안의 단순한 굴곡 이상의 뚜렷한 만입을 말한다. 그러나 만입 면적이 만입의 입구를 연결한 선을 직경으로 하는 반원의 면적보다 적은 경우에는 만으로 보지 아니한다.

만곡수차(彎曲收差, distortion) : 렌즈의 수차의 일종으로 중심부터의 거리에 따라 배율이 달라지는 현상.

만곡수차보정판(灣曲收差補正板, compensating plate) : 입체도화기에 있어서 촬영사진기의 렌즈와 투사기 렌즈의 수차의 틀린 것을 보정하기 위하여 음화건판과 투영렌즈의 사이에 끼우는 렌즈.

만곡추선측량(彎曲錘線測量, bent plumb line method) : 경사수갱에서 경사가 고르지 않아 도중에서 만곡되어 있을 때, wire에 적당한 수의 추를 달아서 절선에 기계를 설치하고 그 각 변마다 연직각과 경사거리를 재고, 수평거리와 고저차를 구해서 지상과 지하를 연결하는 측량.

만국도(萬國圖, international map of world) : 세계에서 가장 대축척인 기본지도로서 일정한 도식에 따라 나라마다 작성하여 국제 간에 서로 자유롭게 이용할 것을 목적으로 작성하기 시작한 국제적 지도. IMW라고도 한다. 1909년과 1913년에 최초의 국제규약이 생겼고, 1962년에 그 수정이 이루어졌다. 현재 양극지방을 제외하고 육지부는 거의 완성되어 있다. 국제연합사무국에서 그 연락과 운영을 맡고 있으며 우리나라에서는 국토지리정보원에서 취급하고 있다. 그 밖에 국제적인 지도로는 국제수로국(IHO)의 규약에 따른 해도와 국제 민간항공기구(ICAO)의 국제항공도(WAC)가 있다.

만국도의 도법(萬國圖의 圖法, projection of IMW) : 변경다원추도법. 위도차 40°, 경도차 60° 폭의 남북을 한정하는 위선은 보통다원추도법으로 작도하고, 중앙경선은 실장보다 짧게 동서로 각각 그 떨어진 경선이 등거리가 되게 하며, 좌우를 한정하는 경선은 접합할 수 있게 직선으로 하는 것 등이 만국도 규약으로 규정되었고, 국제항공도의 도법을 써도 좋게 되었다.

만국측지계(萬國測地系, World Geodetic System : WGS) : 미국방성은 전세계적으로 사용할 수 있도록 1960년에 고안한 범지구 기준타원체로서 지구의 질량의 중심을 원점으로 하고 극축에 평행한 축을 Z축으로, 그리니치 천문대의 본초자오선이 적도면과 교차하는 선을 X축으로 한 좌표계.

만국측지좌표(萬國測地座標, UTM grid) : 횡축메르카토르 도법으로, 각각 경도 넓이가 60이고 지구를 둘러싸고 있는 60개의 구역과 남북방향 20개 구역들에 기초한 평면좌표체계.

만국횡메카르투영법(萬國橫메카르投影法, UTM : Universe Transverse Mercator) : 보통 GIS와 같이 사용되는 경위도 좌표계를 대신하는 고정밀 좌표계. 지구를 회전타원체로 보고 지구 전체의 경도를 6°씩 60개의 존(Zone)으로 나누어 사용한다. 매핑기술 컴퓨터를 이용하여 지도를 만드는 것뿐만 아니라 지도를 데이터베이스화하는 것과 지도를 이용하는 기술을 말한다.

만능도화기(萬能圖化機, universal plotter) : 항공삼각측량이 가능한 도화기.

만조(滿潮, high water) : 천체조석에 의한 조위의 주기적인 승강운동에 있어서 고조위의 상태를 말한다. 또한 저조위의 상태는 간조라 하며, 일반적으로 1일에 1회 또는 2회 간조, 만조상태를 반복한다. 만조・간조 때의 수위를 각각 만조면・간조면이라 한다.

말단횡단말뚝(末端橫端말뚝, last peg of cross section) : 횡단측량에 있어서 지형의 변화점에 설치하는 말뚝 중, 중심선에서 좌・우로 가장 멀리 떨어진 지점에 설치하는 말뚝.

말뚝설치도(말뚝設置圖, drawing of peg construction) : 용지 폭 말뚝설치측량에서 중심선에 대하여 직각방향으로 용지 폭의 경계를 정하는 말뚝을 설치하고, 이 말뚝의 위치를 용지도에 표시한 것.

말목(杭, peg) : 일반적인 표지로 쓰이는 말목을 (5cm×5cm) 30~50cm의 크기로 자르고, 끝을 뾰족하게 해서 (나무) 망치로 쳐서 박고 꼭대기에 못을 박는다. 이 못 머리의 중심이 측점이 된다.

말뚝조정법(말뚝調整法, peg adjustment) : 망원경에 달린 기포관의 조정법으로써 A, B 두 개의 말목의 중앙에 기계를 세우고 정준했을 때, A, B점에 세운 표척의 읽음값이 a_1, b_1이라 하고, BA연장선상 D점에 기계를 옮겼을 때, A, B점에 세운표척의 읽음값이 a_2, b_2라 하면 다음 값 d만큼 b_2보다 위쪽을 시준하여 기포관조정나사로 기포를 중앙에 오게 하면 된다.

$$d = \frac{D+e}{D}[(a_1-b_1)-(a_2-b_2)]$$

여기에서 D : AB, e : AD라 한다. 이 방법은 dumpy level, tilting level 등의 조정에도 쓰인다. 항정법이라고도 한다.

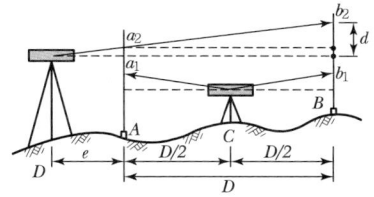

망목법(網目法, grid method) : 도해 편위수정의 일종으로서, 항공사진과 지도에 대응하는 망목을 그어, 각 망목마다 수정해가면서 베껴 나가는 방법.

망원경(望遠鏡, telescope) : 먼 곳의 물체를 확대하여 명확하게 볼 수 있는 기계. 관측용의 정밀기계에는 거의 부속되어 있다. 대물경과 접안경으로 되어 있는데 관측기계로 쓰일 때는 시야 내에 여러 가지 형의 십자선이 새겨져 있다.

망원경기포관(望遠鏡氣泡管, telescope level tube) : 수평상태를 확인할 수 있도록 곡률을 가진 유리관에 에테르나 알콜을 약간 적게 넣어 밀봉한 것으로서 망원경 정위 및 반위 형상에서 망원경 밑에 달려 있는 광학기구.

망원경레벨조정나사(望遠鏡레벨調整螺絲, adjusting screw of telescope level tube) : 토목용의 트랜싯에는 망원경에 부속된 레벨이 있는데 망원경축과 레벨의 축과는 평행이 되어야 한다. 이의 차를 조정하는 나사를 말한다.

망원경배율(望遠鏡倍率, telescopic magnification) : 대물렌즈의 초점거리와 접안렌즈의 초점거리와의 비.

망원경알리다드(望遠鏡알리다드, telescopic alidade) : 평판의 보통알리다드 대신에 놋쇠 또는 황동제의 자에 망원경과 기포관이 붙어 있어서 바른 시준선을 얻을 수 있게 한 것으로 정밀한 평판측량에 쓰인다. 망원경에는 연직 눈금반, 버니어, 시거선이 있다.

망원경축(望遠鏡軸, axis of telescope) : 망원경의 광축. 대물경의 중심과 접안경의 중심을 연결한 선으로 측량용의 망원경에서는 이 광축과 시준축이 일치되어 있어야 한다.

망원경핸드레벨(望遠鏡핸드레벨, hand level with a telescope) : 망원경이 달려 있는 휴대용의 간이 레벨이며, 정밀도는 높지 않으나 토목공사의 현장에서 종종 쓰인다.

망조정(網調整, adjustment of network) : 관측된 거리, 각도, 방위각 및 기준점좌표 값을 이용한 망조직에 의하여 각 측점의 좌표를 구하는 것.

맞변측량(맞邊測量, surveying of opposite side) : 대변측량.

매개변수(媒介變數, parameter) : 여러 개의 변수 사이에 함수관계를 설정하기 위해서 사용되는 또 다른 변수로서 파라미터 또는 보조변수.

매닝공식(매닝公式, Manning's formula) : 개수로의 평균유속을 구하는 경험공식으로서 1889년에 매닝에 의해 제안된 공식.

$V=\frac{1}{n}R^{\frac{2}{3}}I^{\frac{1}{2}}$ 여기서 V : 유속, R : 경심, I : 수면구배. n : 조도계수로 Kutter공식의 n을 그대로 쓴다.

매달음로드(매달음로드, suspension rod) ; 갱내 직접수준측량에서 천정 측점이 있을 때, 끝을 천정에 걸면 로드가 연직으로 내려지도록 되어 있는 표척.

매달음수준기(매달음水準器, plumb level) ; 수평선을 구하는 것으로 갱내작업, 건축현장 등에서 주로 쓰인다.

매달음트랜싯(매달음트랜싯, suspension transit) ; 갱내측량에서 갱도가 너무 좁거나 바닥 위에 트랜싯을 설치하기가 곤란할 때, 갱도 윗쪽에 직경 25mm의 금속관을 옆으로 건너지르고 거기에다 기계를 매달아 놓고 측량을 할 수 있도록 만들어진 트랜싯.

매석(埋石, setting of stone mark) ; 삼각점, 수준점 및 정도 높은 도근점 등을 설정했을 때, 그 성과표를 영구히 보존하기 위하여 현지에 표석을 묻는 것.

매설관(埋設棺, buried conduit) ; 지하에 매설된 수도관, 가스관 등의 관.

매설깊이(埋設깊이, buried depth) ; 시설물을 지하에 설치하는 깊이.

매설심도(埋設深度, depth of pipe) ; 지표면에서 매설된 관 상단까지의 깊이.

매설표지(埋設標識, buried cable maker) ; 케이블 등을 지하에 매설할 때에 굴착 및 매설시의 사고방지를 위하여 케이블 부설선 지상에 설치하는 콘크리트 표지기둥.

매체(媒體, medium) ; 자료구조를 기억 또는 전달하기 위한 물질 또는 중계적 수단 (agency). 압축디스크, 인터넷, 전파, 종이 등이다.

매크로(매크로, macro) ; 여러 개의 명령어를 하나로 묶어서 새로운 이름의 명령어들을 사용할 수 있도록 한 문자 파일.

매크로명령(매크로命令, macro command) ; 특수한 파일에 놓여져 있으며, 특별한 명령어를 지명하여 인출할 수 있는 명령어들의 집합. 이것을 이용하게 되면 입출력장치의 제어가 간단하게 된다.

매표(埋標, setting station mark) ; 삼각점, 수준점 및 정밀도가 높은 점을 설치할 때 그 성과를 영구히 보존하기 위하여 석재, 콘크리트, 금속표 등을 지하에 매설하는 것.

매핑기술(매핑技術, mapping technology) ; 컴퓨터를 이용한 수치지도를 제작하는데, 지도에서 지형·지물을 수치자료로 취득하여 목적에 따라 편집하는 기술.

맨틀(맨틀, mantle) ; 지구의 고체부분 중 표층을 제외한 부분. 지표에서 깊이 30km의 모호로비치치 불연속면에서 지하 2,900km의 구텐베르크 불연속면 사이 부분. 지구 부피의 82%를 차지하며 철, 마그네슘, 규산염 등을 주성분으로 하는 암석으로 구성된 것으로 추정.

맨하튼거리(맨하튼거리, Manhattan Distance) ; 격자를 기반으로 하는 관측체계로 두 개의 점들 간의 거리는 각 방향 직각의 거리나 격자 셀 수로 정의한다.

맨홀(맨홀, manhole) ; 노면(路面)에서 지하로 사람이 출입할 수 있게 만든 구멍.

맵오브젝트(맵오브젝트, map object) ; 마이크로소프트사의 OLE(Object Linking and Embedding)2.0에 기초하여 개발된 애플리케이션 개발자를 위한 지도 제작/지리정보체계 구성요소.

맵인포(맵인포, mapinfo) ; 1992년 미국의 맵인포사에서 개발된 지리정보체계기술로서, 손쉬운 개발환경 및 사용자 인터페이스 제공과 다양한 응용 및 활용을 제공한다.

머케이터투영(머케이터投影, mercator projection) ; 1569년 플랑드르(flanders, 북해에 연한 중세 국가) 사람 Gerhard Krämer에 의해 항해용으로 고안된 것인데, 지구를 원기둥 표면에 투영한 후 투영된 원기둥을

펴보면 투영평면이 얻어진다. 이때 적도와 원기둥면(투영면)이 접하게 되어 적도에서의 축척은 1이 되고 위도가 증가할수록 축척은 점점 커져서 위도 60° 이르러서는 적도에서보다 2배로 커지기 때문에 위도에 따라 면적의 비틀림이 너무 크므로 많이 사용되지 않고 있다. 여기서 자오선은 등간격의 수직선으로, 위도선은 이에 직각인 수평선으로 표시되지만 간격은 극으로 갈수록 점점 넓어진다.

 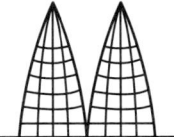

멀티미디어(멀티미디어, multimedia) ; 글, 그림, 이미지, 영상, 소리 등과 같은 정보를 전달하기 위하여 사용되는 정보전달매체를 미디어라 한다. 이때 두 가지 이상의 매체를 사용하여 정보를 표현하는 것을 다매체 또는 멀티미디어라 한다.

멀티밴드카메라(멀티밴드카메라, multiband camera) ; 다른 여러 개의 걸러진 대역으로 동시에 같은 목표를 사진촬영하는 광학기기.

멀티플렉스(멀티플렉스, multiplex) ; 광학적 투영법에 의해서 여색입체시법으로 도화하는 입체도화기. 6cm×6cm의 축소건판을 사용하며 2급 또는 3급 도화기로 소축척도화에 쓰인다. Zeiss posrurum 등에서 제작되고 있다.

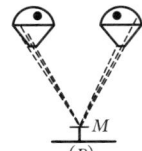 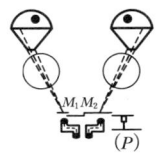

메뉴방식(메뉴方式, menu driven) ; 그래픽 사용자 인터페이스에서 제공되는 기능의 한 가지. 사용자가 마우스 또는 키보드를 사용하여 화면에 나타나 있는 메뉴 중에서 하나의 항목을 선택하여 프로그램에 명령어를 전달하는 방법.

메르카토르도법(메르카토르圖法, mercator projection) ; 상사원통도법 또는 해도도법. 자오선은 그 간격이 경도차에 따라 적도에 직교하는 평행선으로 나타낸다. 평행권은 지상의 각과 도상의 각이 같아야 하는 조건으로 자오선에 직교하는 직선으로 나타내며, 고위도 지방으로 갈수록 간격이 넓어진다.

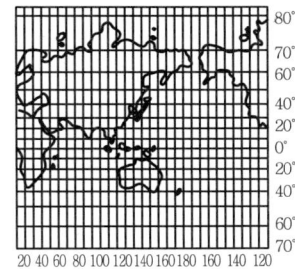

메르카토르투영법(메르카토르投影法, mercator map projection) ; 메르카토르도법. 수학적으로 경선과 위선의 격자체계를 이용한 투영법으로, 지구를 둘러싼 원통에 투영할 때 나타나는 모양대로 지구 표면을 표시하는 투영법이다. 원통도법의 하나로 원통을 적도에 접하게 하여 그 측면에 지표의 상태를 투영하는 방법이며, 경·위선은 적도에 평행하는 위선과 이것에 직교하는 경선의 형태로 되어 있으므로 작도가 쉬우며, 극 지역을 제외한 지구의 대부분을 장방형으로 전개할 수 있기 때문에 세계전도를 나타내는 데 널리 이용되고 있다. 극에서 멀리 떨어져 나가는 공간의 위선들에 수직적 공간의 경선들이 적도를 따라 모이는 지도투영의 형태로 남·북 방향으로 축척의 증가와 같은 비율로 이루어진다.

메시(메시, mesh) ; 이용자가 관리하고자 하는 영역을 X방향(동서방향), Y방향(남북방향)으로 규정하여 분할하는 그물 모양의 격자망.

메시지처리(메시지處理, message handling) ; 자료 네트워크를 통해 메시지를 사용하는 자료전송이다.

메스마크(메스마크, mess mark) ; 측표.

메타데이터(메타데이터, metadata) ; 「메타자료」 참조.

메타모형(메타模型, metamodel) ; 모형을 정의하는 데 필요한 구성요소를 정의하는 모형, 메타모형은 또한 구성요소 사이의 관계이다.

메타자료(메타資料, metadata) ; 자료에 대한 자료 또는 일련의 자료들에 관한 설명을 하거나 이들 자료를 대표하기 위한 자료로 실제자료는 아니지만 자료에 따라 유용한 정보를 제공함으로써 사용자가 자료의 획득 및 사용에 도움을 주기 위하여 수록된 자료의 내용, 논리적인 관계와 특징, 기초자료의 정확도, 경계 등을 포함한 자료의 특성을 설명하는 자료로서 한마디로 정보의 이력서.

메타자료데이터집합(메타資料데이터集合, metadata dataset) ; 명시된 자료 집합을 설명하는 메타데이터이다.

메타자료섹션(메타資料섹션, metadata section) ; 관련된 메타자료의 항목과 요소들의 집합을 정의하는 메타자료의 부분집합이다.

메타자료속성(메타資料續成, meta attribute) ; 메타자료스키마에 정의되어 있는 특성들을 묘사하는 지형지물 속성.

메타자료스키마(메타資料스키마, metadata schema) ; 메타자료를 기술하는 개념 스키마.

메타자료실체(메타資料實體, metadata entity) ; 자료의 동일한 측면을 설명하는 일련의 메타자료 요소들.

메타자료요소(메타資料要素, metadata element) ; 메타자료 각각의 구성단위.

메타품질(메타品質, metaquality) ; 메타자료의 품질에 관한 자료이다.

메트로곤(메트로곤, metrogon) ; 광각렌즈로서 화각이 93°이다. Zeiss사의 Topogon 렌즈의 개량형으로 미국에서 군사용으로 많이 쓰이고 있다.

메트릭체인(메트릭체인, metric chain) ; 체인의 일종으로 전장은 20m이며 100링크로 되어 있다.

면(面, ① polygon, ② face) ; 2차원의 위상학적 원시객체. 즉 연속하는 폐합 모서리들에 의하여 제한된 표면으로 면들은 연속적이고 자료/공간 범위를 채우며, 중첩되지 않는 것.

면고저측량(面高低測量, area leveling) ; 「면수준측량」 참조.

면모형(面模型, polygon model) ; 선모형에 능선으로 둘러싸인 면의 정의를 추가한 표현.

면수준측량(面水準測量, area leveling) ; 넓은 운동장 또는 택지조성 등과 같이 넓은 어떤 구역 내에서 토지의 고저를 측량해서 공사계획, 토공량의 산정 등을 하기 위하여 행하는 수준측량.

면적(面積, area) ; 넓이. 한정된 연속적인 2차원적 표현이고 경계를 포함하는 것과 포함하지 않는 것이 있으며, 면적은 다각형으로 표현된다. 면적 지형요소의 예로는 지적도의 필지, 행정구역, 호수, 토지이용면적, 그리고 인구조사 영역 등이 있다.

면적계(面積計, planimeter) ; 불규칙한 곡선으로 이루어진 도형의 면적을 도상에서 직접 구하는 기계. 구적기 또는 플래니미터라고도 함.

면적보간법(面積補間法, area interpolation) ; 자료영역의 한 집합에서 지도화되는 자료집합은 표적영역의 다른 집합에 대한 자료의 값을 결정한다. 예를 들면 주어진 인구수는 국세조사 표준구역에 대해서 계산되며, 선거구역에 대한 인구를 추정한다.

면적오류정정(面積誤謬訂正, error correction for area) ; 지적공부에 등록된 토지의 면적이 면적측정의 잘못 또는 오기 등으로 지적도, 임야도 또는 수치지적부상의 포용면적과 다르게 등록되었을 때 이를 바르게 고쳐 등록하는 것.

면적측량(面積測量, area survey) : 평면, 곡면, 입면 등의 표면의 넓이를 관측하는 것으로 현지관측방법과 도상관측방법이 있다.

면적측정보정계수(面積測定補整係數, revision coefficient of area) : 신축된 도면상에서 면적을 관측할 때에 바른 면적을 구하고자 적용하는 일정계수.

면적축척계수(面積縮尺係數, area scale factor) : 지도의 비틀림 때문에 투영된 도형의 축소율은 장소에 따라 다르다. 지구상 소부분의 면적에 대한 그 투영부분의 면적의 비는 그 장소에서의 면적 축소율을 나타낸다. 이것을 면적축척계수라 한다.

명도(明度, brightness) : 렌즈의 명도는 렌즈계를 통하여 오는 광량과 물체로부터 직접 육안으로 들어오는 광량과의 비로 표시되고, 대물렌즈의 구경비, 렌즈계의 투광률, 배율 등에 관계된다. 대물렌즈의 구경비를 크게 하면 명도는 증가하고, 배율이 커지면 명도는 감소한다.

명료도(明瞭度, difinition) : 선명한 상을 맺게 하는 정도. 수차나 렌즈의 엇갈림에 따라서 좌우되며 망원경의 분해능은 주로 명료도에 의한다.

명시거리(明視距離, distance of distant vision) : 육안으로 피로를 느끼지 않고 물체를 뚜렷하게 볼 수 있는 거리를 말하며 보통 25cm 정도.

명시열관성(明時熱慣性, Apparent Thermal Inertia : ATI) : 낮과 밤시간의 방출온도 차이에 의하여 나뉘어진 하나의 음수 알베도로 계산되어진 열관성의 개략값.

명암자(明暗자, gray scale) : 흑색에서 흰색까지 연속된 명암의 색조로 단계화한 것.

명확성(明確性, clarity) : 실수없이 지도 구성요소를 이해하도록 지도 사용자를 위해 최소의 기호를 이용한 시각 표현의 특성.

모델(모델, model) : 다른 위치로부터 촬영되는 2매 1조의 입체사진으로부터 만들어지는 처리단위.

모델기선(모델基線, model base) : 사진측량에서는 서로 인접한 사진의 촬영점을 연결하는 선분. 입체시를 할 때는 두 눈을 연결하는 선분. 도화기에서는 두 개의 투사기의 렌즈절점 간의 거리.

모델링(모델링, modeling) : 기하학적 객체를 생생하게 묘사하는 과정. 추상적 현상의 표현들을 교정하고, 발전시키고, 개발하기 위한 진행. 시각화할 때, 보는 사람의 관점에서 의도한 물체인식을 모의 실험하는 내부표현의 생성이고, GIS에서는 공간모형을 발견하고 구현하는 데 유용하다.

모델의 변형(모델의 變形, model deformation) : 입사광선에 대한 투사광선의 오차에 의하여 발생하는 입체모델의 비틀림.

모델축척(모델縮尺, model scale) : 도화기의 내부에서 만들어진 입체모델의 축척.

모듈(모듈, module) : 하나의 체계를 구성할 때, 다른 모듈에 접속하기 위한 정보처리기나 정보처리 기법의 일부분.

모드(모드, mode) : 하나의 기계, 장치, 회로, 체계 등이 연산의 방법에 따라서 다른 상태가 되는 것.

모리식유속계(森式流速係, Mori's current meter) : 일본의 모리씨가 고안한 스크루형 유속계이며 수중에서 기계를 받치는데 금속파이프나 밧줄을 쓸 수 있게 되어 있는 유속계.

모바일지아이에스(모바일지아이에스, mobile GIS) : 1990년대초 디지털 이동형 지도제작체계의 기본개념이 완성되었으며, 그 후 차량에 GPS와 관성항법장치, 디지털사진기, 비디오사진기 등을 정착하여 도로 선형과 시설물을 측량하는 지도제작체계의 개발이 가속화되어 현재 PDA를 이용한 이동형 지리정보체계 기술이 무선 인터넷 기술의 성장과 함께 사용되고 있다.

모범도(模範圖, overlay) : 주기모범도에서 다시 필요에 따라 포장도로 구분 등 색판을 조재하기 위한 도면을 만드는데, 기호의 간략화로서 예를 들면 다음과 같다. 선상 물체 - 색별로 구분한 실선과 점선. 소도형 - 지시점에 십자를 붙여서 기호를 단다. 집단도형 - 윤곽선과 사선 또는 종별기호를 하나 넣는다.

모스(모스, Marine Observation Satellite : MOS) ; 일본에서 1987년 2월 19일에 발사한 가시근적 외방사계, 가시열적외방사계, 극초단파탐측방사계를 탑재하여 해양관측에 이용된 위성.

모아레사진측량(모아레寫眞測量, Moare photogrammetry) ; 대상물을 도화하여 3차원자료를 얻는 기법. 어원상 물결이나 파도의 모습을 띤 상태를 말하며, 음영 모아레식과 투영 모아레식으로 대별된다.

모양(模樣, pattern) ; 항공사진에 나타난 식생 지형 또는 지표면 색조 등의 공간적인 배열상태.

모의관측(模擬觀測, simulation) ; 실제측량을 하기 전에 계획된 측량방법을 미리 실습하는 것.

모자이크(모자이크, mosaic) ; 항공사진을 여러 장 이어 붙여서 지도처럼 만든 것. 제작방법에 따라서 약조정집성사진, 조정집성사진, 정사투영사진 등 3종류로 분류할 수 있다.

모자이크법(모자이크法, mosaic method) ; 원도상에 전개한 기준점에 따라 원도상에 방안선을 긋고 그 방안선의 그물눈 하나씩을 기본도에서 원도로 옮겨가는 방법.

모형(模型, model) ; 문제를 해결하거나 계획하도록 하기 위해 분석될 수 있는 새로운 정보를 추출하는 공간분석 실행에 필요한 법칙과 절차. 어떤 사물의 복사형으로 축소시켜 일반적으로 나타낸 것. 지리정보체계에서의 분석도구는 자연현상이나 사회현상의 공간분포를 기술하는 데 쓰인다. 가장 효과적인 모형은 최소한의 비용으로 최대한의 정확도를 얻을 수 있는 가장 단순한 모형이며 또한 실행수준이 너무 높거나 낮으면 비용이 많이 든다. 보통 GIS 모형은 공간자료 및 데이터베이스 조작들을 결합하여 구성된다.

모형축척(模型縮尺, model scale) ; 도화기 내부에 만들어진 입체 모형의 축척.

모호(모호, ambiguity) ; 사이클에 대한 미지의 수로서 임의의 사이클 수로 관측된 반송파 위상의 초기 편이다. GPS수신기는 매우 높은 정확도로 위성과 수신기 사이에 놓인 파의 개수를 셈해야 한다. 그러나 첫 번째 파가 도달한 순간에 그 파에 대한 나머지 부분은 계산할 수 있지만 그 순간에 위성과 수신기 안테나 사이에 놓여 있는 파의 개수는 알 수 없으므로 사이클 수에 대한 모호성분이 생긴다. 이와 같은 파의 개수를 모호수라 하며, 파의 개수는 정수이므로 모호정수 또는 정수 편이라 한다. 수신기가 위성의 신호를 잡고 있는 동안 상수로 유지되는 이 모호 성분은 반송파 위상자료를 처리할 때 만들어진다.

모호정수(모호定數, integer ambiguity) ; 관측이 시작되면 위성과 수신기 간의 전체파장의 개수는 미지수인 채로 GPS수신기가 한 파장 내의 위상차와 전체파장수의 변화치만 관측한다. 따라서 전체파장의 개수는 추가의 미지수로 자료처리 과정에서 동시에 결정되어야 한다. 그러나 관측 중 신호의 단절에 의한 사이클 슬립이 발생하면 또 다른 불확실 정수를 결정해야만 한다. GPS 측량에서 가장 중요한 문제로 위성과 수신기 간 전체파장의 개수 즉, 모호정수를 정확히 결정하는 일이다. 이 때문에 수신기의 특성에 맞도록 제작사에서 개발한 수신기 부속의 S/W를 사용하는 것이 보통이다. 일반적으로 관측시간이 짧으면 짧을수록 오차가 커질 확률이 높은데도 불구하고 거의 모든 수신기 제작사들은 기선거리 5~10km 이내의 범위에서 사용 가능한 신뢰도 높은 좌표결정기법을 선보이고 있다. 여기서 신뢰도란 실제의 관측조건하에서 이루어진 모호정수의 결정이 정확함을 의미한다.

목록메타자료정보(目錄메타資料情報, cataloging metadata information) ; 전체 자료와 자료의 순서를 고유하게 식별하기 위한 정보를 말한다.

목시관측(目視觀測, visual observation) ; 해양에서 파도의 직접관측법의 일종. 가장 간단한 방법이며, 관상대에서는 해양의 파도를 파랑계급으로 나누어 목측하기로 되어 있으므로 개략의 파도의 상태가 보고되지만 해안에서는 많이 쓰지 않는다. 해안의 파는 파고 간이나 파고계를 써서 관측할 수 있는 까닭에 이러한 계급은 정하여지지 않고 있다.

목측(目測, visual observation) ; 눈으로 보아서 거리나 각도 그 밖의 양을 예측하는 것을 말하며, 정밀도는 경험과 숙련이 크게 영향을 미친다.

목측도(目測圖, sketch drawing) ; 도상에 대상물을 개략적인 눈짐작으로 축척 없이 그린 그림.

목표포맷(目標포맷, target format) ; GIS 자료가 마지막으로 저장되어질 형식.

몰로덴스키 - 바데카스법(몰로덴스키 - 바데카스法, Molodensky - Badekas method) ; 측지기준계의 3차원 직교좌표를 변환하기 위한 7개의 매개변수(X_0, Y_0, Z_0, Rx, Ry, Rz, S)의 상사변환 모형으로서 지상측지기준 좌표계와 위성측지기준 좌표계 간의 변환에 가장 적합한 모형이다.

몰와이데도법(몰와이데圖法, Mollweide projection) ; 호모그래픽도법, 등적도법의 일종으로 자오선은 평행권을 등분하는 타원등적인 원주도법이며, 위선은 중앙자오선에 직교하는 평행선인데, 이 도법으로 반구도 또는 전 세계를 하나의 타원면 내에 투영하는 데 적합한 도법.

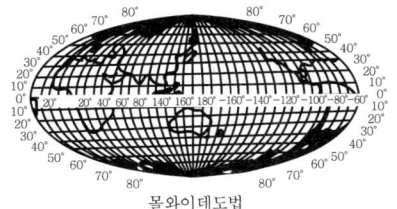

몰와이데도법

몸스(몸스, Modular Optoelectronic Multispectral Scanner : MOMS) ; 지구 관측을 위한 수치광전자식 인공위성 사진기로서 현재 러시아의 우주 정거장 MIR에 탑재되어 있다. 고해상도의 panchromatic channel(5m), three-line/along-track stereo imagery, 다중 사진기(5개)에 의한 여러 가지 조합 이용 가능, combination of stereo and multispectral imaging, 고해상도의 좁은 파장역 설정 등을 특징으로 한다.

묘사(描寫, portrayal) ; 인문에 대한 지리정보의 표현.

묘사규칙(描寫規則, portrayal) ; 어느 묘사사양을 이용할지를 결정하기 위해 지형 · 지물에 적용된 규칙.

묘사목록(描寫目錄, portrayal catalogue) ; 지형지물 묘사법에 의해 분류된, 전체 정의된 묘사규칙의 모음.

묘사법(描寫法, portrayal) ; 정보를 인간에게 표현하는 것(표현하는 방법).

묘사사양(描寫사양, portrayal specification) ; 지형지물을 묘사하기 위해 지형지물에 적용된 조작의 각각의 모음.

묘사서비스(描寫서비스, portrayal service) ; 지형지물을 묘사하는 데 사용되는 일반적인 인터페이스.

묘사요소(描寫要素, portrayal element) ; 도형적으로 또는 다른 방법으로 지형 · 지물을 표현하기 위한 요소.

묘유선(卯酉線, prime vertical) ; 지평선(수평선)의 정동 및 정서를 지나는 수직권을 말한다. 즉 한 점을 지나는 자오선과 정확하게 직교하는 선은 평행권이 아니라 묘유선으로 정의하는데, 지표상 묘유선은 지구타원체상 한 점에 대한 묘유면과 지표면의 교선.

묘화기(描畵器, tracing table) ; 도화기, multiplex, kelsh plotter 등 여색실체 도화기에서 모델을 투영하여 도화하는 장치. 원판과 중심인 측표 및 직하에 연필이 달린 부분으로 되어 있다.

묘화대(描畵臺, drawing table) ; 묘화책상.
묘화책상(描畵冊床, drawing table multiplex) ; 도화책상. 여색실체도화기의 하부구조로서 도지를 올려놓는 책상. 묘화기(도화기)를 그 위에 올려놓는다.
무감독분류(無監督分類, unsupervised classification) ; 전산과정을 통한 분류의 처리로부터 특정된 결정규칙에 의거 픽셀을 categories에 맞게끔 할당하는 디지털 정보 추출기법.
무게(무게, weight) ; 두 가지 물체의 측정의 정도를 비교하는 상대적인 지표.
무결성(無決性, completeness) ; 무결성(완전성, 완결성)에 대한 평가는 자료기반 전반에 대한 품질을 검수하는 것으로서 선택기준, 사용된 정의, 다른 관련지도제작 규칙에 대한 정보와 더불어 최소면적이나 최소넓이 등 기하학적 임계값 내용을 포함한다. 실제사례, 관련사례, 속성사례의 유무를 기술하는 품질매개변수이다.
무선주파수(無線周波數, Radio Frequency : RF) ; 전력부문에서는 상용주파수 (60Hz 또는 50Hz)보다 높은 주파수를 말하는 경우가 있지만 무선부문에서는 주파수가 높은 교류, 즉 무선용 전파를 가리킨다. 현재에는 무선주파수라고 하는 것이 옳다.
무액기압계(無液氣壓計, aneroid barometer) ; 아네로이드기압계.
무채색비전(無彩色비전, achromatic vision) ; 모든 색을 흑백으로만 구분하는 시각시스템.
무편차선(無偏差線, agonic line) ; 자침편차가 없는 것과 같은 지구상의 각 점을 이은 곡선.
문자(文字, text) ; 자료를 표현, 구성, 또는 제어하기 위해 이용되는 요소 집합의 구성단위.
문자속성(文字屬性, text attributes) ; 지도위에 출력되는 문자의 특성을 규정한 일련의 매개변수. 문자속성은 색상, 글꼴, 크기, 위치, 각을 포함한다.
문자자료(文字資料, text data) ; 공간과 관련된 보고서나 문서자료들.

문자편집기(文字編輯器, text editor) ; 간단한 내용의 메모, 문서 보고서 또는 프로그램 등을 작성하거나 내용을 수정하기 위해 사용되는 프로그램이다.
문진(文鎭, weight) ; 제도할 때에 제도용지가 움직이지 않도록 눌러놓는 무게 있는 도구. 형상에 따라 어형, 환형, 각형 등이 있다.
문화재측량(文化財測量, cultural assets survey) ; 문화재의 보전과 복원을 위하여 사진측량을 이용하여 문화재의 크기, 형태 및 조형비의 해석 등을 행하는 측량.
물리광학(物理光學, physical optics) ; 전자기파로서의 빛의 본질과 행동을 연구하고 이와 관련된 빛의 여러 현상이나 물질의 광학적 성질을 논하는 물리학의 한 분야.
물리적오차(物理的誤差, physical error) ; 광선의 굴절이나 수차 등 물리적인 원인으로 생기는 오차를 말하며 오차의 종류 중 한 가지이다.
물리탐사(物理探査, physical exploration) ; 물리적 수단에 의하여 지질이나 암체의 종류, 성상 및 구조를 조사하는 방법임. 탐사방법에 따라 탄성파탐사, 전기탐사, 중력탐사, 자기탐사, 방사능탐사 등이 있으며 조사위치에 따라 지표탐사, 공중탐사, 해상탐사, 갱내탐사 등으로 구분됨.
물양장(物揚場, lighter's wharf) ; 수심이 5.0m 미만이고 1,000G/T급 미만의 소형 선박이 접안하여 하역하는 계선안.
물질밀도(物質密度, density of materials) ; 물질의 체적에 대한 질량의 비로서 전형적으로 입방센티미터당 그램으로 나타낸다.
미국국가공간정보기반(美國國家空間情報基盤, National Spatial Data Infrastructure : NSDI) ; 미국은 NSDI를 통해 국가차원에서 여러 가지 공간자료들을 취득하고 DB를 구축하여 여러 분야에 활용할 수 있도록 지원하고 있으며, 이렇게 구축된 정보들은 USGS의 national geospatial data clearinghouse를 통해 이용자에게 유통되고 있다.

미국국가공간정보유통기구(美國國家空間情報流通機構, National Geospatial Data Clearinghouse : NGDC) ; 설립연도는 1995년이며, 제작되는 공간자료는 반드시 자료표준을 준수하고 국가공간정보유통기구를 통해 메타자료를 제공하고 있다. 그리고 공간정보의 제공자와 관리자, 그리고 이용자를 인터넷과 같은 정보통신망으로 연결하여 공간정보의 이용을 극대화하도록 제도적으로 뒷받침하고 있다.

미국국가매핑프로그램(美國國家매핑프로그램, National Mapping Program : NMP) ; 미국 SGS의 NMP는 여러 가지 지형공간정보들에 대한 수집, 관리, 저장, 갱신에 대한 지침을 마련하고 기본도와 각종 주제도를 제작 관리하고 있으며, 다른 기관들이 지형공간정보를 제작하는 데 있어서 작업지원과 연구지원을 하고 있다. 국가차원에서 관리하는 기본적인 지형공간자료는 DEM, DLG, DOQ, DRG, NHD의 5가지이다.

미국국가수치지도자료기반(美國國家數値地圖資料基盤, National Digital Cartographic DataBase : NDCDB) ; 특정축척, 특정생산, 지도제작단위에 의해 조직되고 USGS에 의해 분류된 수치자료군이다. 국립수치자료기반은 운송, 수로, 지형학, 토지, 사용과 보호 그리고 지리적 명칭 등에 관한 정보를 담고 있다.

미국국가지도정확도기준(美國國家地圖正確度基準, National Map Accuracy Standard : NMAS) ; 수평적인 정확도는 1 : 20,000보다 더 큰 축척으로 출판된 지도들을 위해서 잘 정의된 형상의 90%가 그것들의 지형적 위치로부터 1/30인치(inch) 내에 위치하게 된다. 수직적인 정확도는 등고선들로부터 내삽되어진 모든 등고선들과 고도들의 90%는 등고선 간격의 1/2내에서 정확하게 위치하게 된다.

미국국립표준국(美國國立標準局, American National Standard Institute : ANSI) ; 표준활동에 대한 국가적인 조정자 역할을 하며, 미국에서의 인구조사 표준의 승인과 이에 대한 문제를 해결하는 자율적인 조직체. ANSI는 국제적인 기관, 특히 ISO와 함께 국제적인 표준의 개발과 승인에 대한 업무를 주로 하고 있다. ANSI 표준은 오늘날 모든 면에 적용되고 있으며, SQL적용범위의 확대와 SQL 영역에서의 이들의 노력은 GIS 업계의 특별한 관심의 대상이 되고 있다.

미국립과학재단(美國立科學財團, National Science Foundation : NSF) ; 미연방 정부의 독립적인 기관으로서 각종 기초과학의 연구활동을 관장하고 지원한다.

미국립지리정보분석센터(美國立地理情報分析센터, National Center for Geographic Information and Analysis : NCGIA) ; GIS의 이용이 확산됨에 따라 발생되는 사회적, 법적, 제도적 영향을 평가하기 위해 설립된 미국 대학연구협회. 1988년 국립과학재단의 기금에 의해 설립된 NCGIA는 산타바바라에 있는 캘리포니아 주립대학, 버팔로에 있는 뉴욕주립대학, 오로노에 있는 메인주립대학의 연구 집단의 협회이다.

미국방성지도국(美國防省地圖局, Defence Mapping Agency : DMA) ; 미국방성의 산하기관으로 지도제작에 관한 모든 것을 담당한다. DMA는 우리나라 육군지행정보단과 비슷한 기관이며, 여기서는 주로 군사지도를 제작 배포하고 있다. DMA에서 제작되는 수치지형자료를 총칭하여 digital terrain data라 하며 종류는 20여 가지가 있다.

미국사진측량 및 원격탐사학회(美國寫眞測量 및 遠隔探査學會, American Society for Photogrammetry and Remote Sensing : ASPRS) ; 1934년에 설립된 ASPRS는 미국에서 매년 열리는 학회이다. 이 학회는 원격탐사, 사진측량, GIS를 연구하는 여러 분과로 이루어져 있어 GIS에 관한 연구를 활발히 하고 있다. 최근에 공식명칭을 The imaging and geospetial information society로 하였다.

미국수치지도자료표준위원회(美國數値地圖資料標準委員會, National Committee For Digital Cartographic Data Standards : NCDCDS) ; 미연방 정부에 의해 후원되고, 구조나 내용, 전문용어, 수치지도제작자료의 질에 대한 기준을 제한하는 기구로 대학 산업계 대표들로 구성되어 있다.

미국연방지리정보위원회(美國聯邦地理情報委員會, Federal Geographic Data Committee : FGDC) ; 측량 및 지도제작 그리고 이와 관련된 공간데이터의 개발, 사용, 공유, 보급을 조정하기 위한 목적으로 1990년 설립되었다. FGDC는 미국 지질조사국(USGS)의 국립지도 제작부가 간사기관이며, 내무성 장관이 그 의장을 맡는다. FGDC는 지리정보와 관련된 모든 주요 행정기관과 공간정보 수집 및 관리와 관련된 다양한 공공기관들로 구성된다. FGDC의 주요역할은 기관 간의 조정작업 뿐만 아니라 국가공간정보 유통기구를 설립하고, 다양한 수준의 정부기관들과 공공 및 민간부문의 기관들 사이의 협력관계를 통해 국가 디지털 공간정보 프레임워크를 구축하는 것까지 포함한다.

미국인공지능학회(美國人工知能學會, American Association for Artificial Intelligence : AAAI) ; 1980년에 설립된 미국의 인공지능에 관한 전문인들의 학술모임으로 보통 Triple AI라고 부른다. 주요 학술지로는 AI Magazine이 있다.

미국지리학회(美國地理學會, Association of American Geographers : AAG) ; 미국의 교육, 정부, 산업에서 지리적인 연구를 토대로 활용 분야를 발전시키기 위해 창립된 학회.

미국지질조사측량국(美國地質調査測量局, United States Geological Survey : USGS) ; 우리나라의 국토지리정보원과 비슷한 성격의 기관으로서 여러 종류의 수치자료를 제작, 배포하고 있다. 그 중에서 가장 많이 사용되는 것으로 DLG, DEM, CNIS 등의 자료들이 있다.

미국측량및지도제작협회(美國測量 및 地圖製作協會, American Congress on Surveying and Mapping : ACSM) ; 미국측지측량협회(AAGS), 미국지도제작협회(ACA), 전문측량사회(NSPS)의 세부조직으로 이루어져 있으며 미국 측량사협회의 통합체이다. ACSM은 측량, 지도, 토지정보의 전문화에 기여하고 있다.

미국표준협회(美國標準協會, American Standard Association : ASA) ; 미국에서의 산업 표준을 관장하는 미국의 협회.

미동나사(微動螺絲, tangent screw) ; 측량기계의 두 부분을 고정시킨 다음 둘 사이의 관계위치를 조금씩 이동하기 위한 나사이다. 트랜싯에서는 수평미동나사(복축형 트랜싯에서는 상부미동나사, 하부미동나사), 연직미동나사가 달려 있다.

미동레벨(微動레벨, tilting level) ; 미동레벨 또는 경동식 레벨. 망원경 및 이에 부속된 기포관을 연직축에 관계없이 이동할 수 있는 형태의 레벨.

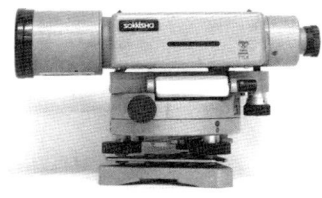

미분편위수정법(微分偏位修正法, differential rectification) ; 편위수정법의 일종으로서 표고점의 미소부분만을 투영거리를 수정하면서 차례차례로 투영해 나가는 방법.

미산란(미散亂, mie scattering) ; 산란은 입자의 크기와 파장의 관계에 따라 레일리(Rayleigh)산란과 미산란으로 나누어지는데 미산란은 파장과 입자가 같은 정도일 때 일어나는 산란현상이다. 대가에 있는 에어러

졸의 반경은 0.1μm에서 1μm, 아지랑이는 입자 반경이 0.5μm 이하, 안개는 0.5μm~80μm 범위인데 5~15μm의 입자가 가장 많이 존재한다. 빗방울 반경은 우량과 관계가 있는데 통상 0.25mm 이상이다. 입자의 크기와 파장이 같을 때 산란이 가장 크게 일어나기 때문에 안개가 적외선에 가장 커다란 감쇠요인이다.(쾌청 : Mie산란은 없다. 맑음, 흐림 : 에어로졸에 의한 산란. Mie 산란이 감쇠의 주원인이 된다.)

미연방지리정보위원회(美聯邦地理情報委員會, Federal Geographic Data Committee : FGDC) ; FGDC에서는 1994년 6월 8일 meta data의 내용표준을 제정하였는데 meta data에 수록된 내용은 정보소개와 정보의 질에 대해서이다. 14개 공공기관으로 구성되었으며 11개의 주제별로 공간정보의 생성, 관리, 활용, 유통체계 등에 관한 내용표준, Framework자료, 공간정보유통기구, 협력체제 등의 사업을 추진하고 있다.

미연방측지기준점위원회(美聯邦測地基準點委員會, Federal Geodetic Control Committee : FGCC) ; 미연방 정부에 의해 세워진 위원회로서 일정한 정확도를 이루기 위해 사용하는 미국에서의 방법, 장비, 절차 등을 규정하는 측지기준점 표준과 기능을 개발, 발표하였다.

미정계수방정식(未定係數方程式, correlate equation) ; Lagrange의 미정계수법에 있어서 미정계수를 정하는 연립방정식.

미정계수법(未定係數法, undermined coefficients) ; Lagrange의 미정계수법을 이용하고 있는데, 이 정리를 설명하면 n개의 미지량 $x_1, x_2, x_3, \cdots, x_n$의 r조건이 있을 때, 이들 n개의 미지량의 관계를 극대, 혹은 극소로 하는 미지량의 값을 구하기 위해서는 미정계수 $K_1, K_2, \cdots, K_n$을 사용하여, 새로운 관계식 M의 극치를 구하면 된다. 따라서 n개의 방정식 $\frac{\partial M}{\partial x_1}=0, \frac{\partial M}{\partial x_2}=0, \cdots, \frac{\partial M}{\partial x_n}=0$과 주어진 r개의 조건식으로 부터 r개의 미정계수 $K_1, K_2, \cdots, K_n$과 n개의 미지량 $x_1, x_2, x_3, \cdots, x_n$이 구하여진다. 이것이 Lagrange의 미정계수법이다.

미지점(未知點, unknown point) ; 위치좌표가 결정되어 있지 않은 점. 기지점으로부터의 방위각과 거리 및 높이 등이 결정되어 있지 않은 점으로서, 구점이라고도 한다.

미터법(미터法, metric system) ; 단위질량과 같이 단위길이와 단위킬로그램처럼 미터에 근거하여 무게를 재고 관측하는 것의 소수점 체계.

미터사진측량법(미터寫眞測量法, metric photogrammetry) ; 물체(대상)의 특정위치를 결정하기 위해서 사진들로부터 정확한 관측을 하는 것.

미항공우주국(美航空宇宙局, National Aeronautical and Space Administration : NASA) ; 미국의 비군사적 우주개발활동의 주체가 되는 정부기관으로 국방총부 관계를 제외한 모든 우주개발을 관할하고 종합적인 우주계획을 추진한다. 임무는 항공우주활동 기획, 지도, 실시, 항공우주 비행체를 이용한 광학적 측정과 관측 실시 및 준비, 정보의 홍보활동 등이다.

미해군항행시스템(美海軍航行시스템, Navy Navigation Satellite System : NNSS) ; 1959년 미국 해군에 의하여 transit계획으로서 시작되어 1964년 실용화되었다. 일반인에게는 1967년부터 공개되었으며, 원래는 항해용으로 개발된 것이나 오늘날에는 극운동 또는 지구 자전속도 변동조사와 측지학적 위치결정에도 이용하게 되었다. 위치 결정에서는 상당히 높은 정확도를 가지고 있으며, 측지용으로 사용할 수 있는 정밀한 시계와 안정된 발진기를 내장한 경량, 소형의 휴대용 수신장치가 개발되었기 때문이다. 또한 도플러 현상을 이용하여 관측자와 위성 사이의 거리 변화를 관측하여 관측점의 위치를 구한다.

믹셀(믹셀, mixed pixel) : 격자셀의 하나의 지상 범위에 대하여 다중의 속성을 갖는 픽셀로서 지형, 지물의 경계나 지형, 지물이 제대로 정의되지 않을 때 흔히 발생한다.

민간위탁사업(民間委託事業, common people trust business) : 지도의 제작, 인쇄 및 관리업무 등의 단순·반복적인 업무를 민간에게 위탁한 업무로 이를 통하여 측량업계의 기술 및 경영발전을 도모하고 도로건설, 택지개발 등 국토개발 및 관리 등 각종 정책사업집행과 자연적으로 발생하는 지모·지물변화에 신속히 대응하여 최신의 정확한 정보를 지도수정에 반영할 수 있다. 따라서 신속 정확한 국가기본도를 제공함으로써 최신의 정확한 지형정보 제공으로 국민생활의 편익을 도모하고 국토 변천과정의 영구 보존과 지리연구 조사·분석용으로 사용되며 국토관련 정책입안자료로 활용하여 효율적 정책수립을 지원하는 효과가 있다.

민감도(敏感度, sensitivity) : 자기파 에너지에 대해 센서가 반응하는 정도.

밀(밀, mil) : 원의 둘레를 6,400눈금으로 등분하여 눈금 하나가 만드는 각을 1밀(mil)이라 한다. 1밀은 반지름이 1,000인 원에서 호의 길이가 0.98에 해당하는 중심각의 크기에 해당한다.

밀도(密度, density) : 단위부피당의 질량. 또는 주어진 측량면적 안에 있는 기준점 수.

밀도허용한계(密度許容限界, density tolerance) : 호의 형태를 변경하지 않고 지정된 거리에 호의 정점을 추가하는 과정이다.

밀착사진(密着寫眞, contact print) : 투사기를 이용하지 않고 직접 필름을 인화지 위에 놓고 인화한 것으로 필름의 크기와 동일한 크기의 인화사진 또는 양화를 얻게 된다.

밀착인화(密着印畵, contact print) : 투사기를 이용하지 않고 직접 필름을 인화지에 놓고 인화하는 방식.

바이트(byte) : 컴퓨터에서 정보의 최소단위는 이진법의 한자릿수로 표현되는 비트이다. 그러나 비트 하나로는 0 또는 1의 두 가지 표현밖에 할 수 없으므로 8개 비트를 묶어 바이트라고 하고 정보를 표현하는 기본단위로 삼고 있다. 바이트는 256 종류의 정보를 나타낼 수 있는 숫자, 영문자 등을 모두 표현할 수 있다.

바우다치의 법칙(바우다치의 法則, Bowditch's rule) : 컴퍼스법칙.

바진의 공식(바진의 公式, Bazin's formula) :
① 평균유속 : Chezy의 평균유속공식 $v=C\sqrt{RI}$에 있어서의 유속계수 C를 정하는 식이며,
$$C = \frac{87}{1+(r/\sqrt{R})} \text{ [m·sec단위]}$$
여기서 r : 조도계수, R : 경심.
② 유속분포 : 하천의 연직선에 따른 유속분포를 구하는 공식으로
$$v = v_{s-24} \cdot \sqrt{hl} \cdot \left(\frac{z}{h}\right)^2$$
$$= v_m + 8 - 24\left(\frac{z}{l}\right)^2 \cdot \sqrt{hl} \text{[m·sec단위]}$$
여기서 v : 유속, v_s : 수면유속, h : 수심, z : 수면에서 v를 구하는 점까지의 깊이, I : 수면구배, v_m : 평균유속.
③ 보 : 장방형보의 자유 일류량의 근사식으로
$$Q = \left(1.794 + \frac{0.0133}{H_0}\right)$$
$$\times \left\{1 + 0.55 \frac{H_0^2}{(H_0+H_d)2}\right\} \times \left(b - \frac{nH_0}{10}\right)$$
$H_o^{3/2}$[m·sec 단위].

여기서 Q : 일류량, H_0 : 보 머리에서 상류쪽 수면까지의 높이, H_d : 보의 높이, b : 일류폭, n : 단수축의 수.

바코드표척(바코드標尺, bar code staff) : 바코드가 새겨져 있는 표척으로, 광학적인 인식이 가능한 전자레벨을 이용하여 이를 시준함으로써 자동적으로 높이를 읽을 수 있는 표척.

반각공식(半角公式, formulas for half angles) : 삼각함수의 덧셈정리로부터 유도되는 공식으로서, $\frac{\theta}{2}$ 의 삼각함수를 나타낸 공식.

반경수차(半徑收差, radial distortion) : 만곡수차의 반경방향의 수차.

반복관측법(反復觀測法, repetition method) : 반복측정법이라고도 하며, 복축형트랜싯으로 수평각을 잴 때 쓰이는 방법으로 한 각을 수회 반복 관측하여 누적된 하나의 협각을 반복횟수로 나누어서 관측각을 구하는 방법. 읽음오차를 줄이는데 특징이 있으며, 배각법 또는 반복법이라고도 한다.

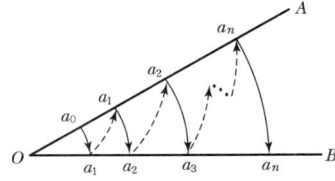

반사(反射, reflectance) : 구체에 의해 반사된 방사에너지와 구체 내부의 에너지와의 비를 말한다.

반사계수(反射係數, reflectivity) : 두 개의 서로 다른 매질의 경계면에 파동이 수직으로 입사

하면 일부는 반사하고 나머지는 투과한다. 반사계수는 입사파의 진폭과 반사파의 진폭과의 비를 말한다.

반사수준기(反射水準器, reflecting level) ; 변장 5cm 정도의 능형 거울로 되어 있으며, 능형의 대각선 중에서 긴 쪽을 실에 매달아 눈앞에 드리운다. 거울 속에서 짧은 쪽 대각선 속에 눈의 상이 보이면 그 점은 눈과 같은 높이이다. 짧은 쪽 대각선의 일부에 투명부가 있어 그곳을 통해서 시준한다.

반사식입체경(反射式立體鏡, mirror stereoscope) ; 대소 두 쌍의 반사경을 갖추어 두 번 반사시킨 상을 입체시하는 형식의 입체경으로 사진 전면을 한번에 입체시 할 수 있다. 경입체경이라고도 한다.

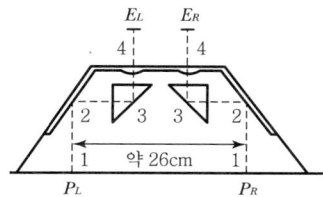

반사율(反射率, reflectivity) ; 반사능. 빛이나 기타 복사가 물체의 표면에서 반사하는 정도. 그 값은 물질의 종류와 표면의 상태로 결정되며 일반적으로 금속에서 크다.

반사적외선(反射赤外線, reflected infrared) ; 파장이 $0.7 \sim 3 \mu m$에 이르는 전자기에너지 영역으로서 원래의 태양 복사에너지와 반사된 에너지를 포함한다.

반사파(反射波, reflected wave) ; 다른 종류의 매질의 경계면에 진행파가 입사하면 그 중 일부는 경계면을 지나 그 매질 속으로 굴절해 들어가고 나머지는 본래의 매질 속으로 반사하는데, 반사하여 방향을 바꿔나가는 파동을 반사파라 한다.

반송파(搬送波, carrier wave) ; 변조된 신호를 실어 나르는 초단파로 GPS의 반송파에는 $L_1(1575.42MHz)$과 $L_2(1227.60MHz)$가 있다. L_1과 L_2파는 초단파로 각각 19cm와 24cm의 파장을 가진다. GPS위성에서는 초단파를 사용하기 때문에 라디오파와는 달리 대기 중에 흡수되거나 굴절되지 않고 직진한다. GPS 위성으로부터 오는 전파에는 단독위치 결정에 필요한 C/A 및 P코드뿐만 아니라 궤도정보 등을 알리는 항법메시지가 실려 있다. 통신에서 변조라고 하는 과정을 거쳐 정보를 싣게 되면 어떤 범위의 주파수 대역폭(약 200MHz)을 갖게 된다.

반송파위상(搬送波位相, ① carrier wave phase, ② intergrated doppler) ; GPS수신기가 신호를 잡은 L_1이나 L_2반송파의 축척된 위상.

반송파잡음비(搬送波雜音比, Carrier to Noise power density : C/No) ; 1Hz밴드 폭에서 신호 대 잡음강도비로서, GPS 수신기의 수행 능력을 분석하는 데 있어 중요한 지표가 된다. GPS수신기의 공칭 신호 대 잡음비는 $40 \sim 50dB\text{-}Hz$ 정도.

반송파추적환(搬送波追跡還, carrier-tracking loop) ; GPS수신기 내에 있는 모듈로서, 수신기의 발진기 신호가 주파수로 변환되어 수신된 반송파와 공조되는 신호를 찾아서 위성의 메시지를 변조하고 끄집어 낸다. 수신기의 발진기 신호가 반송파와 공조되면 반송파 위상 관측값을 만들기 위해 반송파의 위상이 관측된다.

반시(反視, reverse sight) ; 후시점을 시준 하는 것을 말한다.

반시방향각(反視方向角, reverse direction angle) ; 측선의 A점에서 B점을 전시로 하여

얻은 방향각을 (AB)라 하면, B점에서 A점을 후시해서 얻은 방향각 (BA)를 (AB)의 반시방향각이라 하며, (BA)~(AB)=180° 인 관계에 있다.

반엄밀모자이크(半嚴密모자이크, semicontrolled mosaic) ; control point는 사용하지만 사진을 rectified or ratioed는 하지 않거나 반대로 rectified or ratioed 사진을 사용하는데 control point는 사용하지 않는다.

반위(反位, reverse scale) ; 트랜싯이나 데오돌라이트의 망원경이 정위에 반대되는 상태에 있는 것.

반은거울(반은거울, halfsilvered-mirror) ; 거울 뒤에 있는 물체와 거울 앞의 다른 물체의 반사영상을 동시에 보고자 할 때 사용하는 거울.

반전법(反轉法, transiting reversion method) ; 트래버스 측량에서 방향각을 관측할 때 전측선의 방위각을 망원경을 반전하여 후시하고 다음 측선은 망원경을 정위로 한 다음 각을 관측하는 방법.

반전의 원리(反轉의 原理, principle reversion) ; 어떤 평면상에서 수준기의 기포를 중앙에 오게 하고, 다음에 수준기의 양단이 좌우가 반대되게 바꾸어 놓았을 때, 그 평면이 기울어져 있으면 그 경사각의 2배의 각에 해당하는 길이만큼 기포가 이동한다. 이 원리에 따라 그 평면을 수평이 되게 하려면, 기포가 이동한 절반만큼 기포가 반대쪽으로 이동하도록 평면을 기울이면 된다. 이것을 반전의 원리라고 한다.

반점(反點, reverse sight) ; 반시.

반조정집성사진(半調整集成寫眞, semi-controlled mosaic) ; 편위수정기에 의해 편위를 일부 수정하여 집성한 사진지도 즉 비조정 집성사진과 조정 집성사진의 중간 정도의 통제를 받아 집성되는 사진.

반파장사인체감곡선(反波長사인遞減曲線, gradual decrease curve of half wave of sine) ; 완화곡선에서 곡률 및 cant의 변화를 sine 반파장정현곡선을 이용한 곡선으로 B.T.C의 접선을 x축으로 하고 cant의 체감현상을 $\sin\left(-\frac{\pi}{2}\right) \sim \sin\left(\frac{\pi}{2}\right)$ 의 곡선으로 한 것이다.

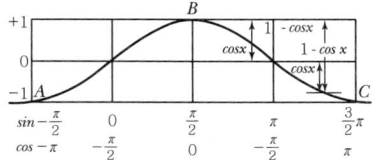

반해석식항공삼각측량(半解析式航空三角測量, semianalytical aerotriangulation) ; 1급 정밀도화기에 의한 아날로그식과 정밀좌표관측기로 기계좌표를 0.001mm단위로 관측하고 투영관계식을 전자계산기로 계산하여 절대좌표를 구하는 방식을 혼합하여 사용하는 방법.

반향곡선(反向曲線, reverse curve) ; 곡선방향이 반대방향으로 변한 곡선을 두 원호가 이어져 있어서 어느 한 점에서 공통의 접선을 가지며, 두 원의 중심이 접선에 관하여 서로 반대쪽에 있는 곡선.

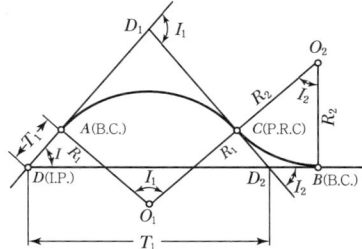

반향곡선접속점(反向曲線接續點, Point of Reverse Curve : PRC) ; 반향곡선에서 원곡선 두 개가 각각 다른 방향으로 굽어져서 중간의 한 지점에서 만나는 점이며 이 점은 공통접선의 접점이 된다.

받침말목(받침抹木, supporting peg) ; 강권척에 의한 기선측량에 있어서 권척이 처지는 것을 막기 위해서 박는 말목. 끝에서 5cm마다

권척의 폭만큼 번갈아 중심으로부터 좌우로 벗어나게 박고, 끄트머리의 말목머리와 같은 높이의 곳에 못을 박아서 권척을 받친다.

발광분광법(發光分光法, emission spectroscopy) ; 열, 전기, 빛 등의 에너지의 시료에서 방사되는 빛을 분광하여 스펙트럼의 유무, 강도, 분포상태 등에 의해 시료 중의 원소를 정성·정량적으로 분석하는 방법으로 주로 금속원소의 분석에 사용함.

발전형유속계(發電型流速計, generator type current meter) ; 유속에 의해서 프로펠러가 회전하고 프로펠러의 회전축에 직결된 소형 발전기에서 발생하는 전압과 회전수로서 유속을 측정한다.

밝기(밝기, illuminating power) ; 물체에서 망원경의 렌즈계를 통하여 오는 광량과 직접 육안에 와서 닿는 광량의 비.

방사계(放射計, radiometer) ; 시야 내에 있는 물체로부터 방사 또는 반사되는 것을 입력하여 정해진 파장역의 전자파 강도를 관측하는 장치.

방사기복변위(放射起伏變位, radial relief displacement) ; 지표면에 기복이 있을 경우, 연직으로 촬영하여도 축척은 동일하지 않으며 사진면에서 연직점을 중심으로 생기는 방사상의 변위.

방사도선법(放射導線法, method of radial progression) ; 평판측량에서의 도해방법으로서, 도선법과 방사법을 절충한 것이다. 각 측점에 평판을 표정하여 전시 측점의 방향선을 기입해 두었다가 측량 후 적당한 방법으로 도해하는 방법이며, 한 측점에서 많은 측점을 내다 볼 수 없는 대축척 골조측량에 쓰인다.

방사량보정(放射量補正, correction of radiation volume) ; 원격탐측에서 얻어진 영상 왜곡의 하나. 보정에는 두 가지가 있는데 하나는 영상 내의 위치에 관계없는 것으로 탐측기의 응답특성보정과 대상들 고유수인 반사율 등 각 계수들의 추정에 대한 체계보정이고, 다른 것은 영상 내의 위치에 관계되는 렌즈계의 주변부 감광과 대상물 표면의 방향성 반사에 따른 밝기의 차이 그리고 탐측기의 위치에 따른 불규칙한 변화 등에 따른 보정이다.

방사법(放射法, method of radiation) ; 한 측점에서 여러 목표물에 대한 방향 및 거리를 측정하여 위치를 결정하는 방법이다. 측량구역의 안이나 밖의 한 지점에서 사방이 잘 내다보이는 곳에 평판을 차려서 각 점의 방향을 시준하고, 거리를 측정하여, 적당한 축척으로 평판상에 도해해 가는 방법이다. 평판의 설치횟수도 적고 간단한 방법이기는 하나 구역 내에 장애물이 있을 때에는 쓸 수가 없다.

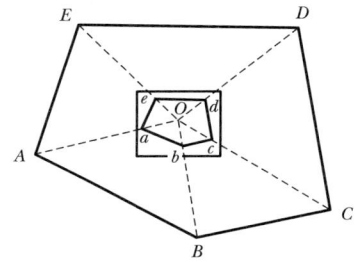

방사상(放射狀, radiation shape) ; 성층화산이나 돔(dome)과 같이 원추형으로 돌출된 곳에는 원심적인 방사상 수계가 형성되며, 화산구의 원형함몰지형인 칸델라의 내측과 분(盆)상 요지 등에서는 구심적으로 형성되는 수계.

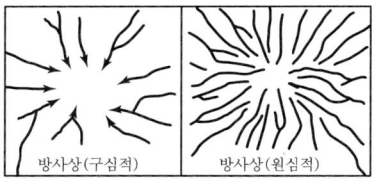

방사상(구심적)   방사상(원심적)

방사왜곡(放射歪曲, radial lens distortion) ; 원격탐측자료에서 위성영상촬영 시각 차이에 따른 태양고도각과 방사각, 대기 산란, 지표면과 감지기간의 기하학적 관계, 감지기의 반응 특성 등에 의하여 유발되는 왜곡.

방사절측법(放射折測法, method of radio traversing) ; 방사법과 절측법을 병용하는 것.

방사해상도(放射解像圖, radiometric resolution) ; 미소한 에너지의 차이를 감지해 내는 센서의 능력으로 수치영상의 대조(contrast)와 반비례 관계를 나타낸다.

방산계삼각망(放散系三角網, triangulation network of diffusion system) ; 측량지역 전체에 걸쳐서 삼각점을 배열하는 모양. 삼각망이 중앙에 있는 삼각형으로부터 사방으로 확산된 형태인데 광대한 지역에 균등하게 기준점을 배치할 경우와 도시계획측량 등에 적절한 방법이다.

방송궤도력(放送軌道歷, broadcast ephemeris) ; 시간에 따른 천체의 궤적을 기록한 것으로 각각의 GPS위성으로부터 송신되는 항법메시지에는 앞으로의 궤도에 대한 예측값이 들어 있다. 형식은 매 30초마다 기록되어 있으며 16개의 케플러요소로 구성되어 있다.

방안법(方眼法, square method) ; 등고선의 간접관측방법 중 측량구역을 정사각형 또는 직사각형으로 나누어 교점의 수평위치와 높이를 관측하여 등고선을 작도하는 방법. 또는 도면의 확대 축소를 할 때 대응하는 지역마다 칸을 막은 방안선을 긋고, 그 방안선을 길잡이로 해서 확대·축소 작업을 하는 방법을 말한다. 또는 일정면적을 갖는 방안지를 지도 위에 대고 어떤 지역 중에 포함되어 있는 방안수를 세어서 면적을 관측하는 방법을 말한다.

방위(方位, azimuth) ; 어느 측선이 자오선(남북)을 기준으로 동 또는 서로 관측한 각이며, 0°~90° 각으로 표시하므로 측선에 따라 방위의 부호인 N 또는 S와 E 또는 W를 붙여줌으로써 몇 상한의 각인가를 나타내는 방법.

방위각(方位角, azimuth angle) ; 진북자오선을 기준으로 하여 우회전으로 잰 각도이다. 특별한 값을 나타낼 때는 자침방위 자방위 등이라 하여 구분하는 것이 보통이다.

방위각관측(方位角觀測, azimuth observation) ; 천체의 시각, 고도 등을 관측하여 방위각을 구하는 방법. 이를 위해서는 천문삼각형을 풀면 된다. 여기에 이용되는 천체는 태양, 북극성 등이 있다. 북극성을 이용하면 단시간 내에 좋은 성과를 얻을 수 있다.

방위각법(方位角法, azimuth method, full circle method) ; 각 측선이 자오선방향의 기준선과 이루는 각을 우회로 각 측선에 이르는 각을 관측하는 방법으로 전원법이라고도 하며, 반전법과 부전법이 있다.

방위기점(方位基點, cardinal point) ; 천공의 자오선과 수평선과의 두 개의 교점을 남점, 북점이라 하고 천정과 천저를 포함하고 또한 자오선과 직교하는 대원(묘유선)과 수평선.

방위도법(方位圖法, azimuthal projection) ; 지구의 한 극을 점으로 하고, 극을 중심으로 하는 원군을 위선 군, 극을 중심으로 하는 직선을 경선 군으로 하는 도법. 이상은 극심법인 경우이다. 적통법과 사향법인 경우는 각각 투영중심의 점을 극으로 하는 새로운 경위선망을 살펴보면 그 투영은 극심법에서와 같게 된다. 또 투영도법은 방위도법의 특별한 경우에 해당된다.

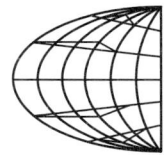

방위도법

방위방정식(方位方程式, azimuth equation) ; 삼각쇄에 있어서 기지 변에서 출발하여 최종 변으로 차례차례 방위각을 계산하면 계산방위와 기지변의 방위는 일치하여야 한다는 조건이 생긴다. 이 조건을 방위방정식이라 한다. 트래버스 측량에서도 똑같은 식이 성립한다.

방위방향(方位方向, azimuth direction) ; 레이더가 스캐닝하는 지상에서의 진행방향. 비행방향이라고도 함.

방위방향해상도(方位方向解像圖, azimuth resolution) : 레이더 영상에서 방위방향에 대한 공간해상도.

방위석(防衛石, defensive stone) : 보호석. 수준점, 삼각점과 같은 영구표식인 표석을 사방에 묻어서 표석이 파손되지 않도록 보호하는 돌.

방위의 각(方位의 角, azimuth angle) : 삼각쇄에서 방위방정식을 만들 때 길이의 각 이외의 각을 써서 방위방정식을 만드는데 이때에 쓰는 각.

방위체계(方位體系, azimuth system) : GPS를 이용하여 자료를 수집 및 가공함으로써 군사적, 상업적인 용도로 사용할 수 있도록 한 지도체계.

방위투영법(方位投影法, azimuthal projection) : 지도의 길이나 면적의 왜곡이 크더라도 방위가 정확하게 표시되는 것을 요구할 경우에 사용되는 투영법. 지도 면을 지구의 위의 한 점에 놓고 이에 접하는 지구의 위의 경위선을 지도 면에 투영한다. 이 투영법은 지표의 각 지점으로부터의 방위를 모두 정확하게 표현할 수는 없으나 한 지점으로부터 모든 지점에 이르는 방위를 정확하게 나타낼 수 있다. 투시점을 어디에 두느냐에 따라서 정사도법, 평사도법, 심사도법, 외사도법으로 나누며 평면과의 접점의 위치에 따라 정축법, 횡축법 등으로 나누어진다.

방위표(方位標, azimuth mark) : 천문방위각을 관측할 때, 하나의 측표 등을 선정하여 이것과 천체 간의 관계로서 방위각을 관측하는데, 이 표점을 방위표라 한다. 또 외딴섬 같은 데서 삼각점이 하나밖에 없을 때, 방위 관측을 위해서 새로운 측표를 설치하는 수가 있는데 이것도 방위표라 한다.

방조제(防潮堤, sea wall) : 높은 조수를 방지할 목적으로 만든 제방.

방출(放出, emission) : 방출은 동적 온도와 방출도에 의해 결정된다.

방출도(放出度, emittance) : 물체에 의하여 방출된 단위면적당 에너지의 복사 유동.

방파제(防波堤, breakwater) : 바다의 파랑을 막아서 항내를 보호하기 위하여 항만의 외곽에 쌓은 둑.

방향각(方向角, direction angle) : 어떤 방향을 기준으로 하여 다른 점에 이르는 방향까지의 각. 일반적으로 평면직각좌표계의 X축에서 양의 방향을 기준으로 한 우회전의 각.

방향각법(方向角法, method of direction angle) : 어떤 시준 방향을 기준으로 하여 각시준 방향에 이르는 각을 관측하는 방법으로 1점에서 많은 각을 관측할 때 사용하며, 반복법에 비하여 시간이 절약되고 3등 이하의 삼각측량에 이용된다.

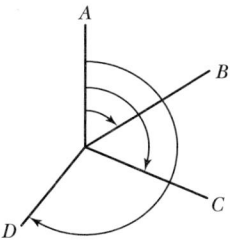

방향맞추기(方向맞추기, directing or plane orientation) : 표정 또는 정향. 평판측량에서 평판을 측점에 수평으로 맞추고, 중심을 연직선과 일치시킨 다음에 평판을 바른방향에 두게 하는 방법.

방향말목(方向抹木, direction pole) : 방향을 가리키기 위하여 박는 말목으로서 각 방면에서 쓰이고 있으나 삼각측량에서는 관측방향을 나타내는 가항방향이고, 터널측량에서는 양쪽 갱구 위치를 결정하고, 한 갱구에서 반대쪽 갱구방향을 가리키는 말목이다.

방향성표면(方向性表面, directed face) : 표면의 어느 면이 윗면인지를 나타내는 벡터를 갖는 표면을 말한다.

방향여현(方向餘弦, direction cosine) : 입체해석기하학에서 유향직선의 방향을 나타내는 수. 곧 좌표축에 대한 방향각의 여현 즉 각의 cosine 값.

방향필터(方向필터, directional filter) ; 특정한 방향성을 가지는 선형대상물을 인식하기 위해 수치영상처리에서 사용하는 필터의 한 종류.

배각(倍角, double angle) ; 반복관측법에 의한 관측값으로서 이것을 반복횟수로 나누어 각을 구한다. 또한 망원경 정·반위의 값의 합을 말하며 배각차를 구하여 관측의 양부를 판정한다.

배각법(倍角法, repetition method) ; 반복관측법.

배각차(倍角差, double angle difference) ; 수평각을 2대회 이상 관측했을 때 망원경 정·반위의 값의 합을 각 대회마다 구한 이들의 차를 배각차라 한다. 배각차는 눈금반의 오차 및 관측의 오차에 기인하는 것이므로 일정한 제한을 설정할 필요가 있다.

배경(背景, background) ; 대상지역이나 타겟 주변의 지형이나 영상의 영역을 말한다.

배경영상(背景影像, background image) ; 지리정보체계 분석을 위한 자료층이기 보다는 보여주고 등록하는 목적을 위한 배경으로 제공되는 위성영상이나 항공사진영상.

배관도(配管圖, pipe drawing) ; 급수, 배수, 급탕 및 난방 등의 배관계통을 나타낸 도면으로서 이 도면의 주요 내용으로는 관의 위치, 길이 및 굵기, 펌프, 밸브의 위치 등이 있다.

배면적(倍面積, double area) ; 다각형의 배횡거에 위거를 곱한 값. 이 값들의 (+)면적과 (-)면적의 차의 합을 배면적이라 한다.

배수관(排水管, drainage pipe) ; 배수를 위하여 지중에 매설하는 관.

배수면적(排水面積, drainage area) ; 배수구역 내의 면적. 엄밀하게 말하면 하수의 유출을 동반하지 않는 하천이나 호소 등의 수 면적, 해빙지대의 면적을 공제한 것.

배수용적(排水容積, displacement) ; 부체가 수면 이하의 표면(곡면)과 수면(평면)에 의하여 둘러싸인 체적. 즉 부체와 수면을 끊는 면 이하의 부체의 체적과 같은 용적.

배수지(配水池, distributing reservoir) ; 사용수량의 시간적 변화에 따르기 위해 사용수량이 적은 시간에 정수를 저수, 피크시 원활한 급수를 하도록 급수량 조절을 하는 연못.

배율(倍率, magnification) ; 망원경을 통해서 본 상의 시각과 먼 곳에 있는 목표물을 육안으로 보았을 때의 시각과의 비 또는 망원경이나 현미경 등에 따라 생기는 상의 크기와 실물의 크기와의 비를 말한다. 망원경의 배율 = 대물렌즈의 초점거리/접안렌즈의 초점거리.

배자오선거(倍子午線距, double meridian distance) ; 배횡거.

배점밀도(配點密度, density of arrangement point) ; 단위면적당 삼각점, 수준점, 다각점 등의 수로, 요구하는 측량의 정밀도에 따라 달라진다.

배종거(倍縱距, double parallel distance) ; 측선의 중점에서 동서선에 내린 수선의 길이. 이 길이의 2배를 그 측선의 배횡거라 하고, D.P.D 라고도 한다.

배향곡선(背向曲線, reverse curve) ; 반향곡선.

배횡거(倍橫距, Double Meridian Distance : D.M.D) ; 측선의 중심에서 자오선에 이르는 거리(횡거)의 2배를 그 측선의 배횡거.

배횡거법(倍橫距法, double meridian distance method) ; 페트래버스의 면적을 다음 식에 따라 계산하는 방법.

$$면적 = \frac{1}{2} \sum (측선의\ 배횡거) \times (그\ 측선의\ 위거).$$

백도(白道, moon's path) ; 천구상에 달이 그리는 공전궤도로, 지구 주위를 도는 달의 공전궤도를 천구상에 투영한 대원으로, 황도와 약 5.9°의 경사를 이루며, 지구의 적도와는 18.15°~28.35° 경사를 이룬다. 따라서 백도는 황도와 천구상의 2점에서 교차하는데 황도를 남에서 북으로 가로지르는 점을 승교점, 북에서 남으로 가로지르는 점을 강교점이라 한다. 달은 백도 위를 서에서 동으로 1일 평균 13.2°씩 이동하며, 약 27.32일에 걸쳐 일주한다. 백도와 황도의 교점은 약 18.6년을 주기로 360° 이동한다.

백업(백업, backup) ; 자료를 디스크, 파일 또는 자료 등과 같은 항목 전체를 복사해 두어 분실 또는 훼손되었을 때를 대비하는 일.

백지도(白地圖, outline map data base) ; 각종의 정보를 기입하기 위한 작업용 기본도. 표시하고 있는 내용이 적고 또 기입용이기 때문에 각각의 이름이 설정되어 있다.

백화현상(白化現像, chlorosis) ; 식물 내의 구리, 아연, 망간 또는 기타 요소의 과잉 집중에 의해서 발생하는 철분 물질대사의 불균형에 의해 나타나는 식물잎의 황색화 현상.

밴드(밴드, band) ; 반사광 또는 반사열의 전자기 스펙트럼에서의 특정범위에 대한 자료값을 나타내는 멀티스펙트럼 영상의 한 레이어(예, 자외선, 청색, 녹색, 적색, 근적외선, 적외선, 열선, 레이더 등). 원래의 영상 밴드를 사용자가 값을 지정하여 조작해서 얻어진 값도 이에 해당된다. 멀티스펙트럼 영상의 표준색상 디스플레이는 적, 녹, 청 3개의 밴드로 구성된다. LANDSAT TM과 SPOT 같은 위성의 영상은 지구에 대한 멀티스펙트럼 영상으로서 어떤 것은 7개 이상의 밴드로 구성된다.

밴드단위영상(밴드單位影像, Band SeQuential : BSQ) ; 픽셀 값을 한 밴드씩, 즉 위성영상을 저장하는 방법으로서 첫 번째 분광대의 영상 전체를 저장하고, 다음으로 다른 분광대의 영상을 저장하는 방식.

버니어(버니어, vernier) ; 프랑스의 피에르버니어(Pierre Vernier)가 고안한 것으로 어미자의 1눈금 이하의 단수를 정확하게 읽어내기 위한 장치이며, 2개의 선이 엇갈려 있는지 일치하고 있는지를 예민하게 분별할 수 있는 인간의 눈의 능력을 이용한 것. 즉 어미자의 n눈금이 버니어에서는 n±1 눈금으로 새겨져 있으며, 어미자와 버니어가 합치된 눈금선을 찾아냄으로써 어미자의 1/n까지의 값을 읽어낼 수 있다. 순독버니어와 역독버니어가 있는데 보통 순독버니어가 쓰인다.

버퍼(버퍼, buffer) ; GIS 연산에 의해 정의되는 요소의 주위 또는 각 측면의 구역. 완충지역(버퍼존)이라고도 하며, 점, 선, 면에서 일정 거리 안의 배후지를 생성하여 관련된 영향권을 분석할 때 사용한다.

버퍼생성(버퍼生成, buffer creation) ; 사용자가 지정한 어떤 점, 선, 면에서 일정 거리 안의 배후지를 생성하여 관련된 영향권을 분석할 때 사용.

버퍼제너레이션(버퍼제너레이션, buffer generation) ; 대상영역(coverage)지형요소 주변에 주어진 거리의 영역이 발생되는 근접지점(proximity) 분석의 한 형태.

벌채원(伐採員, axe man) ; 측량반원 중에서 측선의 시야를 좋게 하기 위해서 초목을 벌채하는 사람.

범례(凡例, legend) ; 지도에 표시된 각종 기호에 해당하는 명칭을 적어 놓은 것으로서 외도곽 좌측 하단에 표시하며 여백이 부족하여 전부 표시하지 못할 때는 해당 도엽내용과 관계있는 것을 우선적으로 표시한다. 범례에 포함되어야 할 명칭에 해당되는 기호의 도형과 규격은 도시적용규정에 규정되어 있다.

범위(範圍, extent) ; 지리자료집합이 차지하고 있는 공간. 공간은 시간적 공간뿐만 아니라 기하학적 공간으로도 의미한다.

범세계적위치결정체계(汎世界的位置決定體系, Global Positioning System : GPS) ; 인공위성을 이용한 전천후 3차원 위치를 결정할 수 있는 지구위치결정체계로서 미국방성에서 1973년 개발되어 현재까지 이용되는 항법 및 위치결정체계로서 고도 20,183km 상공에 6개 궤도에 30여개의 위성(2007년 현재)으로부터 발사되는 전파를 수신하는 수신기, 후처리용 소프트웨어와 이용자 부분으로 구성됨. 위성신호측량이라고도 함.

법면(法面, face of slope) ; 사다리꼴 사변의 연장면을 법면이라 하며, 토목에서는 뚝, 호안, 절토, 성토 등의 경사면을 의미한다.

법선(法線, ① alignment, ② normal line) ; 방파제·호안 혹은 돌제 등과 같은 항만 또는 호안구조물의 평면적 위치를 표시하는 선 또는 곡면상의 한 점에서 곡면에 접하는 직선에 수직인 직선.

법선장(法線長, length of normal line) ; 클로소이드 곡선에서 장접선장과 단접선장이 만나는 점에서 클로소이드곡선의 접선에 직각으로 내린 수선.

법선측량(法線測量, planning line surveying) ; 하천 또는 해안에 있어서 축조물의 신설 또는 개수 등을 행하는 경우에 현지의 법선상에 측점을 설치하고 선형도를 작성하는 작업.

베셀법(베셀法, Bessel's method) ; ① 구하고자 하는 미지점에 평판을 세워서 도면상에 그 위치가 알려져 있는 3개의 기지점들을 이용하여 미지점을 도상에 결정하는 평판측량 후방교회법의 한 방법이다. 이는 원의 기하학적 성질을 이용하는 도해적 방법으로 타 방법에 비하여 정확한 위치를 구할 수 있으나 작업시간이 많이 걸리는 단점이 있다. ② 평판측량의 후방교회법에서 a, b, c를 A, B, C의 도상점으로 하고, 평판을 설치한 점 P의 도상위치 p를 구하는 방법이다. p에 평판을 설치하고 a를 P 바로 위에 맞추고, ab선에 앨리데이드를 맞추어서 B를 시준하여 평판을 고정하고 C를 시준하여 ad를 긋는다. 다음에 b, P를 맞추어서 ba선에 앨리데이드를 대고 A를 시준해서 평판을 고정하고 C를 시준하여 bd를 긋고 d와의 교점 d를 구한다. 다음에 dc를 잇고, dc선에 앨리데이드를 대어 c점을 시준해서 평판을 고정한다. a, b에 측량침을 세워서 각각 A, B를 시준하여 ap, dp를 그리고 pc와의 교점 p를 구하면 p는 P의 도상점이다. 도상점 위치를 구하는 법.

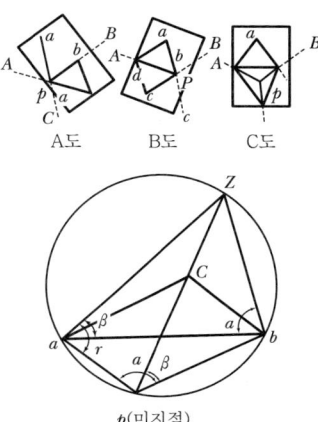

베셀의 원자(베셀의 原子, Bessel's dimension) ; Bessel이 1841년에 발표한 지구의 형상을 나타내는 원자를 말한다. 우리나라에서는 이 원자를 써서 대지측량을 하고 있으며, 유럽이나 아세아의 여러 나라가 이 원자를 쓰고 있는데, 최근에 대지측량을 시작하는 나라에서는 국제타원체를 쓰게 되어 있다.

적도반경(a) : 6,377,397m,

극반경(b) : 6,356,079m,

편평률 $\left(\frac{a-b}{a}\right)$: 1/299.15

베셀타원체(베셀楕圓體, Bessel ellipsoid) ; ① 1841년 베셀이 제창한 지구타원체로서, 장반경 $a=6,377.397$km, 단반경 $b=6,356.079$km, 편평률 $f=1/299.1528$를 취하고 있다. 이 값이 우리나라, 일본, 동남아, 러시아 및 동부유럽 등에서 채택해 사용해 왔던 타원체로, 측량의 기준이 되는 지구의 형상과 크기가 된다. ② 베셀의 원자.

베이스시트(베이스시트, base sheet) ; 투명하며 신축이 작은 마일러 같은 것 위에 기준점을 전개한 것. 도해사선법에서 쇄의 표정에 사용한다.

베줄자(베줄자, cloth tape) ; 베로 만든 줄자로 속에 가는 놋쇠줄을 넣고 짠 베헝겊을 폭

15mm 안팎의 테이프로 하여 표면에 칠을 하여 눈금을 한 것으로 길이는 10~50m가 있으며, 간단한 거리측량에 사용한다.

벡터(벡터, vector) ; 지도학에서 선은 방향과 길이를 가진다. GIS에서는 chain을 일컫는다. GIS에서는 점, 선, 면들을 그들의 위치와 차원으로 정의하는 데이터 구조를 지칭한다. Chain(노드와 버텍스)상 각각의 점은 그림이라기보다는 좌표의 라벨로 본다. 예를 들면 하나의 정사각형은 4개의 선분이 아닌 네 모서리의 꼭지점으로 정의된다. 이렇게 하면 어떤 축척에서도 높은 정확도를 보이며 래스터 시스템보다 훨씬 도면의 모습이 가깝다.

벡터기하속성(벡터幾何屬性, vector geometry) ; 구조화된 기하 기본요소의 사용에 의해 만들어지는 기하속성의 표현.

벡터라이징(벡터라이징, vectorizing) ; 선추적화라고도 한다. 지정된 좌표계로 변환된 래스터 자료는 해당 좌표를 Header 부분에 저장하고 있으므로, 파일을 Loading하면 지정된 좌표로 화면에 디스플레이 된다. 스캐닝하여 얻어진 래스터자료를 벡터라이징 소프트웨어를 이용하여 반자동 및 자동방법으로 벡터라이징한다.

벡터자료(벡터資料, vector data) ; 모든 공간정보를 2차원 또는 3차원 좌표값으로 환산하여 점, 선, 면의 형태로 저장한 자료.

벡터지도(벡터地圖, vector map) ; 그래프 이론 자료 모형에 기반을 둔 지도자료를 말한다.

벡터포맷(벡터포맷, vector format) ; 현실 세계의 객체 및 이와 관련되는 것과 같이 표현하는 형식.

벡터화(벡터化, vectorization) ; 동일한 수치 값을 갖는 격자들이 폴리곤으로 변환되며 동일한 값이 해당 폴리곤의 속성 값으로 주어진다.

벤치마크시험(벤치마크試驗, benchmark test) ; 하드웨어나 소프트웨어가 사용자의 요구에 부합된다는 것을 보장하기 위하여 성능평가에 사용되는 시험방법.

베셀년(베셀年, Besselian year) ; 1태양년은 약 365.2422일이며, 1년을 365일로 하고 4년마다 하루의 윤일을 두고 있다. 그러나 이러한 역년은 그 길이가 달라서 역추산과 같이 1년을 단위로 하여 연속된 일을 하는 데는 지장이 있다. 그래서 편의상 고르게 경과하는 년(年)을 생각하게 되었으며 이것을 베셀년이라 한다.

변(邊, side) ; 삼각망을 구성하는 삼각형의 세 변을 말함.

변경다원추도법(變更多圓錐圖法, modified polygonic projection) ; 1/1,000,000의 만국도(도폭의 위도차 4° 경도차 6°)에 사용된다. 이 도법은 보통 다원추도법과 마찬가지로 상하의 도곽선으로 되는 위선을 실장으로 하나 그 밖의 위선 및 중앙경선을 실장으로 하는 대신 중앙경선에서 2° 떨어진 경선을 실장으로 하고, 모든 경선을 직선으로 하고 도곽 내의 경위선은 등간격으로 분할한다.

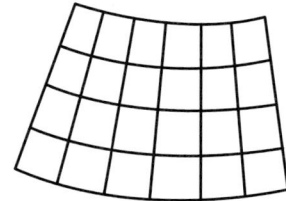

변경산손도법(變更산손圖法, modified Sanson projection) ; Sanson도법은 극이 한 점으로 되어 고위도 지방의 중앙경선에서 떨어진 부분의 변형이 심히 커지므로 이것을 되도록 줄이기 위해서 극이 선분이 되게 변경한 도법.

변동자료(變動資料, transaction) ; 자료기반에 대해 실행되는 작업의 논리적인 단위.

변방정식(邊方程式, side equation) ; 삼각망 가운데의 임의의 한 변의 길이는 계산순서에 관계없이 항상 일정해야 한다는 조건. 즉 삼각망 또는 삼각쇄에서 기지점으로 부터 출발하여 다른 기지점에 폐합했을 때 계산된 변과 기지변은 일치해야 하는 조건을 만족시키는 식.

변상기(變像機, reduction printer) : 공중사진의 음화필름에서 왜곡수차의 보정을 하거나 축척을 바꾸어서 다중용의 축소건판을 만들거나 하는 인화기를 말한다. 축소건판을 만드는 전용기는 축소기라 한다.

변속차선(變速車線, speed change lane) : 본선 도로에서 나왔다 들어갔다 할 때에 자동차를 감속 또는 가속시키는 것을 목적으로 하는 차선.

변위감지기(變位感知機, displacement sensor) : 온도・압력・습도 등 여러 종류의 변위량을 검지(檢知)・검출하거나 판별・계측하는 기능을 갖춘 소자(素子)를 일컫는다.

변장계산(邊長計算, computation of side length) : 삼각형의 한 변의 길이와 다른 두 협각이 알려져 있을 때, 평면삼각법의 정현법칙을 써서 다른 두 변의 길이를 구하는 계산.

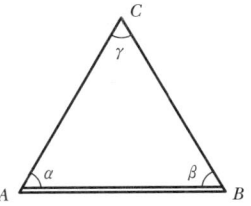

변장반수(邊長反數, inverse number of distance) : 측각오차를 측선장에 역비례하여 배분하는 것은 매우 복잡하므로 계산의 번잡을 덜기 위하여 각 측선에 변장반수를 부여하여 계산하는데, 이 변장반수는 측선장이 긴 것에 적은 값을 부여하고 짧은 것에 많은 값을 부여하는 결과가 된다. 변장반수는 측선장 1m에 대하여 100을 기준으로 하며, 그 계산식은 다음과 같다. 변장반수=100/L(L은 측선장임).

변장조건식(邊長條件式, side length equation) : 변조건식.

변장폐합차(邊長閉合差, misclosure error of side) : 변장계산은 어떤 기지변으로부터 출발하여 같은 변 혹은 다른 기지변에 도달했을 때에 그들 변장 간의 차.

변조(變調, modulation) : 디지털신호를 아날로그 신호로 변환하는 것. 특히 전화선을 통해 신호를 전송하려는 목적으로 사용된다.

변조건(邊條件, side condition) : 삼각측량을 할 때 기지변이 2개 이상 있으면 각 변에서 계산된 변장이 같아야 하고, 유심삼각형인 때에는 변장을 차례로 계산하여 처음의 변에 돌아왔을 때 원래의 길이와 일치하여야 한다는 조건.

변조건식(邊條件式, side equation) : 변조건을 수식으로 표현한 것이며, 여기에 관측치를 넣어서 풀어 오차처리를 한다. 그림에서 (1) 및 (2)일 때의 조건식은 다음과 같다.
(1)의 경우
$$1 = \frac{AB\sin(1)\sin(6)}{BC\sin(5)\sin(4)}$$
(2)의 경우
$$1 = \frac{\sin(1)\sin(3)\sin(5)\sin(7)\sin(9)}{\sin(2)\sin(4)\sin(6)\sin(8)\sin(10)}$$

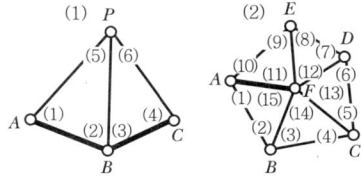

변형지(變形地, unusual topography) : 지형에 있어서 용도상 목표로 되는 것. 또는 등고선 등에 의한 지형표현법에서 도시하기 어려운 것. 예컨대 현애, 붕토, 노암 등을 말한다. 이들은 변형지기호라 하여 어느 정도 사실적인 기호로 나타낸다.

변형측량(變形測量, deformation monitoring) : 시설물이나 지구의 형태 등이 주위의 여건에 의하여 변하여 달라진 정도나 변화하여 가는 과정을 측정하는 것.

변화탐지(變化探知, change detection) : 사물

의 모양·성질·상태 등이 달라짐을 찾아내거나 알아내는 것.

변화탐지영상(變化探知影像, change detection image) : 지리적 현상은 지형적, 주제적, 위상적 특성 외에도 시간에 따라 변화하는 특성이 있는데 이러한 변화특성을 탐지하기 위해 만들어낸 영상.

변환(變換, transformation) : 원영상 또는 그 분포가 어떤 법칙으로도 정리되지 않고, 매우 다른 것으로 변화되어 전송되는 것을 말하며, Fourier 변환이 그 예이다.

변환오차(變換誤差, translation error) : 컴퓨터의 기억장치에서 진법 변환 시 발생하는 오차.

병합(倂合, merge) : 서로 다른 곳에 저장되어 있는 두 개의 자료목록을 하나로 통합하는 것.

보간(補間, interpolation) : 주변부의 이미 관측된 값으로부터 관측되지 않은 점에 대한 속성값을 예측하거나 표본추출 영역 내의 특정 지점값을 추정하는 기법. 즉 유한한 개수의 함수값과 기준함수를 이용하여 함수의 값을 구하는 근사계산법.

보간방법(補間方法, interpolation method) : 곡선상에 놓여 있는 직접적인 위치 사이에 공간적인 위치를 끌어내는 과정으로 크게 점보간, 선보간, 면보간 방법으로 나누어진다.

보색(補色, complementary colors) : 여색. 빨강과 녹색, 노랑과 파랑, 녹색과 보라 등의 색광은 서로 보색이며, 이들의 어울림을 보색대비라 한다.

보수계(步數計, passometer) : 보수를 헤아리는 계기이며, 호주머니에 넣거나 허리에 차고 걸어가면 진동될 때마다 보수를 헤아리는 지침이 돌아가는 것과 전자적인 기능을 이용해 자동적으로 걸음 수를 헤아리는 디지털 보수계가 있으며, 그 관측값에 의해서 보수를 알아 보행거리를 측정하는 기기.

보점(補點, ① supplement point, ② wing point) : ① 삼각점, 도근점 등과 같은 정규의 점 이외에 이들을 돕기 위해서 설정된 점. 또 1등삼각점과 2등삼각점과는 그 평균변장의 길이가 매우 크게 다르기 때문에 그 중간적인 점을 설치하는데, 이 점을 1등삼각보점이라 한다. ② 사진측량의 도해사선법에서 주점의 양쪽 코스에 직각인 방향으로 골라잡은 점. 주점과 함께 능형을 이루어 능형쇄를 형성한다.

보정(補正, correction) : 관측각의 오차를 합리적으로 처리하여 참에 가까운 값을 구하는 일.

보정계(步程計, pedometer) : 보행자의 보폭에 따라 조절해 놓으면, 진행거리를 직접 읽을 수 있게 되어 있는 계기.

보정과잉(補正過剩, over correction) : 합성렌즈에 의해 구면수차를 보정함에 있어서 렌즈 전체에 대해서 수차를 0으로 할 수 없고, 일반적으로 부족 또는 과잉의 수차량이 남는다. 보정과잉은 주변광선이 근축광선보다 렌즈에 멀리서 합해지는 경우이다.

보정자방위(補正磁方位, correction bearing) : 트래버스측량에 있어서 최종측점에서 제일측점을 관측했을 때의 전시방위각이 제일측점에서의 최종측점을 관측했을 때의 방위각의 역방위각이 되지 않을 때, 그 오차를 각 측점에 분배해서 구한 보정방위각에 의한 자방위.

보정부족(補正不足, under correction) : 합성렌즈에서 구면수차를 보정함에 있어서 렌즈 전체에 대해서 0으로 할 수는 없고, 일반적으로 부족 또는 과잉의 수차 량이 남는다. 보정부족은 주변광선이 근축광선보다 렌즈에 가깝게 집합하는 경우이다.

보정측량(補正測量, correction surveying) : 관측한 결과로 최확값을 구하기 위하여 행해지는 측량으로 온도, 기압, 높이 등을 관측하는 것.

보정판(補正板, compensating) : 광학적 투영법 또는 광학기계적 투영법의 도화기에서 촬영카메라의 렌즈와 투사기의 렌즈와의 수차가 다른 것을 보정하기 위하여 양화건판의 밑에 놓는 유리판.

보조기선(補助基線, auxiliary base) : 삼각측량

을 응용하여 두 점 간의 거리를 간접적으로 측정하기 위하여 설정하는 보조의 기선으로, 그림의 A, C 간의 거리(D)를 재기 위한 AB 직선이다. 각 α, β 및 보조기선의 길이 b를 재면 $D = b\dfrac{\sin\beta}{\sin\gamma}$ 이다.

$\alpha = 90°$인 때는 $D = b\cot\gamma$로 된다. 이때의 AC 직선을 직교보조기선이라 한다.

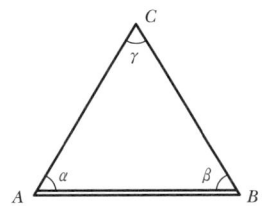

보조기준점(補助基準點, auxiliary control point) : 기준점으로도 정확도가 낮은 경우에 기준점보다 정도가 낮게 만든 기준점.

보조곡선(補助曲線, auxiliary curve) : 주곡선과 간곡선의 간격의 1/2 지점에 읽음을 쉽게 하기 위하여 점선으로 넣는 곡선.

보조기준점(補助基準點, minor control point) : 항공삼각측량과정에서 접합표정에 의한 스트립 형성을 위하여 사용하는 점.

보조단위(補助單位, supplementary units) : 평면각의 단위인 라디안[radian, rad]과 입체각의 단위인 스테라디안[steradian, sr]의 2개를 보조단위라 한다.

보조도근점(補助圖根點, auxiliary traverse) : 평판측량에서 도근점들로부터 교회법이나 삼점문제 혹은 도해 삼각측량으로 설치하는 점.

보조말목(補助抹木, aid post) : 공사 중에 중요 말목이 망실될 때 그 말목의 위치를 다시 찾기 위하여 2방향으로 4개의 말목을 박아서 다음에 이 2방향성의 교차점으로 본 말목 위치를 알아내는 말목.

보조망원경(補助望遠鏡, auxiliary telescope) : 갱내, 지하 등에서 급경사인 연직각을 측정하기 위하여 트랜싯의 적당한 위치에 부설한 제2의 망원경을 말한다.

보측(步測, pacing) : 정도를 필요로 하지 않는 거리측량이나 거리측량 결과의 점검에 쓰인다. 우리의 보폭은 약 75cm 이고 1복보는 약 1.5m가 된다. 보측을 이용하고자 할 때는 미리 1복보가 1.5m 가 되게 충분히 훈련하면 상당한 정도를 얻을 수 있다. 여기에 쓰이는 기구로는 보수를 기록하는 보수계, 거리를 기록하는 보정계가 있다.

보통각사진(普通角寫眞, normal angle photograph) : 화각이 약 60° 전후의 보통카메라로 찍은 항공사진을 말하며, 초점거리 21cm, 필름크기 18×18cm가 표준형이며, 도시지역측량, 도시조사, 산림조사용 사진촬영에 사용된다.

보통각사진기(普通角寫眞機, normal angle camera) : 화각이 60° 전후인 보통각 렌즈가 붙어 있는 측량용 사진기.

보통다원추도법(普通多圓錐圖法, ordinary polygonic projection) : 투영하고자 하는 위선마다 원추에 접하고 이것을 보통 모선으로 절개하여 중앙경선상에 나란히 놓아서 위선을 구성하는 방법으로 경위선은 중앙경선에 직교하고 중앙경선 및 위선 상의 거리는 지상에서의 그것과 같게 한다. 경선은 각 위선을 경도차에 따라서 분할하고 같은 정도의 분할점을 매끄러운 곡선으로 이음으로써 얻어지는 도법이다. 미국연안측지국의 초대국장 Hasslar가 동국의 측량좌표계로서 고안한 것이다.

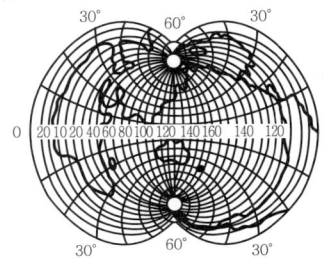

보통사진(普通寫眞, normal angle photograph) : 화각이 50~70°인 보통각 카메라로 촬영한 사진. 삼림조사용, 측량용 정보 및 사진해설용.

보통삼각(普通三角, plain tripod) : 삼각의 일종으로 다리의 단면은 원형이고 연직방향으로 튼튼하고 안정되나 무거워서 휴대하는 데 불편하다.

보통수위표(普通水位標, manual stage gauge) : 보통양수표.

보통양수표(普通量水標, ordinary water gauge) : 여러 가지 양수표 가운데 가장 보편적으로 쓰이는 것은 목재 또는 금속재의 판에 눈금을 새긴 것으로 견고한 모주를 수중에 연직으로 박아서 장치한 것이다. 또 교대, 교각, 호안에 직접 눈금판을 붙이고 직접 페인트로 쓴 경우도 있다. 수위표 눈금의 0은 최저수면 이하로 되고, 고수위 즉 홍수 때에 수위를 읽을 수 있도록 설치해야 한다.

보통측표(普通測標, station mark) : 삼각점 등의 위치를 나타내고 관측의 시준목표로 하는 표식으로서 가장 흔히 사용되는 형태의 것이다.

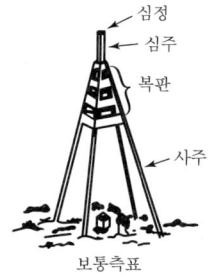
보통측표

보통카메라(普通카메라, non-metric camera)

: 사진측량용 사진기 렌즈의 시야각이 60°인 카메라. 주로 삼림조사용으로 쓰인다.

보폭(步幅, step length) : 사람이 걸어갈 때, 한쪽 발의 뒤꿈치부터 다른 발의 뒤꿈치까지 또는 한쪽 발의 앞부리에서 다른 쪽 발의 앞부리까지의 간격을 말한다. 2보폭을 1복보라 한다. 보폭은 보통 75cm 정도이며, 신장이 클수록 보폭도 길어진다.

보호말뚝(保護말뚝, protective peg) : 노선측량 등에서 주요점의 위치를 훼손으로부터 보호하기 위하여 주요점 주위에 견고하게 설치한 말뚝.

보호석(保護石, defensive stone) : 방위석.

복각(伏角, ① angle of depression ② dip) : ① 부각. ② 지구자기 3요소 중 하나로서, 지구자력선 방향이 그곳의 수평면과 이루는 경사각. 즉 자침의 바늘을 무게 중심에서 받쳤을 때, 자침과 수평면이 이루는 각을 말한다.

복곡선(複曲線, compound curve) : 반경이 다른 두 단곡선이 접속점이 같고, 공통접선을 가지며, 곡선이 같은 쪽에 중심이 있을 때 이것을 복곡선 혹은 복심곡선이라 한다.

복곡선접속점(複曲線接續點, Pound of Compound Curve : PCC) : 복곡선에서 공통접선의 접점을 말한다.

복능거(複菱距, double prismartic square) : 두 개의 5각형 프리즘을 겹침으로써, 직각방향을 정하기도 하고, 직선상에 임의의 일점을 정하기도 한다. 즉 그림에 있어서 PQ선 중에 점을 설정할 때에는 두 프리즘을 지나는 상을 합치고, 직각방향을 정할 때에는 능거에서와 마찬가지로 하나는 프리즘을 통하지 않고 직접 시준한다.

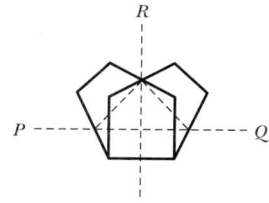

복도선법(複道線法, double traversing) : 도해적인 트래버스 방법으로 전진법이라고도 하며, 기지점에서 출발하여 다른 기지점에 도착하거나 또는 출발점으로 다시 돌아와서 결합시키는 방법이며, 이 방법은 한 개의 도선을 2회 시준하게 되므로 복도선법이라고 한다. 그림과 같이 A점에 평판을 세우고 B점을 시준하여 방향선을 긋고 AB의 거리를 측정하여 도상에 일정한 축척으로 b를 정한다. 평판을 지상 B점에 옮겨 도상의 b점이 지상의 B점에 일치하도록 구심하고 ba선에 맞추어 평판을 설치하여 측량하는 방법.

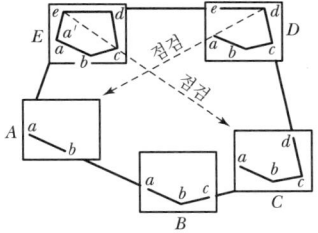

복버니어(復버니어, double vernier) : 버니어의 일종으로 0을 중심으로 해서 좌우 양쪽으로 눈금이 새겨져 있어 오른편으로 돌리거나 왼쪽으로 돌리거나 읽을 수 있도록 되어 있는 버니어.

복보(複步, stride) : 보통 어른의 한 걸음은 75cm 정도이며 좌우 각각 한 걸음을 합한 것을 1복보라 한다.

복사(輻射, radiation) : 자외선에서 가시광선을 지나 적외선에 도달하는 전자파에 의한 에너지의 전파.

복사계(輻射計, radiometer) : 복사계(방사계)는 시야 내에 있는 물체에서 방사 또는 반사되는 것을 수집하여 정해진 파장역의 전자기파 강도를 관측하는 장치.

복사속(輻射束, radiant flux) : 단위시간당 전달되는 방사에너지.

복사온도(輻射溫度, radiant temperature) : 물체에 존재하는 전자기 복사량을 복사 플럭스(radiant flux, ϕ)라 하고, 와트(watt)로 나타낸다. 물체로부터 방출되는 복사플럭스의 밀도(또는 양)가 그 물체의 복사온도(radiant temperature)이다.

복쇄(複鎖, chain of quadrilaterals) :

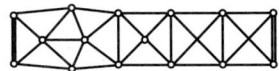

삼각망의 일종으로 각 부분마다 변장의 점검을 할 수 있는 도형으로 되어 있는 것. 그림에서 왼쪽 절반은 사변형망이며 오른쪽 절반은 유심다각망이라 부르기도 한다.

복시법(複視法, method of repetition) : 정시와 반시를 구하여 그 평균치로서 정확한 값을 구하는 방법.

복심곡선(複心曲線, compound curve) : 복곡선이라고도 하며, 반경이 다른 2개의 단곡선이 그 접속점에서 공통접선을 갖고 그것들의 중심이 공통접선과 같은 방향에 있는 곡선을 말한다.

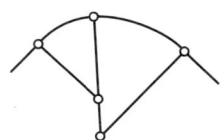

복원측량(復元測量, revival surveying) : 지적도 또는 지도상에 표현되어 있는 지형, 지물의 세부를 현지에 원래대로 복원하는 측량. 지적도에서 필계점이 불분명하게 되었을 때 복원측량을 하는 일이 많다.

복유표(復遊標, double vernier) : 트랜싯에서 좌우 양측으로 눈금을 읽도록 되어 있을 때, 아들자도 읽기 쉽게 하기 위하여 좌우의 양방향으로 눈금을 새긴 것.

복전진법(複前進法, method of double progression) : 복도선법.

복축형트랜싯(複軸形트랜싯, double axis type transit) : 연직축이 내축과 외축의 2중축으로 구성되어 있는 트랜싯으로서 내축은 상반에 연결되고 또 시준장치에 연결되어 있다. 외축은 수평눈금반 등으로 되어 있고 하부로 연결되어 있다. 측각은 반복법이 가능하지만 정밀도는 단축형에 비해 떨어진다.

복합곡선(複合曲線, compound curve) : 복곡선 또는 복심곡선이라고도 한다.

복합렌즈(複合렌즈, thick lens) : 여러 개의 렌즈로 이루어진 렌즈를 말한다.

복합시준기(複合視準機, multicollimator) : 평행광선을 형성시키기 위한 복합광학장치로 예를 들면 보통의 경위의 등이 이 목적을 위해 시준기를 사용하는 경우가 많다.

복합지형지물(複合地形地物, complex feature) : 다른 복수의 지형지물로부터 구성된 지형지물.

복합형클로소이드(複合形클로소이드, compound clothoid) : 클로소이드곡선 두 개가 그 접속점에서 같은 방향으로 굽어진 형태의 곡선이며, 그 접속점에서 곡률은 동일하다.

본기선(本基線, main base line) : 최초에 실측하는 변장계산용의 기선.

본느도법(본느圖法, bone projection) : 기본위선등거리원추도법을 변형하여 각 위선상에서도 등거리가 되도록 한 도법. 즉 각 위선은 등간격의 동심원호, 중앙경선은 이들과 직교하는 직선, 다른 경선은 각 위선을 등분한 점을 연결하는 곡선이 된다. 면적이 바르게 나타나는 등적도법이다. Bone가 1752년에 발표하였다. 기본위선이 적도인 때에는 Sanson도법, 극일 때에는 웨르너도법이라고 한다.

본초자오면(本初子午面, prime meridian plane) : 경도를 관측하는 데 기준이 되는 자오면으로, 본초자오면은 반쪽 면으로서 회전축의 경계이다. 그 접속점에서 곡률은 동일하다.

본초자오선(本初子午線, prime meridian) : 지구의 경도를 측정할 때에 기준이 되는 남북경선. 영국의 그리니치 천문대를 지나는 자오선이며, 경도의 기준이 되는 선.

볼록곡선(볼록曲線, crest curve) : 볼록한 형태의 종단곡선.

볼록집합(볼록集合, convex set) : 기하학적 집합에 포함되는 임의의 두 개의 점을 결합하는 직선(直線)상의 모든 점이, 그 기하학적 집합에 포함될 경우, 그 기하학적 집합이다.

봉부자(棒浮子, rod float) : 「막대부자」 참조.

부각(俯角, angle of depression) : 어떤 것을 시준할 때에 시준선이 수평선보다 아래쪽을 시준할 때 시준선과 수평선이 이루는 각을 말한다.

부게보정(부게補正, bouguer correction) : 관측점들의 고도차에 존재하는 물질의 인력이 중력에 미치는 영향을 보정하는 것으로, 각 관측점 아래 존재하는 물질은 모두 다르지만 관측점과 기준면의 높이차를 두께로 하는 밀도가 일정한 무한수평판(부게판)이 있는 것으로 가정하고 계산한다. 부게보정은 관측점이 기준면보다 높을 경우 질량에 의한 인력이 관측값에 더해져 있으므로 보정값을 빼주어야 하며, 프리에어보정과는 보정부호가 반대이다.

부게이상(부게異常, bouguer anomaly) : 중력 관측점과 지오이드면 사이의 질량을 고려한 중력이상으로서, 지형보정을 실시하느냐 하지 않느냐에 따라 두 가지로 나누어진다. 부게보정은 프리에어이상에 부게보정 및 지형보정을 더하여 얻은 중력이상이며 지형보정을 하지 않고 부게보정만 실시한 경우를 단순부게보정이라 한다. 부게이상은 프리에어이상과는 반대로 고도가 높을수록 (-)로 감소한다.

부도(副圖, duplicate map) : 지적도를 작성했을 때 이것과 같은 정도를 갖는 복제도를 만들어야 한다. 이것을 부도라 하며 행정상 원도는 시, 군, 구 등에 부도는 등기소에 보관되어 있다.

부분복합체(部分複合體, subcomplex) : 요소가 보다 큰 복합체에도 포함되고 있는 복합체이다. 이 정의에서는, 기하복합체와 위상복합체가 경계연산의 근원으로 끝나는 것만 요구되기 때문에, 특정의 차원과 그것 이하의 차원의 임의의 주 요소집합은 항상 근원보다 큰 봉합체의 부분복합체가 된다. 그러므로, 임의의 완전한 평면위상 복합체는 부분복합체로서 변-노드그래프를 포함한다.

부분집합(部分集合, subset) ; 다른 자료 집합의 일부분일 경우에만 사용되는 자료집합이다.

부울대수(부울代數, boolean algebra) ; 부울변수가 갖는 값과 부울변수에 대한 연산이 정의되어 있는 대수계를 말한다. 부울대수는 특정한 조건이 참인지 거짓인지 알아보기 위해 AND, OR, XOR, NOT과 같은 연산자를 사용한다.

부울연산(부울演算, boolean operation) ; AND, OR, XOR과 같은 논리 연산에 의해 지정된 기준을 바탕으로 한 관계를 나타내는 여러 상태의 질의를 말한다.

부울표현(부울表現, boolean expression) ; 참 또는 거짓으로 표현하는 표현의 유형. 부울표현에는 논리적 표현과 부울 연산자가 있다.

부자(浮子, float) ; 하천이나 용수로의 유속을 측정할 때, 하천이나 용수로의 적당한 구간을 부자가 유하하는 데 걸리는 시간으로부터 유속을 구하는 것. 부자에는 표면부자, 이중부자, 봉부자 등이 있다.

부자식자기수위표(浮子式自記水位標, float type automatic water gauge) ; 하천의 수위를 관측하는 기구로서 도르래와 와이어를 걸어 한 끝에는 추를, 다른 끝에는 부자를 매달아, 이것을 수면에 띄워서 수위의 변동에 따라 부자의 상하운동이 직접 펜에 전달되어 시계장치로 회전되는 원통형의 기록지에 기입하도록 되어 있는 수위표를 말한다.

부적합성(不適合性, non-conformance) ; 규정된 한 개 이상의 요건을 만족시키지 않아 실패한 것을 말한다.

부전법(不轉法, transiting fixed method) ; 트래버스측량에서, 어떤 지점에서 어떤 측선에 대한 방위각 관측 시, 전측선의 방위각 크기를 각측량기계가 가지고 있을 때, 이 방위각을 품고 있는 상태에서 망원경을 후시하고, 다음 우회하여 다음 측선을 시준하여 방위각을 관측하는 방법으로, 한 번의 잘못된 관측이 다음 관측에 누적된다는 단점과 여기서 얻어지는 방위각은 역방위각이기 때문에 180°를 감해야 한다는 단점이 있다.

부점(浮點, floating mark) ; 사진상에서 대상물의 위치를 관측하거나 도면화하기 위해서 사용되는 점.

부점상위(浮點上位, over the ground) ; 부점이 땅 위로 떠 보일 때를 말하는 것으로 편위에 의한 영향이므로 관측 시에는 쓸 수 없으며 반드시 부점정위상태에서 관측을 실시해야 한다.

부점하위(浮點下位, under the ground) ; 부점이 가라앉아 보이는 현상.

부정오차(不定誤差, random error) ; 착오와 정오차를 제외하고 남은 오차로서, 여러차례 반복 관측 시 관측값이 일치하지 않는 경우로 부호와 크기가 불규칙하게 나타나며, 관측자의 한계를 넘는 요인에 의하여 발생되는 오차로 확률법칙에 의하여 처리되는 오차.

부척(附尺, vernier) ; 아들자, 유표라고도 부른다. 1631년에 프랑스 사람 피에르버니어가 고안한 것으로 주척의 최소 눈금보다 작은 단위까지 상세하고 정확하게 읽을 수 있도록 만든 것.

부표(浮標, floating mark) ; 물 위에 띄워 두는 표적.

부호(符號, symbol) ; 지리적 사상을 나타내는 표현도식으로서 점, 선, 면의 특징을 나타내는 도형요소이다. 예를 들어 선의 심볼은 arc feature로 나타내고, 마크 심볼은 점을, 쉐이드 심볼은 면을, 텍스트 심볼은 주석을 나타낸다. 심볼의 색상, 크기, 패턴과 그 외의 여러 가지 특징으로 나타내며, GIS는 많은 다양한 심볼을 디스플레이하기 위해 점, 선, 면 등을 갖추고 있다. 지형도상에 표현되는 내용 및 그 표시방법 등을 정하고 지형도의 규격에 대한 통일을 도모할 목적으로 만들어진 형식을 말한다.

부호적도법(符號的圖法, symbolic representation) ; 지형을 표시하는 데 부호를 써서 하는 것으로 자연적도법에 대칭되는 말이다. 등고선법, 단채법, 점고법 등이 이에 속한다.

북극(北極, north pole) ; 지축이 지구의 표면과 만나는 점 가운데 북쪽의 지점을 말한다.

북극성(北極星, polaris) ; 하늘에서 북극에 거의 가까운 방향으로 있는 소능자의 α성이며, 관측지점에 대하여 거의 같은 고도에 있고 원주운동량도 작으며 다소 붉은 빛을 내고 있는 이등성이다. 위도 및 방위각의 관측에 흔히 쓰인다. 북극성에 의해서 방위각을 관측하자면 데오돌라이트로 북극성을 시준함과 동시에 그 시각과 수평눈금반을 읽는다. 관측한 시각에서 그 시각을 알고 나피아의 식 등을 써서 계산하면 되는데 초단위까지 읽는 경우에는 계산상의 보조표가 나와 있다.

북방한계선(北方限界線, Northern Limit Line : NLL) ; 북방한계선은 1953년 정전 직후 클라크 주한 유엔군 사령관에 의해 설정한 해상경계선이다. 1953년 7월 27일 이루어진 정전 협정에서는 남북한 간 육상경계선만 설정하고 해상경계선은 설정하지 않았으나 당시 주한 유엔군 사령관이던 클라크가 정전협정 직후 해상 한계선을 설정하여 오늘에 이루고 있다.

북아메리카기준계(北아메리카基準系, North American Datum : NAD) ; 나드.

북아메리카수준면88(北아메리카水準面88, North American Vertical Datum : NAVD88) ; 북아메리카의 수준면(1988).

북향거리(北向距離, northing) ; 위거. 지도 격자의 좌표계에서 동서기준선을 기준으로 북쪽(+) 또는 남쪽(-)으로 관측한 직선거리.

분광계(分光計, spectrometer) ; 투사하는 복사의 특징들이 파장의 기능으로써 관측될 수 있도록 프리즘이나 회전격자, 원형의 간섭 필터와 같은 분산시키는 요소를 갖고 있는 복사계. 이는 물체에서 여러 파장대에서 나오는 복사 또는 시간적으로 변화하면서 나오는 복사를 파장에 따라서 관측하는 광학기계.

분광반사(分光反射, spectral reflectance) ; spectral 이라는 용어를 붙인 경우, 단위 파장을 말하며 파장을 횡축으로 한 함수로 주어진다. 분광반사율은 파장의 함수로 나타낸 반사율이다.

분광복사계(分光輻射計, spectral reflectance) ; 좁은 전자기파 분광범위에서 방출되거나 반사되는 에너지를 측정하는 기기.

분광식생지수(分光植生指數, spectral vegetation index) ; AVHRR 영상의 두 개 분광밴드로부터 계산되는 식생지수.

분광폭(分光幅, angular beam width) ; 레이더에서 레이더빔에 의해 수평면이 잘리는 호의 각을 말한다.

분광해상도(分光解像度, spectral resolution) ; 가시광선에서 근적외선까지 구분할 수 있는 능력으로서 스펙트럼 내에서 센서가 반응하는 특정 전자기파장대의 수와 이 파장대의 크기.

분도기법(分度器法, protractor method) ; 트래버스 제도에서 분도기를 이용하여 그리는 방법. 분도기로 측선의 방향을 결정하며, 전원분도기와 반원분도기가 사용된다.

분도원(分度圓, graduated circle) ; 측량기의 연직축 또는 수평축에 장치된 각도를 읽을 수 있는 눈금의 판.

분류(分類, classification) ; 분광반사 특성을 기초로 영상의 개별특성을 카테고리로 할당하는 처리.

분류오류행렬(分類誤謬行列, misclassification) ; 분류체계 오류를 묘사하는 행렬.

분류코드(分類코드, classification code) : 건물, 철도, 도로 등 그 도형이 나타낸 항목을 분류하기 위한 코드.

분산(分散, variance) : 평균값의 주위에 흩어져 있는 정도를 나타내는 양으로 오차의 제곱의 산술평균.

분산시스템(分散시스템, distributed system) : 지리적으로 여러 곳에 분산되어 있는 컴퓨터 주변장치들을 통신망을 통해 연결시켜 놓은 시스템.

분산자료기반(分散資料基盤, distributed database) : 텔레커뮤니케이션 통신망을 통해 업무적, 시스템적 목적에 의하여 자료기반이 복수의 소재지나 복수의 통신망 상에서 분산되어 저장되어 있는 형태.

분산자료처리(分散資料處理, distributed data management) : 클라이언트 노드에서는 지역적(Local) 자료를 관리할 수 있는 데이터베이스 관리기를 가지지만, 가지고 있지 않은 자료에 대해서는 서버의 데이터베이스관리기에 의뢰하여 자료를 가져오는 모형.

분산컴퓨팅환경(分散컴퓨팅環境, distributed computing environment) : 분산된 자료기반 관리체계에 접근이 가능하므로 분산처리가 용이하다. 정보와 애플리케이션은 모든 컴퓨터에서 접근이 가능하므로, 서버에서 자료를 보내고 그것을 즉시 처리할 수 있다.

분석 및 모형화(分析 및 模型化, analysis and modeling) : 지리정보를 분석 혹은 통계처리함으로써 새로운 정보를 도출할 수 있다. 실세계에서 요구되는 지형분석과 모형화 기능은 매우 다양하지만 아직 GIS는 이러한 모든 것들을 지원하지는 않는다. 따라서 원하는 목적에 맞게 사용자가 GIS 기능을 조합하여 좀더 특별한 기능을 만들어 내는 작업.

분수선(分水線, watershed line) : 지표면의 높은 곳의 꼭대기 점을 연결한 선으로 빗물이 이것을 경계로 하여, 좌우로 흐르게 되는 곳으로 능선이라고도 한다.

분쟁지 조사(紛爭地 調査) : 토지의 경계와 소유권에 대한 분쟁이 있을 때 현지에 나아가 이해관계인이 제출하는 서류 등을 검사하여 결정하는 방법.

분점조(分點潮, equinoctial tide) : 달이 적도 부근에 있어서 일조위 등이 적은 조석을 말한다.

분조(分潮, partial tide) : 조위기록에는 여러 주기를 갖는 수위변동이 서로 겹쳐져 있으므로 이것을 여러 주기의 것으로 분해하는 것을 말한다.

분판제도(分版製圖, color separation drafting) : 다색의 지도를 작성할 때 색마다 제판용 원도를 만들기 위한 제도.

분할^1(分轄, split) : 나누어진 테두리를 가지는 대상물을 자름으로써 새로운 대상영역을 생성하는 것.

분할^2(分割, partition) : 지적공부에 등록된 1필지를 2필지 이상으로 나누어 등록하는 것.

분해능(分解能, resolving power) : 해상력이라고도 하며 망원경, 현미경, 눈 등으로 보아 분간할 수 있는 두 점 사이의 극한거리 또는 시각(1mm의 선 사이에서 몇 개의 선을 판별할 수 있는가 하는 능력).

불규칙삼각망(不規則三角網, triangulated irregular network) : 공간을 불규칙한 삼각형으로 분할하여 모자이크 모형 형태로 생성된 일종의 공간자료 구조로서, 삼각형의 꼭지점이 불규칙적으로 벌어진 절점을 형성한다.

불확정원통(不確定圓筒, critical cylinder) : 항공사진의 촬영점을 포함하는 원통면을 말하며, 이 원통상에 표정점이 있을 때(골짜기를 따라서 하는 촬영일 때) 상호표정은 할 수 없게 된다.

브라운수준기(브라운水準器, Browns water level) : 영국인 브라운(J. Browns)이 고안한 것으로 두 개의 병 모양으로 된 유리관과 여기에 연결된 5~10m 정도의 고무판이 있다. 주로 작은 장애물로 시야가 차단된 곳에서 이용되는 기구.

브란톤만능컴퍼스(브란톤萬能컴퍼스, Brunton's universal compass) : Fesnel사의 갱내측량용 컴퍼스로서 갱내에서 방위각이나 연직각을 관측할 때에 삼각에 올려놓거나 끈(corded)에 걸거나 할 수 있다. 세부측량용 평판에도 부속되어 있다.

브래킷(브래킷, bracket) : 갱내에서 트랜싯을 쓰는 경우 갱내가 매우 좁아서 갱의 바닥 위에 설치하기가 곤란한 곳에서는 같은 곳에 금속제의 횡목을 수평으로 건너지르고 그 위에 기계를 설치한다. 이 금속제의 횡목을 말하며 파이프 내부에 심봉을 넣은 것이다.

브이딥(브이딥, Vertical Dilution Of Precision : VDOP) : GPS의 정밀도 저하를 일으키는 DOP 중에서 수직성분 계산 값의 오차.

브이아이에스에스알(브이아이에스에스알, Visible Infrared Spin-Scan Radiometer : VISSR) : 정지 기상위성 series인 GOES에 정착된 센서로서 30분마다 지구 전체면의 1/3에 해당하는 full scene을 8km의 해상도로 자료를 제공하는 것.

브이알엠엘(브이알엠엘, Virtual Reality Modeling Language : VRML) : 바라보는 시점이 바뀜에 따라 동시에 물체의 모양을 변화시켜 사용자가 그 물체와 같은 공간에 있는 것 같은 느낌을 제공하는 3차원의 가상공간을 인터넷상의 WWW 서버상에 설치된 VRML파일이 전송돼 사용자 측의 컴퓨터에 탑재되어 있는 VRML 브라우저상에서 3차원 데이터로 렌더링함으로써 3차원 가상공간이 디스플레이 된다.

블록(블록, block) : 사진이나 입체모형을 종·횡 방향으로 접합한 모형.

블록조정(블록調整, block adjustment) : 항공 삼각측량에서 다수의 코스를 하나로 합하여 블록으로 행하는 조정을 말한다.

블링킹법(블링킹法, blingking method) : 투영 또는 직접관측에 의해 나타나는 깜박거리는 차이로서 판별하는 방법. 또는 양쪽 눈에 극히 짧은 주기로 교대하여 실체사진 또는 실체도의 상을 보내어 그 잔상을 이용하여 실체감을 알아보는 방법.

비계통형왜곡(非系統形歪曲, nonsystematic distortion) : 좌표계의 정의방법 및 지도투영법에 의한 기하학적 왜곡을 말하며, 보정은 주어진 영상좌표계와 지도좌표계 사이의 좌표변환식을 기준점으로부터 영상좌표와 지도좌표의 대응관계만을 이용하여 근사적으로 결정한다.

비고(比高, specific height) : 주위의 평균높이 등을 기준으로 한 어느 지점의 상대적인 높이를 말하며, 고저차 또는 표고차라고도 한다.

비공간자료(非空間資料, aspatial data) : 속성자료. 공간적으로 참조할 수 있는 요소를 가지고 있는 자료.

비금속관로(非金屬管路, non-metallic pipe) : 금속이 아닌 재질로 만든 관의 종류를 말하는 것으로 PVC, hume pipe 등이 있다.

비네팅(비네팅, vignetting) : 영상이나 사진촬영 시 이미지의 주변부가 검게 가려지는 현상이 나타날 수 있는데, 이와 같이 주변부의 광량 저하로 이미지의 모서리나 외곽 부분이 어두워지거나 검게 가려지는 현상.

비디오지리정보체계(비디오地理情報體系, video geographic information system : Video GIS) : 기존의 컴퓨터그래픽을 기반으로 하는 지리정보체계가 아니라 비디오 영상을 기반으로 하여 직접 사용자와 상호작용이 가능하고 공간자료를 분석하고 가공하는 시스템.

비디콘(비디콘, vidicon) : 광도전형 촬상관의 한 가지. 비디콘은 광도전막에 3황화안티몬(Sb_2S_3)을 사용한 촬상관에 붙인 명칭인데, 과도전형 촬상관의 총칭으로 사용되는 경우도 있다. 투명한 도전막에 입사광이 있으면 도전막의 저항이 감소하여 도전막의 표면에 정전하가 얻어지므로 여기에 전자빔을 주사하여 영상 신호를 만드는 것.

비디콘사진기(비디콘寫眞機, vidicon) ; 사진 필름 대신 비디콘과 같은 축적형의 촬영관을 사용한 광전방식의 탐측기.

비만아크(비만아크, Beaman's arc) ; 망원경 알리다드나 트랜싯의 수직분도원과 함께 장치되어 있는 것으로, 좌반은 각도를 읽는 버니어로, 우반에는 비만아크를 읽을 수 있도록 지표가 있는데 이것으로 수평값과 수직각을 동시에 읽게 되어 있다.

비방향성필터(非方向性필터, nondirection filter) ; 영상을 구성하는 화소는 각 방향에 대하여 정도는 틀리지만 화소값을 가지고 있으며 이러한 방향성에 기반하지 않는 영상처리 필터를 말한다.

비엠(비엠, BM) ; 수준점, 기준점. 기준점으로부터 높이를 정확하게 관측하여 표시해 놓은 점. 수준점 또는 고저기준점이라고도 한다.

비율영상(比率影像, ratio image) ; 같은 영상에 대하여 각기 다른 밴드나 화소 값으로 나누어 얻어진 영상.

비점기압계(沸點氣壓計, boiling point thermometer) ; 액체가 끓는 온도가 기압에 따라 다른 것을 이용한 기압계.

비점수차(非點收差, astigmatism) ; 광축으로부터 상당히 떨어진 점에서 상당한 경사로 렌즈에 들어오는 광선으로 인한 수차. 굴절광은 점으로 모이지 않고 고리모양 또는 방사상으로 흐릿해지는 현상.

비조정집성사진(非調整集成寫眞, uncont rolled mosaic) ; 연속된 사진을 겹쳐서 중복부분을 오려내어 영상과 영상을 잘 맞춘 다음 넓은 판에 붙여서 연속 집성한 사진.

비중(比重, specific gravity) ; 어떤 물질의 단위체적의 질량과 표준물질의 단위체적의 질량과의 비. 표준물질로서는 보통 3.98℃의 순수한 물을 취한다.

비즈니스GIS(비즈니스지아이에스, business GIS) ; 비즈니스 GIS는 복잡한 분석을 필요로 하지 않고 단순히 주어진 데이터를 쉽게 지도로 생성하여 사용자들이 직관적으로 그 공간적 분포를 이해할 수 있도록 도와주는 사용 어플리케이션이라 할 수 있다. 비즈니스 GIS 제품에는 공간 연산 및 질의 등이 포함되지 않으며, 업무에서 그 사용이 빈번하고 동작이 단순하여 쉬운 것이 특징이다.

비지형사진측량(非地形寫眞測量, non-topographic photogrammetry) ; 지도 작성 이외의 목적으로 X선 모아레사진, 레이저사진 등을 이용하여 의학, 고고학, 문화재조사, 변형조사 등에 이용되는 사진측량.

비측량용사진기(非測量用寫眞機, non-metric camera) ; 카메라에서 얻은 영상으로부터 각 점 사이의 크기 및 방향을 결정하는 정량적 해석 및 정성적 해석을 목적으로 하지 않고, 사진을 찍는 기계.

비투비(비투비, business of business, B to B : B2B) ; 기업과 기업 간의 전자상거래. 현재의 전자상거래가 고객을 대상으로 한 기업의 경영활동이라면 앞으로는 기업 간에 전자상거래가 활성화할 것으로 예상되고 있다.

비투시(비투시, business of customer, B to C : B2C) ; 기업과 소비자 간의 전자상거래를 의미한다. 소매 중심 상거래 사이트를 의미하기도 한다. 현재 B2C에서 시작하는 기업이 많지만 전자상거래가 활성화 될 경우 궁극적으로는 기업을 상대로 한 비즈니스 B2B의 규모가 더 커질 것이다.

비트(비트, bit) ; binary digit의 약어. 컴퓨터가 저장하고 처리할 수 있는 최소단위. 이진법의 지수를 나타내는 수치계산에서 Binary digit의 약어. 이진수의 한 자리.

비트맵(비트맵, bit map) ; 한 픽셀에 대해 한 비트를 할당한 다음에 이 정보의 상태를 0 또는 1로 표현하고 이를 조합하여 정보로 표현한 것.

비틀림트래버스(비틀림트래버스, twisted traverse) ; 갱내 골조측량을 할 때 수준이 다른 갱도 간을 완만한 사갱을 통하여 폐트래버스에 연결시키기 위하여 교차하고 비틀어지는 수가 있는 트래버스.

비행고도(飛行高度, flying height) ; 비행기에 의한 항공사진의 촬영높이. 평균해면으로부터의 높이를 절대비행고도, 적당히 선택한 지표면으로부터의 높이를 상대비행고도(또는 대지비행고도)라 한다.

비행고도자기기록계(飛行高度自己記錄係, Airborne Profile Recorder : APR) ; 항공기에서 바로 밑으로 전파를 보내고 지상에서 반사되는 전파를 수신하여 촬영비행중의 대지 촬영고도를 연속적으로 기록하는 것.

비행스트립(飛行스트립, flight strip) ; 비행성과 같은 의미로 연직사진 촬영인 경우 비행기의 항적을 나타내는 선.

비행자세(飛行姿勢, flight attitude) ; ① 비행체의 자세로서 비행체의 좌표체계 폭과 외부좌표체계 축 사이의 각도로 정의되는 비행체의 방향이다. ② 지리적 기준좌표체계에 대응되는 원격탐사시스템의 각의 방향이다.

비행장측량(飛行場測量, airport survey) ; 비행기가 뜨고 내리는 데 필요한 설비를 갖추는 장소의 측량으로 비행장의 조성 및 관리를 위한 조사측량, 입지선정측량, 활주로측량, 조명과 표지측량 및 배수계획측량 등을 말한다.

비행장표고(飛行場標高, aerodrome elevation) ; 비행장의 착륙지역 중에서 가장 높은 지역의 표고.

비행장표점(飛行場標點, aerodrome reference point) ; 비행장의 기하학적 중심지역에 설치한 표점으로 지정된 비행장의 지리상의 위치를 초 단위의 경도와 위도로 표시하는 점.

비행코스(飛行코스, course of flight) ; 촬영코스.

빈(빈, bin) ; 자료의 점위에서 일련의 동일 간격을 말하는 것. 대부분 히스토그램의 분할을 설명하는 데 이용된다.

빈변위법칙(빈變位法則, Wien's displacement law) ; 절대온도 T에서 흑체(모든 파장의 복사를 완전히 흡수하는 물체)로부터 방출되는 복사에너지 밀도가 최대로 되는 파장에 반비례한다는 법칙이다.

빈켈도법(빈켈圖法, Winkel's projection) ; Winkel이 1913년에 발표한 적도등거리방위도법을 변형한 Aitoff도법과 등거리원통도법의 합성도법. 즉 그들의 작도상 좌표치의 상가평균에 의해서 작도하는 방법. 세계전도에 쓰인다.

빔(빔, beam) ; 에너지의 집중된 맥동을 말한다.

빔컴퍼스(빔컴퍼스, beam compasses) ; 큰 반경의 원을 그리기 위하여 철제 또는 목제의 긴 편평한 봉의 양단에 붙여진 제도용구.

빛(빛, light) ; 비교적 파장이 짧은 전자기파로 파장이 0.4~0.75 μm인 가시광선을 말하나 넓은 뜻으로는 자외선과 적외선도 포함된다. 전파속도는 진공 중에서 초속 299,790.2±0.9km/s에 달하며 물질 중에서는 이것의 1/n이다.

사각망(四角網, quadrangular network) : 사변형삼각망.

사각형쇄(四角形鎖, chain of quadrilaterals) : 사변형의 4꼭지점을 연결한 삼각쇄. 조건식 수가 가장 많아 정확도가 높으며, 조정은 복잡하고 포괄면적이 적으며 시간과 비용이 많이 드는 것이 결점이다.

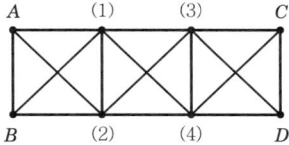

사갱(斜坑, inclined shaft) : 경사진 갱도를 말하며 수직갱, 수평갱에 대응하는 말로서, 완만한 경사로 지하까지 계속되는 광상 또는 석탄층이나 비교적 얕은 광산의 개발에 이용되는 경우가 많다.

사거리(斜距離, obilique distance) : 경사거리. 경사면에 따른 거리를 말하며, 지도를 그리거나 면적계산을 할 때에는 이것을 수평거리로 계산하여 사용한다.

사건발생지표시도(事件發生指標試圖, incident mapping) : 사건발생지를 표시하는 지도는 도로구획 또는 블록에 대해 주소가 부여되어 있는 도로 기본도를 이용하여 생성하는 것이 일반적이다.

사그낙효과(사그낙效果, Sagnac effect) : 한정된 공간의 순환식 경로를 이동하는 전자기파는 이 공간에 포함된 체계의 각속도에 영향을 준다. 이 영향을 사그낙 효과라 하며, 이를 이용하여 각변화율을 감지하는 자이로 등에 이용한다.

사다리꼴공식(사다리꼴公式, trapezoid formula) : 대형법. 면적산정방법으로 경계선의 굴곡이 심할 경우 경계선을 직선으로 간주하고, 구할 면적을 몇 개의 대형으로 구분하여 면적을 구하는 방법.

사등삼각점(四等三角點, fourth order triangulation point) : 사등삼각측량으로 설치한 삼각점이며, 표석에는 반석과 주석이 있고, 점의 상호거리는 평균 1.5~2.0km이다. 건물의 옥상 등에 설치하는 경우에는 금속표를 사용한다.

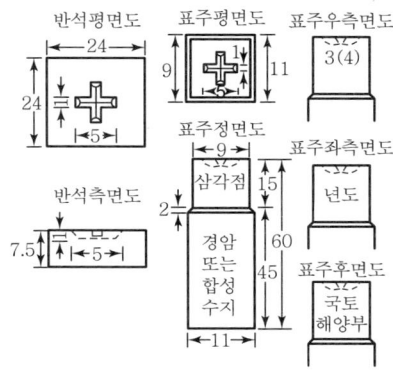

사등삼각측량(四等三角測量, fourth order triangulation survey) : 사등삼각점 이상의 삼각점을 이용하여 행하는 삼각측량으로 위치는 경·위도 외에 특정한 횡 Mercator좌표계를 쓰게 되므로 일반적으로 좌표치를 그대로 쓸 수 있다.

사변형보정사진(四邊形補正寫眞, orthophoto quad) : 정사사진들의 집합으로부터 만들어진 사진지도.

사미(사미, Stratospheric Aerosol Measurement experIment : SAMI) ; 성층권의 대기 형태를 조사하는 실험장치. Minbus -7에 장착되었다.

사변형삼각망(斜邊形三角網, quadrilaterals) ; 사각형의 형태로 삼각점을 설치하고, 대각선 방향으로 시준선을 설정하여, 한 번에 대한 기선과 각 관측점에서 2개 각, 즉 총 8개 각을 관측하는 삼각망이다. 조건식의 수가 가장 많기 때문에 가장 높은 정확도를 얻을 수 있다. 그러나 이 망은 조정이 복잡하고 포함면적이 적으며, 많은 노력과 시간 그리고 경비가 많이 요구된다는 단점이 있다. 따라서 특별히 높은 정확도를 필요로 하는 삼각측량이나 기선삼각망 등에 사용된다.

사변형쇄(四邊形鎖, chain of triangles) ; 사변형의 꼭지점을 연결하여 만들어진 삼각쇄이며 삼각측량에서 가장 많이 사용하는 쇄이다.

사상변환(寫像變換, affine transformation) ; 도형, 도상의 평행이동, 회전, 확대축소, 사교축 변환 등 좌표축의 변형, 변환을 말하며, 각 점은 좌표의 일차좌표변환에서 행하는 것이 가능하다. 영상입력장치에 의한 입력영상의 단순한 왜곡 등은 컴퓨터에 입력된 후 부등각 사상 변환을 행함으로써 수정할 수 있다.

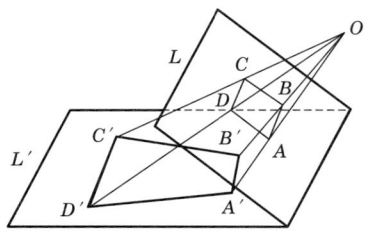

사선(射線, radial line) ; 사선법으로 사선중심에서 그은 방향선.

사선법(射線法, radial triangulation) ; 실제항공사진상에서 사선 중심으로부터의 방위각을 관측 또는 이동하여 표정점의 평면위치를 구하는 방법. 주로 60% 이상 중복된 수직사진을 이용하여 계산으로 하는 법, 도해법, templet법 등이 있다.

사선중심(射線中心, radial point) ; 사선법에서의 사선의 중심점. 주점, 연직점, 등각점이 사용된다.

사선측각기(射線測角器, radial triangulator) ; 사선 중심으로부터 사선 사이의 각도를 입체시하여 관측하는 기계.

사업수행능력평가(事業修行能力評價, Pre Qualification : PQ) ; 공사입찰 시 참가자의 기술능력, 관리 및 경영상태 등을 종합평가하여 공사의 특성에 따라 입찰 참가자격을 사전에 심사하여 적격자만 입찰에 참가하도록 하는 계약제도이다.

사용자등가거리오차(使用者等價距離誤差, User Equivalent Range Error : UERE) ; 사용자거리오차(user range error). GPS 위치결정에서 오차에 기여하는 원인 중 하나로, 위성과 수신기 간의 거리오차이다. 사용자 등가거리오차는 서로 무관한 원인으로부터 발생하고 그 원인도 서로 다르다. 이 오차의 최대기대값은 이온층에 의한 오차를 제외한 항법메시지의 사용자거리정확도(user range error)에 있다.

사이드랩(사이드랩, ① side lap, ② lateral overlap) ; 항공사진촬영에서 평행한 2개의 촬영 코스 사이의 중복도.

사이드스캔소나(사이드스캔소나, Side Scan Sonar : SSS) ; 해저 또는 하저의 음압영상을 취득하는 측량 장비.

사이클슬립(사이클슬립, cycle slip) ; GPS 관측 중 어떤 원인에 의해 위성으로부터의 일시적인 신호 loss에 의해 반송파 위상관측값이 단절되는 현상으로, 어떤 장애물에 의해 일시적으로 신호가 끊어졌을 때 수신한 신호에 발생하는 위상관측 오류. 사이클슬립은 수신회로의 특성에 의해 파장의 정수배만큼 점프하는 특성이 있다. 이 때문에 자료 전처리단계에서 사이클슬립을 발견, 편집할 수 있고,

이에 따라 기선해석 소프트웨어에서 자동처리가 가능하다. 기선처리기는 사이클슬립의 계산을 통해 셈을 복원할 수 있다. 위성신호를 방해하는 원인은 여러 가지가 있으나, 정지측량의 경우는 매우 약한 위성 신호, 낮은 위성의 고도각, 나무와 같은 장애물 등이 있다. 이동측량의 경우에는 정지측량의 경우보다 사이클슬립을 야기시키는 원인들이 많이 존재한다. 따라서 사이클슬립을 야기할 수 있는 상황을 주시하고 가능하다면 이러한 상황을 피하는 것이 좋다.

사점법(四點法, four point method) ; 사진상의 점을 지도상에 옮기거나 혹은 그 반대의 경우에 양쪽 도형의 직선군에 관한 복비(비조화비)가 일정하다는 것을 이용하여 행하는 도해편위수정의 일종.

사정(査定, screening) ; 토지의 소유자와 그 강계(경계)를 확정하는 행정처분으로서 이는 행정관청인 임시토지국장에게 전속된 권한이며 사정된 토지의 경계를 사정선 혹은 경계선이라 부른다.

사지거법(斜支距法, diagonal offset method) ; 장애물 때문에 지거를 내릴 수 없는 경우와 정밀측량의 경우에는 관측점과 측선상의 점을 연결하여 그 점의 위치를 결정하는 방법. 즉 측선과 측점과의 거리는 수직거리가 아니다.

사지수형(四指數形, quadtree) ; 공간을 4개의 정사각형으로 계층적으로 분할하는 원리에 바탕을 둔 위계적 자료구조이다.

사진(寫眞, photograph) ; 가시광선, 자외선, 적외선, 전자선 등의 작용에 의해서 감광층(건판이나 필름) 위에 물체의 반영구적인 영상을 만들어내는 것.

사진간접수준측량(寫眞間接水準測量, photo-trigonometry) ; 현지에서 트랜싯으로 두 점 간의 고저각을 관측하고, 그 두 점 간의 거리는 사진측량으로 구해서 고저차를 계산하는 방법.

사진경위의(寫眞經緯儀, phototheodolite) ; 지상사진측량의 촬영에 쓰는 사진기로서 사진기 위의 중심에 맞추어서 트랜싯이 붙어 있어 사진기의 촬영방향 등을 관측할 수 있다.

사진관측학(寫眞觀測學, photogrammetry) ; 사진측량.

사진기(寫眞機, camera) ; 감광층상의 영상을 기억하는 기기, 감광층의 광의 집점을 모으기 위한 한 개 이상의 렌즈와 노출시간을 제한하기 위한 Shutter를 갖고 있는 기기.

사진기가대(寫眞機架臺, camera mount) ; 항공기 기체 내에서 촬영 사진기를 수직방향 또는 경사방향으로 고정하는 장치.

사진기선(寫眞基線, photo-base) ; 입체사진에 있어서 1장의 사진에서 그 주점과 인접사진의 주점의 이사점을 이은 선.

사진기선길이(寫眞基線길이, base length on the photo) ; 1코스의 촬영 중에 임의의 촬영점으로부터 다음 촬영점까지의 실제거리를 촬영기선길이라 한다.

사진기축(寫眞機軸, camera axis) ; 촬영 사진기 또는 도화기의 투사기 렌즈 중심을 통하여 사진면에 직각인 직선.

사진도(寫眞圖, photo map) ; 사진지도.

사진등각점(寫眞等角點, isocenter) ; 상측 투영중심을 통하는 촬영방향과 연직방향 사이각의 2등분선이 지면과 만나는 점이며, 편위수정의 회전중심이다.

사진면(寫眞面, picture plane) ; 사진측량에서 건판 또는 필름이 장치되어 있는 면.

사진모자이크(寫眞모자이크, photomosaic) ; 약 60%씩 중복되게 촬영한 입체사진을 지도상에서 서로 맞추어서 만든 사진지도로서, 이것을 만드는 방법에 따라서 약집성사진, 조정집성사진 및 엄밀사진으로 나눈다.

사진번호(寫眞番號, number of the photographs) ; 사진촬영 시마다 촬영번호가 사진에 찍히게 되는데, 한 가지 형태는 촬영지역마다 No.1부터 순차로 끝까지 일련번호로 되어 있어 편리한 점이 있으나 같은 번호로 된 사진이 몇 장 나오는 불편이 있다. 이에 대하여 촬영지역에 관계없이 처음부터 고유의 일련번호가 계속되고 있으므로 같은 사진번호는 없으나 번호의 수가 많아져서 불편하다.

사진법(寫眞法, photographic method) : 기본도면을 옮기는 방법의 한 가지로 기본도면을 사진으로 찍어서 소요의 축척으로 촬영하는 방법.

사진블록(寫眞블록, block of photos) : 항공기의 비행방향으로 촬영된 사진은 하나의 스트립을 이루는데 이 스트립들이 횡중복을 통해 결합된 것.

사진삼각측량(寫眞三角測量, phototriangulation) : 삼각측량기법에 의해 사진측량을 실시하는 것.

사진상(寫眞像, image of projection) : 사진면상에 찍힌 상. 이 상은 렌즈의 중심을 촬영중심으로 하는 중심투영상에 해당된다.

사진삼림학(寫眞森林學, photo-forestry) : 항공사진을 이용하여 삼림학상, 삼림경영상 필요한 정보를 얻기 위한 판독 체계.

사진상읽기(寫眞像읽기, photoreading) : 사진판독의 제1단계로서 사물이 무엇인가를 분별하는 작업.

사진상의 떨림(寫眞像의 떨림, image movement) : 노출 시간 중의 사진기와 피사체의 상대적인 운동 때문에 발생한 사진상의 각점의 떨림.

사진선형(寫眞線形, photographic lineament) : 사진에 기록된 선상의 특징으로서 연속적 또는 단속적으로 관찰된 것.

사진수평선(寫眞水平線, horizon trace) : 사진면과 그 사진의 투영중심을 통하는 수평면과의 마주치는 선.

사진연직점(寫眞鉛直點, nadir point) : 사진기 렌즈의 투영 중심을 통하는 연직선이 사진면과 만나는 점.

사진요소(寫眞要素, pixel) : 영상소 또는 픽셀.

사진적처리(寫眞的處理, photographic process) : 촬영을 마친 필름은 될 수 있는 한 빨리 현상하고, 다시 밀착양화를 만들어 촬영의 양부를 검사하는 것.

사진좌표(寫眞座標, photo coordinates) : 사진좌표계에서 표현한 사진에서의 점의 좌표. 사진좌표계란 주점을 원점으로 한 xy좌표계로서, 사진변에 평행하며 비행방향인 축을 x축으로 하고 x축에 직각인 축을 y축으로 함.

사진좌표계(寫眞座標系, photo coordinate system) : 모든 좌표계는 오른손 좌표계를 사용하며, x축을 비행방향, y축은 비행방향에 직각, z축은 천정방향으로 한다. 카메라의 기울어짐은 좌표축의 회전각으로 표시하는 3차원인 직교우수좌표계이다. 이상적인 사진좌표계의 원점은 투영중심과 일치해야 하며, 사진면은 x, y평면이다.

사진좌표취득기(寫眞座標取得機, monocomparator) : 사진좌표들을 관측하기 위해 사용되는 장비로 최고의 정확도를 가지고 있으며, 정확도는 약 $2 \sim 3\mu m$이다. 독취기는 한 번에 한 장의 사진좌표를 독취한다.

사진주점(寫眞主點, Principal Point : PP) : 사진기렌즈 중심을 통하여 사진면에 직각으로 들어온 광선이 사진면에 닿은 점을 말한다. 초점을 필름에 연직으로 투영한 위치이다.

사진주점거리(寫眞主點距離, Principal distance of Photograph : PP) : 화면거리. 사진기렌즈 중심을 통하여 사진면에 직각으로 들어온 광선이 사진면에 닿은 점.

사진중심(寫眞中心, center of photograph) : 사진의 사변의 중앙 또는 모서리에 있는 지표를 이은 선의 교점. 바르게 조정된 카메라에서는 주점과 일치한다.

사진지도(寫眞地圖, photo map) : 항공사진을 편위수정하고 부분적으로 오려 붙여서 그 위에 등고선, 지명, 기호, 경계, 지적계 등 필요한 사항을 기입하여 지도의 일종으로 쓰는 것을 말한다.

사진지리학(寫眞地理學, photo-geography) ; 항공사진을 이용하여 자연, 인문지리학적인 정보를 얻기 위한 판독의 체계.

사진지질학(寫眞地質學, photogeology) ; 항공사진을 이용하여 지질학상, 채광상 필요한 정보를 얻기 위한 판독의 체계.

사진지표(寫眞指標, photo index) ; 사진의 사변의 중점 및 네 귀퉁이에 표시된 표지. 대각선 방향의 지표를 연결한 두 개의 선분은 사진주점에서 교차한다. 사진기의 지표 간 길이는 정확하게 관측되어 있으므로 사진지표의 간격을 비교하면 사진의 신축을 알 수 있음.

사진축척(寫眞縮尺, scale of photograph) ; 촬영고도를 카메라의 초점거리로 나눈 것으로 사진의 개략적인 축척을 나타낸다. 지면에 기복이 있거나 카메라가 경사되어 있으면 지도축척에서와 같은 엄밀한 의미로서의 축척으로는 되지 않는다.

사진측량(寫眞測量, ① photogrammetry, ② photographic survey) ; 전자기파에 의한 영상을 이용하여 대상물에 대한 위치결정, 도면화 및 도형해석, 생활공간에 관한 개발과 유지관리에 필요한 자료제공, 정보의 정량화 및 경관관측을 통하여 쾌적한 생활환경 창출에 이바지하는 학문.

사진측량용 데오돌라이트(寫眞測量用 데오돌라이트, photo theodolite) ; 사진기와 트랜싯을 조합한 것으로 지상사진측량에 사용하는 것.

사진측량도화(寫眞測量圖畵, photogrammetric mapping) ; 항공사진의 관측에 의한 지도편집의 과정.

사진측량학(寫眞測量學, photogrammetry) ; 사진측량.

사진측량훈련소(寫眞測量訓練所, international training center for aerial survey) ; 네덜란드 델프트에 있는 사진측량 판독에 관한 교육기관으로 각종 연구를 하고 정보를 교환하며 또 집회의 중심이 되어 있다. 1949년에 설립되었으며 I.T.C라 칭한다.

사진측정학(寫眞測定學, photogrammetry) ; 사진측량학.

사진측정학적수치화(寫眞測定學的數値化, photogrammetric digitizing) ; 항공사진으로 새로운 지도제작을 할 때 사용되는 기법으로, 일반적으로 입체사진으로부터 정밀하고 정확한 평면 수치좌표와 표고를 획득할 때 많이 이용된다.

사진판독(寫眞判讀, photo interpretation) ; 항공사진에 나타난 대상물의 정보를 목적에 따라 적절하게 해석하는 기술로서 이것을 기초로 하여 종합 분석함으로써 대상물의 지형, 지물, 식생, 토양 등을 분별하고 기준점 또는 표지를 확인하여 각종 유용한 정보를 얻는 작업.

사진해석(寫眞解析, photoanalysis) ; 사진판독의 한 단계로서 사진에서의 사물을 판독한 결과를 종합하여 목적에 따른 해석을 하는 일.

사차원지적(四次元地籍, four-dimensional cadastre) ; 토지에 대한 지표, 지상, 지하시설물 등의 변동연혁까지 등록 관리하는 지적제도로서 공간지적제도라고도 한다.

사차원측량(四次元測量, four-dimensional survey) ; 공간의 3차원과 시간의 일차원을 합쳐서 이르는 측량. 즉 x, y, z, t에 관한 측량.

사출법(射出法, radiation method) ; 광선법 또는 방지법. 평판측량에서 하나의 기지점에 평판을 정치하고 주위의 지물까지 방사상으로 방향선을 그어서 거리를 줄자 또는 시거측량법으로 측정하여 지물의 위치를 결정하는 방법.

사표(四標) ; 사방의 경계표로, 양전에서는 토지의 위치로서 동, 서, 남, 북의 경계를 표시하는 것.

사행식(蛇行式) ; 지번의 설정방법으로 전답 등과 같이 불규칙한 필지에 대해 북서방향에서 남동방향으로 연속 부번하는 방법.

사향법(斜向法, oblique projection) : 사향법 또는 지평법. 지도의 투영에 있어서 투영면이 지구의 적도와 극 이외의 점에서 접할 때.

삭(朔, new moon) : 태양, 지구, 달의 위치에 따라 지구에서 보면 태양에 비친 달의 모양이 여러 가지로 변한다. 태양과 달의 황경(춘분점으로부터 황도에 따라서 잰 각거리)이 같아졌을 때 태양은 달의 배면을 비친다. 이때를 삭(신월)이라 하고 90°의 방향일 때가 상현, 180°일 때가 만월, 270°일 때가 하현이다.

삭망고조(朔望高潮, high water full and change) : 삭(음력의 1일)과 망(음력의 15일)사이의 만조.

산란(散亂, scattering) : 파동이나 고속도(高速度)의 입자선(粒子線)이 많은 분자·원자·미립자 등에 충돌하여 운동 방향을 바꾸고 흩어지는 일.

산란계(散亂計, scatterometer) : 레이더를 이용하여 전자기파를 발산하고 산란된 전자기파를 수신하여 지상의 사물 특성을 연구하는 시스템.

산란계수곡선(散亂係數曲線, scattering coefficient curve) : 입사각의 함수로서 보여지는 상대적인 후방산란을 산란계에 나타낸 곡선.

산림측량(山林測量, forest surveying) : 산림의 현황 파악과 사방공사, 산림운반시설 등을 위해 실시하는 측량으로 지형측량, 경계측량, 임도측량 등이 있다.

산림판독(山林判讀, forest interpretation) : 산림의 건강상태, 수종 등을 분석하기 위해 위성영상이나 항공사진을 판독하는 것.

산손도법(산손圖法, Sanson's projection) : 각 위선을 중앙경선에 직교하는 평행직선으로 하고 그 간격은 지구상의 경선호장과 같게 한다. 그리고 각 위선상에서 중앙경선에서 구한 경도차에 따른 위선호장을 잡아 동일경도의 각점을 이어서 경선의 투영으로 한 것. Bone 도법의 기준 위선이 적도인 경우에 해당한다. Sanson이 1650년에 고안했는데 약 50년 후에 비로소 Flamsteed가 이것을 지도에 이용하였으므로 Sanson-Flamsteed 도법이라고도 한다. 또 Mercator가 남미의 지도에 이 도법을 이용하였으므로 Mercator-Sanson 도법이라고도 한다.

산손등적지도(산손等積地圖, Sanson's equation area map) : Sanson 도법에 의해서 만들어진 지도를 말한다.

산술논리연산장치(算術論理演算裝置, Arithmetic and Logic Unit : ALU) : 프로그램의 실행과 다른 기능들에 기본적인 수식적 연산을 수행하는 중앙처리장치(CPU) 내에 존재하는 전산기의 중앙부. 산술연산과 논리연산을 함께 할 수 있는 장치를 말한다.

산술평균(算術平均, numerical mean) : 상가평균, 즉 몇 가지의 수의 합을 그 가지 수로 나눈 평균값.

산업지도(産業地圖, industrial map) : 산업분포의 상황 및 이에 관련된 현상에 특히 중점을 두고 작성된 주제지도.

산정(山頂, summit) : 지형의 정상부분으로 일반적으로 급한 형태의 산정은 최고점을 중심으로 3방향의 능선이 나타나며, 완경사의 산정부분은 지성선이 불분명하고 4방향 이상의 계곡선이 나타난다.

산포도(散布度, scattering) : 관측값이 그의 대표 값 주위에 어떻게 퍼져 있는가를 나타내는 지표이며, 평균값으로 관측값을 대표할 때 오차의 크기.

산학박사(算學博士) : 백제시대 때 6佐平 중 내두좌평(內頭佐平)으로 하여금 국가의 재정을 맡도록 하고 이의 관할하에 산학박사를 두어 지적과 측량을 관리하도록 하였다.

삼각(三脚, tripod) : 측량기계 등을 지지하는 3개의 발이 달린 받침대로서 두부에는 기계를 설치하기 위한 나사가 있고, 각부에는 그 끝에 돌받이가 끼워져 있다. 발은 적당히 벌리고 기계로부터 추 등을 매달아서 기계의 중심이 측점 위에 위치하게 한다. 보통삼각,

활족삼각, 신축삼각 등의 종류가 있다.

삼각고저측량(三角高低測量, trigonometric leveling) ; 삼각수준측량.

삼각구분법(三角區分法, triangular division method) ; 대각선법, 다각형의 측량지역을 대각선 또는 임의의 직선이나 삼각형으로 나누어 각 변장을 재서 면적을 계산하는 방법.

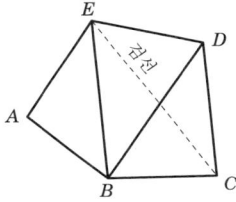

삼각대(三脚臺, tripod plate) ; 갱내의 골조측량 등에서는 갱내가 좁아서 트랜싯을 바닥 위에 설치하기가 곤란하므로 임시로 선반을 만들어 그 위에 삼각을 떼어낸 트랜싯을 얹는다. 이와 같이 높이가 낮은 삼각이 달린 받침대를 삼각대라 한다.

삼각두(三脚頭, tripod head) ; 삼각의 두부로서 트랜싯, 레벨, 평판 등을 연결하는 부분. 소축척측도용의 삼각은 단지 나사식으로 연결장치가 달려 있으나 대축척용의 평판삼각에는 중심을 합치시키기 위한 특수기구가 달려 있다. 최근에는 레벨용의 상면이 구형으로 된 것도 있다.

삼각망(三角網, triangulation net) ; 기준점측량을 구하기 위하여 삼각측량을 하게 되는 삼각형을 연결시키면 망상의 도형으로 된다. 이것을 삼각망이라 하며, 광범위한 지역의 고른 밀도의 측량에 사용한다.

삼각법(三角法, trigonometry) ; 삼각함수를 써서 삼각형의 해법 및 그 응용을 연구하는 수학의 한 분과.

삼각법방식(三角法方式, triangle method) ; 지하시설물의 깊이 관측 방법 중 하나로서 수신기에 SSV안테나를 끼워 매설물의 정확한 위치로부터 안테나가 45° 되도록 기울여잡

고 검류계의 눈금이 0이 되도록 매설물의 방향과 직각 되게 이동한 다음 매설물의 위치에서부터 측점까지의 거리를 재면 깊이가 된다.

삼각본점망(三角本點網, first order triangulation network) ; 한 변의 길이가 약 30km 평균이 되게 한 망.

삼각분할(三角分割, triangulation) ; 이차원 공간을 삼각형으로 나누는 과정으로 삼각망은 불규칙삼각망 자료구조의 기본과 보간의 기본, 이 두 가지 목적으로 사용된다. 그러나 이러한 불규칙삼각망을 기반으로 한 보간이 수치지형모형의 자료구조로서 사용되는 불규칙삼각망에 비해 보다 널리 이용되고 있다.

삼각쇄(三角鎖, triangulation chain) ; 가늘고 긴 지역의 삼각측량을 할 때에 편리한 방법으로서 단쇄, 사변형쇄, 복쇄 등 여러 가지가 있다.

삼각수준측량(三角水準測量, trigonametric leveling) ; 간접수준측량의 일종으로 두 점 간의 고저각을 관측하여 이것과 삼각측량에서 구한 거리를 사용하여 두 점 사이의 높이의 차를 구하는 방법. 일반적으로 장거리가 되므로 양차의 보정을 요한다. 그러나 망원경 정·반 관측값의 평균값을 쓰면 양차의 보정은 필요 없다.

삼각점(三角點, triangulation point) ; 삼각측량에 의해서 위치를 결정한 지상의 세 꼭지점으로서 삼각점표석이 매설되어 있다. 측량의 정밀도에 의해서 1등, 2등, 3등, 4등의 구분이 있다.

삼각점등급(三角點等級, order of triangulation point) ; 넓은 지역을 측량할 때 전지역을 같은 정밀도로 삼각점을 설치하여 삼각측량을 하면 많은 노력과 시간이 들고, 오차가 누적되어 정도가 떨어진다. 그러므로 각 관측의 정밀도에 의하여 1, 2, 3, 4의 4등급으로 나누어 결정한 삼각점이다. 등급이 위의 것일수록 정밀한 측량으로 관측한 것이지만 이용

하는 데 있어서 특별히 그 정도에 대하여 고려할 필요는 없다.

삼각점성과이용법(三角點成果利用法, use of final results of triangulation) ; 점의 등급, 경위도, 직교좌표점의 표고, 진북방향각 등을 알 수 있으므로 기설점 간의 방위와 거리를 산출할 수 있다. 이것을 이용 신설점의 방위 및 변장을 산출하고, 경위도좌표를 구할 수 있으며, 표고를 구하는 등에 이용된다.

삼각점성과표(三角點成果表, final results table of triangulation) ; 삼각측량을 실시하여 얻은 삼각점의 위치 및 인접삼각점과의 관계를 정리한 표이다. 이 표에는 각 삼각점의 경·위도, 평면직교좌표, 표고, 진북방향각, 등급 및 인접삼각점에 대한 방향각과 거리 등이 기록되어 있으며, 후일에 여러 가지 목적으로 다른 측량에 이용할 수 있도록 기록한 것.

삼각주(三角洲, delta) ; 하천이 바다로 유입하는 곳에 형성되는 부채꼴의 지형. 하천경사가 완만하면 유속이 작기 때문에 퇴적작용이 완만하여 방사선상으로 유로가 형성되며, 비교적 연약한 지반을 형성하게 됨.

삼각주공식(三角柱公式, triangular prismatic formula) ; 넓은 지역을 정지, 절취, 매립 등을 할 때 토공량 산정에 쓰이는 공식으로 전 지역을 같은 면적의 삼각형(각 삼각형의 표면을 평면으로 볼 수 있는 정도의 크기)으로 분할하여 각점의 표고를 측정하여 토량을 계산하는 방법으로 각 점에서 만나는 삼각형의 수를 기입하면 그림과 같은 경우, 기준면 상의 토량 V는 다음과 같다.

$$V = \frac{A}{3}(\Sigma h_1 + 2\Sigma h_2 + 3\Sigma h_3 + \cdots + 8\Sigma h_8)$$

여기서 A : 삼각형의 면적, Σh_1 : 모서리 점 1의 표고의 합, …, Σh_8 : 모서리 점 8의 표고의 합.

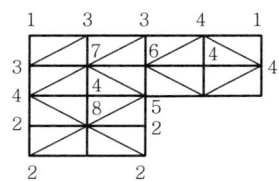

삼각점표석(三角點標石, stone mark) ; 기준점의 위치를 화강암을 이용하여 표시해 놓은 것으로, 표석은 반석과 주석으로 이루어지고 주석두부상면 및 반석상면 중앙에는 십자선이 새겨져 있으며, 양쪽 십자선의 중심은 동일연직선상에 있다. 표석에는 측량계획기관, 측량표의 종류, 번호 등이 기재되어 있다.

삼각측량(三角測量, triangulation) ; 지상에서 서로 바라보이는 삼각점을 정하여 그 1변과 각을 측정하여 다른 2변을 계산으로써 구하고, 또 1변의 방향각을 구하여 다른 점의 위치를 결정하는 측량.

삼각형 분할법(三角形分割法, division method into triangle) ; 현지측량법에서 이용되는 방법으로, 도면상의 도형을 삼각형이나 사다리꼴 또는 사각형으로 분할하여 각개의 변장이나 높이들을 관측 계산한 다음 합계하는 측량방법.

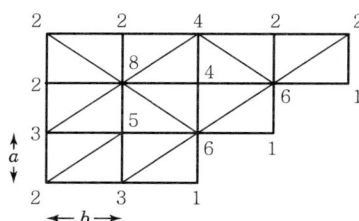

$$V = \frac{ab}{6}(\Sigma h_1 + 2\Sigma h_2 + 3\Sigma h_3 + \cdots + 8\Sigma h_8)$$

삼각형의 폐합차(三角形의 閉合差, error of closure of triangle) ; 삼각형의 세 각을 관측하여 합하면 180°(평면에서)가 되어야 하지만 일반적으로 관측오차 때문에 180°가 되지 않는데 이때 세 각의 합과 180°와의 차. 이 폐합차의 크기로 관측의 정도를 판정한다.

삼간각도기법(三桿角度器法, three-arms protractor method) : 평판측량에서 사용되는 방법으로 투사지법과 비슷한 방법인데 팔이 셋인 삼간각도기를 사용하여 미지점의 도상 위치를 알아내는 방법.

삼간분도기(三桿分度器, three-armed protractor) : 삼발분도기. 주로 해도상에서 자기의 위치를 알기 위하여 사용하는 분도기.

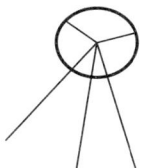

삼급도화기(三級圖化機, third order plotting instrument) : 간이도화기.

삼급수준측량(三級水準測量, third class leveling) : 도로, 하천 등 각종공사에 필요한 측량의 기준, 노선, 하천 등의 종단측량, 도하를 위한 수준측량의 기준을 제공하기 위하여 실시하는 수준측량으로 2등 수준점 이상을 사용하며, 왕복 차의 오차는 $10mm\sqrt{s}$이다.

삼등삼각점(三等三角點, third triangulation point) :

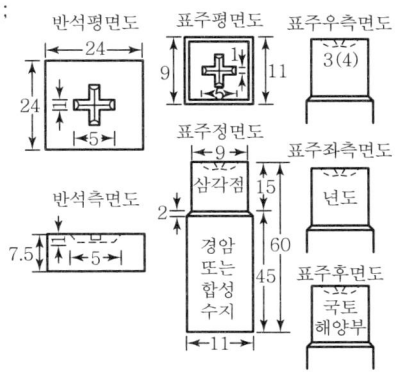

삼등삼각측량으로서 위치를 결정한 삼각점이며, 삼등삼각점 표석이 매설되어 있다. 주석의 길이는 약 60cm이며 아래에 반석이 붙어 있다. 돌 중앙에 십자선으로 그 위치를 표시한다.

삼등삼각측량(三等三角測量, third order triangulation) : 3등삼각점을 따라서 하는 삼각측량으로 평균변장은 약 5km, 1~2″ 읽기 트랜싯으로 각을 읽으며, 삼각형의 폐합차가 15.0″, 교각은 25~130°로 되어 있는 삼각측량.

삼림조사(森林調査, investigation of forest) : 항공사진 및 인공위성에 의한 원격탐측 등의 기술을 활용하여 그 판독과 지형도 도화 등을 통해 정보를 수집하고, 이것으로 부족한 것은 기존정보인 지질도와 토양도 또는 지적도 등의 주제도 자료 등을 참고로 조사를 실시한다.

삼림측량(森林測量, forest surveying) : 삼림경영의 대상이 되는 삼림의 관계를 확정하고 그 구역을 밝힘과 동시에 그 면적을 산정하고 토지의 상황을 알기 위한 지형측량 및 사방공사나 운재시설을 위한 임도측량.

삼변법(三邊法, triangle division method) : 면적을 구하려는 지역을 삼각형으로 구분하고 각 삼각형의 삼변의 길이를 실측해서 헤론의 공식에 의하여 면적을 구하는 방법.

$$A = \sqrt{s(s-a)(s-b)(s-c)}$$
단, $s = 1/2(a+b+c)$

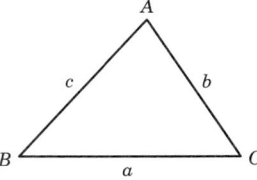

삼변측량(三邊測量, trilateration) : 변장을 관측하여 삼각점의 위치를 결정하는 측량. 거리가 먼 경우 거리관측이 각 관측에 비해 굴절오차가 작기 때문에 전자기파거리측량기가 등장한 후 일등삼각망 또는 지각 변동측량에 주로 이용되고 있다.

삼사법(三斜法, diagonal and perpendicular method) : 도면상의 토지면적 계산법으로 삼각형의 밑변과 높이를 곱한 것을 2로 나누어서 면적을 산출하는 방법.

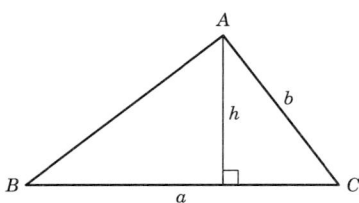

$A = \frac{1}{2} ah$

삼스(삼스, Stratospheric And Mesospheric Sounder : SAMS) ; 성층권과 중간권에서 활용되는 sounder. Nimbus-7에 장착되었다.

삼점문제(三點問題, three points problem) ; 평판측량에서 미지점에 평판을 세우고 기점을 시준하여 미지점의 도상 위치를 구하는 방법. 이 3점문제는 삼각법에 의하여 구할 수도 있지만 평판측량에서는 실제로 도해법이 사용된다. 도해법에는 레만법, 베셀법, 투사지법 등이 있다.

삼점법(三點法, three points method) ; 유속을 관측하기 위해서 수면에서 수심의 $\frac{1}{5}$, $\frac{3}{5}$, $\frac{4}{5}$의 3점유속 $V_{0.2}$, $V_{0.6}$, $V_{0.8}$을 구하여 다음 식에 의해 유속을 구하는 방법. 평균유속은 다음과 같다.

$V_m = \frac{1}{4}(V_{0.2} + 2V_{0.6} + V_{0.8})$

삼중차분(三重差分, triple phase differencing) ; GPS수신기, 위성, 시간이 모두 계산의 주체가 되며, 2중차법을 두 번의 연속된 시간에 두 번 시행하여 그 차를 구하여 얻은 방법으로서 이 방법을 사용하면 시간에 대한 오차 및 위상 변위에 의한 오차 등을 제거할 수 있다.

삼차완화곡선(三次緩和曲線, transition curve of third order) ; 삼차포물선으로서의 완화곡선을 말하며, 접선장에 비례하여 cant의 증가 또는 곡률반경이 감소하는 곡선. 즉 곡률반경의 변화가 횡거에 비례하는 곡선. 철도노선에 주로 이용된다.

삼차원데이텀(三次元데이텀, tridimensional datum, three-dimensional datum) ; 3차원좌표를 정의하기 위한 기준이 되는 데이텀으로, 현재 WGS84와 같은 지구중심의 측지데이텀은 3차원적으로 다루어진다.

삼차원미니모델(三次元미니모델, three dimensional miniature model) ; 삼차원 축소모형. 일정축척으로 축소하여 작성한 모형.

삼차원지도(三次元地圖, three dimensional map) ; 지형도와 같이 평면좌표(xy)와 표고좌표(z)가 표시되어 있는 도면.

삼차원GIS(三次元GIS, three dimensional GIS) ; 2차원 평면상의 공간자료영역을 확장한 연구분야. 지질학이나 대기과학, 지하시설물 관리와 같은 응용에 필수적인 3차원자료의 저장과 분석을 위한 연구 분야.

삼차원지적(三次元地籍, three dimensional cadastre) ; 토지에 대한 지표, 지상, 지하시설물 등을 등록 관리하는 지적제도로서 입체지적이라고도 한다.

삼차원투영(三次元投影, 3-D projection) ; 삼차원 조감도(블록 다이어그램)를 만드는 기능. 이때 히든라인(hidden line)을 제거하는 기능이 함께 사용된다.

삼차원직교좌표(三次元直交座標, three dimensional cartesian coordinates) ; 지구의 중심을 기준으로 하여 Z축은 지구의 극축에 평행이고 X축은 그리니치자오면에 평행이며, Y축은 X 및 Z축에 직교하는 것으로 한다. 지심은 그 자체가 불분명하므로 어떤 특정측지계의 원점과 그 수직선을 기초로 하여 위치를 결정하는 좌표.

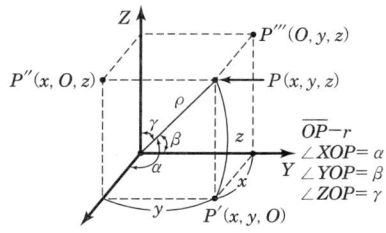

삼차원측량(三次元測量, three dimensional survey) ; 3차원공간상의 점 P(X, Y, Z)를 2차원 공간의 점 p(x, y)로 투영하여 이 p(x, y)로부터 P(X, Y, Z)를 구하는 측량방법. 즉 지구타원체면에서의 공간직교좌표결정과 대지측량좌표에서의 측지경위도나 평면직교좌표의 지점, 표고에 따른 위치결정 및 좌표값해석 등을 행하는 것을 말한다.

삼차원측지학(三次元測地學, three dimensional geodesy) ; 삼차원직교좌표로 지점의 위치를 표시하는 것은 최근의 새로운 측지학의 형태이므로 이를 삼차원측지학이라 한다.

삼차포물선(三次抛物線, cubic parabola) ; 곡률반경이 완화곡선의 시점에서의 횡거에 반비례하는 곡선. 이 곡선은 계산식이 간단하여 곡선설치가 쉬우므로 철도에 널리 사용된다.

$$y = \frac{x^3}{6RL} ≒ \frac{x^3}{6R} \qquad \delta = \frac{x^2}{6RL} ≒ \frac{x}{6R}$$

여기서, δ는 편각, R은 원곡선의 곡률반경, L은 완화곡선장이다.

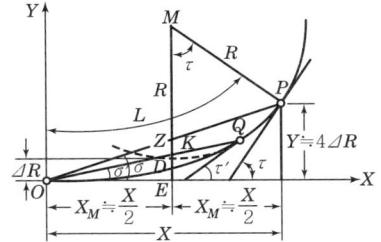

삼축타원체(三軸楕圓體, triaxial ellipsoid) ; 3개의 축을 가진 3차원 타원체를 말하는 것으로, 타원체의 중심에 좌표계의 원점이 있다고 가정하고 수평면을 적도면으로 그리고 수직축을 타원체의 단반경의 방향으로 정의한다면 수평면의 장반경과 단반경 그리고 수직방향의 단반경의 3개의 축으로 정의된다. 참고로 지구의 형상은 지구의 자전현상으로 인하여 3축이 아닌 2축 타원체로 정의되며, 적도면의 장반경과 극방향으로의 단반경 2개의 축으로 정의된다.

삽입망(揷入網, insertion network) ; 기지 2변을 기준으로 하여 신설삼각점 1개 이상 수개를 측설하는 방법으로 일반적으로 안전하고 실무에 가장 많이 이용되는 것이며, 또한 그 성과에 있어서도 믿을 만한 결과를 얻을 수 있다. 이 계산은 2변이 형성하는 기지내각과 관측각의 차가 반드시 40초 이내여야 한다. 각 삼각형의 내각은 기지변의 대각을 β로, 소구변의 대각을 α로, 기타의 각에 γ를 사용하여야 지적삼각측량의 서식으로 계산을 할 수 있다.

상(像, image) ; 광학계를 통과하는 물 점의 광선속이 어떤 한 점에 수렴될 때 그 점을 상점이라 하고 물체상의 각 점이 상점에 의하여 형성되는 도형을 그 물체의 상이라고 한다. 상에는 광선이 실제로 상을 통과하는 경우의 실상과 광선을 역향하여 연장시킴으로써 얻어지는 허상이 있다. 상과 물체의 상하관계가 같은 정상과 그것이 역전되어 있는 도상이 있다.

상가평균(相加平均, arithmetic mean) ; 어떤 양에 대한 정도가 같은 n개의 측정값 $x_1, x_2, \cdots, x_n$의 최확값 x는

$$x = \frac{x_1 + x_2 + \cdots + x_n}{n}$$

이며, 상가평균 또는 산술평균이라 한다.

상관계수(相關係數, correlation coefficient) ; 두 개의 확률변수 X_1, X_2에서 X_1이 증가할 때 X_2가 증가하는 경향이 있는가, 감소하는 경향이 있는가, 무관계인가를 나타내는 양으로서 다음과 같이 정의된 ρ를 X_1과 X_2의 상관계라 한다.

$\rho = E[(X_1 - m_1)(X_2 - m_2)] / \sigma_1 \sigma_2$ 여기에서 m_1, m_2는 각각 X_1, X_2의 평균, σ_1, σ_2는 각각 X_1, X_2의 표준편차이며 $E(X)$는 X의 기대치(평균)를 나타낸다. 위의 정의에서 $|\sigma| \leq 1$이며, $\rho > 0$인 때 정의 상관(X_1이 증가하면 X_2도 증가한다.), $\rho < 0$인 때는 부의 상관 X_1이 증가하면 X_2는 감소한

다.), $\rho=0$인 때는 완전한 상관(X_1과 X_2 사이에 완전한 1차식이 성립)이라고 한다.

상당경사(相當傾斜, equivalent grade) : 곡선저항을 성로경사로 환산한 것으로 실제경사와 환산경사의 합산경사이며, 선로 선정 시 상당경사는 제한경사를 초과할 수 없다.

상대오차(相對誤差, relative error) : 참값에 대한 절대오차의 비율을 말한다. 예를 들어 참값이 x이고 근사값이 x_0이면 상대오차는 절대오차를 x의 절대값으로 나눈 값인 $|x-x_0|/|x|$로 정의 된다.

상대위치(相對位置, relative position) : 임의의 기준으로부터 설정된 위치. 다른 지점에 관한 한 지점의 위치를 말한다.

상대위치결정(相對位置決定, relative positioning) ; 한 지점의 위치결정에 대한 상대적인 위치결정방법으로 기준점과 미지점 간의 좌표차(기선벡터)를 구하는 방법을 말하며, 간섭위치결정과 trans location(위치변경) 방법이 여기에 해당된다. 즉, 두 개의 GPS 수신기들이 결정될 점과 이미 알고 있는 측지적 점을 동시에 관측하는 것에 따른 기술을 말한다.

상대위치정확도(相對位置正確度, relative accuracy) : 한 지점을 기준으로 가정하고 또 다른 점을 관측하였을 때 기준점에 대한 관측점의 상대적인 위치 정확도. 즉 동일 지도상에서 표현된 다른 물체로부터 한 지도상에 표현된 물체의 최대편차의 관측.

상대정밀도(相對精密度, relative accuracy) : 관측값의 정확도를 기지의 기준점의 값을 참값으로 가정하여 이로부터 상대적인 정확도로 표현하는 것. 즉 오차를 관측거리의 참값으로 나누어서 표시한 값.

상대정확도(相對正確度, relative accuracy) : 상대정밀도.

상대측위법(相對測位法, detailing surveying method) : 두 개 이상의 측점에 수신기를 설치하고 위성을 동시에 추적하는 것으로 1대는 이미 좌표치가 알려진 점에 설치한다. 이 방법은 먼저 기지점을 미지점으로 가정하고 관측된 자료로부터 결정된 거리에 근거하여 측점의 위치가 위성의 위치를 기준으로 하여 일차적으로 계산된다. 이때 생기는 오차는 모든 측점에서 일정하다고 가정하고 미지점을 계산할 때도 위의 오차를 보정하여 각점의 최종위치를 결정하는 방법.

상반(上盤, upper plate) : 복축형 트랜싯의 상부를 말한다. 망원경, 수준기, 수평눈금반, 연직눈금반 등이 부속되어 있으며 각의 관측 때 회전시키는 부분이다.

상변(上邊, upper limb) : 태양은 일반 항성과는 달리 시(視)반경이 크므로 태양의 고도를 관측할 때 그 최상부 또는 최하부를 관측하여 평균값을 내거나 시반경의 보정을 한다. 이 최상부를 상변이라 한다. 달에 대해서도 같은 용어를 쓴다.

상변접촉(上邊接觸, contact of upper limb) : 태양의 고도를 관측할 때 미리 일정한 고도를 정해놓고 망원경의 십자선에 태양(또는 달)의 상변이 접촉하는 시각을 정확하게 관측하는 방법을 일반적으로 쓰고 있다. 이 순간을 상변접촉이라 하고 하변일 때를 하변접촉이라 한다.

상부고정나사(上部固定螺絲, upper tightening screw) ; 복축형 트랜싯에서 상반을 하반에 고정시키는 나사로서 일반적으로 수평각 관측에 사용된다.

상부미동나사(上部微動螺絲, upper tilting screw) : 각 측량장비 중 상부고정을 통해 망원경의 미세 움직임을 조절할 수 있는 나사를 상부미동나사라 한다.

상부운동(上部運動, upper motion) : 복축형 트랜싯의 외축을 고정하고 내축을 그 속에서 회전시키면 수평눈금반의 둘레로 버니어가 움직여서 수평각을 읽을 수 있다. 이 운동을 상부운동이라 한다.

상사도법(相似圖法, orthomorphic projection) : 등각도법.

상사변환(相似變換, similarity transformation) : 형태가 보존되는 기하학적 변환.

상사투영(相似投影, comformal projection) : 투영 전과 후의 형태가 완전한 상사형을 이루는 투영. 등각투영은 여기에 해당된다.

상설국제도로협의회(常設國際道路協議會, Permanent International Association of Road Congress : PIARC) ; 도로에 대한 기술개발 및 교류를 목적으로 설립된 기구로서 프랑스에 본부를 두고 있으며, 우리나라를 포함한 63개국이 회원으로 가입하여 활동하고 있다.

상세도(詳細圖, detail drawing) ; 설계한 것의 내용을 도면으로 상세하게 나타낸 것으로서, 특히 건축관계에서는 중요한 부분을 확대해서 치수나 마무리법 등을 명확하게 나타내기 위하여 사용한다.

상세설계(詳細設計, detail design) ; 자료, 소프트웨어 기능의 상세한 정의를 포함한 설계.

상세평면도(詳細平面圖, drawing of detail plane) : 노선측량에서 주요한 구조물의 설계에 이용하기 위하여 축척이 1/300 이상 되도록 측량한 평면도.

상수도(上水道, tap water) ; 보건위생 및 소화가 주요목적인 계통적인 급수설비.

상용시(常用時, civil time) ; 평균태양시. 일상생활의 편의를 위해서 날짜의 변경을 한밤중인 0시로 정한 시간이다.

상의 만곡(像의 灣曲, curvature of image) : 비점 수차가 제거된 렌즈계이고 또한 물체의 점이 평면이라도 그 상의 면은 일반적으로 안쪽으로 만곡되는 현상.

상의 왜곡(像의 歪曲, distortion of image) ; 물체의 형상과 상의 형상이 상사형이 아닌 수차이며 주광선의 광축에 대한 경사에 따라 상의 배율에 상사를 일으키게 하는 것이 원인이다.

상좌표(像座標, image coordinates) ; 사진상의 점을 정밀좌표관측기로 읽은 좌표. 또는 위성영상과 스캐닝된 영상의 영상소(pixel) 좌표.

상차(償差, compensation error) ; 우연오차.

상태(常態, state) ; 어떤 기간 중 지속하는 조건을 만족하는 상황. 각각의 지형지물 속성의 명칭이나 값은 지형지물의 상태를 기술한다.

상통과(上通過, upper culmination) ; 극상정중 또는 정중. 천체는 하루에 두 번 자오선을 통과하는데 그 가운데 극에서 천정 쪽으로 통과하는 경우.

상하접합점(上下接合點, wing point) ; tie point 라고도 하며, 항공사진이나 위성영상의 접합을 위해 중복촬영된 영역에 공액점을 찍어 사용하는데 이 공액점을 접합점이라 한다.

상한법(象限法, quadrant method) ; 측선의 방향을 자방위로써 표시하는 방법.

상향각(上向角, angle of elevation) ; 앙각.

상향식(上向式, bottom-up) ; 구체적인 하위 수준부터 개념적인 상위 수준으로 요건을 개념화시키는 방법. 실무를 담당하는 직원이 지리정보체계에 대한 이점을 파악하고 있어 적극적으로 시스템을 구축할 때 가장 유리하다.

상호운용성(相互運用性, interoperability) ; 다양한 환경 속에서 두 개 혹은 그 이상의 애플리케이션, 또는 프로세스가 정보를 의미 있게 교환할 수 있는 능력.
이러한 요구를 바탕으로 다양한 지리정보체계 소프트웨어 및 자료 포맷, 애플리케이션 간의 공통적인 채널을 확보함으로써 그 편리함과 효율성이 매우 높아진다.

상호표정(相互標定, relative orientation) ; 한 쌍의 입체사진에서 대응하는 점으로 부터 나온 광선이 모두 교차하도록 좌우 사진의 상호 위치를 정하여 맞추는 것. 5조의 광선이 교차하도록 하면 다른 모든 광선도 교차하나 축척과 수준면은 상호표정만으로는 정해지지 않는다.

상호표정의 요소(相互標定의 要素, elements of relative orientation) ; 입체도화기에서 내부표정을 거친 후 상호표정인자에 의하여 종시차를 소거한 입체시를 통하여 3차원 가상좌표인 입체모형좌표를 구할 수 있는 작업이며, 상호표정에 쓰이는 요소는 좌우투사기의 x, y, z 각 축에 평행하고, by_1, by_2, bz_1, bz_2와 x, y, z 각 축 둘레의 회전 ω_1, ω_2, ϕ_1, ϕ_2, κ_1, κ_2 가운데서 독립된 5개를 취한다.

상호표정점(相互標定點, pass point) ; 상호표정 때 종시차 관측에 사용하는 점.

색도(色度, chroma) ; 색의 명암 또는 색채의 탁함 정도를 표시하는 정보.

색분해(色分解, color separation) ; 다색 제판 시 원고의 여러 색에 포함되어 있는 노란색, 진홍색, 푸른색 및 검은색 등의 균형을 조절하기 위하여 구역별로 나눈 4가지 네거티브 필름을 얻기 위하여 촬영 또는 스캐너 등에 의해 색을 나누어 분해하는 과정.

색상(色相, hue) ; IHS(Intensity, Hue, Saturation) 시스템에서, 색의 지배적인 파장을 묘사한다.

색수차(色收差, chromatic aberration) ; 적색, 황색, 자색 등 각색광은 파장이 다르기 때문에 백색광은 렌즈에 따라 분산되어 짧은 파장의 광선(자색에 가까운 것)일수록 긴 파장의 광선(적색에 가까운 것)보다도 렌즈와 가까운 곳에 초점을 이룬다. 이와 같은 수차를 색수차라 한다.

색인도표(索引圖表, map index diagram) ; 해당지도의 지형에 인접한 도엽명 및 인접관계를 지도상에 표시한 것을 말하며 도식적용규정의 도엽명칭도식에 의거하여 표시되어 있다.

단성 NI-52-2 15-4	정평 NI-52-2 16-3	가례 NI-52-2 16-4
대평 NI-52-2 22-2	보주 NI-52-2 23-4	삼곡 NI-52-2 22-3
성내 NI-52-2 22-4	사천 NI-52-2 23-3	두문 NI-52-2 23-4

색조(色調, tone) ; 빛의 반사에 의한 것으로 식물의 집단이나 대상물의 판별에 도움이 된다.

색조분할(色調分割, density slicing) ; 영상의 연속된 무채색(그레이 색조)을 일련의 밀도 간격이나 부분들로 특수한 수치 범위에 각각 대응시키면서 변화하는 과정. 색조분할은 동일한 무채색조나 유채색조(컬러색조)로 표시한다.

생물입체사진측량(生物立體寫眞測量, biostereoetric photogrammetry) ; 생물구조 표면의 무한한 점들의 3차원좌표를 결정하기 위하여 전체 또는 부분적으로 조직체에 대한 관측이 이루어지고 있으며, 운동이나 성장에 기인한 공간적 변화가 연속적 관측에 의하여 정량화될 수 있는데 이것을 사진을 통하여 측량하는 것을 말한다.

생태계측량(生態系測量, ecological survey) ; 동물, 식물 등에 관한 분포도, 수량, 종별 등을 다루는 생태지도 작성 및 유지관리를 위한 자료기반 조성의 측량.

생태도시(生態都市, ecopolis) ; 생태도시란 도시, 자연, 인간의 공존을 위하여 도시의 기능, 구조 환경을 배려한 것으로 도시에 건강한 종 다양성을 안전히 보존하여 지속가능한 개발을 유도하는 것을 말한다.

샤임플러그의 조건(샤임플러그의條件, scheimplug's condition) ; ① 사진의 투영면의 전면이 선명한 상을 얻기 위하여 렌즈의 중심면을 통하는 평면과 투영면 및 사진면이 일직선상에서 마주쳐야 한다는 조건. ② 편위수정기로서 투영면상 어느 곳이나 선명한 상을 맺게 하기 위해서는 사진원판면, 렌즈의 중심면, 투영판면이 일직선상에서 만나야 한다는 조건.

섀도우스폿(섀도우스폿, shadow spot) ; 항공사진에서 항공기의 그늘이 비치는 지점 부근의 그늘 부분은 찍히지 않고, 태양이 비치고 있는 밝은 부분만 찍히기 때문에 일어난다. 연직점에 대해 선 스폿과 대칭위치에 있음.

서모그래피(서모그래피, thermography) : 적절한 정확도로 매우 빠른 온도변화들을 검출하기 위해서 유용한 비접촉 도구.

서버(서버, server) : 컴퓨터 통신망에서 사용자의 명령어를 처리하기 위하여 정보를 제공하거나 주변장치를 제공하는 컴퓨터.

서버자료기반(서버자료基盤, server database) : 또 다른 자료기반에 정보를 제공하는 자료기반.

서부원점(西部原點, west origin) : 우리나라 지표상의 여러 점의 위치를 표현하는 방법 중 하나. 측량할 때 사용되는 평면직각좌표의 4개의 가상원점 중 하나로 동경 125°, 북위 38°가 교차하는 지점.

서비스(서비스, service) : 사용자 경우와 같은 행동을 정의하는 인터페이스의 집합을 통해서 서비스의 제공 실체가 이용실체에 부여하는 능력.

서비스요건(서비스要件, service requirement) : 규정된 인터페이스에서의 고유의 서비스에 관한 필요한 것의 기술.

서수시산기준계(서수試算基準系, ordinal temporal reference system) : 시간의 방향에 순서 붙여진 순서연대의 계층으로 된 시간참조체계.

서수척도(序數尺度, ordinal scale) : 객체의 상대적인 시간위치관계만을 관측할 때 기초를 제공하는 척도.

서이격(西離隔, west elongation) : 천체가 자오선에 대하여 서쪽 끝 위치에 있는 것.

선(線, line) : 면적은 갖지 않고 길이만 있는 연속적인 1차원 객체(X, Y좌표군)로서 두 점을 잇는 직선 또는 곡선 및 그 조합.

선로종단도(線路縱斷圖, profile of railway line) : 선로 중심선을 따라 선로경사, 땅깎기, 흙쌓기 및 건조물 등을 기입한 단면도.

선상시설물(線上施設物, line shaped facility) : 도로, 수로, 철도 등과 같이 폭에 비하여 연장이 긴 시설물.

선상지(扇狀地, fan-delta) : 골짜기를 경계로 하도경사가 갑자기 완만해지는 평지나 광활한 계곡지대에서 하천의 토사가 퇴적되어 부채 모양으로 된 지형

선속성표(線屬性表, Arc Attribute Table : AAT) : 선형(arc)에 대한 설명 정보(from node, to node, life, right polygon, length, internal number 등)가 저장된다.

선수준측량(線水準測量, section leveling) : 종단수준측량, 횡단수준측량의 총칭. 어느 것이나 중심말뚝을 설치하고 중심선을 구하여 그 선상에서 높이를 관측한다.

선스폿(선스폿, sun spot) : 사진에서 태양광선의 반사 때문에 주위보다 밝게 찍혀 보이는 부분.

선점(選點, ① reconnaissance or selecting station ② determination of pass point) : ① 삼각점, 수준점 등의 위치를 선정하는 것. 삼각점일 때는 주어진 점이 측량구역 내부에 있으며, 각 삼각형의 내각이 60°에 가까울수록 좋다. 수준점에서는 수준노선에 가깝고 표석의 보존상 안전한 장소가 좋다. ② 항공사진상에서는 표정점을 골라 인접사진에 그 점을 옮기는 것을 말한다.

선점도(選點圖, figure of selecting station) : 선점망도라고도 하며, 삼각점의 위치를 정했을 때 각 점의 관계위치 및 부근에 있는 점과의 상호관계 등을 도시한 것이며 선점작업을 할 때에 평판측량으로 작성한다. 선점도를 기준으로 해서 평균계획도 및 관측용 망도를 만든다.

선추적방식(線追跡方式, vector coding) : 공간에서 정확한 위치를 나타내기 위하여 점, 선, 면을 사용하여 중요한 특성의 위치를 나타내는 방식.

선추적화(線追跡化, vectorizing) : 벡터라이징.

선형(線形, ① alignment, ② alinement) : 철도나 도로의 중심선이 그리는 형상. 평면선형과 종단선형으로 나뉨.

선형결정(線形決定, decision of alignment) : 노선선정 결과에 의거하여, 지형도상에 IP

위치를 좌표로 결정하고, 선정하여 인접사진에 그 점을 옮기는 것.

선형기준체계(線形基準體系, linear reference system) ; 도로와 같은 선형 사상의 선분과 그 선분상의 점으로부터의 거리에 의해 위치를 식별해 내는 기준계.

선형도(線形圖, drawing of alignment) ; 노선 선정결과에 따라 설계의 조건이 되는 조절점들을 정하고, 계산 등에 의해 구한 주요점 및 중심점의 좌표를 전개한 도면.

선형보간(線形補間, linear interpolation) ;

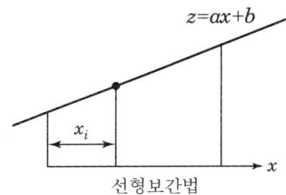

선형보간법

지형이 직선적으로 변화하는 것으로 간주하여 좌표가 기지인 격자점 사이의 임의의 점의 좌표를 선형보간에 의하여 구하는 방법. 가장 단순한 방법으로 전산기의 용량이 크게 필요하지 않으나 자료의 밀도가 매우 높은 경우에 효과적이다.

선형오차(線形誤差, linear error) ; 수직오차로서 추정한 값과 정위치로 알려진 값과의 차이로 정의되며, 이는 정위치가 정의된 신뢰도 추정값을 중심으로 한 선형오차 내에 위치하는 오차.

선형위치결정체계(線形位置決定體系, linear positioning system) ; 기준으로 한 점 이상의 점으로부터 위치를 결정하는 위치결정체계.

선형지도(線形地圖, map line) ; 선형도를 지형 도상에 그린 것이며, 지형지물의 위치와 노선 주요점 및 중심점의 관계를 쉽게 분석할 수 있다. 즉 사진의 영상지도들과 구분되는 선들이 조합된 지도.

설계도(設計圖, design map) ; 제품의 제작, 공사 등의 목적으로 공사비, 부지구조 등에 관해서 계획을 명시한 도면.

설계순환(設計循環, design loop) ; 지리정보체계지도를 제작한 후 설계를 위해 검토하여 개선하고 수정된 지도 정의에 의해 다시 제작하는 과정을 사용자가 훌륭한 설계라고 만족할 때까지 계속 반복하는 과정.

설계용지도(設計用地圖, engineering map) ; 공사계획 또는 공사의 각 단계를 계획하고 수행하며, 그 비용을 추정하는 데 필수적인 정보를 얻을 목적으로 제작되는 지도. 얻어진 정보의 일부분은 공사 도면의 형태로 기록될 수 있다.

섬광삼각법(閃光三角法, flare triangulation) ;

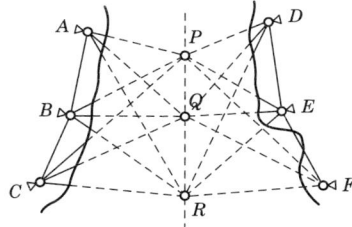

항공기로부터 발광체를 낙하산 등에 매달아 낙하시켜 지상의 여러 측점에서 동시에 각을 측정하여 위도, 경도, 방위각 등을 결정할 수 있는 방법. 멀리 떨어진 도서와 대륙 간의 측량에 널리 이용된다.

섭동(攝動, perturbation) ; 한 천체의 궤도가 다른 천체의 인력으로 인하여 교란되는 현상. 행성의 궤도는 태양의 인력만 고려하면 타원이지만 다른 행성으로부터도 힘을 받고 있으므로 엄밀하게 타원은 아니다. 이렇게 행성의 궤도가 다른 천체의 힘에 의해 정상적인 타원에서 어긋나는 것을 섭동이라 한다.

성과표(成果表, horizontal control data sheet) ; 기준점에 대한 성과표로 삼각점 등급, 번호, 명칭, 소재지, 약도, 경위도성과, UTM 성과, 직교좌표, 진북방향각, 표고, 거리의 대수 등이 명시되어 있다.

성능검사(性能檢査, performance test) ; 측량기기로 측량을 실시함에 있어서 문제가 없는

지를 파악하기 위한 검사. 외관검사, 구조검사, 기능검사 및 측정검사로 구분하여 실시한다.

성능관리(性能管理, performance management) ; 컴퓨터의 처리기능을 최대한으로 발휘하기 위하여 운영시스템의 매개변수를 조정하거나, 정기점검을 하여 시스템 성능을 유지 향상시키는 일.

성토(盛土, embanking or filling) ; 토공사에서 흙을 쌓아 올리는 것으로 부지조성, 제방쌓기 등을 위해 다른 지역의 흙을 운반하여 지반 위에 쌓는 것.

세계시(世界時, Universal Time : UT) ; 경도 0°인 기준자오선(영국의 Greenwich 천문대를 지나는 표준시)을 기준으로 정한 평균태양시. 또한 천체를 관측해서 결정되는 시(항성시, 평균태양시)는 그 지점의 자오선마다 틀리므로 이를 지방시라 한다.

세계측지기준계(世界測地基準系, World Geodetic System : WGS) ; 전 세계적으로 지구의 형상과 물성에 가장 가깝게 정의된 기준좌표체계. 예를 들어 세계측지측량기준계의 하나인 WGS84(World Geodetic System84)는 WGS84 타원체를 기준으로 하여 미국방성에서 제작한 GPS 위성체계를 위하여 정의한 것으로 WGS84 타원체의 매개변수는 장반경 6,378,137.00m, 편평률(1/f) 298.257225633로 주어진다.

세계측지좌표(世界測地座標, Universal Transverse Mercator grid : UTM) ; 지리적 좌표를 만들기 위해 사용된 격자망으로 각각 경도 넓이가 6°이고 지구둘레를 60구역으로 나누고, 위도는 80°S~80°N로 8°간격으로 20구역으로 나누어 기초한 평면좌표체계. 측량 시 충분한 정확도를 제공할 수 있고, 하나의 연속계로 전 지구를 덮는 수학적 표면들의 계열(격자망 같은) 중 하나를 기준으로 하며, 보통 미터(m)로 나타낸다.

세그먼트(세그먼트, segment) ; 호를 구성하는 절점과 정점 또는 정점과 정점을 연결하는 선분으로 두 개의 끝점으로 정의된 선형 요소로 지도의 일부분. 전형적으로 거리의 한 블록 단위나 지적도 구획의 경계의 한 부분.

세밀도(細密度, Level Of Detail : LOD) ; 가까운 객체는 자세히 표현하고 먼 객체는 세부적인 레벨을 낮추어 개략적으로 표현하는 것.

세부도근점(細部圖根點, graphic control point for detail mapping) ; 세부도근측량에서 결정된 점.

세부도근측량(細部圖根測量, graphic control surveying for detail mapping) ; 지도를 만드는 데 있어서 삼각점, 수준점, 다각점, 도근점을 기준으로 하는 것은 말할 것도 없으나 지형, 지물 등 세부를 도시하자면 이들 기준점만으로는 불충분하며 세부측량을 위한 도근점이 필요하게 되는데 이것의 새로운 평면 위치 및 높이를 정하기 위해서 하는 측량.

세부도화(細部圖化, compilation) ; 표정이 끝난 한 쌍의 입체사진에 의하여 측량대상의 세부를 원도 상에 나타내는 작업이며, 등고선이나 가옥, 도로 등 지형, 지물을 그려 넣는 작업.

세부측량(細部測量, detail surveying) ; 세부도근측량을 한 다음에 골조측량을 하고 이들을 기준으로 해서 세부의 지형, 지물을 관측하는 측량. 전진법, 방사법, 교회법 등으로 직접 관측하는 방법과 지거법을 이용하는 방법 등이 있다. 사진측량에서는 세부도화라 한다.

세션(세션, session) ; GPS 측량 시 관측 시작점에서부터 끝점까지를 통틀어 지칭하는 단위.

세슘시계(세슘時計, cesium clock) ; 세슘원자의 진동을 기준으로 만든 시계로 하루를 기준으로 10^{-13}~10^{-15}의 안정도를 갖는다.

세지적(稅地籍, fiscal cadastral) ; 토지에 대한 세를 부과함에 있어 그 세액을 결정(면적 및 토지등급)하는 것을 가장 큰 목적으로 하는 지적제도로서, 각국의 지적제도는 세지적에서 출발하였다고 할 수 있다.

세지형공식(세지형公式, chezy-type formula) : 하천의 평균유속을 구하는 공식으로 $V = C\sqrt{RI}$로 나타낸다. 여기서, V : 전단면의 평균유속, R : 경심, I : 수면구배, C : Chezy의 유속계수이다. C를 정하는 공식에는 Bazin의 공식, Ganguillet-Kutter의 공식, Kutter의 약 공식 등이 있다.

세차(歲差, precession) ; 지구의 형상은 회전타원체이므로 태양이나 달의 인력 때문에 지축의 방향으로 변화를 일으켜 춘분점은 황도에 따라서 후퇴한다. 이 가운데에서 균일한 속도로 후퇴하는 현상을 세차라 한다. 즉 지구의 적도면이 황도면과 같지 아니하고 또 지구가 길고 둥근 까닭으로 생기는 차를 말하며, 그 양의 2/3는 거의 달의 영향에 의한 것이다.

세차운동(歲差運動, precession) ; 달과 태양이 지구의 적도 부위의 볼록한 부분에 미치는 인력에 의하여 지구의 자전축이 공간상에서 주기적으로 진동하면서 회전하게 되는데 이때 오랜 시간을 두고 회전하는 요소를 세차운동이라 한다.

섹스턴트(섹스턴트, sextant) ; 육분의라고도 하며, 두 점 간의 각도를 관측하는 휴대용 기계.

센서(센서, sensor) ; 전자기파를 담는 기기로, 전자기파를 받아들이기만 하는 수동적 센서(Camera, MSS, TM, HRV)와 전자기파를 보내서 다시 받는 능동적 센서(radar, laser)가 있음. 탐측기라고도 한다.

셀(셀, cell) ; 격자(grid cell)에서의 격자형 기본요소, 격자방식의 공간에 대한 특성정보의 가장 기본적인 단위.

셀앙상블(셀앙상블, cell ansemble) ; 인식과 과거의 경험 사이에서 상호작용할 수 있는 두뇌의 시각피질 내에 연결되어 있는 감각기관. 망막뉴런 및 신경세포를 말한다.

셔터속도(셔터速度, shutter speed) ; 카메라에서 빨리 움직이는 피사체를 빠른 shutter speed를 사용해서 정지화면으로 보여주거나, 반대로 느린 shutter speed를 사용해서 피사체의 움직임을 강조할 때 사용.

소거(掃去, erase) ; 경계 외부의 대상물을 보존하는 동안 경계 내의 대상물을 지우는 것.

소관청(所管廳, competent agency) ; 지적공부를 관리하는 시장(구를 두는 특별시·광역시 및 시에 있어서는 구청장을 말한다.)·군수를 말한다. 따라서 소관청은 지적사무를 담당하는 행정청인 국가기관의 장인 시장·군수·구청장을 말한다.

소나(소나, SOund NAvigation Ranging : SONAR) ; 수면 하 수심과 영상의 획득을 위해 음향을 이용하는 능동형 관측 장비를 말한다.

소물체(小物體, spot features) ; 지도에 표시하는 개별적인 것 가운데 실형은 너무 작지만 지도를 이용하는 데 있어서 중요한 가치를 지닌 것. 그 진위치를 특정의 기호로써 표시한다. 기준점, 고탑, 연돌 등이 그것이다.

소삼각망(小三角網, minor triangulation network) ; 변의 길이가 짧은 삼각측량망도.

소삼각점(小三角點, small triangulation point) ; 도근측량의 기초가 되는 삼각점. 대삼각측량을 기초로 하여 결정되어진다. 소삼각 1등점은 대삼각보점에 의하여 실시된 삼각측량이며 삼각형의 평균변장이 약 5km이고 현행 지적법의 지적삼각점의 규모와 같다. 소삼각 2등점은 대삼각보점이나 소삼각 1등점에 의하여 실시된 삼각측량이며 삼각형의 평균변장이 약 2.5km이고 현행 지적법의 지적삼각보조점의 규모와 같다.

소색렌즈(消色렌즈, achromatic lens) ; 구면수차와 색수차의 두 수차를 없애기 위해서 양볼록인 crown 렌즈의 외측과 양오목의 flint 렌즈의 내측을 짝지어서 만든 것.

소실점(消失點, vanishing point) ; 평행직선군을 사방향에서 촬영했을 때 사진상에서 그들 직선군은 어느 1점을 중심으로 한 방사상 직선군으로 찍힌다. 이 중심점을 소실점이라 하며 무한원점의 상점이다.

소실점제어(消失點制御, vanishing point control) : 소실점 조건을 기계적으로 만족시키기 위한 장치.

소실점조건(消失點條件, vanishing point condition) : 촬영사진기 및 투영사진기에 있어서, 투영중심과 소실점까지의 거리가 각각 항상 일정하다는 조건.

소원(小圓, small circle) : 소권. 구의 중심을 지나지 않고 평면으로 자른 면.

소유자 조사(所有者 調査) : 토지등기부를 확인하여 토지소유자를 기록하거나 관계 법령에 의하여 토지소유권을 증명하는 각종 서류로 확인하는 방법.

소일마크(소일마크, soil mark) : 사진색조가 표층토양의 함수율이 낮은 곳은 희게, 높은 곳은 검게 찍히는 것.

소입체경(小立體鏡, lens stereoscope) : 렌즈입체경.

소조(小潮, neap tide) : 달, 지구 및 태양의 위치가 서로 직각이 되었을 때 즉 상현 및 하현의 달 무렵에 일어나는 조차가 작은 조석을 말한다. 즉 반월 간의 작은 조수위.

소조고(小潮高, neap rise) : 기본수준면에서 소조 때의 평균고조면까지의 높이.

소조차(小潮差, neap range) : 소조 높이에서 평균수면의 높이를 뺀 값을 2배한 것으로서 소조일 때 조차의 대중이 된다. 또는 소조일 때의 조차를 말한다.

소조평균고조면(小潮平均高潮面, high water level ordinary neap tide) : 소조에 의한 고조면의 평균값.

소조평균저조면(小潮平均低潮面, low water level ordinary neap tide) : 소조에 의한 저조면의 평균값을 말한다.

소지측량(小地測量, plane survey) : 평면측량. 지표면상의 소부분에 대한 측량으로, 지표면을 평면으로 보고 실시하는 측량.

소축척(小縮尺, small scale) : 작은 지면에 큰 지역을 표시한 지도. 대상물의 축소의 정도가 큰 경우에는 지구상에 있는 대개의 선상물체나 기타 작은 사물을 충실하게 축소하게 되면 눈에 보이지 않게 되기 때문에 지도상에 표시하기 위해서는 확대, 과장하든가 또는 특별한 기호화가 필요하게 된다. 소축척지도에서는 현실의 모양을 선택적으로 또한 단순화하여 표시해야 한다.

소축척도화(小縮尺圖化, compilation of small scale map) : 축척이 작은 지도를 만드는 일. 소축척이란 수십만분의 1 이하의 지도를 말하며 그 조제는 중축척지도를 축도하거나 자료에 의해서 편도한다.

소축척지도(小縮尺地圖, small-scale map) : 작은 지면에 큰 지역을 표시한 지도를 말하며, 축소의 정도가 특히 큰 경우에는 지구상에 있는 대개의 선상물체나 기타 작은 사물을 충실하게 축소하게 되면 눈에 보이지 않게 되기 때문에 지도상에 표현하기 위해서는 특히 확대과장 하든가 또는 특별한 기호화가 필요하게 된다. 소축척지도나 대축척지도는 상대적 개념이나 대축척지도는 1 : 500, 1 : 1,000, 1 : 2,500과 같은 좁은 지역을 자세히 나타낸 지도다. 이에 비해 소축척지도는 1 : 50,000, 1 : 100,000 등 넓은 지역을 좁은 도면에 나타낸 것.

소프트웨어(소프트웨어, software) : 컴퓨터에서 기계 부분인 하드웨어를 움직이는 기술. 즉 프로그램을 통틀어 이르는 말. 운영체제와 언어처리프로그램, 응용프로그램 등으로 분류된다.

소해측량(掃海測量, sweep or drag survey) : 선박이 항해할 때의 최대 안전심도를 보장하기 위하여 부분적으로 얕은 암초, 침선 등의 장애물을 탐지하여 제거하기 위한 측량.

소형카메라(小型카메라, hasselblad small format camera) : 카메라 종류로서 초점거리는 가변적이고 필름은 70mm×70mm를 사용하는 카메라.

속도(速度, velocity) : 변위시간에 대한 빠른

정도. 즉 운동하는 물체의 빠름의 정도와 방향을 아울러 생각한 양.

속도계(速度計, velocity gradient) : 변위가 시간적으로 미분된 형태로 기록을 취할 수 있는 형식의 속도계.

속도율(速度律, speed ratio) : 움직임을 전달하는 물체의 속도에 대한 움직임을 전달받는 물체의 속도비. 보통 회전체에 사용한다.

속성(屬性, attribute) : GIS 지도요소와 관련 있는 자료 등과 같은 모든 특성자료를 나타낼 때 사용된다. 지형지물의 특성, 성질 등을 나타내는 정보로서 대상물의 서술적 특징(데이터의 종류, 특징 또는 질), 속성 값은 한 대상물에 지정되는 관측값으로서 데이터를 설명하거나 묘사한다.

속성값(屬性값, attribute value) : 속성에 할당된 도메인(정의역)으로부터 얻어진 값. 각 실체유형물들이 각 속성 항목에 대하여 실제로 갖는 항목값의 수량이다.

속성데이터(屬性데이터, attribute data) : 속성자료.

속성자료(屬性資料, attribute data) : 대상물을 표현하는 자료로 각종 대장, 서식 및 통계자료 등이 포함된다. 수치도화기는 촬영된 한 쌍의 사진을 이용하여 사진에 촬영된 내용물들을 전산화된 파일의 형태로 그려내는 정보.

속성정보(屬性情報, attribute information) : 대상물의 자연, 인문, 사회, 행정, 경제, 환경적 특성을 나타내는 정보. 지도는 지물의 형상과 위치를 나타내는 도면자료와 그 지물의 성질과 내용을 나타내는 속성자료로 대별됨.

속성정확도(屬性正確度, attribute accuracy) : 속성값의 참값에 대한 근접도로 정의된다. 위치는 시간에 따라 변화하지 않지만 속성은 시간에 따라 종종 변화한다. 또한 속성은 불연속 변수일 수도 있고 연속 변수일 수도 있다.

손잡이(손잡이, grip handle) : 강권척의 임의의 곳을 집어서 잡아당길 때 쓰는 기구.

솔라렌즈(솔라렌즈, solar lens) : 태양관측을 할 때 직접 육안으로 망원경을 들여다볼 수는 없으므로 일반적으로 흑색 filter를 씌우는데 solar 트랜싯에서는 접안경에 solar 렌즈가 씌워져 있어서 전면의 은판에 비치는 상을 관측하게 되어 있다.

솔라트랜싯(솔라트랜싯, solar transit) : 태양을 관측하기 위한 트랜싯으로서 영상을 스크린에 투영해서 보게 되어 있는 트랜싯.

솔라페리스코프(솔라페리스코프, solar periscope) : 항공사진의 촬영카메라에 고정되어 태양을 촬영하는 장치. 태양상의 위치에서 사진의 경사를 계산한다.

송신기(送信機, transmitter) : 송신기는 탐사하려는 케이블이나 금속전도체에 전류를 보내기 위해 사용되는 장치이며, 전류를 보내는 방법은 목표물의 재질에 따라 유도법, 직접 연결법, 외부 코일법 중에서 선택한다.

송전선측량(送電線測量, transmission line surveying) : 발전소로부터 변전소 또는 배전소에 전력을 보내는 데 수반되는 모든 것에 대한 측량.

쇄의 표정(鎖의 標定, orientation of rhomboid) : 능형쇄의 축척방위를 표정점에 의해서 결정하는 것.

쇼랜(쇼랜, SHOrt RAnge Navigation : SHORAN) : 선박에서 보내는 레이더 전파를 수신하여 전파가 도달하기까지의 시간으로부터 도달거리를 관측하고 이를 토대로 선박의 위치를 구하는 방법. S.W.Seeley가 개발한 대지측량의 거리관측에 응용되는 기계. 정확도는 1/10,000~1/100,000이며, A, B 간의 거리를 관측하는 경우 쇼랜장치를 적재한 항공기는 2점의 중앙점을 직각으로 중앙을 따라 운행한다. 항공기에서 지상점에 마이크로웨이브 펄스를 송신하고 지상은 이것을 수신하여 항공기에 반송한다. 왕복시간에 의해서 거리를 알고 비행거리에 의해 작도하면 비행기 A와 비행기 B의 최단거리를 최소제곱법에 의해 구하고 이것을 회전 타원체상의 길이로 환산하면 원하는 AB 간의 거리가 얻어진다.

수갱(竪坑, ① shaft, ② vertical shaft) : 수평갱이나 사갱에 대하여 수직의 갱도를 말한다.

수갱추선측량(竪坑錘線測量, shaft plumbing) : 끝에다 추를 매단 추선을 갱구에서 내려 수갱의 깊이를 재는 작업을 말한다.

수계모양(水系模樣, drainage pattern) : 항공사진에 의해 쉽게 식별되며 지질과 지질구조에 크게 반영되며, 기본형태는 수지상(樹枝狀), 평행상, 격자상, 방사상으로 대별된다.

수계판독(水系判讀, drainage interpretation) : 수계판독은 수계도 작성에 이용되며 지형 및 지질판독에 기초가 된다.

수구(垂球, plumbing bob) : 매달음 추.

수도측량(隧道測量, tunnel surveying) : 교통로 또는 수로가 산악이나 하천 등에 부딪혔을 때 이것을 뚫어서 만드는 터널에 관한 일체의 측량. 답사 및 예측, 지표중심측량, 지하수심측량, 수준측량의 4가지로 나눈다.

수동마이크로파(手動마이크로波, passive microwave) : 인공적으로 만든 마이크로파가 아니라 자연적으로 물체에서 발생하는 마이크로파.

수동원격탐사(手動遠隔探査, passive remote sensing) : 피사체로부터 방출되어 나오는 전자기파를 감지하여 관측하는 방식으로 인공위성들이 대부분 이 방식을 취하고 있다.

수동적탐측기(受動的探測機, passive sensor) : 대상물에서 방사되는 전자기파를 수집하는 방식. 수동형 센서라고도 한다.

수동형센서(手動形센서, passive sensor) : 수동적 탐측기.

수렴각(收斂角, parallactic angle) : 사진측량에서 수렴사진을 촬영하기 위해서 사진기의 촬영방향을 서로 마주 기울인 한 쌍의 사진기가 이루는 각.

수렴사진(收斂寫眞, convergent plumbing) : 입체사진의 일종으로 한 쌍의 사진의 광축이 서로 안쪽으로 향하게 찍은 것으로 각도가 30°인 것이 많이 쓰이고 있다. 한 모형(model)에 포함되는 범위가 넓다는 점과 기선-고도비가 크고 높이 결정의 정확도가 높다는 장점을 가지고 있다.

수로기술연보(水路技術年報, technical reports of hydrography) : 국립해양조사원이 수행하고 있는 수로조사의 성과와 연구논문, 서지간행 내역과 국제수로기술협력 등의 내용을 수록한 서지를 말하며 매년 간행되고 있다.

수로업무법(水路業務法, law of coastal management) : 수로조사를 실시하여 그 성과를 공표함으로써 해상교통안전 및 해양개발에 이용하게 하고 국제 간에 수로업무의 효율적 증진에 이바지함을 목적으로 하고 있는 법.

수로조사(水路調査, waterway investigation) : 해상교통안전, 해양의 보전·이용·개발, 해양관할권의 확보 및 해양재해 예방을 목적으로 하는 수로측량·해양관측·항로조사 및 해양지명조사를 말한다.

수로종단도(水路縱斷圖, channel profile) : 수로의 흐름 방향을 따라 표고와 수평거리와의 관계를 나타낸 도면.

수로지(水路誌, sailing direction) : 항해를 위한 바다의 항로 안내지로서 해양의 현상, 연안 및 항만의 지형, 시설 등 해도에 표기되지 않은 여러 사항을 상세하게 수록한 서적. 우리나라는 국립해양조사원에서 동해안·서해안·남해안·중국연안·말라카해협 수로지를 간행하고 있다.

수로측량(水路測量, hydrographic survey) : 선박의 항행을 위해 바다, 강, 하천, 호소 등의 항로에 대해서 수심, 지질, 지형, 상황, 목표 등의 형태를 측정하여 해도를 작성하는 측량. 측량대상 및 지역에 따라 항만측량, 항로측량, 연안측량, 대안측량, 보정측량으로 구분.
수로횡단면(水路橫斷面, channel crosssection) : 수로의 흐름방향에 직각방향으로 절단했을 때 수로의 형상단면.
수면(水面, water surface) ; 물과 공기와의 경계면. 자유수면이라고도 한다.
수면경사(水面傾斜, slope of river surface) : 하천 또는 수로에서의 수면의 경사를 말하는 것이며, 같은 시간에 관측한 많은 수위표에 의한 수위차와 수위표 사이의 거리에 의해서 구한다. 수면경사는 수위에 따라 고수경사, 저수경사, 평균경사 등으로 구분한다.
수면구배(水面句配, slope of river surface) : 수면경사.
수면법(水面法, method of river surface) ; 해안 및 항만 부근의 파고를 직접 관측하는 방법의 한 가지이며, 바닷속의 목적지점에 구조물을 구축하거나 또는 관측기를 설치하여 관측 또는 기록하는 방법.
수면측정기(水面測定器, slope gauge) ; 물 표면의 경사를 관측하기 위하여 사용하는 기계.
수몰면적(水沒面積, reservoir basin) ; 댐지점에서 물에 잠기게 되는 저지대 또는 계곡의 면적.
수문관측(水文觀測, hydrological observation) : 수문학적 해석에 필요한 수문자료를 얻기 위해서 실시하는 제반 수문량의 관측. 수문관측에는 강우량, 하천수위, 유량, 지하수 등이 있음.
수부(手簿, field book) ; 국토지리정보원에서 사용하고 있는 야장 중의 한 가지로 야외에서의 측량결과를 기입하는 것. 이에 대하여 수부에 기입된 결과를 정리하는 야장을 특히 기부라고 한다.

수상측표(樹上測標, tree signal) ; 지상에 보통 측표를 세울 수 없을 때에 서 있는 나무를 이용하여 나무 위에 만든 측표.

수선구분법(垂線區分法, perpendicular method) : 기구만으로 다각형을 측량할 때 다각형을 하나의 대각선으로 구분하고 각 측점에서 그 대각선에 수선을 내려 대각선 위의 수선의 위치와 수선의 위치를 관측하여 트래버스를 결정하는 방법. 이 방법은 경계선 위에 장애물이 있거나 지형이 길고 좁은 곳에 적당하다.

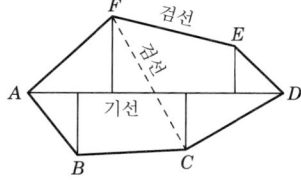

수선법(垂線法, head selection method) : 수선구분법.
수속사진(收束寫眞, convergent photographs) : 한 벌 사진의 촬영방향을 기선에 대하여 안쪽으로 향하게 하여 촬영한 입체사진.
수속사진기(收束寫眞機, convergent camera) : 수속사진을 촬영하기 위한 사진기. 촬영방향을 서로 마주 기울여 고정한 한 쌍의 사진기.
수속촬영(收束撮影, case of convergence) ; 실체사진촬영으로 좌우의 촬영방향이 기선에 대하여 서로 안쪽으로 기울어져 있을 경우의 촬영.
수신기(受信機, receiver) ; 수신기는 탐사하고자 하는 케이블 또는 금속관으로부터 발생되는 매설물의 위치와 깊이를 탐사하는 장치.

수신기보정(受信機補正, receiver correction) : GPS 수신기에는 수신기 시계오차, 수신기의 전자적 장치에 의한 신호의 지연오차, 그리고 다중 경로에 의한 오차 등이 발생하며, 이러한 오차를 보정하는 것을 수신기보정이라 한다.

수신기시계(受信機時計, GPS receiver clock) : GPS 수신기에 정착된 시계로 주로 수정의 진동을 기준으로 만든 시계이며 하루에 $10^{-13} \sim 10^{-6}$초의 안정도를 갖는다. 수신기의 시계는 위성시계에 비하여 정확도가 현저히 떨어지며, 이 때문에 GPS를 이용한 위치결정에서는 수신기의 시계오차를 함께 결정해 주어야 한다.

수신호(手信號, flag hand signal) : 현장에서 측량을 할 때 손으로 지시와 통고를 알리는 신호.

수심(水深, depth of flow) : 수조나 수로에서 수면에서 바닥까지의 연직방향으로 관측한 물의 깊이.

수심계(水深計, bathymeter) : 대양, 바다, 호수에서 수심을 관측하는 기계.

수심기준면(水深基準面, datum level) : 「기본수준면」 참조.

수심도(水深度, bathymetric chart) : 바다나 호수의 수심이 표시되어 있는 지도, 즉 해저 지형도를 말한다.

수심측량(水深測量, bathymetric survey or bathymetry) : 해양의 수심을 측량하는 것. 해도의 중요부인 해부의 수심, 지질, 등심선 및 장애물 등을 도시하기 위해서 실시하며, 수심을 대신하여 등심선으로 해저 지형도를 작성하는 경우도 있다. 수심측량은 원칙적으로 음향측심기를 사용한다.

수압식파고계(水壓式波高計, ① direct recording underwater pressure type wave meter, ② underwater pressure type wave meter(with underwater cable)) : ① 직결형 : 수면에서 물결에 의한 수중 또는 해저의 압력변동을 관측하여 간접적으로 파고를 관측한 다. 직결형은 수압부와 기록부분이 직결되어 있으며 모두 수중에 설치하는 것이다. ② cable식 : 파랑 때문에 생기는 해면의 승강에 따른 바닷속 또는 해저의 압력변동을 수압부로 검출하여 이것을 cable에 의해서 육상의 관측기록계에 접속한다.

수애선(水涯線, waterside line) : 수면과 하안과의 경계선.

수위(水位, water level) : 어떤 기준면에서 수면까지의 높이. 양수표로써 그 값을 읽는다. 하천의 수위는 똑같은 위치에서도 계절에 따라 다르며, 고수위, 저수위, 평균수위로 나눈다.

수위계(水位計, limnometer) : 수위관측기기. 홍수 시 수위를 읽을 수 있게 만든 것으로, 수위계는 보통 교각, 호안에 직접 눈금판을 붙이거나 직접 페인트를 칠한 것도 있고, 자동으로 기록되는 것도 있다.

수위관측소(水位觀測所, gauging station) : 하천개수계획의 수립, 검토, 공사시공 및 유지·관리상의 중요한 지점에 설치하여 하천의 수위를 관측하는 곳.

수위관측위치(水位觀測位置, gauging station) : 하천의 수위관측위치는 하구의 조석 및 하상의 변화를 조사하기 위한 위치로서 계획하천의 시공 및 유지 관리상 중요한 지점 또는 용배수의 취입구 및 방류구, 수문 등의 특수 하천시설 부근과 중요한 지류천의 합분류점 그리고 협부, 송수지, 하구, 조석 및 저수지 등의 수리현황을 조사하기 위한 지점을 선택한다.

수위표(水位標, staff gauge) : 양수표. 하천이나 저수지의 수위를 관측하기 위하여 설치하는 눈금이 붙은 표지.

수은기압계(水銀氣壓計, mercurial barometer) : 상부를 진공으로 한 유리관의 일부를 막아서 수은조 내에 세워 관내의 수은주 높이를 재서 그와 평행하는 대기 압력을 구하는 장치.

수은반(水銀盤, mercury dish) : 육분의 등으로

육상에서 천문측량을 할 때 인공적으로 수평면을 만들어야 할 필요가 있다. 수은 비율이 액체이므로 안정된 평면을 얻을 수 있다. 이 수은을 넣는 접시를 수은반이라 한다.

수정레어벅공식(수정레어벅公式, Modified Rehbock's formula) : 전체 폭에 대한 유량공식.

$$Q = CB\ h^{\frac{3}{2}}\ [\text{m} \cdot \sec 단위]$$
$$C = 1.785 + \left[\frac{0.0025}{h} + 0.237\frac{h}{D}\right]$$
$$\times (1+\varepsilon)\ [\text{m} \cdot \sec\ 단위]$$

Q : 유량, C : 유량계수, B : 일류폭이나 수로폭, h : 일류계수, D : 보의 높이, ε : 보정항으로 $D \leq 1$일 때 $\varepsilon = 0$, $D > 1$일 때 $\varepsilon = 0.55(D-1)$. Rehbock 공식을 이시하라(石原) · 이다(井田) 두 사람이 보정한 것이다.

수준간(水準桿, eccentric bar) : 앨리데이드의 몸통부분에 부속되어 있는 기포관이며, 앨리데이드를 수평으로 할 때 사용한다.

수준교차점(水準交叉點, leveling intersection bench mark) : 수준망의 교차에는 약간 큰 표석을 매설한다. 이것이 수준교차점이다. 이 교차에는 3차 또는 십자 등이 있으나 어느 것이든 이 점은 여러 개의 수준망에 영향을 미치므로 중요한 점이다.

수준기(水準器, spirit level) : 기계가 수평인지 아닌지를 확인하기 위한 기구이며 기포관을 갖추고 있다. 기포관 내면 중앙에서의 접선을 수준기축이라 하고, 기포가 중앙에 있을 때 수준기축은 수평을 이룬다.

수준기의 감도(水準器의 感度, sensitivity of level) : 수준기의 관면에는 보통 2mm 간격으로 눈금이 새겨져 있는데 기포가 한 눈금 이동할 때의 수준기축의 경사각으로서 수준기의 감도를 나타낸다(합치식 장치가 되어 있는 것에는 눈금이 없다. 또 간단한 것에는 단지 지표선만 있는 것도 있다.). 또 기포관의 곡률반경으로 나타내기도 한다.

수준기축(水準器軸, axis of bubble tube) : 수준기의 기포관 내면 중앙에서의 접선. 기포관 속의 기포가 중앙에 있을 때 수준기축은 수평이다.

수준기축조정나사(水準器軸調整螺絲, adjusting screw of level tube) : 수준기의 한쪽 끝에 달려 있는 나사로서 이것을 조작함으로써 수준기축과 수준기를 장치하고 있는 평면을 평행하게 할 수 있다. 그리고 시준축과 수준기축이 동일 평면 내에 있게 하기 위한 좌우방향의 조정나사도 부속되어 있다.

수준기표(水準器標, Bench Mark : BM) : 기준면으로부터 정확하게 연직거리를 관측하여 표시해둔 점.

수준기표측량(水準器標測量, bench mark leveling) : 하천의 종단측량의 기준이 되는 수준기표의 표고를 정하는 작업. 수준기표측량의 방법은 1, 2급 수준측량에 의하여 왕복측량으로 실시한다.

수준노선(水準路線, leveling route) : 수준측량을 실시하여 수준점을 설치한 노선을 말하며, 일반적으로 다른 수준점이나 수준노선에 접촉시키거나 환상으로 폐합시키는 것이 보통이다.

수준망(水準網, leveling net) : 수준측량을 할 때 그 정도를 확인하기 위한 것과 오차를 합리적으로 처리하기 위하여 일정한 계획에 의하여 만들어진 수준노선의 망상집합.

수준면(水準面, horizontal plane) : 각 점들이 중력방향에 직각으로 이루어진 곡면으로 지오이드면이나 정수면을 말한다.

수준원점(水準原點, standard datum of leveling) : 높이의 기준이 되는 점으로 우리나라는 인천 앞바다의 평균해수면을 기준으로 하여 1963년 12월에 수준원점을 인천에 설치하였다. 수준원점의 위치는 인천광역시 남구 용현동 253번지이며 인하공업전문대학 내 원점표석 수정판의 영 눈금선을 중앙점으로 한다. 우리나라 수준원점의 표고는 26.6871m이다.

수준점(水準點, Bench Mark : BM) ; 수준면에서 높이를 정확히 구하여 놓은 점으로 고저측량의 기준.

수준점성과표(水準點成果表, final results table of leveling) ; 수준점의 소재지, 표석번호 및 표고 등을 기록한 표. 수준측량의 최종결과를 기록한 것이다.

수준척(水準尺, leveling rod) ; 수준측량이나 시거측량에서 수평시준선의 높이를 표시하는 자.

수준측량(水準測量, leveling) ; 지상의 제 점 간의 높이의 차를 구하는 측량. ① 도로 등에 따라 통상 2~4km 정도의 간격으로 표석을 매설하여 레벨을 써서 이들 점의 표고를 정하는 측량. ② 정지공사 등을 하기 위한 기점을 정하여 레벨로 그 구역 내의 각 지점의 고저차를 구하는 측량. ③ 트랜싯을 써서 잰 고도각과 따로 관측한 거리를 써서 계산으로 표고를 구하는 측량. ④ 기압계 등을 써서 표고를 구하는 측량. 이 가운데 ①, ②를 직접수준량, ③, ④를 간접수준측량이라 한다.

수준측량정확도(水準測量正確度, accuracy of level) ; 고저측량을 왕복으로 실시하거나 폐다각형 형태로 실시함으로써 폐합오차를 얻어 관측거리에 대한 폐합오차의 비로서 나타내는 값. 각국마다 고저측량의 목적에 따른 정확도의 기준을 규정하고 있다.

수준환(水準環, leveling circuit) ; 동일한 수준노선을 2회(왕복관측) 측량함으로써 얻어지는 환(環). 수준망을 구성하는 수준망 내의 하나의 폐곡선.

수중사진측량(水中寫眞測量, underwater photogrammetry) ; 수중카메라에 의하여 얻어진 영상을 해석함으로써 수중자원 및 환경을 조사하는 것으로 플랑크톤의 양 및 수질의 조사, 해저의 기복사항, 수중식물의 활력도 등을 조사한다.

수중사진측정학(水中寫眞測定學, underwater photogrammetry) ; 수중사진측량.

수지상(樹枝狀, dendritic or treelike) ; 수지상은 그 형태가 수계모양 중 가장 일반적으로 나타나는 형태이며, 본류에서 지류들이 예각으로 나뭇가지처럼 뻗어나가는 것이 특징이며, 지류가 불규칙적인 각도로 분지되어 있어 특정한 지질구조가 결여된 지역에 발달되는 형태. 또한 수지상이 매우 치밀하면 우모상이 된다.

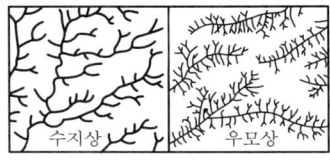

수직각(垂直角, vertical angle) ; 수직축을 중심으로 한 각으로 고저각, 상향각(앙각), 천정각거리, 천저각거리, 연직각 등이 수직각에 포함됨.

수직갱(垂直坑, shaft) ; 터널공사 등에서 연직방향으로 굴착해 놓은 갱도로서 수평갱, 경사갱에 대응하는 용어임. 터널연장이 긴 경우는 일정거리별로 수직갱을 시공하여 양방향에서 굴착작업을 할 수 있도록 함.

수직거리(垂直距離, vertical distance) ; 수직방향의 거리. 고저차와 같은 말이다.

수직고정나사(垂直固定螺絲, vertical clamp screw) ; 망원경의 상하 움직임을 고정할 수 있는 나사.

수직곡선(垂直曲線, vertical curve) ; 노선에 설치되는 곡선이 수직면 내에 있는 곡선.

수직기(垂直器, plummet) ; 어떤 지점을 수직으로 투영할 때에 쓰이는 기구이며, 망원경의 시준축과 수평축이 직교하고 또한 수평축이 완전하게 되어 있는가를 검사하기 위한 정밀한 수준기가 부속되어 있다. 망원경의 시준선은 완전히 연직면을 그리므로 서로 직교하는 방향에서 연직면을 그리면 그 교선은 연직선이 된다. 측표의 중심과 표석의 중심과의 편심의 점검에 주로 쓰인다.

수직기준원점(垂直基準原點, vertical control datum) ; 일반적으로 평균해수면으로부터 고도를 계산하기 위해 기준점으로 사용되는 수준표면.
수직기준점(垂直基準點, control point) ; 기준점.
수직데이텀(垂直데이텀, vertical datum) ; 지구와 그 중력에 관련된 높이와의 관계로부터 정한 표고에 대한 기준으로 대부분의 경우 평균해수면과 관계된다.
수직미동나사(垂直微動螺絲 vertical tilting screw) : 망원경의 상하 미세 움직임을 조절할 수 있는 나사. 연직미동나사라고도 한다.
수직분도원(垂直分度圓, vertical circle) ; 연직각을 관측하기 위한 분도원.
수직사진(垂直寫眞, vertical photograph) ; 촬영축의 방향이 연직방향에서 3° 이내로 상공에서 촬영된 사진.
수직선(垂直線, vertical line) ; 지표 위 어느 점으로부터 지구의 중심에 이르는 선을 말하며 일반적으로 연직선과 일치하는 것으로 생각할 수 있다. 그러나 엄밀한 의미에서는 연직선과 완전히 구분되며, 특히 측지학에는 연직선과 수직선의 차이에 큰 의미를 부여하고 있다.
수직선편차(垂直線偏差, deflection of vertical) ; 원점에서는 일반적으로 타원체의 법선과 지오이드의 법선은 일치하고 있으나, 그 밖의 점에서는 반드시 일치하지는 않는다. 이는 채용한 타원체 및 원점경위도치에 의한 계통적 오차와 타원체에 대한 지오이드의 凹凸에 기인하는 것이다. 따라서 연직선에 기준하여 결정되는 천문좌표와 수직선에 기준하여 측량에서 얻어지는 측지좌표와는 연직선과 수직선이 일치하지 않는 어떤 편차를 가지는데 이를 말한다.

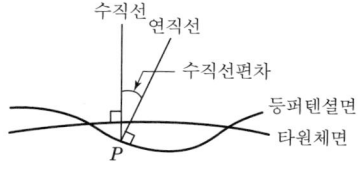

수직운동(垂直運動, vertical motion) ; 천체의 최대이격 시에는 거의 횡운동이 없이 수직방향의 운동만을 하므로 방위각관측에 종종 사용되고 있다.
수직권(垂直圈, vertical circle) ; 천정과 천저를 지나서 수평면에 직교하는 대원을 하늘의 지평선이라 하고 천정을 통하는 하늘의 지평선에 수직한 대원을 수직권이라 한다.
수직위치결정(垂直位置決定, vertical positioning) ; 기준면에 대한 한 점의 높이 결정 및 한 점에 대한 다른 점의 수직위치를 결정하는 것. 수직위치 결정은 지표면상의 상호위치관계 외에 지표하의 지하깊이측량, 수심측량 및 공간상의 높이측량으로 나누어진다.
수직지거(垂直支距, vertical offset) ; 지상기준점과 기본수준점과의 높이 차이.
수직축(垂直軸, vertical axis) ; 연직축.
수직축오차(垂直軸誤差, error of vertical axis) ; 연직축오차.
수직측량기준점(垂直測量基準點, vertical survey control monuments) ; 높이가 관측될 수 있는 기준점을 제공하고, 지형학자료의 편집에 사용하기 위한 표지점 또는 수준점. 항공사진의 편집도를 작성하는 기준이 될 때 다른 수직기준점은 정확도의 취득을 위해 이용된다.
수직확대율(垂直擴大率, vertical exaggeration) ; 단면도의 작성에서 높이의 축척과 수평거리의 축척과의 비. 높이와 수평의 축척을 같게 하면 경사의 변화가 구별되기 어렵다. 그래서 통상 높이의 축척을 크게 한다. 수직 확대율을 f라 하면 f=높이의 축척/수평거리의 축척이며, 지도축척에 따라서 f=1.5~3으로 하는 것이 좋다. 특히 미소한 경사변화가 문제될 때, 예컨대 하상의 종단면도에서는 f=100, 횡단면도에서는 f=10으로 잡는다.
수차(收差, aberration) ; 렌즈에서 근축광선에 의하지 않은 상에 생기는 이상적 결상에서 벗어남을 말하며, 이것은 구면수차, 색수차, 파장에 의한 굴절률이 다르기 때문에 생기는 수차 등으로 대별된다.
수치객체처리(數値客體處理, digital object processing) : 컴퓨터를 이용하여 영상 정보를 목적에 맞추어 인식하고 판독하는 등의 처리과정이다.
수치고도모형(數値高度模型, Digital Elevation Model : DEM) : 지형의 위치에 대항한 표고를 일정한 간격으로 배열한 수치정보.
수치도면화(數値圖面化, digital mapping) : 지상측량, 항공사진측량 또는 기존지형도의 입력 등에 의하여 대상지형지물의 위치 및 특성자료를 수치형태로 입력하고 편집·가공함으로써 도면 형태, 자기테이프 등의 소요형태로 지형도면 또는 수치정보를 얻는 방법.
수치도화(數値圖畵, digital restitution) : 측량용 항공사진 또는 위성영상의 지형, 지물을 해석 도화기 또는 좌표입력장치 부착 도화기에 의하여 수치자료로 관측하여 이를 전산기에 수록된 자료를 이용하여 정위치 편집, 구조화 편집 또는 도면제작 편집을 실시하는 것.
수치도화기(數値圖化機, softcopy stereoplotters) : 디지털 입체도화기. 컴퓨터기반의 지도제작과 사진측량학의 결합형태로 투명양화를 통해 빛을 통과시킴으로써 입체 모형을 보여주기보다는 겹쳐진 영상이 사진으로부터 주사된 격자형 파일로서 입력된다.
수치독취기(數値讀取機, digital scanner) : 영상을 독취하여 그 결과를 수치자료로 출력하는 장비.
수치사진기(數値寫眞機, digital camera) : 통상의 사진기는 영상을 아날로그 형태로 기록하지만 이 사진기는 영상을 비트맵으로 분할하고, 각각의 휘도를 수치 양으로 기록한다. 퍼스널 컴퓨터의 영상 자료와 호환성이 높아 편집 및 수정이 간편하다.
수치사진측량(數値寫眞測量, digital photogrammetry) : 도화기를 사용하지 않고 전산기에 의해 수치적으로 하는 사진측량. 즉 전자파에 의한 영상을 이용하여 대상물의 관측값을 수치해석과 오차론에 의하여 결정하는 것.
수치선형그래프(數値線形그래프, Digital Line Graph : DLG) : 지도제작을 할 때 쓰이는 수치 자료를 위한 벡터 자료형식의 표준.
수치영상(數値映像, digital image) : 영상을 나타내는 규칙적인 픽셀의 2차원적 배열.
수치영상처리(數値映像處理, digital image processing) : 컴퓨터에 의해 수치 영상을 처리하고 해석하는 기술.
수치인체모델(數値人體모델, digital body model) : 사진측정에서 여러 가지 인체의 동적 상태를 3차원적인 공간좌표로 취하고 이러한 자료로부터 컴퓨터에 연속되는 3차곡면군으로 구성된 모델.
수치정사도곽(數値正寫圖郭, digital orthophoto quadrangle) : 사변형으로 나타낸 정사사진의 집합체.
수치정사사진(數値正射寫眞, digital orthophoto) : 지형도의 정확도를 갖는 사진지도, 일반적으로 항공사진이나 인공위성 영상은 사진기가 수직에 의하여 촬영되었다고 볼 수 없으므로 그에 따라 사진상의 축척은 일정하지 않다. 이에 비해 수치정사사진은 사진영상을 수치적으로 처리하고 사진기가 수직방향으로 촬영한 것처럼 영상자료를 수정하므로 지도가 실제의 지표에서 대상물에 대하여 취사 선택한 도면이라 할 때 수치영상 사진은 실제의 지표를 그대로 찍어낸 그림이라고 할 수 있다.
수치정사영상(數値正射影像, digital orthophoto) : 지형도의 정확도를 갖는 사진지도로 일반적으로 항공사진이나 인공위성 영상은 사진기가 수직으로 촬영되었다고 볼 수 없으므로 그에 따라 사진상의 축척은 일정하지 않다. 이에 비해 수치정사사진은 사진영상을 수치적으로 처리하고 사진기가 수직방향으로 촬영한 것처럼 항공사진 또는 원격탐측 영상자료로부터 편위수정과정을 거쳐 생성되는데 이 과정은 사진기 회전과 지형의 고저차로 발생하는 영상편위를 보정하는 것이다.

수치좌표관측기(數値座標觀測機, digitizer) : 정밀좌표측정기로 기계좌표를 0.001mm 단위로 관측하고 투영관계식을 전자계산기로 계산하여 절대좌표를 구하는 방법.

수치지도(數値地圖, digital map) : 지도에 표시된 정보와 관련 정보를 수치화하여 전산기용 기록매체에 기록한 수치형태의 지도.

수치지도원도(數値地圖原圖, digital map manuscript) : 수치지도에 의하여 작성된 정위치 자료 파일의 내용을 컴퓨터를 이용한 자동처리 등에 의하여 소정의 지도표현 기준에 의거 표현하고, 자동제도장치 등을 사용하여 출력하고 작성한 도면.

수치지도작성(數値地圖作成, digital mapping) : 컴퓨터를 이용한 수치지도화, 지도입력 등 지형지물을 수치자료로 취득하여 목적에 따라 편집하는 것.

수치지도정보(數値地圖情報, digital map information) : 지형, 지물 등에 관계하는 지도적 정보와 일정한 정밀도를 유지한 위치, 형상을 나타낸 좌표자료 및 그 내용을 나타내는 속성자료 등으로서 컴퓨터에 의한 자료처리가 가능한 형태로 표현한 것.

수치지도제작체계(數値地圖製作體系, digital mapping system) : 수치지도를 제작하기 위한 체계로서 입력체계, 편집체계, 출력체계로 구성되며 수치지도화체계라고도 한다.

수치지리정보(數値地理情報, digital geographic information) : 고도 및 수심정보, 지형지물의 형태 및 속성정보, 지구표면의 형체 및 상태와 전자기적 스펙트럼에서 나타나는 형태와 관련된 지리정보를 그 외의 부수적인 정보와 수치정보와 함께 수치형식으로 표현한 것.

수치지적(數値地籍, numerical cadastral) : 일필지의 필계점의 위치를 지적도 위에 도형적으로 표시하는 대신 수학적인 좌표로 표시하는 것, 즉 자동계산기로 필계점의 좌표값을 구하여 punch card에 기록하여 보존하는 것.

수치지적부(數値地籍簿, numerical terrier) : 시장, 군수 등이 필요하다고 인정하는 지역에 토지경계 굴곡점의 좌표가 등록되는데 좌표만으로는 토지의 형상을 판단하기 힘들기 때문에 안내도 역할을 하는 지적도가 함께 비치된다. 이런 지역은 경계의 결정과 지표상 복원을 지적도에 의하는 것이 아니고 수치좌표를 근거로 하므로 지적도는 높은 좌표가 필요치 않다.

수치지적측량(數値地籍測量, numerical cadastral surveying) : 수치지적도를 작성하기 위한 측량.

수치지형공간메타자료(數値地形空間메타資料, Digital Geospatial Metadata : DGM) : 미연방 지리정보위원회에 의해 1994년 6월에 승인되었다. DGM은 내용, 품질, 조건, 다른 메타데이터의 특징에 대한 명세를 기술한다. 표준은 지리공간자료의 문서에 대한 용어와 정의의 공통집합을 제공한다.

수치지형도(數値地形圖, digital topographic map) : 등고선을 이용하여 땅의 기복, 형태, 수계의 배열 등의 지형을 정확하고 상세하게 나타낸 지도를 컴퓨터에서 사용할 수 있게 수치형태로 변환한 것.

수치지형모형(數値地形模型, Digital Terrain Model : DTM) : 적당한 밀도로 분포한 지상점의 위치 및 높이를 이용하여 지형을 수학적으로 근사 표현한 모형.

수치지형분석(數値地形分析, digital cartographic analysis) : 정보를 얻기 위해 수치지형을 해석하는 것.

수치지형자료(數値地形資料, digital terrain data) : 수치지형모형에 사용되는 자료는 지도, 항공사진, 입체모형, 현장측량성과, 항공기나 인공위성에 탑재된 레이더와 레이저 고도계에 의해 취득할 수 있다.

수치지형표고모형(數値地形標高模型, Digital Terrain Elevation Model : DTEM) : 지형기본도상에서의 표고데이터의 디지털과 동등한 그리드의 교선에 기록되고 사변형에 의해 조직된 지형고도에 관한 파일.

수치처리장치(數値處理裝置, digital service unit) : 외부 전송을 위해 사용되는 컴퓨터장치 사이의 자료 전송을 돕는 주변장치이다.

수치표고모형(數値標高模型, Digital Elevation Model : DEM) ; 지형의 위치에 대한 표고를 일정한 간격으로 배열한 수치정보.

수치표면모형(數値表面模型, Digital Surface Model : DSM) ; 인공지물과 식생이 있는 지구의 표면의 표고를 표현하기 위해, 일정간격의 격자점마다 수치로 기록한 표고모형.

수치해도(數値海圖, digital nautical chart) ; 전자해도라고도 하며, 전자해도표시 전산시스템에 사용하기 위해 종이해상도에 나타나 있는 해안선, 등심선, 수심, 항로 표시, 위험물, 항로 등 선박의 항해와 관련된 모든 해도정보를 국제수로기구의 표준규격에 따라 제작된 수치해도.

수치해석(數値解析, numerical analysis) ; 어떤 주어진 문제의 근사해를 각종의 근사법에 바탕을 두고 수치적으로 구하는 방법.

수치형상분석자료(數値形狀分析資料, Digital Feature Analysis Data : DFAD) ; 도시와 인공지물로 구성된 벡터 데이터베이스이다. 자료는 상대적인 크기 및 구성에 따라 구분된 점, 선, 면 형상의 위치 및 속성으로 구성되어 있다. 하나의 대상범위는 1°×1°이며, 1/250,000 축척의 지도에 표현되는 대상을 기록하고 있다. 기록된 지물자료의 내용이 상세하지 못하고 정확도도 떨어지기 때문에 레이더 반사 시뮬레이션 항법 및 지형장애물 정보를 필요로 하는 분야에 주로 사용되고 있다.

수치화(數値化, digitize) ; 지도나 이미지를 수치형식으로 전환하는 것. 대개 디지타이저를 사용하지만 아날로그에서 디지털 형식으로 저장하는 장비를 사용할 수도 있다. 수치지도와 종이지도를 보완하기 위하여 컴퓨터에서 지도를 활용할 수 있도록 지도를 수치데이터 형태로 변환하는 작업을 말한다. 수치지형도 등고선을 이용하여 땅의 기복, 형태, 수계의 배열 등의 지형을 정확하고 상세하게 나타낸 지도인 지형도를 컴퓨터에서 사용할 수 있도록 디지털의 형태로 변환한 것을 말한다. 시스템통합기술 PC, Workstation, GIS 시스템, 데이터베이스시스템 등 다양한 형태의 컴퓨터시스템을 통신으로 서로 연계하여 활용할 수 있도록 하는 기술을 말한다.

수평각(水平角, horizontal angle) ; 어느 한 점에서 다른 두 방향(반드시 수평이 아니라도 좋다.)에 대하여 이루어진 각(일반적으로 기울어져 있다.)을 수평상에 투영한 각을 말한다. 평면위치를 구하는 측량에서는 모두 수평각을 사용한다. 트랜싯이나 데오돌라이트로 관측하면 이 수평각을 얻을 수 있다.

수평각관측(水平角觀測, observation of horizontal angle) ; 수평각을 트랜싯, 데오돌라이트 및 토털스테이션에 의해 관측하는 것을 말한다. 수평각 관측에 중요한 것은 망원경을 정위·반위로 관측하여 읽은 값의 평균값을 얻는 일이다. 이렇게 하면 거의 모든 기계오차는 제거시킬 수 있으나 연직축 오차만은 제거되지 않으므로 연직축이 언제나 바르게 연직으로 되어 있는가에 주의할 필요가 있다.

수평각관측용기계(水平角觀測用器械, observing instrument for horizontal angle) ; 일반적으로 트랜싯이나 데오돌라이트가 쓰인다. 정도는 1′ 읽기의 것부터 0.1″ 읽기의 것까지 측량의 목적과 정도에 따라 여러 가지 것이 쓰이고 있다.

수평각점표귀심(水平角點標歸心, reduction to center) ; 수평각측참귀심과는 반대로 점표가 중심에서 벗어난 경우 혹은 점표가 없거나 혹은 있다고 하더라도 점의 중심에서 벗어났기 때문에 그 옆의 가까운 거리에 똑똑히 보이는 지물을 시준한 때에는 계산에 의하여 시준점의 중심을 관측한 값으로 계산하여야 하는데 이를 수평각점표귀심이라 한다.

수평각측참귀심(水平角測站歸心, reduction to center) ; 높은 탑의 꼭대기 혹은 높은 굴뚝의 피뢰침 등을 삼각점으로 하였거나 기타의 사정으로 삼각점의 중심에 각측량용 기기를 세워둘 수 없을 때 또는 세울 수 있다고 하더라도 다른 점을 시준 하는 데 많은 수목을 베어내야 할 경우가 가끔 있다. 이때에는 삼각점 가까운 곳에 편심측참을 설치하고 여기에 기계를 세워 보통 때와 같이 각을 관측하고 따로 중심점과 편심점의 관계에 따라 중심 삼각점에서 관측한 것과 같은 각도를 산출하는데 이를 수평각측참이라고 한다.

수평간(水平桿, level bar) ; Y레벨의 수평간은 연직축에 대하여 직각으로 달려 있으며, 그 양끝에는 Y지가 있어 망원경은 Y지가에 놓여져 있다.

수평간조정나사(水平桿調整螺絲, level bar adjusting screw) ; Y지가 조정나사라 하기도 한다. Y레벨의 수평간 양단에 있는 Y지가 밑에 부속되어 있으며 이것으로 Y지가의 높이를 조정한다.

수평거리(水平距離, horizontal distance) ; 수평면상에 투영한 두 점 간의 거리를 말한다. 측량에서 일반적으로 거리라 하면 수평거리를 말한다.

수평경(水平鏡, horizontal glass) ; 육분의에 부속되어 있는 고정 거울로 상부는 투명한 평면유리판, 하부는 반사경이며 기계의 틀에 고정되어 있고 버니어의 읽음값이 0일 때 지경의 면과 평행하게 된다.

수평경조정나사(水平鏡調整螺絲, horizontal glass adjusting screw) ; 육분의에 부속되어 있고 수평각을 조정하는 나사이며 버니어를 0으로 하고 별과 같이 먼 물체를 바라보았을 때 직접 보이는 상과 반사에 의하여 보이는 상이 겹쳐지지 않으면 이 조정나사를 돌려서 두 상이 겹쳐질 때까지 수평각을 조정한다.

수평곡선(水平曲線, horizontal distance) ; 노선 방향이 평면적인 변화를 하는 경우 설치하는 곡선.

수평곡선표현법(水平曲線表現法, relief by contour method) ; 등고선으로서 토지의 기복을 지도상에 표현하는 방법으로 정밀한 지도에는 보통 이 방법이 쓰인다. 등고선의 간격은 중 축척 이상의 큰 지도에서는 등간격으로 하는 수가 많다.

수평기준계(水平基準係, horizontal datum) ; 수평적 위치를 나타내는 지구의 경도, 위도 등 측지원점을 말한다.

수평눈금반(水平눈금盤, horizontal circle) ; 트랜싯 등에서 수평각을 측정하기 위한 눈금반이며 0°~360°의 눈금이 새겨진 수평축에 직교하게 설치되어 있다.

수평맞추기(水平맞추기, leveling) ; 평판면을 정확히 중력방향에 직각인 수평이 되도록 맞추는 작업. 트랜싯과 레벨에서는 연직축과 기포관축이 직각이 되도록 부속 수준기를 사용하여 맞추는 것.

수평면(水平面, horizontal plane) ; 어떤 점에 있어서 중력의 방향에 수직인 곡면이며, 보통 기포관을 써서 간접적으로 구한다. 특수한 경우에는 수은반을 써서 인공적으로 만들기도 한다.

수평미동나사(水平微動螺絲, horizontal tangent screw) ; 트랜싯으로 목표를 정확하게 시준하기 위하여 수평방향으로 망원경을 미동시키는 나사이다.

수평분도원(水平分度圓, horizontal circle) ; 수평각 관측에 사용되는 분도원.

수평사진(水平寫眞, horizontal photography) ; 광축이 수평선과 거의 일치하도록 지상에서 촬영한 사진이다.

수평선(水平線, horizon) ; 관측자를 통하는 연직선에 직교하는 평면과 천구의 교선인 대원을 말한다. 이것은 지구의 중심을 통과하는 평면과 수평면의 교선이라 할 수 있다.

수평선사진기(水平線寫眞機, horizontal camera)

: 항공사진 촬영용 카메라에 부속되어 있는 수평방향으로 설치된 카메라를 말하며, 수평선이나 지평선, 구름 등을 촬영하여 카메라의 경사를 관측하기 위해서 쓰인다. 서로 직각방향으로 되어 2개 또는 4개가 1조로 되어 있다.

수평시준(水平視準, horizontal sight by alidade) : 평판 및 고저측량에서 기계를 수평으로 하고 자기 위치와 같은 높이의 지점을 구할 때 사용되는 방법.

수평원점(水平原點, horizontal datum) : 수평적 위치를 나타내는 지구의 경도·위도 등 측지원점을 말한다.

수평위치결정(水平位置決定, horizontal positioning) : 각점 간의 x, y 좌표를 구하는 것. 측량방법은 삼각측량, 삼변측량 및 다각측량 등이 많이 이용되고 있다.

수평조정원점(水平調整原點, horizontal control datum) : 수평조정에 사용되는 원점.

수평첨시(水平尖視, horizontal sight by alidade) : 평판측량에서 지모를 그릴 때 기계를 수평으로 하여 자기가 있는 장소와 같은 높이를 구하고자 할 때 종종 쓰이는 방법이다. 특히 지형도를 검사할 때 가장 유효하게 쓰인다.

수평축(水平軸, horizontal axis) : 트랜싯 토털스테이션(TS) 등의 망원경을 지지하는 수평한 축을 말한다. 망원경은 이 축에 고정되어 있으며 축받이 위에서 회전한다. 시준축 및 연직축과는 서로 직교하고 있어야 한다.

수평축오차(水平軸誤差, error horizontal axis) : 수평축이 수평이 아니기 때문에 일어나는 오차이며 이 오차가 있으면 망원경은 연직면 내에서 회전하지 않는다. 그러나 정위·반위에 있어서의 읽음값은 크기가 같고 부호가 반대인 오차가 생기므로 이들의 평균을 취하면 이 오차는 제거된다.

수평축조정나사(水平軸調整螺絲, adjusting screw of horizontal axis) : 수평축오차를 제거하기 위하여 조정하는 나사이다. 이 오차는 관측의 방법으로 제거할 수 있는 성질의 것이므로 이 나사가 없는 기계도 있다. 보통 축받이 아래 부근에 달려있다.

수평통제(水平統制, horizontal control) : 지형측량을 위한 기준점 통제방법의 하나로 거리와 방향이 일정한 기준 좌표조직에 의하여 정확하게 확정된 지상점들에 의존하는 방법.

수평편광(水平偏光, parallel-polarized) : 두 입자가 얽혔다는 것은 두 입자의 어떤 특성에 상관관계(correlation)가 있는 것을 의미한다. 두 광자 A, B가 항상 서로 수직인 편광상태에 있다는 상관관계를 가지고 있으면, 광자 A가 수직편광이면 광자 B는 반드시 수평편광이고 광자 A가 수평편광이면 광자 B는 반드시 수직편광일 것이다.

수평표척(水平標尺, subtense bar) : 두 점 A, B 사이의 거리 D는 B점에 놓은 트랜싯으로 A점 위에 AB와 직교하게 수평으로 설치한 길이 b인 표척(그 중앙이 A점 위에 있다)의 양단을 시준하여 그 협각 θ를 재면 $D = (b/2) \times \cot(\theta/2)$로서 구한다. 이와 같이 읽음값을 구하기 위해 수평으로 설치하여 시준의 목적만을 위해서 사용되는 표척을 말하며 그 중앙이 삼각 위에 고정시키도록 되어 있다.

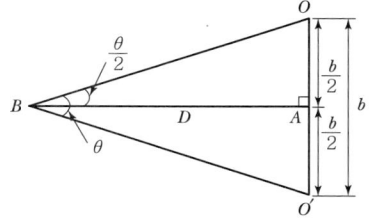

수평화 보정계수(K)(水平化 補正係數) : 실제 측량작업시 경사거리와 수평거리의 차를 계산하여 경사거리로부터 수평거리를 결정하는 계수(K)로

$$K = 1 - \frac{1}{1 + \left(\frac{n}{100}\right)^2}$$ 이다.

순간시야각(瞬間視野角, Instantaneous Field Of View : IFOV) ; 감지기가 한 번의 노출로 커버하는 영역을 말한다. 감지기의 공간 포괄 영역을 나타내는 일반적인 표시방법으로서 면적 또는 공간각으로 표시한다.

순독버니어(順讀버니어, direct vernier) ; 주척 1눈금의 1/n까지 읽기 위하여 주척 눈금의 n-1개를 n등분한 것을 버니어 1눈금으로 한 것으로, 읽는 단수는 주척눈금의 진행방향에서 버니어의 눈금이 주척의 눈금과 일치하고 있는 눈금선을 찾아서 읽는다.

순동입체시(瞬動立體視, instantaneous viewing) ; 영화와 같이 망막상의 잔상을 이용하여 입체시각을 얻는 방법. 투영광선으로 중간에 격판을 설치하여 좌우 사진의 광로를 교대로 보내고, 이에 대응하게 좌우의 눈앞에도 동일한 격판을 설치하여 왼쪽 사진이 투영될 때는 왼쪽 격판을 열고 오른쪽 사진이 투영될 때는 왼쪽 격판은 닫히고 오른쪽 격판이 열리게 된다. 이 개폐를 1/16초 정도로 급속히 진행하면 입체시각을 얻을 수 있다.

순유표(順遊標, direct vernier) ; 순독버니어.

순차파일(順次파일, sequential file) ; 순차적인 방법으로만 접근되는 파일.

순환정렬(循環整列, circular sequence) ; 논리적인 시작점이 없고, 또한 그것 때문에 그 자체의 어떤 순환적인 이동과 동일한 열(列)이다. "열(列)의 최후의 아이템은 열(列)의 최초의 항목에 선행한다."라고 생각되는 열이다.

쉐이드마크(쉐이드마크, shade mark) ; 태양의 고도가 낮은 경우 이 빛으로 인하여 유적의 기복을 발견할 수도 있는데 이를 말한다.

슈퍼애비오곤(슈퍼애비오곤, super aviogon) ; wild사의 초광각 렌즈로서 화각은 120°, 화면거리는 88mm이다.

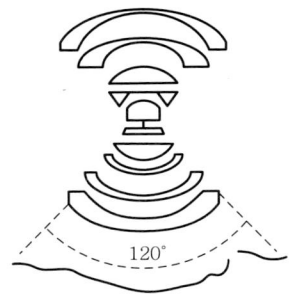

스넬리우스(스넬리우스, Snellius) ; 네덜란드의 물리학자로 1615년 스넬의 법칙(굴절의 법칙)을 확립했는데, 이것은 빛의 굴절현상을 실험적으로 연구한 것으로 광학진보의 기초가 된다. 또 삼각법을 이용하여 지구의 크기를 관측하는 방법을 발견하기도 하였다.

스넬법칙(스넬法則, Snell's law) ; 빛이 한 매질에서 다른 매질로 진행할 때 매질의 경계부에서 나타나는 굴절각은 두 매질에서의 빛의 속력과 입사각에 의존하여 다음과 같은 관계가 성립한다.
$N_1 \times \sin\theta_1 = N_2 \times \sin\theta_2$ 이때 N_1과 N_2는 매질의 굴절률이며, θ_1과 θ_2는 입사각과 굴절각으로 W.Snell에 의해 1621년경에 실험적으로 얻어졌다.

스무딩기술(스무딩技術, smoothing technique) ; 잡음이 섞인 신호에서 잡음을 제거 또는 줄여 부드러운 신호를 만드는 수치해석적인 기술로서 다항식을 이용하는 방법. 주파수 영역에서의 로우페스필터링을 이용하는 방법 등 다양한 기법들이 있다.

스미르(스미르, Shuttle Multispectral Infrared Radiometer : SMIRR) ; NASA 우주 왕복선에 장착된 non-imaging spectrometer. 0.5~2.4m 사이에 열 개의 파장대를 관측한다.

스카다(스카다, Supervisory Control And Data Acquisition : SCADA) ; 「원격감시제어」 참조.

스카이랩(스카이랩, sky lab) ; 미국 최초의 우주정거장으로 1973년부터 1974년까지 3명의 우주인이 171일 동안 머물면서 아폴로 망원경으로 15장의 태양사진을 찍었다. 스카이랩은 1974년에 임무를 종료했고 1979년에 대기권으로 재진입했다.

스카이플롯(스카이플롯, sky plot) ; 미국 최초의 우주정거장으로부터 수신된 위성 궤도의 대략적인 위치를 알 수 있게 하는 궤도력 자료를 이용하여 위성의 위치를 도시한 것.

스칼라(스칼라, scalar) ; 한 도형자료에 상수값을 가지고 연산하는 것. 예를 들면 어떤 지역에 점으로 되어 있는 우량 관측 자료가 inch로 되어 있는 것을 mm로 환산이 필요한 경우 스칼라 기능에 의해 새로운 값으로 변환하는 것.

스캐너(스캐너, scanner) ; 주사기. 자동독취기 라고도 한다. 위성이나 항공기에서 자료를 직접 기록하거나 지도 및 영상을 수치로 변환시키는 장치. 사진 등과 같이 종이에 나타나 있는 정보를 그래픽 형태로 읽어들여 컴퓨터에 전달하는 입력장치를 말한다.

스캐너왜곡(스캐너歪曲, scanner distortion) ; cross track 스캐너의 특성으로 생기는 기하학적인 왜곡.

스캐닝(走査, scanning) ; 지도, 도면 등의 정보를 수치화하는 방법의 한 가지로 스캐너를 이용한 격자형 자료입력방식.

스캔스큐(스캔스큐, scan-skew) ; 스캔이 완료되는 데 필요한 시간 동안 항공기나 위성의 움직임에 따라 발생하는 스캔 영상의 왜곡.

스케일(스케일, scale) ; ① 길이를 재는 기구. ② 척도 또는 도면의 척도.

스케일포인트(스케일포인트, scale point) ; 항공사진상의 2점을 잇는 선분상에 있으며, 그 2점의 축척의 평균과 같은 축척을 가진 점.

스케일포인트법(스케일포인트法, scale point method) ; scale point를 이용하여 항공사진의 경사각과 최대경사선의 방향을 구하는 법이다.

스케치마스터(스케치마스터, sketch master) ; 반투명막을 이용하여 항공사진과 지도를 동시에 겹쳐서 관측하는 기계이며, 지도의 수정이나 간단한 도화에 이용한다.

스크라이브법(스크라이브法, scribing method) ; 유리 또는 투명 plastic 필름에 차광성 도료를 도포하고 그 위를 조각침 등으로 긁어서 직접 사진용 음화필름 원판을 작성하며, 또는 그 위를 염색한 다음 양회필름 원판을 만드는 방법이다. 이 방법은 착묵 제도보다 훨씬 선명한 화선을 얻을 수 있고 수정하기도 쉬우며, 숙련을 필요로 하지 않고 다색분판제도도 정확하게 할 수 있을 뿐 아니라, 지도복제공정 전체의 작업시간도 상당히 단축할 수 있으므로 구미에서는 이미 제도의 표준작업법 이라 생각할 정도로 보급되어 있다.

스크루형유속계(스크루型流速計, screw current meter) ; 수로의 유속관측용 기계로서 수평축에 설치한 수개의 날개가 동수압에 의해서 회전하여 그 회전수로부터 유속을 알아낸다. 이 형식의 대표적인 것으로 히로이(廣井)식, 모리(森)식 등이 있다.

스크린(스크린, screen) ; ① 광산측량에서 갱내의 시표를 광선으로 비출 때 시점 바로 뒤에 세우는 칸막이. 크기는 적당히 한다. 예컨대 20×30cm의 나무테에 oil paper 또는 tracing cloth를 치거나 또는 반투명유리를 끼우면 된다. ② 거리가 수 km에 이르는 삼각측량에서 측표를 직접 관측할 수 없을 때에는 상대방의 점에서 태양광선을 반사시킨다. 이 때 광선이 너무 세 눈을 상할 염려가 있으므로 틀에 끼운 수 종류의 막(칸레이샤로 만들어져 있다.)을 준비하여 망원경의 방향으로 놓아 광선의 강도를 조정한다.

스키마(스키마, schema) ; 모델 형식구조의 기술이다. 자료기반의 조직이나 구조를 의미한다. 자료 모델링은 결국 하나의 스키마에 이르게 된다. 실세계 객체의 일부분 또는 전체를 모형화하는 항목들의 집합을 말하기도 한다. 비도형 속성을 포함하는 컴퓨터 파일의 특성, 스키마는 자료구성요소의 이름, 바이트나 열 형태의 성분 필드의 크기, 자료요소 형식(문자, 정수, 이진수 등)과 속성자료 처리를 위해 소프트웨어에 의해 요구되는 자료 등과 같은 정보를 표현한다.

스키마모형(스키마模型, schema model) : 응용 스키마를 표현하기 위한 추상모형이다.

스타디아가정수(c)(스타디아加定數, stadia addition constant) : 스타디아계산에 사용하는 정수이다. 트랜싯의 중심에서 대물렌즈까지의 거리를 d, 대물렌즈의 초점 거리를 f라 하면 스타디아 가정수 c는 c=d+f이다. 최근에는 c=0인 기계가 많다.

스타디아계산척(스타디아計算尺, stadia slide rule) : 스타디아컴퓨터를 직선상으로 만든 계산척으로서 $\log_{100}\ell$, $\log \cos^2 a$, $\log\left(\frac{1}{2}\sin 2a\right)$ 등의 값이 새겨져 있으며 보통의 계산척과 마찬가지로 사용하면 된다.

스타디아공식(스타디아公式, stadia formula) : 스타디아측량에서 거리 및 고저차를 계산하는 공식을 말한다. ① 시준선이 수평일 때 : $D = k\ell + c$ ② 시준선이 기울어져 있을 때 : $D = k\ell \cos^2 a + c\cos a$, $H = \frac{1}{2}k\ell \sin 2a + c\sin a$
여기서 D : 두 점 간의 거리, H : 두 점 간의 고저차, k : 스타디아 승정수, c : 스타디아 가정수, ℓ : 스타디아선이 낀 표척의 읽음값, a : 시준선의 경사각.

스타디아도표(스타디아圖表, diagram of stadia reduction) : 스타디아공식을 도표로 한 것의 총칭. 일반적으로 횡축에 협장을, 종축에 거리나 고저차를 잡고 연직각을 변수(parameter)로 하고 있다.

스타디아선(스타디아線, stadia hair) : 트랜싯의 망원경에 십자선 외에 십자횡선의 상하에 등거리에 새긴 두 줄의 수평선.

스타디아선조정나사(스타디아線調整螺絲, stadia hair adjustment screw) : 내부에 스타디아선을 갖추고 있는 망원경통의 상하에 스타디아선을 상하로 이동시키는 조정나사를 말한다. 이 두 나사로 스타디아선의 상하간격을 조정한다. 그러나 최근에는 망원경의 제조과정에서 정밀한 공작을 하므로 이 장치가 거의 없어졌다.

스타디아승정수(k)(스타디아乘定數, stadia multiplier constant) : 스타디아계산에 사용하는 정수이다. 트랜싯의 대물경의 초점거리를 f, 스타디아선의 간격을 i라 하면 스타디아 승정수는 k=f/i이다. k의 값은 기계에 따라 일정한 것이나 보통 k=100으로 하고 있다.

스타디아정수(스타디아定數, stadia constants) : 스타디아측량에서 협장 및 연직각을 관측한 다음 거리와 고저차를 계산할 때 쓰는 정수이며, 스타디아 승정수(k)와 가정수(c)의 두 가지로서 보통 트랜싯의 상자에 기록되어 있다.

스타디아야장(스타디아野帳, stadia book) : 스타디아측량에서 사용하는 야장이며, 측점, 상하스타디아선의 읽음값, 협장, 수평각, 연직각, 시준고, 거리, 고저차, 표고 등을 기입하는 난이 있다.

스타디아정수결정법(스타디아定數決定法, determination of stadia constants) : 스타디아정수 k, c의 값을 결정하는 데는 망원경의 시준선을 수평으로 하고 기계의 중심에서 정확하게 10, 20, 30, …, 90, 100m를 세워서 상하스타디아선에 끼인 길이 l_{10}, l_{20}, l_{30}, …, l_{90}, l_{100}을 구한다.
설정한 점의 수를 n이라 하면 $D=k\ell+c$의 방정식이 n개 생긴다. 이들 방정식에서 최소제곱법으로 유도되는 방정식
$[l^2] + c[l] = [lD]$, $k[l] + nc = [D]$를 풀어서 k, c의 최확값을 구하면 다음과 같다.
$$k = \frac{n[lD] - [l][D]}{n[l^2] - [l][l]},$$
$$c = \frac{[l^2][D] - [l][lD]}{n[l^2] - [l][l]}$$
여기에서 $[D] = D_1 + D_2 + D_3 + \cdots + D_n$

스타디아측량(스타디아測量, stadia surveying) : 트랜싯에 설치된 스타디아선과 연직각 관측 눈금으로 전방에 세운 표척에 대하여 스타디아선에 의한 협장 및 연직각을 재고 기계의 위치에서 표척의 위치까지 간접으로 거리 및 고저 등을 구하는 측량.

스타디아측량용표척(스타디아測量用標尺, stadia rod) : 스타디아측량에 쓰는 표척은 수준측량용이 대부분이다. 그러나 특수한 눈금을 매긴 스타디아측량 전용의 표척도 있다. 여기에도 시판표척과 자독표척으로 구분되는데 일반적으로 후자의 것을 쓴다. 특수눈금의 예로
$D = kl + c(l + \frac{c}{k})k = l'k$ 이므로 눈금을 $\frac{c}{k}$ 만큼 가감해 두면 l' 를 읽음으로써 가감수를 가산하는 수고를 덜 수 있다.

스타디아컴퓨터(stadia computer) : 스타디아측량을 할 때 사용하는 원형의 계산기로서 중앙원판의 수평거리 부분에는 $\log \cos^2 \alpha$ 가, 고저차의 부분에는 $\log \left(\frac{1}{2} \sin 2\alpha \right)$ 의 값이 새겨져 있고 외판에는 $\log = kl$ 이 $k = 100$ 으로 해서 새겨져 있다.

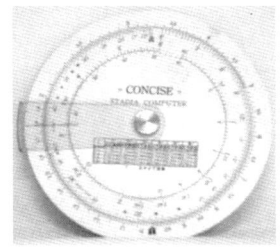

스타디아트래버싱(스타디아트래버싱, stadia traversing) : 시거측량만으로 트래버스의 각 점을 관측 전진하여 각 트래버스점의 위치를 결정하는 측량법.

스타디아포인트(스타디아포인트, stadia point) : 갱내골조측량에 사용하는 컴퍼스의 망원경 내에 어느 정도의 스타디아측량을 할 수 있도록 스타디아선 대신으로 장치한 점.

스타디아표(스타디아表, stadia table) : 스타디아측량을 할 때 트랜싯으로 잰 협장 및 연직각에서 거리와 고저차를 계산할 때 쓰는 표로서 $\cos^2 \alpha$, $\frac{1}{2} \sin 2\alpha$ 의 값, 또는 $k = 100$ 에 대한 $k \cos^2 \alpha$, $\frac{1}{2} k \sin 2\alpha$ 의 값과 c의 여러 값에 대한 $c \cos \alpha$, $c \sin \alpha$ 의 값을 내놓은 것 그 밖의 여러 가지로 고안된 것들도 있다.

스타프(스타프, staff) : 표척이라고도 하며 수준측량 및 스타디아측량에 사용되는 단면이 함형인 자.

스타프맨(스타프맨, staff man) : 표척을 측점에 연직으로 세우는 일을 하는 조수를 말한다. 시판표척에서 표척수는 관측수의 신호로 표척을 움직이고 관측수의 신호로서 눈금을 읽어 기장한다.

스탑앤고(스탑앤고, stop and go) : GPS를 이용한 이동측량 기법 중 하나로 수신기를 켜놓은 채로 한 관측지점에서 정지하여 수분간의 신호를 수신하고, 다음 관측점으로 이동하여 또 수분간의 신호를 수신하는 방식으로 관측하는 것.

스테라디안(스테라디안, steradian) : 반지름 r인 단위구상의 표면적을 구의 중심각으로 나타낸 것으로 SI 보조단위의 하나이며 공간각을 표현하는 말이다.

스테레오그램(스테레오그램, stereogram) : 입체시가 가능하게 정확히 표정된 한 벌의 입체사진 또는 입체화.

스테레오모델(스테레오모델, stereo model) : 중복된 한 쌍의 사진에 의하여 입체시 되는 부분.

스테레오형카메라(스테레오型카메라, stereometric camera) : 지상사진 관측용 기구의 하나로서 두 개의 카메라를 어떠한 일정거리에 놓고 고정한 카메라.

스테레오콤퍼레이터(스테레오콤퍼레이터, stereo comparator) : 한 쌍의 입체사진을 입체시하면서 각 점의 사진상의 평면좌표를 관측하

는 기구로 해석적 사진측량에 기본이 되는 장비.

스테레오템플릿법(스테레오템플릿法, stereo templet method) ; 입체도화기로서 근사적으로 도화한 점을 따라 2장 1쌍의 templet을 만들고 그것들을 이어 맞추어서 바른 위치를 도해적으로 구하는 방법. 도해법과 기계법의 중간인 핸드템플릿법과 핸드템플릿법을 기계적으로 행하는 슬로티드템플릿법이 있다.

스테레오톱(스테레오톱, stereotop) ; 3급도화기로 4개의 기지점을 이용하여 표고와 위치의 표정을 하는 근사적인 방법을 쓰는 도화기.

스테레오플래니그래프(스테레오플래니그래프, stereoplanigraph) ; 일급도화기로 광학적 투영법을 채용하고 있다. 형식에 따라 C5형, C8형 등이 있는데, C8은 정밀도화, 항공삼각측량, 정사투영사진지도제작, 지상사진도화, 수렴사진도화 등이 가능한 만능도화기이다.

스테레오플로터 A8(스테레오플로터 A8, stereoplotter A8) ; A8은 wild사의 2급도화기로 A6의 개량형이고, A7과 자매기로 기계적 투영법을 채용하고 있으며 정도와 능률이 좋다. 또한 정밀도화, 항공삼각측량(독립모델법), 정사투영사진지도의 제작 등이 가능한 기계이다.

스테이터스코프(스테이터스코프, statoscope) ; 항공사진을 촬영할 때 비행기의 고도를 정밀하게 관측 기록하는 기압계이다.

스테이터스코프파(스테이터스波高計, statoscope type wave meter) ; 바다에서 상단이 막힌 진공철관을 세워서 파랑에 의한 철관내의 공기압력 변동을 육상으로 유도하여 파고를 측정하는 기계.

스테판볼츠만법칙(스테판볼츠만法則, Stefan-Boltzmann's law) ; 흑체의 단위표면적에서 방출되는 모든 파장의 빛에너지의 총합 I는, 흑체의 절대온도 T의 4제곱에 비례한다는 법칙. 1879년 J.스테판이 온도복사의 연구를 통해 실험적으로 발견하고, 이것을 1884년 L.볼츠만이 열역학적으로 정립하였다.

스테판볼츠만상수(스테판볼츠만常數, Stefan-Boltzmann constant) ; 스테판볼츠만법칙은 $I = a\,T^4$로 나타낼 수 있는데, 이 비례상수 a를 스테판-볼츠만상수라 한다.

스트립(스트립, strip) ; 사진이나 입체모형(model)을 종방향(촬영경로방향)으로 접합한 모형.

스트립모자이크(스트립모자이크, strip mosaic) ; 도로 파이프라인 등과 같은 선형 project의 계획과 설계에 유용한 모자이크 방식.

스트립사진(스트립寫眞, strip photograph) ; 스트립사진기로 촬영한 사진.

스트립조정(스트립調整, strip adjustment) ; 스트립으로 구성된 좌표계를 절대좌표로 환산하는 조정방법. 종접합모형조정이라고도 한다.

스트립카메라(스트립카메라, strip camera) ; 비행기의 속도에 맞추어서 필름이 감기면서 가느다란 strip으로 지역을 연속적으로 촬영하는 특수 카메라.

스트립항공삼각측량(스트립航空三角測量, strip aerotriangulation) ; 촬영경로를 단위로 해서 입체도화기 및 정밀좌표측정기에 의하여 사진상의 무수한 점들의 좌표를 관측한 다음 소수의 지상기준점 측량성과를 이용하여 무수한 점의 좌표를 여러 방법에 의해 절대 또는 측지좌표로 환산하는 것.

스티븐스의 공식(스티븐스의 公式, Steven's formula) ; 횡단유속곡선을 써서 하천의 유속 Q를 계산하는 공식, 하저 및 횡단유속공식을 각 소구간 내에서 직선적으로 변화한다고 가정한다.

$$Q = b_1 \frac{h_0 + h_1}{2} \cdot \frac{v_0 + v_1}{2}$$
$$+ b_2 \frac{h_1 + h_2}{2} \cdot \frac{v_1 + v_2}{2} + \cdots$$
$$+ b_n \frac{h_{n-1} + h_n}{2} \cdot \frac{v_{n-1} + v_n}{2}$$

여기에서, $b_1, b_2, \cdots, b_n$: 횡단유속곡선의 분

할연직선상의 거리, $h_0, h_1, \cdots, h_n$: 분할 연직선에 따른 수심, $v_0, v_1, \cdots v_n$: 분할연직선에 따른 종평균유속.

스틸밴드테이프(스틸밴드테이프, steel bend tape) : 보통의 강줄자보다 폭과 두께를 더해서 단면을 크게 한 갱내 거리측량용 강줄자인데, 눈금은 1m마다 새겨져 있고 그 사이에 10cm 간격의 작은 구멍이 뚫려 있으며, 10cm 미만에 대해서는 1mm 눈금의 읽음값을 읽을 수 있는 자를 별도로 사용하게 되어 있는 자.

스틸테이프(스틸테이프, steel tape) ; 강줄자.

스파게티모형(스파게티模型, spaghetti model) : 벡터자료구조에서 공간정보를 저장하는 자료모형으로, 점, 선 다각형을 단순한 좌표 목록으로 저장하기 때문에 위상관계가 정의되지 못한다. 스파게티 구조는 XY좌표의 나열에 의한 선 연결을 의미하며, 수치지도를 다시 만드는 경우에 효율적이다.

스파이더(스파이더, spider) ; 렌즈 부분을 유지하고, 화면거리, 광축과 화면의 상관관계를 유지(내부표정요소 유지)하는 장치.

스팟(스팟, Le System Probatoire d'Obervation de la Terre : SPOT) ; 1986년 프랑스에 의해 발사된 지구탐사위성. 지점 감지기를 지니고 있는 multi spectral 원거리 감시 위성 시스템, 이 위성의 IFOV는 multispectral 양식에서는 20m이고 monochromatic 양식에서는 10m이며, 중복관측이 가능하다.

스팟스캐너(스팟스캐너, SPOT scanner) ; SPOT 위성의 센서에서 얻어지는 정보를 읽어들이는 장치.

스퍼드(스퍼드, spud) : 갱내의 천정에 장기보존을 요하는 측점을 설치할 때 암반에 손으로 직경 15~25mm, 깊이 40mm 정도의 작은 구멍을 파서, 여기에 나무마개를 박아 넣고 그 위에다 못이나 그림과 같은 스퍼드를 박아서 측점위치를 표시한다.

45mm

스페큘러(스페큘러, specular) ; 거울 같은 정반사성의 의미이다.

스펙트럼(스펙트럼, spectrum) ; 빛을 프리즘 등 분광기로 분해했을 때 생기는 무지개와 같은 색상의 띠.

스프링저울(스프링저울, spring balance) ; 스프링이 외력에 비례해서 신축하는 성질을 이용해 만든 저울이다. 강권척의 압력을 일정하게 하기 위해서 쓰인다. 장력계라고도 한다.

스플라인곡선(스플라인曲線, spline curve) ; 몇 개의 점이 입력으로 주어진 경우, 이들 각각의 모든 점을 통과하는 매끄러운 곡선.

습곡(褶曲, fold) : 지층이 횡압력을 받아서 파상으로 굽어지는 것.

습도(濕度, humidity) ; 대기 중에 포함된 수증기량의 관측값.

슬랙(슬랙, slack) ; 확폭, 차량의 위험을 막기 위해 곡선부에서는 레일의 안쪽을 직선부에 비하여 넓힐 필요가 있는데 그때 넓히는 치수.

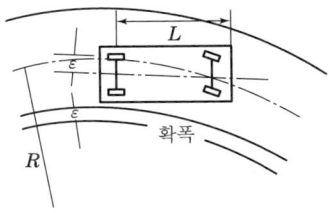

$$\varepsilon = \frac{L^2}{2R}$$

여기서, R : 차선중심선의 반경.
        L : 차량의 전면에서 뒷바퀴까지의 거리.

슬로티드템플릿법(슬로티드템플릿法, slotted templet method) ; 사선법을 기계도해법으로 하는 방법으로 사진상의 각점을 한 장의 종이에 옮겨 주점에 둥근 구멍을, 각 사선방향으로 가늘고 긴 홈을 파서 작은 막대로써 꿰어 맞추는 방법.

승강식(昇降式, rise and fall system) : 수준측량에서 야장기입법의 한 가지로 야장에 승강을 만들고 동일 레벨에서의 후시와 전시와의 차를 계산하여 후시가 전시보다 클 때는 승란, 후시가 전시보다 작을 때는 강란에 기입해서 이로부터 고저차를 구한다.

승교점(昇交點, right ascension of ascending node) : 인공위성의 궤도요소 중 하나로 위성이 남반구에서 북반구로 올라갈 때 적도와 만나는 점의 적경.

승상수(乘常數, rise constant) : 승정수. 시거공식 중 시거선의 길이를 초점거리로 나눈 값으로 일반적인 관측장비에서 100으로 되어 있다.

승정수(乘定數, multiplying factor or interval factor) : 스타디아측량의 기본공식은 D=Kℓ+C이며, 여기서 D는 기계와 표척 사이의 거리, ℓ은 협거, K, C는 기계에 따라 정해지는 정수, 특히 K를 스타디아 승정수라고 한다.

시(時, time) : 시는 지구의 자전 및 공전 때문에 관측자의 지구상 절대적 위치가 주기적으로 변화함을 표시하는 것. 원래 하루의 길이는 지구의 자전, 1년의 길이는 지구의 공전, 주나 한 달은 달의 공전운동으로부터 정의된 것이다. 시와 경도 사이에는 1hr=15°의 관계가 있다.

시가지측량(市街地測量, city surveying) : 시가지에 대해서 시행하는 측량으로 건물, 도로, 철도, 하천 등의 위치나 크기를 재서 지도를 만드는 것이 보통이나 정밀하게 측량을 할 때는 트랜싯을 사용하고, 간단하게 할 때는 평판을 사용한다. 또 항공사진측량으로도 할 수 있다.

시각[1](視角, visual angle) : 물체의 두 끝에서 눈에 이르는 두 개의 직선으로 된 각을 말한다. 시각은 눈의 조절을 고려하지 않으면 망막상의 상의 크기와 물체의 겉보기 크기가 근사적으로 비례한다.

시각[2](時角, hour angle) : 천정과 천극을 지나는 대원이 천구의 자오선이며, 이 천구의 북극과 천체를 지나는 원이 관측자의 자오선과 이루는 각이 시각이다. 어떤 별의 자오선과 천구의 자오선과의 교각이 그 별의 시각인 것이다. 일주운동 때문에 시각은 시각(時刻)과 함께 변화한다.

시각[3](時刻, time) : 시간을 구분한 어떤 길이. 어떤 순간적인 시각은 천체가 그 지역의 자오선을 정중한 후 경과한 시간수로 표시한다.

시각법(視角法, sight method) : 팔을 펴서 높이를 아는 물체를 자로 시준했을 때 팔 길이와 아는 물체 높이의 기하학적 특성으로 거리를 관측하는 방법을 시각법이라 한다. 이 관측법은 정밀관측보다는 대략적 거리를 관측할 경우에 사용할 수 있다.

시각부조화(視覺府調和) : 시각적인 부조화.

시각시스템(視覺시스템, viewing systems) : stereo plotter에서 왼쪽 눈은 왼쪽에서 비춘 영상을, 오른쪽 눈은 오른쪽 영상을 보면서 영상의 중첩을 통하여 stereo 영상을 보는 것으로 anaglyphic system, stereo-image alternator, polarized-platen viewing system 등이 있다.

시간간격축척(時間間隔縮尺, interval time scale) : 축척에 상대적인 시간원점의 위치와 길이를 설명하는 데 사용되는 1개 이상의 기준간격을 제공하는 시간관측용 축척.

시간기준계(時間基準計, temporal reference system) : 시간을 관측하기 위한 기준계.

시간보정(時間補正, time) : 이동시간은 발송시간과 수신시간의 차에 기초한다. 그러나 위성시계와 수신기시계에는 오차가 포함되어 있다는 것을 명심해야 한다. 위성시계의 오차는 기지값이며, 이러한 오차의 보정값이 항법메시지에 포함되어 있다. 수신기시계오차는 미지수로 계산되어야 한다. GPS 위성과 수신기 사이의 평균이동시간은 약 1/100초이다. 시간 동안에 지구는 거의 30m

를 회전하며, GPS 위성은 약 300m를 이동하게 된다. 그러므로 계산된 이동시간은 위성의 이동뿐만 아니라 지구의 자전에 대해 보정되어야 한다. GPS 측량 수신기들은 의사거리를 사용해 수신기 자체의 시계오차를 계산하며, 자료파일에 이와 같은 정보를 포함하게 한다. 이와 같이 저장된 수신기시계의 offset은 ±2×1/10억초(2nanosecond)로 정확하다. 이는 후처리기가 관측된 기선의 해를 구하는 동안에 이러한 보정값을 계산하는 번거로움을 덜어준다.

시간좌표(時間座標, temporal coordinate) ; 시간 scale 내 간격의 원점으로부터의 거리.

시간좌표체계(時間座標體系, temporal coordinate system) ; 단일 표준간격과 관련되어 정의된 간격 scale을 기초로 한 시간참조체계.

시간해상도(時間解像度, temporal resolution) ; 탐측기 시스템의 시간적 해상도는 주어진 탐측기가 특정지역의 영상을 얼마나 자주 획득하는가를 말한다. 실제적으로 탐측기는 흥미 있는 대상체에 대해 독특하고 구별 가능한 특성을 획득하기 위해 반복적으로 자료를 얻어야 한다.

시거(視距, sight distance) ; 관측자의 눈으로 목적물을 볼 수 있는 거리를 말하며, 측량에서는 트랜싯의 시거선과 각으로 목적물까지를 관측한 거리.

시거계산기(視距計算器, stadia computer) ; 셀룰로이드 판상에 직경 12cm의 원형판을 붙여서 이것이 축 둘레를 회전할 수 있도록 만든 것으로 중앙의 원판에는 $\cos^2 a$ 대수, 즉 수평거리와 $\frac{1}{2}\sin 2a$의 대수, 즉 고저차의 눈금이 새겨져 시거계산을 할 수 있게 만들어진 것.

시거계산척(視距計算尺, stadia slide rule) ; 일반계산척과 같은 원리로 대수눈금을 그린 것인데 K(승정수), C(가정수) $\ell \cos 2a$값, 그리고 $\frac{1}{2}\sin a2(\cos a \sin a)$의 값을 보통 계산척 비슷하게 표시하여 마치 원형의 스타디아컴퓨터를 장방형으로 펼친 것처럼 만든 것.

시거도표(視距圖表, stadia reducing diagram) ; 스타디아 계산에 필요한 사항을 도표로 작성한 것으로 실내용과 야외용의 두 가지로 되어 있다. 시거공식에서 $\cos^2 a$, $\frac{1}{2}\sin 2a$, $C\cos a$, $C\sin a$를 표시한 것을 시거표라 하며, 시거도표, 계산척에 비하여 정확하나 복잡하고, 현장에서 사용하기는 힘들다.

시거상수(視距常數, stadia constants) ; 시거정수

시거선(視距線, stadia hairs) ; 십자선횡선의 상, 하에 같은 거리로 평행하게 붙인 선으로서 시거측량에 사용된다.

시거정수(視距定數, stadia constants) ; 스타디아측량의 기본공식 $D = kl + c$에서 k, c는 기계에 따라 정해지는 수로 k는 승정수, c는 가정수라고 한다.

시거측량(視距測量, stadia surveying) ; 어떤 한 측점에 기계를 세우고 다른 임의의 측점에 세운 시거표척을 시준하는 것만으로써 기기와 시거표척 사이의 상대적 위치를 결정하는 측량.

시거표(視距表, stadia table) ; 시거도표.

시계(視界, field of view) ; 망원경을 통하여 한꺼번에 보이는 입체각.

시고도(視高度, apparent altitude) ; 실제로 목표가 보이는 방향의 고도이며, 기차 때문에 언제나 실제의 값보다 높아 보인다.

시공간GIS(時空間GIS, spatial temporal GIS) ; 3차원 GIS라고도 하며, 이는 그동안 2차원 평면상의 공간자료에 국한되어 있던 GIS의 자료영역을 확장하는 연구분야로서 우선 지질학이나 대기과학, 지하시설물 관리와 같은 GIS 응용에 필수적인 3차원 자료의 저장과 분석을 위한 기반연구가 진행되고 있다. 또한 지리적 현상의 공간적 분석에 시간의 차원을 고려하여, 시간과 공간의 변화를, 또 그 상호작용을 동시에 파악하고 분석할 수

시공기면고(施工基面高, formation level) : 도로나 철도와 같은 노선공사에서 착공 전에 종단면도에 계획구배를 넣어 여기에서 얻은 각 측점에서의 계획고를 횡단면도에 넣어서 절취량 또는 성토량을 계산하는데, 이 횡단면도에 넣는 계획선의 높이를 시공기면고라 한다.

시공데이텀(施工데이텀, engineering datum) : 지역의 기준을 위한 데이텀으로 공간기준의 비측지원자는 지역데이텀이 적당하며 여기에서는 토목공사의 시공에 관계한 데이텀으로서 사용되는 용어이다.

시굴터널(試掘터널, pilot tunnel) : 터널을 굴착함에 앞서 암반이나 지하수의 상황, 그 밖에 터널 굴착에 있어서 필요한 데이터를 얻기 위하여 미리 굴착하는 터널.

시그널락(시그널락, signal lock) : 위성으로부터의 신호를 추적하여 연속적인 수신이 가능할 때 시그널락 되었다고 한다.

시그널크램프(시그널크램프, signal clamp) : 외부연결코일(38kHz)의 소형 발신 장비로서 케이블이나 금속관의 일부분이 땅 위로 노출되어 직접 부착될 수 있을 경우에 효과적인 방법이다.

시단현(始短弦, first subchord) : 원곡선의 곡선시점에서 곡선구간에 있는 첫 번째 측점을 이은 직선 또는 직선거리를 말한다.

시뮬레이션(시뮬레이션, simulation) : 현실세계에서 발생하는 상황을 컴퓨터를 이용하여 가상적으로 재현하는 작업.

시반경(視半徑, apparent semidiameter) : 태양, 달, 유성과 같은 천체는 점으로서가 아닌 어느 크기의 원으로 보이는데, 이 원(반달일 때는 원호)의 반경을 시반경이라 하며, 각도로 표시한다. 관측할 때에는 연변을 시준하여 시반경의 보정을 한다. 시반경은 천문역에 기재되어 있다.

시방서(示方書, specifications) : 어떤 작업에 필요로 하는 기준이나 방침을 기술해 놓은 지침서.

시보호(始補弧, beginning supplementary chord) : 시단현에 대한 호.

시분할(時分割, time sharing) : 한 컴퓨터 체계에 의하여 둘 이상의 프로그램의 실행에 시간을 조금씩 차이가 나게 유지한다. 따라서 2개 이상의 프로그램이 한 번에 한 개가 실행하도록 된 체계에서 시간을 공유한다. 외적으로는 몇 개의 프로그램이 동시에 실행되는 것처럼 나타난다. 이 운영방침의 형태는 몇 개의 그래픽 단말기가 단일 CPU로 조절되는 경우 사용될 수 있다.

시분할체계(時分割體系, time sharing system) : 컴퓨터를 여러 가지 다른 목적으로 거의 동시에 여러 사용자가 사용하는 운영방법을 말한다. 컴퓨터가 실제로 짧은 시간 동안 차례로 각 사용자를 서비스해 주지만, 고속의 컴퓨터의 모든 사용자들을 동시에 처리해 주는 것처럼 보인다.

시설물관리(施設物管理, Facilities Management : FM) : facility management의 약어로서 지도의 위치정보를 기초로 하여 체계화하고자 하는 것으로 지도상의 위치와 시설물에 지도정보와 속성자료의 검색, 처리를 하는 체계이다.

시설물관리체계(施設物管理體系, Facilities Management System : FMS) : 공공시설물이나 대규모의 공장, 관로망 등에 대한 지도 및 도면 등 제반 정보를 수치 입력하여 시설물에 대해 효율적인 운영관리를 하는 종합체계. 시설물에 관한 자료 목록이 전산화된 형태로 구성되어 사용자가 원하는 대로 정보를 분류, 갱신, 출력할 수 있다.

시설물도(施設物圖, facility map) : 전기, 통신, 상하수도, 가스, 도로 등의 도시기반 시설물의 관련 도면. 시설물들의 주요 위치와 형태, 규격, 용량들의 제반 내용이 포함되어 있다.

시설물변위측량(施設物變位測量, facility displacement survey) ; 「시설물변형측량」 참조.

시설물변형측량(施設物變形測量, facility deformation survey) ; 시설물의 안정성 조사를 위하여 정기적 또는 일시적으로 시설물의 변형을 측량하는 것. 기기로 관측하거나 삼각측량방법 등으로 측량할 수 있으며 시설물 변위측량이라고도 한다.

시설물자료(施設物資料, facility data) ; 공공시설물이나 대규모의 공장, 관로망 등 시설물과 관련된 자료.

시설물측량(施設物測量, facility survey) ; 시설물의 적지선정, 설치, 시공, 준공 등의 자료취득을 위한 측량 및 시설물의 변형을 관측하여 안정성 진단을 하는 측량.

시스템관점(시스템觀點, viewpoint(on a system)) ; 각종 시설물의 설치와 관리에 필요한 측량.

시스템설계(시스템設計, system design) ; 시스템의 분석결과로 도출된 시스템의 요구 상황을 처리할 수 있는 시스템의 전체구조 및 시스템을 구성하는 각각의 부분들에 대한 상호 관련성 등을 정의하는 작업.

시스템통합기술(시스템統合技術, system integration technology) ; 컴퓨터, 워크스테이션, 지리정보체계, 자료기반시스템 등 다양한 형태의 컴퓨터시스템을 서로 연계하여 활용할 수 있도록 하는 기술.

시시(視時, apparent time) ; 시태양의 시각에 12시를 가한 것이 시태양시. 시는 일반적으로는 시태양시를 가리키나 항성시에 대하여 논한다면 시춘분점의 시각이 시항성시이다.

시시자정(視時子正, apparent noon) ; 시태양이 그 지점의 자오선을 하통과하는 시각.

시시정오(視時正午, apparent noon) ; 시태양이 그 지점의 자오선을 상통과하는 시각.

시아이오(시아이오, Convention International Origin ; CIO) ; 지구회전축은 극운동에 의해 변화하게 되는데 1900년부터 1905년까지의 극운동의 평균을 구하여 지형좌표계를 결정하기 위한 기준으로 삼은 점.

시야(視野, field view) ; 망원경으로 볼 수 있는 구역의 크기. 대물경의 광심에서 낀 각도로 나타내는데 일반적으로 시야는 접안경의 구경에 비례하고 대물경의 초점거리에 반비례한다. 그러므로 결국 시야는 배율에 반비례한다.

시야각(視野角, angular field of view) ; 원격탐사 시스템으로부터 그 시스템에 의하여 보여지는 지형의 스트립에 대한 바깥 여백까지가 주사선들에 의하여 잘려지는 호의 각이다.

시야렌즈(視野렌즈, field lens) ; 2장 이상의 렌즈계로 구성되는 접안경에서 먼 쪽에 있는 렌즈를 말한다.

시오삼각형(示誤三角形, triangle of error) ;

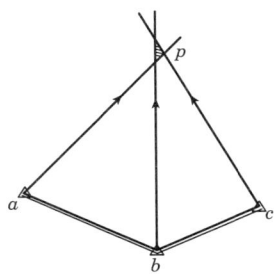

평판측량에서 3개의 기지점에서 후방교회법을 사용했을 때 3방향선이 1점에서 만나지 않고 작은 삼각형을 이루는 것. Lehman의 법칙 등을 써서 이것을 소거한다.

시오삼각형법(示誤三角形法, triangle due to the error in plane table surveying) ; 레만법.

시원(時圓, hour circle) ; 시권. 지축을 포함한 적도에 직각인 시간을 관측하는 대원 호. 어떤 천체를 지나는 시원을 그 천체의 시원이라 한다. 적도좌표에서 천체의 위치를 나타내는 하나의 기준이 된다.

시이피(시이피, Celestial Ephemeris Pole : CEP) : 지구회전운동의 기준이 되는 회전각운동의 축이 천구와 만나는 점.

시운동(視運動, apparent motion) : 항성은 거의 고정되어 있으나 지구가 자전하고 있기 때문에 이들 천체는 모두 동에서 서로 운행한다(주극성은 극을 중심으로 원운동을 한다). 이렇게 눈에 보이는 운행을 시운동, 일주운동이라고 한다.

시점(視點, eye point) : 투사도법에서 눈의 위치. 이 도법은 지구와 투영면과 시점과의 관계로서 정해지는데 시점의 위치에 따라 정사・평사・중심 및 외심도법으로 나누어진다.

시점노드(始點노드, start node) : 변이 사용되고 있는 위상복체 중 변의 시작점으로서의 절점이고, 유효한 임의의 기하학적인 실현이 곡선의 시작점에 일치하는 변의 경계로서의 절점.

시준(視準, pointing) : 측량기로 목표물을 일치시키는 작업.

시준거리(視準距離, length of sight) : 측량기에서 시준되는 목표물까지의 거리.

시준고(視準高, height of collimation) : 기계고. 망원경의 시준선을 똑바로 수평으로 했을 때의 어떤 지점에서의 높이. 즉 표척의 읽음값과 그 지점의 표고와의 합.

시준공(視準孔, peep hole) : 앨리데이드의 후시준판에 있는 직경 0.5mm 정도의 상, 중, 하로 뚫어져 있는 시준공.

시준사(視準絲, yarn of collimation) : 트랜싯 및 레벨에서는 시준선을 정하기 위하여 십자선이 접안렌즈의 초점에 고정되어 있으며 망원경통에 4개의 나사로 지지되어 있는 십자테에 거미줄 또는 가는 백금선을 붙인 것. 평판에서는 전시판에 가는 선으로 되어 목표를 시준하게 만들어진 것.

시준선(視準線, collimation line) : 트랜싯이나 레벨에서 십자선의 교점과 대물렌즈의 광심을 잇는 선. 망원경에서는 이 시준선과 광축이 일치되어 있지 않으면 안 된다.

시준오차(視準誤差, error in sighting) : 트랜싯이나 레벨 등에서 대물렌즈나 접안렌즈의 초점을 정확히 맞추지 않아 십자선이나 물체의 상이 뚜렷하지 않으므로 생기는 오차로서 우연오차에 속한다.

시준점(視準點, sighting point) : 측점에서 시준한 점.

시준축(視準軸, collimation axis) : 망원경 대물렌즈의 광심과 십자선 교점을 잇는 선.

시준축오차(視準軸誤差, error of collimation axis) : 시준축이 인위적 요인과 자연적 요인 등으로 인해 기울어져 발생하는 오차.

시준판(視準板, sight vane) : 앨리데이드 또는 컴퍼스 양끝에 연직으로 세워 붙여져서 접어 뉘일 수 있게 만들어진 금속판으로서 전시준판과 후시준판이 있다. 전자는 직경 0.5mm 정도의 시준공이 1개 있고, 중앙에 가늘고 긴 구멍에는 시준사가 쳐져 있다. 후자에는 3개의 시준공이 있다. 두 판 위에는 두 판 사이의 간격의 1/100을 한 눈금으로 하는 눈금이 새겨져 있어서 고저차 및 거리 측량에 사용한다.

시준표(視準標, target) : 목표로 하는 지점을 직접 보기가 곤란할 때 시준을 위해서 만들어진 표지를 말한다. 정밀측량에서는 튼튼한 측표를 만들어서 쓰는 것이 보통이지만 간단한 측량에서는 측기를 세우거나 또는 Pole을 세우기도 한다.

시차[1](時差, equation of time) : 평균시차. 평균태양시와 시태양시의 차로서 궤도상에서의 지구운동의 부등과 황색경사가 그 원인이다. 연간 시차는 다음 그림과 같다.

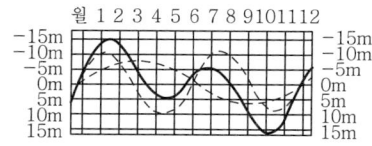

시차[2](視差, parallax) ; ① 관측자의 눈의 위치에 따라 목표의 방향이 달라지는 것. 목표까지의 거리의 차 및 눈의 위치의 변화량에 따라 그 양이 다르다. 망원경에서 대물경에 의해 생기는 상의 위치가 십자선의 위치와 일치하지 않을 때 눈의 위치에 따라서 상의 위치가 흔들리는 현상. ② 사진측량에서 한 쌍의 입체사진 위에서 어떤 점의 위치를 비교하면 좌우의 사진 위에서 다소 다른데 그 다른 위치 사이의 거리를 시차라 한다.

시차공식(視差公式, parallax formula) ; 시차차를 Δp, 주점기선길이를 b, 촬영고도를 H, 비고를 h라 하면 $h = (\Delta p / \Delta p + b)H$ 이다. 그러나 Δp가 b에 비하여 무시할 정도로 작을 경우 다음과 같은 간략식을 쓸 수 있다. $h = (\Delta p / b)H$ 이다.

시차관측기(視差觀測機, parallax observation instrument) ; 입체관측기라고도 하며 1mm의 1/10까지 정확하게 마이크로미터로 읽을 수 있고 목측을 적용하면 1/100까지 읽어낼 수 있는 기계.

시차차(視差差, parallax difference) ; 관측위치의 변동으로 인하여 대상물의 상이 사진상의 주점에 대하여 변위되어 촬영된 것. 즉 한 쌍의 입체사진에서 각기 사진 위의 두 점 간의 시차의 차 또는 그 좌표분치에 시차차가 있으면 입체시에 의하여 원근감이 생기기도 하고 또는 상이 종으로 둘로 나누어지기도 한다.

시차측정간(時差測定桿, parallax bar) ; 시차의 관측에 쓰는 자. 두 측표 사이의 거리를 임의로 바꾸고 또 그 거리를 독치할 수 있다.

시차측정기(時差測程器, parallax bar) ; 좌우 2개의 측표의 간격을 바꿔줌으로써 시차를 관측하는 장치.

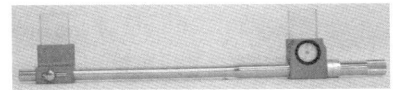

시초선(始初線, initial line) ; 「극좌표축」참조.

시태양(視太陽, apparent sun) ; 실제로 눈에 보이는 위치에 있는 태양. 이것은 황도상을 균일한 속도로 운행하고 있지 않으므로 이것을 적도상에 바꾸어 놓아도 역시 균일한 속도가 아니다. 따라서 시각의 기준으로 하기에는 불편하다. 그래서 평균태양이라는 것을 생각하게 되었다.

시태양년(視太陽年, apparent solar year) ; 시태양이 춘분점을 출발하여 다시 춘분점으로 되돌아올 때까지의 간격.

시태양시(視太陽時, apparent solar time) ; 시태양의 시각에 12시를 가한 것이 시태양시이며, 이에 의한 시간 간격은 일정하지 않으므로 이것을 일정하게 한 평균태양시를 생각하게 되었다. 시각은 일반적으로 시간의 단위로 나타내며 24시간 각도의 360°에 해당된다.

시태양일(視太陽日, apparent solar day) ; 태양의 중심이 어느 자오선을 통과하기까지의 시간. 시태양일의 시간 간격은 일정하지 않으므로 이것을 일정하게 한 것이 평균태양일이다.

시통(視通, intervisibility) ; 관측점과 목표점 사이에 장애물이 없어서 볼 수 있는 것.

시표(視標, target) ; 갱내측량에서 측점의 위치를 정확하게 시준하기 위하여 측정위치에서 사용하는 시준표를 말한다. pin에 십자를 달거나 매달음 추의 실에 십자선을 단 것을 조명하여 시준시키거나 등화의 불꽃을 직접 시준시키기도 한다.

시행착오법(施行錯誤法, try and error method) ; 2차 이상의 대수방정식이나 초월 함수 방정식과 같은 비선형방정식 $f(x) = 0$의 근을 근사적으로 구하는 방법. 이분법(bisection method), 뉴튼랩슨법(Newton Rapshon method), 할선법(secant method), 가위치법(regular Falsi method), 뮬러의 방법, 베어스토우법(Bairstow's method), 연속대입법(Successive substitution method)이 있다.

시험대상시스템(試驗對象시스템, System Under Test : SUT) ; 시험대상(IUT)을 이용 가능하

게 하기 위해 필요한 계산기의 하드웨어, 소프트웨어 및 통신망.

시험용구현보조정보(試驗用具現補助情報, implementation extra information for testing) : 시험기관이 어떤 시험대상(IUT)에 대해서 적절한 시험항목군을 실시하기 위해 필요한 것으로 IUT 및 그 IUT에 대응하는 시험대상시스템(SUT)에 관계하는 전체 정보를 포함하는 기술.

식별자(識別者, identifier) : 각각의 항목이나 항목그룹을 하나로 식별하는 표시.

식별점(識別點, label point) ; 독립된 지형, 지물(Feature)로 점을 나타내기도 하고, 면의 사용자에 식별자를 할당하거나 다각형 내에서의 문자의 위치 등에 사용되는 형상 확인을 지원하는 지도 및 도표의 가시화에 이용되는 점을 말한다. 예를 들면, 형상명에 대한 참조점 등이다.

식별정보(識別情報, identification information) : FGDC의 메터 데이터 내용 표준으로서 현재 송수신하고자 하는 정보공간 인식을 위한 정보의 제목, 수록된 공간정보가 포함하는 지역, 공간정보의 수집시기, 그리고 수집방법 등을 소개하는 것.

식생도(植生圖, vegetation map) : 어떤 지역에 실제적으로 분포하고 있는 식생을 대상으로 일정한 법칙에 따라 도면화한 것.

식생이형(植生異形, vegetation anomaly) ; 스트레스를 받은 식생으로 NDVI anomaly 수치가 낮게 나온다.

식생지수(植生指數, Normalized Differenced Vegetation Index : NDVI) ; 식생지수는 식생분포 및 활력도 분석을 위해 실시하는 것으로 단위가 없는 복사 값으로서 녹색식물의 상대적 분포량과 활동성, 엽면적지수, 엽록소 함량, 광합성 흡수복사량 등과 관련된 지표이다. 정규식생지수는 식생지수의 하나로서 가시광선 영엽과 근적외선 영역의 반사값의 차와 합의 비율을 구하여 일반화한 것이다.

신경망(神經網, neural network) : 단일 프로세서들이 사람 두뇌의 신경세포와 유사하게 컴퓨터 네트워크상에 연결되어 있는 것. 처리능력과 메모리는 별개로 분산되어 있지만 효과적으로 연결되어 있다. 병렬처리개념의 확장에 있어서 각각의 프로세서끼리 연결된 조직을 가지고 있다.

신규등록(新規登錄, new registration) ; 새로이 조성된 토지 및 등록이 누락되어 있는 토지를 지적공부에 등록하는 것. 소재지, 지번, 지목, 면적, 경계, 좌표, 소유자 등을 조사 결정하여 새로이 지적공부에 등록하는 행정처분.

신도(伸圖, enlargement) ; 소축척의 도면을 만드는 작업. 일반적으로 정확도가 떨어지기 때문에 정밀작업에는 잘 사용되지 않으며 그 방법에는 방안법, 방사법, 사진법, 팬토그래프법 등이 있다.

신뢰도(信賴度, reliability) ; 품질평가에 쓰이는 지리자료 집합의 견본이 전체 지리자료 집합을 나타내는 가능성을 기술하는 메타품질의 요소.

신뢰성(信賴性, confidence) ; 품질정보의 정확도를 기술하는 메타품질의 요소.

신뢰타원(信賴橢圓, confidence ellipse) ; 2차원의 랜덤 변수의 신뢰도를 나타내는 타원을 말한다. 즉 추정된 2차원 랜덤 변수의 값은 2차원 평면상에 도시되며, 이 점을 기준으로 하여 두 변수의 추정오차를 타원으로 도시하는 것으로 추정값의 상관관계와 오차의 크기에 따라 타원의 방향과 크기가 다르게 나타난다.

신세계시(新世界時, new universal time) ; 세계시를 최근 다음과 같이 세분하였다. 즉 관측한 그대로를 UT0라 하고 여기에서 극변화에 따른 예측값을 뺀 것을 UT1이라 한다. 다시 여기에 지구 자전속도의 변동 가운데 계절적 변화의 예측값에 수정을 가한 것을 UT2라 하는데, 이것을 세계시라 하고 있다.

신소이달도법(신소이달圖法, sinusoidal projection) : Sanson 도법, 정현곡선도법.

신속정지측량(迅速停止測量, rapid static surveying) : 정지 측량의 개선된 방법으로 정지 측량이 1시간 이상의 관측시간이 필요한 반면, 10km 이내의 거리에서 5~10분 정도의 관측으로 1ppm의 정밀도를 구할 수 있는 측량방법.

신축보정(伸縮補正, shrinkage correction) : 필름의 신축에 의해 어느 정도의 왜곡이 발생하게 되는데 이러한 왜곡은 기계좌표계로부터 사진좌표계로 변환될 때에 보정이 가능하다. 이 변환에 사용되는 변환식에 의하여 균등한 신축, 필름을 감는 방향 혹은 이 방향과 직교하는 방향의 신축, 평행사변형적인 신축 등을 보정할 수 있다.

신평면직각좌표계(新平面直角座標系, new orthogonal plane coordinate system) : 좌표값을 곧 현지의 값으로 쓸 수 있도록 전국을 몇 개의 계로 나누어 계마다 원점을 지나는 경선을 중앙경선으로 하는 횡 Mercator도법으로 좌표계를 정한 것. 원점에서 1만분의 1로 축소시킨 (원점의 축척계수 0.9999)좌표계이다.

신호(信號, signal) : 특정 의미를 갖는 소리·색깔·빛·모양 등의 부호.

신호대잡신호비(信號對雜信號比, Signal to Noise Ratio : SNR) : 수신기·증폭기를 비롯하여 일반 전송계에서 취급하는 신호와 잡음의 에너지비. 위성신호의 강도로 신호 대잡신호비가 감소한다는 것은 정보가 잡신호로 인해 손실된다는 것을 의미한다. 신호의 질은 신호 정도가 증가함에 따라 향상되며, 고도각 30°인 위성에 대한 일반적인 L1 신호의 정도는 L에서부터 20까지 분포한다. L1 신호 정도가 20 이상이면 매우 좋은 것이다. 배치되어 있는 위성 중에 한 위성의 L1 신호 정도가 6 이하라면 관측자료의 질은 나쁜 상태이다.

실개구레이더(實開口레이더, Real Aperture Radar : RAR) : 위상보상에 의한 초점을 형성하게 함으로써 거리에 따른 횡거리 분해능력의 변화가 없는 레이더. 저해상도 레이더 영상

실상(實像, real image) : 렌즈나 반사경에 의해 맺어지는 영상 중에서 실제로 광선이 모여 이루어진 상.

실시간(實施間, real time) : 자료가 입력되는 즉시 계산이나 자료의 전송이 이루어지는 것을 말한다. 예를 들어 은행에서 고객이 예금거래 내용을 변경한 경우, 이러한 변경 정보가 발생하는 즉시 은행의 주컴퓨터에 연결하여 거래내역 정보를 즉시 처리하는 작업처리방식이 이에 해당된다.

실시간지도제작(實施間地圖製作, real time mapping) : 센서와 네트워크를 이용하여 자료를 실시간으로 수집, 편집하여 전체 상황을 파악하여 지도를 작성하는 것.

실시간측량(實施間測量, real time surveying) : 실시간으로 code DGPS(DGPS) 측량과 carrier phase DGPS(RTK : Real Time Kinematic) 측량방법으로서 현장에서 결과를 바로 볼 수 있는 장점이 있다.

실용표준(實用標準, functional standard) : 자료작성자 및 자료이용자 사이에서 현재 국제적으로 사용하고 있는 지리정보규격.

실체(實體, entity) : 지형지물의 실세계상의 개체이다. 현재에 존재하고, 과거에 존재하였고, 장래에 존재할 수 있는 구체적 또는 추상적인 사물 및 사물 간의 결합이다. 다른 것과 구별할 수 있는 식별 가능한 기술의 요소. 즉 사람, 물체, 사상, 이념, 처리 등이다.

실체감(實體感, stereoscopic vision) : 물체를 두 눈으로 관찰함으로써 3차원적인 깊이를 갖는 물체로 느껴질 때의 우리들의 감각을 말하며, 자연입체시나 인공입체시의 어느 것으로도 얻을 수 있다.

실체경(實體鏡, stereoscope) : 항공사진을 인공입체시하기 위한 장치로, 렌즈를 통하여

관측하며 쉽게 입체시할 수 있다. 렌즈입체경과 반사입체경이 있다.

실체도화기(實體圖畵機, stereoscopic plotting instrument) ; 한 쌍의 입체사진에서 지도를 만들어 내는 기계이며 정도나 용도에 따라 1급, 2급, 3급으로 나누어진다.

실체사진(實體寫眞, stereophotograph) ; 동일 목적물을 조금 떨어진 두 점에서 촬영한 한 쌍의 사진. 이것을 좌우의 눈으로 따로따로 봄으로써 입체시를 할 수 있다.

실체사진기(實體寫眞機, stereo camera) ; 2개의 렌즈로 되어 있어서 동시에 촬영할 수 있는 사진기이며, 이것으로 입체사진을 얻는다. 두 렌즈의 광축은 보통 평행하며 광축 간의 거리는 수 미터 이상의 것까지 있다.

실체사진의 표정(實體寫眞의 標定, orientation of stereophotograph) ; 한 쌍의 입체사진을 입체시할 수 있도록 상호의 위치를 조정하는 것. 입체도화기에 넣어서 할 때에는 상호표정 등을 한다.

실체사진지도(實體寫眞地圖, stereo photo map) ; 한 쌍의 입체사진을 적·녹의 여색으로 각기 다른 종이에 인쇄하여 적·녹의 여색안경으로 관찰해서 입체시할 수 있게 한 사진지도.

실체사진측량(實體寫眞測量, stereo photogrammetry) ; 입체사진기에 의하여 입체관측을 행하여 등고선이나 평면도를 관측 도화해 가는 측량방법. 지상과 항공사진으로 나누어진다.

실체시(實體視, stereoscopy) ; 입체시. 자연입체시는 물체를 두 눈으로 봄으로써 원근이나 깊이를 판단하는 것이며, 인공입체시는 한 쌍의 입체모델을 두 눈으로 따로따로 보면 깊이가 있는 하나의 물체로 보이는 것이다.

실체유형(實體有形, entity type) ; 유사한 유형의 실체. 예들로 분류될 수 있는 집합에 대해 정의하고 기술한 것이다.

실체측정(實體測定, stereoscopic measurement) ; 입체사진과 한 쌍의 측표를 동시에 입체시해서 측표 간의 거리를 변화시켜 목표와 같은 원근감의 위치에 왔을 때의 거리를 읽어서 높이를 관측하는 것.

실측(實測, location surveying) ; 측량기계기구를 가지고 현지에서 실제로 하는 측량을 말한다. 예컨대 예측의 결과에 따라 올바른 중심선 등을 지상에 설치하고 트래버스측량이나 삼각측량으로 평면도를, 고저측량으로 종단면도 및 횡단면도를 만드는 작업.

실측도(實測圖, ordnance map) ; 평판이나 컴퍼스 등을 써서 현지에서 실제로 측량한 결과로 만든 도면. 도면자료 등에서 편집하여 작성하는 편집도와 비교된다. 사진도화로 만들어진 도면.

실치수(實値數, full size) ; 구조물의 치수를 축척으로 쓰지 않고 실제의 치수대로 도면에 나타낸 것. 즉 축척이 1 : 1인 것.

실패판정(失敗判定, fail verdict) ; 부적합으로 보고된 시험판정이다.

실폭도로(實幅道路, road) ; 지도에 표시된 도로로서 길어깨를 포함한 도로의 실제 폭을 축척화하여 표시하는 도로. 따라서 지도상의 도로 폭에 지도 축척의 분모값을 곱하면 실제의 도로 폭이 계산된다.

실험식(實驗式, empirical formula) ; 변수간의 관계가 실험적으로 몇 개의 좌표점으로 주어졌을 때, 이들 각점의 부근을 지나는 곡선으로 변수 간의 관계를 대표시킨다. 이 곡선의 방정식을 구하자면 미리 함수형을 설정해 놓고 그 속에 들어 있는 미지 정수를 최소제곱법의 원리에 의해서 결정한다.

심도(深度, depth) ; 지하시설물의 위치를 나타내는 용어 중의 하나로 지표면에서 지하시설물 관로 상단 중앙까지의 깊이.

심도정보(深度情報, depth information) ; 목적관의 지표면에서 지하시설물관로 상단 중앙까지의 거리를 나타내는 심도의 정보.

심도측정(深度測定, measurement of depth) ; 입갱이나 그 밖의 갱도의 깊이를 재는 측량.

그다지 깊지 않을 때는 갱구에서 직접 강권척이나 chain 그 밖의 강제 측거봉을 내려서 재지만 깊이가 수백 미터 이상이 되면 끝에 추를 단 추선을 이용한다.

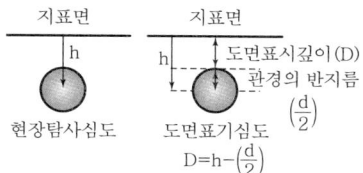

심맞추기(心맞추기, shifting center) ; 삼각을 세운 후 추의 위치를 움직여서 기계의 중심을 맞추는 것.

심사도법(心射圖法, gnomonic projection) ; 투영시점이 지구의 중심이며, 경선은 직선, 위선은 곡선이며, 거리, 각, 및 면적 모두 정확하지 못하며 특히 길이는 주변부로 갈수록 확대가 심하다. 지도의 모든 직선은 대권(지구상 두 점의 최단거리)이며 항공도에 주로 이용된다. 그림은 적도법을 나타낸 것이다.

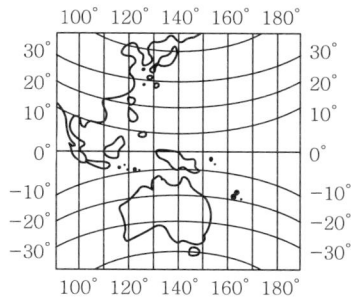

심주(心柱, center post) ; 측표의 중심을 표시하는 기둥. 통상 1변의 길이가 수십 cm의 각주를 쓰며 상반부를 흑색페인트로 칠하고 또 정부 중앙에 중심못을 박는다. 수평각 관측의 시준점으로 쓰는 부분이다.

심천측량(深淺測量, sounding) ; 하천, 항만, 호수 등의 수면에서 연직으로 수저까지의 거리를 재는 작업. 수심이 약 5m 이하인 때는 측심간을 쓰며, 수심이 커지면 강색의 일단에 추를 매단 측심기를 쓴다. 최근에는 음향측심기 등이 많이 쓰이게 되었다.

심프슨의 공식(심프슨公式, Simpson's formula) ; 수치적분법의 일종. 적분구간을 몇 개의 소구간으로 분할한 후 각각의 소구간에서의 피적분 함수를 포물선으로 가정하여 각 소구간에서의 적분을 수행하고, 각 소구간에서의 적분값을 합산하여 전체의 적분구간에서의 피적분함수의 적분값을 근사함. 즉 측선의 경계선과 측선의 양단에 세운 두 지거 선으로 둘러싸인 면적을 직접산정하는 방법으로 제1법칙, 제2법칙이 있다.

심프슨의 제1법칙(심프슨第1法則, Simpson's first rule) ; 측선의 경계선과 측선의 양단에 세운 지거선으로 둘러싸인 면적 A를 구하는데 있어 이 법칙에서는 구간을 우수개로 등분($\ell_1 = \ell_2 = \cdots = \ell_n$), ℓ_n은 우수로서 작은 장방형의 2개를 한 짝으로 하며, 그 사이의 경계선을 포물선으로 보고 다음 식으로 구한다.

$$A = \frac{1}{3} \ell \{ y_0 + y_n + 4(y_1 + y_3 + \cdots + y_{n-1}) + 2(y_2 + y_4 + \cdots + y_{n-2}) \}$$

심프슨의 제2법칙(심프슨第2法則, Simpson's second rule) ; 구간을 3의 배수개로 등분($\ell_1 = \ell_2 = \cdots = \ell_n$), ℓ_n은 3의 배수로서 생기는 작은 장방형 3개를 한 묶음으로 하여 이 사이의 경계선을 3차포물선으로 보고 다음 식으로 면적 A를 구한다.

$$A = \frac{3}{8} \ell \{ y_0 + y_n + 3(y_1 + y_2 + y_4 + y_5 + \cdots + y_{n-2} + y_{n-1}) + 2(y_3 + y_6 + \cdots + y_{n-3}) \}$$

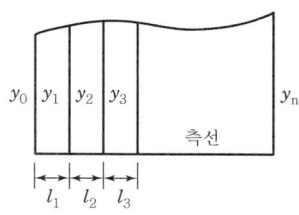

십자선(十字線, cross hairs) : 망원경의 접안경에 새겨져 있는 것. 십자선의 교점과 대물경의 초점을 잇는 선이 시준선이다. 십자선은 십자선 틀에 낀 유리면에 새겨진 것과 틀에 거미줄을 친 것이 있는데 최근에는 거의 전자의 것이 채용되고 있다.

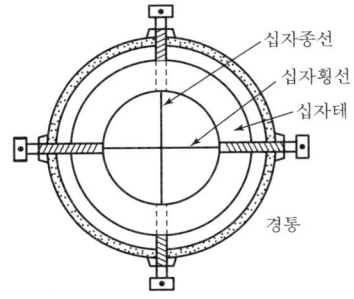

십자선조명용반사경(十字線照明用反射鏡, reflector for illuminating the cross hairs) : 야간관측 또는 갱내관측을 할 때 망원경 내의 십자선을 조명하기 위하여 대물렌즈의 경통 끝에 끼운 은도금의 타원형 반사경. 반사부분은 시선과 45°로 되어 있으므로 반사면에 대하여 45° 되는 방향에서 광원을 비치면 된다. 새로운 형식의 기계에서는 기계 내부에 십자뿐 아니라 읽을 수 있는 장치 등 필요한 부분을 비추는 장치가 되어 있으므로 반사경이 필요 없는 것도 있다.

십자선조정나사(十字線調整螺絲, adjusting screw of cross hairs) : 망원경의 십자선을 조정하기 위한 나사. 망원경의 대물경 중심과 십자선의 교점을 잇는 직선은 망원경축과 일치하지 않으면 안 된다. 이것이 일치하지 않을 때 이 나사를 늦추고 십자선을 움직여서 일치시킨다.

십자선틀(十字線틀, frame of cross hairs) : 십자선을 끼워 넣는 금속제의 틀. 나사로서 망원경에 설치된다. 나사를 늦추어서 회전시키거나 상하좌우 움직일 수 있게 되어 있다.

십자종선(十字縱線, vertical hair) : 십자선을 구성하는 종방향의 선.

십자횡선(十字橫線, horizontal hair) : 십자선을 구성하는 횡방향선.

십자횡선조정나사(十字橫線調整螺絲, horizontal hair adjusting screw) ; 시준장치에 속하는 것으로 십자선 중 횡선을 좌, 우로 움직이게 하는 나사.

싼플라워단면측정기(싼플라워斷面測定機, sanflower cross section) ; 단면의 형상이 불규칙한 갱도나 천장이 높은 채굴적 또는 막장에 있어서 횡단면의 측정에 사용하는 기구. 직경 약 35cm의 목재의 눈금반으로 위쪽을 0°로 하고 그로부터 위쪽으로 180°까지 눈금을 매긴 것을 중앙의 받침목 위에 표척을 올려서 목표점까지의 방사거리와 연직각을 동시에 잴 수 있는 기계.

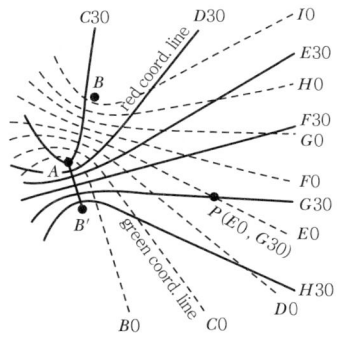

쌍동카메라(雙童카메라, twin camera) ; 두 개의 카메라를 하나로 맞춘 것으로 수렴사진의 촬영 등에 쓰이며 광축방향이 서로 30° 정도 기울어진 것이 많다.

쌍안시(雙眼視, binocular vision) ; 한쪽 눈으로만 보는 것을 단안시라 하는 데 반해, 물체의 원근감을 얻기 위해 양쪽 눈으로 보는 것을 쌍안시라 한다.

썬스폿(썬스폿, sun spot) ; 항공사진에서 태양으로부터의 반사광선 때문에 생긴 밝은 반점으로서 연직점에 대하여 shadow spot의 대칭위치에 있다.

쓰아이어스의 평행사변형(쓰아이어스의 平行

四邊形, Zeiess parallelo-gram) : 일급도화기에서 좌우투사기의 위치를 광학적으로 교환하여 항공삼각측량을 가능하게 하기 위해 측표와 투사기를 평행하게 이동시키는 기구.

씨-계수(씨係數, C-Factor) : 씨-펙터.

씨샛(씨샛, SEASAT) : 해양자료를 수집하는 미국의 자원탐사위성.

씨에이코드(씨에이코드, Coarse Acquisition code : C/A) : GPS 위성에서 송신되는 코드로 PRN 코드와 같은 계열의 코드이다. 각각의 위성은 32개의 고유한 코드를 한 개씩 가지고 있다. 각각의 코드는 1,023 chips로 구성되어 초당 1,023 메가비트의 속도로 전송된다. 이 코드의 순서는 1/1,000초마다 반복된다. C/A 코드는 Gold 코드와 PRN 코드로 나뉘는데, 이들은 두 코드 간에 매우 낮은 상관관계를 갖고 있어 구분된다. C/A 코드는 현재 L1 주파수로 송신된다.

씨에이코드수신기(씨에이코드受信機, coarse acquisition code receiver) : GPS 신호 중 C/A 코드만 수신할 수 있는 수신기.

씨에이코드의사거리(씨에이코드擬似距離, coarse acquisition code psedorange) : 민간용 목적으로 만들어진 GPS의 C/A 코드로부터 유도된 의사거리.

씨-펙터(씨펙터, C-Factor) : 항공사진의 대지고도 h와 사용도화기로 도화할 수 있는 최소 등고선간격 Δh와의 비. 즉 $C=H/\Delta h$ 이 값은 도화기의 성능을 나타내는 것인데 촬영조건, 지형 등에 따라 영향을 받는다.

아나글리프(아나글리프, anaglyph) : 여색입체사진.

아날락틱망원경(아날락틱望遠鏡, anaclastic telescope or Porro-type telescope) ; 굴절망원경.

아날로그(아날로그, analog) : 0과 1이라는 신호체계로 구성된 컴퓨터와는 달리 진폭, 진동수, 형태, 또는 위치와 같은 계속적으로 변하는 양들에 의해 기술되어 자료와 같은 매체나 형식. 하드카피(컴퓨터의 처리결과를 사람이 눈으로 보고 읽을 수 있는 형태로 인쇄한 것. 예를 들면 인쇄된 보고서, 문서 ↔ 소프트카피)나 지도의 화면표시, 도면, 음반 등은 아날로그의 모습을 띤다. 아날로그 전화통화에 있어서 음성은 진동수와 진폭이 계속적으로 변하는 전기신호로써 전달된다.

아날로그디지털변환(아날로그디지털變換, analog to digital conversion) ; 연속적으로 아날로그 신호를 표본 채취하여 수치값으로 변환시키는 것. 다중분광주사기에서 얻은 자료가 아날로그 형태로 얻어졌다면 수치처리에 앞서 이 변환을 시켜야 한다. AD변환.

아날로그식깊이측정(아날로그식깊이測定, analog method) ; 지하시설물의 깊이관측방법 중 하나로서 수신기에는 깊이 관측버튼이 있어 CCV안테나를 이용하여 깊이를 관측할 수 있다. 수평위치가 관측되면 그 위에 안테나를 연직방향으로 세우고 깊이 관측버튼을 누르면서 검류계의 눈금이 0이 되도록 감도를 조정한 다음, 깊이 눈금 버튼을 눌러 검류계의 깊이 눈금을 읽으면 그 값이 깊이가 된다.

아날로그식항공삼각측량(아날로그式航空三角測量, analogue aerotriangulation) ; 항공사진에서 도해적으로 얻어진 관측값을 이용하여 이미 알고 있는 위치들로부터 수평, 수직의 위치 망을 형성하는 항공삼각측량.

아날로그영상(아날로그映像, analogue image) : 탐사되고 있는 속성이 연속적으로 변화하는 영상의 색조로서 재현되는 현상이다. 사진에서 이것은 필름 내에 있는 감광성의 화학특성에 의해 직접적으로 얻어진다. 전자스캐너에서는 밀리볼트 정도의 감응이 촬영될 CRT(음극선광)상에 표현되도록 변환한다.

아날로그자료(아날로그資料, analog data) : 아날로그로서 성질을 갖는 자료, 예를 들면 그림으로 표현되는 형태인 지도자료 등을 말한다.

아네로이드기압계(아네로이드氣壓計, aneroid barometer) ; 수은기압계와는 달리 주름상자형의 금속공함 속을 반진공상태로 하여 외압의 변형량을 재서 기압을 관측하는 계기. 고정관측소와 같이 고정된 장소에서 연속관측을 하는 경우에는 자동기록장치가 달려 있어서 매우 편리하다. 표고는 기압과 직접 관계가 있다는 점에서 기압의 눈금 외에 표고의 눈금을 넣은 휴대용도 있어 개략적인 표고를 알아보는 데 편리하게 되어 있다.

아들자(아들자, vernier or subscale) ; 버니어.

아란델법(아란델法, arundel method) ; 사선법에 의해서 평면위치를 정하고 기압측고에 따라 시차관측 간, 격자선군 등을 써서 높이를 재가는 도화방법. Arundel은 처음으로 이 방법을 이용한 지명이다.

아리랑위성1호(아리랑衛星, KOrea Multi-Purpose SATellite-1 : KOMPSAT-1) ; 우리나라 최초의 자원탐사위성, 1999년 12월 21일에 발사하여 운영하고 있으며, 위성에 탑재된 감지기는 지상거리 6.6m의 고해상도 영상을 수집하고 있으며, 촬영 시에 위성체를 최대 45°까지 기울여 경사영상을 얻을 수 있다. 따라서 2개의 다른 궤도에서 동일한 지점에 대한 한 쌍의 경사영상을 촬영함으로써 입체 영상을 얻을 수 있다. 이러한 재원에 따라 아리랑 1호 위성에는 전자광학사진기, 해양관측사진기, SPS(Space Physic Sensor) 등 3개의 탑재체가 장치되어 있다. 이중 전자광학사진기의 주임무는 한반도 지역의 지질, 지형 등 자원탐사영상을 취득하는 데 있다.

아리랑위성2호(아리랑衛星, KOrea Multi-Purpose SATellite-2 : KOMPSAT-2) ; 정식 이름은 다목적 실용위성 2호로, 2006년 7월 28일 러시아의 플레세츠크기지에서 발사되었으며, 지구 상공 685km에서 적도를 남북으로 가르며 다양한 분야에 활용될 영상을 지상으로 전송할 목적으로 발사된 위성이다. 또한, 위성에는 고해상도카메라(MSC)가 탑재돼 있어 흑백 1m급, 컬러 4m급의 영상을 촬영하여 지상으로 전송된다.

아비리스(아비리스, Airborne Visible and InfraRed Imaging Spectrometer : AVIRIS) ; 0.4~2.4 μm 분광영역 내에서 224 종류의 영상을 취득하기 위한 JPL에서 개발 중인 실험용 항공기의 along-track 다중분광스캐너이다.

아비오곤(아비오곤, aviogon) ; Wild사의 Vertelle 기사가 설계한 광각 lens로서 화각이 93°이다.

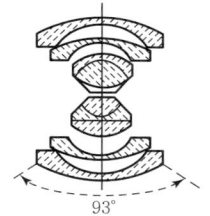

아비오탈(아비오탈, aviotar) ; Wild사의 Vertelle 기사가 설계한 보통각 lens로 화각은 62°이다.

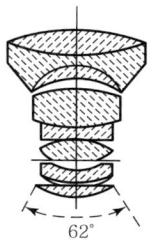

아사번호(아사番號, ASA number) ; 필름속도나 빛에 대한 감도를 지칭하는 미국규격협회에서 지정한 지표로서 ISO지표로 대치되고 있다.

아스키포맷(아스키포맷, ASCII format) ; 텍스트 파일, 텍스트 전용 파일 또는 아스키 텍스트 파일이라고도 불리는 문서파일.

아스트롤라베(아스트롤라베, astrolabe) ; 천문측량용 기계. 연직눈금반이나 level 같은 것은 없고 수평면으로서 수은면이나 반사경을 쓰며 prism에 의해서 일정한 고도의 관측에 편리하게 되어 있다. 정고도에 쓰이게 되어 있는 기계로서 최근 천체의 통과를 전기적으로 관측하게 되면서부터 많이 쓰이게 되었다

아웃소싱(아웃소싱, outsourcing) ; 자신이 수행하는 다양한 활동 중 전략적으로 중요하면서도 가장 잘 수행할 수 있는 분야나 핵심역량에 모든 자원을 집중시키고, 나머지 활동들의 기획에서부터 운영까지 일체를 해당 분야의 전문기업에게 외주 개발함으로써 기업의 경쟁력을 높이는 전략이라 할 수 있다. 즉 네트워크를 통해 자사의 핵심역량을 공급업체의 핵심역량과 상호 연계시켜 기업 전체의 시너지 효과를 극대화하는 것이다.

아이디지피에스(아이디지피에스, ① Inverse DGPS, ② Inverted DGPS : IDGPS) ; DGPS와 같이 기지국 GPS에서 이동국 GPS로 위치보정신호를 송신하는 것과는 반대로 이동국 GPS에서 기지국 GPS로 GPS 관측 데이

터를 송신하여 이동국 GPS의 정확한 위치를 관측하는 역 DGPS 방식이다.

아이에스오[1](아이에스오, Index of the international Standards Organization for : ISO) ; 필름의 속도를 나타내는 ISO의 인덱스, 인덱스 값이 높을수록 더욱 민감하게 감광한다.

아이에스오[2](아이에스오, International Organization for Standardization : ISO) ; 국제표준화기구.

아이에스피알에스(아이에스피알에스, International Society for Photogrammetry and Remote Sesing : ISPRS) ; 대륙 간의 위치 관계, 인공위성을 이용한 정보처리, 자원, 환경, 토지, 해양문제 해석 등 GIS의 가장 기본이 되는 자료취득에 중점을 두어 연구하는 기관이다. 1910년에 설립된 국제학회로서 비정부기관으로 국제연합산하 유네스코에 등록되어 있다. 사진측량과 원격탐사에 관한 국제회의를 올림픽이 개최되는 해(4년에 한번)에 개최한다. 우리나라는 1980년 7월 14일 II그룹으로 가입하였다.

아이코노스(아이코노스, IKONOS) ; 미국의 Space Imaging Eosat사에 의해 1999년 9월 24일 발사에 성공한 최초의 상업용 고해상도 지구관측위성으로, 해상도 1m(Pan) 및 4m(MSS)이고, 위성고도는 681km, 관측주기는 약 2일, 궤도 경사각은 98.1°, 관측 폭은 11km×11km이다.

아이콘(아이콘, icon) ; 문자열로 정의된 기호로서 표현된 구문을 갖는 언어.

아크(아크, arc) ; 「호」 참조

아크노드자료구조(아크노드資料構造, arc node data structure) ; 호와 절점을 이용하여 면 대상체를 구성하는 방식. 호는 시작점과 끝점으로 정의되어진 선분들의 조합이고, 절점은 둘 사이의 선분이 교차되는 지점을 의미한다.

아크매크로언어(아크매크로言語, Arc Macro Language : AML) ; ARC/ INFO에 관련하여 최종사용자 응용프로그램을 만드는 고급언어. 특징은 고급알고리즘언어로, on-screen 메뉴를 만들 수 있고 변수를 할당하며, 실행문장을 제어하고 지도 단위나 페이지 단위의 좌표를 사용한다.

아크모드(아크모드, arc mode) ; 디지타이징 입력방법으로 교차점에서 시작하고, 교차점에서 끝나도록 입력하는 방법으로 위상 생성시 유리하다.

아크인포(아크인포, ARC/INFO) ; Environmental Systems Research Institute(ESRI)사의 제품으로 탄력성을 지닌 툴박스 형태의 디자인을 갖고 있으며 최대한으로 컴퓨터 하드웨어의 호환성을 보장하고 있다. 아크/인포의 시장 점유율은 세계적으로 매우 높으며, 국내에서도 많은 사용자를 확보하고 있다. 이 프로그램은 지방자치단체의 토지이용계획 및 시설물관리업무, 하천오염모형 및 보고서 작성업무, 산림자원의 투자 및 계획업무 인구통계분석을 통한 상업적 입지 선정 등의 여러 가지 업무에 적용될 수 있다.

아크지아이에스(아크지아이에스, ArcGIS) ; ESRI 지리정보체계 소프트웨어 발전에서 중요한 획을 긋는 것으로 평가되는 ESRI사의 소프트웨어 제품 명칭. 공간/속성 데이터의 입력 및 수정 그리고 분석을 하는 데 유용하게 사용할 수 있다.

아폴로(아폴로, apollo) ; 3인의 우주비행사를 태운 미국의 달 탐사 프로그램.

아핀도화(아핀圖化, affine plotting) ; 촬영사진기와 서로 비슷하지 않은 투영으로 하는 도화법.

아핀도화기(아핀圖化機, affine plotter) ; 아핀도화를 하기 위한 도화기.

아핀편위수정(아핀偏位修正, affine rectification) ; 소실점 조건을 만족시키지 않고 행하는 편위수정.

안경앨리데이드(眼鏡앨리데이드, telescopic alidade) ; 망원경과 연직각 눈금을 갖춘 앨리데이드로서 먼 거리의 시준과 연직각의 측정을 할 수 있다. 또 망원경에서 스타디아선이 들어 있어 스타디아측량도 할 수 있다.

안고차(眼高差, dip) : 삼각측량에서 표석으로부터 망원경까지의 높이를 바꾸었을 때 또는 선상에서 육분의로 천체측량을 할 때 수애선을 기준으로 하여 고도를 재므로 관측자의 눈까지의 높이.

안구(眼球, eyeball) : 눈의 내부를 채우고 있는 구형의 기관, 눈알.

안기선(眼基線, eye base) : 사람의 좌우 눈의 동공을 연결한 선으로서 입체시의 기선이 되며 보통 65mm 정도.

안부(鞍部, saddle) : 고개. 산배와 계곡이 만나 이들의 등고선이 서로 쌍곡선을 이루는 것과 같은 부분.

안식각(安息角, angle of repose) : 신설노선의 계획횡단면을 정함에 있어 그 측법에 필요한 토압이나 풍화작용 등에 의한 흙 표면의 붕괴를 예방하기 위한 것으로 그 붕괴를 받지 않게 하는 경사각.

안전시거(安全視距, safe sight distance) : 도로의 곡선부에 있어서 전방에서 진행해오는 다른 차량을 보았을 때 충돌을 피하기 위하여 급정차하기에 충분한 눈짐작의 거리.

안테나(안테나, antenna) : 레이더 시스템에서 마이크로파와 라디오 에너지를 송신하는 장치.

안테나고(안테나高, antenna height) : GPS측량에서 지표면으로부터 안테나 중앙점까지의 높이.

안테나편심(안테나偏心, antenna offset) : GPS 안테나의 물리적인 중앙점과 실제적으로 신호를 수신하는 관측의 기준이 되는 점(phase center)은 일치하지 않으며, 이 두 점 사이의 이격을 안테나편심이라고 한다.

안티스푸핑(안티스푸핑, Anti-Spoofing : AS) : GPS 자료 중 군사적 목적으로 사용되는 정밀한 코드인 P 코드가 적군에 의해 사용될 수 없도록 P 코드에 W 코드를 첨가하여 Y 코드로 암호화해서 군인 및 일부 허가된 사용자들에게만 P 코드를 사용할 수 있도록 한 체제를 말한다. AS는 GPS의 초기 모형인 BlockI의 경우에는 적용되지 않고, BlockII부터 적용되기 시작하였다.

알(알, radius : R) : 원곡선의 반경.

알고리즘(演算, algorithm) : 명확하게 정의된 명령어를 사용하여 연산, 즉 문제를 해결하는 규칙 또는 절차의 규정.

알덥(알덥, Relative Dilution Of Precision : RDOP) ; GPS에서 추정되는 위치의 정밀도를 저하시키는 기하학적 기여부분인 DOP 중에서 상대적인 위치오차 부분이다. 기준점에 의한 상대위치 결정을 실시하는 경우 RDOP는 추정된 상대적 위치 차이의 표준편차의 합의 제곱근으로 주어진다.

알마낙(알마낙, almanac) ; GPS 위성으로부터 전송된 NAVSTAR 위성의 개략적인 위치정보. 항법메시지에 포함한 위성궤도, Keplerian 요소, 시각정보, 대기권지연변수, 위성의 건강상태에 관한 정보 등 일련의 변수 묶음으로 위성으로부터 전송된 항법메시지 안에 들어 있으며, 이를 바탕으로 수신기에서 제어되어 수신기의 대략적인 위치측량에 이용되는 위성정보이다.

알마낙데이터(알마낙데이터, almanac data) ; 사용자들이 위성의 대략적 위치결정이나 관측계획 수립 시 사용할 수 있도록 위성의 궤도 매개변수, 위성시계오차 등의 정보를 위성에서 송신하게 되는데 이를 알마낙데이터라 한다.

알버즈도법(알버즈圖法, albers projection) : 두 개의 기본경선을 갖는 등적원추도법이다. 경선은 지도 밖의 1점에서 만나는 직선, 위선은 이 점을 중심으로 하는 동심원으로 하므로 경선과 위선은 서로 직교한다. 또 이 기본위선을 따라가는 호장은 실장을 나타낸다. 동서방향으로 넓게 퍼져 있는 지역의 등적지도에 적합하다. H.C. albers가 1805년에 발표하였다.

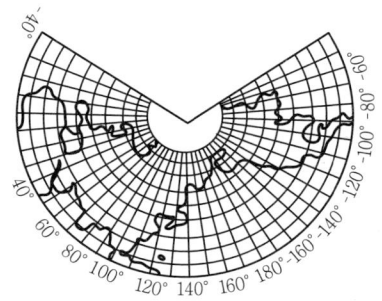

알베도(알베도, albedo) ; 반사계수로서 어떤 물체에 대한 태양으로부터의 입사광에 대한 반사광의 강도의 비.

알비브이(알비브이, Return Beam Vidicon : RBV) ; Landsat-1, 2에 정착된 센서로서, 3개의 원거리 카메라로 구성되어 있으며, 동시에 185km의 영역을 가시화할 수 있다. 참고로 공간해상도는 80m이다.

알지비(알지비, Red Green Blue : RGB) ; 모니터를 제어하기 위해서 사용되는 출력신호의 표준색상 유형이다. 모니터는 다양한 강도(혼합)로 빨강, 녹색, 파랑을 혼합하여 스크린에 서로 다른 컬러를 만들어 내는 것이다.

알티시엠(알티시엠, Radio Technical Commission for Maritime services : RTCM) ; 기준국과 이동국 사이의 자료 송수신의 표준이 되는 자료의 형태로, 기준국 GPS에서 생성한 위치보정데이터(신호)를 이동국 GPS로 송신하는데 있어 그 신호의 표준형식을 말한다.

알티케이(알티케이, Real Time Kinematic : RTK) ; GPS를 이용한 실시간 이동 위치관측으로 GPS 반송파를 사용한 정밀 이동 위치 관측방식.

암소시(암소시, scotopic vision) ; 암순응시각이라고도 한다. 어두움에 적응해야 하는 환경 하에서의 시각이 색상을 인지할 수 있는 능력이 감소한다는 특성을 가진다.

압력식자동기록수위표(壓力式自動記錄水位標, pressure type automatic water gauge) ; 하천의 수위를 관측하는 기구로서 물 속에 잠긴 수압기에 작용하는 수압의 변화를 기계적으로 전단시켜 기록지에 기록시키는 형식의 수위표.

앙각(仰角, angle of elevation) ; 기계고보다 높은 곳에 있는 측점에 대한 연직각. 물건을 보는 시선이 기계고(수평면)보다 위에 있을 때 시선과 수평선이 만드는 각.

앤앤에스에스(앤앤에스에스, Navy Navigation Satellite System : NNSS) ; 미국 해군이 쏘아 올린 인공위성(Transite 위성)으로부터의 수신된 전파의 도플러효과를 이용한 위성위치결정체계로서, 1960년 4월부터 연구·실험을 통하여 확립하였다. 이 방식은 위성과 위성을 제어하는 육상 제어국으로 구성되어 있다. 이 위성은 모두 65개로 되어 각각의 위성은 106분의 주기로 거의 남북으로 돌며, 약 30°의 균등한 간격으로 그 궤도를 유지하고 있다. 육상제어국은 인공위성을 관측하여 위성의 궤도정보와 예보지를 계산한 후 위성에 송신 녹음시키고 위성은 이 정보를 다시 수신국에 송신한다. 지구상 어디에서나 수신할 수 있으나 속도를 정확히 알 수 없는 이동체 위에서와 극지방에서는 진위치를 측정하는 데 4시간 이상이 걸리는 단점이 있다.

앨리데이드(앨리데이드, alidade) ; 평판측량을 할 때 평판 위에 놓고 지상목표의 방향을 정하는 기계. 자의 양쪽으로 접어 눕히게 되어 있으며, 중앙으로 가느다란 실을 쳐놓은 전시준판과 시준공이 있는 후시준판에 달려 있다. 이것으로써 간접적으로 거리와 고도차를 구할 수 있다.

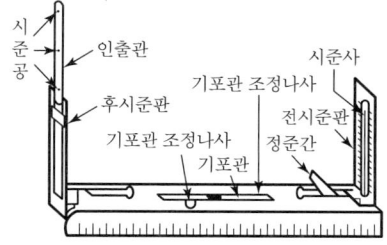

앨리데이드스타디아법(앨리데이드스타디아法, stadia surveying by alidade) ; 앨리데이드의 전후 양시준판에 새겨진 눈금을 이용하여 간접적으로 거리와 고저차를 관측하는 방법. 1눈금은 양시준판 간격의 1/100로 되어 있으며 후시준판에 있는 3개의 시준공은 전시판 눈금의 0, 20, 35 눈금과 일치한다.

앨리데이드외심오차(앨리데이드外心誤差, alidade circumcenter error) ; 앨리데이드 실제 시준선과 방향선을 긋는 자의 가장자리 간격으로 인해 발생하는 오차.

야장(野帳, field note) ; 측량 결과를 쉽게 적어 넣을 수 있도록 일정한 서식으로 되어 있는 노트. 과실의 점검이나 계산이 쉬워 누가 언제 보아도 복원이 가능하다.

약도(略圖, sketch) ; 측량지역 내에 있는 지물과 측선과의 상대적 위치를 나타내는 대략적으로 보고 그린 평면도. 이것으로 측량 누락이나 재측할 때 측점의 위치 등을 쉽게 발견할 수 있다.

약도수(略圖手, sketch man) ; 측량지역 내의 약도를 기장하여 후일 도면조제의 참고자료를 만드는 측량종사자.

약도식기장법(略圖式記帳法, sketch) ; 현지의 약도를 그려 도상에 현지에서 관측한 결과를 기입하는 것으로 간단한 측량에 쓰인다.

약도식야장(略圖式野帳, sketch book) ;

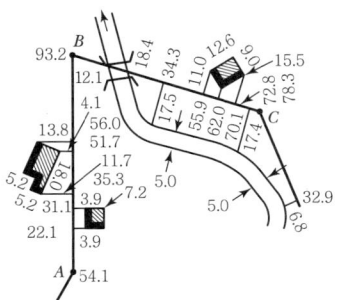

측량구역이 좁을 경우에 사용하며, 측량구역의 약도를 그려서 이것에 본선 및 지거선의 기입과 이에 따른 거리 등을 기록하는 야장.

약어(略語, abbreviated term) ; 축약 전의 용어와 동일한 개념을 나타내면서 용어의 일부분을 생략한 용어.

약주기(略註記, abbreviated note) ; 도상에 기입하는 문자를 주기라 하는데 보통식으로 쓰면 다른 많은 지물을 지워버리게 되어 좋지 않으므로 일정한 규칙으로 간략하게 만든 주기.

약집성모자이크(略集成모자이크, uncontrolled mosaic) ; 약집성사진도. 기준점을 쓰지 않고 다만 이어 붙여서 만든 mosaic.

약최고고조위(略最高高潮位, approximate highest high water level) ; 4대 중요분조(M2, S2, K1 및 O1)의 각각에 의한 최고 수위 상승값이 동시에 발생했을 때의 고조위로서 해륙의 경계인 해안선으로 채택함.

약최저고조위(略最低高潮位, approximate lowest low water level) ; 4대 중요분조(M2, S2, K1 및 O1)의 각각에 의한 최저 수위하강값이 동시에 발생했을 때의 저조위로서 기본수준면으로 채택함.

양단면평균법(兩端面平均法, end area formula) :

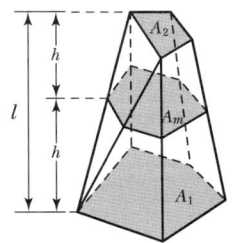

각주의 체적 V를 구할 때의 양단 단면적을 A_1, A_2, 중앙단면적을 A_m, 양단간 거리를 l 이라 하면 $A_m = \frac{(A_1 + A_2)}{2}$ 라 가정했을 때의 공식으로 $V = \frac{(A_1 + A_2)}{2} l$ 이다.

양면기포관(兩面氣泡管, both sides level vial) : 수준기의 기포관은 유리로 된 원통으로 내면을 원호형으로 깎아서 만든 것인데, 반전했을 때에도 쓸 수 있도록 내면의 상하면을 같은 반경의 원호형으로 깎은 특수한 기포관. 주로 미동레벨에 사용된다.
양무감리(量務監理,) : 한말 때 양지아문에서 업무량이 방대하고 기간이 장기화 될 것을 대비하여 각 도에 양무감리, 각 군에 양무위원을 두었다.
양무위원(量務委員) : 한말 때 양지아문에서 업무량이 방대하고 기간이 장기화 될 것을 대비하여 각 도에 양무감리, 각 군에 양무위원을 두었다.
양수표(量水標, water gauge) : 수위표. 하천이나 저수지의 수위를 관측하기 위하여 설치하는 눈금이 붙은 표지. 보통수위표와 자기기록 수위표가 있다. 양수표의 0눈금은 언제나 수면 이하에 있게 하고 그 높이를 수준기선과 바르게 일치시켜 놓아야 한다.

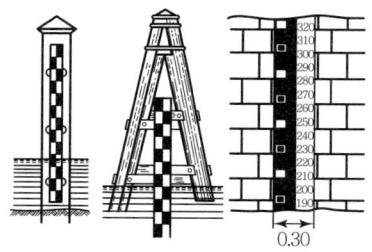

양안(量案, parcels-register for side) : 토지조사 당시까지 시행되었던 우리나라의 토지에 대한 대장으로서 토지소재지, 지목, 자번호, 지형, 사표, 결부, 지주, 소작인 부근 토지와의 조사순서, 방향 등을 기재하였으며 오늘날의 토지(임야)대장과 같다고 볼 수 있다.
양자(量子, quantum) : 어떤 물리량이 연속값을 취하지 않고 어떤 단위량의 정수배로 나타나는 비연속값을 취할 경우 그 단위량.
양지아문(量地衙門) : 한말 때 토지측량에 관한 일을 맡았던 관청으로 각도에 양무감리, 각 군에 양무위원을 두어 견습생을 대동, 양전케 함.

양차(兩差, error due to curvature and refraction) : 광선이 대기 중을 진행할 때는 밀도가 다른 공기층을 통과하면서 일종의 곡선을 그리는데, 물체는 접선방향에 서서 보면 시준방향, 진행방향과 다소 다르게 나타난다. 이때의 차를 굴절오차라 하고, 대규모지역에서 수평면에 대한 높이와 지평면에 대한 높이가 다르게 나타나는데 이를 곡률오차라 한다. 굴절오차와 지구곡률오차를 합계한 것을 말한다.
양판검사(陽版檢査, final check) : 수치지도를 제작할 때 재판수정이 완료되어 출력된 종합 양화필름상의 누락, 오기, 중복 사항 등을 수치지도제작 규격서에 준하여 마지막으로 검사하는 것.
양판수정(陽版修正, final editing) : 최종수정. 수치지도 제작과정에서 양판검사 시 발견된 누락, 오기, 중복사항 등을 수치지도제작 규격서에 준하여 데이터를 수정하는 것.
양화(陽畵, positive picture) : 음화를 감광지에 밀착시킨 사진. 명암·흑백이 실물과 동일하게 보임.
양화건판(陽畵乾板, diapositive) : 항공사진을 유리건판 또는 mylar film에 인화한 투명한 양화로서 입체도화기에 넣어서 도화하는 데 쓴다.
양화사진(陽畵寫眞, positive photograph) : 피사체의 원도와 같은 명암이나 색상을 지닌 사진.
양화필름(陽畵필름, positive film) : 양화필름은 1 : 1 사진 복사에 의해 제작된다. 양화필름 제작을 위해 사용되는 복사기는 scribe 필름과 양화필름의 공극에 의해서 생기는 정확도 저하를 방지하기 위하여 유리로 된 압착판과 진공펌프를 사용하고 있다. 또한 양화필름은 보통 daylight 필름을 사용하므로, 복사기에는 자외선을 방출하는 전구를 사용한다.
언어부호(言語符號, language code) : 언어의 이름을 지시하는 데 사용된 부호.

엄밀보간(嚴密補間, exact interpolation) : 표면 값이 알려진 모든 점을 통과하고, 값을 가진 자료점은 정유산업과 같은 적용에 있어서 중요한 특징으로 간주되고, 인접보간, B Spline 과 크리징 방법 모두는 주어진 자료점에 값을 주는 사항과 같은 보간의 기초가 되는 점들에 중점을 두는 보간을 말한다.

엄밀조정법(嚴密調整法, rigorous method) : 삼각측량의 각 관측의 조정에서 모든 기하학적 조건이 동시에 만족되도록 최소제곱법에 의해서 조정하는 방법. 1·2등 삼각측량과 같이 고정밀 삼각측량의 조정에서 주로 사용한다.

엄밀집성모자이크(嚴密集成모자이크, controlled mosaic) : 컨트롤드모자이크.

엄밀집성사진(嚴密集成寫眞, controlled mosaic) : 엄밀집성모자이크. 편위수정된 항공사진으로 만들어진 집성사진.

업무용지리정보체계(業務用地理情報體系, business GIS) : 「비지니스지아이에스」참조.

에로스(에로스, Earth Resources Observation System : EROS) : 기상위성에 뒤이어 나온 실용위성. NASA와 내무성이 계획하여 1980년 1월호를 발사하였으며, 광학사진기, 분광계, 레이더, 레이저, 텔레비전사진기 등을 적재하여 우주공간에서 밤낮으로 적외선 사진을 촬영하고 레이더 전파방사선으로 관측하는 것.

에리의 아날로그컴퓨터(에리의 아날로그컴퓨터, Jerie's analogue computer) : 항공삼각측량의 block 조정을 하기 위하여 spring의 탄성적 성질과 항공삼각측량에서 오차의 성질의 상이성을 이용하여 stereo template로 조정하는 장치.

에사(에사, European Space Agency : ESA) : 유럽에 의해 계획된 지구자원측량용 위성을 발사하고 그의 이용에 대하여 연구를 수행하는 기관.

에스디이(에스디이, Spatial Database Engine : SDE) : 표준관계형 자료기반(RDBMS)에서 저장 및 관리되는 공간자료에 빠르게 접근하도록 도와주는 ESRI사의 소프트웨어 기술.

에스디티에스(에스디티에스, Spatial Data Transfer Standard : SDTS) : 「공간자료교환표준」참조.

에스론테이프(에스론테이프, Eslon tape) : 2~3만 개의 유리섬유를 길이 방향으로 맞추어 백색의 염화비닐을 섬유에 침투시켜 성형한 다음 특수 비밀 잉크를 써서 눈금을 인쇄한 권척으로, 건습으로 인한 신축이 없고 간편하며 정도는 steel tape에 이어서 양호하다.

에스리(에스리, ESRI) : guidance Environmental Systems Research Institute'의 약어로서, 1969년에 설립된 법인. 본사는 Redlands, California에 있고, 미국 내 11개의 지사와 10개의 해외 지사를 가지고 있다. GIS 소프트웨어를 개발하고 공급할 뿐 아니라, 소프트웨어 설치와 유지/보수, 데이터베이스 설계/응용, 프로그래밍과 데이터베이스 자동화를 제공한다.

에스아이단위(에스아이單位, international system of units : SI단위) : 국제단위계.

에스아이알(에스아이알, Shuttle Imaging Radar : SIR) : 1981년과 1984년에 NASA 우주왕복선에 정착된 SAR측정기기.

에스아이접두어(에스아이接頭語, prefix of SI) : SI 단위계에 접두어를 붙여 물리적인 현상을 표시한 것을 에스아이접두어라 한다.

에스에스표(에스에스表, table of sis) : 축척계수를 계산하는 데 편리하게 만들어진 표이다. 신·구 좌표계용이 있고, 또 원점위도마다의 대수진수용 표 등이 있다.

에스에이(에스에이, Selective Availability : SA) : 허가되지 않은 사람이 양질의 GPS 신호를 사용하는 것을 막기 위하여 위성의 시계나 궤도 정보 등을 조직하여 신호의 질을 떨어뜨리는 체제를 말하는 것으로 위성의 시계정보를 조작하는 것을 델타 프로세스, 위성궤도 정보를 조작하는 입실론 프로세스라 한다.

에스엘알(에스엘알, Satellite Laser Ranging : SLR) : 레이저 망원경과 궤도운동을 하는 위성에 장착된 반사경 간의 거리를 정밀하게 관측하는 기술로, 반사경에서 펄스 극히 짧은 레이저를 발사하고, 발사된 빛이 반사경에서 반사하여 지구로 되돌아오는 시간을 관측함으로써 빛의 속도를 이용하여 그 시간 동안에 빛이 진행한 거리를 계산하는 원리. SLR은 기상영향을 받으므로 기상상태가 좋지 않을 경우 정확도가 떨어진다는 단점이 있지만 고정밀도의 기선관측을 통한 위치결정 및 지각변동을 연구할 수 있고, 다양한 인공위성의 궤도추적을 통한 정밀궤도를 결정할 수 있다는 장점이 있다.

에스피에스(에스피에스, Standard Positioning Service : SPS) ; 표준위치결정서비스.

에어로폴리곤법(에어로폴리곤法, aeropolygon triangulation) ; 멀티플렉스형 기계와 만능도화기 등에 의하여 내부표정, 상호표정, 개략적인 절대표정을 거쳐 이루어진 스트립상의 소요점의 좌표를 항공사진상에서 직접 도해적인 방법으로 절대좌표를 구하는 방법.

에이엠에프엠(에이엠에프엠, Automated Mapping/Facilities Management system : AM/FM) ; 도면자동화와 시설물관리체계의 총칭.

에이엠엘(에이엠엘, Arc Macro Language : AML) ; 아크매크로언어.

에이취딥(에이취딥, Horizontal Dilution Of Precision : HDOP) ; GPS 측량의 정밀도 저하의 기하학적 요소인 DOP에서 수평위치 정밀도의 저하를 나타내는 것으로 조정계산 후의 추정된 위치 결과에서 수평성분의 분산을 q_x, q_y라 할 때 $\sqrt{q_x+q_y}$로 정의된다.

에이취씨엠엠(에이취씨엠엠, Heat Capacity Mapping Mission : HCMM) ; 광역에 대한 주야간 가시영상과 열적외 영상을 기록하기 위해 1978년 NASA에서 발사한 위성.

에이취아이에스(에이취아이에스, Hue, Intensity, Saturation : HIS) ; 사람의 인식방법에 맞는 명도, 색도, 채도로 구분한 컬러 표현법.

에이취알브이(에이취알브이, High Resolution Visible : HRV) ; SPOT 위성에 탑재되어 있으며 2개의 기능을 갖고 있다. 전정색영상(또는 흑백영상, pancromatic image)과 다중분광대영상(multispectral image)이 있다. HRV 공간해상력은 10m×10m(P형 : pancromatic code), 20m×20m(XS형 : multispectral code)이다.

에이토프도법(에이토프圖法, Aitoff projection) ; 적도법과 등거리방위도법을 변형하여 적도방향을 남북방향의 2배로 늘인 도법. 특별한 특징은 없으나 전체적인 변형이 적으므로 세계도에 쓰이고 있다. D. Aitoff가 1886년 발표하였다.

에이표(에이表, clothoid A table) ; 매개변수값에 따라 클로소이드의 요소들을 표로 만들어 놓은 것을 에이표(A표)라 한다.

에이피알(에이피알, Airborne Profile Recorder ; APR)이라고도 하며, 비행기에서 지상을 향하여 전자파를 발사하였을 때, 반사하여 돌아올 때까지의 시간에 따라서 지상고도를 연속적으로 기록하는 장치.

에지(에지, edge) ; 영상의 특성(명도, 채도, 색도 등)이 급격히 변화하는 곳은 그 영상으로 그려진 대상이 어떤 의미에서 변화를 일으키고 있는 부분이다. 이와 같은 부분을 연결하면, 영상 안의 문자 및 기호라든지, 항공사진 및 위성사진의 지류계 등의 윤곽을 형성하는데, 이와 같은 영상 특성의 윤곽을 Edge라 한다.

에지노드그래프(에지노드그래프, edge-node graph) ; 경계선(가장자리)의 집합과 그것에 관련한 연결절점의 집합으로 나타낼 수 있는 위상학적 복합체 내에 내재된 그래프.

에케르트도법(에케르트圖法, Eckert's projection) ; 의원통도법의 일종으로 극이 선분으로 표시된다. Eckert가 1996년 발표한 같은 원리에 따른 6종의 세계전도의 도법 가운데 가장 많이 쓰이는 네 번째 것은 원을 2개 옆으로 나란히 놓고 그것과 그들 한 쌍의 공통접선(兩極의 촬영)으로 둘러싸인 원형을 지구 전체의 투영으로 한다. 또 평행직선(緯線의 투영)으로 둘러싸인 대상의 면적이 대응하는 구대의 면적에 비례하도록 그 간격을 정한 등적도법이다.

에케르트의 등적지도(에케르트의 等積地圖, Eckert's equivalent map) ; Eckert의 등적투영에 의해서 투영된 지도. 이 도법에서는 극을 직선으로 나타내기 때문에 Mollweide나 Sanson의 투영처럼 그림의 중심에서 떨어진 부분의 변형이 극단적으로 커지는 점에 대해서는 개량된다. 그러나 극지방의 변형은 극단적으로 커진다.

에크만메르츠유속계(에크만메르츠流速計, Ekman-Merz current meter) ; 유속유향을 동시에 잴 수 있는 유속계. 팔랑개비로서 기계를 유향으로 두르게 하고 유속에 비례해서 propeller가 회전하며 그 회전수는 지침에 나타난다. 회전시간은 제 1의 매체를 떨어뜨려 나사가 맞물리기 시작해서, 제2의 매체를 떨어뜨려 나사가 벗어질 때까지의 시간을 stop watch로 잰다. 또 36개의 소실로 분할된 자침함에 propeller가 1회전할 때마다 한 개씩의 소구가 떨어져 N의 끝에서 어느 하나의 소실로 들어간다. 따라서 소실의 번호와 거기에 들어 있는 소구의 분포로써 유향을 판단하게 된다.

에트베스보정(에트베스補正, eotvos correction) ; 항공 및 해상 중력관측의 경우 이동 중 관측을 실시하므로 관측기기의 속도에 의한 영향이 나타나게 되며, 이를 보정하는 것을 에트베스보정이라고 한다.

에프값(에프값, f-number) ; 렌즈의 초점거리를 주어진 렌즈 구경의 지름으로 나눈 수치로 렌즈의 밝기를 표현한다.

에프스탑(에프스탑, f-stop) ; 초점길이의 비율에 비례하여 렌즈의 다른 빛을 모으는 능력을 산출하는 단위 시스템으로 제공된 구멍지름.

에프엠씨(에프엠씨, Forward Motion Compensation : FMC) ; 셔터가 개방되고 있는 사이에 항공기의 운항속도에 의해서 생기는 상의 흔들림을 제거하는 장치.

에프오씨(에프오씨, Full Operational Capability : FOC) ; GPS 체계의 완전한 가동을 뜻하며, 전 세계 어느 시간대에서도 최소 4대의 위성이 수신가능하게 된 것을 의미한다.

엑스밴드(엑스밴드, X band) ; radar band 중 하나로 주파수가 12,500～8,000MHz이고 파장은 2.4～3.8cm의 범위를 가진다.

엑스선사진(엑스線寫眞, X-ray photograph) ; X선 사진은 대상물이 투영중심과 필름 사이에 놓이므로 X선 영상은 대상물보다 크게 된다. 초점의 크기는 전자가 음극에서 방출되어 양극에 충돌될 때의 면적으로 일정하다. 상은 흐리고 선명도는 낮다.

엑스엠엘(엑스엠엘, eXtensible Markup Language : XML) ; 확장형 표시언어.

엑스와이좌표(엑스와이座標, X and Y coordinates) ; 지도요소의 정확한 위치표현을 위해 사용되는 직각 좌표계로서 우리나라에서 종축(N)을 X좌표로, 횡축(E)을 Y좌표로 사용한다.

엔시지아이에이(엔시지아이에이, National Center for Geographic Information and Analysis : NCGIA) ; 지리정보체계의 이용이 확산되면서 사회적, 법적, 제도적 영향을 평가하기 위해 설립된 미국대학 연구협회.

엔지니어체인(엔지니어체인, Engineer's chain) ; chain의 1종으로 전장 100ft가 100links로 나누어져 있다. 미국이나 영국 등에서 쓰인다.

엔지브이디29(엔지브이디29, National Geodetic Vertical Datum 1929 : NGVD29) ; 각 나라마다 수준측량의 기준이 되는 기준면을 그 나라의 국가 수준기준면이라 한다. 우리나라의 경우는 인천만의 평균해면을 국가 수준기준면으로 하고 이 수준면을 기준으로 하여 수준원점이 설치되었다.

엔지아이포맷(엔지아이포맷, NGI format) : 국토지리정보원에서 DXF포맷을 대체하기 위해 개발한 NGI포맷은 SDTS와 같은 저장방식이나 데이터의 내용을 텍스트 편집기를 사용하여 수정 가능하다.

엔지에스포맷(엔지에스포맷, NGS format) : NGS 위성의 정밀궤도 정보를 기술하는 형식. GPS 측량의 기선해석에 위성으로부터 보내지는 궤도정보에 의하여 보다 정밀한 것을 별도로 이용하도록 한 편리한 형식.

엔터프라이즈지아이에스(엔터프라즈지아이에스, enterprise GIS) : 각 부서에 분산된 공간정보를 자료기반 관리기술과 클라이언트/서버 기술로 통합시키는 기업 자원의 방법이자 새로운 측면에서의 시스템통합이다.

엔합(엔합, National High Altitude Photography : NHAP) : 서로 다른 기관에서 데이터 중복 생산을 방지하고, 제작된 데이터를 다목적으로 사용함으로써 정부예산의 낭비를 없애기 위해 제안되었다.

L대(L帶, L band) : 무선 주파수대는 390 MHz부터 1,550MHz까지 확장된다. L1과 L2 반송파 주파수는 L대 안에서 묶여 GPS에 의해 전송된다.

엘리베이션마스크(엘리베이션마스크, elevation mask) : 일정고도 이상의 위성으로부터의 신호만을 수신하기 위한 최저 위성고도 제한 각도이다. 낮은 고도의 위성으로부터 수신된 신호는 대기의 영향을 크게 받아 많은 지연현상이 발생하므로 정밀위치 결정을 수행할 때에는 위성의 최저고도를 제한함으로써 양질의 신호만을 사용하여 위치를 결정하게 된다. 임계고도각이라고도 하며 총상 15°가 적당하다.

L1반송파(L1搬送波, L1 Carrier) : GPS 위성으로부터 발신되는 위치결정용 전파로 주파수가 1,575.42MHz로서 일반 위치 결정에서는 이 전파가 이용된다.

L2반송파(L2搬送波, L2 carrier) : 2차적인 GPS신호 운반채널로 지구대기로 인한 신호지연계산에 주로 사용한다. 기존 주파수의 120배인 1,227.6MHz, 기본적으로 P코드 하나만을 싣고 있다. 독립위치 결정에서 이 전파를 수신하는 것은 P코드를 해독할 필요가 있을 때 사용하며, 측량에서는 무관한 코드다.

L1신호(L1信號, L1 signal) : 1,575.42MHz에 중심을 둔 GPS 위성에 의하여 사용되는 기본 L-대역주파수. L1 신호는 C/A-부호, 항법메세지 자료 스트링을 가지고 변조된다.

L2신호(L2信號, L2 signal) : 1,227.6MHz에 중심을 둔 GPS 위성에 의하여 사용되는 두 번째 L-대역 주파수. L2 신호는 P-부호와 항법메세지 자료를 운송한다.

엘밴드(엘밴드, L-band) : 전자기파는 그 파장대에 따라 분류되어 명명되었으며, 이중 전파영역인 주파수 1.2~1.6GHz의 전자기파의 대역을 L밴드라 한다. GPS반송파는(1,575.42MHz와 1,227.6MHz) L 대역 안에서 묶여 GPS에 의해 전송된다.

엠에스씨(엠에스씨, Multi Spectral Camera : MSC) : 각 파장별 반사율의 차이를 이용하여 관측의 파장대마다 기록하는 센서.

엠에스에스(엠에스에스, Multispectral Scanner System : MSS) : 일반적으로 동시에 몇 개의 파장 주파수에 대해서 전자기 에너지를 기록하는 것으로서, 미국 NASA에 의해서 발사된 Landsat 위성에 탑재된 4인치 채널 센서를 가리킨다. 다중 분광 대 주사기는 지표로부터 반사되는 전자기파를 렌즈와 반사경으로 집광하여 필터를 통해 분광한 다음 분광별로 구분하여 각각 영상을 테이프에 기록하는 것이다.

엠지이(엠지이, Modular Gis Environment : MGE) : 지리정보체계의 각종 활용분야에 토털솔루션을 제공하는 강력한 툴인 MGE는 자료 및 장비에 대한 기존의 투자를 최대한 활용하면서 손쉽게 확장할 수 있도록 구성되어 있으며 사용자의 다양한 요구를 수용할 수 있는 개발환경이 제공된다.

엠티에프(엠티에프, Modulation Transfer Function : MTF) ; 카메라 해상도를 결정하는 방법 중 하나로 거리 당 사인곡선 파장의 사이클 수를 말한다.

여색도화기(餘色圖化機, anaglyphic plotting instrument) ; 여색입체시에 의하여 입체관측을 하면서 그려내는 기계.

여색법(餘色法, anaglyphic method) ; 2장의 입체사진을 포개어 각각 여색으로 투영하거나 인쇄하여 같은 여색의 렌즈를 통하여 관측해서 입체적인 모델을 얻는 방법.

여색사진(餘色寫眞, anaglyphic picture) ; 여색입체시가 될 수 있게 2장의 사진을 여색으로 포개어 인쇄한 것.

여색실체시(餘色實體視, anaglyphic stereoscopy) ; 여색입체시.

여색입체시(餘色立體視, anaglyphic stereoscopy) ; 한 쌍의 사진에서 오른쪽은 적색, 왼쪽은 청색으로 현상하고, 겹쳐 인쇄한 사진을 오른쪽 청색, 왼쪽은 적색의 안경을 쓰고 보면 청색과 적색은 없어지고 흑백의 입체시가 되는 것.

여색제어법(餘色制御法, anaglyphic control method) ; 한 쌍의 입체사진의 오른쪽은 적색으로, 왼쪽은 청색으로 현상한 다음 오른쪽은 청색, 왼쪽은 적색인 안경, 즉 여색의 안경으로 보아 입체감을 얻는 방법.

여색투영광법(餘色投影光法) ; 암실 내에서 여색필터를 이용하여 투영대에 얹힌 흑백투명양화를 백색판상에 투영시켜 적색광과 청색광의 중첩효과가 나타나게 하는 방법.

여절축척(餘切縮尺, cotangent scale) ; 앨리데이드의 자 끝 쪽에 눈금이 새겨진 여절(cotangent)의 자를 말하며 앨리데이드를 써서 시거 측량을 할 때 일정한 높이와 여러 가지의 경사에 대한 수평거리를 나타낸 것이다.

여점(與點, given point or known point) ; 구점의 위치(평면위치 또는 높이)를 구하기 위해서 사용하는 평면 위치 또는 높이가 주어져 있는 점.

여행시간(旅行時間, travel time) ; radar에서 발진된 전자기파가 지표에 반사되어 돌아오는 데 소요되는 시간.

역(曆, ephemeris) ; 지구와 천체의 관계로부터 예지할 수 있는 사항을 날짜의 순에 따라 기재한 것. 천문역에는 천체의 위치, 그 밖의 천체의 관측에 필요한 여러 가지 원자가 수록되어 있다.

역구배(逆句配, adverse slope) ; 흐름방향의 경사와 반대인 수면 또는 하상의 경사.

역독버니어(逆讀버니어, retrograde vernier) ; 주척의 1눈금의 1/n까지 읽기 위하여 주척눈금의 n+1개를 n등분한 것을 vernier의 1눈금으로 한 것으로서 읽어내는 단수는 눈금의 진행방향과 반대방향으로 읽어가서 일치하는 눈금선을 찾아내어 읽는다.

역둔토(驛屯土, state land) ; 국유지의 별칭으로 원래 역토와 둔토만을 의미하였으나 1906년 이후 일제는 제실재산과 국유재산을 정리한다고 하면서 역둔토를 국유지의 별칭으로 쓰기 시작하다가 1908년부터는 공공연하게 국유농지를 총칭하여 역둔토라 불렀다. 따라서 1908년 이후부터는 역둔토에는 역토와 둔토뿐 아니라 궁장토, 목장토, 능원묘위토, 기타 궁위와 관위의 부속 토지가 모두 포함되었다.

역로드(逆로드, inverted rod) ; 갱내의 고저측량을 할 때 수준점이 천장에 있을 때는 함척을 거꾸로 사용한다. 이것을 inverted rod라고 말한다.

역방위각(逆方位角, reverse azimuth) ; 어떤 측선의 방위각에 ±180°를 한 각. 즉 AB 방위각의 역방위각은 BA 방위각이다.

역방위법(逆方位法, back bearing method) ; 트래버스의 각점에서 망원경을 정위만으로 계속하여 방향각을 관측 전진하는 방법으로 측선 P_{r-1}, P_r의 측점 P_{r-1}에 있어서의 방향각을 $α_{r-1}+180°$이므로 P_r점에서 transit의 눈금 읽음을 이 값으로 해두고 하부운동으로 P_{r-1}점을 후시하고 상부운동으로서 P_{r+1}점을 전시하면 읽음값은 측선 P_r, P_{r+1}의 방향각 $α_r$를 나타낸다. 이렇게 하는 traverse의 전각방법을 말한다.

역버니어(逆버니어, retrograde vernier) : 역독버니어.

역실체시(逆實體視, pseudo stereoscopy) : 역입체시.

역유표(逆遊標, retrograde vernier) : 역독버니어.

역입체시(逆立體視, pseudo stereoscopy) : 입체사진의 좌우를 바꾸어 왼쪽 사진을 오른눈으로, 오른쪽 사진을 왼쪽 눈으로 보는 입체시로서 산이 낮게, 골이 높게 보인다.

역표고(力標高, dynamic height) : 하나의 등포텐셜면상의 모든 점에서 같은 값이 주어지도록 어느 측도에 기준한 높이에 상당하는 수. 즉, 그 점과 지오이드 사이의 포텐셜의 차를 임의의 표준위도에서의 정규중력치 $γ_0$로 나눈 값이다.

역표경도(曆表經度, ephemeris longitude) : 역표자오선은 지구에 고정되어 있지 않으며 자전속도의 변화에 따라 달라지는 것이다. 각점의 경도를 이 역표자오선을 기준으로 해서 재면 지구자전의 변화를 제거한 것이 된다. 이와 같은 경도를 말한다.

역표시(曆表時, ephemeris time) : 역학적으로 균일한 시계를 가상하여 이것을 역표시라 하며 1960년부터 역의 인수로 쓰이게 되었다. 종래에 써오던 세계시의 시계는 지구자전을 기준으로 정한 것이었으나 이것은 오랜 동안의 관측에서 볼 때, 매우 작기는 하나 그 운동에 균일성이 결여되어 있었다.

역표자오선(曆表子午線, ephemeris meridian) : 현재의 지구자전은 역표시의 관념에서 보면 약 35°만큼 더디게 가고 있는 것이 되어 역표시를 만족하도록 자전하고 있다면 Greenwich 자오선은 지금의 위치보다 약 35° 동쪽에 있어야 한다. 이것을 Greenwich 자오선과 구별하기 위해서 역표자오선이라 한다. 이 역표자오선은 지구에 고정된 것이 아니라 자전속도의 변화에 따라 달라진다.

역행렬(逆行列, inverse matrix) : 주어진 정방행렬과의 곱이 단위정방행렬이 되는 행렬.

연결(連結, join, connected) : 2개 이상의 수치화된 지도를 연결시키는 작업으로 둘 또는 그 이상의 근접한 지도 또는 영상이 연속적인 모형을 형성하기 위해 모인 영역이다. 객체에서 임의 두 개의 직접위치가, 그 객체 내부에 완전하게 포함되는 곡선으로 이어질 수 있는 것을 의미하는 기하객체 특성이다.

연결노드(連結노드, connected node) : 한 개 이상의 변으로 시작하거나 끝나는 절점이다.

연결측량(連結測量, connection survey) : 광산의 지상측점과 지하측점을 이어주는 측량이며, 하나 또는 두 개의 횡갱이나 사갱을 이용하는 경우, 하나의 입갱을 이용하는 경우, 두 입갱을 이용하는 경우, 경사입갱을 이용하는 경우, 자침을 이용하는 경우 등에 따른 측량방법이 있다.

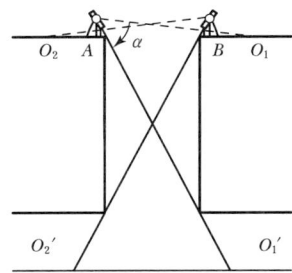

연관관계(聯關關係, associative relationship) : 연관관계는 어떤 객체가 다른 객체를 참조하는 관계로서 집합, 상속, 의존관계가 있다.

연산(演算, operation) : 행위에 영향을 주기 위해 하나의 객체로부터 요구될 수 있는 서비스이다.

연산조건(演算條件, operating condition) : 일

련의 특정 값 생성과 관련된 위치결정체계의 연산매개변수이다.

연속사진(連續寫眞, strip photograph) : strip camera로 지표를 연속 투영한 항공사진.

연속서비스(連續서비스, service chain) : 인접한 서비스의 쌍들에 대해 첫 번째 행동의 발생이 두 번째 행동의 발생을 위해 필요한 곳에서의 서비스 연계이다.

연속선(連續線, polyline) : 선분의 연속으로 만들어진 선.

연안관리법(沿岸管理法, law of hydrography) : 연안의 효과적인 보전·이용 및 개발에 관하여 필요한 사항을 규정하는 법률로서 연안환경을 보전하고 지속가능한 개발을 도모하여 연안을 쾌적하고 풍요로운 삶의 터전으로 조성하는 것을 목적으로 하고 있는 법.

연안측량(沿岸測量, coastal survey) : 연안지역에서 선박의 안전항해를 목적으로 실시하는 측량.

연안해역기본도(沿岸海域基本圖, coast chart) : 연안 항해에 사용되는 해도로서 연안의 제반지형, 목표가 상세하게 표시 되어 있다. 축척은 1/50,000 이하로 통일된 연속도임을 원칙으로 한다.

연안해역지형도(沿岸海域地形圖, topographic map of coastal area) : 연안해역기본도.

연주시차(年周視差, annual parallax) : 지구는 그 궤도상을 공전하므로 관측자의 위치는 언제나 이동하고 있어 항성에 대한 시차가 생긴다. 이 시차는 1년을 주기로 하므로 연주시차라 한다. 연주시차는 매우 작은 것으로 최대의 것은 켄타우르스좌의 α성으로 0.76″ 정도이다.

연주운동(年周運動, annual motion) : 지구 주위를 도는 태양이 1년에 걸쳐 하는 주기적 운동 또는 태양의 주위를 도는 지구가 1년에 걸쳐 하는 주기적 운동 및 그 운동에 따라 생기는 천체의 1년 주기의 겉보기 운동을 연주운동이라 한다.

연직각(鉛直角, vertical angle) : 수평면을 기준으로 한 연직면상의 각으로서 (+)와 (−)의 부호를 갖는다. 연직방향을 기준으로 한 각을 천정거리라 하여 90°에서 천정거리를 빼면 연직각을 얻는다.

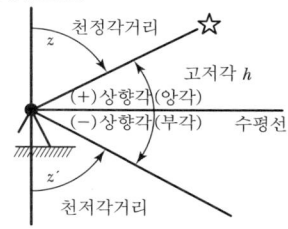

연직각관측(鉛直角觀測, measurement of vertical angle) : 연직각을 재는 것을 말하며 각 방향을 관측할 때마다 레벨을 바로잡을 필요가 있다. 망원경의 정위·반위의 값의 합은 각 방향에서 일정하지 않으면 안된다.

연직거리(鉛直距離, vertical distance) : 연직선에 따른 길이.

연직눈금반(鉛直눈금盤, vertical circle) : 트랜싯 등에서 연직각을 재기 위한 눈금이며 정상을 0°로 하여 360°까지 눈금을 새긴 것으로 수평의 위치에 0°를 두고 (+)(−)의 각도를 관측할 수 있도록 만들어져 있다.

연직미동나사(鉛直微動螺絲, vertical tangent screw) : 망원경을 수평축의 주위로 조금씩 움직일 수 있는 나사.

연직분도원(鉛直分度圓, vertical circle) : 트랜싯 등에서 연직각을 관측하기 위한 분도원.

연직사진(鉛直寫眞, vertical photograph) : 광축의 경사가 연직방향으로부터 3° 이내로 촬영한 사진.

연직선(鉛直線, plumb line) : 추를 매달아 실을 늘어뜨릴 때, 그 실이 이루는 중력방향. 즉 정수면과 직각을 이루는 수직선.

연직선편차(鉛直線偏差, vertical deviation or plumb line deviation) : 천문측량으로 정한

경위도 및 방위각은 지형이나 지구내부물질의 부등분포의 영향을 받아 지구를 회전타원체로 하여 구한 측지경위도 및 방위각에 대하여 차가 있다. 이 차를 말한다.

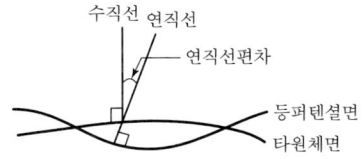

연직오차(鉛直誤差, error of vertical axis) ; 연직축이 연직이 되지 않았기 때문에 일어나는 오차. 관측방법에 따라서는 제거시킬 수 없으며 기계를 조정함으로써 제거된다.

연직유속곡선법(鉛直流速曲線法, method of vertical velocity curve) ; 유속계를 써서 유로의 유속을 관측할 때 수면으로부터 하저까지 0.2~0.3m마다 유속을 재서 분포곡선을 그리고, 여기에 둘러싸인 면적을 구적기 또는 Simpson 법칙 등으로 구하여 이 면적을 수심으로 나눈 값을 연직선상의 평균유속으로 하는 방법.

연직점(鉛直點, nadir point) ; 사진측량에서 사진 렌즈의 바깥쪽 절점을 지나는 연직선이 사진면 및 지면과 만나는 점. 카메라 밑의 지상의 점과 그 사진상의 상을 말한다.

연직축(鉛直軸, vertical axis) ; 트랜싯 등에서 회전의 중심축으로 관측할 때 이것이 연직이 되도록 조정한다. 이것은 주수준기에 따라서 하게 되는 것이므로 그 조정을 충분히 하여야 할 필요가 있다.

연직축오차(鉛直軸誤差, error of vertical axis) ; 연직축이 연직으로 되지 않으므로 해서 생기는 오차이다. 이 오차는 망원경을 정위, 반위로 하여 측각을 해도 제거되지 않는다. 그러므로 트랜싯을 완전하게 조정하여 연직축오차가 생기지 않도록 해야 한다.

연차(年差, annual) ; 편차의 주기적인 변화 가운데 1년을 주기로 하는 것으로 우리나라에서의 크기는 최대 2′정도이다.

연혁정보(沿革情報, lineage information) ; 지리자료 집합의 기록(연혁)을 기술한 정보.

열관성(熱慣性, thermal inertia) ; 온도변화에 대한 저항정도를 표시한 것이다.

열모델(熱모델, thermal model) ; 인공위성 설계의 적합성 여부를 열 측면에서 조사하기 위해 열진공환경시험(thermal vacuum test) 용으로 만든 모델이다.

열용량(熱容量, heat capacity) ; 어떤 물질이 열에너지를 흡수하는 능력을 나타내는 데 이용되는 개념으로, 어떤 물질 1g의 온도를 1℃ 상승시키는 데 필요한 열량으로 정의된다.

열적외선(熱赤外線, thermal IR) ; 적외선 영역 중 파장이 3~14μm 범위에 해당되는 부분을 말한다.

열적외선다분광스캐너(熱赤外線多分光스캐너, Thermal IR Multispectral Scanner : TIMS) ; 열적외선 다분광스캐너를 말한다.

열전도율(熱傳導率, thermal conductivity) ; 물질의 이동을 수반하지 않고 열에너지가 온도가 높은 곳에서 낮은 곳으로 이동하는 현상을 열전도라 하고 그 정도를 나타내는 양을 열전도율(heat conductivity)이라 한다. 열전도율은 일반적으로 금속에서 크며 기체에서는 작은데, 이것은 단위체적당의 분자수가 적어서 분자 사이의 충돌 횟수가 적기 때문이다. 열전도율의 단위는 kcal/ms℃(또는 J/cms℃)로 나타낸다.

열팽창계수(熱擴散係數, coefficient of thermal expansive) ; 온도의 증감에 따라 물질이 늘어나고 줄어드는 척도를 계수로 표시한 것.

열확산계수(熱擴散係數, thermal diffusivity) ; 순간적인 열의 흐름 정도를 나타낸 수치. 열전도율을 비열과 밀도의 곱으로 나눠서 구한다.

엽록효과(葉綠效果, chlorophyll effect) ; 식물의 엽록소는 적외선에 대한 반사율이 높으며 또한 수종에 따라서 반사율이 다르므로 예를 들면 적외선사진에 비치면 활엽수는 하얗게 찍힌다. 이것을 엽록효과라 하며 판독의 자료로 삼는다.

영구표지(永久標識, permanent marker) : 측량이 끝나더라도 영구히 보존할 필요가 있는 표지. 삼각점, 수준점, 다각점, 천측점, 자기점, 방위, 기선척검정, 기선표석 등의 표석은 모두 영구표지이고 표석(일부는 금속표)이 매설되어 있다. 그밖에 공공측량의 중요한 점에도 이에 준하여 표석 또는 콘크리트주가 매설되어 있는데 이를 영구표지라 한다.

영국국가공간자료기반(英國國家空間資料基盤, National Geospatial Database : NGD) : 지질학, 토양학, 생태학, 공공설비, 회사기록, 지방정부기록, HMLR 정보 등과 같은 시설과 공공 도메인 지형 공간자료를 제공할 목적을 가지는 영국의 기반자료 구축을 말한다.

영국의 국립지도제작기관(英國의 國立地圖製作機關, ordinance survey) : 1791년에 설립되어 200년 이상의 역사를 가지고 있으며, 세계에서 가장 정교한 지도를 만들어 왔다. 본사 및 지역사무소에 약 2,000명의 직원을 보유하고 있으며, 지도 및 자료 판매사업, 컨설팅 등 기타 용역사업을 통해 재정자립도 80%를 달성하여, 20%만 정부예산으로 운영되고 있다.

영국지도학회(英國地圖學會, Association of British Cartographers : ABC) : 영국의 지도 제작 및 측량, 지형공간정보와 관련된 연구를 하고 있고 교수, 공무원, 기업체의 회원을 다수 확보하고 있으며, 1년에 1회 Yearbook of Association of British Cartographers라는 책을 발간하고 있다.

영국토지정보사업(英國土地情報事業, National Land Information Service : NLIS) : 영국에서 모든 토지와 재산자료에 대한 보다 쉬운 접근을 제공할 목적으로 진행 중인 사업.

영국표준화기구(英國標準化機具, British Standard Institution : BSI) : 영국의 공간자료 교환표준인 NTF를 BS 7567로 인증하고, 이를 유지, 관리하는 권한을 가진 기구.

영년변화(永年變化, secular variation) : 어느 지점에서 진북과 자북의 열린 각을 자침편차라고 하며, 자북이 진북보다 서쪽으로 치우쳤을 때를 서편, 동쪽으로 치우쳤을 때를 동편이라 한다. 이 자침편차는 변화되는데 수백년을 주기로 하는 변화를 말한다. 현재는 동편에서 서편하고 있다.

영방향(零方向, direction of reference) : 방향관측법으로 수평각의 관측을 할 때 가장 시준조건이 좋은 점을 기준으로 해서 각 방향을 우회전으로 재어 각 값에서 기준방향의 값을 빼고 기준 방향에 대한 각방향각을 구한다. 여기에서 기준으로 한 방향을 영방향이라 한다.

영상(映像, image) : ① 광선의 굴절 또는 반사에 의하여 나타낸 물체의 상. 즉 전산기 그래픽에서 영상면 또는 프린터 등과 같은 출력장치를 통하여 출력되는 정보의 모습. 일반적으로 그림을 가리키며, 위성에 의한 원격탐사자료, 스캐닝된 항공사진, 지도 등과 같은 영상자료가 있다. ② 대상이 비쳐서 나타낸 상태로써 구성요소가 2차원으로 배열된 것을 뜻하며 영상소는 영상을 구성하고 있는 가장 작은 요소를 말한다. 또한 영상이 표현되어진 면을 영상면이라 한다.

영상강조(映像强調, image enhancement) : 영상강조처리는 영상에서 불필요한 요소를 제거하여 사람의 눈으로 보기 쉬운 영상을 만드는 것으로서 강조하려는 대상물에 따라 다르다. 광학적 처리에 의한 기계적 방법과 계산기를 이용한 수치적 처리방법이 있다.

영상개선(映像改善, image enhancement) : 특징추출과 영상 판독에 도움이 되기 위해 원영상의 명암을 강조하고 색상을 입히거나 경계선을 강조하며 밝기를 조절함으로써 시간적으로 향상시키는 것.

영상경계(映像境界, edge) : 서로 다른 색조를 갖는 영역 사이의 경계.

영상경계강조(映像境界强調, edge enhancement) ; 영상경계와 선의 표현을 강조하는 영상처리기법.

영상면(映像面, image plane) ; 필름면(화면). 항공사진카메라의 경우는 초점거리가 고정되어서 사진면이 곧 영상면이 된다.

영상복사(映像複寫, soft copy) ; 영상의 형으로 기록하는 방식이며, TV영상과 같이 눈으로 볼 수 있지만 손으로 잡아 보거나 오래 보존할 수 없는 방식.

영상소(映像素, pixel) ; 사진을 구성하는 영상에서 가장 작은 영역으로 비분할 2차원적 화소. 공간정보와 분광정보를 지닌 최소자료요소로서 지상분해 격자의 크기를 규정하고 이 격자에서 나오는 복사의 분광강도가 분광변수를 규정짓는다. 즉 주사의 자료를 기록하는 지표의 관측소단위 면적을 말한다.

영상소값(映像所値, Digital Number : DN) ; 수치값(화소값)

영상자료모형(映像資料模型, image data model) ; 영상자료는 래스터 구조를 가지며, 기본단위는 화소(Pixel)라 한다. 각 화소는 수치값을 가지며, 화소값을 이용하여 출력상태를 조정하게 된다. 영상자료로는 스캐닝된 자료, 인공위성자료, 항공사진 및 정사사진자료 등을 이용할 수 있으며, 지도영상은 좌표체계를 이용하여 데이터베이스에 구축된다.

영상자료정보(映像資料情報, image information) ; 항공사진, 인공위성 영상, 비디오 및 각종 영상의 수치처리에 의해 취득된 정보.

영상자료해석(映像資料解釋, image information analysis) ; 인공위성에서 얻어진 영상이나 항공기를 통하여 얻어진 항공사진의 영상이나 사진상의 수치화한 자료를 사진이나 영상에 나타난 대상물의 정확한 위치관계와 그 특성을 해석하는 것.

영상정보(映像情報, image processing) ; 인공위성에서 얻어진 영상이나 항공기를 통하여 얻어진 항공사진의 영상이나 사진상의 정보를 수치화하여 자료를 입력한 것.

영상정합(映像整合, image matching) ; 입체영상 중 한 영상의 한 위치에 해당하는 실제의 대상물이 다른 영상의 어느 위치에 형성되었는가를 발견하는 작업. 상응하는 위치를 발견하기 위해서 유사성 관측을 이용한다.

영상줄무늬(映像줄무늬, image striping) ; 단일 detector를 가진 라인스캐너 또는 push broom 방식의 장치에서 비정상적인 반응에 의해 생기는 줄무늬.

영상처리(映像處理, image processing) ; 영상의 해상력은 단위길이당 포함되는 선을 식별할 수 있는 한계. 원격탐측에서 한 영상의 해상력을 증진시키기 위해 영상질의 저하원인이 되는 noise를 제거하거나 최소화시키며, 영상왜곡을 보정하고, 영상을 강조하여 특징을 추출하고 분류하므로 영상을 해석할 수 있게 하는 작업.

영상처리체계(映像處理體系, image processing system) ; 영상의 해상력을 증진시키기 위하여 영상을 해석할 수 있게 하는 것에는 기계적 영상처리시스템과 수치적 영상처리시스템이 있다. 여기서는 노이즈를 제거하거나 최소화시키며, 영상왜곡을 보정하고, 영상을 강조하여, 특징을 추출하고 분류하므로 영상을 해석하는 체계.

영상투명도(映像透明度, density of images) ; 음화 또는 양화 투명도에 대한 불투명, 또는 어둠의 정도.

영상판독(映像判讀, image interpretation) ; 영상을 통해 사물을 구별하고, 그것들의 중요성을 판단하는 작업으로, 사물의 형태와 그들의 공간적 관계의 중요성을 찾아 확인하고, 관측하고 평가하는 작업.

영상편위수정(映像偏位修正, image rectification) ; 위성과 고도, 비행자세, 속도 등의 변화, 지구의 곡면오차, 기복변위 등에 의한 오차를 제거하여 지도로서의 기하학적 일체성을 갖도록 수정하는 과정.

영상폭(映像幅, image swath) ; 영상이 포괄하는 지상영역의 폭.

영상해석(映像解析, image analysis) ; 영상으로부터 정보를 얻기 위하여 영상을 해석하는 데에는 사람의 눈으로 판독하는 것과 기계적인 처리에 의한 방법.

영선(零線, zero line) ; 도상에서 노선선정을 할 때 지형도의 등고선을 이용하여 소정의 노면 구배로 절토·성토를 하지 않고 목적하는 두 지점을 연결하는 점. 따라서 이것은 구배를 주안점으로 삼을 수 없으므로 소정의 곡률반경을 삽입하여 노선을 수정한다.

영선법(影線法, hachuring) ; 우모법이라고도 하는 지형표현방법으로 수평곡선의 선폭을 변화시켜 명암효과를 내는 방법이다. 가늘고 긴 선은 완경사를, 굵고 짧은 선은 최대경사선의 방향을 나타내는 방법으로 선의 굵기나 간격으로서 명암효과를 내는 방법. 영선식의 명암결정법은 명암법과 같이 한다.

영역기준정합(領域基準整合, area based matching) ; 최소제곱법과 상관관계기법을 이용하여 두 개의 수치영상으로부터 영역의 작은 조각에 대한 명암도를 이용하여 영상을 정합시키는 방법.

영역면(領域面, universal face) ; 경계면이 없는 2차원의 공간 복합체 표현이다.

영원(零圓, zero circle) ; 구적기에서 극을 중심으로 하여 기계가 회전하면 측륜은 회전하지 않고, 원이 측침에 의해 그려진 원.

영점보정(零點補正, null adjustment) ; 각종 변화요인으로 발생한 영점의 변화량을 올바르게 조정하는 것.

영점오차(零點誤差, zero point error) ; 영점 변동에 따른 관측오차를 영점오차.

영점표고(零點標高, gauge datum) ; 어떤 기준면으로부터 양수면 0점까지의 높이.

영해기점(領海基點, territorial sea base point) ; 영해 및 접속수역법에 의거한 우리나라 관할 해역의 확정 기준점.

영해직선기점(領海直線基點, territorial sea base line point) ; 영해 및 접속수역법 시행령 법 제2조 제2항의 규정에 따라 영해 폭을 측정함에 있어서 직선기선으로 하는 각 수역의 기점.

영호선(零弧線, zero circle) ; tachymeter라는 스타디아측량 전용기계로 다이어그램의 영상은 프리즘장치로 망원경 시야의 우반부에 비치도록 되어 있으며 이 프리즘의 연직능선은 수평축과 직교한다. 망원경 시야의 다이어그램에는 4개 호선으로 되어 있는데, 영선은 영선과 프리즘 연직능과의 교점에서 접하도록 되어 있음.

예록장방형보(銳綠長方形보, sharp-crested rectangular weir) ; 유량이 작은 하천이나 유로에서는 수로를 횡단하는 보를 만들어서 유량을 산정하는 것이 좋다. 유량 Q는
$Q = \frac{2}{3} C \sqrt{2g} bH H^{\frac{3}{2}}$ (C는 유량계수이며 1보다 작다.)로서 나타낸다.

예측(豫測, preliminary surveying) ; 실측에 대한 준비적인 구실을 하는 측량으로 목적에 따라 다르다. 예컨대 노선의 설치를 목적으로 하는 측량에서는 답사로 얻은 결과로서 대체적인 중심선을 결정하고 그에 따라서 종단측량, 횡단측량, 평면측량을 하며 도면을 작성하고 노선의 구배, 곡선, 토공량 등을 검토하여 가장 좋은 노선을 결정하는 자료를 얻는 측량.

오구(烏口, drawing pen) ; 제도의 먹선을 그을 때 쓰는 도구. 두 장의 강철제날의 간격을 나사로서 조절하여 선의 굵기를 조절할 수 있으며 양 날이 자루에 고착되어 있는 것과 한쪽만을 핀으로 열어 청소할 수 있는 것이 있다.

오끼공식(오끼公式, Oki's formula) : 공식 4각 보에 대한 유량공식이다.

$$Q = Cb\, h^{3/2}\ [\text{m}\cdot\text{sec단위}]$$
$$C = 1.838\left(1 + \frac{0.0012}{h}\right)$$
$$*\left[1 + \frac{\sqrt{(h/b)}}{10}\left(1 - \frac{h/b}{10D}\right)\right]$$
$$*\left[1 + \frac{1}{2}\left(\frac{bh}{B(h+D)}\right)^2\right][\text{m}\cdot\text{sec단위}]$$

여기에서 Q : 유량, C : 유량계수 B : 수폭, b : 월류 폭, h : 월류 수심 D : 보의 높이 沖嚴氏가 b/B, h/(b+D)이 작을 때 완전수축을 대상으로 하여 종래에 발표된 많은 실험자료를 바탕으로 해서 유도한 것.

오디비씨(오디비씨, Open DataBase Connectivity : ODBC) : 마이크로소프트사의 개발한 자료기반기술 중의 하나로, 한 종류의 프로그래밍만으로 다양한 종류의 자료기반을 모두 사용할 수 있는 기술. 즉, 사용자 또는 애플리케이션과 각 자료기반엔진 사이를 연결해 주어 사용자가 공통된 인터페이스로 각각의 다른 자료기반엔진에 접근할 수 있도록 한다. 따라서 ODBC를 이용하면 자료기반에 독립적인 응용프로그램을 개발할 수 있다.

오려붙이기법(오려붙이기法, tick method) : 얇은 투명지에 주기, 기호 또는 무늬를 인쇄하거나 또는 사진식자기로 인화지에 올린 것을 지도원도 위에 오려붙이는 방법을 말한다.

오름경사(오름傾斜, gradient, up-grade) : 선상 시설물의 종단경사가 시점방향에서부터 종점방향으로 높아지는 경사.

오메가(ω)(오메가, omega) : 비행방향 축(X축) 주위의 회전각.

오메가축(오메가軸, omega-axis) : 도화기 내에서 오메가에 대응하는 회전축.

오목곡선(凹曲線, sag) : 종단곡선 중 하향 구배에서 상향 구배로 전환되는 부분의 곡선.

오버랩(오버랩, overlap) : 동일한 촬영코스 내의 인접 사진과의 중복도. 비행진행방향의 중복을 overlap, 그 직각방향의 중복을 side-lap이라 한다.

오버레이(오버레이, overlay) : 투명한 종이를 사진 위에 놓고 필요한 주기를 기입하거나, 도로 하천 등을 복사하거나 한 것. 종이는 무엇이나 괜찮지만 신축이 적은 것을 쓴다.

오소포토그래프(오소포토그래프, orthophotograph) : 항공사진의 중심투영에 의한 변형을 보정하기 위하여 부분적으로 표고를 맞춰가면서 인화해서 만든 사진으로 지도와 마찬가지로 정사투영으로 되어 있다.

오소포토스코프(오소포토스코프, orthophotoscope) : 항공사진을 투영하여 부분적으로 표고를 맞춰가면서 인화해서 중심투영의 변형을 보정하여 정사투영 사진으로 만드는 기계.

오수관거(汚水管渠, sanitary sewer) : 오수를 배제하기 위한 관거.

오토그래프 A7(오토그래프 A7, autograph A7) : wild사에서 만든 1급도화기의 이름. 기계적 투영법을 채용하고 있다.

오일러공식(오일러公式, Euler's formula) : 임의의 방위각이 주어질 때 그 방향으로의 곡률반경을 나타내는 식으로 곡률반경의 최대, 최소값과 방위각을 매개변수로 하여 결정된다.

오지시(오지시, Open Geo-spatial Consortium : OGC) : 공간정보 표준 컨소시엄은 1994년에 발족한 국제 GIS 추진기구로 380여 정부기관과 기업들이 참여하고 있는 세계 최대 공간정보산업 표준화 추진기구이다. 이 기구는 공간정보 컨텐츠와 제공, GIS 자료처리 및 자료공유 등의 발전을 도모하기 이한 각종 기준을 제공하기 위해 조직되었으며 한국은 프랑스, 영국, 중국에 이어 세계 네 번째로 국가포럼 승인을 얻었다.

오지아이에스(오지아이에스, Open Geodata Interoperability Specification : OGIS) : 지리정보의 공유와 지리정보처리의 상호운용성을 가능하게 하는 일종의 소프트웨어 사양이며, 상호운용적 지리정보처리를 위한 인터페이스 표준이 된다.

오차(誤差, error) : 관측값과 참값의 차. 이것은 정오차, 우연오차 및 과실로 분류된다. 정오차는 같은 조건에서는 언제나 같은 방향에서 같은 크기로 나타나는 오차를 말하며 정차 또는 누차, 상차(常差)라고도 한다. 우연오차는 과실이나 정오차를 제하고도 아직 남아 있는 오차를 말하며 같은 조건에서도 여러 가지 크기로 나타나는 오차, 그러면서도 그 일어나는 확률이 이론적으로 규명될 수 있는 것으로써 우차 또는 상차(償差)라고도 한다. 통계나 최소제곱법의 대상이 되는 것은 이 우연오차뿐이다. 이 우연오차의 분포법칙은 일반적으로 Gauss의 오차법칙에 따르며 정규분포라고도 한다.

오차곡선(誤差曲線, error curve) : 오차함수 $y=\frac{h}{\sqrt{\pi}}e^{-(hx)^2}$가 나타내는 곡선을 말하며 종축에 y를 횡축에 오차 x를 잡을 때 이 곡선은 y축에 대칭이고 y축 위에 극대점을 가지며 x축을 점근선으로 하는 종형으로 된다. h는 정밀도 계수라 하는 정수로서 이 곡선의 제1상한에 있는 부분의 변곡점의 x좌표는 표준편차 σ이며 $\sigma=\frac{1}{\sqrt{2}h}$이다. h가 크면 곡선이 뾰족해지고 h가 작으면 곡선에 편평해지나 곡선과 x축의 사이 면적은 언제나 1이다.

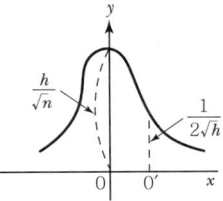

오차론(誤差論, theory of errors) : 여러 가지 관측에 반드시 따라다니며 그러면서도 관측할 때에 판별할 수 없는 우연오차의 발생과 그 관측결과에 미치는 작용을 연구하는 수학의 한 분야이다.

오차모형식(誤差模型式, method of error model) : 조정계산에 부가된 변수의 형태와 수로서 표현된다. 이것은 사진기 내부표정 및 렌즈왜곡에 관한 것과 사진의 변형 및 영상의 계통적 왜곡을 고려한 것이 있다.

오차의 3공리(誤差의 3公理, three axioms of error) : ① 절대값이 같은 음양수의 오차가 생기는 확률은 같다. ② 절대값이 작은 오차가 생기는 확률은 절대치가 큰 오차가 생기는 확률보다 크다. ③ 절대값이 매우 큰 오차가 생기는 확률은 거의 0이다. 이 3가지를 오차의 3공리라고 하며 오차함수를 유도하는 기초가 된다.

오차전파(誤差傳播, error propagation) : 랜덤 변수의 오차가 물리적, 기하학적 환경에 따라 전파되는 것.

오차전파의 법칙(誤差傳播의 法則, law of propagation of errors) : 서로 독립된 관측값(x_1, x_2, $\cdots$, x_n)에서 그 특수오차(m_1, m_2, $\cdots$, m_n)가 기지일 때 그 관측값에서 계산된 다른 값(z)인 특수오차 (m)를 오차론에 따라 계산하는 법칙. $z=f(x_1, x_2, \cdots x_n)$이라면

$$m^2=\left(\frac{\partial f}{\partial a_1}\right)^2 m_1^2+\left(\frac{\partial f}{\partial a_2}\right)^2 m_2^2+\cdots+\left(\frac{\partial f}{\partial a_n}\right)^2 m_n^2$$

오차타원(誤差楕圓, error ellipse) : 관측방정식에 의한 좌표조정법에 의해 구한 좌표(x, y) 최확값의 표준편차는 방향에 따라 다르다. 이와 같이 점의 수평위치에 대한 정밀도 영역을 나타내는 타원.

오차함수(誤差函數, error function) : 크기가 x인 오차가 생기는 확률 $p(x)$가 $p(x)=f(x)dx$일 때 $f(x)$를 확률밀도함수 또는 오차함수라고 한다. $f(x)$의 대표적인 것은 정규확률밀도함수이며 h가 정밀도계수라 하면 $f(x)=\frac{h}{\sqrt{\pi}}e^{-(hx)^2}$이다.

오토유속계(오토流速計, otto's current meter) : screw식 유속계의 대표적인 것으로서 여러 가지로 개량을 가한 고급품이며, 정밀한 관측에 많이 쓰인다.

오티에프(오티에프, On The Fly : OTF) ; 이동 중 신속하게 GPS의 모호정수를 결정하는 방법을 지칭하며, RTK측량시 이동국 수신기의 이동 중 초기화 작업에 주로 사용된다.

온도보정(溫度補正, correction for temperature) : ① 기선척 등은 온도가 변화하면 그에 따라 길이가 변화한다. 표준온도와 관측시 온도와의 차에 따른 보정을 말한다. 자의 표준온도는 15℃로 하는 것이 보통이나 자의 척정수가 0이 되는 온도를 구하여 그 자의 표준온도로 하는 방법도 있다. ② 기압수준측량에 있어서도 수은기압계에 의한 관측값을 0℃, 표준기압 760mmHg 위도 45°의 해면상에서의 값으로 고칠 필요가 있다. 이 가운데 온도에 따른 수은 및 용기(유리 또는 놋쇠)의 용적변화를 고려한 보정치를 온도보정이라 한다. 용기가 놋쇠일 때의 온도보정값(mm)은 관측값이 p(mm)이고 온도가 t℃이면 −0.000162pt이다.

옴스(옴스, Orbital Maneuvering System : OMS) ; 지구궤도를 나가거나 들어올 때 필요한 동력을 위해 바깥쪽에 연료를 실은 두 개의 장치.

와스(와스, Wide Area Augmentation System : WAAS) ; DGPS의 한 형태로 지리적으로 넓은 지역에 걸쳐 분포한 기준국 간의 망으로부터 위성의 시계오차, 이온층오차, 궤도력오차 등에 대한 보정값을 계산하여 정지통신위성을 통하여 보정값을 사용자가 실시간으로 수신하여 위치를 결정할 수 있게 하는 방법. WAAS는 미국지역을 커버하는 정지위성시스템.

와이가(Y架, Y-ring) ; Y-level의 망원경을 받치는 두 개의 Y형으로 되어 있는 지주.

와이가조정나사(Y-架調整螺絲, Y-ring adjusting screw) ; 망원경을 지지하는 축의 수평조정나사.

와이드레인(와이드레인, wide lane) ; GPS의 L1과 L2 위상 신호를 서로 차분하여 형성된 관측값으로 파장의 길이는 86cm로 길어져 모호정수를 결정하는 데 있어 L1, L2 각각의 모호정수를 결정하는 것보다 훨씬 쉽고 효율적이므로 널리 이용된다.

와이레벨(와이레벨, Y-level) ; 망원경이 2개의 Y가 위에 올려져 있으며 clip으로 고정되어 있으나 clip을 풀면 망원경은 Y가 안에서 자유로이 회전할 수 있고 또 떼어낼 수도 있다. 그래서 조정은 매우 간단하나 오차를 일으키기 쉬운 결점이 있다.

와이코드(와이코드, Y-code) ; anti-spoofing 모드에서 GPS 위성에 의해 전송되는 P-Code의 암호로 고쳐 공개되었다. Y코드는 이를 대신하는 비밀코드이다.

와트(와트, watt) ; 복사속(radiant flux)의 단위이다.

완결성(完缺性, completeness) ; 「무결성」 참조

완경사(緩傾斜, mild slop) ; 한계경사보다 완만한 경사로서 상류상태의 느린 흐름을 이루는 수면 또는 수로의 경사.

완전성(完全性, completeness) ; 「무결성」 참조

완충지역생성(緩衝地域生成) ; 「버퍼생성」 참조

완화곡선(緩和曲線, transition curve) ; 차량이 노선의 직선부에서 곡선부로 주행할 때 직선과 곡선의 변화점에서 급격히 원심력이 작용한다. 이와 같이 직선과 곡선의 사이에서 일어나는 여러 가지의 영향을 완화할 목적으로 넣는 곡선.

완화곡선시점(緩和曲線始點, Beginning of Transition Curve : BTC) ; 직선에서 완화곡선으로 들어가는 점.

완화곡선장(緩和曲線長, length of transition curve) ; 완화곡선의 시점부터 종점까지의 거리.

완화곡선종점(緩和曲線終點, End of Transition Curve : ETC) ; 완화곡선에서 원곡선으로 들어가는 점.

완화구간(緩和區間, transition section) ; 완화곡선이 설치되는 구간이며, 즉 완화곡선의 시점에서 종점까지의 곡률이 서서히 변화하는 곡선을 설치하는 구간.

완화절선(緩和切線, transition tangent) ; 곡선부에 있어서 곡선의 안쪽으로 확폭하는 경우 곡선의 안쪽에 원곡선에 접하는 직선으로 접속시키는 경우가 있는데 이 직선을 말함. 완화절선은 편의적인 것으로 일반적으로 완화곡선을 사용함

완화접선(緩和接線, transition tangent) ; 완화곡선의 시점에서 그 곡선에 접선을 설치한 것.

완형유속계(椀型流速計, cup current meter) ; 수로의 유속계측용 기기이며 연직선에 부설한 수 개의 원추형 주발이 전·후면에 생기는 유수의 압력에 의해서 회전하는데 이것에 의해서 유속을 관측하는 것. 이런 형식의 대표적인 것으로 프라이스 유속계가 있다.

왕복차(往復差, closure divergence) ; 동일한 고저측량(수준)노선을 독립적으로 2회 관측하여 얻은 두 결과 값의 차이. 고저(수준)측량에서는 왕복관측할 때 독립적으로 얻어지는 2점의 비고차.

왜곡(歪曲, distortion) ; 영상에서 실제모양과 위치에 대한 객체의 모양과 위치의 변화.

왜곡수차(歪曲數次, distortion) ; 렌즈의 수차의 한 가지로 중심으로부터의 거리에 따라 배율이 달라지는 현상. 이 때문에 형상이 비뚤어져서 정사각형이 맥주통처럼 부풀어 올랐다 쭈그러졌다 하게 비치는 현상을 말한다.

외도곽(外圖郭, outer map quadrangles) ; 지도의 내도곽과 외도곽을 합하여 도곽이라고 한다. 내도곽은 도엽의 구획선으로서 우리나라 국토기본도인 경우, 횡메르카토르도법에 의한 경위선으로 결정된다. 외도곽은 내도곽의 외곽에 10mm 간격으로 내도곽과 평행으로 그어 놓은 선을 말한다.

외래키(外來키, foreign key) ; 다른 테이블에서 기본 키로서 사용된 하나 혹은 그 이상의 열로 분리된 테이블 내에서 속성값을 고유하게 한 도면요소를 식별하는 속성.

외부(外部, exterior) ; 전체집합(universe)으로부터 경계 및 내부를 제거한 차집합.

외부기능(外部技能, external function) ; 응용스키마 일부를 구성하지 않는 기능.

외부자료(外部資料, exterior data) ; 도면 객체에 연결되었으나 도면파일과 별도의 자료기반에 포함된 자료.

외부정위(外部定位, outer orientation) ; 중복된 두 장의 입체사진이 촬영되었을 때의 위치, 상태를 정하는 조작. 상호표정과 절대(대지)표정으로 나눈다.

외부초준식망원경(外部焦準式望遠鏡, external focusing telescope) ; 대물경에 의한 현상을 십자선면에 합치시키는데 대물경을 움직이는 형식의 망원경으로서 중심의 위치가 그때마다 변화하여 불안정하며 대물경통이 마모하는 등 결점이 있으므로 최근에는 사용하지 않고 내부초준식을 쓰고 있다.

외부표정(外部標定, outer orientation) ; 외부정위.

외부표정요소(外部標定要素, exterior orientation parameter) ; 외부표정이란 촬영광속의 공간에서의 위치를 정하는 조작과정인데, 이때 촬영점에 대한 세 개의 공간좌표와 세 개의 촬영방향이 필요하다. 이것을 외부표정 6요소라 한다.

외부합초식대물렌즈(外部合焦式對物렌즈, external object lens) ; 시준할 목표물의 상을 십자선면에 정확히 위치하도록 역할을 하는

렌즈의 일종으로, 굴절률이 다른 유리로 된 합성렌즈가 사용된 렌즈.

외사도법(外射圖法, exterior projection) ; 외심도법이라고도 한다. 시점이 지구 외 유한의 거리에 있는 투사도법이다. 투영면의 위치에 따라 극심, 적도 및 지평의 구분이 있다. 경위선의 투영은 경위선을 기선으로 하는 원추의 투영면에 의한 절단면으로 표현되기 때문에 일반적으로 타원형의 호가 된다.

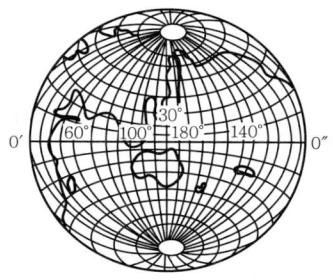

외삽법(外揷法, extrapolation) ; 기존의 관측자료를 이용하여 관측 범위 밖의 값을 추정하는 것으로 다항식을 이용하는 등 다양한 수치해석법들이 존재한다.

외선장(外線長, secant length) ; 외할곡선 각부의 명칭 중의 하나로서 외접하는 두 직선의 교점 D와 곡선중심 C를 이은 선분의 길이.

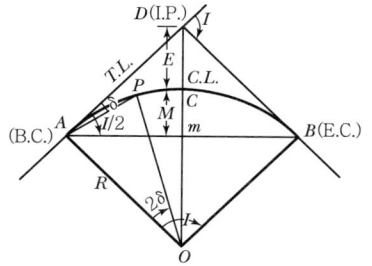

외심간(外心桿, eccentric bar) ; 앨리데이드의 자에 설치한 상하 이동 가능한 돌기물. 시준판 가까이에 있어 이것을 세움으로써 앨리데이드로 수준측량을 할 때 이것으로 기포를 중앙으로 유도한다.

외심거리(外心距離, distance of eccentricity) ; 측량기계에서 일반적으로 망원경축은 기계의 중심을 지나게 만들어져 있는데 이것이 중심에서 벗어난 길이. 광산용이나 그 밖의 특수한 기계에서는 일부러 망원경을 측방에 붙여 놓은 것도 있다. 이 오차는 망원경 정위·반위의 관측값을 평균하면 없어진다.

외심오차(外心誤差, eccentric error) ; 편심오차. 수평각 관측용 기계에서 회전축의 중심과 수평눈금반의 중심이 합치되어 있지 않아서 일어나는 오차. 이것은 180° 떨어진 2개의 버니어 관측값의 평균을 사용함으로써 소거된다.

외업(外業, field work) ; 야외에서의 모든 작업. 답사, 선점, 예측, 실측 등이 이에 속한다.

외측기선(外側基線, base outside) ; Zeiss의 평행사변형 기구를 가진 도화기에서, 기선을 좌우 투사기의 0규정의 위치에서 바깥쪽으로 취하여 좌우 사진기의 배열을 촬영한 때와 반대의 상태로 세트한 경선의 기선.

외할(外割, external secant) ; 외선장.

왼손모지의 법칙(왼손母指의 法則, left thumb rule) ; 정준 나사를 써서 상평행반을 수평으로 하기 위해서 2개의 나사를 잇는 선에 평행하게 수준기 하나를 놓고 나사를 각각 좌우 엄지가락과 검지가락으로 쥐고 반대방향으로 돌리면 기포가 움직이는 방향은 왼손엄지가락이 움직이는 방향과 같아진다. 이것을 왼손모지의 법칙이라 한다.

요구분석(要求分析, requirement analysis) ; 업무지원 프로그램, 자료기반부, 체계, 그리고 운영조직 분야로 분류하여 각각의 분야에 적합한 기준 사양을 정한다. 요구분석 단계에서 우선적으로 해야 할 사항은 대상 부서의 주요업무를 결정하고, 이들 업무가 수행되는 현재의 환경을 파악하는 것이다. 이러한 사항이 정리되면, 도입될 지리정보체계의 목적을 정하고 새로 도입될 체계가 지원할 업무를 결정하는 것이다. 이들 업무를 세부적인 단위

업무로 분류하여, 각각의 업무 환경을 분석하여 개발 우선순위를 결정한다.

요선(凹線, thalweg) : 산의 곡선. 요선의 교회점(곡회)으로부터는 그들 요선의 경사, 수량 등 종합적인 합력의 방향으로 요선이 뻗어나가는 것이 보통이다. 등고선은 그 위치를 철선, 요선상에서 결정하고 현지의 상황을 관찰하여 그려 넣는다.

요지(凹地, prominence) : 화산의 화구 및 함몰지대를 말하며, 등고선에는 최대경사의 방향에 화살표를 붙여둔다.

요철사면(凹凸斜面, prominence and depression) : 등고선 상호거리에 넓고 좁음이 있는 사면.

용도지구(用途地區, use district) : 지역 지구제에 있어서 지역으로는 주거, 상업, 공업, 녹지 등 넷으로 구분(도시계획법)하고 지구로서는 풍치, 미관, 고도, 방화, 교육 및 연구, 업무, 임항, 공지, 보존, 특정가구정비, 주차장정비, 공항 등 지구로 분류하고 있다. 지구분류의 목적은 지상건물, 구조물 및 토지의 활용 등의 규제를 세분하여 토지 이용을 용이하게 함에 있다.

용도지역(用途地域, use zoning) : 건축물을 그 용도에 따라 구분한 지역.

용어기록(用語記錄, terminological record) : 하나의 개념에 관련된 용어자료의 구조화된 집합.

용어조정(用語調整, term harmonization) : 다양한 언어에서 같거나 유사한 특성을 반영하거나 혹은 같거나 약간 다른 형태들을 가지는 용어들로부터 하나의 개념을 지정하는 활동.

용지도(用地圖, drawing of land) : 노선측량에서 용지의 수용 등에 관련된 용지의 범위를 나타내기 위해 용지폭 말뚝, 말뚝좌표 및 중심점의 좌표를 전개한 도면.

용지말뚝설치측량(用地말뚝設置測量, surveying of peg building for land) : 노선측량에서 용지의 수용 등에 관련된 용지의 범위를 나타내기 위해 소정의 위치에 용지폭말뚝을 설치하고, 용지도를 작성하는 작업.

용지측량(用地測量, construction site surveying) : 실측의 횡단면에서 노선의 중심선부터 노선의 경계선까지의 거리를 산출하고, 양편에 여유를 가산하여 노선 용지폭을 결정하는 측량.

우관측교각(右觀測交角, clockwise direct angle) : 「우회각」 참조.

우다이식파고계(宇田居式波高計, Udai's wave meter) : 파랑 때문에 일어나는 해면의 상하를 트랜싯으로 직접 관측함으로써 파고를 측정 기록할 수 있도록 한 추측식 파고계의 일종.

우모법(羽毛法, hachuring) : 영선법이라고도 하는 지형의 기복을 표현하는 방법. 게바라는 직선의 길이와 폭을 변화시켜 명암효과를 나타내는 방법으로 가늘고 긴 선은 완경사를, 굵고 짧은 선은 급경사를 나타낸다.

우안(右岸, the right bank of river) : 하천의 흐르는 방향을 기준으로 상류에서 하류를 볼 때 오른쪽 부분을 우안이라 한다.

우연오차(偶然誤差, accidental error) : 정오차나 과실을 제하고도 아직 존재하는 것으로 생각되는 오차로서, 작은 오차일수록 빈번히 생기고 또한 (＋)(－)의 오차빈도가 같다. 매우 큰 오차는 일어나지 않는다.

우절장(隅切長) : 교차하는 두가로폭의 교차각도에 따라 정해지는 가로전제의 기준으로 도시계획시설기준에 의해 가각전제기준인 전제표를 사용한다.

우주부문(宇宙部門, space shuttle) : GPS위성의 제작, 발사 및 운용에 관계되는 부문.

우주사진측량(宇宙寫眞測量, space photogrammetry) : 탐측기가 탑재된 인공위성을 이용하여 지구나 그 외 혹성에 대한 3차원좌표나 지형정보를 얻어 도면화 및 특성을 해석하는 측량.

우주실험소(宇宙實驗所, SKYLAB) : 3인승 유

인위성으로 우주기술, 우주과학의 실험 및 태양관측을 목적으로 1973년 5월 13일에 처음 발사되었다. 이것은 많은 탐측기를 설치하여 실험함으로써 후에 위성에 탑재할 탐측기의 기초가 되었다. 고도 434km, 태양동주기로서 적도면에 대해 경사각이 50도이다. Apollo 위성은 HASSELBLAND MK 79 사진기를 사용했으며, Apollo 9호는 다중파장대 사진을 실험하여 다중파장대 영상의 시초가 되었다.

우주왕복선(宇宙往復船, space shuttle) : 미국 항공우주국(NASA)이 개발한 우주수송수단으로서 지구와 우주를 왕복하는 선체를 가리킨다.

우주정거장(宇宙停車場, space station) : 지구 궤도에 건설되는 대형 우주구조물로서 사람이 반영구적으로 생활하면서 우주실험이나 주관측을 하는 기지.

우측교각(右側交角, direct angle on right) : 수평각 관측 시 관측진행방향을 기준으로 오른쪽 방향에 있는 교각.

우향각프리즘(右向角프리즘, right angle prism) : 가장 일반적인 프리즘의 형태로 beam의 입사방향에 대해서 90° 혹은 180° 굴절시키는 장치.

우회각(右迴角, angle to the right) : 우관측교각. 각 관측 시 시계방향으로 관측한 각이다.

우회교각(右回交角, clockwise direct angle) : 우관측교각. 교각 관측 시 시계방향으로 관측한 각이다.

운동에너지(運動에너지, kinetic energy) : 운동하고 있는 물체의 속도에 의하여 그 물체가 보유하고 있는 에너지.

워크스테이션(워크스테이션, workstation) : 강력한 중앙 처리시스템으로 주된 소프트웨어를 탑재한 시스템.

원격감시제어(遠隔監視制御, Supervisory Control And Data Acquisition : SCADA) : 원격지에 위치한 각종 상태 및 정보를 수집, 분석, 제어하여 각종 설비를 효과적으로 운영하는 체계.

원격양수표(遠隔量水標, long distance water gauge) : 수위를 기록하여야 할 지점에 자기양수표를 설치할 수 없을 때는 수위변동을 적당한 방법으로 멀리 떨어진 지점까지 유도하여 거기에다 자기양수표를 설치하는데, 이것을 원격양수표라 한다. 수위변동은 일반적으로 우물 안의 부자의 운동으로서 잡아내어 이것을 전기적으로 원격양수표까지 전달시킨다.

원격위성방식(遠隔衛星方式, remote satellite system) : 공항 터미널 평면배치 형태의 일종. 주 터미널 건물과 평면상으로 분리된 위성이라고 불리는 건물 앞에 항공기가 주기하는 형태를 갖는 터미널 배치방식.

원격탐사(遠隔探査, remote sensing) : 원격탐측.

원격탐사자료(遠隔探査資料, remotely sensed data) : 지구로부터 원격되는 측점소에(대개는 위성) 위치한 스캐너를 경유하여 수집된 수치영상자료이다. 일반적으로 원격 관측된 자료로는 SPOT과 LANDSAT이 있다.

원격탐측(遠隔探測, remote sensing) : 지상이나 항공기 및 인공위성 등의 탑재기에 설치된 탐측기를 이용하여 지표, 지하, 대기권 및 우주공간의 대상물에서 반사 혹은 방사되는 전자파를 탐지하고 이들 자료로부터 토지, 환경 및 자원에 대한 정보를 얻어 이를 해석하는 기법. 원격측정, 원격탐사라고도 한다.

원곡선(圓曲線, circular curve) : 도로 및 철도의 평면선형 설계에서 긴 곡선부의 중간 부분에 주로 사용되는 곡선으로 원호에 의한 곡선을 말하며, 이 가운데에는 단곡선, 복심곡선, 반향곡선이 있다.

원곡선시점(圓曲線視點, beginning of circular curve) : 완화곡선종점에서 원곡선이 시작되는 점 또는 직선에서 원곡선이 시작되는 점.

원곡선종점(圓曲線終點, end of circular curve) : 원곡선이 끝나는 점.

원도(原圖, manuscript) : 측량 또는 편집의 성과를 지도의 형태로 종합한 것. 또 지도의 이용에 필요한 복제를 할 때 그 공정의 중간에서 고묘원도, 측량원도, 착묵원도, scribe원도, 수정원도 등과 같은 것이 있다.

원도작성(原圖作成, original drawing) : 정위치 편집 또는 도면제작 편집된 성과를 자동제도 장치에 의하여 도면으로 출력하는 작업.

원방사선좌표(圓放射線座標, circle radial coordinate) : 원점을 중심으로 하는 동심원과 원점을 지나는 방사선을 좌표선으로 하는 좌표로서 각 좌표선이 되는 원과 방사선은 평면상 모든 곳에서 서로 직교하므로 평면좌표계를 형성한다. 이 좌표계는 레이더에 의한 물체의 위치 표시나 지도투영에서 극심입체원법, 원추도법에 의한 좌표계 등에 쓰인다.

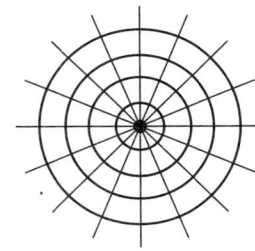

원본도(原本圖, base map) : 편집원도를 만들 때 기초자료가 되는 지도.

원색(原色, primary colors) : 일반적으로 빛의 삼원색이라고 불리는 빨강, 녹색, 파랑을 지칭하는 용어, 이들 3가지 색을 합성하게 되면 어떠한 색도 만들어 낼 수 있다.

원시객체(原始客體, primitive) : 모든 지형지물을 구성하는 최소의 공간 구성요소.

원시자료(原始資料, source material) : 지리정보를 구축하는 데 요구되는 초기자료의 형태. 원시자료는 스케치, 지도, 차트는 물론이고 지형학, 수로학, 측고법, 측지학, 해양학, 기상학에 관한 정보 그리고 지도제작 또는 차트화 하기 위한 영역의 지형과 지물에 관한 보고서.

원원좌표(圓圓座標, double circle coordinate) : 한 점을 중심으로 하는 동심원과 또 다른 동심원선으로 이루어지는 좌표계로 각 좌표선은 한 정점으로부터 등거리인 위치선으로서 원을 이루고 좌표선 간의 간격은 일정하다. 한 점의 위치는 두 개의 원호의 거리와 다른 정점에서의 거리에 의해 표시된다. 이 좌표계는 전파측량에서 주로 중단거리용인 Raydist 등의 원호방식에 응용된다.

원자시(原子時, atomic time) : 1967년 국제도량형총회에서 세슘원자(Cs133)의 에너지 준위 간의 천이에서 방출되는 축사(軸射)의 고유진동수를 기준으로 정의한 시간이다. 1초는 Cs133의 바닥상태에 있는 두 개의 초미세준위 사이의 천이에 대응하는 방사선의 9,192,631.770주기의 지속시간.

원자오선(原子午線, principal meridian) : 영국 그리니치천문대를 지나는 자오선으로 경도의 기준이 된다.

원점(遠點, far point) : 육안으로 볼 수 있는 가장 먼 거리의 점.

원점(原點, fundamental point, origin) : 2차원 지상 측지망의 시작점으로 데이텀을 정의하는 데 사용된다.

원점방위(圓點方位, azimuth of origin) : 측량원점으로부터 최초 삼각측량의 기선에 이르는 방위각.

원주도법(圓柱圖法, cylindrical projection) : 원통도법.

원주좌표(圓柱座標, cylindrical coordinate) : 공간에서 점의 위치를 표시하는 데 쓰이며, 평면 $z=0$ 위의 (x, y) 대신 극좌표 (γ, θ)를 사용한다. 공간상에서 O를 원점으로 하는 직교좌표축을 잡고 공간의 점 $P(x, y, z)$에서 XY평면에 수선 PP'를 내려서 $OP'=\gamma$, $\angle XOP'=\theta$, $PP'=z$라 하면 P에는 (γ, θ, z)인 세 개의 실수의 순서쌍이 대응한다. 원좌표와 3차원 직교좌표 사이에는 다음 관계가 있다.

$$x=\gamma\cos\theta,\ y=\gamma\sin\theta,\ z=z$$
$$\gamma=\sqrt{x^2+y^2},\ \theta=\tan^{-1}(y/x),\ z=z$$

여기서 $\gamma=$상수는 직원통(반경 γ, 축은 z축)을 만들고, 방정식 $\theta=$상수는 z축을 포함하면 XZ평면과 θ각을 이루는 평면이다.

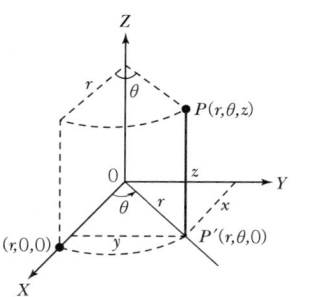

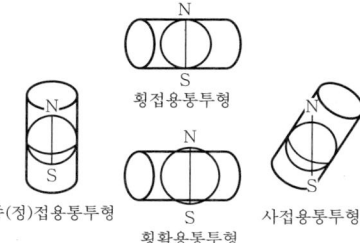

원지(原紙, ① raw paper, ② base paper, ③ body paper) : 제조회사가 초지한 상태의 재단 및 가공을 하지 않은 인쇄용지. 원지의 치수에는 국제표준치수와 규격 외의 치수가 있다.

원지점(遠地點, apogee) : 위성 또는 행성의 궤도에서 지구로부터 가장 멀어지는 점.

원추도법(圓錐圖法, conical projection) : 모든 위선의 투영을 동심원호로 하고 그 중심을 지나는 반직선군을 경선의 투영으로 하는 도법으로 투영된 경위선은 직교한다. 이것은 지구에 직원추를 씌워서 투영면으로 본 것이 된다. 또 일직선상에 중심을 두는 원호군을 위선의 투영으로 하는 도법을 다원추도법이라 한다. 이것은 지구상의 위선마다 직원추를 씌운 것이 된다. 이때에 투영된 경선은 일반적으로 직선이 되지 않으며 투영된 경위선이 직교하지 않는 것도 있다.

원통도법(圓筒圖法, cylindrical projection) : 지구에 원통을 씌워 이것을 투영면으로 하는 도법이다. 원통의 축을 지축과 일치시키면 위선과 경선은 모두 직교하는 평행직선군이 된다. Mercator도법은 대표적인 것이다. 원통의 축이 적도면상에 있는 횡원통도법은 좌표계로서 잘 쓰인다.

원통주사기(圓筒走査機, drum scanner) : 지도를 자동적으로 수치형태로 변환시키는 장치. 원통에 도면과 사진 등을 밀착 고정한 후 일정속도로 원통을 회전시켜 변환하고, 광원은 이에 직각이 되는 X축을 따라 움직임으로써 스캐닝하는 것.

원판(原版, original plate) : 제판이 끝나 인쇄판을 만들 수 있는 필름으로서 옵셋 인쇄의 제판용 음화필름이나 양화필름.

원형송신기(圓形送信機, toroid) : 외부연결코일의 소형발신장비로서 케이블이나 금속관의 일부분이 땅 위로 노출되어 직접 부착될 수 있을 경우에 효과적인 방법.

원형수준기(圓形水準器, circular level) : 상부를 구형으로 만든 원통형의 유리용기에 에테르나 알코올을 넣고 기포를 조금 남기고 밀봉한 것이다. 구면의 중앙에 기포가 있는지 아닌지를 알아보는 검사원이 있고, 그 중심에서의 접평면은 수평면이다. 기포가 이동하는 방향에 따라 기울기의 방향을 알 수 있다.

원형스캐너(圓形스캐너, circular scanner) : 지형에 대하여 일련의 원형스캔라인 내에서 탐지기 IFOV가 회전하도록 매끄러운 거울이 수직축 주위를 회전하는 스캐너.

원형오차확률(圓形誤差確率, Circular Error Probable : CEP) : 항해 시의 위치정밀도 관측값으로 실제 수평좌표의 오차타원에서 그 반경을 나타낸다. 이 값은 현재 위치가 실제 위치에 있을 확률이 50%임을 나타낸다.

월조간격(月潮間隔, lunitidal interval) : 고조간격과 저조간격을 총칭한 것.

웨어(웨어, weir) : 유량 측정 및 조절, 수위증가, 유량배분 등의 목적으로 수로를 횡단하여 축조한 수공구조물.

웹지아이에스(웹지아이에스, web GIS) : 인터넷 또는 인트라넷 환경에서 지리정보의 입력, 수정, 조작, 분석, 출력 등의 작업을 처리하여 네트워크 환경에서 서비스를 제공할 수 있도록 구축된 지리정보체계.

위거(緯距, latitude) : 어떤 측선의 위거란 기준선(자오선)으로서 그 측선에 투영된 정사영의 길이로서 방향각 a가 속하는 상한에 따라 (+)(−)의 값으로 되며 $0°< a <90°$, $270° < a <360°$일 때에 (+), $90°< a <180°$, $180° < a <270°$일 때에 (−)가 된다. 일반적으로 길이 ℓ인 측선의 방향각이 a라면 그 위거 L은 $L = \ell \cdot \cos a$이다. 직각좌표에서 종축(N)방향의 거리.

위도(緯度, latitude) : 보통은 적도면(지구의 중심을 지나고 남북축에 직각인 면)과 지구 타원체상의 1점에서 연직선 사이에 이루어지는 각도(측지위도)를 말한다. 위도에는 측지위도(ϕ) 외에 그림과 같이 지심위도(ψ), 화성위도(θ)가 있으나 측량에서는 측지위도를 많이 쓰고 있다.

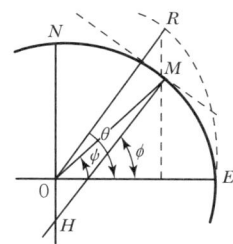

위도보정(緯度補正, latitude correction) : 지구의 적도반경과 극반경의 차이에 의하여 적도에서 극으로 갈수록 중력이 커지므로 위도가 다른 두 지점의 중력값을 비교하기 위하여 위도차에 의한 영향을 제거하는 것으로, 위도보정은 기준위도로부터 남북방향의 수평거리로 미분하여 구할 수 있으며, 또한 보정계수를 거리에 곱함으로써 보정량을 구할 수 있다.

위도인수(緯度因數, argument of latitude) : 위성궤도면상에서 적도로부터 위성의 위치까지를 반시계방향으로 잰 각을 말한다.

위상(位相, topology) : 연속적인 변환에서도 변함 없는 공간적 구성(configuration)의 성질이다.

위상객체(位相客體, topological object) : 계속되는 변형 아래 불변의 공간적인 특성들을 나타내는 공간적인 객체.

위상관계(位相關係, topology) : 위상구조라고도 한다. 공간관계를 정의하는 데 쓰이는 수학적 방법으로서 입력된 자료의 위치를 좌표값으로 인식하고 각각의 자료 간의 정보를 상대적 위치로 저장하며, 선의 방향, 특성들 간의 관계, 연결성, 인접성, 영역 등을 정의하는 것을 의미한다. 각종 도형 구조들의 관계를 정의함으로써, GIS의 실질적인 분석기능을 가능케 하는 것으로, 선의 방향, 다각형간의 상대적인 위치관계, 점과 점, 점과 선의 거리 또는 선의 구성에 따른 각 절점의 연결성 등을 정의하는 것이다. 이러한 기능은 Networking 분석, 공간분석, 수류 방향의 지정 등에 많은 기능을 제공하는 것으로, 위상관계의 지정에 있어 비효율적이거나 많은 저장용량을 소요하는 경우에는 업무 적용에 있어 효율성이 떨어질 수 있다. 따라서 효율적인 위상관계는 구성 및 정확성에 대한 비교검토가 있어야 한다. 공간적 모형 기능은 좌표를 필요로 하는 것이 아니라 오직 위상학적인 정보만을 필요로 하기 때문에 위상관계는 GIS에서 꼭 필요한 것이다. 예를 들어 두 지점 간의 최적경로를 찾기 위해서는 각 방향으로 각각의 마크를 거쳐 가는 데 드는 비용과 서로 연결된 마크의 목록이 필요하다. 좌표는 최적경로를 계산한 후에 경로를 그리는 데에만 필요하다.

위상복합체(位相複合體, topological complex) : 경계 연산 아래 닫혀진 위상학적 기본요소들의 집합이다. 경계연산 아래에서 닫히는 위상 기본요소의 모음이다. 경계연산 아래에서 닿히는 것은 만약 위상 기본요소가 위상복합체의 가운데 있다면 그 경계객체도 그 위상복합체의 가운데 있다라고 말하는 것을 의미한다.

위상원시객체(位相原始客體, topological primitive) ; 위상복합체 내의 단일한 아이템을 표현하고, 동시에 위상복합체 안의 다른 요소와의 관계를 갖는 객체.

위상일관성(位相一貫性, topological consistency) ; 지리정보의 기하학적이고 위상적인 측면에만 영향을 주는 내역들을 고려한 논리적 일관성.

위상입체(位相立體, topological solid) ; 3차원의 위상 기본요소.

위상정보(位相情報, phase information) ; 수치지도정보의 구성요소로 점, 선, 면 등 각각의 위치관계를 나타내는 자료이며, 각 요소의 접속관계 등 다양한 지도정보의 기본자료의 상호관계를 해석하는 경우 등에 사용되는 정보.

위상정확도(位相正確度, phase accuracy) ; GPS 반송파 신호의 정확도를 말하는 것으로 통상 ±1~2mm로 통용된다.

위상차(位相差, phase difference) ; 동일 주파수의 두 개의 파동에 있어 사이클 상의 같은 위치의 시간적인 빗나감.

위상표현(位相表現, topological expression) ; 계산 위상학에서 많은 계산을 위해 사용되는 다변량 다항식처럼 연산되는 원래의 위상학적 기본요소의 집합.

위색사진(僞色寫眞, false color photograph) ; 적외선에 감성하는 필름의 층을 붉게 발색시키는 것으로 식물의 잎은 적색으로 그 이외는 청색으로 찍히므로 자연의 색과 다르게 된 사진임.

위색영상(僞色映像, false color image) ; 인간의 눈에 의해 보이지 않는 근적외선과 열적외선 같은 전자파장 영역의 일부가 적색, 녹색 및 청색 중의 하나 또는 그 이상의 색으로 나타내지는 색영상이다. 따라서 지구표면에 의하여 생성되는 가시적 표현과는 대응되지 않으며, 위색조합이라고도 불린다. 대부분의 일반적인 위색영상은 근적외를 적색으로, 적색을 녹색으로, 녹색을 청색으로 표현한다.

위선(緯線, parallel of latitude) ; 같은 위도의 점을 연결한 선이며, 소원의 호이다. 동일경도차를 갖는 위선의 길이는 위도가 높아감에 따라 짧아지며, 지구를 구라 하면 축소하는 비율은 $\cos\phi$ (ϕ : 위도)이다. 자세한 값은 경위선표로서 나와 있다.

위성(衛星, satellite) ; 행성의 주위를 그 인력에 의하여 운행하는 천체.

위성기반증폭시스템(衛星基盤增幅시스템, Space or Satellite Based Augmentation System : SBAS) ; 다수의 상시관측소를 네트워크로 연결하여 얻은 위치보정신호를 지역에 고정 배치되어 있는 위치보강위성을 통하여 지상으로 방송함으로써 수신기 1대만으로도 DGPS측위를 가능하도록 위성기반의 위치보강시스템. 미국지역에는 WAAS(Wide Area Augmentation System), 유럽지역에는 EGNOS (European Geostationary Navigation Overlay Service), 아시아지역에는 MSAS (MTSAT Satellite-based Augmentaion) 가 고정 배치되어 있다.

위성력(衛星力, Ephemeris) ; 「궤도력」참조.

위성배치(衛星配置, satellite constellation) ; GPS와 같은 체계의 위성 군이 우주에서의 완전한 배치를 말한다.

위성삼각측량(衛星三角測量, satellite triangulation) ; 인공위성을 매체로 하여 삼각망을 형성하는 측량방법으로서 광학적 방법과 전자광학적 방법의 두 가지가 있다. 이 측량방법은 종래의 측량기준에 의하지 않고 그리니치 자오면을 X축, 이것에 직교하는 면을 Y축, 극축을 Z축으로 하여 x, y, z로서 임의의 공간좌표를 결정하는 측량방법을 말한다.

위성영상(衛星映像, satellite image) : 인공위성에 탑재된 센서에 의해 기록된 영상. 광의로는 사진기에 의해 촬영된 우주사진을 포함함. 대표적인 인공위성으로는 LANDSAT, NOAA, SEASAT, SPOT 등이 있으며, 대표적인 센서로는 LANDSAT에 탑재된 MSS, TM, SPOT에 탑재된 HRV 등이 있다.

위성위치결정체계(衛星位置決定體系, satellite positioning system) : 위성으로부터 보내진 신호를 지상 또는 그 근처의 수동적인 수신기에 의해 수신해서 위치를 결정하는 체계.

위성측량(衛星測量, satellite surveying) : 전파 기술의 발달로 인공위성으로부터 송신되는 전파신호를 수신하여 측점의 3차원 위치를 결정하는 측량방법.

위증시험(僞證試驗, falsification test) : 구현에 있어 오류를 찾기 위한 시험방법이다. 잘못이 발견된 경우에 그 구현은 규격에 적합하지 않다고 정확하게 결론 내리지만, 잘못이 없을 경우에도 반드시 규격에 적합한 것을 의미하지는 않으며, 위증시험은 부적합 논증만을 하는 것이다.

위치(位置, position) : 지리적 위치를 나타내는데 경도와 위도, UTM좌표 또는 직각좌표에 의하여 어떠한 지점을 정확히 표현하는 것.

위치결정(位置決定, positioning decide) : 위치를 결정하는 것으로 측량이 여기에 속한다. 국지적 좌표가 아닌 경위도 등 지구상의 위치 결정을 의미하며 GPS와 같이 인공위성시대의 용어이다. 이는 어떤 정도로 결정하는가가 중요하며 위치 결정점의 재현성이 매우 중요한 조건이다.

위치결정체계(位置決定體系, positioning system) : 점 또는 객체의 위치를 구하는 장치. 관심지의 위치를 결정하기 위한 측량체계. 예로서 관성, 통합, 선형, 광학 및 위성의 각 측위시스템이다.

위치계산(位置計算, calculation your location) : 다각측량이나 삼각측량 또는 사진측량에 의하여 얻어진 자료에 의해서 점의 위치를 계산하여 결정하는 것. 또는 GPS 측량 수신기들은 측량기능과 일점 위치 결정을 실행할 수 있는 능력을 지니고 있다. 가장 기본적인 GPS 측량 수신기는 L1 반송파와 C/A code 의사거리를 추적하고 기록한다. L2반송파와 P code 의사거리를 추적하고 기록하기 위해서는 이러한 기능을 할 수 있는 수신기를 사용해야 한다. 위치결정방식은 C/A code 의사거리나 P code 의사거리를 사용해 이루어진다. P code 의사거리로부터 유도된 위치는 C/A code 의사거리에 의한 위치보다 훨씬 정확하다. GPS 측량의 근본적인 목적은 하나의 수신기에 대해 다른 수신기의 상대위치를 매우 정확하게 결정하는 것이다.

위치기반서비스(位置基盤서비스, Location Based Services : LBS) : 휴대폰, PDA 등 이동통신단말기의 위치에 따라 단말기 사용자에게 특화된 정보를 제공하는 서비스로 GIS, GPS, 텔레매틱스를 포함한 위치 관련 정보를 제공하는 모든 서비스를 포함하는 포괄적인 의미이다. 위성을 이용해 사용자의 위치를 찾는 것이 GPS, 사용자 주변의 각종 정보를 제공하는 것이 GIS라면 사용자의 위치정보 및 주변정보를 기준으로 다양한 서비스를 제공하는 것이 LBS이다. LBS는 위치정보, 교통항법, 모바일광고, 모바일쿠폰, 여행정보, 차량진단지원, 긴급출동, 택시콜서비스 등의 개인 부문 서비스가 활발히 진행되고 있으며, 앞으로 물류, 유통,

보험사 등의 기업부문 서비스, 119, 112 등의 긴급구조서비스, 재해에 대비하는 긴급경보 서비스, 도난차량 및 특정인의 위치추적서비스 등으로 점차 확대될 것이다.

위치기준계(位置基準系, positional reference system) : 지구상의 어떠한 위치에 좌표를 부여하기 위한 기준체계.

위치기준틀(位置基準틀, positional reference frame) : 고유하게 확인될 수 있는 위치에 의한 매개변수의 구성 틀. 즉 위치를 유일하게 정의할 수 있는 변수의 기본구조.

위치속성(位置屬性, locational attribute) : 지명사전, 지명색인에서 정의되어 있는 성격들을 묘사하기 위한 지형지물 속성.

위치수두(位置水頭, potential head) : 물이 가진 위치에너지를 수평기준면으로부터의 연직높이로 표시한 것으로 길이단위를 가짐.

위치정밀도(位置精密度, positional precision) : 위치관측의 재현성을 나타내는 척도로 주어진 장소에 대한 반복에 의해 결정된 위치들의 일치 근접도.

위치정보(位置情報, positioning information) : 위치정보는 지물 및 지상물에 대한 위치의 정보로서 위치에는 절대위치(실제공간)와 상대위치(모형공간)가 있다.

위치정확도(位置正確度, positional accuracy) : 관측에 의하여 결정된 좌표가 실제좌표(참값)에 근접하는 정도.

위치참조(位置參照, image registration) : 영상등록이라고도 하며, 처음 촬영된 영상의 각화소에 지상 좌표계의 좌표값을 부여하는 것. 또는 동일한 대상물을 포함하고 있는 두 개의 영상을 비교하여, 대상물과 인근지역의 점들이 Registed Image 상에 같은 위치에 나타나게 하는 것.

위치참조체계(位置參照體系, positional reference system) : 위치기준계.

위치측량(位置測量, position surveying) : 지하시설물의 위치측량은 도로 덧씌우기 및 포장에 의하여 매몰된 지하시설물의 위치를 측량하는 것으로서 측량 그 위치는 시설물 중심점을 기준으로 한다.

위치측정체계(位置測定體系, positioning system) : 관심지의 위치를 결정하기 위한 측량체계.

위치표정점(位置標定點, horizontal control point) : 사진측량의 절대표정에 있어서 그 평면위치(측지좌표)가 주어져 있고 축척과 방위결정에 쓰이는 점이며 삼각점 다각점 등이 쓰이는 것이 보통이다.

위평행반(위平行盤, upper parallel plate) : 트랜싯의 두 평행반 가운데 위쪽에 있는 것을 말하며 아래 평행반과의 사이에 준비나사가 끼어 있다. 측각을 할 때에는 정준나사를 조작해서 위 평행반을 수평으로 한다.

유공템플릿법(有孔템플릿法, slotted templet method) : 슬롯티드 템플릿법. 핸드템플릿법을 기계적으로 행하는 사선법. 사진에서 보점의 선정이나, 주점, 보점의 이사, 기본형틀이나 템플릿 재료의 준비 등을 전부 동일하게 하면 좋다. 핸드템플릿법에서 템플릿상에 가는 사선을 긋는 대신 가늘고 긴 구멍을 뚫고 그 구멍에 둥근 봉을 통과시켜 적당히 중복시켜 조정한다.

유니버설극심평사도법(유니버설極心平射圖法, universal polar stereographic projection) : UPS 투영법. 양극지방의 국제적인 측량 또는 지도 작성에 쓰이는 도법으로서 여러 가지 국제적 지도 작성의 기술조약에 채용되고 있는 도법. 이것은 똑같은 성격을 갖는 Universal Transverse Mercator(UTM)도법과 각각 30′ 중복되게 구성되어 있으며 양자를 합해서 세계적 규모의 대축척도 및 기준점 측량의 전 세계에 걸친 통일적인 투영조직을 형성하고 있다. 이 도법의 요목은 다음과 같다. 투영 : 극심법평사도법. 투영의 원점 : 북극 또는 남극. 원점에 있어서의 축척계수 : 0.9994. 좌표의 단위 : 미터. 좌표치 : 원점에서 각각

2,000,000m(음부호를 피하기 위하여) 좌표축 및 좌표의 방향은 다음 그림과 같다.

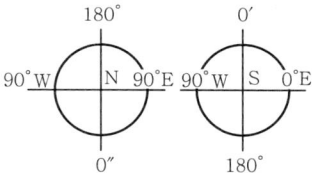

유니버셜데오돌라이트(유니버셜데오돌라이트, universal theodolite) : 데오돌라이트(경위의)는 일반적으로 수평각 연직각을 관측하는 것으로 간단한 천문측량도 할 수 있는데, 더욱 정도 높은 천문측량도 할 수 있게 만든 기계. wild의 T3 등이 그것이다.

유니버셜횡메르카토르도법(유니버셜橫메르카토르圖法, universal transverse mercator projection) ; 지구의 표면을 경도 6°의 띠로 분할하고 그 띠마다 중앙자오선을 설정하고 그 경도대의 범위 내에서 횡 Mercator도법을 적용한 것이다. 그 적용범위는 남북 위도 80° 사이이며, 그보다 고위도지방은 universal 극심평사도법을 쓴다. 이 도법은 최근 지형도에 많이 사용되고 있다.

유도법(誘導法, induction current) : 유도법은 송신기를 매설물의 일부에 연결하지 않고 예상되는 매설물의 방향과 일직선이 되게 지면에 설치하고 중파나 저주파를 사용하여 신호를 방사하여 송신관에 유도되는 송신신호를 수신기로 탐사하여 신호를 파악한다.

유도전류(誘導電流, induced current) : 송신기와 시설물 사이에 직접 연결함이 없이 시설물이 매설되었다고 추측되는 지점에 송신기를 놓음으로써 시설물에 발생시키는 전류.

유도전류법(誘導電流法, inductive coupling) : 송신기와 시설물에 직접 연결함이 없이 시설물이 매설되었다고 추측되는 지점에 송신기를 놓음으로써 시설물에 유도전류를 발생케 하여 탐사할 수 있는 방법.

유량(流量, discharge) : 수로에서 어떤 지점의 횡단면을 단위시간 내에 흘러내리는 수량. m^3/sec로 표시한다. 유량을 지배하는 요소는 우량, 강우영속시간, 유역형상, 유역면적, 지형, 지상(地相), 지질 등이다.

유량계수(流量係數, coefficient of discharge) : orifice, nozzle, 보 등과 같은 유량측정시설에 의해서 유량 Q를 구할 때 orifice, nozzle에 있어서는 공구의 면적 A와 공구중심의 깊이 h를 써서 $Q = CA\sqrt{2gh}$라 나타내며 전폭 보나 사각보에서는 일류 폭 b와 일류수심 h를 써서 $Q = CBh^{\frac{3}{2}}$로 나타낼 때의 C를 유량계수라 한다. orifice, nozzle에서의 C는 1보다 작고 h와 공구의 직경과의 함수이며 전폭보의 C에 관해서는 수정 Rehbock 공식이 있고 사각보의 C에 관해서는 이따야(板谷), 데지마(手島) 공식 또는 오끼(沖)공식이 있다. 그리고 삼각보에 있어서는 $Q = Ch^{\frac{3}{2}}$가 되며 C에 관해서는 누마찌(沼和)공식이 있다.

유량관측(流量觀測, discharge measurement) : 「유량측정」 참조.

유량측정(流量測定, discharge measurement) : 수로 내의 어떤 점이 횡단면을 단위시간 안에 흐르는 수량을 관측하는 것이며, 유량은 평균유속에 단면적을 곱한 것이므로 유량관측은 유속관측과 횡단면측량으로 나눌 수 있게 된다. 또 유량을 직접 재는 방법으로는 보에 의하는 방법이 있다.

유리섬유줄자(琉璃纖維줄자, fiber glass tape) : 섬유유리로 만든 줄자로 습기에 신축하지 않고 장력에 저항이 크며 선팽창계수가 큰 특징이 있다.

유리자(유리자, glass scale) : 눈금의 신축을 방지하기 위하여 유리판 또는 유리띠에 눈금을 그려넣은 자.

유비쿼터스컴퓨팅(유비쿼터스컴퓨팅, ubiquitous computing) : 물리공간에 존재하는 인공구조물, 자연물에 다양한 기능을 갖는 컴퓨터와 장치를 삽입하고 이를 무선네트워크로 연결함으로써 기능적, 공간적으로 사람, 컴퓨터, 사물이 하나로 연결되어 언제 어디서나 손쉽게 컴퓨팅 가능하도록 하는 기술적 개념.

유사거리(類似距離, pseudo range) : 의사거리, 단독위치결정에서는 4개의 위성거리를 관측하여 구해지는데 거리는 전파가 위성을 출발한 시각과 수신기에 도착한 시간의 차로 구하여진다. 이 거리는 일차적으로 수신기 시계에 포함된 오차와 이차적으로 위성시계에 포함된 오차, 대기의 영향오차 등을 포함하고 있으며 이와 같은 오차들 위성과 수신기 사이의 거리에 포함되므로 이를 유사거리라 한다. 유사거리의 정확도는 코드에 따라 좌우된다. C/A code 유사거리는 여러 가지 요소에 따라 약 ±100m의 정확도를 갖는 수신기 위치를 산출한다. P code 유사거리는 약 ±30m의 정확도를 갖는 위치에 제공된다.

유사정지측량(類似靜止測量, pseudo static survey) : 스테틱과 키네마틱의 중간에 해당하는 측량방법으로 관측점 간을 이동할 때 계속 위성신호를 받지 않아도 되기 때문에 키네마틱 측량보다 유리한 반면 빠르지는 않다.

유속(流速, current velocity) : 유체흐름의 속도. 단위 시간당 유체입자의 이동거리로 표현됨.

유속계(流速計, current meter) : 유수의 운동을 기축의 회전운동으로 바꾸어 그 회전수에서 유속을 관측하는 기계. 지지봉 또는 철선으로 수중의 소정위치에 장치하여 그 점의 유속을 간단하게 또는 가능한 한 정밀하게 관측하는 것이다. 주동부의 구조에 따라 지시봉형과 screw형으로 대별된다.

유속관측(流速觀測, current measurement) : 하천이나 수로의 횡단면을 통과하는 물의 속도를 유속이라 하는데, 유속관측 방법은 여러 가지가 있으나 많이 사용하는 것은 유속계에 의한 방법과 부자로 관측하는 방법이 있다.

유속분포(流速分布, velocity distribution) : 수로의 정단면에 대한 유속의 변화상태를 말하며 유량을 알아내는 데 중요한 것으로 분포의 방향에 따라 다음 두 가지로 분류된다. ① 연직선에 따른 유속분포, ② 수평선에 따른 유속분포.

유심다각망(有心多角網, chain of central pointes) :

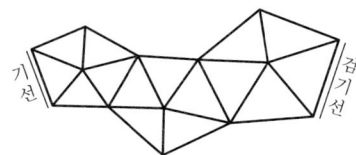

육각형다각망 또는 중심형다각망이라 하며 한 점을 중심으로 여러 개의 삼각형으로 이루어진 삼각망이다. 정확도는 중간 정도이며 면적이 넓고 광대한 지역의 측량에 적합하다.

유심삼각망(有心三角網, central polygon) : 삼각망에는 단열, 사변형, 유심삼각망이 있으며, 유심삼각망은 방대한 지역의 측량에 적합하다. 다각형의 중심에 삼각점이 있는 모양을 지니는 삼각망을 의미한다.

유에스엔(유에스엔, Ubiquitous Sensor Network : USN) : 각종 센서에서 감지한 정보를 무선으로 수집할 수 있도록 구성한 네트워크

유엠엘(유엠엘, Unified Modeling Language : UML) : 객체 관련 표준화기구인 OMG에서 1997년 11월 객체 모델링 기술(OMT ; Object Modeling Technique). OOSE 방법론 등을 연합하여 만든 통합 모델링 언어로 객체지향적 분석·설계방법론의 표준 지정을 목표로 하고 있다. 요구 분석, 시스템 설계, 시스템 구현 등의 과정에서 생길 수 있는 개발자간의 의사소통의 불일치를 해소할 수 있다. 모델링에 대한 표현력이 강하고 비교적 모순이 적은 논리적인 표기법을 가진 언어라는 장점이 있다.

유역(流域, catchment) : 단일 유로에서 물이 모이는 지역, 자연 배수지로 하천 유역과 동

일한 의미일 수도 있으며, 강우나 삼투수를 하천으로 흐르게 하는 분수령이다. 그러나 지하수가 있는 지역에서는 지표 기복에서 찾아낸 유역보다 더 넓거나 좁을 수도 있다.

유의수준(有意水準, confidence level) ; 추정에 있어 의미가 있는 정도를 나타내는 것으로 가설 H_0이 옳을 때, 모집단에서 추출한 임의 표본($X_1, X_2, \cdots, X_n$)의 함수로서 정한 어떤 통계량의 실현값이 미리 결정한 영역에 포함될 확률이다. 이때 가설 H_0이 옳음에도 불구하고 이 가설 H_0을 버리는 잘못을 제1종 과오라고 한다.

유일식별자(唯一識別者, Unique Feature IDentifier : UFID) ; 기본지리정보에 포함되는 지형지물들을 다른 지형지물과 구분하기 위한 식별번호.

유전상수(遺傳常數, dielectric constant) ; 축전지(콘덴서)의 두 전극 사이에 유전체를 넣었을 경우와 넣지 않았을 경우(엄밀히는 진공일 경우)의 전기용량(電氣容量)의 비. 되돌아오는 레이더의 영향을 받는 물체의 전기적인 특성을 가지며 복합유선상수라고도 한다.

유제부(有堤部, embanked reach) ; 하천의 구간 중에서 제방이 설치되어 있는 부분을 말한다.

유지관리조직(維持管理組織, maintenance organization) ; 정보전략 계획(ISP)의 유지관리를 책임지는 조직.

유지보수(維持補修, maintenance) ; 시스템을 항상 최적으로 유지하기 위해 각 장치의 시험, 조정, 수리, 복구 등을 하는 것.

유채색비전(有彩色비전, chromatic vision) ; 색조변화에 대한 인간 눈의 지각작용체계.

유토곡선(流土曲線, mass curve) ; 측량성과로 이루어진 종단면도와 횡단면도에서 각 측점에서의 토공량을 계산하여 토공량을 해당측점에 집중하는 것으로 생각하여, 절토이면 정(+), 성토이면 부(-)로 하고 순차적으로 각 측점에 대하여 대수화를 구하고, 이것을 적절한 축척으로 작도하여 얻어진 곡선이 유토곡선이다.

UTM도법(UTM圖法, Universal Transverse Mercator projection : UTM) ; 유니버셜횡메르카토르도법.

UTM좌표계(UTM座標系, UTM coordinates) ; 횡 mercator도법에 의한 좌표계. UTM(국제횡 mercator)투영법에 의하여 표현되는 좌표계로서 적도를 횡축, 자오선을 종축으로 한다. 이 방법은 지구를 회전타원체로 보고 지구 전체를 경도 6°씩 60개의 구역으로 나누고 위도는 남북위 80°까지만 8° 간격으로 나누어 20개의 알파벳문자로 표시하는 방법.

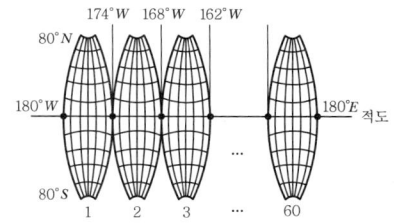

유틸리티매핑(유틸리티매핑, utility mapping) ; 상수관, 하수관, 전화선, 전력선, 가스 등의 네트워크 공공시설에 관한 정보를 관리하기 위한 GIS의 특별한 응용분야의 하나.

유표(遊標, vernier) ; 버니어. 1631년 프랑스인 Pierre Vernier가 고안한 것으로 주척의 눈금과 눈금 사이의 값을 읽도록 한 것.

UPS도법(UPS圖法, UPS projection) ; universal 극심평사도법.

UPS좌표계(UPS座標系, UPS coordinates) ; universal 극심평사도법에 의한 좌표계. 양극을 정점으로 하는 평면직교좌표계로 위도 80° 이상의 양극지역의 좌표를 표시하는 데 사용.

유하구간장(流下區間長, length of running section) ; 부자를 사용하여 유속을 관측할 때 미리 정해 놓은 부자의 유하거리를 말하며 보통 30~100m이다.

유하선(流下線, line of maximum slope) ; 최대경사선이라고도 하며, 지표상 임의의 1점에 있어서 그 경사가 최대로 되는 방향을 지형도상에 표시한 선으로 등고선과 직각으로 교차한다. 이것을 물이 흐르는 방향이라 하여 유하선이라 한다.

유하시간(流下時間, travel time) ; 유역의 임의 상류지점에서 다른 하류의 한 지점까지 물이 이동하는 데 소요되는 시간.

유형(類型, type) ; 객체들에 적용되는 연산들과 함께 사례들의 한 도메인의 상세화를 위해 사용된 정형화된 계층이다.

유형등록(類型登錄, type registry) ; 자료 요소 유형들을 묘사하는 등록기관에 의해 유지 관리되는 요소이다.

유화현상(乳化現像, emulsifying) ; 옵셋 인쇄 잉크가 인쇄 중 축임물과 서서히 혼합되어 끈기가 없어지는 현상. 일반적으로 유화가 전혀 안 되면 잉크 전이가 나빠지며 유화가 많이 되면 바탕 더러움 등이 생긴다.

유효면적(有效面積, effective area) ; 구조물의 목적으로 하는 유효한 면적.

유효시간(有效時間, valid time) ; 하나의 사실이 추상화된 현실 속에서 진실이 되는 시간.

유효실체모델(有效實體모델, effective stereo-model) ; 입체 모형(model) 가운데 상호표정에 쓰인 기준점으로 둘러싸인 부분을 말하며, 보통은 주점을 지나는 직선의 안쪽에서 양단의 15%를 제외한 부분을 말한다. 입체도화에 있어서는 이 부분만을 도화하고 그 바깥쪽은 이웃 모형에서 도화한다.

유효숫자(有效數字, significant figure) ; 정확한 수치에 마지막에 부정확한 숫자를 하나만 첨가한 전체 숫자를 말한다. 일반적으로 유효숫자가 많은 값은 관측값의 대소에 관계없이 정밀도가 높다.

육분의(六分儀, sextant) ; 2점 간의 각도를 재는 휴대용 기계이며, 간이한 천문측량(주로 항해 중인 배의 위치를 알기 위한 천문측량)에도 쓰인다. 지상에서 천문측량을 할 때의 수평면으로는 수은 등을 쓰는 인공수평면에 한한다.

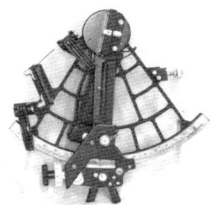

육분의측량(六分儀測量, sextant surveying) ; 측각에 육분의를 써서 하는 간단한 측량. 천문측량이나 항해 시의 측량에 종종 쓰인다.

육상법(陸上法, method of landmark) ; 해안지역에서 수심측량 등을 했을 때 그 점의 평면위치를 육상에 설치한 기준점에서 교회법으로 결정하는 방법.

육안입체시(肉眼立體視, binocular stereoscopic vision) ; 중복사진을 명시거리를 되도록 떨어뜨려 안기선과 평행하게 놓는다. 왼쪽 눈으로 왼쪽 사진을, 오른쪽 눈으로 오른쪽 사진을 보면 좌우의 사진 상이 하나로 융합되면서 입체감을 얻게 된다. 이런 현상을 입체시라 하며 눈의 훈련을 통하여 기구를 사용하지 않고 눈만으로 입체시를 한다.

육지측량(陸地測量, land survey or ordinance survey) ; 육지상에서 하는 측량의 총칭으로 삼각, 수준, 지형, 사진측량 등을 포함한다.

윤년(閏年, leap year) ; 평균태양년은 365.2422일이므로 이 단수처리를 위하여 서기연수가 4로 나누어 떨어지고 100으로 나눌 수 없는 해를 윤년으로 하고, 또 따로 400으로 나누어 떨어지는 해도 윤년으로 하고 있다. 즉 400년 간 97회의 윤년이 있다.

윤변(閏邊, wetted perimeter) ; 수로의 단면적 중에서 물에 접하고 있는 부분의 길이.

윤정계(輪程計, perambulator) ; 거리를 직접 재기 위한 바퀴이며 단단한 지면에서의 오차

(m)는 거리를 ℓ(m)이라 하면 $0.02\sqrt{\ell}$이 된다. 지형에 요철이 있는 경우는 정도가 떨어진다.

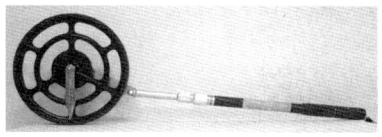

윤회계(輪回計, odometer) ; 차륜의 회전수를 재는 기계로서 차축에다 부설해 놓으면 그 회전수와 차륜의 직경으로부터 진행거리를 알 수 있다.

율리우스일(율리우스日, julian date) ; 기원전 4712년 1월 1일 그리니치평균 정오를 원점으로 하여 이로부터 경과한 날을 소수에 의해 표현한 율리우스 날짜.

은하좌표계(銀河座標系, galactic coordinate) ; 은하계의 적도면을 기준으로 하는 좌표계로서 은하의 중간평면을 기준으로 하는 은하적도에 대한 두 극을 북극, 남극이라 한다.

은할로겐감광자(은할로겐感光子, silver halide) ; 흑백필름의 표면에 있는 에멀젼 내에 존재하는 grains의 특성으로 빛을 쏘이게 되면 은이 반응을 일으켜 검게 나타나게 되어 잠재적인 영상을 맺게 된다.

음극선관(陰極線管, cathode-ray tube) ; 고진공전자관으로서 음극선, 즉 진공 속의 음극에서 방출되는 전자를 이용해서 가시상(可視像)을 만드는 표시장치.

음속법(音速法, acoustic measurement) ; 음파의 속도를 이용하여 거리 관측을 하는 방법.

음영(陰影, shadow) ; 사진판독에서 음영은 높은 탑과 같은 지물의 판독, 주위 색조와 대조가 어려운 지형의 판독에는 음영이 중요한 요소가 된다. 사진을 판독할 때 광선의 방향과 촬영시의 태양광선의 방향을 일치시키면 음영의 관계로부터 입체감이 얻어지고 반대로 하면 반대의 느낌이 얻어진다.

음영기복도(陰影起復圖, shaded relief map) ; 일정한 방향에서 태양이 비칠 때 특정한 시점에서 관찰되는 지형의 그림자 분포를 계산하여 만든 지도.

음영법(陰影法, shading) ; 농염식이라고도 하는 지형표현법. 토지기복의 상태를 색조의 농염으로 나타낸다. 경사가 급할수록 어둡게 하는 방법을 직조식이라 하고 광선이 서북방향(지도에서는 좌상향) 수평면에 대하여 복각 45°의 방향에서 오는 것으로 하고 각 조에 명암을 지우게 하는 방법을 사조식이라 한다. 사조식에는 서북방향 45°의 사면이 가장 밝고 점차 어두운 색으로 하므로 수평면은 중간색이 된다. 사조식에서 수평면을 흰 바탕으로 남겨두는 방법이 흔히 쓰인다. 이렇게 편의적인 방법을 일반적으로 사조식이라 한다.

음측(音測, measuring by sound) ; 일반적으로 음의 속도를 이용하는 거리관측을 말한다. t°C일 때 음파의 공중에서의 전파속도 v(m/sec)는 v=332+0.609t이다. 3초간에 10을 세는 속도로 하나를 세는 사이의 음측에 대한 거리는 약 100m이다.

음파신호(音波信號, sound wave signal) ; 소리를 사용해서 느껴지는 파동을 이용하여 통신하는 방법.

음파측심(音波測深, sonic sounding) ; 음향측심. 선박에서 발신한 음파가 해저면에서 반사되어 돌아오는 시간을 측정하여 수심을 관측하는 것.

음파탐사(音波探査, acoustic prospecting) ; 음파탐사는 지하시설물의 수도관로 중 PVC나 플라스틱관의 위치를 찾는데 이용되는 방법으로써 그 원리는 물이 가득 흐르는 관로에 음파신호를 보내 수신기가 관내에 발생된 음파를 탐사하는 방법.

음파탐사법(音波探査法, acoustic prospecting method) ; 물이 가득 차 흐르는 관로(수도관)에 음파신호를 보내 수신기로 하여금 관내에 발생된 음파를 탐사하는 방법. 비금속(플라스틱, PVC 등)수도관로 탐사에 유용하나 음파신호를 보낼 수 있는 소화전이나 수도미터기 등이 반드시 필요한 방법이다.

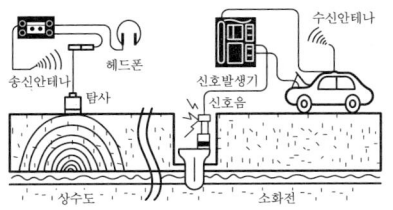

음향수심측량(音響水深測量, sounding) ; 바다나 하천, 호소 등에서 수면으로부터 수저까지의 연직거리를 관측하는 측량으로 점고법으로 표시한다.

음향측심기(音響測深機, echo sounder) ; 200kHz 정도의 고주파인 초음파를 해저를 향하여 발사해서 음파의 발사로부터 수신까지의 경과시간을 관측하여 수심을 측정하는 장치.

음화(陰畵, negative) ; 사진의 건판에 감광시켜 현상한 것을 비추어 보는 그림. 좌우 명암이 실물과 반대로 나타난다.

음화사진(陰畵寫眞, negative photograph) ; 흑백에선 흑과 백이 반대로 된 것을 말하며 칼라는 색이 보색으로 표현된 사진.

음화필름(陰畵필름, negative film) ; 사진의 원 필름이나 원 필름을 밀착 복사한 필름.

응용(應用, application) ; 이용자의 요구에 응하기 위해 행해지는 조건 및 처리.

응용사진측량(應用寫眞測量, applied photogrammetry) ; 토지나 지형이 아닌 피사체를 관측하여 이용하는 사진측량. 모아레 사진측량, 레이저 사진측량, X선 사진측량, 초음파 사진측량 등이 있다.

응용스키마(應用스키마, application schema) ; 한 개 또는 복수의 응용시스템에 의해 요구된 데이터를 위한 개념적 스키마이다.

응용측량(應用測量, applied surveying) ; 공공측량에서 필요로 하는 성과표의 이용방법, 각이나 변을 측량하여 위치를 결정하는 방법 및 수준측량 등의 수준기준점측량의 내용과 건설공사에 필요한 공사측량, 지도제작, 천문측량방법에 의한 기준점측량 등을 총괄하여 응용측량이라 한다.

응용프로그램(應用프로그램, application program) ; 사람들이 컴퓨터를 사용하여 특정한 작업을 수행할 수 있도록 개발된 프로그램.

응용프로그램인터페이스(應用프로그램인터페이스, application program interface) ; 다양한 부류의 컴퓨터 시스템에서 사용되는 프로그램을 개발할 때 엔지니어가 프로그램을 개발하기 위해 사용하는 인터페이스를 말한다.

의미일관성(意味一貫性, semantic consistency) ; 지리자료 집합의 의미적 측면에 영향을 주는 내역들을 고려한 논리적 일관성이다.

의미정확도(semantic accuracy) ; 지리자료집합의 의미적 측면의 정확도를 기술한 품질매개변수.

의방위도법(擬方位圖法, pseudo azimuthal projection) ; 방위도법을 편의한 방법으로 변화한 도법이다. 예컨대 aitoff도법은 적도법 등거리 방위도법을 변형한 것이다.

의사거리(擬似距離, pseudorange) ; 유사거리, GPS 관측자료인 코드나 반송파의 위상으로부터 계산된 거리를 말하며, 이는 실제 위성과 수신기 사이의 기하학적 거리에 의한 오차, 위성 및 수신기시계에 의한 오차 등이 포함되어 있으므로 이를 의사거리라 한다.

의사거리정확도(擬似距離正確度, pseudorange accuracy) ; GPS 코드나 반송파의 위상으로부터 계산된 의사거리의 정확도로 시계오차, 대기오차, 다중경로오차 등 다양한 오차의 정도에 따라 그 정확도가 달라진다.

의사결정지원체계(意思決定支援體系, Decision Support System : DSS) ; 기업의 최고 경영자들이 기업경영방법에 대한 의사결정을 체계적으로 내릴 수 있도록 관련 자료들을 분석하여 미리 정의된 여러 가지 전략에 바람직한 의사결정방향을 제공하는 컴퓨터체계를 말한다.

의사부등각사상변환(擬似不等角寫像變換, pseudo affine transformation) : 사변형왜곡 보정을 말한다.

의사이동위치결정(擬似移動位置決定, pseudo kinematic positioning) : 키네마틱 위치결정 중 1가지 방식으로, 미지의 관측점을 시간간격을 두고 2회 관측한다. 1회 관측은 수분간이고, 1시간 이상이 지난 후 다시 같은 점을 재관측하여 정수치 편의를 결정한다. 신속정지 측량방식과 거의 동일하지만 관측은 1시간 정도의 간격을 두고 2번씩 같은 점을 관측하여 5~15분씩 수신하게 된다.

의사정지측량(擬似停止測量, pseudo static surveying) : 정지측량과 이동측량의 중간에 해당하는 측량방법. 관측점 간을 이동할 때 계속 위성신호를 받지 않아도 되기 때문에 이동측량보다 유리한 반면 빠르지는 않다.

의사지오이드(擬似지오이드, guasi-geoid) : 타원체로부터의 고도 이상 값에 의해 형성되는 면으로 해상에서는 지오이드와 같다.

의원추도법(擬圓錐圖法, pseudo conical projection) : 원추도법을 편의한 조건으로 변형한 것.

의원통도법(擬圓筒圖法, pseudo cylindrical projection) : 원통도법을 편의한 조건으로 변형한 것으로 고위도 지방이 비뚤어지는 것을 피하기 위해서 위선만을 평행직선군으로 하고 있다. sanson도법, mollweide도법 등이 이에 속하며 세계지도 등에 쓰이고 있다.

의주공식(擬柱公式, prismoidal formula) : 양단의 단면이 평행하고 또 다면형으로 되어 있으며 측면이 모두 제형 또는 3각형으로 된 입체를 의주라 하고 이 체적을 구하는 공식을 의주공식이라 한다. 체적 V는

$$V = \frac{1}{6}(A_1 + 4A_m + A_2)$$ 이다.

여기서, A_1, A_2 : 양단단면적
ℓ : 양단 간의 거리

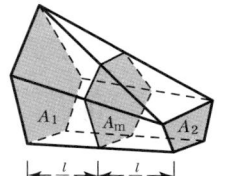

이격(離隔, elongation) : 천체가 자오선에 대하여 동 또는 서 극 위에 있는 상태.

이급고저측량(二級高低測量, second class leveling) : 「이급수준측량」 참조.

이급도화기(二級圖化機, second order plotting instrument) : 밀착건판을 쓰며 Porro-Koppe의 원리를 엄밀하게 응용한 정밀도화기로서 주로 수직사진의 도화에 쓴다. 그러나 항공삼각측량에는 사용할 수 없다.

이급수준측량(二級水準測量, second class leveling) : 2등 수준측량. 평탄지에 있는 시가지 또는 하천측량 등에서 정밀을 요하는 경우에 실시하는 수준측량으로 2등 수준점 이상을 이용하며, 왕복측량 시 그 편도거리를 Skm라고 하면 왕복차의 오차는 $5mm\sqrt{S}$ 이다.

이기점(移器點, turning point) : 환점이라 하며 수준측량 시 표척을 세워서 전시와 후시를 한 점에서 두 번 취하는 점.

이단결합(二段結合, double ended connection) : 이단접지. 지하 시설물과의 신호연결방법 중 하나로 원거리에 접지를 사용하는 방법.

이동(移動, motion) : 어떤 특정한 좌표계에 따른 좌표값의 변화에 의해 나타나는 시간에 따른 객체의 위치변화.

이동위치결정(移動位置決定, kinematic positioning) : GPS 위치결정 기술 중의 하나로 간섭위치결정에 있어서 기준점에 한 대의 수신기를 고정시키고, 또 한 대의 수신기는 이동을 하면서 다수의 미지점을 수초에서 수분간 순차로 관측하는 방법.

이동지도제작시스템(移動地圖製作시스템, mobile mapping system) : GPS/INS 등을 이용하여 계산된 차량의 위치와 카메라의

자세 정보 등을 제공하여 취득된 사진영상의 특정 위치에서의 지상좌표를 추출할 수 있는 시스템.

이동측량(移動測量, dynamic survey) ; 여러 측점이나 기선에 대한 자료를 수집하기 위하여 session 간을 이동하면서 측량하는 방법. 통상 GPS 측량에 있어 한 기준점의 정확한 좌표를 산출하는 정지측량에 대비되는 것으로 수신기가 이동하며 연속적으로 위치를 결정하는 측량.

이등고저측량(二等高低測量, second order leveling) ; 「이등수준측량」 참조.

이등다각점(二等多角點, second order traverse point) ; 이등다각측량을 한 노선 중 표석을 매설한 지점. 이것은 H형, Y형 등인 경우의 교점에 만들어진 다각점이다.

이등다각측량(二等多角測量, second order traverse surveying) ; 사등삼각측량을 실시하기 어려운 지역에서 사등삼각측량을 대신해서 하는 측량이다. 사등삼각점 이상(차수가 높은 2등다각점을 포함한다.)을 거점으로 하여 되도록 직선적으로 다른 거점에 결합하거나 H형, A형 또는 Y형 등의 노선을 선정해서 측량한다.

이등삼각점(二等三角點, second order triangulation point) ; 이등삼각측량으로 이루어진 삼각점이다. 그 평균거리는 10km이고 삼각점에는 규정된 표석이 설치된다.

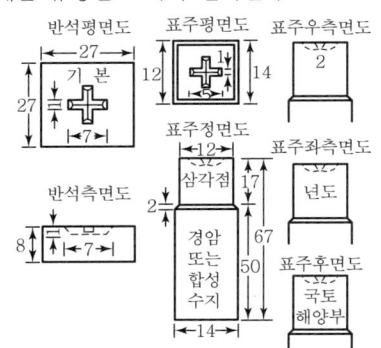

이등삼각측량(二等三角測量, second order triangulation) ; 일등삼각점 및 동보점에 의하여 이등경위의를 써서 시행하는 정밀한 삼각측량이다. 이 측량에는 평면위치의 결정만을 하고 높이는 삼등삼각측량에서 결정하게 되어 있다.

이등수준점(二等水準點, second order bench mark) ;

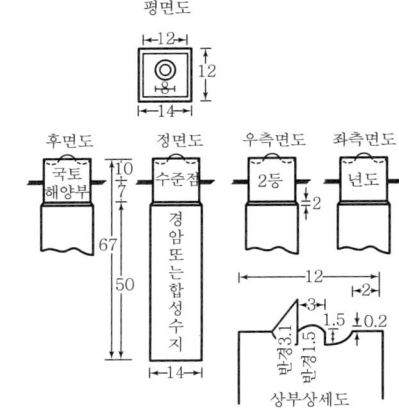

국토지리정보원에서 이등수준측량으로 높이를 결정하는 점으로 국도를 따라 약 2km 간격으로 설치된 수준점.

이등수준측량(二等水準測量, second order leveling) ; 일등수준측량을 기준으로 해서 행하는 그 아래 급의 수준측량. 외딴섬 같은 데서 단독으로 간단한 검조관측에 의해서 기준을 정하기도 한다. 측량의 정도는 $5.0\text{mm}\sqrt{S}$ (km). S는 왕복 관측한 왕복거리(km)이다.

이따야떼지마공식(板谷手島公式, intayatejima's formula) ; 사각보에 대한 유량공식.

$$Q = Cbh\,A^{\frac{3}{2}}\,[\text{m}\cdot\text{sec 단위}]$$

$$C = 1.785 + \frac{0.00795}{h} + 0.237\frac{h}{D} \cdot$$
$$- 0.428\frac{\sqrt{(B-b)h}}{BD} + 0.034\frac{\sqrt{B}}{D}$$

[m · sec단위]

여기서 Q : 유량, C : 유량계수
 B : 수로폭, b : 일류폭
 h : 일류수심, D : 보의 높이
이란식(二欄式, column system) ; 고차식. 2점 사이의 높이차만 구하는 것이 목적이고 중간에 있는 점의 높이는 구할 필요가 없을 때 사용하는 야장.

이벤트(이벤트, event) ; 어떤 순간에 일어나는 변화이다. 선형사상의 먼 거리에 따른 속성들을 보관하는 자료기반에 기록되는 레코드로, 이벤트로 결정되며, 이벤트는 선형 또는 점 정보이다. 시스템의 통제 범위 밖에서 발생하는 사건으로, 시스템은 그에 대하여 계획이나 반응을 가짐. 즉, 이벤트는 분석범위의 외부에서 일어나며, 분석범위의 내부에서 계획된 반응을 요구하는 그 어떤 것이다.

이사(移寫, transferring) ; 기도의 축척변경과 집성을 하기 위한 기법. 1 : 1로는 tracing법, 투사법, 복사법, 투각법, 자사법, sketch pantograph법 등이 있고, 축(伸)도에는 종횡선법, 삼각법, pantograph법, 유등기법, 사진법 등이 있으며, 도형을 틀어지게 하고 싶을 때는 mosaic붙이기법, 방안법 등이 있다.

이사기(移寫器, point transfer device) ; 한 쪽 사진에서의 점(기준점, 패스포인트점 등)을 다른 쪽 사진에서 확인하고, 그 위치를 자침 등으로 표시하기 위한 기계.

이성등고도법(異星等高度法, method of equal altitude of different stars) ; 두 개의 다른 천체가 수분 사이에 등고도에 달할 때 이 두 천체가 자오선을 통과하는 시각을 측정하여 시(경도) 또는 위도를 구하는 방법. 위도일 때는 천정에서 거의 등거리에 있는 남과 북의 천체를 짝짓는 것이 좋으며 시에 있어서는 동과 서의 천체를 짝짓는 것이 좋다. talcott level의 성능이 좋은 것을 쓰거나 소형의 데오돌라이트를 써도 좋은 성과를 얻을 수 있다.

이심각(離心角, eccentric angle) ; 화성위도를 이심각이라 한다.

이심거리(離心距離, distance of eccentricity) ; 망원경축과 기계중심축이 일치하지 않을 때 두 축 간의 거리, 즉 수평눈금반의 중심과 시준선의 회전축 중심과의 간격. 이심거리가 크면 관측에 있어서의 오차가 크게 되나 180° 떨어져서 대립하는 두 버니어 읽음의 평균값을 쓰면 이심으로 일어나는 오차는 완전히 제거된다.

이심률(離心率, eccentricity) ; 타원체의 장반경에 대한 중심으로부터 초점까지의 거리의 비. $e^2 = \dfrac{a^2 - b^2}{a^2}$

여기서, a와 b는 각기 타원체의 장반경과 단반경이다.

이심오차(離心誤差, eccentric error) ; 이심 때문에 일어나는 오차.

이심장치(移心裝置, shifting device) ; 트랜싯의 아래 평행반을 삼각두부에 끼워 넣고도 삼각과는 관계없이 2cm 정도 중심추의 위치를 이동시킬 수 있는 장치이다. 정준나사를 전부 풀고 기계를 들어 올리는 것처럼 하면서 이동시키면 된다.

이알티에스(이알티에스, Earth Resources Technology Satellite : ERTS) ; 1972년 미국에서 쏘아올린 최초의 비군사용 지구탐측위성으로서 이후에 LANDSAT-1로 개명되었다.

이오셋(이오셋, EOSAT) ; 1988년에 발사된 미국 NASA의 지구관측위성으로서 전세계적 규모로 장기적인 변화를 추적하여 지구를 연구하기 위한 시스템이다.

이점(移點, turning point) ; 이기점. 수준측량에 있어서 표척을 세워 그 점의 후시와 전시를 읽고 수준노선의 연결을 짓는 점. TP라는 기호를 쓴다. 측점 간의 거리가 너무 길 때 고저차가 너무 커서 표척이 시준선에 들어오지 않을 경우 등에 설치한다.

이점문제(二點問題, two point problem) ; 평판측량에서 미지점에 평판을 세우고 2개의 기지점을 시준하여 미지점의 도상에서의 위치를 구하는 방법.

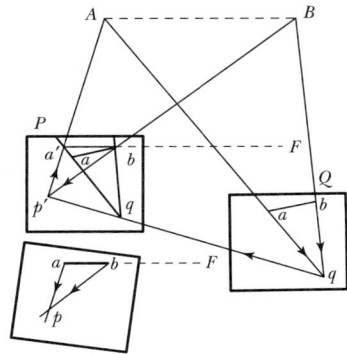

이점법(二點法, ① two points method, ② two points problem) : 이점문제 또는 단교회법. ① 유속관측에서 유속계를 써서 수로의 유속을 관측할 때 어느 수직선에 따라 그 수면으로부터 2할, 8할 되는 점에서의 유속 V_{02}, V_{08}을 재서 그 평균값으로써 이 수직선상의 평균유속 V_m을 구하는 방법. ② 평판측량에서 두 기지점이 평판도상에 있을 때 이들 2점에서 동시에 보이는 다른 점을 도상에서 다만 방향시준만 가지고 구하는 방법.
이정(移程, shift) : 완화곡선을 삽입하지 않고 직선부에서 직접 원곡선으로 접속했을 때와 그 사이에 완화곡선을 삽입했을 때에 원곡선의 중심이 안쪽으로 이동한 양.
이정도(移程度, different accuracy) : 어떤 양의 관측값이 여러 개 있어서 각기 관측기계의 종류나 관측횟수 등이 다를 때 이들을 이정도 관측이라 한다. 정도지수 h, 그 역수에 비례하는 표준편차 δ, 그 제곱의 분산 δ^2, 분산에 반비례하는 무게 p 또는 $\gamma = 0.6745 \delta$가 되는 확률오차 γ 등 가운데 어느 것으로든지 정도를 나타내면 이들 모두가 같지 않은 관측값의 집단은 이정도이다. 정도가 다른 관측값에서 그 최확값을 확정하는 데는 가중평균이 쓰인다.
이정량(移程量, shift) : 클로소이드 곡선의 중심에서 주접선에 내린 수선의 길이와 접속되는 원곡선의 반지름 차이. 클로소이드곡선이 삽입되므로 인한 주접선에서 원곡선의 이동량이다.
이정말목(里程말목, distance mark) : 하구 또는 간천과의 합류점으로부터 추가거리 또는 횡단측량의 위치를 나타내기 위한 말목을 말하며, 거리표라고도 한다. 하천의 한쪽 기슭을 따라 될 수 있는 대로 유수와 평행하게 100m마다 설치한다. 대안에는 하도에 직각으로 이것과 나란히 설치한다.
이주파수신기(二周波受信機, dual frequency receiver) : GPS 위성에서 송신되는 L1과 L2 주파수로부터의 신호를 모두 수신할 수 있는 수신기. GPS 신호의 전리층에 의한 영향이 주파수에 의존함으로 이주파수신기를 사용하면 전리층 효과의 대부분을 제거할 수 있는 장점이 있다.
이중복버니어(二重復버니어, double folded vernier) : 버니어의 길이가 이어지는 결점을 피하기 위하여 눈금이 되돌아오게 이중으로 잣눈을 새긴 것 읽는 법은 예를 들면 안쪽 눈금에서는 0에서 왼쪽으로 읽어가고 끝까지 가서도 일치하는 눈금선이 없으면 오른쪽 끝까지 되돌아와 다시 왼쪽으로 향해서 중앙에까지 이르게 된다.
이중부자(二重浮子, double float) :

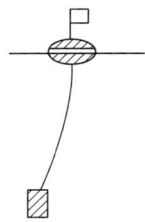

위치를 나타내기 위한 작은 표면부자를 가느다란 실이나 철사로 큰 수중부자에 연결한 것으로 수중부자의 위치를 수면에서 수심의 6할이 되는 점에 유지시키기 위하여 실이나 철사로 조절한다. 이와 같이 하면 이중부자의

속도가 종평균유속의 근사값을 나타낸다. 그러나 이것은 여러 가지 부자 가운데 정도가 가장 떨어진다.

이중차분(二重差分, double phase difference) : GPS 위치결정에 있어 두 대의 위성으로부터 전송된 신호를 두 대의 수신기에서 수신하는 네 개의 신호를 서로 차분하면 위성 및 수신기의 시계오차가 제거된다. 또한 수신기 사이의 거리가 가까운 경우 대부분의 대기효과도 상쇄시킬 수 있는데, 이렇게 두 대의 수신기에 두 대의 위성으로부터 수신된 신호를 처분하여 형성하는 관측값을 이중차분이라 한다. 이중차분은 가장 정밀한 위치를 결정하는 데 가장 널리 쓰이는 관측값이다.

이중투영(二重投影, double projection) : Gauss 등각이중투영(도법)에서와 같이 타원체에서 구체로 투영하고 다시 구체에서 평면으로 투영하는 도법.

이진수(二進數, binary) : 이진법을 이용하는 수학체계.

이진이위상변조(二進移位相變造, binary biphase modulation) : GPS 신호를 송신할 때 쓰이는 위상변조기술. 코드나 메시지가 2진수 레벨로 송신될 때 반송파의 위상을 180° 변화시키는 기술.

이차원극좌표(二次元極座標, two dimensional or plane polar coordinate) :

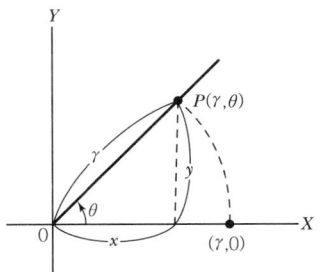

이차원상의 임의의 한 점의 위치를 표현하는 방법 중의 하나로, 평면상의 한 점과 원점을 연결한 선분의 길이와 원점을 지나는 기준선과 그 선분이 이루는 각으로 표현되는 좌표.

이차원데이텀(二次元데이텀, ① bidimensional datum, ② two-dimensional datum, ③ horizontal datum) : 평면데이텀. 지표에 대한 2차원 좌표를 정의하기 위해 기준이 되는 데이텀으로, 여기에서 지표란 투영면, 기준타원체, 수준면 등을 말한다.

이차원부등각변환(二次元不等角變換, two dimensional affine transformation) : 이차원 아핀변환으로 도상의 평행이동, 회전, 확대축소, 사교축각 등의 변수를 이용한 좌표축의 변형변환.

이차원지적(二次元地籍, two dimensional cadastre) : 평면지적. 토지의 고저에 관계없이 수평면상의 투영을 가상하여 각 필지의 경계를 등록하는 지적제도.

이차조곡선(二次助曲線, secondary supplementary contour) : 조곡선을 써서도 아직 표현하지 못하는 작은 지형을 표시할 필요가 있을 때 쓰이는 곡선. 곡선간격은 조곡선의 절반이며, 이차조곡선은 필요에 따라 부분적으로 사용한다.

이차포물선(二次抛物線, parabola) : 종단곡선을 설치하기 위한 방법의 하나로 포물선 방정식 $y=ax^2$을 적용하여 설치한다.

이축타원체(二軸楕圓體, biaxial ellipsoid) : 장반경과 단반경만으로 정의되는 타원체로 같은 위도면은 원의 형태를 띠는 타원체를 말하며, 지구의 형상을 나타내는 타원체이기도 하다. 지구가 이축 타원체로 나타내지는 것은 지구의 자전으로 인하여 적도면과 평행한 면에서는 원의 형태를 띠기 때문이다.

이케에르(이케에르, equerre) : 직각기라고도 하며 한 방향에 대한 직각방향을 바라볼 수 있게 한 것인데, 팔각통으로 되어 있어서 90°와 45°의 방향을 결정할 수 있다.

이큐몰픽도법(이큐몰픽圖法, equmorphic projection) : 육분의 도법과 mollweide도법과의 합성도법.

이포크(이포크, epoch) ; 일반적으로 연속적인 시간체제의 한 순간의 시각을 뜻하는 것으로 GPS 위치결정에 있어 신호가 기록되는 자료 수록시간을 의미한다.

인간시각(人間時角, human vision) ; machine vision에 대응되는 말로서, 사람의 안구를 통해 인식하는 전과정.

인공수평면(人工水平面, artificial horizon) ; 육분의를 써서 육상에서 천체관측을 할 때 수은을 넣어서 만든 수평면이다. 수은은 비중이 큰 액체이므로 안정된 수평면을 만들기 쉽다. 어떤 형식의 astrolable(천체관측용 기계)에는 수은반이 부속되어 있는 것도 있다.

인공입체시(人工立體視, artificial stereoscopy) ; 자연의 대상물을 두 눈으로 보는 대신 한 쌍의 입체도 또는 입체사진을 좌우의 눈으로 따로따로 동시에 보아서 입체시하는 방법.

인공위성(人工衛星, artificial satellite) ; 지구관측, 우주관측, 우주여행 등의 목적으로 지구대기 밖으로 쏘아올린 인공의 위성. 관측위성으로 대표적인 것은 LANDSAT, SPOT, IKONOS, Quickbird, KOMPSAT 등이 있다.

인공지능(人工知能, artificial intelligence) ; 논리적인 방식을 사용하는 인간지능을 본딴 고급 컴퓨터프로그램.

인덱스모자이크(인덱스모자이크, index mosaic) ; 모자이크 기법 중 이용에 따른 분류로, uncontrolled mosaic(간략 모자이크)로서 사진 순서와 사진포괄면적 검토용으로 쓰인다.(no cutting or trimming)

인바테이프(인바테이프, invar tape) ; 온도에 대한 변화가 아주 작은 invar라는 합금(Ni 약 36%와 미량의 탄소를 함유한 강 64%)으로 만든 정밀한 기준척이다. 팽창계수는 $a=0.00000080-06$, $a'=0.00000003$이라 하는 것이 보통이다. 여기서 a는 1차 계수, a'은 2차 계수이다.

인발식표척(引拔式標尺, telescopic rod) ; 운반 등을 편리하게 하기 위해서 인발식으로 된 눈금을 추가할 수 있도록 되어 있는 표척이다. 인발의 이어지는 부분을 충분히 검사하고 사용 중에도 항상 주의하지 않으면 오차의 원인이 된다.

인버졸(인버졸, inversor) ; 편위수정기나 광학투영방식의 입체도화기로서 투영거리를 임의로 바꾸어 축척을 변화시켰을 때 언제나 선명한 투영상이 이루어지도록 뉴턴의 조건을 자동적으로 만족시키는 기구.

인베르솔(인베르솔, inversor [inverter]) ; 선명한 투영상을 얻기 위하여 렌즈에서 사진면과 투영면까지의 거리 관계를 자동적으로 조정하는 장치.

인쇄복사(印刷複寫, hard copy) ; 영상의 형으로 기록하는 방식의 하나로 사진과 같이 손으로 들고 볼 수 있고 장기간 보존할 수 있는 복사방식으로 광학적 방식과 전자기적 방식이 있다.

인쇄판(印刷版, machine plate) ; 인쇄를 위해 인쇄기계에 걸 수 있도록 준비된 판. 판의 형식에 따라 오목판, 평판, 볼록판 등이 있다.

인스턴스(인스턴스, instance) ; 어떤 실체클래스의 특정 실체이다. 클래스 실현이 되는 객체. 지리적 지물의 특성을 설명하는 정보와 지리적인 지물 특성을 말한다.

인스턴스모형(인스턴스模型, instance model) ; 응용스키마에 따른 자료를 표현하기 위한 개념모형.

인스턴스수준(인스턴스水準, instance level) ; 사례들로서 구성된 추상화 수준이다. 사례수준은 계층화된 추상화 수준의 집합 가운데 최하층 수준이다.

인식가능성(認識可能性, recognizability) ; 영상 내에서 사물을 구별 및 판단하는 능력.

인열강도(引裂强度, internal tearing strength) ; 인쇄 용지를 양쪽에서 잡아당겨 찢을 때에 드는 힘. 인열시험지로 측정한다.

인접(隣接, neighborhood) ; 특정한 위치의 주변 영역에 대한 지역 특성을 평가하는 데 사용된다.

인접분석(隣接分析, adjacency analysis) : ① 같은 속성값을 갖는 지역을 탐색하거나 분류하는 분석. ② 인접성은 대상물의 주변에 존재하는 대상물과의 관계를 의미하며, 대상물의 관계는 지도에 존재하는 모든 종류의 자료를 이용하여 표현될 수 있다. ③ 기준 다각형, 대상물에 인접한 다각형 및 대상물들의 검색을 말한다.

인접사진(隣接寫眞, adjacent picture) : 한 코스 내에서 이웃하는 항공사진.

인접성(隣接性, neighborhood adjacency) : 그 내부에 지정된 직접위치를 포함하는 기하집합으로, 그 직접위치로부터 부여된 거리 안으로(기하집합 내의) 직접위치 모두를 포함한다. 특정한 위치와 주변 영역에 대한 지역 특성을 평가하는 데 사용되며, 인접성 기능에 사용되는 가장 일반적인 형태의 기능은 탐색기능, 지형적인 기능, 보간기능이다.

인접성분석(隣接性分析, neighborhood analysis, adjacency analysis) : 같은 속성값을 갖는 지역을 탐색하거나 분류하는 분석을 말한다.

인접연산(隣接演算, neighborhood operation) : 특정지역과 접하고 있는 지역이나, 가장 가까운 거리에 있는 관공서나 도로 등을 검색하는 것.

인접코스(隣接코스, adjacent strip) : 평행하게 촬영되어 이웃하는 촬영코스.

인조점(引照點, referring point) : 중심말뚝이나 작업말뚝이 공사 때문에 제거되거나 매몰될 염려가 있을 때 다음에 그 점을 찾을 수 있도록 만드는 점.

인조점도(引照點圖, drawing of reference point) : 주요점의 위치를 정확히 보존하기 위하여 주요점 주위에 4개 정도의 보조 측점을 설치한 것을 인조점이라 하며, 주요점이 훼손되어도 인조점으로서 찾을 수 있다. 이 인조점의 위치를 도면에 표시한 것을 인조점도라 한다.

인조점말뚝(引照點말뚝, peg of reference point) : 주요점이 훼손되어도 인조점으로서 찾을 수 있도록 인조점의 위치를 현장에 표시하기 위하여 설치한 말뚝.

인증(認證, certification) : 지리정보체계/지리정보학에서 개인능력에 대한 자격을 문서화된 증거로 이끌어 내는 과정.

인증기관(認證機關, certifying body) : 국제 표준의 요구에 부합하는 지리정보체계 및 지리정보학 전문가의 인증에 대한절차를 관리하는 기관.

인출판(引出版, lead vane) : 앨리데이드의 뒤쪽 시준판은 시준공이 있는 중앙부분이 위로 빼냈다 집어넣었다 할 수 있게 되어 있는데, 이 판을 말한다.

인터(인터, inter) : 두 직선의 교점(intersection point)을 이르는 현장용어.

인터넷(인터넷, internet) : 전 세계의 컴퓨터를 연결하는 통신망으로 서로 정보를 주고받을 수 있다.

인터넷지아이에스(인터넷지아이에스, internet GIS) : GIS 객체들은 운영체제의 제약 없이 어떤 컴퓨터에나 전달되어져 각 컴퓨터에서 실행되어지는데 그런 네트워크 지향 GIS 시스템은 서버에 위치하며 WWW의 이용자들은 GIS 엔진으로 접속하여 지역 컴퓨터 즉, 클라이언트에서 필요한 애플릿과 데이터 셋들을 내려 받을 수 있게 되었다. 그러므로 지리정보체계 기존 사용자뿐만 아니라 잠재적 사용자에게 편의를 제공할 수 있다.

인터랙티브처리(인터랙티브處理, interactive processing) : 즉각적인 실행과 작업이 완료된 즉시 출력물을 받을 수 있도록 중앙처리장치에 사용자가 직접 명령을 내리는 처리형태로 처리작업이 완료되기 전에 사용자가 오류를 찾아서 고칠 수 있도록 전산기의 처리작업을 영상면에 나타내는 전산기 사용방식이다.

인터페이스(인터페이스, interface) : 2개의 기능장치끼리 공유된 경계.

인터페이스사양서(인터페이스辭讓書, interface

specification) ; 명시된 인터페이스(경계면, 공유 영역)에 실시되거나 혹은 제공된 특별한 서비스의 방법을 상술한 문서.

인프라곤(인프라곤, infragon) ; 아비오곤 렌즈를 적외선용으로 설계변경한 와일드(wild)사의 광각렌즈로 화각은 93°이다.

일(日, day) ; 지구자전의 주기. 이 주기는 지구상에서 태양 또는 북극성이 자오선에 오는 때를 기준으로 해서 정했으며 전자를 태양일. 후자를 항성일이라 한다.

일괄처리(一括處理, batch processing) ; 자료와 프로그램이 더 이상의 명령어 입력없이 전체 처리과정을 실행하기 위해 컴퓨터에 입력되는 자료처리방법이다.

일급고저측량(一級高低測量, first class leveling) ; 「일급수준측량」 참조.

일급도화기(一級圖化機, first order plotting instrument) ; 밀착건판을 쓰며 가장 정밀한 도화를 할 수 있는 외에 경사(斜)각 사진, 지상사진 등도 도화할 수 있으며 또, 항공삼각측량이나 단면측량도 할 수 있는 만능도화기.

일급수준측량(一級水準測量, first class leveling) ; 지반 변동 등 이급수준측량 이하의 수준측량으로서는 그 목적을 달성할 수 없을 경우에 실시하는 고저측량으로 1등수준점 이상을 이용하며, 왕복측량 시 그 편도거리를 Skm라고 하면 왕복차의 오차는 $2.5mm\sqrt{S}$이다. 1등수준측량이라고도 한다.

일단결합(一段結合, single ended connection) ; 지하시설물과의 신호연결방법 중 하나로 원거리에 접지를 사용하는 방법.

일대회(一對回, one set observation) ; 수평각 관측에 있어서 망원경의 정위·반위의 관측을 한 짝으로 해서 일컫는 말이다. 정도를 요할 때에는 눈금반의 오차를 없애기 위해서 눈금반의 위치를 $\frac{180°}{n}$ 씩 돌려서 n대회의 관측을 한다.

일등고저측량(一等高低測量, first order leveling) ; 「일등수준측량」 참조.

일등레벨(一等레벨, first order level) ; 일등수준측량에 사용하는 가장 정밀한 수준의.

일등삼각보점(一等三角補點, first order triangulation supplementary station) ; 일등삼각점의 평균거리는 약 30km인데 이로부터 곧 평균거리 10km인 이등삼각점을 만들어낸다는 것은 무리한 점이 많으므로 그 중간에 일등삼각점에 준하여 설치한 삼각점.

일등삼각점(一等三角點, first order triangulation station) ; 일등삼각측량으로 만든 삼각점.

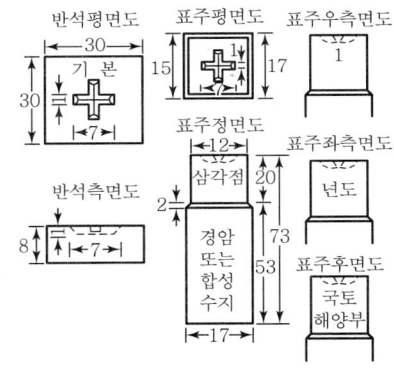

일등삼각측량(一等三角測量, first order triangulation) ; 전국을 삼각망으로 얽어 놓은 가장 정도가 높은 삼각측량망에 대해서 하는 삼각측량이며 이 삼각망의 평균거리는 약 30km이다.

일등수준점(一等水準點, first order bench mark) ; 일등수준측량으로 설치한 수준점. 수준점으로서는 최고의 정도를 갖는 것으로 mm 이하 4자리까지 표시되어 있다. 우리나라는 국도 및 중요한 도로에 따라 4km마다 1등수준점을 설치하고 이것을 기준으로 하여 2km마다 2등수준점을 설치하였다.

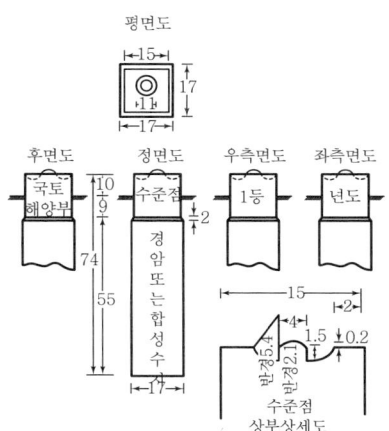

일등수준측량(一等水準測量, first order leveling) ; 일등수준의와 일등표척을 써서 하는 노선수준측량으로서 최고의 정도(2km를 왕복 측정하여 2.5mm $\sqrt{S}$)를 가져야 한다. 단 S는 거리임.

일람도(一覽圖) ; 축척을 1/3,000~1/10,000 으로 하고 도엽별로 도면번호를 식별할 수 있게 도곽선으로 구획하여 놓은 지도로 행정구역 명칭 및 경계 등을 포함한다.

일반도(一般圖, general map) ; 지도는 각기 그 용도에 따라서 나타내는 내용과 그 정도의 차가 있다. 그 모두를 통하여 최대공약적 수인 공통사항(거주지, 교통망, 경계토지이용, 토지자연의 상태, 지명 등)을 망라하여 표현한 지도를 말한다.

일반조건(一般條件, general condition) ; 삼각측량에서 관측된 각을 기하학적 조건에 맞도록 평균계산을 해야 하는데 조정해야 할 3가지 조건 중 하나인 도형조건.

일반지도(一般地圖, general map) ; 다목적으로 사용할 수 있도록 제작된 지도로서 표시사항을 강조하여 자연인물 사항을 지도의 축척에 따라 정확하고 상세하게 표현한 것으로 국토지리정보원이 발행한 국가기본도, 지형도, 지세도가 여기에 속한다. 이외에도 관내도, 지도첩, 지방도 등이 여기에 속하며 우리가 일반적으로 지도라고 하는 것이 일반도를 가리킨다.

일반측량(一般測量, private surveying) ; 기본측량과 공공측량 외의 측량. 다만 대통령령이 정하는 바에 의하여 국토해양부장관이 지정하는 일반측량을 제외한 측량.

일반화(一般化, generalize) ; 모형에서 세밀한 항목을 줄이는 것. 다시 말해서 큰 공간에서 다시 추출하거나 선에서 점을 줄이는 것.

일본국립지도제작기관(日本國立地圖製作機關, Geographic Survey Institute : GSI) ; 여러 가지 기본도를 구축하는 책임을 맡고 있는 일본의 국립지도 제작기관이다. 1970년대 중반부터 GSI는 수치지도의 각종 정보를 개발해 오고 있다. National Land Agency와 협동으로 중앙정부와 지방정부에 의한 국가의 국토개발계획 및 지역개발에 필수적인 Digital National Land Information을 개발하였다.

일본수치지도제작자료포맷표준(日本數値地圖製作資料포맷標準, Standard Procedure and Data Format for Digital Mapping : SPDFDM) ; 사진측량자료의 취득과 교환을 위한 절차를 목적으로 만들어졌으며 항공지도 제작과 관련된 대부분의 일본 항공측량회사와 연합해서 개발되었으며, 일본 내 자료제공자와 자료사용자로부터 지지를 얻고 있는 표준이다.

일시표지(一時標識, temporary mark) ; 측량이 끝날 때까지 또는 일정한 기간까지 밖에 필요하지 않은 표지를 말하며 측표, 측기 등이 있다.

일자오결제(一字五結制) ; 양안(量案)에 토지를 표시함에 있어서 양전의 순서에 의하여 1필지마다 천자문의 번호 자번호를 부여했는데, 자번호는 자와 번호로서 천자문의 1자는 폐경전(廢耕田), 기경전(起耕田)을 막론하고 5결이 되면 부여했다. 1결의 크기는 1등전의 경우 사방 1만척으로 정하였다.

일점기선해석(一點基線解析, single baseline analysis) ; 간섭위치결정에 있어 동시에 많은 수신기를 사용하여 같은 조의 위성을 관측하려면 각 수신기를 장치한 측점을 연결하여 전체 기선의 길이와 방위를 구한다. 이때 기선마다 각기 다른 해석처리방식을 싱글베이스라인 계산이라 한다.

일점법(一點法, one point method) ; 하천의 유속측정에서 유속계를 써서 수로의 유속을 잴 때, 수직선에 따라서 수면으로부터 수심의 60%가 되는 점의 유속을 구하여 이것을 그 선상의 평균유속으로 하는 방법이다.

일점위치관측(一點位置觀測, single point positioning) ; 단독 위치 관측이라고도 하며, 한 개의 GPS 수신기를 세우고 위성으로부터 신호를 수신받아 그 지점의 위치를 결정하는 방법.

일조량측량(日照量測量, sunshine quantity survey) ; 태양에서 얻은 에너지인 일조의 시간, 일사량, 일조의 범위 등을 관측하는 것.

일차(日差, diurnal variation) ; 자침편차의 주기적인 변화 가운데 하루 사이에 일어나는 변화로서 5~10′이다.

일차원데이텀(一次元데이텀, ① one-dimensional datum, ② unidimensional datum) : 수준원점.

일차트래버스(一次트래버스, traverse of the first order) ; 망상트래버스에 있어서 그 외주를 따라가는 가장 정도가 높아야 할 것이 요구되는 트래버스를 말한다. 이 1차 트래버스에 결합하여 이루어지는 트래버스를 2차 트래버스라 한다.

일필일목의 원칙(一筆一目의 原則) ; 지목설정의 원칙으로 하나의 필지에 하나의 지목을 선정.

일필지(一筆地, a lot of ground) : 토지대장에 등기하는 단위 토지를 말하는 것으로서 1개의 지번을 붙이는 토지. 자연경사지 같은 데서는 몇 개의 논이나 밭이 1필지로 되어 있는 것이 간혹 있다.

일필지측량(一筆地測量, detail surveying due to a lot of ground) ; 일필지마다의 경계선을 측량하는 작업으로서 지적세부측량의 대부분을 이룬다. 혹은 도시계획이나 토지의 교환, 분합 등의 목적으로 일필지마다의 면적을 측량하는 작업을 말하기도 한다.

일항성년(日恒星年, one sidereal year) ; 지구가 항성을 기준으로 태양의 둘레를 한번 공전하는 시간을 항성년이라 하며, 1항성년은 춘분점이 동쪽에서 서쪽으로 조금씩 움직이기 때문에 춘분점을 기준으로 관측되는 1태양년보다 조금 길어서, 약 365.25636042일(기준연도 1900년)이다.

임계각(臨界角, critical angle) ; 임계각 α는 두 물질의 굴절률에 의해 정해지며, 두 물질의 굴절률을 n_1, $n_2 (n_1 > n_2)$라고 하면 $\sin \alpha = n_2/n_1$가 된다.

임도(林道, forest road) ; 산림의 내외로 통하여 임산물의 운반과 임산경영을 위하여 필요한 교통 등 임업경영 등에 경제적 효과를 목적으로 건설된 도로.

임도측량(林道測量, forest road surveying) ; 임도의 설치를 목적으로 하는 측량으로서 측량내용은 노선측량과 똑같으며 기복이 심한 산악지역이 측량의 대상이 된다는 점에 특징이 있다.

임시설치표지(臨時設置標識, temporary mark) : 측량에 사용되는 표기 및 임시측량표지 막대를 말하고, 이들은 그 측량작업 동안에만 사용됨. 가설표지라고도 함.

임시수준점(臨時水準點, temporary bench mark) ; 가수준점.

임야(林野, forestry) ; 산림 및 원야를 이루고 있는 수림지, 죽림지, 암석지, 사지, 습지, 황무지, 간석지 등을 임야라 한다.

임야 구적복구(林野 求積復舊) ; 임야대장은 소진되었으나 임야도가 보전된 지역으로서 임야도에 의하여 측량원도를 작성하고 본원도에 의하여 면적측정하여 임야대장을 편제하는 업무.

임야대장(林野臺帳, parcels-register for forest area) ; 지적공부의 일종으로서 산지 또는 임야의 소재, 지번, 지목, 면적, 소유자의 주소, 주민등록번호, 성명 또는 명칭 등을 기재한 장부.

임야대장부본(林野臺帳副本, parcels-register for forest area copy) ; 주민의 열람에 공하기 위하여 읍, 면에 비치하는 임야대장의 부본.

임야도(林野圖, forestry map) ; 지적공부의 일종으로서 산림 및 임야를 이루고 있는 수림지, 죽림지, 암석지, 사지, 습지, 황무지, 간석지 등을 임야라 하며, 이들 토지의 소재, 지번, 지목, 경계 등을 등록한 도면을 말한다. 임야도의 축척으로는 1/3,000, 1/6,000 등이 있다.

입안제도(立案制度) ; 토지나 가옥을 매매하면 100일 이내에 관청에 신고하고 입안을 받아야 한다고 규정한 제도.

입력오차(入力誤差, input error) ; 컴퓨터에 무한한 수를 유한한 수로 입력할 때 생기는 오차.

입력장치(入力裝置, input devices) ; 키보드, 마우스, 디지타이저, 이미지스캐너, 수치사진기, 수치도화기 등.

입사에너지(入射에너지, incident energy) ; 어떤 표면에 입사된 전자기 복사에너지.

입체각(立體角, solid angle) ; 각주의 측면에 의하여 한정된 공간의 부분. 즉 공간의 한 점에서 반경(r)으로 둘레를 회전하여 처음의 위치로 되돌아올 때, 그려진 도형을 입체각이라 하며 한 점을 꼭지점이라 한다.

입체경(立體鏡, stereoscope) ; 입체시를 하는 장비로, 중첩된 영상이나 도식을 보기 위한 쌍안경으로 이루어진 광학기구로 왼쪽 눈 부분은 왼쪽 영상을 보고, 오른쪽 눈 부분은 오른쪽 영상을 보면 입체시가 되는 것으로, 렌즈식 입체경과 반사식 입체경이 있다.

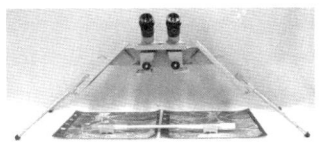

입체기선(立體基線, stereo base) ; 입체시를 위한 한 쌍의 입체사진에서 상호 관련된 두 점 간의 거리.

입체도화(立體圖畵, stereoplotting) ; 사진측량 장비에 의하여 측지학적 제어 자료와 항공사진으로부터 지도나 도표를 생성하는 것을 말한다.

입체도화기(立體圖畵機, stereoplotter) ; 정밀 입체도화기의 좌우 2개의 투영기에 한 입체모형을 이루는 좌우 사진의 투명양화를 장착하고 빛을 비추면 그 광속의 교점들은 실제 지형과 상사인 입체모형을 재현하게 되며, 그 후 표정점들을 찾아 절대좌표를 도화기상에 입력하고 부점으로 원하는 지형지물을 추적하면 그에 따라 지형도상에 기입될 세부 지형이 도화된다. 입체도화기 등에 의하여 등고선과 평면도 등을 그리는 작업, 사진측량을 이용하지 않을 때도 도화라고 할 때가 있으나 이때는 실측 또는 기존자료를 이용하여 지도상에 기호화하는 것을 말한다.

입체모델(立體모델, stereo model) ; 입체경을 통해 한 쌍의 중첩된 영상을 투시함으로써 형성되는 3차원의 가시적 대상체.

입체사진(立體寫眞, stereoscopic photographs) ; 같은 물체를 50% 이상 종 중복하여 촬영한 두 장의 사진을 실체경으로 들여다 볼 때 입체적으로 보이는 사진.

입체사진좌표독취기(立體寫眞座標讀取機, stereo-comparator) ; 입체사진에서 각 점의 사진좌표와 시차 등을 관측하는 좌표관측기.

입체사진측량(立體寫眞測量, stereo photogrammetry) ; 입체모형을 이용하는 사진측량.

입체선형(立體線形, three-dimensional alignment) ; 도로의 선형에서 종단선형과 평면선형이 조합된 입체적인 선형.

입체시(立體視, stereoscopic viewing) ; 어느 대상물을 택하여 찍은 중복사진을 명시거리(약 25cm)에서 왼쪽의 사진을 왼쪽 눈으로, 오른 쪽의 사진을 오른 쪽 눈으로 보면 좌우의 상이 하나로 융합되면서 입체감을 얻게 되는 현상.

입체시각(立體時刻, stereopsis) ; 두 개의 다른 상의 차이에서 생기는 깊이.

입체쌍(立體雙, stereo pair) ; 물체나 영역의 입체적 조사를 가능하게 하는 충분한 세부 묘사의 원근 중복도를 가진 두 사진.

입체영상지도(立體影像地圖, stereo image map) ; 한 쌍의 항공사진이나, 위성영상을 입체적으로 인쇄하여 지형지물을 쉽게 판독할 수 있도록 제작된 지도.

입체좌표관측기(立體座標觀測機, stereo comparator) ; 입체사진에서 각 점의 사진좌표와 시차 등을 관측하는 좌표관측기.

입체측정(立體測定, stereoscopic measurement) ; 입체시에 의하여 시차차를 관측하여 대상물의 원근의 차를 관측하는 방법.

입체투영(立體投影, stereographic) ; 양쪽 눈으로 보아서 대상을 3차원 형상으로 느끼는 것. 입체시 표현은 정입체시와 역입체시로 대별됨. 일반적으로 입체시란 정입체시를 말하며, 입체시 방법에 따라 눈을 통한 육안입체시와 기기를 이용한 인공입체시로 나눌 수 있다.

입체투영망(立體投影網, stereo net) ; 입체투영을 표시할 투영망에는 등각분할을 이용한 Wulff 투영망과 등면적분할의 Schmite 투영망이 있으며, 이 두 방식의 차이는 그래프의 눈금치수를 결정하는 방법이며 투영면에 작도하는 방법은 동일함.

입편선(立偏線, isogonic line) ; 자침 편차가 같은 지방을 이은 선.

잉여관측(剩餘觀測, redundant observation) ; 관측 총수 중에서 해를 얻기 위해 필요한 최소 관측수를 초과하는 관측값들로서 자유도(degree of freedom)라고도 한다. 일반적으로 관측에 의해서 미지수를 결정할 때 잉여관측이 많으면 많을수록 추정되는 미지수의 표준편차가 작아지게 되어 더욱 정밀한 추정이 가능하게 된다.

자격(資格, qualification) ; 임무를 적절히 수행하기 위해 요구되는 지식, 기술, 훈련 그리고 경험에 대한 표현.

자격시험(資格試驗, qualification examination) : 각 능력수준을 평가하기 위해 공인된 품질기관이나 인증기관에 의해 운영되는 시험.

자격인증기관(資格認證機關, qualifying body) : 지리정보체계 종사자들에게 자격을 주기 위해 시험을 준비하고 관리하는 공인된 기관.

자기계(磁氣計, magnetometer) ; 지자기의 3요소를 관측하는 기계. 이 기계 가운데는 그 변화만을 관측하는 변화계도 있다.

자기력(磁氣力, magnetic force) ; 자력(磁力)이라고도 한다. 종류가 다른 극(N극과 S극) 사이에는 인력이 작용하고, 같은 종류의 극(N극과 N극, S극과 S극) 사이에는 척력(斥力)이 작용하는데, 자극의 세기에 비례하는 양의 자하라는 실체(實體)가 각각의 자극에 존재한다고 하면, 정전하(靜電荷) 사이에 작용하는 힘에 대한 법칙(쿨롱의 법칙)이 자기력에 대해서도 성립된다. 즉 정지해 있는 두 점자하(點磁荷) 사이에 작용하는 힘은 그 자하의 곱에 비례하고, 자하 사이의 거리에 반비례한다. 이 힘의 본질에 관해서는 만유인력과 마찬가지로 옛날부터 두 자극이 공간을 사이에 두고 서로 작용을 미치는 원거리힘으로 간주되어 왔으나, 현재는 자극의 존재가 주위의 공간을 일그러지게 하고, 그 상태가 유한한 속도로 주위의 공간에 전해져서 다른 자극에 힘을 미치는 근거리힘으로 여겨지고 있다.

자기기압계(自記氣壓計, recording barometer) : 기압의 변화를 자동적으로 기록되게 한 기계로써 정해진 위치에 고정시켜서 사용한다. 1일 또는 7일 만에 태엽을 감아주는 식이 보통이다.

자기보정(磁氣補正, geomagnetic correction) ; 지자기장의 위치 변화에 따른 보정과 지자기장의 일변화 및 기계오차에 의한 시간적 변화에 따른 보정 및 기준점보정, 온도보정 등의 보정이다.

자기수위계(自己水位計, magnetic water gauge) : 저수지, 배수지의 수심이나 하천의 수위를 나타내는 장치를 수위계라하며, 부표를 띄우고 수위의 오르내림을 스스로 기록하는 장치.

자기수위표(自己水位標, automatic water gauge) : 자기양수표.

자기양수표(自己量水標, automatic water gauge)

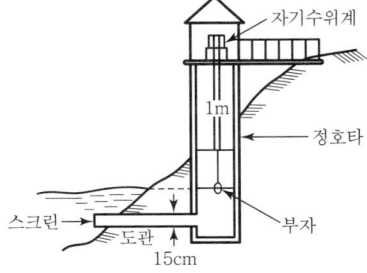

수위의 변화를 스스로 기록하는 양수표로써 중요한 지점에 설치된다. 보통 수위의 승강에 따라 부자의 상하운동을 적당히 축소하여, 시계장치로 회전하는 원통(연직형과 수평형이 있다)에 감아놓은 기록지에 기입시킨

다. 홍수 시의 파손을 막고 관측자의 편의를 위해서 양수표실에 두고 보호한다.

자기유속계(自記流速計, recording current meter) : 흐름의 방향과 속도를 스스로 관측하여 기록하는 기기.

자기이상(磁氣異相, magnetic anomaly) : 관측 자기장의 값으로부터 계산된 자기장의 값을 뺀 값.

자기자오선(磁氣子午線, magnetic meridian) : 지자기자력선의 수평분력의 방향(국소이상의 영향을 제거한 것)을 말한다. 우리나라에서는 진자오선보다 서쪽으로 편차를 이룬다.

자기장(磁氣場, magnetic field) : 자계(磁界)·자장(磁場)이라고도 한다. 그 안에 놓인 다른 자극에 힘을 미칠 뿐만 아니라 그 곳을 지나는 전류에도 힘을 미치며, 반대로 자기장 안에서 도체를 움직이면 도체 내에 기전력(起電力)이 유발된다. 즉, 자극이나 전류에 의해 특수한 성질이 주어지는 공간이다. 전류와 자기장의 이와 같은 상호작용은 전기현상과 자기현상의 밀접한 관계를 나타내는 것으로, 전동기나 발전기를 비롯하여 많은 전기기기(電氣機器)에 널리 이용된다. 자기장의 특징은 자기장 내의 각각의 점이 잠재적으로 지니고 있는 자기력(磁氣力)의 세기이다. 이것을 자기장의 세기(줄여서 '자기장'이라고도 한다)라고 하며, 단위는 양자하(陽磁荷)를 자기장 내의 한 점에 놓았을 때 이것이 작용하는 자기력의 크기와 방향을 그 점에서의 자기장의 세기로 정한다. 그 단위는 자하의 단위를 CGS전자기단위로 할 때 에르스텟(기호 Oe)을 사용한다. 즉, 1CGS전자기단위인 양자하에 대하여 1dyn의 힘이 미치는 경우에 그 점의 자기장의 세기를 1 Oe라 한다. 이 밖에 전류의 자기작용에 의해서 정해지는 암페어횟수/미터(AT/m)라는 단위도 있다.

자기측량(磁氣測量, magnetic survey) : 지구자력의 3요소를 관측하는 작업. 이 작업에서는 자기계를 쓴다.

자기탐사법(磁氣探査法, magnetic detection method) : 지구 내부 자장의 공간적 변화를 관측하여 지하의 지성체 분포를 탐사하는 기법으로 지층의 전기적 성질의 차이(지표의 전위분포, 전기저항분포)를 관측하여 지층사항을 탐사하는 데 적합한 방법.

자기파랑계(自己波浪計, wave recorder) : 파랑에 의한 수위의 변화를 시시각각 자동적으로 기록하는 기기.

자기편각(磁氣偏角, magnetic declination) : 진방위에 대한 자방위의 경사각을 말하며 동편 또는 서편이라는 말을 머리에 붙인다. 편각이 같은 지점을 이어서 도시한 것을 등편각도라 하며 관측한 편각이 이것과 크게 다를 때에는 지하에 자기를 갖는 물질이 매장되어 있는 증거로써 지하자원의 탐사에 이용되고 있다.

자기폭풍(磁氣暴風, magnetic storm) : 자기풍. 자침편차의 불규칙하고 일시적인 변화로써 폭우나 지진 전후에 생기며, 계속시간은 2~3일간이고, 그 크기는 보통 1° 이하이지만 클 때는 1~3°일 때도 있다.

자기편차(磁氣偏差, magnetic variation) : 자침편차.

자독수준척(自讀水準尺, self reading rod or staff) : 관측자 자신이 망원경으로 수준척을 시준하여 그 눈금을 읽는 표척.

자독표척(自讀標尺, self reading rod) : 자독수준척.

자동검조기(自動檢潮器, automatic tide gauge) : 조석의 승강을 자동적으로 기록하는 검조기. 대부분의 검조기가 자동검조기이며, 어떤 검조기는 조고를 규칙적인 시간간격으로 숫자로 기록하고, 다른 것은 연속적인 그래프에 의하여 조석의 시간에 대응하는 조고를 기록한다.

자동계측전송장치(自動計測電送裝置, telemeter) : 자동으로 계측하고 관측값을 무선이나 유선을 사용하여 원격지로 자동 전송하는 장치.

자동독취기(自動讀取機, scanner) : 스캐너, 주

사기라고도 한다. 위성이나 항공기에서 자료를 직접 기록하거나 지도 및 영상을 수치로 변환시키는 장치나 사진 등과 같이 종이에 나타나 있는 정보를 그래픽 형태로 읽어들여 컴퓨터에 전달하는 입력장치.

자동디지타이징(自動디지타이징, automatic digitizing) ; 스캐너 장비로 읽어들인 래스터 파일 전체를 자동으로 벡터화하여 벡터파일을 작성하는 방법이다. 벡터화된 파일은 부분적으로 수정하여 원도에 일치하도록 편집과정을 거친다.

자동레벨(自動레벨, automatic level) ; 원형기포관을 써서 기계를 정치하면 자동적으로 시준선이 수평이 되도록 고안 설계된 level이다.

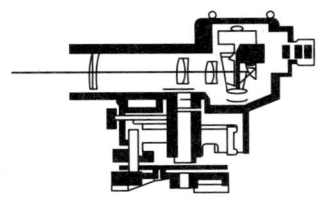

자동보상장치(自動補償裝置, compensator) ; 자동레벨의 시준선이 경사진 경우 그 경사를 보상하여 정확한 위치가 독취되도록 하는 장치.

자동설계(自動設計, Computer Aided Design : CAD) ; 컴퓨터, 자동제도기 등을 사용해서 요구조건에 적합한 설계를 자동적으로 하는 것.

자동자료생성(自動資料生成, automatic digitizing) ; 스캐너 장비로 읽어들인 래스터 파일 전체를 자동으로 벡터 파일로 변환하는 방법. 벡터화된 파일은 부분적으로 수정을 거쳐 원도에 일치하도록 편집과정을 거친다.

자동자르기(自動자르기, automatic clipping) ; 오퍼레이터의 개입 없이 자료기반의 다른 곳에 이동과 배치를 위해 자료기반의 일부분을 복사하는 시스템 처리 기능.

자동접합(自動接合, automatic clipping) ; 오퍼레이터의 개입 없이 데이터베이스의 다른 곳에 이동과 배치를 위해 데이터베이스의 작은 부분을 복사하는 시스템 처리기능을 말한다.

자동정도기(自動精度機, automatic precision machine) ; 약 40년 전에 개발하여 자동차, 조선, 항공기와 같은 분야의 차체도, 선체도의 도화에 이용되었다. 그 후 간단한 관측에도 사용되었는데 특히 지적측량에 유용한 것으로 평가된다. 이 기계는 X, Y 및 X, Y를 합성한 8개의 벡터로 각종의 도형을 그리려고 하는 것이다.

자동지리정보체계(自動地理情報體系, Automated Geographic Information System : AGIS) ; GIS은 digital computer에 기초를 둔 자동화 매체를 종합한 것.

자동차항법장치(自動車航法裝置, Car Navigation System : CNS) ; 차량의 위치 확인 및 주행 안내를 위한 차량 내의 수치지도 데이터베이스와 실시간으로 변하는 교통정보 데이터베이스를 중앙교통 관제소나 비콘 등과의 통신으로 연결하여 최적의 경로를 운전자에게 안내하는 체계.

자동평형경(自動平衡鏡, gyroscope) ; 회전하는 자이로의 원리를 응용하여 항공기의 동요 등이 사진기에 주는 영향을 막고 사진상에 연직방향을 촬영과 동시에 찍히도록 함으로써 사진기의 경사를 구하여 보정하는 데 이용된다.

자력계(磁力計, magnetometer) ; 지구의 자기장 강도를 관측하기 위하여 사용되는 장비. 자력계는 자기장의 수직성분과 수평성분을 측정한다. 자력탐사에 널리 사용되는 자력계는 물이나 수화물 용액이 담긴 용기를 코일로 감은 것이다. 해류가 코일을 통과할 때 코일의 축을 따라 수소이온(양성자)이 배열되도록 되어 있다. 지구자기장 위를 양성자가 회전하므로 약한 전류가 발생되어 자력계에 기록된다.

자료(資料, data) ; 통신, 해석 또는 처리에 적합하게 형식화된, 다시 한번 해석하는 것이 가능하게 된 정보의 표현. 자료는 만들거나 이루는데 바탕이 되는 것.

자료계획표(資料計劃表, source planning table) : 지도의 작성에 구획마다 필요한 자료와 그 채용사항이 정해지면 이것을 알기 쉽게 정리한 표로 후속작업에서 참고하기 쉽게 되어 있다.

자료관리(資料管理, data management) : 자료관리기능은 데이터베이스의 창출, 관리, 운용 등에 관련된 기능을 수행한다. 이런 기능은 자료의 입력, 갱신, 삭제, 추출 등에 일관성 있는 방법을 제공하게 되며 사용자로 하여금 손쉽게 정보와 접근할 수 있는 기능을 제공한다. 최근에 자료관리 분야에 중요한 논제로 등장하고 있는 보안관리기능은 향후 자료의 상호공유를 가정할 때 상당히 중요한 요소로 판단된다.

자료교환(資料交換, data exchange) : 지리정보체계 패키지들 간 자료의 교환이다.

자료군(資料群, data set) : 특정한 작업을 위하여 자료를 확인 가능하게 서로 관련된 자료를 모아 놓은 것이다.

자료기반(資料基盤, database) : 위치 및 특성 정보가 소정의 축척, 투영법 및 좌표계에 따라 적합한 수치형식으로 저장되는 곳이며, 층 또는 면으로 구성되어 있다.

자료기반개발(資料基盤開發, database development) : 자료기반 내에 어떤 요소와 그 요소들 간의 관계가 포함될지 결정하는 처리과정.

자료기반관리(資料基盤管理, database management) : 지리정보체계 도형정보와 비도형정보를 저장하고 상호 연결시켜 다양한 형태의 조회와 분석을 가능하게 하는 것.

자료기반관리체계(資料基盤管理體系, DataBase Management System : DBMS) : 자료기반을 다루는 일반화된 체계로 표준형식의 자료기반 구조를 만들 수 있으며, 자료의 입력, 검토, 저장, 조회, 검색 등을 조작할 수 있는 도구를 제공한다.

자료기반도구(資料基盤道具, database tool) : 자료기반을 보다 쉽게 구축할 수 있도록 제공되는 부가적인 프로그램들.

자료기반모형(資料基盤模型, database model) : 자료기반에 접근하기 위한 모형.

자료기반설계(資料基盤設計, database design) : 사용자의 요구와 응용분야, 다양한 자료간의 관계성, 자료와 적용분야 간의 관계성 등을 고려하여 유용하게 사용되는 자료들을 통합관리하기 위하여 하나의 자료기반으로 구축하기 위한 설계.

자료기반스키마(資料基盤스키마, database schema) : 자료기반에 저장되는 자료 및 자료 간의 구조 등에 대한 정보.

자료기반잠금(資料基盤잠금, database lock) : 여러 사용자가 자료를 필요로 할 때 자료기반시스템이 액세스 충돌을 막아주는 메커니즘.

자료기반체계(資料基盤體系, database system) : 다목적 범용 파일군을 구성하는 정보 공급체계.

자료기반편성(資料基盤編成, database creation) : 자료를 수치화시켜 저장하는 처리과정.

자료기술카탈로그(資料技術카탈로그, data portrayal catalogue) : 특정 자료 집합에 대해서만 유효한 묘사 카탈로그.

자료레이어(資料레이어, ① data category, ② data layer) : 같은 자료 세트에 포함된 비슷한 특성을 가지는 자료. 대개 하나의 자료 레이어에 포함된 정보는 다른 레이어들과 같이 사용되도록 설계된다.

자료모범도(資料模範圖, source overlay) : 수집한 자료로부터 작성하는 지도의 도식으로 정한 기준을 만족시키는 모든 세부를 항목별로 정리하여 기본도 또는 그와 같은 지도상에 기입한 것. 편집원도를 작성할 때 표현하는 내용을 여기에서 골라서 편집한다.

자료모형(資料模型, data model) : 현실세계에 존재하는 정보들을 전산기에서 데이터베이스로 표현하기 위하여 사용되는 모형화 방법. 구체적으로 표현하면 자료를 정의하고 자료들 간의 관계를 규정하며, 자료의 의미와 자료에 가해진 제약조건을 나타내는 개념적인 도구. 자료모형은 일반적으로 관계자료 모형, 계층자료모형, 통신망자료모형 등 크게 3가지로 구분된다.

자료무결성(資料無缺性, data integrity) ; 자료의 모형이나 자료유형에 따라 자료기반 내에 있는 자료값의 규약.

자료뱅크(資料뱅크, data bank) ; 정보를 효율적으로 관리, 활용하기 위해서는 컴퓨터를 비롯한 각종 정보처리기기를 사용하여 모든 정보를 집중시킴으로써 정보의 입력 및 출력을 편리하게 할 필요가 있다. 자료 뱅크에는 단순한 자료파일도 있고 국가적인 정보센터의 경우도 있어 그 형식이 반드시 일정하지는 않다.

자료범주(資料範疇, data category) ; 같은 자료군에 포함된 비슷한 특성을 가지는 자료이다.

자료변환(資料變換, data handling) ; 수집된 자료를 후속작업에 편리하도록 변환, 주기, 수치화, 디스플레이(display) 등을 행하는 것.

자료부호화(資料符號化, data encoding) ; 개개 또는 자료의 그룹을 표현하기 위해 주로 이진수를 코드에 적용하는 과정.

자료분류(資料分類, data category) ; 자료 군을 몇몇의 공통된 특징을 가진 부분군으로 나누는 것.

자료사전(資料辭典, data dictionary) ; 지도 현상이나 속성에 관한 정보를 포함하는 목록으로 제공되는 자료기반 목록은 자료파일, 성분이름, 출처, 정확성, 입력 또는 갱신 날짜 같은 모든 사항에 대한 정보를 담고 있다.

자료색인도(資料索引圖, source reference chart) ; 자료계획표에 의해서 작성하는 도화구역의 자료계획도는 조제작업을 통하여 색인도로서 큰 구실을 하며 뒤에 완성도의 도곽 밖에 자료색인도로서 기재한다.

자료수준(資料水準, data level) ; 자료가 응용모형 수준에서 발견되는 유형의 정의를 따르면서 기록되는 자료에서 일련의 계층화된 수준들 내에서의 등급.

자료수집(資料蒐集, data collection) ; 에너지원(태양)이 가지고 있는 전자기파 에너지는 태양에서 지구표면에 이르기까지 대기 중에서 많은 양의 에너지원이 흡수 또는 산란이 이루어지며, 이렇게 여러 가지 영향과 왜곡을 포함한 전자기파정보를 플랫폼에 탑재된 센서가 감지하여 아날로그 또는 수치 형태로 초기자료를 수집하는 것을 말한다.

자료요소(資料要素, data element) ; 일정의 상황에서 더 이상 분할할 수 없다고 생각되는 자료의 단위.

자료요청서(資料要請書, Request For Information : RFI) ; AM/FM, 지리정보체계 용역회사 및 시스템 공급사들에게 자료요청을 하는 것으로, 자료의 내용은 시스템 제공회사의 현황, 시스템의 기능 및 성능, 향후 기술적 추이, 응용프로그램의 예, 고객현황, 개략적인 시스템구축 비용 등으로 자료요청서는 첫째, FFP와 유사하게 프로젝트 목적들과 요구들을 설명하는 정형적인 문서이다. 둘째로 도움말들과 개념들을 포함한 미리 준비된 정형적인 서신이다.

자료유형(資料類形, data type) ; 자료값의 부여될 수 있는 유형을 정의하는 값의 종류.

자료은행(資料銀行, data bank) ; 자료뱅크.

자료입력(資料入力, data input) ; 사용자에 의해서 또는 자동으로 데이터베이스에 자료를 로딩하는 과정. 즉 전산기에서 자료를 사용할 수 있는 형태로 변환하기 위하여, 자료입력 과정에서는 도면과 같은 자료들을 수동방식(디지타이저) 또는 자동방식(스캐너)에 의하여 수치화시켜 입력한다. 기존 수치자료는 지형공간자료를 감안하여 기본도의 투영법 및 축척 등에 맞도록 재편집된다.

자료저장소(資料貯藏所, data warehouse) ; 의

사결정 과정을 위해 때맞춰 정보분석을 가능하게 하는 도구, 절차, 자료의 수집. 부서 및 응용프로그램 단위 등으로 흩어져 있는 정보들을 하나의 저장창고에 통합, 저장함으로써 자료의 가치와 효율성을 극대화하는 것.

자료전송(資料傳送, data transfer) ; 매개물에 의해 한 지점에서 다른 지점으로 자료를 이동시키는 것.

자료접근보안(資料接近保安, data access security) ; 시스템 사용자의 자료 조회나 수정에 대한 권한을 통제하기 위한 장치.

자료집합(資料集合, dataset) ; 식별 가능한 자료의 모음.

자료처리(資料處理, data processing) ; 자료입력, 자료처리, 출력의 3단계로 구분하는 보고서 생성과 같은 대부분의 사용자가 사용하는 자료처리과정.

자료처리체계(資料處理體系, data processing system) ; 자료처리체계는 크게 자료입력, 자료처리, 출력의 3단계로 구분할 수 있으며, 보다 세부적으로는 부호화, 자료입력, 자료정비, 조작처리, 출력의 다섯 단계로 구분할 수 있다.

자료출력(資料出力, data output) ; GIS는 도면이나 도표의 형태로 검색 및 출력할 수 있다. 대부분의 체계에서는 인쇄도면, 이산도, 표 및 지도 등을 여러 가지 형태와 크기로 제작할 수 있으며, 모니터 스크린을 통해서 자료기반의 한 구역 또는 다중 자료기반에 관한 도형 및 도형정보를 표시해 볼 수 있다.

자료취득(資料取得, data acquisition) ; 자료수집.

자료취득체계(資料取得體系, data acquisition system) ; 자료처리체계의 입력으로 들어가기 전에 물리적인 변수를 관측하기 위한 장치와 모체의 집단.

자료층(資料層, layer) ; 자료 레이어. 한 주제를 다루는 데 중첩되는 다양한 자료들로 한 커버러지의 자료파일. 이 중첩자료들은 데이터베이스 내에서 공통된 좌표체계를 가지며 보통 하나의 주제를 갖는다. 예를들어 지형 레이어는 건물, 도로, 등고선 등의 레이어로 구분하여 도로 레이어는 고속도로, 국도, 지방도 등 여러 종류의 도로가 포함된다.

자료층오류(資料層誤謬, layer miss) ; 작업자가 입력한 자료층이 자료층 테이블에 정의되어 있지 않거나, 정의되어 있지만 자료층의 요소가 서로 다른 지도에 주로 사용된다.

자료층코드(資料層코드, layer code) ; 수치지도 레이어 코드는 도엽 코드로 분류된 파일의 부속 코드이다.

자료층헤더레코더(資料層헤더레코더, layer header record) ; 각 레이어의 레이어 코드와 레이어 내의 요소 수, 요소 내역 등의 자료가 기록된 레코드.

자료통합(資料統合, data integration) ; 자료기반의 객체관계 모형에서 관계들 사이에 존재하는 관계를 표현하기 위한 방법.

자료품질개관요소(資料品質概觀要素, data quality overview element) ; 비정량적 품질정보를 기술하는 자료집합의 품질구성요소.

자료품질요소(資料品質要素, data quality element) ; 정량적 품질정보를 기술하는 자료집합의 품질구성 성분.

자료품질일자(資料品質日字, data quality date) ; 자료의 품질을 측정한 일자 또는 기간.

자료품질측정(資料品質測定, data quality measure) ; 품질평가항목 종류 중 자료에 적용된 평가시험형태.

자료품질평가절차(資料品質評價節次, data quality evaluation procedure) ; 자료품질측정을 적용하고 보고하는 데 사용되는 조작과정이다.

자료필드(資料필드, data field) ; 자료를 구성하는 세부항목을 저장하기 위하여 사용되는 기억장소항목 또는 기억장소 구조를 말한다.

자료형식(資料形式, data format) ; 파일 또는 레코드에서 자료가 관리되는 구조. 예를 들어 자료를 처리하기 위하여 자료를 2진수로 표현하는 방법, 또는 ASCII 문자로 표현되는 방법 등이 모두 하나의 자료형식이 될 수 있다.

자르기(자르기, clip) : 하나의 대상영역에서 다른 절단 대상영역의 경계 내에 포함되는 지형요소를 추출하는 것.

자막대(자막대, measuring rod) : 눈금을 새긴 거리측정용의 막대.

자방위(磁方位, magnetic bearing or compass bearing) : 지구자력선이 나타내는 방위. 자극과 북극과는 일치하지 않으므로 진방위와는 다소 다르다. 자방위는 매년 조금씩 변화한다.

자방위각(磁方位角, magnetic azimuth) : 자방위의 북에서 우회전으로 잰 방위각을 말하며 컴퍼스측량, 항해 등에서 많이 쓰인다.

자북(磁北, magnetic north) : 자침이 가리키는 북쪽 방향. 진북과는 어느 정도 차가 있으며, 그 크기는 장소와 시간에 따라 다소 다르다.

자북방위각(磁北方位角, magnetic meridian azimuth) : 자북을 기준으로 관측한 방위각을 뜻하며 0°에서 360°의 범위.

자북선(磁北線, magnetic north line) : 자침을 진동시키면 잠시 후에 침이 정지하고 자침이 일정한 방향을 가리키는데 이때의 북쪽을 향한 방향선.

자사법(刺寫法, pricking) : 1대 1로 도형을 투사하는 방법 중 한 가지. 기본도를 원도지 위에 놓고 필요한 지점을 pin으로 찔러 그 찔린 점에 따라서 도회를 옮기는 방법.

자세정확도(姿勢正確度, attitude accuracy) : 움직이는 물체의 자세는 진행방향(roll)과 우측 방향(pitch) 그리고 아래방향(yaw) 3축에 대한 회전 정도로 나타내며 이의 정확도는 arcsec로 표기한다.

자승평균오차(自乘平均誤差, mean square error) : 관측값의 정도를 나타낼 때 사용되는 것으로 중등오차 또는 표준편차라고도 한다. 이 오차는 관측치에 우연오차만 포함되고 정오차는 무시할 수 있을 정도로 적다고 생각되는 경우에만 이용될 수 있다.

자연오차(自然誤差, natural error) : 자연현상에 의해 발생되는 것으로 빛의 굴절, 물질의 열팽창, 기압, 습도, 바람 등에 의한 오차.

자연적도법(自然的圖法, natural representation of photography) : 지형의 표시방법 중에서 자연적인 입체감을 느낄 수 있도록 지형을 표현하는 방법. 음영법과 우모법이 있다.

자연적지형표시법(自然的地形表示法, natural representation of photography) : 태양이 지표를 비칠 때 토지의 기복에 따라 생기는 명암에 맞추어서 지형의 고저를 나타내는 효과에 중점을 둔 지형표시법의 한 가지이며, 영선법과 명암법이 있다.

자연점(自然點, natural point) : 지상기준점, 종횡접합점은 자연물로서 사진상에 명확히 나타나고 정확히 측정할 수 있는 점.

자오면(子午面, meridian plane) : 지구상의 점에서의 연직선을 포함하여 지축에 평행한 면. 연직선편차가 없다면 자오면은 모두 지축을 지난다. 자오면은 적도면과 직교한다.

자오선(子午線, meridian) : 어떤 지점과 지구의 양극을 지나는 평면과 지구와의 교선. 이것은 타원을 이루고 그 편평률은 약 1/300이다. 자오선이 이루는 평면은 적도와 직교한다.

자오선거(子午線距, meridian distance) : 횡거.

자오선고도(子午線高度, meridian altitude) : 천체가 관측자의 자오선에 정중할 때 즉 자오선 각이 0° 되는 시기의 천체의 고도.

자오선곡률반경(子午線曲率半徑, radius of curvature of the meridian ellipse) : 자오선은 타원이므로 어떤 지점의 곡률반경 M은 위도 ϕ에 따라 다르며 다음 식으로 구한다. $M = \dfrac{a(1-e^2)}{\sqrt{(1-e^2\sin^2\phi)}}$

여기에서 a : 지구의 장반경, e : 이심률.

자오선수차(子午線收差, meridian convergence) : 지점 A가 속하는 평면직각좌표계의 원점 0을 지나는 자오선과는 북극 N에서 만나게 되므로 자오선의 접선인 진북선은 서로 평행하지 않는다. 이 수속각 r을 자오선수차라 하며, A점의 경도를 L, O점의 경도를 L_O, A점의 위도를 B라 하면 다음식과 같이 된다.
$\gamma = (L - L_O) \sin B$
따라서, r는 진북방향각과 절대값은 같고 부호는 반대로 된다.

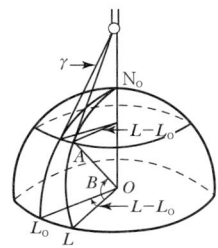

자오선측량(子午線測量, meridian observation) : 천문관측으로서 자오선방향을 정하는 측량이다.
자오선통과(子午線通過, meridian transit) : 천체가 어느 지점의 천구자오선을 통과하는 것. 이때가 천체의 시각으로 0시 또는 12시이다. 전자를 상통과, 후자를 하통과라 한다.
자오원(子午圓, meridian circle) : 자오선이 그리는 천구상의 대원을 말하며 천체의 시각을 나타내는 기준.
자외선(紫外線, ultraviolet : UV) : 15~400 nm에의 파장을 가지고 있는 전자기 복사이다.
자원정보체계(資源情報體系, Resource Information System : RIS) : 농사자원정보, 삼림자원정보, 수자원정보 등과 관련된 정보체계로서 위성영상과 지리정보 시스템을 활용한 농작물 작황조사, 병충해피해조사 및 수확량 예측, 토질과 지표 특성을 고려한 산림자원 경영 및 관리대책의 수립을 포함한다. 또한 수리, 강우량, 증발량, 기상지하수 등을 고려한 수문자료 기반 구축과 농업용수, 저수지 운용, 상수도, 강우량 등을 고려한 수자원모형 수립과 석탄 수급현황의 분석 및 비상시 공급체계의 대책수립 등에 이용된다.
자원측량(資源測量, resources survey) : 자원(수자원, 농·수산자원, 각종 생태계, 지하자원 등)의 분포, 위치 및 변화 등의 해석을 통하여 자원의 조사, 보존 및 유지관리에 필요한 자료를 제공하는 측량.
자유도(自由度, degree of freedom) : 관측값의 개수에서 미지수의 개수를 뺀 값으로 잉여관측이라고도 한다.
자유망(自由網, free network) : 삼각망 중에 어떤 고정요소(즉 제약조건)가 존재하지 않는 삼각망.
자유망조정(自由網調整, free network adjustment) : 망조정에 있어 최소 필요한 조정점 보다 작은 조정점을 사용하여 조정을 실시하는 것으로 역산이 존재하지 않으므로 의사역산을 통하여 망을 조정하게 된다. 즉 기준점의 수평위치를 결정하는 조정계산에서 전체를 미지수로 하여 최소제곱법을 적용하는 방법.
자유트래버스(自由트래버스, free traverse) : 개방트래버스 가운데에서 시점과 종점 사이에 아무런 조건도 존재하지 않는 것. 오차의 조정을 할 수 없으며 2회 이상 관측한 평균값을 사용한다.
자이델의 5수차(자이델의 5收差, Sider's five aberrations) : 렌즈의 여러 가지 수차 가운데 색수차를 제외한 5가지 수차. 즉 구면수차, 코마수차, 비점수차, 상의 만곡 및 상의 왜곡을 말한다.
자이로데오돌라이트(自動平衡데오돌라이트, gyro theodolite) : 자이로의 원리를 이용하여 자동적으로 진북을 나타내는 자이로컴퍼스가 부착된 데오돌라이트. 터널 내에서의 진북을 측량하는 데 주로 사용된다.
자이로스코프사진기(자이로스코프寫眞機, gyroscope camera) : 사진기의 경사를 보정 또는 검지하기 위하여 자이로스코프를 붙인 항공사진기.

자장탐사간접법(磁場探査間接法, electromagnetic induction indirection method) : 대상 시설물에 직접 접근할 수 없을 때 사용. 수신기에 표시되는 고유자장수를 이용하므로 장거리 탐사가 가능하고, 작업방법이 간편하여 가장 많이 사용하며 매설물이 복잡한 경우 탐사 정확도가 낮다.

자장탐사법(磁場探査法, electromagnetic induction method) : 송신기로부터 매설관이나 케이블에 교류전류를 흐르게 하여 그 주변에 교류자장을 발생시켜 지표면에서 발생된 교류자장을 수신기의 관측코일의 감도 방향성을 이용하여 평면위치를 관측하고 지표면으로부터 전위경도에 대해 심도를 탐사하는 방법.

자장탐사직접법(磁場探査直接法, electromagnetic induction direct method) : 탐지하고자 하는 지하시설물에 직접 접지시켜 탐사하는 방법으로서 목표하는 선로에 직류전류를 주입하기 때문에 가장 좋은 방법이다. 1점법과 2점법이 있는데, 1점법은 목적관에 자장을 발생시키는 방법으로 송신기-목적관-대지-접지-송신기형태이고, 2점법은 상수도관과 같이 이음부분이 절연상태인 경우 관의 양 끝에 접근하기 쉬운 곳에 효과적으로 사용할 수 있는 방법. 송신기-목적관-송신기 형태.

자침[1](磁針, magnetic needle) : 자북방향을 가리키는 침으로서 자력을 지닌 가늘고 긴 자력망으로 만들며, 그 중심을 보석으로 된 축받이용 pin으로 받치면 자침은 지구의 자력선 방향과 평행하게 될 때까지 회전한다. 이 성질을 이용하여 어느 직선이 자침이 가리키는 남북방향 즉 자침자오선과 이루는 각을 잴 수 있다. 여기에 쓰이는 기계가 컴퍼스이다. 컴퍼스의 크기는 자침의 길이로써 나타낸다.

자침[2](刺針, pricking) : 사진 위에서 표정점 등의 위치를 나타내거나 인접사진의 주점 등을 옮기기 위해서 날카로운 측침으로 작은 구멍을 뚫어서 위치를 표시하는 작업.

자침경사(磁針傾斜, dip) : 컴퍼스의 자침은 북반구에서는 자북을 가리키는 쪽이 자남을 가리키는 쪽보다 아래로 기울고, 남반구에서는 이 반대로 된다. 이 기울기를 dip 또는 자침경사라 하며 이것을 없애려면, 북반구에서 사용하는 컴퍼스의 자남을 가리키는 자침 끝에 가느다란 동선을 감아놓는다.

자침멈추개(磁針멈추개, needle lifter) : 컴퍼스의 자침의 움직임을 멈추기 위한 장치로서, 자침을 사용하지 않을 때에는 이 장치로 자침을 고정해 두는 것이 좋다.

자침방위(磁針方位, magnetic azimuth) : 자침의 북을 기준으로 해서 관측한 방위를 말한다. 진북방위와의 사이에는 그 점에서의 자침편차만큼 차이가 있다.

자침점(刺針點, prick point) : 종횡접합점의 위치가 인접한 사진에 옮겨진 점.

자침편차(磁針偏差, magnetic declination) : 지구상의 1점에서의 자기자오선과 지리적 자오선이 이루는 각으로, 자침방향이 자오선으로부터 벗어난 각이 된다. 자침의 북이 자오선에서 서(동)로 기울 때 이것을 서(동)편이라 한다.

자침함(磁針函, declinetioire) : 속에 자침을 장치한 가늘고 긴 장방형의 상자. 그 단변의 중앙에 새겨진 지표에 자침의 방향을 일치시키면 이 함의 장변은 자북의 방향을 가리킨다.

작업계획(作業計劃, ① schedule of work, ② planning of work) : 측량작업을 위하여 측량작업기관이 측량계획기관에 제출하여 승인을 받기 위하여 작업 착수 전에 작업방법, 사용하는 주요기기, 기술자, 일정 등에 대하여 적절한 계획을 수립하는 것.

작업흐름관리체계(作業흐름管理體系, workflow management system) : 작업흐름 논리에 대한 컴퓨터 표현에 의해 실행된 정렬의 소프트웨어 실행을 통해서 작업흐름을 정의하고 관리하며 실행하는 시스템.

잔존종시차(殘存縱視差, residual parallax) : 상

호표정이 완료되었을 때 모형(model) 내의 각 점에서 관측되는 종시차.

잔차(殘差, residual) : 관측값과 조정계산에 의해 추정한 최확값의 차. 조정계산이 잘 되었는지에 대한 첫 번째 지표로 사용된다.

잔차방정식(殘差方程式, residual equation) : 미지량 X, Y, …, T의 최확값을 각각 X_0, Y_0, …, T_0 함수 $f_i(X, Y, …, T)$에 관한 관측값을 M_i 잔차를 V_i라 할 때, $V_i = M_i - f_i(X_0, Y_0, …, T_0)$를 잔차방정식이라 한다.

잔차조건방정식(殘差條件方程式, conditional equation for residuals) : 주어진 조건방정식 중 미지량의 최확값을 관측값과 잔차로 바꾸어 놓고, 얻은 조건식은 미지량으로서 잔차만이 들어 있는 것

잠상(潛像, latent image) : 감광유제(emulsion)가 빛에 노출되면 감광유제 내부의 화학적 반응이 일어나서 장차 현상 과정을 거치면서 눈에 보이는 은화합물의 상이 형성되는데 그 이전에 빛에 노출된 감광유제에 맺힌 눈에 보이지 않고 잠재되어 있는 상을 잠상이라고 한다.

잡음(雜音, noise) : 「노이즈」 참조.

장동(章動, nutation) : 황도경사의 영향으로 태양과 달은 적도면의 위와 아래로 움직이므로 지구적도의 융기에 작용하는 회전능률도 주기적으로 변한다. 이 변화는 형상축이 자전축 주위를 약 15m 거리를 두고 불규칙하게 도는 현상을 일으키는데, 이처럼 자전축이 흔들리는 현상을 장동이라 한다. 즉 지축의 방향은 아주 근소하기는 하나 변화한다. 이와 같이 지축의 경사가 조금씩 주기적 변화를 일으키게 하는 것을 말하며 장기적인 것과 단기적인 것이 있다.

장력계(張力計, tension gauge) : 장력을 관측할 수 있는 장비.

장력보정(張力補正, correction for pull) : 어느 일정한 장력하에서 정수를 정한 기선척을 이 장력과 다른 크기의 장력으로 사용할 때는 장력의 차에 따른 보정계산을 하여야 한다. 관측 시에는 언제나 표준장력을 쓰는 것이 좋다.

장면(場面, scene) : 어떤 풍경이나 객체를 담은 영상.

장반경(長半徑, semi major) : 타원의 중심에서 그 둘레에 이르는 가장 긴 거리.

장접선장(長接線長, long tangent chord) : 클로소이드 곡선에서는 1개의 클로소이드 곡선에 2개의 접선장이 있으며, 접선장의 길이는 각각 다르다. 장접선장은 곡률이 작은 쪽의 접선장이다.

장현(張弦, long chord) : 곡선의 각부명칭 중의 하나로서 곡선시점과 곡선종점을 이은 현.

장현지거법(長弦支距法, method by the offset of long chord) : 곡선설치법의 한 가지로 곡선시점을 원점으로 하여 장현을 따라 거리가 x인 점에서 offset(지거) y를 내려 곡선상의 점을 구하는 방법. 곡선시점 대신 곡선중점을 원점으로 하기도 한다.

재배열(再配列, resampling) : 보정되지 않은 픽셀의 주변값을 기준으로 기하보정을 하는 동안 새로운 픽셀값이 생성되어 그 픽셀에 할당되는 것. 이는 주변의 값을 기준으로 평균값 등을 계산하여 영상을 강조하거나 분류할 때 착오가 발생하지 않도록 해주는 처리법.

재시(再施, Back Sight : BS) : 「후시」 참조.

재판검사(再版檢査, second check) : 지도인쇄 작업과정 중 초판수정이 완료되어 출력된 종이지도의 누락, 오기, 중복사항 등을 수치지도제작 규격서에 준하여 두 번째로 검사하는 것.

재판수정(再版修正, second editing) : 지도인쇄 작업과정 중 재판검사에서 발견된 지도의 누락, 오기, 중복사항 등을 수치지도제작 규격서에 준하여 데이터를 수정하는 것.

저경사사진(低傾斜寫眞, low oblique photograph) : 광축이 연직선 또는 수평선에 경사지도록 촬영한 경사각 3° 이내의 사진에서 지평선이

나타나지 않는 경사사진.

저고조(低高潮, lower high water) : 하루의 고조 가운데 낮은 쪽.

저먼다이얼(저먼다이얼, german dial) : 거는 컴퍼스를 말하는 것으로 독일에서 발달하였기 때문에 이와 같이 불린다.

저수경사(低水傾斜, slope of low water surface) : 저수구배.

저수구배(低水勾配, slope of low water surface) : 저수위일 때의 수면구배.

저수량곡선도(貯水量曲線圖, storage capacity curve) : 저수예정지의 평면도상에서 구적기를 써서 각 등고선 간의 면적을 구하여, 등고선 간의 용적 및 누가 용적을 결정하고 종축에 표고수심을, 횡축에 저수량 및 수면적을 잡아서 수심에 상당하는 저수용적과 수면적의 관계를 전개한 곡선이다.

저수위(低水位, Low Water Level : LWL) : 평균수위보다 낮은 수위. 수위관측에서 연간 275일은 이것보다 내려가지 않는 하천의 수위.

저장소(貯藏所, archive) : 좀처럼 액세스되지 않거나, 다른 것으로 대체된 자료를 갖는 자료모음.

저저조(低低潮, lower low water) : 하루의 간조 가운데 낮은 쪽.

저저조기준면(低低潮基準面, lower low water datum) : 거의 평균간조면에 해당하는 수면을 기준수면으로 채용한 것.

저조간격(低潮間隔, low water interval) : 달이 그 지점의 자오선에 남중하고서부터 간조가 되기까지의 시간.

저주파창(低周波窓, Low Frequency Window : LFW) : 대지 심층부의 지질 및 구조를 측량하는 레이더 방식.

저층자기유속계(低層自記流速計, direct recording bottom current meter) : 오노(少野)식 유속계라고도 하며 원래는 해류 또는 조류의 자기기로서 고안된 것이었으나 연안류의 관측에도 유효하다. 흐름에 따라 회전하는 프로펠러의 축에 연결되어 있는 자석이 정한 회전수마다 cam에 작용하여 기록 pen이 움직이게 되어 있다.

저항선왜계파압계(低抗線歪計波壓計, wire strain gauge type wave pressure meter) : 수압판이 파압에 의하여 변형하면 수압판에 붙어 있는 저항선 gauge의 전기저항치가 변화한다. 이 저항변화를 전류변화로 바꾸어 파압을 관측 기록하는 것이며 충격적 파압을 관측하는 데 알맞다.

저해상도영상레이더(低解像度映像레이더, Side-Looking Airborne Radar : SLAR) : 실개구면 레이더로서 안테나 위치의 변화에 따른 위상보상 없이 합성하므로 거리에 따라 횡거리 분해능이 다르게 나타난다. 이는 항공기 탑재용 이동표적 레이더로 측방탐사가 가능하다.

적경(赤經, right ascension) : 적도좌표로서 천체의 위치를 나타낼 때 쓰이는 것으로 천구의 적도상에서 춘분점으로부터 동쪽으로 향하여 잰 각거리를 말하며 일반적으로 시간을 표시한다.

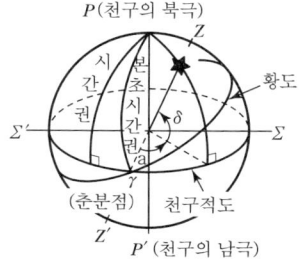

a : 적경, δ : 적위

적도(赤道, equator) : 지구의 중심을 지나고 지축에 직교하는 평면과 지표면과의 교선.

적도법(赤道法, equatorial projection) : 투사도법에 있어서 투영면이 적도상의 점에서 지구와 접하고 있는 경우. 그리고 극에 접하는 경우를 극심법, 극이나 적도 이외에서 접하는 경우를 지평법이라 한다.

적도좌표(赤道座標, equatorial coordinates) : 지구상의 춘분점으로부터의 각거리(적경)와 시간권(時間圈)상의 적도로부터의 각거리(적위)에 의해서 천체의 위치를 나타내는 방식. 일반적으로 경·위도를 정하는 천체관측에서는 이 방식으로 표시되는 천체의 위치를 쓴다.

적도좌표계(赤道座標系, right ascension system) : 천구의 적도면과 자오면으로 이루어진 좌표계. 지구의 적도면과 천구면이 만나서 만드는 하늘의 적도(원)를 제1기준원으로 하며 적경과 적위의 두 요소로 목표 천체의 좌표를 표시한다. 제1요소인 적경은 제1기준원인 적도 상에서 춘분점으로부터 목표 천체의 발까지 반시계방향으로 잰 각거리이다. 적경은 0h에서 24h 사이의 값을 가진다. 제2요소인 적위는 제2기준원인 시간원 상에서 목표 천체의 발로부터 목표 천체까지 윗방향으로 잰 각거리이다. 제2기준원인 시간원은 제1기준원인 적도에 직교하며 목표 천체를 포함하고 있는 원이다. 적위는 −90°에서 +90° 사이의 값을 가진다. 관측시각에 따라 좌표요소의 값이 변하지 않으며 항성의 위치 연구에 적합하다.

적외선분광광도계(赤外線分光光度計, infrared spectrophotometer) : 기체, 액체 또는 고체 시료를 2.5∼25 μm의 적외선 분광기로 분광하고, 이것이 통과할 때 흡수되는 양을 각 파장에 대해 관측하여 얻어지는 흡수스펙트럼을 사용해서 정성 및 정량분석을 행하는 장치.

적외선사진(赤外線寫眞, infrared photograph) : 적외선에 감광하기 쉬운 적외선 필름을 쓰고 적색 필터를 통하여 촬영한 사진으로 판독하는 데 흔히 이용된다.

적외선필름(赤外線필름, infrared film) : 사람의 눈으로 볼 수 없는 긴 파장까지 기록하는 필름으로 적외선 영역을 찍을 수 있는 필름이다. 적외선보다 짧은 파장인 청색광을 차단하기 위해 빨간 필터나 오렌지 필터를 사용해야 한다. 적외선 필름은 어둠 속에서도 촬영이 가능하며 초록색의 풀, 나뭇잎 등은 적외선을 반사시키므로 하얗게, 파란하늘은 적외선을 흡수하여 검게 나타난다.

적위(赤緯, declination) : 적도좌표에 의하여 천체의 위치를 나타낼 때 쓰이는 것으로서 어떤 천체의 천구적도로부터 각거리. 적위는 남북으로 각각 90°로 나누어진다.

적위호(赤緯弧, declination arc) : 천문측량용의 솔라 트랜싯 회전축의 둘레로 회전하는 frame 가운데 눈금을 새긴 원호.

적지분석(適地分析, land suitability analysis) : 토지이용계획이나 시설물계획 시 특정용도 또는 시설이 입지하기에 가장 적합한 지역을 분석하는 과정.

적합도분석(適合度分析, site suitability analysis) : 특정목적에 어느 곳이 가장 좋고 나쁜지를 구분하기 위한 중첩이나 버퍼 등의 여러 가지 작업.

적합성(適合性, conformance) : 명시된 모든 요구사항을 구현한 것에 대한 충실도.

적합성구현(適合性具現, conformance implementation) : 적합성 요건을 만족시키고 있는 구현.

적합성시험(適合性試驗, conformance testing) : 제품 구현의 적합 정도를 정하기 위해 그 제품에 대해 행하는 시험.

적합성시험보고서(適合性試驗報告, conformance test report) : 규격에 적합한 전체 개요의 보고 및 그 전체개요의 근원이 되는 시험결과의 상세보고, 시험 도중 연구된 일부 보고서가 시험의 상세내용뿐만 아니라, 표준에 대해 적합한지 여부를 전반적으로 요약한 보고서로, 이것은 적합성 평가과정의 종료 시에 작성되는 문서이다.

적합성평가과정(適合性評價過程, conformance assessment process) : 표준규격에 맞게 구현했는지 여부를 결정하는 데 필요한 활동을 수행하는 과정.

적합성품질수준(適合性品質水準, conformance quality level) : 자료집합이 제품사양서를 어느 정도 만족하는지를 판단하기 위해 이용하는 임계치 혹은 임계치의 집합. 자료 생산자가 얼마나 지리적 자료들이 제품규격에 잘 맞는지를 결정하기 위한 초기 자료품질 결과의 집합.

전(田, ① dry paddy, ② baeley field) : 물을 대지 않고 곡물, 원예작물, 약초, 뽕나무, 닥나무, 묘목, 관상수 등의 식물을 주로 재배하는 토지. 따라서 물을 직접 이용하지 않는 죽순이나 밭벼를 재배하는 토지의 지목은 논으로 설정하지 않고 밭으로 설정한다.

전개(展開, ① plotting, ② development) : ① 도지상에 기준점의 위치를 일정한 축척으로 기입 표시해 가는 작업. 지도방안을 그려서 각 점의 경위도 또는 직각좌표치에 따라 점을 찍어간다. ② 각 트래버스점을 상대적 위치를 정하여 이것을 도지상에 제도하는 것. 그러자면 관측된 길이와 각을 기준으로 자와 컴퍼스로 그리는 것보다 각 점의 합위거, 합경거를 계산하여 직각좌표법으로 각 점을 독립시켜 그리는 것이 좋다.

전개도(展開圖, ① development, ② plotting map) : 곡면 또는 다면체의 면을 하나의 평면으로 전개한 그림.

전국의 기선(全國의 基線, national base line) : 우리나라에는 전국에 13개의 기선이 있는데 그 기선명은 노량진(3,075.97442m), 안동(2,000.41516m), 간성(3,126.11155m), 고건원(3,400.81830m), 길주(4,226.45669m), 강계(2,524.33613m), 의주(2,701.23491m), 대전(2,500.39410m), 영산포(3,400.89002m), 평양(4,625.47770m), 혜산진(2,175.31361m), 함흥(4,000.91794m), 하동(2,000.84321m)의 기선망이 있다.

전국지도첩(全國地圖帖, national atlas) : 한 나라의 자연, 사회, 경제, 문화 등의 실체를 국가의 조사, 통계 등 신뢰도가 높은 자료에 의하여 다수의 주제도 등에 표현하여 체계적으로 편집한 아틀라스. 전체적으로 그 나라의 특징을 체계적으로 이해할 수 있으며 그 나라의 문화수준을 나타내는 척도이다.

전기비저항탐사(電氣非抵抗探査, electric resistivity survey) : 지반의 구조나 상태 등을 탐사하는 방법의 한 가지로서 지반 중에 전류를 흘려보내고 이 전류에 의한 전압을 관측함으로써 지반의 토질과 흙의 공극률, 함수율 등에 따라 변화하는 지반의 전기비저항값의 분포를 구하여 지반의 구조, 상태 등을 추정하는 방법.

전기선(電氣線, electricity line) : 전기에너지를 발열원으로 사용하는 전기제철법에 의해서 연약(軟弱)코크스·석탄을 이용해서 만들어진 선철.

전기지하탐사(電氣地下探査, resistivity survey) : 흙이나 암석의 종류와 상태에 의한 전기저항의 차이를 이용해서 지표에 설치된 전극 간에 전류를 흘려 지표면의 2점 간의 전위치를 관측하여 토층의 성질 구성 등을 조사하는 방법.

전기탐사기(電氣探査機, electric survey probe) : 지하에 매설된 전도체에 전류가 흐르면 그 에너지에 의해 전도체를 중심으로 원통형의 자장이 형성된다. 이 자장을 전기탐사기수신기의 1차 코일로 직각방향으로 차단하며 수신기에 미소한 전류가 흐르게 된다. 이 미소전류를 2차코일로 증폭시켜서 가청주파수로 바꾸어 헤드폰으로 청취하고 또 한번 발진시켜서 지시계의 바늘을 움직이게 한다. 가장 강한 신호의 위치를 확인하여 그 지하매설물의 평면위치 및 수직위치를 관측한다.

전기탐사기수신기(電氣探査機受信機, electric survey probe receiver) : 「전기탐사기」참조.

전기탐사법(電氣探査法, electric survey) : 전기탐사는 지반 중에 전류를 흘려보내어 그 전류에 의한 전압 강하를 관측함으로써 지반 내의 비저항값의 분포를 구하는 것. 비저항치는 지반의 토질과 흙의 공극률, 함수율 등에 의해 변화하기 때문에 비저항 값의 분포를 재면 토질의 지반 상황의 변화를 추적할 수 있다.

전달지연(傳達遲延, propagation delay) ; 위성신호가 수신기에 도달하는 데 요구되는 시간보다 늦어지는 것으로 이는 위성신호가 대기를 통과하여 전파되기 때문이다. 위성으로부터의 거리는 위성신호의 이동시간에 의해 계산되기 때문에 전파 지연은 계산된 거리에 오차를 야기 시킨다. 전파 지연은 낮은 고도와 높은 위도에서 많이 발생한다.

전도(傳導, conduction) ; 분자 간 상호작용에 의해 고형물질을 통한 전자기에너지의 이동을 말한다.

전리층(電離層, ionosphere) ; 전리층은 지표로부터 높이 약 100km에서 1,000km 사이에 있는 전파를 반사하는 층으로, 아래로부터 D층, E층, F1층, F2층이 있으며 단파보다 짧은 파장의 전파는 반사하지 않고 통과해 버린다. 대부분 라디오 전파와 같이 GPS 위성신호는 전리층을 통과하기 때문에 전리층의 영향을 받게 된다. 단독위치결정이나 간섭위치결정에서도 관측오차가 되고 전파속도의 변화(파장)에 따라 다르며 L_1 밴드와 L_2밴드를 동시 관측에 의해 보정한다.

전리층굴절(電離層屈折, ionospheric refraction) ; 전파가 전리층을 통과할 때 나타나는 굴절현상으로 이로 인해 GPS 신호의 위상파는 빨라지며, 코드신호는 지연되는 현상이 발생한다.

전리층모형(電離層模型, ionospheric model) ; GPS 위성신호가 지상까지 전달되기 위해서는 전리층을 통과하여야 하는데 이때 전리층에 분포되어 있는 자유전자(free electron)에 의해 오차가 발생된다. 이러한 오차를 보정하기 위한 모형으로서 Klobuchar 모델 등이 있다.

전문가시스템(專門家시스템, expert system) ; 특수한 의사결정을 위한 인간의 지능에 기초한 법칙에 따른 진보된 컴퓨터 프로그램.

전문가지리정보체계(專門家地理情報體系, professional GIS) ; 특정목적 또는 분야에서 사용하는 전문가적인 지리정보체계. 각 제품마다 다양한 공간데이터 모형을 갖고 위상관계를 형성할 수 있는 기능을 제공한다. 일반적으로 데스크탑보다는 워크스테이션 이상의 플랫폼에서 운영되며 강력한 공간분석기능과 지도제작기능을 제공하므로 응용프로그램을 개발하는 개발도구로 사용된다.

전민봉정사(田民封定使) ; 측량에 있어서는 토지의 소속을 분명히 밝히고 조세를 정확히 계산하기 위하여 중앙에서 지방으로 파견한 관직.

전방교선법(前方交線法, method of forward intersection) ; 전방교회법.

전방교회법(前方交會法, method of forward intersection) ; ① 평판측량에 있어서 평판상에 도시되어 있는 2개 또는 3개의 기지점에 평판을 설치하고 방향선 만으로 다른 구점의 평면도상의 위치를 결정하는 방법. ② 삼각측량에서 기지점으로 부터 구점의 방향각을 관측하고, 구점에서는 관측을 하지 않고 그 위치를 구하는 방법. 목표로 되는 지형, 지물 등의 위치를 구할 때, 또는 간단한 삼각측량 등에서 쓰이는 수가 많다.

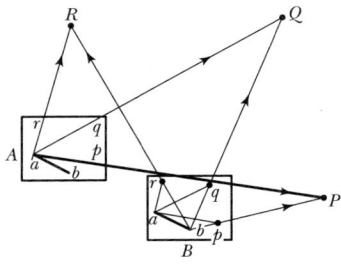

전부상도(全浮上圖, total plastic) ; 입체사진에서 과고감의 정도를 나타내는 양으로, 기선장

의 안기선의 n배 model의 배율이 v배이거나 또는 배율 v인 입체경을 쓸 때 전부상도 P는 P=n×v이다.

전빈(前濱, fore shore) ; 해빈은 전빈과 후빈으로 나누어진다. 해빈은 해수의 약최저저조면이 해빈과 만나는 부분에서 해빈이 육지의 구조물 등과 만나는 부분까지의 해빈지역을 말한다. 이 중에서 전빈은 해수의 약최저조면과 해빈이 만나는 부분에서 해수의 약최고고조면이 해빈과 만나는 부분까지의 해빈지역을 말한다.

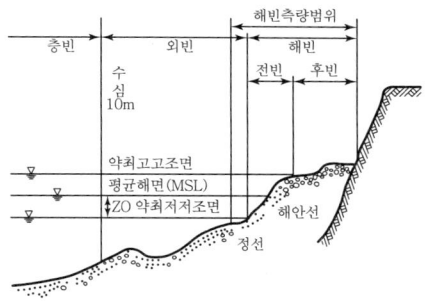

전산기호환테이프(電算機互換테이프, Computer Compatible Tape : CCT) ; 전산기 호환 테이프.

전산도형해석(電算圖形解析, computer graphics) ; 도형 영상을 출력하기 위한 계산 활동을 포괄하는 일반적인 용어. 전산기에 의한 그래프의 입력, 출력 및 처리를 말한다. 컴퓨터 그래픽이란 일반적으로 말하면 그래프나 차트, 지도, 애니메이션, 예술적 영상 등으로 대표되는 도형 내지는 영상을 컴퓨터를 이용해 작성하는 과정과 이와 관련된 기술.

전송스키마(傳送스키마, transfer schema) ; 지리자료와 메타데이터를 전송하기 위한 규칙과 연산자를 위한 개념적 스키마.

전수(前手, leader) ; 거리측량에서 tape의 전단 방향의 끝을 잡은 사람 전수는 Pole을 후수의 신호에 따라 관측선 속으로 들어가게 하고, 거기에 표를 하고 그에 따라 tape를 쳐서 거리를 관측한다.

전수검사(全數檢査, full inspection) ; 자료집합 내에 모든 항목의 점검.

전시(前視, Fore Sight : FS) ; 표고나 평면위치를 구하고자 하는 지점을 시준하는 것.

전원분도기(全圓分度器, whole circle protractor) ; 컴퍼스측량의 내업에서 도상에 측점을 전개할 때 쓰이는 중공원형인 황동제분도기로서 전원주를 360°로 분할 눈금을 새겼으며, 중공부의 0°와 180°를 잇는 선은 자로 되어 있다. 투명한 celluloid 원판에 0°부터 360°까지 눈금을 새긴 분도기도 있다.

전원측각법(全圓測角法, full circle method) ; 일정한 기준선과 각 측선이 이루는 방향각을 관측하는 방법.

전자기복사(電磁氣複寫, electromagnetic radiation) ; 전기장과 자기장 사이의 상호작용의 형태로 전파되고, 상호작용을 증가시키는 에너지. 모든 전자기 복사에너지는 빛의 속도로 움직인다.

전자기스펙트럼(電磁氣스펙트럼, electromagnetic spectrum) ; 파장이나 주파수에 따라서 배열된 전자기적 에너지의 연속물이다.

전자기파거리측량기(電磁氣波距離測量機, Electromagnetic Distance Meter ; EDM) ; 전파 및 광파에 의한 간접거리측량을 할 수 있는 장비. 사용기계로서는 전파에 의한 것은 전파거리측량기, 광파에 의한 것은 광파거리측량기라 한다.

전자야장(電子野帳, data recorder) ; 관측자료를 현장에서 직접 기계에 부착된 자료저장장치를 통해 입력과 출력을 할 수 있도록 고안된 전자식 야장.

전자기유도탐사법(電磁氣誘導探査法, electromagnetic spectrum) ; 주로 전기, 전화 등의 케이블과 금속관로를 탐사하는 기법으로 케이블 탐사인 경우 시그널 클램프를 이용하여 특정케이블의 위치와 깊이를 탐사할 수 있다. 광케이블이나 금속관로인 경우 이미 묻어 놓은 리드선에 전류를 연결시켜 탐사하며,

비금속관로나 공관로인 경우 소형발신기인 탐침을 이용하여 탐사할 수 있어 현재 가장 많이 쓰이고 있는 방법이다.

전자인화기(電磁印畵機, electromagnetic print machine) : 사람의 시각으로 노출량을 조절하는 데 한계가 있으므로 눈 대신 광전판을 사용하는데, 인화에 광전판을 사용하는 이 기기를 전자인화기라고 한다.

전자기탐사법(電磁氣探査法, electromagnetic survey) : 지반의 전자유도현상을 이용한 탐사법으로, 지반의 도전율(비저항의 역수)을 측정함으로써 지하구조와 고도 전체의 위치를 탐사할 수 있다. 전자탐사장치는 탐사심도가 수천 m에서부터 지표근접 수 m를 대상으로 하는 것까지 다양하게 있지만, 시설물조사에는 층을 조사할 수 있는 간단한 것이 사용된다.

전자기파장대(電磁氣波長帶, electromagnetic spectral region) : 전자기파의 진동수에 따라 나눈 대역. 즉, 감마선(<0.03mm), 엑스레이(0.03~3mm), 자외선(3mm~0.4μm), 사진자외선(0.3~0.4μm), 가시광선(0.4~0.7μm), 적외선(0.7~100μm), 반사적외선(0.7~3μm), 열적외선(3~5μm, 8~14μm), 극초단파(0.3~300mm), 레이더(0.3~300cm)로 분류한다.

전자해도(電磁海圖, electronic navigational chart) : 전자해도 표시 전산시스템에 사용하기 위해 종이해도 상에 나타나 있는 해안선, 등심선, 수심, 항로표시(등대, 등부표)위험물 항로 등 선박의 항해와 관련된 모든 해도정보를 국제수로기구(IHO)의 표준규격(S-57)에 따라 제작된 수치해도이다.

전적(田籍) : 조선시대의 토지대장인 양안을 말하며, 양안에는 소재지, 지번, 토지등급, 지목, 면적, 토지형태, 사표, 소유자 등 모든 토지에 대한 사항을 기록하고 있다.

전정색사진(全整色寫眞, panchromatic photo) : 흑백사진.

전정색필름(全整色필름, panchromatic film) : 모든 가시광선 영역의 컬러에 대해서 감지하는 필름을 의미한다.

전점(前點, fore point) : 측량을 해나감에 있어서 그 전진방향에 있는 측점.

전제상정소(田制詳定所) : 세종 25년(1443)에 전제정비를 위해 설치한 임시관청.

전제표(剪除表) : 우절장. 교차하는 두가로폭의 교차각도에 따라 정해지는 가로전제의 기준으로 도시계획시설기준에 의해 가각전제기준인 전제표를 사용한다.

전진법(前進法, method of progression) : 평판측량 중 측점에서 측점으로 순차로 방향과 거리를 관측하여 도상에 트래버스를 결정하는 방법.

전치계렌즈(前置系렌즈, auxiliary lens system) : 광학적 투영법 등의 도화기의 투영렌즈 앞에 붙인 렌즈계로서 렌즈에서 나온 광선을 유한점에 결상시키는 장치.

전파거리측량기(電波距離測量機, electro wave distance meter) : 극초단파 또는 장파를 이용한 전자기파 거리측량기로, 주국과 종국으로 되어 있는 관측점에 세운 장비가 주국으로부터 목표점인 종국에 극초단파를 변조 고주파를 발사하고 이것이 돌아오는 반사파의 위상차로부터 거리를 구하는 장비.

전파속도(傳播速度, wave celerity, wave speed) : 개개의 파가 진행하는 속도로서 파장을 주기로 나누거나 각 주파수를 파수로 나눈 값으로 정의됨.

전파오차(電波誤差, propagated error) : 산정된 관측오차로부터 유도되어 계산된 오차. 예를 들면 전파 좌표 오차는 두 측점 사이의 방위각, 거리 및 높이차에 포함된 상대적인 오차로부터 전파될 수 있는 오차.

전파표지(電波標識, radio beacon) : 전파의 여러 가지 성질을 응용하여 항해자가 이용하기 위한 전파를 이용한 표지.

전파항법도(電波航法圖, electronic positioning chart) : 일반항해도에 Loran, Decca, Hi-Fix 등의 전파항법 체계의 위치선과 번호를 기입

한 해도.

전폭보(全幅步, suppressed weir) : 양단 어느 쪽으로도 수축이 없는 장방형의 보. 유량공식은 수정 Rehbock 공식을 쓴다.

전향력(轉向力, coriolis force) : 북반구에서 전향력은 운동방향의 우측으로, 남반구에서 전향력은 운동방향의 좌측으로 작용. 운동의 방향에 비례하고, 또한 운동이 있어야만 생기며 정지되어 있는 물체에는 생기지 않고 극지방에서는 가장 크게 적도지방에서는 가장 작게 나타난다.

전환(轉換, conversion) : 다른 기준면에 기초를 두고 있는 기준좌표체계로부터 다른 기준좌표체계로의 일대일 관계에 의해 좌표를 변경하는 것.

전환규칙(轉換規則, conversion rule) : 입력자료구조를 갖는 사례를 출력자료구조를 갖는 사례로 변환하는 방법에 대한 사양.

전환방법명(轉換方法名, conversion method name) : 투영법의 이름.

전환위치(轉換位置, trans-location) : 상대위치결정방식의 하나. 복수지점에서 동시에 단독위치결정을 하여 각각 구한 좌표값으로 기선길이와 방향을 구하는 방법. 각 지점의 관측오차 중에는 GPS 위성의 궤도오차나 대기, 전리층에 의한 오차는 대개 공통적으로 좌표값을 계산할 때 상쇄되어 정밀도가 좋아진다. 기선관측의 정밀도는 수 m로 간섭위치결정보다 낮다. 단독위치결정용 수신기가 기선해석이 간단하게 되는 장점이 있다.

전환점(轉換點, Turning Point : TP) : 여러 번 기계를 이동하여 고저차를 구하려고 할 때 전후의 측량을 연결하기 위하여 전시·후시를 함께 취하는 표척점을 말한다.

전환정밀도(轉換精密度, conversion precision) : 전환된 좌표값이 그것들의 정확한 값에 대한 근접도.

전환정확도(轉換正確度, conversion accuracy) : 전환된 좌표값이 그것들의 목표참조체계 위에서 사실 값 또는 사실 값으로 간주되는 값에 대한 근접도.

절기선(折基線, folding base line) : 기선은 직선으로 설치하는 것이 이상적이지만 지형 관계로 직선으로 설치하지 못할 때 절선인 기선을 설정하고 이것을 다음 계산식에 의해서 직선으로 고친다.
$L = L_1 \cos a_1 + L_2 \cos a_2$

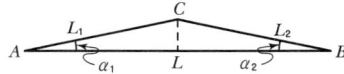

절단법(切斷法, method of side intersection) : 측방교회법. 세부측량에서 하는 측량방법의 한 가지. 전방교회법과 후방교회법을 병용하는 것과 같은 방법이며 1점씩 점검을 하는 것으로 단도선법이라고도 할 수 있는 것이다.

절단오차(切斷誤差, truncation error) : 수치처리과정에서 무한급수를 유한급수로 처리할 때의 오차.

절대오차(絶對誤差, absolute error) : 계산값, 관측값 또는 실험값에서 참값, 기준값 또는 이론값을 대수적으로 뺀 결과.

절대온도(絶對溫度, absolute temperature) : 기체의 열팽창에 입각하여 결정된 온도. 섭씨온도의 눈금을 이용하여 $-273°C$를 절대영도($0°K$)로 하는 열역학적 온도를 말함. 절대온도 $T°K$(켈빈)와 섭씨온도 $t°C$와의 사이에는 $T = t + 273$의 관계가 있음. 국제규격의 SI 단위계에서는 켈빈의 단위를 $°K$ 대신에 K로만 표기하도록 되어 있다.

절대위치(絶對位置, absolute position) : 3차원의 측지좌표(경도, 위도, 고도 : 타원체면에서의 높이)와 3차원의 직교좌표(X, Y, Z)를 말한다.

절대위치결정(絶對位置決定, absolute positioning) : 어떤 특정의 좌표계에 의하여 공간상의 한 측점의 위치를 좌표계 내에서 결정하는 방법.

절대정확도(絶對正確度, absolute accuracy) :

측지측량에 의하여 기준점으로부터 관측된 값과 대상물이 지도상에 표현된 위치값과의 차이.

절대좌표(絶對座標, absolute coordinate) ; 한 좌표계 내에서 원점으로부터 관측된 좌표.

절대중력(絶對重力, absolute gravity) ; 한 지점의 절대적인 중력값으로 진동자나 자유낙하에 의해 관측한다.

절대촬영고도(絶對撮影高度, absolute flight altitude) ; 해면을 기준으로 한 경우의 촬영고도.

절대표정(絶對標定, absolute orientation) ; 상호표정이 끝난 한 쌍의 입체사진 model에 대하여 축척, 수준면, 위치를 결정하는 조작을 말하며, 대지표정이라고도 한다.

절대표정의 요소(絶對標定의 要素, element of absolute orientation) ; 절대표정에 쓰이는 요소로서 상호의 사진거리 bx(축척)와 X, Y축 둘레의 공통회전각 ϕ, Ω로 이루어진다.

절선(折線, traverse line) ; 트래버스 선.

절연점(絶緣點, isolated node) ; 어떤 변이나 선과도 연결되지 않은 절점.

절점[1](節點, novel point) ; ① 다각측량에서의 각 측점. 기선측량에서도 측거 tape를 이어대는 점. 예컨대 일등기선측량에서는 25m마다 말목을 박고 그 위에 일직선이 되게 지표를 새기면서 25m씩 이어나가는 측점. ② 두꺼운 렌즈에 관하여 렌즈의 중심과 같은 성질을 갖는 점이며, 주점이라고도 하여 양쪽에 하나씩 2개가 있다. 얇은 렌즈에서는 이 2개의 절점이 1점으로 겹쳐진 것이라 생각할 수 있다.

절점[2](節點, node) ; 영차원의 위상 기본요소로, 절점경계는 공(empty)집합이다.

절점속성표(切點屬性表, node attribute table) ; 절점이 점 공간 형상을 표현하기 위해 사용되면 그에 대한 설명 정보가 저장된다.

절점연결(節點連結, node snap) ; 지리정보체계 소프트웨어로 여러 개의 절점과 점을 하나의 절점으로 만듦으로써 지물이 정확히 절병합을 하도록 지시하는 것.

절점정합(節點整合, node matching) ; 일정한 거리 이내의 절점을 하나로 일치시키는 것.

절점형상(節點形狀, node feature) ; 절점은 호의 시작과 끝을 나타내는 점으로서, 속성 파일에서 시작 절점은 아크의 시작점을, 끝나는 절점은 호의 끝점을 나타낸다.

절차(節次, procedure) ; 매개변수에 의해 자료에 명시된 것을 이행하기 위한 소프트웨어 시스템의 구성요소. 수행방식 또는 어떤 것에 영향을 미치는 방식에 제공하는 단계 또는 방법을 구성하는 행위.

절충형레벨(折衷形레벨, combined level) ; Y 레벨의 조정이 쉬운 것과 덤피레벨의 견고한 구조 등 두 레벨의 장점을 절충해서 만든 레벨.

절취고(切取高, cutting height) ; 굴착공사를 할 때의 절취하는 높이.

절취단면적(截取斷面績, cutting area) ; 토목공사에 앞서 행한 측량에 의해서 횡단면도를 그리고, 이 도상에 새로운 공사계획을 기재했을 때 절취하여야 할 부분이 생기면 이 면적을 절취단면적이라 하고, 도상에서 구적기, 방안법 등으로 그 값을 구한다.

절측법(折測法, method of traversing) ; 전진법 또는 도선법.

절토(切土, cutting) ; 철도, 도로, 택지, 공항건설 등을 목적으로 지반을 절취하는 것.

절형도법(截形圖法) ; 원통도법의 일종으로 극을 선분으로 나타내는 도법을 말한다.

점(點, point) ; 위치를 표현하고, 범위를 갖지 않는 0차원 기하 기본요소. 점의 경계는 공집합이다.

점검측량(點檢測量, checking survey) ; 수준측량에 있어 주로 중심말뚝의 검측을 말함.

점고법[1](點高法, volumes from spot height) ; 넓은 지역의 정지, 절취, 매립 등을 할 때의 토공량 산정에 쓰이는 방법. 구형공식과 삼각주공식이 있다. 또 부호적 지형표시법의 한 가지로서 지표상에 일정한 간격으로 떨어진 각 점에서의 표고를 구하여 그 값을 도상에 기입하는 방법이다. 하해에서의 심천을 표시하는 해도 등에 많이 쓰인다.

점고법[2](點高法, spot height system) ; 지표상 임의의 점의 표고를 도상에 있는 숫자에 의하여 지표를 나타내는 방법. 해도, 하천, 호소, 항만의 심천을 나타내는 경우에 사용된다.

점근유하거리(漸近流下距離, running distance of approach) ; 부자에 의한 유속을 관측할 때, 부자가 투하되고부터 일정한 속도가 되기까지 필요한 유하거리.

점보간(點補間, pointwise) ; 일차원으로 배열된 점들로부터 주어진 점들로 곡선 Z=f(x)를 결정하고 미지점을 추정하는 방법으로 Lagrange 보간식, Newton의 전향보간식, Aiken-Neville 공식, Spline 보간공식, Fourier Series공식, 거리경중률함수법, Kriging 보간법 등이 있다.

점의 옮김(點의 옮김, transferring of points) : 어떤 사진상의 점의 위치를 다른 사진 위에 옮기는 작업. 주점이나 표정점을 옮기는 경우가 많으며 입체시에 의하여 나란히 놓은 사진에 자사한다.

점의조서(點의 調書, records of surveying point) : 기준점 측량, 중심선측량, TBM(가수준점) 설치측량 등에서 측설된 측점의 번호, 좌표값, 표고값, 특징 등을 표로 만들어서 작성한 것.

점이사(點移寫, point transfer) ; 사진상의 주점이나 표정점 등 제점의 위치를 인접한 사진상에 옮기는 작업.

점장률(漸長率, meridional parts) ; Mercator 지도에 있어서 위선의 간격은 위도가 높아짐에 따라 점차로 커진다. 적도상의 위선의 호장을 1이라 할 때 적도에서 각 위선까지의 길이의 지율을 점장률이라 한다. 여기에는 위도를 인수로 하는 수표가 만들어져 있으며 이것을 점장률표라 부르고 있다.

점장위도(漸長緯度, isometric latitude) ; 다음 식으로 정의되는 q를 말한다.

$$q = \int_0^\phi \frac{M}{R\phi}$$

$$d\phi = I_n \left(\tan\left(\frac{\pi}{4} + \frac{\phi}{2}\right) \right) \left(\frac{1 - e\sin\phi}{1 + e\sin\phi} \right)^{e/2}$$

여기에서 M : 자오선의 곡률반경, $R\phi$: 가로의 곡률반경, ϕ : 위도, e : 타원의 이심률, 등각도법에서 지도상의 좌표를 x, y, 지구상의 경도를 λ, 점장위도를 q라 하면 일반적으로 다음 관계식이 성립한다.

$x + iy = f(q + i\lambda)$

여기에서 f는 해석함수이다.

점장척도(漸長尺度, scale of mercator map) ; mercator 지도에서 위도마다의 축척보정을 한 지도의 척도축척을 말한다. 이와 같은 보정척도는 소축척도의 도상계측에는 필요하지만 등각지도 이외에서는 아직 그다지 쓰이지 않고 있다.

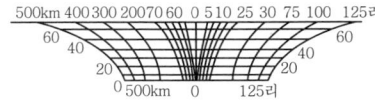

점지(粘紙, pencil carbon sheet) ; H 또는 2H 정도의 연필심지를 갈아서 만든 가루. 염분 또는 단홍분(黃酸鐵粉)을 박지 또는 paraphine지에 칠한 다음 탈지면으로 가볍게 문질러서 여분의 가루를 털어낸 것으로 점지법으로 옮기는 데 쓰이는 종이를 말한다.

점확산함수(點擴散函數, Point Spread Function : PSF) ; 영상에 대한 처리 0에서, 이상적인 점상이 입력되었을 때의 처리결과의 출력영상을 처리 0의 점확산함수라 하고, 처리 0의 특성을 나타내는 지표로서 사용한다. 이상적인 점상이란 원점에서 충분히 큰 농도값을 가지고, 그 밖의 점에서는 농도값이 0인 영상으로서, 이론적으로는 2변수의 델타함수 $\delta(x, y)$로 모델화된다. 처리 0이 선형이면 점확산함수는 시스템 이론에서의 임펄스 응답에 해당한다. 점상 대신에 이상적 직선과 이상적 간선을 처리의 입력으로서 쓰는 일이 있으며, 그 때의 출력을 각각 선확산함수 (line spread function), 간선확산함수(edge spread function)라고 한다. 이것들은 처리 0이 선이나 간선에 미치는 흐림의 정도와 처리의 방향의존성을 조사하는 데 쓰인다.

접근(接近, access) : 기억장치가 주변기기로 부터 자료를 주고받는 것.

접근보안(接近補完, access security) : 자연재해, 장해, 에러, 실수 및 의도적 행위 등의 위험으로부터 정보와 관련된 자산을 지키는 것. 지리정보체계 자료기반에는 개인정보를 포함한 중요한 정보가 저장되어 있으므로, 자료 이용자를 제한하고 식별할 수 있는 접근 보안이 필요하다.

접근성(接近性, accessibility) : 정보를 빠르고 쉽게 얻을 수 있는 정도. 주어진 위치로부터 도달하고자 하는 위치가 얼마나 떨어져 있는 가에 대한 통합적인 관측값.

접근시간(接近時間, access time) : 임의접근기억장치(RAM) 또는 보조기억장치 등과 같이 어떤 정보가 존재하는 곳으로부터 정보를 가지고 오는 데 소용되는 시간. 접근시간은 탐색시간과 회전지연시간으로 이루어지는 대기시간과 전송시간을 합친 시간.

접근유속(接近流速, velocity of approach) : 수로에 보를 설치했을 때 보의 상류측 부근 수로의 평균유속.

접선왜곡(接線歪曲, tangential distortion) : 왜곡수차의 접선방향의 성분.

접선장(接線長, Tangent Length : TL) : 곡선의 각부 명칭의 한 가지로 곡선시점의 접선과 곡선종점의 접선과의 교점에서 곡선시점 또는 곡선종점에 이르는 거리.

접선수차(接線收差, tangential distortion) : 만곡수차의 접선방향의 성분.

접선종거(接線縱距, continuation of tangent) : 곡선접선의 접점을 원점으로 하고 접선을 횡축으로 한 직각좌표를 생각할 때, 곡선상의 점에서 접선에 내린 수선의 길이를 그 점의 접선종거라 한다. 원곡선 설치에 이용된다.

접선지거법(接線支距法, tangent offset method) : 「접선횡거법」 참조.

접선편거(接線偏距, tangent deflection) : 곡선에 1 chain의 길이를 갖는 현 AB를 긋고, B점에서 A점으로의 접선에 내린 수선의 발을 P라 하면, BP는 접선횡거이다. 이 길이를 구함으로써 곡선을 설치할 수 있다.

접선편거법(接線偏距法, tangent offset method) : 「접선횡거법」 참조.

접선횡거(接線橫距, abscissa) : 곡선접선의 접점을 원점으로 하고 접선을 횡축으로 한 직각좌표를 생각할 때 곡선상의 점에서 내린 수선의 발과 원점의 거리를 말한다. 이것과 접선종거를 구함으로써 곡선을 설치할 수 있다.

접선횡거법(接線橫距法, tangent offset method) : 도로측량에서 원곡선을 설치하는 방법으로써 접선종거와 접선횡거를 이용하여 설치하는 방법.

접속표정(接續標定, successive orientation) : 대지표정을 완료한 모델에 맞추어서 인근 사진의 표정요소만을 사용하여 모델을 표정하는 것. 즉, 한 쌍의 입체사진 중 한쪽을 고정시켜서 움직이지 않게 하고 다른 한쪽 요소만을 써서 사진을 이어가는 표정법으로, 항공삼각측량에서 쓰인다.

접안경(接眼鏡, eyepiece) : 망원경의 관측자 측의 렌즈. 대물경에 의해서 십자선 면에 비친 실상을 확대하여 관측자의 눈으로 보내는 것으로 여러 가지 수차를 없애기 위해서 접안경은 합성 렌즈를 쓴다. 보통 Ramsden형이나 Frunhofer형이 쓰인다.

접안경조정나사(接眼鏡調整螺絲, eyepiece adjustment screw) : 접안경의 원근감을 조정하는 나사.

접안렌즈(接眼렌즈, eye-lens) : 2개 이상의 렌즈계로써 구성되는 접안경에서 눈에 가까운 쪽의 렌즈.

접지법(接地法, grounding method) : 송신기의 출력단자와 도선의 한쪽을 접속하여 송신기 접지단자를 대지에 접지시키고 도선의 다른 한쪽을 대지에 접지시켜 송신기-도선-접지-대지-접지-송신기의 회로에 신호전류를 흐르게 하는 방법이다. 접지는 관로와 직각방향으로 충분한 거리를 확보하는 것이 필요하다.

접지선(接地線, grounding conductor) : 지하시설물측량에서 구조물에 직접 접지하는 기구.

접합오차(接合誤差, tie bond error) : 모형과 모형, 스트립과 스트립을 접합할 때 발생하는 오차.

접합표정(接合標定, successive orientation) : 한 쌍의 입체사진 내에서 한쪽의 표정인자는 전혀 움직이지 않고 다른 한 쪽을 움직여 그 다른 쪽에 접합시키는 표정방법.

정각(正角, conformality) : 등각 또는 상사라고도 한다. 이 성질을 갖는 지도상에서는 임의방향의 각이 지상에서 재는 협각과 언제나 같게 표시되어 있다. 따라서 아주 좁은 장소에서의 형상은 상사형이 된다.

정거리(正距離, quidictancy) : 등거리 또는 등할. 이 성질을 가지는 지도상에서는 1 정점 또는 2 정점에서 임의의 점까지의 직선거리 또는 특정한 경로. 예컨대 경선 또는 위선상에서는 일정한 축척으로 나타낼 수 있다.

정고도법(正高度法, fixed altitude method) : 망원경을 일정고도(45°, 60° 등)로 유지하고, 그 망원경에 장치된 수 개의 교합사로 천체가 지나가는 시각을 관측하여 경위도를 구하는 방법. 이 관측은 각 상한에서 균등히 되게 하여 도해 또는 계산으로 구한다. 망원경을 일정하게 유지시켜야 하므로 talcott level이 쓰인다. 또 이 방법 전용의 기계(astrolabe)도 있다.

정규고(正規高, normal height) : 준(準)지오이드(quasi-geoid)에 대한 높이를 의미한다. 즉, 스페로포텐셜(spheropotential)이 지상의 지오포텐셜(geopotential)과 동일한 지점의 지구타원체로부터의 높이를 말한다. Molodenski와 Hirvonen에 의하여 정의되었다.

정규곡선(正規曲線, normal curve) : 정규함수 $y = \frac{h}{\sqrt{\pi}} \times e^{-(hx)^2}$가 나타내는 곡선을 말한다. 여기에서 x는 확률변수, h는 정도지수라 불리는 정수, y는 x가 생기는 확률이 ydx가 되는 소위 확률밀도를 나타낸다. 이 곡선은 y축에 대하여 대칭이며 x축을 접근선으로 하는 종형으로 나타난다.

정규방정식(正規方程式, normal equation) : 잔차의 제곱의 합을 최소로 한다는 조건에서 얻어지는 식은 미지량의 최확값을 포함하며, 그 개수와 같은 개수의 방정식이다. 이것을 정규방정식이라 하며 연립방정식으로 풀면 미지량의 최확값을 구할 수 있다.

정규분포(正規分布, normal distribution) : 통계학에서 확률변수 X가 다음과 같은 확률밀도함수를 가질 때 확률변수 X는 정규분포를 이룬다고 한다.

$$f(x) = \frac{1}{\sigma\sqrt{2\pi}} e^{-\frac{1}{2}\left(\frac{x-\mu}{\sigma}\right)^2}$$

여기서, μ는 평균, σ는 표준편차를 나타낸다. 확률변수가 오차일 경우 오차의 3법칙, 즉
① 작은 오차가 생기는 확률은 큰 오차가 생길 확률보다 크다.
② 같은 크기의 (+)(−)오차가 생길 확률은 비슷하다.
③ 극히 큰 오차・기대확률은 0이다.
위의 조건을 만족하는 분포를 말하며 가우스 분포(Gaussian distribution)라고도 한다.

정규화(定規化, normalization) : 관계형 자료기반을 위한 지료기반설계 도구로써 처음 고안된 자료 모형화 방법. 개념적인 모형화에 대한 유용한 도구인 것으로 발견되었다. 정규화 자료 모형화에 대한 상향 접근이다. 자료의 중복을 방지함으로써 자료의 불일치가 일어나지 않도록 자료모형에 자료종속을 적용하는 개념적인 자료기반설계 업무.

정규화영상(定規化映像, normalized image) : 입체영상으로부터 표정요소를 이용하여 y 시차가 소거된 정규화된 영상.

정극식플라니미터(定極式플라니미터, polar planimeter) : 극을 갖는 도상면적측정기계. 활주간과 고정간은 hinge로 연결하고 고정간의 일단은 고정단(극)에 의해서 지면에 고정하며 활주간의 끝은 재려고 하는 면적의 경계를 따라 움직이게 하는 도침. 이 도침의 움직임에 따라 활주간에 달려 있는 측륜이 회전하여 면적을 계산한다.

정도(精度, precision or accuracy) : 정확도와 정밀도를 합한 종합적인 좋은 정도. ① 오차론에서 정도의 양부는 정도지수의 대소로서 상대적으로 정해진다. 정도지수 h는 표준편차 σ에 반비례한다. σ^2은 분산이라 하며, 무게 P는 분산에 반비례한다. 또 확률오차 r는 $r=0.6745\sigma$이다. 그러므로 정도는 h, σ, σ^2, P, r 등 어느 것인가로 표시된다. ② 측량결과의 정도는 어떤 규정에 따라 계산된 값으로 나타낸다. 예컨대 트래버스측량의 정도는 폐합오차와 전측선장에 대한 비.

정량적속성자료(定量的屬性資料, quantitative attributes) : 정량적 속성자료는 수학적 의미를 포함하며 통계학적 관측이 가능하다. 수치는 지형지물의 관측이나 규모를 의미한다. 예를 들면 한 지역의 소득수준을 나타내는 수치는 정량적 속성자료이다.

정량규화(定量葵花, normalization) : 관계형 자료기반을 위한 자료기반설계에 유용한 도구인 것으로 발견되었다. 정규화 자료 모형화에 대한 상향 접근이다. 자료의 중복을 방지함으로써 자료의 불일치가 일어나지 않도록 자료 모형에 자료종속을 적용하는 개념적인 데이터베이스 설계업무를 말한다.

정묘(正描, fine drafting) : 측량원도, 편집원도 또는 정사원도로서 초고의 도면으로부터 지도의 성과로서 마무리 짓는 각기의 단계에 있어서의 최종적인 제도작업.

정밀계산(精密計算, precise calculation) : 모든 지능적인 소스(sourse)들과 분석적인 컴퓨터 기술들을 유용화함에 의해서 참고 점들의 최대로 가능한 정제(refinement)를 말한다.

정밀궤도력(精密軌道力, precise ephemeris) : 실제 위성의 궤적으로서 지상추적국에서 위성전파를 수신하여 계산된 궤도 정보임. 방송력에 비해 정확도가 높으며 위성 관측 후에 정보를 취득하므로 주로 후처리 방식의 정밀 기준점 측량 시 적용됨.

정밀도(精密度, precision accuracy) : 어느 값을 관측함에 있어 관측의 정교성과 균질성을 표시하는 척도. 관측값들의 상대적인 편차가 적으면 그 관측은 정밀하다고 하며, 반대로 편차가 크면 정밀하지 못하다고 한다. 따라서 정밀도는 관측의 과정과 밀접한 관계가 있으며, 관측 장비와 관측방법에 크게 영향을 받는다. 관측값들의 분포상태가 평균값(대표값) 주변에 밀집되어 있으면 정밀하고 퍼져 있으면 정밀하지 못한 것이다.

정밀도저하율(情密度低下率, Dilution Of Precision : DOP) : 위성들의 상대적인 기하학적 상태가 위치결정에 미치는 오차를 표시하는 무차원 수. 즉, GPS측량 시 특정지역에서 관측할 수 있는 위성 배치의 고른 정도를 DOP(Dilution Of Precision)라 하는데 이는 측위 정확도의 영향을 표시하는 계수이다. DOP에는 GDOP (Geometric Dilution Of Precision), PDOP (Positional Dilution Of Precision), TDOP (Time Dilution Of Precision), HDOP (Horizontal Dilution Of Precision), VDOP (Vertical Dilution Of Precision) 등이 있다. DOP는 성좌(星座, constellation)에 존재하는 위성으로부터 취득된 위치 정확도를 예측하기 위해 성좌에 있는 위성들의 기하학적인 배치상태를 계산한 결과로, 낮은 DOP는 위성의 기하학적인 배치상태가 좋다는 것을, 높은 DOP는 위성의 기하학적인 배치상태가 나쁘다는 것을 나타낸다.

정밀삼각측량(精密三角測量, precise triangulation) : 지구의 곡률 등을 고려하여 정밀하게 측량한 삼각측량.

정밀수준의(精密水準儀, precision level) : 평면경을 써서 1/100mm까지 정확하게 읽을 수 있는 장치를 가진 level이다. 기포관도 감도가 높은 것을 쓴다. 표척의 독취장치는 dial의 1회전으로 평면경이 전항에서 후경으로 되게 하고, 입사고가 굴절하여 꼭 표척의 한 눈금만큼 향하도록 설계되어 있으므로 십자선을 표척의 눈금선에 합치시켰을 때의 dial에 새겨진 눈금을 읽으면 된다.

정밀수준측량(精密水準測量, precise leveling) : 지구의 곡률 등을 고려하여 정밀하게 측량한 수준측량.

정밀위치결정서비스(精密位置決定서비스, Precise Positioning Service : PPS) : 한 개의 수신기를 이용하여 얻을 수 있는 정밀한 위치 서비스로 미국과 연합군조직, 그리고 허가된 기관에 제공된다. 암호화되지 않은 P코드에 대한 접근과 SA효과를 없앨 수 있게 해준다.

정밀이차기준점망(精密二次基準點網, precise secondary geodetic networks) : 3등삼각점과 4등삼각점으로 구성한 기준점망을 의미한다.

정밀이차기준점측량(精密二次基準點測量, precise secondary control point surveying) : 정밀일차기준점을 기초로 정밀이차기준점의 측지학적 좌표를 구하는 측량.

정밀일차기준점망(精密一次基準點網, precise primary geodetic networks) : 일등삼각점과 2등삼각점으로 구성한 기준망을 의미한다.

정밀일차기준점측량(精密一次基準點測量, precise primary control point surveying) : 정밀일차기준점의 측지학적 좌표를 구하는 측량.

정밀좌표관측(精密座標觀測機, precise comparator) : 항공삼각측량에서 평면좌표를 관측하는 것을 말하는데 정밀좌표관측기나 입체정밀좌표관측기를 사용하여 관측한다.

정밀표척(精密標尺, precision staff) : 정밀 레벨용 표척으로서 목제함의 전면 중앙부에 Inbar제의 박판대가 붙어 있고, 통상 1cm 간격으로 가느다란 선의 눈금이 새겨져 있으며, 눈금에 대한 수치는 목부에 기입되어 있다. 또 정도의 향상과 오독 방지를 위하여 수치는 좌측에 0m부터 3m까지, 우측에 2.95m부터 5.95m까지 눈금이 있어 좌우측의 관측을 할 수 있다.

정버니어(正버니어, direct vernier) : 순독 vernier.

정보(情報, information) : 자료를 처리하여 사용자에게 의미 있는 가치를 부여한 것.

정보관점(情報觀點, information viewpoint) : 정보와 정보 과정의 의미론에 초점을 맞춘 ODP 시스템과 그것의 환경에 대한 관점.

정보체계(情報體系, information system) : 다양한 이질적 관측량들을 적절히 가공하여 자료화하고, 이용하기 쉽도록 자료기반(DB)을 구축하며, 이를 바탕으로 일정한 목적에 부합하는 의미와 기능을 갖는 정보를 생산하여 이들 자료와 정보를 효율적으로 결합, 운영하여 통합된 기능을 발휘할 수 있도록 하는 체계.

정사도법(正射圖法, orthographic projection) : 이 투영법에 따르면 시점이 지구 밖의 무한히 먼 곳에 있으므로 지구의 반구를 그리는 도법. 이 도법에 의해서 만들어진 지도는 지구의를 바라보는 것과 같은 실체감을 주므로 광대한 지역의 광대함을 강조하려는 의도가 있는 광고지도 또는 보통지도 등에 쓰인다. 그러나 등적도, 등각도가 아니면, 변형은 중심에서 주위로 향하여 급격히 증가한다. 투영면의 위치에 따라 극심, 적도 및 지평으로 나눈다. 직사도법 이라고도 한다. 아래 그림은 적도법에 의한 지도이다.

정사사진(正射寫眞, orthophotograph) ; 정사투영을 위하여 높이에 의하여 발생한 수직사진에서의 비틀림을 보정할 수 있게 인화한 사진.

정사사진모자이크(正射寫眞모자이크, orthophoto mosaics) ; 단일축척 모자이크로 형성되어 있는 정사사진들의 집합체.

정사사진지도(正射寫眞地圖, orthophotomap) ; 지형의 기복에 따라 생긴 항공사진의 왜곡을 보정하고, 일정한 규격으로 집성하여 좌표 및 주기 등을 기입한 사진지도인 정사사진을 이용한 사진지도.

정사영상(正射映像, ortho image) ; 감지기가 비정상적 기하구조를 가지고 있어 생기는 지형기복에 의한 왜곡을 보정하여 지리좌표계, 즉 정사좌표계로 변환하는 것을 말한다. 항공사진의 경우 정사사진이라고 부른다.

정사영상지도(正射映像地圖, orthoimage map) ; 위성영상에서 감지기의 비정사적으로 생긴 지형의 기하학적 왜곡을 보정하여 일정한 규격으로 집성하여 좌표 및 주기 등을 기입한 영상지도.

정사투영(正射投影, orthoprojection) ; 등각투영 또는 직각투영이라고도 하며, 투영 전의 형태와 투영 후의 형태가 완전한 상사형을 이루는 투영으로서 상사투영이라고도 한다.

정사투영기(正射投影機, orthophotoscope) ; 항공사진을 편위수정한 후 부분적으로 표고를 조정하면서 높이에 의한 비틀림을 보정하여 정사사진지도를 만드는 기계.

정사투영사진지도(正射投影寫眞地圖, orthophoto map) ; 사진기의 경사, 지표면의 비고를 수정하여 등고선을 삽입한 사진지도. 제작에는 기계적 방법과 해석적 방법이 있다.

정사편위수정(正射偏位修正, orthographic rectification) ; 정사사진을 만들기 위하여 높이에 의한 비틀림을 보정하면서 행하는 편위수정법의 총칭으로서 등고선대법, 파세트법, 미분편위수정법 등이 있다.

정사표고(正射標高, orthometric height) ; 측점(평균해수면상의 표고)을 통하여 측량선을 따라 관측된 지오이드상의 측점 거리.

정상(正像, normal image) ; 지상에 대하여 상하가 바른 상.

정색성필름(整色性필름, orthochromatic film) ; 녹색의 감광성을 더한 필름.

정선(汀線, shoreline) ; 해안선. 육지면과 해수면이 만나는 선이며 육지와 만나는 교선. 정선은 해수면의 승강 또는 해변의 전진, 후퇴에 따라 항상 변동하고 있으며, 이에 따른 정선의 변동을 알면 표사량의 추정과 해안 침식의 상황을 파악할 수 있다.

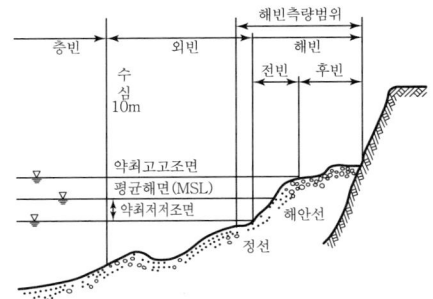

정선기(定線器, line ranger) ; 한 직선 중에 임의의 점을 정하는 데 쓰이는 기구. 두 직각 삼각형 prism을 사면으로 직교가 되게 겹쳐 놓는다.

정선측량(定線測量, shoreline surveying) ; 기본수준면과 해빈과의 교선인 정선을 정하고 정선도를 작성하는 작업. 정선측량은 위치와 표고를 알고 있는 기준측점으로부터의 위치관측 및 표고관측에 의하여 정선의 위치를 정한다.

정성적 사진측량(定性的 寫眞測量, qualitative photogrammetry) : 사진에 의해서 대상물에 대한 환경 및 자원문제를 조사, 분석, 처리하는 과정.

정시(正矢, external second) : 외선장 또는 외할을 말하며 중앙종거를 정시라 할 때도 있다.

정실체시(正實體視, normal stereoscopic view) : 한 쌍의 입체사진의 좌우위치 관계를 바르게 표정해서 얻는 통상의 입체시. 산은 높게 골짜기는 낮게 보인다.

정오차(定誤差, constant error) : 일정한 조건 하에서 항상 같은 방향에서 같은 크기로 생기며, 원인을 발견하면 제거할 수 있는 계통적 오차. 누차 또는 상차(常差)라고도 한다.

정위[1](定位, orientation) : 정향, 표정. 평판측량에서 측점과 도지상의 대응점을 동일연직선상에 오게 하고, 평판을 수평으로 한 다음 평판상의 점에서 시준한 모든 방향을 도상의 대응방향과 일치시키는 것.

정위[2](正位, normal state) : 망원경의 대물경이 컴퍼스의 눈금반의 N쪽에 있고, 대물경 합초나사가 망원경의 위 또는 오른쪽에 있고 상부고정나사가 관측자와 가까운 쪽에 있는 상태를 말하며, 눈금반은 시준선의 왼쪽에 있게 된다. 이 위치에 대하여 망원경을 수평축의 둘레로 반전한 상태를 반위라 한다. 최근의 기계에서는 정위일 때 망원경 부속의 수준기가 망원경 위에 달려 있는 것이 많으므로 망원경 부속수준기의 위치에 따라 정위·반위의 구별은 할 수 없다.

정위망원경(頂位望遠鏡, top telescope) : 광산측량의 급경사측정용 트랜싯. 주망원경의 상부에 기둥을 세우고 전자와 평행하게 고정한 보조망원경으로 보조망원경의 십자종선은 정확하게 연직이고 또한 두 망원경의 시준선은 동일 수준면 내에 있고 서로 평행하다.

정위오차(定位誤差, error due to incorrect orientation) : 평판측량에서 평판의 방위를 바르게 맞추지 않았기 때문에, 그려 넣은 방향선에 생기는 방향오차를 말하며 평판측량의 정도에 가장 큰 영향을 미치는 것.

정위치(定位置, position correction) : 지리조사 및 현지보완측량에서 얻어진 성과 및 자료를 이용하여 도화성과 또는 지도자료 입력성과를 수정, 보완하는 작업.

정위치편집(正位置編輯, field check data editing) : 수치도화성과를 기준성과로 이용하여 지리조사내용을 적용, 편집하는 것으로, 모델단위의 도화자료를 도곽단위로 구성 및 인접처리하고 코드확인 및 부여, 자료구조상태 확인 및 보완편집하는 작업.

정의역(定義域, domain) : 「도메인」참조.

정장력(正張力, normal tension) : tape를 검정했을 때와 같은 장력. 즉, 장력보정량과 처짐보정량이 같아지는 장력.

정적도법(正積圖法, eguivalency) : 등적도법. 지도상에서는 임의의 장소에서 임의의 넓이가 어디서나 같은 축소율로 나타난다. 그러나 형상 및 방향의 비뚤어짐은 상당히 크다.

정접척(正接尺, tangent scale) : 평판의 앨리데이드에서 시준판의 내면에 새겨져 있는 눈금은 2점간의 고저차나 거리의 관측에 편리하도록 전후 시준판 내면 간격의 1/100에 해당하는 길이를 그 1눈금의 길이로 하고 있다. 이것을 정접척이라 하며 고저차 H나 거리 D를 구하고자 하는 점에 세운 표척상의 독치를 기계고 h와 같게 잡았을 때의 전방시준판과 후방시준판의 눈금차를 n, 다시 $\varDelta h$만큼 위쪽을
시준했을 때의 눈금차를 n′라 하면

$$D = \frac{100 \cdot \varDelta h}{n' - n} \quad H = \frac{n \varDelta h}{n' - n} H$$

정준(整準, leveling) : 어느 지점에 기계를 세우고 관측할 수 있는 상태로 정치하는 것. 조정된 기계에서 주수준기의 기포가 기계를 어느

방향으로 돌리더라도 언제나 중앙에 있게 하는 것, 즉 연직축이 연직이 되게 하는 일을 말한다.

정준나사(整準螺絲, leveling screw) : 측량기계에서 수평선을 수평(정준)으로 조정하는 나사. 최근에는 3개의 것이 많아졌으나 4개인 것도 있다. 각 정준나사의 고정도는 일정하게 조정해 두는 것이 좋다.

정준오차(整準誤差, error due to incorrect levelling) : 정오차. 평판측량에서 평판이 수평하지 않기 때문에 생기는 오차를 의미한다.

정준장치(整準裝置, leveling arrangement) : 기계를 정준하기 위해서 부속되어 있는 장치이며 정준두, 정준나사, 각반으로 이루어져 있다. 정준나사는 3개인 것이 많으나 토목용 기계에는 4개인 것도 있다. 정밀한 정준을 하기 위해서는 주수준기의 점검, 조정을 확실하게 할 필요가 있다.

정중(正中, upper culmination) : 상통과.

정지궤도(靜止軌道, geostationaly orbit) : 위성이 지구표면상에 있는 고정점의 천정상에 존재하도록 맞추어 놓은 궤도로, 인공위성주기가 지구의 자전주기와 같아서 지구상에서 보았을 때 항상 정지하고 있는 것처럼 보이는 궤도. 지구의 자전방향 내에서 35,786km고도이다.

정지궤도위성(靜止軌道衛星, geostationary satellite) : 위성이 대체로 36,000km의 고도에서 지구적도의 궤도를 선회하는 위성으로 지구에 대한 위성의 순환기(period of revolution)가 지구의 순환기(rotational period)와 일치한다. 그런 까닭에 위성은 계속 지구표면의 같은 지점에서 보인다.

정지위성(靜止衛星, geostationary satellite) : 위성의 지구회전주기가 지구의 자전주기와 똑같은 24시간이어서 지상에서 위성을 볼 때 한 곳에 정지된 것처럼 보이는 위성.

정지위치결정방식(靜止位置決定方式, static positioning) : 운반파의 위상을 이용하여 기선해석을 실시할 때, 시간경과에 따라 변화하는 위성의 위치정보를 이용하여 불확실한 정수가 결정된다. 관측 중에는 수신기가 관측점에 고정되어 연속적으로 자료를 취득하고 관측시간은 거리에 따라 1시간 혹은 3시간이 걸린다. 관측 중에 수신이 중단되어도 기선해석에서 사이클 슬립(cycle slip)을 소거할 수 있으며 기선해석은 후처리방법에 의한다.

정지측량(靜止測量, static surveying) : GPS측량의 현장관측은 크게 정지관측과 동적관측으로 구분되는데, 정지관측이란 수신기를 장시간 고정한 채로 관측하는 방법을 말한다. 정지측량은 높은 정확도의 좌표값을 얻고자 할 때 사용되는 방법.

정차(定差, constant error) : 계통적 오차.

정치(整置, leveling up) : 평판측량에 있어서 평판을 똑바로 수평하게 차리는 것.

정치오차(整置誤差, error manuscript for reproduction) : 평판측량에서 평판이 수평하지 않기 때문에 생기는 방향 및 고저차의 오차. 일반적으로 이 오차는 크지 않으며, 평판의 경사 1/200까지는 허락된다.

정표고(正標高, orthometric height) : 지오이드로부터의 높이.

정현공식(正弦公式, sine formula) : 측지학에서 구면삼각형의 내각을 A, B, C 라 하고 변 AB, BC, CA에 대한 지구중심각을 a, b, c라 할 때,
sinA/sina = sinB/sinb = sinC/sinc가 성립하는데 이를 정현공식이라 한다.

정형화(定型化, stereotype) : 메타모델 요소의 기존의 종류에 기초하는 모델 내에서 정의된 모델 요소의 새로운 종류이다.

정확도(正確度, accuracy) : 관측값이 참 값에 얼마나 일치되는가를 표시하는 척도.

정확도기준(正確度基準, accuracy standards) : 최종 결과값이 가져야 하는 정확도 기준.

정확도관리표(正確度管理表, table of accuracy) : 측량 실시 후 그 결과에 대한 양부를 확인하기 위하여 점검측량을 실시할 때, 점검측량결과의 기록을 남기기 위하여 작성한 표.

제내지(堤內地, protected lowland, inland) : 하천 제방에 의하여 보호되고 있는 지역, 즉 제방으로부터 보호되고 있는 마을까지를 제내지라고 하며 하천을 향한 제방 안쪽지역이라는 의미. 이와는 반대로 하천 제방으로 둘러싸인 천측지역은 제외지라 한다.

제도오차(製圖誤差, drawing error) : 도지에 방향선을 그리거나 거리를 관측할 때 또는 도지의 신축 등에 의하여 생기는 오차.

제도원도(製圖原圖, final manuscript for reproduction) : 지도를 복제하기 위한 원인을 말끔하게 제도한 것. 다색지도일 때 색마다 판을 따로따로 제도한 것을 특히 분판원도라 한다.

제로규정(제로規正, zero adjustment) : 도화기의 각 표정요소 및 X, Y, Z축을 조정하여 각각의 0 위치를 정확하게 정하는 조작.

제어국(制御局, control station) : 위성에서 송신되는 신호의 품질점검, 위성궤도의 추적, 위성에 탑재된 각종 기기의 동작상태 점검 및 그 밖의 각종 제어작업 등을 수행한다. 지상 제어국은 전 세계적으로 5개소가 있다. 4개의 무인제어국은 대부분 적도 부근에 등간격으로 배치되어 있으며, 중앙(주)제어국은 콜로라도 스프링스(Colorado Springs)에 있다. 주제어국은 다른 제어국과 달리 위성의 궤도를 수정할 뿐만 아니라 사용불능 위성을 예비위성으로 교체하는 업무를 담당하고 있다.

제외지(堤外地, river-side foreland) : 제방과 제방 사이의 부지를 말하며 고수부지와 저수부지가 있다.

제이주점(第二主點, rear nodal point) : 렌즈를 통과한 빛이 초점면의 방향으로 파절(波節)되는 점.

제트추진연구소(제트推進硏究所, Jet Propulsion Laboratory : JPL) : NASA의 제트추진 연구소는 캘리포니아의 Pasadena에 있는 NASA 기관. 캘리포니아 공과대학과의 계약에 의해 운영된다.

제트카운트(제트카운트, Z-count) : 기본적인 GPS 시간단위로 29비트 2진수. 이 중 10비트는 GPS주를 나타내고 나머지 19비트는 그 주의 시간을 1.5초 단위로 나타낸다.

제트트래킹기술(제트트래킹技術, Z-tracking technique) : GPS의 L_2전송파를 재건하기 위한 의사 코드리스(quasi-codeless) 신호처리기법 중 하나. 제한된 사용자만이 P 코드를 사용할 수 있도록 신호를 변조하는 것을 AS(anti-spoofing)라 하며, AS가 작동 중일 때, 최상의 성과를 제공하는 기술로서, L_1 및 L_2 전송파의 Y 코드와 복사된 P 코드의 상관관계를 이용하여 전송파를 재건한다.

제품사양서(製品辭讓書, product specification) : 논의영역의 기술 및 자료로 논의영역을 지도화하기 위한 사양의 기술.

제한사항(制限事項, constraint) : 제한사항이나 의미론적 상태에 대한 표현.

제한자(制限者, qualifier) : 두 객체가 참조될 때 참조키로 사용하는 속성.

제형공식(梯形公式, trapezoidal formula) : 경계선과 측선의 양단에 세운 두 지거선으로 둘러싸인 면적 A를 구하기 위한 공식의 한 가지. 인접하는 지거선 간의 경계선을 직선으로 본다.

$A = \frac{1}{2} \sum l_i(y_i - 1 + y_i)$ 에서

$l_1 = l_2 \cdots\cdots l_n = l(등간격)$ 이라면,

$A = \frac{1}{2}\{y_0 + y_n + 2(y_1 + y_2 + \cdots + y_{n-1})\}$ 이다.

조감도(鳥瞰圖, bird's eye view map) : 위에서 내려다보는 것처럼 입체적으로 그린 풍경도이

며, 공사안내도, 명승지 등에 많이 이용된다.
조건간접측정(條件間接測定, conditional indirect observation) ; 간접적으로 미지량 사이에 어떤 조건이 몇 가지 존재할 때의 관측. 해법에는 소거법과 분리법이 있는데 소거법에는 조건방정식에서 그 개수와 같은 미지량을 다른 독립된 미지량으로 나타내어 관측방정식에 대입하면 바르게 나타낸다든가, 각도만은 정확하게 나타낸다든가 하는 조건으로 만드는 지도제작법. Sanson 도법, Molloweide 도법 등이 있다.
조건관측(條件觀測, conditional observation) ; 직접 관측한 미지량 또는 간접으로 구한 미지량 사이에 어떤 제한조건을 붙이는 관측. 예를 들면 평면사각형의 내각의 합은 360°가 되어야 한다는 조건.
조건방정식(條件方程式, condition equation) ; 관측에 따른 기하학적 조건이 존재한다고 가정할 경우 조건식을 정규방정식으로 구성하는 방법.
조건부관측(條件附觀測, conditional observation) ; 관측된 값을 특정조건에 비교해 보면 그 정확성을 판단할 수 있는 관측. 예를 들면 삼각형의 내각의 합은 180°가 되어야 한다는 조건에서 관측하는 경우를 들 수 있다.
조건자(條件者, predicate) ; 참 또는 거짓 값만을 되돌리는 함수.
조곡선(助曲線, supplementary contour line) ; 조곡선 간격은 보통 간곡선 간격의 1/2이며, 파선 또는 점선으로 표시한다. 완경사지 또는 기복이 적은 지역에서 지형이 주곡선, 계곡선, 간곡선으로 표현이 잘 안 될 때 사용한다.
조건직접측량(條件直接測量, condition direct observation) ; 직접적으로 미지량 사이의 조건이 몇 가지 존재할 때의 관측. 해법에는 소거법과 Lagrange의 미정계수법이 있으며 후자를 흔히 쓴다.
조건측정(條件測定, conditional observation) ; 조건관측. 미지량 사이에 만족하는 몇 가지 조건식이 존재할 때의 측정. 예컨대 삼각형의 내각측정의 합이 180°가 되지 않으면 안 된다는 조건이 존재하므로 조건측정이며, 조건관측이라고 한다.

조경 및 경관정보체계(造景 및 景觀情報體系, Landscape and Viewscape Information System : LIS/VIS) ; LVIS는 수치지형모형, 전산도형해석기법과 조경, 경관요소 및 계획대안을 고려한 다양한 모의 관측이 가능하여 최적경관계획안 수립을 가능케 한다. LVIS를 이용하여 수치지형자료와 계획요소의 조합에 의한 경관조사, 평가 및 계획을 할 수 있으며 3차원 도형해석과 수목, 식재 등을 이용하여 조경설계를 하며, 도로경관, 교량경관, 도시경관, 터널경관, 하천 및 항만경관, 자연경관 및 경관개선대책수립을 할 수 있다. 또한 산악도로 건설에 따른 외부경관 변화예측 및 자연경관 보존 생태계 피해 최소화를 위한 시설물, 조경계획수립 시 전원도시의 아름다운 skyline 보존과 개선을 위한 건축물 형태, 크기 규제지침 수립, 고층건물, 전망탑 및 지상표지 건설계획에서의 경관평가에도 이용된다.

조고비(潮高比) ; 조석에 의해 발생하는 지역적 조고 차이 비율. 표준항의 당일 조고에 곱하여 그 지점의 조고 개략값을 구하기 위한 개정수를 말한다.

조곡선(助曲線, supplementary contour) ; 완경사지 또는 기복이 적은 지역에서 지형이 주곡선, 간곡선으로 표현이 어려울 때 사용하며 조곡선 간격은 보통 간곡선 간격의 1/2로, 파선 또는 점선으로 표시한다.

조도^1(照度, illuminance) ; 사진촬영 시 노출시간 동안 영상면의 단위면적이 받는 빛의 양. 단위는 meter-candle.

조도^2(粗度, roughness) ; 수로를 흐르는 물의 속도는 물에 접하고 있는 수로표면의 거친 정도에 따라 좌우되는데 이 수로표면의 거친 정도를 조도라 한다.

조도계수(粗度係數, coefficient of roughness)

: 수로에서 물의 속도를 좌우하는 수로표면의 거친 정도를 수치로써 나타낸 것. Kutter의 조도계수 n의 값은 수로의 상태에 따라 0.01~0.05까지 변화하며, 수로의 표면이 매끄러울수록 n의 값은 작고, 극도로 울퉁불퉁하고 초목이 무성해 있는 곳은 최고치 0.15가 된다.
수로의 평균유속 V를 구하는 Manning 공식 $V=\frac{1}{n}R^{\frac{2}{3}}I^{\frac{1}{2}}$

(여기에서 R : 윤변, I : 수면)에 있어서의 n은 Kutter의 조도계수이다.

조류관측(潮流觀測, tidal current observation) : 조류의 상황을 표시한 도면으로서 어느 지점에서 최강창, 낙조류 및 시간별 조류의 유향, 유속과 조석, 조류곡선도, 항류 등을 수록한 것이다. 우리나라는 국립해양조사원에서 한국연안의 조류도를 간행하고 있다.

조리개(조리개, diaphragm) : 카메라 렌즈에는 투과광의 양을 조절하는 조리개가 달려있으며, 일반적으로는 조리개의 지름을 연속적으로 변화시킬 수 있는 홍채조리개가 사용.

조사선(照射線, reference line) : 검선.

조석(潮汐, tide) : 해면의 완만하고 주기적인 승강운동. 조석을 일으키는 힘은 움직이는 해수입자와 천체 사이의 만유인력과 기타의 힘 등이며 이들을 합하여 기조력이라고 한다.

조석관측(朝夕觀測, tide observation) : 해수면의 주기적 승강의 정확한 양상을 파악하기 위한 관측을 말하며, 연안 선박통행, 수심관측의 기준면 결정, 항만공사 등 해양공사의 기준면 설정, 유량수준측량의 기준면 설정, 항만공사에 사용한다.

조석보정(朝夕補正, earth tide correction) : 달과 태양의 인력에 의하여 지구 자체가 주기적으로 변형되는 것을 지구조석 현상이라 하며, 중력값에도 영향을 주게 된다. 이러한 중력효과를 보정하는 것. 보정량은 0.2mgal~0.3mgal이며, 하루의 조석변화를 도표로 작성하여 놓고 도표에 의해 구하든가, 반복 관측함으로써 계기보정과 같이 보정하는 방법이 있다.

조석표(潮汐表, tidal table) : 매일의 고조와 저조의 시간과 높이에 대한 예보값을 표로 만든 것이다. 예보되는 곳 이외의 지역에 대해서는 조석차를 이용 계산하여 예보값을 구할 수 있다. 우리나라는 국립해양조사원에서 한국 연안과 태평양 및 인도양의 조석표를 간행하고 있다.

조위(潮位, tide) : 조석에 의한 해면의 높이.

조위곡선(潮位曲線, tide curve) : 조위의 시간적 변화의 모양을 X축에 시간, Y축에 조위를 취하고 각 시간에 대한 조위를 표시하는 점을 연결한 곡선.

조위기준면(潮位基準面, tide datum) : 수심측량에서의 기준면 또는 해안선의 경계선 등을 표시할 때 필요한 하나의 기준면. 특히 연안해안에서의 어업권, 시추권과 같은 재산권의 경계 설정 등에 사용되기도 한다. 조위기준면은 지역에 따라 여러 가지가 있으나 가장 보편적으로 사용하는 조위기준면은 평균고조위면이다. 그 외에 평균최고조위면, 평균저조위면, 평균최저조위면 등이 있다.

조작처리(操作處理, manipulative operation) : GIS의 조작에는 표면분석과 중첩분석의 두 가지 자동분석이 가능하다. 표면분석은 하나의 자료층상에 있는 변량들 간의 관계분석에 적용하며, 중첩분석은 둘 이상의 자료층에 있는 변량들 간의 관계분석에 적용된다.

조절점(調節點, Control Point : CP) : 노선측량에 있어서 현장여건에 따라서 중심선이 꼭 통과해야 하는 점이나 꼭 피해야 하는 점 등 설계에 조건이 되는 점.

조정(調整, adjustment) : 기계의 부정을 고치는 것.

조정집성(調整集成, controlled mosaic) : 편위수정된 항공사진으로 만들어진 집성사진.

조정집성사진지도(調整集成寫眞地圖, controlled mosaic photo map) : 편위수정기에 의해 편위

를 수정한 사진을 집성하여 만든 지도로서 등고선의 삽입이 안 된 사진지도.

조준촬영(照準撮影, aimed photographing) : 처음 예정했던 촬영점에서 한 장씩 촬영해 나가는 촬영법.

조차(潮差, tidal range) : 되풀이되는 고조면과 저조면과의 높이 차. 조차는 일정한 것이 아니라 날마다 변화한다.

조표(造標, construction of target) : 측표를 만드는 것. 고측표나 수상측표를 만들기 위해서는 특수한 기술을 필요로 한다. 측표의 요건은 측표의 시준점, 삼각점의 중심, 측기대의 중심(고측표일 때)이 동일연직선상에 있어야 하는 일이다. 다소의 편차는 보정계산으로 보정할 수 있다.

조합각관측법(組合角觀測法, method of combination angle) ; 수평각관측 중 가장 정확한 값을 얻을 수 있는 방법으로 1등 삼각측량에서 이용된다. 관측할 여러 개의 방향선 사이의 각을 차례로 방향각법으로 관측하여 최소제곱법에 의하여 각 각의 최확값을 구하는 방법.

조합단위(組合單位, derived units) : 유도단위. 기본단위 및 보조단위를 사용하여 대수적인 관계로 구성한 단위로서 필요에 따라 만들어 낼 수도 있으나 명칭이 길고 복잡해짐을 해결하기 위하여 19개의 SI조합단위에 대해서는 고유명칭이 주어져 있다.

족반(足盤, foot disc) : 입체도화기 밑에 붙어 있는 회전원반으로서, 발로 회전하여 측표의 높이와 안길이를 바꾸는 데 사용.

졸드넬구면직각좌표(졸드넬球面直角座標, solder's spherical rectangular coordinate) : 횡원통등거리도법에 의한 좌표. 즉, 구면상에 원점 O을 잡고, 원점을 지나는 자오선을 X축, 이에 직교하는 대원을 Y축으로 하는 좌표. 어느 점 A를 지나서 X축에 A′에서 직교하는 대원을 가상할 때, OA′, AA′는 각각 A점의 X, Y 좌표. 평면에 옮겨진 이 좌표는 면적의 변동은 작으나 방향의 비뚤임은 상당히 크고, 또 길이와 방향각의 변형은 그 방향에 따라 다르다. 1809년 J.G.V. Soldner에 의해서 Bayern의 지적측량에 쓰였다.

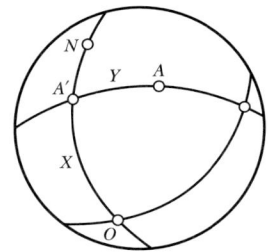

종거(縱距, parallel distance) : 측점의 중점에서 동서선으로 내린 수선의 길이를 그 측선의 종거라 하며, P.D라 약칭한다. 어떤 측선의 종거는 그 측선의 양단에 있는 측점의 합위거의 평균값과 같다.

종곡선(縱曲線, vertical curve) : 노선면이 수직방향으로 변하는 경우에 만드는 곡선.

종곡점(縱曲點, end of curve) : 곡선종점.

종단경사(縱斷傾斜, grade) : 도로 중심선의 종방향 기울기로서 통상 백분율로 표시함.

종단고저측량(縱斷高低測量, profile leveling) : 종단측량.

종단곡선(縱斷曲線, vertical curve) : 도로와 궤도에서, 종단구배의 급변화 때문에 고속차량이 받는 충격을 경감해서 차량의 운전을 쉽게 하고, 먼 거리를 넓게 바라보는 시거를 확보하여 교통의 안전을 도모하기 위하여 구배의 변화하는 곳에 삽입하는 포물선, 원곡선 등의 곡선을 말한다.

종단면도(縱斷面圖, profile) : 도로의 설계에 있어서 일정한 연장을 지닌 도로의 특성과 고저의 형상을 파악하기 위하여 작성한 종방향의 도면.

종단면도용지(縱斷面圖用地, profile paper) : 종단면도를 작도하는 데 사용되는 용지이며, 일반적으로 많이 사용되는 설계도이므로 얇은 폴리에스테르 필름이 사용되기도 한다.

종단변화점(縱斷變化點, changing point of ground level) : 종단측량에서 중심선상 위치에서 중심말뚝 외에 표고의 변화점이며, 중심말뚝점과 종단변화점 사이는 지형이 비례적으로 변화한다고 보고 직선으로 연결한다.

종단변화점말뚝(縱斷變化點말뚝, peg of changing point of ground level) : 종단측량에서 중심선상 위치에서 중심말뚝 외에 표고의 변화점에 설치하는 말뚝.

종단선형(縱斷線形, vertical alignment, longitudinal alignment) : 각 측점마다 종단계획고의 값을 연결한 선을 나타낸 형상이며, 종곡선이 필요한 지점에서는 종곡선을 삽입한 형상이다. 가로축으로는 측점위치, 세로축으로는 종단계획고를 일정한 축척을 적용하여 나타낸다.

종단수준측량(縱斷水準測量, profile leveling) : 도로, 철도 등의 중심선측량과 같이 노선의 중심에 따라 각 측점의 표고차를 관측하여 종단면에 대한 지형의 형태를 알기 위한 측량.

종단점법(縱斷點法, profile point system) : 기지점으로부터 지성선의 방향이나 주요한 방향으로 몇 개의 측선을 설정하고 그 선상에 있는 여러 점의 지반고와 기지점으로부터 거리를 관측하고 등고선을 그리는 방법. 소축척으로 산지 등의 측량에 이용된다.

종단측량(縱斷測量, profile leveling) : 노선측량 또는 하천측량 등에 있어서 중심선이나 거리표를 잇는 선에 따라 거리, 중심말뚝 높이, 중심선상의 지형 변화점의 표고 및 중심선상의 중요한 구조물의 표고를 관측하는 것.

종단현(縱短弦, last subchord) : 곡선 설치에 있어서 직선 및 곡선에 따라 20m씩의 거리를 잡아 가면서 앞으로 나아가는데 곡선종점(E. C)이 20m의 단수 위치가 되지 않을 때 그 단수가 되는 곡선상의 거리에 대한 현을 말한다. 호장/반경=1/10~1/20 이하이면 호장=현장으로 해도 상관없다.

종독(終讀, final reading) : 두 측점이 이루는 각을 잴 때 뒤에 시준했을 때에 읽은 값. 종독에서 초독을 뺀 것이 구하는 각이다. n개각의 관측에서는 종독에서 초독을 뺀 값을 1/n배 하는 것이 구하는 각이다. 종독값은 우회전인가 좌회전인가를 기입해 둘 필요가 있다.

종란식(縱欄式, column method) : 지거측량의 야장기입방법의 하나로 야장의 중앙에 종으로 2개의 평행선을 약 2cm의 간격을 두고 그어, 그 사이에 측선상에서 잰 거리를 기입하고 평행선의 양측에는 지거를 기입하는 야장기입방법.

종미동나사(縱微動나사, vertical tangent screw) : 망원경을 수평축의 둘레로 매우 조금씩 회전시키기 위한 나사로서 이것으로 목표를 정확하게 시준하여 연직각을 잴 수 있다.

종시차(縱視差, vertical parallax) : 사진을 입체시할 때 대응하는 2점이 안기선에 대하여 직각인 방향으로 서로 틀리게 잇는 차이. 입체관측을 하는 경우에는, 좌우의 측표가 안기선에 직각인 방향으로 상대적으로 틀려 있음을 말한다.

종십자선(縱十字線, vertical hair) : 십자종선.

종점(終點, end point) : 측량에서 중심선 또는 거리표의 위치가 끝나는 지점. 일반적으로 플러스 측점형태로 표시.(예 No 21+8.2m 등)

종점노드(終點노드, end node) : 변이 포함된 위상복체의 기하학적 실현 가운데 있는 그 변과 일치하는 곡선의 끝점과 대응하는 변의 경계로서의 절점.

종접합모형(縱接合模型, strip) : 종접합점을 이용해서 좌표해석이나 항공삼각측량 과정에서 종합표정을 하기 위한 입체모형.

종접합점(縱接合點, pass point) : 좌표해석이나 항공삼각기준점측량 과정에서 접합표정에 의한 종접합모형 형성을 하기 위하여 사용되는 점으로 좌표가 정해진 점.

종중복도(縱重複度, forward overlap) : 사진측량에 있어 동일 촬영 경로 내의 인접사진간에 입체시를 위하여 최소한 50% 이상의 중복이 되어야 하나, 일반적으로는 60% 이상 중복되도록 촬영해야 한다.

종축척(終縮尺, vertical scale) ; 종단면도 등에서는 가로축에는 측점위치와 거리를 나타내고, 세로축에는 높이를 나타내고 있는 바, 이때 높이를 나타내는 축척.

종합측량기(綜合測量機, total station) ; 광파거리계와 데오도라이트 기능이 일체형으로 통합된 측량기계. 거리, 높이, 수평각, 수직각, 좌표관측 등을 할 수 있고 모든 관측값을 기록하여 컴퓨터에 연결하여 사용할 수 있도록 만들어진 측량기계.

종횡거법(縱橫距法, coordinate method) ; 트래버스점을 도상에 전개함에 있어서 일반적으로 쓰이는 방법으로 각 트래버스점의 합위거, 합경거를 종좌표, 횡좌표로 하여 각 점을 독립적으로 전개하는 방법으로 오차가 누적되지 않는다.

종횡선전개기(縱橫線展開器, coordinates graph) ; 도지상에 각 기준점의 위치를 정확하게 전개하기 위하여 종횡선의 묘사를 하는 기계로서 여러 가지 형식의 것이 쓰이고 있다.

종횡접합모형(縱橫接合模型, block) ; 좌표해석이나 항공삼각측량에서 접합표정에 의한 종횡접합모형에 횡접합점을 연결시키는 형태.

종횡접합모형조정(縱橫接合模型調整, block adjustment) ; 블록조정.

종횡측거법(縱橫測距法, coordinate method) ; 트래버스의 대각선 또는 적당한 기선으로부터 다각형의 각 정점에 이르는 거리를 재고, 이와 같이 해서 생긴 제형이나 직각삼각형에서 트래버스의 면적을 계산하는 방법.

좌관측각(左觀測角, angle measured anticlockwise) ; 반시계방향으로 잰 각이며, 우관측각은 시계방향으로 잰 각이다.

좌안(左岸, left shore) ; 하천의 상류에서 하류를 볼 때 좌측의 하안.

좌측각(左側角, angle measured in left direction) ; 수평각 관측 시 관측 진행방향을 기준으로 좌측방향에 있는 각이며, 우측각은 우측방향에 있는 각이다.

좌표(座標, coordinate) ; 점의 위치를 정하는 요소, 곧 한 점의 위치를 나타내기 위하여 어떤 일정한 위치와 그 점의 위치와의 관계를 나타내는 것.

좌표계(座標系, coordinate system) ; 각이나 거리 또는 이 두 가지를 이용하여 공간상에 있는 도형 및 선, 점을 정의하기 위한 기준계 중의 하나이며, 이 좌표축은 계획된 축으로서 수평면을 이용한다.

좌표기준계(座標基準系, coordinate reference system) ; 어떤 좌표계의 기준이 되는 체계.

좌표법(座標法, coordinate method) ; 다각형으로 되어 있는 지지면의 각 정점의 X, Y 좌표값을 이용하여 면적을 구하는 방법.

좌표변환(座標變換, coordinates transformation) ; 좌표변환은 동일좌표계에서의 변환과 다른 좌표계로의 변환으로 나눌 수 있다. 좌표변환은 2차원에서 3차원으로 또는 3차원에서 2차원으로의 변환이 필요하며, 연속적인 좌표변환이 요구되는 경우도 있다. 예를 들면 3차원에서 좌표변환은 평행변위, 회전변환, 축척변환, 순차변환과 같은 것을 말한다.

좌표부여(座標附與, geocording) ; 지리좌표를 지리정보체계에서 사용가능하도록 디지털 형태로 만드는 과정.

좌표점법(座標點法, coordinate-point system) ; 등고선을 그리는 간접법의 한 가지로서 구역을 다수의 장방형으로 나누어, 각 모서리점의 표고를 구해서 비례에 따라서 등고선을 그리는 방법.

좌표원점(座標原點, origin of coordinates) ; 좌표축이 교차하는 점. 시스템의 요소를 계산하는데 또는 그것의 사용을 명령하는 데 원점(origin point)으로써 제공되는 좌표들의 시스템에서의 점을 말한다.

좌표입력장치(座標入力藏置, digitizer) : 디지타이저.

좌표지도(座標地圖, COordinate GeOmetry : COGO) : 측량계산과 토목설계에서 좌표, 위치, 면적, 방향 등을 구하거나 도면에 전개할 수 있도록 구성된 프로그램. 1950년대에 MIT에서 시초로 사용함. 토지의 분할 및 분배, 도로 및 시설물의 디자인에 필요한 측량, 토목 엔지니어링에 필요한 기능을 제공하는 대화식의 기하좌표의 입력관리체계.

좌표체계(座標體系, coordinate system) : 좌표는 지도상에서 한 지점의 위치를 지시하고 그 지점을 찾기 위하여 종횡으로 그린 등간격의 가상선으로 크게 지리좌표, 군사좌표로 구분된다. 지리좌표는 경선과 위선으로 구성되며, 만국공통으로써 60진법의 도, 분, 초 등이 관측단위가 된다. 군사좌표는 군사지도의 제작을 위해 설정되는 것으로써 국가에 따라 다르다. 대표적인 군사좌표로는 영국식의 polyconic, 미국식의 UTM 및 UPS좌표 등이 있다. 좌표체계는 위치 기준 또는 관측의 계통적인 방법으로, 평면좌표계와 지구좌표계로 구분된다. 좌표체계는 대상지역의 특성에 따라 정해진다. 즉, 넓은 지역으로 투영법을 바꾸어 주어야 하는 곳은 지구좌표계가 적당하고, 좁은 지역으로 하나의 좌표체계로도 충분한 지역은 평면좌표계가 적합하다.

좌표체계의 변환(座標體系의 變換, map projection transformation) : 대부분의 지도는 지도에 표시된 모든 요소의 평면좌표(X, Y)를 결정해 주는 지리적인 기준 격자에 기초한 것이다. 기준격자는 지도들 간의 연결과 지도 레이어 중첩의 기준이 된다. 격자는 원점을 기준으로 하여 설정되며 좌표값은 원점을 기준으로 X, Y축으로 가면서 증가한다. 격자는 임의의 국가적인 좌표계일 수도 있고 지표상의 절대위치를 나타내는 절대좌표체계일 수도 있다. 지도의 좌표변환 프로그램은 지도상의 기준점 및 모든 지도요소의 좌표를 계산하는 것이다. 좌표변환은 원점 이동일 경우에는 매우 간단하지만 지도투영법 자체를 바꿀 때는 복잡해진다.

좌표축(座標軸, axis) : 2차원 또는 3차원 공간에서 어떤 하나의 위치를 표시하기 위하여 사용되는 기준. 예를 들어 2차원 평면에서는 수평과 수직방향에 대하여 각각 X(N)와 Y(E)라는 기준축을 사용하고 있다. 그리고 3차원공간에서는 평면에 대한 수평과 수직방향 그리고 평면에 대한 높이에 대하여 X, Y, Z(H)라는 기준축을 사용하고 있다.

좌표평균계산(座標平均計算, adjustment by plan coordinate) : 수평방향으로부터 관측값을 써서 어떤 한 점의 좌표를 계산하면 오차 때문에 반드시 일치하지는 않는다. 이것을 일치시키기 위한 오차의 거리계산법을 말하며, 몇 가지 방법이 쓰이고 있다. 4등 삼각측량의 평균계산은 간편하여 일반의 경우에도 채용할 수 있다.

좌표해석(座標解析, coordinate analysis) : 공간상 한 물체 또는 한 점 위치는 통상좌표로써 표시된다. 위치란 어느 계에 있어서 다른 점들과 어떤 기하학적인 상관관계를 갖는가를 의미하는 것으로, 통상 그 계의 기준이 되는 고유한 한 점을 원점, 매개가 되는 실수를 좌표라 한다.

좌회각(左回角, angle measured counterclockwise) : 「좌관측각」 참조.

주곡선(主曲線, intermediate contour line) : 등고선의 주된 곡선으로 계곡선과 함께 수평곡선의 주체가 되며, 실선으로 그린다. 지형에 따라서 여기에 다시 보조곡선(간곡선, 조곡선)을 부가하기도 한다. 주곡선 간격은 지도의 용도 및 축척에 따라 다르다. 예컨대 1/50,000 지형도에서는 통상 20m로 정해져 있다.

주극성(主極星, circumpolar star) : 양극 가까이에 있는 별들로서 일주운동으로 인하여 지평선 아래로 내려가는 일이 없는 별. 즉, 별의 북극거리가 그 지점의 위도보다 작은 별로 종일 지평선 아래로 지는 일이 없이 북극을 중심으로 원운동을 한다. 이러한 별을 주극성이라 하며 방위관측에 흔히 쓰인다. 북극성도 그 중 하나이다.

주기[1](註記, ① annotation, ② cartographic notation) : 지상의 여러 가지 지물이나 지형의 명칭. 표고 또는 지도상의 기호에 대한 보충설명 등을 문자로 써서 지도상에 기재하는데 이것을 주기라고 한다.

주기[2](週期, cycle) : 일정한 시간이 경과할 때마다 어떤 상태가 반복해서 나타나는 것을 일반적으로 주기변화라고 하며, 동일상태로 돌아가는 데 필요한 시간을 주기, 그 역수(逆數)를 진동수 또는 주파수라고 한다. 진자(振子)의 진동, 피스톤의 왕복운동 등 기계적 주기운동은 가장 간단한 예이다.

주기모범도(柱記模範圖, overlay of lettering) : 측량원도나 편집원도에서는 채용하는 주기를 직접 그들의 원도상에 기입하지 않고 투명지 또는 지도원도의 인화도 등에 기재한 것.

주기억장치(主記憶藏置, main memory unit) : 수행되고 있는 프로그램과 수행에 필요한 자료를 기억하고 있는 장치로써, 제어장치 및 연산장치와 직접 자료를 주고받을 수 있다.

주기적라인손실(periodic line dropout) : 영상에서 특정한 위치의 화소값이 잘못되어 주기적으로 영상에서 그 화소가 위치하는 부분의 정보가 누락되는 현상.

주기측(註記測, les for annotation) : 주기의 기재에 대하여 정해진 약속을 말하며 대상이 되는 내용에 따라 서체, 글씨의 크기, 자열 및 주기의 위치에 대해서 규정한다.

주망원경(主望遠鏡, main telescope) : 극단적으로 급한 경사의 연직각을 관측할 때 트랜싯의 적당한 위치에 제2의 망원경을 붙여서 사용하는데 이에 대하여 원래 설치되어 있는 망원경.

주변장치(周邊裝置, peripherals) : 컴퓨터에 연결되어 부가적인 도움을 주는 하드웨어.

주사(走査, scanning) : 사진전송이나 텔레비전 방송 때, 전송 물상이나 방송 물상의 구성단위의 광량치를 계속하여 검사함.

주사각(走査角, look angle) : 레이더 시스템이 장착된 항공기나 인공위성이 진행되는 방향에 수직인 방향에서 관심점까지의 사이각.

주사기(走査機, scanner) : 원격탐측에서 사용되는 탐측기는 수동적 탐측기와 능동적 탐측기로 대별된다. 수동적 탐측기는 대상물에서 방사되는 전자파를 수집하는 방식이며, 능동적 탐측기는 탐측기에서 전자파를 발사하여 대상물에서 반사되는 전자파를 수집하는 방식.

주사방향(走査方向, look direction) : 레이더 시스템이 장착된 항공기나 인공위성의 비행방향에 수직인 방향으로 극초단파 펄스가 보내지는 방향.

주사선(走査線, scan line) : 래스터 방식을 사용하여 정보를 표현하는 화면 출력장치에서 수평방향으로 하나의 줄에 존재하는 픽셀들의 집합.

주성분분석(主性分分析, principal component analysis) : LANDSAT, TM과 같이 복수의 대역 사이에 중복되어 있는 정보를 주성분 분석에 의하여 적은 수의 독립된 성분을 구하는 방법.

주성분영상(主性分映像, principal component image) : 주성분 분석에 의하여 적은 수의 독립된 성분으로 구하여지는 영상.

주소(住所, address) : 기억장치의 특정한 위치 또는 특정한 입출력포트 등을 지칭하기 위하여 사용되는 기호.

주소정합(住所整合, address matching, ad-maching) : 도로의 주소나 면적(인구분포조사를 위한 구역과 지역, 행정구역 단위) 혹은 확정되지 않은 빌딩의 위치나 긴급한 상황이 발생한 장소 등과 한 기준점과의 상대적 위치 관계.

주요점(主要點, important point) ; 노선측량에서 정확한 측량을 위하여 다른 점보다 주요하게 취급되어야 할 점으로 교점, 기점, 종점, 원곡선시점, 원곡선종점, 곡선의 중점, 완화곡선시점, 완화곡선종점, 클로소이드곡선시점, 클로소이드곡선종점 등이다.

주요점말뚝(主要點말뚝, peg of important point) ; 노선측량에 필요한 주요점의 위치를 표시하기 위하여 설치한 말뚝.

주자오선법(周子午線法, method by circum-meridian altitude) ; 별이 자오선을 통과하는 전후 수 분 동안 각각의 별에 대해 천정각거리를 여러 번 관측하는 것이다. 고위도 지방에서는 관측하기 좋은 계절의 밤이 짧아 이 방법이 많이 사용된다.

주점(主點, Indicated Principal Point : IPP) ; 렌즈의 절점에서 사진화면에 내린 수선과 화면과의 교점. 조정이 완전한 카메라에서는 사진중심과 일치한다. 사선법의 사진중심으로 많이 쓰인다.

주점거리(主點距離, principal distance) ; 화면거리. 화면에서 카메라의 투영중심까지의 거리.

주점기선집성법(主點基線集成法, mosaic method of principal point baseline) ; 각각의 사진상에 주점기선을 긋고 이것을 겹쳐서 사진의 방향을 정하고, 주점기선의 대략 중앙에 주점기선으로부터 많이 떨어져 있지 않은 뚜렷한 지점을 겹쳐 사진을 붙여나가는 방법.

주점삼각쇄(主點三角鎖, chain of triangle among principal points) ; 도해사선법에서 코스 간의 중복도가 50%일 때 각 사진의 주점만으로 이룬 삼각쇄.

주점삼각틀법(主點三角틀法) ; 경로 간의 중복도가 50% 이상인 경우는 가까운 경로의 주점도 찍히게 되므로 주점과 주점 간의 방향선만을 사용하여 틀을 조립할 수 있는 방식.

주접선(主接線, main tangent line) ; 클로소이드곡선의 시점에서 접선을 설치한 것.

주제도(主題圖, thematic map) ; 해도, 지질도, 지적도, 토지이용현황도, 인구분포도, 교통도 등과 같이 어떤 특정한 주제를 선정하여 특별히 그 주제를 잘 알 수 있도록 제작한 지도.

주제도생성(主題圖生成, thematic map production) ; 토지이용분류, 온도분포, 수치표고모형 등 분석결과를 주제도로 작성하여 지리정보체계자료로 사용하기 위해 자료형식 변환 등을 거쳐 2차적인 주제도를 생성하는 것.

주제도입력(主題圖入力, thematic map input) ; 컴퓨터의 입력장치를 이용하여 기존의 원시자료를 수치화된 자료로 독취하는 것.

주제분류(主題分類, thematic classification) ; 이용 가능한 지형공간자료들의 그루핑과 검색을 지원하기 위해 비중복적인 지형공간자료의 주제 분류.

주제속성(主題屬性, thematic attribute) ; 공간, 시간, 품질, 메타데이터 및 위치 속성에 의해 커버되는 것을 제외한 형상의 임의의 특징을 기술하는 지형, 지물 속성.

주제자료모형화(主題資料模型化, thematic data modeling) ; 실세계 대상물은 너무 복잡해서 그것들을 공간자료기반에서 주제자료모형화를 통해 어떤 유사성을 갖는 객체 등급으로 분류시키는 것.

주지목 추종의 원칙(主地目 追從의 原則) ; 지목은 주로 사용되는 토지의 목적에 따라 지목을 부여한다는 지목설정의 원칙을 말한다.

주차(周差, secular variation) ; 자침편차의 주기적인 변화 가운데 수백년을 주기로 하여 극히 완만하게 연속해서 변화하는 자침편차로 그 크기는 장소에 따라 다르다.

주척(主尺, main scale) ; vernier(副尺)에 대하여 보통의 눈금을 새긴 원척을 말하며, vernier와 한 쌍을 이루어서 주척의 한 눈금의 단수를 읽을 수 있게 되어 있다. 트랜싯의 수평각 관측을 위한 주척은 하반에 장치되어 있다.

주컴퓨터(主컴퓨터, host computer) : 자료망에서 주된 통제를 담당하는 컴퓨터.

주파수(周波數, frequency) : 단위시간당 포인트를 통과하는 파장의 수 또는 단위시간당 파의 진동수. 즉, 교류 전류, 전자기파 따위가 1초 동안 방향을 바꾸는 도수.

주향(走向, strike) : 지층이 경사되어 있을 때, 수평면과 지층과의 교선의 방향.

죽척(竹尺, bamboo chain) : 너비 15mm 정도의 대나무의 살을 떼어내어 두께 3mm 정도로 깎아서 이것을 이어 맞추어 만든 것. 길이는 20m이고, 대나무는 온도, 습도의 변화에 대한 길이의 신축이 적고, 비교적 정도는 높으나 부러지기가 쉽고, 휴대하기 불편하며, 이은 자리가 늦추어져서 오차가 생기는 등의 결점이 있다.

준거타원면(準據楕圓面, surface of reference ellipsoid) : 준거타원체의 표면.

준거타원체(準據楕圓體, reference ellipsoid) : 어느 지역의 지오이드와 가장 유사한 지구타원체로 그 지역 측량계의 기준이 되는 타원체를 의미한다. 기준타원체와 같은 의미.

준공검사측량(竣工檢査測量, completion check surveying) : 계획대로 공사를 시공했는지의 여부를 검사하는 측량.

준공측량(竣工測量, completion surveying) : 준공된 시설물의 검측 및 관리를 위해 실시하는 측량으로 준공평면도, 도로대장평면도, 지하시설물평면도 등을 작성하는 측량.

준연직사진(準鉛直寫眞, tilted photo) : 수직사진의 경사가 허용범위 밖인 사진. 약 1°~3°의 경사를 가진다.

줄자(줄자, measuring rope) : 거리관측에 사용되는 헝겊, 강철판, 인바 등에 눈금을 새긴 줄자.

중간값필터(中間값필터, median filter) : 영상소의 주변의 중간값을 계산하는 것에 기반을 둔 저주파 통과 또는 평탄한 필터의 종류를 말하는 것으로 주로 영상 결함을 제거하는 데 쓰인다.

중간말뚝(中間말뚝, intermediate peg) : 절점 말뚝. 기선측량에서 기선의 절점에서 다른 단점을 관측 직선 내에, 기선척보다 어느 정도 짧은 위치에 차례차례 박아가는 말뚝.

중간시(中間視, intermediate sight) : 수준측량에서 중간점에 대한 시준값.

중간점(中間點, intermediate point) : ① 수준측량에서 전시만을 취하는 점. 즉, 그 점의 높이만을 구하기 위하여 표척을 세우는 점으로 이 점의 관측오차는 다른 것에 영향을 미치지 않는다. ② 기선측량에서 그 길이가 매우 길 때에는 이것을 두 구간으로 나누어서 따로따로 관측하는데, 이때 중간에 설치한 점.

중급기능사(中級技能士, intermediate grade artificer) : 기능사의 자격을 가진 자로 3년 이상 해당분야의 측량업무를 수행한 자.

중급기술자(中級技術者, intermediate grade engineer) : 측량 및 지형공간정보기사의 자격을 취득한 자로서 4년 이상 측량 업무를 수행하거나, 측량 및 지형공간정보산업기사의 자격을 가진 자로서 7년 이상 측량업무를 수행한 자.

중등곡률반경(中等曲率半徑, radius of mean curvature) : 자오선의 곡률반경을 M, 가로의 곡률반경을 N이라 할 때, $R=\sqrt{M \cdot N}$ 으로 나타낼 수 있는데 이때 R을 중등곡률반경이라 한다. 어느 소지역을 구면으로 다루었을 때의 구의 반경은 그 지역 중앙부의 위도에 대한 R을 쓰면 된다. 또, 이 R은 그 지점에 있어서 모든 방향에 대한 곡률반경의 중수이다.

중등오차(中等誤差, Root Mean Square Error : RMSE) : 표준편차 또는 평균제곱오차.

중량방정식(重量方程式, weight equation) : 측량방정식 mi=aix+biy+ … +lit로 부터 정규방정식 : [aa]x+[ab]y+ … +[al]t=[am], [ba]x+[bb]y+ … +[bl]t=[bm], … [la]x+[lb]y+ … +[ll]t=[lm]를 만들고, 정수항을 [am]=1, [bm]=…=[lm]=0으로 한 방

정식을 x에 대하여 푼 값의 역수는 최고값의 경중률과 같다. 최고값 y의 경중률은 정규방정식의 정수항을 [bm]=1, [am]= ⋯ =[lm]=0이라 놓고 y에 대하여 푼 값의 역수와 같다. 다른 것도 마찬가지다. 이와 같이 최확값의 경중률을 풀기 위하여 정규방정식의 정수항 가운데 대응하는 하나를 1이라 놓고 다른 모든 것을 0이라 놓은 연립방정식을 중량방정식이라 한다.

중량부잔차평방화(重量附殘差平方和, sum of weighted squares of residuals) : 잔차(관측값-최확값)의 제곱에 그 경중률을 곱한 것의 총화를 말한다. 정도가 다른 직접관측의 총확값은 중량부잔차평방화를 최소로 하는 값이다.

중량평균(重量平均, weighted mean) : 직접관측값 M_1, M_2, ⋯ M_n의 경중률을 각각 P_1, P_2, ⋯ P_n이라 하면, 최확값 X_0는

$$X_0 = \frac{P_1 M_1 + P_2 M_2 + \cdots + P_n M_n}{P_1 + P_2 + \cdots + P_n}$$ 이다.

이것을 말한다.

중력(重力, gravity) : 지구상에 있는 물체가 받는 지구의 인력과 지구 자전에 의한 원심력을 합성한 것.

중력가속도(重力加速度, acceleration gravity) : 어느 물체에 작용하는 중력을 그 물체의 질량으로 나눈 것.

중력계(重力計, gravimeter or gravity meter) : 중력을 측정하는 기계. 여기에는 흔들이(진자)를 응용한 흔들이형 중력계와 spring을 응용한 월든형, north American형, 아스카니아형 등이 있다.

중력기준점(重力基準點, fundamental gravity station) : 절대중력 값이 관측된 지점을 말한다.

중력보정(重力補正, correction for gravity) : 중력은 높이의 함수로 고도 및 위도, 지형, 밀도, 조석, 대기, 계기 등의 영향을 받는데 이러한 요인들에 의하여 발생한 중력변화량을 제거하고 기준면의 값으로 환산하는 것을 의미한다.

중력이상(重力異常, gravity anomaly) : 중력보정을 통하여 기준면에서의 중력값으로 보정된 중력값에서 표준중력값을 뺀 값으로 지하구조나 지하광물체 등의 탐사에 이용됨.

중력이상도(重力異常度, gravity anomaly chart) : 지구 표면의 중력분포관계를 등중력선으로 표시한 도면을 말하며, 지구형상의 크기, 지각변동, 해저자원탐사, 지진예보 등에 중요한 자료를 제공한다.

중력장(重力場, gravity field) : 어떤 물체에 미치는 지구의 중력은 지구와 물체가 서로 떨어져 있어도 작용한다. 이는 지구의 질량 때문에 지구 주위의 공간에 어떤 변화가 생겨 그 공간 내의 모든 물체에 중력을 미치기 때문인데, 지구의 중력이 영향을 미치게 되는 공간을 중력장이라 한다.

중력장모형(重力場模型, gravity field model) : 지구중력장을 현실적인 목적에 맞도록 모형화한 것으로서, 정규지구중력장 등이 있다.

중력측량(重力測量, gravity survey) : 중력을 관측해서 하는 측량으로 표고가 알려져 있는 지점, 예컨대 수준점 위 등에서 하게 한다. 이 측량에서는 기준이 될 수 있는 지점에서 출발하여 그 점 또는 다른 기준이 될 수 있는 지점으로 폐합하도록 하는 것이 보통이다.

중력측정(重力測定, measurement of gravity) : 지구상의 모든 물체는 중력에 의해 지구의 중심방향으로 끌리게 되는데 이러한 중력을 관측하는 것을 말하며, 상대관측과 절대관측이 있다.

중력포텐셜(重力포텐셜, gravitational potential) : 중력장 내에서 단위질량을 어떤 점에서 임의 점까지 옮겨오는 데 필요한 일로 정의된다. 중력벡터의 3성분(g_x, g_y, g_z : z축을 그리니치자오면과 평행하게, y축을 동경 90°방향으로, z축을 지구자전축에 평행하게 잡은 직교좌표계)은 스칼라양의 기울기로

서 구할 수 있다.

중복도(重複度, overlap) : 연속해서 1코스의 항공사진을 찍을 때 연결된 2장의 사진 위에 양쪽이 중복되어 찍혀 있는 부분의 정도. 보통 종중복 60%, 횡중복 30%가 표준이다.

중부원점(中部原點, central origin) : 평면직각좌표의 원점으로 실제 측점은 없고 동경 127°, 북위 38°의 교점을 말한다.

중심각(中心角, central angle) : 곡선의 각부 명칭의 한 가지로 원곡선의 중심을 O, 곡선시점과 곡선종점을 각기 A, B라 하면 ∠AOB를 중심각이라 한다. 따라서 중심각은 교각과 같다.

중심도법(重心圖法, central projection) : 지구의 중심에 시점을 둔 투사도법.

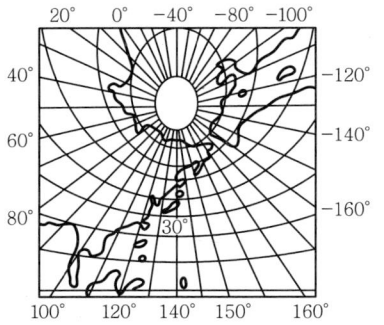

중심말뚝(中心말뚝, peg of center line) : 노선측량에서 중심선이 지나가는 위치에 설치한 말뚝이며, 일반적으로 실시설계에서는 20m 간격으로 설치하고, 위치를 나타내기 위하여 측점번호, 명칭 등을 기입한다.

중심맞추기(中心맞추기, centering) : 치심 또는 구심. 평판측량의 경우 지상의 점과 평판상의 대응점이 동일연직선상에 있게 하는 것. 트랜싯의 경우 기계의 중심과 지상의 점(삼각점 등)이 동일 연직선상에 있게 하는 것.

중심맞추기오차(中心맞추기誤差, error due to incorrect centering) : 치심오차 또는 구심오차. 평판측량이나 트랜싯측량에서 부정확한 중심맞추기로 인하여 발생하는 오차. 축척 1/3,000의 평판측량에서는 30cm 중심맞추기오차가 있더라도 최대 0.1mm의 오차밖에 생기지 않으므로 중심맞추기오차에 대해서는 특별히 고려할 필요가 없으나 대축척이 될수록 중심맞추기를 정확하게 할 필요가 있다. 트래버스측량에서는 일반적으로 변장이 짧기 때문에 협각에 큰 오차가 생기게 되므로 특히 주의할 필요가 있다. 삼각측량의 경우에는 그 방향과 편심거리를 써서 보정계산을 한다.

중심선(中心線, center line) : 노선측량에서 해당 선상시설물의 중심점이 길이방향으로 연속된 형상.

중심선측량(中心線測量, center line survey) : 노선측량의 중심선 설치 또는 하천측량 등의 중심선 설정에 관한 측량.

중심점(中心點, station point center line) : 노선측량에서 중심선이 지나가는 위치에 일정한 간격으로 설치한 측점이며, 일반적으로 실시설계에서는 20m 간격으로 설치한다.

중심축(中心軸, central axis) : 중심을 지나는 축.

중심투영(中心投影, central projection) : 사진의 상은 대상물로부터 반사된 광이 렌즈중심을 직진하여 평면인 필름 면에 투영되어 나타나게 되는데 이와 같은 투영을 중심투영이라 하며, 사진은 대표적인 중심투영상임.

중심투영상(中心投影像, image by central projection) : 사진의 상은 투영중심상의 한 가지. 중심투영에 의해서 이루어진 투영상으로, 투영변화의 법칙에 따라 변형을 일으켜 평행성, 등장성, 등각성이 보유되지 않는다.

중앙경선(中央經線, central meridian) : 한 도폭에서 그 중앙을 지나는 경선. 지도의 도곽선을 정할 때 중앙경선을 먼저 긋고, 이것을 기준으로 해서 도곽선 또는 다른 방안선(경위도 도곽일 때는 경위도의 분선이지 올바른 방안선이 아니다)을 긋는 것이 보통이다.

중앙단면법(中央斷面法, middle area formula) : 철도, 수로, 도로 등 선상의 물체를 축조하고자 할 경우 중심말뚝과 중심말뚝 사이의 횡단면 간의 절토량 또는 성토량을 계산할 경우에 이용되는 방법으로 중앙단면을 A_m, 양단면 간의 거리를 ℓ이라 하면 토공량은 $V = A_m \cdot \ell$ 이다.

중앙연산처리장치(中央演算處理裝置, Central Processing Unit : CPU) ; 계산과 기능의 명령을 담당하는 컴퓨터의 두뇌.

중앙제어국(中央制御局, master control station) ; 중앙제어국은 GPS의 주제어국으로 다른 제어국과 달리 위성의 궤도를 수정할 뿐만 아니라 사용 불능위성을 교체하는 업무를 담당하고 있다. 콜로라도스프링스(Colorado Springs)에 위치.

중앙종거(中央縱距, middle ordinate) ; 곡선의 각부 명칭의 하나로 곡선중점과 장현의 중점을 이은 선분.

중앙종거법(中央縱距法, setting by middle ordinates) ; 노선측량에서 곡선설치 시 곡선장이 짧을 경우에는 현에 대한 중앙종거를 계산하여 각 현의 중점에서 수선을 세워 그 위에 각 중앙종거를 잡아 곡선을 설치하는 방법.

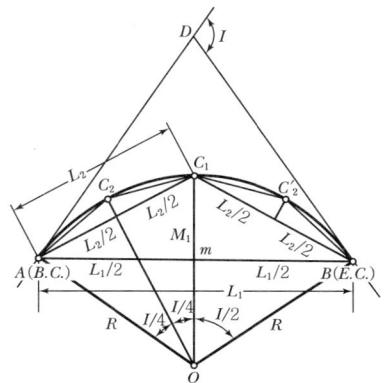

중앙종단법(中央縱斷法, middle area formula) ; 중앙단면법과 동일.

중앙표준시(中央標準時, central standard time) ; 지방시는 경도가 달라지면 그만큼 바꾸어지므로 그 나라에서 표준이 되는 자오선을 정하여 그 국내의 시각을 통일한다. 경도차가 큰 나라에서는 몇 개의 표준자오선을 정하여 그 중앙부의 기준이 되는 자오선에 따른 표준시를 특히 중앙표준시라 한다.

중적외선(中赤外線, Mid-Infrared Rays : MIR) ; 햇빛이나 발열된 물체로부터 방출되는 빛을 스펙트럼으로 분산시켜 보면 적색 스펙트럼의 끝보다 더 바깥쪽에 있으므로 적외선이라 한다. 파장 $0.75 \sim 3\mu m$의 적외선을 근적외선, $3 \sim 25\mu m$의 것을 단순히 적외선이라 하며, $25\mu m$ 이상의 것을 원적외선이라 한다.

중첩분석(重疊分析, overlay analysis) ; 새로운 공간적 경계들을 구성하는 지도를 형성하기 위해서 두 개나 그 이상의 지도들로부터 공간적 정보를 통합하는 진행과정. 주로 적지분석 등에 많이 이용된다.

중체인(重체인, overlap chain) ; 노선을 일부 변경하였기 때문에 중심선이 재래의 것보다 길어져서 일부 이정이 중복되는 것을 말한다.

중축척도화(中縮尺圖化, medium scale mapping) ; 사진측량에서 $1/5,000 \sim 1/25,000$까지의 축척으로 도화하는 것을 말한다. 이들 축척에서는 항공삼각측량에서 표정점을 정하여 이로부터 $2 \sim 3$급 도화기로 도화하여야 좋다. 사선법을 써도 된다.

증산(增産, transpiration) ; 증발이라고도 하며 식생에서 발생하는 수증기나 산소의 축출현상.

지39.50(지39.50, Z39.50) ; 온라인 자료기반 내의 도서목록 데이터 검색에 관한 표준 통신 프로토콜이다. Z39.50은 인터넷에서 도서관장서의 OPAC(Online Public Access Catalogues)을 검색하는 데 사용되며, 때로는 서로 다른 OPAC들을 하나의 연합된 OPAC으로 결합시키는 데에도 사용된다. 초고속정보통신망의 응용서비스들 중의 하나로 개발이 추진되고 있는 전자도서관의 검색을 위한 표준 정보검색 프로토콜로 자리를 잡은 Z39.50의 일반적인 특징은 첫째, 두 대의 컴퓨터가 서로 상호작용하기 위해 사용하는 포맷과 절차들을 다루는 일련의 규칙들의 집합인 네트워크 프로토콜이며 둘째, 클라이언트/서버 모형을 기본으로 하고 있다는 점이다.

지각(地殼, earth crust) ; 지구의 가장 바깥쪽을 둘러싸고 있는 암석층을 의미한다.

지각균형론(地殼均衡論, isostasy) ; 지표는 매우 불규칙한 요철을 형성하고 있지만 지하에서는 표면하중의 차이가 소멸되고 지각은 정수학적인 균형상태가 유지된다는 이론.

지각균형보정(地殼均衡補正, isostatic correction) ; 표준 중력은 지표면으로부터 같은 거리에 있는 지표면하의 밀도가 균일하다는 가정 아래 계산된 것이지만 지각균형설에 의하면 밀도가 일정하지 않기 때문에 이에 대한 보정이 필요하다. 이를 지각균형보정이라 한다.

지각변동(地殼變動, diastrophism, crustal movement) ; 지각의 변동이나 변위를 말하며, 약하지만 장기간 동안 넓은 지역에 걸쳐 발생하는 조륙운동과 지층의 강한 변동인 조산운동으로 크게 나누어진다.

지거(支距, offset) ; 골조측량 후 그 골조선에 따라 세부측량을 할 때 지물에서 골조선까지의 수직거리.

지거법(支距法, offset method) ; 지거를 관측하여 지거야장에 의해서 실내에서 도화작업을 하는 측량방법. 또 측량지역 내의 면적을 구할 때, 측선의 양단에 지거선을 긋고, 경계선과 측선의 두 지거선으로 둘러싸인 면적을 간단한 기하학적인 형상으로 세분하여 그 면적을 구하는 방법. 제형공식, Simpson 제1법칙, Simpson 제2법칙이 있다.

지거야장(支距野帳, offset book) ; 지거측량의 결과를 기입하는 노트.

지거측량(支距測量, offset surveying) ; 지상의 세부 위치를 구할 때 사용되는 방법으로 측선으로부터 직각방향의 거리를 관측하여 세부 위치를 구하는 측량.

지경(指鏡, index glass) ; 육분의에 부속되어 있는 반사경으로 망원경과 수평경의 투명부를 통하여 목표 A를 시준하고, 버니어를 움직이는 나사를 조작하여 지경을 회전시켜 다른 목표 B가 지경으로 반사된 상을 A의 상과 겹치게 함으로써 A, B가 만드는 각을 잴 수 있다.

지구(地球, the earth) ; 인류가 살고 있는 천체. 365.2563일을 주기로 태양 주위를 공전하고 23시56분4초를 주기로 자전함.

지구계측량(地區界測量, district surveying) ; 토지구획정리사업 시행지구의 지구계를 명확하게 하기 위하여 지구계점을 측량하여 그 위치를 구하고 지구 총면적을 산출하는 작업.

지구계확인(地區界確認, district confirmation) ; 토지구획정리사업계획기관이 계획한 지구계선을 용지측량에 의하여 현지에 표시하고 지구계 각 점을 현지에서 확인하는 작업.

지구계 확정측량(地區界 確定測量) ; 수치측량 방법에 의하여 각 사업지구 전체면적을 확정하기 위한 것으로 사업시행 전 토지 및 임야대장에 등록된 면적과 사업시행 이후의 면적 증감을 확인한다.

지구곡률(地球曲率, earth curvature) ; 지구의 굽은 선이나 면의 굽은 정도.

지구곡률오차(地球曲律誤差, divergence of earth curvature) ; 지구표면을 평면으로 가정하고 측량을 실시할 경우 특정 반경이나 규모의 측량 시 발생하는 지구의 곡률에 따른 오차.

지구곡률왜곡(地球曲律歪曲, earth curvature distortion) ; 지구곡률에 의해 실제보다 더 낮아 보이는 현상.

지구공간자료기반(地球空間資料基盤, Global Spatial Data Infrastructure : GSDI) ; 범 지구적인 환경보존과 지구에 대한 이해 제고를 목적으로 표고, 식생, 토지, 교통, 도시 등의 데이터를 수집해 공간정보를 구축하기 위해 1992년 유엔환경회의에서 주창되었으며, 현재 90개국 국가의 지도제작기관이 참여 중이다. 2001년 3월 GSDI에서는 각 국에서 추진하는 공간정보기반에 대한 명확한 정의를 내리고 공간정보기반을 구축하면서 획득한 경험과 지식을 공유하기 위해서 가이드북인 'The SDI Cookbook'을 발간하였다.

지구분할(地區分割, zoning) : 도시계획상의 토지이용계획에 따른 기능별 토지이용 배분으로서 효율적 토지이용을 위한 수단이라고 할 수 있음. 교통분야에서는 통행실태조사 등에 있어서 조사대상지역을 조사내용에 맞추어 어떤 규모로 구분할 때, 그 구분단위를 교통지구(zone)라고 하며, 그 설정작업을 지구분할(zoning)이라 함.

지구자원기술위성(地球資源技術衛星, Earth Resources Technology Satellite : ERTS) ; 전 세계적으로 위기에 직면한 토지, 환경 및 자원문제를 해결하고자 1972년 7월 23일 미국 항공우주국(NASA)에서 발사한 위성으로 1975년부터는 LANDSAT로 개칭하여 부르고 있는 위성.

지구좌표체계(地球座標體系, georeference system) ; 지구가 타원체라는 것을 전제로 좌표를 관측해 내는 방법. 경선과 위선을 중심으로 하여 원하는 지점의 위치를 계산해 낸다. 경선은 남극과 북극을 지나는 선이며, 위선은 주어진 점과 타원체 중심점 간의 각도를 경선을 따라 관측하여 얻어진다. 최근에는 GPS를 이용한 인공위성자료를 사용하여 지표상의 지점에 대한 정확한 위치좌표를 획득하고 있다.

지구중력모형(地球重力模型, global gravity model) ; 지구중력을 현실적인 목적에 맞도록 모델화한 것이다. 정규지구중력모형이 있다.

지구중력상수(地球重力常數, gravitational constant) ; (만유)인력상수라고도 하며, 단위거리만큼 떨어진 2개의 단위질량 사이에 작용하는 인력의 값으로 만유인력법칙 $F=G\frac{mm'}{r^2}$ 에서 비례상수 G를 말한다. 여기서 m 및 m'는 두 물체의 질량, r는 두 물체 사이의 거리.

지구중심좌표계(地球中心座標系, geocentric coordinate system) ; 지구 중심을 원점으로 하는 좌표계. 타원체 좌표 체계(ellipsoidal coordinate system)라고도 한다.

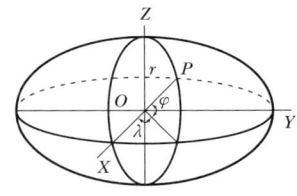

지구중심지구고정좌표계(地球中心地球固定座標系, earth-centered-earth-fixed coordinate system) ; 지구의 중심을 원점으로 하고, 지구가 태양을 중심으로 공전하지 않고 정지해 있는 것으로 가정한 좌표계.

지구측량(地球測量, geomatics) ; 지구상의 지형 및 해양에 대한 위치, 크기, 모양 및 특성을 해석하는 측량.

지구타원체(地球楕圓體, earth ellipsoid) ; 지구를 남북으로 다소 편평한 회전타원체로 보고, 종래 여러 가지 원자를 산출해 내고 있는데, 우리나라에 쓰고 있는 것은 GRS80 타원체의 원자로서 그 값은 다음과 같다. 장반경 =6,378,137m, 편평률=1 : 298.2572221

지구형상측량(地球形狀測量, earth shape surveying) ; 지구형상 결정에는 천문측량, 중력측량, 인공위성측량을 말하며, geoidal model 측량이라고도 함.

지능망(知能網, intelligent network) ; 통신망에 설치된 컴퓨터로 고도의 통신을 제어하거나 처리함으로써 고도의 통신서비스를 보다 편리하게 제공할 수 있게 한 것.

지능형교통체계(知能形交通體系, Intelligent Transportation System : ITS) ; 일반적인

운전자 차량, 대중교통 이용자들에게 순간의 교통상황에 따른 적절한 대응책을 제시함으로써 교통소통과 안전문제를 동시에 해결하기 위해 구축된 도로교통기술체계.

지덥(지덥, Geometric Dilution Of Precision : GDOP) ; DOP의 하나인 GDOP는 GPS 사용자가 선택한 위성 간의 기하학적 배치에 따른 정확도 저하율이다.

지도(地圖, map) ; 지표면, 지하, 수중 및 공간의 위치와 지물의 위치형상이나 지형, 지물 등을 어느 비율로 축소하고 기호나 문자로 종이 위에 표현한 것이며, 전산체계를 이용하여 이를 분석, 편집 및 입력과 출력을 할 수 있도록 제작된 수치지도도 포함되며, 목적에 따라 여러 가지 지도가 있다.

지도격자판(地圖格子板, atlas grid) ; 숫자와 문자를 사용하여 지도나 도면 위에 지점이나 지역의 위치를 지정하는 기준체계, 숫자격자판이라고도 한다.

지도규칙(地圖規則, cartographic convention) ; 수용된 지도제작안이다. 예를 들어 세계지도에서 물을 하늘색 또는 연파란색으로 표현하는 것과 같은 것이다.

지도기호(地圖記號, symbol) ; 지형, 지물을 지도상에 표시하기 위하여 편의적으로 정해진 여러 가지 기호.

지도도식규칙(地圖圖式規則, rules of map symbols) ; 측량법에 의하여 측량성과를 이용하여 간행하는 지도의 도식에 관한 기준을 정하여 지형, 지물 및 지명 등의 표시방법에 통일을 기함으로써 지도의 정확하고 쉬운 판독에 이바지함을 목적으로 제정된 국토해양부령이다.

지도방안(地圖方眼, map grid) ; 지도에서 어느 지점의 좌표값을 알아내거나, 또는 좌표값을 가지고 지도상에 지점의 위치를 기입하거나, 혹은 면적이나 거리 등을 도상에서 계측하기 위하여 지도상에 10cm마다 그어 넣은 방안을 말한다. 또는 지도를 그릴 때 먼저 도상에 정확한 방안을 그어 이를 준거로 기준점을 전개하기 위한 선.

지도방안의 작도(地圖方眼의 作圖, map grid plotting) ; 지도를 만들 때에는 먼저 도지상에 정확한 방안을 그어 이것을 기준으로 해서 기준점을 전개하는데, 이때 이 방안선을 긋는 법을 말한다. beam compass를 쓰는 방법, 간단한 전기기를 쓰는 방법 등도 있으나, 단면묘화기를 쓰면 가장 정확하고 또한 효율적이다.

지도생산 및 공급지침(地圖生產 및 供給指針) ; 지도생산·관리 및 공급지침은 측량·수로조사 및 지적에 관한 법률 및 동법 시행규칙 규정에 의하여 간행된 지도 등을 공급(발매·배포)하는데 필요한 제반세부규정을 정하여 지도공급업무를 원활히 추진하는 것을 목적으로 한다.

지도수정(地圖修正, revision of map) ; 지도상의 지물, 지형 등에 변화가 생겼을 때 측량하여 지도에 그려넣는 작업. 수정한 연도를 지도의 우측하단에 기재한다.

지도의 왜곡(地圖의 歪曲, distortion of map) ; 지도상의 각 부분에 관한 실제와의 차이. 지구표면을 평면으로 투영하여 지도로 표현할 때 지도상에서의 면적, 거리, 각관계의 모든 것이 실제와 일치하지는 않는다. 면적, 거리, 각도 중에서 어느쪽을 중요시 하느냐에 따라 여러 가지 투영도법에 따라 표현되는 것.

지도용문자(地圖用文字, atlas character) ; 지도상에 쓰이는 문자를 말하는데 주기용 문자라고도 하며, 지도를 읽기 쉽게 하기 위하여 여러 가지 글자체, 자두 등을 일정한 규정하에 선택하여 쓰도록 되어 있다.

지도의 변형(地圖의 變形, deformation in map) ; 투영의 비뚤어짐 때문에 생긴 지도 위에서의 변형을 말한다.

지도입력(地圖入力, map input) ; 지도 또는 측량도면을 디지타이저나 스캐너에 의하여 수치자료를 취득하여 이를 컴퓨터에 수록하거나 수록된 자료를 이용하여 정위치편집, 구조화편집 또는 도면제작편집을 실시하는 것. 지도로 표현하기 위한 컴퓨터 체계에 저장된 수치지도 객체의 속성을 의미하기도 한다.

지도자료(地圖資料, cartographic data) ; 지도로 표현하기 위한 컴퓨터체계에 저장된 수치지도 객체의 속성.

지도자료기반(地圖資料基盤, cartographic database) ; 지형정보자료기반은 지도정보로서의 도형자료(점, 선, 면)와 속성자료로 구분한다.

지도작성체계(地圖作成體系, mapping system) ; 컴퓨터나 지도를 이용하여 지도를 작성하는 체계. 즉 컴퓨터로 지도를 취급하는 시스템의 총칭.

지도정보체계(地圖情報體系, map information system) ; 수치지도 정보에서는 종래의 도식에 따른 분류정보로서 표현분류, 지역분류 및 정보분류의 지도 분류코드를 설정하여 체계화하고 있다. 그 외에 표현분류코드는 레이어 코드와 자료항목 코드에 분할되어 있는데, 이것들의 전체 정보분류체계를 말한다.

지도정합(地圖整合, map join) ; 인접한 두 지도를 하나의 지도로 접합하는 과정. GIS에서는 대상지역의 도형자료가 하나의 파일로 존재하여야 한다. 이를 종이와 비교한다면 전 지역의 지도가 여러 도엽으로 존재하는 것이 아니라 한 장의 지면에 있어야 한다는 것.

지도정확도(地圖正確度, cartographic accuracy) ; 정확도.

지도제도법(地圖製圖法, map drafting technique) ; 측량 또는 편집의 성과로 된 초안에 가까운 지도를 정사하거나 제판용 원도로서 다시 작성하는 방법. 예컨대 지물, 지선이나 주기마다 따로따로 만든 원도를 하나로 중합하거나 다색지도 인쇄용으로 하기 위하여 하나의 지도에 전부를 몰아넣은 원도(총원도)를 색판마다 분판원도로 제도하는 것 등이다. 지금까지는 도지 또는 투명지를 쓰는 착묵제도가 표준적 방법이었으나 무신축에 가까운 plastic film을 종이 대신 쓰게 되었다. 또한 scribe법도 착묵제도 대신 채용되기 시작하였다.

지도제작자동화(地圖製作自動化, Automated Mapping : AM) ; 지도를 그리거나 제작하는 전산시스템. 지도제작자동화는 효율적인 위치정보의 처리와 출력을 위해 고안되었다. 시설물에 관한 자료를 저장, 수정하여 가시화된 지도를 제작하는 자료기반 관리체계를 갖고 있으며, 공간분석기능은 일반적으로 생략된 체계.

지도좌표변환(地圖座標變換, map coordinate transformation) ; 지도상의 좌표점을 지구좌표체계 또는 경위도 좌표와 같은 체계로 변환하는 것.

지도중첩(地圖重疊, map overlay) ; 이 기능은 임의의 다각형군을 지도에 중첩해서 그 속의 점군, 선군, 다각형군을 추출함으로써 분석 대상지역의 특성을 명확히 하는 것이다. 예를 들면, 건물용도 현황도에 용도 규제도를 중첩하면 용도의 현황과 규제의 갭(Gap)을 평가해 규제의 재평가가 필요한 지역을 추적할 수 있다.

지도축척(地圖縮尺, map scale) ; 지도 위에 그려져 있는 대상의 축소되어 있는 비율. 그러나 소축척의 지도에서는 곡면을 이루고 있는 지구의 표면을 평면으로 되어 있는 지도 위에 나타내므로 장소에 따라 축척이 일정하지 않게 되어 형상이나 면적 등이 달라진다.

지도통합(地圖統合, conflation of map) ; 기존의 지도파일로부터 필요한 사상을 선택하여 하나의 새로운 지도파일을 만드는 과정이나 서로 다른 레이어 간의 동일한 점에 대한 위치를 보정하는 방식. 또한 어떤 커버러지의 Arc를 다른 커버러지의 Arc에 정렬시켜 속성 정보를 전달하는 과정을 말하기도 한다.

지도투영(地圖投影, map projection) ; 지구상의 가상적인 망 또는 좌표의 위치를 지도에 표시하는 방법. 즉, 경위선을 평면상에 일정한 법칙에 따라 될 수 있는 대로 정확하게 표시하는 것. 구면인 것을 평면에 옮기는 것이므로 반드시 비뚤어짐이 생긴다. 따라서 그 목적에 따라 알맞은 도법을 쓰게 되는데 투영방법은 방위, 원추, 원통 등 투영되는 면의 종류에 따라 분류된다.

지도투영변환(地圖投影變換, map geometric transformation) ; 굴곡으로 된 지구표면을 평평한 평면으로 옮기기 위한 방법.

지도편집(地圖編輯, map compilation) ; 지도를 새로 제작하거나 지도의 내용을 갱신하기 위하여 최신의 항공사진, 지형정보 등을 지도의 축척과 사용목적에 맞게 전산기로 추가, 삭제 및 변경하는 것.

지도피처(地圖피처, cartographic feature) ; 지도나 도표에 나타난 물체의 자연적·문화적 속성.

지도학(地圖學, cartography) ; 지도제작에 필요한 기초지식을 예술과 과학분야로부터 습득하고, 이를 토대로 지도제작 방법과 기술을 연구하는 학문. 즉 지표면과 그 형상에 대하여 지도나 차트로서 도해적으로 표현하는 학문체계.

지류(地類, land classification) ; 지상에 있는 식물상태의 구분. 예컨대 관엽수림, 침엽수림, 과수원, 전, 답 등으로 구분하고 토지이용의 상황까지도 표현한다. 주로 대축척이 지형도에 지류기호로써 표시한다.

지류계(地類界, land classification boundary) ; 지류의 경계선을 나타내는 것으로 국토지리정보원 발행의 지형도에서는 원점선으로 표시되어 있다. 다만, 이밖에 지물(도로, 하천 등)이 있을 때에는 이들로써 겸하게 된다.

지리경도(地理經度, geographic longitude) ; 측지경도

지리경위도(地理經緯度, geographic longitude and latitude) ; 측지경위도, 지구상의 한 점에서 타원체에 대한 법선이 적도면과 이루는 각으로 지도에 표시되는 일반적인 경위도는 이것을 가리킴.

지리공간정보(地理空間情報, geospatial data) ; 지구상의 자연 혹은 인공적인 지형지물과 경계의 지리적 위치와 성격을 정의하는 정보.

지리식별자(地理識別者, geographic identifier) ; 지형지물을 독특하게 확인하는 라벨 또는 부호의 수단으로 지형지물을 확인하는 공간적인 참조들이다. 위치확인을 위한 고유한 식별자. (예 : 지방자치단체의 이름, 거리번호 등)

지리식별자체계(地理識別者體系, geographic identifier system) ; 공통된 주제와 형식을 가진 지리적 식별자의 구조화된 모음이다. (예 : 우편번호)

지리위도(地理緯度, geographic latitude) ; 측지위도.

지리정보체계(地理情報體系, Geographic Information System : GIS) ; 지도, 통계자료 등 지리자료와 속성자료의 입력, 정비, 가공, 자료기반 구축, 분석, 출력에 의한 지리 관련 분야의 전산정보체계 및 조직, 지형공간정보체계의 소체계로서 GIS라고도 한다.

지리자료(地理資料, geographic data) ; 지표, 지하, 지상의 토지 및 시설물의 공간적 위치, 높이, 형상, 범위를 나타내는 도형자료와 속성자료로 구성된다.

지리자료집합(地理資料集合, geographic dataset) ; 식별 가능한 자료의 모음.

지리정보(地理情報, geographic information) ; 지형, 지리 및 공간에 관련되는 모든 정보를 통칭하며, 지리적 위치에 존재하는 객체(object). 즉, 공간상에 존재하는 사물이나 특정현상을 발생시키는 존재(하천, 도로, 등과 같은)를 말한다.

지리정보과학(地理情報科學, geographic information science) ; 지리정보 기술의 기초가 되는 학문(학제간 분야). 2차원 지표에 대한 표현. 3차원의 대기, 해양, 지표, 지하에 대한 표현을 다룬다.

지리정보기술(地理情報技術, geographic information technologies) ; 지리정보를 수집

하고 다루는 기술들로써 지리정보체계, 원격탐사, GPS를 포함한다.

지리정보서비스(地理情報서비스, geographic information services) : 사용자들에게 지리정보를 제공하고 관리하고 변형해주는 서비스.

지리정보엔지니어(地理情報엔지니어, geographic information engineer) : 지리정보학의 개념적인 틀구조와 공간적인 시스템 엔지니어링 도구들에 대해 깊이 있는 지식을 소유하고 있는 전문가.

지리정보유통망(地理情報流通網, geographic information service network) : 지리정보의 생산자, 관리자 및 사용자를 서로 연결하는 통신망.

지리정보전문위원회(地理情報專門委員會, ISO/Technical Committee211 : ISO/ TC211) : 지리정보체계를 위한 ISO 산하로 1994년 6월에 구성된 지리정보전문위원회는 211번째로 구성된 위원회로서 그 명칭도 ISO/TC211로 정하고 노르웨이가 간사국으로 업무를 담당하고 있다. ISO/TC211지리정보체계 참조 모형 소위원회(WG1), 자료모형화소위원회(WG2), 지형공간정보관리소위원회(WG3), 지형공간정보서비스소위원회(WG4)와 기능표준소위원회(WG5) 등 5개의 소위원회로 구성되어 있다.

지리정보학자(地理情報學者, geographic information scientist) : 지리정보의 개념적인 틀구조와 응용도메인과 그것의 공간적·시간적 배경에 깊이 있는 지식을 갖는 전문가.

지리조사(地理調査, geographic survey) : 정위치편집을 하기 위하여 항공사진을 기초로 도면상에 나타내어야 할 지형 지물과 이에 관련되는 사항을 현지에서 직접 조사하는 것.

지리좌표(地理座標, geographic coordinates) : 어떤 점을 기준 타원체면 위로 투영된 점의 위치를 경도 위도 및 평균해수면으로부터의 높이로 표시하는 방법.

지리피처(地理피처, geographic feature) : 지구와 관련된 위치와 관계된 실세계의 현상을 표현한 것.

지리학(地理學, geography) : 지리학은 세계와 인간의 터전을 이해하는 데 도움이 된다. 또한 지리학은 공간분석에 있어서 중요하게 사용되며, 공간적 인식과 공간적 분석을 하기 위한 기법을 제공한다.

지명(地名, geographic name, place name) : 토지를 인식하고 그 토지와 다른 토지를 구별하기 위하여 사람들이 붙인 이름으로, 토지에 표현되거나 지표상에 나타나는 제반현상에 붙여진 이름.

지명정보체계(地名情報體系, Geographic Names Information System : GNIS) : 미국지질조사국(USGS)이 만든 이 자료는 지명에 관한 정보를 표준화하고, 보급하기 위한 목적으로 개발되었다. 이 자료에는 미국에서 일반적으로 알려진 장소, 지물, 지형에 관한 정보가 포함되어 있다.

지모(地貌, relief features of land forms) : 산악의 형상, 토지의 기복상황 등 지표면의 형상을 말한다. 대축척지도에서는 일반적으로 수평곡선으로 표시하나 소축척지도에서는 등고선법, 영선법, 음영법 등의 표현법이 많이 쓰이고 있다. 최근에는 지형이라고 부른다.

지모측량(地貌測量, physiographic surveying) : 토지의 기복과 형상의 관측. 즉 지모의 관측을 주체로 한 토지의 측량이며 노선측량, 광산측량, 수도측량 등에서 사용한다.

지목(地目, classification of land) : 토지를 주된 용도에 의하여 분류한 명칭이며, 과세대상으로 되는 것이 제1종지, 비과세 대상은 제2종지이다. 제1종지에서 주된 것은 전, 답, 택지, 산림, 임야지 등이며, 제2종지에서 주된 것으로는 묘지, 도로, 운하, 수도용지, 하천 등이다.

지목변경(地目變更, land category) : 지적공부에 등록된 지목을 다른 지목으로 바꾸어 등록하는 것을 말하는데 산림법, 도시계획법, 건축법 등 관계법령에 의한 각종 인허가 및 준공 등에 의하여 토지의 주된 사용목적 또는 용도가 변경됨에 따라 다른 지목으로 바꾸어 등록하는 행정처분.

지목의 표기(地目의 表記, declaration of land category) ; 지적도 및 임야도에 등록할 지목은 부호로 표시하여야 하는데 그 방법은 지목의 머리글자를 부호로 하여 표기한다.

지문항법(地文航法, geonavigation) ; 한 지점으로부터 다른 지점까지의 방위(침로)와 거리(항정)를 결정하거나, 한 지점으로부터의 방위와 거리에 의하여 다른 지점의 위치를 결정하는 항법, 즉 연안의 지물이나 항로표지 등에 의하여 선박위치를 결정하는 항법.

지물(地物, topographic features) ; 지상에 있는 물체 가운데 주로 인공적인 물체, 예컨대 가옥, 교량, 철도, 도로 등.

지물집성법(地物集成法, topographic features collection method) ; 두 인접사진의 거의 중앙에 주점기선에서 상하 같은 거리에 있는 두 점을 기준으로 하여 이로부터 2점이 정확히 중복되도록 점차로 사진을 붙여나가는 방법.

지물측량(地物測量, planimetric surveying) ; 지물의 평면위치를 정하는 측량. 지모는 중점을 두지 않거나 또는 아주 생략하는 평면측량이다.

지반고(地盤高, Ground Height : GH) ; 토지의 표고를 말한다. 즉, 기준면으로부터의 그 토지까지의 높이, 즉 수직거리를 말한다.

지방규(指方規, alidade) ; 앨리데이드

지방시(地方時, local time) ; 지방항성시. 어느 지방의 경도를 기준으로 한 시각을 그 지점의 지방시라 한다. 평균시라고 할 때는 일정 구역 내를 통일해서 쓰는 표준시를 가리키며 각 지점의 경도를 기준으로 한 시각을 쓰는 일은 거의 없다.

지방시시(地方視時, local apparent solar time) ; 그 지방에서의 시태양시. 두 지점에서는 그 경도차만큼 달라지는 셈이다. 또 지방시와는 평균차만큼의 차가 있다.

지방인력(地方引力, local attraction) ; 국소인력

지방평시(地方平時, local oean solar time) ; 어떤 지점에 있어서 평균태양의 시각에 12시를 가한 것이 그 지방의 지방평시이다. 경도가 달라지면 시각이 바뀌므로 일상생활에는 사용할 수 있다. 그 지점의 지방평시의 차는 두 지점의 경도차를 나타낸다.

지방항성시(地方恒星時, local sidereal time) ; 어느 지점의 항성시를 그 지점의 지방항성시라 하며, 지방항성시의 차는 경도차를 나타낸다. 지방항성시는 항성관측에 사용하는 데 편리하다. 지방항성시의 시차 1시간은 경도 15°에 해당한다.

지번(地番, parcel number) ; 필지에 부여하여 지적공부에 등록된 번호를 말하는데 각 필지에 대한 지리적 위치의 고정성과 개별성을 보장하기 위하여 동·리 단위로 필지마다 아라비아 숫자로 순차적으로 부여한 번호로서 토지의 식별과 위치의 확인에 활용된다.

지번경정(地番更正, parcel number change) ; 지번지역의 일부분 또는 전부의 지번이 순차적으로 설정되지 않아 지번의 색인에 어려움이 있어 일반 국민이 지적공부를 이용하는 데 불편이 따르고 효율적인 지적행정의 수행이 곤란하여 지번설정 기준에 따라 새로이 지번을 정하는 것을 말한다.

지번부여지역(地番附與地域, parcel number area) ; 지번을 부여하는 단위지역으로서 동, 리 또는 이에 준하는 지역을 말하는데 행정의 편의상 구획한 행정 동, 리가 아니고 법적 동, 리를 뜻한다.

지번색인표(地番索引表, index of parcel number) ; 토지가 등록되어 있는 지적도의 도호를 용이하게 알아내기 위하여 일람도 별로 지번색인표를 작성하여 일람도 다음에 보관하는 도면.

지번지역(地番地域, parcel number area) ; 리, 동 또는 이에 준하는 지역으로 지번을 설정하는 단위지역을 말하는데 행정의 편의상 구획한 행정 리, 동이 아니고 법정 리, 동을 뜻한다.

지상거리(地上距離, ground range) ; 레이더 영상에서 지상트랙으로부터 객체까지의 거리.

지상검증(地上檢證, ground truth) ; 불명확하거나 오독하기 쉬운 대상을 현지에서 직접 관측하고 확인하는 것.

지상곡선설치(地上曲線設置, surface curve setting) ; 지상에서의 곡선설치를 말하며 지하곡선 설치와 비교되는 말.

지상기준점(地上基準點, ground control point) : 지상에서 일반측량에 의하여 얻어진 좌표를 이용하여 항공삼각측량에 의하여 절대 혹은 측지좌표를 얻기 위한 기준이 되는 점으로 지상에 설치하는 기준점.

지상기준점측량(地上基準點測量, ground control point surveying) ; 사진 상에 나타난 점과 대응되는 지상기준점의 수평위치와 표고에 대해 실시하는 측량.

지상너비(地上너비, ground swath) ; 스캐너 시스템에 의해 영상화된 지형의 스트립 폭이다.

지상등각점(地上等角點, ground isocenter) ; 사진면에 직교되는 광선과 연직선이 2등분하는 광선이 지상에 마주치는 점.

지상사진(地上寫眞, terrestial photograph) ; 일반적으로 지상사진기로 지상에서 촬영된 사진.

지상사진기(地上寫眞機, terrestial photo- theodolite) ; 사진경위의 또는 지상사진측량을 위해 사용되는 카메라의 총칭.

지상사진측량(地上寫眞測量, terrestial photogrammetry) ; 지상에서 촬영한 사진을 이용하여 건축물 및 시설물의 형태 및 변위관측을 위한 측량방법.

지상사진측정학(地上寫眞測定學, terrestrial photogrammetry) ; 지상사진측량.

지상수신소(地上受信所, ground receiving station) ; 인공위성에서 송신된 자료를 기록하는 시설.

지상신호방식(地上信號方式, way side signal) ; 일반적으로 사용되며, 지상에 건식된 신호기에 의하는 신호방식.

지상실체사진측량(地上實體寫眞測量, terrestial stereo photogrammertry) ; 지상사진측량.

지성선(地性線, basic relief line) ; 토지 기복이 되는 선, 주로 산악에 있어서 철선(능선), 요선(곡선), 경사변환선, 방향변환선을 말하며, 실측에 의해서 지모를 그릴 때에는 먼저 지성선을 측량하여 이에 따라 등고선을 그리는 것이 보통이다. 이른바 지형의 골격이라 할 수 있다.

지세도(地勢圖, geographical map) ; 국토지리정보원에서 발행하고 있는 1/200,000 지도로서 수평곡선식과 채단식을 겸용하여 지모 전체의 표현 효과를 강조한 일반도이다.

지수공식(指數公式, exponential formula) ; 하천의 평균유속을 구하는 공식으로서 $V=CR^m I^R$ 이다. 여기에서 V : 전단면평균유속, R : 경심, I : 수면구배, C : 유속계수, m, k : 정수. 이 공식에서 m, k를 적당하게 잡고, C를 조도만의 함수이고 R이나 I에는 무관계한 것으로 한 것에 Manning공식, Forchheimer 공식 등이 있다.

지시간(脂示桿, index arm) ; 육분의 회전축을 중심으로 눈금 위를 움직이는 지표.

지시경(脂示鏡, index glass) ; 육분의의 분도호 중심에 있는 호면에 직각인 거울.

지시기호(脂示記號, symbols for specialized area features) ; 성적, 재료장치, 목장, 채광지, 비행장 등과 같은 넓은 장소를 대축척지도상에 표시할 때 그 장소의 대략 중앙에 그려 놓은 기호.

지심위도(地心緯度, geocentric altitude) ;

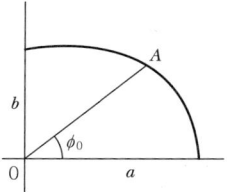

지구상의 1점과 지구의 중심을 잇는 방향선과 적도면이 이루는 각. 지구는 회전타원체이므로 지심위도와 측지위도와는 일치하지 않는다.

지심좌표계(地心座標系, geocentric coordinate system) ; 「지구중심좌표계」 참조.

지씨알엠(지씨알엠, GIS Customer Relationship Management : GCRM) ; 지리정보체계(GIS)와 고객관계관리(CRM)의 합성어로 지리정보시스템 기술을 활용한 고객관계관리시스템 기술.

지아이에스(지아이에스, GIS) ; 지리정보체계 또는 지형공간정보체계.

지알에스80(지알에스80, Geodetic Reference System80 : GRS80) ; 국제측지협회에서 채택된 타원체로서 우리나라의 측지좌표계도 이 시스템을 기준으로 하고 있다.

지알엠안테나(지알엠안테나, Graded Reflectivity Meter antenna : GRM antenna) ; 지하시설물 탐사장비에 사용하는 수신기 중의 하나로서 지하에 매설된 맨홀 또는 철 구조물의 탐사에 사용된다.

지에스아이에스(지에스아이에스, GeoSpatial Information System : GSIS) ; 지형공간정보체계. 컴퓨터를 기반으로 공간에 관련된 공간자료를 입력, 저장, 관리, 분석, 표현하는 체계. 일반적으로 GIS와 같은 개념으로 사용된다.

지엔에스에스(지엔에스에스, Global Navigation Satellite System : GNSS) ; 위성항법시스템으로 GLONASS, Galileo Project, GPS 등이 여기에 속한다.

지역디지피에스(地域디지피에스, Local Area DGPS : LADGPS) ; DGPS의 한 형태로 기준국으로부터 의사거리와 위상의 보정값을 사용자 수신기로 수신하며, 좁은 지역에서 높은 정밀도를 필요로 할 때 쓰인다. 보정값에는 기준점에서의 항법메시지에 의한 영향과 위성의 시계오차(SA도 포함) 그리고 대기에 의한 전파지연효과가 포함되어 있다. 이 방법은 국부적인 지역에 존재하는 사용자의 수신기에서도 같은 오차를 보인다는 가정 하에 사용된다.

지역변수(地域變數, regionalized variable) ; 내삽을 위하여 몇 가지 고려되어야 할 사항이 있는데, 그중 토양이나 지질, 수문과 관련된 변수는 공간적 특성을 가지므로 이와 같은 것을 지역변수라 한다.

지역삼차원직각좌표계(地域三次元直角座標系, local vertical coordinate system) ; 관측대상지역 내에 원점(Ellipsoid상)을 둔 X, Y, Z 삼차원 좌표계. Z축은 원점에서 North방향이고, X, Y면은 원점에서 접하며 X축은 North Pole 방향, 그리고 Y축은 East방향이다.

지역선(地域線, jiyeogseon) ; 토지조사당시 (1910~1918) 소유자는 같으나 지목이 다른 관계 등으로 지적정리상 별필로 하여야 하는 토지 간의 경계선과 토지조사 시행지와의 경계선.

지역정보체계(地域情報體系, Regional Information System : RIS) ; 대규모 건설공사계획 수립을 위한 지질 및 지형자료 구축, 각급 토지이용을 계획 및 관리하는데 활용한다.

지역좌표계(地域座標系, local coordinate system) ; 국지좌표계. 임의의 국부지역에서만 사용되는 좌표계. 세계좌표계에 대응되는 좌표계이다.

지역측지계(地域測地系, local reference system) ; 국지기준계

지역측지망(地域測地網, local survey network) ; 경계표에 기초한 측지망은 지구지오이드상에서 그들의 특정한 지점과 관련하여 위치

되어 있지 않다. 지역측지망에 근거한 경계표로부터 생성된 지도들은 경계표에 의해 포함된 지형적 지역 내에서만 정확할 뿐 지구 지오이드에 관해서는 정확하지 않다. 지역측지망의 한 예는 공공토지측량체계에 기초해서 작은 토지로 세분하는 진행과정이다. 지역측지망은 측지학적 측지망과 대조가 된다.

지열(地熱, geothermal) ; 지구 내부로부터 발생하는 열.

지오디미터(지오디미터, geodimeter) ; 광파를 이용한 거리관측기. 즉, 주국에서 광파를 발사하여 이것을 10MHz 등으로 변조해서, 이것이 종국의 반사경에서 반사되어 주국으로 되돌아 간다. 이것과 주에서 나가는 광파의 위상차에 의하여 이 2점간을 광파가 왕복한 시간을 알아내어 그로부터 거리를 구하는 기계로, 스웨덴의 AGA회사에서 제작되었던 제품의 이름.

지오메틱스(지오메틱스, geomatics) ; 지형정보학.

지오스(지오스, Geostationary Operational Environmental Satellite : GOES) ; 미국의 정지기상위성

지오이드(지오이드, geoid) ; 평균해수면을 육지부분까지 연장하여 지구의 전표면이 정지한 해수면으로 덮였다고 가정한 곡면. 또는 중력의 등포텐셜면이라고도 한다.

지오이드99(지오이드99, GEOID99) ; 미국에서 지오이드의 이전 모델인 지오이드90, 지오이드93, 지오이드96 등을 대신하는 모델을 재정리하였는데, 이를 지오이드99라 한다.

지오이드고(지오이드高, geoidal height) ; 평균해면 위의 값으로 환산된 중력과 이론적 중력의 차를 중력이상이라 부르며, 그 값은 기준타원체로부터 지오이드까지의 수직거리인데 이것을 말한다.

지오이드모형(지오이드模型, geoid model) ; 지오이드를 현실적인 목적에 맞도록 모형화한 것.

지오커넥션(지오커넥션, geo-connections) ; 캐나다 지형공간정보기반(Canadian GeoSpatial Data Infrastructure : CGDI)이 인터넷상에서 활용 가능하도록 조정된 국가 프로그램이다. geo-connections에서는 주제별 포탈과 지역네트워크로 다시 연계되어 캐나다의 공간정보에 쉽게 접근할 수 있다.

지유아이(지유아이, Graphic User Interface : GUI) ; 「그래픽 사용자 인터페이스」참조.

지자기(地磁氣, terrestrial magnetism) ; 지구는 커다란 자석의 성질을 지니고 있으며 그 극은 지구의 극 부근에 있는데 이들은 완전하게 일치하지는 않기 때문에 자침은 바른 남북에서 조금 벗어난 방향을 가리킨다. 우리나라에서는 대체로 5~6°서쪽으로 기울어져 있다.

지자기경년변화(地磁氣更年變化, geomagnetic secular variation) ; 수 십년 내지 수 백년에 걸친 지자기의 변화로 영년변화라고도 한다.

지자기의 3요소(地磁氣의 三要素, three elements of terrestrial magnetism) ;

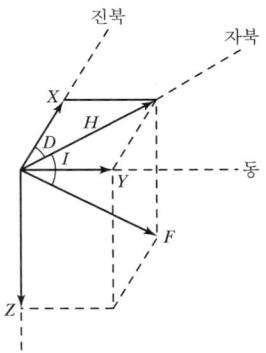

편각(D), 복각(I), 수평분력(H)을 알면 지자기의 방향과 강도를 알 수 있다. 이 세 가지를 지자기의 3요소라 한다.

지자기일변화(地磁氣日變化, geomagnetic dairy variation) ; 하루를 주기로 하는 지자기 변화.

지자기전자력도(地磁氣電磁力圖, geomagnetic chart) ; 지구표면의 자력도는 지구 내부의 지각 구성물질에 따라 지역적으로 각각

상이하게 변화하는데 이러한 지구자력의 세기를 관측하여 등자력선으로 표시한 도면. 지자기전자력도는 해저의 부존자원조사, 지진예측 및 해저지질 연구에 중요한 자료를 제공한다.

지자기측량(地磁氣測量, magnetic surveying) ; 지자기의 방향과 자오선과의 각인 편각, 수평면과의 각인 복각, 자기장의 크기인 수평분력, 즉 지자기의 세 가지 요소를 측량하는 것.

지자기폭풍(地磁氣暴風, geomagnetic storm) ; 갑작스럽고 큰 지자기의 변화로서 주로 태양 흑점의 변화에 의하여 발생한다.

지적[1](地積, acreage) ; 토지의 면적. 토지등기부에 등기되어 있는 면적은 지표면상의 면적이 아니라 이것을 기준면 위에 투영한 면적이다.

지적[2](地籍, cadastral) ; 토지에 대하여 일정한 사항(지번, 지목, 경계 등)을 국가가 등록(지적공부)하여 국가에 비치하는 기록.

지적공개주의(地籍公開主義, principle of cadastral opening) ; 지적에 관한 사항을 지적공부에 등록하여 이를 국가가 자기의 편의에만 이용하지 않고 거의 무제한적으로 일반인에게 공개함으로써 토지소유자 및 이해관계인 기타 일반 국민으로 하여금 이를 정당하게 이용할 수 있도록 하는 제도.

지적공도(地籍公圖) ; 지적도와 임야도.

지적공부(地籍公簿, cadastral records) ; ① 토지를 측량하여 구획된 단위 토지인 일필지를 등록하여 비치하는 장부로서 소유권 및 제반 법적 권리관계를 포함하고 토지정보를 유지관리하기 위한 공적인 장부.
② 토지대장, 지적도, 임야대장, 임야도 및 수치지적부. 토지에 대한 물리적 현황과 법적 권리관계를 등록 공시하는 국가의 공적장부로서 행정기관의 장인 시장, 군수, 구청장이 지적서고에 비치, 보관하고 이를 영구히 보존하고 있다.

지적공부복구(地籍公簿復舊, restoration of cadastral record) ; 지적공부가 멸실된 때에 멸실 당시의 지적공부와 가장 부합된다고 인정되는 관계자료에 의거하여 토지표시에 관한 사항을 복구 등록하는 작업. 다만 소유자에 관한 사항은 부동산 등기부나 법원의 확정판결에 의하지 아니하고는 복구등록할 수 없다.

지적공부조제(地籍公簿調製, production of cadastral record) ; 신규등록, 등록전환, 토지구획정리사업 등의 시행에 따라 지적공부를 새로 작성하는 것.

지적기술교육연구원(地籍技術敎育硏究員, Cadastral Technology Education Research Institute : CTERI) ; 재단법인 대한지적공사의 지적기술연구원으로서 국내 유일의 지적측량 전문교육훈련 및 연구기관이다.

지적기준점(地籍基準點, cadastral control point) ; 측량지역 전체에 걸쳐 골격을 이루는 점으로서 위치가 알려진 표석.

지적도(地籍圖, cadastral map) ; ① 지적측량에서 만들어진 각 지번의 소재, 형상, 지목, 구분, 번지 등을 다시 말하면 각 지번의 면적을 산출하고 경계를 밝히기 위하여 국가가 만든 토지의 평면도.
② 지번, 지목, 경계 등을 등록한 도면으로 지적도의 축척은 1 : 500, 1 : 600, 1 : 1,000, 1 : 1,200, 1 : 2,400 등이 있다.

지적도근다각측량(地籍圖根多角測量, cadastral control traversing) ; 4등삼각점 이상 및 지적다각점을 여점으로 하여 시행하는 다각측량으로 지적세부측량에 기준을 제공한다.

지적도근삼각측량(地籍圖根三角測量, cadastral control triangulation) ; 4등삼각점 이상 (기준삼각점은 들어가나 기준다각점은 포함하지 않는다.)을 여점으로 하여 시행하는 정도 낮은 삼각측량. 지적세부측량에 기준을 제공하기 위한 측량이다. 삼각점에서 통상 콘크리트의 표주가 매설되어 있다.

지적명세도(地籍明細圖, cadastral detail map) ; 지적도는 법적으로는 최대 1/500로 하게

되어 있으나 국부적으로 이러한 축척으로는 바라는 정도를 얻을 수 없을 때 부분적인 확대도를 작성하게 되어 있다. 이것을 지적명세도라 하며 1/100, 1/50, 1/25 등을 쓴다.

지적법(地籍法, law of cadastre) ; 토지를 지적공부에 등록하는 절차와 이에 따르는 지적측량 및 그 정리에 관한 사항을 규정함으로써 효율적인 토지관리와 소유권의 보호를 위해 제정된 법.

지적부(地籍簿, cadastral book) ; 지적측량에 의하여 만든 부책으로 토지소재지, 지번, 지목, 지적, 등기이전 및 그 일자 등을 기입한 장부. 지적측량이 끝나고 등기소에 보내지면 토지등기부의 표제로 되며 지적도는 부도로서 공도가 된다.

지적삼각보조측량(地積三角補助測量, cadastral complementary triangulation) ; 삼각점, 지적삼각점 및 지적삼각보조점을 기초로 하여 도근측량의 기초가 되는 지적삼각보조점을 설치하기 위한 측량으로서, 기설 지적삼각점과의 연결이 곤란한 경우에 실시하며 점간 거리를 평균 3km 정도로 한다.

지적삼각측량(地積三角測量, cadastral triangulation) ; 삼각점과 지적삼각점을 기초로 하여 지적측량의 기초가 되는 지적삼각점을 영구적으로 보존할 수 있는 장소에 설치하기 위하여 삼각법에 의하여 실시하는 측량으로서 점간거리를 평균 5km 정도로 한다.

지적세부측량(地籍細部測量, cadastral detail surveying) ; 평판상에서 좌표방안 및 기준점의 위치를 전개하고, 이것을 기준으로 필계선 등을 측량하여 그리는 것. 평판 위에 전개한 기준점이 부족할 때는 지적세부도근측량을 하기도 한다. 이 작업요령은 지적도근삼각측량, 지적도근다각측량에 준한다.

지적용도근측량(地籍用圖根測量, cadastral supplementary control station) ; 국가기본삼각점, 지적측량용 삼각점, 삼각보조점을 기초로 하여 세부측량의 기준이 될 수 있도록 설치한 기준점.

지적재조사(地籍再調査, renovation of cadastre) ; 토지이용 증진과 국민의 재산권보호에 구조적 장애를 가져와 지적관리에 혼란을 초래하고 있는 지적불부합지 문제를 해소하고 토지의 경계복원력을 향상시키며 일필지의 표시를 명확히 함으로써 능률적인 지적관리체제로 개선하기 위해 기존 지적제도를 개편하는 작업. 또한 지적 재조사는 과거 토지조사 시에 시행했던 지적공부의 질적 향상을 추구하고 현행법적, 기술적 기준을 보다 완벽하게 하여 지적관리를 현대화하기 위한 수단으로 생각하는 것이다. 여기서 지적공부의 질적 향상이란 지적측량성과의 정확도를 재고함은 물론 지적에 포함되는 요소들의 확장과 개편을 의미한다.

지적조사(地籍調査, cadastral investigation) ; 토지에 대한 등기조사(호적조사와 같은 것)이다. 토지의 단위(일필지)에 대한 요건을 권력적 입장에서 행정적 또는 사법적으로 조사하여 대장에 등기하는 것.

지적중첩도(地積重疊圖, cadastral overlay) ; 측지기본망 및 기본도와 연계하여 활용할 수 있고 토지소유권에 관한 경계를 식별할 수 있도록 토지의 등록단위인 필지를 획정하여 등록한 지적도와 시설물·토지이용, 지역구역도 등을 결합한 상태의 도면. 전국적으로 통일성 있게 지적표준규정에 의거 작성하여 기본도 위에 중첩시킬 수 있어야 한다.

지적측량(地籍測量, cadastral surveying) ; 지적조사에 있어서 가장 중요한 토지등록의 조건인 일필지의 위치(토지의 소재)와 지적(일필지의 면적)을 관측하여 토지 등기를 하기 위한 특수측량.

지적측량의 성과(地籍測量의 成果, cadastral surveying result) ; 지적측량을 실시하여 작성한 측량부, 측량원도 및 면적관측부에 등재된 측량성과를 말하며 지적삼각측량, 지적삼각보조측량, 도근측량을 실시하고 그 성과를 기록한 측량부와 세부측량을 실시하고 측량원도 및 필지별 면적관측결과를 기록한 면적관측부 등에 등재된 지적측량의 성과.

지적측량기준점(地籍測量基準點, cadastral surveying control point) ; 지적삼각측량, 지적삼각보조점, 지적도근점 및 지적위성기준점. 세부측량을 실시하는 데 필요한 기준점 역할을 한다.

지적측량성과도(地籍測量成果圖, result of cadastral surveying map) ; 측량결과도에 등재된 측량결과를 일정한 서식에 의하여 작성한 도면.

지적측량적부심사(地籍測量適否審査, legality review of cadastral surveying) ; 측량성과에 다툼이 있는 경우 청구인 기타 이해관계인이 지적측량 적부심사청구서를 관할 시·도지사를 거쳐 위원회에 제출하는 제도.

지적측정(地籍測定, acreage measuring) ; 일필지마다 토지면적을 관측하는 일이며 다음과 같은 여러 방법이 쓰이고 있다. ① 도상거리법 ② planimeter법 ③ 광학적 도상법 ④ 좌표법 ⑤ 현지법 등이다.

지적편집도(地籍編輯圖, cadastral editing map) ; 지적도와 임야도를 복사하여 일정한 축척으로 편집하여 간행한 도면.

지적현황측량(地籍現況測量, reconnaissance surveying) ; 지상구조물 또는 지형지물이 점유하는 위치현황을 실측하여 지적도 또는 임야도에 등록된 경계와 대비하여 표시하기 위해 실시하는 측량.

지적확정측량(地籍確定測量, confirmation surveying for cadastral) ; 토지구획정리사업 등에 의하여 구획정리하고 환지를 하는 토지의 소재, 지번, 지목, 경계 또는 좌표와 면적 등을 지적공부에 새로이 등록하기 위하여 실시하는 수치측량을 말하며, 주로 토지구획정리, 농지개량, 공업단지조성사업 등의 공사완료 이후에 새로이 지적공부를 제조하기 위하여 실시하는 측량.

지주(支柱, standard or support) ; 망원경과 연직분도원을 받치고 있는 기둥.

지중레이더탐사법(地中레이더探査法, Ground Penetration Radar method : GPR) ; 지하를 단층 촬영하여 시설물 위치를 판독하는 방법으로 전자파가 반사되는 성질을 이용하여 지중의 각종 현상을 밝히는 것으로, 레이더는 원래 고주파의 전자파를 공기 중으로 방사시킨 후 대상물에서 반사되어 온 전자파를 수신하여 대상물의 위치를 알아내는 시스템.

지중정보(地中情報, underground information) ; 지표면 아래의 땅속 정보.

지중지도도식(地中地圖圖式, underground map diagram) ; 지중지도에 표현해야할 정보를 지도화하는 데에는 일정한 법칙(도식)이 필요하지만, 각각의 개별의 주제에 따른 것을 제외하고 통일적인 지중구조물을 표현하기 위한 도식.

지중측량기(地中測量機, underground survey instrument) ; 지표면 아래에 땅속 정보를 측량하는 기계.

지진파(地震波, earthquake wave) ; 탄성체인 암석은 종파와 횡파를 모두 통과 시키는데 지진으로 인한 이 두 탄성파를 말한다. 종파는 빠른 속도로 전해져서 가장 먼저 도착하는 것을 P파, 다음으로 도착하는 횡파를 S파, 최후에 도달하는 진동이 크고 파장이 긴 파동은 진앙에 달한 지진파가 지표를 따라 사방으로 전해진 것으로 L파라고도 한다.

지진파굴절탐사(地震波屈折探査, seismic reflection) ; 지진파를 이용한 지진탐사 중 굴절법을 이용하여 지중이나 암반의 균열, 풍화정도 등을 파악하는 조사.

지질도(地質圖, geological map) ; 지질분포의 상태를 표시한 지도로서 각 지질에 따라 색깔을 달리 하고 있다.

지질컴퍼스(地質컴퍼스, clinometer) ; 지질조사 시 평면구조의 주향과 경사 및 선구조의

trend, plunge, pitch 등을 관측하기 위한 기구.

지질판독(地質判讀, geological interpretation) : 항공사진에 의한 지질판독은 지표가 식생이나 토양으로 덮여 있어 지질 그 자체가 사진상에 기록되지 않기 때문에 지형과 지질의 밀접한 관계와 이에 관한 전문지식에 의하여 지질을 추정하는 것.

지축(地軸, earth's axis) : 지구자전의 회전축. 이것과 지표면의 두 교점을 북극 및 남극이라 한다.

지편법(紙片法, method of piece paper) : 사진의 독립된 4점의 지도상의 위치가 주어질 때 사진상의 임의의 점을 지도상의 위치로 구하는 간단한 도해법.

지평(地平, horizon) : 수평선.

지평경(地平鏡, horizontal mirror) : 육분의나 astrolabe와 같이 수평면에서 반사하는 광선을 이용하는 것으로, 어떤 종류의 astrolabe에서는 기계적으로 거울을 수평하게 하는데 일반적으로 은반의 표면을 이용한다.

지평면(地平面, horizontal plane or ground plane) : 지구 표면상에서 연직선에 직교하는 평면. 고저각을 재는 기준이 된다. 어떤 점에서는 수평선에 접하는 평면이며, 보통 시준거리 내에서는 수평면과 일치되는 면이다.

지평법(地平法, horizontal projection) : 사향법. 투영면이 지구와 적도 및 극 이외의 점에서 접하는 경우의 방위도법. 적도에 접하는 경우는 적도법이며, 극에 접하는 경우는 극심법이다. 그림은 지평법, 평사도법에 의한 것이다.

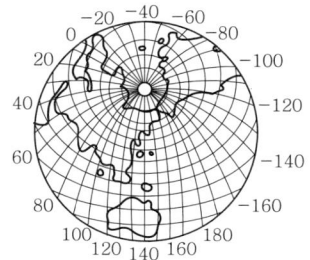

지평선(地平線, horizon) : 지평면과 천구가 서로 접한 것처럼 보이는 선.

지평시차(地平視差, horizontal parallax) :

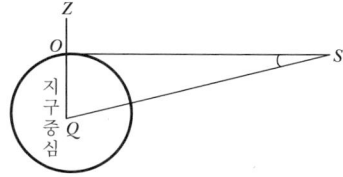

한 지점을 서로 다른 점에서 보았을 때에 생기는 방향의 차. 천문학에서는 지평선 방향에 있는 별을 지표와 지구의 중심에서 보았을 때에 생기는 방향의 차를 말한다.
위 그림에서 ∠OSQ를 말한다.

지평좌표(地平座標, celestial coordinate) : 천체의 고도각과 방위각에 의해서 그 위치를 표시하는 방식. 고도각 대신 그 여각의 천정거리를 쓰는 수도 있다.

지표(指標, ① index, ② fiducial mark) : 사진측량에서는 fiducial mark. 눈으로 보아서 알 수 있도록 표를 해두는 표식. 트랜싯의 측미장치에서의 독 위치의 표, 기선측량의 절점에 하는 독치선의 표, 사진측량의 도화기에서 하는 index 등 여러 가지 경우에 쓰인다.

지표면거칠기(地表面거칠기, ① surface roughness, ② see roughness) : 레이더에서 지형 표면에 불규칙적으로 발생되는 소규모의 수직적 반복정도.

지표면측량(地表面測量, ground surveying) : 지형해석, 토지이용, 지구형상측량, 지구의 운동 및 변형측량 등을 위한 측량임.

지표중심측량(地表中心測量, surface alignment) : 터널측량에서 터널 중심선의 방향을 지상에 설치하여 입구 및 입갱의 위치를 정하고, 중심선의 연장을 정확하게 측량하는 것.

지피에스(지피에스, Global Positioning System : GPS) : 범세계위치결정체계.

지피에스구성(지피에스構成, Global Positioning System segment : GPS segment) : GPS는

제어부분(control segment), 우주부분(space segment), 사용자부분(user segment)의 3가지 부분으로 구성되어 있으며, 이 중에서 우주와 사용자 부분은 미공군의 항공관제국(U.S space command of the U.S. air force)에서 통제한다.

지피에스벡터(지피에스벡터, Global Positioning System vector : GPS vector) ; GPS벡터는 2개의 수신기로 동시에 관측한 후 서로의 관측자료를 상관 처리하여 구한 성과로 동일 세션이 된다.

지피에스시(지피에스時, Global Positioning System time : GPS time) ; GPS 신호가 기준이 되는 시간으로 지상의 관측소와 위성의 원자시계로 유지된다. 이 시간은 세계표준시와 1마이크로초 이내에서 일치하도록 미 해군천문대에서 유지하고 있으며, 세계표준시에서 적용되는 윤초는 적용되지 않는다. GPS Time은 1980년의 세계표준시와 일치했지만 현재는 10초 빠르다.

지피에스위성(지피에스衛星, Global Positioning System satellite : GPS satellite) ; 궤도고도 약 20,000km, 주기 0.5항성일(11시간 58분), 6궤도면에 4개씩 합계 24개의 위성으로 모든 체계를 구성하고 있는 위성. 1993년경에 전 위성의 배치가 완료되었으며, 위성의 중량은 약 800kg, 위치결정용 L_1 Band와 L_2 Band 송신기, 복수에 세시움 및 루비지움 원자시계, 위성관리, 운용을 위한 장치 등을 탑재하고 있다.

지피에스위치결정간섭계(지피에스位置決定干涉計, GPS positioning interferometer) ; GPS 측량에 사용하는 수신기로서 동작원리가 파동 간섭 성질을 이용하여 위치를 결정하는 것.

지피에스일점위치결정의 원리(지피에스一點位置決定의 原理, principle of one point positioning) ; 3차원 위치를 결정하려 할 때 미지수는 경도, 위도, 높이의 3가지이다. 위성의 위치는 궤도정보에 의하여 계산되는 것이다. 3개의 위성으로부터 거리를 관측하면 이용자의 위치가 정해진다. 위성으로부터 거리를 관측하는 데는 전파가 위성을 출발한 시각과 수신기에 도착한 시각의 차를 광속으로 곱하여 구한다. 전 위성의 시계와 수신기 측의 시계는 정확하게 일치해야 할 필요가 있다.

지피에스주(지피에스周, Global Positioning System week : GPS week) ; 1980년 1월 6일 이후 경과한 주일수로 매주 토요일과 일요일 사이의 자정을 기준으로 증가한다.

지하곡선설치(地下曲線設置, underground curve-setting) ; 광산이나 tunnel에서 중심선의 곡선이 되어야 할 경우 먼저 지상에 곡선을 설치하여, 지상의 B, C 및 E, C를 지하로 끌어내려 그에 따라서 지하에 곡선을 설치하는 것.

지하공간(地下空間, underground space) ; 도시의 지상구조와 공간 이외의 지하공간.

지하도(地下道, subway) ; 가로도면의 지하부에 설치한 도로.

지하도선(地下道線, subway line) ; 지하시설물도면에 나타내는 지하도의 선.

지하수준측량(地下水準測量, underground leveling) ; 광산이나 터널에서 중심선의 지하설치가 끝나면 입구에 설정한 수준점을 기준으로 해서 하는 갱내의 수준측량. 레벨의 십자선과 표척에 조명이 필요하다.

지하시설물(地下施設物 , underground facility) ; 지하시설물이라 함은 지하에 매설된 다음 각목의 시설물 및 이와 관련된 시설물을 말한다. ① 상수도시설, ② 하수도시설, ③ 가스시설, ④ 통신시설, ⑤ 전기시설, ⑥ 송유관시설, ⑦ 난방열관시설, ⑧ 기타 국토지리정보원장이 정하는 시설이다.

지하시설물관리체계(地下施設物管理體系, Underground Facility Management System : UFMS) ; 상수도, 전기, 통신, 가스, 송유관, 지역난방관 및 이와 관련된 시설 등의 효율적

및 통합적 관리를 위하여 관련 자료를 데이터베이스화하고 관리시스템을 구축하여 활용하는 체계. 지하시설물 유지보수, 도로굴착, 긴급재난, 방재 등에 활용할 수 있는 시스템.

지하시설물기도(地下施設物基圖, underground facility base map) : 지하시설물도의 작성이 용이하도록 편집된 축척 1천분의 1의 수치지도(1천분의 1의 수치지도가 없는 경우에는 축척이 가장 큰 수치지도).

지하시설물대장(地下施設物臺帳, underground facility ledger) : 현장에서 조사된 각 시설물의 속성자료에 의해 관련 대장으로 정리하고, 작성된 지하시설물도 원도를 자료수집과정에서 정리된 기존의 대장 내용과 비교하면서 각 시설물별로 관리대장을 작성한 것.

지하시설물도(地下施設物圖, underground facility map) : 상하수도관, 전기 및 통신선, 가스관, 송유관 등의 각종 지하시설물을 효율적이고 체계적으로 유지·관리하기 위하여 수치지도를 기초로 하여 지하시설물을 일정한 기호와 축척으로 표시한 도면(수치화된 도면을 포함한다).

지하시설물도작성작업규칙(地下施設物圖作成作業規則) : 지하시설물도작성작업규칙(국토해양부령 제134조)으로 지하시설물도 작성에 관한 작업방법의 기준을 정하였으나 현재는 폐지하고 공공측량작업규정에 포함하여 운영하고 있다.

지하시설물원도(地下施設物原圖, underground facility surveying) : 입력이 용이하도록 지하시설물에 대한 탐사의 성과를 지하시설물기도에 정한 도면.

지하시설물측량(地下施設物測量, under ground facility surveying) : 지하매설물측량. 지하관수로, 지하시설물 등 지표하의 매설물의 위치 확인을 위한 측량.

지하시설물탐사(地下施設物探査, underground facility locator) : 측량기를 사용하여 지하시설물의 위치, 깊이와 서로 떨어진 거리 등을 측량하는 작업.

지하시설물탐지기(地下施設物探知機, pipe location) : 지하의 매설관을 굴착하지 않고 지상에서 탐사하는 장비.

지하정보체계(地下情報體系, Under Ground Information System : UGIS) : 지하시설물에 대한 정보 즉, 건축물, 도시시설, 교통시설, 도시공급처리시설 등의 기본도를 가지고 불가시, 불균질 공간을 가시화시켜 시설물의 3차원 위치정보와 관련 속성정보를 이용해 지하도를 작성하며, 지하시설물과 이에 관련되는 지상정보와의 연계를 지하정보체계라 한다.

지하중심측량(地下中心測量, underground leveling) : 광산측량이나 터널측량에서, 지상에 설치한 중심선을 기준으로 하여 굴착을 시작해서, 그 진행에 따라 중심선을 갱내에서 밀고나가는 측량.

지하철도(地下鐵道, underground subway) : 지하에 터널을 파서 부설한 철도.

지하측량(地下測量, underground surveying) : 지하매설물, 지하수현황, 중력, 지자기, 탄성파, 지진 등의 조사 및 해석을 위한 측량. 또는 채광, 터널 건설 등의 목적으로, 지하를 굴착하기 전후에 시행하는 측량으로 골조측량, 중심선의 설치, 수준측량 등이 이에 포함된다. 작업방법은 지상에서의 그것과 큰 차이가 없으나 갱내라는 특수성 때문에 사용하는 기계에 제약을 받는다.

지하측점(地下測點, underground station) : 광산이나 터널측량에서 갱내에 설치한 측점.

지하횡단도(地下橫斷圖, underground pass) : 차량의 통행과 이것에 대한 횡단보행을 분리하기 위해 도로 또는 궤도 아래에 시설한 지하횡단도.

지형[1](地形, topographic features) : 지형요소. 지표면상의 형상을 가르치는 말인데, 좁은 의미로는 지모를 가리키기도 하고, 지물의 형상을 포함시키는 경우가 있다.

지형²(地形, Geo) : 땅(earth) 또는 지상에 있는 지모·지물(feature on land) 등의 형상을 뜻하는 것으로 정적인 대상을 말한다. 여기서 지모는 토지의 기복으로 산정, 구릉, 계곡, 평야 등을 의미하고 지물은 지상에 있는 형상들로 하천, 도로, 철도, 건물, 촌락 등을 의미한다.

지형공간원스탑(地形空間원스탑, geospatial one stop) : 미국에서 추진하는 공간정보에 대한 웹포탈서비스. 공공기관 G2G (Government to Government)의 업무효율성을 증진시키기 위한 서비스.

지형공간정보(地形空間情報, Geospatial Information : GI) : 지리정보에 대응하는 용어. GI라는 용어는 초기에는 주로 유럽에서 사용되고 있으나 오늘날은 국제적으로 사용되고 있다.

지형공간정보체계(地形空間情報體系, Geo-Spatial Information System : GSIS) : ① 지구 및 우주공간 등 인간활동공간에 관련된 제반 과학적 현상을 정보화하고 시·공간적 분석을 통하여 그 효용성을 극대화하기 위한 정보체계. ② 1950년 미국 워싱턴 대학 지리과에서 제창한 지리정보체계(GIS) 발표 후 대두된 토지정보체계(LIS), 도시정보체계(UIS), 교통정보체계(TIS) 등의 상호연계성을 고려하여 통합된 종합정보체계의 이름이다.

지형공간정보학(地形空間情報學, geospatial information) : ① 지구 및 우주공간 등 인간활동 공간에 관련된 지모와 지물 및 제반 과학적 대상의 분포와 변화를 나타내는 현상과 이를 체계적으로 분석하고 가시화시키기 위한 위치(또는 좌표) 및 시간관계를 정의하는 기준에 관한 학문을 다루는 분야. GIS라고도 한다. ② 지구 및 우주공간 등 인간생활에 관련된 제반 현상의 정보화를 시·공간적으로 분석하여 신속성, 정확성, 융통성, 완결성 있게 처리함으로써 모든 사항에 관한 의사결정, 편의제공 등을 극대화시키는 정보학문이다.

지형공간정보학회(地形空間情報學會, KOrea society for Geo-Spatial Information Systems : KOGSIS) : 지형공간정보의 활용에 관한 연구와 관련 기술의 발전을 촉진하고 관련 기술자의 지위향상과 회원 상호 간의 친목을 도모하는 학회로서 지리정보체계, 토지정보체계, 도면자동화 및 시설물관리를 포함한다.

지형공간탐측학(地形空間探測學, geospacematics) : 라틴어로 geo(earth), space(time, distance), matics(search, ex-ploration)의 합성어로 정적대상인 지형(geo) 자료와 동적대상인 공간(space) 자료를 관측하고 탐구하는 학문이다.

지형도(地形圖, topographic map) : 지상의 지물, 지모 등을 될 수 있는 대로 충실하게 표현한 지도로서 그 대표적인 것은 국토지리정보원에서 발행한 1/50,000, 1/25,000 등의 지형도이다.

지형류(地衡流, geostrophic current) : 균질의 성층해양에서 유체의 운동이 마찰의 영향을 무시하고 일정 속도를 유지하면서 중력 이외의 외력은 없을 때, 전향력과 중력이 평형을 이루며 흐르는 흐름을 지형류라 한다.

지형반전(地形反轉, topographic reversal) : topographic lows가 structural highs, vice versa와 동시에 일어나는 지형학적인 현상. 계곡은 topographic lows, topographic highs, 봉우리의 경사 등과 같은 원인으로 배사층의 꼭대기에서 침식된다.

지형변화점(地形變化點, changing point of ground level) : 「종단변화점」참조.

지형변화조사(地形變化調査, geographic survey) : 지도 편집을 하기 위하여 항공사진을 기초로 도면상에 나타내어야 할 지형, 지물들과 이에 관련된 사항을 현지에서 직접 조사하는 것.

지형변화통보(地形變化通報, geographic of topographic change) : 지도 사용자가 현지와 지도상의 지형지물이 다른 것을 지도제작 관련 기관에 통보하는 것.

지형보정(地形補正, terrain correction) : 부게

보정은 관측점과 기준면 사이에 일정한 밀도의 물질이 수평으로 무한히 퍼져있는 것으로 가정하여 보정하는 것이지만 실제지형은 능선이나 계곡 등의 불규칙한 형태를 이루고 있으므로 이러한 지형의 영향을 보정하는 것을 말한다.

지형분류(地形分類, topographic classification) ; 수치지형모형의 자료추출과 자료의 연속적인 형태를 분석하기 위하여 지형기복상태에 따라서 지형을 나누는 것.

지형분석(地形分析, geographic analysis) ; 기존의 지리적 위치, 공간적 면적, 또는 성형네트워크의 상태를 확인하거나 미래의 어떤 사건에 현재 모양에 영향을 미칠 것인가를 예측하는 분석기술.

지형분석도(地形分析圖, geographic analysis map) ; 지형분석의 결과를 표시한 지도.

지형모형법(地形模型法, method of topographical model) ; 실제의 지형을 축소한 모형을 만들어, 여러 가지 지물의 위치·형태 및 고저·凹凸의 상태를 표시하는 방법.

지형사진측량(地形寫眞測量, terrain photogrammetry) ; 항공사진 측량방법에 의하여 지형도를 제작하는 것.

지형자료(地形資料, geographic data) ; 지형적 특징과 연관된 모든 자료. 지표상의 상대적인 위치를 간접적으로나 직접적으로 참고할 수 있는 자료.

지형전도(地形顚倒, topographic inversion) ; 넓은 그림자로 인하여 영상에서 나타나는 착시현상으로써 봉우리는 계곡처럼 보이고 계곡은 봉우리처럼 보이는 현상.

지형정보(地形情報, geographic information) ; 인간활동영역에서 대상물에 대한 1차원, 2차원(평면적)인 것뿐만 아니라, 표면기복을 갖는 3차원적 형태(지표면은 물론 환경, 자원, 시설물, 문화재 등)의 특성에 관한 정보.

지형정보학(地形情報學, geomatics) ; 지리정보나 지리자료를 수집하고, 분배하고, 저장하고, 분석하고, 처리하고, 표현하는 것에 관한 학문. 측량학, 원격탐사, GPS 및 GIS를 통합하는 용어로서 사용되고 있다.

지형정보학기술자(地形情報學技術者, geomatics technologist) ; 지리정보체계의 응용에 지식이 많고 땅, 물, 공기 또는 환경적인 관리(사람을 포함)와 관련된 기술들을 숙련한 자.

지형정보체계(地形情報體系, Geographic Information System : GIS) ; 토지, 자원, 환경 또는 이와 관련된 사회, 경제적 현황 등에 대한 정보를 요구되는 소요목적에 충족하기 위하여, 전산기에 의해서 각종 정보들을 종합적, 연계적으로 처리하는 방식의 정보체계.

지형지물(地形地物, feature) ; 실세계 현상의 추상개념. 실세계 실체를 표현하는 공간 자료 기반에서의 점, 선, 다각형의 집합.

지형지물관계(地形地物關係, feature relationship) ; 하나의 지형지물 유형상의 인스턴스와 동일하거나 다른 지형지물의 인스턴스를 연결시키는 특성이나 행위. 지형지물들 사이에 나타나는 논리적인 연계를 말한다.

지형지물기능(地形地物技能, feature function) ; 지형지물유형 전체 사례에 대해서, 혹은 인스턴스에 의해 행해지는 연산.

지형지물목록(地形地物目錄, feature catalogue) ; 한 개 이상의 지리자료의 집합에 적용된 임의의 지형지물조작과 함께 출현하는 지형지물유형, 지형지물속성, 지형지물관계를 포함하는 지형지물 정의와 기술.

지형지물묘사(地形地物描寫, feature portrayal) ; 지형지물에 적용되는 묘사 규칙들의 집합.

지형지물분할(地形地物分割, feature division) ; 직전에 존재한 지형지물 사례가 같은 형을 갖는 2개 이상의 지형지물로 분열하는 것.

지형지물사양서(地形地物辭讓書, feature specification) ; 지형지물의 결과가 만족시켜야 할 조건과 특수한 상황에 대한 입력 사례 등을 기술한 작업지침서.

지형지물속성(地形地物屬性, feature attribute) : 특정한 지형지물의 특성을 표현하는 내용.

지형지물연관(地形地物聯關, feature association) : 지형지물 간의 관계.

지형지물유형(地形地物類型, feature type) : 공통적 특성을 가진 지형지물들을 분류하는 유형.

지형지물융합(地形地物融合, feature fusion) : 직전에 존재한 2개 이상의 같은 형을 갖는 사례가 결합해 같은 형을 갖는 한 개의 사례로 된 것.

지형지물조작(地形地物操作, feature operation) : 지형지물 유형의 모든 사례가 수행될 수 있는 작용.

지형지물천이(地形地物遷移, feature succession) : 한 개 이상의 지형지물 사례가 다른 하나 이상의 사례로 교대하는 것에 의한, 시간적인 변화 계열.

지형지물치환(地形地物置換, feature substitution) : 하나의 지형지물 사례가 같은 혹은 다른 형을 갖는 하나의 지형지물 사례로 바뀌는 것.

지형지물테이블(地形地物테이블, feature table) : 행은 지형지물 속성을 나타내고, 열은 지형지물을 나타내는 테이블.

지형처리(地形處理, geoprocessing) : 지리자료의 처리작업.

지형측량(地形測量, topographic survey) : 지형도를 만들기 위한 측량. 지금은 항공사진측량으로 많이 제작하고 있다.

지형코드(地形코드, geocode) : 도형이나 비도형 자료형태로 저장되어 있는 점, 선, 면을 구별하기 위한 공간 색인기호. 대상지역을 영역 분할하여 각 영역마다 일정규칙에 따라 부여된 부호번호체계.

지형판독(地形判讀, interpretation of topographic) : 사진의 축척, 색조, 촬영연도, 계절 등을 비교하여 실시하는 것이 좋다. 사진의 축척이 크면 미세한 지형까지 판독할 수 있지만, 입체상의 크기와 시야가 좁아지므로

두 가지 정도의 축척이 다른 사진을 이용하는 것이 적당하며, 피사각에 따라 광각사진은 왜곡이 많아 과고감이 커지므로 평지에 적합하고, 보통각사진은 사진의 판독에 적당하다. 촬영 시기는 식목의 낙엽이 지는 11월~3월이 좋다.

지형학(地形學, topography) : 대상지에 대한 지표면의 형상에 관한 학문.

직각경(直角鏡, angle mirror) : 직각을 설정하는 기구로 경거와 같으며, 외관이 다를 뿐이다. 또한 경거와는 달리 관측자의 눈의 위치를 제한하지 않는 다른 이점이 있다.

직각기(直角器, equerre or cross staff) : 간단하게 직각 또는 반직각 방향을 찾아낼 수 있는 기구로서 임의의 대향면의 시준공에서 시준하여 그 방향으로 측선의 방향과 일치시키고, 다음에 이것과 직각 또는 반직각을 이루는 대향면의 시준공에서 시준하면 된다.

직각수평촬영(直角水平撮影, normal case photographing) : 기선의 양단에서 기선에 대하여 직교하여 촬영을 한 경우로, 사진기의 광축이 수평이므로 횡지표선은 수평이 된다. 기선의 길이는 피사체까지 거리의 1/5에서 1/20 정도로 택한다.

직각촬영(直角撮影, normal photography) : 좌우의 촬영방향이 지상기선에 직각인 지상사진촬영. 반드시 수평방향이 아니라도 좋다.

직각프리즘(直角프리즘, rectangular prism) : 직각을 설정하는 기구로서 그 원리는 2등변 직각 prism의 사변에 상당하는 면을 거울로 하고, 하단에 handle이 달려있다. 그 원리는 경거와 똑같다.

직교기선법(直交基線法, method of orthogonal base line) : 2점 A, B 간의 거리 S를 간접적으로 관측하는 방법. 그림과 같이 직각방향의 기선(길이 L)을 설정하고, 대점 A에서 각 B를 관측한다. 계산식은 다음과 같다.

$S = \frac{L}{2} \cot \frac{\theta}{2}$ 이다.

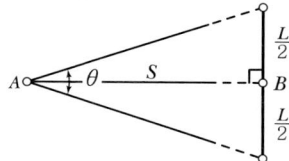

직교좌표계(直交座標系, cartesian coordinate system) ; 평면상의 한 점의 좌표는 (X, Y)로 표시하고, 공간상의 한 점은 (X, Y, Z)로 표현되는 좌표계.

직교좌표체계(直交座標體系, cartesian coordinate system) ; 평면좌표계는 지구가 평평하다는 가정하에 좌표를 정해주는 것으로 왜곡이 심한 편이다. 평면좌표계는 직교좌표계와 극좌표계로 구분되며, 직교좌표계는 원점을 중심으로 하여 이를 지나는 두 축(X, Y)에 대한 원점에서부터의 거리를 이용하여 관측하고 극좌표계는 원점으로부터의 거리와 정해진 방향(보통은 시계방향)으로부터의 각도를 이용하여 정해진다.

직립각(直立角, vertical angle) ; 직각.

직립축(直立軸, vertical axis) ; 수직축.

직선형(直線形, rectilinear) ; 기하학적인 왜곡이 없이 직선으로 둘러싸인 형태를 나타내는 용어.

직시(直視, direct sight) ; 평판측량, 삼각측량 등에서 기지점으로부터 미지점(구점)의 방향을 시준하는 것.

직접거리측량(直接距離測量, direct measurement of distance) ; 강권척, 포권척, chain, 축척 등을 써서 직접 시행하는 거리측량.

직접고저측량(直接高低測量, direct leveling) ; 직접수준측량.

직접관측(直接觀測, direct observation) ; 직접측정.

직접법(直接法, active mode) ; 수평위치탐사 방법 중 한 가지로서 능동형 탐사법. 송·수신기를 모두 사용하여 탐사한다. 지표면상에서 노출된 맨홀, 취수전, 소화전 등을 통하여 탐사 대상물의 일부를 송신기와 연결하여 신호를 보내고 수신기로 탐사한다.

직접수준측량(直接水準測量, direct leveling) ;

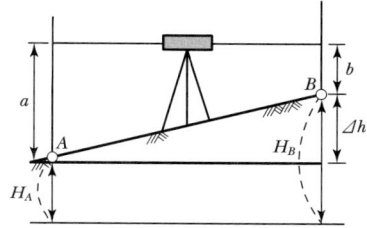

고도각과 거리로부터 삼각법에 의해서 높이를 구하는 간접수준측량에 대하여 level과 표척을 써서 직접 고저차를 구하는 수준측량.

직접수준측량의 원리(直接水準測量의 原理, principle of leveling) ; 고저차를 구하는 방법으로 후시의 합에서 전시의 합을 빼면 2점간의 고저차를 구할 수 있으며, 이것에 기지점의 표고를 가하면 그 점의 표고를 알아내는 방법.

직접위치(直接位置, direct position) ; 기준좌표계 안의 좌표에 의해 기술된 위치. 지리정보표준에는 위치와 좌표에 의해 나타내는 위치 및 지리식별자에 의해 나타내는 위치의 2종류가 있는데 직접위치는 전자에 대해서 사용되는 지리정보표준 특유의 용어이다.(direct positioning : 지표상의 사상(事象)을 위치좌표로 나타내기에 적합한 측지학적 참조체계와 관련된 좌표로 위치를 표현한 것)

직접평가법(直接評價法, direct evaluation method) ; 자료집합 안의 아이템 검사에 의거해 자료집합의 품질을 평가하는 방법.

진고(眞高, true elevation) ; 표고. 평균해수면으로부터의 높이. 평균해수면은 10~20cm의 차이가 있을 때도 있다. 우리나라의 지형도에서는 인천만의 평균해수면을 기준으로 한 수준원점으로부터의 토지의 높이.

진고도(眞高度, true altitude) ; 천체의 고도는 기차 때문에 실제보다 높게 보인다. 그러므로 관측고도에서 바른 고도를 구하려면 기차의 양만큼 보정하여야 한다. 또한 태양에서는 시반경이나 지심시차의 보정을 하게 된다.

진근점이각(眞近點離角, true anomaly) ; 위성과 근점을 잇는 선분의 시계 반대방향 각도. 즉 위성과 중심 천체와 근점이 이루는 각도.

진동주파수(振動周波數, beat frequency) ; 두 주파수의 신호가 혼합될 때 가감에 의한 부가적인 주파수. 진동주파수는 두 개의 원래신호를 더하거나 감하여 생성되는 주파수.

진방위각(眞方位角, true azimuth) ; 진북을 기준으로 해서 잰 방위. 좌표축 X 또는 자북을 기준으로 한 방위각과 구분하기 위한 용어.

진북(眞北, true north) ; 북극의 방향이며, 좌표축으로 북 또는 자북과 구별하기 위한 용어.

진북방위각(眞北方位角, true bearing) ; 진북 방향각.

진북방향각(眞北方向角, true bearing) ; 어떤 점 A가 X좌표에서 양축(A점 이하는 평면직각좌표계의 원점 O를 지나는 자오선에 평행선의 북방)에서 그 점을 지나는 자오선(북쪽)까지의 방위각. 따라서 북반구에서 원점의 동방에 있는 진북방위각은 (−) 부호를 가지며, 서방에 있는 점은 (+)의 부호를 갖는다. 즉, A점에서의 측선의 방위각을 α, 방향각을 β, 진방위각을 γ라 하면 $\alpha = \beta - \gamma$

진북선(眞北線, true north line) ; 진북을 나타내는 선이며 자오선의 북방과 같다. 자북 좌표축의 북과 구별하기 위하여 쓰는 용어.

진북측량(眞北測量, true north observation) ; 천문관측에 의해서 진북, 즉 자오선의 방향을 정하는 측량. 일반적으로 북극성을 관측하고 그 관측시각과 적위, 적경을 써서 계산하는 방법이 쓰이고 있다.

진자(振子, pendulum) ; 고정된 한 축이나 점의 주위를 일정한 주기로 진동하는 물체. 물체를 실에 매단 다음 실의 상단을 고정하고 동일 평면 내에서 물체를 진동하게 하는 단진자는 중력의 절대관측에 이용된다.

진출법(進出法, offset method) ; 농로나 임도에 곡선을 설치할 때 중심선에 따른 벌채가 좁은 곳에서는 권척만으로 곡선설치를 하는 방법. 일반적으로 접선편거나 현편거에 의한 단곡선 설치와 같은 방법.

진치(眞値, true value) ; 진치는 그 미지량에 대한 무한개의 측정값의 상가평균으로 정의된다. 유한개의 측정값에 대한 상가평균은 진치에 대한 추정값이며, 최종값이라고도 한다.

진폭(振幅, amplitude) ; 진동하고 있는 물체가 정지 또는 편형 위치에서 최대 변위까지 이동하는 거리. 진동하는 폭의 절반이다.

진행추적형스캐너(進行追跡形스캐너, along track scanner) ; 비행방향과 직각으로 향하고 있는 탐지기 선형배열을 가지는 스캐너, 각 탐지기의 IFOV가 비행방향과 평행한 경로를 따라 주사한다.

질감(質感, texture) ; 항공사진을 보면 화면의 전부 또는 일부에서 꺼칠꺼칠한 감 또는 미끈미끈한 감을 느끼는 경우가 있는데 이처럼 피사체의 질을 나타내는 느낌이 여기서 말하는 질감이다. 질감은 색조, 형상, 크기, 음영 등의 여러 요소의 조합으로 구성된 조(粗), 밀(密), 거칠음, 세밀함, 세선, 평활 등으로 표현한다.

질감해석(質感解析, texture analysis) ; 영상 중의 구성요소가 나타내는 형상이나 분포밀도, 방향 등의 성질이 균질한 영역을 가지는 영상의 특징을 질감에 따라 영역분할을 할 경우 어떠한 특징을 추출하는가가 문제가 되는데 질감의 특징을 추출하는 방법.

집성사진(集成寫眞, mosaic) ; 항공사진의 사진상을 연결하여 붙여 맞춰서 한 장으로 만든 사진.

질의(質議, query) ; 자료기반에서 자료의 변경 없이 자료를 검색하고 선택하는 연산.

집성사진지도(集成寫眞地圖, photomosaic) ; 약 60%씩 중복되게 촬영한 입체사진을 지도상에서 서로 맞추어서 만든 사진지도로서, 만드는 방법에 따라서 약집성사진과 엄밀집성사진 등이 있다.

집성법(集成法, mosaic method) : 모자이크법. 사진측량에서 높은 정도가 필요하지 않을 때에는 사진의 왜곡을 무시하고 찍은 사진을 그냥 이어 붙여 사진의 도면을 작성하는 방법.

집합(集合, set) : 반복을 허락하지 않고 관련된 항목(객체 또는 값)의 순서를 갖지 않는 모음.

찢김도(bursting strength) : 파열강도 참조.

짜이스의 평행사변형(짜이스의 平行四邊形, zeiss parallelogram) : 도화기의 투사기를 고정한 채로 축척을 규제하기 위한 평행사변형의 원리에 의한 장치.

차등관측(差等觀測, differential measurement) ; GPS 관측은 수신기, 위성, 시간 등에 따라 각각의 차를 구할 수 있고, 이들의 여러 조합이 가능하다 할지라도 GPS 위성 관측값을 구하기 위한 약정 규칙이 있다. 첫 번째는 수신기, 두 번째는 위성, 세 번째는 시간에 따라 1중차 관측(수신기를 따라)은 두 대의 수신기에 하나의 위성이 동시에 관측되어 수신된 신호의 위상에서 순간적인 차이이다. 2중차 관측(수신기와 위성을 따라)은 선택된 기준 위성과 유사한 1중차에 관계되는 다른 한 위성의 차이에 의해 취득된다. 3중차 관측(수신기, 위성, 시간을 따라)은 시간의 1 epoch에서 동일한 2중차 사이의 차이이다.

차량지도체계(車輛地圖體系, mobile mapping system) ; 주어진 지도 축척에서 좁고 긴 대상물이 선으로 표현되고 작은 영역은 점으로 표현되는 한계를 나타내는 크기. 예를 들면 하천과 강은 폭이 0.10인치(0.254mm) 미만일 경우 선으로 표시되고 0.125인치(0.3175mm)보다 작은 면은 점으로 표시된다.

차량항법체계(車輛航法體系, Car Navigation System : CNS) ; 차량의 위치를 GPS에 의해 취득하여 지도에 표시하는 시스템. 전자지도가 화면에 디스플레이되고 그 위에 차량의 위치가 실시간으로 표시되는 체계.

차분법(差分法, differential calculus) ; 정확한 판독을 위해 영상처리에 의하여 지하시설물의 강한 다중반사만을 남기고 다른 반사파는 제거하는 방법. 고정 반사파를 제거한다.(일명 2차 처리법이라 한다.)

착묵(着墨, pen and ink drawing) ; 펜이나 오구 또는 검정 잉크를 써서 제도하는 것.

착묵원도(着墨原圖, inking manuscript) ; 일반적으로 사용되는 원도는 초고원도, 수정용소도 등이나 여기에 착묵을 해서 즉시 사진에 의한 인쇄원판을 뜰 수 있게 만든 이른바 원도를 말한다.

착묵제도법(着墨製圖法, pen and ink drawing) ; 초고원도 또는 여러 가지 소도를 정리한 다음 착묵하는 방법, 사진제판에 의해서 지도를 작성하기 위한 원도를 만드는 방법.

착오(錯誤, mistake or blunder) ; 사용자의 부주의에 의하여 일어나는 오차.

참값(참값, true value) ; 대상물의 길이, 무게, 부피 등 여러 가지 모양의 진값을 말한다. 참값은 알 수 없으므로 일반적으로 통계학적, 확률론적으로 추정한 최확값을 참값으로 사용한다. 관측값과 참값의 차를 참오차라고 한다.

참오차(참誤差, true error) ; 관측값과 참값의 차이.

참조공간(參照空間, reference space) ; 참조되는 사상이 위치될 수 있는 영역의 지리적 범위.

참조면(參照面, reference surface) ; 좌표계를 기본으로 한 기준곡면.

채널(채널, channel) ; 특정한 파장범위 내에서 전자파 복사로 기록된 강도의 행렬인 래스터 밴드의 속성. 보통 각각의 채널은 숫자로 식별된다.

채도(彩度, saturation) ; 색의 채도, 색의 농도,

단위면적당 칠해진 점의 수(chroma라고도 함)이다.

채색법(彩色法, layer) ; 단채법이라고도 하며 지형의 고저를 등고선 사이에 색조로 표시하는 것.

책임측량사(責任測量士, quantity surveyor) ; 측량의 전공정을 책임지는 기술자로서 적지 선정, 착공, 기성고, 준공, 준공 후 경년변화 조사점검 및 각종 수량계산과 평가 등의 전공정을 책임관리함. 공사 진행에 필수요원으로 정밀, 미려한 공사에 기여하는 측량사로 QS라고 함.

처짐의 보정(처짐의 補正, correction for sag) ; 강권척 등으로 거리를 관측할 때 중력 때문에 자에 생기는 처짐에 대한 보정. 단, 사용할 때의 상태로 척정수를 정해두면 이 보정계산은 생략할 수 있으므로 유리하다.

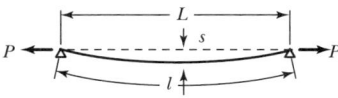

척정수(尺定數, constant of scale) ; 시판되고 있는 자(척)는 계량법에 의한 검정을 받은 것이기는 하나, 일정범위 이내의 오차가 있다. 거리측량의 정도를 향상시키기 위해서는 자의 고유값을 알 필요가 있다. 비교검사를 해서 어느 장력과 어느 온도하에서 자가 신축되어 있는 값을 척정수라 한다.

천공광(天空光, skylight) ; 대기 중에 있는 대기 분자와 에어로졸에 의해 태양광이 산란되는 천공복사 또는 산란복사.

천구(天球, celestial sphere) ; 맑게 갠 밤하늘을 쳐다보면 무수한 별들을 박아 놓은 반경이 무한원인 구의 내면과 같이 보이는데, 이 가상의 구를 천구라고 한다. 이 구 전체가 하나의 축을 둘레로 회전하고 있는 것처럼 보인다.

천구도(天球圖, celestial chart) ; 보통의 지도로 경도와 위도에 의해서 그 위치를 나타낸 그림. 이것을 나타내는 도법에도 지도에서와 마찬가지로 여러 방법이 있다.

천구좌표(天球座標, celestial coordinates) ; 천구상 천체의 위치를 표시하는 데는 지구상 각 지점을 위도와 경도로 표시하는 것과 같은 구면좌표를 사용하는데, 지평좌표, 적도좌표, 황도좌표가 주로 쓰인다.

천극(天極, celestial pole) ; 천축과 천구와의 교점. 이것은 천정 및 천체와 함께 천문삼각형을 구성하며, 천문측량으로서 어느 지점의 위치를 결정하는 기준.

천기도(天氣圖, weather chart) ; 기압배치의 상황, 천후, 풍향, 풍속 등을 기입한 지도를 말하며 각지의 기상청, 관측소, 관측선 등에서 시각으로 들어오는 자료를 모아 매일 수 회에 걸쳐 그리며, 천후의 개황을 판정하고 일기예보의 기초가 된다.

천문경도(天文經度, astronomical longitude) ; 지오이드에 기준하여 천문측량에 의해 구해진 경도.

천문단위(天文單位, astronomical unit) ; 천문학에서 천체 상호 간의 거리를 나타낼 때 지구궤도의 장반경을 단위로 쓰는데, 이것을 천문단위라 한다. 그 크기는 지구의 장반경의 약 23,000배이다.

천문력(天文曆, ephemeris) ; 천측력.

천문방위각(天文方位角, astronomical azimuth) ; 천구상에서 천체의 방위각. 즉, 천정과 천구의 북극을 포함하는 천문자오선이 천정과 임의의 점을 포함하는 천문자오선과 이루는 각. 적도면을 따라 시계방향으로 관측한다.

천문삼각측량(天文三角測量, astronomical triangle) ; 천구상에 있어서 천극, 천정, 천체를 정점으로 하는 구면삼각법을 천문삼각형이라 하며 이 천문삼각형으로 얻어지는 값에 의하여 행하여지는 측량.

천문시(天文時, astronomical time) ; 태양이 남중하는 정오를 출발점으로 재는 시간.

천문위도(天文緯度, astronomic latitude) ; 지구상 어떤 한 점에서의 지오이드에 대한 연직선이 적도면과 이루는 각으로 지오이드를 기준으로 한 위도.

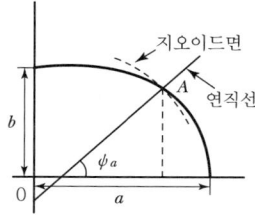

천문조(天文潮, astronomical tide) : 조석현상 중 달 및 태양과 같은 천체의 운동에 의한 기조력에 의해 발생하는 조석.
천문좌표(天文座標, astronomical coordinates) : 지구상의 임의의 한 점에서의 천정의 위치를 천문경도로 나타내는 좌표.
천문지리(天文地理, astronomy and geography) : 지구의 우주에 있어서의 위치 및 역법·방위·지도 따위를 연구하는 지리학의 한 부분.
천문측량(天文測量, astronomical survey) : 천체의 고도, 방위각 및 시각을 관측하며 지구상의 위치, 방위 등을 정하는 측량. 측량의 방법이나 기계는 그 정도에 따라 여러 가지가 있다.
천문측량시(天文測量時, time of astronomical surveying) : 천문측량에서 사용하는 시를 말하며, 항성을 관측할 때는 항성시를, 태양을 관측할 때는 평균시를 상황에 따라 사용한다.
천문학(天文學, astronomy) : 천체의 본질 운동, 크기, 거리, 다른 천체에 미치는 영향 따위의 천체에 관한 사항을 연구하는 학문.
천문학적위도(天文學的緯度, astronomical latitude) : 어떤 지점에서 직선이 적도면과 이루는 각. 직선은 지구내부의 구조에 따라 그 방향이 달라지므로 천문위도는 그에 따라 바뀌는 셈이다.
천문항법(天文航法, astronomy navigation) : 천체의 고도 등을 관측하여 선박 등의 위치를 알아내는 방법.

천부지층분포도(天府地層分布圖, sub-bottom echo character chart) : 해저표층 퇴적물의 형상 및 구조 등을 그 분포범위에 따라 표시한 도면.
천분율(千分率, permillage or permill) : 경사표시 단위로, 수평거리 1,000에 대한 고저차.
천연색사진측량(天然色寫眞測量, color photogrammetry) : 천연색 필름으로 항공사진을 투영하여 판독 등을 하는 것.
천의 자오선(天의 子午線, celestial meridian) : 지구 위에서 관측자의 자오면이 만나서 생기는 곡선을 말하며, 이것은 천의 양극을 지나는 대원이다.
천저(天底, nadir) : 어느 점에 있어서의 연직선을 아래로 연장하여 천구와 만나는 점을 말한다.
천저각거리(天底角距離, nadir angle) : 연직선 아래쪽을 기준으로 시준점까지 올려서 잰 각을 말한다.
천적도(天赤道, celestial equator) : 지구의 적도를 포함하는 평면이 천구와 만나서 이루는 대원을 말한다. 천적도는 남북 양극에서 각각 90°로 분할된다.
천적도극(天赤道極, celestial pole) : 적도에서 각거리가 각각 90° 되는 지점으로 천극과 같은 점이다.
천적도축(天赤道軸, celestial axis) : 천축.
천정(天頂, zenith) : 관측지점을 통과하는 연직선이 천구를 만나는 점을 말한다. 천정거리(직각) 등을 나타내는 기준이 된다.
천정각거리(天頂角距離, zenith distance) : 수평면을 기준으로 해서 잰 연직각을 고도각이라 하고, 그 여각을 천정거리라 한다. 다시 말하면 천정에서의 각거리이다.
천정도법(天頂圖法, zenithal projection) : 천정거리의 작은 차를 micrometer로 관측하는 기계로서 talcott법에 알맞다. 수평회전축은 연직축과 직교하고 수평축의 일단에는 이와 직교하는 망원경이 달려있다. 천정의 주요부는 여기에 달려 있는 talcott level과 접안부에 있는 micrometer이다.

천체관측법(天體觀測法, stella method) ; 시각에 따른 좌표가 알려진 별의 집합을 타켓 array를 이용한 카메라 검교정 방법.

천체의 적도(天體의 赤道, celestial equator) ; 천구 위에 지구의 지리학적인 적도를 회전에 의해 투영한 대원.

천체측량(天體測量, astronomical survey) ; 천문측량이라고도 하며 태양 및 북극성 등 천체의 운동을 관측하여 자오선의 위치를 결정하는 측량.

천축(天軸, celestial axis) ; 지구의 자전축을 연장하면 천구와 만나게 된다. 이 직선을 천축이라 한다.

천측력(天測曆, ephemeris) ; 여러 천체의 위치나 광도가 날마다 또는 며칠 간격으로 적혀 있고, 그밖에 태양의 제원 등도 기입되어 있는 달력의 일종으로 항해나 천문측량에서 쓴다.

천하도(天下圖, cheonhado) ; 세계가 원형으로 표현되었으며, 중국이 그 중심에 위치하고 있다. 전체적인 모습을 보면 중앙에 위치한 중심 대륙이 내해에 둘러 싸여 있다. 이 내해는 다시 환대륙에 의해 둘러싸이고 환대륙의 외곽, 즉 세계의 가장자리는 다시 바다로 둘러싸여 있다. 천하도의 유래에 대해 일치된 정설은 없다. 다만 천하도가 중국과 일본에는 없는 우리나라에서만 발견되는 고유의 세계지도라는 점과 대부분의 천하도가 16~17세기 이후에 만들어졌다는 사실에는 의견을 같이 한다.

철도(鐵道, railroad or railway) ; 레일 또는 일정한 가이드웨이에 유도되어 여객, 화물운송용의 차량을 운전하는 설비.

철도용곡선자(鐵道用曲線자, curve rule of railway) ; 철도 평면선형의 곡선부분을 그리는 데 사용되는 곡선자이며, 축척 및 곡선반지름의 크기에 따라서 여러 개가 한 세트를 이루고 있다.

철도측량(鐵道測量, railroad surveying) ; 철도 시설물 건설을 위하여 조사, 계획, 실시설계, 시공 등 유지관리에 이용되는 측량.

철선(凸線, ridge line) ; 지표면이 가장 높은 곳을 연결한 선. 빗물이 이것을 경계로 하여 좌우로 흐르게 되므로 분수선 또는 능선이라고도 한다.

청구도(靑丘圖, chunggudo) ; 청구선표도. 조선 말기의 지리학자 고산 김정호가 만든 우리나라지도. 채색 필사본이며, 건, 곤 2책으로 구성되었다. 1834년(순조 34년)에 완성된 것으로, 그중 본조팔도주현총도는 일종의 색인도이고 나머지는 역사지도이다.

청음식 누수탐지기(淸音式漏水探知機, sound leak detector) ; 누수가 발생될 때 내는 배관의 파열음, 지표면을 울리는 음, 공기를 가르는 음 등이 어울려, 이루는 누수음을 지표면에서 센서를 통해 감지하여 탐사자에게 헤드폰을 통해 들려주는 방식의 장비.

체계(體系, system) ; 지형과 공간상에 존재하는 대상물들의 특성과 현상을 관측함으로써 자료가 취득되며, 이러한 자료를 통합하여 특별한 의미를 부여하게 될 때 생성되는 것이 정보이다. 이러한 다양한 정보들의 상관관계를 규정함으로써 여러 종류의 정보들에 대한 연결을 시도하고 이에 대한 자체적인 제어능력을 가진 개별 요소들의 집합체를 체계라고 한다.

체인(체인, chain) ; 철선과 철환으로 된 자. 직경 3~4mm의 철제 link로 만들며 그 양단에 1개씩 handle이 달려 있다. 전장을 1chain(20m)이라 하여 100개의 link로 되어(link=20cm) 있다. 종래에는 널리 이용되었으나 지금은 너무 무겁고 정도가 좋지 않아 그다지 쓰이지 않는다.

체인절점(체인節點, chain node) ; 절점과 가장자리로 이루어지며 각 가장자리는 시작과 끝 절점으로서 연결된 절점.

체인측량(체인測量, chain surveying) ; 주로 체인 또는 거리계, 직각기, pole 등을 가지고 하는 측량.

체적산란(體積散亂, volume scattering) ; 체적에 걸쳐 분포된 불균일성으로부터의 산란, 불균일성은 산재성 입자나 구조물이 될 수 있으며 또는 연속적인 굴절 지수 안에서 (굴절지수의) 공간적 변화가 될 수 있다.

체적측량(體積測量, volume surveying) ; 토공량이나 담수량을 산정하기 위한 측량이며, 단면법, 점고법, 등고선법, DTM법 등이 있다.

체지형공식(체지形公式, chezytype formula) ; 하천의 평균유속을 구하는 공식으로 $V=C\sqrt{RI}$ 로 나타낸다.
V는 전단면의 평균유속, R은 경심, I는 수면, C는 Chezy의 유속계수이다. C를 정하는 공식에는 Bazin의 공식, Ganguillet-Kutter의 공식, Kutter의 약공식 등이 있다.

초고속정보통신망(超高速情報通信網, information superhighway) ; 자료를 전송하기 위해 사용되는 국제적인 연결망.

초광각사진(超廣角寫眞, super wide angle photograph) ; 렌즈의 빛을 모으는 데 있어 매우 큰 각도를 가지는, 즉 화각이 광각사진보다 넓은 항공사진을 말한다. 아직 정형은 없으나 월드사의 슈퍼비오곤은 화면거리 88mm, 화형 23×23cm이고, 각은 120°이다.

초광각사진기(超廣角寫眞機, super wide angle camera) ; 화각이 120° 전후의 초광각 렌즈를 갖춘 측량용사진기.

초구장측량(草球場測量, golf field survey) ; 일반적으로 골프경기로, 골프클럽, 컨트리클럽(country club) 등으로 호칭되는 여가선용을 위한 시설로서 토지의 선택, 경기로설의 기본설계, 초구장휴게소의 기본설계를 위한 측량.

초급기술자(初級技術者, primary grade engineer) ; 측량 및 지형공간정보기사의 자격을 가진 자, 측량 및 지형공간정보산업기사의 자격을 가진 자이거나 전문대학 이상의 졸업자, 고등학교 졸업 후 3년 이상 측량업무를 수행한 자.

초독(初讀, initial reading) ; 두 측점이 이루는 각을 관측할 때, 처음 측점을 시준한 독치를 말한다. 예를 들면 일반적으로 0°0'0"를 눈금에 맞춘 다음 하부 운동으로 최초의 측점을 시준하는 것을 말한다.

초시(初示, ForeSight : FS) ; 「전시」 참조.

초음파사진측량(超音波寫眞測量, ultrasonic photogrammetry) ; 비파괴검사와 의학 분야에서 폭넓게 사용되어 왔는데 이는 전자매체에서 발생하는 소리의 관측을 다루고 있다. 소리는 압축성과 확장성이 있는 탄력성 매질을 요구한다. 전자기의 방사상태들을 파장, 주기, 주파수 등을 관측하여 해석하는 방법.

초장기선간섭계(超長基線干涉計, Very Long Baseline Interferometry : VLBI) ; 천체에서 (1,000~10,000km 거리) 복사되는 잡음전파를 2개의 안테나에서 독립적으로 동시에 수신하여 전파가 도달되는 시간차(지연시간)를 관측함으로써 안테나를 세운 두 지점 사이의 거리를 관측(±수 cm의 정확도)하는 방식. 지연시간은 2개의 안테나를 연결하는 기선벡터, 별의 위치 및 지구의 자전 때문에 변화한다.

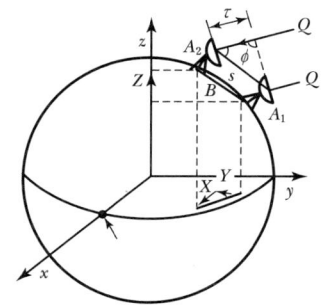

초점(焦點, focus) ; 볼록렌즈의 초점이란 거리에서 나와서 렌즈를 통과한 뒤의 광선이 축과 평행하게 도는 축상의 점 또는 축과 평행한 입사광선이 렌즈를 통과한 다음에 모여드는 축상의 점을 말하며, 전자를 제1초점, 후자를 제2초점이라 한다. 렌즈의 중심에서 제1 주

초점까지의 거리를 제1초점거리, 제2 주 초점까지의 거리를 제2초점거리라 하며 이들은 크기가 같다. 보통 제2초점거리를 그냥 초점거리라 부른다.

초점거리(焦點距離, focal distance) ; 렌즈의 중심(광심)에서 그 제2 주 초점까지의 거리. 일반적으로 f로서 표시한다. 광심에서 물체까지의 거리를 a, 광심(광심)에서 상까지의 거리를 b, 초점거리를 f라 하면 $\frac{1}{b} - \frac{1}{a} = \frac{1}{f}$ 인 관계가 있다. 단, 볼록렌즈에서는 $f<0$, 오목렌즈에서는 $f>0$일 때 b, a의 부호는 입사 쪽에 있을 때 (+), 반대쪽에 있을 때 (-)가 된다.

초점이동(焦點移動, pan) ; 배율을 변경하지 않고 도면의 뷰를 옮기는 것. 이미지를 통과하거나 좌우상하로 이동할 때 보이는 다른 지역의 선택적인 광경을 취하는 것을 GIS의 사용자에게 허락하는 그래픽 시각화 함수를 말한다.

초점판(焦點板, focal length) ; 초점판으로 초점이 맺히는 면.

초준(焦準, focussing) ; 시준하려는 물체의 상과 십자선이 동시에 명백하게 보이도록 하는 것. 여기에는 트랜싯의 대물경을 출입시키는 외부초준식, 대물경을 고정시키고 합초 렌즈를 출입시키는 내부초준식이 있다.

초준나사(焦準나사, focussing screw) ; 관측물에 대물경의 초점을 맞추기 위한 나사.

초크링안테나(초크링안테나, chokering antenna) ; GPS에서 다중경로(mutipath)에 의한 신호오차를 제거하기 위하여 고안된 안테나.

초판검사(初版檢査, first check) ; 지도인쇄 작업과정 중 컬러출력기에 의해 출력된 종이지도상의 누락, 오기, 중복사항 등을 수치지도 제작 규격서에 준하여 첫 번째로 검사하는 것을 말한다.

초판수정(初版修正, first editing) ; 지도인쇄 작업과정 중 초판검사에서 발견된 누락, 오기, 중복, 사항 등을 수치지도제작규격서에 준하여 데이터를 수정하는 것.

총묘(總描, generalization) ; 지도의 축척 때문에 지형, 지물을 있는 그대로 표현하기가 불가능하다. 그래서 총괄적으로 구분, 전체의 특징을 알아볼 수 있을 정도로 형상을 바꾸어 그리는 것, 예컨대 5만분의 1 지형도에서 산의 작은 기복, 가옥의 호수, 취락 내의 작은 도로 등은 생략되어 있으나 그 개황을 알 수 있게 표현하고 있다.

총전자함유량(總電子含有量, Total Electron Content : TEC) ; 전파의 진행에 영향을 주는 전리층의 전자량.

총편각(總偏角, total deflection angle) ; 곡선에서의 편각의 총화를 말하며, 장현과 접선을 이루는 것으로 이 각은 교각의 1/2이다.

촬상소자(撮像素子, Charge Coupled Device : CCD) ; 전자가 그 안에서 반도체의 표면에 저장되어지는 장치.

촬영(撮影, photographing) ; 계획된 촬영코스를 따라 소요축척으로 60%의 종중복, 30%의 횡중복으로 촬영하는 것.

촬영거리(撮影距離, flying height above ground) ; 사진촬영 시 피사체로부터 카메라까지의 거리. 항공사진의 경우에는 지면으로부터 항공기의 비행고도를 나타낸다.

촬영경로(撮影經路, flight line or strip) ; 촬영할 지역에 대해서 촬영하여가는 방향. 이것은 촬영고도, 사진축척과 평균기준면을 기준으로 촬영지역을 완전히 덮도록 촬영경로 사이의 중복도를 고려하여 결정한다.

촬영계획(撮影計劃, flight planning) ; 필요한 정확도로 가장 경제적으로 항공사진을 촬영할 수 있도록 촬영기선길이, 촬영고도, C계수, 등고선간격, 촬영경로, 표정점의 배치, 사진매수, 촬영일시, 촬영사진기의 선정, 촬영계획 작성, 지도의 사용목적, 소요의 사진축척, 정확도 등의 작업을 할 수 있도록 하는 작업.

촬영계획도(撮影計劃圖, flight map) : 기존의 소축척지도상에 촬영코스 간격을 표시해 놓은 지도.

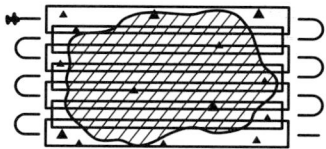

촬영고도(撮影高度, flight height) : 지표에서 촬영 camera까지의 높이.
촬영기선(撮影基線, base) : 입체사진에 서로 이웃하는 촬영점을 연결한 선분.
촬영기선장(撮影基線長, base length) : 서로 이웃하는 두 촬영점 사이의 거리.
촬영방향(撮影方向, bearing of the exposing axis) : 촬영공간에서 사진기 축의 방향.
촬영보조기재(撮影補助器材, flight auxiliary appliance) : 촬영조건을 결정하기 위한 것과 항법의 정도를 높이기 위한 것으로 나눌 수 있다. 즉, 수평선사진기, 고도차계, APR, 자이로스코프가 있다.
촬영비행(撮影飛行, photographic flight) : 어떤 구역의 항공사진 촬영을 위한 비행.
촬영사진기의 투영중심(撮影寫眞機의 投影中心, center of projection) : 촬영렌즈의 입사광의 중심점.
촬영점(撮影點, photographing station) : 사진을 촬영한 위치를 말하며, 항공사진 촬영점, 지상사진 촬영점 등과 같이 부른다.
촬영코스(撮影코스, strip) : 1회의 직선촬영비행으로 촬영한 구역.
촬영항적(撮影航跡, flight line) : 수직사진인 경우 비행기의 항적을 나타내는 선.
최고고조면(最高高潮面, highest high water level) : 고조면 중에서도 최고의 것으로 춘추분의 대고조면과 같다.
최고수위(最高水位, highest high water level) : 일정 지역에서 어느 기간 내의 최고수위.

최급경사(最急傾斜, maximum grade) : 선상시설물의 종단경사에서 내림경사 또는 오름경사와 관계없이 경사의 크기가 최대인 경사구간 또는 경사크기 그 자체.
최다수위(最多水位, most frequent water level) : 어느 기간 내에서 가장 많은 횟수로 발생하는 수위.
최대각오차(最大角誤差, maximum angular deformation) : 지상에서 두 방향의 협각 γ이 지도상에 투영되어서 γ'가 되었을 때 다음과 같은 관계가 있다.

$$\max(\gamma - \gamma') \leq \omega, \quad \tan\frac{\omega}{2} = \frac{c_1 - c_2}{2\sqrt{c_1 c_2}}$$

(c_1, c_2 : tissot 표형의 장단축, 즉 2점에 있어서 방향에 따라서 변화하는 축척계수의 극값. 이 ω를 최대각 오차라 한다.) 등각도법에서는 $\omega = 0$이므로 점마다의 축척계수는 방향에 따라서 변하지 않는다.($c_1 = c_2$)
최대경사선(最大傾斜線, line of maximum slope) : 사면상 임의의 1점을 지나는 여러 선 가운데 수평면과 최대 경사를 이루는 선. 지면에 내린 비는 일반적으로 최대경사선을 따라 흘러가게 되므로 유하선이라고도 한다.
최대반사에너지(最大反射에너지, reflected energy peak) : 지구의 표면에 의해 반사되는 에너지가 최대일 때의 파장(0.5μm)을 말한다.
최대복사에너지(最大輻射에너지, radiant energy peak) : 전자파의 형태로 운반되는 에너지가 최대가 될 때를 말하는 것으로 단위는 J(Joule)이다.
최대이격(最大離隔, greatest elongation) : 주극성은 하루를 주기로 극을 중심으로 원운동을 하는데, 자오선에서 제일 멀어졌을 때를 말한다. 최대 이격 부근에서의 별은 상하운동을 하며, 옆으로 흔들리는 운동이 매우 작으므로 방위각 관측에 가장 알맞다.
최대탐지거리(最大探知距離, unambiguous range) : 지하시설물탐사 측량시 탐지할 수 있는 최대거리.

최소곡선반경(最小曲線半徑, minimum radiation of curve) : 선로구간 중 가장 작은 곡선반경으로 가능한 한 큰 것이 좋으나 불가피하게 반경이 작은 곡선을 두어야 할 경우, 궤간, 열차속도, 차량의 고정축거 등에 따라 최소로 제한한 곡선반경.

최소곡선장(最小曲線長, minimum curve length) : 자동차 운전자가 핸들조작에 곤란을 느끼지 않고 원심가속도의 변화율이 크지 않게 하며, 교각이 작은 정도의 길이로서, 도로의 선형상 각 설계속도에 따라 필요한 최소의 곡선길이.

최소매핑단위(最小매핑單位, minimum mapping unit) : 벡터구조를 가진 토지이용도와 같은 주제도에 있어서 가장 작은 객체.

최소자승법(最小自乘法, method of least squares) : 관측값과 최확값과의 차에 대한 제곱의 총합을 최소가 되게 하는 조건에서 미지량의 최확값을 구하거나 그 정도를 논하거나 하는 통계학기법이다.

최소제곱보정(最小제곱補正, least squares adjustment) : 수리적 모형에 관측을 맞추기 위해 파생된 모든 오차 또는 편차의 제곱의 합이 최소가 되게 관측값을 조정하는 방법.

최소지도단위(最小地圖單位, minimum mapping units) : 주어진 지도 축척에서 좁고 긴 대상물이 선으로 표현되고 작은 영역은 점으로 표현되는 한계를 나타내는 크기. 예를 들면, 하천과 강은 폭이 0.10인치 미만일 경우 선으로 표시하고 0.125인치보다 작은 면은 점으로 표시.

최소지상분해거리(最小地上分解距離, minimum ground separation) : 어떤 지점에 대한 공간분해능을 결정하기 위해서는 거리방향에 대한 분해능을 결정해야 하며, 거리방향 분해능은 펄스폭이 가장 짧을 때 거리방향 분해능이 최소가 된다.

최저비용경로(最低費用經路, least cost path) : 두 점 간의 가능한 여러 경로 중에서 가장 적은 비용으로 갈 수 있는 경로로서 여기서 비용은 시간, 거리 또는 사용자가 정의한 요인에 대한 함수.

최저수위(最低水位, lowest low water level) : 어느 기간 내에서 최저의 수위.

최저저조면(最低低潮面, lowest low water level) : 저조면 가운데서 최저의 것으로 춘추분 대조저조면과 같다.

최적경로분석(最適經路分析, optimum path analysis) : 이미 결정된 기준(가장 짧은 거리, 최소여행시간과 같음)을 만나는 라인 네트워크를 따라서 경로를 결정하기 위해 네트워크분석을 사용한 공간분석함수.

최적경로선정(最適經路選定, network analysis) : 도로 네트워크를 통한 최적 경로계산, 네트워크 시스템 능력 또는 네트워크의 시설물을 위한 최적의 위치 등 네트워크상의 위치 간 관련성을 고려하는 분석기술이다. 이러한 분석에는 최적경로분석, 자원할당분석 등이 있다. 선분자료의 각각에 가중값을 부여하고 최적의 가중값을 합산하는 등의 과정을 통하여 최적경로를 찾아주는 기법.

최적관측기(最適觀測機, optimum estimator) : 주어진 최적 기준의 값을 최소화하기 위한 관측기.

최적화(最適化, optimization) : 주어진 환경 속에서 컴퓨터 체계 또는 특정 소프트웨어의 효율을 최대로 만드는 작업.

최종검사(最終檢査, final check) : 「양판검사」 참조.

최종수정(最終修正, final editing) : 「양판수정」 참조.

최확값(最確값, most probable value) : 최확치.

최확치(最確値, most probable value) : 추정값. 확률론적으로 가장 정확하다고 생각되는 확률이 가장 높은 값. 최소제곱법에서 최확값은 평균값과 같은 뜻으로 쓰인다.

추(錘, plumb bob) : 측량기계의 중심을 측점에다 맞추기 위해서 기계의 중심에서 실에 매달아 밑으로 늘어뜨리는 원추형의 추.

추가거리(追加距離, cumulated distance) ; 노선측량에서 노선기점으로부터 어떤 점까지의 중심선의 거리를 말하며, 노선측량에서는 보통 중심선 20m마다 중심말뚝을 박는데 이 점들 간의 누적된 거리.

추가말뚝(追加말뚝, cumulated stake) ; 노선측량에서 추가거리에 박는 말뚝.

추계학적보간(推計學的補間, stochastic interpolation) ; 무작위성 개념을 사용하며 보간된 표면은 관측되어 왔던 많은 표면 중의 하나로서 개념화되며, 이들 모두는 기지의 자료점을 만들 수 있다.

추끈(錘끈, plumb line) ; 추를 매다는 실.

추등법(錘燈法, plummet lamp survey) ; 갱내측량에서 시준거리가 30m 이상으로 떨어지면 매달음추의 실이나 추구가 보이지 않게 되므로 추등이라 하며, 대형추구에 광원을 장치한 것을 사용하여 이 등의 중심을 직접 시준한다.

추상시험모듈(推想試驗모듈, abstract test module) ; 관련된 추상시험사례들의 집합.

추상시험방법(推想試驗方法, abstract test method) ; 특정한 시험절차(procedure)를 구현하기 위한 시험방법.

추상시험사례(推想試驗事例, abstract test case) ; 특정한 요구를 수행하기 위한 일반화된 시험이다. 추상시험항목은, 실행시험항목을 이끌어내기 위한 기초로서 이용된다. 추상시험항목은 한 개 이상의 시험항목을 포함한다. 추상시험항목은 구현 및 값의 양쪽으로부터 독립해 있다. 관측가능한 모든 시험결과에 대해서 명확해야 한다.

추상시험슈트(推想試驗슈트, abstract test suite) ; 적합성을 만족시키기 위해 요구되는 모든 사항들을 규정한 추상시험 모듈이다.

추상화효과(推想化效果, abstraction effect) ; 불완전하고 명확하지 않은 명세서 때문에 발생하는 품질정보의 왜곡. 품질요소들의 평가는 정확한 자료집합 내역에 의해 좌우된다. 하지만 그 내역이 결코 완전하지 않기 때문에 그것은 평가하는 동안 해석되고, 이 해석은 추상화 효과와 함께 기록될 것이다.

추분점(秋分點, autumnal equinox point) ; 황도와 적도의 교점 가운데 태양이 북에서 남으로 적도를 넘는 점이 추분점이다. 이때 태양은 적도 위에 있게 된다.

추선(錘線, shaft plumbing wires) ; 입갱의 심도를 관측할 때 갱구에서 갱저까지 끝에 추를 달아 연직으로 내리는 선. 추선은 자중에 따라 늘어지기 쉬우므로 될 수 있는 대로 신축이 적은 재질의 것을 골라야 한다.

추선법(錘線法, wire plumbing) ; 지상과 지하의 연결측량에서 입갱의 갱구에서 추를 매단 강선을 내려 지상점을 지하에 옮기는 방법.

추연판(錘鉛板, lead plate) ; 갱내의 골조측량에서 측점이 천정에 있을 때 이것을 그림과 같이 추연판을 이용하여 일시적으로 바닥 위로 옮겨서 기계를 설치한다. 즉, 일시적인 측점판이다.

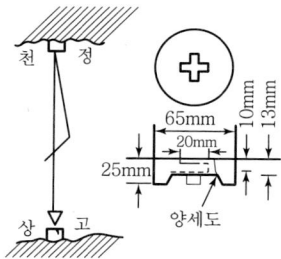

추적및자료중계위성(追跡 및 資料中繼衛星, Tracking and Data Relay Satellite : TDRS) ; 미국항공우주국(NASA)이 개발한 지구국-위성(TDRS)-위성(사용자)-지구국으로 구성되는 경로로 중계하는 특수목적의 통신위성이다. TDRS-A 위성은 1983년에 우주연락선에 의해 발사된 뒤 두 개의 위성을 발사하여 위성 간 데이터중계망을 구성하였다.

추차(推差, probable error) ; 확률오차.

추출(抽出, extraction) ; 특정 형상을 추출하여

새로운 파일을 만드는 기능이다.

추측식파고계(追測式波高計, surface tracing wave meter) : 트랜싯으로 표고에 따른 수면의 승강을 관측하여 파고를 기록하는 것이다. 기록법에는 전기적 기록장치와 기계적 기록장치의 2가지가 있다.

축(軸, axis) : 2차원 또는 3차원 공간에서 어떤 하나의 위치를 표시하기 위하여 사용되는 기준. 예를 들면 2차원 평면에서는 수평과 수직방향에 대하여 각각 X와 Y라는 기준축을 사용하고 있다.

축거왜곡(軸距歪曲, foreshortening) : 안테나를 향하고 있는 경사길이가 지상에서 보다 영상 위에서 더욱 짧게 나타나는 원인에 의해 발생하는 레이더 영상의 왜곡. 그것은 레이더의 파면이 지형경사 보다 급경사일 때 발생한다.

축도(縮圖, map reduction) : 대축척지도를 줄여서 소축척지도를 만드는 것을 말한다. 그 방법에는 pantograph를 이용하는 방법이나 방안법이 있다. 기계를 이용할 수 있을 때는 사진축도가 가장 정확하고 신속하다. 지물의 취사선택이 필요할 때 내용이나 축소율에 따라서 필요한 사항을 미리 투사하거나 또는 축소도에서 투사한다. 또 도형을 비틀고 싶을 때는 방안법을 쓴다.

축소(縮小, reduction) : 도면이나 영상을 더 작은 도면이나 영상으로 바꾸어 주는 것.

축소건판(縮小乾板, reduction plate) : 멀티플렉스 등의 특수한 도화기에 사용하기 위하여 크기를 축소하고 동시에 렌즈의 수차를 보정하여 인화한 양화건판.

축소기(縮小機, reduction printer) : 24×24cm의 항공사진을 6×6cm으로 축소하여 multiplex 용의 축소조판을 만드는 인화기.

축소인화기(縮小引畫機, reduction printer) : 밀착인화한 양화필름을 서로 다른 보정된 양화필름을 만들기 위한 특별한 인화장치.

축척(縮尺, scale) : 도상에서 실제의 지물을 축소하여 그리는 비율, 즉 거리의 축소율을 말한다. 예컨대 5만분의 1 지형도에서는 현지의 지물이 5만분의 1로 축소되어 있다. 축소분모수가 큰 것일수록 소축척이다.

축척계수(縮尺係數, scale factor) : 곡면인 지표를 평면에 옮긴 지도에서는 축척이 장소에 따라 다르다. 그 지도에 정해진 축척에 대한 보정계수를 말한다. 예컨대 수평직각좌표계에 의한 지표면상의 길이와 좌표면상의 길이의 비는 원점에서 동서로 떨어진 거리에 따라 다르다. 이 때문에 여러 가지 축척계수가 만들어져 있다.

축척변경(縮尺變更, scale change) : 측량이나 도면의 축척을 변경하는 것. 지적법에서는 지적도에 등록된 경계점의 정밀도를 높이기 위하여 작은 축척을 큰 축척으로 변경하여 등록하는 것.

축척변환(縮尺變換, scaling) : 실제거리와 지도상의 거리를 변환하여 확대 또는 축소하는 것. 즉 $x' = xS_x$, $y' = yS_y$은 다양한 축척에 사용될 수 있으며, x, y의 축척 S_x가 S_y와 같지 않다면 변형(또는 왜곡)을 일으킨다.

축척보정(縮尺補正, correction for scale) : 타원체를 평면좌표로 표현하는 데 있어서 축척계수에 의해 축척을 보정하는 것을 말한다.

축척분모수(縮尺分母數, scale denominator) : 축척의 분모를 말하는 것으로 예컨대 1/50,000이라는 축척에서의 축척분모수는 50,000이다. 축척분모수가 큰 것일수록 소축척이다.

축척자(縮尺자, engineer's scale) : 삼각형의 단면을 가지는 자로서 다양한 축척의 길이를 관측할 수 있도록 각 면에 각기 다른 축척으로 눈금이 새겨진 자를 말한다.

춘분점(春分點, vernal equinox point) : 적도와 황도의 교점 가운데 태양이 남쪽에서 북쪽으로 옮아가는 점을 말한다. 이때에 주야의 길이는 같아진다. 춘분점은 또 적경의 기준으로도 된다.

춘추분대조고조면(春秋分大潮高潮面, high water level squinaxial spring tide) : 춘추분의

대조 때의 고조면으로 최고고조면이다.

춘추분대조저조면(春秋分大潮低潮面, low water equinaxial spring tide) ; 춘추분의 대조 때의 저조면이며, 최저저조면이다. 항만의 기준면은 가장 수심이 낮을 때를 알아야 할 필요에서 이것을 채용하고 있다.

출력장치(出力裝置, output devices) ; 출력장치는 처리결과를 사용자가 원하는 형태로 변환하여 출력할 때 사용되는 장치로 컬러디스플레이, 프린터, 컬러플로터, 필름, 레코드 등이 있다.

취수구(取水口, intake) ; 수력발전·관개(灌漑)·상수도 등의 용수를 수원(水源)으로부터 취수하는 구조물.

측각(測角, observation of angle) ; 트랜싯이나 데오돌라이트 등으로 어떤 측점과 그 주위에 있는 점과의 사이의 각도를 관측하는 것을 말한다. 측각의 방법으로 단측법, 방향법, 반복법 등이 있다.

측각점편심(測角點偏心, eccentricity) ; 삼각점 등의 중심에 측기를 정치할 수 없는 상태를 측각점편심이 있다고 하며, 편심요소를 관측하여 중심에서 잰 값으로 고쳐야 한다.

측간(測桿, measuring rod) ; ① 측봉. ② 간접거리관측에 있어서 시준하려는 점에 수평하게 또한 시준선에 직교하도록 장치하는 자(약 2m)이며, 데오돌라이트로 그 각을 재서 계산으로 그 거리를 재며, 또는 특수한 거리장치를 가진 경위의를 써 직접수평거리를 재기도 하는 것.

측거(測距, distance measurement) ; 거리측량.

측거의(測距儀, range finder) ; 양단에 대물경이 달린, 기선(길이 b)의 목표점을 끼우는 각(θ radian)을 prism에 의해서 재어목표점까지의 거리 D를 $D = \dfrac{b}{\theta}$ 에서 구하는 기계이다.

측고법(測高法, hypsometry) ; 해수면을 기준으로 한 지구표면상의 표고 관측.

측기(測旗, signal flag) ; 측량용의 깃발을 말하며 통상 상반부는 적색, 하반부는 백색으로 되어 있다.

측량(測量, surveying) ; ① 지구 및 우주공간에 존재하는 제점간의 위치관계와 그 특성을 결정하는 기술. 측량법에서는 "측량이란 토지의 측량을 말하며, 지도의 조제 및 측량용 사진의 촬영을 포함한다."라고 규정하고 있는데 일반적으로 하천에서의 유량측량, 항만에서 조석측량, 천문측량 등도 이에 포함한다. ② 측량은 중국 주나라에서 3100년 전부터 사용한 측천양지(測天量地) 즉, 測天(생활공간 및 우주공간을 헤아림)과 量地(땅을 관측함)에서 유래된 명칭이다. survey는 3000년 전부터 서구에서 사용했으며, 구약성서 여호수아 18장 4절, 8절 등에 "survey"가 명기되어 있다.

측량계획기관(測量計劃機關, survey planning organization) ; 기본측량 및 공공측량에 관한 계획을 수립하는 자(측량법 제2조).

측량기(測量旗, signal flag) ; 측량용의 기(상반은 적색, 하반은 백색). 측점에 세워서 방향과 목표를 나타내는 것.

측량기계(測量器械, surveying instrument) ; 측량에 사용하는 기계. 측량의 종류 등급에 따라 여러 가지 종류의 기계가 사용되고 있으며 평판측량용의 간단한 것으로부터 사진측량용의 정밀도화기, 전자기파나 광파를 이용하는 아주 정밀한 것까지 있다. 일선에서 주로 쓰이는 것은 트랜싯, 데오돌라이트, 레벨 등이다. 그리고 chain, pole 등은 측량기구라 한다.

측량기능사(測量技能士, surveying technician) ; 국가기술자격법령상의 기능계 자격분야. 주로 시공측량과 토공설계의 보조업무에 종사함.

측량기록(測量記錄, record of observation) ; 측량에 있어서의 최종결과인 성과를 얻기까지의 모든 것을 기록해 놓은 책.

측량기술자(測量技術者, surveying engineering) : 측량법의 규정에 따라 등록을 하여 측량업을 영위하는 자.

측량기준선(測量基準線, survey control base) : 현장측량에 의해 정확히 설정된 지구표면의 수평, 수직의 상호관계를 가진 점이 상세히 조정된 점을 연결한 선.

측량망(測量網, survey network) ; 형상을 위치시키기 위한 참고점처럼 토지 측량자들에 의해 사용되고, 지구상에 위치한 일련의 물리적 경계표들은 지도상에 다른 그림들로 또는 측량기록으로 기록된다. 이러한 경계표의 위치들은 작은 지형적 지역(지역 관측망에서처럼) 내에서만 또는 지구지오이드(측지적 측량망) 상에서 넓게 참고될 측량점으로 이루어진 망.

측량법(測量法, law of surveying) ; 1961년 12월 3일 법률 제938호로 제정된 법률로서 측량 실시의 기준 및 실시에 필요한 권능을 정하였고 측량의 중복을 제거하고, 측량 정도의 향상을 확보함과 함께 측량에 종사하는 자의 등록 등을 규정하고 있다.

측량 및 지형공간정보기사(測量 및 地形空間情報技士, engineer surveying geo-spatial information) ; 측량법에서 정한 측량기술자의 한 종류.

측량 및 지형공간정보기술사(測量 및 地形空間情報技術士, professional engineer surveying geo-spatial information) ; 측량법에서 정한 측량기술자의 한 종류.

측량 및 지형공간정보산업기사(測量 및 地形空間産業技士, industrial engineer surveying geo-spatial information) ; 측량법에서 정한 측량기술자의 한 종류.

측량사(測量士, registered surveyor) ; 측량기술자. 측량 및 지형공간정보기술사, 측량 및 지형공간정보기사, 측량 및 지형공간기사를 말한다.

측량성과(測量成果, surveying abstracts/ data) ; 측량에서 얻은 최종결과. 성과표, 망도, 지도, 항공사진 등은 측량성과이며 관측수부, 계산부 등은 측량기록에 해당한다.

측량승(測量繩, measuring rope) ; 간승.

측량심의회(測量審議會, review committee of surveying data) ; 측량에 관한 중요한 사항에 대하여 국토지리정보원장의 자문을 위한 측량법상의 기관.

측량업(測量業, ① surveying work, ② surveying enterprise) ; 기본측량, 공공측량, 일반측량, 측지측량업 및 항공사진촬영업 등의 용역을 도급받아 수행하는 영업.

측량용항공사진기(測量用航空寫眞機, aerial surveying camera) ; 측량용 사진을 찍기 위한 항공사진기.

측량용사진(測量用寫眞, photogram) ; 내부정위, 즉 사진면에 대한 투영중심의 상대위치가 명확히 찍혀 있는 사진.

측량용사진기(測量用寫眞機, photogram- metric camera) ; 측량용 사진을 촬영하기 위한 사진기.

측량용지상사진기(測量用地上寫眞機, terrestrial camera) ; 지상사진측량을 위한 사진을 촬영하는 사진기의 총칭.

측량용실체사진기(測量用實體寫眞機, stereometric camera) ; 2개의 사진기가 광축을 평행으로 하여 공통의 대에 고정된 것.

측량원도(測量原圖, intensified manuscript) ; 측량공정에서 최초로 완성되는 원도. 이 원도에서 제도원도를 작성하는 것이 보통이다.

측량의 기준면(測量의 基準面, datum) ; 관측의 기준이 되는 값. 즉, 관측값을 보정하는 데 사용되는 임의의 기준. 기준면은 위도, 경도, 방위각으로 구성되며, 수평기준면 또는 수평측지 기준면이라고도 한다.

측량작업기관(測量作業機關, survey operation organ) ; 측량계획기관의 지시나 위탁을 받아 측량작업을 실시하는 자를 말한다(측량법 제2조).

측량정보체계(測量情報體系, Surveying Information System : SIS) ; 측지정보, 사진측량정보, 원격탐사정보와 GSIS를 체계화한 정보.

측량침(測量針, surveying pin) ; 평판측량에서 쓰이며 바느질용의 세침보다 한층 더 가늘며, 직경은 0.3~0.5mm, 길이 3.7cm 정도, 실을 꿰는 구멍이 없는 특수한 침이다. 측점 또는 기지점의 평판상 위치에 세워서 앨리데이드의 기지점으로 삼기 위한 것이다. 정도가 낮은 평판측량에서는 바느질용의 특침을 쓰기도 한다.

측량침오차(測量針誤差) ; 평판측량에서 목표를 시준할 때에는 측점의 도지상 위치에 측량침을 꽂고, 그 곳에 앨리데이드의 모서리를 대고 시준하는 것이므로 침의 반경만큼의 방향오차가 생기는데 이 오차를 말한다.

측량컴퍼스(測量컴퍼스, surveyor's compass) ; 자침, 시준판, 분도원, 정준장치로 되어 있으며 간단한 삼각에 올려놓고 관측한다. 컴퍼스의 크기는 자침의 길이로써 나타낸다. 북쪽 시준판의 측면에 정접척의 눈금이 새겨져 있으며, 고저차나 경사를 측정할 수 있다. 정준장치는 직각 2방향으로 된 2개의 기포수준기와 정준나사로 되어 있다.

측량평균법(測量平均法, balancing) ; 측량의 오차를 합리적으로 배분하는 것.

측량표(測量標, ① station marker, ② survey marker) ; 측량에 관한 표식으로서 영구표지, 일시표지, 임시표지 등이 있다.

측량학(測量學, surveying) ; 지구 및 우주공간상에 존재하는 제점간의 위치관계와 그 특성을 해석하는 학문으로서 위치결정, 도면화와 도형해석, 생활공간(지상, 지하, 해양, 우주공간)의 개발과 유지관리에 필요한 자료제공, 정보의 정량화, 경관관측 등을 통하여 쾌적한 생활환경의 창출에 기여하고 있다.

측주사시스템(側面走査시스템, side scanning system) ; 측면 주사 음탐기는 넓은 해저 표면을 영상화하기 위한 시스템.

측면주사음향탐지기(側面走査音響探知機, side-scanning sonar) ; 측면주사 음탐기는 넓은 해저 표면을 영상화하기에 매우 효과적이기 때문에 수중에서 특정한 목표물을 찾고자 할 때 사용된다. 선박의 침몰이나 비행기가 사고로 가라앉은 경우, 측면 주사 음탐기를 사용 체계적인 탐색을 한다면 목표물의 위치를 매우 정확히 알아낼 수 있다.

측미경(測微鏡, micrometer) ; 눈금을 정밀하게 읽어내기 위하여 vernier 대신 설치한 현미경, 기타 특수한 장치를 말한다.

측방교회법(測方交會法, method of side intersection) ; 평판측량에서 도지상에 전개되어 있는 기지점에서 평판을 표정하여 구점(기지점)으로 방향선을 긋고 다음에 미지점에 평판을 차려 기지점에서 그은 방향선을 이용해서 평판을 표정하고, 다음 기지점을 시준해서 방향선을 그어 그 교점으로서 구점의 도상 위치를 구하는 방법.

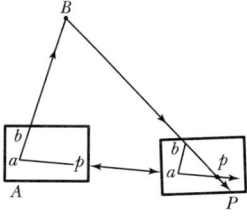

측봉(測棒, measuring rod) ; 길이 1~5m의 강, 황동 또는 나무막대로서 1cm마다 눈금이 있다. 30m 이하의 단거리 관측 및 지거측량에 쓰인다.

측사나사(測斜螺絲, gradienter screw) ; 트랜싯의 수평축에 붙어 있으며, 경각의 관측, 구배의 설정 및 거리의 관측에 쓰이는 나사이다. 이것을 1회전시키면 십자횡선이 일정한 거리(예컨대 100m)에 떨어진 점에 세운 표척 위를 일정한 길이(예컨대 1m)로 이동하게 만들어져 있다. 나사는 소원반을 가졌으며 그 원주는 50~100으로 등분되어 있어서 1회전의 단수를 읽을 수 있고, 나사의 회전수는 소원반과 접하고 있는 척도로서 구할 수 있게 되어 있다. 측사나사로 구배를 설정하자면, 거리 100m에 대하여 구하려는 올림 또는 내림의 길이(1.5%이면 1.5m)에 해당할 만큼 측사나사를 돌리고 (1.5%이면 1.5회전) 기고와 같은 높이의 점에서 target이 달린 표척을 움직여서 시준선이 target의 중심을 지나는 지점에 표척을 고정시키면 이들 2점 간의 구배를 구하는 것.

측선(測線, course) ; 측점과 측점을 이어서 얻는 선. 트래버스측량에서는 이것을 트래버스선이라 하기도 한다.

측쇄(測鎖, chain) ; 체인.

측설(測設, set out) ; 건설공사, 지도제작 등을 위하여 각종 측량을 실시할 때, 도면상의 점의 위치를 현지에 설치하는 작업으로서 stake out이라고도 한다.

측승(測繩, measuring rope) ; 간승. 지름 5mm 정도의 둥근 형태의 직접거리측량용 기구로서, 중간에 유연성이 있고 신축이 적은 재료를 넣어 이것을 염화비닐수지로 싸서 외면에 눈금을 매긴다. 정확도는 1/500 정도로 낮은 편이지만 사용하기 편리하고 50m, 100m 정도로 길어서 농지, 임야지 등의 거리측량에 사용한다.

측심(測深, sounding) ; 해양, 하천 및 저수지 등의 수심을 관측하는 작업을 말한다. 주로 초음파 음향측심기를 이용하여 선박에서 발진한 초음파가 해저면 또는 하상면에서 반사되어 되돌아오는 시간을 관측하여 수심을 관측한다.

측심간(測深桿, rod) ; 하천의 수심을 관측하는 기구로서 수심이 6m 이내인 얕은 곳에서 많이 사용하며 측심 간은 종류에 따라 강봉 또는 나무막대에 적색과 백색의 눈금이 1~10cm 간격으로 표시되어 있다. 하단에는 금속을 붙여서 무겁게 하였으며 밑면을 넓게 하여 토사 속에 묻히지 않도록 하였다.

측심방법(測深方法, sounding method) ; 하천의 수심을 관측하는 방법으로 측심방법은 측심 간이나 측심추를 사용하는 직접법과 음향측심기를 이용하는 간접법이 있다. 수심이 10~20m의 얕은 곳에는 직접법이, 이보다 깊은 수심에서는 음향측심기가 많이 사용된다.

측심작대(測深작대, sounding pole) ; 천해에서 수심을 관측하기 위해 쓰이는 장대로서 보통 수심을 읽을 수 있도록 표시해 둔 것.

측심줄(測深줄, sounding wire) ; 측심선. 수심을 관측하기 위해서 쓰이는 일종의 줄자.

측심점(測深點, sounding point) ; 심천측량을 하는 수면상의 위치.

측심추(測深錘, lead) ; 하천의 수심을 관측하는 기구로서 수심이 6m 이상이고 유속이 크지 않은 곳에 사용되며, 와이어 또는 로프에 4~5kg 정도의 추를 매단 것이다. 밑면을 넓게 하여 토사 속에 묻히지 않도록 하였다.

측승(測繩, measuring rope) ; 굵은 망사나 금속선을 심으로 하고, 가는 망사로 외부를 짜 입혀서 직경 3mm, 길이 30~100mm로 만든 것으로서, 취급은 편리하나 신축이 크므로 정확한 측량에는 사용하지 않음.

측위망원경(測位望遠鏡, side telescope) ; 광산측량에 있어서의 급경사측점용 트랜싯으로 수직분도원과 반대쪽의 수평축에 특별히 부설한 망원경이며, 주망원경의 시준선과는 동일수평면 내에 있고 서로 평행하다.

측장(測長, chainning) ; 자를 써서 거리를 재는 것.

측점(測點, station) ; 토지를 측량할 때 그 위치를 결정하는 점 또는 트래버스측량에서 어떤 측선과 그와 이웃하는 측선과의 교점을 말하며, 트래버스점이라고도 한다.

측점방정식(測點方程式, observation equation) : $X, Y, \cdots, T$를 미지량, M_i를 관측값이라 할 때, 일반적으로 $M_i = f_i(X, Y, \cdots, T)$를 측점방정식이라 한다.

측점조건(測點條件, station condition) ; 1측점 주위에 각의 합은 360°가 되는 조건.

측정단위(測定單位, unit measure) ; 차원적 매

개변수들이 표현되는 정의된 양. 즉, 대상물의 특성을 나타내는 데 필요한 기준량.

측정및추적시스템(測定및追跡시스템, measuring and tracing systems) : 도화기 구성부분으로 3차원 좌표가 아날로그 형식(도면) 또는 디지털 형식(좌표값)으로 기록되는 시스템을 말한다.

측정치(測定値, observed value) : 어떤 미지량을 관측한 그대로의 값. 이들 값은 통상 오차론적으로 처리되어 측량의 평균계산에 사용된다.

측지경도(測地經度, geodetic longitude) : 지리경도. 적도면에서 잰 본초자오선과 어느 지점의 타원체상 자오선 사이의 각거리.

측지기사(測地技師, registered surveyor) : 현행법의 측량 및 지형공간정보기사 및 측량 및 지형공간산업기사로서, 측량법에 따르면 "측량 및 지형공간기사는 측량에 관한 계획・설계・실시・지도 및 감독을 한다. 측량 및 지형공간산업기사는 측량에 관한 계획・설계에 따라 측량을 실시한다."라고 되어 있다.

측지기준(測地基準, geodetic control) : 지표상에 측량되고 표시된 지점의 네트워크로서 그 위치는 national accuracy standards와 일치하게 지정된다.

측지기준계(測地基準系, Geodetic Reference System : GRS) : 데이텀(datum), 좌표, 좌표계 및 투영을 포함하고 있는 지구상의 한 지점의 위치를 정할 수 있는 완전기준계로, 데이텀을 기준으로 지구와 관계된 좌표계. 축의 방향과 원점으로 정의되는 측지데이터를 기반으로 하는 좌표계. 국제측지학 및 지구물리학 연합(IUGG)과 국제측지학협회(IGA)는 1909년 포츠담 중력값 관측, 1924년 국제지구타원체의 결정 및 1930년 국제중력식의 결정에 따라 지구의 형과 크기를 중력장으로 정의하고 이것을 측지 측량기준계(GRS)로 확립하였다. 이후 인공위성의 출현으로 호길이 측량의 실시 등 새로운 측량자료가 되고, 국제천문학연합(IAU)의 천문상수계의 제정 등에 따라 1967년 IUGG/IGA 제14차 총회에서 지구의 적도반경 a, 대기를 포함한 지구의 지심인력상수 GM, 지구의 역학적 형상요소, 지구의 자전각속도 ω를 기본상수로 하는 GRS67을 새로이 제정하였다. 측지 측량기준계 1967은 1975년 대지측지측량정수의 개정을 거쳐서 널리 사용되어 왔으나, 현재 이용 가능한 최신값들을 검토할 때 문제점이 있으므로 1979년 12월 IUGG/IGA 제17차 총회에서는 새로이 GRS80을 제정하였다. 과거 우리나라에서 채용했던 준거타원체인 베셀타원체는 GRS80 지구타원체와는 장반경 약 740m, 단반경 약 673m 정도 차이가 있다. 또한 경・위도 원점의 위치좌표가 전지구 규모의 기준 좌표계가 가장 적합하다고 하는 위치로부터 큰 차이(위도 +12″, 경도 -12″)가 있다.

측지기준계80타원체(測地基準系80楕圓體, Geodetic Reference System1980 : GRS80) : 국제 측지 및 지구물리연합에 의하여 채택된 ITRF좌표계의 준거타원체임.

측지기준망(測地基準網, geodetic reference network) : 국제측지학 및 물리학연맹 총회에서 채택한 측지상수. 측지상수는 기하상수와 물리상수로 구성되며 등포텐셜 타원체(수준타원체)의 개념에 근거한 GRS1967과 GRS1980이 있다. 또한 방향과 원점의 위치로 정의되는 측지기준을 기반으로 하는 좌표체계.

측지기준점(測地基準點, geodetic datum) : 측지기준점은 나라와 지역에 따라 다른데, 종래 우리나라에서는 도쿄기준을 채용했었다. 기준점의 형태는 두 가지가 있으며, 하나는 지구의 타원을 그 지역에 맞게 고정한 것이고, 다른 것은 지구의 중심좌표로 지구의 타원을 지구 중심에 맞게 고정한 것이다.

측지데이텀(測地데이텀, geodetic datum) : 측지좌표계.

측지망(測地網, geodetic network) : 삼각점,

수준점, 중력점으로 구성된 망. 국가기준점망으로서 삼각점망, 수준망(고저측량망), 중력망 등이 있음.

측지방위각(測地方位角, geodetic azimuth) : 측지자오선과 타원체면 위의 목표에 이르는 측지선이 이루는 각을 북쪽으로부터 시계방향으로 관측한 것.

측지선(測地線, geodetic line) : 지구면(곡면상)상의 2점을 지나는 최단거리인 곡선을 말하며 두 지점과 지심을 포함하는 평면과 지표면의 교선, 즉 두 지점을 지나는 대원의 일부이다. 구면으로 보았을 때에는 2점을 지나는 대원이지만 타원체로 친다면 대단히 복잡한 선으로 된다.

측지원점(測地原點, geodetic datum station) : 측지망의 구성과 계산을 위하여 정의된 상수의 집합을 측지원자라고 하며 측지원자가 정의된 특정한 기준점을 측지원점이라고 함.

측지위도(測地緯度, geodetic altitude) : 타원체면에 수직인 선과 적도면이 이루는 각, 즉 지구상의 일점에 있어서의 법선이 적도면과 이루는 각을 말하며 지리위도와 동일하다.

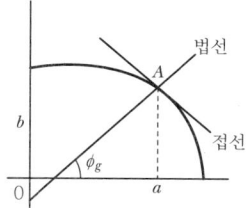

측지좌표(測地座標, geodetic coordinates) : 측지학에서 쓰이는 좌표계로서 지점의 위치를 경도, 위도 및 평균해수면상의 고도로 표시한 것.

측지좌표계(測地座標系, geodetic coordinate system) : 위치가 측지 경위도(3차원의 경우 높이 포함)에 의해 지정되는 좌표계.

측지측량(測地測量, geodetic survey) : 지구의 형상, 크기, 운동, 지구 내부의 특성 등을 측정하는 측량 또는 국가기준점인 삼각점, 수준점, 중력점 등에 관한 측량으로서 지구곡률을 고려하는 측량. 우리나라에서는 국토지리정보원장이 실시하는 기본측량이 이에 속함.

측지타원체(測地楕圓體, geodetic ellipsoid) : 지오이드를 국지적이든 전 지구적이든 간에 가장 근접하게 맞추는 데 사용되는 편평한 회전타원체로, 기준타원체 또는 표준타원체라고도 한다.

측지학(測地學, geodesy) : 지구 내부의 특성, 지구의 형상과 운동특성 등을 결정하고, 지구 표면상에 있는 모든 점들 간의 상호 위치관계를 규정하는 학문으로, 전자를 물리학적 측지학, 후자를 기하학적 측지학이라 한다. 측지학의 대상범위는 물리학적 측지학에는 지구의 형상 해석, 중력 관측, 지구자기 관측, 탄성파 관측, 지구의 극운동과 자전운동, 지각변동 및 균형, 지구의 열, 대륙의 부동, 해양의 조류, 지구조석이 있다. 기하학적 측지학에는 측지학적 3차원 위치의 결정, 길이 및 시의 결정, 수평위치의 결정, 천문측량, 위성측지, 면적 및 부피의 산정, 지도제작(지도학)·사진측정이 있다.

측지학적경위도(測地學的經緯度, geodetic longitude and latitude) : 측지학에서 쓰이는 경도, 위도이며 천문학적 경위도와는 구별된다. 경위도에는 일반적으로 이것이 쓰인다.

측지학적삼각측량(測地學的三角測量, geodetic triangulation) : 지구의 곡률을 고려해서 시행하는 삼각측량. 측지학의 지구 물리학에 대한 기초 자료도 되며, 우리나라에서는 측량법에서 규정하는 기본측량의 일부로 되어 있다.

측지학적좌표(測地學的座標, geodetic coordinate) : 측지학에서 쓰는 좌표계로서 지점의 위치를 나타내는 데에는 경도, 위도 및 평균해면상의 높이로 표시한 것.

측지학적측량(測地學的測量, geodetic surveying) : 대지측량. 지구의 표면을 회전타원체로 취급하고 실행하는 측량의 총칭이며, 일

등·이등삼각측량 같은 것은 이에 속한다.

측추(測錘, sounding lead) ; 심천측량에서 수심이 깊을 때 사용하는 철선 끝에 매단 추를 말하며, 무게는 수심과 유속에 따라 다르다. 보통 3~5kg으로서 원 또는 8각형 단면을 하고 있으며, 그 상부가 가늘게 되어 있어서 끌어올릴 때의 저항을 줄인다.

측침(測針, measuring pin) ; 거리측량에서 거리가 길어서 몇 번이나 권척을 되풀이 사용하지 않으면 안 될 때 권척의 끝 위치를 나타내는 데 쓰이는 철제의 pin. 이 측침의 수에 따라 권척을 몇 번 사용했는가를 알 수 있다.

측판(測板, drawing board) ; 도판 또는 평판. 평판측량을 할 때 삼각 위에 고착하고, 그 표면에 종이를 붙여 측량한 결과를 도형으로 그려나감과 동시에 앨리데이드의 받침도 되는 것이다. 잘 건조한 전나무판 몇 장을 방향을 바꿔 붙이고 사주를 참나무 테를 둘러 단단하게 조여서 변형이 생기지 않게 만든다. 뒤쪽에는 삼각에 고착시키기 위한 금속구가 달려 있고 네 귀에는 나침반을 꽂기 위한 작은 구멍이 뚫려 있다. 크기는 대·중·소가 있으나 보통 중(50×40cm)이 많이 사용된다.

측표(測標, ① signal or target, ② measuring mark) ;

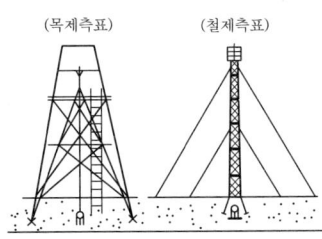
(목제측표)　(철제측표)

① 관측에서 상대방의 지점을 나타내는 표지. 보통측표, 고층표 등이 있다. 또 간단한 측량에서는 이들과 유사한 간단한 측표를 사용하며, 더욱더 간단한 경우에는 측기, pole 등을 쓰기도 한다. ② 입체사진에서 좌우 각각의 상 위에 관측을 위하여 겹쳐지게 한 작은 목표로서 좌우측표 간의 거리를 정밀하게 관측해서, 이에 의하여 입체모델 각 점의 높이를 잰다. 색채나 형상에는 여러 가지가 있다.

측표고(測標高, height of target) ; 측표의 높이. 고도관측에서 목표로서 시준한 위치에서 지상(표석상면)까지의 높이가 고저계산에서 필요하다.

측표의 편심(測標의 偏心, eccentricity of signal tower) ; 측표의 중심과 그 점(삼각점 등)의 중심이 일치되어 있지 않은 것. 편심방향과 편심거리를 써서 그 점을 시준한 방향각을 표정한다.

측표접시(測標접시, ① tracing disk, ② tracing table) ; 묘화기 위의 흰 원판으로서 가운데에 작은 구멍이 있고, 밑에서 빛을 내어 측표로 사용.

층별도(層別圖, strata map) ; 층별권원 등록을 위한 보조도로 평면의 위치와 층별 구조가 측정되어 개략적으로 표시되고 벽은 단면도와 그 벽의 권리소속이 표현되어 있는 지도.

치수(치數, dimension) ; 도면요소에 관계되는 길이, 각도 등을 나타내기 위해 사용되는 선, 문자, 기호 등의 총칭.

치심(致心, centering) ; 평판측량의 경우에서는 지상의 점과 평판상의 대응점이 동일 연직선상에 있게 하는 것. 대축척의 평판측량에서는 통상 구심기를 써서 하게 된다. 또 트랜싯 등을 장치할 때에는 기계의 중심과 지상의 점(삼각점 등)이 동일 연직선상에 있게 하는 것. 이때에는 일반적으로 수구를 사용하는데 특수한 구심장치가 달려 있는 기계도 있다.

치심오차(致心誤差, error due to incorrect centering) : 평판측량에서 평판을 설치한 점과 그의 도상점이 동일연직선상에 있지 않기 때문에 그 뒤에 그려진 방향선에 생기는 방향오차. 1/3,000의 평판측량에서는 30cm의 치심오차가 있더라도 최대 0.1mm의 오차밖에 생기지 않으므로 치심오차에 대해서는 특별히 고려할 필요가 없으나 대축척이 될수록 치심을 정확하게 할 필요가 있다. 트래버스측량에서는 일반적으로 변장이 짧기 때문에 협각에 큰 오차가 생기게 되므로 특히 주의할 필요가 있다. 삼각측량의 경우에는 그 방향과 치심오차의 영(편심거리)을 써서 보정계산을 한다.

칩(칩, chip) : 이진수로 0 펄스(pulse)코드나 1 펄스 코드를 전송하는 데 필요한 시간간격. PRN 코드는 일련의 칩들로 구성되어 있다. 이진수로 구성된 펄스 코드의 전송에 있어 초당 전송할 수 있는 칩의 수를 칩비율(chip rate)이라 하고, C/A코드의 칩비율은 1.023MHz이다.

카르펜티에르의 기구(카르펜티에르의 機構, Carpentier's mechanism) ; 편위수정기로서 샤임플러그의 조건을 자동적으로 만족시키기 위한 기구.

카메라검교정(카메라檢矯正, camera calibration) ; 카메라는 제조회사에서 제조 후에 이어지는 측량특성을 검증하기 위한 것. 카메라의 초점거리, 렌즈의 방사 또는 법선 방향의 왜곡, 렌즈의 해상력, 지표에 대응하는 주점의 위치, 초점면의 평탄성 및 지표 간의 상대적 위치나 거리가 이 특성에 포함된다.

카메라마운트(카메라마운트, camera-mounts) ; 카메라 거치대 또는 카메라 가대.

카메라매거진(카메라매거진, magazine) ; 필름 교환 때 분리되는 부분으로 필름의 보관공간이자 필름진행 및 압착을 위한 장비공간.

카메라보디(카메라보디, camera-body) ; 카메라 본체.

카메론효과(카메론效果, cameron effect) ; 입체사진 위에서 이동한 물체(이를테면 자동차)를 입체시하면 그 운동 때문에 그 물체가 겉보기 상의 시차를 발생하고, 그 운동이 기선 방향이면 물체가 뜨거나 가라앉아 보이는 것.

카스퍼의 표정법(카스퍼의 標定法, Kasper's orientation method) ; 산지 model의 과잉수 정계수를 도해적으로 구하여 상호표정을 하는 방법의 일종.

카시니졸드너도법(카시니졸드너圖法, Cassini-Soldner's projection) ; 횡축등거리원통도법 이라고도 하며, 횡원통도법에 있어서 등거리 의 조건으로 위선간격을 정한 것.

카시니졸드너좌표(카시니졸드너座標, Cassini-Soldner's coordinates) ; Cassini-soldner도법.

카탈로그(카탈로그, catalogue) ; 자료원의 사례에 대한 식별자를 포함하는 메타데이터의 검색을 제공하고 질의에 반응하는 요소이다.

카토그램(카토그램, cartogram) ; 통계, 지도 등에 쓰이는 원, 막대, 띠 및 호상 등의 도형. 정량적인 것의 분포 또는 유동형태 등을 나타내는 지도표현의 도형.

카파(κ)(카파, kappa) ; 사진기축 주위의 회전각.

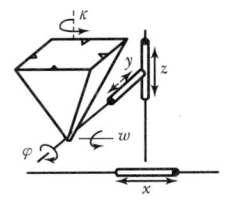

카파축(카파軸, kappa-axis) ; 도화기 내에서 카파에 대응하는 회전축.

칸델라(칸델라, acetylene lamp) ; acetylene 등의 별명이며, 지하측량을 할 때 쓰는 안전하고 좋은 조명기구. 이것은 상하 2층으로 나누어진 놋쇠제의 원통으로 하층에는 carbide, 상층에는 물을 넣어서 적당량의 물이 carbide를 적시면 acetylene gas가 나오게 되어 있다.

칼로리(칼로리, calorie) ; 1g의 물을 1℃ 올리는 데 필요한 열의 양.

칼만필터(칼만필터, Kalman filter) ; 잡음이 섞여 있는 관측값으로부터 역학적으로 변하는 변수를 연속적으로 추정해내는 최적의 수학적 과정.

칼스(칼스, Computer Aided and Logistic Support : CALS) ; 컴퓨터에 의한 조달 및 물류지원. 컴퓨터 네트워크를 이용하여 자동화되고 통합된 정보교환 환경으로 변환시키는 경영전략으로서, 제품의 설계단계에서부터 개발, 구매, 생산, 판매에 이르기까지 기업 내에서 이루어지는 모든 업무를 디지털 정보화하고 이를 표준화하여 기업 내 또는 외부기업, 외부거래기관들과 완벽한 정보교환을 가능하게 해주는 기업정보화 시스템. CALS는 1980년대 초 미국국방성이 컴퓨터에 의한 물자구매 및 병참지원을 목적으로 '컴퓨터에 의한 조달 및 물류 지원'(computer aided and logistic support)이란 개념을 개발적용하면서 사용되기 시작하였으나, 군수물자를 납품하는 민간업체에 CALS가 연결사용되기 시작한 이후 그 개념이 기업 간 또는 기업과 정부 부문 간으로까지 확대되어 사용되고 있으며, 최근에는 광속교역(commerce at the light speed)이라는 의미로 사용되면서 산업계에 급속히 확산되고 있다.

캐나다지리정보체계(캐나다地理情報體系, the Canadian Geographic Information System : CGIS) ; 세계 최초의 지리정보체계이고, 목적은 토지 생산성에 관한 수많은 지도를 작성하여 농지의 재생회복 사업을 위한 자료를 해석하는 것.

캐드(캐드, Computer Aided Design : CAD) ; 설계에 사용되었고 현재는 도면제작에 사용되거나 지리정보체계와 통합되어 사용되고 있다.

캔트(캔트, cant) ; 철도노선이나 도로의 곡선부에서 차량은 원심력 때문에 바깥쪽으로 떨어져 나가려고 한다. 이것을 막기 위해서는 바깥쪽을 안쪽보다 높여줄 필요가 있다. 이렇게 높여주는 정도를 cant 또는 편경사라고 한다.

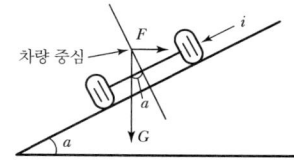

캔트체감처리(캔트遞減處理, gradual decrease distance) ; 완화곡선에서 최대의 캔트지점과 최소의 캔트지점 사이에 캔트의 크기를 점차로 감소시켜야 한다. 이때 캔트체감을 위하여 완화곡선 시점에서 완화곡선상의 임의의 한 점까지의 주접선, 동경, 완화곡선장 등에 비례하여 체감시키는데 이 거리를 캔트체감거리라 하고, 완화곡선장에 비례하여 체감시키는 경우 곡선형상은 클로소이드곡선이다.

커널(커널, kernel) ; 디지털 필터링에서 디지털 숫자가 사용된 2차원 배열을 말한다.

커버리지(커버리지, coverage) ; 대상영역

커브미터(커브미터, curvimeter) ;

곡선의 길이를 관측하기 위하여 고안된 자. 도상에서 회전바퀴를 이용하여 회전수를 가지고 거리를 환산할 수 있으며, 지상에서도 같은 원리를 이용하여 곡선의 길이를 측정할 수 있다. 요즘은 컴퓨터 상에서 쉽게 곡선의 길이를 관측할 수 있는 알고리즘이 개발되어 있다.

컨트롤모자이크(컨트롤모자이크, controlled mosaic) ; 편위수정이 끝난 항공사진을 가지고 미리 표정점을 전개한 판 또는 종이 등 위에 표정점의 위치에 맞추어 가면서 만든 집성사진.

컬러합성영상(컬러合成映像, color composite image) ; 서로 다른 컬러필터를 통하여 개별의 흑백 다중분광영상의 처리에 의해 준비된 컬러영상. 처리된 영상이 중첩될 때 컬러영상합성이 이루어진다.

컴퍼스링(컴퍼스링, compass ring) ; 거는 compass의 일부이며 컴퍼스함 위의 눈금으로서 E, W 방향으로 걸대(hanging arm)와 연결되고 N, S 방향으로 compass 축으로써 함에 지지되어 있어서 어떠한 경사의 cod에 걸더라도 compass 면이 언제나 수평을 유지하게 하는 구실을 한다.

컴퍼스받침(컴퍼스받침, compass stand) ; hanging compass에 부속된 놋쇠제의 받침대를 말한다.

컴퍼스법칙(컴퍼스法則, compass rule) ; 컴퍼스법칙은 보디치법칙(Bowditch rule)이라고도 부르며, 트래버스측량의 경·위거의 폐합오차 조정에 사용되는 방법으로 각과 거리는 같은 정밀도로 관측되었으며 관측에서 발생하는 오차는 우연오차로서 변의 길이에 비례한다고 가정하고 폐합오차를 각 측선의 크기에 비례하여 그 조정량을 구하는 방법.

컴퍼스분도(컴퍼스分度, compass circle) ; 분도원의 눈금 가운데 한 가지로서 N, S를 모두 0°로 하고 그로부터 좌우로 90°까지 눈금을 매긴 것이다. 측량용 compass에 사용된다. 일반적으로 E, W는 실제와 반대로 새겨져 있어서 자침의 N단 독치가 그대로 방위된다.

컴퍼스함(컴퍼스函, compass box) ; hanging compass의 일부를 이루는 등이 낮은 원통형의 자. 중앙에 수직되게 축을 세워 이것으로 길이가 7~10cm의 자침을 받치고 있으며, 상자의 주위 내측에는 분도원이 새겨져 있다. 분도원은 2개의 arm을 잇는 직선방향을 N, S로 정하고, N을 0°로 하여 반시계방향으로 E, S, W를 진행해서 360°의 눈금이 매겨져 있다. 함 위는 유리로 덮여 있다.

컴펜세이터(컴펜세이터, compensator) ; 수준측량에서 자동레벨의 시준선을 자동적으로 수평으로 유지하기 위하여 망원경 내에 수개의 실로 매달아 놓은 프리즘이나 반사경. 또한 사진측량에서 광학적 투영법, 광학, 기계적 투영법의 도화기나 사진의 변상기, 축소기 등에 있어서 투영카메라 렌즈의 왜곡수차를 보정하기 위하여 사용하는 유리관.

컴포넌트(컴포넌트, component) ; 일련의 인터페이스의 현실성을 제공하고, 확인, 구현이 일괄적으로 짜여진 시스템의 물리적이고 대체 가능한 부분.

컴포넌트기반개발(컴포넌트基盤開發, component based development) ; 컴포넌트를 근간으로 한 개발에서의 모든 요소, 즉 아키텍처링, 전체 개발 생명주기 테크니컬 인프라스트럭처 및 프로젝트 관리 등을 포함한 소프트웨어 개발 접근방법을 일컫는다.

컴포넌트지아이에스(컴포넌트지아이에스, component GIS) ; 최근 GIS 소프트웨어 개발 부문의 경향이 어플리케이션 개발자들이 특정 목적의 어플리케이션을 개발하거나 기존의 어플리케이션을 더욱 확장시킬 수 있는 컴포넌트를 요구하는 추세이다. 컴포넌트지리정보체계는 마치 부품을 조립하여 물건을 완성하는 것과 같은 방식.

컴퓨터그래픽(컴퓨터그래픽, computer graphics) ; 도형 영상을 출력하기 위한 계산 활동을 포괄하는 일반적인 용어. 전산기에 의한 그래프의 입출력 및 처리를 말한다. 컴퓨터그래픽이란 일반적으로 그래프나 차트, 지도, 애니메이션, 예술적 영상 등으로 대표되는 도형 내지는 영상을 컴퓨터를 이용 작성하는 과정과 이와 관련된 기술.

컴퓨터수치제어(컴퓨터數值制御, computerized numerical control) ; 선반과 같은 공작기계를 컴퓨터로 제어하는 체계. 즉 컴퓨터를 내장한 NC공작기계.

컴퓨터시각(컴퓨터時刻, computer vision) ; 컴퓨터상에 투시된 영상들로부터 주어진 장면에 관한 유용한 정보를 추출하는 작업.

컵형유속계(컵型流速計, cup-type current meter) ; 하천이나 수로의 유속을 관측하는 기구. 연직축에 장치된 여러 개의 원뿔 형태의 컵이 유수의 작용에 의한 연직축의 회전으로 유속을 알아내는 기계.

컷오프(컷오프, cut off) ; 수치영상의 히스토그램에 있는 수 값이 색의 대조를 늘리는 동안 영(0)으로 할당되는 것. 이것은 대개 대기산란이 주된 분포를 만드는 값보다 낮은 값이다.

케이알브이(케이알브이, KRV) ; 러시아 관측위성으로 KRV 사진기는 2m의 해상도를 지닌 전정색 영상을 제공한다. 광학사진기를 탑재하여 2~3주의 촬영 모듈을 지상에 낙하시키는데, 주로 카자흐스탄 지방에서 수거하여 촬영된 필름을 꺼내 영상을 취득한다. 위성고도는 220km, 관측 폭은 40km×160km이며, 사진기의 필름은 18cm×18cm이다.

케이에이밴드(케이에이밴드, KA band) ; 관습적으로 사용되는 주파수대의 호칭으로 위성통신에서 점차 널리 사용되고 있는 10GHz 이상의 주파수대. 확실하게 결정된 하나의 주파수 범위가 있는 것은 아니고 국가와 기관에 따라서 18~30GHz, 또는 26~40GHz(미국의 경우)의 주파수대를 말한다. 일반적으로 "케이에이 밴드"라고 한다.

케플러궤도요소(케플러軌道要素, keplerian orbital elements) ; 위성의 타원궤도 및 운동을 정의하는 6가지 요소.

케플러방정식(케플러方程式, Kepler's equation) ; 위성의 운동에서 진근점이각(e), 평균근점이각(μ), 이심근점이각(E) 사이에는 다음과 같은 식이 성립하는데 이를 케플러 방정식이라고 한다.

$\mu = E - e \sin E$

케플러스법칙(케플러스法則, Kepler's law) ; 케플러가 브라헤의 행성관측 결과로부터 경험적으로 얻은 행성운동에 관한 세 가지 법칙. 그 내용은 다음과 같다. 케플러 제1법칙(타원궤도의 법칙) 행성은 태양을 하나의 초점으로 하는 타원궤도를 그리며 공전한다. 제2법칙(면적속도 일정의 법칙) 단위시간 동안 휩쓸고 지나간 면적은 항상 일정하다. 즉, 태양에 가까울수록 지구는 빨리 돌고 태양에서 멀 때는 느려진다. 제3법칙(조화의 법칙) 공전 주기의 제곱은 궤도 장반경의 세제곱과 비례한다.

케플러요소(케플러要素, keplerian elements) ; 타원궤도를 돌고 있는 위성을 위치와 속도성분으로 나타낼 수 있는 6개의 불변량으로 궤도장반경, 궤도이심률, 궤도경사각, 승교점의 직경, 근지점의 인수, 근지점통과시간을 말한다.

켈시플로터(켈시플로터, kelsh plotter) ; 광학적 투영법에 의하는 2급도화기의 일종. 밀착건판을 쓰며 적정의 여색 filter를 통하여 묘화기상에 투영된 상을 여색실체시하면서 도화한다.

켈와트프린터(켈와트프린트, kel-watt printer) ; 적외선, 자외선을 이용하여 사진의 contrast를 개선하고 고른 농도의 사진을 유동적으로 인화하는 기계.

코너반사체(코너反射體, corner reflector) ; 코너 반사(건물의 기하학적 특징에 의한 반사)를 일으키는 대상.

코드[1](코드, code) ; 규정된 규칙에 따른 라벨의 표현.

코드[2](코드, cod) ; 갱내의 골조측량에서 거는 clinometer나, 거는 compass를 사용할 때, 측점 간에 치는 줄. 보통 직경 2.5mm 정도의 줄 표면에 물이 스미지 않게 타르나 칠을 먹인 전장 50~100m의 것.

코드거리정확도(코드距離正確度, accuracy of code range) ; GPS에서 관측된 거리는 코드와 반송파 관측을 통해 유도된 의사거리인데 코드거리에 의한 정확도는 미터 수준이며, 여러 기법에 의해 정확도가 개선될 수 있다.

코드추적환(코드追跡環, code tracking loop) ; 위성과 수신기의 PRN코드를 공조시키는 수신기 내의 모듈이다. 수신기에서 발생된 PRN 코드를 변화시켜 위성의 PRN코드와 맞춘다.
코리올리의 힘(코리올리의 힘, Corioli's force) : 지구의 자전에 의하여 발생하는 편향력으로 바람인 경우에는 풍향에 대하여 직각으로 작용한다.
코마(코마, coma) : 구면수차를 보정한 렌즈라도 물체나 광원이 주축(主軸) 위에 없고 렌즈에 대해 빛이 비스듬히 들어갈 경우에는 상(像)을 또렷이 맺지 못하며, 짙은 부분을 정점(頂點)으로 하여 차차 어렴풋하게 꼬리를 가진 혜성 모양의 상이 생긴다.
코마수차(코마收差, coma) : 광선에서 조금 떨어진 점에 만들어지는 일종의 구면수차. 렌즈의 중심을 지나는 주광선에 대하여 상하광선의 입사각이 다르기 때문에 생기며, 혜성처럼 꼬리가 달려있는 데서 이런 이름이 붙었다.
코바(코바, Common Object Request Broker Architecture : CORBA) : 1989년 객체기반 분산 컴퓨팅을 위한 표준구조 개발을 목적으로 결성된 OMG(Object Manage ment Group)에서 개발된 단체표준으로, 이 기종의 분산환경에서의 객체지향 시스템 개발을 위한 표준이다.
코스모스(코스모스, COSMOS) : 코스모스는 소련에서 발사한 위성으로 1988년 6월 6일까지 고도 272km에서 촬영하였다. 코스모스는 30×30cm의 천연색 사진을 찍고, 1m 사방의 사진을 만들며, 그 영상소는 5×5m로 높은 해상력을 갖는다.
코스타스루프(코스타스루프, costas loop) : GPS에서와 같이 압축된 반송파 신호를 보낼 때 사용되는 2중 변조 주파수에서 변조신호를 제거하는 데 쓰이는 일련의 모듈. 일종의 반송파 처리과정으로 I-Q(for inphase and quadrature)loop라고도 한다.
코팅(코팅, coating) : 렌즈의 표면반사와 내면반사를 방지하여 광선의 투과량을 늘려 영상을 선명하게 하기 위하여 렌즈의 표면에 에스텔린산을 진공증발법에 의해서 필름에 부착시킨다. 막의 두께는 0.138μ가 가장 적당하다. 최근의 광학기계의 렌즈에는 거의 다 코팅이 되어 있다.
코페공식(코페公式, Kopper's formula) : 등고선의 정도 ε와 토지의 경사각 α와의 관계를 나타내는 식 $\varepsilon = a + b \tan\alpha$를 말한다. 여기에서 a, b는 정수이고 1/50,000도에서 a=0.4m, b=5m가 표준으로 되어 있다.
콤퍼레이터(콤퍼레이터, leadscrew type mono comparator) : 사진좌표 관측장비로서 최고의 정밀도를 가지는 사진좌표독취기의 일종으로 한 번에 한 장의 사진좌표를 독취하고, lead-screw의 피치는 1mm이고, micrometer(wheel)의 최소진행은 1/1,000 피치(0.001mm)이다.
쿠터의 간략공식(쿠터의 間略公式, Kutter's approximate formula) : Chezy의 평균유속 공식 $V = C\sqrt{RI}$의 유속계수 C를 구하는 공식으로 I>1/1,000일 때 I를 무시하고 다음과 같이 한다.

$$C = \frac{\frac{1}{n} + 23 + \frac{0.00155}{I}}{1 + \left(23 + \frac{0.000155}{I}\right)\frac{n}{\sqrt{R}}}$$

여기서 I : 수면구배, n : 조도계수
     R : 경심.
퀵버드(퀵버드, quickbird) : quickbird의 지역적 정보들은 quickbird에 탑재되는 GPS와 항성추적장치에 의해서 획득하게 된다. quick-bird의 swath width는 22km로 비교적 넓은 편이며, resursDK와 같이 넓은 지역의 영상을 한꺼번에 획득할 수 있다는 장점이 있다.
크로노그래프(크로노그래프, chronograph) : 천문측량 등에 쓰는 전기적 기록장치. 일정한 속도로 흐르는 종이 위에 신호 등을 기록시킨다. 예컨대 천문측량을 할 때 천체의 통과시각이나 보시신호를 기록시켜, 이에 의해서 그 시각을 정밀하게 알리게 할 수 있다.
크로노미터(크로노미터, chronometer) : 항해할 때나 천문측량 등에서 쓰이는 표준시계. 평균시의 것과 항성시의 것이 있다. 방위,

전접장치 외에 태엽의 힘을 일정하게 하기 위한 특별한 장치가 되어 있다. 지금은 무선시보가 발달하여 하루 종일 거의 매초마다 보시하고 있으므로 그다지 쓰이지 않는다.

크리깅(크리깅, kriging) ; 공간적 분포가 통계학적인 측면으로 나타난 정보를 이용하여 내삽을 하는 보간법의 일종.

클리노미터(클리노미터, clinometer) ; 경사각을 관측하는 간단한 기계.

클라이언트(클라이언트, client) ; 컴퓨터 통신망에서 서버에 명령어를 전달하고 정보를 제공받는 컴퓨터.

클라이언트서버환경(클라이언트서버環境, client/server system) ; 클라이언트를 사용자단말기로 하고, 서버를 호스트 컴퓨터로 하는 통신망 시스템.

클라이언트자료기반(클라이언트資料基盤, client database) ; 다른 자료기반으로부터 정보를 요구하는 자료기반.

클래스(클래스, class) ; 같은 속성, 조건, 방법, 관계 및 의미를 공유하는 객체들의 집합에 대한 기술이다. 기본요소 속성값으로 일반적으로 primary 또는 construction으로 구성한다. 클래스는 그 환경에 대해서 제공된 조건의 모임을 규정하는 인터페이스 집합을 사용하는 것이 가능하다.

클램프접속법(클램프接續法, clamp method) ; 외부 코일 집게를 사용하여 송신기를 연결하며 케이블 탐사에 적합한 방법. 직접법을 사용할 수 없을 때 유용하며, 목표하는 관들이 많은 지역에서 효과적이다.

클레로정리(클레로定理, Clairaut's theorem) ; 타원체의 기하학적 중력편평률의 합은 적도상 원심력과 중력비의 5/2배와 같다는 정리로 기하학적인 지구형상과 순수한 기하학적인 양인 중력과의 관계를 나타낸다.

클로소이드곡선(클로소이드曲線, clothoid curve) ; 곡률이 곡선장에 역비례하는 곡선. 이것은 cant의 직선체감을 하는 경우의 완화곡선으로서 가장 적당하며 고속도로에 쓰인다.

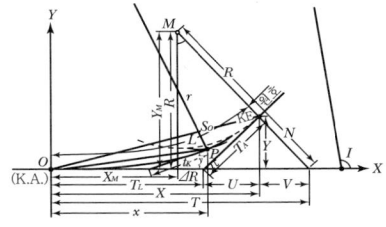

클로소이드곡선시점(클로소이드曲線始點, beginning point of clothoid curve : KA) ; 한 개의 클로소이드곡선이 시작되는 점이며, 그 클로소이드곡선구간에서 곡률이 가장 작은 지점이다. 완화곡선이 직선과 접속될 때는 직선구간과 완화곡선이 접속되는 점이다.

클로소이드곡선종점(클로소이드曲線終點, end point of clothoid curve : KE) ; 한 개의 클로소이드 곡선이 끝나는 점이며, 그 클로소이드곡선구간에서 곡률이 가장 큰 지점. 완화곡선이 원곡선과 접속될 때는 완화곡선 구간과 원곡선 구간이 접속되는 점.

클로소이드자(클로소이드자, clothoid rule) ; 클로소이드 곡선부분을 그리는 데 사용되는 곡선자. 축척 및 파라미터의 크기에 따라 여러 개가 한 세트(set)를 이루고 있다.

클로소이드특성점(클로소이드特性點, characteristic point of clothoid curve) ; 클로소이드 곡선의 특성을 나타내는 주요한 점으로서 클로소이드 곡선의 시점, 종점, 장접선장과 단접선장의 교점 등을 말한다.

클로소이드의 파라미터(클로소이드의 파라미터, parameter of clothoid) ; 클로소이드 일반식, 즉 $R \cdot L = K$(일정)에 있어서 $K = A^2$으로 할 때 A(단위 : m)를 클로소이드 변수라 하고, 이 A는 클로소이드의 확대율로서 A가 커지면 곡선장 L에 대하여 클로소이드 곡선이 완만해지며, 클로소이드 전체의 크기도 커진다. $A = 1$의 클로소이드를 단위클로소이드라 부르고 파라미터 A의 클로소이드의 각 요소는 단위클로소이드 각 요소에 A를 곱함으로써 구할 수 있다.

클로소이드표(클로소이드表, table of the clothoid) : 클로소이드곡선에 대한 각 요소를 계산하여 표에 정리한 것. A의 클로소이드곡선에 대한 각 요소를 계산하여 표에 정리한 것을 단위 클로소이드표라 한다.

클리어문자부호화(클리어文字負號化, clear text encoding) : ISO 8859-1의 G(02/00)에서 G(07/14)까지의 문자집합에 상응하는 8bit 값만을 사용한 정보의 부호화.

클립(클립, clip) : Y-level의 망원경을 Y가에 고정시키는 금속부품.

키네마틱위치결정(키네마틱位置決定, kinematic positioning) : 간섭위치계에서 기준점에 한 대의 수신기를 고정시키고, 또 한 대의 수신기는 다수의 미지점을 수 초부터 수 분간을 순차로 관측하는 방법이며, 이동측량방법을 세분하면 유사키네마틱, stop and go, rapid 스테틱, 연속키네마틱 등의 여러 가지가 있다.

키네마틱측량(키네마틱測量, kinematic surveying) : 고속으로 이동하는 지점의 좌표를 결정하는 방식으로 일반적으로 항법장치와 연결되어 사용한다. 그런데 이때 취득되는 자료를 항법장치에서 처럼 실시간 처리방식을 사용하지 않고, 후속계산에 의해 처리하면 처리된 자료를 수치지도 자료로 활용할 수 있다. 후속계산에 의한 방법은 실시간 처리방식에 비해 오차를 줄일 수 있으며, 잔차에 대한 세밀한 분석이 가능하고, 모형을 구성할 수 있다는 장점을 가진 측량. 도로의 경우 고속으로 주행하는 자동차에서 이 방식에 의해 취득된 일련의 선형자료를 후속계산에 의해 처리하고, 이 자료에 도로의 속성을 부여하면 일거에 도로망을 제작할 수 있다.

킬로바이트(킬로바이트, kilobyte) : 1,024byte를 나타내는 정보의 단위. 일반적으로 1KB라고 표기.

타겟(타겟, target) : 황동 또는 철재의 원판이나 타원판이며, 망원경의 십자선에서 등분하기에 편리하도록 적당한 형상으로 착색한 표척에 붙이는 목표판.

타겟로드(타겟로드, target rod) : 스타디아측량에서 시준거리가 멀면 표척의 눈금을 읽기가 곤란하므로 20×25cm 크기의 target이 달린 막대를 표척으로 쓰는데, 이것을 target rod라 한다.

타겟부표척(타겟 附標尺, target staff) : target이 달린 표척이며, 직접수준측량을 할 때 관측자가 시준하면서 표척수에게 신호하여 target을 오르내려 시준선에 맞는 위치에 고정시켜서, 그 눈금을 표척수에게 읽게 한다. 원거리에서 정확한 읽음값을 얻기 위한 수단이다.

타딥(타딥, Time Dilution Of Precision : TDOP) : 시간정밀도 저하율. GPS의 정밀도를 떨어뜨리는 요인 중 하나로 시간의 정확성에 의해 좌우되는 것을 의미한다.

타블렛(타블렛, tablet) : 태블릿. 스타일리스나 퍽과 함께 좌표값이나 위치 정보를 입력하는 장치. 보통 A2 크기 정도의 소형 판을 말하며, 그 이상은 디지타이저라 한다.

타원체(楕圓體, ellipsoid) : 균일하지 않은 지구의 밀도 때문에 생긴 변화를 고려하지 않고 근사화시킨 지구의 가상적 모양을 말하며, 측지학에서는 특별히 규정치 않는 한 매우 정확한 형상은 타원체의 단축(또는 때때로 타원형으로 언급함)에 관한 타원체의 공전으로 형성된다. 타원체는 2개의 양으로 정의된다. 이것들은 장반경 a와 편평률 f의 길이로 주어진다.

타원체거리(楕圓體距離, ellipsoid distance) : 타원체상에 있는 두 측점 사이의 normal section거리. 이는 geodetic distance와는 같지 않다.

타원체고(楕圓體高, ellipsoidal height) : 측지고. 준거타원체상의 높이. 지구표면상의 한 점에서 타원체의 법선에 연직으로 관측한다.

타이거(타이거, Topologically InterGrated Encoding and Referencing : TIGER) : 미국 인구조사국(Cencus Bureau)에서 인구조사 프로그램과 측량을 지원하기 위해 사용하는 위상학적으로 통합된 지리적 코드작성과 참조용의 데이터형식으로, 1990년 인구조사에 사용되었다. TIGER 파일은 선(line)과 인구조사 표준구역/블럭 경계에 대한 거리의 주소범위를 포함하고 있다. 이 서술 데이터는 주소 정보와 인구조사/통계 데이터를 coverage feature와 연관시키는 데 사용된다.

타이라인법(타이라인法, tieline method) : 계선법.

타이포인트(타이포인트, tie point) : 항공삼각측량을 할 때 인접한 2개의 코스 결합을 위하여 양쪽 코스에서 관측된 점.

타일(타일, tile) : 지리정보체계에서 지구 표면을 격자형태로 잘라서 나타내는 자료기반의 일부분.

타키메트리(타키메트리, tachymetry) : 지상점의 위치를 원통좌표계에 의해서 구하는 측량방법의 한 가지. 측점으로부터의 거리와 각도를 표척과 transit tachymeter 등으로 재서 높이를 수직각과 거리로서 구하는 것이다.
타키미터(타키미터, tachymeter) ; ① 특수한 스타디아선이나 프리즘에 의하여 거리와 높이를 간단히 구할 수 있는 트랜싯을 말한다. ② 트랜싯의 대물경에 특수한 보조 렌즈(prism)를 달고, 특수한 수평간을 써서 간접 거리관측을 할 수 있도록 만들어진 장치.
타키오미터(타키오미터, tacheometer) ; 기준곡선을 표척에 있는 눈금에 맞추었을 때 거리곡선, 고저곡선의 독정으로 수평거리 및 비고가 구하여진다. 이와같이 타키메트리 전용의 구조를 구비한 기계를 말한다.
탄성(彈性, elasticity) ; 어떤 물체에 작용하고 있는 외력을 제거하면 하중이 작용하기 전의 원래 물체의 형상으로 되돌아가는 재료의 성질.
탄성계수(彈性係數, modulus of elasticity) ; 탄성한계 내에서 재료의 응력과 변형도의 비로서, 단위변형도를 일으키기 위하여 필요한 응력의 크기.
탄성변형(彈性變形, elastic deformation) ; 탄성체에 힘을 가하면 변형이 발생되나 힘을 제거하면 그 변형이 완전히 소멸되는데, 이 변형을 탄성변형이라 한다.
탄성파(彈性波, elastic wave) ; 탄성체를 전하는 파동, 즉 P파, S파 등의 파.
탄성파법(彈性波法, seismic surveying) ; 지상에서 폭발물을 폭파시키거나, 지상의 판(plate)을 해머로 두들겨서 충격파를 유도하여 geophone이라는 장치에 수신시켜 geophone까지 거리(d)와 충격파운동시간(t)을 기록하여 위치를 관측하는 방법이다. t/d=1/속도
탄성파측량(彈性波測量, seismic surveying) ; 인공적으로 지하에 진동을 일으킨 탄성파(종파, 횡파, 표면파)를 관측하여 지하구조 등을 조사하는 측량.
탄성파탐사(彈性波探査, elastic wave exploration) ; 인공적으로 만든 탄성파(지진파)의 전파속도로 지하의 구조를 추정하는 방법. 탄성파탐사는 지진탐사라고도 부르며 반사법과 굴절법이 있음. 건설분야에서는 굴절법이 많이 이용되고 있다.
탄젠트(탄젠트, tangent) ; ① 접선, 접면. ② 직각 삼각형의 예각의 대변과 그 각을 낀 밑변의 비를 그 각에 대하여 이르는 말 ③ (도로 따위의)직선구간.
탈코트레벨(탈코드레벨, talcott level) ; 천문측량을 할 때 될 수 있는 대로 엄밀하게 망원경의 고도를 어느 시간 동안 일정하게 유지하여야 할 필요가 있다. 이런 목적을 위하여 수평축에 직교하고 또는 망원경에 직접 고정시킬 수 있게 한 고감도의 기포수준기이다. 이것을 사용하는 천문측량에 talcott법이 있다.
탈코트위도관측법(탈코트緯度觀測法, latitude observation by talcott method) ; 2개의 천체가 거의 동시에 각기 천정의 남북 양쪽에서 상통과하고, 또 거의 같은 고도에 달할 때 이 천체의 천정거리의 차를 관측하여 위도를 구하는 방법이다. 정도가 높은 talcott 레벨을 쓴다.
탐측(探測, matics) ; 동사형 그리스어 mateou, mateyo 또는 mateo(영어의 search, explore에 해당)가 형용사화 된 것이 matic이고, 다시 명사화 된 것이 matics(search, exploration)로 관측과 탐구, 즉 탐측을 의미한다.
탐측기(探測機, sensor) ; 전자파를 수집하는 방식이며, 대상물에서 방사되는 전자기파를 수집하는 수동적 방식과 전자파를 발사하여 대상물에서 반사되는 전자파를 수집하는 능동적 방식이 있다.
탐침(探針, ① sonde, ② probe) ; 공관로나 비금속관로의 탐사를 위해 사용되며, 강선의 끝부분에 장착해 관에 직접 삽입하여 위치를 탐사하는 소형 발신장비.
탑재기(搭載機, platform) ; 지상이나 항공기 및 인공위성 등에 설치되는 것으로 여기에 탐측기(sensor)를 설치해 지표, 지상, 지하, 대

기권 및 우주공간의 대상들에서 반사 혹은 방사되는 정보를 수집한다.

태양관측(太陽觀測, observation of the sun) : 태양의 방위 및 고도 또는 그 시각을 관측하여 그 관측지점의 위치 및 방위각을 관측하는 방법. 항성에 의하는 방법에 비하여 정도는 떨어진다. 그러나 주간관측을 할 수 있으므로 간편하게 지상의 위치를 정하거나 또는 항해하는 자가 배의 위치를 구할 때 많이 쓰인다.

태양년(太陽年, solar year) : 회귀년. 태양이 춘분점을 출발하여 황도를 따라 진행해서 다시 춘분점으로 돌아오기까지의 시간을 말한다. 태양운행의 각속도는 일정하지 않으며, 세차, 장동 때문에 춘분점의 이동이 있어 이 값은 일정하지 않다.

태양동기(太陽同期, sun synchronous) : 궤도면이 거의 극지역인 지구위성궤도로서, 일정한 고도를 갖고 동일 시각에 동일 지역을 지나게 한 것.

태양동기궤도(太陽同期軌道, sun synchronous orbit) : 적도상 또는 같은 위도상의 모든 위치에 매일 동일한 시각에 위성이 지나가도록 한 위성의 극궤도.

태양방위각(太陽方位角, solar azimuth) : 태양 광선의 수평면 투사선과 남북축과의 각.

태양시(太陽時, solar day) : 태양이 어떤 지점의 자오선을 통과하고부터 다시 같은 자오선을 통과하는 시간을 1태양일(23시간 56분 4초)이라 한다.

태양일(太陽日, solar day) : 태양이 남중했다가 다음 남중할 때까지의 시간.

태양조(太陽潮, solar tide) : 태양에 의해 생기는 조석

태음일(太陰日, lunar day) : 달이 관측자의 자오선에 정중하고부터 다시 정중하기까지를 1태음일이라 하는데, 이 사이를 24등분하여 정중했을 때를 0시로 하고 1시, 2시… 라고 태음시를 정했다.

태음조(太陰潮, lunar tide) : 달에 의해 생기는 조석.

터널(터널, tunnel) : 터널은 지표하에 축조되는 도로나 공간으로 이용하는 지하구조물로 단면적이 $2m^2$ 이상인 것을 말하며, 이보다 작은 직경은 제외된다.

터널측량(터널測量, tunnel surveying) : 갱외 기준점을 기준으로 갱내기준점을 설치하고 이를 기준으로 터널굴착 및 관통에 필요한 중심선측량. 내공단면측량 등을 실시하는 일련의 측량.

테이블(테이블, table) : 관계형 데이터베이스에서 대개의 속성자료는 행과 열로 구분되어 저장된다. 분류코드, 이름, 주소 등과 같이 동일한 성질의 집합을 규정하는 것은 열(cloumn)로써 처리하며, 이를 필드(항목)라고 한다. 대상자료의 원소는 행(row)으로써 처리하는데 이를 레코드(record)라 고도 한다. 이렇게 행과 열로 표시된 자료를 출력하기 위해서 가장 많이 사용되는 것이 도표, 즉 테이블이다.

테이프(테이프, tape) : 줄자, 포권척, 강권척의 총칭.

테이프검정장(테이프檢定場, check base for steel tape) : 강권척은 일반적으로 계량법에 따라서 검정되어 있으나 어느 정도의 오차를 지니고 있는지는 분명하지 않다. 통상 50m의 강권척은 온도 15℃, 장력 10kg에서 ±1cm 전후의 오차를 가지고 있으므로 정밀한 측량에 사용하는 강권척은 척정수를 검정할 필요가 있다. 우리나라에서는 지식경제부 기술표준원에 있다. 이 검정장은 invar tape로 정밀하게 길이를 관측하여 놓고 있으며 통상 5m, 20m, 25m, 30m, 50m의 검정을 할 수 있게 되어 있다.

테일러급수전개(테일러級數展開, Taylor series expansion) : 함수 $f(x)$는 연속된 구간에서 $f(x)=f(x_0)+ f'(x_0)(x-x_0)+ \frac{1}{2!}f''(x_0)(x-x_0)^2+ \frac{1}{3!}f'''(x_0)(x-x_0)^3+\cdots$로 표

현되는 함수의 전개식. 자연현상을 모델링하여 수식으로 표현하면 대부분의 경우 미분방정식(방정식에 미분이 포함된 것)형태로 표현되며, 이를 해결하는 데 유용하게 이용된다.

텍스처(텍스처, texture) : 질감 또는 표면 모양. 또는 선, 기호의 패턴.

텔레매틱스(텔레매틱스, telematics) : 통신과 정보과학을 합친 개념으로, 무선 통신망을 통해 운전자에게 운전은 물론 생활에 필요한 다양한 정보와 서비스를 실시간으로 제공하는 시스템.

텔루로미터(텔루로미터, tellurometer) : 주국에서 약 3,000MC의 전파를 발사하고 이것을 pattern 주파수로 불리는 10MC 등의 주파수로 변조하여 종국에서 수신, 다시 주국을 향하여 발사한다. 이것과 발사파와의 위상차에서 전파가 이 사이를 왕복한 시간을 관측하여 두 지점 사이의 거리를 구하는 장치로서, 남아연방에서 제작되고 있는 상품명.

텔루로이드(텔루로이드, telluroid) : 지구타원체로부터 지오이드와 지표면의 높이에 상응하는 높이의 점들로 이루어진 면.

템플릿(템플릿, templet) : 사진상의 주점 위치와 보점을 사선방향으로 이사하기 위한 얇은 판이나 종이. 홈 또는 구멍을 갖추고 있으며, 이것을 얽어서 도해사선법에 이용된다.

토량계산(土量計算, earth volume calculation) : 성토, 절토의 토공을 할 때, 성토량, 절토량을 계산하는 것. 도로, 철도, 운하공사와 같이 가늘고 긴 것에서는 20~30m마다 횡단면도를 작성하여 평면도 및 종단면도를 써서 용량을 계산하고, 공장부지처럼 넓은 면적에 걸치는 것은 등고선법으로 한다.

토양도(土壤圖, soil map) : 우리나라 토양의 종류별 특성 및 분포상태를 제시하고, 토양 특성에 알맞은 작물의 선택, 비료 개선 및 토양개량 등을 위한 기술지침과 국토의 합리적 이용을 위한 기초자료를 제공하고자 제작되는 지도.

토적(土積, mass) : 토공에 쓰이는 토사의 체적량.

토적곡선(土積曲線, mass curve) : 유토곡선. 흙쌓기 및 땅깎기 양의 균형을 맞추기 위해 필요한 것으로서 횡축에 거리를, 종축에 누적 토량의 변화를 나타내는 곡선.

토적도(土積圖, mass curve) : 토적곡선.

토지경계(土地境界, boundary of land) : 토지나 행정구역 등을 구분하는 한계나 임계를 말하며, 우리나라의 토지경계 유형은 관련법에 따라 사법경계, 공법경계, 형법경계로 나누며, 설정내용에 따라 지상경계, 도상경계, 법정경계, 현실경계, 점유경계, 사실경계로 나누고, 경계지표물의 내용에 따라 자연경계와 인공경계로 나누며, 사정 여부에 따라 사정경계와 분할경계로 분류한다.

토지가옥증명제도(土地家屋證明制度) : 가옥의 거래 등에 대하여 주거지의 통수나 동장에게 인증을 받고 부윤 또는 군수에게 제출하여 실질적인 심사를 거쳐 공부인 토지가옥명부에 등록하고 열람을 실시하고 계약서에 소유권에 대한 증명을 교부하는 제도로 토지가옥증명규칙과 토지가옥소유권 증명규칙에 의하여 시행한다.

토지구획정리(土地區劃整理, land readjustment) : 도시계획을 실현하는 중요한 기초적 방법으로 도시계획구역 내의 토지에 효용증진과 공공시설의 정비를 위하여 이 법의 규정에 의하여 실시할 토지의 교환, 분합, 기타의 구획변경, 지목 또는 형질의 변경이나 공공시설의 설치, 변경에 관한 사업.

토지구획정리사업법(土地區劃整理事業法, land readjustment project law) : 토지구획정리사업의 시행절차, 방법 및 비용부담 등에 관한 사항을 규정함으로써 토지구획정리사업을 촉진하고 도시의 건전한 발전과 공공복리의 증진에 기여함을 목적으로 하는 법이다.

토지구획정리측량(土地區劃定理測量, land readjustment surveying) : 토지구획정리사업, 시가지조성사업, 도시재개발사업, 경지정리사업 등을 실시하는 데에 이용되는 측량을 말하며, 현황측량, 지구계측량, 확정측량 등의 작업이 포함된다.

토지기록(土地記錄, land record) : 공공의 관심의 대상인 토지의 특성에 대한 명확한 진술을 담고 있는 공적인 기록의 문서.

토지기반(土地基盤, land base) : 시설물 정보가 중첩되어져 있는 특정한 지형적 지역을 포함하는 지도들의 집단으로서 종이기반 또는 수치기반으로 나누어진다.

토지대장(土地臺帳, land book or cadastre) : 등기소에서 비치하고 있으며, 토지에 관한 일체의 사항을 등기해 둔 대장을 말한다. 토지의 매매, 소유권의 설정, 합필, 분필, 그밖에 토지에 관한 변경사항은 모두 이 대장에 기록된다.

토지대장부본(土地臺帳副本, parcels-register for site copy) : 주민의 열람을 위하여 읍면에 비치하는 토지대장의 부본을 말한다.

토지등기(土地登記, land registration) : 토지의 매매, 기타 토지에 관한 이동사항을 토지대장에 기입하는 것.

토지등기부(土地登記簿, ground register) : 토지대장에 등록된 토지의 소유권 등의 법적 권리를 나타내는 장부로서 등기소에 보관되어 있다.

토지분할측량(土地分割測量, portion surveying) : 지적공부에 등록되어 있는 일필지 토지에 토지분할사유가 발생하였을 때 2필지 이상으로 나누어 등록하기 위한 측량.

토지이동(土地移動, land alteration) : 토지의 표시를 새로 정하거나 변경 또는 말소하는 것. 1995년 1월 5일 제7차 지적법 개정시에 신규 등록을 제외한 등록전환·합병·분할·지목 변경 등의 사유가 발생하거나, 토지구획정리·경지정리·지번변경·행정구역변경 등의 사유가 발생한 것만을 토지의 이동이라고 개정하였으며, 2001년 1월 26일 전문 개정 시에는 신규등록까지 토지의 이동으로 포함시켰다.

토지이동측량(土地異動測量) : 토지표시변경측량이라고도 하며 지적공부(토지대장, 임야대장, 지적도, 임야도, 수치지적부)에 등록한 사항에 변동이 있어 그를 정리하기 위하여 하는 측량.

토지이용(土地利用, land use) : 어떤 지역의 지표 공간 활용현황을 말하며, 토지이용도 작성, 야산 및 간척지 이용으로 사용토지 확대, 국토기본도 작성, 항측에 의한 도면의 재정비 등을 말한다.

토지이용계획(土地利用計劃, land use plan) : 한정된 국토 즉, 토지자원을 이용함에 있어서 질서를 부여하는 것. 그 목적은 용도를 토지소유자의 자유의사에 맡길 경우 행위의 상충이나 불합리한 이용 등으로 서로 손해를 보게 되며 합리적 이용이라 함은 개발과 보전의 조화를 이루어야 하기 때문에 공공목적을 위하여 소유자 이용권의 일부를 제한함으로써 자원의 합리적인 이용을 유도하려는 것이다.

토지이용도(土地利用圖, land use map) : 토지의 고도이용을 꾀하기 위하여 토지의 이용사항을 도상에 표시한 지도. 이 지도로서 토지이용의 현황을 알고, 또한 장래의 이용계획을 수립할 수 있다.

토지이용률(土地利用率, ratio of land use) : 시가지 내의 각 용도별 이용면적의 전용면적에 대한 비율, 공공용지, 건축용지의 비율은 도시의 공공시설정비의 정도를 나타내는 지표가 되고 건축용지의 주거, 상업, 공업의 종별비율은 그 도시의 성격을 나타내는 지표가 된다.

토지이용현황도(土地利用現況圖, land use map) : 전국을 대상으로 토지이용상황을 토지피복상태에 따라 38개 항목으로 구분하여 나타낸 지도. 국토지리정보원에서 1/25,000 축척으로 제작, 배포하고 있는 이 지도는 정부차원에서는 국토이용계획과 도시계획수립을 위한 기초자료로 많이 사용되고 있으며, 민간부문에서는 도시계획, 환경, 임업, 농업, 재해

관리분야 등에 활용되고 있다.

토지자료체계(土地資料體系, land data system) ; 토지의 특성, 능력, 토지의 현 재이용, 토지소유권, 토지의 가치 등의 정보를 제공하는 체계.

토지자료파일(土地資料파일, land data file) ; 토지에 관한 정보의 검색이나 다른 자료철에 보관되어 있는 정보를 서로 연결시키기 위한 목적으로 만들어진 필지 식별 번호가 포함된 일련의 공부 또는 토지자료철을 말하는데 과세대상, 건축물관리대장, 천연자원기록, 기타 토지이용, 도로, 시설물 등 토지 관련 자료를 등록한 대장을 뜻하며 필지식별 번호에 의거 상호 정보교환과 자료검색이 가능하게 된다.

토지적성평가(土地適性評價, Land Suitability Assessment) ; 「국토의계획및이용에관한법률」에 근거한 내용으로서 토지적성평가는 토지의 토양, 입지, 활용가능성 등에 따라 개발적성, 농업적성, 보전적성을 평가하고 그 결과에 따라 토지용도를 분류함으로써 국토의 난개발을 방지하고 개발과 보전의 조화를 유도하기 위한 제도이다. 토지적성평가는 도시관리계획 입안권자가 도시관리계획을 입안하기 위하여 실시하는 기초조사의 하나로서 이는 관리지역 세분을 위한 평가와 기타 도시관리계획 입안을 위한 평가로 구분한다.

토지정보(土地情報, land information) ; 토지의 물리적, 환경적, 법적 측면을 설명한 자료.

토지정보체계(土地情報體系, Land Information System : LIS) ; 주로 토지와 관련된 위치정보와 속성정보를 수집, 처리, 저장, 관리하기 위한 정보체계로서 지형분석, 토지의 이용, 다목적 지적 등 토지자원 관련 문제 해결에 이용함. 지형공간정보체계의 소체계.

토지주제기록체계(土地主題記錄體系, land title recordation system) ; 재판권, 저당권, 건축선 취득권과 같은 묵시적인 이권, 그리고 지역권, 공공권, 실용적인 통행권과 같은 다른 이권, 행위나 의지에 따른 소유자의 변경을 포함한 토지에 대한 법적 제약에 관한 정보를 기록하는 진행과정.

토지측량(土地測量, land surveying) ; 토지의 면적, 경계선 등을 관측하여 지도를 만들고 지형, 지물의 위치를 도면 위에 나타내는 측량.

토지특성도(土地特性圖, map of land characteristics, land characteristics map) ; 전국을 대상으로 토지의 특성을 나타낸 수치지도. 토지의 필지경계선을 표시한 지형정보와 지번, 행정구역코드, 지목, 면적, 토지이용 상황 등을 나타내는 속성정보로 구성되어 있다. 국토해양부 국토지리정보원 통합관리소에서 축척 1/1,000 및 1/5,000의 토지특성도를 제공하고 있다.

토지표시(土地表示, land description) ; 지적공부에 토지의 소재·지번·지목·면적·경계 또는 좌표를 등록한 것을 말하는데 필지를 구성하는 기본 요소.

토털스테이션(토털스테이션, total station) ; 거리와 연직각 및 수평각을 하나의 기계로 관측할 수 있는 장비. 공간의 위치를 구하기 위한 수평각, 연직각, 사거리를 동시에 관측하며 수치적으로 저장이 가능하여 컴퓨터를 이용하여 대량으로 계산처리를 하거나 이를 이용하여 지형도 등을 작성할 수 있는 장비.

토파르(토파르, topar) ; Zeiss사가 제작한 보통 각 렌즈로 화각은 62°이다.

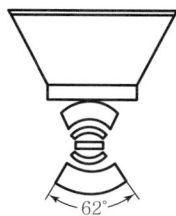

톨레미의 단원추도법(톨레미의 單圓錐圖法, Ptolemy's simple conical projection) : 일기본위선등거리원추도법이다. 즉 지구에 접하는 원추를 투영면으로 하고, 자오선 및 기본평행권을 투영해서 일단 평면상에 전개하면 그림과 같다.

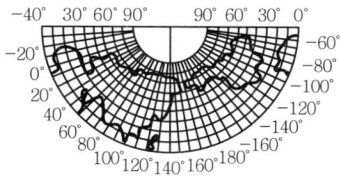

통계분석(統計分析, statistical analysis) : 통계분석을 속성자료에 대해서 행함으로써 어떤 현상의 지형공간상 경험을 파악할 수 있으며 그 결과를 지도로 출력할 수 있어야 한다. 통계분석은 일반 통계학에서 사용하는 방식을 간단하게 사용할 수 있도록 되어 있어야 한다.

통계자료(統計資料, statistical data) : 통계적 분석에 이용되는 자료.

통계지도(統計地圖, cartogram) : 특정한 목적을 위해 기본도의 형상이나 지역 간의 연속성을 강조시켜서 만든 변형된 지도의 일종. 흔히 거리를 관측단위로 하여 기본도가 작성되는 데 비해, 이 지도는 시간이나 비용 및 특정한 속성의 크기를 관측단위로 하여 기본도를 만들기 때문에 주제도에 나타난 지역들의 크기와 형상 및 거리 등이 왜곡되어 나타난다. 따라서 전통적인 지도와는 매우 다른 이미지를 주게 되지만 나타내고자 하는 현상의 공간적 분포의 구조를 매우 효과적으로 나타낼 수 있다.

통계평면(統計平面, statistical surface) : 확률적인 방법으로 규정된 표면.

통보수위(通報水位, water level to report) : 하천의 수위 중에서 지정된 통보를 개시하는 수위.

통신망위상(通信網位相, network topology) : 여러 개의 컴퓨터체계와 장치들을 연결하는 통신망의 물리적인 접속형태.

통신선로관리체계(通信線路管理體系, telephone outside plant management) : (주)한국통신이 보유관리하고 있는 통신선로와 관련 시설물을 효율적으로 운영하고, 관리하기 위해 개발된 체계이다.

통합(統合, aggregation) : 종합적인 것(전체)과 한 구성부분 간의 전체-부분관계를 설명한 관련성의 형태이다.

통합된 지도(統合된 地圖, integrated map) : 각각의 지도 단위가 다양한 지형적 주제들에 부여되는 여러 개의 이름들을 가지는 자연현상지도. 예를 들면, 하나의 지도단위는 암반도일 수도 있다.

통합위치결정체계(統合位置體系, integrated positioning system) : 바람직한 작업특성을 얻기 위해 다양한 기술을 갖는 여러 위치 하위시스템을 지원하는 위치시스템.

통합지리정보체계(統合地理情報體系, Integrated Geographic Information System : IGIS) : 수치지도 정보와 인공위성 영상정보를 통합한 체계. 통합위치결정체계에서 위치결정기술로 관측되는 것은 위치, 이동 또는 자세 등이다.

투과율(透過率, transmissivity) : 어떤 물체를 통과할 수 있는 에너지 양의 비율.

투명도(透明度, transparency) : 투명화, 투명한 사진과 같은 물질로 이루어진 영상. 보통 양화영상을 말한다.

투명도계(透明度計, densitometer) : 사진의 밀도, 투명도를 관측하는 광학장치.

투명사진(透明寫眞, diapositive) : 투명한 물체

에 사진을 복제한 것으로 필름투명양화와 유리투명양화가 있으며 입체도화기에 넣어서 도화하는 데 쓴다.

투명양화(透明陽畵, diapositive) ; 보통 도화기에서는 음화필름을 그대로 사용하지 않고 유리 또는 신축이 적은 필름을 바탕으로 한 양화를 만들어 사용한다. 이것을 양화필름이라고 한다.

투사기(投射器, projector) ; 입체도화기에서 사진건판을 설치하여 사진을 투영하는 부분. 광학적 투영법인 도화기에서는 렌즈를 갖추고 있다.

투사도법(投射圖法, perspective projection) ;

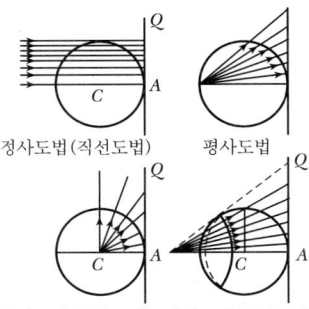

정사도법(직선도법)   평사도법
중심도법(심사도법)   외심도법(외사도법)

기하학적인 투영에 의해서 물체와 시점과 투영면을 정하여 실시하는 도법을 말한다. 시점의 위치에 따라 정사, 평사, 중심 및 외심 도법으로 나누며, 또 투영면의 위치에 따라 적도법, 극심법과 지평법(사향법)으로 구분된다.

투사지법(透寫紙法, tracing paper method) ; 평판측량에 있어서의 후방교회법의 한 가지. 지금 3개의 기지점을 A, B, C(이 점의 도상에서의 위치를 각각 a, b, c), 이 3점에서 동시에 보이는 점을 D라 한다. D에 평판을 차려서, 평판 위에 투명지를 놓고 적당한 위치에 측량침을 세워서 A, B, C를 시준하여 3개의 방향선을 긋는다. 다음에 투사지를 평판상에서 움직여 그려놓은 3방향선이 동시에 a, b, c를 지나는 위치에 투사지를 고정시키고, 투사지상의 교점을 도상에 옮겨서 구점 D의 도상에서의 점 d를 구하는 방법이다.

투시도(透視圖, perspective drawing) ; 자연 및 건조물 등을 눈으로 보는 것과 같이 원근감이 나타나도록 그린 그림.

투영(投影, projection) ; 곡면인 가상의 지구표면을 평면상에 표현하는 것을 투영이라 한다. 투영방법에는 등적투영법, 등각투영법, 등거리투영법이 있다.

투영거리(投影距離, projection distance) ; 도화기나 편위수정기 등의 투영중심에서 투영면까지의 거리.

투영대(投影臺, easel) ; 편위수정기, 확대기 등으로 사진을 투영하는 평판.

투영면(投影面, surface of projection) ; 투영에 의해서 표시된 도형의 면. 평면 또는 평면에 다 끊어서 펼칠 수 있는 원통면, 원추면 등을 말한다.

투영법(投影法, method of projection) ; 지구의 표면을 평면상에 표현하기 위한 방법. 다시 말하면 경위선망 또는 지구상의 종횡선망을 지구상에 그려 넣거나 혹은 지구상의 존재하는 망들의 관계를 알아보거나, 그러한 관계로부터 지도상에 표현되는 도형의 변형 정도를 알아보는 방법이다. 지도의 목적에 따라 여러 가지 투영법이 있다.

투영변환(投影變換, projective transformation) ; 하나의 사변형을 다른 사변형들로 변환시키는 기하학적 변환.

투영시스템(投影시스템, projection system) ; 지구 표면의 일부 또는 전체인 구면의 표면을 평면상의 축척에 따라 표시하기 위한 시스템.

투영의 비뚤어짐(投影의 비뚤어짐, distortion of map projection) ; 지구곡면을 평면인 지도 위에 그려낼 때 필연적으로 따라 오는 도형의 비뚤어짐을 말한다. 그러나 임의의 넓이의 면적, 임의의 점 둘레의 방향각 또는 하나 또는 두 정점으로부터의 거리, 일정방향의 선(예컨대 자오선)상의 거리 중 어느 한 가지를 올바르게 지도상에 나타낼 수 있다. 그들을 각각 등적도법, 등각도법 또는 등거리도법이라 한다. 지구를 구로 보았을 때는 지도상의 직선이 지구상에서 반드시 최단경선이 되게 할 수가 있다. 이것을 심사도법(중심투영, 대권도법)이라 한다. 그리고 등각도법 가운데 Mercator 도법에서는 임의의 항정선(방위가 일정한 경로)이 직선으로 나타난다.

투영인화(投影印畵, projection printing) ; negative의 이미지를 인화지 위에 투영하는 것. 일반적인 인화방법으로 보통은 negative의 이미지보다 크게 투영되어 인화된다.

투영점(投影點, center of projection) ; 평판측량에서 기계를 설치한 점을 정확하게 도판상에 옮겼을 때, 이 도판상의 점을 그 측점의 투영점이라 한다.

투영좌표계(投影座標系, projected coordinate system) ; 지도투영의 결과로서 생성되는 2차원 직각좌표계.

투영중심(投影中心, center of projection) ; 지구표면을 평면상에 투영할 때 투영의 중심. 투영중심의 둘레를 제외하고 구면을 평면상에 투영할 때는 약간의 변형이 생긴다.

투영축(投影軸, axis of projection) ; 투사도법에서 시점의 위치와 투영중심을 잇는 선 또 원통도법이나 원추도법에서는 투영면이 원통 또는 원추의 축.

투영축의 변경(投影軸의 變更, transformation of axis of projection) ; 예를 들면 정점을 지나는 소원에 따른 대상 지역 또는 1점 둘레의 원형의 지역 등을 도화할 때는 그 소원을 위선으로 하는 또는 그 점을 극으로 하는 다른 경위선만을 가상해서 이들에게 여러 가지 도법을 응용한다. 이와 같은 방법으로 투사된 도법은 다만 곡면상의 좌표변환을 한 것에 지나지 않는다. 혹은 투영축과 지축과의 관계가 달라진다고도 생각할 수 있다. 양자가 일치할 때를 정축, 직교할 때를 횡축, 그 밖일 때를 사축이라 한다.

투영파일(投影파일, projection file) ; 지도투영의 매개변수와 지리 자료집합의 좌표계가 저장된 커버러지 파일 또는 한 좌표계에서 다른 좌표계로 지리자료파일을 변환하는 데 사용될 수 있는 입력과 출력 투영에 관한 매개변수를 포함하고 있는 텍스트 파일.

튜플(튜플, tuple) ; 자료기반 내의 주어진 목록과 관계 있는 속성값의 모음.

트윈플렉스(트윈플렉스, twinplex) ; multiplex의 두 투사기를 짝지어서 고정시켜 수렴사진용으로 한 도화기.

트래버스(트래버스, traverse) ; 몇 개의 측점을 결합하여 된 다각형, 즉 트래버스점을 차례차례 이어가는 선분의 집합. 선분이 폐합하여 다각형을 형성하는 것을 폐합트래버스, 폐합하지 않는 것을 개방트래버스라고 한다.

트래버스망(트래버스網, traverse network) ; 망상트래버스.

트래버스선(트래버스線, traverse line) ; 트래버스를 구성하는 각 절선으로 트래버스점 간을 잇는 선분.

트래버스의 조정(트래버스의 調整, adjustment of traverse) ; 폐합트래버스 또는 결합 트래버스에 있어서, 측각값과 거리관측값을 그대로 채용하면 오차 때문에 폐합 또는 결합의 조건이 만족되지 않는다. 그래서 관측값을 위의 조건에 만족되도록 조정하여야 한다. 지금까지의 방법은 먼저 각만을 기하학적 조건이 만족되도록 조정하고(측각이 모두 같은 정도라면 각각의 조정량은 모두 같다) 다음에 compass 법칙이나 transit 법칙을 써서 좌표의 조정을 한다. 그러나 이 방법은 편의적인 것이며, 합리적으로 하자면 최소제곱법에 의한 조건부관측의 조정법을 써서 측각값과 거리관측값을 동시에 조정한다.

트래버스점(트래버스點, traverse station) : 트래버스에서 측선의 각 교점을 말한다.

트래버스측량(트래버스測量, traverse surveying) : 몇 개의 측점이 결합된 다각형, 한 기지점(가정치인 때도 있다.)에서 차례로 다음 점에 대한 방향각과 거리를 관측하여 트래버스 각점의 위치(필요에 따라서는 높이까지도 포함해서)를 관측하는 측량. 방향각을 관측하는 데는 보통 트랜싯 및 TS를 쓰며 협각을 재는 방법과 편각을 재는 방법 등이 있으며, 거리의 관측에는 각종 tape 및 TS 등을 쓴다.

트랜싯(트랜싯, transit) : 망원경과 분도원을 갖춘 측각기계. 이전에는 망원경이 수평축의 둘레를 회전할 수 있는 것을 트랜싯, 회전할 수 없는 것을 데오돌라이트라고 하였으나, 지금은 이 구별이 없어져서 수평각의 최소독치가 12″ 이하인 것을 데오돌라이트, 그 이상인 것을 트랜싯이라 부르고 있다. 가장 널리 쓰이고 있는 것은 1″~5″ 읽기의 것이다. 구조는 상부와 하부로 대별되고, 상부는 망원경, 수평축, 지주, 눈금반, 연직축으로 되어 있고, 하부는 상하의 평행반과 조정나사로 되어 있다. 최근에는 종합관측기인 토털스테이션(TS)이 주로 활용된다.

트랜싯법칙(트랜싯法則, transit rule) : 트래버스 조정법의 한 가지. 측각값만을 미리 조정한 다음 위거(또는 경거)의 폐합오차를 각 측선의 위거(또는 경거)의 길이에 비례하여 분배한다. 측각의 정도보다 거리측정의 정도가 떨어질 때 쓰인다.

트랜싯의 조정(트랜싯의 調整, adjustment of transit) : 트랜싯은 사용 전에 다음 순서에 따라 조정하여야 한다. ① 평반수준기의 조정 ② 십자종선의 조정 ③ 수평축의 조정 ④ 십자횡선의 조정 ⑤ 망원경 부속수준기의 조정 ⑥ 연직눈금반의 조정.

트랜싯측량(트랜싯測量, transit surveying) : 트랜싯을 사용하는 측량의 총칭으로 그 대표적인 것은 삼각측량 및 트래버스측량이다.

트레이닝영역(트레이닝領域, training area) : 특성을 알고 있는 지구 표면상에서 선정된 지점으로, 이 지역에서의 영상 데이터의 통계는 분류에 있어서 경계를 결정하는 기준이 된다.

트레이드오프(트레이드오프, trade-off) : 원격탐사 시스템에서 하나의 factor가 변함으로써 생기는 결과로, 시스템에서 변화를 보정한다.

트레이싱법(트레이싱法, tracing method) : 초고원도 등에서 곧 tracing paper 위에 복사하여 제판인쇄를 하는 간략한 지도 제작방법. 최근에는 신축이 작은 마일러의 특수한 합성수지 박판을 써서 복사하는데, 이것을 마일러원도라고 한다.

특급기술자(特級技術者, highest grade engineer) : 측량 및 지형공간정보기술사

특별곡선반지름(特別曲線半지름, special curve radius) : 도로, 철도 등의 설계에서 곡선부에 필요한 곡선반지름은 편경사의 크기와 차량의 설계속도에 따라 그 크기의 기준값이 정해지고 있으며, 지형여건상 부득이할 경우 기준값을 작게 적용할 수도 있도록 하는데, 이때 부득이 할 경우에 적용 가능한 곡선반지름.

특별기준면(特別基準面, special datum plane) : 한나라에서 멀리 떨어져 있는 섬에는 본국의 기준면을 직접 연결할 수 없으므로 그 섬 특유의 기준면을 사용한다. 또한 하천 및 항만공사에서는 전국의 기준면을 사용하는 것보다 그 하천 및 항만의 계획에 편리하도록 각자의 기준면을 가진 것도 있다. 이것을 특별기준면이라 한다.

특별도근측량(特別圖根測量, separated control surveying) : 우리나라 서북지방(함경도, 평안도 등)에 있는 산간부 및 도서지방은 지반이 연속된 보통조사구역과는 달리, 조사대상지가 산재하고 혹시 집단화되어 있더

라도 그 규모가 매우 작다. 더욱이 육지와 멀리 떨어져 있거나 삼각점을 설치하지 않은 곳이 있고, 혹은 삼각점이 있다 하더라도 다른 삼각점을 시준할 수 없는 것들이 있었다. 이러한 토지에 대하여는 이미 설치된 삼각점을 기초로 도근측량을 하기에는 애로가 많을 뿐만 아니라 그 당시의 정황으로는 구태여 보통조사 지역과 이 산간부 혹은 도서지방을 연결할 필요를 느끼지 않았기 때문에 독립적으로 도근측량을 실시한 지역이 있는데 이 지역을 특별도근측량지역이라고 하며 경우에 따라서는 도근측량을 생략한 지역도 있다.

특별소삼각지역(特別小三角地域, separated small triangulation) : 1912년 시가지에 대한 토지세를 급히 징수할 목적으로 정상적인 대삼각측량의 순서를 밟아서 소삼각측량을 시행하려면 많은 시일을 요하므로 독립지역만을 특별소삼각측량을 실시하였으며, 그 후에 일반 삼각측량과 연결하였다. 특별소삼각지역은 평양, 의주, 신의주, 진남포, 전주, 강경, 원산, 함흥, 청진, 경성, 나남, 회령, 마산, 진주, 광주, 나주, 목포, 군산 등이다.

특성자료(特性資料, descriptive data) : 지도 지형요소의 지리특성을 기술하는 tabular자료, 지형, 지물에 대한 숫자, 텍스트, 영상, CAD 도면이 포함될 수 있다.

특성정보(特性情報, descriptive information) : 특성정보는 도면 또는 지도에 표시된 도형정보, 항공사진 또는 인공위성영상으로부터 수치영상처리에 의해 취득된, 도형 및 영상정보와 관련된 속성정보로 세분된다.

특수도[1](特殊圖, topical map) ; 주제지도. 특수한 용도를 위하여 특정한 사항의 내용을 자세하게 나타내어 만든 지도. 예컨대 교통도, 전력도, 기타 여러 가지 분포도 등이다.

특수도[2](特殊圖, miscellaneous chart) ; 항해참조, 학술, 생산 및 자원개발 등에 이용하기 위한 해도로서 해저지형도, 어업용해도, 위치기입도, 영해도, 세계항로도 등이 있다.

특수삼점(特殊三點, special three point) : 사진의 성질을 설명하는 데 중요한 점으로 주점, 연직점, 등각점을 말한다.

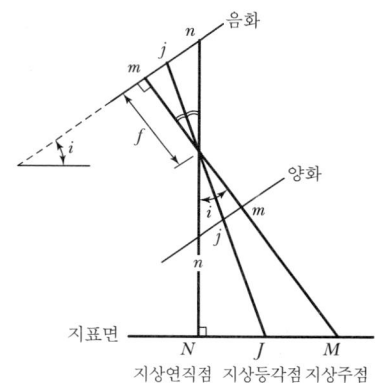

특수지도(特殊地圖, specific map) ; 특수한 목적에 사용되는 지도. 특수한 사용목적을 위하여 측량 또는 기제작된 지도(지형도)를 목적에 맞게 편집하여 제작된 지도로서 해도, 지질도, 지적도, 통신도, 임상도, 통계도, 역사도, 도시계획도, 도로망도, 관광안내도, 항공도, 지하철노선도, 맹인용 지도, 입체모형도, 사진지도, 등의 여러 종류의 지도가 모두 여기에 포함된다.

특수해도(特殊海圖, special chart) ; 기본도, 항해용 해도 이외의 수심도, 해저지형도, 어업용도, 전파항법도, 조류도 등과 같은 참고용 해도를 말한다.

티에이취아이알(티에이취아이알, Temperature -Humidity Infrared Radiometer : THIR) ; 지표면의 수증기량과 온도를 관측하기 위한 장치. Nimbus위성에 장착되었다.

티엠(티엠, TM) : 지표면의 고분해능 관측을 목적으로 LANDSAT-4호와 5호에 탑재되었다. 지상주사밴드는 기본적으로 MSS와 동일하지만 밴드 수와 검출기 수가 더 많으며 위성고도가 낮다. 파장영역은 1~7밴드까지 있으며, 해상력은 밴드 1, 5, 7에서 30m이며, 밴드 6에서 120m이고, 중량은 227kg, 크기는 1.1×0.7×2.0이다.

틸팅레벨(틸팅레벨, tilting level) : 미동레벨. 원형기준기에 의해서 기계를 대체적으로 정준한 다음 망원경의 시준축만을 기포관 수준기에 의해서 수평으로 하여 관측할 수 있는 장치가 되어 있는 레벨.

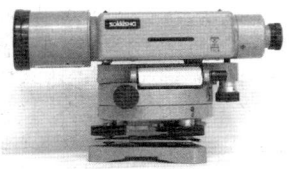

티소트형(티소트形, Tissot's indicatrix) : 지도상의 어떤 점 P에서의 어느 방향 PT의 축척을 μ, 지도에 따라 정해진 축척을 μ_0라 하면 $C = \mu / \mu_0$를 P에서의 PT방향에 대한 축척계수라 하고, C는 PT방향으로 변형을 나타낸다. 구역 내에서 각 점에서 각 방향마다의 C는 graph를 만들면 일반적으로 그 점을 중심으로 한 타원이 된다. 이것을 Tissot형 또는 표 오차도라고 한다.

틴(틴, Triangulated Irregular Network : TIN) : 「불규칙삼각망」 참조.

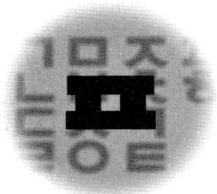

파고(波高, wave height) ; 파봉으로부터 연속한 파곡까지의 연직거리.

파고측정봉(波高測定棒, wave staff) ; 육안 혹은 트랜싯으로 파를 관측하기 위하여 해중에 세워 놓은 기둥으로서 20~50cm 간격의 눈금이 그려져 있는 것이 보통이다.

파노라마사진기(파노라마寫眞機, parnora mic camera) ; 이 사진기는 약 120도의 피사각을 가진 초광각렌즈와 렌즈 앞에 장치한 프리즘이 회전하거나 렌즈 자체의 회전에 의하여 비행방향에 직각방향으로 넓은 피사각을 촬영한다. 1회의 비행으로 광범위한 지역을 기록할 수 있는 장점이 있으며 판독용으로 사용한다.

파라미터(파라미터, parameter) ; 특정용도를 위해서 어느 일정한 값이 주어진 변수로서 또 그 용도를 나타낼 수 있는 것.

파라미터설정(파라미터設定, parameter setting) ; 간격조절, 방향성 등 파라미터를 설정한다.

파랑등고선도(波浪登高線圖, wave chart) ; 해면에서 파랑의 등고선을 그려 넣은 도면이며, 파랑의 입체사진법으로 구한다.

파랑조사(波浪調査, wave observation) ; 항만계획 또는 해안 구조물의 설계를 위하여 계획지점의 파도의 성질을 조사하는 계통적이고 연속적인 관측. 주된 조사항목은 과거 및 매년의 최대파랑의 파고, 주기 및 파향이나 해일과 같은 이상파랑 등이다.

파열강도(破裂强度, bursting strength) ; 지도용지 등의 종이를 팽팽하게 당겨 놓은 상태에서 수직방향으로 힘을 가하여 종이가 찢어질 때의 힘.

파이(ϕ)(파이, ① phi, ② longitudinal tilt) ; 비행방향에 직각인 수평축 주위의 회전각.

파이 축(파이軸, phi-axis) ; 도화기 내에서 파이에 대응하는 회전축.

파일(파일, file) ; 프로그램 또는 자료 등과 같은 정보들의 집합. 정보를 저장할 수 있는 기억장소 공간이 디스크에 할당되어 있다. 하나의 단위(텍스터 파일, 자료파일, DLG 파일)로서 취급되는 기록과 관련된 집합.

파일구조(파일構造, file structure) ; 파일에서 자료를 저장하기 위하여 사용되는 자료구조.

파일자료관리(파일資料管理, file and data management) ; 파일 및 자료관리 소프트웨어는 사용자가 파일 용량, 검색, 조작 등의 관리와 대용량으로 파일을 묶어서 관리하는 데 도움을 주며, 대용량 매체에서 자료가 차지하는 물리적인 용량도 관리해준다. 유틸리티는 사용자가 파일 접근, 삭제, 복사, 이름 바꾸기 등을 할 수 있게 해주며, 자료 분류, 파일합치기, 파일 비교 등의 기능도 수행한다.

파일전송(파일傳送, file transfer) ; 파일을 이용한 자료 전송으로 이것은 자료네트워크나 연결되지 않은 매체를 통해 이루어진다.

파장(波長, broken length) ; 두 개의 연속되는 파봉 사이의 수평거리.

파장대(波長帶, band) ; 전자기 스펙트럼의 파장간격. 예컨대 LANDSAT 영상에서 밴드는 영상이 얻어지는 분명한 파장간격을 부여한다.

파장별지도(波長別地圖, spectral map) ; 지표유형이 아닌 상대적 파장특성에 의해서 분류된 지도.

파장별특징(波長別特徵, spectral signature) ; 지구표면에 있는 한 대상물 혹은 대상물 집단의 파장별 특성, 자연경관의 복잡한 파장별 표현문제를 단순화하는 방법으로 흔히 사용된다.

판구조론(板構造論, plate tectonics) ; 지구표층부에는 100km 내외 두께의 암석권이 있고, 그 아래 연약권(asthenosphere)이 있는데 암석권은 평면적으로 여러 개의 판으로 구성되어 있다. 이 판의 움직임에 의하여 지표에서의 활동단층운동, 지진 등의 지각운동이 일어난다.

판독(判讀, interpretation) ; 사진판독이라고도 하며, 사진면으로부터 얻어진 여러 가지 대상물의 정보를 목적에 따라 적절히 해석하는 기술로서 이것을 기초로 하여 종합분석함으로써 대상물(또는 지표면)의 형상, 지질, 식생, 토양 등의 연구수단으로 이용하는 것.

판독방법(判讀方法, interpretation method) ; 제1단계는 관찰, 확인의 과정, 제2단계는 분석, 분류의 과정, 제3단계는 해석의 과정이다.

판독요소(判讀要素, interpretation element) ; 사진판독에는 기본적으로 사진영상의 크기, 형상, 색조, 색채, 질감, 모양의 6개 요소가 있으며, 부가적으로 사진영상 상호의 관계, 과고감 등의 요소를 조합하여 판독하며, 이 요소 중 형, 색조, 음영을 판독의 3요소라 한다.

판독키(判讀키, interpretation key) ; 사진에서 대상물을 정확히 판별하고, 그 의미를 판별하기 위하여 사진상의 특징을 조사하는 데 사용되는 조직적인 체제.

판토그래프(판토그래프, pantograph) ; 지도나 도면을 확대 또는 축소할 때 사용하는 능형의 간단한 기계.

패스포인트(패스포인트, pass point) ; 항공삼각측량에서 좌표가 정해진 점.

패키지(패키지, package) ; 요소들을 그룹으로 조직화하기 위한 일반적인 메커니즘.

패턴(패턴, pattern) ; 사진상에서 볼 수 있는 자연 또는 인공의 지문의 다소와 규칙성을 가진 평면적 또는 공간적 배열.

팬크로사진(팬크로寫眞, panchro photo) ; 팬크로매틱사진의 약칭. 현재 가장 많이 사용되고 있는 것으로 가시광선(0.4~0.75μm)에 해당되는 전자기파로 이루어진 사진.

퍼센트법(퍼센트法, facent method) ; 정사편위수정법의 일종으로서 지형을 경사의 한결같은 다수의 작은 면으로 나누어 각 면마다 편위수정을 하는 방법.

퍼지거리(퍼지距離, fuzzy distance) ; 한 점으로 처리되는 두 점 사이의 거리. fuzzy tolerance와 동일함.

퍼지공차(퍼지公差, fuzzy tolerance) ; 공유하고 있는 선이나 점을 만들거나 스내핑(Snapping)을 위해 사용되는 수학적 기준.

퍽(떡, puck) ; 수치 좌표 입력기로 자료를 입력시킬 때 손으로 사용하는 장치. 입력할 점을 정확하게 정하기 위해 디지타이징 태블릿과 함께 사용되는 이동 가능한 조립품이다.

펄스(펄스, pulse) ; 일정한 주기와 파형을 가지고 있지만 톱니바퀴모양으로 매우 짧은 지속시간을 갖는 전기의 흐름.

펄스길이(펄스길이, pulse length) ; 펄스의 길이.

펜타프리즘(펜타프리즘, penta prism) ; ① 지붕꼴을 한 5각형 프리즘. 프리즘 내에서 3회 반사하기 때문에 상하좌우 모두 정립으로 볼 수가 있다. ② 렌즈를 통해 들어오는 빛을 파인더로 보내주는 역할을 한다.

편각(偏角, ① deflection angle, ② declination) ; ① 트래버스에서 한 측선의 연장선과 다음 측선이 만드는 각. 즉, 측점 A에 트랜싯을 세워서 후점 O을 후시하고, 망원경을 반전해서 얻어지는 직선 OA의 연장선을 기준으로 하여 전점 B를 시준했을 때의 각 A'AB를 측선 OA의 편각이라 하며, 우회전을 +, 좌회전을 -로 한다. ② 자침이 가리키는 방향은 진남북이 아니라 어느 정도 서 또는 동쪽으로 치우쳐 있다. 이렇게 진남북으로부터의 기울기의 수평각을 편각이라 한다. 편각은 해마다 조금씩 달라진다.

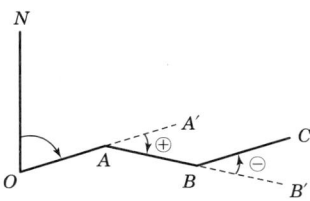

편각법(偏角法, deflection angle method) :

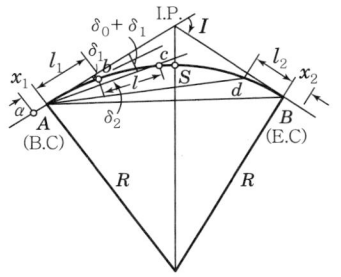

① 트래버스측량에서의 측각법 가운데 측선에 대한 편각을 관측하는 방법. ② 노선측량에서의 곡선설치법 가운데 현장의 접선에 대한 편각을 구하여 곡선을 그리는 방법.

편각수정버니어(偏角修正버니어, declination vernier) : compass에 부속되어 있는 버니어를 말하며 자기편각의 값만큼 미리 엇갈리게 해두는 데 쓰인다. 일반적으로 자침이 N을 가리켰을 때의 시준선이 진북방향에 일치하게 조절한다. 따라서 자침의 N쪽 끝의 독치가 그대로 진방위가 되는 것이다.

편각수평촬영(偏角水平撮影, parallen-averted case photographing) : 양사진기축을 기선에 대하여 어느 각도만큼 수평에서 편각으로 평행 촬영할 경우 댐과 같이 긴 대상물을 지상사진측량을 이용하여 도면을 작성할 때 사용하는 방법으로 1개소에서 수평방향의 촬영범위를 구하기 위하여 즉, 좌우로 편각수평촬영하는 것에 의하여 초광각렌즈 촬영과 같은 효과를 얻도록 하는 것이다.

편각촬영(偏角撮影, case of avertence) : 입체사진 촬영에 있어서 촬영방향은 서로 평행이나 기선방향에는 직각이 아닌 경우의 촬영.

편각측설법(偏角測設法, laying out a curve by deflection) : 노선측량에서의 곡선설치법 가운데 현장의 접선에 대한 편각을 구하여 곡선을 측설하는 방법.

편각측정법(偏角測定法, deflection angle measurement) : 트래버스 측량에서의 측각법 가운데 앞 측선의 연장선과 다음 측선이 이루는 각을 측설하는 방법.

편각현장법(偏角弦長法, laying out a curve by deflection angle) : 편각측설법.

편경사(片傾斜, superelevation) : 도로, 철도 등의 설계 시에 곡선부에서 차량이 바깥쪽으로 벗어나려는 원심력에 대응하기 위하여 차량이 안쪽으로 기울어지도록 횡단면에 한쪽으로만 경사를 설치하는 것. 안쪽이 낮고 바깥쪽이 높도록 경사를 설치한다.

편광(polarization) : 빛의 진동면, 즉 전기장과 자기장의 방향이 항상 일정한 평면에 한정되어 있는 빛이다.

편광복사(偏光輻射, polarized radiation) : 전기장과 자기장의 방향이 항상 일정한 평면에 한정되어 있는 빛이 방출하는 전자기파 및 입자선의 총칭 또는 이들을 방출하는 현상.

편광실체법(偏光實體法, vectograph method) : 편광을 이용하여 입체시를 하는 방법.

편광입체시(偏光立體視, vectograph stereo-scopic) : 서로 직교하는 진동면을 갖는 2개의 편광광선이 1개의 편광면을 통과할 때, 그 편광면의 진동방향과 일치하는 진행방향의 광선만 통과하고 여기에 직교하는 광선은 통과하지 못하는 편광의 성질을 이용

편구배(片勾配, superelevation) : 곡선을 따라서 운동하는 물체는 모두 바깥쪽으로 원심력을 받기 때문에 차량이 밖으로 탈선하려고 한다. 이를 방지하기 위하여 철로나 도로에서는 바깥쪽 rail을 높여 주고, 도로면의 횡단면을 기울어지게 하는데, 이것을 편구배라 한다.

편도(編圖, map compilation) : 여러 가지 자료도나 자료를 써서 실측을 하지 않고 도면을 만드는 작업.

편류(偏流, drift) : 항공사진측량의 촬영비행기가 바람에 떠밀려서 기체축의 방향과 실제의 진행방향이 빗나가는 것. 항공사진에서는 그림에서와 같이 편류가 생긴다. 즉, 촬영항공기가 바람에 의해 떠내려가 생기는 기체방향과 본래의 비행방향과의 차이.

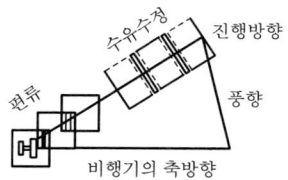

편류각(偏流角, angle of drift) : 비행기의 축방향과 실제비행방향 사이에 생기는 각 또는 항공사진에서 주점을 이은 선과 course 방향 사이의 각.

편류보정(偏流補正, correction for crab) : 편류에 의한 영향을 보정하기 위하여 카메라 거치대에 새겨진 눈금에 따라 편류각만큼 초점평면을 바람방향으로 미리 회전시켜주는 보정방법.

편심각(偏心角, eccentric angle) : 관측의 기본방향에서 편심점 방향까지의 협각. 각 방향의 편심방향각은 360°에서 편심각을 뺀 것을 관측방향각을 가해서 산출한다.

편심거리(偏心距離, distance of eccentricity) : 3각점의 중심에서 시준점 또는 관측점의 중심까지의 거리.

편심관측(偏心觀測, eccentric surveying) : 삼각측량에서 삼각점의 표석, 측표, 기계의 중심이 연직선으로 일치되어 있는 것이 이상적이나 현지의 상황에 따라 이들 3자가 일치할 수 없는 조건일 경우는 편심시켜 관측을 하여야 하는데 이것을 편심관측이라 한다.

편심률(偏心率, eccentricity) : 이심률 타원의 초점에서 중심까지의 거리.

$$e^2 = \frac{(a^2 - b^2)}{a^2} \quad \text{또는} \quad \frac{b^2}{a^2} = 1 - e^2$$

편심보정(偏心補正, eccentric reduction) : 편심관측된 값을 보정하여 원 관측점에서의 값으로 환산하는 것.

편심보정계산(偏心補正計算, reduction to center) : 귀심계산.

편심보정치(偏心補正値, eccentric correction) : 편심보정계산에 의하여 구한 보정값이다.

편심오차(偏心誤差, eccentric error) : 데오돌라이트, 트랜싯 등과 같은 수평각관측용 기계에서, 회전축의 중심과 수평눈금반의 중심이 합치되어 있지 않아서 일어나는 오차이다. 이것은 180° 떨어진 2개의 측미경 또는 vernier 읽음값의 평균값을 사용함으로써 소거된다.

편심왜곡(偏心歪曲, eccentric distortion) : 렌즈의 광학 중심과 사진건판의 중심이 정확히 동일 직선상에 존재하지 않아서 발생하는 왜곡으로서 두 중심 간의 수평 또는 수직 거리차에 따라 사진면의 비대칭성이 증감한다.

편심요소(偏心要素, element of eccentric reduction) : 귀심계산에 필요한 편심각과 편심거리, 귀심요소라고도 한다.

편심요소측정지(偏心要素測定紙, diagram for checking eccentric location) : 편심요소가 비교적 작을 때, 표석 위에 붙여서 표석중심, 기계중심 및 시준위치를 그 위에 투영하여 편심요소를 관측하는 데 사용하는 종이.

편심트랜싯(偏心트랜싯, eccentric transit) : 보통 트랜싯에서는 수평반이 지장이 되어 각이 큰 연직각 같은 것을 관측하는 것이 불가능하다. 그래서 급경사의 시준에는 망원경의 위치를 수평반의 바깥쪽으로 밀어붙인 트랜싯이 쓰인다. 이것을 편심 트랜싯이라 하며 갱내측량에서 유용하게 쓰인다.

편위수정(偏位修正, rectification) : 항공사진의 촬영 당시의 경사를 수정하고 축척을 통일하여 변형이 없는 연직사진으로 고치는 작업.

편위수정기(偏位修正機, rectifier) : 편위수정에 사용하는 기계로 자동초점조정장치와 투영판의 경사장치를 가진 대형의 정밀한 사진확대기이다.

편위수정사진(偏位修正寫眞, rectified photograph) : 편위수정된 항공사진.

편의(偏倚, Bias) : 최확값과 참값의 차이다.

편의도법(便宜圖法, conventional projection) : 여러 가지 조건, 예컨대 경위선망의 작도법 등을 편의적으로 미리 정하거나 도법의 성질 등에서 해석적으로 도법을 유도한 것을 일괄해서 이렇게 부르고 있다. Sanson 도법이나 Mollweide 도법 등이 이것이다.

편의시설(便宜施設, facilities) : 사람들의 생활편의를 위하여 설치되는 시설물. 그 종류로는 공공시설물, 서비스시설물, 편의시설물 등이 있다.

편집도(編輯圖, compiled map) : 편도작업에 의하여 만들어진 지도. 소축척의 지도는 일반적으로 편집도이다.

편집원도(編輯原圖, original compilation sheet) : 지도의 편집작업을 한 그대로의 도면.

편평도(偏平度, flattening) : 지구는 남북으로 다소 납작한 회전타원체인데, 이 편평의 정도를 말한다. 편평도는 다음 식으로 구한다.

$$p = \frac{a-b}{a}$$

단, p : 편평도, a : 장반경, b : 단반경이다.

편평률(偏平率, ellipicity) : 지구는 남북으로 다소 눌러서 찌부러진 회전 타원체인데, 이 편평의 정도를 말한다.

$$편평률(P) = \frac{적도반경(a) - 극반경(b)}{적도반경(a)}$$

편차(偏差, magnetic declination) : 자북이 진북으로부터 편귀한 수평각의 차.

평균경사(平均傾斜, slope of mean water surface) : 하천의 수면경사 중 평균수위(평균수면)에 의해서 구한 수면경사.

평균계산(平均計算, adjustment computation) : 관측값 그대로는 관측오차 때문에 여러 가지로 불합리한 점이 생기므로 이 오차를 오차론에 따라서 합리적으로 처리하는 계산. 요구되는 정도에 따라 여러 가지로 계산방법이 다르다.

평균값(平均값, mean value) : 변량의 분포를 대표할 수 있는 대표값으로 각 변량들의 합을 변량의 개수로 나눈 값.

평균고수위(平均高水位, Mean High Water Level : MHWL) : 어느 기간 동안 고수위의 평균값.

평균고조간격(平均高潮間隔, mean high water interval) : 어떤 기간 동안 매일 매일의 고조간격의 평균값.

평균고조면(平均高潮面, mean high water level) : 고조면의 평균값. 대조평균고조면과 소조평균고조면이 있다.

평균곡률반경(平均曲率半徑, mean radius of curvature) : 타원체면상에서 자오선 곡률반경(M)과 묘유선 곡률반경(N)의 기하학적 평균을 말한다. 평균곡률반경 $R = \sqrt{MN}$ 이다.

평균구배(平均勾配, slope of mean water surface) : 하천의 수면구배 가운데 평균수위(평균수면)에 의해서 구한 수면구배.

평균단면법(平均斷面法, mean section method) : 하천의 횡단면을 여러 개의 등간격의 소연직단면으로 나누어 하천유량을 산정하는 방법. 총유량은 인접한 소연직단면의 평균유속의 평균과 평균수심의 곱의 합과 소연직단면의 폭의 곱으로 계산됨.

평균방향각(平均方向角, adjustment grid azimuth) : 평면직각좌표계에서 종축(X축)의 양의 방향을 기준으로 한 방향각 가운데 평균계산을 한 다음의 값을 말한다. 관측방향과의 사이에는 관측오차만큼의 차이가 있다.

평균수면(平均水面, Mean Water Level : MWL) ; 평균수위라고도 한다. 적당한 기준면에서 조수의 높이를 조사하여 평균한 것이다. 하루 사이의 평균을 일평균수면, 한 달 동안의 평균을 월평균수면, 월평균수면의 일년간의 평균을 연평균수면이라 한다.

평균수위(平均水位, Mean Water Level : MWL) ; 평균수면.

평균오차(平均誤差, average error) ; 평균오차. 오차의 절대적인 상가평균을 말한다. 즉 계산값, 추정값 및 관측값의 중앙값으로부터의 편차의 산술평균으로 유도된 자료의 분산 정도를 나타내는 통계값.

평균유속공식(平均流速公式, mean velocity formula) ; 수로의 단면형, 수면구배, 조도 등을 고려한 평균유속공식에는 다음과 같은 것이 있다. 쉐지(Chezy)형 유속공식($V=C\sqrt{RI}$)과 자수형 유속공식($V=CR''I''$) 등이 있다.

평균자승오차(平均自乘誤差, mean square error) ; 표준오차.

평균자정(平均子正, mean midnight) ; 평균정오.

평균저수위(平均低水位, Mean Low Water Level : MLWL) ; 어느 기간 동안의 저수위의 평균값.

평균저조간격(平均低潮間隔, mean low water interval) ; 어느 기간 동안에 날마다 일어나는 저조간격의 평균값.

평균정오(平均正午, mean noon) ; 평균태양이 자오선을 상통과할 때, 즉 시각이 1시인 때이며 하통과일 때는 평균자정이라 한다.

평균제곱근오차(平均제곱根誤差, Root Mean Square Error : RMSE) ; 잔차의 제곱합을 산술평균한 값의 제곱근으로서 관측값들 간의 상호 간 편차.

평균조위면(平均潮位面, mean tide level) ; 평균고조면과 평균저조면의 중등면.

평균조차(平均潮差, mean range) ; 1개월 또는 수개월에 걸친 모든 조차의 평균값.

평균최고수위(平均最高水位, Normal High Water Level : NHWL) ; 어느 기간 동안의 연 또는 월에서의 최고수위의 평균값.

평균최저수위(平均最低水位, Normal Low Water Level : NLWL) ; 어느 기간 동안의 연 또는 월에서의 최저수위의 평균값.

평균태양(平均太陽, mean sun) ; 황도상을 균일한 속도로 운행하고 시태양과 동시에 근지점을 통과하는 천체를 가상하고, 또 이것과 춘분점을 동시에 통과하고 적도상을 균일한 속도로 운행하는 제2의 천체를 가상한다. 이것이 평균태양이며 일상 쓰이고 있는 시각은 이것을 기준으로 하고 있다.

평균태양년(平均太陽年, mean solar year) ; 평균태양이 춘분점을 통과하고 나서 다시 같은 점을 통과하기까지의 시간. 1평균태양년은 365.2422일이다.

평균태양시(平均太陽時, mean solar time, Local Mean Time : LMT) ; 평균태양의 시각에 12시간을 더한 시간. 우리들이 쓰고 있는 시계가 가리키는 시각은 평균태양시이다.

평균태양일(平均太陽日, mean solar day) ; 평균태양이 동일한 자오선을 두 번 연속해서 통과하는 시간이다. 1평균태양일=1.00273791 항성일이다.

평균파(平均波, mean wave) ; 연속파형 기록 중의 모든 파랑의 파고 및 주기의 평균값과 같은 파고와 주기를 갖는 파랑.

평균편차(平均偏差, mean deviation) ; 평균오차.

평균해면(平均海面, Mean Sea Level : MSL) ; 평균해수면.

평균해수면(平均海水面, Mean Sea Level : MSL) ; 평균해면. 여러 해 동안 관측한 해수면의 평균값. 해수면의 높이는 달과 태양의 천문조뿐만 아니라 기압, 바람, 해수의 온도, 해류 등의 영향에 기상조와 전 세계적인 규모로 일어나는 해수면 변화 등에 의하여 끊임없이 변동하기 때문에 될 수 있는 대로 장기간에 걸쳐 조위관측을 하여야 한다. 우리 나라에서는 1913년 12월부터 1916년 12월까지의 2년

7개월 동안 인천만의 조위관측 결과를 평균하여 이를 육지 높이의 기준면으로 사용하고 있다.

평면각(平面角, plane angle) : 두 개의 직선이 교차하여 생긴 각.

평면거리(平面距離, plane distance) : 평면좌표를 써서 측량을 할 때 좌표평면상으로 고친 거리. 국지측량인 때에는 평면거리와 구면거리가 같은 것이라 생각해도 지장은 없으나, 이런 때에도 관측한 그대로의 거리가 아니라 중등해수면상으로 고친 거리로 한다.

평면경(平面鏡, plane parallel glass) : 정밀한 레벨에 부속되어 있으며, 양면이 평행하고 내부가 고른 정도의 유리로 되어 있다. 표척의 최소눈금(통상 1cm)의 1/1,000까지 정확하게 읽을 수 있는 장치에 사용된다.

평면곡선(平面曲線, horizontal curve) : 노선이 평면적인 변화를 하는 경우에 설치하는 곡선.

평면기준점(平面基準點, plane control point) : 항공사진을 이용한 지도제작에서 세부도화에 필요한 평면좌표를 산출하는 데 기준이 되는 점.

평면도(平面圖, plane map) : 건축물이나 사물의 평면을 표현하여 넓이, 각 구획의 위치 등을 표시한 도면, 또는 2차원의 지도.

평면도화(平面圖化, planimetry) : 도로, 지물, 시가 등의 평면도형을 도화하는 것.

평면사교좌표(平面斜交座標, plane oblique co-ordinate) : 평면상의 점의 위치를 표시하기 위해서 서로 직교하지 않는 두 개의 직선을 좌표축으로 도입한 좌표.

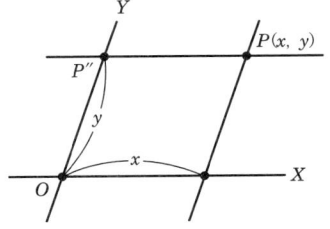

평면삼각측량(平面三角測量, plane triangulation) : 지구표면을 평면으로 보고 행하는 삼각측량.

평면선형(平面線形, horizontal alignment) : 노선 중심선의 평면형상은 직선, 완화곡선이 지형여건과 설계기준에 따라 조합되어 연속되는바, 이때 이 조합된 중심선이 나타내는 형상을 평면선형이라 한다. 종단성형과 비교되는 선형이다.

평면도화기(平面圖化機, planimetric plotting instrument) : 등고선 도화와 표고 관측은 할 수 없으나 평면위치의 정사영상은 도화할 수 있는 도화기.

평면좌표(平面座標, plane coordinates) : 적당한 한 점을 좌표원점으로 정하고 그 평면상에서 원점을 지나는 자오선을 X축으로 하고, 이와 교차하는 선을 Y축으로 하는 좌표계.

평면좌표계(平面座標系, cartesian coordinate system) : 직교좌표체계.

평면직각종횡선(平面直角縱橫線, plane orthogonal grid) : 평면직각좌표에 있어서의 종횡선. 지상의 위치는 이 종횡선의 값으로 나타낸다. Y의 값은 참값보다 원점에서 멀어질수록 커진다. 그 값을 중대율이라 하며 표로 만들어져 있다.

평면직각좌표(平面直角座標, plane orthogonal coordinates) : 원점에서의 자오선을 X축으로 하고, 이에 직교하는 선을 Y축으로 하는 좌표를 평면에 옮긴 것. 상사를 조건으로 하는 기본측량에서 쓰이는 Gauss의 상사투영의 좌표 등이 이에 속한다. 원점에서 동서로 멀어질수록 변형이 커진다.

평면직각좌표원점(平面直角座標原點, origin of rectangular plane coordinate) : 평면직각좌표상의 원점으로 우리나라의 평면직각좌표원점에는 서부원점, 중부원점, 동부원점, 동해원점이 있다.

평면직각좌표의 북(平面直角座標의 北, grid north) : 평면직각좌표계에서 X축의 양의 방향. 이 방향은 좌표원점으로부터 동쪽에서는 우편하고 서쪽에서는 좌편한다. x, y 좌표치의 계산에는 이 방향을 기준으로 하는 방향각을 쓴다.

평면직교좌표계(平面直交座標系, rectangular plane coordinate system) :

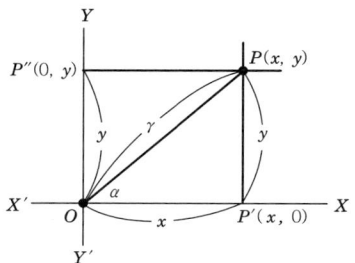

곡률편차가 비교적 작은 국부지역에서 그 지역을 평면으로 보고 타원체상의 측지 위치를 평면에 투영한 좌표계로서 우리나라에서는 횡원통 투영법에 따라 접하는 평면에서 북쪽을 X, 동쪽을 Y축으로 하는 좌표계.

평균조차(平均潮差, mean range) ; 장기간(1개월 또는 수개월 이상)에 걸쳐서 조차를 평균한 것을 말한다.

평면측량(平面測量, plane surveying) ; 지구의 표면을 평면으로 생각하여 실시하는 측량. 측량구역이 좁아서 지구의 축척을 무시해도 괜찮은 경위의 측량. 대지측량과 반대되는 말이다.

평면투영(平面投影, planar projection) ; 지도자료를 지구에 접하는 평면에 투영시키는 것으로 한 점에서 접한다. 투영의 중심은 지구의 중심 또는 접점으로부터 반대되는 점. 외부의 한 점이 될 수 있다.

평반수준기(平盤水準器, plate-level) ; 트랜싯 또는 컴퍼스의 평반이 수평을 유지하기 위해서 평반 위에 서로 직각으로 설치된 수준기.

평반수준기조정나사(平盤水準器調整나사, plate-level adjustment screw) ; 트랜싯의 평반 위 수준기에 달려있으며, 이 수준기축과 트랜싯의 연직축이 수직이 되게 조정하는 나사.

평사도법(平射圖法, stereographic projection) :

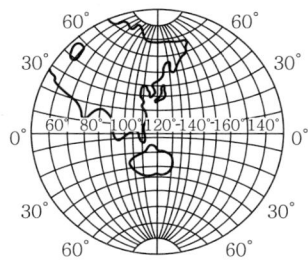

투시도법에서 시점이 투영면과 반대쪽 구면상에 있는 경우. 투영면의 위치에 따라 극심, 적도 및 지평의 구별이 있다. 등각이므로 지구상의 원이 직선 또는 원으로 나타난다. 극심평사도법은 극지역의 국제적인 지도의 도법으로 채용되고 있다. 또 지평평사도법을 측량좌표로 쓰고 있는 나라도 있다. 또 지구상의 원은 도상에서 원으로 나타나 있다.

평속성(平屬性, plain attribute) ; 단순자료형태로 정의되는 도메인을 가지는 속성.

평수위(平水位, Ordinary Water Level : OWL) ; 어느 기간 동안의 수위 가운데 그보다 높은 수위와 낮은 수위와의 교차가 같아지는 수위. 수력발전에서는 1년 동안 185일간 유지하는 수위.

평시(平時, mean solar time) ; 평균태양시.
평자정(平子正, mean midnight) ; 평균자정.
평정오(平正午, mean noon) ; 평균정오.
평탄화기준(平坦化基準, smooth criterion) ; 한 모형상의 고저차가 촬영고도의 10/100~15/100일 경우 평탄한 지형이라고 한다.

평판(平板, plane table) ; 앨리데이드를 사용하여 직접 지면에 축도하는 수평측량. 삼각 위에 수직축의 둘레로 자유로이 회전할 수 있는 판. 거기에 자와 시준판을 갖는 앨리데이드를 갖춘 것으로, 이것을 써서 하는 측량을 평판측량이라 한다.

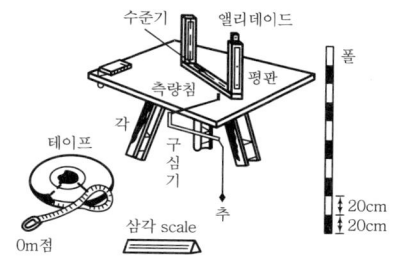

평판사진측량(評板寫眞測量, plane table photogrmmetry) : 지상사진에서 좌우 사진 상의 렌즈 절점과 촬영점을 이은 선을 평판 위에 그어, 그 교점을 표하는 교회법과 같은 원리로 위치를 구하는 측량.

평판스캐너(平板스캐너, flatbed scanner) : 이미지 정보가 담겨 있는 원고를 평면 유리로 구성된 판 위에 올려놓고 빛을 X축과 Y축으로 움직이면서 주사하여 정보를 읽어들이는 장치.

평판이동기(平板移動器, shifting device of plane table) : 평판을 바르게 치심시키기 위해서 평판과 삼각의 연결부로 삼각대상에 붙어 있는 장치로서 삼각을 세운 다음 평판을 삼각 위에서 자유로이 회전 또는 이동시킬 수 있게 되어 있는 기구.

평판측량(平板測量, plane table surveying) : 삼각에 장치한 평판과 앨리데이드와 권척 등을 써서 거리, 방향, 높이 등을 관측하여 현장에서 곧 평판에 붙어 있는 도지상에 도해하는 측량. 세부측량뿐 아니라 골조측량도 할 수 있다.

평판 플로터(平板 플로터, flatbed plotter) : 평평한 판 위에 수평방향과 수직방향으로 움직이는 연필을 사용하여 정보를 인쇄하는 장비.

평행권(平行圈, parallel of latitude) : 적도와 나란한 평면과 지표면의 교선, 즉 위도가 같은 점을 이어서 만들어진 원. 이것은 지구의 중심을 지나지 않으므로 소원이기 때문에 위도가 같은 2점 간의 최단경로가 아니다. 위도 ϕ인 평행권의 반경은 적도반경을 $\cos \phi$로 곱한 것이다.

평행반(平行盤, parallel plates) : 트랜싯의 하부를 구성하는 주요부분으로 상반과 하반으로 나누며, 그 사이에 3개 또는 4개의 정준나사가 있다. 측각을 할 때는 정준나사를 조작하여, 상평행반을 수평이 되게 한다.

평행상(平行狀, parallel) : 수계판독 모양의 하나로 지역이 넓어지는 방향으로 경사진 지역에 발달하고 지간은 단층이나 단구를 따라 나타나는 수계모양.

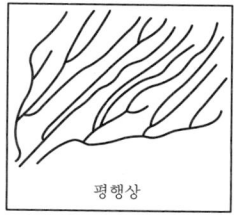

평행추(平行錘, balance weight) : 컴퍼스 등에 쓰이고 있는 자침은 북반구에서는 N쪽이 아래로 처진다(남반구에서는 반대). 이 자침의 복각을 없애기 위해서 반대쪽에 붙인 평행을 위한 추를 말한다.

평행투영(平行投影, orthogonal projection) : 정사영. 지형, 지물을 평행광선으로 평면상에 투영하는 투영법. 항공사진의 중심투영과 같은 말.

평행편각촬영(平行偏角撮影, parallel swing photographing) : 지상사진의 촬영법 가운데 하나로서, 기선에 대하여 일정각만큼 직각방향에서 벗어난 촬영방향에서 평행하게 촬영한다.

폐로전압안테나(closed circuit voltage antenna) : 지하시설물 탐사장비에 이용하는 수신기 중의 하나로서 표준형으로 검색과 추적 및 매설물의 정밀측량에 사용하며 매설물의 정확한 위치에서는 신호가 없고 매설물로부터 양쪽으로 멀어질수록 신호가 갑자기 상승했다가 서서히 줄어든다.

폐비(閉比, ratio of error of closure) : 폐합비.

폐쇄(閉鎖, closure) : 객체의 내부와 경계의 합집합이다.

폐트래버스(閉트래버스, closed traverse) : 트래버스 가운데 시점과 종점이 일치하는 폐합된 다각형을 형성하고 있는 것을 말한다.

폐합다각형(閉合多角形, closed-loop traverse) : 한 기지점에서 출발하여 노선을 구성하고 다시 출발점에 폐합되는 다각형의 한 형태.

폐합비(閉合比, ratio of error of closure) : 트래버스 측량에 있어서 폐합차와 전장과의 비를 말하며, 트래버스 측량의 정도를 나타내는 지수로 쓰이며, 일반적으로 분자를 1로 했을 때의 분수로 나타낸다.

폐합오차(閉合誤借, error of closure) : 폐합차.

폐합차(閉合差, error of closure) : ① 어떤 조건부 관측에서 관측결과 폐합되지 않는 오차, 즉 삼각형의 3내각을 관측했을 때 그들의 합은 $180°+ \varepsilon(\varepsilon :$ 구과량)로 되어야 하는데 관측오차 때문에 관측내 각의 합과 $180°+\varepsilon$와의 차가 생길 때 이 차이를 (삼각형의) 폐합차라 한다. ② 삼각형인 경우에는 출발점의 방향각에서 순위로 방위의 각을 더해가면 폐합점에서 기지의 방위각과 일치되어야 할 것이나 관측각의 오차 때문에 일치하지 않는데, 이 오차를 (방향각의) 폐합차라 한다. ③ 트래버스측량에서도 똑같은 폐합차가 생긴다. 삼각쇄에서 1기지점에서 출발하여 차례로 변장계산을 진행시키면 폐합변에 일반적으로는 일치하지 않는다. 이 오차를 (변장의)폐합차라 한다. ④ 트래버스측량, 삼각쇄의 측량에서는 출발점에서 차례차례 좌표계산을 하여 폐합점에 도달하면, 그 좌표치에 각각 Δx, Δy인 오차가 생긴다. 각각 x, y의 폐합차라 하고 $\sqrt{\Delta x^2+\Delta y^2}$을 수치의 폐합차라 한다. ⑤ 수준측량에서 기지점에서 다른 기지점에 이르렀을 때, 오차 때문에 도착기지점의 표고와 계산값이 일치하지 않는 것이 보통이다. 이것을 (수준측량의)폐합차라 한다.

폐합트래버스(閉合트래버스, closed traverse) : 시점과 종점이 일치하여 모양이 폐합된 다각형을 이루는 트래버스.

폐회로텔레비전카메라조사(閉回路텔레비전카메라調査, Closed Circuit TeleVision camera survey : CCTV camera survey) : 라이트와 카메라가 장착된 TV 카메라를 원격조정이 가능한 자주차에 탑재하여 관거 내부에 투입시켜 관거 내부를 조사하는 장비. 또한 자주차에 소형 발신기를 탑재하면 지상에서 관로의 위치와 심도를 탐사할 수도 있다.

포공레벨(砲工레벨, pogong level) : 가역레벨의 한 가지. Y level과 dumpy level과의 절충형이다. 망원경은 지가 중에서 회전할 수 있으나 분리할 수는 없다. 기포관은 양면기포를 갖추었으며 망원경에 부속되어 있다.

포권척(布卷尺, cloth tape) : 마포 속에 동 또는 황동의 철사를 함께 짜넣어 폭1.5mm 내외의 tape로 한 것이며, 겉에 도료를 칠하고 눈금을 매긴 것이다. 가벼워서 취급하기에는 편리하지만 건습이나 장력의 영향을 받는다.

포로코페의 원리(포로코페의 原理, Porro-Koppe's principle) : 사진의 배후에서 광선을 비추어 촬영시와 같은 렌즈로 투영하면 통과해 나온 광선은 렌즈의 비뚤어짐에서 오는 영향을 받지 않고, 촬영할 때 들어온 광선과 정확히 역방향으로 되어 있다. 이것을 Porro-Koppe의 원리라 하며, 사진측량의 기본원리 중 하나이다.

포로프리즘(포로프리즘, porro prism) : 역사적으로 Porro prism은 망원경의 첫 번째 형태이지만 설계적인 측면에서 몇 가지 한계점들을 가지고 있다. Porro prism의 장점은 가격이 저렴하고, 광학적으로 질적인 면에서 뛰어나다. 또한 대부분 더 많은 빛을 모을 수 있다. 단점으로는 소형화할 수 없고 오랜 기간 동안 다루기 힘들고, 일반적으로 roof prism보다 덜 견고하다.

포로형망원경(포로形望遠鏡, Porro-type telescope) ; 내부초준식 망원경 가운데 스타디아 가정수가 0이 되게 대물경과 십자선 사이에 초점거리가 작은 凸렌즈를 넣었으며, 십자선과 접안경을 움직여서 초준한다.

포맷(포맷, format) : 영상의 형태.

포메이션(포메이션, formation) : 계획고. 노선측량에서 선상 시설물이 완성되었을 때의 높이.

포물곡선(抛物曲線, parabolic curve) ; 종단경사 변환점에 종단방향으로 곡선을 설치할 때 포물선형의 곡선을 사용하며, 횡단면에서도 도로폭원이 넓을 경우에는 배수를 양호하게 하기 위하여 포물선형의 곡선을 사용한다. 이때 적용되는 곡선을 포물곡선이라 한다.

포제척(布制尺, cloth tape) ; 마포의 심에 동 또는 황동의 철사를 넣고 외면에 도료를 칠하고 눈금을 새긴 거리 측량용 기구. 건습, 장력 등에 의하여 신축이 커서 정밀한 측량에는 사용되지 않는다.

포켓실체경(포켓實體鏡, pocket stereoscope) : 렌즈입체경.

포켓컴퍼스(포켓컴퍼스, pocket compass) ; 분도 극에 직접 접어 넣을 수 있는 시준판이 달려 있으며, 손에 들고 사용할 수 있는 소형 compass이다. 답사나 개략적인 측량에 쓰이며, 고도계가 붙어 있는 것도 있다.

포테이프(布테이프, cloth tape) : 포권척 또는 천테이프라고도 함.

포토고니오미터(포토고니오미터, photogoniometer) ; 측량용 사진의 투영 중심에서 사진에서의 각 점으로의 각도를 관측하는 기계.

포토지도(포토地圖, photo map) ; 항공사진을 편위수정하여 오려붙여서 필요한 지명, 지적계, 기호, 등고선 등을 기입하거나 또는 인쇄한 지도.

포토스폿(포토스폿, photo spot) ; 항공사진상에서 태양광선 및 그 반사광 때문에 생기는 밝은 반점상의 부분.

포토데오돌라이트(포토데오돌라이트, photo theodolite) ; 사진경위의.

폴(폴, Pole) ; 측점 위에 세워서 측선의 방향을 결정할 때에 목표로 쓰이는 것으로, 직경 약 3cm의 나무막대. 길이는 2~5m이고, 멀리서 보기 쉽게 하기 위해서 20cm마다 적색과 백색으로 번갈아 도색이 되어 있다.

폴리곤(폴리곤, polygon) ; 면.

폴히하이머어공식(폴히하이머어公式, Forchheimer's formula) ; 수로의 평균유속을 구하기 위하여 Forchheimer가 제시한 지수공식. $V = \frac{1}{n} R^{0.7} I^{0.5}$, 여기에서 V : 평균유속, n : 조도계수, R : 경심, I : 수면구배.

표고(標高, elevation) ; 기준면(우리나라에서는 인천만의 평균해면)에서 그 점까지 이르는 연직거리. 즉, 평균해수면(지오이드면)으로부터 측점까지 중력방향을 따라 관측한 거리.

표고기준점(標高基準點, elevation control point) ; 표고를 관측하는 기준. 우리나라 육지표고의 기준은 전국 각지에서 다년간 관측한 결과를 평균조정한 평균해수면을 사용한다. 평균해수면은 가상의 면으로 고저측량에 직접 사용할 수 없으므로 그 위치를 지상에 영구표지로 설치하여 고저원점으로 삼고 이것으로부터 전국에 걸쳐 고저측량망을 형성하여 사용하고 있다.

표고눈금판(標高눈금板, height scale) ; 표고를 읽을 수 있게 하기 위하여 도화기에 붙어 있는 눈금판.

표고데이텀(標高데이텀, vertical datum, 1-dimensional datum) ; 수준원점.

표고별면적곡선(標高別面積曲線, elevation area curve) ; 저수지에서 저수지 수면표고에 따른 수표면적을 산정하여 나타낸 곡선.

표고보정(標高補正, reduction to the reference plane) ; 측량에서 쓰는 길이는 표준타원체면상에서의 값을 쓰고 있으므로 지상에서 관측한 길이를 표준타원체면상의 길이로 고쳐야 한다. 그 보정계산을 표고보정이라 하며, 계간표 또는 도표에서 구한다. 계산식은 일반적으로 다음과 같다.

$\Delta h = \frac{-H}{R} S'$ 여기에서 Δh : 보정량, S' : 관측장, H : 표고, R : 지구의 곡률반경.

표고자료(標高資料, elevation data) : 지형을 표고화하는 목적은 지표면과 그 고도 특성을 필요한 만큼 정확히 수치적으로 표현하는 데 있다. 즉, 지표면의 고도를 추출하고, 이를 일정한 구조로 조직화하여 GIS에서 수치적으로 지형을 표현하고자 수치지형모형을 구축하는 것이다. 공간상의 연속적인 기복변화를 수치적으로 표현한 모형을 수치고도모형이라 하며, 수치지형모형이라는 용어도 함께 쓴다.

표고점(標高點, spot elevation) : 높이가 기술되는 지도상의 점.

표고표정점(標高標定點, height control point) : 사진측량의 절대표정에 쓰는 표고가 알려져 있는 기준점. 수준면을 결정하는 데 쓰인다.

표기(標旗, signal flag) : 측기

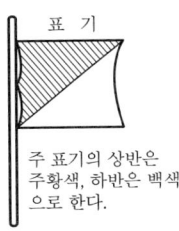

주 표기의 상반은 주황색, 하반은 백색으로 한다.

표등(標燈, signal lamp or target lamp) : 갱내 골조측량에서 측점을 명시하기 위해서 쓰이는 밝은 시표. 측점이 바닥에 있는 때는 삼각을 받쳐서 그 위에 놓는 것이 특징이며, 표등은 그 배후에서 전기적으로 조명된다.

표류판(標流板, floating plate) : 쇄(碎)판대에서 바깥쪽 바다의 흐름을 조사하는데 쓰며, 표지를 단 부자 아래 판자를 십자형으로 짜서 붙인 것이다.

표면부자(表面浮子, surface float) : 표면유속을 관측하기 위하여 수면에 띄워서 유하시키는 작은 부자이며, 보통 빈병, 나뭇조각, 종잇조각 등을 쓰고, 정해진 거리를 유하하는 데 요하는 시간으로 표면유속을 구한다.

표면분석(表面分析, surface analysis) : 하나의 자료층상에 있는 변량들 간의 관계분석에 적용한다.

표면유속(表面流速, surface velocity) : 수 표면에서의 물의 유속.

표본추출(標本抽出, sampling) : 하나를 가지고 다른 한 종류의 표준을 삼기 위한 물건이나 표본을 뽑아내는 것.

표면현상(表面現像, surface phenomenon) : 전자기 복사와 물체의 표면 사이에서 상호 발생되는 현상.

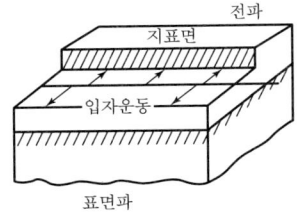

표본(標本, sample) : 모집단에 관한 정보를 제공하기 위해 추출된 한 개 이상의 항목에 대한 집합이다.

표석(標石, stone marker or stone monument) : 삼각점, 수준점, 그밖에 기준점의 위치를 표시하기 위한 돌로 된 표지. 최근에는 일부 금속으로도 만들어 쓰고 있다. 수준점은 표석만으로 되어 있으나 삼각점은 일반적으로 주석과 반석으로 되어 있다.

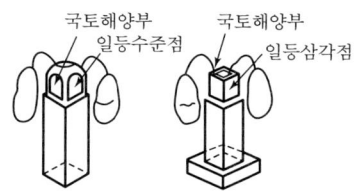

표적(標的, target) : 관측을 할 때의 목표의 표지.

표적표척(標的標尺, target rod) : 버니어가 붙은 홍백으로 칠한 표척. 시판을 움직여 시준선과 일치시켰을 때 표척수가 표적을 읽는 표척.

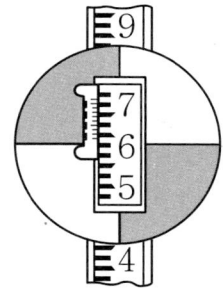

표정(標定, orientation) : ① 사진측량에서 한 쌍의 입체사진에서 상호위치와 지표에 대한 위치를 조정하는 것. 입체경에 의하는 경우는 회전만으로 되나, 입체도화기에서는 상호표정, 절대표정으로 구별된다. ② 평판측량에서 도판을 측점에 수평으로 차리고, 중심을 일치시킨 다음에 도판을 바른 방위로 있게 하는 것.

표정기준점(標定基準點, control point) : 절대표정에서 쓰는 점이며, 그 위치나 높이가 알려져 있는 것. 위치만을 알고 있는 것을 위치표정점, 높이만 알려진 점을 표고 표정점으로 구별한다.

표정도(標定圖, index map) : 항공사진의 촬영 비행코스, 촬영점, 촬영범위, 촬영번호 등을 기입한 그림.

표정오차(標定誤差, error of orientation) : 측량에서의 표정의 오차. ① 사진측량에서는 시차로서 관측된다. ② 평판측량에서는 평판방향표정이 불안전하면 도상 전체가 변위하므로 오차는 거리가 길수록 커진다. ③ 후방교회법에서는 Lehmann의 법칙으로 소거시킬 수 있으나, 그 밖의 경우에는 표정선으로 긴 것을 사용하고, 방향선을 그을 때 표정에서 사용한 길이보다 긴 방향선을 긋지 않도록 하여 오차의 확대를 방지한다.

표정요소(標定要素, element's of orientation) : 항공사진의 표정에 쓰이는 요소를 말하며, x, y, z 3축의 평행이동과 그들 축의 둘레를 도는 회전이며 상호표정, 절대표정으로 쓰이는 경우에 따라 구별된다.

표정점(標定點, pass point) : 항공사진에서 표정으로 삼는 점. 측량지역에서 표정점 측량으로 정하거나 항공삼각측량으로 구하거나 한다.

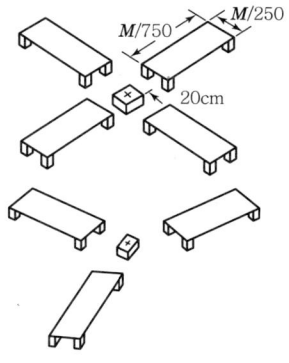

표정점측량(標定點測量, pass point survey) : 항공사진의 절대표정에 쓰는 표정기준점의 위치나 높이를 구하기 위해서 하는 트래버스측량, 삼각측량, 수준측량 등을 총칭한 것으로 사진상에서의 위치의 확인이 중요한 요소의 하나가 된다.

표정지표선(標定指標線, collimating mark) : 도화기의 건판보지기에 새겨진 내부정위를 위한 선.

표제지도(表題地圖, topical map) : 특수도 또

는 주제도. 특정의 용도나 목적을 지녔고, 그에 필요한 항목의 표현에 중심을 둔 지도를 말한다.

표주법(標柱法, staff reading method) ; 파고관측의 가장 간단한 방법으로 해중에 세운 표주에 나타나는 수면의 승강을 그 눈금으로 읽어서 파고를 관측한다.

표준검조의(標準檢潮儀, standard tide gauge) ; 정식검조소에 설치되는 것으로 가장 정확한 검조기록을 얻을 수 있다. 검조의는 파랑의 영향을 받지 않도록 도관과 검조정호를 만들어 검조정호 내에서의 수면의 상하를 부자로 재어서 검조의에 기록한다.

표준도식(標準圖式, standard map symbols) ; 수치지도를 구성하는 도형의 형태, 크기, 선호 구조 및 방향을 정하여 도면의 통일을 기하기 위한 도식으로서 국토지리정보원 원장이 정하는 것.

표준모형(標準模型, standard model) ; 수치지도에서 표준적인 기하모형으로 개발점모형, 개별선모형, 개별면모형, 네트워크모형, 영역분할모형의 5종류가 있으며 표준기하모형이라고도 한다.

표준시(標準時, standard time) ; 일정한 지역 내에서 공동으로 사용하는 지방의 평시, 즉 지구상의 어떤 점에서의 지방시를 그 지방의 시간으로 삼게 되면, Greenwich 평균시와 일반적으로 수 시간의 차가 생겨 불편이 있다. 그래서 적당한 범위 내에 있는 지방을 한데 묶어서, 어느 특정한 자오선에 대응하는 시간을 공동으로 사용하여 Greenwich 평균시와의 차를 정수시간으로 한 것을 그 지방의 표준시라 한다.

표준오차(標準誤差, mean square error) ; 오차의 제곱을 산술평균한 값의 평방근. 즉, 조정환산(최확)값의 정밀도를 의미하는 표준편차.

표준온도(標準溫度, standard temperature) ; 길이의 관측에서 자의 길이가 표준값으로 되는 온도. 또는 어느 일정한 온도(예컨대 15℃)일 때 자의 길이를 검정하여 이것을 표준온도로 삼는 수도 있다. 거리를 관측했을 때의 온도가 표준온도와 차이가 있을 때는 이에 대한 보정계산을 하여야 한다.

표준위치결정서비스(標準位置決定서비스, Standard Positioning Service : SPS) ; L_1 밴드의 C/A 코드를 이용하여 얻을 수 있는 위치 서비스로서 일반 사용자들에게 제공된다. SA 조치가 취해질 경우 95% 이내에서 수평정밀도가 100m 정도이고, 수직정밀도가 156m 정도가 된다. 시간으로는 334나노초이다.

표준자오선(標準子午線, standard meridian) ; 표준시를 정하기 위한 기준이 되는 표준상의 경선으로 한 나라 또는 한 지역의 표준시는 그 지역을 지나는 표준자오선을 기준으로 한 지방평균태양시이다. 우리나라는 동경 135°선을 표준자오선으로 설정하였다. 이에 따라 한국 표준시는 일본표준시와 일치하며, 그리니치표준시보다 9시간 빠르다.

표준장력(標準張力, standard tension) ; 기선척 등의 정수는 장력에 따라서 달라지므로 기준이 되는 장력하에서 검정하여 정수를 결정한다. 강권척에 있어서도 표준장력을 정해서 검정하여 동일 장력으로 작업을 하면 장력보정이 생략되므로 편리하다.

표준척(標準尺, standard scale or standard bar) ; 자는 사용 중에 길이가 변하는 수가 있으므로 사용한 자의 변화상태를 알아보거나 또는 길이를 검사하기 위하여 정수를 정밀하게 조정해 놓은 자.

표준중력(標準重力, normal gravity) ; 회전타원체의 등포텐셜에 의해 정의된 어떠한 지점에서의 이론적인 중력의 절대값.

표준코드(標準코드, standard code) ; 수치지도를 구성하는 도엽코드, 레이어코드 및 지형코드로 구분되며, 국토정보자료기반의 구축을 용이하게 하고 자료의 호환성을 확보하기 위하여 일정한 형식으로 구성한 코드.

표준편차(標準偏差, standard deviation) : 잔차 (관측값과 최확값의 차)의 제곱을 산술평균한 양인 제곱근을 평균제곱오차 또는 표준편차라고 하며, 유한개의 측정값에서 표준편차를 추정하자면 잔차의 제곱의 합을 상유도 (n-1 : n은 관측값의 수)로 나눈 것의 양의 제곱근으로 한다.

표준품셈(標準품셈, standard payment) : 건설공사나 측량작업의 예산 설계 시 참고하는 표준도서로서 각 공종별로 소요되는 인력 (품)을 단위 작업별로 정형화한 기준.

표준화(標準化, standardization) : 자료가 동일한 방식으로 구성되어 있는가로, 자료형식과 구조를 위한 표준은 지형공간자료의 유통과 변환이 가능하도록 표준화에 의하여 개발되어지는 것을 말한다.

표지(線識, signal) : 일시표지와 영구표지 및 가설표지가 있으며, 삼각점, 수준점 등의 표석과 같이 영구적으로 보존할 필요가 있는 것을 영구표지라 하고, 그 측량이 끝날 때까지만 필요한 것, 예컨대 측표, 대용표지 같은 것을 일시표지라 한다. 또 선점 등을 할 때 정규적인 표지를 세울 때까지, 또는 표석 등을 매몰할 때까지 잠정적으로 설치하는 표기, 표항 등을 가설표지라 한다.

표지말뚝(標識말뚝, marking peg) : 노선측량에서 주요점(교점, 기점, 종점, 원곡선시점, 원곡선종점 등)과 중심점에 설치하는 말뚝.

표척(標尺, staff) : 함척. 수준측량을 할 때 레벨의 망원경 수평시준선의 높이를 나타내기 위한 지점에 수직으로 세우는 자. 표척의 종류에는 여러 가지가 있으나 대별하면 자독식인 것과 표적식이 있다. 표척은 연직으로 세워야 할 필요가 있기 때문에 통상 간단한 수준기가 달려 있다.

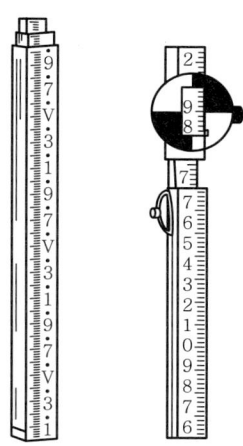

표척대(標尺臺, turning plate) : 표척의 저면보다 약간 큰 금속대의 받침대로 관측에 고정시킬 수 있도록 3개의 다리가 붙어 있다. 정밀을 요하는 수준측량에서는 이 점이 관측 중에 이동 또는 침하하지 않게 하기 위해서 지반 위에 표척대를 놓는다.

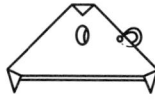 

표척레벨(標尺레벨, rod level) : 표척을 수직으로 세우기 위하여 표척에 부속되어 있는 소형 기포관. 고착식과 탈착식이 있으며 정밀수준표척에는 원형수준기가 쓰인다.

표척수(標尺手, staff man) : 스태프맨.

표척수준기(標尺水準器, Rod level) : 표척을 수직으로 세우기 위한 수준기.

표척판(標尺板, turning plate) : 지반이 약할 때 표척의 침하를 막기 위하여 표척의 저면에 받치는 금속제 판이다.

푸쉬브룸방식스캐너(푸쉬브룸方式스캐너, pushbroom type scanner) : 물체의 에너지를 감지하는 수백 개의 탐측기가 일렬로 배열되어 위성이 지나가는 방향으로(along-track) 지상을 주사하는 위성자료 취득방식. 전자기계적인 구성요소의 사용 없이 주사선의 각 요소를 동시적으로 기록하는 전하결합기기(CCD)의 선형 배열을 사용하여 영상을 구축하는 원격탐측체계. 예를 들면 SPOT 위성상의 HRV 감지기는 이 방법을 사용한다.

푸쉬브룸시스템(푸쉬브룸시스템, pushbroom system) ; pushbroom scanner를 사용하여 위성이 지나가는 방향으로 지상을 주사하여 위성자료를 취득하는 시스템.

품질(品質, quality) ; 요구사항을 만족시키는 정도를 포함하는 제품의 종합적인 특징.

품질매개변수(品質媒介變數, quality parameter) ; 공칭지면과 비교하여 지리자료집합의 실행을 설명하는 정량화할 수 있는 품질요소.

품질속성(品質屬性, quality attribute) ; 지형지물의 품질 특성을 기술하는 지형지물 속성.

품질스키마(品質스키마, quality schema) ; 지리자료의 품질 측면을 정의하는 개념스키마.

품질요소(品質要素, quality element) ; 지리자료 집합의 품질을 설명하는 정보 항목.

품질지표(品質指標, quality indicator) ; 지리자료 집합에 품질매개변수의 실행을 함께 표시하는 품질관측집합.

품질측정(品質測定, quality measure) ; 지리자료 집합에서 실행되는 상세한 시험에 대한 정의.

품질측정결과(品質測定結果, quality measure result) ; 품질 관측으로부터 얻어지는 값 또는 값들의 집합.

풍수지리(風水地理, geomancy topography) ; 땅의 형세를 인간의 길흉화복에 관련하여 설명하는 학설.

풍향계(風向計, weather cock) ; 바람방향을 관측하는 기계.

프라운호퍼형접안경(프라운호퍼形接眼鏡, Fraunhofer's eye -piece) ; 4개의 볼록렌즈를 2개씩 한 짝으로 하여 각 기의 볼록면을 서로 대립시킨 입상용 접안경.

프라이스유속계(프라이스流速計, Price's cur-rentmeter) ; 주발형에 속하는 대표적인 유속계. 기계는 수중에서 받칠 때에 금속제의 pipe 또는 동아줄을 이용할 수 있다. 회전수를 전기천음장치로 회전수를 알아낼 수 있게 되어 있다.

프랜시스공식(프랜시스公式, Francis formula) ; ① (부자의 보정계수) 장대부자에 의해서 관측된 유량에 보정계수 λ을 곱하여 구하는 유량으로 할 때 λ에 관한 Francis의 실험공식은 다음과 같다.
$\lambda = 1 - 0.116(\sqrt{D} - 0.1)$ 여기에
$D = \dfrac{h-\ell}{h}$, (ℓ : 부자의 수 길이, h : 수심)
② (보)예연장방형 보의 자유일유량에 관한 식으로 다음과 같다.
$$Q = 1.84\left(b - \dfrac{nH_0}{10}(H_0 + ha)^{\frac{3}{2}} - h^{\frac{3}{2}}\right)$$
[m·sec단위]
여기에서 Q : 일일량, b : 일유폭, n : 단수축의 수, H_0 : 보머리에서 상류쪽 수면까지의 높이, ha : 접근유속수두.

프랙탈(프랙탈, fractal) ; 자기 자신을 계속 축소 복제하여 무한히 이어지는 성질이 있으며, 어떠한 축척에서도 서로 유사한 편이(variation)를 갖는다.

프레넬렌즈(프레넬렌즈, Fresnel lens) ; 렌즈를 도넛형으로 나누어 각 부분에서 장방형 단면을 제거하고 만든 얇은 렌즈이며, 광선의 굴절. 집광작용은 원소와 다르지 않으며 집광용으로 쓰인다.

프레즈넬렌즈(프레즈넬렌즈, fresnel lens) ; 여러 개의 렌즈를 연결하여 하나의 필름으로 제작한 것.

프레임(프레임, frame) ; 컴퓨터 영상에서 한 영상면 크기의 자료 또는 여기에 상응하는 기억공간이다.

프레임그래버(프레임그래버, frame grabber) ; 비디오 시그널을 디지털화하기 위한 장치.

프레임버퍼(프레임버퍼, frame buffer) ; 영상

면에 나타나는 영상정보를 각 픽셀 단위로 저장하는 기억장치.

프레임워크자료(프레임워크자료, framework data) : 「기본지리정보」 참조.

프레임카메라(프레임카메라, frame camera) ; 고정된 초점거리의 렌즈로 셔터에 의해 사변형의 면적을 한 번에 촬영하는 카메라.

프로그램(프로그램, program) ; 사용자가 원하는 일을 처리할 수 있도록 프로그래밍 언어를 사용하여 올바른 수행절차를 표현해 놓은 명령어들의 집합.

프로파일(프로파일, profile) ; 한 개 이상의 기본규격의 집합으로, 적용가능한 경우 어떤 특정의 기능을 완성시키는 데 필요한 그것들의 기본규격으로부터 선택된 절, 클래스, 부분집합, 임의선택요건, 및 파라미터의 확인. 기본규격은 프로파일이나 제품사양서를 구축하기 위한 구성요소의 근원으로 되어 얻는 것처럼, 전체의 ISO/ TC211 규격이나 다른 정보기술규격이다.

프리에어보정(프리에어補正, free-air correction) ; 중력관측값에서 지구 중심으로부터 관측점까지의 거리가 관측점의 고도차만큼 서로 다르기 때문에 나타나는 중력 차이를 보정하는 것. 즉, 모든 관측점에서의 관측값을 임의의 기준면, 통상 해수면의 값으로 환산해 주는 것이다.

프리에어이상(프리에어異常, free-air anomaly) ; 위도 보정과 프리에어 보정만을 고려하고 부게 보정은 고려하지 않은 중력값에서 표준 중력값을 뺀 것.

프리즈마틱컴퍼스(프리즈마틱컴퍼스, prismatic compass) ; 직경 8cm 가량의 소형 compass이며, 접안시준판에 장치된 직각 prism을 통하여 눈금을 동시에 읽을 수 있다. 또 aluminum제의 분동원이 자침인 판자석에 붙어 있어서 자석과 함께 회전한다. clinometer가 부속되어 있어서 경사각의 대소를 알 수 있게 되어 있는 것도 있다.

프리즈모이달공식(프리즈모이달公式, prismoidal formula) ; 저수지 등의 용적을 등고선을 이용하여 산정하기 위한 공식. 평면도에 설계된 dam을 기입하고, dam의 상류지역에 등고선을 그려서 평면도상에서 같은 높이의 등고선으로 둘러싸인 면적을 planimeter를 써서 산출한다. 지금 $A_0, A_1, A_2, \cdots A_n$을 각 등고선에 둘러싸인 면적, h를 각 등고선의 간격, V를 용적이라 하면 n이 우수인 때는

$$V = \frac{h}{3}\{A_0+A_n+4(A_1+A_3+A_5+\cdots+A_{n-1})+2(A_2+A_4+A_6+\cdots+A_{n-2})\},$$ n이 기수인 때에는 최후의 한 구간을 다음 식으로 계산한다.

$$\frac{h}{2}(A_{n-1}+A_n) \text{ 또는}$$
$$\frac{h}{3}(A_{n-1}+\sqrt{A_{n-1}\times A_n}+A_n)$$

프리즘(프리즘, prism) ; 광학적 평면을 2개 이상 가진 투명체로서 적어도 한 쌍의 면은 평행이 아닌 것을 말한다.

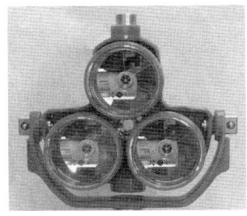

프린트아웃(프린트아웃, print-out) ; 종이, 필름 또는 기타 연속성이 있는 매체에 인쇄된 출력(printed output)을 말하는 것으로서 하드 카피와 같은 의미이고 소프트 카피와 반대되는 말이다.

플라니미터(플라니미터, planimeter) ; 도상면적을 기계적으로 재는 기계. 다음 3가지로 분류된다. ① 정극식 planimeter ② 원판식 planimeter ③ 회전식 planimeter로 분류하며, ①, ②는 극을 가졌으며 넓은 면적을 관측하는 데 적합하고 ③은 평행한 회전율을 가졌고 가늘고 긴 면적의 관측에 적합하다.

플랑크법칙(플랑크법칙, Planck's law) : 1900년에 M.플랑크가 발표한 복사법칙이다.

플러스말뚝(플러스말뚝, plus peg) ; 노선측량에서는 등간격으로 중심말목을 설치하는데, 중심말목 사이에 지형의 변환점, 암거, 교량 등 구조물의 설치점이 있으면 그 점에 특별히 중간말목을 박고, 이 말목에 직전의 중심말목으로부터의 거리를 +0.00m라고 기입한다. 이와 같은 말목을 중간말목이라 한다.

플레오곤(플레오곤, pleogon) ; zeiss사가 제작하는 광각 lens로 화각은 93°이다.

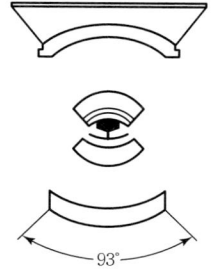

플로피디스크(플로피디스크, floppy disk) ; 얇은 플라스틱 원판에 자성체를 코팅한 기록장치.

플롯(플롯, plot) ; 실측한 수치를 써서 제도하거나, 현지의 점을 도지상에 옮기거나 하는 것. 흔히 전개라고 한다.

피(ϕ)(피, phi) ; 비행방향에 직각인 수평축 주위의 회전각.

피덥(피덥, Positional Dilution Of Precision : PDOP) ; GPS의 정밀도 저하를 일으키는 DOP 중에서 수평성분과 수직성분 계산값의 정확도(위도, 경도, 높이)에 대한 정밀도 저하율.

피사계심도(피사계深度, depth of field) ; 사진 렌즈로 어떤 거리의 피사체에 초점을 맞추면 그 앞쪽과 뒤쪽의 일정한 거리 내에 초점이 맞는데 이때의 범위.

피알앤(피알앤, Pseudo Random Noise : PRN) ; 유사노이즈. GPS 위성에서는 C/A 코드와 P 코드로 PRN을 전송하며, GPS 수신기는 PRN 위성을 식별하여 거리계산체계에 사용한다.

피알앤코드(피알앤코드, Pseudo Random Noise code : PRN code) ; 잡음과 같은 성질을 지닌 2진수의 열. 유사 잡음부호는 0과 1이 불규칙적으로 교체되는 수치부호이며 각각의 GPS 위성을 식별하여 거리계산체계에 상용한다.

피알앤번호(피알앤番號, Pseudo Random noise number : PRN number) ; GPS 위성 유사잡음 부호의 비트 배열에 관계된 번호. 현재는 위성번호와 동일하게 취급된다. 이 번호에 따라 수신기 내부에서 소정의 의사잡음부호를 발생시켜 수신파형과 비교하여 원하는 위성을 포착한다.

피제트에스삼각형(피제트에스三角形, P.Z.S. spherical triangle) ; 천문삼각형. 천극 P, 천정 Z, 천체 S의 3점으로 이루어지는 천구상의 구면삼각형. 천문측량에서 종종 쓰이는 기본적인 구면삼각형이며 그림에서와 같은 관계가 있다.

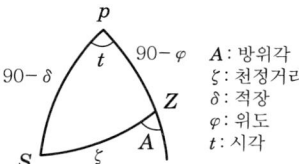

피치(피치, pitch) ; 일반적으로 항공기, 인공위성 등의 흔들림, 즉 전후방향의 흔들림을 말한다.

피코드(피코드, P code) ; GPS 위성으로부터 발신되는 위치결정용 전파로 보내지는 신호. 유사거리를 관측하기 위하여 time mark로서 역할과 24개 GPS 위성의 식별부호 역할을 병행한다. 유사잡음은 비트율 10.23Mpbs, 부호열의 길이는 1주간이라는 장대한 것도 있다. 현재는 실질적으로 공개되어 L_2대는 P 코드에 의하는데 Code Less 방식에 의해서는 수신되지 않는다. P 코드의 파장은 C/A 코보다 10배나 짧은 약 30mm로서 이는 L_1과 L_2파 모두에 운반된다. 이 코드의 주기는 267일 정도의 극히 긴 시간으로 반복된다. 사실상 각각의 위성에 대해서는 일주일 단위로 쪼개어 제공되고 있으므로 위성마다 P 코드의 분리된 부분을 발사하고 있다.

피트(피트, pit) : 주위의 경사값이 모두 양수(상향)인 점.

핀(핀, pin) : 거리측량에 쓰이며, chain 끝을 지상에 표시하거나 그 개수를 세어서 chain을 사용한 횟수를 알아보는 데 쓰는 기구.

피피에스(피피에스, Precise Positioning Service : PPS) : 「정밀위치결정서비스」참조.

핀홀(핀홀, pin hole) : 카메라에서 렌즈 대신 사진을 찍을 수 있도록 만든 바늘구멍.

필계(筆界, boundary of a lot of ground) : 일필지의 경계.

필계점(筆界點, boundary corner point) : 각 일필지의 경계가 되는 지점. 필계선은 논둑이나 밭둑, 도로를 경계로 하는 경우가 많으며, 산지에서는 능선이나 곡선에 따르는 경우가 많으나 애매하다. 그래서 석표를 세우거나 경계수를 심거나 하는 경우도 있다.

필드(필드, field) : 자료기반의 레코드에 존재하는 각각의 자료항목. 필드에는 숫자, 날짜, 수식, 함수 등의 자료를 입력할 수 있으며 하나의 열에는 하나의 필드만을 기록할 수 있다.

필름(필름, film) : 투명한 고급 셀룰로이드의 거죽에 감각막을 붙인 건판. 사진·영화 따위를 촬영하는 데 사용.

필름속도(필름속도, film speed) : 사진에서 필름과 같은 감광재료의 성질을 나타내는 곡선(D-logE curve)에서 필름이 빛에 감광하는 성능이 0.3에 해당하는 셔터스피드값이다.

필름특성곡선(필름특성곡선, D-log E curve) : 사진에서 필름과 같은 감광재료의 성질을 나타내는 곡선.

필지(筆地, parcel, land unit) : 법적으로 물권이 미치는 권리의 객체(object). 소유자가 동일하고 지반이 연속된 동일 성질의 토지로서 지적공부에 등록하는 토지의 등록단위.

필지별식별번호(筆地別識別番號, unique parcel identification) : 각 필지별 등록사항의 저장과 수정 등을 용이하게 처리할 수 있는 가능성이 있는 고유번호. 지적도에 등록된 모든 필지에 고유번호를 부여하여 개별화함으로써 필지별 대장의 등록사항과 도면의 등록사항을 연결시키며 기타 토지자료파일과 연계하거나 검색하는 등 필지에 관련된 모든 자료의 공통적 색인번호의 역할을 한다. 이로써 토지에 대한 평가, 과세, 거래, 이용계획 및 기타 토지관련정보를 등록하고 있는 각종 대장과 파일 간의 정보를 연결하거나 검색하는 기능이 크게 향상되었다.

필터(필터, filter) : 디지털 필터는 수치자료값을 변조하기 위한 수학적 과정이고 광학적 필터는 광학시스템을 통하여 투과된 복사에너지를 흡수와 반사에 의하여 선택적으로 변조하기 위한 물질이다.

하구(河口, inlet) ; 바다에서 육지로 연결된 통로나 호수에서 해변에 연결된 통로.

하드디스크(하드디스크, hard disk) ; 자성체로 덮인 견고한 금속디스크, 하드디스크 드라이브에 영구적으로 정착되어 있다. 매우 빠른 속도로 회전하며 대량의 자료를 저장할 수 있고, 플로피 드라이브에 비해 액세스가 빠르다.

하드웨어(하드웨어, hardware) ; GIS를 구동시키는 장치로서 컴퓨터 시스템의 물리적 장치를 가리키는 말. 눈으로 볼 수 있고 손으로 만질 수 있는 것을 의미하며, GIS에서 하드웨어의 구성은 중앙처리장치와 주변장치로 구성되어 있다.

하드카피지도(하드카피地圖, hardcopy map) ; 사용자가 알아볼 수 있게 만든 종이지도를 말한다.

하드클립(하드클립, hard clip) ; 의미 있는 표고 정보가 존재하는 지역을 다각형으로 표현하여 다각형 내부에서만 표고값이 보간이 되도록 하는 속성.

하반(下盤, lower plate) ; 복축형 트랜싯에서 수평눈금반이 달려있는 부분이다. 배각관측법에서 일반적으로 쓰이며, 또 간단한 측량에서는 vernier의 지표를 0°에 맞추고 기준방향을 시준하여 직접 다른 방향각을 재기도 한다.

하부고정나사(下部固定螺絲, lower tightening screw) ; 복축형 트랜싯에서 하반을 연직축에 고정시키는 나사. 배각관측을 할 때나 눈금반의 위치를 변환할 때 사용한다.

하부미동나사(下部微動螺絲, lower tangent screw) ; 복축형 트랜싯에서 하부고정나사를 조이고, 상하반의 관계위치를 미량으로 움직이기 위한 나사.

하부운동(下部運動, lower motion) ; 복축형 트랜싯의 내축을 외축에 고정시켜 전체를 외축의 둘레로 회전시키는 운동. 하부운동으로 눈금은 진행하지 않으며, 이 운동을 고정하는 나사를 하부고정나사라 한다.

하상경사(河床傾斜, bed slope) ; 하천의 평수시 유수에 접한 지반 경사. 즉 하천 바닥의 경사.

하상계수(河床係數, coefficient of riverregime) ; 어떤 하천의 갈수기의 최소유량과 홍수기의 최대유량의 비.

하상구배(河床勾配, slope of river bed) ; 하저의 최심부를 연결하는 선. 하천의 최심부는 반드시 그 중심선과 일치하지 않고, 그 위치를 찾아내기도 어려운 일이므로, 보통은 횡단측량의 결과에서 얻은 최심부의 종단도에서 구한다. 하천의 경사로 수평거리에 대한 고저차의 비.

하상종단곡선(河床縱斷曲線, river bed profile) ; 하천바닥의 평균표고를 종단으로 연결한 곡선.

하수도(下水道, sewerage) ; 주택, 건물, 공장 등의 하수처리의 배수 관련 시설.

하수도대장관리표준체계(下水道臺帳管理標準體系, Sewerage Book Management Standard System : SBMSS) ; 하수처리를 위해 설치된 각종 시설과 관련된 자료를 정리, 편집하여 작성된 대장을 GIS를 도입하여 전산화하고, 이를 데이터베이스화한 후 하수도시설물 유지보수 및 긴급재난 방재 등에 활용할 수 있는 체계.

하수도법(下水道法, sewerage and drainage law) ; 하수도의 설치·관리에 관한 사항을 규정하기 위해 제정한 법률(1966. 8. 3 법률 제1825호.)로서 도시의 건전한 발전과 공중위생의 향상에 기여하고 공공용 수역의 수질을 보전함을 목적으로 한다.

하안(河岸, river bank) ; 하상에 접속한 하천 양안의 경사지.

하알랏헤르도법(하알랏헤르圖法, Harlacher's graphical method) ; 하천의 유량을 구하는 도해법으로, 어떤 횡단면에서의 수면폭에 따라 횡단유속곡선과 하저곡선을 각각 종축의 위와 아래에 그리고, 횡축상의 임의의 점 E에서 임의의 단위거리 K를 잡아서 C점을 정하여, EV=EF, EP//BC로 하면 P점은 횡단유량곡선상의 점이다. 이 방법을 되풀이하여 횡단유량곡선을 그려서 이것이 횡축과 둘러싼 면적 A를 구하면 유량 $Q=KAS_vS_hS_b$에서 계산한다. 여기에서 S_v, S_h, S_b는 각각 유속, 수심, 수면축의 축척이다.

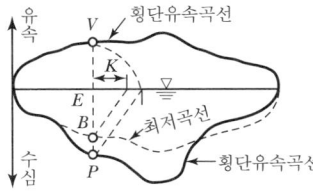

하우(하우, Hand Over Word : HOW) ; 항법메시지는 5개의 서브프레임으로 구성되고, 각 서브프레임은 10개의 워드(word)로 구성된다. 하우는 이 10개의 워드 중에서 두 번째 워드(word)를 말하며, 다음 서브프레임의 앞부분에서 제트카운트(Z-count)를 포함한다. 제트카운트는 수신기에서 P코드를 발생할 때 그 상관관계를 알아내어 결정할 때 쓰인다.

하위장면(下位場面, subscene) ; 상세 분석을 위해 사용되는 이미지의 한 부분이다.

하이겐스형접안경(하이겐스型接眼鏡, Huygen's type eyepiece) ; 2개의 평볼록렌즈의 볼록면을 둘 다 전방으로 향하게 한 입상의 접안경이다. 측량용 기계에는 거의 쓰이지 않는다.

하이란(하이란, Hiran) ; 거리의 전파계측기의 일종으로 구하려는 두 점에 지상국을 두고, 2점을 잇는 선분의 중앙을 선분에 직각방향으로 비행하는 항공기에서 발사하는 300MC 전후의 pulse 초단파를 수신함과 동시에 다른 전파의 pulse를 항공기로 발사한다. 항공기에서는 이것을 받아 전파의 왕복시간으로부터 양 지상국까지의 거리를 연속적으로 구하여 그 최소값과 그때의 비행고도에서 거리를 결정한다.

하이르스(하이르스, HIgh Resolution infrared Spectrometer : HIRS) ; 1978년 이후 구름이 없는 지역의 대기중 온도에 중요한 정보를 제공하였던 적외선 관측 도구이다.

하이리스(하이리스, HIgh Resolution Imaging Spectrometer : HIRIS) ; EOS 프로그램의 첫 번째 극궤도 플랫폼을 위해 개발되었으나, 나중에 개발이 중지되었다. 그 후 이름을 Hyper Spectral Imager(HSI)로 바꾸어 우주왕복선에 실어서 사용하도록 개발되었다. 1988년 8월에 최초의 HIS는 발사 후 한 달 뒤 우주공간에서 사라져버렸다. HIRIS의 밴드수는 192개, Spectral Coverage는 400~2,500이다.

하저경사(河底傾斜, slope of river bed) ; 하상구배.
하저구배(河底句配, slope of river bed) ; 하상구배.
하천경사(河川傾斜, river slope) ; 하천의 경사진 정도를 나타내는 용어로서 수면경사와 하상경사로 나눌 수 있으며, 단순히 하천경사라 하면 일반적으로 수면경사를 가리킨다. 수면경사는 하천 수면의 경사를 말하며 같은 시간에 관측한 많은 수위표에 의한 수위차와 수위표 사이의 거리에 의해서 구한다. 수면경사는 수위에 따라 고수경사, 저수경사, 평균경사 등으로 구분한다. 하상경사는 하천에서 하저의 최심부를 연결하는 선을 뜻하나, 하천의 최심부는 반드시 그 중심선과 일치하지 않고, 그 위치를 찾아내기도 어려우므로, 보통은 횡단측량의 결과에서 얻은 최심부의 종단도에서 구한다. 하저경사의 크기는 수평거리에 대한 고저차의 비로 나타낸다.

하천구배(河川勾配, river slope) : 수평구배와 하저구배로 나눌 수 있겠으나 단순히 하천구배라 하면 일반적으로 수면구배를 가리킨다.

하천망도(河川網圖, river map) : 수계별 하천의 이름과 종류를 표시한 지도.

하천법(河川法, low of river) : 하천의 유수로 인한 피해를 예방하고 하천사용의 이익증진과 하천환경의 정비·보전을 위한 하천의 지정·관리 사용 및 보전 등에 관한 사항을 규정함으로써 하천을 적정하게 관리하고 공공복리의 증진에 기여함을 목적으로 한다.

하천측량(河川測量, river surveying) : 하천공사를 하기 위하여 가장 중요한 자료인 현황을 알기 위해서 하는 측량. 평면측량, 고저측량, 유량측량으로 나누어지며, 하천경사라고도 한다.

하천측량(河川測量, river surveying) : 하천의 형상, 수위, 수심, 경사 등을 관측하고 각종 도면을 작성하여 하천의 계획, 설계, 시공, 유지관리 등에 필요한 자료를 제공하기 위한 측량으로서 거리표설치, 수준기표측량, 종단측량, 횡단측량, 수심측량 등으로 나누어진다.

하천횡단면적(河川橫斷面積, river cross sectional area) : 하천의 흐름방향에 수직인 통수단면의 면적.

하평행반(下平行盤, lower parallel plate) : 복축형 트랜싯의 두 평행반 가운데 아래쪽에 있는 것을 말한다. 이것으로 트랜싯을 삼각에 설치하며, 중앙에 있는 원형의 구멍 범위 내에 기계를 움직여서 측점과 기계의 중심을 일치시킨다.

하통과(下通過, lower culmination) : 지구의 자전에 따라서 모든 별은 하루 사이에 두 번 자오선을 지나게 되는데, 그중에서 아래쪽을 지나는 것. 이때에는 주극성 이외에는 지상에서 볼 수 없다.

하해측량(河海測量, hydro graphical surveying) : 하천, 호소, 해안, 항만 등 물에 관한 공사의 계획, 시공을 위하여 필요한 측량의 총칭.

하향각(下向角, angle of depression) : 부각.

하향식(下向式, top-down) : 관리자층에서 먼저 지리정보체계의 필요성을 인식하고 실무자에게 소개하는 방식. 관리자는 상세한 실무는 잘 모를지라도 업무에 대한 풍부한 경험을 가지고 있으므로, 지리정보체계의 효과에 대한 폭넓은 이해를 가지고 있다. 이 방식은 예산이나 조직적 지원이 쉽다는 장점이 있는 반면, 관리자가 상세한 기술적 사항을 파악하지 못하므로 지리정보체계에 대한 과장된 기대로 인해 방향을 잃기 쉽다.

하향측법(下向測法, chaining down hill method) : 거리관측에서 경사면을 내리막으로 관측하는 방법.

한(High Accuracy Reference Networks : HARN) : 미국 전역에 대한 높은 위치정확도를 확보하기 위한 기준망. 어디서나 20~100km 이내에 있으며, 평면 고정확도는 A급이 5mm+1 : 10,000,000, B급이 8mm+1 : 1,000,000이다.

한국경위도원점(韓國經緯度原點, korean standard datum of triangulation) : 국가가 그 나라의 측량을 시작할 때 최초로 기준이 되는 점의 경위도 및 방위각을 천문측량으로 정하는데, 이것이 경위도 원점이며, 우리나라는 경기도 수원시 국토지리정보원 내에 있다.

한국수준원점(韓國水準原點, Korean original bench mark) : 우리나라에서의 높이 기준은 인천만의 중등조위면을 채용하고 있는데 그 높이의 값은 0m이다. 그러나 이 중등조위면은 가상의 면이므로 실제로 높이의 기준으로 사용하려면 부동의 위치에 고정시켜야 한다. 이 고정점을 수준원점이라 하며, 우리나라는 인하대학교 구내에 있다.

한국시(韓國時, Korean time) : 천체를 관측해서 결정되는 시는 그 지점의 자오선마다 다르므로 이를 지방시라 한다. 지방시를 직접 사용하면 불편하므로 실용상 곤란을 해결하기 위하여 경도 15° 간격으로 전세계에 24개의 시간대를 정하고 각 경도대 내의 모든 지점은 동일한 시간을 사용하도록 하는데 이를 표준시라 한다. 우리나라에서는 동경 135°를 기준으로 하는 표준시를 사용하는데 이를 한국시라고도 한다.

한국지적학회(韓國地籍學會, the Korean Society of Cadastre : KSC) : 사단법인 한국지적학회는 1976년 8월 31일 회원 상호 간의 협동으로 지적 및 관련 학문에 관한 학술적 연구를 체계화할 목적으로 창립되었으며, 지적학에 대한 학술연구 및 발표, 지적학에 대한 학술연구지 및 기타 도서의 발간, 지적 관련 전문지식을 요하는 사업의 조사·감정 및 평가의 실시, 국내 및 국외의 지적학술교류 및 정책자문, 국가기관·공공단체 또는 타 학술기관의 지적에 관한 자문 및 용역 등의 주요 활동을 하는 전문학술단체.

한국측량학회(韓國測量學會, Korean society of Surveying, Geodesy, Photogrammetry, and Catography : KSGPC) : 한국측량학회는 측량학, 측지학, 사진측량학, 지도학, 지형정보학 및 측량 관련학문에 관한 연구와 측량기술발전을 촉진하고 측량기술자의 위상을 향상시키기 위하여 1981년 8월 창립한 학술단체이다. 정기간행물로는 매년 4회의 국문논문집과 2회의 영문논문집이 발간되고 있으며, 매년 2회의 학술대회가 개최되고 있다. 그 외에 측량, 측지, 사진측량, 지도 및 지형정보학에 관한 기준, 용어의 제정과 정부 기타 공공단체 등에서 행하는 측량사업에 대한 기술협조, 국내외 관련학회와의 교류 등을 수행하고 있다.

한국토지정보시스템(韓國土地情報시스템, Korea Land Information System : KLIS) : 토지와 관련된 각종 정보(속성, 공간)를 전산화하여 통합적으로 관리하는 시스템. 정부의 필지중심 토지 정보 시스템(PBLIS)과 건설 교통부의 토지 관리정보시스템(LMIS)을 통합하여 자료의 일관성 확보와 사용자 편의성을 제고하기 위한 시스템.

한국해양수산개발원(Korea Maritime Institute, KMI) : 1997년에 설립되어 해양·수산 및 해운항만 정책에 관한 조사·연구 및 컨설팅, 국내외 해양, 수산 및 해운항만 관련정책의 비교 연구, 해운·항만관련 국제물류 및 복합운송에 관한 조사·연구, 국내외 해양, 수산, 해운항만 및 물류 산업의 동향과 정보의 수집 분석 및 보급, 국내외 해양, 수산 및 해운항만 자료의 데이터베이스화, 해양수산부로 부터 위탁받은 수산특정연구개발사업의 관리 및 해양벤처산업 지원 및 육성 등의 업무를 수행하고 있는 정부출연연구기관이다.

한국해양수산연수원(Korea Institute of Maritime and Fisheries Technology : KIMFT) : 해양수산부 산하의 선원의 교육·훈련과 선박운항 및 어업에 관한 신기술의 개발·보급을 통해 우수한 해양수산인력을 양성하고 해기사 국가기술자격검정 등에 관한 업무를 수행함으로써 해양수산분야의 발전에 기여를 목적으로 1998년에 설립되어 해양수산관련 사업, 선원인력양성(해기사 포함) 등 선원정책 수행을 위한 정부지원업무, 해양수산기술훈련에 관한 국제교류 증진을 위한 사업, 정부로부터 수탁한 해기사 국가기술자격검정 등의 업무를 수행하고 있다.

한국해양연구원(韓國海洋研究員, Korea Ocean Research & Development Institute : KORDI) : 해양수산부의 소속기관으로 1973년 설립된 이후 연안관리개발기술, 해양기후변동연구, 해양탐사기술개발, 해양생명공학연구, 해양목장화연구, 심층수개발연구, 해양방위연구 등 우리나라 주변해역을 대상으로 한 각종 조사연구개발사업을 비롯해서 태평양

심해저 광물자원 개발연구, 과학기지 설치운영을 통한 남극·북극 연구, 그리고 국제공동해양조사연구 등을 수행하고 있는 연구기관이다.

한랭전선(寒冷前線, cold front) : 차가운 기류가 따뜻한 기류를 향하여 돌진하여 그 밑으로 쐐기형으로 잠입해 있을 때 그 경계면과 지면이 만나는 선.

한류(寒流, cold current) : 해류지역 이외의 해수에 비하여 부유생물이 많아 생산성이 높은 해류이며, 투명도가 낮아 암녹색을 띠고 있다.

할러트의 계산법(할러트의 計算法, Hallert's numerical orientation) : 입체 model 내의 6점에서의 종시차를 관측하고, 그 다음의 최소제곱법을 이용하여 표정요소를 계산으로 정하는 표정법.

할족삼각(割足三角, split-leg tripod) : 삼각의 1종으로, 무게를 덜기 위해서 사이가 뜨게 맞춘 두 쪽으로 된 다리를 가진 삼각.

함수(函數, function) : 하나의 도메인으로부터 나온 요소와 다른 도메인으로부터 나온 독특한 요소를 연계시키는 규칙.

함수모형(函數模型, functional model) : 기하학적인 또는 물리학적인 특성을 표시하는 모형.

함수언어(函數言語, function language) : 추상적인 자료유형에 대해서 연산 용어 안에서 정의되거나 대수적 공리가 각각의 형에 대해서 각각의 연산의 결과를 규정하는 것과 같은 프로그래밍 언어로 공식적인 정의에 이용되는 표기체계.

함척(函尺, staff) : 「표척」참조.

합격판정(合格判定, pass verdict) : 시험 목적인 적합성 요건에 합치하고 있는 것이 보고된 경우의 시험판정.

합경거(合經距, total departure) : 경거의 대수합. 즉 자오선을 종축으로, 동서선을 횡축으로 잡은 평면직각좌표계에 있어서 어느 측점의 횡좌표를 그 측점의 합경거라 하고, 그 측점까지의 경거의 대수합을 말한다.

합류식하수도(合流式下水道, combined sewer) : 폐수와 양수를 함께 운반하도록 만들어진 하수거. 반면 오수거와 양수거가 분비된 하수거를 분리식 하수거라고 한다.

합리화법(合理化法, rationalized method) : kelsh protter에 특히 알맞은 상호표정법으로 가장 큰 시차부터 없애가는 방법.

합병(合倂, annexation) : 지적공부에 등록된 2필지 이상을 1필지로 합하여 등록하는 것.

합성개구레이더(合成開口레이더, synthetic aperture radar) : 고해상도영상레이더.

합성도법(合成圖法, combined projection) : 두 도법의 전개좌표의 산술평균값으로 작용하면 양자의 결점이 다소 완화된다. 이것을 합성도법이라 한다. 예컨대 equmorphic 도법은 Sanson 도법과 Mollweide 도법의 합성도법이다.

합성입방체(合成立方體, composite solid) : 서로 근접한 입체의 경계곡면을 공유하는 입체들을 연결한 집합이다.

합성입체영상(合成立體映像, synthetic stereo image) : 하나의 영상을 디지털처리함으로써 stereo 영상으로 재구성한 영상으로, 위상학적 데이터들이 시차를 계산하기 위해 사용된다.

합성좌표기준계(合成座標基準系, compound coordinate reference system) : 두 개의 독립된 좌표기준계에 의해 공간위치를 기술하는 좌표계로 2차원 혹은 3차원의 기하학적 좌표계를 기초로 하는 한 개의 좌표기준계와 중력과 관련된 표고계를 기초로 하는 좌표기준계로 이루어진다.

합성지도(合成地圖, composite map) : 수치화된 개별적인 여러 지도를 하나로 모아 만든 지도. 여러 주제도로부터 취득된 정보를 취합한 지도로, 지리분석의 과정에서 생성된다.

합성표면(合成表面, composite surface) : 서로 근접한 곡면의 경계곡선을 공유하는 곡면들을 연결한 집합.

합위거(合緯距, total latitude) : 위거의 대수합. 즉 자오선을 종축으로, 동서선을 횡축으로 잡은 평면직각좌표에서, 어느 측점의 종좌표를 그 측점의 합위거라 하며, 그 측점까지의 위거의 대수합을 말한다.

합위거법(合緯距法, total latitude method) : 폐합트래버스의 면적을 다음 식에 따라 계산하는 방법을 말한다. 면적=1/2∑(측점의 합위거)×(2측점의 양 측선의 경거의 대수합)

항공기탑재측면관측레이더(航空機搭載側面觀測레이더) : 「저해상도 영상레이더」 참조.

항공도(航空圖, aeronautical chart) : 항공기가 비행하는 데 필요한 사항을 표시한 주제지도. 국제민간항공기관(ICAO)에서 국제적으로 쓰이는 항공도(ICAOWAC)의 내용이 정해져 있다.

항공레이저프로파일측량(航空레이저프로파일測量, airbone laser profiling and scanning) : 기상조건에 좌우되지 않고 산림이나 수목지대에도 투과율이 높으며 또한 자료취득 및 처리과정이 완전히 수치방식으로 이루어지므로 측량의 경제성과 효율성이 매우 높은 항공기 탑재에 의한 새로운 등고선 생성기법. 재래식 항측기법의 적용이 어려운 산림, 수목 및 늪지대 등의 지형도 제작에 유용하며 항측에 비하여 작업속도나 경제적인 면에서 유리한 측량.

항공사진(航空寫眞, aerial photograph) : 항공에서 찍은 모든 사진으로서 기구, 인공위성, 항공기 등에서 지표면을 촬영한다. 지표를 연직방향에서 촬영한 것을 연직사진, 기울여 촬영한 것을 경사사진이라 한다.

항공사진기(航空寫眞機, aerial camera) : 항공사진을 촬영하기 위한 사진기.

항공사진집성(航空寫眞集成, aerial photo mosaic) : 항공사진을 수직사진으로 편위수정하여 기준점과 영상을 맞추어 붙이는 것으로 약조정, 반조정, 조정집성으로 분류한다.

항공사진측량(航空寫眞測量, aerial photogrammetry) : 항공기나 기구 등에 의해 촬영한 사진을 이용하여 지형, 지물에 관한 정보를 파악하고 지형도 등을 작성하는 측량.

항공사진측량용카메라(航空寫眞測量用寫眞機, Aerial metric camera) : 항공사진을 이용하여 측량할 수 있도록 제작된 카메라로 지표, 사진번호, 고도, 기울기, 시간 등이 기록되도록 고안되어 있다.

항공사진측정학(航空寫眞測定學, aerial photogrammetry) : 항공사진측량학.

항공삼각측량(航空三角測量, aerotriangulation) : 입체도화기 및 정밀좌표 관측기에 의하여 사진상에 무수한 점들의 좌표(X, Y, Z)를 관측한 다음, 소수의 지상기준점 성과를 이용하여 관측된 무수한 점들의 좌표를 전자계산기, 블록조정기 및 해석적 방법으로 절대좌표를 환산해 내는 방법.

항공수준측량(航空水準測量, aerial leveling) : 고도계의 기록에 의하여 촬영 시의 고도를 정확히 구하고 이것을 사용하여 행해지는 수준측량.

항공영상분광계(航空影像分光計, airborne imaging spectrometer) : $0.01\mu m$의 분광 밴드폭을 갖고, 탐지기가 비행방향과 직각으로 향하고 있는 선형배열을 갖고 있는 다중분광스캐너.

항공측량용사진기(航空寫眞用寫眞機, arial surveying camera) : 항공측량용 사진을 촬영하기 위한 사진기.

항공필름(航空필름, aerial film) : 항공사진기를 사용하기 위하여 특별히 만들어진 필름.

항로지(航路誌, ocean passage pilot) : 선박이 항로를 선정할 때의 참고사항을 기록한 서적으로서 주요 항로에 대한 장애물, 해황, 기상 등의 내용이 수록되어 있다. 우리 나라는 국립해양조사원에서 근해 및 대양 항로지를 간행하고 있다.

항로측량(航路測量, channel or passage survey) : 주요항로에 있어서 선박의 안전항행을 목적으로 실시하는 측량.

항만측량(港灣測量, harbour surveying) ; 항만의 계획 및 공사에 필요한 자료를 얻기 위한 측량으로 해안 속에 포함한다.

항목(項目, item) ; 독립적으로 기술될 수 있거나 생각될 수 있는 것이다. 지물, 지물 간 관계, 지물속성 또는 이것들의 편성 등 자료 집합의 임의 부분이 항목으로 될 수 있다.

항법정보(航法情報, navigation message) ; 위성의 궤도력과 시간자료, 항해력, 그리고 위성들과 그 신호에 대한 정보들. GPS 신호에 포함된 37,500비트의 메시지로 초당 50비트로 송신된다.

항성(恒星, fixed star) ; 천구상에서 관계위치를 유지하여 마치 천구에 고정되어 있는 것처럼 보이는 천체. 항성은 거의 무한원에 있으므로 거리의 단위로 광년(0.946702 ×1,013km)을 쓴다.

항성시(恒星時, sidereal time) ; 임의의 자오선에 있어서 춘분점의 시각. 즉, 춘분점이 자오선을 통과하고부터 지구가 자전한 각도. 항성관측에는 평균시보다 편리하여 실제로는 지방항성시를 쓰고 있다. 또 1태양년＝465.2422태양일＝366.2422항성이므로 항성시는 태양시보다 하루에 약 3′56″ 앞서간다.

항성일(恒星日, sidereal day) ; 어느 자오선이 춘분점을 통과했다고 보고 다음에 다시 춘분점을 통과할 때까지의 시간을 1항성일이라 한다. 1항성일을 24시간, 1시간을 60분, 1분을 60초로 나누는 것은 평균시와 같다. 항성일은 평균태양보다 약 3′56″ 짧다.

항양도(航洋圖, sailing chart) ; 원거리 항해를 할 때 사용되며 외해의 수심, 주요 등대·등부표 그리고 먼 거리에서 바라볼 수 있는 육지의 여러 가지 물표가 도시되어 있다. 축척 1/100만보다 작은 소축척 해도이다.

항정선(航程線, rhumb line) ; 항법에서 사용된 용어. 두 측점 사이의 일정한 방위의 삼각 궤도.

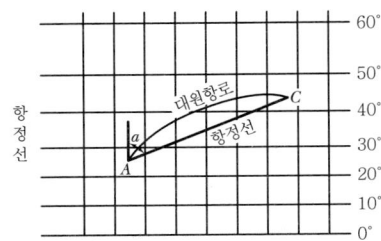

항해력(航海曆, nautical almanac or nautical ephemeris) ; 배의 위치를 관측하기 위해서 하는 천체관측에 필요한 태양, 달, 혹성, 항성 등의 위치와 제원을 그 해의 월, 일순으로 편집하여 기록한 것.

항해도(航海圖, general chart of coast) ; 육지를 멀리 바라보며 항해하는 데 사용되며 자기 배의 위치를 항상 육지의 여러 가지 물표나 등대, 등부표로서 결정할 수 있게 제작된 해도이다. 축척 1/30만 보다 작은 소축척 해도이다.

항해용해도(航海用海圖, nautical chart) ; 「해도」 참조.

항행통보(航行通報, notice to mariners) ; 항로, 연안, 항만 등의 상황은 자연적으로나 인위적으로 끊임없이 변하기 마련이다. 이러한 변화는 직접 또는 간접적으로 안전항해에 영향을 미치므로 이와 같은 변동 사항을 신속·정확히 선박에 알려 안전항해와 해난사고를 예방할 수 있도록 정보를 제공하며, 수로도서지 이용자에 대하여는 변경된 사항을 보정하여 수로도서지를 최신 상태로 사용할 수 있도록 하기 위하여 정기적으로 항행통보를 주 1회 간행하고 인터넷 등 다양한 방법으로 제공하는 것.

해(海, sea) ; 대양의 한 부분으로 육지에 접하고 있으며 나름대로 독특한 해양학적 특성을 지닌 바다.

해구(海溝, trough) ; 오랜 역사를 가진 해저 저지.

해도(海圖, nautical chart) ; 해안에 관하여 해

류의 상황, 수심, 해안의 형상 등을 주제로 하여 나타낸 도면. 항해에 필요한 목표가 되는 육지의 지형, 목표물체, 등대 등의 위치를 기재하고 방위, 위치 등을 도상에 관측할 수 있게 만들어진 항해도. 국제수로국(IHB)에서는 세계의 모든 해도의 내용과 도식을 규정하고 있는데, 예를 들면 Mercator 도법을 표준으로 하게 되어 있다. 해도의 작성은 우리나라의 경우 국토해양부 국토지리정보원에서 하게 되어 있고, 일반해도 외에 수심도, 지질도 및 어업용도와 참고도로서 여러 가지 특수해도(주점지도)가 있다.

해도기준면(海圖基準面, chart datum) : 해도에서 나오는 수심기준면과 높이기준면. 수심기준면은 조석이 더 이상 내려가지 않는 면으로 정하는데 우리나라의 수심기준면은 약최저저조면을 채택하고 있다. 그리고 높이기준면은 평균해면을 채택하고 있다. 이 외에 다리 및 가공선의 높이는 약최고고조면을, 간출암의 높이는 수심기준면인 약최저저조면을 기준으로 하고 있다.

해도도식(海圖圖式, chart symbols and abbreviations) : 해도상에 기재된 건물, 항만시설, 등부표, 수중장애물, 조류, 해류, 안선의 형태, 등고선, 연안지형, 각종 한계 등의 기호 및 약어를 수록한 것.

해류도(海流圖, current chart) : 해류의 종류 및 유향, 유속 등을 나타낸 도면.

해도용지(海圖用紙, chart paper) : 해도를 제작할 때에 사용되는 용지. 면 펄프와 화학 펄프를 원료로 하여 특히 습도나 수분에 의한 신축성이 극히 작도록 생산되는 지도제작용 용지.

해머도법(해머圖法, Hammer's projection) : 적도법등적방위도법을 X=x, Y=2y(x, y는 원래의 좌표계의 좌표, X, Y는 새로운 좌표)로 변형한 것으로 지구 전체표면과 투영이 타원으로 되고 적도와 중앙경선이 각기 타원의 장반경과 단반경이 된다.

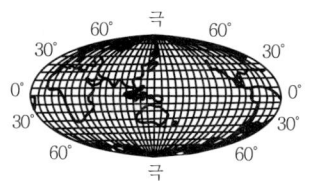

해면간척(海面干拓, sea reclamation) : 해안간척지에 제방을 측설하고 제방 내의 물을 배제하여 수면을 육지화하는 것.

해면보정(海面補正, reduction to mean sea-level) : 기압, 온도, 중력가속도 등은 고도에 따라 다르므로 지표상의 두 지점서의 양을 비교하기 위해서는 각관측값을 평균 해면상의 값으로 고칠 필요가 있는데, 이를 해면보정이라 한다.

해빈(海濱, beach) : 해안선을 따라서 해파와 연안류가 모래나 자갈을 쌓아 올려서 만들어 놓은 퇴적지대. 해안에서 전빈과 후빈을 합하여 해빈이라 한다.

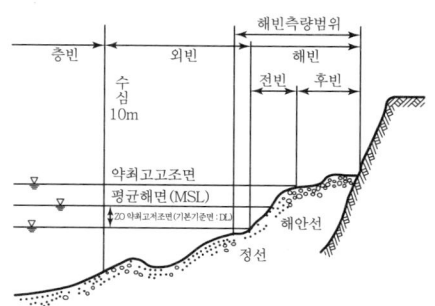

해빈측량(海濱測量, beach surveying coastal surveying) : 해안에서 전빈과 후빈을 포함하는 범위의 등고선도 및 등심선도를 작성하는 작업. 해빈측량을 위하여 해안선을 따라 연안에 기준선을 설치한 후 일정 간격으로 측점을 설치하고, 측점마다 기준선에 직각인 방향으로 횡단측량을 실시한다.

해상거리표(海上距離表, distance table) : 우리나라와 세계의 주요 162개 항으로부터 다른 주요 항까지의 항로상 거리를 해리로 나타낸

표로서 선박의 크기, 계절 등의 요인에 따라 여러 항로를 선택할 수 있을 경우 그 경유지도 함께 수록한 서지.

해상도(解像度, resolution) ; 영상이나 사진에서 아주 가까운 별도의 물체를 구별하는 능력으로, 보통 구별될 수 있는 가장 가까운 공간상의 선과 단위 거리로써 표현된다. 공간해상도라고도 한다.

해상력(解像力, resolving power) ; 광학기계가 세부를 어느 정도까지 판별할 수 있는가 하는 능력. 1mm 사이에 그어진 선을 몇 개까지 판별할 수 있는가로 나타낸다. 예컨대 해상력 100본 등과 같이 말한다.

해상위치측량(海上位置測量, marine positioning survey) ; 해상에서 선박의 위치를 결정하기 위한 측량으로서 천문관측법, 전파신호수신법, 인공위성신호수신법, 해저매설표신호수신법 등이 있다.

해석도화기(解析圖化機, analytical plotter) ; 입체사진의 기하학적 관계를 계산기에 의해 수치적으로 재현하여 피사체의 3차원 관측 및 지형도 작성 등을 실시할 수 있는 장비.

해석사진측량(解析寫眞測量, analytical photogrammetry) ; 사진에서의 각 점의 좌표값을 사용하여 전자계산기 등에 의하여 외부정위와 각 점의 위치, 표고 등을 계산으로 구하는 사진측량의 방법.

해석삼각측량(解析三角測量, analytical triangulation) ; 기준점들 사이의 수학적 상관관계와 위치에 따른 특성값을 망조정 이론으로 조정하는 사진측량의 한 기법. 수학적으로 기준망을 환산조정하고 위치관계상 사진의 합성구조를 변화시켜 전산기로 기준점을 현지측량이 아닌 사진상의 관측만으로 구하는 과정.

해석입체도화기(解析立體圖化機, analytical stereoplotter) ; 중첩되는 한 쌍의 사진을 수학적인 모형으로 간주하여 편위와 오차를 제거하여 도화하는 장비. 지상기준점을 사용하여 사진의 정치를 바로잡기 때문에 지도와 동일한 좌표계를 얻을 수 있고 도화할 축척을 선택할 수 있는 유연성이 있다. 그리고 해석입체도화기로 세부도화한 자료는 직접 수치형태로 저장이 가능하고, 도엽방식의 자료를 수치화한 자료에 오차가 발생할 가능성이 대폭 줄어 그만큼 자료의 정확도가 높다. 따라서 GIS에 필요한 공간자료를 취득하기 위해서 항공사진을 이용할 경우 일반적으로 이용되던 지형도에 비해 정보의 정확성이 높고 시간이 절감되는 효과를 거둘 수 있다.

해석적행렬(解釋的行列, interpretive matrix) ; 지도상에서 추가된 자료로 지도화된 형상의 상세한 특성을 포함하는 표. 예를 들면 토양의 해석적 행렬은 각각 지도화된 토양형태에 대한 배수와 침수자료를 가지고 있다.

해석항공삼각측량(解析航空三角測量, analytical aerotriangulation) ; 「항공삼각측량」 참조.

해안단구(海岸段丘, coastal) ; 지반의 상대적 상승에 의하여 이전의 해안평야와 해식대가 융기해서 해안선을 따라서 돌출된 계단모양의 평탄한 지역.

해안도(海岸圖, coastal chart) ; 연안항해에 사용하는 해도로서 연안의 여러 가지 물표나 지형이 매우 상세히 표시되어 우리나라 연안에서 가장 많이 사용되는 해도이며 축척 1/5만보다 작은 소축척 해도이다.

해안선(海岸線, shoreline) ; 바다와 육지사이의 접선.

해안선측량(海岸線測量, coast line survey) ; 해안선의 매몰방지, 방파, 매립계획, 연안항로의 안전 등을 위한 측량.

해안지역컬러스캐너(海岸地域컬러스캐너, coastal zone color scanner) ; Nimbus 7 위성에 탑재된 분광스캐너.

해안측량(海岸測量, coastal survey) ; 해안붕괴의 방지 또는 매몰의 방지나 고조방지 등의 기술적 자료를 얻기 위한 측량. 대상으로 되는 것은 해안 및 해저조사, 항만측량, 파랑조사, 표사의 조사 등이다.

해양관측(海洋觀測, oceanographic observation) ; 해양에서 발생할 수 있는 현상들을 과학적 방법에 의해 그 성질이나 양에 대해서 관측 및 측정하는 것을 말한다. 해양관측은 해양의 개발 및 보존을 위한 기초자료 수집과 해양예보를 목적으로 실시한다.

해양기준점측량(海洋基準點測量, marine control survey) ; 해안 부근의 유상지형, 해안선, 도서지방의 정확한 위치결정에 필요한 기준점 설치를 위한 측량.

해양원격탐사(海洋遠隔探査, marine remote sensing) ; 기술 인공위성 혹은 항공기로부터 해수에 접촉 없이 그 해수에 포함된 물질의 종류 및 양과 해양현상의 물리적 성질을 파악할 수 있는 기술. 예로서 인공위성이나 항공기 등에 탑재되어 관측기에 의해서 한국근해 수온분포, 식물플랑크톤 분포, 해수면 높이, 해상풍 등 양식장, 만내의 해양 변동 요소 및 환경상태 등을 알아낼 수 있는 기술.

해양정보체계(海洋情報體系, Marine Information System : MIS) ; 해저영상정보, 해저지질정보, 해수유동정보, 해상정보 등을 포함한다. 해양정보체계를 이용하여 측면주사 측심기에 의한 해저영상 수집분석, 초음파탐사에 의한 해저지형 및 해양지질조사, 초음파탐사영상처리에 의한 해저지질구조 분석 및 해양지하자원탐사, 조류와 조석관측에 의한 파력에너지활용대책 수립, 위성영상분석에 의한 해류흐름의 변동, 수온분포변화조사, GPS 자료분석에 의한 어로자원 이동상황 및 어장현황을 예측할 수 있다.

해양조석부하(海洋朝夕負荷, ocean tide loading) ; 해양조석부하란 조석에 발생되는 해수의 하중이 해저면에 작용하여 인근의 지각이 변동되는 현상으로서, 일반적으로는 조석관측데이터를 이용하여 개발되는 해양조석모델에 의해 각 부하성분이 결정되나, 최근에는 정밀 GPS 관측 데이터를 이용하여 역으로 해양조석모델을 개발할 수 있다.

해양중력측량(海洋重力測量, marine gravity survey) ; 해상 또는 수중에서 중력을 관측하여 해면지오이드를 결정하여 해상측지학, 해양지구물리, 해저지각구조 및 지원탐사 등의 자료를 제공하기 위한 측량.

해양지자기측량(海洋地磁氣測量, marine magnetic survey) ; 항해용 지자기분포도, 해양자원 탐사자료 취득을 위한 측량.

해양측량(海洋測量, sea surveying) ; 해양을 적극적으로 활용하고 개척하며 해양의 제반 자료를 얻기 위하여 각종 해도 작성, 바다의 수평 및 수직위치 결정, 조류 및 조석 관측, 해저지형 측량 등을 하는 것.

해양학(海洋學, oceanography) ; 해수의 흐름, 변동, 해양물리, 해양생물, 해양기상 및 해상을 다루는 학문.

해저(海底, bottom) ; 해수면 아래의 지표면.

해저지질측량(海底地質測量, underwater geological survey) ; 해저지질 및 지층구조를 조사하는 측량.

해저지형도(海底地形圖, bathymetric chart) ; 수심도. 해저지형의 상황을 나타내는 지도. 등심선과 점고법으로 해저의 기복을 나타낸 것이 많다.

해저지형측량(海底地形測量, underwater topographic survey) ; 해저지형기복을 결정하는 측량(해상위치+수심측량을 동시에 실시).

핸드레벨(핸드레벨, hand level) ; 가장 간단한 수준측량용 기구로서 직경이 약 3cm, 길이 약 15cm의 황동제의 관 속의 오른쪽 절반의 시준선과 45° 기울어진 반사경이 있고, 그 왼쪽 절반은 투명하다. 이 거울로 레벨 위쪽에 붙어 있는 기포를 반사시켜서 시준선을 수평으로 하고, 투명한 부분을 통하여 표척을 읽는 기계.

핸드스캐너(핸드스캐너, hand scanner) ; 소형 이미지 스캐너로 손으로 스캔할 이미지 위로 스캐너를 밀어서 읽는다.

핸드템프렛법(핸드템프렛법, hand templet method) ; 도해사선법의 한 방법으로 각 사진의 주점 및 각 사선을 따로따로 투영한 templet 위에 옮기기 위하여 그것을 얽어 맞추어 쇄를 편성하는 방법.

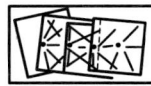

핼머트변환(핼머트變煥, Helmert's trans formation) ; 항공삼각측량에서 단 course의 조정 변환에 쓰이는 변환. 축척의 변화와 회전으로 되어 있으며 1차의 등각사상변환이다.
즉, $X=ax+by+X_0$, $Y=-bx+ay+Y_0$.

행렬(行列, matrix) ; 격자점에 기반을 둔 하나 이상의 규칙적인 2차원 배열.

행잉레벨(행잉레벨, hanging level) ; 자오의의 수평축에 걸어 수평상태를 검사하기 위한 정도 높은 거는 형의 수준기. 약 1″의 정도인 것을 쓰는 수가 있다. 자오의로 시를 관측할 때의 주요한 기구이다.

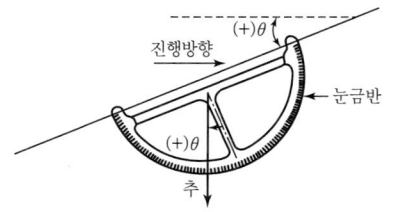

행정경계선(行政境界線, administrative boundary) ; 행정구역을 구분하기 위한 경계선으로 GIS에서 행정구역도는 행정업무에 널리 쓰이는데, 특히 사회의 지표가 되는 각종 사회경제 통계자료를 가시적으로 표현할 때 유용하다.

행정구역(行政區域, administrative area) ; 행정구역을 구분하기 위한 경계선. GIS에서 행정구역도는 행정 업무에 널리 쓰이는데, 특히 사회의 지표가 되는 각종 사회, 경제, 통계자료를 가시적으로 표현할 때 유용하다.

행정구역도(行政區域圖, administrative boundary map) ; 행정구역을 나타낸 지도. 이미 제작된 지형 지번도를 바탕으로 지리정보체계 소프트웨어를 이용하여 지형지번도 내의 지역코드가 같은 필지끼리 통합시켜 제작한 도면.

행정구역도표(行政區域圖表, administrative district diagram) ; 해당 지도에 포함된 행정구역의 경계와 행정단위 명칭을 색인도표 우측에 표시해 놓은 도표. 도식적용규정의 행정구역도표 도식에 의거하여 표시한다.

행정지도(行政地圖, administrative map) ; 행정안전부 산하 각 시, 도, 군에서 행정구역별로 제작한 지도.

행정지명(行政地名, administrative place name) ; 행정 편의를 위해서 부여한 지명.

향(向, aspect) ; 경사면이 향하는 수평의 방향. 지리정보체계에서는 생태학이나 자원평가에 방향 및 경사 자료를 형성하고 사용한다.

허선(虛線, hidden line) ; 보이지 않는 부분의 형을 나타내는 선. 보이는 선보다 약간 가는 파선으로 나타낸다.

허상(虛想, virtual image) ; 실상의 반대말. 스크린에 맺히는 영상이 아니라 사람의 눈에만 보이는 영상. 또는 실제 영상이 아니라 어떤 영상을 가공하면 이런 영상이 된다는 일종의 방정식으로 표현한 영상. 따라서 가상 영상을 불러들인다는 것은 저장된 방정식대로 바로 영상을 가공해서 영상면에 보여주는 것을 의미하게 된다.

허용오차(許容誤差, allowable error) : 허용할 수 있는 오차의 한계. 그 크기는 측량의 목적·방법·요구되는 정도에 따라 다르다. 오차가 허용오차를 넘을 때에는 재측하여야 한다.

헤론의 공식(헤론의 公式, Herron's formula) : 삼각형의 삼변길이 a, b 및 c를 관측하여, 그 면적 S를 구하는 경우에 사용되는 공식. 삼변법이라고도 한다.

$$S = \sqrt{S(S-a)(S-b)(S-c)}$$

단, $S = \frac{1}{2}(a+b+c)$

헤이포드타원체(헤이포드橢圓體, Hayford ellipsoid) : 1909년 헤이포드가 관측한 준거타원체로서 1924년 국제타원체로 채택되어 WGS-84가 채택되기 전까지 사용되었다. 지구의 형태는 완전한 구형이 아니므로 지도투영을 위하여 회전타원체로 간주하여 사용되는데 이러한 측량 및 지도제작을 위한 회전타원체를 기준타원체라고 한다. 헤이포드타원체는 여러 가지 기준타원체 중 하나이다.

현수선(懸殊線, dangle) : 부정확한 디지타이징 때문에 흔히 발생하는 위상오차.

현수선길이(懸殊線길이, dangle length) : 부정확한 디지타이징 때문에 흔히 발생하는 위상오차.

현수선절점(懸殊線節點, dangle node) : 다른 호와 연결되지 않은 현수선 호의 끝점.

현장(弦長, chord length) : 곡선상의 두 지점을 연결한 직선 또는 그 길이.

현장법(弦長法, field method) : 검교정의 한 방법으로 지상에 3차원 타겟 array를 설치하고 정밀하게 관측하여 정답의 좌표를 얻고, 이 값을 촬영하여 얻은 영상과 대비하는 방법.

현지보완측량(現地補完測量, field repletion survey) : 지하시설물 기도에 필요한 정확도를 유지할 수 없는 지역에 대하여 현지에서 측량을 실시하여 지하시설물 기도를 보완하는 작업.

현지조사(現地調査, field survey) : 정위치편집을 하기 위하여 항공사진을 기초로 도면상에 나타내어야 할 지형지물과 관련되는 사항을 현지에서 조사하는 것.

현지조사자료(現地調査資料, ground truth data) : 지형자료의 확인 또는 보완의 목적을 위해 사업 대상지역에서 직접 취득한 정보.

현편거(弦偏距, chord deflection) : 원곡선 설치에서 그 곡선장에 해당되는 현거와 현편거를 계산하여 2개의 줄자만으로 원곡선을 설치할 때 쓰는 값이며, 그림에서 x를 나타낸다.

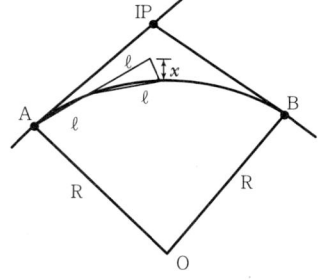

현편거법(弦偏距法, chord deflection method) : 현편거를 이용하여 노선의 단곡선을 설치하는 방법.

협각법(夾角法, intersection deflection method) : 「교각법」 참조.

협거(夾距, intercept) : 협장. 스타디아의 상선과 하선 사이에 낀 수준척의 눈금의 읽음값.

협곡(峽谷, gap) : 언덕, 산등성이, 산맥사이에 벌어진 틈이나 낮은 지점.

협대역(狹袋域, narrow lane) : GPS 관측값은 L_1, L_2 주파수에서 동시에 관측된 반송파위상 관측값을 모두 해석하여 얻어진다. 전리층 지연을 소거하기 위해 사용하는 L_1과 L_2 반송파 위상 관측값의 선형조합을 말하며, 협대역 관측값(narrow lane)의 유효파장은 10.7cm이고(L_1+L_2) 협대역 관측값으로 반송파 위상의 모호성분을 쉽게 결정할 수 있다.

협장(夾長, rod intercept) : 협거. 시거측량에서 전방에 세운 표척의 눈금이 트랜싯망원경의 상하 시거선에 낀 길이.

형광(螢光, fluorescence) : 물질이 빛의 자극에 의해서 발광하는 현상. 외부 에너지원으로부터 복사에너지에 노출된 후 물질로부터 빛이 발광하는 현상.

형질변경(形質變更, alternation of terrain feature) : 절토, 성토 또는 정지 등으로 토지의 형상을 변경하는 행위(조성이 완료된 기존 대지 안에서의 건축물 기타 공작물의 설치를 위한 토지의 굴착행위는 제외한다.)와 공유수면의 매립을 말한다.

호(弧, arc) : 체인. 지리정보체계 도형의 구성 요소. 어느 위치에서 시작하여 다른 위치로 끝나는 x, y 좌표값(vertex)들이 순서대로 연결되어 있는 형태로 길이만 갖고 면적은 갖지 않는다. 선 요소, 면 요소의 경계 또는 이 두 가지를 모두 표현한다. 하나의 선 요소는 많은 호들로 구성될 수 있다. 호는 노드와 폴리곤의 양쪽 면과 위상학적으로 연결되어 있다.

호도법(弧度法, circular method) : 라디안을 단위로 하여 중심각을 표시하는 방법.

호모로사인도법(호모로사인圖法, Homorosine projection) : 저위도지대의 변형이 적은 도법과 중·고위도지대에서 변형이 적은 도법을 혼합하여 맞춘 도법. 즉, Sanson 도법과 Mollweide 도법을 40°에서 서로 이어놓은 도법.

호안(護岸, revetment) : 해안 또는 제방을 보호하기 위하여 그들의 경사면이나 각부 표면에 시공하는 공작물.

호주측량 및 토지정보청(戶主測量 및 土地情報廳, AUstralian Surveying and Land Information Group : AUSLIG) : 측량, 지도, 정보체계, 컨설팅 서비스에 특화하여 호주의 정보서비스산업의 일부를 담당하고 있다. 300여 명이 종사하며, 지도학, 지리학, 측지학, 지리정보체계 원격탐측 등의 분야에서 전문가들을 중심으로 구성되어 있다.

호필드모델(호필드모델, hosfield model) : GPS에서 지구 전체를 포함하는 실제 데이터를 사용하여 실험적으로 대류권의 굴절성을 높이의 함수로 나타낸 것. 대류권에서의 굴절요인은 건조한 성분이 90%, 습한 성분이 10%를 차지하며, 호필드모델은 이 중 건조한 성분에 의한 굴절성을 함수로 나타낸다.

혼다식검사의(本多式檢潮儀, Honda's tide gauge) : 해중에 금속제의 기밀한 심종을 가라앉혀, 조석에 의한 수면변동을 심종 내의 공기압력변동으로 잡아, 이것을 도관에 의해서 육상으로 전하여 조위를 측정한다. 휴대용이나 장기간 사용에는 좋지 않다.

혼일강리역대국도지도(混一疆理歷代國都地圖, honilgangiyeogdaegukdojido) : 1402년 5월 김사형, 이무, 이희 등이 작성한 세계지도.

혼합데이텀(混合데이텀, hybrid tridimensional geodetic datum) : 두 개의 다른 표면이 수직 데이텀으로 이루어진 3차원적 측지데이텀.

홀로그램(홀로그램, hologram) : 보는 위치에 따라 그 형태도 변하여 마치 진짜를 보는 듯한 느낌이 드는 3차원 입체 영상. 주로 레이저 광선을 사용해 만들어진다. 레이저빔의 분할로 만들어지는 3차원 이미지이며 상당한 양의 자료를 저장할 수 있고, 이것은 자료의 저장과 표현을 위한 새로운 수단으로 각광을 받고 있다.

홍수위(洪水位, Flood Water Level : FWL) : 하천의 수위 중에서 몇 년에 한 번씩 발생할 정도의 홍수 때의 수위. 배수계획이나 치수공사의 계획을 세울 때 기준이 된다.

화각(畫角, picture[angular]field) : 한쪽의 투영 중심이 사진상의 대각선을 끼고 있는 각.

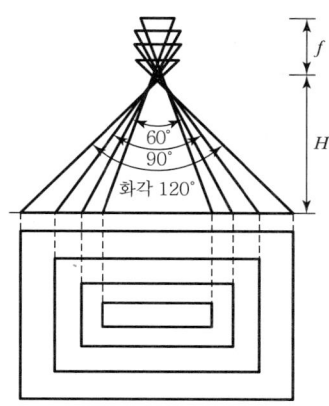

화면거리(畵面距離, principal distance) : 카메라의 투영중심에서 화면까지의 수선의 길이. 렌즈에 수차가 없고 대상이 무한원에 있으면 초점거리가 같아진다.

화면중심(畵面中心, fiducial center[center of photograph]) ; 항공사진에서 지표를 연결한 선의 교점. 보통 주점과 일치하게 조정되어 있음.

화면지표(畵面指標, fiducial mark) ; 화면과 사진기 렌즈의 관계 위치를 나타내기 위하여 화면상의 각 변 또는 각 모서리에 있는 눈금.

화면출력(畵面出力, display) ; 컴퓨터에서 사용자에게 정보를 보여주기 위해 정보를 출력하는 작업.

화성위도(化成緯度, reduced latitude) :

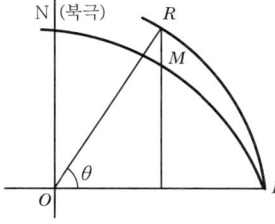

지구의 중심 O를 중심으로 하고 지구의 장반경 OE를 반경으로 하는 보조원을 그려, 어떤 지점 M을 지나는 종선과 보조원과의 교점을 R이라 할 때, RO가 적도면과 이루는 각 θ를 M점의 화성위도라 한다.

화소(화소, pixel) : 「영상소」 참조.

확대도(擴大圖, enlargement) ; 소축척 지도를 확대해서 대축척의 지도로 만드는 것. 예컨대 5만분의 1 지도로 1만분의 1 지도를 만들어내는 것이다. 일반적으로 정도가 떨어지므로 좋은 방법이라 할 수 없다. 작업 방법에는 방안법과 사진법 또는 pantograph를 쓰는 방법이 있다.

확대율(擴大率, multiplication ratio) ; 증대율. 타원체상의 점을 평면상에 투영할 때 평면거리와 측지선 길이의 비.

확대입체경(擴大立體鏡, zoom stereoscope) ; 한 쌍의 접안렌즈를 이용하여 2.5배에서 20배까지의 연속적인 다양한 확대를 제공한다. 다른 접안렌즈를 사용하면 40배 이상의 확대도 가능하다. 어떤 모델은 image를 360°까지 회전시킬 수 있는 능력을 가지고 있다. 이 특징은 연속의 필름의 임의의 부분을 볼 수 있는 것에 특별한 가치가 있다. 이들 stereoscope에서 제공되는 높은 배율은 높은 정밀도를 가진 필름에서 얻어진 높은 품질의 사진을 판독하는 데 유용하다.

확대축소변환한계(擴大縮小變換限界, Zoom Transfer Scope : ZTS) ; 지도나 다른 그래프 위에 그래프나 사진을 놓기 위한 시각적인 장치. 종종 직접 자동기록에 의해 신속히 지도를 최신의 것으로 만드는 데 사용한다.

확도(擴圖, slack) ; 철도의 궤간이 좌우 양차륜이 flange 사이의 간격과 완전히 동일하면, 곡선부분에서는 차륜이 rail에 대하여 비스듬하게 되어서 flange가 rail의 면과 마찰함으로써 크게 저항이 생긴다. 이 저항을 완화시킬 목적으로 rail을 한쪽으로 넓히는 정도를 확도라 한다.

확률밀도함수(確率密度函數, probability density function) ; 확률변수가 취할 수 있는 모든 구간에서 확률을 가지는 분포.

확률오차(確率誤差, probable error) ; 그보다도 절대값이 큰 오차가 생기는 확률과 절대값이 작은 오차가 생기는 확률이 같은 오차를 말하며, 확률오차 r과 표준편차 σ 및 정도지수 h와의 사이에는 각각 r=0.6745 σ 및 r=0.47694/h인 관계가 있다.

확장형표시언어(擴張形表示言語, eXtensible Markup Language : XML) ; 웹(web)상에서 구조화된 문서를 전송 가능하도록 설계된 표준화된 텍스트 형식.

확정측량(確定測量, confirmation surveying) ; 토지구획정리사업의 사업계획에서 정해진 가구 및 획지와 이 사업의 환지설계에서 정해진 가구 및 획지에 대하여 그 위치, 형상 및 면적을 확정하는 작업을 말한다. 확정측량에는 가구확정측량과 획지확정측량이 있다.

확정트래버스(確定트래버스, fixed traverse) ; 결합트래버스.

확폭(擴幅, widening) ; 곡선부도로에서 차량 주행 시 차량 앞부분의 중앙이 차로 중심을 따라 주행할 때, 차량의 내측 후륜은 곡선부의 내측으로 주행궤적이 이동되므로 이때 이동되는 폭원만큼 차로 폭의 증가가 필요하고, 이것을 확폭이라 하며, 이 확폭량을 확도라 한다.

환경보전용지도(環境保全用地圖, environmental preserve map) ; 정부에서 설정한 개발제한, 공원 및 유원지, 상수원보호, 연안오염 관리 해역, 자연생태계, 수질보전지역이 표기된 지도.

환경정보체계(環境情報體系, Environmental Information System : EIS) ; 대기오염정보, 수질오염정보, 고형폐기물 처리정보, 유해 폐기물 위치평가 등 각종 오염원의 생성과 관련된 정보의 효율적 관리를 위한 것이다.

환경현상측량(環境現象測量, environmental phenomena survey) ; 지형환경, 상·하수도, 경관, 일조량, 소음 및 진동, 기상재해의 조사·관측, 교통의 양 및 흐름, 대기 및 수질의 분포와 위치 등을 관측하고 평가하는 측량.

환등기법(幻燈機法, projector method) ; 기도(基圖)를 실체 환등기를 써서 소요의 축도 또는 신도(伸圖)의 크기로 지상에 비추어 필요한 도형을 그리는 것. 어떠한 도형이라도 그 환등기의 기능 범위 내에서 임의의 비율로 신축 변경할 수 있으나 렌즈의 상 왜곡을 소거한 정밀한 대형의 실물환등기는 매우 비싸고 장치도 거창하다.

환매권(還買權, resale right) ; 정부나 공익단체가 공공사업을 위하여 수용매입한 땅을 애초의 목적대로 사용하지 않을 경우 수용자는 그 토지의 일부 또는 전부를 소유권자에게 환매시켜야 한다. 즉, 소유주가 그 토지를 되돌려 사들일 수 있는 권한을 말한다.

환지(換地, allotted land, epllotted land) ; 토지이용의 합리화를 기하기 위하여 일정구역의 구획이나 형질을 변경하고 그 토지에 관한 소유권, 기타의 권리관계를 권리자의 의사에 관계없이 변경하는 일. 토지의 구획, 형질을 변경함이 없이 서로의 토지를 교환함으로써 토지의 집단화를 기도하는 경우는 교환 분합(分合)이라 한다.

환지처분(換地處分, allocation of replotted land, land transaction) ; 종전의 택지상에 소유되는 권리관계를 그대로 환지상에 이전하는 것. 구역 내의 토지구획정리사업 공사가 전부 완료 후 관계권리자에게 환지계획에서 정해진 사항을 통지함으로써 행하여진다. 여기에는 토지에 관한 권리확정과 청산금 결정 등 두 사항이 포함된다.

환형수준기(丸型水準器, circular level) ; 가장 간단한 수준기이며, 상면을 구면으로 한 원통형 유리관 속에 alcohol이나 ether을 넣어 기포를 남긴 것이다. 상면의 중앙에 기포의 바른 위치를 나타내는 규준원이 있다. 경사의 방향을 알아낼 수 있으나 일반적으로 감도는 좋지 않다.

황경(黃經, ① celestial longitude, ② astronomical longitude) ; 천구가 황도상에서 극으로부터 천체를 통과하여 황도에 내려진 대원의 다리와 춘분점과의 각거리. 황도에 연하여 춘분점에서 동으로 관측하며, 천문경도라고도 한다.

황도(黃道, ecliptic) ; 태양은 천구상을 서에서 동으로 진행하는데 그 길은 천구상의 대원으로 이것을 황도라 한다. 다시 말해 황도는 지구의 궤도면이 천구를 절단하는 대원이므로 천구의 지도와 황도와는 기울어져 있다. 이것을 황도경사라 하며 그 경사각은 약 23°27′이다.

황도경사(黃道傾斜, inclination of the ecliptic) ; 황도면과 적도면은 일치하지 않고 약 23°27′ 기울어져 있다. 즉, 지구의 자전축이 그 궤도면에 대하여 이루고 있는 경사.

황도좌표(黃道座標, ecliptic coordinate) ; 천구상에서 황도를 기준으로 하여 천체의 위치를 나타내는 데 사용하는 좌표.

황색필터(黃色필터, yellow filter) ; haze filter 라고도 한다. 노랑 색광을 투과시켜 노란색을 밝게 묘사하므로 상대적으로 청색 계열의 색상은 어둡게 표현된다.

황위(黃緯, ① celestial latitude, ② astronomical latitude) ; 천문위도. 태양계의 천체운동을 취급하기 위하여 고안된 좌표. 황도에서 극을 향하여 관측한 천체의 각거리. 북을 양, 남을 음으로 한다. 황경과 더불어 황도좌표의 요소를 이룬다.

회광등(回光燈, ① heliotrope, ② signal lamp) ; 정밀한 수평각 관측을 할 때, 예컨대 일등삼각측량 등에서는 야간에 하는 관측값을 채용한다. 이때 상대방의 점에서 관측자에게 광선을 보내는 데 쓰는 간편한 기계이다. 종래에는 acetylene 등을 썼으나 최근에는 수은등 같은 특수한 전등을 쓰게 되었다.

회귀년(回歸年, tropical year) ; 태양년. 태양이 춘분점을 출발하여 황도를 따라 진행해서 다시 춘분점으로 돌아오기까지의 시간.

회귀분석(回歸分析, regression analysis) ;

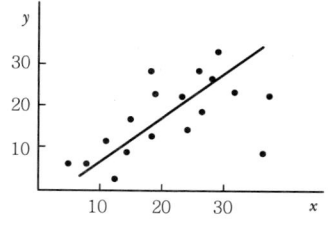

관측값 분석에 있어서 독립변수와 종속변수 사이에 함수관계를 분석하는 통계적 방법.

회시축선단(回施軸先端, pivot point) ; 컴퍼스 측량에 사용하는 컴퍼스에 부착된 자침의 중앙부를 받치는 금속물의 선단.

회전변환(回轉變換, rotation transformation) ; 3축 방향으로 경사진 좌표계를 기준좌표계로 변환하는 것.

회전셔터(回轉셔터, rotating disc shutter) ; 렌즈셔터의 일종. 노출용 창이 달린 원반의 회전에 따라 노출시간을 규정하는 것.

회전축의 편심(回轉軸의 偏心, eccentricity of rotation axis) ; 트랜싯 등에서 회전축의 중심과 기계의 중심(눈금반의 중심)은 일치하여야 하는데 이것이 편심되어 있는 경우. 이 오차는 A, B 두 vernier 읽음의 평균을 함으로써 없앨 수 있다.

회전축의 편심검사(回轉軸의 偏心檢査, testing of eccentricity of rotation axis) ; 트랜싯 등에서 두 vernier의 읽음의 차가 정확히 180°가 되게 한 다음 시준선의 방향을 돌려 어느 방향으로 기계를 움직여도 언제나 180°의 차가 있게 하면 된다.

회전타원체(回轉楕圓體, ① spheroid of revolution, ② ellipsoid of rotation) ; 타원을 그 축을 중심으로 해서 회전시켰을 때 생기는 입체이다. 지구는 타원의 단축을 축으로 해서 회전시킨 형상, 즉 조금 눌러 찌부러진 구상이다. 지구의 제원은 많은 사람에 의해서 계산되어 왔으나 우리나라는 종래에 Bessel의 제원을 사용하였으나, 최근 측량법 개정에 의해 GRS80의 제원을 사용하고 있다.

회전필(回轉筆, contour pen) ; 제도하는 데 쓰는 도구의 일종으로 그 끝이 회전하게 되어 있어 곡선을 긋는 데 쓰인다. 회전이 매끄럽고 가볍고 덜컹거리지 않으며, 회전축의 방향이 중심선과 일치되어 있어야 한다.

회전타원체면(回轉楕圓體面, surface of spheroid) ; 회전타원체의 표면. 지구의 표면에는 높은 산과 깊은 바다가 있는데 이것을 평균한 면을 생각할 때 지역적인 중력의 불균형 때문에 완전한 타원체로는 되지 않는다. 이것을 지오이드라 한다.

회조기(回照器, heliotrope) ; 일등삼각측량 등과 같이 삼각점 간의 거리가 매우 커서 직접 측표가 보이지 않을 때 상대방의 점에 설치하여 태양광선을 반사시켜서 관측자에게 보내기 위한 평면경을 이용한 간편한 기계. 태양의 방향에 따라 직접 반사광을 보낼 수 없을 때에는 예비의 평면경을 써서 어느 방향에서 오는 광선이라도 관측자에게 보낼 수 있게 되어 있다.

획지(劃地, block) ; 도시에서 건축용 땅을 갈라서 나눌 때 단위가 되는 땅.

획지점(劃地點, lot point) ; 토지구획정리사업에 있어서 가구점 이외의 획지경계를 나타내는 데 필요한 점.

획지측량(劃地測量) ; 가구와 획지의 수치설계에 의하여 공사가 완료되면 가로 중심점에 설치된 도근점을 기초로 하여 가각부분과 획지에 대해 실시하는 측량.

획지확정측량(劃地確定測量, confirmation surveying for lot) ; 토지구획정리사업의 획지확정을 위하여 가구 확정측량의 성과를 토대로 획지점의 위치, 형상 및 면적을 산출하고 획지점을 현지에 표시하는 작업.

횡거(橫距, Meridian Distance : MD) ; 측선의 중점에서 기준선(자오선 또는 가자오선)에 이르는 거리를 그 측선의 횡거라 한다. 어느 측선의 횡거는 그 측선의 양단이 있는 측점의 합경거의 평균값과 같다.

횡단경사(橫斷傾斜, grade of cross section) ; 도로에서 중심선에 직각방향인 횡단방향으로 배수를 위하여 설치하는 경사. 일반적으로 직선경사를 사용하나 도로 폭이 넓은 경우에는 2차 포물선이나 쌍곡선 형상을 사용할 때도 있다.

횡곡률반경(橫曲率半徑, radius of transversal curvature) ; 평행권은 적도면에 평행한 평면으로 지구를 자른 자리의 소원이다. 지금 이 평행권상의 2점 P, P′에서 지구 타원체 내의 법선을 그으면 2법선은 지축상의 1점 K에서 만난다. 이 2법선에 대하여 P′점을 P점에 가까이 해서 P점과 P′가 겹쳤을 때 PK의 길이를 횡의 곡률반경이라 한다. 횡곡률반경 N은 위도 ϕ에 의해서 그 값이 다르며 다음 식과 같이 된다.

$$N = \frac{a}{(1-e^2\sin^2\phi)^{\frac{1}{2}}}$$

여기에 a : 지구의 장반경, e : 이심률 그리고 위선도의 반경 K는 $K = N\cos\phi$이다.

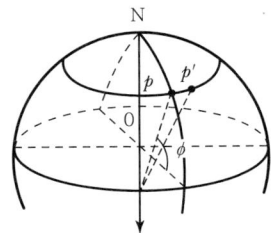

횡단곡선(橫斷曲線, cross curve) ; 도로, 광장 등의 횡단면 형상에 배수를 위하여 경사를 설치하고 있으며, 이 경사의 종류에는 직선, 포물선, 쌍곡선 등이 있고 포물선, 쌍곡선과 같이 직선형상이 아닌 것을 횡단면에 설치할 때 횡단곡선이라 한다.

횡단말뚝(橫斷말뚝, peg of cross section) ; 횡단측량을 위하여 설치하는 말단횡단말뚝과 횡단면상에 설치하는 중간시준말뚝.

횡단면도(橫斷面圖, cross section) ; 횡단측량에 의해서 구한 노선의 중심선에 직각인 방향의 수평거리 및 고저차를 도면에 나타낸 것으로서 노선설계공사의 기준이 되는 것.

횡단면법(橫斷面法, cross section method) ; 가늘고 긴 토지의 토공량의 산정에 쓰인다. 중심선에 따라서 종단측량을 한 다음, 어느 간격마다의 측점에서 중심선과 직각방향으로 횡단측량을 해서 횡단면도를 만들어 여기에 계획선을 넣고 각 단면의 토공면적을 산정하여, 측점 간의 토공면적은 일정한 비율로 변화한다는 가정하에 의주공식이나 양단면평균법을 써서 그 구간에서의 토공량을 산출하여 이들을 합계해서 전토공량을 구하는 법.

횡단면적(橫斷面積, cross section area) ; 횡단면법으로 토공량을 산정하기 위하여 횡단면도에서 면적을 구한 것이며, 성토부분의 면적과 절토부분의 면적을 구분하여 구한다.

횡단수준측량(橫斷水準測量, cross sectioning) ; 종단수준측량에서 설치한 중심 말뚝(또는 추가 말뚝)에서 종단의 중심선 방향에 직각방향으로 지형이 변한 점까지의 거리와 고저차를 관측하여 횡단면도를 작성하기 위한 측량.

횡단유속곡선(橫斷流速曲線, velocity curve at cross section) ; 수로의 어느 단면에서 그 횡단측량과 각 위치에서의 평균유속을 관측한 다음 방안지상에 횡축에 수로 폭을, 종축에 평균유속을 잡아 이들 점을 이어서 얻은 곡선.

횡단점법(橫斷點法, cross section-point system) ; 다수의 점의 표고를 구하여 등고선을 그리는 간접법의 일종으로, 기지점을 지나서 중심선을 설정하고, 이로부터 좌우로 수선을 내려 그 위의 여러 점의 거리와 표고를 정해서 횡단을 잡아 등고선을 그린다. 노선측량에 적합하다.

횡단측량(橫斷測量, cross leveling) ; 노선측량 또는 하천측량 등에 있어서 중심선마다 또는 거리표마다 횡단면의 형상을 측정하는 것.

횡메르카토르도법(橫메르카토르圖法, Transverse Mercator : TM) ; Lambert 등각원통도법을 회전타원체에 대하여 응용한 것. 즉, 회전타원체에서 직접 평면에 상이 투영하는 도법. 측지학에서 널리 쓰이게 되었으며, 우리나라에서도 4등 삼각측량에 쓰이게 되었다. 이 도법은 Gauss 등각도법 또는 가우스 크뤼거 도법이라 한다.

횡메르카토르투영법(橫메르카토르投影法, Transverse Mercator projection : TM projection) ; 원통으로 축을 90° 회전하여 적도 대신 임의의 경선과 지구타원체가 접하도록 한 지도투영법이다. 원통이 지구타원체와 접하는 선을 원자오선이라 한다. 축척은 직선으로 나타나는 이 원자오선에서 가장 정확하고, 동서방향으로 멀어질수록 왜곡이 심하게 발생하기 때문에 남북으로 길게 펼쳐진 지역에 주로 사용한다. 우리나라의 지도투영법이기도 하다.

횡미동나사(橫微動螺絲, horizontal tangent screw) ; 「수평미동나사」 참조.

횡선법(橫線法, meridian distance method) ; 횡거법. 횡거를 이용하여 면적을 구하는 방법으로서 횡거법.

횡선형사진측량(橫線形寫眞測量, raster photogrammetry) ; 여러 개의 자료배열이 중첩된 것을 격자형 지도 파일이라 하는데 자료조작을 적정화하고 자료의 저장고 처리를 위한 시간과 노력을 최소화하기 위해서 이 정보를 사진측량에 이용한 것.

횡시차(橫視差, horizontal parallax) ; 입체사진을 입체시했을 때 대응하는 2점 수평시차 간의 기선과 평행한 방향으로 잰 거리. 횡시차에 의해서 원근감이 생기고 또 표고도 관측할 수 있다.

횡십자선(橫十字線, horizontal hair) ; 「십자횡선」 참조.

횡접합점(橫接合點, tie point) ; 사진 시준점측량을 할 때 인접한 2개의 코스 결합을 위하여 양쪽 코스에서 관측된 점.

횡중복도(橫重複度, side lap) ; 항공사진촬영에서 촬영방향에 직각으로 중복시키는 것. 일반적으로 30%(최소한 5%) 이상 중복하여 촬영하여야 한다.

횡축메르카토르도법(橫軸메르카토르圖法, transverse mercator projection) ; 횡 mercator도법.

횡축척(橫縮尺, lateral scale) ; 종단면도 등에서 가로축척에는 측점위치와 거리를 나타내고, 세로축척에는 높이를 나타내는데, 이때 거리를 나타내는 축척이다.

후광(後光, back lighting) ; 디지타이징 테이블에 조명장치가 있어 부착된 원고를 선명하게 볼 수 있게 한 장치.

후방교회법(後方交會法, method resection) ; ① 평판측량에서 구점에 평판을 세워서 기지점을 시준하여 구점의 도상에서의 위치를 결정하는 방법. 먼저 구점에 평판을 장치하고 그 자침에 의해서 방위를 정한 다음 앨리데이드로 3개의 기지점을 시준해서 방향선을 그어 그 교점을 평판상의 구점의 위치로 한다. 이때 3개의 방향선은 1점에서 교회하지 않고 통상 작은 삼각형(시오삼각형)이 생기는데, 이 시오삼각형을 소거하는 방법으로 Lehmann의 법칙이 보통 쓰인다. 또 표정에 자침을 사용하지 않는 방법(Bessel법)도 있다. ② 삼각측량에서 기지점으로부터의 관측을 하지 않고 구점으로부터의 관측만을 하여 위치를 구하는 방법이며, 포테노법이라고도 한다. 계산식은 다음과 같다.

$$\alpha + \gamma = 360° - (\delta_1 + \delta_2 + \beta) \quad (1)$$

$$\frac{\sin\alpha}{\sin\gamma} = \frac{a\sin\delta_1}{b\sin\delta_2} = \tan\phi 라 \text{ 놓으면}$$

$$\tan(\phi - 450) = \cot\frac{\alpha+\gamma}{2}\tan\frac{\alpha-\gamma}{2}$$

$$\therefore \tan\frac{\alpha+\gamma}{2} = \tan\frac{\alpha-\gamma}{2}\cot(\phi-450) \quad (2)$$

(1)(2)식에서 α, γ의 값이 구해지므로 이 삼각형을 풀 수 있다. 다만, 후방교회법에서는 구점과 3개의 기지점이 동일 원주상에 있어서는 안된다.

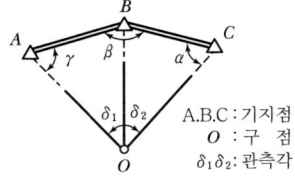

A,B,C : 기지점
O : 구 점
$\delta_1\delta_2$: 관측각

흐름도(흐름圖, flow chart) ; 시스템 설계와 프로그래밍 단계에서 작업과 처리의 순서를 기호와 부호로 도시한 것.

후빈(後濱, back shore) ; 물가선과 해안선과의 사이 부분. 폭풍 시나 이상 고조 시에는 파도의 작용을 받는 부분이다. 후빈은 전경빈과 후경빈의 두 부분으로 구별된다.

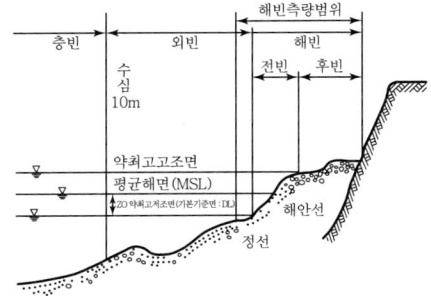

후수(後手, follower) ; 줄자에 의한 거리측량을 할 때 tape의 출발점에 가까운 일단을 쥐고 측량하는 사람. 후수는 전수의 pole을 시준선 내에 있게 하고 전수는 거기에 표를 하여 전수와 후수 사이의 거리를 측정하는 것을 거리측량이라 한다.

후시(後視, Back Sight : BS) ; 표고나 평면위치를 알고 있는 점을 시준하는 것. ① 구점에서 높이의 기지점 또는 기준점에 대한 시준을 말한다. ② 트래버스측량 또는 수준측량에서 진행방향에 대하여 후방의 점에 대한 시준을 말한다.

후점(後點, back pont) ; 측량을 할 때 그 전진방향에 대하여 후방에 위치하는 측점.

후처리(後處理, post processing) ; GPS 측량 등에서 실시간 처리와 상반되는 개념. 위성신호자료 등을 저장한 후 실내에서 소프트웨어 등을 사용하여 처리, 계산하는 방법.

휘도(輝度, luminance) ; 일정한 넓이를 가진 광원 또는 빛의 반사체 표면의 밝기를 나타내는 양. 관측자가 본 물체에 대한 겉보기의 단위면적당 광도로 나타내고, 이것은 스틸브(sb) 또는 니트(st)라는 단위로 나타낸다.

흐름가시도(흐름可視圖, vignetting and fall-off) ; 「비네팅」 참조.

흑백사진(黑白寫眞, panchromatic photo) ; 실물영상의 빛깔이 검은색이나 흰색으로만 나타난 사진.

흑체(黑體, blackbody) ; 모든 투사 방사선을 흡수하고 반사가 전혀 없으며 모든 분광의 방사선을 방사시키는 완전 방사체인 동시에 완전 흡수체인 것.

흡수비(吸收比, absorptance) ; 방사선이나 빛의 입사량에 대한 흡수량의 비(比).

흡수율(吸收率, absorptivity) ; 임의의 에너지가 어떤 물질에 입사하면 일부는 반사되고, 일부는 흡수 혹은 투과되는 현상이 발생하는데, 이러한 경우 입사되는 에너지에 대한 흡수되는 에너지를 비교하여 사용하는 단어.

히로이식유속계(廣井式流速計, Hiroi's current meter) ; 히로이씨가 고안한 유속계로 screw형 유속계의 대표적인 것이다.

히스토그램(히스토그램, histogram) ; 기둥그래프 · 기둥모양 그림이라고도 한다. 관측한 데이터의 분포의 특징이 한눈에 보이도록 기둥모양으로 나타낸 것. 가로축에 각 계급의 계급간격을 나타내는 점을 표시하고, 이들 계급간격에 대한 구간 위에 이 계급의 도수에 비례하는 높이의 기둥을 세운다. 컴퓨터 비전(computer vision)에서의 히스토그램은 화소밝기(pixel intensity)의 막대그래프(bar graph)이다. x축은 화소의 밝기를 나타내고, y축은 각 화소밝기가 영상 내에서 나타나는 빈도수를 나타낸다. 영상 히스토그램은 영상의 밝기분포를 나타내는 유용한 정보이며 영상의 명암대비(contrast) 정보도 내포하고 있다.

Part 2

영한대역

Contents

A	373	N	410
B	377	O	412
C	379	P	414
D	385	Q	419
E	389	R	419
F	392	S	422
G	394	T	429
H	398	U	433
I	399	V	435
J	402	W	436
K	403	X	436
L	403	Y	437
M	406	Z	437

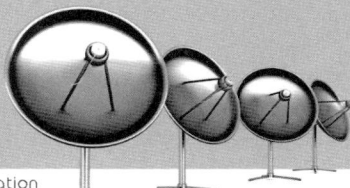

Surveying Geo-Spatial Information

A

a lot of ground	일필지
abbreviated note	약주기
abbreviated term	약어
aberration	광행차, 수차
abscissa	접선횡거
absolute accuracy	절대정확도
absolute coordinate	절대좌표
absolute error	절대오차
absolute flight altitude	절대촬영고도
absolute gravity	절대중력
absolute orientation	대지표정, 절대표정
absolute position	절대위치
absolute positioning	절대위치결정
absolute temperature	절대온도
absorptance	흡수비
absorptivity	흡수율
abstract test case	추상시험사례
abstract test method	추상시험방법
abstract test module	추상시험모듈
abstract test suite	추상시험슈트
abstraction effect	추상화효과
acceleration gravity	중력가속도
accelerometer	가속도계
acceptance boundary surveying	경계확정측량
access	접근
access security	접근보안
access time	접근시간
accessibility	접근성
accidental error	우연오차
accuracy	정도, 정확도
accuracy of code range	코드거리정확도
accuracy of level	수준측량정확도
accuracy of observation	관측정도
accuracy standards	정확도기준
acetylene lamp	칸델라
achromatic lens	소색렌즈
achromatic vision	무채색비전
acoustic measurement	음속법
acoustic prospecting	음파탐사
acoustic prospecting method	음파탐사법
acreage	지적
acreage measuring	**지적측정**
active mode	직접법
active remotesensing	능동형원격탐사
active sensor	능동센서, 능동적탐측기
addition constant	가정수, 가상수
address	주소
address matching	주소정합
adjacency analysis	인접분석, 인접성분석
adjacent picture	인접사진
adjacent strip	인접코스
adjusting screw of cross hairs	십자선조정나사
adjusting screw of horizontal axis	수평축조정나사
adjusting screw of level tube	기포관부속조정나사, 수준기축조정나사
adjusting screw of telescope level tube	망원경레벨조정나사
adjustment	조정
adjustment by plan coordinate	좌표평균계산
adjustment computation	평균계산
adjustment grid azimuth	평균방향각
adjustment of boundary	경계선의 정정
adjustment of elevation	고저계산
adjustment of network	망조정
adjustment of transit	트랜싯의 조정
adjustment of traverse	트래버스의 조정
admaching	주소정합
administrative area	행정구역
administrative boundary	행정경계선
administrative boundary map	행정구역도
administrative district diagram	행정구역도표
administrative map	행정지도
administrative place name	행정지명
Advanced Very High Resolution Radiometer (AVHRR)	고성능고해상도방사계
adverse slope	역구배
aerial cable line surveying	가공삭도측량
aerial cableway	가공삭도

aerial camera	항공사진기	alignment	법선, 선형
aerial film	항공필름	alinement	선형
aerial leveling	항공수준측량	allocation of replotted land	환지처분
Aerial metric camera	항공사진측량용카메라	allotted land	환지
aerial photo mosaic	항공사진집성	allowable error	허용오차
aerial photogrammetry	공중사진측량, 항공사진측량	allowable error of map	도상허용오차
aerial photograph	공중사진, 항공사진	almanac	알마낙
aerial surveying camera	측량용항공사진기	almanac data	알마낙데이터
aerial target	대공표지	along track scanner	진행추적형스캐너
aero leveling	공중수준측량	alternation of terrain feature	형질변경
aerodrome elevation	비행장표고	altimetry	고도계
aerodrome reference point	비행장표점	altitude	고도, 고도각
aeronautical chart	항공도	altitude analysis	고도분석
aeropolygon triangulation	에어로폴리곤법	altitude angle	고저각
aerotriangulation	공중삼각측량, 항공삼각측량	altitude constant	고도정수
affine plotter	아핀도화기	altitude correction	고각도경사사진, 고도보정
affine plotting	아핀도화	altitude tints map	단채식지도
affine rectification	아핀편위수정	ambiguity	모호
affine transformation	사상변환	American Association for Artificial Intelligence (AAAI)	미국인공지능학회
aggregation	통합		
agonic line	무편차선	American Congress on Surveying and Mapping(ACSM)	미국측량및지도제작협회
aid post	보조말뚝		
aimed photographing	조준촬영	American National Standard Institute(ANSI)	미국국립표준국
air mass correction	대기보정		
airbone laser profiling and scanning	항공레이저프로파일측량	American Society for Photogrammetry and Remote Sensing(ASPRS)	미국사진측량 및 원격탐사학회
airborne imaging spectrometer	항공영상분광계		
Airborne Profile Recorder(APR)	비행고도자기기록계	American Standard Association(ASA)	미국표준협회
Airborne Visible and InfraRed Imaging Spectrometer(AVIRIS)	아비리스	amplitude	진폭
		anaclastic telescope	아날락틱망원경
airport	공항	anaglyph	아나글리프
airport survey	비행장측량	anaglyphic control method	여색제어법
Aitoff projection	에이토프도법	anaglyphic method	여색법
albedo	알베도	anaglyphic picture	여색사진
albers projection	알버즈도법	anaglyphic plotting instrument	여색도화기
algorithm	알고리즘	anaglyphic stereoscopy	여색실체시, 여색입체시
alidade	앨리데이드, 지방규	analog	아날로그
alidade circumcenter error	앨리데이드외심오차	analog data	아날로그자료
		analog method	아날로그식깊이측정
		analog stereoplotter	기계식도화기

analog to digital conversion	아날로그디지털변환
analogue aerotriangulation	아날로그식항공삼각측량
analogue computer	기계법
analogue image	아날로그영상
analogue photogrammetry	기계적사진측량
analysis	인접분석
analysis and modeling	분석 및 모형화
analytical aerotriangulation	해석항공삼각측량
analytical photogrammetry	해석사진측량
analytical plotter	해석도화기
analytical stereoplotter	해석입체도화기
analytical triangulation	해석삼각측량
aneroid barometer	무액기압계, 아네로이드기압계
angle	각
angle condition	각조건
angle distance	각거리, 거리각
angle equation	각방정식, 각조건식, 다각방정식
angle establishment	각측설
angle measured anticlockwise	좌관측각
angle measured counterclockwise	좌회각
angle measured in left direction	좌측각
angle mirror	직각경
angle misclosure	각폐합차
angle observation	각관측
angle observation method	각관측법
angle of depression	부각, 복각, 하향각
angle of drift	편류각
angle of elevation	고저각, 상향각, 앙각
angle of inclination	경사각
angle of repose	안식각
angle surveying instrument	각측량용기기
angle to the right	우회각
angular acceleration	각가속도
angular beam width	분광폭
angular field of view	시야각
angular momentum	각운동량
angular resolving power	각분해능
angular unit	각단위
angular velocity	각속도
annexation	합병
annotation	주기
annotation data	난외주기
annual	연차
annual motion	연주운동
annual parallax	연주시차
anomalistic	근점년
anomalistic month	근점월
anomalistic period	근점주기
anomaly	근점이각
antenna	안테나
antenna height	안테나고
antenna offset	안테나편심
Anti-Spoofing(AS)	안티스푸핑
aperture	개구경
apogee	원지점
apollo	아폴로
apparent altitude	시고도
apparent motion	시운동
apparent noon	시시정오, 시시자정
apparent semidiameter	시반경
apparent solar day	시태양일
apparent solar time	시태양시
apparent solar year	시태양년
apparent sun	시태양
Apparent Thermal Inertia(ATI)	명시열관성
apparent time	시시
application	응용
application program	응용프로그램
application program interface	응용프로그램인터페이스
application rules of map symbols	도식적용규정
application schema	응용스키마
applied photogrammetry	응용사진측량
applied surveying	응용측량
approximate	간략측량
approximate highest high water level	약최고고조위
approximate lowest low water level	

	약최저고조위	association	관련성
approximate method	간이조정법	Association of American Geographers(AAG)	
approximate plotting instrument	근사도화기		미국지리학회
approximate survey	간략측량	Association of British Cartographers(ABC)	
approximation interpolation	근사보간		영국지도학회
apron	계류장	associative relationship	연관관계
arc	아크, 호	astigmatism	비점수차
Arc Attribute Table(AAT)	선속성표	astrolabe	아스트롤라베
Arc Macro Language(AML)		astronomic latitude	천문위도
	아크매크로언어, 에이엠엘	astronomical azimuth	천문방위각
arc mode	아크모드	astronomical coordinates	천문좌표
arc node data structure	아크노드자료구조	astronomical latitude	천문학적위도, 황위
ARC/INFO	아크인포	astronomical longitude	천문경도, 황경
ArcGIS	아크지아이에스	astronomical survey	천문측량, 천체측량
architectural and cultural asset system		astronomical tide	천문조
	건조물측량	astronomical time	천문시
architectural photogrammetry	건축사진측량	astronomical triangle	천문삼각측량
architectural reference model	구조적참조모형	astronomical unit	천문단위
architectural surveying	건축측량	astronomy	천문학
archive	저장소	astronomy and geography	천문지리
area	면적	astronomy navigation	천문항법
area based matching	영역기준정합	atlas character	지도용문자
area interpolation	면적보간법	atlas grid	지도격자판
area leveling	면고저측량, 면수준측량	atmosphere	대기, 대기압
area scale factor	면적축척계수	atmosphere observation	대기관측
area survey	면적측량	atmospheric correction	기상보정, 대기보정
argument of latitude	위도인수	atmospheric haze	대기연무
arial surveying camera	항공측량용사진기	atmospheric pressure	기압
Arithmetic and Logic Unit(ALU)		atmospheric refraction	
	산술논리연산장치		기차, 대기굴절, 대기굴절왜곡
arithmetic mean	상가평균	atmospheric window	대기창
arterial street	간선가로	atomic time	원자시
artificial horizon	인공수평면	attach a surface to underground surveying	
artificial intelligence	인공지능		갱내외연결측량
artificial satellite	인공위성	attitude accuracy	자세정확도
artificial stereoscopy	인공입체시	attribute	속성
arundel method	아란델법	attribute accuracy	속성정확도
ASA number	아사번호	attribute data	속성데이터, 속성자료
ASCII format	아스키포맷	attribute information	속성정보
aspatial data	비공간자료	attribute value	속성값
aspect	향	Audio Frequency(AF)	가청주파수

AUstralian Surveying and Land Information Group(AUSLIG)	호주측량 및 토지정보청
autograph A7	오토그래프 A7
Automated Geographic Information System (AGIS)	자동지리정보체계
Automated Mapping(AM)	도면자동화, 지도제작자동화
Automated Mapping/Facilities Management system(AM/FM)	에이엠에프엠
automatic clipping	자동자르기, 자동접합
automatic digitizing	자동디지타이징, 자동자료생성
automatic level	자동레벨
automatic precision machine	자동정도기
automatic tide gauge	자동검조기
automatic water gauge	자기수위표, 자기양수표
autumnal equinox point	추분점
auxiliary base	보조기선
auxiliary control point	보조기준점
auxiliary curve	보조곡선
auxiliary lens system	전치계렌즈
auxiliary telescope	보조망원경
auxiliary traverse	보조도근점
availability	가용성
average error	평균오차
aviogon	아비오곤
aviotar	아비오탈
axe man	벌채원
axis	좌표축, 축
axis of bubble tube	기포관축, 수준기축
axis of projection	투영축
axis of telescope	망원경축
azimuth	방위
azimuth angle	방위각
azimuth direction	방위방향
azimuth equation	방위방정식
azimuth mark	방위표
azimuth method	방위각법
azimuth observation	방위각관측
azimuth of origin	원점방위
azimuth resolution	방위방향해상도
azimuth system	방위체계
azimuthal equidistant projection	등거리방위도법, 등적방위도법
azimuthal orthomorphic projection	등각방위투영도법
azimuthal projection	방위도법, 방위투영법

B

back bearing method	역방위법
back lighting	후광
back pont	후점
back shore	후빈
Back Sight(BS)	재시, 후시
background	배경
background image	배경영상
backup	백업
baeley field	전
balance weight	평행추
balancing	측량평균법
bamboo chain	죽척
Band SeQuential(BSQ)	밴드단위영상
band	대역, 밴드, 파장대
bar code staff	바코드표척
barograph	기압측고계
barometer	기압계
barometric constant	기압정수
barometric formula	기압공식
barometric leveling	기압고저측량, 기압수준측량
base	기선, 촬영기선
base carriage	기선가대
base component	기선의 성분
base height ratio	기선고도비
base length	기선장, 촬영기선장
base length on the photo	사진기선길이
base line	기선
base line equation	기선방정식
base line tape	기선척
base line triangulation network	기선삼각망
base line wire	기선척

base map	기도, 기본도, 원본도	Besselian year	베셀년
base measuring apparatus	기선자	Bessel's dimension	베셀의 원자
base outside	외측기선	Bessel's method	베셀법
base paper	원지	Bias	편의
base sheet	베이스시트	biaxial ellipsoid	이축타원체
base(internal)	내측기선	bidimensional datum	이차원데이텀
base-height ratio	기선비	bin	빈
baseline analysis	기선해석	binary	이진수
basic features	골격지물	binary biphase modulation	이진이위상변조
basic map of the sea	국가해양기본도	binocular stereoscopic vision	육안입체시
basic relief line	지성선	binocular vision	쌍안시
basic survey	기본측량	biostereometric photogrammetry	생물입체사진측량
basic triangulation	기본삼각측량		
batch processing	일괄처리	bird's eye view map	조감도
bathymeter	수심계	bit	비트
bathymetric chart	수심도, 해저지형도	bit map	비트맵
bathymetric survey	수심측량	building coverage	건폐율
bathymetry	수심측량	blackbody	흑체
bay	만	blingking method	블링킹법
Bazin's formula	바진의 공식	block	가구, 구획, 블록, 종횡접합모형, 획지
beach	해빈	block adjustment	블록조정, 종횡접합모형조정
beach surveying coastal surveying	해빈측량	block of photos	사진블록
beam	빔	block point	가구점
beam compasses	빔컴퍼스	block top point	가구정점
Beaman's arc	비만아크	blunder	착오
bearing of the exposing axis	촬영방향	BM	비엠
beat frequency	진동주파수	body paper	원지
bed slope	하상경사	boiling point thermometer	비점기압계
beginning of circular curve	원곡선시점	bone projection	본느도법
Beginning of Curve(BC)	곡선시점	book	기부
Beginning of Transition Curve(BTC)	완화곡선시점	boolean algebra	부울대수
		boolean expression	부울표현
beginning point of clothoid curve(KA)	클로소이드곡선시점	boolean operation	논리연산, 부울연산
		border	규반
beginning supplementary chord	시보호	both sides level vial	양면기포관
bench	단구	bottom	해저
Bench Mark(BM)	고저기준점, 수준기표, 수준점	bottom-up	상향식
bench mark leveling	수준기표측량	bouguer anomaly	부게이상
benchmark test	벤치마크시험	bouguer correction	부게보정
bent plumb line method	만곡추선측량	boundary	강계, 경계
Bessel ellipsoid	베셀타원체	boundary confirmation	경계확인

boundary corner point	필계점	business GIS	
boundary correction surveying	경계정정측량		비즈니스지아이에스, 업무용지리정보체계
boundary mark	경계표	business of business, B to B(B2B)	비투비
boundary of a lot of ground	필계	business of customer, B to C(B2C)	비투시
boundary of land	토지경계	byte	바이트
boundary point	경계점		
boundary polygon coordinate	경계면좌표		
boundary polygon sig	경계감정측량		
boundary region	경계영역		

boundary relocation surveying	경계복원측량	cadastral	지적
boundary representation	경계표현	cadastral book	지적부
boundary surveying	경계측량	cadastral complementary triangulation	
Bowditch's rule	바우디치의 법칙		지적삼각보조측량
bracket	브래킷	cadastral control point	지적기준점
break chain	단체인	cadastral control traversing	지적도근다각측량
breakwater	방파제	cadastral control triangulation	
bridge marks	교량표지		지적도근삼각측량
bridge surveying	교량측량	cadastral detail map	지적명세도
brightness	명도	cadastral detail surveying	지적세부측량
British Standard Institution(BSI)		cadastral editing map	지적편집도
	영국표준화기구	cadastral investigation	지적조사
broadcast ephemeris	방송궤도력	cadastral map	지적도
broken length	파장	cadastral overlay	지적중첩도
Browns water level	브라운수준기	cadastral records	지적공부
Brunton's universal compass	브란톤만능컴퍼스	cadastral supplementary control station	
bubble gauge	기포수위계		지적용도근측량
bubble tube	관상수준기, 기포관	cadastral surveying	지적측량
bubble tube level	관형기포관	cadastral surveying control point	
buffer	버퍼		지적측량기준점
buffer creation	버퍼생성	cadastral surveying result	지적측량의 성과
buffer generation	버퍼제너레이션	Cadastral Technology Education Research	
building	건물	Institute(CTERI)	지적기술교육연구원
building area	건축면적	cadastral terrier	대장
building line	건축선	cadastral triangulation	지적삼각측량
bundle adjustment	광속법, 광속조정법	cadastre	토지대장
Bureau International de l'Heure(BIH)		calculation of map quadrangles shrinkage	
	국제시보국		도곽선신축량계산
buried cable maker	매설표지	calculation your location	위치계산
buried conduit	매설관	calibrated focal length	
buried depth	매설깊이		검교정초점거리, 검정화면거리
bursting strength	찢김도, 파열강도	calibration	검교정, 검정

calorie	칼로리	celestial chart	천구도
camera	사진기	celestial coordinate	지평좌표
camera axis	사진기축	celestial coordinates	천구좌표
camera calibration	카메라검교정	Celestial Ephemeris Pole(CEP)	시이피
camera mount	사진기가대	celestial equator	천적도, 천체의 적도
camera-body	카메라보디	celestial latitude	황위
camera-mounts	카메라마운트	celestial longitude	황경
cameron effect	카메론효과	celestial meridian	천의 자오선
cant	고도, 캔트	celestial pole	천극, 천적도극
cape	곶	celestial sphere	천구
Car Navigation System(CNS)	자동차항법장치, 차량항법체계	cell	셀
		cell ansemble	셀앙상블
cardinal point	방위기점	center leveling	등거리시준
Carpentier's mechanism	카르펜티에르의 기구	center line	중심선
carrier phase DGPS positioning	간섭위치결정법	center line survey	중심선측량
		center of photograph	사진중심
Carrier to Noise power density(C/No)	반송파잡음비	center of projection	촬영사진기의 투영중심, 투영점, 투영중심
carrier wave	반송파	center post	심주
carrier wave phase	반송파위상	centering	구심, 중심맞추기, 치심
carrier-tracking loop	반송파추적환	central angle	중심각
cartesian coordinate system	직교좌표계, 직교좌표체계, 평면좌표계	central axis	중심축
		central meridian	중앙경선
cartogram	카토그램, 통계지도	central origin	중부원점
cartographic accuracy	지도정확도	central polygon	유심삼각망
cartographic convention	지도규칙	Central Processing Unit(CPU)	중앙연산처리장치
cartographic data	지도자료		
cartographic database	지도자료기반	central projection	중심도법, 중심투영
cartographic feature	지도피처	central standard time	중앙표준시
cartographic notation	주기	certification	인증
cartography	지도학	certifying body	인증기관
case of avertence	편각촬영	cesium clock	세슘시계
case of convergence	수속촬영	C-Factor	등고선계수, 씨-계수, 씨-팩터
Cassini-Soldner's coordinates	카시니졸드너좌표	chain	체인, 측쇄
Cassini-Soldner's projection	카시니졸드너도법	chain man	거리원
cataloging metadata information	목록메타자료정보	chain node	체인절점
		chain of central pointes	유심다각망
catalogue	카탈로그	chain of quadrilaterals	복쇄, 사각형쇄
catchment	유역	chain of triangles	단쇄, 단열삼각쇄, 사변형쇄
cathode-ray tube	음극선관	chain of triangle among principal points	
celestial axis	천적도축, 천축		주점삼각쇄

chain surveying	체인측량	chunggudo	청구도
chainning	측장	circle radial coordinate	원방사선좌표
chaining down hill	강측	circular curve	원곡선
chaining down hill method	하향측법	Circular Error Probable(CEP)	원형오차확률
chaining uphill	등측	circular level	원형수준기, 환형수준기
change detection	변화탐지	circular method	호도법
change detection image	변화탐지영상	circular scanner	원형스캐너
changing point of ground level	종단변화점, 지형변화점	circular sequence	순환정렬
		circumpolar star	주극성
channel	채널	city surveying	시가지측량
channel or passage survey	항로측량	civil time	상용시
channel profile	수로종단도	Clairaut's theorem	클레로정리
channel cross section	수로횡단면	clamp method	클램프접속법
characteristic point of clothoid curve	클로소이드특성점	clamp screw	고정나사
		clarity	명확성
characteristic value for correction	기차	class	클래스
Charge Coupled Device(CCD)	촬상소자	classification	분류
chart datum	해도기준면	classification code	분류코드
chart paper	해도용지	classification of land	지목
chart symbols and abbreviations	해도도식	clear text encoding	클리어문자부호화
check base for steel tape	테이프검정장	client	클라이언트
check baseline	검기선	client database	클라이언트자료기반
check line	검사선, 검선	client/server system	클라이언트서버환경
check plot	검사출력	clinometer	경사계, 경사의, 경사측정기
check survey	검사측량		지질컴퍼스, 클리노미터
checking survey	점검측량	clip	자르기, 클립
cheonhado	천하도	clockwise direct angle	우관측교각, 우회교각
chezy-type formula	세지형공식, 체지형공식	close range	근거리
chip	칩	close range photogrammetry	근거리사진측량
chlorophyll effect	엽록효과	Closed Circuit TeleVision camera survey	
chlorosis	백화현상	(CCTV camera survey)	
chokering antenna	초크링안테나		폐회로텔레비전카메라조사
chord deflection	현편거	closed circuit voltage antenna	폐로전압안테나
chord deflection method	현편거법	closed traverse	폐트래버스, 폐합트래버스
chord length	현장	closed-loop traverse	폐합다각형
choropleth map	단계구분도	closure	폐쇄
chroma	색도	closure divergence	왕복차
chromatic aberration	색수차	cloth tape	베줄자, 포권척, 포제척, 포테이프
chromatic vision	유채색비전	clothoid A table	에이표
chronograph	크로노그래프	clothoid curve	클로소이드곡선
chronometer	크로노미터	clothoid rule	클로소이드자

Coarse Acquisition code(C/A)	씨에이코드
coarse acquisition code psedorange	씨에이코드의사거리
coarse acquisition code receiver	씨에이코드수신기
coast chart	연안해역기본도
coast line survey	해안선측량
coastal	해안단구
coastal chart	해안도
coastal survey	연안측량, 해안측량
coastal zone color scanner	해안지역컬러스캐너
coating	코팅
cod	코드
code	코드
code tracking loop	코드추적환
coefficient of discharge	유량계수
coefficient of over correction	과잉수정계수
coefficient of river regime	하상계수
coefficient of roughness	조도계수
coefficient of thermal expansive	열팽창계수
coherent radiation	간섭파장
cold current	한류
cold front	한랭전선
collimating mark	표정지표선
collimation axis	시준축
collimation line	시준선
collinearity condition	공선조건
color composite image	컬러합성영상
color photogrammetry	천연색사진측량
color separation	색분해
color separation drafting	분판제도
column method	종란식
column system	이란식
coma	코마, 코마수차
combined level	절충형레벨
combined projection	합성도법
combined sewer	합류식하수도
comformal projection	상사투영
Common Object Request Broker Architecture (CORBA)	코바
common people trust business	민간위탁사업
common plane	공통접평면
compass	나침반
compass bearing	자방위
compass box	컴퍼스함
compass circle	컴퍼스분도
compass ring	컴퍼스링
compass rule	컴퍼스법칙
compass stand	컴퍼스받침
compass surveying	나반측량
compensating	보정판
compensating plate	만곡수차보정판
compensation error	상차
compensator	자동보상장치, 컴펜세이터
competent agency	소관청
compilation	세부도화
compilation of small scale map	소축척도화
compilation scale	도화축척
compiled map	편집도
complementary colors	보색
completeness	무결성, 완결성, 완전성
completion check surveying	준공검사측량
completion surveying	준공측량
complex feature	복합지형지물
component	컴포넌트
component based development	컴포넌트기반개발
component GIS	컴포넌트지아이에스
composite map	합성지도
composite solid	합성입방체
composite surface	합성표면
compound clothoid	복합형클로소이드
compound coordinate reference system	합성좌표기준계
compound curve	복곡선, 복심곡선, 복합곡선
computation of reduction to center	귀심계산
computation of side length	변장계산
computational topology	계산위상
computational viewpoint	계산시점
Computer Aide Design(CAD)	자동설계
Computer Aided and Logistic Support(CALS)	칼스

Computer Aided Design(CAD)	자동설계
Computer Compatible Tape(CCT)	전산기호환테이프
computer graphics	전산도형해석, 컴퓨터그래픽
computer of curve correction	곡선정정계산기
computer vision	컴퓨터시각
computerized numerical control	컴퓨터수치제어
concept harmonization	개념조화
conceptional model	개념설계
conceptual formalism	개념정형화
conceptual model	개념모형
conceptual schema	개념스키마
conceptual schema language	개념스키마언어
conceptual system	개념체계
condition direct observation	조건직접측량
condition equation	조건방정식
conditional equation for residuals	잔차조건방정식
conditional indirect observation	조건간접측정
conditional observation	조건관측, 조건부관측, 조건측정
conduction	전도
Conference Generale des Poids et Mesures (CGPM)	국제도량형총회
confidence	신뢰성
confidence ellipse	신뢰타원
confidence level	유의수준
confirmation surveying	확정측량
confirmation surveying for block	가구확정측량
confirmation surveying for cadastral	지적확정측량
confirmation surveying for lot	획지확정측량
conflation of map	지도통합
conformal conical projection	등각원추도법
conformal latitude	등각위도
conformal map	등각지도
conformal projection	등각도법, 등각투영
conformal transformation	등각사상변환
conformality	정각
conformance	적합성
conformance assessment process	적합성평가과정
conformance implementation	적합성구현
conformance quality level	적합성품질수준
conformance test report	적합성시험보고서
conformance testing	적합성시험
conical equivalent projection	등적원추도법
conical projection	원추도법
conjugate condition	공액경계선, 공액조건
conjugate principal point	공액주점
connected	연결
connected node	연결노드
connected traverse	결합다각형, 결합트래버스
connecting traverse	결합도선
connection survey	연결측량
connection surveying between two workings	관통측량
contract specifications	공사시방서
constant error	정오차, 정차
constant of scale	척정수
constraint	제한사항
construction of target	조표
construction site surveying	용지측량
construction surveying	건설측량
contact of upper limb	상변접촉
contact print	밀착사진, 밀착인화
continental rise	대륙대
continental shelf	대륙붕
continuation of tangent	접선종거
contour interval	등고선간격
contour line	등고선
contour line mapping	등고선도화
contour pen	곡선오구, 회전필
contour system	등고선법
contrast enhancement	대조강조
control data	기준점성과표
control network	기준망
control point surveying	기준점측량
control point	기준점, 기초점, 수직기준점, 표정기준점

control station	제어국	correction	보정
control traversing	기준다각측량	correction beaning	보정자방위
control traversing point	기준다각점	correction for crab	편류보정
control triangulation	기준삼각측량	correction for curvature of the earth	곡률보정
control triangulation point	기준삼각점		
controlled mosaic photo map	조정집성사진지도	correction for gravity	중력보정
controlled mosaic	엄밀집성모자이크	correction for inclination of tape	경사보정
	엄밀집성사진, 조정집성, 컨트롤모자이크	correction for pull	장력보정
controlling point system	기준점법	correction for sag	처짐의 보정
convection	대류	correction for scale	축척보정
Convention International Origin(CIO)	시아이오	correction for temperature	온도보정
		correction of radiation volume	방사량보정
conventional projection	편의도법	correction surveying	보정측량
convergence of grid north	도편각	correlate equation	미정계수방정식
convergent camera	수속사진기	correlation coefficient	상관계수
convergent photographs	수속사진	COSMOS	코스모스
convergent plumbing	수렴사진	costas loop	코스타스루프
conversion	전환	cotangent scale	여절축척
conversion accuracy	전환정확도	course	측선
conversion method name	전환방법명	course of flight	비행코스
conversion precision	전환정밀도	covariance	공분산
conversion rule	전환규칙	coverage	대상영역, 커버리지, 건폐율
convex set	볼록집합	coverage element	대상영역요소
Cooperative International GPS NETwork (CIGNET)	국제공동지피에스망	coverage rebuilding	대상영역개편
		crest curve	볼록곡선
coordinate analysis	좌표해석	critical angle	임계각
COordinate GeOmetry(COGO)	기하학적좌표, 좌표지도	critical cylinder	불확정원통
		cross curve	횡단곡선
coordinate method	종횡거법, 종횡측거법, 좌표법	cross hairs	십자선
		cross leveling	횡단측량
coordinate reference system	좌표기준계	cross ratio	교차율
coordinate	좌표	cross section	횡단면도
coordinate system	좌표계, 좌표체계	cross section area	횡단면적
coordinate-point system	좌표점법	cross section method	횡단면법
coordinates graph	종횡선전개기	cross sectioning	횡단수준측량
coordinates transformation	좌표변환	cross section-point system	횡단점법
coplanarity condition	공면조건	cross staff	직각기
corange line	등조차선	cross track scanner	교차추적형스캐너
coriolis force	전항력	crucible steel wire	도가니강선
Corioli's force	코리올리의 힘	crustal movement	지각변동
corner reflector	코너반사체	crystallization	결정화

cubic parabola	삼차포물선
cultural assets survey	문화재측량
cumulated distance	추가거리
cumulated stake	추가말뚝
cumulative error	누적오차
cumulative errors	누차
cup current meter	완형유속계
cup-type current meter	컵형유속계
current chart	해류도
current measurement	유속관측
current meter	유속계
current velocity	유속
curvature	곡률
curvature correction	구차
curvature of image	상의 만곡
curve	곡선
curve function table	곡선함수표
Curve Length(CL)	곡선길이, 곡선장
curve pen	곡선오구
curve rule of railway	철도용곡선자
curve ruler	곡선자
curve segment	곡선부분
curve setting	곡선설치
curved surface angle	곡면각
curves	곡선자
curvilinear interpolation	곡선보간법
curvimeter	곡선계, 커브미터
cut off	컷오프
cutting	절토
cutting area	절취단면적
cutting height	절취고
cycle	주기
cycle slip	사이클슬립
cylindrical coordinate	원주좌표
cylindrical equal spaced projection	등거리원통도법
cylindrical equivalent projection	등적원통도법
cylindrical orthomorphic projection	등각원주도법, 등각원통투영
cylindrical orthomorphic method	등각원통도법
cylindrical projection	원주도법, 원통도법

D

daedongyeojido	대동여지도
dangle	현수선
dangle length	현수선길이
dangle node	현수선절점
data	데이터, 자료
data access security	자료접근보안
data acquisition system	자료취득체계
data acquisition	자료취득
data attribute	속성데이터
data bank	자료뱅크, 자료은행
data base	데이터베이스
data category	자료레이어, 자료범주, 자료분류
data layer	자료레이어
data collection	자료수집
Data Collection System(DCS)	디씨에스
data dictionary	자료사전
data element	자료요소
data encoding	자료부호화
data entry	데이터입력
data exchange	자료교환
data field	자료필드
data format	자료형식
data handling	자료변환
data input	자료입력
data integration	자료통합
data integrity	데이터무결성, 자료무결성
data level	자료수준
data management	자료관리
data model	자료모형
data output	자료출력
data portrayal catalogue	자료기술카탈로그
data processing	자료처리
data processing system	자료처리체계
data quality date	자료품질일자
data quality element	자료품질요소
data quality evaluation procedure	자료품질평가절차
data quality measure	자료품질측정

data quality overview element	자료품질개관요소
data recorder	전자야장
data set	자료군
data transfer	자료전송
data type	자료유형
data warehouse	자료저장소
database	자료기반
database creation	자료기반편성
database design	자료기반설계
database development	자료기반개발
database lock	자료기반잠금
database management	자료기반관리
DataBase Management System(DBMS)	자료기반관리체계
database model	자료기반모형
database schema	자료기반스키마
database system	자료기반체계
database tool	데이터베이스 툴, 자료기반도구
dataset	자료집합
datum	데이텀, 측량의 기준면
datum level	기본수준면, 기준면, 수심기준면
day	일
decision of alignment	선형결정
Decision Support System(DSS)	의사결정지원체계
declination	적위, 편각
declaration of land category	지목의 표기
declination arc	적위호
declination vernier	편각수정버니어
declinator	나침함
declinetioire	자침함
Defence Mapping Agency(DMA)	미국방성지도국
defensive stone	방위석, 보호석
deflection angle	편각
deflection angle measurement	편각측정법
deflection angle method	편각법
deflection of vertical	수직선편차
deformation in map	지도의 변형
deformation monitoring	변형측량
degree	도
degree of curve	곡률도
degree of freedom	자유도
delay-lock loop	딜레이락루프
Delisle projection	델리슬도법
delta	삼각주
dendritic	수지상
densitometer	투명도계
density	밀도
density of arrangement point	배점밀도
density of images	영상투명도
density of materials	물질밀도
density slicing	색조분할
density tolerance	밀도허용한계
departure	경거
depreciation	감가상각
depth	심도
depth contour	등심선
depth information	심도정보
depth of field	피사계심도
depth of flow	수심
depth of pipe	매설심도
depth of water in ocean	대양수심도
derived units	조합단위
Dermatograph	데르마토그래프
descriptive data	특성자료
descriptive information	특성정보
design loop	설계순환
design map	설계도
designed section	계획단면
desktop GIS	데스크탑지아이에스
desktop mapping	데스크탑매핑
detail design	상세설계
detail drawing	상세도
detail survey	거리세부측량
detail surveying	세부측량
detail surveying due to a lot of ground	일필지측량
detailing surveying method	상대측위법
detection	검출
detectivity	검출감도

detector	검지기
determination of pass point	선점
determination of stadia constants	스타디아정수결정법
detraction	감쇠
development	전개, 전개도
Devil's principle	데블의 원리
diagonal and perpendicular method	삼사법
diagonal eye-piece	대각선접안렌즈
diagonal offset method	경사지거법, 사지거법
diagonal prism	대각선프리즘
diagonal surveying	대각선법
diagram for checking eccentric location	편심요소측정지
diagram of stadia reduction	스타디아도표
dial compass	다이얼컴퍼스
diaphragm	조리개
diapositive	양화건판, 투명사진, 투명양화
diastrophism	지각변동
dielectric constant	유전상수
difference image	감산영상
difference of elevation	고저차
difference of observation	관측차
different accuracy	이정도
differential	고차식
differential calculus	차분법
Differential Global Positioning System(DGPS)	간섭위치결정법, 디지피에스
differential leveling	고차수준측량
differential measurement	차등관측
differential rectification	미분편위수정법
diffuse contour	등반사체, 등심선
difinition	명료도
digital body model	수치인체모델
digital camera	수치사진기
digital cartographic analysis	수치지형분석
Digital Elevation Model(DEM)	수치고도모형, 수치표고모형
Digital Feature Analysis Data(DFAD)	수치형상분석자료
digital geographic information	수치지리정보
Digital Geospatial Metadata(DGM)	수치지형공간메타자료
DIgital Geographic Exchange STandard (DIGEST)	다이제스트
digital image	디지털영상, 수치영상
Digital Image Processing(DIP)	디지털영상처리, 수치영상처리
digital level	디지털레벨
Digital Line Graph(DLG)	수치선형그래프
digital map	수치지도
digital map information	수치지도정보
digital map manuscript	수치지도원도
digital mapping	수치도면화, 수치지도작성
digital mapping system	수치지도제작체계
digital method	디지털방식
digital nautical chart	수치해도
Digital Number(DN)	영상소값
digital object processing	수치객체처리
digital orthophoto	수치정사사진, 수치정사영상
digital orthophoto quadrangle	수치정사도곽
digital photogrammetry	디지털사진측량, 수치사진측량
digital planimeter	디지털구적기
digital restitution	수치도화
digital scanner	수치독취기
digital service unit	수치처리장치
Digital Surface Model(DSM)	수치표면모형
digital terrain data	수치지형자료
Digital Terrain Elevation Model(DTEM)	수치지형표고모형
Digital Terrain Model(DTM)	수치지형모형
digital theodolite	디지털데오돌라이트
digital topographic map	수치지형도
digitize	수치화
digitizer	디지타이저, 수치좌표관측기, 좌표입력장치
digitizer coordinates	디지타이저좌표계
digitizing tablet	디지타이징태블릿
Dilution Of Precision(DOP)	딥, 정밀도저하율
dimension	치수
dip	경사, 복각, 안고차, 자침경사

dipole antenna	다이폴안테나	distributed computing environment	분산컴퓨팅환경
direct angle on right	우측교각	distributed data management	분산자료처리
direct evaluation method	직접평가법	distributed database	분산자료기반
direct leveling	직접고저측량, 직접수준측량	distributed system	분산시스템
direct measurement of distance	직접거리측량	distribution equipment	배수관
direct observation	직접관측	distributing reservoir	배수지
direct optical projection instruments	광학식도화기	district confirmation	지구계확인
direct position	직접위치	district surveying	지구계측량
direct recording bottom current meter	저층자기유속계	ditch	구거
direct recording underwater pressure type wave meter	수압식파고계	diurnal variation	일차
		divergence of earth curvature	지구곡률오차
		division method into triangle	삼각형 분할법
direct sight	직시	D-log E curve	필름특성곡선
direct vernier	순독버니어, 순유표, 정버니어	domain	도메인, 정의역
directed face	방향성표면	doppler	도플러변위
directing or plane orientation	방향맞추기	doppler aiding	도플러에이딩
direction angle	방향각	doppler effect	도플러효과
direction cosine	방향여현	doppler principle	도플러원리
direction of reference	영방향	double angle	배각
direction pole	방향말목	double angle difference	배각차
directional filter	방향필터	double area	배면적
discharge	유량	double axis type transit	복축형트랜싯
discharge measurement	유량관측, 유량측정	double centering	대회
discrepancy	교차	double circle coordinate	원원좌표
displacement	배수용적	double difference	이중차분
displacement sensor	변위감지기	double ended connection	이단결합
display	화면출력	double float	이중부자
distance	거리	double folded vernier	이중복버니어
distance angle	길이의 각	Double Meridian Distance(D.M.D)	배자오선거, 배횡거
distance mark	이정말목		
distance measurement	측거	double meridian distance method	배횡거법
distance of distant vision	명시거리	double parallel distance	배종거
distance of eccentricity	외심거리, 이심거리, 편심거리	double phase difference	이중차분
		double prismartic square	복능거
distance surveying	거리측량	double projection	이중투영
distance table	해상거리표	double traversing	복도선법
distortion	만곡수차, 왜곡, 왜곡수차	double vernier	복버니어, 복유표
distortion of image	상의 왜곡	dove prism	도브프리즘
distortion of map	지도의 왜곡	dowel	도웰
distortion of map projection	투영의 비뚤어짐	down grade	내림경사

drag survey	소해측량
drainage area	배수면적
drainage interpretation	수계판독
drainage pattern	수계모양
drainage pipe	배수관
drawing	도면
drawing board	도판, 측판
drawing editing	도면제작편집
drawing error	제도오차
Drawing eXchange Format(DXF)	도면교환형식
drawing management system	도면관리체계
drawing of alignment	선형도
drawing of detail plane	상세평면도
drawing of land	용지도
drawing of peg construction	말뚝설치도
drawing of reference point	인조점도
drawing pen	오구
drawing table	묘화대
drawing table multiplex	묘화책상
drawing up of dynamic area	동적도면작성
drift	갱도, 편류
drift correction	계기보정
drop line contour	드롭라인콘터
drop pin	낙침, 낙하침
drought flow	갈수량
droughty water level	갈수위
drum scanner	원통주사기
dry paddy	전
dual frequency receiver	이주파수신기
dumpy level	덤피레벨
duplicate map	부도
dwell-time	격자주사기간
DX-90	디엑스90
dynamic height	역표고
dynamic survey	이동측량

E

early separated small triangulation area	구소삼각측량지역
earth crust	지각
earth curvature	지구곡률
earth curvature distortion	지구곡률왜곡
earth ellipsoid	지구타원체
Earth Resources Observation System(EROS)	에로스
Earth Resources Technology Satellite(ERTS)	지구자원기술위성
earth shape surveying	지구형상측량
earth tide correction	조석보정
earth volume calculation	토량계산
earth-centered-earth-fixed coordinate system	지구중심지구고정좌표계
earthquake wave	지진파
earth's axis	지축
easel	투영대
east elongation	동이격
east origin	동부원점
East Sea	동해
east sea origin	동해원점
easting	동향거리
ebb tide	낙조
eccentric angle	이심각, 편심각
eccentric bar	수준간, 외심간
eccentric correction	편심보정치
eccentric distortion	편심왜곡
eccentric error	구심오차, 외심오차, 이심오차, 편심오차
eccentric reduction	편심보정
eccentric surveying	편심관측
eccentric transit	편심트랜싯
eccentricity	이심률, 측각점편심, 편심률
eccentricity of rotation axis	회전축의 편심
eccentricity of signal tower	측표의 편심
echo sounder	음향측심기
Eckert's equivalent map	에케르트의 등적지도

Eckert's projection	에케르트도법		자장탐사법
ecliptic	황도	electromagnetic print machine	전자인화기
ecliptic coordinate	황도좌표	electromagnetic radiation	전자기복사
ecological survey	생태계측량	electromagnetic spectral region	전자기파장대
economic limiting distance	경제적제한거리	electromagnetic spectrum	
ecopolis	생태도시		전자기스펙트럼, 전자기유도탐사법
edge	에지, 영상경계	electromagnetic survey	전자기탐사법
edge matching	경계선정합	electronic navigational chart	전자해도
edge enhancement	영상경계강조	electronic positioning chart	전파항법도
edge-node graph	에지노드그래프	element of absolute orientation	
edit check list	교정점검표		절대표정의 요소
effective area	유효면적	element of eccentric reduction	편심요소
effective stereo-model	유효실체모델	element of inner orientation	내부표정의 요소
egg shaped clothoid	난형클로소이드	elements of eccentric reduction	귀심요소
eguivalency	정적도법	element's of orientation	표정요소
Ekman-Merz current meter		elements of relative orientation	
	에크만메르츠유속계		상호표정의 요소
elastic deformation	탄성변형	elevation	고도, 표고
elastic wave	탄성파	elevation area curve	표고별면적곡선
elastic wave exploration	탄성파탐사	elevation control point	표고기준점
elasticity	탄성	elevation data	표고자료
electric resistivity survey	전기비저항탐사	elevation mask	엘리베이션마스크
electric survey	전기탐사법	ellipicity	편평률
electric survey probe	전기탐사기	ellipsoid	타원체
electric survey probe receiver		ellipsoid distance	타원체거리
	전기탐사기수신기	ellipsoid of rotation	회전타원체
electricity line	전기선	ellipsoidal height	타원체고
electro optical distance measuring alidade		elongation	이격
	광파앨리데이드	embanked reach	유제부
electro optical distance measuring instrument		embanking	성토
	광파측거의	emission	방출
electro optical wave distance measuring		emission spectroscopy	발광분광법
instrument	광파거리측량기	emittance	방출도
electro wave distance meter	전파거리측량기	empirical formula	실험식
Electromagnetic Distance Meter(EDM)		emulsifying	유화현상
	전자기파거리측량기	emulsion	감광유제
electromagnetic induction direct method		end area formula	양단면평균법
	자장탐사직접법	end contraction	단수축
electromagnetic induction indirection method		end node	종점노드
	자장탐사간접법	end of circular curve	원곡선종점
electromagnetic induction method		end of curve	종곡점

End of Curve(EC)	곡선종점
End of Transition Curve(ETC)	완화곡선종점
end point	끝점, 종점
end point of clothoid curve(KE)	클로소이드곡선종점
engineer surveying geo-spatial information	측량 및 지형공간정보기사
engineering datum	시공데이텀
engineering map	설계용지도
engineering surveying	공사측량
Engineer's chain	엔지니어체인
engineer's scale	축척자
enhancement	강조
enlargement	신도, 확대도
enterprise GIS	엔터프라이즈지아이에스
entity	개체, 실체
entity and attribute information	객체 및 속성정보
entity type	실체유형
Environmental Information System(EIS)	환경정보체계
environmental phenomena survey	환경현상측량
environmental preserve map	환경보전용지도
EOSAT	이오셋
eotvos correction	에트베스보정
ephemeris	궤도력, 궤도정보, 역위성력, 천문력, 천측력
ephemeris longitude	역표경도
ephemeris meridian	역표자오선
ephemeris time	역표시
epipolar geometry	공액기하
epoch	이포크
equal altitude	등고도
equal altitude method	동성등고도법
equal area projection	등적투영
equal precision	등정밀도
equal scale line	등왜선, 등축척선
equation of time	균시차, 시차
equator	적도
equatorial coordinates	적도좌표
equatorial projection	적도법
equerre	이케에르, 직각기
equidistant projection	등거리도법
equinoctial tide	분점조
equipotential surface	등위면, 등퍼텐셜면
Equivalent Focal Length(EFL)	등가초점거리
equivalent grade	상당경사
equivalent map	등적지도
equivalent method	등량법
equivalent projection	등적도법
equivalent triangle method	등적삼각형법
equmorphic projection	이큐몰픽도법
erase	소거
error	오차
error correction for area	면적오류정정
error curve	오차곡선
error due to curvature and refraction	양차
error due to incorrect centering	중심맞추기오차, 치심오차
error due to incorrect orientation	정위오차
error due to incorrect levelling	정준오차
error ellipse	오차타원
error function	오차함수
error horizontal axis	수평축오차
error in sighting	시준오차
error manuscript for reproduction	정치오차
error of closure	폐합오차, 폐합차
error of closure of triangle	삼각형의 폐합차
error of collimation axis	시준축오차
error of curvature	곡률오차
error of joint closure	결합폐합차
error of orientation	표정오차
error of vertical axis	수직축오차, 연직오차, 연직축오차
error propagation	오차전파
ERTS[Earth Resources Technology Satellite]	지구자원기술위성
Eslon tape	에스론테이프
ESRI	에스리
estimated high-water discharge	계획고수류량
estimated high-water level	계획고수위

Euler's formula	오일러공식		시설물관리체계
European Space Agency(ESA)	에사	facility data	시설물자료
event	이벤트	facility deformation survey	시설물변형측량
exact interpolation	엄밀보간	facility displacement survey	시설물변위측량
exchange structure	교환구조	facility map	시설물도
expert system	전문가시스템	facility survey	시설물측량
exponential formula	지수공식	fail verdict	실패판정
exposure station	노출점	falling tide	낙조
exposure time	노출시간	false color image	위색영상
express way	고속도로	false color photograph	위색사진
eXtensible Markup Language(XML)		falsification test	위증시험
	엑스엠엘, 확장형표시언어	fan-delta	선상지
extent	범위	far point	원점
exterior	외부	far range	끝단영상
exterior data	외부자료	farm	농지
exterior orientation parameter	외부표정요소	farm and forest surveying	농림측량
exterior projection	외사도법	farm road	농로
external focusing telescope	외부초준식망원경	farm surveying	농지측량
external function	외부기능	fault	단층
external object lens	외부합초식대물렌즈	feature	지형지물
external secant	외할	feature association	지형지물연관
external second	정시	feature attribute	지형지물속성
extraction	추출	feature catalogue	지형지물목록
extrapolation	외삽법	feature division	지형지물분할
eye base	안기선	feature function	지형지물기능
eye piece	대안경	feature operation	지형지물조작
eye point	시점	feature portrayal	지형지물묘사
eyeball	안구	feature relationship	지형지물관계
eye-lens	접안렌즈	feature specification	지형지물사양서
eyepiece	대안렌즈, 접안경	feature substitution	지형지물치환
eyepiece adjustment screw	접안경조정나사	feature succession	지형지물천이
		feature table	지형지물테이블
		feature type	지형지물유형
		feature fusion	지형지물융합

F

		Federal Geodetic Control Committee(FGCC)	
face	막장, 면		미연방측지기준점위원회
face of slope	법면	Federal Geographic Data Committee(FGDC)	
facent method	퍼센트법	미국연방지리정보위원회, 미연방지리정보위원회	
facilities	편의시설	Federation International des Geometres	
Facilities Management(FM)	시설물관리		국제측량사연맹
Facilities Management System(FMS)		International Federation of Surveyors(FIG)	

	국제측량사연맹		대삼각본점망
Feeder Line(FL)	공급관	first order level	일등레벨
fiberglass tape	유리섬유줄자	first order leveling	일등고저측량, 일등수준측량
fiducial center[center of photograph]	화면중심	first order plotting instrument	일급도화기
fiducial mark	지표, 화면지표	first order triangulation	일등삼각측량
field	필드	first order triangulation network	삼각본점망
field book	수부	first order triangulation station	일등삼각점
field check data editing	정위치편집	first order triangulation supplementary station	일등삼각보점
field lens	시야렌즈	first subchord	시단현
field method	현장법	fiscal cadastral	세지적
field note	관측기록부, 야장	fixed altitude method	정고도법
field of view	시계	fixed star	항성
field repletion survey	현지보완측량	fixed station	고정점
field survey	현지조사	fixed traverse	확정트래버스
field view	시야	flag hand signal	수신호
field work	외업	flare triangulation	섬광삼각법
figure condition	도형조건	flatbed plotter	평판 플로터
figure of selecting station	선점도	flatbed scanner	평판스캐너
file	파일	flattening	편평도
file and data management	파일자료관리	flight attitude	비행자세
file structure	파일구조	flight auxiliary appliance	촬영보조기재
file transfer	파일전송	flight height	촬영고도
filling	성토	flight height above the ground	대지고도
film	필름	flight line	촬영항적
film speed	필름속도	flight line or strip	촬영경로
filter	필터	flight map	촬영계획도
final check	양판검사, 최종검사	flight planning	촬영계획
final editing	양판수정, 최종수정	flight strip	비행스트립
final manuscript for reproduction	제도원도	float	부자
final reading	종독	float type automatic water gauge	부자식자기수위표
final results table of leveling	수준점성과표	floating mark	부점, 부표
final results table of triangulation	삼각점성과표	floating plate	표류판
fine drafting	정묘	Flood Water Level(FWL)	홍수위
fine line	가는선	floppy disk	플로피디스크
first check	초판검사	flow chart	흐름도
first class leveling	일급고저측량, 일급수준측량	fluorescence	형광
first editing	초판수정	flying height	비행고도
first order bench mark	일등수준점	flying height above ground	촬영거리
first order geodetic control point network		f-number	에프값

focal distance	초점거리	Francis formula	프랜시스공식
focal length	초점판	Fraunhofer's eyepiece	프라운호퍼형접안경
focus	초점	free network	자유망
focussing	초준	free network adjustment	자유망조정
focussing screw	초준나사	free traverse	자유트래버스
fold	습곡	free-air anomaly	프리에어이상
folding base line	절기선	free-air correction	프리에어보정
follower	후수	freeway	고속도로
foot disc	족반	frequency	주파수
Forchheimer's formula	폴히하이머공식	freshwater	담수
fore point	전점	fresnel lens	프레넬렌즈, 프레즈넬렌즈
fore shore	전빈	f-stop	에프스탑
Fore Sight(FS)	전시	full circle method	방위각법, 전원측각법
foreign key	외래키	full inspection	전수검사
foreshortening	축거왜곡	Full Operational Capability(FOC)	에프오씨
ForeSight(FS)	초시	full size	실치수
forest interpretation	산림판독	function	함수
forest road	임도	function language	함수언어
forest road surveying	임도측량	functional model	함수모형
forest surveying	산림측량, 삼림측량	functional standard	실용표준
forestry	임야	fundamental gravity station	중력기준점
forestry map	임야도	fundamental point	원점
format	포맷	fundamental units	기본단위
formation	포메이션	fuzzy distance	퍼지거리
formation level	시공기면고	fuzzy tolerance	퍼지공차
formulas for half angles	반각공식		
Forward Motion Compensation(FMC)	에프엠씨		

G

forward overlap	종중복도	gauge measure	궤간측정
four point method	사점법	galactic coordinate	은하좌표계
four-dimensional cadastre	사차원지적	GALILEO Satellites	갈릴레오 위성
four-dimensional survey	사차원측량	galvanometer	검류계
fourth order triangulation survey	사등삼각측량	gap	협곡
fourth order triangulation point	사등삼각점	gauge datum	영점표고
fractal	프랙탈	gauge of track	궤간
frame	프레임	gauging station	수위관측소, 수위관측위치
frame buffer	프레임버퍼	Gauss conformal double projection	가우스등각이중투영, 가우스상사이중투영
frame camera	프레임카메라		
frame grabber	프레임그래버	Gauss conformal projection	가우스등각도법
frame of cross hairs	십자선틀	Gaussian curve of error	가우스오차곡선
framework data	기본지리정보, 프레임워크자료		

Gaussian distribution	가우스분포	geodimeter	지오디미터
Gaussian law of error	가우스오차법칙	geographic analysis	지형분석
Gauss-Kruger's projection	가우스크뤼거투영법	geographic analysis map	지형분석도
general chart of coast	항해도	geographic coordinates	지리좌표
general condition	일반조건	geographic data	지리자료, 지형자료
general map	일반도, 일반지도	geographic dataset	지리자료집합
generalization	총묘	geographic feature	지리피처
generalize	일반화	geographic identifier	지리식별자
generator type current meter	발전형유속계	geographic identifier system	지리식별자체계
geocentric altitude	지심위도	geographic information	지리정보, 지형정보
geocentric coordinate system	지구중심좌표계, 지심좌표계	geographic information engineer	지리정보엔지니어
geocode	지형코드	geographic information science	지리정보과학
geo-connections	지오커넥션	geographic information scientist	지리정보학자
geocording	좌표부여	geographic information services	지리정보서비스
geodesy	측지학	geographic information service network	지리정보유통망
geodetic altitude	측지위도	Geographic Information System(GIS)	지리정보체계, 지형정보체계
geodetic azimuth	측지방위각	geographic information technologies	지리정보기술
geodetic control	측지기준	geographic latitude	지리위도
geodetic coordinate	측지학적좌표	geographic longitude	지리경도
geodetic coordinate system	측지좌표계	geographic longitude and latitude	지리경위도
geodetic coordinates	측지좌표	geographic name	지명
geodetic datum	측지기준점, 측지데이텀	Geographic Names Information System(GNIS)	지명정보체계
geodetic datum origin	경위도원점	geographic of topographic change	지형변화통보
geodetic datum station	측지원점	geographic survey	지리조사, 지형변화조사
geodetic ellipsoid	측지타원체	Geographic Survey Institute(GSI)	일본국립지도제작기관
geodetic line	측지선	geographical map	지세도
geodetic longitude	측지경도	geography	지리학
geodetic longitude and latitude	측지학적경위도	geoid	지오이드
geodetic network	측지망	geoid model	지오이드모형
geodetic reference network	측지기준망	GEOID99	지오이드99
Geodetic Reference System(GRS)	측지기준계	geoidal height	지오이드고
Geodetic Reference System1980(GRS80)	측지기준계80타원체	geoinformation	공간정보공학
Geodetic Reference System80(GRS80)	지알에스80	geological interpretation	지질판독
geodetic survey	대지측량, 측지측량		
geodetic surveying	측지학적측량		
geodetic triangulation	대지삼각측량, 측지학적삼각측량		

geological map	지질도
geomagnetic chart	지자기전자력도
geomagnetic correction	자기보정
geomagnetic dairy variation	지자기일변화
geomagnetic secular variation	지자기경년변화
geomagnetic storm	지자기폭풍
geomancy topography	풍수지리
geomatic engineering	공간정보공학
geomatics	지구측량, 지오메틱스, 지형정보학
geomatics technologist	지형정보학기술자
geometric boundary	기하경제
geometric complex	기하복합체
geometric consistency	기하일관성
geometric correction	기하보정
Geometric Dilution Of Precision(GDOP)	지답
geometric dimension	기하차원
geometric object	기하객체
geometric primitive	기하원시객체, 기하원시요소
geometric projection	기하도법
geometric realization	기하실현
geometric resolution	공간해상도
geometric set	기하집합
geometric test	기하검사
geometric topology	기하위상, 논리적 관련성
geometrical optics	기하광학
geonavigation	지문항법
geoprocessing	지형처리
georeference system	지구좌표체계
geospacematics	지형공간탐측학
geospatial data	지리공간정보
GeoSpatial Information System(GSIS)	지에스아이에스, 지형공간정보체계
Geospatial Information(GI)	지형공간정보, 지형공간정보학
geospatial one stop	지형공간원스탑
geostationaly orbit	정지궤도
Geostationary Operational Environmental Satellite(GOES)	지오스
geostationary satellite	정지궤도위성, 정지위성
geostrophic current	지형류
geothermal	지열
german dial	저먼다이얼
GIS	지아이에스
GIS Customer Relationship Management (GCRM)	지씨알엠
given point	여점
glass scale	유리자
global gravity model	지구중력모형
GLObal NAvigation Satellite System (GLONASS)	글로나스
Global Navigation Satellite System(GNSS)	지엔에스에스
Global Positioning System(GPS)	범세계적위치결정체계, 지피에스
Global Positioning System satellite (GPS satellite)	지피에스위성
Global Positioning System segment (GPS segment)	지피에스구성
Global Positioning System time(GPS time)	지피에스시
Global Positioning System vector(GPS vector)	지피에스벡터
Global Positioning System week(GPS week)	지피에스주
Global Spatial Data Infrastructure(GSDI)	지구공간자료기반
gnomonic projection	심사도법
golf field survey	초구장측량
GPS positioning interferometer	지피에스위치결정간섭계
GPS receiver clock	수신기시계
gradation gray level	농담
grade	그레이드, 종단경사
grade correction	경사보정
grade of cross section	횡단경사
Graded Reflectivity Meter antenna(GRM antenna)	지알엠안테나
gradient	경사도, 오름경사
gradienter screw	측사나사
gradual decrease curve of half wave of sine	반파장사인체감곡선
gradual decrease distance	캔트체감처리

graduated circle	눈금반, 분도원
graduation	눈금
graduation error	눈금오차
graduation of inclination	경사분획
graph	도형
Graphic and Image Information System(GIIS)	도형 및 영상정보체계
graphic balancing of error of closure	도해적폐합오차조정
graphic control point for detail mapping	세부도근점
graphic control surveying	도해도근측량
graphic control surveying for detail mapping	세부도근측량
graphic information	도형정보
graphic language	도형언어
Graphic User Interface(GUI)	그래픽사용자인터페이스, 지유아이
graphical cadastral	도해지적
graphical cadastral surveying	도해지적측량
graphical radial triangulation	도해사선법
graphical rectification	도해편위수정
graphical solution	도해법
graphical traversing	도선법, 도해도선법
graphical triangulation	도해삼각측량
graphical triangulation chain	도해삼각쇄
graphical triangulation network	도해삼각망
gravimeter	중력계
gravitational constant	지구중력상수
gravitational potential	중력포텐셜
gravity	중력
gravity anomaly	중력이상
gravity anomaly chart	중력이상도
gravity field	중력장
gravity field model	중력장모형
gravity meter	중력계
gravity survey	중력측량
gray scale	명암자
great circle	대원
great circle distance	대원거리
great circle projection	대권도법
greatest eastern elongation	동방최대이격
greatest elongation	최대이격
green's theorem	그린정리
Greenwich	그리니치
Greenwich mean astronomical time	그리니치평균천문시
Greenwich mean common time	그리니치평균상용시
Greenwich mean time	그리니치평시
Greenwich Mean Time(GMT)	그리니치기준시
Greenwich meridian	그리니치자오선
Greenwich meridian plane	그리니치자오면
Greenwich sidereal time	그리니치항성시
Greenwich time	그리니치시
grid	격자, 그리드
grid cell	격자셀, 그리드셀
grid coordinate	격자좌표
grid data model	격자자료모형, 그리드자료망, 그리드자료모형
grid declination	도편각
grid format	격자포맷
grid magnetic angle	도자각
grid map	격자방안지도
grid method	격자법, 망목법
grid north	도북, 평면직각좌표의 북
grid overlay	격자중첩, 래스터중첩
grid plate	격자판
gridson system	격자계
gridson system triangulation net	격자계삼각망
grip handle	손잡이
ground control point	대지표정점, 지상기준점
ground control point surveying	지상기준점측량
Ground Height(GH)	지반고
ground isocenter	지상등각점
Ground Penetration Radar method(GPR)	지중레이더탐사법
ground plane	지평면
ground range	지상거리
ground receiving station	지상수신소
ground register	토지등기부
ground surveying	지표면측량

ground swath	지상너비
ground truth	지상검증
ground truth data	현지조사자료
grounding conductor	접지선
grounding method	접지법
group delay	그룹지연
group velocity	군속도
gruber's method	그루버방법
guasi-geoid	의사지오이드
guide rod	가이드로드
gulf	만
gyro theodolite	자이로데오돌라이트
gyroscope	자동평형경
gyroscope camera	자이로스코프사진기

H

hachuring	영선법, 우모법
half interval contour line	간곡선
halfsilvered-mirror	반은거울
Hallert's numerical orientation	할러트의 계산법
Hammer's projection	해머도법
hand level	핸드레벨
hand level with a telescope	망원경핸드레벨
hand level with vertical graduated arc	고도부핸드레벨
Hand Over Word(HOW)	하우
hand scanner	핸드스캐너
hand templet method	핸드템프렛법
hanging level	행잉레벨
harbour surveying	항만측량
hard clip	하드클립
hard copy	인쇄복사
hard disk	하드디스크
hardcopy map	하드카피지도
hardware	하드웨어
Harlacher's graphical method	하알랏헤르도법
hasselblad small format camera	소형카메라
Hayford ellipsoid	헤이포드타원체
head selection method	수선법
head up digitizing	도상독취
heading	관자
heat capacity	열용량
Heat Capacity Mapping Mission(HCMM)	에이취씨엠엠
height control point	표고표정점
height district	고도지구
height of collimation	시준고
height of instrument	기고
height of target	측표고
height scale	표고눈금판
heliotrope	회조기
heliotrope	회광등
Helmert's transformation	핼머트변환
Herron's formula	헤론의 공식
hidden line	허선
hierarchy	계층
High Accuracy Reference Networks(HARN)	한
High Frequency Coaxial Cable(HFCC)	고주파수동축케이블
High Frequency Electromagnetic Method (HFEM)	고주파수전자기측량
High Frequency Window(HFW)	고주파창
high oblique photograph	고경사사진
high observation tower	고측표
high pass filter	고주파필터
high quality engineer	고급기능사, 고급기술자
HIgh Resolution Imaging Spectrometer (HIRIS)	하이리스
HIgh Resolution infrared Spectrometer(HIRS)	하이르스
High Resolution Visible(HRV)	에이취알브이
high tide	고조
high water	고조, 만조
high water full and change	삭망고조
high water interval	고저간격, 고조간격
high water level ordinary neap tide	소조평균고조면
high water level ordinary spring tide	대조평균고조면

high water level squinaxial spring tide	춘추분대조고조면
High Water Level(HWL)	고수위
high-water work	고수공사
higher high water	고고조, 높은고조
higher low water	고저조, 높은저조
highest grade engineer	특급기술자
highest high water level	최고고조면, 최고수위
Hiran	하이란
Hiroi's current meter	히로이식유속계
histogram	히스토그램
hologram	홀로그램
hologrammetry	레이저사진측량
homogeneous adjustment	동차조정법
Homorosine projection	호모로사인도법
Honda's tide gauge	혼다식검사의
honilgangiyeogdaegukdojido	혼일강리역대국도지도
horizon	수평선, 지평, 지평선
horizon trace	사진수평선
horizontal alignment	평면선형
horizontal angle	수평각
horizontal axis	수평축
horizontal camera	수평선사진기
horizontal circle	수평눈금반, 수평분도원
horizontal control	수평통제
horizontal control data sheet	성과표
horizontal control datum	수평조정원점
horizontal control point	위치표정점
horizontal curve	평면곡선
horizontal datum	이차원데이텀, 수평기준계, 수평원점
Horizontal Dilution Of Precision(HDOP)	에이취딥
horizontal distance	수평거리, 수평곡선
horizontal glass	수평경
horizontal glass adjusting screw	수평경조정나사
horizontal hair	십자횡선, 횡십자선
horizontal hair adjusting screw	십자횡선조정나사
horizontal mirror	지평경
horizontal parallax	지평시차, 횡시차
horizontal photography	수평사진
horizontal pipe	가로관
horizontal plane	수준면, 수평면, 지평면
horizontal positioning	수평위치결정
horizontal projection	지평법
horizontal sight by alidade	수평시준, 수평첨시
horizontal tangent screw	수평미동나사, 횡미동나사
hosfield model	호필드모델
host computer	주컴퓨터
hour angle	시각
hour circle	시원
hue	색상
Hue, Intensity, Saturation(HIS)	에이취아이에스
human vision	인간시각
humidity	습도
Huygen's type eyepiece	하이겐스형접안경
hybrid tridimensional geodetic datum	혼합데이텀
hydraulic mean depth	경심
hydro graphical surveying	하해측량
hydrographic survey	수로측량
hydrological observation	수문관측
hypsometry	측고법

I

icon	아이콘
identification information	식별정보
identifier	식별자
IKONOS	아이코노스
illuminance	조도
illuminating power	밝기
image	상, 영상
image analysis	영상해석
image by central projection	중심투영상
image coordinates	상좌표

image data model	영상자료모형	zation for(ISO)	아이에스오
image enhancement	영상강조, 영상개선	index-mosaic	인덱스모자이크
image information	영상자료정보	Indicated Principal Point(IPP)	주점
image information analysis	영상자료해석	indirect leveling	간접고저측량, 간접수준측량
image interpretation	영상판독	indirect measurement of distance	간접거리측량
image matching	영상정합	indirect observation	간접관측, 간접측량
image movement	사진상의 떨림	indirect position	간접위치
image of projection	사진상	induced current	유도전류
image plane	영상면	induction current	유도법
image processing	영상정보, 영상처리	inductive coupling	유도전류법
image processing system	영상처리체계	industrial engineer surveying geo-spatial information	측량 및 지형공간정보산업기사
image rectification	영상편위수정	industrial map	산업지도
image registration	위치참조	Inertial Measurement Unit(IMU)	관성측량기
image striping	영상줄무늬	inertial navigation	관성항법체계
image swath	영상폭	inertial positioning	관성측량
implementation	구현	inertial positioning system	관성위치결정체계
implementation conformance statement	구현일치서술	inertial reference system	관성좌표계
implementation extra information for testing	시험용구현보조정보	information	정보
implementation geographic information data base schema	구현스키마	information superhighway	초고속정보통신망
important point	주요점	information system	정보체계
incident energy	입사에너지	information viewpoint	정보관점
incident mapping	사건발생지표시도	infragon	인프라곤
inclination	경사	infrared film	적외선필름
inclination of the ecliptic	황도경사	infrared photograph	적외선사진
inclined distance	경사거리	infrared spectrophotometer	적외선분광광도계
inclined shaft	경사갱, 사갱	infrastructure	기반시설
inclined water gauge	경사수위표, 경사양수표	initial line	시초선
Independent Model Triangulation(IMT)	독립모형법, 독립입체모형법	initial point	경위도원점
		initial reading	초독
independent observation	독립관측, 독립측정	inking manuscript	착묵원도
index	지표	inland	제내지
index arm	지시간	inland sea	내해
index contour	계곡선	inlet	하구
index glass	지경, 지시경	inner map quadrangles	내도곽
index map	표정도	inner orientation	내부정위, 내부표정
index of parcel number	지번색인표	input devices	입력장치
index of refraction	굴절계수	input error	입력오차
Index of the international Standards Organi-		insertion network	삽입망
		instance	인스턴스

instance level	인스턴스수준
instance model	인스턴스모형
Instantaneous Field Of View(IFOV)	순간시야각
instantaneous viewing	순동입체시
instrument carrier	기계수
instrument error	기계오차
instrument height	기계고
instruments for tunnel surveying	갱내용측량기기
intake	취수구
intayatejima's formula	이따야떼지마공식
integer ambiguity	모호정수
intergrated doppler	반송파위상
Integrated Geographic Information System (IGIS)	통합지리정보체계
integrated map	통합된 지도
integrated positioning system	통합위치결정체계
intelligent network	지능망
Intelligent Transportation System(ITS)	지능형교통체계
intensified manuscript	측량원도
inter	인터
interactive	대화식
interactive processing	인터랙티브처리
intercept	협거
interface	인터페이스
interface specification	인터페이스사양서
interior planet	내혹성
interlacing triangles	교차삼각형
intermediate contour line	주곡선
intermediate grade artificer	중급기능사
intermediate grade engineer	중급기술자
intermediate peg	중간말목
intermediate point	중간점
intermediate sight	중간시
intermittent stream	간헐하천
internal focussing telescope	내부초준식망원경
internal tearing strength	인열강도
International Association of Geodesy(IAG)	국제측지학협회
International Association of Lighthouse Authorities(IALA)	국제항로표지협회
International Cartographic Association(ICA)	국제지도학협회, 국제지도학회, 국제지도협회
international chart	국제해도
International Council Scientific Unions(ICSU)	국제과학연합본부
international earth ellipsoid	국제지구타원체
International Earth Rotation and reference System service(IERS)	국제지구회전사업
international ellipsoid	국제타원체
International Federation of Surveyors(FIG)	국제측량사연맹聯盟
International GPS Service for geodynamics (IGS)	국제지피에스관측기구
International Hydrographic Organization(IHO)	국제수로기구
International Laser Ranging Service(ILRS)	국제레이저거리관측서비스
international map of world	만국도
International Maritime Organization(IMO)	국제해양기구
International Office of Cadastre and land Records(OICRF)	국제지적사무소
International Organization for Standardization (ISO)	아이에스오
International Organization for Standardization /Technical Committee211(ISO/TC211)	국제표준화기구지리정보전문위원회
International Organization Standardization (ISO)	국제표준화기구
International Road Federation(IRF)	국제도로연맹
International Society for Photogrammetry and Remote Sensing(ISPRS)	아이에스피알에스
International Society of Photogrammetry and Remote Sensing(ISPRS)	국제사진측량원격탐사학회 국제항공사진측량 및 원격탐사학회
international system of units(SI단위)	국제단위, 에스아이단위

International Terrestrial Reference Frame coordinate system(ITRF)	국제지구기준좌표계
international training center for aerial survey	사진측량훈련소
International Union for Surveys and Mapping (IUSM)	국제측량지도제작연맹
International Union of Geodesy and Geophysics(IUGG)	국제측지학 및 지구물리학연맹
internet	인터넷
internet GIS	인터넷지아이에스
interoperability	상호운용성
interpolation	내삽법, 보간
interpolation method	보간방법
interpretation	판독
interpretation element	판독요소
interpretation key	판독키
interpretation method	판독방법
interpretation of aerial photograph	공중사진의 판독
interpretation of topographic	지형판독
interpretive matrix	해석적행렬
interrupted projection	단열도법
intersect	교차
intersection	교차점
intersection angle	교각, 교회각
intersection deflection method	협각법
intersection method	교선법
intersection point	교절점, 교회점
Intersection Point(IP)	교점
interval factor	승정수
interval time scale	시간간격축척
intervalometer	간격조정기
intervisibility	시통
invar tape	인바테이프
Inverse DGPS	아이디지피에스
inverse matrix	역행렬
inverse number of distance	변장반수
inversor	인버졸
inversor[inverter]	인베르솔
Inverted DGPS(IDGPS)	아이디지피에스
inverted image	도상
inverted rod	역로드
investigation of agriculture	농지조사
investigation of forest	삼림조사
ionosphere	전리층
ionospheric model	전리층모형
ionospheric refraction	전리층굴절
irrigation and drainage surveying	관개배수측량
island cluster	군도
ISO/Technical Committee211(ISO/ TC211)	지리정보전문위원회
isobar	등압선
isobath	등반사체, 등심선
isocenter	등각점, 사진등각점
isoclinal line	등복각선
isogonic chart	등편각선도
isogonic line	등편각선, 등편선, 등편차선도, 입편선
isolated node	절연점
isometric latitude	점장위도
isomorphism	동형
isoperimetric curve	등장선
isopycnic	등밀도선
isostasy	지각균형론
isostatic correction	지각균형보정
isotherm	등온선
item	항목

J

Jerie's analogue computer	에리의 아날로그컴퓨터
Jet Propulsion Laboratory(JPL)	제트추진연구소
jiyeogseon	지역선
joggle	도웰
join	연결
joint signature book of public land	공유지연명부
julian date	율리우스일

jurisdictional sea area	관할해역

K

K	수평화 보정계수
KA band	케이에이밴드
Kalman filter	칼만필터
kappa(x)	카파
kappa-axis	카파축
Kasper's orientation method	카스퍼의 표정법
kelsh plotter	켈시플로터
kel-watt printer	켈와트프린터
keplerian elements	케플러요소
keplerian orbital elements	케플러궤도요소
Kepler's equation	케플러방정식
Kepler's law	케플러스법칙
kernel	커널
kilobyte	킬로바이트
kilometer mark	거리표
Kim, Jeong Ho	김정호
kinematic positioning	이동위치결정, 키네마틱위치결정
kinematic surveying	키네마틱측량
kinetic energy	운동에너지
KMI	한국해양수산개발원
known point	기지각, 기지점, 여점
Kopper's formula	코페공식
Korea Association of Surveying and Mapping (KASM)	대한측량협회
Korea geodetic horizontal datum	대한민국경위도원점
Korea geodetic vertical datum	대한민국수준기점
Korea Institute of Mari-time and Fisheries Technology(KIMFT)	한국해양수산연수원
Korea Land Information System(KLIS)	한국토지정보시스템
KOrea Multi-Purpose SATellite-1 (KOMPSAT-1)	아리랑위성1호
KOrea Multi-Purpose SATellite-2(KOMPSAT-2)	아리랑위성2호
Korea Ocean Research & Development Institute (KORDI)	한국해양연구원
KOrea society for Geo-Spatial Information Systems(KOGSIS)	지형공간정보학회
Korea Strait	대한해협
Korean Cadastral Survey Corporation(KCSC)	대한지적공사
Korean geographical society	대한지리학회
Korean original bench mark	한국수준원점
Korean Society of Civil Engineers(KSCE)	대한토목학회
Korean society of Surveying, Geodesy, Photogrammetry, and Catography(KSGPC)	한국측량학회
Korean standard datum of triangulation	한국경위도원점
Korean time	한국시
kriging	크리깅
KRV	케이알브이
Kutter's approximate formula	쿠터의 간략공식

L

L band	L대
L1 Carrier	L1반송파
L1 signal	L1 신호
L2 carrier	L2 반송파
L2 signal	L2 신호
label	라벨, 레이블
label point	식별점
Lagrange's method	라그랑즈의 미정계수법
lambert conformal conic projection	램버트등각원추투영법
Lambert equivalent conical projection	람베르트등적원추도법
Lambert equivalent cylindrical projection	람베르트등각원추도법
Lambert projection	람베르트도법
land alteration	토지이동

land base	토지기반	large scale	대축척
land book	토지대장	large scale map	대축척지도
land category	지목변경	large scale mapping	대축척도화
land characteristics map	토지특성도	large triangulation surveying	대삼각측량
land classification	지류	laser	레이저
land classification boundary	지류계	laser based survey	레이저측량
land data file	토지자료파일	laser level	레이저레벨
land data system	토지자료체계	last peg of cross section	말단횡단말뚝
land description	토지표시	last subchord	종단현
land information	토지정보	latent image	잠상
Land Information System(LIS)	토지정보체계	lateral overlap	사이드랩
land readjustment project	경지정리사업	lateral scale	횡축척
land readjustment project law	토지구획정리사업법	latitude correction	위도보정
land readjustment	토지구획정리	latitude observation by talcott method	탈코트위도관측법
land readjustment surveying	토지구획정리측량	latitude	위거, 위도
		latitude-longitude coordinate system	경위도좌표체계
land reclamation	간척		
land record	토지기록	law of cadastre	지적법
land registration	토지등기	law of coastal management	수로업무법
land suitability analysis	적지분석	law of hydrography	연안관리법
Land Suitability Assessment	토지적성평가	law of propagation of errors	오차전파의 법칙
land survey	육지측량	law of surveying	측량법
land surveying	토지측량	layer	레이어, 자료층, 채색법
land title recordation system	토지주제기록체계	layer code	자료층코드
		layer header record	자료층헤더레코더
land transaction	환지처분	layer miss	자료층오류
land use map	토지이용도, 토지이용현황도	layer system	단채법
land use plan	토지이용계획	layer tints	단채
land use	토지이용	laying out a curve by deflection	편각측설법
landsat	랜드셋	laying out a curve by deflection angle	편각현장법
Landscape and Viewscape Information System (LIS/VIS)	조경 및 경관정보체계	layover	레이오버
language code	언어부호	L-band	엘밴드
Laplace equation	라플라스방정식, 라플라스조건식	Le System Probatoire d'Obervation de la Terre (SPOT)	스팟
Laplace point	라플라스점	lead	리드, 측심추
Laplace's simplified barometric formula	라플라스간이기압공식	lead curve	리드곡선
		lead line	리드줄
Laplacian filter	라플라시안필터	lead plate	추연판
Large Format Camera(LFC)	대형카메라	lead vane	인출판

leader	전수
leadscrew type mono comparator	콤퍼레이터
leak detector	누수탐지기
leakage	누수
leakage of water	누수
leakage rate of water	누수율
leakage ratio	누수율
leap year	윤년
least cost path	최저비용경로
least squares adjustment	최소제곱보정
left shore	좌안
left thumb rule	왼손모지의 법칙
legality review of cadastral surveying	지적측량적부심사
legend	범례
Legendre's theorem	르장드르의 정리
Lehmann's method	레만법
Lehmann's rule	레만의 법칙
lemniscate	렘니스케이트
length	길이
length of base line	기선장
length of normal line	법선장
length of running section	유하구간장
length of sight	시준거리
length of transition curve	완화곡선장
lens	렌즈
lens aberration	렌즈수차
lens calibration	렌즈검정
lens cone assembly	렌즈콘어셈블리
lens distortion	렌즈왜곡
lens stereoscope	렌즈식실체경, 소입체경
lens or pocket stereoscope	렌즈식입체경
les for annotation	주기측
level	레벨
level bar	수평간
level bar adjusting screw	수평간조정나사
level book	레벨야장
Level Of Detail(LOD)	세밀도
level sensibility	기포관감도
level tester	기포관검사기
level tube	기포관
leveling	고저측량, 레벨링, 수준측량 수평맞추기, 정준
leveling arrangement	정준장치
leveling circuit	고저측량환, 수준환
leveling intersection bench mark	수준교차점
leveling net	수준망
leveling network	고저측량망
leveling rod	수준척
leveling route	수준노선
leveling screw	정준나사
leveling up	정치
librarian	라이브러리안
light	빛
Light Intensity Detection And Raging (LiDAR)	레이저거리측량
light rail	경전철
light tracking method	광선추적법
lighter's wharf	물양장
light-year	광년
limnometer	수위계
line	선
line drop out	라인손실
line of maximum slope	유하선, 최대경사선
line pair	라인쌍
line ranger	정선기
line scanner	라인스캐너
line shaped facility	선상시설물
lineage information	연혁정보
lineament	라이너먼트
linear error	선형오차
linear interpolation	선형보간
linear positioning system	선형위치결정체계
linear reference system	선형기준체계
links	링크스
loading	로딩
local attraction	지방인력
local apparent solar time	지방시시
Local Area DGPS(LADGPS)	지역디지피에스
local cartesian coordinates	국지직교좌표계
local condition	국소조건
local coordinate system	국지좌표계, 지역좌표계

local datum	국지데이텀
local deviation	국소인력
Local Mean Time(LMT)	평균태양시
local oean solar time	지방평시
local operator	논리연산자
local reference system	국지기준계, 지역측지계
local sidereal time	지방항성시
local survey	국지측량
local survey network	지역측지망
local time	지방시
local triangulation	국지삼각측량
local vertical coordinate system	지역삼차원직각좌표계
Location Based Services(LBS)	위치기반서비스
location surveying	실측
locational attribute	위치속성
log	로그
logical consistency	논리일관성
logical relationship	논리관계
long chord	장현
long distance water gauge	원격양수표
LOng Range Navigation(LORAN)	로란
LOng Range Navigation(LORAN-A)	로란-A
LOng Range Navigation(LORAN-C)	로란-C
long tangent chord	장접선장
longitude	경도
longitude and latitude	경위도
longitudinal alignment	종단선형
longitudinal line	경선
longitudinal tilt	파이(ϕ)
look angle	주사각
look direction	주사방향
look up table	룩업테이블
loop	루프
loop method	루프법
lot point	획지점
love wave	러브파
Low Frequency Window(LFW)	저주파창
low oblique photograph	저경사사진
low of river	하천법
low water equinaxial spring tide	춘추분대조저조면
low water interval	저조간격
low water level	간조면
low water level ordinary neap tide	소조평균저조면
low water level ordinary spring tide	대조평균저조면
Low Water Level(LWL)	저수위
lower culmination	하통과
lower high water	낮은고조, 저고조
lower low water	낮은저조, 저저조
lower low water datum	저저조기준면
lower motion	하부운동
lower parallel plate	하평행반
lower plate	하반
lower tangent screw	하부미동나사
lower tightening screw	하부고정나사
lowest low water level	최저수위, 최저저조면
luminance	휘도
lunar day	태음일
lunar tide	태음조
lunitidal interval	월조간격

M

mach band	마흐밴드
machine plate	인쇄판
machine readable	기계판독기능
macro	매크로
macro command	매크로명령
magazine	카메라매거진
magnetic anomaly	자기이상
magnetic azimuth	자방위각, 자침방위
magnetic bearing	자방위
magnetic declination	자기편각, 자침편차, 편차
magnetic detection method	자기탐사법
magnetic field	자기장
magnetic force	자기력
magnetic meridian	자기자오선

magnetic meridian azimuth	자북방위각	map line	선형지도
magnetic needle	자침	map number	도엽번호
magnetic north	자북	map object	맵오브젝트
magnetic north line	자북선	map of land characteristics	토지특성도
magnetic storm	자기폭풍	map of supplementary control surveying	
magnetic survey	자기측량		도근점측량망도
magnetic surveying	지자기측량	map overlay	지도중첩
magnetic variation	자기편차	map projection	도법, 지도투영
magnetic water gauge	자기수위계	map projection transformation	좌표체계의 변환
magnetometer	자기계, 자력계	map reduction	축도
magnification	배율	map scale	지도축척
Mahalanobis Distance	마할라노비스의 거리	map sheet	도엽
main base line	본기선	map titles	도엽명칭
main memory unit	주기억장치	mapinfo	맵인포
main scale	주척	map information system	지도정보체계
main tangent line	주접선	mapping	도화
main telescope	주망원경	mapping system	지도작성체계
maintenance	유지보수	mapping technology	매핑기술
maintenance organization	유지관리조직	marine control survey	해양기준점측량
management agency	관리기관	marine gravity survey	해양중력측량
Management Information System(MIS)		Marine Information System(MIS)	
	경영정보체계		해양정보체계
Manhattan Distance	맨하튼거리	marine magnetic survey	해양지자기측량
manhole	맨홀	Marine Observation Satellite(MOS)	모스
manipulative operation	조작처리	marine positioning survey	해상위치측량
Manning's formula	매닝공식	marine remote sensing	해양원격탐사
manometer	마노미터	marking peg	표지말뚝
mantle	맨틀	marsh	늪
manual of map symbols	도식	masking sheet	마스크판
manual stage gauge	보통수위표	mass	토적
manuscript	원도	mass correction	기단보정
map	지도	mass curve	
map compilation	지도편집, 편도		누가곡선, 유토곡선, 토적곡선, 토적도
map coordinate transformation	지도좌표변환	master control station	중앙제어국
map drafting technique	지도제도법	master copy	도고
map geometric transformation	지도투영변환	master plan	기본계획
map grid	지도방안	matics	탐측
map grid plotting	지도방안의 작도	matrix	행렬
map index diagram	색인도표	maximum angular deformation	최대각오차
map input	지도입력	maximum grade	최급경사
map join	지도정합	mean deviation	평균편차

mean high water interval	평균고조간격	mercator map projection	메르카토르투영법
mean high water level	평균고조면	mercator projection	
Mean High Water Level(MHWL)	평균고수위		머케이트투영, 메르카토르도법
mean low water interval	평균저조간격	mercurial barometer	수은기압계
Mean Low Water Level(MLWL)	평균저수위	mercury dish	수은반
mean midnight	평균자정, 평자정	merge	병합
mean noon	평균정오, 평정오	meridian	경선, 자오선
mean radius of curvature	평균곡률반경	meridian altitude	남중고도, 자오선고도
mean range	평균조차	meridian circle	자오원
Mean Sea Level(MSL)	평균해면, 평균해수면	meridian convergence	자오선수차
mean section method	평균단면법	Meridian Distance	자오선거, 횡거
mean solar day	평균태양일	meridian distance method	횡선법
mean solar time	평시, 평균태양시	meridian observation	자오선측량
mean solar year	평균태양년	meridian plane	자오면
mean square error		meridian transit	자오선통과
	자승평균오차, 평균자승오차, 표준오차	meridional parts	점장률
mean sun	평균태양	mesh	메시
mean tide level	평균조위면	mess mark	메스마크
mean value	평균값	message handling	메시지처리
mean velocity formula	평균유속공식	meta attribute	메타자료속성
Mean Water Level(MWL)	평균수면, 평균수위	metadata	메타데이터, 메타자료
mean wave	평균파	metadata dataset	메타자료테이터집합
measurement data	관측자료	metadata element	메타자료요소
measurement of base line	기선측량	metadata entity	메타자료실체
measurement of depth	심도측정	metadata schema	메타자료스키마
measurement of gravity	중력측정	metadata section	메타자료섹션
measurement of vertical angle	연직각관측	metallic pipe	금속관로
measurement scale	관측축척	metamodel	메타모형
measuring and tracing systems		metaquality	메타품질
	측정및추적시스템	Meteorological Information System(MIS)	
measuring apparatus	도기		기상정보체계
measuring by sound	음측	meteorological phenomena	기상
measuring mark	측표	meteorology	기상학
measuring pin	측침	method by circummeridian altitude	
measuring rod	로드, 자막대, 측간, 측봉		주자오선법
measuring rope	간승, 줄자, 측량승, 측승	method by single altitude	단고도법
mechanical projection	기계투영법	method by the offset of long chord	
median filter	중간값필터		장현지거법
medium	매체	method of adjustment of angle	각의 평균
medium scale mapping	중축척도화	method of combination angle	조합각관측법
menu driven	메뉴방식	method of curve setting	곡선설치법

method of direction angle	방향각법	Mid-Infrared Rays(MIR)	중적외선
method of double progression	복전진법	mie scattering	미산란
method of equal altitude of different stars	이성등고도법	mil	밀
		mild slop	완경사
method of error model	오차모형식	military surveying	군사측량
method of forward intersection	교차법, 전방교선법, 전방교회법	mine surveying	광산측량
		minimum curve length	최소곡선장
method of intersection and resection	교회법	minimum ground separation	최소지상분해거리
method of intersection angle	교각법	minimum mapping unit	최소매핑단위
method of landmark	육상법	minimum mapping units	최소지도단위
method of least squares	최소자승법	minimum radiation of curve	최소곡선반경
method of longitude and latitude	경위도법	mining compass	광산용컴퍼스
method of multicamera	다중사진기방식	mining rod	갱내용표척
method of orthogonal base line	직교기선법	mining transit	갱내용트랜싯
method of piece paper	지편법	minor control point	보조기준점
method of progression	전진법	minor triangulation network	소삼각망
method of projection	투영법	mirror stereoscope	거울입체경, 반사식입체경
method of radial progression	방사도선법	miscellaneous char	특수도
method of radiation	방사법	misclassification	분류오류행렬
method of radio traversing	방사절측법	misclosure error of side	변장폐합차
method of repetition	복시법	mistake	과대오차, 과실, 착오
method of river surface	수면법	mixed pixel	믹셀
method of side intersection	절단법, 측방교회법	Moare photogrammetry	모아레사진측량
method of simple intersection	단교회법	mobile GIS	모바일지아이에스
method of single observation	단각법, 단시법	mobile mapping system	이동지도제작시스템, 차량지도체계
method of single progression	단전진법		
method of topographical model	지형모형법	mode	모드
method of traversing	다각법, 절측법	model	모델, 모형
method of vertical velocity curve	연직유속곡선법	model base	모델기선
		model deformation	모델의 변형
method resection	후방교회법	model scale	모델축척, 모형축척
metric chain	메트릭체인	modeling	모델링
metric photogrammetry	미터사진측량법	modified polygonic projection	변경다원추도법
metric system	미터법	Modified Rehbock's formula	수정레어벅공식
metrogon	메트로곤	modified San son projection	변경산손도법
microfilm	마이크로필름	Modular Gis Environment(MGE)	엠지이
micrometer	측미경	Modular Optoelectric Multispectral Scanner (MOMS)	몸스
microwave	마이크로파		
microwave instrument	극초단파측정기	modulation	변조
middle area formula	중앙단면법, 중앙종단법	Modulation Transfer Function(MTF)	엠티에프
middle ordinate	중앙종거		

module	모듈
modulus of elasticity	탄성계수
Mollweide projection	몰와이데도법
Molodensky – Badekas method	몰로덴스키 – 바데카스법
monocomparator	사진좌표취득기
monocular vision	단안시
moon's path	백도
Mori's current meter	모리식유속계
mosaic	모자이크, 집성사진
mosaic method of principal point baseline	주점기선집성법
mosaic method	모자이크법, 집성법
most frequent water level	최다수위
most probable value	최확값, 최확치
motion	이동
motorway	고속도로
mouse	마우스
Multi Spectral Camera(MSC)	다중파장대사진기, 엠에스씨
multiband camera	멀티밴드카메라
multicollimator	복합시준기
multilens photograph	다렌즈사진
multimedia	멀티미디어
multimedium photogrammetry	다중사진측량
multipath	다중경로
multipath error	다중경로오차
multiple connection	다중연결
multiplex	멀티플렉스
multiplexing	다중화
multiplication ratio	확대율
multiplying factor	승정수
multipurpose cadastre	다목적지적
multispectral classification	다중분광분류
multispectral image	다중분광대영상
multispectral photography	다중파장대사진
multispectral scanner	다중분광스캐너
Multispectral Scanner System(MSS)	엠에스에스
mylar tracer method	마일러트레이서법
Myner's dial	마이너즈다이얼

N

NADCON	나드콘
nadir	천저
nadir angle	천저각거리
nadir point	사진연직점, 연직점
nano second	나노초
Napoleon'Cadastre	나폴레옹지적
narrow lane	협대역
National Aeronautical and Space Administration(NASA)	미항공우주국
national atlas	전국지도첩
national atlas of Korea	국세지도
national base line	전국의 기선
national base map	국가기본도, 국토기본도
National Center for Geographic Information and Analysis(NCGIA)	미국립지리정보분석센터, 엔시지아이에이
National Committee For Digital Cartographic Data Standards(NCDCDS)	미국수치지도자료표준위원회
national construction institute	국립건설연구소
national control point	국가기준점
National Defence Information System(NDIS)	국방정보체계
National Digital Cartographic DataBase (NDCDB)	미국국가수치지도자료기반
national framework data	국가기본지리정보
National Geodetic Vertical Datum(NGVD)	국가기준수준면
National Geodetic Vertical Datum 1929 (NGVD29)	엔지브이디29
national geographic information institute	국토지리정보원
National Geographic Information System (NGIS)	국가지리정보체계
national geographic institute	국립지리원
National Geospatial Data Clearinghouse (NGDC)	미국국가공간정보유통기구
National Geospatial Database(NGD)	

	영국국가공간자료기반
National High Altitude Photography(NHAP)	엔합
National Information Infrastructure(NII)	국가정보기반
National Land Information Service(NLIS)	영국토지정보사업
national land survey	국토조사
National Map Accuracy Standard(NMAS)	미국국가지도정확도기준
National Mapping Program(NMP)	미국국가매핑프로그램
national ocean survey	국가해양측량
National Oceanic and Atmospheric Administration(NOAA)	노아
National Oceanographic Research Institute(NORI)	국립해양조사원
national reference system	국가기준계
National Science Foundation(NSF)	미국립과학재단
National Spatial Data Infrastructure(NSDI)	미국국가공간정보기반
national statistics map	국토통계지도
national topographic series	기본도
natural error	자연오차
natural point	자연점
natural representation of photography	자연적도법, 자연적지형표시법
nautical almanac	항해력
nautical chart	항해용해도, 해도
nautical ephemeris	항해력
navigation message	항법정보
NAVigation Satellite Timing And Ranging GPS(NAVSTAR GPS)	나브스타지피에스
Navy Navigation Satellite System(NNSS)	미해군항행시스템, 앤앤에스에스
neap range	소조차
neap rise	소조고
neap tide	소조
near infrared color photograph	근적외선컬러사진
Near InfRared(NIR)	근적외영역
near point	근점
near point movement	근점운동
neat line	도곽, 도곽선
neat model	닛모델
needle lifter	자침멈추개
negative	음화
negative film	음화필름
negative photograph	음화사진
neighborhood	인접
neighborhood adjacency	인접성
neighborhood analysis	근린분석
neighborhood operation	인접연산
network	네트워크
network analysis	관망분석, 최적경로선정
network chain	네트워크사슬
network longitude and latitude	경위선망
network topology	통신망위상
neural network	신경망
new moon	삭
new orthogonal plane coordinate system	신평면직각좌표계
new registration	신규등록
new universal time	신세계시
Newton's condition	뉴턴의 조건
NGI format	엔지아이포맷
NGS format	엔지에스포맷
nodal zone	노달존
node	절점
node attribute table	절점속성표
node feature	절점형상
node matching	절점정합
node snap	절점연결
noise	노이즈, 잡음
non-conformance	부적합성
nondirection filter	비방향성필터
non-metallic pipe	비금속관로
non-metric camera	보통카메라, 비측량용사진기
nonsystematic distortion	비계통형왜곡
non-topographic photogrammetry	비지형사진측량

normal angle camera	보통각사진기
normal angle photograph	보통각사진
normal angle photograph	보통사진
normal case photographing	직각수평촬영
normal curve	정규곡선
normal distribution	정규분포
normal equation	정규방정식
normal gravity	표준중력
normal height	정규고
Normal High Water Level(NHWL)	평균최고수위
normal image	정상
normal line	법선
Normal Low Water Level(NLWL)	평균최저수위
normal photography	직각촬영
normal state	정위
normal stereoscopic view	정실체시
normal tension	정장력
normalization	정규화, 정량규화
Normalized Differenced Vegetation Index (NDVI)	식생지수
normalized image	정규화영상
North American Datum(NAD)	나드, 북아메리카기준계
North American Vertical Datum(NAVD88)	북아메리카수준면88
north pole	북극
Northern Limit Line(NLL)	북방한계선
northing	북향거리
note man	기장수
notice to mariners	항행통보
novel point	절점
null adjustment	영점보정
null value	공백값
Numach's formula	뉴마찌공식
number of the photographs	사진번호
numerical analysis	수치해석
numerical cadastral	수치지적
numerical cadastral surveying	수치지적측량
numerical mean	산술평균
numerical terrier	수치지적부
nutation	장동

O

obilique distance	사거리
object	객체
object oriented	객체지향
object space coordinate system	대상물공간좌표계
objective lens	대물경, 대물렌즈
oblique angle	경사각
oblique photograph	경사사진
oblique projection	사항법
observation	관측
observation equation	관측방정식, 측점방정식
observation error	관측오차
observation network	관측망
observation of angle	측각
observation of horizontal angle	수평각관측
observation of the sun	태양관측
observation office	관측소
observation station	관측점
observed angle	관측각
observed direction angle	관측방향각
observed value	관측값, 관측치, 측정치
observed value processing	관측값처리
observer	관측자
observing aparatus of bubble	기포상관측장치
observing difference	관측탑
observing instrument for horizontal angle	수평각관측용기계
observing star-pair list	대성표
observing tower	관측대
ocean	대양
ocean passage pilot	항로지
ocean tide loading	해양조석부하
oceanic surveying	대양측량
oceanographic observation	해양관측
oceanography	해양학

odometer	윤회계	optimum estimator	최적관측기
office work	내업	optimum path analysis	최적경로분석
offset	지거	orbital elements	궤도요소
offset book	지거야장	Orbital Maneuvering System(OMS)	옴스
offset method	지거법, 진출법	orbital plane	궤도면
offset surveying	지거측량	order of plotting work	도화작업순서
offshore	근해	order of triangulation point	삼각점등급
Oki's formula	오끼공식	ordinal scale	서수척도
omega(ω)	오메가	ordinal temporal reference system	서수시산기준계
omega phi-kappa	공간자세삼요소		
omega-axis	오메가축	ordinance survey	영국의 국립지도제작기관, 육지측량
one point method	일점법		
one set observation	일대회	ordinary polygonic projection	보통다원추도법
one sidereal year	일항성년	ordinary water gauge	보통양수표
one-dimensional datum	일차원데이텀, 표고데이텀	Ordinary Water Level(OWL)	평수위
onformality	정각	ordnance map	실측도
On The Fly(OTF)	오티에프	orientation	정위, 표정
Open DataBase Connectivity(ODBC)	오디비씨	orientation of rhomboid	쇄의 표정
open district	공지지구	orientation of single photography	단사진표정
Open Geodata Interoperability Specification (OGIS)	오지아이에스	orientation of stereo photograph	실체사진의표정
open GIS	개방형지리정보체계	origin	원점
Open GIS Consortium(OGC)	개방형지아이에스협회	origin of coordinates	좌표원점
		origin of rectangular plane coordinate	평면직각좌표원점
open system environment	개방형시스템환경	original compilation sheet	편집원도
open traverse	개다각형, 개방도선 개방트래버스, 개트래버스	original drawing	원도작성
		original plate	원판
operating condition	연산조건	ortho image	정사영상
operation	연산	orthochromatic film	정색성필름
optical axis	광축	orthogonal projection	평행투영
optical center	광심	orthographic projection	정사도법
optical mechanical projection	광학기계적투영법	orthographic rectification	정사편위수정
optical micrometer	광학마이크로미터	orthoimage map	정사영상지도
optical model	광학모델	orthometric height	정사표고, 정표고
optical plumbing arm	광학구심기	orthomorphic projection	상사도법
optical positioning system	광학위치결정법	orthophoto map	정사투영사진지도
optical projection	광학적투영법	orthophoto mosaics	정사사진모자이크
optical square	경거, 경구	orthophoto quad	사변형보정사진
optical treatment	광학적처리	orthophotograph	오소포토그래프, 정사사진
optimization	최적화	orthophotomap	정사사진지도

orthophotoscope	오소포토스코프, 정사투영기
orthoprojection	정사투영
otto's current meter	오토유속계
outer map quadrangles	외도곽
outer orientation	외부정위, 외부표정
outline map data base	백지도
output devices	출력장치
outsourcing	아웃소싱
over correction	과량수정, 과잉수정, 보정과잉
over river leveling	도하수준측량
over the ground	부점상위
overbridge	가도교
overlap	오버랩, 중복도
overlap chain	중체인
overlay	모범도, 오버레이
overlay analysis	중첩분석
overlay of lettering	주기모범도

P

P code	피코드
P.Z.S. spherical triangle	피제트에스삼각형
pacing	보측
package	패키지
paleomagnetism	고지자기학
paleooceanography	고해양학
pan	초점이동
panchro photo	팬크로사진
panchromatic film	전정색필름
panchromatic photo	전정색사진, 흑백사진
pantograph	판토그래프
paper location	도상선정, 도상측설
paper planning	도상계획
paper plotting	도면출력
parabola	이차포물선
parabolic curve	포물곡선
parallactic angle	수렴각
parallax	시차
parallax bar	시차측정간, 시차측정기
parallax difference	시차차
parallax formula	시차공식
parallax observation instrument	시차관측기
parallel	평행상
parallel distance	종거
parallel of latitude	위선, 평행권
parallel plates	평행반
parallel swing photographing	평행편각촬영
parallel-polarized	수평편광
parallen-averted case photographing	편각수평촬영
parameter	매개변수, 파라미터
parameter of clothoid	클로소이드의 파라미터
parameter setting	파라미터설정
paraxial ray	근축광선
parcel number	지번
parcel number area	지번부여지역, 지번지역
parcel number change	지번경정
parcel, land unit	필지
parcels-register for forest area	임야대장
parcels-register for forest area copy	임야대장부본
parcels-register for side	양안
parcels-register for site copy	토지대장부본
parnoramic camera	파노라마사진기
partial tide	분조
partition	분할
pass point	상호표정점, 종합합점, 패스포인트, 표정점
pass point survey	표정점측량
pass verdict	합격판정
passive microwave	수동마이크로파
passive mode	간접법
passive remote sensing	수동원격탐사
passive sensor	수동적탐측기, 수동형센서
passometer	보수계
patchwise interpolation	곡면보간법
pattern	모양, 패턴
pedometer	보정계
peep hole	시준공
peg	말목
peg adjustment	말뚝조정법

peg of center line	중심말뚝	photo interpretation	사진판독
peg of cross section	횡단말뚝	photo map	사진도, 사진지도, 포토지도
peg of important point	주요점말뚝	photo spot	포토스폿
peg of reference point	인조점말뚝	photo theodolite	
peg of changing point of ground level			사진측량용 데오돌라이트, 포토데오돌라이트
	종단변화점말뚝	photoanalysis	사진해석
pen and ink drawing	착묵, 착묵제도법	photo-base	사진기선
pencil carbon sheet	점지	photo-carrier	건판지지기
pencil drawing manuscript	고묘원도	photodetector	광검출기
pendulum	진자	photo-forestry	사진삼림학
penta prism	펜타프리즘	photo-geography	사진지리학
perambulator	윤정계	photogeology	사진지질학
performance management	성능관리	photogoniometer	포토고니오미터
performance test	성능검사	photogram	측량용사진
perapsis	근점	photogrammetric camera	측량용사진기
perigee	근지점	photogrammetric digitizing	사진측정학적수치화
perihelion	근일점	photogrammetric mapping	사진측량도화
perihelion distance	근일점거리	photogrammetry	사진관측학, 사진측량
period	기간		사진측량학, 사진측정학
periodic line dropout	주기적라인손실	photograph	사진
peripherals	주변장치	photographic flight	촬영비행
Permanent International Association of Road		photographic method	사진법
Congress(PIARC)	상설국제도로협의회	photographic process	사진적처리
permanent marker	영구표지	photographic survey	사진측량
permill	천분율	photographic lineament	사진선형
permillage	천분율	photographing	촬영
perpendicular method	수선구분법	photographing station	촬영점
personal error	개인오차	photomosaic	사진모자이크, 집성사진지도
perspective drawing	투시도	photon	광자
perspective projection	투사도법	photoreading	사진상읽기
perturbation	섭동	phototheodolite	사진경위의
phase accuracy	위상정확도	phototriangulation	사진삼각측량
phase difference	위상차	phototrigonometry	사진간접수준측량
phase information	위상정보	physical error	물리적오차
phatidal river	감조하천	physical exploration	물리탐사
phi	파이(ϕ), 피(ϕ)	physical optics	물리광학
phi-axis	파이축	physiographic surveying	지모측량
photo contoured map	등고선사진도	picture plane	사진면
photo coordinates	사진좌표	picture[angular]field	화각
photo coordinate system	사진좌표계	pilot tunnel	시굴터널
photo index	사진지표	pin	핀

pin hole	핀홀	plate tectonics	판구조론
pipe drawing	배관도	plateau	대지
pipe exploration	관로탐사	plate-level	평반수준기
pipe line surveying	관로측량	plate-level adjustment screw	평반수준기조정나사
pipe location	지하시설물탐지기	platform	탑재기
pit	피트	pleogon	플레오곤
pitch	피치	plot	플롯
pivot point	회시축선단	plotter	도화기
pixel	사진요소, 영상소, 화소	plotting	전개
plain attribute	평속성	plotting map	전개도
plain tripod	보통삼각	plotting work	도화작업
planar projection	평면투영	plumb	구심추
Planck's law	플랑크법칙	plumb bob	추
place name	지명	plumb level	매달음수준기
plan map	계획도	plumb line	연직선, 추끈
plane angle	평면각	plumb line deviation	연직선편차
plane control point	평면기준점	plumbing arm	구심기
plane coordinates	평면좌표	plumbing bob	수구
plane distance	평면거리	plummet	수직기
plane map	평면도	plummet lamp survey	추등법
plane oblique coordinate	평면사교좌표	plus peg	플러스말뚝
plane orthogonal coordinates	평면직각좌표	pocket compass	포켓컴퍼스
plane orthogonal grid	평면직각종횡선	pocket stereoscope	렌즈식입체경, 포켓실체경
plane parallel glass	평면경	pogong level	포공레벨
plane polar coordinate	이차원극좌표	point	곳, 점
plane survey	소지측량	Point of Reverse Curve(PRC)	반향곡선접속점
plane surveying	평면측량	point transfer	점이사
plane table	평판	point transfer device	이사기
plane table surveying	평판측량	pointing	시준
plane triangulation	평면삼각측량	PointSpread Function(PSF)	점확산함수
planetable photogrmmetry	평판사진측량	pointwise	점보간
planimeter	구적기, 면적계, 플라니미터	polar coordinate	극좌표
planimetric map	구적도	polar coordinate axis	극좌표축
planimetric plotting instrument	평면도화기	polar coordinate method	극좌표법
planimetric surveying	지물측량	polar coordinate system	극좌표계
planimetric(single) photogrammetry	단사진측량	polar distance	극거리
planimetry	평면도화	polar motion	극운동
planning line surveying	법선측량	polar orbit	극궤도
planning of work	작업계획	polar orbiting satellite	극궤도위성
plate holder	건판보지기	polar planimeter	정극식플라니미터

polar projection	극심법		복곡선접속점
polar radius	극반경, 극반지름	precession	세차, 세차운동
polaris	북극성	precise calculation	정밀계산
polarization	편광	precise comparator	정밀좌표관측
polarized radiation	편광복사	precise ephemeris	정밀궤도력
pole	극, 폴	precise leveling	정밀수준측량
polyconic projection	다원추도법	Precise Positioning Service(PPS)	
polygon	다각형, 면		정밀위치결정서비스
polygon model	면모형	precise primary control point surveying	
polyhedral projection	다면체도법		정밀일차기준점측량
polyline	연속선	precise primary geodetic networks	
polynomial adjustment	다항식법		정밀일차기준점망
porro prism	포로프리즘	Precise Positioning Service(PPS)	피피에스
PorroKoppe's principle	포로코페의 원리	precise secondary control point surveying	
Porro-type telescope			정밀이차기준점측량
	아날락틱망원경, 포로형망원경	precise secondary geodetic networks	
portal	갱구		정밀이차기준점망
portion surveying	토지분할측량	precise triangulation	정밀삼각측량
portrayal	묘사, 묘사규칙, 묘사법	precision	정도
portrayal catalogue	묘사목록	precision accuracy	정밀도
portrayal element	묘사요소	precision level	정밀수준의
portrayal service	묘사서비스	precision staff	정밀표척
portrayal specification	묘사사양	predicate	조건자
position	위치	prefix of SI	에스아이접두어
position correction	정위치	preliminary surveying	예측
position surveying	위치측량	preparing plan	계획준비
positional accuracy	위치정확도	pressure gradient	기압경도
Positional Dilution Of Precision(PDOP)	피덥	pressure type automatic water gauge	
			압력식자동기록수위표
positional precision	위치정밀도	PreQualification(PQ)	사업수행능력평가
positional reference frame	위치기준틀	Price's currentmeter	프라이스유속계
positional reference system		prick point	자침점
	위치기준계, 위치참조체계	pricking	자사법, 자침
positioning decide	위치결정	primary colors	원색
positioning information	위치정보	primary control point surveying	기초측량
positioning system	위치측정체계	primary grade engineer	초급기술자
positive film	양화필름	primary key	기본키
positive photograph	양화사진	prime meridian	본초자오선
positive picture	양화	prime meridian plane	본초자오면
post processing	후처리	prime vertical	묘유선
potential head	위치수두	primitive	원시객체
Pound of Compound Curve(PCC)			

principal component analysis	주성분분석	projected coordinate system	투영좌표계
principal component image	주성분영상	projection	투영
principal distance	주점거리, 화면거리	projection center of plotting instrument	
Principal distance of Photograph(PP)			도화기의 투영중심
	사진주점거리	projection distance	투영거리
principal meridian	원자오선	projection file	투영파일
Principal Point(PP)	사진주점	projection of IMW	만국도의 도법
principle of boundary inseparability		projection printing	투영인화
	경계불가분의 원칙	projection system	투영시스템
principle of cadastral opening	지적공개주의	projective transformation	투영변환
principle of leveling	직접수준측량의 원리	projector	투사기
principle of one point positioning		projector method	환등기법
	지피에스일점위치결정의원리	prominence	요지
principle reversion	반전의 원리	prominence and depression	요철사면
print-out	프린트아웃	propagated error	전파오차
prismatic compass	프리즈마틱컴퍼스	propagation delay	전달지연
prismoidal formula	프리즈모이달공식	propeller type current meter	날개형유속계
prism	프리즘	protected lowland	제내지
prismatic square	능구	protective peg	보호말뚝
prismoidal correction	각주보정량	protractor	각도기
prismoidal formula	각주공식, 의주공식	protractor method	분도기법
private surveying	일반측량	pseudo affine transformation	
probability density function	확률밀도함수		의사부등각사상변환
probable error	추차, 확률오차	pseudo azimuthal projection	의방위도법
probe	탐침	pseudo conical projection	의원추도법
procedure	절차	pseudo cylindrical projection	의원통도법
process management	공정관리	pseudo kinematic positioning	
process planning	공정계획		의사이동위치결정
process sheet	공정표	Pseudo Random Noise code(PRN code)	
product specification	제품사양서		피알앤코드
production of cadastral record	지적공부조제	Pseudo Random Noise(PRN)	피알앤
professional engineer surveying geo-spatial		Pseudo Random noise number(PRN number)	
information	측량 및 지형공간정보기술사		피알앤번호
professional GIS	전문가지리정보체계	pseudo range	유사거리
profile	종단면도, 프로파일	pseudo static survey	유사정지측량
profile leveling		pseudo static surveying	의사정지측량
	종단고저측량, 종단수준측량, 종단측량	pseudo stereoscopy	역실체시, 역입체시
profile of railway line	선로종단도	pseudorange	의사거리
profile paper	종단면도용지	pseudorange accuracy	의사거리정확도
profile point system	종단점법	Ptolemy's simple conical projection	
program	프로그램		톨레미의 단원추도법

Public Land Survey System(PLSS)	공공토지측량체계
Public Participation GIS(PPGIS)	공공참여지리정보체계
public surveying	공공측량
public triangulation	공공삼각측량
public water surface	공유수면
puck	퍽
pulse	펄스
pulse length	펄스길이
pushbroom system	푸쉬브룸시스템
pushbroom type scanner	푸쉬브룸방식스캐너

Q

quadrangular network	사각망
quadrant method	상한법
quadrilaterals	사변형삼각망
quadtree	사지수형
qualification	자격
qualification examination	자격시험
qualifier	제한자
qualifying body	자격인증기관
qualitative photogrammetry	정성적 사진측량
quality	품질
quality attribute	품질속성
quality element	품질요소
quality indicator	품질지표
quality measure	품질측정
quality measure result	품질측정결과
quality parameter	품질매개변수
quality schema	품질스키마
quantitative attributes	정량적속성자료
quantity surveyor	책임측량사
quantum	양자
query	질의
quickbird	퀵버드
quidictancy	정거리

R

R	도형의 강도
radar	레이더
radar altimeter	레이더고도계
RAdar beaCON(RACON)	레이콘
radar cross section	레이더크로스섹션
radar scattering coefficient	레이더산란계수
radar scatterometer	레이더산란계
radarsat	레이더샛
radial distortion	반경수차
radial lens distortion	방사왜곡
radial line	사선
radial point	사선중심
radial relief displacement	방사기복변위
radial triangulation	사선법
radial triangulator	사선측각기
radian	라디안
radiant energy peak	최대복사에너지
radiant flux	복사속
radiant temperature	복사온도
radiation	복사
radiation method	광선법, 사출법
radiation shape	방사상
radio beacon	라디오비콘, 전파표지
Radio Frequency(RF)	무선주파수
radiometer	방사계, 복사계
radiometric resolution	방사해상도
Radio Technical Commission for Maritime services(RTCM)	알티시엠
radius of curvature	곡률반경, 곡선반경
radius of curvature of the meridian ellipse	자오선곡률반경
radius of mean curvature	중등곡률반경
radius of transversal curvature	횡곡률반경
radius(R)	알
rail level	궤조면고
railroad	철도
railroad surveying	철도측량
railway	철도

Ramsden's eye-piece	람스덴형접안경	reciprocal leveling	교호고저측량, 교호수준측량
random error	부정오차	reclaimed land survey	간척지측량
range direction	거리방향	recognizability	인식가능성
range finder	측거의	reconnaissance	답사, 선점
range finders	거리계	reconnaissance map	답사도
range resolution	거리방향해상도	reconnaissance surveying	지적현황측량
rapid static surveying	신속정지측량	record	레코드
raster	래스터	record of observation	측량기록
raster band	래스터밴드	recording barometer	자기기압계
raster coding	격자방안방식	recording current meter	자기유속계
raster converter	래스터변환기	recording method	기록방식
raster data	래스터자료	records of surveying point	점의조서
raster format	래스터포맷	rectangular plane coordinate system	평면직교좌표계
raster image	래스터영상		
raster map	래스터지도	rectangular prism	직각프리즘
raster model	격자모형	rectification	도형변형법, 편위수정
raster pattern	래스터패턴	rectified photograph	편위수정사진
raster photogrammetry	횡선형사진측량	rectifier	편위수정기
raster representation	래스터표현	rectilinear	직선형
raster system	래스터체계	Red Green Blue(RGB)	알지비
rasterization	격자화	reduced latitude	화성위도
rate of areal reduction of house	감보율	reduction	축소
ratio image	비율영상	reduction plate	축소건판
ratio of error of closure	폐비, 폐합비	reduction printer	변상기, 축소기, 축소인화기
ratio of land use	토지이용률	reduction tacheometer	리덕션타키오미터
rationalized method	합리화법	reduction to center	귀심, 귀심측량 수평각점표귀심, 수평각측참귀심, 편심보정계산
raw paper	원지		
Rayleigh criterion	레일리기준	reduction to mean sea-level	해면보정
Rayleigh scattering	레일리산란	reduction to the reference plane	표고보정
reading error	독정오차	redundant observation	잉여관측
Real Aperture Radar(RAR)	실개구레이더	reengineering	리엔지니어링
real image	실상	reference ellipsoid	기준타원체, 준거타원체
Real Time Kinematic(RTK)	알티케이	reference line	기준선, 조사선
real time	실시간	reference plane	기준면
real time mapping	실시간지도제작	reference point	기점
real time surveying	실시간측량	reference space	참조공간
rear nodal point	제이주점	reference station	기준국
receiver	수신기	reference surface	참조면
receiver correction	수신기보정	referring point	인조점
Receiver INdependent EXchange format (RINEX)	라이넥스	reflectance	반사
		reflected energy peak	최대반사에너지

reflected infrared	반사적외선	renovation of cadastre	지적재조사
reflected wave	반사파	repetition method	반복관측법, 배각법
reflecting level	반사수준기	repllotted land	환지
reflectivity	반사계수, 반사율	representative fraction	대표비율
reflector for illuminating the cross hairs	십자선조명용반사경	Request For Information(RFI)	자료요청서
refracted wave	굴절파	requirement analysis	요구분석
refraction	굴절	resale right	환매권
refraction diagram	굴절도	resampling	재배열
refraction error	굴절오차	reseau camera	리소오사진기
refraction method	굴절법	reseau mark	레조마크
Regional Information System(RIS)	지역정보체계	reseau photograph	리소오사진
		reseau plate	레조플레이트
		reservoir basin	수몰면적
regionalized variable	지역변수	residential neighbourhood	근린지구
register	등기부	residual	잔차
registered surveyor	측량사, 측지기사	residual equation	잔차방정식
registration conversion	등록전환	residual parallax	잔존종시차
registration real estate	등기	resistivity survey	전기지하탐사
registration record of boundary point	경계점좌표등록부	resolution	해상도
		resolving power	분해능, 해상력
reglet	단척	resonance	공명
regression analysis	회귀분석	Resource Information System(RIS)	자원정보체계
relation matching	관계형정합		
relation topology	관계위상	resources survey	자원측량
relational database	관계형자료기반	restoration of cadastral record	지적공부복구
relative	상대위치	result of cadastral surveying map	지적측량성과도
relative accuracy	상대위치정확도, 상대정밀도, 상대정확도	retrograde vernier	역독버니어, 역버니어, 역유표
Relative Dilution Of Precision(RDOP)	알옵	Return Beam Vidicon(RBV)	알비브이
relative error	상대오차	reverse azimuth	역방위각
relative height	고도차, 고차	reverse curve	반향곡선, 배향곡선
relative orientation	상호표정	reverse direction angle	반시방향각
relative position	상대위치결정	reverse scale	반위
reliability	신뢰도	reverse sight	반시, 반점
relief	기복	reversible level	가역레벨
relief by contour method	수평곡선표현법	revetment	호안
relief displacement	기복변위	review committee of surveying data	측량심의회
relief features of land forms	지모		
remote satellite system	원격위성방식	revision coefficient of area	면적측정보정계수
remote sensing	리모트센싱, 원격탐사, 원격탐측	revision of map	지도수정
remotely sensed data	원격탐사자료		

revival surveying	복원측량	rotating disc shutter	회전셔터
rhomboid chain	능형쇄	rotation transformation	회전변환
rhumb line	항정선	rough criterion	거칠기기준
ridge	능선	roughness	거칠기, 조도
ridge line	철선	round-off error	마무리오차
right angle prism	우향각프리즘	route	노선
right ascension	적경	route location	노선선정
right ascension of ascending node	승교점	route locational surveying	노선실측
right ascension system	적도좌표계	route survey	노선측량
rigorous method	엄밀조정법	Roymond Edward Leo Krumm	거럼
ring	링	rubber sheeting	러버쉬팅
rise and fall method with once measurement	단관측승강식	rules of map symbols	지도도식규칙
		running distance of approach	점근유하거리
rise and fall system	승강식		
rise constant	승상수		

S

river bank	하안		
river bed profile	하상종단곡선		
river cross sectional area	하천횡단면적	saddle	고개, 안부
river map	하천망도	safe sight distance	안전시거
river slope	하천경사, 하천구배	sag	오목곡선
river surveying	하천측량	Sagnac effect	사그낙효과
river-side foreland	제외지	sailing chart	항양도
road	실폭도로	sailing direction	수로지
road register	도로대장	sample	표본
road site	도로부지	sampling	표본추출
road structure standard		sanflower cross section	싼플라워단면측정기
	도로의구조·시설기준에관한규칙	sanitary sewer	오수관거
road surveying	도로측량	sanson flamsteed projection	단열상송도법
rock which covers and uncovers	간출암	Sanson's equation area map	산손등적지도
rock which does not cover	노출암	Sanson's projection	산손도법
rod	측심간	satellite	위성
rod float	막대부표, 봉부자	satellite constellation	위성배치
rod intercept	협장	satellite image	위성영상
rod level	간준기, 표척레벨	Satellite Laser Ranging(SLR)	에스엘알
Rod level	표척수준기	satellite positioning system	
roll	롤		위성위치결정체계, 위치결정체계
roll compensation system	롤보상시스템	satellite surveying	위성측량
rolling terrain	구릉지	satellite triangulation	위성삼각측량
room	간	saturation	채도
Root Mean Square Error(RMSE)		scalar	스칼라
	중등오차, 평균제곱근오차	scale	스케일, 축척

scale change	축척변경
scale denominator	축척분모수
scale factor	축척계수
scale of mercator map	점장척도
scale of photograph	사진축척
scale point	스케일포인트
scale point method	스케일포인트법
scaling	축척변환
scan line	주사선
scanner	스캐너, 자동독취기, 주사기
scanner distortion	스캐너왜곡
scanning	스캐닝, 주사
scan-skew	스캔스큐
scattering	산란, 산포도
scattering coefficient curve	산란계수곡선
scatterometer	산란계
scene	장면
schedule of work	작업계획
scheim plug's condition	샤임플러그의 조건
schema	스키마
schema model	스키마모형
scotopic vision	암소시
screen	스크린
screening	사정
screw current meter	스크루형유속계
screw for focussing telescope	대물경초준나사
screw type current meter	날개형유속계
scribing method	스크라이브법
sea	해
sea level datum	기준해수면
sea reclamation	해면간척
sea surveying	해양측량
sea wall	방조제
search	검색
SEASAT	씨샛
secant length	외선장
Secant Point(SP)	곡선중점
second check	재판검사
second class leveling	이급고저측량, 이급수준측량
second editing	재판수정
second order bench mark	이등수준점
second order geodetic control point network	대삼각보점망
second order leveling	이등고저측량, 이등수준측량
second order plotting instrument	이급도화기
second order traverse point	이등다각점
second order traverse surveying	이등다각측량
second order triangulation	이등삼각측량
second order triangulation point	이등삼각점
secondary supplementary contour	이차조곡선
section	단면도
section leveling	단면고저측량, 단면수준측량, 단면측량, 선수준측량
section line	구분선
section method	단면법
secular variation	영년변화, 주차
see roughness	지표면거칠기
seg-I	구형편위수정기
segment	세그먼트
seismic reflection	지진파굴절탐사
seismic surveying	탄성파법, 탄성파측량
selecting station	선점
Selective Availability(SA)	에스에이
self reading rod	자독표척
self reading rod or staff	자독수준척
semantic accuracy	의미정확도
semantic consistency	의미일관성
semi major	장반경
semianalytical aerotriangulation	반해석식항공삼각측량
semi-controlled mosaic	반조정집성사진
semicontrolled mosaic	반엄밀모자이크
semiminor axis	단반경
sensibility	감도
sensitivity	감광도, 민감도
sensitivity of level	수준기의 감도
sensitizer	감광제
sensitizing solution	감광액
sensor	감지기, 센서, 탐측기
separated control surveying	특별도근측량

separated small triangulation	특별소삼각지역	Shuttle Multispectral Infrared Radiometer (SMIRR)	스미르
sequential file	순차파일		
server	서버	side	변
server database	서버자료기반	side condition	변조건
service	서비스	side equation	변방정식, 변조건식
service chain	연속서비스	side lap	사이드랩, 횡중복도
service requirement	서비스요건	side length equation	변장조건식
session	세션	Side Scan Sonar(SSS)	사이드스캔소나
set	집합	side scanning system	측면주사시스템
set out	측설	side telescope	측위망원경
setting by middle ordinates	중앙종거법	Side-Looking Airborne Radar(SLAR)	저해상도영상레이더
setting of stone mark	매석		
setting station mark	매표	sidereal day	항성일
sewerage	하수도	sidereal time	항성시
sewerage and drainage law	하수도법	Sider's five aberrations	자이델의 5수차
Sewerage Book Management Standard System(SBMSS)	하수도대장관리표준체계	side-scanning sonar	측면주사음향탐지기
		sight distance	시거
sextant	섹스턴트, 육분의	sight method	시각법
sextant surveying	육분의측량	sight vane	시준판
shade mark	쉐이드마크	sighting point	시준점
shaded relief map	음영기복도	signal	신호, 표지
shading	음영법	signal clamp	시그널크램프
shadow	음영	signal flag	측기, 측량기, 표기
shadow spot	섀도우스폿	signal lamp	회광등
shaft	수갱, 수직갱	signal lock	시그널락
shaft plumbing	수갱추선측량	signal or target	측표
shaft plumbing wires	추선	Signal to Noise Ratio(SNR)	신호대잡신호비
sharp-crested rectangular weir	예록장방형보	significant figure	유효숫자
shelf break	대륙붕단	silver halide	은할로겐감광자
shift	이정, 이정량	similarity transformation	상사변환
shifting center	심맞추기	simple	단순성
shifting device	이심장치	simple curve	단곡선
shifting device of plane table	평판이동기	simple feature	단순지형지물
shoreline surveying	정선측량	simple scale	단순축척자
shoreline	정선, 해안선	simplification	단순화
SHOrt RAnge Navigation(SHORAN)	쇼랜	Simpson's first rule	심프슨의 제1법칙
		Simpson's formula	심프슨의 공식
short tangent length	단접선장	Simpson's second rule	심프슨의 제2법칙
short wave	단파	simulation	모의관측, 시뮬레이션
shrinkage correction	신축보정	simultaneous observation	동시관측법
shutter speed	셔터속도	sine formula	정현공식
Shuttle Imaging Radar(SIR)	에스아이알		

single altitude method	단고도관측법	small circle	소원
single axis-type transit	단축형트랜싯	small scale	소축척
single baseline analysis	일점기선해석	small triangulation point	소삼각점
single collimator	단일시준기	small-scale map	소축척지도
single ended connection	일단결합	smooth criterion	평탄화기준
single measurement	단측법	smoothing technique	스무딩기술
single phase difference	단일차분	Snellius	스넬리우스
single point positioning	일점위치관측	Snell's law	스넬법칙
single row triangles	단열삼각망	soft copy	영상복사
single traversing method	단도선법	softcopy stereoplotters	수치도화기
sinusoidal projection	신소이달도법	software	소프트웨어
site suitability analysis	적합도분석	soil map	토양도
size of sheet	도폭	soil mark	소일마크
skeleton surveying	골조측량	solar azimuth	태양방위각
sketch	겨냥도, 약도, 약도식기장법	solar day	태양시, 태양일
sketch book	약도식야장	solar lens	솔라렌즈
sketch drawing	목측도	solar periscope	솔라페리스코프
sketch man	약도수	solar tide	태양조
sketch map	견취도	solar transit	솔라트랜싯
sketch master	스케치마스터	solar year	태양년
sky lab	스카이랩	solder's spherical rectangular coordinate	
sky plot	스카이플롯		졸드넬구면직각좌표
SKYLAB	우주실험소	solid angle	공간각, 입체각
skylight	천공광	solid state scanner	고체주사기
slack	슬랙, 확도	solitary wave	고립파
slant range	경사거리	sonde	탐침
slant range distance	경사방향거리	sonic sounding	음파측심
slant range image	경사거리영상	sound leak detector	청음식 누수탐지기
slope	경사도, 구배	SOund NAvigation Ranging(SONAR)	소나
slope gauge	수면측정기	sound wave signal	음파신호
slope map	경사지도	sounding	심천측량, 음향수심측량, 측심
slope of high water surface	고수구배	sounding lead	측추
slope of low water surface	저수경사, 저수구배	sounding method	측심방법
slope of mean water surface		sounding point	측심점
	평균경사, 평균구배	sounding pole	측심작대
slope of river bed		sounding wire	측심줄
	하상구배, 하저경사, 하저구배	source material	원시자료
slope of river surface	수면경사, 수면구배	source overlay	자료모범도
slope-area method	경사면적법	source planning table	자료계획표
slotted templet method		source reference chart	자료색인도
	슬로티드템플릿법, 유공템플릿법	south pole	남극

space	공간	special datum plane	특별기준면
space intersection	공간전방교회	special three point	특수삼점
Space or Satellite Based Augmentation System (SBAS)	위성기반증폭시스템	specific gravity	비중
		specific height	비고
space photogrammetry	우주사진측량	specific map	특수지도
space positioning	공간위치결정	specifications	시방서
space resection	공간후방교회	spectral map	파장별지도
space shuttle	우주부문, 우주왕복선	spectral reflectance	분광반사, 분광복사계
space station	우주정거장	spectral resolution	분광해상도
space structure	공간구조물	spectral signature	파장별특징
space surveying	공간측량	spectral vegetation index	분광식생지수
spaghetti model	스파게티모형	spectrometer	분광계
spatial analysis	공간분석	spectrum	스펙트럼
spatial attribute	공간속성	specular	스페큘러
spatial data clearing house	공간자료유통관리기구	speed change lane	변속차선
		speed ratio	속도율
Spatial Data ManipuLation(SDML)	공간자료조작언어	spherical aberration	구면수차
		spherical angle	구면각
spatial data model	공간자료모형	spherical coordinate	구면좌표
Spatial Data Transfer Standard(SDTS)	공간자료교환표준, 에스디티에스	spherical excess	구과량, 구면과잉
		spherical orthogonal coordinate	구면직각좌표계
spatial data	공간데이터, 공간자료	spherical triangle	구면삼각형
spatial data warehouse	공간자료웨어하우스	spherical trigonometry	구면삼각법
spatial database	공간자료기반	spheroid of revolution	회전타원체
Spatial Database Engine(SDE)	에스디이	spider	스파이더
spatial filtering	공간필터법	spirit level	수준기
spatial information	공간정보	spline curve	스플라인곡선
spatial information system	공간정보체계	split	분할
spatial object	공간객체	split-leg tripod	할족삼각
spatial operator	공간연산자	spot elevation	표고점
spatial primitive	공간원시객체	spot feature	독립물체
spatial reference	공간기준	spot features	소물체
spatial reference system	공간기준계	spot height system	점고법
spatial relationship	공간관계	SPOT scanner	스팟스캐너
spatial resolution	공간해상도	spring balance	스프링저울
spatial schema	공간스키마	spring range	대조차
spatial temporal GIS	시공간GIS	spring rise	대조, 대조고
spatial-frequency engineering	공간주파수공학	spud	스퍼드
spatial-frequency filter	공간주파수필터	square method	방안법
special chart	특수해도	stadia addition constant	스타디아가정수(c)
special curve radius	특별곡선반지름	stadia book	스타디아야장

stadia computer	스타디아컴퓨터, 시거계산기	standard temperature	표준온도
stadia constants	스타디아정수, 시거상수	standard tide gauge	표준검조의
stadia formula	스타디아공식	standardization	표준화
stadia hair	스타디아선	start node	시점노드
stadia hair adjustment screw	스타디아선조정나사	state	상태
stadia hairs	시거선	state land	역둔토
stadia multiplier constant	스타디아승정수(k)	static positioning	정지위치결정방식
stadia point	스타디아포인트	static surveying	정지측량
stadia reducing diagram	시거도표	station	측점
stadia rod	스타디아측량용표척	station condition	측점조건
stadia slide rule	스타디아계산척, 시거계산척	station mark	보통측표
stadia surveying	스타디아측량, 시거측량	station marker	측량표
stadia surveying by alidade	앨리데이드스타디아법	station point center line	중심점
stadia table	스타디아표, 시거표	statistical analysis	통계분석
stadia traversing	스타디아트래버싱	statistical data	통계자료
staff	스타프, 표척, 함척	statistical surface	통계평면
staff gauge	수위표	statoscope	고도차계, 스테이터스코프
staff man	스타프맨, 표척수	statoscope type wave meter	스테이터스코프파
staff reading method	표주법	steel bend tape	스틸밴드테이프
standard	지주	steel tape	강권척, 강줄자, 강철테이프, 스틸테이프
standard bar	표준척	Stefan-Boltzmann constant	스테판볼츠만상수
standard code	표준코드	Stefan-Boltzmann's law	스테판볼츠만법칙
standard datum of leveling	수준원점	stella method	천체관측법
standard deviation	표준편차	step length	보폭
standard height of line of collimation	규준시준고	stepping	계단법
standard map symbols	표준도식	step-resistance type wave meter	계단저항식파고계
standard meridian	기준자오선, 표준자오선	steradian	스테라디안
standard model	표준모형	stereo base	입체기선
standard parallel	기본위선	stereo camera	실체사진기
standard payment	표준품셈	stereo comparagraph	간이도화기
Standard Positioning Service(SPS)	에스피에스, 표준위치결정서비스	stereo comparator	스테레오콤파레이터, 입체좌표관측기
Standard Procedure and Data Format for Digital Mapping(SPDFDM)	일본수치지도제작자료포맷표준	stereo image map	입체영상지도
		stereo model	스테레오모델, 입체모델
standard scale	표준척	stereo net	입체투영망
standard tension	표준장력	stereo pair	입체쌍
standard time	표준시	stereo photo map	실체사진지도
		stereo photogrammetry	실체사진측량, 입체사진측량

stereo templet method	스테레오템플릿법	strip camera	스트립카메라
stereo-comparator	입체사진좌표독취기	strip mosaic	스트립모자이크
stereogram	스테레오그램	strip photograph	스트립사진, 연속사진
stereographic	입체투영	structurized editing	구조화편집
stereographic projection	평사도법	studia surveying by alidade	앨리데이드스타디아법
stereometric camera	스테레오형카메라, 측량용실체사진기	sub chord	단현
stereophotograph	실체사진	sub chord of clothoid	동경
stereoplanigraph	스테레오플래니그래프	sub-bottom echo character chart	천부지층분포도
stereoplotter	입체도화기	subcomplex	부분복합체
stereoplotter A8	스테레오플로터A8	subgrade	노상
stereoplotting	입체도화	subscale	아들자
stereopsis	입체시각	subscene	하위장면
stereoscope	실체경, 입체경	subset	부분집합
stereoscopic measurement	실체측정, 입체측정	subtense bar	수평표척
stereoscopic photographs	입체사진	subtractive primary color	기본감색색상
stereoscopic plotting instrument	실체도화기	subway	지하도
stereoscopic viewing	입체시	subway line	지하도선
stereoscopic vision	실체감	successive orientation	접속표정, 접합표정
stereoscopy	실체시	sum of weighted squares of residuals	중량부잔차평방화
stereotop	스테레오톱	summit	산정
stereotype	정형화	sun spot	썬스폿
Steven's formula	스티븐스의 공식	sun synchronous	태양동기
stiffness	강도	sun synchronous orbit	태양동기궤도
stochastic interpolation	추계학적보간	sunshine quantity survey	일조량측량
stone mark	삼각점표석	super aviogon	슈퍼애비오곤
stone marker	표석	super wide angle camera	초광각사진기
stone monument	표석	super wide angle photograph	초광각사진
stop and go	스탑앤고	superelevation	편경사, 편구배
storage capacity curve	저수량곡선도	supervised classification	감독분류
strata map	층별도	Supervisory Control And Data Acquisition (SCADA)	스카다, 원격감시제어
Stratospheric Aerosol Measurement experIment (SAMI)	사미	supplement point	보점
Stratospheric And Mesospheric Sounder (SAMS)	삼스	supplementary contour	조곡선
street network	가로망	supplementary contour line	조곡선
stride	복보	supplementary control surveying for detail mapping	기계도근점측량
strike	주향	supplementary triangulation	도근삼각측량
strip	스트립, 종접합모형, 촬영코스	supplementary units	보조단위
strip adjustment	단코스조정, 스트립조정		
strip aerotriangulation	스트립항공삼각측량		

support	지주	suspension transit	매달음트랜싯
supporting peg	받침말목	sweep	소해측량
surface alignment	지표중심측량	symbol	기호, 부호, 지도기호
surface analysis	표면분석	symbol of road width	노폭기호
surface curve setting	지상곡선설치	symbolic representation	부호적도법
surface float	표면부자	symbolic road	기호도로
surface of equal parallax	등시차도, 등시차면	symbolized features	기호지물
surface of projection	투영면	symbols for special buildings	가옥기호
surface of reference ellipsoid	준거타원면	symbols for specialized area features	지시기호
surface of spheroid	회전타원체면	synchronization	동기화, 동조화
surface phenomenon	표면현상	synthetic aperture radar	합성개구레이더
surface roughness	지표면거칠기	Synthetic Aperture Radar(SAR)	고해상도영상레이더
surface survey	갱외측량		
surface tracing wave meter	추측식파고계	synthetic stereo image	합성입체영상
surface velocity	표면유속	system	체계
surpressed weir	전폭보	system design	시스템설계
survey control base	측량기준선	system integration technology	시스템통합기술
survey line	검측선	system of instrument height	기고식
survey marker	측량표	system of reference in plotting instrument	도화기의 기계좌표
survey network	측량망		
survey operation organ	측량작업기관	System Under Test(SUT)	시험대상시스템
survey planning organization	측량계획기관	systematic error	계통왜곡, 계통적오차
surveying	측량, 측량학		
surveying abstracts/data	측량성과		
surveying engineering	측량기술자		
surveying enterprise	측량업		
Surveying Information System(SIS)	측량정보체계		

T

surveying instrument	측량기계	table	테이블
surveying of claim boundaries	광구경계측량	table of accuracy	정확도관리표
surveying of opposite side	대변측량, 맞변측량	table of sis	에스에스표
surveying of peg building for land	용지말뚝설치측량	table of the clothoid	클로소이드표
		tablet	타블렛
surveying of temporary bench mark	가비엠설치측량	tacheometer	타키오미터
		tachymeter	타키미터
surveying pin	측량침	tachymetry	타키메트리
surveying technician	측량기능사	talcott level	탈코트레벨
surveying work	측량업	tangent	탄젠트
surveyor's compass	측량컴퍼스	tangent deflection	접선편거
suspense replotting	가환지	Tangent Length(TL)	접선장
suspension rod	매달음로드	tangent offset method	접선지거법, 접선편거법, 접선횡거법
		tangent scale	정접척

tangent screw	미동나사	terrain correction	지형보정
tangential distortion	접선수차, 접선왜곡	terrain photogrammetry	지형사진측량
tap water	상수도	terrestial photogrammetry	지상사진측량
tape	권척, 테이프	terrestial photograph	지상사진
tape thermometer	권척용온도계	terrestial phototheodolite	지상사진기
target	시준표, 시표, 타겟, 표적	terrestial stereo photogrammertry	지상실체사진측량
target format	목표포맷	terrestrial camera	측량용지상사진기
target lamp	표등	terrestrial magnetism	지자기
target rod	타겟로드, 표적표척	terrestrial photogrammetry	지상사진측정학
target staff	타겟부표척	territorial sea base line point	영해직선기점
Taylor series expansion	테일러급수전개	territorial sea base point	영해기점
technical reports of hydrography	수로기술연보	tessellation	공간분할
telematics	텔레매틱스	testing of eccentricity of rotation axis	회전축의 편심검사
telemeter	자동계측전송장치	text	문자
telephone outside plant management	통신선로관리체계	text attributes	문자속성
telescope	망원경	text data	문자자료
telescope level tube	망원경기포관	text editor	문자편집기
telescopic alidade	망원경알리다드, 안경앨리데이드	texture	감촉, 결, 질감, 텍스처
telescopic magnification	망원경배율	texture analysis	질감해석
telescopic rod	인발식표척	thalweg	요선
telluroid	텔루로이드	the Canadian Geographic Information System (CGIS)	캐나다지리정보체계
tellurometer	텔루로미터	the earth	지구
Temperature-Humidity Infrared Radiometer (THIR)	티에이취아이알	The Geospatial Information & Technology Association(GITA)	국제지리정보협회
templet	템플릿	the Korean Society of Cadastre(KSC)	한국지적학회
temporal coordinate	시간좌표	The Korean society of remote sensing	대한원격탐사학회
temporal coordinate system	시간좌표체계	the open sea	공해
temporal reference system	시간기준계	the right bank of river	우안
temporal resolution	시간해상도	thematic attribute	주제속성
Temporary Bench Mark(TBM)	가비엠, 가수준점, 임시수준점	thematic classification	주제분류
temporary map	가설도	thematic data modeling	주제자료모형화
temporary mark	가설표지, 일시표지, 임시설치표지	thematic map	주제도
temporary work	가설공사	thematic map input	주제도입력
tension gauge	장력계	thematic map production	주제도생성
term harmonization	용어조정	theodolite	경위의, 데오돌라이트
terminal	단말기	theory of errors	오차론
terminological record	용어기록		

thermal conductivity	열전도율	tidal table	조석표
thermal diffusivity	열확산계수	tide	조석, 조위
thermal inertia	열관성	tide curve	조위곡선
thermal IR	열적외선	tide datum	조위기준면
Thermal IR Multispectral Scanner(TIMS)	열적외선다분광스캐너	tide gauge	검조기
		tide generating force	기조력
thermal model	열모델	tide observation	검조, 조석관측
thermography	서모그래피	tide pole	검조주
thick lens	복합렌즈	tide staff	검조주
third class leveling	삼급수준측량	tide station	검조소
third order plotting instrument	삼급도화기	tie bond error	접합오차
third order triangulation	삼등삼각측량	tie line method	계선법
third triangulation point	삼등삼각점	tie line triangle	계선삼각형
three axioms of error	오차의 3공리	tie point	타이포인트, 횡접합점
three dimensional cadastre	삼차원지적	tieline method	타이라인법
three dimensional cartesian coordinates	삼차원직교좌표	tie-line	계선
		tile	타일
three dimensional geodesy	삼차원측지학	tilted photo	준연직사진
three dimensional GIS	삼차원GIS	tilting level	경독식레벨, 미동레벨, 틸팅레벨
three dimensional map	삼차원지도	tilt-swingazimuth	공간자세삼요소
three dimensional miniature model	삼차원미니모델	time	시, 시각, 시간보정
		Time Dilution Of Precision(TDOP)	타뎁
three dimensional projection	삼차원투영	time of astronomical surveying	천문측량시
three dimensional survey	삼차원측량	time sharing	시분할
three elements of terrestrial magnetism	지자기의 3요소	time sharing system	시분할체계
		Tiros Operational Vertical Sound(TOVS)	대기연직탐측기
three points method	삼점법		
three points problem	삼점문제	Tissot's indicatrix	티소트형
three-armed protractor	삼간분도기	TM	티엠
three-arms protractor method	삼간각도기법	Tokyo datum	동경원점
three-dimensional alignment	입체선형	tolerance	공차
three-dimensional datum	삼차원데이텀	tolerance of tape	검정공차
tic marks	도곽기준점표시	tone	색조
tick method	오려붙이기법	toolbar	도구막대
tics	도곽기준점	top telescope	정위망원경
tidal bench mark	기본수준점표	topar	토파르
tidal bore	강조진파	top-down	하향식
tidal current observation	조류관측	topical map	특수도, 표제지도
tidal flat	간석지	topographic classification	지형분류
tidal observation	검조의	topographic control point	도근점, 도근측량
tidal range	조차	topographic control point surveying	

	도근점측량	traffic survey	교통량측량, 교통조사
topographic conventional sign	도식기호	training area	트레이닝영역
topographic features	지물, 지형	transaction	변동자료
topographic features collection method		transfer of development rights(TDR)	
	지물집성법		개발권양도제
topographic inversion	지형전도	transfer schema	전송스키마
topographic map	지형도	transferring	이사
topographic map of coastal area		transferring of points	점의 옮김
	연안해역지형도	transformation	변환
topographic reversal	지형반전	transformation of axis of projection	
topographic survey	지형측량		투영축의 변경
topography	지형학	transit	경위의, 트랜싯
topological complex	위상복합체	transit rule	트랜싯법칙
topological consistency	위상일관성	transit surveying	트랜싯측량
topological expression	위상표현	transiting fixed method	부전법
topological object	위상객체	transiting reversion method	반전법
topological primitive	위상원시객체	transition curve	완화곡선
topological solid	위상입체	transition section	완화구간
Topologically InterGrated Encoding and Referencing(TIGER)		transition tangent	완화절선, 완화접선
	타이거	translation error	변환오차
topology	위상, 위상관계	trans-location	전환위치
toroid	원형송신기	transmission line surveying	송전선측량
total deflection angle	총편각	transmissivity	투과율
total departure	합경거	transmitter	송신기
Total Electron Content(TEC)	총전자함유량	transparency	투명도
total latitude	합위거	transpiration	증산
total latitude method	합위거법	Transportation Information System(TIS)	
total plastic	전부상도		교통정보체계
total station	종합측량기, 토털스테이션	transverse mercator projection	
tourist map	관광지도		횡축메르카토르도법
tracing disk	측표접시	Transverse Mercator(TM)	횡메르카토르도법
tracing method	트레이싱법	Transverse Mercator projection(TM projection)	
tracing paper method	투사지법		횡메르카토르투영법
tracing table	측표접시	trapezoid formula	사다리꼴공식
track	궤도	trapezoidal formula	제형공식
track clearance	건축한계	travel time	여행시간, 유하시간
Tracking and Data Relay Satellite(TDRS)		traverse	트래버스
	추적및자료중계위성	traverse line	다각선, 절선, 트래버스선
trade-off	트레이드오프	traverse of the first order	일차트래버스
traffic island	교통섬	traverse network	다각망, 트래버스망
traffic map	교통도	traverse network method	다각군법

traverse point	다각점	true error	참오차
traverse station	트래버스점	true north	진북
traverse surveying	다각측량, 트래버스측량	true north line	진북선
tree signal	수상측표	true north observation	진북측량
treelike	수지상	true value	진치, 참값
trellis	격자상	truncation error	절단오차
triangle division method	삼변법	try and error method	시행착오법
triangle due to the error in plane table surveying	시오삼각형법	tunnel	터널
		tunnel surveying	수도측량, 터널측량
triangle method	삼각법방식	tuple	튜플
triangle of error	시오삼각형	turning line of slope	경사변환선
triangular division method	삼각구분법	turning plate	표척대, 표척판
triangular prismatic formula	삼각주공식	Turning Point(TP)	이기점, 이점, 전환점
Triangulated Irregular Network(TIN)	틴, 불규칙삼각망	turning point of slope	경사변환점
		twin camera	쌍동카메라
triangulation	삼각분할, 삼각측량	twinplex	트윈플렉스
triangulation chain	삼각쇄	twisted traverse	비틀림트래버스
triangulation net	삼각망	two column system	고차식
triangulation network of diffusion system	방산계삼각망	two dimensional	이차원극좌표
		two dimensional affine transformation	이차원부등각변환
triangulation point	삼각점		
triaxial ellipsoid	삼축타원체	two dimensional cadastre	이차원지적
tridimensional datum	삼차원데이텀	two point problem	이점문제
trigonametric leveling	삼각수준측량, 삼각고저측량	two points method	이점법
		two points problem	이점법
trigonometry	삼각법	two-dimensional datum	이차원데이텀
trilateration	삼변측량	type	유형
triple phase differencing	삼중차분	type registry	유형등록
tripod	삼각		
tripod head	삼각두		
tripod plate	삼각대		
tropical year	회귀년		

U

tropospheric delay	대류권지연	ubiquitous computing	유비쿼터스컴퓨팅
tropospheric model	대류권모형	Ubiquitous Sensor Network(USN)	유에스엔
tropospheric refraction error	대류권굴절오차	Udai's wave meter	우다이식파고계
trough	해구	ultrasonic photogrammetry	초음파사진측량
true altitude	진고도	ultraviolet(UV)	자외선
true anomaly	진근점이각	unambiguous range	최대탐지거리
true azimuth	진방위각	uncontrolled mosaic	비조정집성사진, 약집성모자이크
true bearing	진북방위각, 진북방향각		
true elevation	진고	uncontrolled mosaics	간략모자이크

under correction	보정부족	United States Geological Survey(USGS)	미국지질조사측량국
Under Ground Information System(UGIS)	지하정보체계	universal face	영역면
under the ground	부점하위	universal plotter	만능도화기
underground curve-setting	지하곡선설치	Universal Polar Stereographic coordinates (UPS coordinates)	국제극심입체좌표
underground facility	지하시설물	universal polar stereographic projection	유니버설극심평사도법
underground facility base map	지하시설물기도	universal theodolite	유니버설데오돌라이트
underground facility ledger	지하시설물대장	Universal Time(UT)	세계시
underground facility locator	지하시설물탐사	Universal Transverse Mercator(UTM)	국제횡단메르카토르투영법
underground facility map	지하시설물도	Universal Transverse Mercator grid(UTM)	세계측지좌표
underground facility surveying	지하시설물원도, 지하시설물측량	Universal Transverse Mercator projection (UTM)	UTM도법, 유니버설횡메르카토르도법
underground information	지중정보	universe of operation	논리영역
underground leveling	지하수준측량, 지하중심측량	unknown point	구점, 미지점
underground map diagram	지중지도도식	unsupervised classification	무감독분류
underground pass	지하횡단도	unusual topography	변형지
underground space	지하공간	update	갱신
underground station	지하측점	update anomaly	갱신이상
underground subway	지하철도	update set number	갱신집합번호
underground survey	갱내측량	up-grade	오름경사
underground survey instrument	지중측량기	upper culmination	남중, 상통과, 정중
underground surveying	지하측량	upper limb	상변
Underground Facility Management System (UFMS)	지하시설물관리체계	upper motion	상부운동
undermined coefficients	미정계수법	upper parallel plate	위평행반
underwater geological survey	해저지질측량	upper plate	상반
underwater photogrammetry	수중사진측량, 수중사진측정학	upper tightening screw	상부고정나사
underwater pressure type wave meter(with underwater cable))	수압식파고계	upper tilting screw	상부미동나사
underwater topographic survey	해저지형측량	upper train	남중
unidimensional datum	일차원데이텀	UPS projection	UPS도법
Unified Modeling Language(UML)	유엠엘	UPS coordinates	UPS좌표계
Unique Feature IDentifier(UFID)	유일식별자	Urban Information System(UIS)	도시정보체계
unique parcel identification	필지별식별번호	urban planning map	도시계획도
unit area borrow pit method	단위면적법	use district	용도지구
unit clothoid	단위클로소이드	use of final results of triangulation	삼각점성과이용법
unit curve	단위곡선	use zoning	용도지역
unit measure	측정단위	User Equivalent Range Error(UERE)	
unit of measurement	관측단위		

	사용자등가거리오차	vernier	버니어, 부척, 아들자, 유표
Utility Mapping(UM)		vertex	결절점
	공공시설지도제작, 유틸리티매핑	vertical alignment	종단선형
utility-pipe conduit	공동구	vertical angle	수직각, 연직각, 직립각
UTM coordinates	UTM좌표계	vertical axis	수직축, 연직축, 직립축
UTM grid	만국측지좌표	vertical circle	
UTM(Universe Transverse Mercator)			수직권, 수직분도원, 연직눈금반, 연직분도원
	만국횡메카르투영법	vertical clamp screw	수직고정나사
		vertical control datum	수직기준원점
		vertical curve	수직곡선, 종곡선, 종단곡선
		vertical datum	수직데이텀
		vertical deviation	연직선편차

V

		Vertical Dilution Of Precision(VDOP)	브이덥
vacancy area	공지지구	vertical distance	수직거리, 연직거리
valid time	유효시간	vertical exaggeration	과고감, 수직확대율
validation	검증	vertical hair	십자종선, 종십자선
valley	계곡	vertical line	수직선
valley line	계곡선	vertical motion	수직운동
vanishing point	소실점	vertical offset	수직지거
vanishing point condition	소실점조건	vertical parallax	종시차
vanishing point control	소실점제어	vertical photograph	수직사진, 연직사진
variable scale	가변적축척	vertical positioning	수직위치결정
variance	분산	vertical scale	종축척
vectograph method	편광실체법	vertical shaft	수갱
vectograph stereoscopic	편광입체시	vertical survey control monuments	
vector	벡터		수직측량기준점
vector coding	선추적방식	vertical tangent screw	
vector data	벡터자료		고저미동나사, 연직미동나사, 종미동나사
vector format	벡터포맷	vertical tilting screw	수직미동나사
vector geometry	벡터기하속성	Very Long Baseline Interferometry(VLBI)	
vector map	벡터지도		초장기선간섭계
vectorization	벡터화	video geographic information system	
vectorizing	벡터라이징, 선추적화	(Video GIS)	비디오지리정보체계
vegetation anomaly	식생이형	vidicon	비디콘, 비디콘사진기
vegetation map	식생도	view shed	가시구역
velocity	속도	viewing systems	시각시스템
velocity curve at cross section	횡단유속곡선	viewpoint(ona system)	시스템관점
velocity distribution	유속분포	viewscape	경관
velocity gradient	속도계	viewscape survey	경관측량
velocity of approach	접근유속	vignetting	비네팅
verification test	검증시험	vignetting and falloff	흐름가시도
vernal equinox point	춘분점		

virtual GIS	가상지리정보체계	web GIS	웹지아이에스
virtual image	허상	weight	경중률, 무게, 문진
virtual map	가상지도	weight equation	중량방정식
Virtual Reference Stations(VRS)	가상기지국	weighted mean	가중평균, 중량평균
virtual reality	가상현실	weighted residual method	가중잔차법
Virtual Reality Modeling Language(VRML)	브이알엠엘	weir	웨어
Visible Infrared Spin-Scan Radiometer (VISSR)	브이아이에스에스알	west elongation	서이격
		west origin	서부원점
visible ray	가시광선	wetted perimeter	윤변
visual angle	시각	whole circle protractor	전원분도기
visual observation	목시관측, 목측	wide angle	광각
volume scattering	체적산란	wide angle camera	광각사진기
volume surveying	체적측량	wide angle photograph	광각사진
volumes from spot height	점고법	Wide Area Augmentation System(WAAS)	와스
		Wide Area Differential Global Positioning System(WADGPS)	광역디지피에스

W

		wide lane	와이드레인
		widelane observation	광대역관측
wading measurement	도섭측량	widening	확폭
wading rod	도섭표척	Wien's displacement law	빈변위법칙
Warning Water Level(WWL)	경계수위	wing point	보점, 상하접합점
water gauge	양수표	Winkel's projection	빈켈도법
water level	고무관수평기, 수위	winter solstice	동지
water level to report	통보수위	wire plumbing	강선법, 추선법
water surface	수면	wire resistance type wave meter	도선형파고계
watershed line	분수선	wire strain gauge type wave pressure meter	저항선왜계파압계
waterside line	수애선		
waterway investigation	수로조사	workflow management system	작업흐름관리체계
watt	와트		
wave celerity	전파속도	working rules of public surveying	공공측량작업규정
wave chart	파랑등고선도		
wave height	파고	workstation	워크스테이션
wave observation	파랑조사	World Geodetic System(WGS)	만국측지계, 세계측지기준계
wave recorder	자기파랑계		
wave speed	전파속도		
wave staff	파고측정봉		
way side signal	지상신호방식		
weather chart	천기도		
weather cock	풍향계	X and Y coordinates	엑스와이좌표
weather satellite photograph	기상위성사진	X band	엑스밴드

X

XL, YL, ZL	공간위치삼요소
X-ray photograph	엑스선사진
yarn of collimation	시준사

Y

Y-code	와이코드
year	년
yellow filter	황색필터
Y-level	와이레벨
Y-ring	와이가
Y-ring adjusting screw	와이가조정나사

Z

Z39.50	지39.50
Z-count	제트카운트
Zeiess parallelo-gram	쓰아이어스의 평행사변형
zeiss parallelogram	짜이스의 평행사변형
zenith	천정
zenith distance	천정각거리
zenithal projection	천정도법
zero adjustment	제로규정
zero circle	영원, 영호선
zero line	영선
zero point error	영점오차
zonal differential rectification	등고선대법
zoning	지구분할
zoom stereoscope	확대입체경
Zoom Transfer Scope(ZTS)	확대축소변환한계
Z-tracking technique	제트트래킹기술

색인

Part 3

Contents

ㄱ	………………………………… 441
ㄴ	………………………………… 451
ㄷ	………………………………… 452
ㄹ	………………………………… 456
ㅁ	………………………………… 457
ㅂ	………………………………… 460
ㅅ	………………………………… 464
ㅇ	………………………………… 472
ㅈ	………………………………… 481
ㅊ	………………………………… 493
ㅋ	………………………………… 496
ㅌ	………………………………… 497
ㅍ	………………………………… 499
ㅎ	………………………………… 503

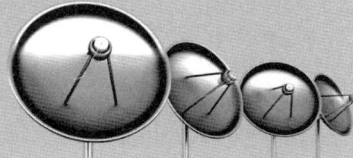

Surveying Geo-Spatial Information

ㄱ

3

가계제도(家契制度)
가공삭도(架空索道)
가공삭도측량(架空索道測量)
가구(街區)
가구점(街區點)
가구정점(街區頂點)
가구확정측량(街區確定測量)
가는선(가는線)
가도교(架道橋)
가로관(가로管)
가로망(街路網)

4

가변적축척(可變的縮尺)
가비엠(暇비엠)
가비엠설치측량(假비엠設置測量)
가상기지국(假想基地局)
가상수(加常數)
가상지리정보체계(假想地理情報體系)
가상지도(假像地圖)
가상현실(假想現實)
가설공사(假說工事)
가설도(假設圖)
가설표지(假說標識)
가속도계(加速度計)
가수준점(假水準點)
가시광선(可視光線)
가시구역(可視區域)
가역레벨(可逆레벨)

5

가옥기호(家屋記號)
가용성(可用性)
가우스등각도법(가우스等角圖法)
가우스등각이중투영(가우스等角二重投影)
가우스분포(가우스分布)
가우스상사이중투영(가우스相似二重投影)
가우스오차곡선(가우스誤差曲線)
가우스오차법칙(가우스誤差法則)
가우스크뤼거투영법(가우스크뤼거投影法)
가이드로드(가이드로드)
가정수(可定數)

가중잔차법(加重殘差法)
가중평균(加重平均)
가환지(假換地)
가청주파수(可聽周波數)
각(角)

6

각가속도(角加速度)
각거리(角距離)
각관측(角觀測)
각관측법(角觀測法)
각도기(角度器)
각단위(角度單位)
각방정식(角方程式)
각분해능(角分解能)
각속도(角速度)
각운동량(角運動量)
각의 평균(角의 平均)
각조건(角條件)
각조건식(角條件式)

7

각주공식(角柱公式)
각주보정량(角柱補正量)
각측량용기기(角測量用器機)
각측설(角測設)
각폐합차(角廢合差)
간(間)
간격조정기(間隔調整器)
간곡선(間曲線)
간략모자이크(簡略모자이크)
간략측량(簡略測量)
간석지(干潟地)
간선가로(幹線街路)
간섭위치결정법(干涉位置決定法)
간섭파장(干涉波長)
간승(間繩)
간이도화기(簡易圖化機)

8

간이조정법(簡易調整法)
간접거리측량(間接距離測量)
간접고저측량(間接高低測量)
간접관측(間接觀測)
간접법(間接法)
간접수준측량(間接水準測量)

간접측량(間接測量)
간접위치(間接位置)
간조면(干潮面)
간주임야도(看做林野圖)
간주지적도(看做地籍圖)
간준기(桿準器)
간척(干拓)
간척지측량(干拓地測量)
간출암(干出巖)
간헐하천(間歇河川)

9

갈릴레오 위성(갈릴레오 衛星)
갈수량(渴水量)
갈수위(渴水位)
감가상각(減價償却)
감광도(感光度)
감광액(感光液)
감광유제(感光乳劑)
감광제(感光劑)
감도(感度)
감독분류(監督分類)
감보율(減步率)
감산영상(減算映像)
감쇠(減衰)
감조하천(感潮河川)
감지기(感知機)
감촉(感觸)
강계(疆界)

10

강권척(鋼券尺)
강도(强度)
강선법(鋼線法)
강조(强調)
강조진파(江潮津波)
강줄자(鋼줄자)
강철테이프(鋼鐵테이프)
강측(降測)
개구경(開口徑)
개념모형(槪念模型)
개념설계(槪念設計)
개념스키마(槪念스키마)
개념적 스키마 언어(槪念的 스키마言語)
개념적 정형화(槪念的 定形化)
개념조화(槪念調和)
개념체계(槪念體系)

개다각형(開多角形)

11

개발권양도제(開發權讓渡制)
개방도선(開放道線)
개방트래버스(開放트래버스)
개방형시스템환경(開放形시스템環境)
개방형지리정보체계(開放形地理情報體系)
개방형지아이에스협회(開放形지아이에스協會)
개인오차(個人誤差)
개체(個體)
개트래버스(開트래버스)
객체(客體)
객체 및 속성정보(客體 및 屬性情報)

12

객체지향(客體志向)
갱구(坑口)
갱내외연결측량(坑內外連結測量)
갱내용측량기기(坑內用測量器機)
갱내용트랜싯(坑內用 트랜싯)
갱내용표척(坑內用標尺)
갱내측량(坑內測量)
갱도(坑道)
갱신(更新)
갱신이상(更新異常)
갱신집합번호(更新集合番號)
갱외측량(坑外測量)
거렴(巨廉)
거리(距離)
거리각(距離角)
거리계(距離計)
거리방향(距離方向)

13

거리방향해상도(距離方向解詳度)
거리세부측량(距離細部測量)
거리원(距離員)
거리측량(距離測量)
거리표(距離標)
거울식입체경(거울式立體鏡)
건물(建物)
건설측량(建設測量)
건조물측량(建造物測量)
건축면적(建築面積)
건축사진측량(建築寫眞測量)

건축선(建築線)
건축측량(建築測量)
건축한계(建築限界)
건판보지기(乾板保持器)
건판지지기(乾板支指器)
건폐율(建蔽率)

14

검교정(檢矯正)
검교정초점거리(檢矯正焦點距離)
검기선(檢基線)
검류계(檢流計)
검사선(檢查線)
검사출력(檢查出力)
검사측량(檢查測量)
검색(檢索)
검선(檢線)
검정(檢定)
검정공차(檢定公差)
검정화면거리(檢定畵面距離)
검조(檢潮)
검조기(檢潮器)
검조소(檢潮所)
검조의(檢潮儀)

15

검조주(檢潮柱)
검증(檢證)
검증시험(檢證試驗)
검지기(檢地器)
검출(檢出)
검출감도(檢出感度)
검측선(檢測線)
겨냥도(겨냥圖)
격자(格子)
격자계(格子系)
격자계삼각망(格子系三角網)
격자모형(格子模型)
격자방안방식(格子方眼方式)
격자방안지도(格子方案地圖)
격자법(格子法)
격자상(格子狀)

16

격자셀(格子셀)
격자자료모형(格子資料模型)

격자좌표(格子座標)
격자주사기간(格子走査期間)
격자중첩(格子重疊)
격자판(格子板)
격자포맷(格子포맷)
격자화(格子化)
견취도(見取圖)
결(결)
결절점(結節點)
결정화(結晶化)
결합다각형(結合多角形)
결합도선(結合道線)
결합트래버스(結合트래버스)
결합폐합차(結合閉合差)
경거^1(經距)

17

경거^2(鏡距)
경계(境界)
경계감정측량(境界鑑定測量)
경계면좌표(境界面座標)
경계복원측량(境界復元測量)
경계불가분의 원칙(境界不可分의 原則)
경계선의 정정(境界線의 整正)
경계선정합(境界線整合)
경계수위(境界水位)
경계수정측량(境界修正測量)
경계영역(境界領域)
경계점(境界點)

18

경계점좌표등록부(境界點座標登錄簿)
경계정정측량(境界訂正測量)
경계조사(境界調査)
경계측량(境界測量)
경계표(境界標)
경계표현(境界表現)
경계확인(境界確認)
경계확정측량(境界確定測量)
경관(景觀)
경관측량(景觀測量)
경구(鏡矩)
경도(經度)
경독식레벨(傾讀式레벨)
경사(傾斜)
경사각(傾斜角)
경사갱(傾斜坑)

경사거리(傾斜距離)

19

경사거리영상(傾斜距離映像)
경사계(傾斜計)
경사도(傾斜度)
경사면적법(傾斜面積法)
경사방향거리(傾斜方向距離)
경사변환선(傾斜變換線)
경사변환점(傾斜變換點)
경사보정(傾斜補正)
경사분획(傾斜分割)
경사사진(傾斜寫眞)
경사수위표(傾斜水位標)
경사양수표(傾斜量水標)
경사의(傾斜儀)
경사지거법(傾斜支距法)
경사지도(傾斜地圖)
경사측정기(傾斜測定器)
경선(經線)
경심(徑深)

20

경영정보체계(經營情報體系)
경위도(經緯度)
경위도법(經緯度法)
경위도원점(經緯度原點)
경위도좌표체계(經緯度座標體系)
경위선망(經緯線網)
경위의(經緯儀)
경전철(輕電鐵)
경제적제한거리(經濟的制限距離)
경지정리사업(耕地整理事業)
경중률(輕重率)
계곡(溪谷)

21

계곡선[1](溪谷線)
계곡선[2](計曲線)
계기보정(計器補正)
계단법(階段法)
계단저항식파고계(階段抵抗式波高計)
계류장(繫留場)
계산시점(計算始點)
계산위상(計算位相)
계산지적측량(計算地籍測量)

계선(繫線)
계선법(繫線法)
계선삼각형(繫線三角形)
계층(階層)
계통적오차(系統的誤差)

22

계통왜곡(系統歪曲)
계획고수류량(計劃高水流量)
계획고수위(計劃高水位)
계획단면(計劃斷面)
계획도(計劃圖)
계획준비(計劃準備)
고개(鞍部)
고고조(高高潮)
고경사사진(高傾斜寫眞)
고급기능사(高級技能士)
고급기술자(高級技術者)
고도[1](高度)
고도[2](高度)
고도각(高度角)

23

고각도경사사진(高角度傾斜寫眞)
고도계(高度計)
고도보정(高度補正)
고도부핸드레벨(高度部핸드레벨)
고도분석(高度分析)
고도정수(高度定數)
고도지구(高度地區)
고도차(高度差)
고도차계(高度差計)
고립파(孤立波)
고묘원도(稿描原圖)
고무관수평기(水平器)
고성능고해상도방사계(高性能高解像圖放射計)

24

고속도로(高速道路)
고수공사(高水工事)
고수구배(高水勾配)
고수위(高水位)
고저각(高低角)
고저간격(高低間隔)
고저계산(高低計算)
고저기준점(高低基準點)

고저미동나사(高低微動螺絲)
고저조(高低潮)
고저차(高低差)
고저측량(高低測量)
고저측량망(高低測量網)
고저측량환(高低測量環)
고정나사(固定螺絲)
고정점(固定點)
고조(高潮)
고조간격(高潮間隔)
고주파수동축케이블(高周波受動軸케이블)
고주파수전자기측량(高周波數電磁氣測量)
고주파창(高周波窓)
고주파필터(高周波필터)

25

고지자기학(古地磁氣學)
고차(高差)
고차수준측량(高次水準測量)
고차식(高次式)
고체주사기(固體走査機)
고측표(高測標)
고해상도영상레이더(高解像圖映像레이더)
고해양학(古海洋學)
곡률(曲率)
곡률도(曲率度)
곡률반경(曲率半徑)
곡률보정(曲律補正)

26

곡률오차(曲率誤差)
곡면각(曲面角)
곡면보간법(曲面補間法)
곡선(曲線)
곡선계(曲線計)
곡선길이(曲線길이)
곡선반경(曲線半徑)
곡선보간법(曲線補間法)
곡선부분(曲線部分)
곡선설치(曲線設置)
곡선설치법(曲線設置法)
곡선시점(曲線始點)

27

곡선오구(曲線烏口)
곡선자(曲線자)

곡선장(曲線長)
곡선정정계산기(曲線訂正計算器)
곡선종점(曲線終點)
곡선중점(曲線中點)
곡선함수표(曲線函數表)
골격지물(骨格地物)
골조측량(骨組測量)
공간(空間)
공간각(空間角)
공간객체(空間客體)
공간관계(空間關係)
공간구조물(空間構造物)
공간기준(空間基準)
공간기준계(空間基準系)
공간데이터(空間데이터)
공간분석(空間分析)
공간분할(空間分割)
공간속성(空間屬性)
공간스키마(空間스키마)
공간연산자(空間演算子)

28

공간원시객체(空間原始客體)
공간위치결정(空間位置決定)
공간위치삼요소(空間位置三要素)
공간자료(空間資料)
공간자료교환표준(空間資料交換標準)
공간자료기반(空間資料基盤)
공간자료모형(空間資料模型)
공간자료웨어하우스(空間資料웨어하우스)
공간자료유통관리기구(空間資料流通管理機構)
공간자료조작언어(空間資料造作言語)
공간자세삼요소(空間姿勢三要素)
공간전방교회(空間前方交會)
공간정보(空間情報)
공간정보체계(空間情報體系)
공간정보공학(空間情報工學)
공간주파수공학(空間周波數工學)

29

공간주파수필터(空間周波數필터)
공간측량(空間測量)
공간필터법(空間)
공간해상도(空間解像圖)
공간후방교회(空間後方交會)
공공삼각측량(公共三角測量)
공공시설지도제작(公共施設地圖製作)

공공참여지리정보체계(公共參與地理情報體系)
공공측량(公共測量)
공공측량작업규정(公共測量作業規定)
공공토지측량체계(公共土地測量體系)
공급공동구(供給共同溝)
공급관(供給管)
공동구

30

공면조건(共面條件)
공명(共鳴)
공백값(空白값)
공분산(公分散)
공사시방서(工事示方書)
공사측량(工事測量)
공선조건(共線條件)
공액경계선(共軛境界線)
공액기하(共軛幾何)
공액조건(共軛條件)

31

공액주점(共軛主點)
공유수면(公有水面)
공유지연명부(公有地連名簿)
공정계획(工程計劃)
공정관리(工程管理)
공정표(工程表)
공중사진(空中寫眞)
공중사진의 판독(空中寫眞의 判讀)
공중사진측량(空中寫眞測量)
공중삼각측량(空中三角測量)
공중수준측량(空中水準測量)
공지지구(空地地區)
공차(公差)
공통접평면(共通接平面)
공항(空港)
공해(公海)
곶(串)
고고감(過高感)
과대오차(過大誤差)
과량수정(過量修正)

32

과실(過失)
과잉수정(過剩修正)
과잉수정계수(過剩修正係數)

관개배수측량(灌漑配水測量)
관계위상(關係位相)
관계형자료기반(關係形資料基盤)
관계형정합(關係形整合)
관광지도(觀光地圖)
관련성(關聯性)
관로측량(管路測量)
관로탐사(管路探査)
관리기관(管理機關)
관망분석(管網分析)
관상수준기(管狀水準器)
관성위치결정체계(慣性位置決定體系)
관성좌표계(慣性座標系)
관성측량(慣性測量)

33

관성측량기(慣性測量機)
관성항법체계(慣性航法體系)
관자(冠字)
관측(觀測)
관측각(觀測角)
관측값(觀測값)
관측값처리(觀測값處理)
관측기록부(觀測記錄簿)
관측단위(觀測單位)
관측대(觀測臺)
관측망(觀測網)
관측방정식(觀測方程式)

34

관측방향각(觀測方向角)
관측소(觀測所)
관측오차(觀測誤差)
관측자(觀測者)
관측자료(觀測資料)
관측점(觀測點)
관측정도(觀測精度)
관측차(觀測差)
관측축척(觀測縮尺)
관측치(觀測値)
관측탑(觀測塔)
관통측량(貫通測量)
관할해역(管轄海域)
관형기포관(管形氣泡管)
광각(廣角)

35

광각사진(廣角寫眞)
광각사진기(廣角寫眞機)
광검출기(光檢出器)
광구경계측량(鑛區境界測量)
광년(光年)
광대역관측(廣大域觀測)
광산용컴퍼스(鑛山用컴퍼스)
광산측량(鑛山測量)
광선법(光線法)
광선추적법(光線追跡法)
광속법(光速法)
광속조정법(光速調整法)
광심(光心)
광역디지피에스(廣域디지피에스)

36

광자(光子)
광축(光軸)
광파거리측량기(光波距離測量機)
광파앨리데이드(光波앨리데이드)
광파측거의(光波測距儀)
광학구심기(光學求心器)
광학기계적투영법(光學機械的投影法)
광학마이크로미터(光學마이크로미터)
광학모델(光學모델)
광학식도화기(光學式圖化機)
광학위치결정법(光學位置決定法)
광학적처리(光學的處理)
광학적투영법(光學的投影法)
광행차(光行差)

37

궤조면고(軌條面高)
교각(交角)
교각법(交角法)
교량측량(橋梁測量)
교량표지(橋梁標識)
교선법(交線法)
교절점(交切點)
교점(交點)
교정점검표(交訂點檢表)
교차(交叉)
교차(較差)
교차법(交叉法)
교차삼각형(交叉三角形)

교차율(交叉率)
교차점(交叉點)

38

교차추적형스캐너(交叉追跡形스캐너)
교통도(交通圖)
교통량측량(交通量測量)
교통섬(交通섬)
교통정보체계(交通情報體系)
교통조사(交通調査)
교호고저측량(交互高低測量)
교호수준측량(交互水準測量)
교환구조(交換構造)
교회각(交會角)
교회법(交會法)
교회점(交會點)
구거(溝渠)
구과량(球過量)

39

구릉지(丘陵地)
구면각(球面角)
구면과잉(球面過剩)
구면삼각법(球面三角法)
구면삼각형(球面三角形)
구면수차(球面收差)
구면좌표(球面座標)
구면직각좌표계(球面直角座標系)
구배(句配)
구분선(區分線)

40

구소삼각측량지역(舊小三角測量地域)
구심(求心)
구심기(求心器)
구심오차(求心誤差)
구심추(求心錘)
구적기(求積器)
구적도(求積圖)
구점(求點)
구조적참조모형(構造的參照模型)
구조화편집(構造化編輯)
구차(球差)
구획(區劃)
구현(俱現)

41

구현스키마(俱現スキマ)
구현일치서술(俱現一致敍述)
구형편위수정기(球刑偏位修正機)
국가기본도(國家基本圖)
국가기본지리정보(國家基本地理情報)
국가기준계(國家基準系)
국가기준점(國家基準點)
국가기준수준면(國家基準水準面)
국가정보기반(國家情報基盤)
국가지리정보체계(國家地理情報體系)
국가해양기본도(國家海洋基本圖)
국가해양측량(國家海洋測量)

42

국립건설연구소(國立建設研究所)
국립지리원(國立地理院)
국립해양조사원(國立海洋調査院)
국방정보체계(國防情報體系)
국세지도(國勢地圖)
국소인력(局所引力)
국소조건(局所條件)
국제공동지피에스망(國際共同지피에스網)
국제과학연합본부(國際科學聯合本部)
국제극심입체좌표(國際極心立體座標)
국제단위(國際單位)
국제도량형총회(國際度量衡總會)

43

국제도로연맹(國際道路聯盟)
국제레이저거리관측서비스(國際레이저距離觀測서비스)
국제사진측량원격탐사학회(國際寫眞測量遠隔探査學會)
국제수로기구(國際水路機構)
국제시보국(國際時報局)
국제지구기준좌표계(國際地球基準座標系)
국제지구타원체(國制地球楕圓體)

44

국제지구회전사업(國際地球回轉事業)
국제지도학협회(國制地圖學協會)
국제지도학회(國際地圖學會)
국제지도협회(國際地圖協會)
국제지리정보협회(國際地理情報協會)

국제지적사무소(國際地籍事務所)
국제지피에스관측기구(國際지피에스觀測機構)
국제측량사연맹(國際測量士聯盟)
국제측량지도제작연맹(國際測量地圖製作聯盟)
국제측지학 및 지구물리학연맹(國際測地學 및 地球物理學聯盟)

45

국제측지학협회(國際測地學協會)
국제타원체(國際楕圓體)
국제표준화기구(國際標準化機構)
국제표준화기구지리정보전문위원회(國際標準化機構地理情報專門委員會)
국제항공사진측량 및 원격탐사학회(國際航空寫眞測量 및 遠隔探査學會)
국제항로표지협회(國際航路標識協會)
국제해양기구(國際海洋機構)
국제해도(國際海圖)
국제횡단메르카토르투영법(國際橫斷메르카토르投影法)

46

국지기준계(局地基準系)
국지데이텀(局地데이텀)
국지삼각측량(局地三角測量)
국지좌표계(局地座標系)
국지직교좌표계(局地直交座標系)
국지측량(局地測量)
국토기본도(國土基本圖)
국토조사(國土調査)
국토지리정보원(國土地理情報院)

47

국토통계지도(國土統計地圖)
군도(群島)
군속도(群速度)
군사측량(軍事測量)
굴절(屈折)
굴절계수(屈折係數)
굴절도(屈折度)
굴절법(屈折法)
굴절오차(屈折誤差)
굴절파(屈折波)
권척(卷尺)
궤간(軌間)
궤간측정(軌間測定)

궤도(軌道)

48

궤도력(軌道力)
궤도면(軌道面)
궤도요소(軌道要素)
궤도정보(軌道情報)
귀심(歸心)
귀심계산(歸心計算)
귀심요소(歸心要素)
귀심측량(歸心測量)
권척용온도계(卷尺用溫度計)
규반(畦畔)
규준시준고(規準視準高)
균시차(均時差)
그레이드(그레이드)
그루버방법(그루버方法)

49

그룹지연(그룹遲延)
그리니치(그리니치)
그리니치기준시(그리니치基準時)
그리니치시(그리니치時)
그리니치자오면(그리니치子午面)
그리니치자오선(그리니치子午線)
그리니치평균상용시(그리니치平均常用時)
그리니치평균천문시(그리니치平均天文時)
그리니치평시(그리니치平時)
그리니치항성시(그리니치恒星時)
그리드(그리드)
그리드셀(그리드셀)
그리드자료망(그리드資料網)
그리드자료모형(그리드資料模型)
그린정리(그린定理)

50

극(極)
극거리(極距離)
극궤도(極軌道)
극궤도위성(極軌道衛星)
극반경(極半徑)
극반지름(極반지름)
극심법(極心法)
극운동(極運動)
극좌표(極座標)
극좌표계(極座標系)

극좌표법(極座標法)
극좌표축(極座標軸)
극초단파측정기(極超短波測定器)

51

근거리(近距離)
근거리사진측량(近距離寫眞測量)
근린지구(近隣地區)
근린분석(近隣分析)
근사도화기(近似圖化機)
근사보간(近似補間)
근일점(近日點)
근일점거리(近日點距離)
근적외선컬러사진(近赤外線컬러寫眞)
근적외영역(近赤外領域)
근점(近點)
근점년(近點年)
근점운동(近點運動)
근점월(近點月)
근점이각(近點離角)
근점주기(近點週期)
근지점(近地點)
근축광선(近軸光線)
근해(近海)

52

글로나스(글로나스)
금속관로(金屬管路)
기간(期間)
기계고(器械高)
기계도근점측량(器械圖根點測量)
기계법(器械法)
기계수(器械手)
기계식도화기(機械式圖化機)
기계오차(器械誤差)
기계적사진측량(機械的寫眞測量)
기계투영법(器械投影法)
기계판독기능(機械判讀技能)
기고(器高)
기고식(器高式)
기단보정(氣段補正)
기도(基圖)
기록방식(記錄方式)

53

기반시설(基盤施設)

기복(起伏)
기복변위(起伏變位)
기본감색색상(基本紺色色相)
기본계획(基本計劃)
기본단위(基本單位)
기본도(基本圖)
기본삼각측량(基本三角測量)
기본수준면(基本水準面)
기본수준점표(基本水準點標)
기본위선(基本緯線)
기본지리정보(基本地理情報)
기본측량(基本測量)
기본키(基本키)

　　　　　54

기부(記簿)
기상(氣象)
기상보정(氣象補正)
기상위성사진(氣象衛星寫眞)
기상정보체계(氣象情報體系)
기상학(氣象學)
기선(基線)
기선가대(基線架臺)
기선고도비(基線高度比)
기선방정식(基線方程式)
기선비(基線比)
기선삼각망(基線三角網)

　　　　　55

기선의 성분(基線의 成分)
기선자(基線자)
기선장(基線長)
기선척(基線尺)
기선측량(基線測量)
기선해석(基線解析)
기압(氣壓)
기압경도(氣壓傾度)
기압계(氣壓計)
기압고저측량(氣壓高低測量)
기압공식(氣壓公式)
기압수준측량(氣壓水準測量)
기압정수(氣壓定數)
기압측고계(氣壓測高計)
기우식(寄隅式)
기장수(記帳手)
기점(基點)

　　　　　56

기조력(起潮力)
기준국(基準局)
기준다각측량(基準多角測量)
기준다각점(基準多角點)
기준망(基準網)
기준면(基準面)
기준삼각점(基準三角點)
기준삼각측량(基準三角測量)
기준선(基準線)
기준자오선(基準子午線)
기준점(基準點)
기준점법(基準點法)

　　　　　57

기준점성과표(基準點成果表)
기준점측량(基準點測量)
기준타원체(基準楕圓體)
기준해수면(基準海水面)
기지각(旣知角)
기지점(基地點)
기차^1(器差)
기차^2(氣差)
기초점(基礎點)
기초측량(基礎測量)
기포관(氣泡管)
기포관감도(氣泡管感度)

　　　　　58

기포관검사기(氣泡管檢査器)
기포관부속조정나사(氣泡管附屬調整螺絲)
기포관축(氣泡管軸)
기포상관측장치(氣泡像觀測裝置)
기포수위계(氣泡水位計)
기하객체(幾何客體)
기하검사(幾何檢査)
기하경계(幾何境界)
기하광학(幾何光學)
기하도법(幾何圖法)
기하보정(幾何補正)
기하복합체(幾何複合體)
기하실현(幾何實現)
기하원시객체(幾何原始客體)
기하원시요소(幾何原始要所)
기하위상(幾何位相)
기하일관성(幾何一貫性)

기하집합(幾何集合)
기하차원(幾何次元)
기하학적좌표(幾何學的座標)

59

기호(記號)
기호도로(記號道路)
기호지물(記號地物)
길이(길이)
길이의 각(길이의 角)
김정호(金正浩)
끝단영상(끝단映像)
끝점(끝點)

ㄴ

60

나노초(나노秒)
나드(나드)
나드콘(나드콘)
나반측량(羅盤測量)
나브스타지피에스(나브스타지피에스)
나침반(羅針盤)
나침함(羅針函)
나폴레옹지적(나폴레옹地籍)
낙조(落潮)

61

낙침(落針)
낙하침(落下針)
난외주기(欄外朱記)
난형클로소이드(卵形클로소이드)
날개형유속계(날개形流速計)
남극(南極)
남중(南中)
남중고도(南中高度)
낮은고조(낮은高潮)
낮은저조(낮은低潮)
내도곽(內圖廓)
내림경사(내림傾斜)
내부정위(內部定位)
내부표정(內部標定)
내부표정의 요소(內部標定의 要素)
내부초준식망원경(內部焦準式望遠鏡)
내삽법(內插法)

내업(內業)
내측기선(內側基線)
내해(內海)
내혹성(內惑星)

62

네트워크(네트워크)
네트워크사슬(네트워크사슬)
네트워크알티케이(네트워크알티케이)
년(年)
노달존(노달존)
노드(노드)
노상(路床)
노선(路線)
노선선정(路線選定)
노선실측(路線實測)
노선측량(路線測量)
노아(노아)
노이즈(노이즈)
노출시간(露出時間)
노출암(露出巖)
노출점(露出點)
노폭기호(路幅記號)
논리관계(論理關係)
논리연산(論理演算)
논리연산자(論理演算子)

63

논리영역(論理領域)
논리일관성(論理一貫性)
논리적 관련성(論理的 關聯性)
농담(濃淡)
농로(農路)
농림측량(農林測量)
농지(農地)
농지조사(農地調査)
농지측량(農地測量)
높은고조(높은高潮)
높은저조(높은低潮)
누가곡선(累加曲線)
누수(漏水)
누수율(漏水率)
누수탐지기(漏水探知機)
누차(累差)
누적오차(累積誤差)
눈금(눈금)
눈금반(눈금盤)

눈금오차(눈금誤差)

64

뉴마찌공식(뉴마찌公式)
뉴턴의 조건(뉴턴의 條件)
능구(稜矩)
능동센서(能動센서)
능동적탐측기(能動的探測機)
능동형원격탐사(能動形遠隔探査)
능선(稜線)
능형쇄(菱形鎖)
늪(늪)
닛모델(닛모델)

ㄷ

65

다각군법(多角群法)
다각망(多角網)
다각방정식(多角方程式)
다각법(多角法)
다각선(多角線)
다각점(多角點)
다각측량(多角測量)
다각형(多角形)
다렌즈사진(多렌즈寫眞)
다면체도법(多面體圖法)
다목적지적(多目的地籍)

66

다원추도법(多圓錐圖法)
다이얼컴퍼스(다이얼컴퍼스)
다이제스트(다이제스트)
다이폴안테나(다이폴안테나)
다중경로(多重經路)
다중경로오차(多重經路誤差)
다중분광대영상(多重分光帶映像)
다중분광분류(多重分光分類)

67

다중분광스캐너(多重分光스캐너)
다중사진기방식(多重寫眞機方式)
다중사진측량(多重寫眞測量)
다중연결(多重連結)

다중파장대사진(多重波長帶寫眞)
다중파장대사진기(多重波長帶寫眞機)
다중화(多重化)
다항식법(多項式法)
단각법(單角法)
단계구분도(段階區分度)
단고도관측법(單高度觀測法)
단고도법(單高度法)
단곡선(單曲線)
단관측승강식(單觀測昇降式)
단교회법(單交會法)

68

단구(段丘)
단기고사(檀奇古史)
단도선법(單道線法)
단말기(端末機)
단면고저측량(斷面高低測量)
단면도(斷面圖)
단면법(斷面法)
단면수준측량(斷面水準測量)
단면측량(斷面測量)
단반경(短半徑)
단사진측량(單寫眞測量)
단사진표정(單寫眞標定)
단쇄(斷鎖)
단수축(端收縮)
단순개발방식(單純開發方式)
단순성(單純性)

69

단순지형지물(單純地形地物)
단순축척자(單純縮尺자)
단순화(單純化)
단시법(單視法)
단안시(單眼視)
단열도법(斷裂圖法)
단열삼각망(單列三角網)
단열삼각쇄(斷列三角鎖)
단열상송도법(斷裂상송圖法)
단위곡선(單位曲線)
단위면적법(單位面積法)
단위클로소이드(單位클로소이드)
단일시준기(單一視準機)
단일차분(單一差分)

70

단전진법(單前進法)
단접선장(單接線長)
단채(段彩)
단채법(段彩法)
단채식지도(段彩式地圖)
단척(端尺)
단체인(單체인)
단축형트랜싯(單軸型트랜싯)
단측법(單測法)
단층(斷層)
단코스조정(單코스調整)
단파(短波)
단현(短弦)

71

담수(淡水)
답사(踏査)
답사도(踏査圖)
대각선법(對角線法)
대각선접안렌즈(對角線接眼렌즈)
대각선프리즘(對角線프리즘)
대공표지(對空標識)
대권도법(大圈圖法)
대기(大氣)
대기관측(大氣觀測)
대기굴절(大氣屈折)
대기굴절왜곡(大氣屈折歪曲)
대기보정^1(大氣補正)
대기보정^2(大氣補正)
대기압(大氣壓)
대기연무(大氣煙霧)
대기연직탐측기(大氣鉛直探測機)

72

대기창(大氣窓)
대동여지도(大同輿地圖)
대류(對流)
대류권굴절오차(對流圈屈折誤差)
대류권모형(對流圈模型)
대류권지연(對流圈遲延)
대륙대(大陸帶)
대륙붕(大陸棚)
대륙붕단(大陸棚端)
대물경(對物鏡)
대물경초준나사(對物鏡焦準螺絲)

73

대물렌즈(對物렌즈)
대변측량(對邊測量)
대삼각보점망(大三角補點網)
대삼각본점망(大三角本點網)
대삼각측량(大三角測量)
대상물공간좌표계(對象物空間座標系)
대상영역(對象領域)
대상영역개편(對象領域改編)
대상영역요소(對象領域要素)
대성표(對星表)
대안경(對眼鏡)
대안렌즈(對眼렌즈)
대양(大洋)
대양수심도(大洋水深圖)
대양측량(大洋測量)
대역(帶域)

74

대원(大圓)
대원거리(大圓距離)
대장(臺帳)
대조(大潮)
대조강조(大潮強調)
대조고(大潮高)
대조차(大潮差)
대조평균고조면(大潮平均高潮面)
대조평균저조면(大潮平均低潮面)
대지(臺地)
대지고도(對地高度)
대지삼각측량(大地三角測量)
대지측량(大地測量)
대지표정(大地標定)
대지표정점(對地標定點)
대축척(大縮尺)
대축척도화(大縮尺圖化)

75

대축척지도(大縮尺地圖)
대표비율(代表比率)
대한민국경위도원점(大韓民國經緯度原點)
대한민국수준기점(大韓民國水準基點)
대한원격탐사학회(大韓民國遠隔探査學會)
대한지리학회(大韓地理學會)
대한지적공사(大韓地籍公社)
대한측량협회(大韓測量協會)

76

대한토목학회(大韓土木學會)
대한해협(大韓海峽)
대형카메라(大形카메라)
대화식(對話式)
대회(對回)
덤피레벨(덤피레벨)
덥(덥)
데르마토그래프(데르마토그래프)
데블의 원리(데블의 原理)
데스크탑매핑(데스크탑매핑)

77

데스크탑GIS(데스크탑지아이에스)
데오돌라이트(데오돌라이트)
데이터(資料)
데이터무결성(데이터無缺性)
데이터베이스(데이터베이스)
데이터베이스 툴(데이터베이스 툴)
데이터입력(데이터入力)
데이텀(데이텀)
도(度)
도가니강선(도가니鋼線)
도고(圖稿)

78

도곽(圖廓)
도곽기준점(圖廓基準點)
도곽기준점표시(圖廓基準點表示)
도곽선(圖廓線)
도곽선신축량계산(圖廓線伸縮量計算)
도구막대(道具막대)
도근삼각측량(圖根三角測量)
도근점(圖根點)
도근점측량(圖根點測量)
도근점측량망도(圖根點測量網圖)
도근측량(圖根測量)
도기(度器)
도로대장(道路臺帳)
도로부지(道路敷地)
도로의구조・시설기준에관한규칙(道路의構造・施設基準에關한規則)

79

도로측량(道路測量)

도메인(도메인)
도면(圖面)
도면관리체계(圖面管理體系)
도면교환형식(圖面交換形式)
도면자동화(圖面自動化)
도면제작편집(圖面製作編輯)
도면출력(圖面出力)
도법(圖法)
도북(圖北)
도브프리즘(도브프리즘)
도상(倒像)
도상계획(圖上計劃)
도상독취(圖上讀取)
도상선정(圖上選定)
도상측설(圖上測設)
도상허용오차(圖上許容誤差)

80

도선법(道線法)
도선형파고계(導線型波高計)
도섭측량(徒涉測量)
도섭표척(徒涉標尺)
도시계획도(都市計劃圖)
도시정보체계(都市情報體系)
도식(圖式)
도식기호(圖式記號)
도식적용규정(圖式適用規定)
도엽(圖葉)
도엽명칭(圖葉名稱)
도엽번호(圖葉番號)
도웰(도웰)
도자각(圖磁角)

81

도판(圖板)
도편각(圖偏角)
도폭(圖幅)
도플러변위(도플러變位)
도플러에이딩(도플러에이딩)
도플러원리(도플러原理)
도플러효과(도플러效果)
도하수준측량(渡河水準測量)
도해도근측량(圖解圖根測量)
도해도선법(圖解道線法)
도해법(圖解法)

82

도해사선법(圖解斜線法)
도해삼각망(圖解三角網)
도해삼각쇄(圖解三角鎖)
도해삼각측량(圖解三角測量)
도해적폐합오차조정(圖解的閉合誤差調整)
도해지적(圖解地籍)
도해지적측량(圖解地籍測量)
도해편위수정(圖解偏位修正)
도형(圖形)
도형 및 영상정보체계(圖形 및 映像情報體系)
도형언어(圖形言語)
도형의 강도(圖形의 剛度, R)

83

도형정보(圖形情報)
도형변형법(圖形變形法)
도형조건(圖形條件)
도화(圖化)
도화기(圖化機)
도화기의 기계좌표(圖畵機의 機械座標)
도화기의 투영중심(圖畵機의 投影中心)
도화작업(圖化作業)
도화작업순서(圖化作業順序)
도화축척(圖畵縮尺)
독립관측(獨立觀測)
독립모형법(獨立模型法)
독립물체(獨立物體)
독립입체모형법(獨立立體模型法)

84

독립측정(獨立測定)
독정오차(讀定誤差)
델리슬도법(델리슬圖法)
동경(動徑)
동경원점(東京原點)
동기화(同期化)
동방최대이격(東方最大離隔)
동부원점(東部原點)
동성등고도법(同星等高度法)
동시관측법(同時觀測法)
동이격(東離隔)
동적도면작성(動的圖面作成)
동조화(動調化)
동지(冬至)

85

동차조정법(同次調整法)
동해(東海)
동해원점(東海原點)
동향거리(東向距離)
동형(同形)
드롭라인콘터(드롭라인콘터)
등가초점거리(等價焦點距離)
등각도법(等角圖法)
등각방위투영도법(等角方位投影圖法)
등각사상변환(等角寫像變換)
등각원주도법(等角圓柱圖法)
등각원추도법(等角圓錐圖法)
등각원통도법(等角圓筒圖法)
등각원통투영(等角圓筒投影)

86

등각위도(等角緯度)
등각점(等角點)
등각지도(等角地圖)
등각투영(等角投影)
등거리도법(等距離圖法)
등거리방위도법(等距離方位圖法)
등거리시준(等距離視準)

87

등거리원통도법(等距離圓筒圖法)
등고도(等高度)
등고선(等高線)
등고선간격(等高線間隔)
등고선계수(等高線係數)
등고선대법(等高線帶法)
등고선도화(等高線圖化)
등고선법(等高線法)
등고선사진도(等高線寫眞圖)
등기(登記)
등기부(登記簿)
등량법(等量法)
등록전환(登錄轉換)
등록전환측량(登錄轉換測量)
등밀도선(等密度線)
등복각선(等伏角線)
등반사체(等反斜體)

88

등시차도(等視差圖)
등시차면(等視差面)
등심선(等深線)
등압선(等壓線)
등온선(等溫線)
등왜선(等歪線)
등위면(等位面)
등장선(等長線)
등적도법(等積圖法)
등적방위도법(等積方位圖法)
등적삼각형법(等積三角形法)
등적원추도법(等積圓錐圖法)
등적원통도법(等積圓筒圖法)
등적지도(等積地圖)
등적투영(等積投影)

89

등정밀도(等精密度)
등조차선(等潮差線)
등축척선(等縮尺線)
등측(登測)
등퍼텐셜면(等퍼텐셜面)
등편각선(等偏角線)
등편각선도(等偏角線圖)
등편선(等偏線)
등편차선도(等偏差線圖)
디씨에스(디씨에스)
디엑스90(디엑스90)
디지타이저(디지타이저)
디지타이징태블릿(디지타이징태블릿)
디지타이저좌표계(디지타이저座標系)
디지털구적기(디지털求積器)

90

디지털데오돌라이트(디지털데오돌라이트)
디지털레벨(디지털레벨)
디지털방식(디지털方式)
디지털사진측량(디지털寫眞測量)
디지털영상(디지털影像)
디지털영상처리(디지털影像處理)
디피에스(디피에스)
딜레이락루프(딜레이락루프)

ㄹ

91

라그랑즈의 미정계수법(라그랑즈의 未定係數法)
라디안(라디안)
라디오비콘(라디오비콘)
라벨(라벨)
라이너먼트(라이너먼트)
라이넥스(라이넥스)
라이브러리안(라이브러리안)
라인손실(라인損失)
라인스캐너(라인스캐너)
라인쌍(라인쌍)
라플라스간이기압공식(라플라스簡易氣壓公式)

92

라플라스방정식(라플라스方程式)
라플라스점(라플라스點)
라플라스조건식(라플라스條件式)
라플라시안필터(라플라시안필터)
람베르트도법(람베르트圖法)
람베르트등각원추도법(람베르트等角圓錐圖法)
람베르트등적원추도법(람베르트等積圓錐圖法)
람스덴형접안경(람스덴形接眼鏡)
래스터(래스터 또는 格子方案方式)

93

래스터밴드(래스터밴드)
래스터변환기(래스터變換機)
래스터영상(래스터影像)
래스터자료(래스터資料)
래스터중첩(래스터重疊)
래스터지도(래스터地圖)
래스터체계(래스터體系)
래스터패턴(래스터패턴)
래스터포맷(래스터포맷)
래스터표현(래스터表現)
랜드셋(랜드셋)
램버트등각원추투영법(램버트等角圓錐投影法)

94

러버쉬팅(러버쉬팅)
러브파(러브波)
레만법(레만法)

레만의 법칙(레만의 法則)
레벨(레벨)
레벨링(레벨링)
레벨야장(레벨野帳)
레이더(레이더)

95

레이더고도계(레이더高度計)
레이더산란계(레이더散亂計)
레이더산란계수(레이더散亂係數)
레이더샷(레이더샷)
레이더크로스섹션(레이더크로스섹션)
레이블(레이블)
레이오버(레이오버)
레이어(레이어)
레이저(레이저)
레이저거리측량(레이저距離測量)
레이저레벨(레이저레벨)

96

레이저사진측량(레이저寫眞測量)
레이저측량(레이저測量)
레이콘(레이콘)
레일리기준(레일리基準)
레일리산란(레일리散亂)
레조마크(레조마크)
레조플레이트(레조플레이트)
레코드(레코드)
렌즈(렌즈)
렌즈검정(렌즈檢定)
렌즈식실체경(렌즈式實體鏡)
렌즈수차(렌즈收差)
렌즈식입체경(렌즈式立體鏡)
렌즈왜곡(렌즈歪曲)
렌즈콘어셈블리(렌즈콘어셈블리)
렘니스케이트(렘니스케이트)

97

로그(로그)
로드(로드)
로딩(로딩)
로란(로란)
로란-A(로란-에이)
로란-C(로란-씨)

98

롤(롤)
롤보상시스템(롤報償시스템)
루프(루프)
루프법(루프法)
룩업테이블(룩업테이블)
르장드르의 정리(르장드르의 定理)
리덕션타키오미터(리덕션타키오미터)
리드(리드)
리드곡선(리드曲線)
리드줄(리드줄)
리엔지니어링(리엔지니어링)
리모트센싱(리모트센싱)
리소오사진(리소오寫眞)
리소오사진기(리소오寫眞機)
링(링)
링크스(링크스)

ㅁ

99

마노미터(마노미터)
마무리오차(마무리誤差)
마스크판(마스크판)
마우스(마우스)
마이너즈다이알(마이너즈다이알)
마이크로파(마이크로波)
마이크로필름(마이크로필름)
마일러트레이서법(마일러트레이서法)
마할라노비스의 거리(마할라노비스의 거리)
마흐밴드(마흐밴드)
막대부표(막대浮漂)
막장(막장)
만(灣)

100

만곡수차(彎曲收差)
만곡수차보정판(灣曲收差補正板)
만곡추선측량(彎曲錘線測量)
만국도(萬國圖)
만국도의 도법(萬國圖의 圖法)
만국측지계(萬國測地系)
만국측지좌표(萬國測地座標)
만국횡메카르투영법(萬國橫메카르投影法)
만능도화기(萬能圖化機)
만조(滿潮)

말단횡단말뚝(末端橫端말뚝)
말뚝설치도(말뚝設置圖)

101

말목(杭)
말뚝조정법(말뚝調整法)
망목법(網目法)
망원경(望遠鏡)
망원경기포관(望遠鏡氣泡管)
망원경레벨조정나사(望遠鏡레벨調整螺絲)
망원경배율(望遠鏡倍率)
망원경알리다드(望遠鏡알리다드)
망원경축(望遠鏡軸)
망원경핸드레벨(望遠鏡핸드레벨)
망조정(網調整)
맞변측량(맞邊測量)
매개변수(媒介變數)
매닝공식(매닝公式)

102

매달음로드(매달음로드)
매달음수준기(매달음水準器)
매달음트랜싯(매달음트랜싯)
매석(埋石)
매설관(埋設棺)
매설깊이(埋設깊이)
매설심도(埋設深度)
매설표지(埋設標識)
매체(媒體)
매크로(매크로)
매크로명령(매크로命令)
매표(埋標)
매핑기술(매핑技術)
맨틀(맨틀)
맨하튼거리(맨하튼거리)
맨홀(맨홀)
맵오브젝트(맵오브젝트)
맵인포(맵인포)
머케이터투영(머케이터投影)

103

멀티미디어(멀티미디어)
멀티밴드카메라(멀티밴드카메라)
멀티플렉스(멀티플렉스)
메뉴방식(메뉴方式)
메르카토르도법(메르카토르圖法)

메르카토르투영법(메르카토르投影法)
메시(메시)

104

메시지처리(메시지處理)
메스마크(메스마크)
메타데이터(메타데이터)
메타모형(메타模型)
메타자료(메타資料)
메타자료데이터집합(메타資料데이터集合)
메타자료섹션(메타資料섹션)
메타자료속성(메타資料續成)
메타자료스키마(메타資料스키마)
메타자료실체(메타資料實體)
메타자료요소(메타資料要素)
메타품질(메타品質)
메트로곤(메트로곤)
메트릭체인(메트릭체인)
면(面)
면고저측량(面高低測量)
면모형(面模型)
면수준측량(面水準測量)
면적(面積)
면적계(面積計)
면적보간법(面積補間法)
면적오류정정(面積誤謬訂正)

105

면적측량(面積測量)
면적측정보정계수(面積測定補整係數)
면적축척계수(面積縮尺係數)
명도(明度)
명료도(明瞭度)
명시거리(明視距離)
명시열관성(明時熱慣性)
명암자(明暗者)
명확성(明確性)
모델(모델)
모델기선(모델基線)
모델링(모델링)
모델의 변형(모델의 變形)
모델축척(모델縮尺)
모듈(모듈)
모드(모드)
모리식유속계(森式流速係)
모바일지아이에스(모바일지아이에스)
모범도(模範圖)

106

모스(모스)
모아레사진측량(모아레寫眞測量)
모양(模樣)
모의관측(模擬觀測)
모자이크(모자이크)
모자이크법(모자이크法)
모형(模型)
모형축척(模型縮尺)
모호(모호)
모호정수(모호定數)
목록메타자료정보(目錄메타資料情報)

107

목시관측(目視觀測)
목측(目測)
목측도(目測圖)
목표포맷(目標포맷)
몰로덴스키-바데카스법(몰로덴스키-바데카스法)
몰와이데도법(몰와이데圖法)
몸스(몸스)
묘사(描寫)
묘사규칙(描寫規則)
묘사목록(描寫目錄)
묘사법(描寫法)
묘사사양(描寫사양)
묘사서비스(描寫서비스)
묘사요소(描寫要素)
묘유선(卯酉線)
묘화기(描畵器)

108

묘화대(描畵臺)
묘화책상(描畵冊床)
무감독분류(無監督分類)
무게(무게)
무결성(無決性)
무선주파수(無線周波數)
무액기압계(無液氣壓計)
무채색비전(無彩色비전)
무편차선(無偏差線)
문자(文字)
문자속성(文字屬性)
문자자료(文字資料)
문자편집기(文字編輯器)
문진(文鎭)

문화재측량(文化財測量)
물리광학(物理光學)
물리적오차(物理的誤差)
물리탐사(物理探査)
물양장(物揚場)
물질밀도(物質密度)
미국국가공간정보기반(美國國家空間情報基盤)

109

미국국가공간정보유통기구(美國國家空間情報流通機構)
미국국가매핑프로그램(美國國家매핑프로그램)
미국국가수치지도자료기반(美國國家數値地圖資料基盤)
미국국가지도정확도기준(美國國家地圖正確度基準)
미국국립표준국(美國國立標準局)
미국국립과학재단(美國立科學財團)
미국립지리정보분석센터(美國立地理情報分析센터)
미국방성지도국(美國防省地圖局)
미국사진측량 및 원격탐사학회(美國寫眞測量 및 遠隔探査學會)

110

미국수치지도자료표준위원회(美國數値地圖資料標準委員會)
미국연방지리정보위원회(美國聯邦地理情報委員會)
미국인공지능학회(美國人工知能學會)
미국지리학회(美國地理學會)
미국지질조사측량국(美國地質調査測量局)
미국측량및지도제작협회(美國測量 및 地圖製作協會)
미국표준협회(美國標準協會)
미동나사(微動螺絲)
미동레벨(微動레벨)
미분편위수정법(微分偏位修正法)
미산란(미散亂)

111

미연방지리정보위원회(美聯邦地理情報委員會)
미연방측지기준점위원회(美聯邦測地基準點委員會)
미정계수방정식(未定係數方程式)
미정계수법(未定係數法)
미지점(未知點)
미터법(미터法)
미터사진측량법(미터寫眞測量法)
미항공우주국(美航空宇宙局)
미해군항행시스템(美海軍航行시스템)

112

믹셀(믹셀)
민간위탁사업(民間委託事業)
민감도(敏感度)
밀(밀)
밀도(密度)
밀도허용한계(密度許容限界)
밀착사진(密着寫眞)
밀착인화(密着印畵)

ㅂ

113

바이트(바이트)
바우다치의 법칙(바우다치의 法則)
바진의 공식(바진의 公式)
바코드표척(바코드標尺)
반각공식(半角公式)
반경수차(半徑收差)
반복관측법(反復觀測法)
반사(反射)
반사계수(反射係數)

114

반사수준기(反射水準器)
반사식입체경(反射式立體鏡)
반사율(反射率)
반사적외선(反射赤外線)
반사파(反射波)
반송파(搬送波)
반송파위상(搬送波位相)
반송파잡음비(搬送波雜音比)
반송파추적환(搬送波追跡還)
반시(反視)
반시방향각(反視方向角)

115

반엄밀모자이크(半嚴密모자이크)
반위(反位)
반은거울(반은거울)
반전법(反轉法)
반전의 원리(反轉의 原理)
반점(反點)
반조정집성사진(半調整集成寫眞)

반파장사인체감곡선(反波長사인遞減曲線)
반해석식항공삼각측량(半解析式航空三角測量)
반향곡선(反向曲線)
반향곡선접속점(反向曲線接續點)
받침말목(받침抹木)

116

발광분광법(發光分光法)
발전형유속계(發電型流速計)
밝기(밝기)
방사계(放射計)
방사기복변위(放射起伏變位)
방사도선법(放射導線法)
방사량보정(放射量補正)
방사법(放射法)
방사상(放射狀)
방사왜곡(放射歪曲)

117

방사절측법(放射折測法)
방사해상도(放射解像圖)
방산계삼각망(放散系三角網)
방송궤도력(放送軌道歷)
방안법(方眼法)
방위(方位)
방위각(方位角)
방위각관측(方位角觀測)
방위각법(方位角法)
방위기점(方位基點)
방위도법(方位圖法)
방위방정식(方位方程式)
방위방향(方位方向)

118

방위방향해상도(方位方向解像圖)
방위석(防衛石)
방위의 각(方位의 角)
방위체계(方位體系)
방위투영법(方位投影法)
방위표(方位標)
방조제(防潮堤)
방출(放出)
방출도(放出度)
방파제(防波堤)
방향각(方向角)
방향각법(方向角法)

방향맞추기(方向맞추기)
방향말목(方向抹木)
방향성표면(方向性表面)
방향여현(方向餘弦)

119

방향필터(方向필터)
배각(倍角)
배각법(倍角法)
배각차(倍角差)
배경(背景)
배경영상(背景影像)
배관도(배관도)
배면적(倍面積)
배수관(排水管)
배수면적(排水面積)
배수용적(排水容積)
배수지(配水池)
배율(倍率)
배자오선거(倍子午線距)
배점밀도(配點密度)
배종거(倍縱距)
배향곡선(背向曲線)
배횡거(倍橫距)
배횡거법(倍橫距法)
백도(白道)

120

백업(백업)
백지도(白地圖)
백화현상(白化現像)
밴드(밴드)
밴드단위영상(밴드單位影像)
버니어(버니어)
버퍼(버퍼)
버퍼생성(버퍼生成)
버퍼제너레이션(버퍼제너레이션)
벌채원(伐採員)
범례(凡例)
범위(範圍)
범세계적위치결정체계(汎世界的位置決定體系)

121

법면(法面)
법선(法線)
법선장(法線長)

법선측량(法線測量)
베셀법(베셀法)
베셀의 원자(베셀의 原子)
베셀타원체(베셀橢圓體)
베이스시트(베이스시트)
베줄자(베줄자)

122

벡터(벡터)
벡터기하속성(벡터幾何屬性)
벡터라이징(벡터라이징)
벡터자료(벡터資料)
벡터지도(벡터地圖)
벡터포맷(벡터포맷)
벡터화(벡터化)
벤치마크시험(벤치마크試驗, benchmark test)
베셀년(베셀年)
변(邊)
변경다원추도법(變更多圓錐圖法)
변경산손도법(變更산손圖法)
변동자료(變動資料)
변방정식(邊方程式)

123

변상기(變像機)
변속차선(變速車線)
변위감지기(變位感知機)
변장계산(邊長計算)
변장반수(邊長反數)
변장조건식(邊長條件式)
변장폐합차(邊長閉合差)
변조(變調)
변조건(邊條件)
변조건식(邊條件式)
변형지(變形地)
변형측량(變形測量)
변화탐지(變化探知)

124

변화탐지영상(變化探知影像)
변환(變換)
변환오차(變換誤差)
병합(倂合)
보간(補間)
보간방법(補間方法)
보색(補色)

보수계(步數計)
보점(補點)
보정(補正)
보정계(步程計)
보정과잉(補正過剩)
보정자방위(補正磁方位)
보정부족(補正不足)
보정측량(補正測量)
보정판(補正板)
보조기선(補助基線)

125

보조기준점(補助基準點)
보조곡선(補助曲線)
보조기준점(補助基準點)
보조단위(補助單位)
보조도근점(補助圖根點)
보조말목(補助抹木)
보조망원경(補助望遠鏡)
보측(步測)
보통각사진(普通角寫眞)
보통각사진기(普通角寫眞機)
보통다원추도법(普通多圓錐圖法)

126

보통사진(普通寫眞)
보통삼각(普通三角)
보통수위표(普通水位標)
보통양수표(普通量水標)
보통측표(普通測標)
보통카메라(普通카메라)
보폭(步幅)
보호말뚝(保護말뚝)
보호석(保護石)
복각(伏角)
복곡선(複曲線)
복곡선접속점(複曲線接續點)
복능거(複菱距)

127

복도선법(複道線法)
복버니어(復버니어)
복보(複步)
복사(輻射)
복사계(輻射計)
복사속(輻射束)

복사온도(輻射溫度)
복쇄(複鎖)
복시법(複視法)
복심곡선(複心曲線)
복원측량(復元測量)
복유표(復遊標)
복전진법(復前進法)
복축형트랜싯(複軸形트랜싯)

128

복합곡선(複合曲線)
복합렌즈(複合렌즈)
복합시준기(複合視準機)
복합지형지물(複合地形地物)
복합형클로소이드(複合形클로소이드)
본기선(本基線)
본느도법(본느圖法)
본초자오면(本初子午面)
본초자오선(本初子午線)
볼록곡선(볼록曲線)
볼록집합(볼록集合)
봉부자(棒浮子)
부각(俯角)
부게보정(부게補正)
부게이상(부게異常)
부도(副圖)
부분복합체(部分複合體)

129

부분집합(部分集合)
부울대수(부울代數)
부울연산(부울演算)
부울표현(부울表現)
부자(浮子)
부자식자기수위표(浮子式自記水位標)
부적합성(不適合性)
부전법(不轉法)
부점(浮點)
부점상위(浮點上位)
부점하위(浮點下位)
부정오차(不定誤差)
부척(附尺)
부표(浮標)
부호(符號)

130

부호적도법(符號的圖法)
북극(北極)
북극성(北極星)
북방한계선(北方限界線)
북아메리카기준계(北아메리카基準系)
북아메리카수준면88(北아메리카水準面88)
북향거리(北向距離)
분광계(分光計)
분광반사(分光反射)
분광복사계(分光輻射計)
분광식생지수(分光植生指數)
분광폭(分光幅)
분광해상도(分光解像度)
분도기법(分度器法)
분도원(分度圓)
분류(分類)
분류오류행렬(分類誤謬行列)

131

분류코드(分類코드)
분산(分散)
분산시스템(分散시스템)
분산자료기반(分散資料基盤)
분산자료처리(分散資料處理)
분산컴퓨팅환경(分散컴퓨팅環境)
분석 및 모형화(分析 및 模型化)
분수선(分水線)
분쟁지 조사(紛爭地 調査)
분점조(分點潮)
분조(分潮)
분판제도(分版製圖)
분할^1(分轄)
분할^2(分割)
분해능(分解能)
불규칙삼각망(不規則三角網)
불확정원통(不確定圓筒)
브라운수준기(브라운水準器)

132

브란톤만능컴퍼스(브란톤萬能컴퍼스)
브래킷(브래킷)
브이뎁(브이뎁)
브이아이에스에스알(브이아이에스에스알)
브이알엠엘(브이알엠엘)
블록(블록)

블록조정(블록調整)
블링킹법(블링킹法)
비계통형왜곡(非系統形歪曲)
비고(比高)
비공간자료(非空間資料)
비금속관로(非金屬管路)
비네팅(비네팅)
비디오지리정보체계(비디오地理情報體系)
비디콘(비디콘)

133

비디콘사진기(비디콘寫眞機)
비만아크(비만아크)
비방향성필터(非方向性필터)
비엠(비엠)
비율영상(比率影像)
비점기압계(沸點氣壓計)
비점수차(非點收差)
비조정집성사진(非調整集成寫眞)
비중(比重)
비즈니스GIS(비즈니스지아이에스)
비지형사진측량(非地形寫眞測量)
비측량용사진기(非測量用寫眞機)
비투비(비투비)
비투시(비투시)
비트(비트)
비트맵(비트맵)
비틀림트래버스(비틀림트래버스)

134

비행고도(飛行高度)
비행고도자기기록계(飛行高度自己記錄係)
비행스트립(飛行스트립)
비행자세(飛行姿勢)
비행장측량(飛行場測量)
비행장표고(飛行場標高)
비행장표점(飛行場標點)
비행코스(飛行코스)
빈(빈)
빈변위법칙(빈變位法則)
빈켈도법(빈켈圖法)
빔(빔)
빔컴퍼스(빔컴퍼스)
빛(빛)

ㅅ

135

사각망(四角網)
사각형쇄(四角形鎖)
사갱(斜坑)
사거리(斜距離)
사건발생지표시도(事件發生指標試圖)
사그늑효과(사그늑效果)
사다리꼴공식(사다리꼴公式)
사등삼각점(四等三角點)
사등삼각측량(四等三角測量)
사변형보정사진(四邊形補正寫眞)

136

사미(사미)
사변형삼각망(斜邊形三角網)
사변형쇄(四邊形鎖)
사상변환(寫像變換)
사선(射線)
사선법(射線法)
사선중심(射線中心)
사선측각기(射線測角器)
사업수행능력평가(事業修行能力評價)
사용자등가거리오차(使用者等價距離誤差)
사이드랩(사이드랩)
사이드스캔소나(사이드스캔소나)
사이클슬립(사이클슬립)

137

사점법(四點法)
사정(査定)
사지거법(斜支距法)
사지수형(四指數形)
사진(寫眞)
사진간접수준측량(寫眞間接水準測量)
사진경위의(寫眞經緯儀)
사진관측학(寫眞觀測學)
사진기(寫眞機)
사진기가대(寫眞機架臺)
사진기선(寫眞基線)
사진기선길이(寫眞基線길이)
사진기축(寫眞機軸)
사진도(寫眞圖)
사진등각점(寫眞等角點)

사진면(寫眞面)
사진모자이크(寫眞모자이크)
사진번호(寫眞番號)

138

사진법(寫眞法)
사진블록(寫眞블록)
사진삼각측량(寫眞三角測量)
사진상(寫眞像)
사진삼림학(寫眞森林學)
사진상읽기(寫眞像읽기)
사진상의 떨림(寫眞像의 떨림)
사진선형(寫眞線形)
사진수평선(寫眞水平線)
사진연직점(寫眞鉛直點)
사진요소(寫眞要素)
사진적처리(寫眞的處理)
사진좌표(寫眞座標)
사진좌표계(寫眞座標系)
사진좌표취득기(寫眞座標取得機)
사진주점(寫眞主點)
사진주점거리(寫眞主點距離)
사진중심(寫眞中心)
사진지도(寫眞地圖)

139

사진지리학(寫眞地理學)
사진지질학(寫眞地質學)
사진지표(寫眞指標)
사진축척(寫眞縮尺)
사진측량(寫眞測量)
사진측량용 데오돌라이트(寫眞測量用 데오돌라이트)
사진측량도화(寫眞測量圖畵)
사진측량학(寫眞測量學)
사진측량훈련소(寫眞測量訓練所)
사진측정학(寫眞測定學)
사진측정학적수치화(寫眞測定學的數値化)
사진판독(寫眞判讀)
사진해석(寫眞解析)
사차원지적(四次元地籍)
사차원측량(四次元測量)
사출법(射出法)
사표(四標)
사행식(蛇行式)

140

사향법(斜向法)
삭(朔)
삭망고조(朔望高潮)
산란(散亂)
산란계(散亂計)
산란계수곡선(散亂係數曲線)
산림측량(山林測量)
산림판독(山林判讀)
산손도법(산손圖法)
산손등적지도(산손等積地圖)
산술논리연산장치(算術論理演算裝置)
산술평균(算術平均)
산업지도(産業地圖)
산정(山頂)
산포도(散布度)
산학박사(算學博士)
삼각(三脚)

141

삼각고저측량(三角高低測量)
삼각구분법(三角區分法)
삼각대(三脚臺)
삼각두(三脚頭)
삼각망(三角網)
삼각법(三角法)
삼각법방식(三角法方式)
삼각본점망(三角本點網)
삼각분할(三角分割)
삼각쇄(三角鎖)
삼각수준측량(三角水準測量)
삼각점(三角點)
삼각점등급(三角點等級)

142

삼각점성과이용법(三角點成果利用法)
삼각점성과표(三角點成果表)
삼각주(三角洲)
삼각주공식(三角柱公式)
삼각점표석(三角點標石)
삼각측량(三角測量)
삼각형 분할법(三角形分割法)
삼각형의 폐합차(三角形의 閉合差)

143

삼간각도기법(三桿角度器法)
삼간분도기(三桿分度器)
삼급도화기(三級圖化機)
삼급수준측량(三級水準測量)
삼등삼각점(三等三角點)
삼등삼각측량(三等三角測量)
삼림조사(森林調査)
삼림측량(森林測量)
삼변법(三邊法)
삼변측량(三邊測量)
삼사법(三斜法)

144

삼스(삼스)
삼점문제(三點問題)
삼점법(三點法)
삼중차분(三重差分)
삼차완화곡선(三次緩和曲線)
삼차원데이텀(三次元데이텀)
삼차원미니모델(三次元미니모델)
삼차원지도(三次元地圖)
삼차원GIS(三次元GIS)
삼차원지적(三次元地籍)
삼차원투영(三次元投影)
삼차원직교좌표(三次元直交座標)

145

삼차원측량(三次元測量)
삼차원측지학(三次元測地學)
삼차포물선(三次抛物線)
삼축타원체(三軸橢圓體)
삽입망(揷入網)
상(像)
상가평균(相加平均)
상관계수(相關係數)

146

상당경사(相當傾斜)
상대오차(相對誤差)
상대위치(相對位置)
상대위치결정(相對位置決定)
상대위치정확도(相對位置正確度)
상대정밀도(相對精密度)
상대정확도(相對正確度)

상대측위법(相對測位法)
상반(上盤)
상변(上邊)
상변접촉(上邊接觸)
상부고정나사(上部固定螺絲)
상부미동나사(上部微動螺絲)
상부운동(上部運動)

147

상사도법(相似圖法)
상사변환(相似變換)
상사투영(相似投影)
상설국제도로협의회(常設國際道路協議會)
상세도(詳細圖)
상세설계(詳細設計)
상세평면도(詳細平面圖)
상수도(上水道)
상용시(常用時)
상의 만곡(像의 灣曲)
상의 왜곡(像의 歪曲)
상좌표(像座標)
상차(償差)
상태(常態)
상통과(上通過)
상하접합점(上下接合點)
상한법(象限法)
상향각(上向角)
상향식(上向式)
상호운용성(相互運用性)
상호표정(相互標定)
상호표정의 요소(相互標定의 要素)

148

상호표정점(相互標定點)
색도(色度)
색분해(色分解)
색상(色相)
색수차(色收差)
색인도표(索引圖表)
색조(色調)
색조분할(色調分割)
생물입체사진측량(生物立體寫眞測量)
생태계측량(生態系測量)
생태도시(生態都市)
샤임플러그의 조건(샤임플러그의 條件)
섀도우스폿(섀도우스폿)

149

서모그래피(서모그래피)
서버(서버)
서버자료기반(서버資料基盤)
서부원점(西部原點)
서비스(서비스)
서비스요건(서비스要件)
서수시산기준계(서수試算基準系)
서수척도(序數尺度)
서이격(西離隔)
선(線)
선로종단도(線路縱斷圖)
선상시설물(線上施設物)
선상지(扇狀地)
선속성표(線屬性表)
선수준측량(線水準測量)
선스폿(선스폿)
선점(選點)
선점도(選點圖)
선추적방식(線追跡方式)
선추적화(線追跡化)
선형(線形)
선형결정(線形決定)

150

선형기준체계(線形基準體系)
선형도(線形圖)
선형보간(線形補間)
선형오차(線形誤差)
선형위치결정체계(線形位置決定體系)
선형지도(線形地圖)
설계도(設計圖)
설계순환(設計循環)
설계용지도(設計用地圖)
섬광삼각법(閃光三角法)
섭동(攝動)
성과표(成果表)
성능검사(性能檢査)

151

성능관리(性能管理)
성토(盛土)
세계시(世界時)
세계측지기준계(世界測地基準系)
세계측지좌표(世界測地座標)
세그먼트(세그먼트)

세밀도(細密度)
세부도근점(細部圖根點)
세부도근측량(細部圖根測量)
세부도화(細部圖化)
세부측량(細部測量)
세션(세션)
세슘시계(세슘時計)
세지적(稅地籍)

152

세지형공식(세지型公式)
세차(歲差)
세차운동(歲差運動)
섹스턴트(섹스턴트)
센서(센서)
셀(셀)
셀앙상블(셀앙상블)
셔터속도(셔터速度)
소거(掃去)
소관청(所官廳)
소나(소나)
소물체(小物體)
소삼각망(小三角網)
소삼각점(小三角點)
소색렌즈(消色렌즈)
소실점(消失點)

153

소실점제어(消失點制御)
소실점조건(消失點條件)
소원(小圓)
소유자 조사(所有者 調査)
소일마크(소일마크)
소입체경(小立體鏡)
소조(小潮)
소조고(小潮高)
소조차(小潮差)
소조평균고조면(小潮平均高潮面)
소조평균저조면(小潮平均低潮面)
소지측량(小地測量)
소축척(小縮尺)
소축척도화(小縮尺圖化)
소축척지도(小縮尺地圖)
소프트웨어(소프트웨어)
소해측량(掃海測量)
소형카메라(小型카메라)
속도(速度)

154

속도계(速度計)
속도율(速度律)
속성(屬性)
속성값(屬性값)
속성데이터(屬性데이터)
속성자료(屬性資料)
속성정보(屬性情報)
속성정확도(屬性正確度)
손잡이(손잡이)
솔라렌즈(솔라렌즈)
솔라트랜싯(솔라트랜싯)
솔라페리스코프(솔라페리스코프)
송신기(送信機)
송전선측량(送電線測量)
쇄의 표정(鎖의 標定)
쇼랜(쇼랜)

155

수갱(竪坑)
수갱추선측량(竪坑錘線測量)
수계모양(水系模樣)
수계판독(水系判讀)
수구(垂球)
수도측량(隧道測量)
수동마이크로파(手動마이크로波)
수동원격탐사(手動遠隔探査)
수동적탐측기(受動的探測機)
수동형센서(手動形센서)
수렴각(收斂角)
수렴사진(收斂寫眞)
수로기술연보(水路技術年報)
수로업무법(水路業務法)
수로조사(水路調査)
수로종단도(水路縱斷圖)
수로지(水路誌)

156

수로측량(水路測量)
수로횡단면(水路橫斷面)
수면(水面)
수면경사(水面傾斜)
수면구배(水面句配)
수면법(水面法)
수면측정기(水面測定器)
수몰면적(水沒面積)

수문관측(水文觀測)
수부(手簿)
수상측표(樹上測標)
수선구분법(垂線區分法)
수선법(垂線法)
수속사진(收束寫眞)
수속사진기(收束寫眞機)
수속촬영(收束撮影)
수신기(受信機)

수신기보정(受信機補正)
수신기시계(受信機時計)
수신호(手信號)
수심(水深)
수심계(水深計)
수심기준면(水深基準面)
수심도(水深度)
수심측량(水深測量)
수압식파고계(水壓式波高計)
수애선(水涯線)
수위(水位)
수위계(水位計)
수위관측소(水位觀測所)
수위관측위치(水位觀測位置)
수위표(水位標)
수은기압계(水銀氣壓計)
수은반(水銀盤)

수정레어벅공식(수정레어벅공式)
수준간(水準桿)
수준교차점(水準交叉點)
수준기(水準器)
수준기의 감도(水準器의 感度)
수준기축(水準器軸)
수준기축조정나사(水準器軸調整螺絲)
수준기표(水準器標)
수준기표측량(水準器標測量)
수준노선(水準路線)
수준망(水準網)
수준면(水準面)
수준원점(水準原點)

수준점(水準點)

수준점성과표(水準點成果表)
수준척(水準尺)
수준측량(水準測量)
수준측량정확도(水準測量正確度)
수준환(水準環)
수중사진측량(水中寫眞測量)
수중사진측정학(水中寫眞測定學)
수지상(樹枝狀)
수직각(垂直角)
수직갱(垂直坑)
수직거리(垂直距離)
수직고정나사(垂直固定螺絲)
수직곡선(垂直曲線)
수직기(垂直器)

수직기준원점(垂直基準原點)
수직기준점(垂直基準點)
수직데이텀(垂直데이텀)
수직미동나사(垂直微動螺絲)
수직분도원(垂直分度圓)
수직사진(垂直寫眞)
수직선(垂直線)
수직선편차(垂直線偏差)
수직운동(垂直運動)
수직권(垂直圈)
수직위치결정(垂直位置決定)
수직지거(垂直支距)
수직축(垂直軸)
수직축오차(垂直軸誤差)
수직측량기준점(垂直測量基準點)
수직확대율(垂直擴大率)
수차(收差)

수치객체처리(數値客體處理)
수치고도모형(數値高度模型)
수치도면화(數値圖面化)
수치도화(數値圖畵)
수치도화기(數値圖化機)
수치독취기(數値讀取機)
수치사진기(數値寫眞機)
수치사진측량(數値寫眞測量)
수치선형그래프(數値線形그래프)
수치영상(數値映像)
수치영상처리(數値映像處理)
수치인체모델(數値人體모델)

수치정사도곽(數值正寫圖郭)
수치정사사진(數值正射寫眞)
수치정사영상(數值正射影像)

162

수치좌표관측기(數值座標觀測機)
수치지도(數值地圖)
수치지도원도(數値地圖原圖)
수치지도작성(數値地圖作成)
수치지도정보(數値地圖情報)
수치지도제작체계(數値地圖製作體系)
수치지리정보(數値地理情報)
수치지적(數値地籍)
수치지적부(數値地籍簿)
수치지적측량(數値地籍測量)
수치지형공간메타자료(數値地形空間메타資料)
수치지형도(數値地形圖)
수치지형모형(數値地形模型)
수치지형분석(數値地形分析)
수치지형자료(數値地形資料)
수치지형표고모형(數値地形標高模型)

163

수치처리장치(數値處理裝置)
수치표고모형(數値標高模型)
수치표면모형(數値表面模型)
수치해도(數値海圖)
수치해석(數値解析)
수치형상분석자료(數値形狀分析資料)
수치화(數値化)
수평각(水平角)
수평각관측(水平角觀測)
수평각관측용기계(水平角觀測用器械)
수평각점표귀심(水平角點標歸心)

164

수평각측참귀심(水平角測站歸心)
수평간(水平桿)
수평간조정나사(水平桿調整螺絲)
수평거리(水平距離)
수평경(水平鏡)
수평경조정나사(水平鏡調整螺絲)
수평곡선(水平曲線)
수평곡선표현법(水平曲線表現法)
수평기준계(水平基準係)
수평눈금반(水平눈금盤)

수평맞추기(水平맞추기)
수평면(水平面)
수평미동나사(水平微動螺絲)
수평분도원(水平分度圓)
수평사진(水平寫眞)
수평선(水平線)
수평선사진기(水平線寫眞機)

165

수평시준(水平視準)
수평원점(水平原點)
수평위치결정(水平位置決定)
수평조정원점(水平調整原點)
수평첨시(水平尖視)
수평축(水平軸)
수평축오차(水平軸誤差)
수평축조정나사(水平軸調整螺絲)
수평통제(水平統制)
수평편광(水平偏光)
수평표척(水平標尺)
수평화 보정계수(K)(水平化 補正係數)

166

순간시야각(瞬間視野角)
순독버니어(順讀버니어)
순동입체시(瞬動立體視)
순유표(順遊標)
순차파일(順次파일)
순환정렬(循環整列)
쉐이드마크(쉐이드마크)
슈퍼애비오곤(슈퍼애비오곤)
스넬리우스(스넬리우스)
스넬법칙(스넬法則)
스무딩기술(스무딩技術)
스미르(스미르)
스카다(스카다)
스카이랩(스카이랩)

167

스카이플롯(스카이플롯)
스칼라(스칼라)
스캐너(스캐너)
스캐너왜곡(스캐너歪曲)
스캐닝(走査)
스캔스큐(스캔스큐)
스케일(스케일)

스케일포인트(스케일포인트)
스케일포인트법(스케일포인트法)
스케치마스터(스케치마스터)
스크라이브법(스크라이브法)
스크루형유속계(스크루型流速計)
스크린(스크린)
스키마(스키마)

168

스키마모형(스키마模型)
스타디아가정수(c)(스타디아加定數)
스타디아계산척(스타디아計算尺)
스타디아공식(스타디아公式)
스타디아도표(스타디아圖表)
스타디아선(스타디아線)
스타디아선조정나사(스타디아線調整螺絲)
스타디아승정수(k)(스타디아乘定數)
스타디아정수(스타디아定數)
스타디아야장(스타디아野帳)
스타디아정수결정법(스타디아定數決定法)

169

스타디아측량(스타디아測量)
스타디아측량용표척(스타디아測量用標尺)
스타디아트래버싱(스타디아트래버싱)
스타디아포인트(스타디아포인트)
스타디아표(스타디아表)
스타프(스타프)
스타프맨(스타프맨)
스탑앤고(스탑앤고)
스테라디안(스테라디안)
스테레오그램(스테레오그램)
스테레오모델(스테레오모델)
스테레오형카메라(스테레오型카메라)
스테레오콤퍼레이터(스테레오콤퍼레이터)

170

스테레오템플릿법(스테레오템플릿法)
스테레오톱(스테레오톱)
스테레오플래니그래프(스테레오플래니그래프)
스테레오플로터A8(스테레오플로터A8)
스테이터스코프(스테이터스코프)
스테이터스코프파(스테이터스波高計)
스테판볼츠만법칙(스테판볼츠만法則)
스테판볼츠만상수(스테판볼츠만常數)
스트립(스트립)

스트립모자이크(스트립모자이크)
스트립사진(스트립寫眞)
스트립조정(스트립調整)
스트립카메라(스트립카메라)
스트립항공삼각측량(스트립航空三角測量)
스티븐스의 공식(스티븐스의 公式)

171

스틸밴드테이프(스틸밴드테이프)
스틸테이프(스틸테이프)
스파게티모형(스파게티模型)
스파이더(스파이더)
스팟(스팟)
스팟스캐너(스팟스캐너)
스퍼드(스퍼드)
스페큘러(스페큘러)
스펙트럼(스펙트럼)
스프링저울(스프링저울)
스플라인곡선(스플라인曲線)
습곡(褶曲)
습도(濕度)
슬랙(슬랙)
슬로티드템플릿법(슬로티드템플릿法)

172

승강식(昇降式)
승교점(昇交點)
승상수(乘常數)
승정수(乘定數)
시(時)
시가지측량(市街地測量)
시각^1(視角)
시각^2(時角)
시각^3(時刻)
시각법(視角法)
시각부조화(視覺府調和)
시각시스템(視覺시스템)
시간간격축척(時間間隔縮尺)
시간기준계(時間基準計)
시간보정(時間補正)

173

시간좌표(時間座標)
시간좌표체계(時間座標體系)
시간해상도(時間解像度)
시거(視距)

시거계산기(視距計算器)
시거계산척(視距計算尺)
시거도표(視距圖表)
시거상수(視距常數)
시거선(視距線)
시거정수(視距定數)
시거측량(視距測量)
시거표(視距表)
시계(視界)
시고도(視高度)

174

시공간GIS(時空間GIS)
시공기면고(施工基面高)
시공데이텀(施工데이텀)
시굴터널(試掘터널)
시그널락(시그널락)
시그널크램프(시그널크램프)
시단현(始短弦)
시뮬레이션(시뮬레이션)
시반경(視半徑)
시방서(示方書)
시보호(始補弧)
시분할(時分割)
시분할체계(時分割體系)
시설물관리(施設物管理)
시설물관리체계(施設物管理體系)
시설물도(施設物圖)

175

시설물변위측량(施設物變位測量)
시설물변형측량(施設物變形測量)
시설물자료(施設物資料)
시설물측량(施設物測量)
시스템관점(시스템觀點)
시스템설계(시스템設計)
시스템통합기술(시스템統合技術)
시시(視時)
시시자정(視時子正)
시시정오(視時正午)
시아이오(시아이오)
시야(視野)
시야각(視野角)
시야렌즈(視野렌즈)
시오삼각형(示誤三角形)
시오삼각형법(示誤三角形法)
시원(時圓)

176

시이피(시이피)
시운동(視運動)
시점(視點)
시점노드(始點노드)
시준(視準)
시준거리(視準距離)
시준고(視準高)
시준공(視準孔)
시준사(視準絲)
시준선(視準線)
시준오차(視準誤差)
시준점(視準點)
시준축(視準軸)
시준축오차(視準軸誤差)
시준판(視準板)
시준표(視準標)
시차[1](時差)

177

시차[2](視差)
시차공식(視差公式)
시차관측기(視差觀測機)
시차차(視差差)
시차측정간(時差測定桿)
시차측정기(時差測程器)
시초선(始初線)
시태양(視太陽)
시태양년(視太陽年)
시태양시(視太陽時)
시태양일(視太陽日)
시통(視通)
시표(視標)
시행착오법(施行錯誤法)
시험대상시스템(試驗對象시스템)

178

시험용구현보조정보(試驗用具現補助情報)
식별자(識別者)
식별점(識別點)
식별정보(識別情報)
식생도(植生圖)
식생이형(植生異形)
식생지수(植生指數)
신경망(神經網)
신규등록(新規登錄)

신도(伸圖)
신뢰도(信賴度)
신뢰성(信賴性)
신뢰타원(信賴橢圓)
신세계시(新世界時)

179

신소이달도법(신소이달圖法)
신속정지측량(迅速停止測量)
신축보정(伸縮補正)
신평면직각좌표계(新平面直角座標系)
신호(信號)
신호대잡신호비(信號對雜信號比)
실개구레이더(實開口레이더)
실상(實像)
실시간(實施間)
실시간지도제작(實施間地圖製作)
실시간측량(實施間測量)
실용표준(實用標準)
실체(實體)
실체감(實體感)
실체경(實體鏡)

180

실체도화기(實體圖畫機)
실체사진(實體寫眞)
실체사진기(實體寫眞機)
실체사진의표정(實體寫眞의標定)
실체사진지도(實體寫眞地圖)
실체사진측량(實體寫眞測量)
실체시(實體視)
실체유형(實體有形)
실체측정(實體測定)
실측(實測)
실측도(實測圖)
실치수(實値數)
실패판정(失敗判定)
실폭도로(實幅道路)
실험식(實驗式)
심도(深度)
심도정보(深度情報)
심도측정(深度測定)

181

심맞추기(心맞추기)
심사도법(心射圖法)

심주(心柱)
심천측량(深淺測量)
심프슨의 공식(심프슨公式)
심프슨의 제1법칙(심프슨第1法則)
심프슨의 제2법칙(심프슨第2法則)

182

십자선(十字線)
십자선조명용반사경(十字線照明用反射鏡)
십자선조정나사(十字線調整螺絲)
십자선틀(十字線틀)
십자종선(十字縱線)
십자횡선(十字橫線)
십자횡선조정나사(十字橫線調整螺絲)
싼플라워단면측정기(싼플라워斷面測定機)
쌍동카메라(雙童카메라)
쌍안시(雙眼視)
썬스폿(썬스폿)
쓰아이어스의 평행사변형(쓰아이어스의 平行四邊形)

183

씨-계수(씨係數)
씨샛(씨샛)
씨에이코드(씨에이코드)
씨에이코드수신기(씨에이코드受信機)
씨에이코드의사거리(씨에이코드擬似距離)
씨-펙터(씨펙터)

ㅇ

184

아나글리프(아나글리프)
아날락틱망원경(아날락틱望遠鏡)
아날로그(아날로그)
아날로그디지털변환(아날로그디지털變換)
아날로그식깊이측정(아날로그식깊이測定)
아날로그식항공삼각측량(아날로그式航空三角測量)
아날로그영상(아날로그映像)
아날로그자료(아날로그資料)
아네로이드기압계(아네로이드氣壓計)
아들자(아들자)
아란델법(아란델法)

185

아리랑위성1호(아리랑衛星)
아리랑위성2호(아리랑衛星)
아비리스(아비리스)
아비오곤(아비오곤)
아비오탈(아비오탈)
아사번호(아사番號)
아스키포맷(아스키포맷)
아스트롤라베(아스트롤라베)
아웃소싱(아웃소싱)
아이디지피에스(아이디지피에스)

186

아이에스오^1(아이에스오)
아이에스오^2(아이에스오)
아이에스피알에스(아이에스피알에스)
아이코노스(아이코노스)
아이콘(아이콘)
아크(아크)
아크노드자료구조(아크노드資料構造)
아크매크로언어(아크매크로言語)
아크모드(아크모드)
아크인포(아크인포)
아크지아이에스(아크지아이에스)
아폴로(아폴로)
아핀도화(아핀圖化)
아핀도화기(아핀圖化機)
아핀편위수정(아핀偏位修正)
안경앨리데이드(眼鏡앨리데이드)

187

안고차(眼高差)
안구(眼球)
안기선(眼基線)
안부(鞍部)
안식각(安息角)
안전시거(安全視距)
안테나(안테나)
안테나고(안테나高)
안테나편심(안테나偏心)
안티스푸핑(안티스푸핑)
알(알)
알고리즘(演算)
알뎁(알뎁)
알마낙(알마낙)
알마낙데이터(알마낙데이터)

알버즈도법(알버즈圖法)

188

알베도(알베도)
알비브이(알비브이)
알지비(알지비)
알티시엠(알티시엠)
알티케이(알티케이)
암소시(암소시)
압력식자동기록수위표(壓力式自動記錄水位標)
앙각(仰角)
앤앤에스에스(앤앤에스에스)
앨리데이드(앨리데이드)

189

앨리데이드스타디아법(앨리데이드스타디아法)
앨리데이드외심오차(앨리데이드外心誤差)
야장(野帳)
약도(略圖)
약도수(略圖手)
약도식기장법(略圖式記帳法)
약도식야장(略圖式野帳)
약어(略語)
약주기(略註記)
약집성모자이크(略集成모자이크)
약최고고조위(略最高高潮位)
약최저고조위(略最低高潮位)
양단면평균법(兩端面平均法)
양면기포관(兩面氣泡管)

190

양무감리(量務監理)
양무위원(量務委員)
양수표(量水標)
양안(量案)
양자(量子)
양지아문(量地衙門)
양차(兩差)
양판검사(陽版檢査)
양판수정(陽版修正)
양화(陽畵)
양화건판(陽畵乾板)
양화사진(陽畵寫眞)
양화필름(陽畵필름)
언어부호(言語符號)

191

엄밀보간(嚴密補間)
엄밀조정법(嚴密調整法)
엄밀집성모자이크(嚴密集成모자이크)
엄밀집성사진(嚴密集成寫眞)
업무용지리정보체계(業務用地理情報體系)
에로스(에로스)
에리의 아날로그컴퓨터(에리의 아날로그컴퓨터)
에사(에사)
에스디이(에스디이)
에스디티에스(에스디티에스)
에스론테이프(에스론테이프)
에스리(에스리)
에스아이단위(에스아이單位)
에스아이알(에스아이알)
에스아이접두어(에스아이接頭語)
에스에스표(에스에스表)
에스에이(에스에이)
에스엘알(에스엘알)

192

에스피에스(에스피에스)
에어로폴리곤법(에어로폴리곤法)
에이엠에프엠(에이엠에프엠)
에이엠엘(에이엠엘)
에이취딥(에이취딥)
에이취씨엠엠(에이취씨엠엠)
에이취아이에스(에이취아이에스)
에이취알브이(에이취알브이)
에이토프도법(에이토프圖法)
에이표(에이表)
에이피알(에이피알)
에지(에지)
에지노드그래프(에지노드그래프)
에케르트도법(에케르트圖法)

193

에케르트의 등적지도(에케르트의 等積地圖)
에크만메르츠유속계(에크만메르츠流速計)
에트베스보정(에트베스補正)
에프값(에프값)
에프스탑(에프스탑)
에프엠씨(에프엠씨)
에프오씨(에프오씨)
엑스밴드(엑스밴드)
엑스선사진(엑스線寫眞)

엑스엠엘(엑스엠엘)
엑스와이좌표(엑스와이座標)
엔시지아이에이(엔시지아이에이)
엔지니어체인(엔지니어체인)
엔지브이디29(엔지브이디29)

194

엔지아이포맷(엔지아이포맷)
엔지에스포맷(엔지에스포맷)
엔터프라이즈지아이에스(엔터프라즈지아이에스)
엔합(엔합)
L대(L帶)
엘리베이션마스크(엘리베이션마스크)
L1반송파(L1搬送波)
L2반송파(L2搬送波)
L1신호(L1信號)
L2신호(L2信號)
엘밴드(엘밴드)
엠에스씨(엠에스씨)
엠에스에스(엠에스에스)
엠지이(엠지이)

195

엠티에프(엠티에프)
여색도화기(餘色圖化機)
여색법(餘色法)
여색사진(餘色寫眞)
여색실체시(餘色實體視)
여색입체시(餘色立體視)
여색제어법(餘色制御法)
여색투영광법(餘色投影光法)
여절축척(餘切縮尺)
여점(與點)
여행시간(旅行時間)
역(曆)
역구배(逆句配)
역독버니어(逆讀버니어)
역둔토(驛屯土)
역로드(逆로드)
역방위각(逆方位角)
역방위법(逆方位法)

196

역버니어(逆버니어)
역실체시(逆實體視)
역유표(逆遊標)

역입체시(逆立體視)
역표고(力標高)
역표경도(曆表經度)
역표시(曆表時)
역표자오선(曆表子午線)
역행렬(逆行列)
연결(連結)
연결노드(連結노드)
연결측량(連結測量)
연관관계(聯關關係)
연산(演算)
연산조건(演算條件)

197

연속사진(連續寫眞)
연속서비스(連續서비스)
연속선(連續線)
연안관리법(沿岸管理法)
연안측량(沿岸測量)
연안해역기본도(沿岸海域基本圖)
연안해역지형도(沿岸海域地形圖)
연주시차(年周視差)
연주운동(年周運動)
연직각(鉛直角)
연직각관측(鉛直角觀測)
연직거리(鉛直距離)
연직눈금반(鉛直눈금盤)
연직미동나사(鉛直微動螺絲)
연직분도원(鉛直分度圓)
연직사진(鉛直寫眞)
연직선(鉛直線)
연직선편차(鉛直線偏差)

198

연직오차(鉛直誤差)
연직유속곡선법(鉛直流速曲線法)
연직점(鉛直點)
연직축(鉛直軸)
연직축오차(鉛直軸誤差)
연차(年差)
연혁정보(沿革情報)
열관성(熱慣性)
열모델(熱모델)
열용량(熱容量)
열적외선(熱赤外線)
열적외선다분광스캐너(熱赤外線多分光스캐너)
열전도율(熱傳導率)

열팽창계수(熱擴散係數)
열확산계수(熱擴散係數)
엽록효과(葉綠效果)

199

영구표지(永久標識)
영국국가공간자료기반(英國國家空間資料基盤)
영국의 국립지도제작기관(英國의 國立地圖製作機關)
영국지도학회(英國地圖學會)
영국토지정보사업(英國土地情報事業)
영국표준화기구(英國標準化機具)
영년변화(永年變化)
영방향(零方向)
영상(映像)
영상강조(映像強調)
영상개선(映像改善)
영상경계(映像境界)
영상경계강조(映像境界強調)

200

영상면(映像面)
영상복사(映像複寫)
영상소(映像素)
영상소값(映像所값)
영상자료모형(映像資料模型)
영상자료정보(映像資料情報)
영상자료해석(映像資料解釋)
영상정보(映像情報)
영상정합(映像整合)
영상줄무늬(映像줄무늬)
영상처리(映像處理)
영상처리체계(映像處理體系)
영상투명도(映像透明度)
영상판독(映像判讀)
영상편위수정(映像偏位修正)

201

영상폭(映像幅)
영상해석(映像解析)
영선(零線)
영선법(影線法)
영역기준정합(領域基準整合)
영역면(領域面)
영원(零圓)
영점보정(零點補正)
영점오차(零點誤差)

영점표고(零點標高)
영해기점(領海基點)
영해직선기점(領海直線基點)
영호선(零弧線)
예록장방형보(銳綠長方形보)
예측(豫測)
오구(烏口)

202

오끼공식(오끼公式)
오디비씨(오디비씨)
오려붙이기법(오려붙이기法)
오름경사(오름傾斜)
오메가(ω)(오메가)
오메가축(오메가軸)
오목곡선(凹曲線)
오버랩(오버랩)
오버레이(오버레이)
오소포토그래프(오소포토그래프)
오소포토스코프(오소포토스코프)
오수관거(汚水管渠)
오토그래프 A7(오토그래프 A7)
오일러공식(오일러公式)
오지시(오지시)
오지아이에스(오지아이에스)

203

오차(誤差)
오차곡선(誤差曲線)
오차론(誤差論)
오차모형식(誤差模型式)
오차의 3공리(誤差의 3公理)
오차전파(誤差傳播)
오차전파의 법칙(誤差傳播의 法則)
오차타원(誤差橢圓)
오차함수(誤差函數)

204

오토유속계(오토流速計)
오티에프(오티에프)
온도보정(溫度補正)
옴스(옴스)
와스(와스)
와이가(Y架)
와이가조정나사(Y-架調整螺絲)
와이드레인(와이드레인)

와이레벨(와이레벨)
와이코드(와이코드)
와트(와트)
완결성(完缺性)
완경사(緩傾斜)
완전성(完全性)
완충지역생성(緩衝地域生成)
완화곡선(緩和曲線)

205

완화곡선시점(緩和曲線始點)
완화곡선장(緩和曲線長)
완화곡선종점(緩和曲線終點)
완화구간(緩和區間)
완화절선(緩和切線)
완화접선(緩和接線)
완형유속계(椀型流速計)
왕복차(往復差)
왜곡(歪曲)
왜곡수차(歪曲數次)
외도곽(外圖郭)
외래키(外來키)
외부(外部)
외부기능(外部技能)
외부자료(外部資料)
외부정위(外部定位)
외부초준식망원경(外部焦準式望遠鏡)
외부표정(外部標定)
외부표정요소(外部標定要素)
외부합초식대물렌즈(外部合焦式對物렌즈)

206

외사도법(外射圖法)
외삽법(外揷法)
외선장(外線長)
외심간(外心桿)
외심거리(外心距離)
외심오차(外心誤差)
외업(外業)
외측기선(外側基線)
외할(外割)
왼손모지의 법칙(왼손母指의 法則)
요구분석(要求分析)

207

요선(凹線)

요지(凹地)
요철사면(凹凸斜面)
용도지구(用途地區)
용도지역(用途地域)
용어기록(用語記錄)
용어조정(用語調整)
용지도(用地圖)
용지말뚝설치측량(用地말뚝設置測量)
용지측량(用地測量)
우관측교각(右觀測交角)
우다이식파고계(宇田居式波高計)
우모법(羽毛法)
우안(右岸)
우연오차(偶然誤差)
우절장(隅切長)
우주부문(宇宙部門)
우주사진측량(宇宙寫眞測量)
우주실험소(宇宙實驗所)

208

우주왕복선(宇宙往復船)
우주정거장(宇宙停車場)
우측교각(右側交角)
우향각프리즘(右向角프리즘)
우회각(右迴角)
우회교각(右回交角)
운동에너지(運動에너지)
워크스테이션(워크스테이션)
원격감시제어(遠隔監視制御)
원격양수표(遠隔量水標)
원격위성방식(遠隔衛星方式)
원격탐사(遠隔探查)
원격탐사자료(遠隔探查資料)
원격탐측(遠隔探測)
원곡선(圓曲線)
원곡선시점(圓曲線視點)
원곡선종점(圓曲線終點)
원도(原圖)

209

원도작성(原圖作成)
원방사선좌표(圓放射線座標)
원본도(原本圖)
원색(原色)
원시객체(原始客體)
원시자료(原始資料)
원원좌표(圓圓座標)

원자시(原子時)
원자오선(原子午線)
원점(遠點)
원점(原點)
원점방위(圓點方位)
원주도법(圓柱圖法)
원주좌표(圓柱座標)

210

원지(原紙)
원지점(遠地點)
원추도법(圓錐圖法)
원통도법(圓筒圖法)
원통주사기(圓筒走查機)
원판(原版)
원형송신기(圓形送信機)
원형수준기(圓形水準器)
원형스캐너(圓形스캐너)
원형오차확률(圓形誤差確率)
월조간격(月潮間隔)

211

웨어(웨어)
웹지아이에스(웹지아이에스)
위거(緯距)
위도(緯度)
위도보정(緯度補正)
위도인수(緯度因數)
위상(位相)
위상객체(位相客體)
위상관계(位相關係)
위상복합체(位相複合體)

212

위상원시객체(位相原始客體)
위상일관성(位相一貫性)
위상입체(位相立體)
위상정보(位相情報)
위상정확도(位相正確度)
위상차(位相差)
위상표현(位相表現)
위색사진(僞色寫眞)
위색영상(僞色映像)
위선(緯線)
위성(衛星)
위성기반증폭시스템(衛星基盤增幅시스템)

위성력(衛星力)
위성배치(衛星配置)
위성삼각측량(衛星三角測量)

213

위성영상(衛星映像)
위성위치결정체계(衛星位置決定體系)
위성측량(衛星測量)
위증시험(僞證試驗)
위치(位置)
위치결정(位置決定)
위치결정체계(位置決定體系)
위치계산(位置計算)
위치기반서비스(位置基盤서비스)

214

위치기준계(位置基準系)
위치기준틀(位置基準틀)
위치속성(位置屬性)
위치수두(位置水頭)
위치정밀도(位置精密度)
위치정보(位置情報)
위치정확도(位置正確度)
위치참조(位置參照)
위치참조체계(位置參照體系)
위치측량(位置測量)
위치측정체계(位置測定體系)
위치표정점(位置標定點)
위평행반(위平行盤)
유공템플릿법(有空템플릿法)
유니버셜극심평사도법(유니버셜極心平射圖法)

215

유니버셜데오돌라이트(유니버셜데오돌라이트)
유니버셜횡메르카토르도법(유니버셜橫메르카토르圖法)
유도법(誘導法)
유도전류(誘導電流)
유도전류법(誘導電流法)
유량(流量)
유량계수(流量係數)
유량관측(流量觀測)
유량측정(流量測定)
유리섬유줄자(琉璃纖維줄자)
유리자(유리자)
유비쿼터스컴퓨팅(유비쿼터스컴퓨팅)

216

유사거리(類似距離)
유사정지측량(類似靜止測量)
유속(流速)
유속계(流速計)
유속관측(流速觀測)
유속분포(流速分布)
유심다각망(有心多角網)
유심삼각망(有心三角網)
유에스엔(유에스엔)
유엠엘(유엠엘)
유역(流域)

217

유의수준(有意水準)
유일식별자(唯一識別者)
유전상수(遺傳常數)
유제부(有堤部)
유지관리조직(維持管理組織)
유지보수(維持補修)
유채색비전(有彩色비전)
유토곡선(流土曲線)
UTM도법(UTM圖法)
UTM좌표계(UTM座標系)
유틸리티매핑(유틸리티매핑)
유표(遊標)
UPS도법(UPS圖法)
UPS좌표계(UPS座標系)
유하구간장(流下區間長)

218

유하선(流下線)
유하시간(流下時間)
유형(類型)
유형등록(類型登錄)
유화현상(乳化現像)
유효면적(有效面積)
유효시간(有效時間)
유효실체모델(有效實體모델)
유효숫자(有效數字)
육분의(六分儀)
육분의측량(六分儀測量)
육상법(陸上法)
육안입체시(肉眼立體視)
육지측량(陸地測量)
윤년(閏年)

윤변(閏邊)
윤정계(輪程計)

219

윤회계(輪回計)
율리우스일(율리우스日)
은하좌표계(銀河座標系)
은할로겐감광자(은할로겐感光子)
음극선관(陰極線管)
음속법(音速法)
음영(陰影)
음영기복도(陰影起復圖)
음영법(陰影法)
음측(音測)
음파신호(音波信號)
음파측심(音波測深)
음파탐사(音波探査)
음파탐사법(音波探査法)

220

음향수심측량(音響水深測量)
음향측심기(音響測深機)
음화(陰畵)
음화사진(陰畵寫眞)
음화필름(陰畵필름)
응용(應用)
응용사진측량(應用寫眞測量)
응용스키마(應用스키마)
응용측량(應用測量)
응용프로그램(應用프로그램)
응용프로그램인터페이스(應用프로그램인터페이스)
의미일관성(意味一貫性)
의미정확도
의방위도법(擬方位圖法)
의사거리(擬似距離)
의사거리정확도(擬似距離正確度)
의사결정지원체계(意思決定支援體系)

221

의사부등각사상변환(疑似不等角寫像變換)
의사이동위치결정(擬似移動位置決定)
의사정지측량(擬似停止測量)
의사지오이드(擬似지오이드)
의원추도법(擬圓錐圖法)
의원통도법(擬圓筒圖法)
의주공식(擬柱公式)

이격(離隔)
이급고저측량(二級高低測量)
이급도화기(二級圖化機)
이급수준측량(二級水準測量)
이기점(移器點)
이단결합(二段結合)
이동(移動)
이동위치결정(移動位置決定)
이동지도제작시스템(移動地圖製作시스템)

222

이동측량(移動測量)
이등고저측량(二等高低測量)
이등다각점(二等多角點)
이등다각측량(二等多角測量)
이등삼각점(二等三角點)
이등삼각측량(二等三角測量)
이등수준점(二等水準點)
이등수준측량(二等水準測量)
이따야떼지마공식(板谷手島公式)

223

이란식(二欄式)
이벤트(이벤트)
이사(移寫)
이사기(移寫器)
이성등고도법(異星等高度法)
이심각(離心角)
이심거리(離心距離)
이심률(離心率)
이심오차(離心誤差)
이심장치(離心裝置)
이알티에스(이알티에스)
이오셋(이오셋)
이점(移點)
이점문제(二點問題)

224

이점법(二點法)
이정(移程)
이정도(移程度)
이정량(移程量)
이정말목(里程말목)
이주파수신기(二周波受信機)
이중복버니어(二重複버니어)
이중부자(二重浮子)

225

이중차분(二重差分)
이중투영(二重投影)
이진수(二進數)
이진이위상변조(二進移位相變造)
이차원극좌표(二次元極座標)
이차원데이텀(二次元데이텀)
이차원부등각변환(二次元不等角變換)
이차원지적(二次元地籍)
이차조곡선(二次助曲線)
이차포물선(二次抛物線)
이축타원체(二軸橢圓體)
이케에르(이케에르)
이큐몰픽도법(이큐몰픽圖法)

226

이포크(이포크)
인간시각(人間時角)
인공수평면(人工水平面)
인공입체시(人工立體視)
인공위성(人工衛星)
인공지능(人工知能)
인덱스모자이크(인덱스모자이크)
인바테이프(인바테이프)
인발식표척(引拔式標尺)
인버졸(인버졸)
인베르솔(인베르솔)
인쇄복사(印刷複寫)
인쇄판(印刷版)
인스턴스(인스턴스)
인스턴스모형(인스턴스模型)
인스턴스수준(인스턴스水準)
인식가능성(認識可能性)
인열강도(引裂强度)
인접(隣接)

227

인접분석(隣接分析)
인접사진(隣接寫眞)
인접성(隣接性)
인접성분석(隣接性分析, neighborhood analysis)
인접연산(隣接演算)
인접코스(隣接코스)
인조점(引照點)
인조점도(引照點圖)
인조점말뚝(引照點말뚝)

인증(認證)
인증기관(認證機關)
인출판(引出版)
인터(인터)
인터넷(인터넷)
인터넷지아이에스(인터넷지아이에스)
인터랙티브처리(인터랙티브處理)
인터페이스(인터페이스)
인터페이스사양서(인터페이스辭讓書)

228

인프라곤(인프라곤)
일(日)
일괄처리(一括處理)
일급고저측량(一級高低測量)
일급도화기(一級圖化機)
일급수준측량(一級水準測量)
일단결합(一段結合)
일대회(一對回)
일등고저측량(一等高低測量)
일등레벨(一等레벨)
일등삼각보점(一等三角補點)
일등삼각점(一等三角點)
일등삼각측량(一等三角測量)
일등수준점(一等水準點)

229

일등수준측량(一等水準測量)
일람도(一覽圖)
일반도(一般圖)
일반조건(一般條件)
일반지도(一般地圖)
일반측량(一般測量)
일반화(一般化)
일본국립지도제작기관(日本國立地圖製作機關)
일본수치지도제작자료포맷표준(日本數値地圖製作資料포맷標準)
일시표지(一時標識)
일자오결제(一字五結制)
일점기선해석(一點基線解析)

230

일점법(一點法)
일점위치관측(一點位置觀測)
일조량측량(日照量測量)
일차(日差)

일차원데이텀(一次元데이텀)
일차트래버스(一次트래버스)
일필일목의 원칙(一筆一目의 原則)
일필지(一筆地)
일필지측량(一筆地測量)
일항성년(日恒星年)
임계각(臨界角)
임도(林道)
임도측량(林道測量)
임시설치표지(臨時設置標識)
임시수준점(臨時水準點)
임야(林野)
임야 구적복구(林野 求積復舊)

231

임야대장(林野臺帳)
임야대장부본(林野臺帳副本)
임야도(林野圖)
입안제도(立案制度)
입력오차(入力誤差)
입력장치(入力裝置)
입사에너지(入射에너지)
입체각(立體角)
입체경(立體鏡)
입체기선(立體基線)
입체도화(立體圖畵)
입체도화기(立體圖畵機)
입체모델(立體모델)
입체사진(立體寫眞)
입체사진좌표독취기(立體寫眞座標讀取機)
입체사진측량(立體寫眞測量)
입체선형(立體線形)
입체시(立體視)

232

입체시각(立體時刻)
입체쌍(立體雙)
입체영상지도(立體影像地圖)
입체좌표관측기(立體座標觀測機)
입체측정(立體測定)
입체투영(立體投影)
입체투영망(立體投影網)
입편선(立偏線)
잉여관측(剩餘觀測)

ㅈ

233

자격(資格)
자격시험(資格試驗)
자격인증기관(資格認證機關)
자기계(磁氣計)
자기력(磁氣力)
자기기압계(自記氣壓計)
자기보정(磁氣補正)
자기수위계(自己水位計)
자기수위표(自己水位標)
자기양수표(自己量水標)

234

자기유속계(自記流速計)
자기이상(磁氣異相)
자기자오선(磁氣子午線)
자기장(磁氣場)
자기측량(磁氣測量)
자기탐사법(磁氣探査法)
자기파랑계(自己波浪計)
자기편각(磁氣偏角)
자기폭풍(磁氣暴風)
자기편차(磁氣偏差)
자독수준척(自讀水準尺)
자독표척(自讀標尺)
자동검조기(自動檢潮器)
자동계측전송장치(自動計測電送裝置)
자동독취기(自動讀取機)

235

자동디지타이징(自動디지타이징)
자동레벨(自動레벨)
자동보상장치(自動補償裝置)
자동설계(自動設計)
자동자료생성(自動資料生成)
자동자르기(自動자르기)
자동접합(自動接合)
자동정도기(自動精度機)
자동지리정보체계(自動地理情報體系)
자동차항법장치(自動車航法裝置)
자동평형경(自動平衡鏡)
자력계(磁力計)
자료(資料)

236

자료계획표(資料計劃表)
자료관리(資料管理)
자료교환(資料交換)
자료군(資料群)
자료기반(資料基盤)
자료기반개발(資料基盤開發)
자료기반관리(資料基盤管理)
자료기반관리체계(資料基盤管理體系)
자료기반도구(資料基盤道具)
자료기반모형(資料基盤模型)
자료기반설계(資料基盤設計)
자료기반스키마(資料基盤스키마)
자료기반잠금(資料基盤잠금)
자료기반체계(資料基盤體系)
자료기반편성(資料基盤編成)
자료기술카탈로그(資料技術카탈로그)
자료레이어(資料레이어)
자료모범도(資料模範圖)
자료모형(資料模型)

237

자료무결성(資料無缺性)
자료뱅크(資料뱅크)
자료범주(資料範疇)
자료변환(資料變換)
자료부호화(資料符號化)
자료분류(資料分類)
자료사전(資料辭典)
자료색인도(資料索引圖)
자료수준(資料水準)
자료수집(資料蒐集)
자료요소(資料要素)
자료요청서(資料要請書)
자료유형(資料類形)
자료은행(資料銀行)
자료입력(資料入力)
자료저장소(資料貯藏所)

238

자료전송(資料傳送)
자료접근보안(資料接近保安)
자료집합(資料集合)
자료처리(資料處理)
자료처리체계(資料處理體系)
자료출력(資料出力)

자료취득(資料取得)
자료취득체계(資料取得體系)
자료층(資料層)
자료층오류(資料層誤謬)
자료층코드(資料層코드)
자료층헤더레코더(資料層헤더레코더)
자료통합(資料統合)
자료품질개관요소(資料品質槪觀要素)
자료품질요소(資料品質要素)
자료품질일자(資料品質日字)
자료품질측정(資料品質測定)
자료품질평가절차(資料品質評價節次)
자료필드(資料필드)
자료형식(資料形式)

239

자르기(자르기)
자막대(자막대)
자방위(磁方位)
자방위각(磁方位角)
자북(磁北)
자북방위각(磁北方位角)
자북선(磁北線)
자사법(刺寫法)
자세정확도(姿勢正確度)
자승평균오차(自乘平均誤差)
자연오차(自然誤差)
자연적도법(自然的圖法)
자연적지형표시법(自然的地形表示法)
자연점(自然點)
자오면(子午面)
자오선(子午線)
자오선거(子午線距)
자오선고도(子午線高度)
자오선곡률반경(子午線曲率半徑)

240

자오선측량(子午線測量)
자오선통과(子午線通過)
자오원(子午圓)
자외선(紫外線)
자원정보체계(資源情報體系)
자원측량(資源測量)
자유도(自由度)
자유망(自由網)
자유망조정(自由網調整)
자유트래버스(自由트래버스)

자이델의 5수차(자이델의 5收差)
자이로데오돌라이트(自動平衡데오돌라이트)
자이로스코프사진기(자이로스코프寫眞機)

241

자장탐사간접법(磁場探查間接法)
자장탐사법(磁場探查法)
자장탐사직접법(磁場探查直接法)
자침¹(磁針)
자침²(刺針)
자침경사(磁針傾斜)
자침멈추개(磁針멈추개)
자침방위(磁針方位)
자침점(刺針點)
자침편차(磁針偏差)
자침함(磁針函)
작업계획(作業計劃)
작업흐름관리체계(作業흐름管理體系)
잔존종시차(殘存縱視差)

242

잔차(殘差)
잔차방정식(殘差方程式)
잔차조건방정식(殘差條件方程式)
잠상(潛像)
잡음(雜音)
장동(章動)
장력계(張力計)
장력보정(張力補正)
장면(場面)
장반경(長半徑)
장접선장(長接線長)
장현(張弦)
장현지거법(長弦支距法)
재배열(再配列)
재시(再施)
재판검사(再版檢查)
재판수정(再版修正)
저경사사진(低傾斜寫眞)

243

저고조(低高潮)
저먼다이얼(저먼다이얼)
저수경사(低水傾斜)
저수구배(低水勾配)
저수량곡선도(貯水量曲線圖)

저수위(低水位)
저장소(貯藏所)
저저조(低低潮)
저저조기준면(低低潮基準面)
저조간격(低潮間隔)
저주파창(低周波窓)
저층자기유속계(低層自記流速計)
저항선왜계파압계(低抗線歪計波壓計)
저해상도영상레이더(低解像度映像레이더)
적경(赤經)
적도(赤道)
적도법(赤道法)

244

적도좌표(赤道座標)
적도좌표계(赤道座標系)
적외선분광광도계(赤外線分光光度計)
적외선사진(赤外線寫眞)
적외선필름(赤外線필름)
적위(赤緯)
적위호(赤緯弧)
적지분석(適地分析)
적합도분석(適合度分析)
적합성(適合性)
적합성구현(適合性具現)
적합성시험(適合性試驗)
적합성시험보고서(適合性試驗報告)
적합성평가과정(適合性評價過程)

245

적합성품질수준(適合性品質水準)
전(田)
전개(展開)
전개도(展開圖)
전국의 기선(全國의 基線)
전국지도첩(全國地圖帖)
전기비저항탐사(電氣非抵抗探查)
전기선(電氣線)
전기지하탐사(電氣地下探查)
전기탐사기(電氣探查機)
전기탐사기수신기(電氣探查機受信機)
전기탐사법(電氣探查法)

246

전달지연(傳達遲延)
전도(傳導)

전리층(電離層)
전리층굴절(電離層屈折)
전리층모형(電離層模型)
전문가시스템(專門家시스템)
전문가지리정보체계(專門家地理情報體系)
전민봉정사(田民封定使)
전방교선법(前方交線法)
전방교회법(前方交會法)
전부상도(全浮上圖)

247

전빈(前濱)
전산기호환테이프(電算機互換테이프)
전산도형해석(電算圖形解析)
전송스키마(傳送스키마)
전수(前手)
전수검사(全數檢査)
전시(前視)
전원분도기(全圓分度器)
전원측각법(全圓測角法)
전자기복사(電磁氣複寫)
전자기스펙트럼(電磁氣스펙트럼)
전자기파거리측량기(電磁氣波距離測量機)
전자야장(電子野帳)
전자기유도탐사법(電磁氣誘導探査法)

248

전자인화기(電磁印畵機)
전자기탐사법(電磁氣探査法)
전자기파장대(電磁氣波長帶)
전자해도(電磁海圖)
전적(田籍)
전정색사진(全整色寫眞)
전정색필름(全整色필름)
전점(前點)
전제상정소(田制詳定所)
전제표(剪除表)
전진법(前進法)
전치계렌즈(前置系렌즈)
전파거리측량기(電波距離測量機)
전파속도(傳播速度)
전파오차(電波誤差)
전파표지(電波標識)
전파항법도(電波航法圖)

249

전폭보(全幅步)
전향력(轉向力)
전환(轉換)
전환규칙(轉換規則)
전환방법명(轉換方法名)
전환위치(轉換位置)
전환점(轉換點)
전환정밀도(轉換精密度)
전환정확도(轉換正確度)
절기선(折基線)
절단법(切斷法)
절단오차(切斷誤差)
절대오차(絶對誤差)
절대온도(絶對溫度)
절대위치(絶對位置)
절대위치결정(絶對位置決定)
절대정확도(絶對正確度)

250

절대좌표(絶對座標)
절대중력(絶對重力)
절대촬영고도(絶對撮影高度)
절대표정(絶對標定)
절대표정의 요소(絶對標定의 要素)
절선(折線)
절연점(絶緣點)
절점^1(節點)
절점^2(節點)
절점속성표(切點屬性表)
절점연결(節點連結)
절점정합(節點整合)
절점형상(節點形狀)
절차(節次)
절충형레벨(折衷形레벨)
절취고(切取高)
절취단면적(截取斷面績)
절측법(折測法)
절토(切土)
절형도법(截形圖法)
점(點)
점검측량(點檢測量)
점고법^1(點高法)

251

점고법^2(點高法)

점근유하거리(漸近流下距離)
점보간(點補間)
점의 움김(點의 움김)
점의조서(點의 調書)
점이사(點移寫)
점장률(漸長率)
점장위도(漸長緯度)
점장척도(漸長尺度)
점지(粘紙)
점확산함수(點擴散函數)

252

접근(接近)
접근보안(接近補完)
접근성(接近性)
접근시간(接近時間)
접근유속(接近流速)
접선왜곡(接線歪曲)
접선장(接線長)
접선수차(接線收差)
접선종거(接線縱距)
접선지거법(接線支距法)
접선편거(接線偏距)
접선편거법(接線偏距法)
접선횡거(接線橫距)
접선횡거법(接線橫距法)
접속표정(接續標定)
접안경(接眼鏡)
접안경조정나사(接眼鏡調整螺絲)
접안렌즈(接眼렌즈)

253

접지법(接地法)
접지선(接地線)
접합오차(接合誤差)
접합표정(接合標定)
정각(正角)
정거리(正距離)
정고도법(正高度法)
정규고(正規高)
정규곡선(正規曲線)
정규방정식(正規方程式)
정규분포(正規分布)
정규화(正規化)

254

정규화영상(定規化映像)
정극식플라니미터(定極式플라니미터)
정도(精度)
정량적속성자료(定量的屬性資料)
정량규화(定量葵花)
정묘(正描)
정밀계산(精密計算)
정밀궤도력(精密軌道力)
정밀도(精密度)
정밀도저하율(情密度低下率)

255

정밀삼각측량(精密三角測量)
정밀수준의(精密水準儀)
정밀수준측량(精密水準測量)
정밀위치결정서비스(精密位置決定서비스)
정밀이차기준점망(精密二次基準點網)
정밀이차기준점측량(精密二次基準點測量)
정밀일차기준점망(精密一次基準點網)
정밀일차기준점측량(精密一次基準點測量)
정밀좌표관측(精密座標觀測機)
정밀표척(精密標尺)
정버니어(正버니어)
정보(情報)
정보관점(情報觀點)
정보체계(情報體系)
정사도법(正射圖法)

256

정사사진(正射寫眞)
정사사진모자이크(正射寫眞모자이크)
정사사진지도(正射寫眞地圖)
정사영상(正射映像)
정사영상지도(正射映像地圖)
정사투영(正射投影)
정사투영기(正射投影機)
정사투영사진지도(正射投影寫眞地圖)
정사편위수정(正射偏位修正)
정사표고(正射標高)
정상(正像)
정색성필름(整色性필름)
정선(定線)
정선기(定線器)
정선측량(定線測量)

257

정성적 사진측량(定性的 寫眞測量)
정시(正矢)
정실체시(正實體視)
정오차(定誤差)
정위^1(定位)
정위^2(正位)
정위망원경(頂位望遠鏡)
정위오차(定位誤差)
정위치(定位置)
정위치편집(正位置編輯)
정의역(定義域)
정장력(正張力)
정적도법(正積圖法)
정접척(正接尺)
정준(整準)

258

정준나사(整準螺絲)
정준오차(整準誤差)
정준장치(整準裝置)
정중(正中)
정지궤도(靜止軌道)
정지궤도위성(靜止軌道衛星)
정지위성(靜止衛星)
정지위치결정방식(靜止位置決定方式)
정지측량(靜止測量)
정차(定差)
정치(整置)
정치오차(整置誤差)
정표고(正標高)
정현공식(正弦公式)
정형화(定型化)

259

정확도(正確度)
정확도기준(正確度基準)
정확도관리표(正確度管理表)
제내지(堤內地)
제도오차(製圖誤差)
제도원도(製圖原圖)
제로규정(제로規正)
제어국(制御局)
제외지(堤外地)
제이주점(第二主點)
제트추진연구소(제트推進硏究所)

제트카운트(제트카운트)
제트트래킹기술(제트트래킹技術)
제품사양서(製品辭讓書)
제한사항(制限事項)
제한자(制限者)
제형공식(梯形公式)
조감도(鳥瞰圖)

260

조건간접측정(條件間接測定)
조건관측(條件觀測)
조건방정식(條件方程式)
조건부관측(條件附觀測)
조건자(條件者)
조곡선(助曲線)
조건직접측량(條件直接測量)
조건측정(條件測定)
조경 및 경관정보체계(造景 및 景觀情報體系)

260

조고비(潮高比)
조곡선(助曲線)
조도^1(照度)
조도^2(粗度)
조도계수(粗度係數)

261

조류관측(潮流觀測)
조리개(조리개)
조사선(照射線)
조석(潮汐)
조석관측(朝夕觀測)
조석보정(朝夕補正)
조위(潮位)
조위곡선(潮位曲線)
조위기준면(潮位基準面)
조석표(潮夕表)
조작처리(操作處理)
조절점(調節點)
조정(調整)
조정집성(調整集成)
조정집성사진지도(調整集成寫眞地圖)

262

조준촬영(照準撮影)

조차(潮差)
조표(造標)
조합각관측법(組合角觀測法)
조합단위(組合單位)
족반(足盤)
졸드넬구면직각좌표(졸드넬球面直角座標)
종거(縱距)
종곡선(縱曲線)
종곡점(縱曲點)
종단경사(縱斷傾斜)
종단고저측량(縱斷高低測量)
종단곡선(縱斷曲線)
종단면도(縱斷面圖)
종단면도용지(縱斷面圖用地)

263

종단변화점(縱斷變化點)
종단변화점말뚝(縱斷變化點말뚝)
종단선형(縱斷線形)
종단수준측량(縱斷水準測量)
종단점법(縱斷點法)
종단측량(縱斷測量)
종단현(縱短弦)
종독(終讀)
종란식(縱欄式)
종미동나사(縱微動나사)
종시차(縱視差)
종십자선(縱十字線)
종점(終點)
종점노드(終點노드)
종접합모형(縱接合模型)
종접합점(縱接合點)
종중복도(縱重複度)

264

종축척(終縮尺)
종합측량기(綜合測量機)
종횡거법(縱橫距法)
종횡선전개기(縱橫線展開器)
종횡접합모형(縱橫接合模型)
종횡접합모형조정(縱橫接合模型調整)
종횡측거법(縱橫測距法)
좌관측각(左觀測角)
좌안(左岸)
좌측각(左側角)
좌표(座標)
좌표계(座標系)

좌표기준계(座標基準系)
좌표법(座標法)
좌표변환(座標變換)
좌표부여(座標附與)
좌표점법(座標點法)
좌표원점(座標原點)

265

좌표입력장치(座標入力藏置)
좌표지도(座標地圖)
좌표체계(座標體系)
좌표체계의 변환(座標體系의 變換)
좌표축(座標軸)
좌표평균계산(座標平均計算)
좌표해석(座標解析)
좌회각(左回角)
주곡선(主曲線)
주극성(主極星)

266

주기^1(註記)
주기^2(週期)
주기모범도(柱記模範圖)
주기억장치(主記憶藏置)
주기적라인손실
주기측(註記測)
주망원경(主望遠鏡)
주변장치(周邊裝置)
주사(走査)
주사각(走査角)
주사기(走査機)
주사방향(走査方向)
주사선(走査線)
주성분분석(主性分分析)
주성분영상(主性分映像)
주소(住所)
주소정합(住所整合)

267

주요점(主要點)
주요점말뚝(主要點말뚝)
주자오선법(周子午線法)
주점(主點)
주점거리(主點距離)
주점기선집성법(主點基線集成法)
주점삼각쇄(主點三角鎖)

주점삼각틀법(主點三角틀法)
주접선(主接線)
주제도(主題圖)
주제도생성(主題圖生成)
주제도입력(主題圖入力)
주제분류(主題分類)
주제속성(主題屬性)
주제자료모형화(主題資料模型化)
주지목 추종의 원칙(主地目 追從의 原則)
주차(周差)
주척(主尺)

268

주컴퓨터(主컴퓨터)
주파수(周波數)
주향(走向)
죽척(竹尺)
준거타원면(準據楕圓面)
준거타원체(準據楕圓體)
준공검사측량(竣工檢査測量)
준공측량(竣工測量)
준연직사진(準鉛直寫眞)
줄자(줄자)
중간값필터(中間값필터)
중간말목(中間말목)
중간시(中間視)
중간점(中間點)
중급기능사(中級技能士)
중급기술자(中級技術者)
중등곡률반경(中等曲率半徑)
중등오차(中等誤差)
중량방정식(重量方程式)

269

중량부잔차평방화(重量附殘差平方和)
중량평균(重量平均)
중력(重力)
중력가속도(重力加速度)
중력계(重力計)
중력기준점(重力基準點)
중력보정(重力補正)
중력이상(重力異常)
중력이상도(重力異常度)
중력장(重力場)
중력장모형(重力場模型)
중력측량(重力測量)
중력측정(重力測定)

중력포텐셜(重力포텐셜)

270

중복도(重複度)
중부원점(中部原點)
중심각(中心角)
중심도법(重心圖法)
중심말뚝(中心말뚝)
중심맞추기(中心맞추기)
중심맞추기오차(中心맞추기誤差)
중심선(中心線)
중심선측량(中心線測量)
중심점(中心點)
중심축(中心軸)
중심투영(中心投影)
중심투영상(中心投影像)
중앙경선(中央經線)

271

중앙단면법(中央斷面法)
중앙연산처리장치(中央演算處理裝置)
중앙제어국(中央制御局)
중앙종거(中央縱距)
중앙종거법(中央縱距法)
중앙종단법(中央縱斷法)
중앙표준시(中央標準時)
중적외선(中赤外線)
중첩분석(重疊分析)
중체인(重체인)
중축척도화(中縮尺圖化)
증산(增産)
지39,50(지39,50)

272

지각(地殼)
지각균형론(地殼均衡論)
지각균형보정(地殼均衡補正)
지각변동(地殼變動)
지거(支距)
지거법(支距法)
지거야장(支距野帳)
지거측량(支距測量)
지경(指鏡)
지구(地球)
지구계측량(地區界測量)
지구계확인(地區界確認)

지구계 확정측량(地區界 確定測量)
지구곡률(地球曲率)
지구곡률오차(地球曲律誤差)
지구곡률왜곡(地球曲律歪曲)
지구공간자료기반(地球空間資料基盤)

273

지구분할(地區分割)
지구자원기술위성(地球資源技術衛星)
지구좌표체계(地球座標體系)
지구중력모형(地球重力模型)
지구중력상수(地球重力常數)
지구중심좌표계(地球中心座標系)
지구중심지구고정좌표계(地球中心地球固定座標系)
지구측량(地球測量)
지구타원체(地球楕圓體)
지구형상측량(地球形狀測量)
지능망(知能網)
지능형교통체계(知能形交通體系)

274

지덥(지덥)
지도(地圖)
지도격자판(地圖格子板)
지도규칙(地圖規則)
지도기호(地圖記號)
지도도식규칙(地圖圖式規則)
지도방안(地圖方眼)
지도방안의 작도(地圖方眼의 作圖)
지도생산 및 공급지침(地圖生産 및 供給指針)
지도수정(地圖修正)
지도의 왜곡(地圖의 歪曲)
지도용문자(地圖用文字)
지도의 변형(地圖의 變形)
지도입력(地圖入力)

275

지도자료(地圖資料)
지도자료기반(地圖資料基盤)
지도작성체계(地圖作成體系)
지도정보체계(地圖情報體系)
지도정합(地圖整合)
지도정확도(地圖正確度)
지도제도법(地圖製圖法)
지도제작자동화(地圖製作自動化)
지도좌표변환(地圖座標變換)

지도중첩(地圖重疊)
지도축척(地圖縮尺)
지도통합(地圖統合)
지도투영(地圖投影)

276

지도투영변환(地圖投影變換)
지도편집(地圖編輯)
지도피처(地圖피처)
지도학(地圖學)
지류(地類)
지류계(地類界)
지리경도(地理經度)
지리경위도(地理經緯度)
지리공간정보(地理空間情報)
지리식별자(地理識別者)
지리식별자체계(地理識別者體系)
지리위도(地理緯度)
지리정보체계(地理情報體系)
지리자료(地理資料)
지리자료집합(地理資料集合)
지리정보(地理情報)
지리정보과학(地理情報科學)
지리정보기술(地理情報技術)

277

지리정보서비스(地理情報서비스)
지리정보엔지니어(地理情報엔지니어)
지리정보유통망(地理情報流通網)
지리정보전문위원회(地理情報專門委員會)
지리정보학자(地理情報學者)
지리조사(地理調査)
지리좌표(地理座標)
지리피처(地理피처)
지리학(地理學)
지명(地名)
지명정보체계(地名情報體系)
지모(地貌)
지모측량(地貌測量)
지목(地目)
지목변경(地目變更)

278

지목의 표기(地目의 表記)
지문항법(地文航法)
지물(地物)

지물집성법(地物集成法)
지물측량(地物測量)
지반고(地盤高)
지방규(指方規)
지방시(地方時)
지방시시(地方視時)
지방인력(地方引力)
지방평시(地方平時)
지방항성시(地方恒星時)
지번(地番)
지번경정(地番更正)
지번부여지역(地番附與地域)
지번색인표(地番索引表)
지번지역(地番地域)

279

지상거리(地上距離)
지상검증(地上檢證)
지상곡선설치(地上曲線設置)
지상기준점(地上基準點)
지상기준점측량(地上基準點測量)
지상너비(地上너비)
지상등각점(地上等角點)
지상사진(地上寫眞)
지상사진기(地上寫眞機)
지상사진측량(地上寫眞測量)
지상사진측정학(地上寫眞測定學)
지상수신소(地上受信所)
지상신호방식(地上信號方式)
지상실체사진측량(地上實體寫眞測量)
지성선(地性線)
지세도(地勢圖)
지수공식(指數公式)
지시간(脂示桿)
지시경(脂示鏡)
지시기호(脂示記號)
지심위도(地心緯度)

280

지심좌표계(地心座標系)
지씨알엠(지씨알엠)
지아이에스(지아이에스)
지알에스80(지알에스80)
지알엠안테나(지알엠안테나)
지에스아이에스(지에스아이에스)
지엔에스에스(지엔에스에스)
지역디지피에스(地域디지피에스)

지역변수(地域變數)
지역삼차원직각좌표계(地域三次元直角座標系)
지역선(地域線)
지역정보체계(地域情報體系)
지역좌표계(地域座標系)
지역측지계(地域測地系)
지역측지망(地域測地網)

281

지열(地熱)
지오디미터(지오디미터)
지오메틱스(지오메틱스)
지오스(지오스)
지오이드(지오이드)
지오이드99(지오이드99)
지오이드고(지오이드高)
지오이드모형(지오이드模型)
지오커넥션(지오커넥션)
지유아이(지유아이)
지자기(地磁氣)
지자기경년변화(地磁氣更年變化)
지자기의 3요소(地磁氣의 三要素)
지자기일변화(地磁氣日變化)
지자기전자력도(地磁氣電磁力圖)

282

지자기측량(地磁氣測量)
지자기폭풍(地磁氣暴風)
지적[1](地積)
지적[2](地籍)
지적공개주의(地籍公開主義)
지적공도(地籍公圖)
지적공부(地籍公簿)
지적공부복구(地籍公簿復舊)
지적공부조제(地籍公簿調製)
지적기술교육연구원(地籍技術敎育硏究員)
지적기준점(地籍基準點)
지적도(地籍圖)
지적도근다각측량(地籍圖根多角測量)
지적도근삼각측량(地籍圖根三角測量)
지적명세도(地籍明細圖)

283

지적법(地籍法)
지적부(地籍簿)
지적삼각보조측량(地積三角補助測量)

지적삼각측량(地積三角測量)
지적세부측량(地籍細部測量)
지적용도근측량(地籍用圖根測量)
지적재조사(地籍再調査)
지적조사(地籍調査)
지적중첩도(地積重疊圖)
지적측량(地籍測量)
지적측량의 성과(地籍測量의 成果)

284

지적측량기준점(地籍測量基準點)
지적측량성과도(地籍測量成果圖)
지적측량적부심사(地籍測量適否審査)
지적측정(地籍測定)
지적편집도(地籍編輯圖)
지적현황측량(地籍現況測量)
지적확정측량(地籍確定測量)
지주(支柱)
지중레이더탐사법(地中레이더探査法)
지중정보(地中情報)
지중지도도식(地中地圖圖式)
지중측량기(地中測量機)
지진파(地震波)
지진파굴절탐사(地震波屈折探査)
지질도(地質圖)
지질컴퍼스(地質컴퍼스)

285

지질판독(地質判讀)
지축(地軸)
지편법(紙片法)
지평(地平)
지평경(地平鏡)
지평면(地平面)
지평법(地平法)
지평선(地平線)
지평시차(地平視差)
지평좌표(地平座標)
지표(指標)
지표면거칠기(地表面거칠기)
지표면측량(地表面測量)
지표중심측량(地表中心測量)
지피에스(지피에스)
지피에스구성(지피에스構成)

286

지피에스벡터(지피에스벡터)
지피에스시(지피에스時)
지피에스위성(지피에스衛星)
지피에스위치결정간섭계(지피에스位置決定干涉計)
지피에스일점위치결정의원리(지피에스一點位置決定의 原理)
지피에스주(지피에스周)
지하곡선설치(地下曲線設置)
지하공간(地下空間)
지하도(地下道)
지하도선(地下道線)
지하수준측량(地下水準測量)
지하시설물(地下施設物)
지하시설물관리체계(地下施設物管理體系)

287

지하시설물기도(地下施設物基圖)
지하시설물대장(地下施設物臺帳)
지하시설물도(地下施設物圖)
지하시설물도작성작업규칙(地下施設物圖作成作業規則)
지하시설물원도(地下施設物原圖)
지하시설물측량(地下施設物測量)
지하시설물탐사(地下施設物探査)
지하시설물탐지기(地下施設物探知機)
지하정보체계(地下情報體系)
지하중심측량(地下中心測量)
지하철도(地下鐵道)
지하측량(地下測量)
지하측점(地下測點)
지하횡단도(地下橫斷圖)
지형^1(地形)

288

지형^2(地形)
지형공간원스탑(地形空間원스탑)
지형공간정보(地形空間情報)
지형공간정보체계(地形空間情報體系)
지형공간정보학(地形空間情報學)
지형공간정보학회(地形空間情報學會)
지형공간탐측학(地形空間探測學)
지형도(地形圖)
지형류(地衡流)
지형반전(地形反轉)
지형변화점(地形變化點)

지형변화조사(地形變化調査)
지형변화통보(地形變化通報)
지형보정(地形補正)

289

지형분류(地形分類)
지형분석(地形分析)
지형분석도(地形分析圖)
지형모형법(地形模型法)
지형사진측량(地形寫眞測量)
지형자료(地形資料)
지형전도(地形顚倒)
지형정보(地形情報)
지형정보학(地形情報學)
지형정보학기술자(地形情報學技術者)
지형정보체계(地形情報體系)
지형지물(地形地物)
지형지물관계(地形地物關係)
지형지물기능(地形地物技能)
지형지물목록(地形地物目錄)
지형지물묘사(地形地物描寫)
지형지물분할(地形地物分割)
지형지물사양서(地形地物辭讓書)
지형지물속성(地形地物屬性)

290

지형지물연관(地形地物聯關)
지형지물유형(地形地物類型)
지형지물융합(地形地物融合)
지형지물조작(地形地物操作)
지형지물천이(地形地物遷移)
지형지물치환(地形地物置換)
지형지물테이블(地形地物테이블)
지형처리(地形處理)
지형측량(地形測量)
지형코드(地形코드)
지형판독(地形判讀)
지형학(地形學)
직각경(直角鏡)
직각기(直角器)
직각수평촬영(直角水平撮影)
직각촬영(直角撮影)
직각프리즘(直角프리즘)
직교기선법(直交基線法)

291

직교좌표계(直交座標系)
직교좌표체계(直交座標體系)
직립각(直立角)
직립축(直立軸)
직선형(直線形)
직시(直視)
직접거리측량(直接距離測量)
직접고저측량(直接高低測量)
직접관측(直接觀測)
직접법(直接法)
직접수준측량(直接水準測量)
직접수준측량의 원리(直接水準測量의 原理)
직접위치(直接位置)
직접평가법(直接評價法)
진고(眞高)
진고도(眞高度)

292

진근점이각(眞近點離角)
진동주파수(振動周波數)
진방위각(眞方位角)
진북(眞北)
진북방위각(眞北方位角)
진북방향각(眞北方向角)
진북선(眞北線)
진북측량(眞北測量)
진자(振子)
진출법(進出法)
진치(眞値)
진폭(振幅)
진행추적형스캐너(進行追跡形스캐너)
질감(質感)
질감해석(質感解析)
집성사진(集成寫眞)
질의(質議)
집성사진지도(集成寫眞地圖)

293

집성법(集成法)
집합(集合)
찢김도
짜이스의 평행사변형(짜이스의 平行四邊形)

ㅊ

294

차등관측(差等觀測)
차량지도체계(車輛地圖體系)
차량항법체계(車輛航法體系)
차분법(差分法)
착묵(着墨)
착묵원도(着墨原圖)
착묵제도법(着墨製圖法)
착오(錯誤)
참값(참값)
참오차(참誤差)
참조공간(參照空間)
참조면(參照面)
채널(채널)
채도(彩度)

295

채색법(彩色法)
책임측량사(責任測量士)
처짐의 보정(처짐의 補正)
척정수(尺定數)
천공광(天空光)
천구(天球)
천구도(天球圖)
천구좌표(天球座標)
천극(天極)
천기도(天氣圖)
천문경도(天文經度)
천문단위(天文單位)
천문력(天文曆)
천문방위각(天文方位角)
천문삼각측량(天文三角測量)
천문시(天文時)
천문위도(天文緯度)

296

천문조(天文潮)
천문좌표(天文座標)
천문지리(天文地理)
천문측량(天文測量)
천문측량시(天文測量時)
천문학(天文學)
천문학적위도(天文學的緯度)

천문항법(天文航法)
천부지층분포도(天府地層分布圖)
천분율(千分率)
천연색사진측량(天然色寫眞測量)
천의 자오선(天의 子午線)
천저(天底)
천저각거리(天底角距離)
천적도(天赤道)
천적도극(天赤道極)
천적도축(天赤道軸)
천정(天頂)
천정각거리(天頂角距離)
천정도법(天頂圖法)

297

천체관측법(天體觀測法)
천체의 적도(天體의 赤道)
천체측량(天體測量)
천축(天軸)
천측력(天測曆)
천하도(天下圖)
철도(鐵道)
철도용곡선자(鐵道用曲線자)
철도측량(鐵道測量)
철선(凸線)
청구도(靑丘圖)
청음식 누수탐지기(淸音式漏水探知機)
체계(體系)
체인(체인)
체인절점(체인節點)
체인측량(체인測量)

298

체적산란(體積散亂)
체적측량(體積測量)
체지형공식(체지形公式)
초고속정보통신망(超高速情報通信網)
초광각사진(超廣角寫眞)
초광각사진기(超廣角寫眞機)
초구장측량(草球場測量)
초급기술자(初級技術者)
초독(初讀)
초시(初示)
초음파사진측량(超音波寫眞測量)
초장기선간섭계(超長基線干涉計)
초점(焦點)

299

초점거리(焦點距離)
초점이동(焦點移動)
초점판(焦點板)
초준(焦準)
초준나사(焦準나사)
초크링안테나(초크링안테나)
초판검사(初版檢査)
초판수정(初版修正)
총묘(總描)
총전자함유량(總電子含有量)
총편각(總偏角)
촬상소자(撮像素子)
촬영(撮影)
촬영거리(撮影距離)
촬영경로(撮影經路)
촬영계획(撮影計劃)

300

촬영계획도(撮影計劃圖)
촬영고도(撮影高度)
촬영기선(撮影基線)
촬영기선장(撮影基線長)
촬영방향(撮影方向)
촬영보조기재(撮影補助器材)
촬영비행(撮影飛行)
촬영사진기의 투영중심(撮影寫眞機의 投影中心)
촬영점(撮影點)
촬영코스(撮影코스)
촬영항적(撮影航跡)
최고고조면(最高高潮面)
최고수위(最高水位)
최급경사(最急傾斜)
최다수위(最多水位)
최대각오차(最大角誤差)
최대경사선(最大傾斜線)
최대반사에너지(最大反射에너지)
최대복사에너지(最大輻射에너지)
최대이격(最大離格)
최대탐지거리(最大探知距離)

301

최소곡선반경(最小曲線半徑)
최소곡선장(最小曲線長)
최소매핑단위(最小매핑單位)
최소자승법(最小自乘法)

최소제곱보정(最小제곱補正)
최소지도단위(最小地圖單位)
최소지상분해거리(最小地上分解距離)
최저비용경로(最低費用經路)
최저수위(最低水位)
최저저조면(最低低潮面)
최적경로분석(最適經路分析)
최적경로선정(最適經路選定)
최적관측기(最適觀測機)
최적화(最適化)
최종검사(最終檢査)
최종수정(最終修正)
최확값(最確값)
최확치(最確値)
추(錘)

302

추가거리(追加距離)
추가말뚝(追加말뚝)
추계학적보간(推計學的補間)
추끈(錘끈)
추등법(錘燈法)
추상시험모듈(推想試驗모듈)
추상시험방법(推想試驗方法)
추상시험사례(推想試驗事例)
추상시험슈트(推想試驗슈트)
추상화효과(推想化效果)
추분점(秋分點)
추선(錘線)
추선법(錘線法)
추연판(錘鉛板)
추적및자료중계위성(追跡 및 資料中繼衛星)
추차(推差)
추출(抽出)

303

추측식파고계(追測式波高計)
축(軸)
축거왜곡(軸距歪曲)
축도(縮圖)
축소(縮小)
축소건판(縮小乾板)
축소기(縮小機)
축소인화기(縮小引畵機)
축척(縮尺)
축척계수(縮尺係數)
축척변경(縮尺變更)

축척변환(縮尺變換)
축척보정(縮尺補正)
축척분모수(縮尺分母數)
축척자(縮尺자)
춘분점(春分點)
춘추분대조고고면(春秋分大潮高高面)
춘추분대조저조면(春秋分大潮低潮面)

304

출력장치(出力藏置)
취수구(取水口)
측각(測角)
측각점편심(測角點偏心)
측간(測桿)
측거(測距)
측거의(測距儀)
측고법(測高法)
측기(測旗)
측량(測量)
측량계획기관(測量計劃機關)
측량기(測量旗)
측량기계(測量器械)
측량기능사(測量技能士)
측량기록(測量記錄)
측량기술자(測量技術者)

305

측량기준선(測量基準線)
측량망(測量網)
측량법(測量法)
측량 및 지형공간정보기사(測量 및 地形空間情報技士)
측량 및 지형공간정보기술사(測量 및 地形空間情報技術士)
측량 및 지형공간정보산업기사(測量 및 地形空間產業技士)
측량사(測量士)
측량성과(測量成果)
측량승(測量繩)
측량심의회(測量審議會)
측량업(測量業)
측량용항공사진기(測量用航空寫眞機)
측량용사진(測量用寫眞)
측량용사진기(測量用寫眞機)
측량용지상사진기(測量用地上寫眞機)
측량용실체사진기(測量用實體寫眞機)
측량원도(測量原圖)
측량의 기준면(測量의 基準面)

측량작업기관(測量作業機關)
측량정보체계(測量情報體系)

306

측량침(測量針)
측량침오차(測量針誤差)
측량컴퍼스(測量컴퍼스)
측량평균법(測量平均法)
측량표(測量標)
측량학(測量學)
측면주사시스템(側面走査시스템)
측면주사음향탐지기(側面走査音響探知機)
측미경(測微鏡)
측방교회법(測方交會法)
측봉(測棒)
측사나사(測斜螺絲)

307

측선(測線)
측쇄(測鎖)
측설(測設)
측승(測繩)
측심(測深)
측심간(測深桿)
측심방법(測深方法)
측심작대(測深작대)
측심줄(測深줄)
측심점(測深點)
측심추(測深錐)
측승(測繩)
측위망원경(測位望遠鏡)
측장(測長)
측점(測點)
측점방정식(測點方程式)
측점조건(測點條件)
측정단위(測定單位)

308

측정및추적시스템(測定및追跡시스템)
측정치(測定値)
측지경도(測地經度)
측지기사(測地技師)
측지기준(測地基準)
측지기준계(測地基準系)
측지기준계80타원체(測地基準系80橢圓體)
측지기준망(測地基準網)

측지기준점(測地基準點)
측지데이텀(測地데이텀)
측지망(測地網)

309

측지방위각(測地方位角)
측지선(測地線)
측지원점(測地原點)
측지위도(測地緯度)
측지좌표(測地座標)
측지좌표계(測地座標系)
측지측량(測地測量)
측지타원체(測地楕圓體)
측지학(測地學)
측지학적경위도(測地學的經緯度)
측지학적삼각측량(測地學的三角測量)
측지학적좌표(測地學的座標)
측지학적측량(測地學的測量)

310

측추(測錘)
측침(測針)
측판(測板)
측표(測標)
측표고(測標高)
측표의 편심(測標의 偏心)
측표접시(測標접시)
층별도(層別圖)
치수(치數)
치심(致心)

311

치심오차(致心誤差)
칩(칩)

ㅋ

312

카르펜티에르의 기구(카르펜티에르의 機構)
카메라검교정(카메라檢矯正)
카메라마운트(카메라마운트)
카메라매거진(카메라매거진)
카메라보디(카메라보디)
카메론효과(카메론效果)

카스퍼 표정법(카스퍼 標定法)
카시니졸드너도법(카시니졸드너圖法)
카시니졸드너좌표(카시니졸드너座標)
카탈로그(카탈로그)
카토그램(카토그램)
카파(x)(카파)
카파축(카파軸)
칸델라(칸델라)
칼로리(칼로리)
칼만필터(칼만필터)

313

칼스(칼스)
캐나다지리정보체계(캐나다地理情報體系)
캐드(캐드)
캔트(캔트)
캔트체감처리(캔트遞減處理)
커널(커널)
커버리지(커버리지)
커브미터(커브미터)
컨트롤모자이크(컨트롤모자이크)

314

컬러합성영상(컬러合成映像)
컴퍼스링(컴퍼스링)
컴퍼스받침(컴퍼스받침)
컴퍼스법칙(컴퍼스法則)
컴퍼스분도(컴퍼스分度)
컴퍼스함(컴퍼스函)
컴펜세이터(컴펜세이터)
컴포넌트(컴포넌트)
컴포넌트기반개발(컴포넌트基盤開發)
컴포넌트지아이에스(컴포넌트지아이에스)
컴퓨터그래픽(컴퓨터그래픽)
컴퓨터수치제어(컴퓨터數値制御)
컴퓨터시각(컴퓨터時刻)

315

컵형유속계(컵型流速計)
컷오프(컷오프)
케이알브이(케이알브이)
케이에이밴드(케이에이밴드)
케플러궤도요소(케플러軌道要素)
케플러방정식(케플러方程式)
케플러스법칙(케플러스法則)
케플러요소(케플러要素)

켈시플로터(켈시플로터)
켈와트프린터(켈와트프린트)
코너반사체(코너反射體)
코드^1(코드)
코드^2(코드)
코드거리정확도(코드距離正確度)
코드추적환(코드追跡環)

---- 316 ----

코리올리의 힘(코리올리의 힘)
코마(코마)
코마수차(코마收差)
코바(코바)
코스모스(코스모스)
코스타스루프(코스타스루프)
코팅(코팅)
코페공식(코페公式)
콤퍼레이터(콤퍼레이터)
쿠터의 간략공식(쿠터의 間略公式)
퀵버드(퀵버드)
크로노그래프(크로노그래프)
크로노미터(크로노미터)

---- 317 ----

크리깅(크리깅)
클리노미터(클리노미터)
클라이언트(클라이언트)
클라이언트서버환경(클라이언트서버環境)
클라이언트자료기반(클라이언트資料基盤)
클래스(클래스)
클램프접속법(클램프接續法)
클레로정리(클레로定理)
클로소이드곡선(클로소이드曲線)
클로소이드곡선시점(클로소이드曲線始點)
클로소이드곡선종점(클로소이드曲線終點)
클로소이드자(클로소이드자)
클로소이드특성점(클로소이드特性點)
클로소이드의 파라미터(클로소이드의 파라미터)

---- 318 ----

클로소이드표(클로소이드表)
클리어문자부호화(클리어文字負號化)
클립(클립)
키네마틱위치결정(키네마틱位置決定)
키네마틱측량(키네마틱測量, kinematic surveying)
킬로바이트(킬로바이트)

E

---- 319 ----

타겟(타겟)
타겟로드(타겟로드)
타겟부표척(타겟 附標尺)
타뎝(타뎝)
타블렛(타블렛)
타원체(楕圓體)
타원체거리(楕圓體距離)
타원체고(楕圓體高)
타이거(타이거)
타이라인법(타이라인法)
타이포인트(타이포인트)
타일(타일)
타키메트리(타키메트리)

---- 320 ----

타키미터(타키미터)
타키오미터(타키오미터)
탄성(彈性)
탄성계수(彈性係數)
탄성변형(彈性變形)
탄성파(彈性波)
탄성파법(彈性波法)
탄성파측량(彈性波測量)
탄성파탐사(彈性波探査)
탄젠트(탄젠트)
탈코트레벨(탈코트레벨)
탈코트위도관측법(탈코트緯度觀測法)
탐측(探測)
탐측기(探測機)
탐침(探針)
탑재기(塔載機)

---- 321 ----

태양관측(太陽觀測)
태양년(太陽年)
태양동기(太陽同期)
태양동기궤도(太陽同期軌道)
태양방위각(太陽方位角)
태양시(太陽時)
태양일(太陽日)
태양조(太陽潮)
태음일(太陰日)

태음조(太陰潮)
터널(터널)
터널측량(터널測量)
테이블(테이블)
테이프(테이프)
테이프검정장(테이프檢定場)
테일러급수전개(테일러級數展開)

텍스처(텍스처)
텔레매틱스(텔레매틱스)
텔루로미터(텔루로미터)
텔루로이드(텔루로이드)
템플릿(템플릿)
토량계산(土量計算)
토양도(土壤圖)
토적(土積)
토적곡선(土積曲線)
토적도(土積圖)
토지경계(土地境界)
토지가옥증명제도(土地家屋證明制度)
토지구획정리(土地區劃整理)
토지구획정리사업법(土地區劃整理事業法)
토지구획정리측량(土地區劃定理測量)

토지기록(土地記錄)
토지기반(土地基盤)
토지대장(土地臺帳)
토지대장부본(土地臺帳副本)
토지등기(土地登記)
토지등기부(土地登記簿)
토지분할측량(土地分割測量)
토지이동(土地移動)
토지이동측량(土地異動測量)
토지이용(土地利用)
토지이용계획(土地利用計劃)
토지이용도(土地利用圖)
토지이용률(土地利用率)
토지이용현황도(土地利用現況圖)

토지자료체계(土地資料體系)
토지자료파일(土地資料파일)
토지적성평가(土地適性評價)
토지정보(土地情報)

토지정보체계(土地情報體系)
토지주제기록체계(土地主題記錄體系)
토지측량(土地測量)
토지특성도(土地特性圖)
토지표시(土地表示)
토털스테이션(토털스테이션)
토파르(토파르)

톨레미의 단원추도법(톨레미의 單圓錐圖法)
통계분석(統計分析)
통계자료(統計資料)
통계지도(統計地圖)
통계평면(統計平面)
통보수위(通報水位)
통신망위상(通信網位相)
통신선로관리체계(通信線路管理體系)
통합(統合)
통합된 지도(統合된 地圖)
통합위치결정체계(統合位置體系)
통합지리정보체계(統合地理情報體系)
투과율(透過率)
투명도(透明度)
투명도계(透明度計)
투명사진(透明寫眞)

투명양화(透明陽畵)
투사기(投射器)
투사도법(投射圖法)
투사지법(透寫紙法)
투시도(透視圖)
투영(投影)
투영거리(投影距離)
투영대(投影臺)
투영면(投影面)
투영법(投影法)
투영변환(投影變換)
투영시스템(投影시스템)
투영의 비뚤어짐(投影의 비뚤어짐)

투영인화(投影印畵)
투영점(投影點)
투영좌표계(投影座標系)
투영중심(投影中心)

투영축(投影軸)
투영축의 변경(投影軸의 變更)
투영파일(投影파일)
튜플(튜플)
트윈플렉스(트윈플렉스)
트래버스(트래버스)
트래버스망(트래버스網)
트래버스선(트래버스線)
트래버스의 조정(트래버스의 調整)

328

트래버스점(트래버스點)
트래버스측량(트래버스測量)
트랜싯(트랜싯)
트랜싯법칙(트랜싯法則)
트랜싯의 조정(트랜싯의 調整)
트랜싯측량(트랜싯測量)
트레이닝영역(트레이닝領域)
트레이드오프(트레이드오프)
트레이싱법(트레이싱法)
특급기술자(特級技術者)
특별곡선반지름(特別曲線半지름)
특별기준면(特別基準面)
특별도근측량(特別圖根測量)

329

특별소삼각지역(特別小三角地域)
특성자료(特性資料)
특성정보(特性情報)
특수도^1(特殊圖)
특수도^2(特殊圖)
특수삼점(特殊三點)
특수지도(特殊地圖)
특수해도(特殊海圖)
티에이취아이알(티에이취아이알)
티엠(티엠)

330

틸팅레벨(틸팅레벨)
티소트형(티소트形)
틴(틴)

ㅍ

331

파고(波高)
파고측정봉(波高測定棒)
파노라마사진기(파노라마寫眞機)
파라미터(파라미터)
파라미터설정(파라미터設定)
파랑등고선도(波浪登高線圖)
파랑조사(波浪調査)
파열강도(破裂強度)
파이(ϕ)(파이)
파이 축(파이軸)
파일(파일)
파일구조(파일構造)
파일자료관리(파일資料管理)
파일전송(파일傳送)
파장(波長)
파장대(波長帶)
파장별지도(波長別地圖)

332

파장별특징(波長別特徵)
판구조론(板構造論)
판독(判讀)
판독방법(判讀方法)
판독요소(判讀要素)
판독키(判讀키)
판토그래프(판토그래프)
패스포인트(패스포인트)
패키지(패키지)
패턴(패턴)
팬크로사진(팬크로寫眞)
퍼센트법(퍼센트法)
퍼지거리(퍼지距離)
퍼지공차(퍼지公差)
퍽(퍽)
펄스(펄스)
펄스길이(펄스길이)
펜타프리즘(펜타프리즘)
편각(偏角)

333

편각법(偏角法)
편각수정버니어(偏角修正버니어)

편각수평촬영(偏角水平撮影)
편각촬영(偏角撮影)
편각측설법(偏角測設法)
편각측정법(偏角測定法)
편각현장법(偏角弦長法)
편경사(片傾斜)
편광
편광복사(偏光輻射)
편광실체법(偏光實體法)
편광입체시(偏光立體視)

334

편구배(片勾配)
편도(編圖)
편류(偏流)
편류각(偏流角)
편류보정(偏流補正)
편심각(偏心角)
편심거리(偏心距離)
편심관측(偏心觀測)
편심률(偏心率)
편심보정(偏心補正)
편심보정계산(偏心補正計算)
편심보정치(偏心補正値)
편심오차(偏心誤差)
편심왜곡(偏心歪曲)
편심요소(偏心要素)
편심요소측정지(偏心要素測定紙)
편심트랜싯(偏心트랜싯)

335

편위수정(偏位修正)
편위수정기(偏位修正機)
편위수정사진(偏位修正寫眞)
편의(偏倚)
편의도법(便宜圖法)
편의시설(便宜施設)
편집도(編輯圖)
편집원도(編輯原圖)
편평도(偏平度)
편평률(偏平率)
편평률(P)
편차(偏差)
평균경사(平均傾斜)
평균계산(平均計算)
평균값(平均값)
평균고수위(平均高水位)

평균고조간격(平均高潮間隔)
평균고조면(平均高潮面)
평균곡률반경(平均曲率半徑)
평균구배(平均勾配)
평균단면법(平均斷面法)
평균방향각(平均方向角)

336

평균수면(平均水面)
평균수위(平均水位)
평균오차(平均誤差)
평균유속공식(平均流速公式)
평균자승오차(平均自乘誤差)
평균자정(平均子正)
평균저수위(平均低水位)
평균저조간격(平均低調間隔)
평균정오(平均正午)
평균제곱근오차(平均제곱根誤差)
평균조위면(平均潮位面)
평균조차(平均潮差)
평균최고수위(平均最高水位)
평균최저수위(平均最低水位)
평균태양(平均太陽)
평균태양년(平均太陽年)
평균태양시(平均太陽時)
평균태양일(平均太陽日)
평균파(平均波)
평균편차(平均偏差)
평균해면(平均海面)
평균해수면(平均海水面)

337

평면각(平面角)
평면거리(平面距離)
평면경(平面鏡)
평면곡선(平面曲線)
평면기준점(平面基準點)
평면도(平面圖)
평면도화(平面圖化)
평면사교좌표(平面斜交座標)
평면삼각측량(平面三角測量)
평면선형(平面線形)
평면도화기(平面圖化機)
평면좌표(平面座標)
평면좌표계(平面座標系)
평면직각종횡선(平面直角縱橫線)
평면직각좌표(平面直角座標)

평면직각좌표원점(平面直角座標原點)
평면직각좌표의 북(平面直角座標의 北)

338

평면직교좌표계(平面直交座標系)
평균조차(平均潮差)
평면측량(平面測量)
평면투영(平面投影)
평반수준기(平盤水準器)
평반수준기조정나사(平盤水準器調整나사)
평사도법(平射圖法)
평속성(平屬性)
평수위(平水位)
평시(平時)
평자정(平子正)
평정오(平正午)
평탄화기준(平坦化基準)
평판(平板)

339

평판사진측량(評板寫眞測量)
평판스캐너(平板스캐너)
평판이동기(平板移動器)
평판측량(平板測量)
평판 플로터(平板 플로터)
평행권(平行圈)
평행반(平行盤)
평행상(平行狀)
평행추(平行錘)
평행투영(平行投影)
평행편각촬영(平行偏角撮影)
폐로전압안테나

340

폐비(閉比)
폐쇄(閉鎖)
폐트래버스(閉트래버스)
폐합다각형(閉合多角形)
폐합비(閉合比)
폐합오차(閉合誤借)
폐합차(閉合差)
폐합트래버스(閉合트래버스)
폐회로텔레비전카메라조사(閉回路텔레비전카메라調査)
포공레벨(砲工레벨)
포권척(布卷尺)

포로코페의 원리(포로코페의 原理)
포로프리즘(포로프리즘)

341

포로형망원경(포로形望遠鏡)
포맷(포맷)
포메이션(포메이션)
포물곡선(抛物曲線)
포제척(布制尺)
포켓실체경(포켓實體鏡)
포켓컴퍼스(포켓컴퍼스)
포테이프(布테이프)
포토고니오미터(포토고니오미터)
포토지도(포토地圖)
포토스폿(포토스폿)
포토데오돌라이트(포토데오돌라이트)
폴(폴)
폴리곤(폴리곤)
폴히하이머공식(폴히하이머公式)
표고(標高)
표고기준점(標高基準點)
표고눈금판(標高눈금板)
표고데이텀(標高데이텀,verticaldatum)
표고별면적곡선(標高別面積曲線)
표고보정(標高補正)

342

표고자료(標高資料)
표고점(標高點)
표고표정점(標高標定點)
표기(標旗)
표등(標燈)
표류판(標流板)
표면부자(表面浮子)
표면분석(表面分析)
표면유속(表面流速)
표본추출(標本抽出)
표면현상(表面現像)
표본(標本)
표석(標石)

343

표적(標的)
표적표척(標的標尺)
표정(標定)
표정기준점(標定基準點)

표정도(標定圖)
표정오차(標定誤差)
표정요소(標定要素)
표정점(標定點)
표정점측량(標定點測量)
표정지표선(標定指標線)
표제지도(表題地圖)

344

표주법(標柱法)
표준검조의(標準檢潮儀)
표준도식(標準圖式)
표준모형(標準模型)
표준시(標準時)
표준오차(標準誤差)
표준온도(標準溫度)
표준위치결정서비스(標準位置決定서비스)
표준자오선(標準子午線)
표준장력(標準張力)
표준척(標準尺)
표준중력(標準重力)
표준코드(標準코드)

345

표준편차(標準偏差)
표준품셈(標準품셈)
표준화(標準化)
표지(線識)
표지말뚝(標識말뚝)
표척(標尺)
표척대(標尺臺)
표척레벨(標尺레벨)
표척수(標尺手)
표척수준기(標尺水準器)
표척판(標尺板)
푸쉬브룸방식스캐너(푸쉬브룸方式스캐너)

346

푸쉬브룸시스템(푸쉬브룸시스템)
품질(品質)
품질매개변수(品質媒介變數)
품질속성(品質屬性)
품질스키마(品質스키마)
품질요소(品質要素)
품질지표(品質指標)
품질측정(品質測定)

품질측정결과(品質測定結果)
풍수지리(風水地理)
풍향계(風向計)
프라운호퍼형접안경(프라운호퍼形接眼鏡)
프라이스유속계(프라이스流速計)
프랜시스공식(프랜시스公式)
프랙탈(프랙탈)
프레넬렌즈(프레넬렌즈)
프레즈넬렌즈(프레즈넬렌즈)
프레임(프레임)
프레임그래버(프레임그래버)
프레임버퍼(프레임버퍼)

347

프레임워크자료(프레임워크자료)
프레임카메라(프레임카메라)
프로그램(프로그램)
프로파일(프로파일)
프리에어보정(프리에어補正)
프리에어이상(프리에어異常)
프리즈마틱컴퍼스(프리즈마틱컴퍼스)
프리즈모이달공식(프리즈모이달公式)
프리즘(프리즘)
프린트아웃(프린트아웃)
플라니미터(플라니미터)

348

플랑크법칙(플랑크法則)
플러스말뚝(플러스말뚝)
플레오곤(플레오곤)
플로피디스크(플로피디스크)
플롯(플롯)
피(ϕ)(피)
피덥(피덥)
피사계심도(피사계深度)
피알앤(피알앤)
피알앤코드(피알앤코드)
피알앤번호(피알앤番號)
피제트에스삼각형(피제트에스三角形)
피치(피치)
피코드(피코드)

349

피트(피트)
핀(핀)
피피에스(피피에스)

핀홀(핀홀)
필계(筆界)
필계점(筆界點)
필드(필드)
필름(필름)
필름속도(필름속도)
필름특성곡선(필름特性曲線)
필지(筆地)
필지별식별번호(筆地別識別番號)
필터(필터)

ㅎ

350

하구(河口)
하드디스크(하드디스크)
하드웨어(하드웨어)
하드카피지도(하드카피地圖)
하드클립(하드클립)
하반(下盤)
하부고정나사(下部固定螺絲)
하부미동나사(下部微動螺絲)
하부운동(下部運動)
하상경사(河床傾斜)
하상계수(河床係數)
하상구배(河床句配)
하상종단곡선(河床縱斷曲線)
하수도(下水道)
하수도대장관리표준체계(下水道臺帳管理標準體系)

351

하수도법(下水道法)
하안(河岸)
하알랏헤르도법(하알랏헤르圖法)
하우(하우)
하위장면(下位場面)
하이겐스형접안경(하이겐스型接眼鏡)
하이란(하이란)
하이르스(하이르스)
하이리스(하이리스)
하저경사(河底傾斜)
하저구배(河底句配)
하천경사(河川傾斜)

352

하천구배(河川句配)
하천망도(河川網圖)
하천법(河川法)
하천측량(河川測量)
하천측량(河川測量)
하천횡단면적(河川橫斷面積)
하평행반(下平行盤)
하통과(下通過)
하해측량(河海測量)
하향각(下向角)
하향식(下向式)
하향측법(下向測法)
한(한)
한국경위도원점(韓國經緯度原點)
한국수준원점(韓國水準原點)

353

한국시(韓國時)
한국지적학회(韓國地籍學會)
한국측량학회(韓國測量學會)
한국토지정보시스템(韓國土地情報시스템)
한국해양수산개발원
한국해양수산연수원
한국해양연구원(韓國海洋研究員)

354

한랭전선(寒冷前線)
한류(寒流)
할러트의 계산법(할러트의 計算法)
할족삼각(割足三角)
함수(函數)
함수모형(函數模型)
함수언어(函數言語)
함척(函尺)
합격판정(合格判定)
합경거(合經距)
합류식하수도(合流式下水道)
합리화법(合理化法)
합병(合倂)
합성개구레이더(合成開口레이더)
합성도법(合成圖法)
합성입방체(合成立方體)
합성입체영상(合成立體映像)
합성좌표기준계(合成座標基準系)
합성지도(合成地圖)

합성표면(合成表面)

355

합위거(合緯距)
합위거법(合緯距法)
항공기탑재측면관측레이더(航空機搭載側面觀測레이더)
항공도(航空圖)
항공레이저프로파일측량(航空레이저프로파일測量)
항공사진(航空寫眞)
항공사진기(航空寫眞機)
항공사진집성(航空寫眞集成)
항공사진측량(航空寫眞測量)
항공사진측량용카메라(航空寫眞測量用寫眞機)
항공사진측정학(航空寫眞測定學)
항공삼각측량(航空三角測量)
항공수준측량(航空水準測量)
항공영상분광계(航空影像分光計)
항공측량용사진기(航空寫眞用寫眞機)
항공필름(航空필름)
항로지(航路誌)
항로측량(航路測量)

356

항만측량(港灣測量)
항목(項目)
항법정보(航法情報)
항성(恒星)
항성시(恒星時)
항성일(恒星日)
항양도(航洋圖)
항정선(航程線)
항해력(航海曆)
항해도(航海圖)
항해용해도(航海用海圖)
항행통보(航行通報)
해(海)
해구(海溝)
해도(海圖)

357

해도기준면(海圖基準面)
해도도식(海圖圖式)
해류도(海流圖)
해도용지(海圖用紙)
해머도법(해머圖法)

해면간척(海面干拓)
해면보정(海面補正)
해빈(海濱)
해빈측량(海濱測量)
해상거리표(海上距離表)

358

해상도(解像度)
해상력(解像力)
해상위치측량(海上位置測量)
해석도화기(解析圖化機)
해석사진측량(解析寫眞測量)
해석삼각측량(解析三角測量)
해석입체도화기(解析立體圖化機)
해석적행렬(解釋的行列)
해석항공삼각측량(解析航空三角測量)
해안단구(海岸段丘)
해안도(海岸圖)
해안선(海岸線)
해안선측량(海岸線測量)
해안지역컬러스캐너(海岸地域컬러스캐너)
해안측량(海岸測量)

359

해양관측(海洋觀測)
해양기준점측량(海洋基準點測量)
해양원격탐사(海洋遠隔探査)
해양정보체계(海洋情報體系)
해양조석부하(海洋朝夕負荷)
해양중력측량(海洋重力測量)
해양지자기측량(海洋地磁氣測量)
해양측량(海洋測量)
해양학(海洋學)
해저(海底)
해저지질측량(海底地質測量)
해저지형도(海底地形圖)
해저지형측량(海底地形測量)
핸드레벨(핸드레벨)

360

핸드스캐너(핸드스캐너)
핸드템프렛법(핸드템프렛법)
핼머트변환(핼머트變換)
행렬(行列)
행잉레벨(행잉레벨)
행정경계선(行政境界線)

행정구역(行政區域)
행정구역도(行政區域圖)
행정구역도표(行政區域圖表)
행정지도(行政地圖)
행정지명(行政地名)
향(向)
허선(虛線)
허상(虛想)

361

허용오차(許容誤差)
헤론의 공식(헤론의 公式)
헤이포드타원체(헤이포드橢圓體)
현수선(懸殊線)
현수선길이(懸殊線길이)
현수선절점(懸殊線節點)
현장(弦長)
현장법(弦長法)
현지보완측량(現地補完測量)
현지조사(現地調査)
현지조사자료(現地調査資料)
현편거(弦偏距)
현편거법(弦偏距法)
협각법(夾角法)
협거(夾距)
협곡(峽谷)
협대역(狹袋域)

362

협장(夾長)
형광(螢光)
형질변경(形質變更)
호(弧)
호도법(弧度法)
호모로사인도법(호모로사인圖法)
호안(護岸)
호주측량 및 토지정보청(戶主測量 및 土地情報廳)
호필드모델(호필드모델)
혼다식검사의(本多式檢潮儀)
혼일강리역대국도지도(混一疆理歷代國都地圖)
혼합데이텀(混合데이텀)
홀로그램(홀로그램)
홍수위(洪水位)
화각(畵角)

363

화면거리(畵面距離)
화면중심(畵面中心)
화면지표(畵面指標)
화면출력(畵面出力)
화성위도(化成緯度)
화소
확대도(擴大圖)
확대율(擴大率)
확대입체경(擴大立體鏡)
확대축소변환한계(擴大縮小變換限界)
확도(擴圖)
확률밀도함수(確率密度函數)

364

확률오차(確率誤差)
확장형표시언어(擴張形表示言語)
확정측량(確定測量)
확정트래버스(確定트래버스)
확폭(擴幅)
환경보전용지도(環境保全用地圖)
환경정보체계(環境情報體系)
환경현상측량(環境現象測量)
환등기법(幻燈機法)
환매권(還買權)
환지(換地)
환지처분(換地處分)
환형수준기(丸型水準器)
황경(黃經)

365

황도(黃道)
황도경사(黃道傾斜)
황도좌표(黃道座標)
황색필터(黃色필터)
황위(黃緯)
회광등(回光燈)
회귀년(回歸年)
회귀분석(回歸分析)
회시축선단(回施軸先端)
회전변환(回轉變換)
회전셔터(回轉셔터)
회전축의 편심(回轉軸의 偏心)
회전축의 편심검사(回轉軸의 偏心檢查)
회전타원체(回轉楕圓體)

366

회전필(回轉筆)
회전타원체면(回轉楕圓體面)
회조기(回照器)
획지(劃地)
획지점(劃地點)
획지측량(劃地測量)
획지확정측량(劃地確定測量)
횡거(橫距)
횡단경사(橫斷傾斜)
횡곡률반경(橫曲率半徑)
횡단곡선(橫斷曲線)
횡단말뚝(橫斷말뚝)

367

횡단면도(橫斷面圖)
횡단면법(橫斷面法)
횡단면적(橫斷面積)
횡단수준측량(橫斷水準測量)
횡단유속곡선(橫斷流速曲線)
횡단점법(橫斷點法)
횡단측량(橫斷測量)
횡메르카토르도법(橫메르카토르圖法)
횡메르카토르투영법(橫메르카토르投影法)
횡미동나사(橫微動螺絲)
횡선법(橫線法)
횡선형사진측량(橫線形寫眞測量)
횡시차(橫視差)
횡십자선(橫十字線)

368

횡접합점(橫接合點)
횡중복도(橫重複度)
횡축메르카토르도법(橫軸메르카토르圖法)
횡축척(橫縮尺)
후광(後光)
후방교회법(後方交會法)
흐름도(흐름圖)
후빈(後濱)
후수(後手)
후시(後視)

369

후점(後點)
후처리(後處理)

휘도(輝度)
흐름가시도(흐름可視圖)
흑백사진(黑白寫眞)
흑체(黑體)
흡수비(吸收比)
흡수율(吸收率)
히로이식유속계(廣井式流速計)
히스토그램(히스토그램)

참고문헌
Surveying Geo-Spatial Information

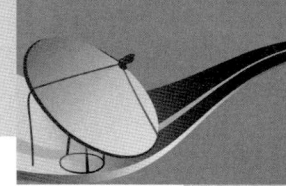

- 유복모, 「측량학원론(Ⅰ)」, 박영사, 1995.
- 유복모, 「측량학원론(Ⅱ)」, 박영사, 1995.
- 유복모, 「측량공학」, 박영사, 1996.
- 유복모·Toni Scheck, 「디지털사진측량학」, 문운당, 2001.
- 유복모, 「지형공간정보론」, 동명사, 1994.
- 정영동·오창수·조기성·박성규, 「측량학 해설」, 예문사, 1993.
- 강태석, 「지적측량학」, 형설출판사, 1994.
- 정영동, 「측량용어해설」, 구미서관, 1998.
- 박성규, 「포인트 측량및지형공간정보기술사」, 예문사, 2009.
- 박성규, 「측량및지형공간정보기술사 과년도문제해설」, 예문사, 2010.
- 「측량용어사전」, 건설교통부 국토지리정보원, 2003.
- 이강원·함창학, 「지리정보시스템(GIS) 용어사전」, 구미서관, 2003.
- 박성규·최한영, 「지적기술사」, 예문사, 2003.
- 국립해양조사원 해양조사용어사전
  (http://www.khoa.go.kr/study/dictionary_korea.asp)
- 대한지적공사용어사전(http://www.kcsc.co.kr/ikcsc/new/)
- 인천지방해양항만청 해양항만용어
  (http://www.portincheon.go.kr/information/terminology/)

편저자 Profile
Surveying Geo-Spatial Information

- **정영동**
  - 공학박사
  - 측량및지형공간정보기술사
  - 前 조선대학교 토목공학과 교수
  - 前 한국지형공간정보학회 회장
  - 前 대한토목학회 부회장

- **오창수**
  - 공학박사
  - 측량및지형공간정보기술사
  - 前 광주대학교 토목공학과 교수
  - 現 대한토목학회 부회장

- **박정남**
  - 공학박사
  - 측량및지형공간정보기술사
  - 現 순천제일대학 토목과 교수
  - 現 한국지형공간정보학회 이사

- **고제웅**
  - 공학박사
  - 측량및지형공간정보기술사
  - 現 송원대학 토목과 교수
  - 現 한국지형공간정보학회 이사

- **조규장**
  - 공학박사
  - 측량및지형공간정보기술사
  - 前 대통령 경호실 기획실장
  - 前 한국측량학회 부회장

- **박성규**
  - 공학박사
  - 측량및지형공간정보기술사
  - 現 (주)서초수도건축토목학원 원장
  - 現 한국지형공간정보학회 부회장

- **임수봉**
  - 공학석사
  - 측량및지형공간정보기술사
  - 現 (주)동원측량컨설턴트 대표이사
  - 現 한국지형공간정보학회 이사

- **강상구**
  - 공학박사
  - 측량및지형공간정보기술사
  - 現 대한지적공사 책임연구원

기술사, 기술고등고시 대비 및 실무자를 위한

측량 및 지형공간정보 용어해설

발행일 / 2012년 1월 10일 초판 발행

저 자 / 정영동·오창수·박정남·고제웅
　　　　조규장·박성규·임수봉·강상구

발행인 / 정용수

발행처 / YEAMOONSA 예문사

주 소 / 경기도 파주시 교하읍 문발리 498-1(파주출판도시 내)
T E L / 031)955-0550
F A X / 031)955-0660

등록번호 / 11-76호

정가 : 18,000원

- 이 책의 어느 부분도 저작권자나 발행인의 승인 없이 무단 복제하여 이용할 수 없습니다.
- 파본 및 낙장은 구입하신 서점에서 교환하여 드립니다.
- 예문사 홈페이지 http : //www.yeamoonsa.com

ISBN 978-89-273-0640-5 　13530